智能高清视频监控 天下安防 2

原理精解与最佳实践

潘国辉 编著

清華大學出版社
北 京

内 容 简 介

本书是具有多年行业经验的安防专业人士呈现的"诚意之作"，其目的在于和行业朋友分享、交流、探讨"智能高清视频监控系统"的原理、应用、产品、技术发展趋势等。本书的内容涉及了模拟视频监控系统、编码压缩、DVR、DVS、IPC、NVR、视频分析、高清 IP 摄像机、视频传输、CMS、视频存储、解码显示、大屏幕、PSIM、物联网、云计算、大数据、数字高清摄像机、模拟高清摄像机、镜头等各个方面，并辅有大量的相关应用案例供读者参考，以期让读者更好地理解和应用。

本书共分 19 章，第 1 章是概述部分，第 2 章简单介绍了模拟电视监控系统，第 3～7 章分别介绍了编码压缩技术、DVR 技术、DVS 技术、NVR 技术、IPC 技术，第 8 章介绍了高清监控系统，第 9 章介绍了视频内容分析技术，第 10 章介绍了网络传输系统，第 11 章介绍了 CMS 技术，第 12 章介绍了存储系统，第 13 章介绍了解码显示，第 14 章介绍了智能网络视频监控系统实战应用，第 15 章是智能网络视频监控系统相关案例的介绍，第 16 章介绍了 PSIM 技术，第 17 章介绍了物联网相关技术，第 18 章介绍了云计算相关技术，第 19 章介绍了大数据相关技术及其与视频监控的结合应用。

本书适合初学者或者有一定行业经验的读者阅读，特别适合"弱电、安全防范、视频监控、物联网"相关从业人员作为入门及深入学习的参考。

图书在版编目(CIP)数据

安防天下 2：智能高清视频监控原理精解与最佳实践/潘国辉编著. —北京：清华大学出版社，2014（2024.1重印）

ISBN 978-7-302-35625-7

Ⅰ.①安… Ⅱ. ①潘… Ⅲ.①计算机网络-视频系统-监视控制 Ⅳ. ①TN941.3 ②TP277

中国版本图书馆 CIP 数据核字（2014）第 046689 号

责任编辑：栾大成
封面设计：杨玉芳
责任校对：徐俊伟
责任印制：宋 林

出版发行：清华大学出版社

网 址：https://www.tup.com.cn，https://www.wqxuetang.com
地 址：北京清华大学学研大厦 A 座 邮 编：100084
社 总 机：010-83470000 邮 购：010-62786544
投稿与读者服务：010-62776969, c-service@tup.tsinghua.edu.cn
质量反馈：010-62772015, zhiliang@tup.tsinghua.edu.cn

印 装 者：三河市铭诚印务有限公司
经 销：全国新华书店
开 本：188mm×260mm 印 张：50.25 插 页：1 字 数：1264 千字
版 次：2014 年 6 月第 1 版 印 次：2024 年 1 月第 13 次印刷
定 价：168.00 元

产品编号：056874-02

前 言

《安防天下》第一版于 2010 年 2 月出版发行，累计加印 6 次，印数超过 20000 册，引起较大的行业反响。4 年过后，很多新技术、新应用涌现，如云计算及大数据等，《安防天下 2》于是基于第一版读者的反馈，进行了的优化调整：去掉了一些产品介绍，增加了参考案例及配置应用等，增加了物联网、PSIM、大屏幕、HD-CCTV、高清镜头、虚拟化、云计算、智能检索、大数据等内容，以期更加全面地覆盖智能高清应用。

本书是一名具有多年行业经验的“草根”级安防人士的“诚意之作”，其目的是与行业中的朋友们分享、交流、探讨“智能网络高清视频监控系统”的原理、产品、应用、技术发展趋势等。本书的内容涉及了模拟视频监控系统、编码压缩、DVR、DVS、IPC、NVR、视频分析、高清摄像机、视频传输、CMS、视频存储、解码显示、PSIM、云计算、物联网、大数据等各个技术环节，并辅有大量的相关应用案例供读者参考，以期让读者更好地理解和应用。

“视频监控系统”属于“安全防范系统”的一个分支，它与光学技术、传感技术、芯片技术、编码压缩技术、网络传输技术、计算机技术、存储技术、电气技术、物联网、云计算等密切相关，任何相关行业的技术突破与革新都可能会给“视频监控系统”带来新的思路、新的模式甚至是颠覆性的变革。作者从事“安防视频监控”工作 13 年，经历了视频监控系统从“模拟时代”、“DVR 时代”到“智能网络&高清时代”的演进全过程，深知需要不断学习方可跟上行业快速发展的节奏，作者自认为本书是其多年来不断学习过程中的积累而已。

也许正因为上面的原因，目前市场上此题材的“贴近实际、与时俱进”的图书或教程十分短缺，很多朋友也跟作者探讨过这一问题。考虑再三，作者决定将自己多年的从业经验、知识积累拿出来，与大家分享和探讨。

很显然，要编写这样一本书，难度是非常大的，不仅因为它所涉及的技术面非常广、专业性很强，更重要的是编写者要有非常全面、丰富的实际工程经验，要对安防所涉及的各种工程技术、产品有全面和深入的掌握。

当然作者在这方面也同样存在许多不足：专业积累和沉淀不够，对各个底层知识点的理解不够透彻，文字组织能力还不够强……，因此本书也必然会有很多纰漏和错误，诚愿各位读者和专家发现后及时与出版社或作者本人联系，在此对支持本书的读者表示最真挚的谢意。

1. 本书内容

本书共分 19 章。

第 1 章是概述部分，第 2 章简单介绍了模拟电视监控系统，第 3~7 章分别介绍了编码压缩技术、DVR 技术、DVS 技术、NVR 技术、IPC 技术，第 8 章介绍了高清监控系统，第 9 章介绍了视频内容分析技术，第 10 章介绍了网络传输系统，第 11 章介绍了 CMS 技术，第 12 章介绍了存储系统，第 13 章介绍了解码显示，第 14 章介绍了智能网络视频监控系统实战应用，第 15 章介绍了高清监控在不同行业中的应用，第 16 章介绍了 PSIM 技术，第 17 章介绍了物联网相关技术，第 18 章介绍了云计算相关技术，第 19 章介绍了大数据相关技术及其与视频监控的结合应用。

本书主体内容的拓扑结构如下图所示。

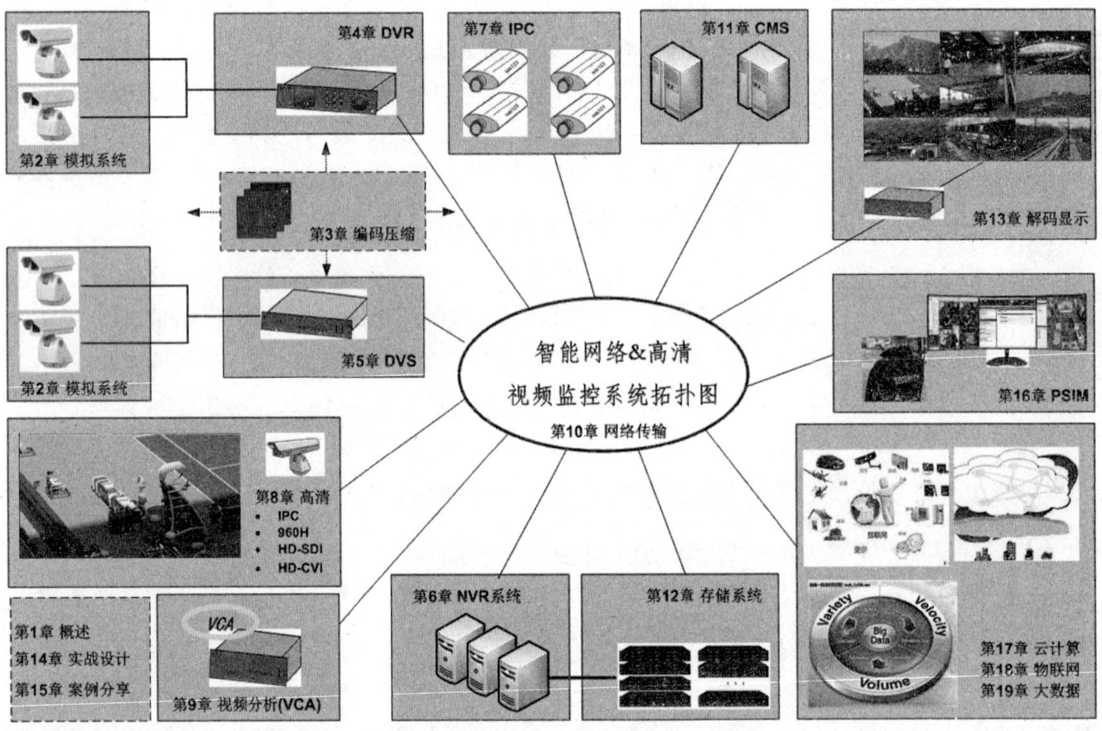

本书各个章节的安排基本上就是“视频监控”行业发展的历程，通过各章之间有机结合，给读者一个全面、系统的介绍。

2. 本书特色

本书的特色主要可以归结为如下 3 点：

- 图文结合、便于阅读——全书配有大量插图，对知识点进行文字阐述之后，利用插图进行更深入的说明。尤其对于设备原理、系统架构、数据流等内容进行介绍时，插图的作用是显而易见的，这会有助于读者对相关内容的理解。

- 理论与实践的有机结合——在阐明理论的同时辅以相应的实际应用案例，为读者提供全面的设计、应用、维护案例参考，让读者“知其然并知其所以然”，以达到最佳的学习效果。
- 新技术、新产品、新案例——本书对高清监控的各个环节，尤其是最新的视频分析、多种高清技术、云计算、物联网、大数据等都有很多阐述；并有针对性地以行业主流厂家的技术为背景介绍，让读者能够更加深入地了解行业主流产品与趋势；各个案例，如机场、铁路、平安城市等，都是非常“经典”的应用；另外，对物联网、云计算、大数据等新兴技术与安防&视频监控的结合应用进行了探讨阐述及趋势发展分析。

3. 关于作者

潘国辉，网名“西刹子”，现居北京，国家首批一级建造师，2000年毕业于沈阳建筑工程学院工业自动化专业，具有13年安全防范与视频监控从业经验。曾经服务于SIEMENS、TYCO、NICE等公司，具有大量的机场、铁路、地铁、平安城市、智能楼宇等安防项目的规划/设计/实施/调试/服务经验，目前在一家国际公司任职高级安防经理，全面负责公司安防系统规划、设计、运维、管理、应急响应、风险控制、培训等。曾先后在国内多个主流安防杂志上发表过大量论文，建有网站(www.sas123.cn)，取名“安天下”，口号是“安防天下、服务万家”，旨在与业内朋友分享、交流、探讨安防行业的新技术、新产品及应用。

读者在阅读本书的过程中若遇到疑问或难题，或对这本书有什么看法，可以发送E-mail至xichazi@126.com，或者登录www.sas123.cn进行讨论或寻求支持。

西刹子微信号：xichazi

西刹子QQ号：504123389

西刹子新浪微博：http://weibo.com/xichazi

安天下微信公众号：sas123cn

安天下网站：www.sas123.cn

安天下技术交流群（QQ群）：116982193

《安防天下》读者服务群（QQ群）：147341910

《安防天下》课件下载地址：请关注安天下微信号。

4. 读者群

行业初学者或者有一定从业经验的朋友，经常遇到的问题是个人知识点的不系统及经验的不够丰富，本书将有助于读者将行业知识与经验条理化、系统化、结构化，并能帮助读者解决以前曾经困惑过的一些问题。本书特别适合“弱电、安全防范、视频监控、物联网”相关专业的人员作为入门及深入学习的参考用书。由于作者既非专家又非学者，而是业内的普通实践人士，因此，本书难免存在一些纰漏及错误。建议读者在阅读本书的过程中多加思考，对有疑问或不理解的地方，可与作者本人或其他业界人士探讨，相信这样可以更有收获。

5. 鸣　谢

董波（EMC）

冯程（东方网力）

韩曦（BOSCH）

何智勇（广州睿捷）

栾大成（清华大学出版社）

刘宝林（海康威视）

马晓东《中国公共安全》

彭真《安全自动化杂志》

彭志远（朗驰欣创）

钱勇 (南通润诚)

沈滢章（NICE）

孙胜利（EMC）

魏宏（CRSC）

以上排名按照姓氏字母。

感谢安防天下所有的读者朋友！

王伟（AVIGILON）

汪怡平（中国电子工程设计院）

王海增（中星电子）

徐荟云（MAGAL）

雍军（互信互通）

杨勇《安防经理》

杨哲红（SIEMENS）

张建宇（TYCO）

张浔福《安全自动化杂志》

张冬《大话存储》作者

张新房（Honeywell）

曾遂全《中国安防》

张增锁（JohnsonControls）

6. 品牌声明

本书内容包括模拟监控、DVS、DVR、IPC、CMS、NVR、高清监控、视频存储、视频内容分析、网络传输、解码显示、物联网、大数据、云技术等，每个部分都独立成章。为了让读者更好地对相关内容进行理解，本书在部分章节中选用了一些行业主流厂商的相关产品进行深入介绍，以期读者可以将相关技术和产品结合应用。

本书参考如下公司产品资料（按字母排序）：

贝尔信 BEIISENT

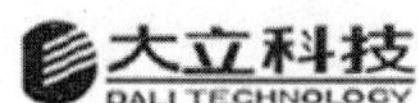

Honeywell H3C

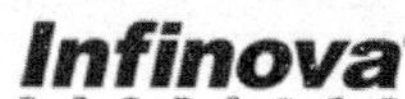

IBM KEDACOM

作者重点关注并参考如下公司产品（按字母排序）：

7. 参考资料声明

为了顺利地展开主题，本书在编写过程中参考了国内外的相关技术文章、资料、图片，并引用、借鉴了其中的一些内容(见书后的“参考资料”)。由于部分内容来源于互联网，因此无法一一查明原创作者、无法准确列出出处，敬请谅解。如有内容引用了贵机构、贵公司或您个人的文章、技术资料或作品却没有注明出处，欢迎及时与出版社或作者本人联系，我们将会在博客或网站中予以说明、澄清或致歉，并会在下一版中予以更正及补充。

读者反馈

1. 这本书陪伴我走过了公司的第一个月的实习，读了它，跟其他新同事交流，你会很有优越感的！
2. 这本书是安防行业很实用的一本入门书，很多同事都有！内容很实用，作者是针对实践而写的！
3. 看得出作者写此书还是用了些功夫的，众所周知，技术流的书难写也难读，让技术水平不同层次的读者多少都有所得，这本书应该做到了！
4. 这本书很好地解释了视频监控上的各种概念，为我们进一步了解智能化视频监控提供了一个很好的渠道，还融合了最新的设计理念，真的不错！
5. 这个书很不错，能够让你快速熟悉安防行业，了解这个行业的组成，能够清晰认识到安防监控的架构，让工作过程中的思路更加清晰！
6. 这是安防监控业界难得的专业技术好书，涵盖了所有监控、网络、存储等专业 IT 技术，是一本非常好的书，感谢作者！
7. 公司推荐让看的，才看了一些，个人觉得相当不错，难怪同行很多人都称赞这部书。刚入门的安防新人一定要看看，研究一下，作者讲解得非常细致，把目前国内主流安防系统都描述了，包括最新的智能视频分析技术。总之，是本值得一阅的书。
8. 我第一次购买了 5 本作为公司教科书，员工反映非常不错，想人人都有一本，大家感觉这本书非常专业、细致，特别适合安防从业人员学习、培训使用。我估计 3 年内再也不会有这么专业的书籍出现！赞一个！
9. 书里讲解的内容容易理解，每一个知识点不单纯从技术角度讲解，而是从应用角度，所以很受用，希望作者多多发表这样的作品。
10. 很不错，初学者和半桶水的人都可以买来看，值得学习参考，适合搞安防监控的各位同学。
11. 支持经过多年实践后写出来的作品，要比那些靠网页和抄标准规范的人强得多，就算有错误，也是这个行业进步的过程！

12. 作者的文笔很不错！特别是提示的比喻注重照顾那些不是专业的读者。
13. 内容全面，把视频监控的现状和发展方向基本点到位了。相当不错的入门书籍，把行业里的主流厂家都覆盖得差不多了。我说的入门就是想入这一行，做视频监控、安全监控来说的。
14. 这书写得还真不错、条理清楚、深入浅出、值得推荐！
15. 安防领域的书非常少，这本很不错，介绍得很全面！
16. 市面上为数不多的比较有质量的一本智能视频监控技术方面的参考书，挺不错。
17. 该书内容丰富全面，虽部分知识点无法做到非常深入，但作为全面了解视频监控系统，该书很好。
18. 个人觉得相当不错，难怪同行很多人都称赞这部书。刚入门的安防新人一定要研究一下，作者讲解得非常细致，是本值得一阅的书。
19. 很专业，也有各大品牌的产品介绍，很实际，符合市场。专业知识也介绍很详细，是监控人士必备的书籍，我正在慢慢研读。
20. 内容较详细，是积累行业背景的务实图书，是新加入安防行业的启蒙书，对已在安防行业的人，是一个总结。
21. 很实用，不和其他书一样教给你大量的概念，那样没用，有图有说明，案例丰富，很好！
22. 此书是行业内近几年难得的好书！首先此书涵盖了网络视频监控的主流技术及产品，深入浅出，语言通俗易懂；其次，大量的图片覆盖了各个不同知识点，便于理解；再次，有很多典型案例供读者参考和深入理解。难怪成为行业首推的参考书！

（以上内容从当当及京东网 2000+条评价中原文摘选,供购书参考）

目　录

第1章 视频监控技术概述

近几年，视频监控技术伴随着计算机、网络、存储、芯片、物联网、云计算、大数据等技术的发展而迅速发展，从早期的模拟视频监控、中期的数字视频监控、后来的智能视频监控技术及目前的高清视频监控系统，及刚刚发展的云视频监控，产品一直不断升级、系统结构不断变化、功能不断完善、应用领域也在一直不断扩展。

本章将对视频监控技术的发展过程、核心技术、现状及未来进行简单的介绍，让读者对整个视频监控行业的概况有所了解。

关键词

- 视频监控技术应用
- 视频监控技术发展过程
- 视频监控系统核心技术
- 视频监控技术发展方向
- 智能网络视频监控的概念

1.1 引 子

1.1.1 安全防范的雏形

1. 安防的元素

“篱笆、女人和狗”，是一部电视剧的名称；而在这里，可以表述成安全防范系统的几个元素——在这几个元素中，女人是弱者，是需要保护的目标；而篱笆，是边界，即把目标围起来的物理防范措施；狗，是人类的朋友，最大的作用是看家护院。用篱笆围起来，让狗狗守门口，院子里的女人就不用害怕了，毒蛇猛兽、土匪坏蛋都很难靠近女人。

2. 狗，阿黄

在这里，狗“阿黄”可以看作是女人视觉与听觉的延伸。不管是白天还是黑夜，它都高度警惕地监视着院子周围的状况，守护着主人的领地，这样屋里的女人就可以安心地去睡了。通常，阿黄守在院子的入口处，因为这里是入侵的必经之路，一旦有风吹草动、陌生来客，阿黄就会狂吠不止，给主人发出报警信息，这样女人在听到狗叫声后就可以出去看看，核实一下到底是真有坏蛋出现，还是偶而有村里的人路过自己的门前而已。

1.1.2 网络视频监控

1. 千里眼

“千里眼”，是传说中的特异功能，千里眼能够看到千里之外的景物，等价于我们目前广泛应用的远程网络视频监控技术。我们太需要这项技术了，过去、现在和将来都需要。有了千里眼，可以在北京看到边远地区人们安居乐业、和谐幸福；可以在广州公司的总部看到北京分公司运营情况；有了千里眼，可以在城市交通指挥中心观看城市道路交通实况……

2. 顺风耳与千里传音

“顺风耳”，也是传说中的特异功能，顺风耳能听到千里之外的声音，例如可以听到边塞百姓在唱什么歌，也可以监听到银行柜员与客户的对话。与此对应的“千里传音”技术，则可以远程传递声音过去，让企图偷窃轻轨沿线线缆的小偷停手，让黄线内的乘客远离站台以免发生危险，让高原上行走的牦牛远离高速铁轨(前提是它能听懂我们喊的话)。

1.1.3 智能视频识别

1. 狗，阿黑

原来的阿黄是土生土长的笨狗，阿黄趴在大门处，正对着溜光大道，由于过往的人比较多，而且对面是玉米地加白桦林，因此，人来人往、风吹草动，阿黄都会狂吠不止，女人有点烦，因为经常是虚惊一场。后来有人给女人支招，换了一只德国牧羊犬，也就是德国黑背(阿黑)，这种狗的智商那是相当的高。稍加训练，便可以对熟人不叫，对风吹草动也不叫，只有陌生人试图进院子或跨围栏的时候才叫，阿黑的高明之处在于能够自己对看到的场景进行独立思考并判断，进一步提取出其中的有效信息，与主人平日调教的规则进行对比，再决定是否向主人狂吠以告警提示。

2. 火眼金睛

火眼金睛，是孙悟空的特长，是孙悟空在太上老君的八卦炉中煅烧后的意外收获，孙悟空常说他老孙有火眼金睛，可以识得妖怪。同样的一个画面，唐先生看她是个村姑，老孙却识别出她是个妖怪，必须一棒子打死，就这么厉害。老孙的火眼金睛的厉害之处在于对于同样的画面，能够做到进行精确的信息提取并快速地识别与报警。

1.1.4 智能网络视频监控

闲言少叙，书归正传。旧时代的千里眼、顺风耳、千里传音、火眼金睛都是假的，是传说故事。而“阿黄”是真实的，“阿黑”也是真实的，是动物的真招实术。但无论是传说故事还是动物的真招实术，都给我们无限的启发。

在现实世界中，对传说故事中的特异功能或是狗的基本看家功能，我们人类都已经以电子设备的方式实现了。利用现代的图像传感器技术、音视频采集技术、编码压缩技术、信号传输/网络通信/计算机技术、视频内容分析技术，从早期模拟视频监控，到后来的数字视频监控及当前和未来的智能网络视频监控，视频监控系统已经实现了“千里眼”、“顺风耳”、“千里传音”、“火眼金睛”等各种功能，视频内容分析也经历了“阿黄”到“阿黑”的蜕变过程，并一直继续着。这个世界没有神话，人类才是真正的神话……

没错，如今的“千里眼”、“顺风耳”、“千里传音”讲的就是目前广泛应用的网络视频监控技术，可以实现音频和视频的远程传输；如今的“火眼金睛”就是视频内容分析技术，可实现对视频内容快速检查并提取关键的信息；而如今的“阿黄”就是早期的视频分析技术VMD，而“阿黑”就是高级的视频内容分析技术，是基于背景分离、目标跟踪、提取与识别的分析功能。

1.1.5 高清视频监控

高清视频监控很容易理解，标清视频监控及高清视频监控是相对的概念，可以分别参考我们日常生活中的VCD(CIF)、DVD(D1)画质及后来的720P、1080P及4K技术。高清视频监控可以带来更好的画面呈现及更多的细节描述，但同时对传输及存储也带来了更大的压力。

1.1.6 云视频监控

云计算在近几年飞快发展，各行各业都在借鉴、引入云计算技术以应用到本行业。安防监控行业与云计算有很多契合点，目前已经有一些落地的云监控应用。云视频监控在一些超大规模的项目上具有绝对的优势，通用的云架构需要进行优化改良以适应安防监控的应用，传统的安防监控厂商需要转换角色以进入云时代。云计算必将推动高清、智能化监控应用。

1.2 视频监控技术发展过程

视频监控技术按照主流设备发展过程，可以分为 4 个大的阶段，即 20 世纪 70 年代开始的模拟视频监控阶段、20 世纪 90 年代开始的数字视频阶段、2000 年兴起的智能网络视频监控阶段及 2010 年开始的高清视频监控阶段。

模拟监控阶段的核心设备是视频切换矩阵，数字视频阶段的核心设备是硬盘录像机(DVR)，智能网络视频监控时代没有核心硬件设备，系统变得开放而分散，设备包括网络摄像机(IPC)、视频编码器(DVS)、网络录像机(NVR)及中央管理平台(CMS)等、2010 年后高清摄像机及编码技术的应用得到普及，并逐步与物联网、云计算结合应用发展。

目前的实际应用中，各种类型的产品和系统架构均有一定比例，并均将继续存在一定时间，但从长远看，智能网络高清视频监控系统代表了视频监控技术未来的发展方向。

- 第一代视频监控系统(即模拟视频监控系统)由模拟摄像机、多画面分割器、视频矩阵、模拟监视器和磁带录像机(VCR)等构成，摄像机的图像经过同轴电缆(或其他介质)传输，并由 VCR 进行录像存储，由于 VCR 磁带的存储容量非常有限，因此 VCR 需要经常地更换磁带以实现长期存储，自动化程度很低，另外 VCR 的视频检索效率十分低下。
- 第二代视频监控系统(即数字视频监控系统)产生于 20 世纪 90 年代，以 DVR 为主要标志性产品，模拟的视频信号由 DVR 实现数字化编码压缩并进行存储。DVR 对 VCR 实现了全面取代，在视频存储、检索、浏览等方面实现了飞跃，之后 DVR 在网络功能上不断强化。
- 第三代视频监控系统(即智能网络视频监控系统 IVS，Intelligent Video Surveillance)，开始于本世纪初，主要由网络摄像机、视频编码器、高清摄像机、网络录像机、海量存储系统及视频内容分析技术(Video Content Analysis，VCA)构成，可以实现视频网络传输、远程播放、存储、视频分发、远程控制、视频内容分析与自动报警等多种功能。

注意： 对视频监控时代的划分，实际上没有严格的界限和定义，除了以上三个时代，行业中也有 “模数混合时代”、“IP 监控时代” 等不同的叫法，而事实上也的确如此，各个时代并没有严格的界限，多数是互相重叠、多种架构并存的。

- 第四代视频监控系统(即智能高清视频监控系统)实质包含了数字高清、模拟高清、网络高清、云视频监控等多种产品及架构形态，并且还在不断探索、发展过程中。

1.2.1 模拟视频监控时代

第一代视频监控系统也叫做闭路电视监控系统，简称 CCTV(Closed Circuit Television)，是完全模拟的视频监控系统。此类技术产生于 20 世纪 70 年代，并逐步得到广泛应用，直到目前，模拟视频监控系统仍然因为其长期的应用积累而具有广大的市场占有率。

注意：“闭路电视”的称呼是与“开路电视”相对应的说法，闭路电视系统中从摄像机、传输系统到视频切换显示环节，都是通过线缆形成“一对一”的封闭式连接；而开路电视，如我们身边的“电视接收机”，接收到的是无线信号，是开放的而不是“闭路”的形式。

提示：最早应用“闭路电视监控”系统的是 20 世纪 40 年代的德国和美国，当时主要是用来作为军事试验的辅助设备，而并非后来的“安全监控应用”目的。到 20 世纪 70 年代左右，英国开始部署大量的摄像机用于城市安全防范，如早期的伦敦，部署了数以万计的摄像机在公路、地铁、车站等公共场所，用来打击犯罪，构建“平安”城市，创建“和谐”社会。

闭路电视监控系统的主要组成包括视频信号采集部分、信号传输部分、切换控制部分及显示与录像部分。

- 视频信号采集部分主要为摄像机(镜头)及相关配件；
- 信号传输部分负责将摄像机的电信号传输到矩阵主机或显示与记录设备，或反向将矩阵主机(控制终端)的控制信号发送给解码器以控制镜头或云台动作(统称 PTZ 控制)控制等；
- 切换控制部分是系统的核心，主要功能是进行视频图像的切换及前端设备的控制；
- 显示及录像部分主要为监视器和长延时录像机，用来显示和记录前端摄像机传输过来的视频信号。

1. 视频采集设备

视频采集设备主要包括摄像机、镜头、防护罩、支架、解码设备、电动云台等，实现的主要功能是将光信号转变成电信号。主要视频采集设备列举如下：

- 摄像机(Camera)
- 镜头(Lens)
- 防护罩(Housing)

- 支架(Bracket)
- 解码器(Decoder)
- 视频分配器(Video Distributor)

2. 信号传输设备

信号传输设备主要包括信号收发器、信号放大器、铜缆、光缆等，其主要功能是实现视频信号的上行传输及控制信号的下行传输。主要信号传输设备列举如下：

- 各类线缆及连接器
- 信号收发器(Sender/Receiver)
- 信号放大器(Amplifier)

3. 切换控制设备

切换控制设备主要包括矩阵控制器、控制键盘、控制码发生器等，主要负责视频信号的切换及前端设备的控制。主要切换控制设备列举如下：

- 矩阵(Matrix)
- 控制码发生器
- 键盘(Keyboard)
- 人机界面(GUI)

提示：矩阵解决的问题是“用少量甚至一台监视器可以观看到多台摄像机的画面”。通常，一个项目需要部署很多台摄像机，进行多个场景的视频监控，但是，受监视器的成本、监控中心的空间、值班人员的精力等因素限制，一台摄像机对应一台监视器的做法是不现实的，矩阵解决了这个问题。

4. 显示与记录设备

显示与记录设备主要包括监视器、画面分割器、磁带录像机等，显示与记录设备把从现场传来的电信号在监视设备上进行图像显示或记录。显示与记录设备列举如下：

- 多画面处理器(Multiplexer)
- 多画面分割器
- 监视器(Monitor)
- 磁带录像机(VCR)

1.2.2 数字视频监控时代

数字视频监控时代的标志性产品是硬盘录像机，简称 DVR(Digital Video Recorder)。硬盘录像机起始于 20 世纪 90 年代，在本世纪初得到大规模应用，硬盘录像机的出现将磁带录像机(VCR)送上了末路。硬盘录像机实质是集音视频编码压缩、网络传输、视频存储、远程控制、解码显示等各种功能于一体的计算机系统，其主要组成是视频采集卡、编码压缩程序、存储设备、网络接口及软件体系等。

早期的 DVR 主要是进行数字化视频存储，在网络传输、软件应用、虚拟矩阵等方面的功能并不十分完善，因此在实际项目应用中，通常 DVR 与模拟矩阵配合使用，系统的控制和切换仍然由矩阵完成，而 DVR 仅仅代替了磁带录像机，实现对视频的数字化录像。硬盘录像机经过不断发展、升级，在网络支持、虚拟矩阵、软件应用等功能上逐步得到加强，在一些项目中，可以以 DVR 为系统核心设备，以网络为支撑，实现视频监控系统的虚拟矩阵切换、存储、控制、管理等功能，在此情况下模拟矩阵不再是必需的。

提示：硬盘录像机并不是完全“数字化”的设备，其与模拟摄像机的连接仍然通过同轴线缆而不是网络接口，DVR 实质是半模半数的设备。硬盘录像机视频采集卡的 A2D 芯片将模拟信号转换成数字信号，之后编码压缩，然后写到硬盘录像机的硬盘中，而远端客户可以通过网络访问硬盘录像机视频资源。

1. 硬盘录像机的主要功能

与传统的模拟录像机相比，硬盘录像机的优越性表现在很多方面。比如录像时间长，最大录像时间取决于连接的存储设备的容量；支持的视音频通道数量多，可进行几路、十几路、甚至几十路同时录像；录像质量不会随时间的推移而变差；功能更为丰富，强大的应用软件支持；联网能力强，多台硬盘录像机联网可以构成大规模系统。

2. PC 式与嵌入式

DVR 分为 PC 式及嵌入式两个产品形态，两者各有优缺点，并都有广泛的实际应用。PC 式 DVR 一般采用工业主板加视频采集卡的架构，软件建立在 Windows(或者 Linux)操作系统上；嵌入式 DVR 基于嵌入式处理器和嵌入式实时操作系统，系统没有 PC 式那么复杂和功能强大，结构比较单一，产品性能比较稳定。

3. 编码压缩算法

DVR 的关键技术是编码压缩算法，目前主流的算法是 MPEG-4，此编码算法基于视频对象进行编码，考虑到帧内冗余及帧间冗余，可以在有限的码流下实现良好的视频图像质量，是目前大多数厂家采取的压缩算法。H.264 是近几年兴起并得到大力推广的算法，可以看成是对 MPEG-4 算法的升级和优化，能够进一步节省码流并提供更好的图像质量。DVR 应用中存在的主要视频编码方式如下：

- MJPEG
- MPEG-2
- MPEG-4
- H.264

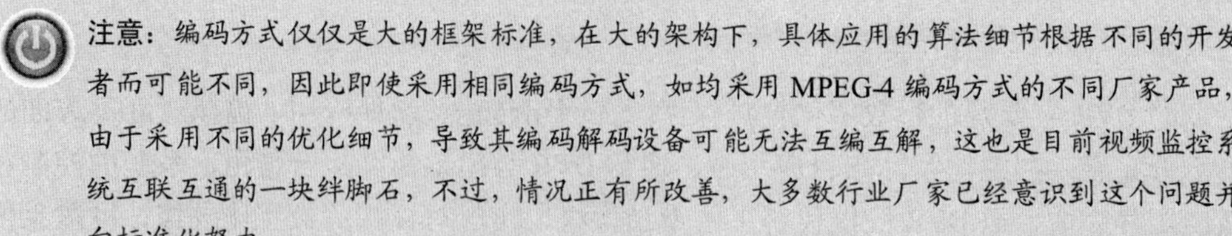
注意：编码方式仅仅是大的框架标准，在大的架构下，具体应用的算法细节根据不同的开发者而可能不同，因此即使采用相同编码方式，如均采用 MPEG-4 编码方式的不同厂家产品，由于采用不同的优化细节，导致其编码解码设备可能无法互编互解，这也是目前视频监控系统互联互通的一块绊脚石，不过，情况正有所改善，大多数行业厂家已经意识到这个问题并向标准化努力。

1.2.3 智能网络视频监控时代

智能网络视频监控技术在近几年得到广泛的应用和发展，智能网络视频监控系统的主要构成是网络摄像机(IPC)、视频编码器(DVS)、网络录像机(NVR)、视频内容分析(VCA)单元，中央管理平台(CMS)、解码设备(Decoder)、存储设备等。智能网络视频监控系统采用完全分布式的架构，系统架设在网络上，不受地域空间的限制，利用智能管理软件可以实现视频资源的管理、整合、配置、传输、调用、存储、报警、集成等。

注意：严格来说，利用模拟摄像机加视频编码器构成的视频监控系统不是真正的网络视频监控系统，因为摄像机到编码器之间是模拟信号，而不是网络信号传输，但是考虑到此架构实质功能与 IP 摄像机等价，并会长期存在，因此，本书将模拟摄像机+视频编码器构成的视频监控系统当成是网络监控系统。

1. 视频采集编码设备

视频采集编码设备主要有模拟摄像机、视频编码器、网络摄像机、高清摄像机等，主要完成视音频信号的采集、数字化、编码压缩及网络传输。

2. 中央管理平台(CMS)

CMS 是网络视频监控应用中有关软件的通称，其构成形式多种多样，主要功能是资源的管理、媒体的分发、存储管理、告警服务、用户服务等功能。

3. 网络录像机(NVR)

NVR 的主要功能是完成视频的存储、转发与回放，与 DVR 的显著区别是：NVR 不直接与模拟视频信号连接，其存储与转发的是前端设备已经完成编码的视频流，因此，NVR 必须配合网络摄像机或视频编码器才能构成完整的系统。

4. 解码显示设备

解码显示设备主要将网络传输过来的数字视频信号还原成模拟信号进行输出显示。

5. 视频内容分析(VCA)

视频内容分析技术(Video Content Analysis，VCA)来源于计算机视觉，它能够在图像及图像描述之间建立映射关系，从而使计算机能够通过图像处理和分析来理解画面中的内容，其实质是“自动分析和抽取视频源中的关键信息”。

目前，将部署了视频内容分析单元的系统称为智能网络视频监控系统(Intelligent Video Surveillance，IVS)，IVS 将大量的、枯燥的视频内容分析工作交给了编码器或计算机，将保安人员从传统的繁重监控任务中解脱出来，实现系统自动探测跟踪并触发报警，保安人员只需要进行录像查看，确认警情并联络相关部门采取措施。

1.2.4 高清视频监控时代

视频监控系统应用发展较快，主要得益于与 IT/网络技术的密切关联。传感器、编解码芯片、(移动)互联网、物联网、云技术、大数据等各类新技术的涌现，为视频监控的发展带来非常大的影响。

- HD-CCTV 数字高清用来满足高清实时性需求；
- IP 高清具有联网及扩展优势；
- 云计算具有强大的视频存储及计算资源；
- 大数据技术为视频数据的价值提取及挖掘提供支撑。

1.3 视频监控的核心技术

1.3.1 光学成像器件

光学成像设备是监控系统的核心技术部件，光学成像器件主要包括镜头及感光器件，目前感光器件主要是 CCD 和 CMOS 两种。

CCD 器件的主要优点是高解析、低噪音、高敏感度等。早期的 CMOS 技术主要用于低端市场，但随着 CMOS 技术的不断完善，在高分辨率、高清摄像机中，CMOS 迅猛发展起来，并显示出越来越强的技术优势和市场竞争力。

提示：CCD，是英文 Charge Coupled Device，即电荷耦合器件的缩写，它是一种特殊半导体器件，上面有大量的感光元件，每个感光元件叫一个像素。CMOS，是英文 Complementary Metal Oxide Semiconductor 的缩写，本意是指互补金属氧化物半导体，是一种大规模应用于集成电路芯片制造的原料。

1.3.2 视频编码压缩算法

视频编码压缩的目的是在尽可能保证视觉效果的前提下减少视频数据量。由于视频可以看成是连续的静态图像，因此其编码压缩算法与静态图像的编码压缩算法有某些共同之处，但是运动的视频还有其自身的特性，因此在压缩时还应考虑其运动特性才能达到高压缩的目的。视频的编码压缩是视频监控系统数字化、网络化的前提条件，不经过编码压缩的视频信息的数据量大到计算机、网络带宽及硬盘存储均难以承受，因此，如何对大量视频数据进行有效的编码压缩就成为一个非常关键的问题。

提示：以标清 D1 图像为例，如果每秒传送 25 帧数据，未经压缩时，对网络带宽需求是 16MB/s 的数据量(720 × 576 × 12/8 × 25=15.5MB)，经过编码压缩，其每秒视频数据占用的网络带宽(码流)变得小得多。MPEG-4 算法可将 D1 效果实时视频(25 帧/秒)压缩成码流为 2Mbps 左右，而图像质量尚可接受。

1.3.3 视频编码压缩芯片

视频编码压缩的核心是算法，但是，算法的实现是基于运算处理芯片的。视频编码算法在不断地改进以降低码流、提升图像质量，算法复杂程度的不断提升给芯片的处理能力带来不断的挑战。

目前市场上流行的视频编码芯片主要有 DSP 和 ASIC 两大类，其中 DSP 为通用媒体处理器，即以 DSP 为核心并集成视频单元和丰富的外围接口，DSP 通过软件编程来实现视频编解码且能扩展多种特色化功能。ASIC 是专用视频编码芯片，它可以集成一些外围接口，通过硬件实现视频编解码。另外，还有利用 CPU 运行压缩算法的方式。

提示：在 MPEG-4 及 H.264 视频编码方式下，由于相邻帧之间需要进行运动估计与运动补偿，因此需要占用大量的计算资源，而要想在有限的带宽下得到良好的图像质量，必须运用复杂的算法(如 H.264 算法大约比 MPEG-4 复杂 2 倍)，因此，芯片处理能力必须提高以满足视频编码压缩算法更加复杂带来的运算需求。另外，视频分析技术前端化也给芯片处理能力带来更高的挑战。

1.3.4 视频管理平台

智能网络视频监控系统中不再具有类似矩阵的硬核心产品，所有的设备、组件、服务变得分散、多元化，在此情况下，网络是依托，而视频管理平台是灵魂。

整个视频监控系统的“形散而神不散”架构完全靠管理平台的有效整合，尤其是在大型的系统中，平台将发挥越来越重要的作用，而视频监控系统也逐步走出安防监控领域，向其他领域应用扩展。

提示：模拟视频监控系统中，所有设备都是模拟的器件，是实实在在的硬件设备，后来，为方便管理，部分厂家开发出人机交互界面(GUI)，主要用来做设备配置和简单视频操作应用(如利用视频采集卡与矩阵连接可以浏览视频图像等)，软件平台是个辅助手段而已。在网络视频监控时代，设备管理、PTZ控制、虚拟矩阵支持、视频浏览、视频转发、视频存储、报警管理等各项功能都依靠系统平台支持，平台变成系统不可或缺的重要组成部分，各个厂家也开始转变“重硬轻软”的观念，开始在软件平台上加大力气投入。

1.4 视频监控的发展方向

1. 开放性

受制于安防监控的发展历程及行业背景，目前的一个问题是网络视频监控行业没有统一的标准，导致了不同厂家之间的编解码设备、平台软件、存储、控制设备之间无法互编互解、互联互通，而在实际应用中，这样的需求非常普遍。由此带来的问题是系统需要二次开发，需要大量的后期整合，给集成商和用户带来极大的困惑。构建开放式的视频管理平台，在该平台上实现不同厂家设备、不同应用系统的互联互通，最终实现统一管理、统一调度将是整个行业未来发展的方向。

目前行业已经有机构进行标准的制定，同时各个厂家也在积极走向开放，走向标准。理想的接口标准应该是深层次的、可操作的、源于实际而高于实际的。

提示：在2008年，Axis、Bosch和Sony设立了网络视频接口标准ONVIF，之后又有另外一个标准组织PISA成立(包括Cisco、IBM、Pelco等成员)，可以想象，未来的安防视频监控市场，可能像我们今天的IT卖场一样，我可以根据需求，自己采购符合标准的网络摄像机、编码器、管理软件，而不再受制于某个厂商，也无需令人头痛的二次开发工作。

2. 智能化

视频内容分析(VCA)技术利用计算机视觉技术，通过将场景中背景和前景目标分离，进而探测、提取、跟踪在场景内出现的目标并进行行为识别。用户可以通过在场景中预设报警规则，一旦目标在场景中出现了违反预定义行为规则的情形，系统会自动发出报警，监控工作站自动弹出报警信息并发出提示音，用户可以通过点击报警信息，实现报警的视频场景重构并采取相关措施。

VCA 技术对传统的视频监控技术是一个“颠覆性”的创新，改变了多年来人们应用视频监控系统的习惯。VCA 技术在目前阶段还有一些问题需要改进和提高，但是其先进的理念已经得到了几乎所有行业用户的认同。

提示：视频内容分析技术(VCA)来源于国外，开始阶段是在军队中应用，后来逐步民用化。其优势是将安保人员从对成百上千的摄像机“死盯屏幕”任务中解脱出来，把对可疑行为的探测工作交给计算机算法来完成，而操作人员的主要任务是响应报警并进行警情复核、确认。VCA 技术在中国得到迅速发展，机场、铁路、地铁、银行、监狱、军队、平安城市等均有一些成功的部署案例。

3. 高清化

高清网络摄像机较传统模拟摄像机、普通网络摄像机具很多优势。

- 高清晰度，百万像素级的传感器，可以获得更多的视频信息；
- 逐行扫描技术可以让画面更清晰、自然流畅、无失真；
- 数字 PTZ 功能，没有机械移动部件，更稳定耐用；
- 一个高清摄像机可以代替多个普通摄像机对相同范围场景的监控，节省线缆、安装及维护成本。

提示：高清摄像机并不完全等于“百万像素摄像机”，“高清”一词是借鉴了广播电视系统的概念，目前，支持 1280×720 逐行扫描、1920×1080 隔行扫描、1920×1080 逐行扫描三种显示模式的电视可以称为“高清”电视。对于高清摄像机，还有其他指标要求：一个指标是帧率，按照广播电视中“高清”概念，高清应该是实时视频，即 25 帧(PAL 制式下)/秒，还有在色彩还原性指标方面，图像质量要求更高，并且图像长宽比应为 16：9 格式。

4. 民用化

如前所述，早期的视频监控系统是安防系统的一个分支，它与门禁系统、防盗系统(周界报警)共同构成安全防范系统(Security)。随着视频监控系统技术的不断发展，功能不断完善，已远远超出了传统的专业“安防监控”的范畴，在企业运营、工厂安全生产、交通道路管理、学校监考等领域不断得到扩展应用并发挥越来越大的作用。

而未来的视频监控系统，将会在民用住宅等场所得到越来越多的应用，系统的架构方式将会如同民用“互联网接入”的方式，由专门的运营公司提供设备和服务，而用户仅仅需要提供“月租金”而已，从而实现家庭远程视频监控。目前实际上已经有运营商提供此服务。

5. 无线化

视频监控系统最大的特点是其与计算机技术、网络技术、存储技术、芯片技术等密切相关，其自身的发展是严格受制于其他配套行业的技术发展的。其实无线化传输对于视频监控系统而言，早已是个很好的应用模式，带来的好处毋庸多说。如今，无线技术终于得到全面的商业化应用，因此，必将推动视频监控系统的无线化进程。

6. 解决方案化

早期视频监控系统通常是“一套设备及系统通用于各个行业，仅仅在设备配置及系统架构上进行优化设计”而已。未来视频监控系统为满足不同行业特殊化、定制化的需求，通常需要在硬件、软件平台、架构上进行针对性开发、设计及部署，以最大化发挥安防监控系统功能。目前在部分行业已经有所体现，部分厂商已经针对不同行业提出真正的行业化解决方案。

1.5 智能网络视频监控概念

1.5.1 本书内容、范围说明

网络视频监控系统的构成主要包括：网络摄像机、DVS 设备、DVR 设备、网络传输系统、网络录像设备(NVR)、中央管理平台(CMS)、视频内容分析(VCA)、存储设备及解码显示设备。

而高清视频监控系统还包括 SDI 数字高清摄像机、960H 高清摄像机、HDCVI 高清摄像机等前端设备及后端配套设备(传输、存储、解码显示等)。

本书内容还包括了网络高清、模拟高清、数字高清、视频分析、PSIM、物联网、云计算、大数据等新兴技术与安防监控的结合应用。

1.5.2 本书术语、缩写说明

以下所列的术语、缩写及规范是本书中涉及到的设备的统一称呼，主要为规范称呼、方便读者阅读、理解。它不是行业标准、不是某家公司的标准，而仅仅适用于本书，其他场合下请读者根据具体情况来考虑。

表 1.1 本书术语缩写一览

序 号	缩 写	英文全称	中文全称
1	IVS	Intelligent Video Surveillance	智能视频监控系统
2	CCTV	Close Cuicuit TV	闭路电视监控系统

续表

序　号	缩　写	英文全称	中文全称
3	VCR	Video Cassette Recorder	盒式磁带录像机
4	Codec		编码解码技术
5	DVR	Digital Video Recorder	硬盘录像机
6	HDVR	Hybrid Digital Video Recorder	混合 DVR
7	NVR	Network Video Recorder	网络录像机
8	DVS	Digital Video Server	视频编码器
9	IPC	Internet Protocol Camera	网络摄像机
10	HD IPC	High Definition IPCamera	高清摄像机
11	MPC	Magapixel Camera	百万像素摄像机
12	CMS	Central Management System	中央管理系统平台
13	VCA	Video Content Analysis	视频内容分析
14	Decoder	DC	解码器
15	SAS	Security and Surveillance	安全防范及视频监控
16	PDP	Plasma Display Panel	等离子显示屏
17	LCD	Liquid Crystal Display	液晶显示屏
18	DLP	Digital Lighting Progress	数字光处理
19	PSIM	Physical.SecurityInformationManagement	物理安防信息管理平台
20	CC	Cloud Computing	云计算
21	IaaS	Infrastructure as a Service	基础架构即服务
22	PaaS	Platform as a Service	平台即服务
23	SaaS	Software as a Service	软件即服务
24	HDFS	Hadoop Distributed File System	Hadoop 分布式文件系统
25	IOT	Internet Of Things	物联网
26	RFID	Radio Frequency Identification	射频识别技术

提示：如前所述，智能网络视频监控行业没有标准和规范，因此，在术语、缩写、规范上，不同地区、不同厂商、不同媒体有不同的约定，导致行业内有一定的困惑，比如DVS，有的公司称呼视频编码器为DVS，有的公司称呼具有网络录像功能的服务器为DVS，而其他公司可能称这类设备为NVR。

1.5.3 本书内容拓扑结构图

智能网络&高清视频监控系统的构成就是本书的章节构成，本书内容涵盖了智能网络&高清视频监控系统的各个环节，并具有系统设计与应用实战章节，本书的结构拓扑如图1.1所示。

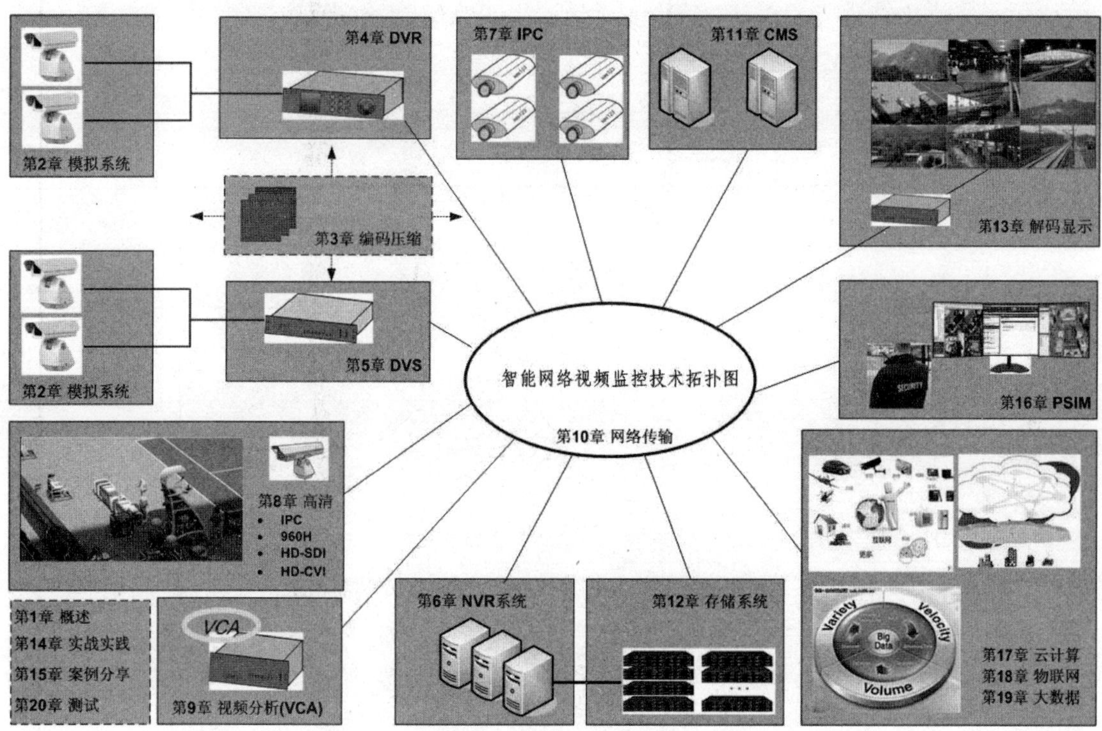

图1.1 智能网络&高清视频监控系统拓扑图

读书笔记

第 2 章 模拟视频监控系统

早期的视频监控系统所有部件都是模拟设备，称为模拟系统。模拟视频监控系统具有技术成熟、性能稳定、操控性好等优点，至今已经存在并发展了 30 多年。随着计算机技术、多媒体技术、网络技术、存储技术与视频监控技术的不断融合，视频监控系统的组成、架构发生了根本变化，模拟系统正在慢慢地退出历史舞台。模拟视频监控系统虽然风光不再，但是其在安防监控的历史上写下了厚重的一笔。

关键词

- 模拟监控系统组成
- 视频采集设备
- 信号传输设备
- 矩阵切换控制设备
- 显示及录像设备
- 夜视监控设备
- 模拟监控设备选型

2.1 模拟监控系统的构成

模拟视频监控系统又称闭路电视监控系统，一般由前端信号采集部分、中间信号传输部分、后端矩阵切换及控制部分、显示及录像等 4 部分组成，典型的模拟视频监控系统结构如图 2.1 所示。

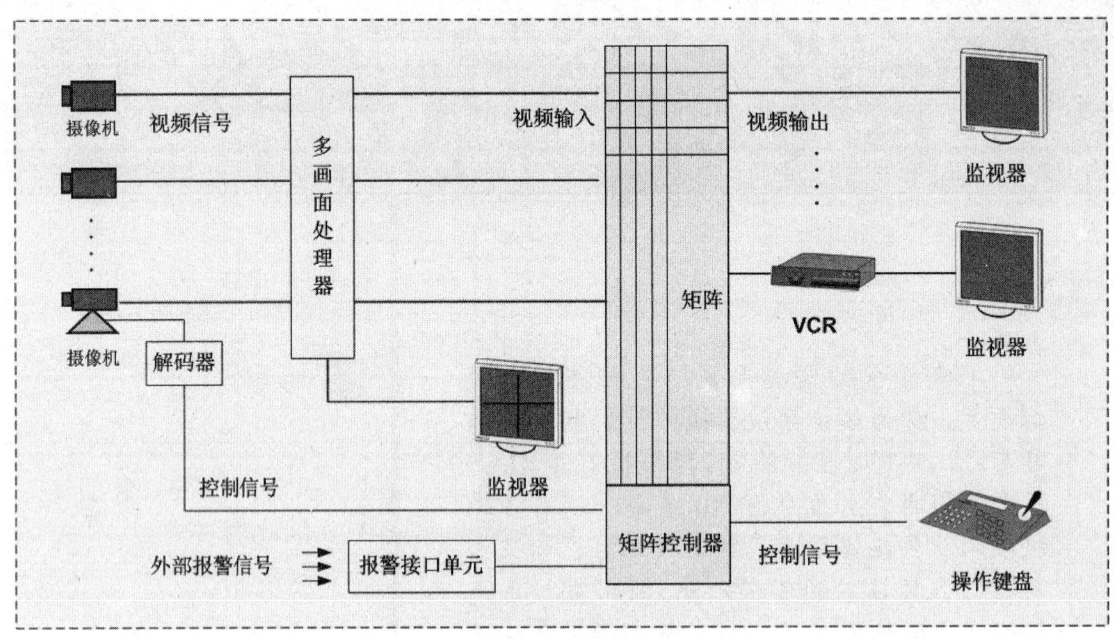

图 2.1 模拟视频监控系统结构示意图

图 2.1 中：

- 前端视频采集设备(摄像机)将光信号转换成电信号后，通过信号传输部分传送到矩阵输入端，矩阵的输出连接到监视器，利用矩阵的切换功能实现前端摄像机到监视器之间的选择切换；
- 操作键盘与矩阵控制器连接，控制信号通过信号传输通道发送到前端摄像机的解码器，进而实现对云台及镜头的控制(PTZ 操作)；
- 多画面处理器的作用是在一个监视器中可以同时以“多画面分割形式”显示多个画面，从而节省了监视器或录像机；
- 磁带录像机(VCR)可以对选择的视频信号进行录制，报警接口单元实现其他系统如门禁、防盗系统的报警信号接入，进而完成报警集成联动功能。

2.2 视频采集设备

视频采集设备包括摄像机、镜头、云台、解码器、支架、防护罩、视频分配器等。可以根据不同的需要选择不同的设备，如室内环境可能只需选择摄像机、镜头，而室外摄像机可能需要配置防护罩、支架及辅助灯光等，如果需要进行大范围监视，则需要给摄像机配置云台及变焦镜头。视频采集设备的核心是摄像机及镜头，实现光信号到电信号的转变；防护罩对摄像机及镜头实现保护功能；云台承载摄像机，实现摄像机上下左右的运动；解码器接收控制矩阵发来的控制信号，转换成电信号，实现对云台的上下左右运动(Pan、Tilt)的控制及变焦镜头的拉近拉远(Zoom In、Zoom Out)控制；加热器、雨刷等是辅助设备，可以给摄像机提供合适的运行环境。视频采集设备的结构如图 2.2 所示。

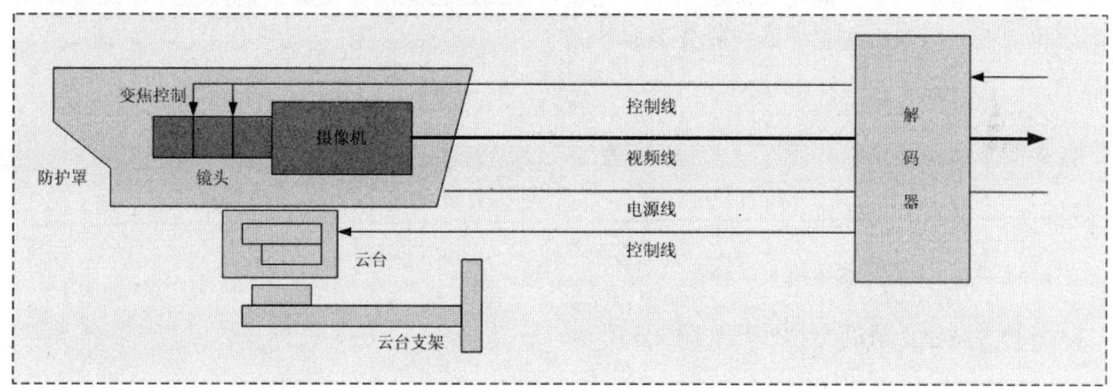

图 2.2 视频采集设备的结构

2.2.1 摄像机相关技术

通常，摄像机是指含镜头的摄像机，如半球摄像机、快球摄像机等都是摄像机和镜头构成的一体化设备。但是，对于普通枪式摄像机，由于可能需要配置不同类型的镜头，因此“摄像机”一般是指不包括镜头的裸摄像机，那么在实际使用中需根据应用的具体需求，选择一个合适的镜头与裸摄像机配套。

1. 摄像机的工作原理

摄像机的主要部件是电耦合器件(Charge Couple Device，CCD)，它能够将光线信号变为电荷信号并可将电荷储存及转移，也可将储存的电荷取出，使电压发生变化，因此是理想的摄像元件。CCD 的工作原理是：被摄物体反射的光线传播到镜头，经镜头聚焦到 CCD 芯片上，CCD 根据光的强弱积聚相应的电荷，各个像素积累的电荷在视频时序的控制下，逐点外移，经滤波、放大处理后，形成视频信号输出。

注意：长期以来，视频监控系统中摄像机所采用的图像传感器绝大多数都是 CCD 图像传感器，它具有分辨率高、灵敏度高、信噪比高、动态范围宽等特点。近年来，CMOS 图像传感器发展迅猛，其以体积小、集成度高、功耗低等优点，广泛应用于数字网络视频监控系统前端设备中。

2. 摄像机的分类

摄像机按照不同分类方法，可以有很多种分类，并且各个分类之间是交叉的。比如按照色彩可以分类为彩色摄像机和黑白摄像机；按照 CCD 的靶面尺寸可以分为 1/3"和 1/4"等；按照同步方式可以分成内同步、外同步、电源同步；按照照度指标分成一般照度、低照度、星光级照度摄像机等。而在实际应用中，比较直观的、常见的分类方式是按照外形来设计及部署摄像机，摄像机按照外形一般分类如下：

- 枪式摄像机
- 半球摄像机
- 一体云台摄像机
- 快球一体化摄像机

各种类型摄像机的实物外观如图 2.3 所示。

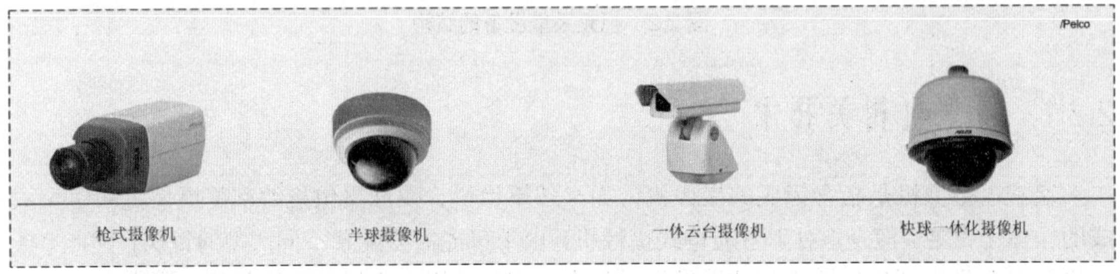

图 2.3 摄像机外观实物图

3. 摄像机的主要参数

(1) CCD 尺寸

CCD 尺寸主要有 1/4"、1/3"、1/2"几种，在同样的像素条件下，CCD 面积不同，也就直接决定了感光点大小的不同。感光点(像素)的功能是负责光电转换，其体积越大，能够容纳电荷的极限值也就越高，对光线的敏感性也就越强，描述的图像层次也就越丰富。

(2) 清晰度

清晰度是指人眼看到的宏观图像的清晰程度，是由系统和设备的客观性能的综合因素造成的人们对最终图像的主观感觉。清晰度作为一种主观感觉，是可以定量地进行测量的，它有标准的测量方法。评估摄像机清晰度的指标是水平分辨率，其单位为电视线(TVLine)，其数值越大成像越清晰。图像清晰度与 CCD 和镜头有关，与摄像机电路通道的频带宽度直接相关(通常规律是 1MHz 的频带宽度相当于清晰度为 80TVLine)。

(3) 分辨率

分辨率指在视频摄录、传输和显示过程中所使用的图像质量指标，或显示设备自身具有的表现图像细致程度的固有屏幕结构，换句话说就是指单幅图像信号的扫描格式或显示设备的像素规格。分辨率的单位是“像素点数 Pixels”，而不是“电视线 TVLine”，分辨率代表着水平行和垂直列的像素数目，用“水平像素×垂直像素”来表达，如 1280×1024 代表水平行有 1280 个像素而垂直列上有 1024 个像素。这样整个画面大约有 130 万个像素，分辨率越高，就可以呈现更多信息，图像质量越好。在传统的 CCTV 系统中，受制于技术本身的限制，最大分辨率为 720×480(NTSC 制式)及 720×576(PAL)，那么相当于总共像素数量约 40 万像素，就是常说的 D1 分辨率水平。

注意：图像信号的分辨率与显示设备的分辨率，都是不会改变的，而对同样的图像信号和显示设备，我们看到的清晰度却是可以改变的，因为清晰度虽然在显示设备上得到体现，但是不仅与图像信号本身及显示设备分辨率有关，还与信号通道带宽有关系。也就是说，图像信号、显示设备及传输通道三个因素共同决定着清晰度。从数值上来说，同一信号，清晰度将小于分辨率；同一分辨率的图像信号，通过不同的传输渠道和不同的显示设备，最终得到的图像清晰度是各不相同的。因此，分辨率与清晰度之间并没有直接换算关系。

(4) 最低照度

照度是反映光照强度的一种单位，其物理意义是照射到单位面积上的光通量，照度的单位是每平方米的流明(Lm)数，也叫做勒克斯(Lux，法定符号为 Lx)：$1Lx=1Lm/m^2$。最低照度是测量摄像机感光度的一种方法，也就是说，标称摄像机能在多黑的条件还可以看到可用的影像。

简单地说，在暗房内，摄像机对着被测物，然后把灯光慢慢调暗，直到监视器上快要看不清楚被测物为止，这时测量光线的照度，就是该摄像机最低照度。通常用最低环境照度指标来表明摄像机灵敏度，黑白摄像机的灵敏度一般是在 0.01~0.5Lx 之间，彩色摄像机多在 0.1Lx 以上。

考察最低照度指标还需要看这个指标是在什么条件下测得的。如摄像机标称最低照度指标：0.25Lx/F1.4/50IRE/AGC ON，这表明 0.25Lx 的低照度是用 F1.4 通光量镜头、视频信号测量电平在 50IRE(350mv)、AGC 为 ON 的条件下测出来的。

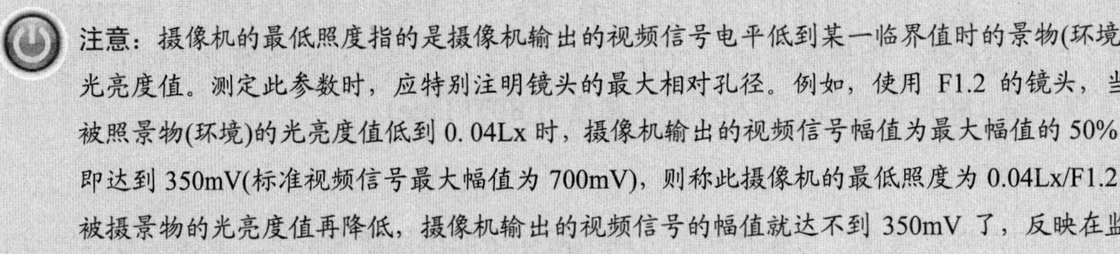

注意：摄像机的最低照度指的是摄像机输出的视频信号电平低到某一临界值时的景物(环境)光亮度值。测定此参数时，应特别注明镜头的最大相对孔径。例如，使用 F1.2 的镜头，当被照景物(环境)的光亮度值低到 0. 04Lx 时，摄像机输出的视频信号幅值为最大幅值的 50%，即达到 350mV(标准视频信号最大幅值为 700mV)，则称此摄像机的最低照度为 0.04Lx/F1.2。被摄景物的光亮度值再降低，摄像机输出的视频信号的幅值就达不到 350mV 了，反映在监视器的屏幕上，将是很难分辨出层次的、灰暗的图像。

提示：照度最简单的测量：在暗房内，摄像机对着被测物，然后把灯光慢慢调暗，直到监视器上快要看不清楚被测物为止，这时测量光线的照度，就是最低照度。实际上还得考虑通光量多少，摄像机 AGC 必须关掉，视频讯号是降到多少 IRE 等。另外，高解 CCD 照度会比低解的差，因为，同样芯片面积，高解的像素点数多，其体积较小，小像素点的感光性能更差，照度自然就差。所以标准的照度标注方法应该是：镜头通光量、AGC 关闭、IRE 值等。

一般情况下的环境照度参考值如下：夏日阳光下为 100000Lx，晴间多云为 10000Lx，阴雨天为 1000Lx，全月晴空为 0.1Lx。不同天气下的参考环境照度如图 2.4 所示。

图 2.4　不同天气情况下照度的参考值

(5) 信噪比

所谓“信噪比”，指的是信号电压对于噪声电压的比值，通常用符号 S/N 来表示。信噪比是摄像机的一个重要的性能指标。当摄像机摄取较亮场景时，监视器显示的画面通常比较明快，观察者不易看出画面中的干扰噪点；而当摄像机摄取较暗的场景时，监视器显示的画面就比较昏暗，观察者此时很容易看到画面中雪花状的干扰噪点。干扰噪点的强弱(也即干扰噪点对画面的影响程度)与摄像机信噪比指标的好坏有直接关系，即摄像机的信噪比越高，干扰噪点对画面的影响就越小。

注意：一般摄像机给出的信噪比指标值均是在 AGC(自动增益控制)关闭时的值，因为当 AGC 开启时，会对小信号进行提升，使得噪声电平也相应提高。CCD 摄像机信噪比的典型值一般为 45~55dB 之间。

(6) 自动增益控制 AGC

自动增益控制即 AGC(Automatic Gain Control)。所有摄像机都有一个将来自 CCD 的信号放大到“可以使用水准”的视频放大器，其放大量即增益，等效于有较高的灵敏度，可使其在微光下更加灵敏，然而在亮光照的环境中放大器将过载，使视频信号畸变。为此，需利用摄像机的自动增益控制(AGC)电路去探测视频信号的电平，适时地开关 AGC，从而使摄像机能够在较大的光照范围内工作，产生动态范围，即在低照度时自动增加摄像机的灵敏度，从而提高图像信号的强度，来获得清晰的图像。

(7) 背景光补偿 BLC

背景光补偿即 BLC(Backlight Compensation)，也称作逆光补偿或逆光补正，它可以有效地补偿摄像机在逆光环境下拍摄时画面主体黑暗的缺陷。通常，摄像机的 AGC 工作点是通过对整个视场的内容作平均来确定的，但如果视场中包含一个很亮的背景区域和一个很暗的前景目标，则此时确定的 AGC 工作点有可能对于前景目标是不够合适的。

(8) 宽动态范围

宽动态范围即 WDR(Wide Dynamic Range)。当在强光源照射下的高亮度区域及阴影、逆光等相对亮度较低的区域在一幅图像中同时存在时，摄像机输出的图像会出现明亮区域因曝光过度成为白色，而黑暗区域因曝光不足成为黑色，严重影响图像质量。摄像机在同一场景中对最亮区域及较暗区域的表现是存在局限的，这种局限就是通常所讲的“动态范围”。一般的“动态范围”是指摄像机对拍摄场景中景物光照反射的适应能力，具体指亮度(反差)及色温(反差)的变化范围。

宽动态摄像机的动态范围比传统只具有 3∶1 动态范围的摄像机超出了几十倍。宽动态范围摄像机的拍摄效果如图 2.5 所示。

聚焦在背景

聚焦在前景

宽动态范围

图 2.5 宽动态范围摄像机的拍摄效果

注意：宽动态技术与背光补偿技术不同，背光补偿是对画面整体加亮，是通过数字 DSP 芯片处理成的，一般的 CCD 就可以实现此功能。而宽动态摄像机通常需要双扫描的 CCD，即在一个信号周期内可以进行两次拍照的 CCD，利用这个特点进行一次短时间的拍照输出一幅图像，再根据现场情况进行拍照输出一幅暗的或亮的图像，将两个图像通过 DSP 芯片组合生成一种“暗的地方加亮，亮的地方变暗“的合成图像，从而达到较好的视觉效果。

2.2.2 镜头相关介绍

镜头之于摄像机的成像器件，相当于眼睛的晶状体之于视网膜。没有晶状体，人的眼睛看不到东西，而没有镜头，摄像机将会无法成像并输出图像。摄像机的镜头是视频监视系统的关键器件，它的质量(指标)优劣直接影响摄像机的整机性能指标。

1. 镜头的主要分类

镜头的关键指标就是镜头的焦距，通常根据镜头焦距的不同，进行不同的分类。镜头的焦距决定了该镜头拍摄的被摄体在 CCD 上所形成影像的大小，焦距越短，拍摄范围就越大，也就是广角镜头；焦距越长，镜头的视角越小，拍摄到景物的范围也就越小。人们通常把短焦距、视场角大于 50°(如 f=3mm 左右)的镜头，称为广角镜头；把更短焦距(如 f=2.8mm)的镜头叫做超广角镜头；而把很长焦距(如 f>80mm)的镜头称为望远(或远摄)镜头。介于短焦与长焦之间的镜头就叫做标准镜头。

- 广角镜头：视角在 50°以上，一般用于电梯轿箱内、大厅等小视距大视角场所。
- 标准镜头：视角在 30°左右，一般用于走廊、通道及小区周界等场所。
- 长焦镜头：视角在 20°以内，焦距的范围从几十毫米到上百毫米。
- 变焦镜头：焦距范围可变，可从广角变到长焦，用于景深大、视角范围广的区域。
- 针孔镜头：用于隐蔽监控场合，如电梯轿厢内。

不同焦距镜头对应的视场角如图 2.6 所示。

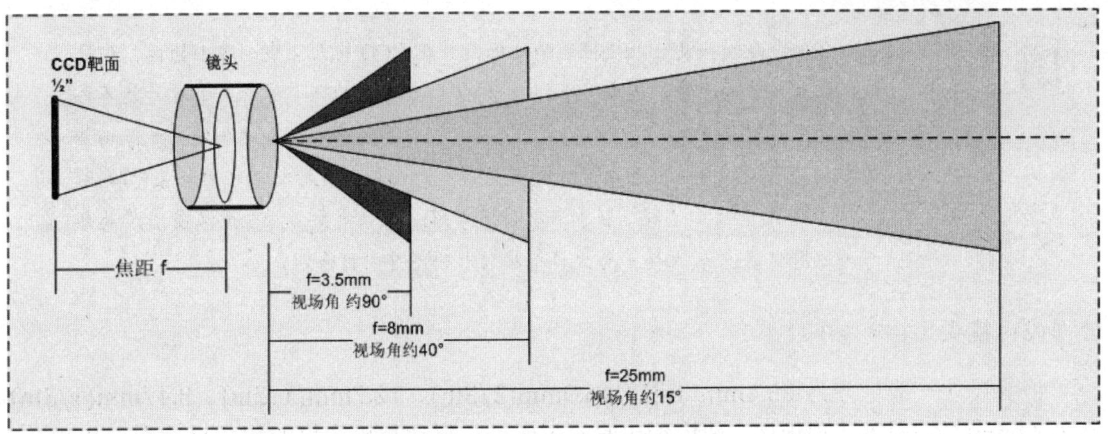

图 2.6　不同焦距镜头对应的视场角

2. 镜头的主要参数

(1) 焦距

在实际应用中，经常需要考虑“摄像机能看清多远的物体”或“摄像机能看清多宽的场景”等问题，这实际上由所选用的镜头的焦距来决定，因为用不同焦距的镜头对同一位置的某物体摄像时，配长焦距镜头的摄像机所摄取的景物尺寸就大，反之，配短焦距镜头的摄像机所摄取的景物尺寸就小。当然，被摄物体成像的清晰度与所选用的 CCD 摄像机的分辨率及监视器的分辨率有关。

镜头的焦距与视场及成像大小的关系如图 2.7 所示。

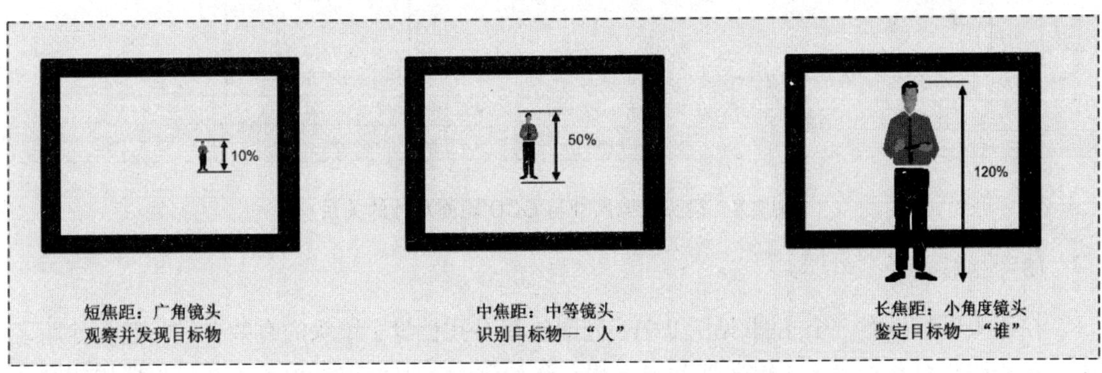

图 2.7　镜头的焦距与视场及成像大小的关系

提示：理论上，任何焦距镜头均可拍摄很远的目标，并在CCD靶面上成一很小的像，但受CCD单元(像素)物理尺寸的限制，当成像小到小于CCD传感器的一个像素大小时，便不再能形成被摄物体的像。换句话说，即使成像有几个像素大小，也难以辨识为何物。成像场景的大小与成像物的显示尺寸是互相矛盾的，也就是说大场景与大目标物不可两者兼得(利用IP摄像机的数字PTZ功能可以实现，在本书后面将介绍)。当既需要监视全景又要看清局部时，一般应考虑配用变焦镜头(大场景与大目标物两者仍不可同时得到)。

(2) 镜头尺寸

镜头尺寸一般可分为25.4mm(1in)、16.9mm(2/3in)、12.7mm(1/2in)、8.47mm(1/3in)和6.35mm(1/4in)等几种规格。选用镜头时，应使镜头尺寸与摄像机的靶面尺寸大小相吻合，并注意这样一个原则，即小尺寸靶面的CCD可使用大尺寸的镜头，反之则不行。

原因是：如1/2" CCD摄像机采用1/3"镜头，则进光量会变小，色彩会变差，甚至图像也会缺损；反之，则进光量会变大，色彩会变好，图像效果肯定会变好。通常，摄像机最好还是选择与其完全相匹配的镜头。镜头成像尺寸与CCD靶面尺寸的关系如图2.8所示。

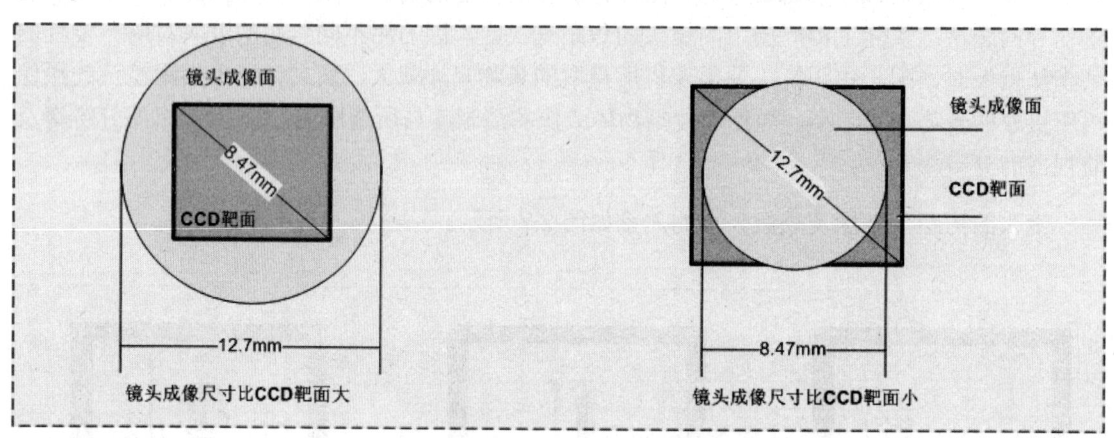

图2.8 镜头成像尺寸与CCD靶面尺寸的关系

(3) 相对孔径

在镜头里都设有一个光圈(见图2.9)。光圈的相对孔径等于镜头的有效孔径与镜头焦距之比，镜头的相对孔径表征了镜头通光力，相对孔径越大，通过的光越多。所以，选用相对孔径大的镜头，可以降低对景物照明条件的要求。镜头都标出相对孔径的最大值，例如一个镜头标有“Zoom LENS 3.5~70mm 1∶1.8 ½"C”，就说明这是一个20倍的变焦镜头，焦距为3.5~70mm，最大相对孔径是1∶1.8，成像尺寸是1/2in，C型接口。

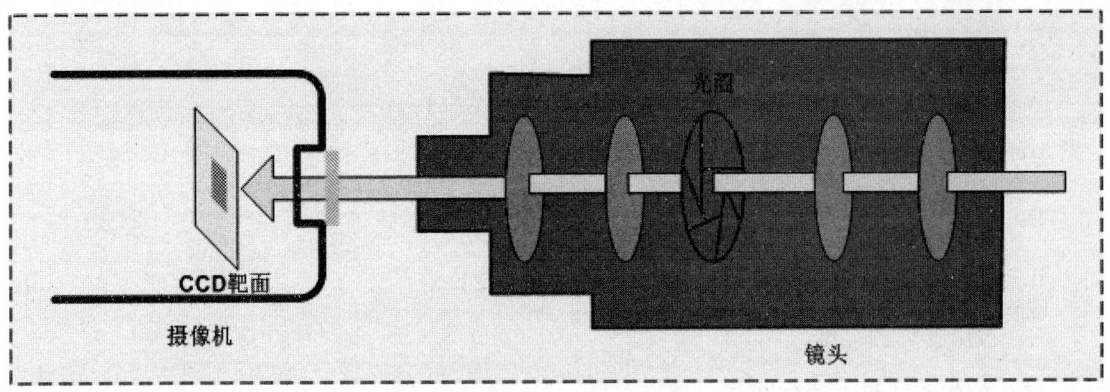

图 2.9 镜头光圈的结构

(4) 镜头接口

C 与 CS 接口的区别在于镜头与摄像机接触面至镜头焦平面(摄像机 CCD 光电感应器应处的位置)的距离不同(见图 2.10)，C 型接口此距离为 17.5mm，CS 型接口此距离为 12.5mm。C 型镜头与 C 型摄像机，CS 型镜头与 CS 型摄像机可以配合使用。C 型镜头与 CS 型摄像机之间增加一个 5mm 的 C/CS 转接环可以配合使用。CS 型镜头与 C 型摄像机无法配合使用。

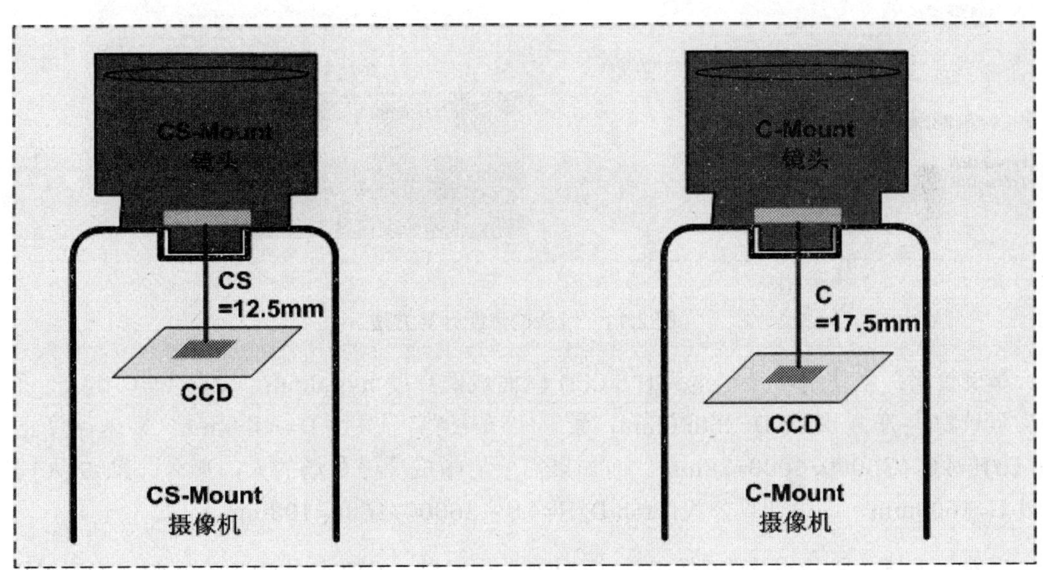

图 2.10 C 型与 CS 型镜头接口的区别

3. 镜头的焦距计算方法

镜头的焦距、视场大小及镜头到被摄取物体的距离的计算公式如下：

$$f = wD/W$$

$$= hD/H$$

其中：中文全称

f：镜头焦距。

w：图像的宽度(被摄物体在 CCD 靶面上的成像宽度)。

W：被摄物体的宽度。

D：被摄物体至镜头的距离。

h：图像高度(被摄物体在 CCD 靶面上的成像高度)。

H：被摄物体的高度。

镜头的焦距计算方法如图 2.11 所示。

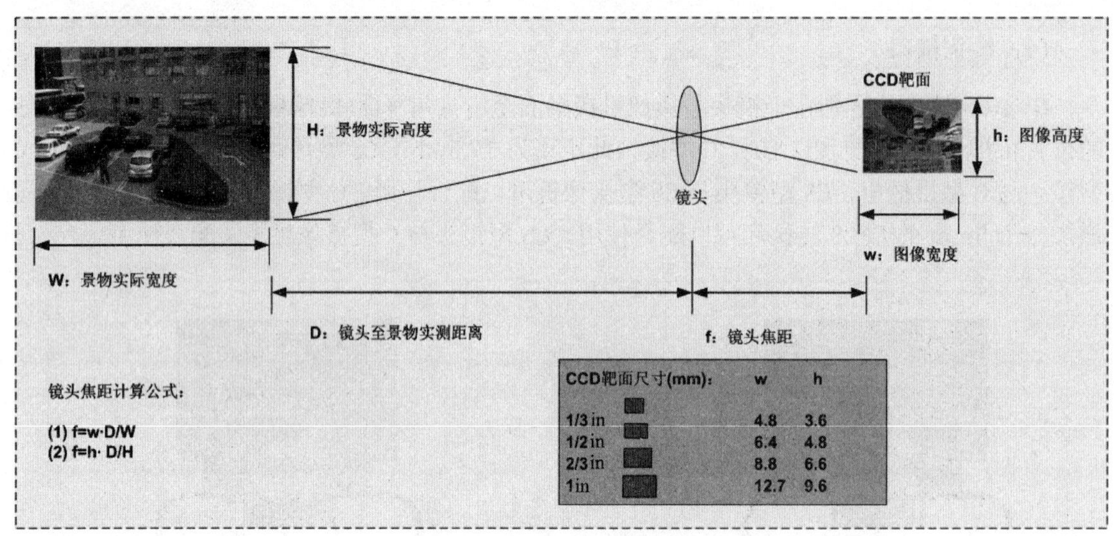

图 2.11　镜头的焦距计算方法

举例说明：当使用 1/2in 镜头时，CCD 靶面成像高度 h=4.8mm，宽度 w=6.4mm。假设镜头至景物(停车场)距离 D=36000mm，景物(停车场)实际高度 H=6000mm。则由计算公式：f=h·D/H=4.8×36000/6000=28mm。而如果需要清晰成像停车场的人，那么，景物(人)实际高度 H=1600mm，则由计算公式：f=h·D/H=4.8×36000/1600=108mm。

当然，上述焦距计算均为理论值，而根据工程经验，该数值约为理论值的一半，也就是说，焦距需求分别是 14mm 及 50mm 即可实现对整个停车场或目标“人”的监视应用。

2.2.3　防护罩

防护罩也是监控系统中最常用的设备之一，常见防护罩主要分为室内和室外两种。室内防护罩主要功能是防尘、防破坏。室外防护罩密封性能一定要好，保证雨水不能进入防护罩内部侵蚀摄像机。有的室外防护罩还带有排风扇、加热器、雨刮器，可以更好地保护摄像机设备。

当天气较热时，排风扇自动工作；气温太冷时加热器自动工作；当防护罩上有雨水污物时，可以通过控制系统启动雨刮器。不同类型的防护罩实物如图 2.12 所示。

图 2.12　不同类型的防护罩实物

1. 通用防护罩

通用防护罩分为室内防护罩及室外防护罩。室内防护罩必须能够保护摄像机和镜头，使其免受灰尘、杂质和腐蚀性气体的污染，同时要能够配合安装环境达到防破坏的目的。室外型防护罩要适应各种气候条件，如风、雨、雪、霜、严寒、酷暑、沙尘、污染等。室外型防护罩会因使用场合的不同而配置如遮阳罩、风扇、加热器、雨刷器等辅助设备。

2. 特殊防护罩

有时摄像机需要安装在特殊恶劣的环境下，甚至需要在易燃易爆环境下使用，因此必须使用具有高安全度、专业的特殊护罩。不仅要像通用室外防护罩一样具有高度密封、耐严寒、耐酷热、抗风沙、防雨雪等特点，还要防砸、抗冲击、防腐蚀。

2.2.4　云台及解码器

1. 云台

类似于我们身边的照相器材中的“云台”概念，在视频监控系统中，云台同样是承载摄像机设备的一个平台。通常，电视监控系统中的“云台”是承载摄像设备及防护罩并能够远程进行上下左右全方位控制(Pan and Tilt)的平台。云台的实质是两个电机组成的安装平台，可以实现水平和垂直的运动，从而带给摄像机设备全方位、多角度的视野。如图 2.13 所示是不同类型的云台实物。

图 2.13　不同类型的云台实物

2. 解码器

解码器，国外称其为接收器/驱动器(Receiver/Driver)，是为带有云台、变焦镜头等可控设备提供驱动并与控制设备如矩阵进行通讯的设备。通常，解码器可以控制云台的上、下、左、右旋转，控制变焦镜头的变焦、聚焦、光圈，以及控制防护罩雨刷器、摄像机电源、灯光等辅助设备，还可以提供若干个辅助开关，以满足不同应用的实际需要。

顾名思义，解码器的作用是将控制码进行解码，将矩阵或控制器发送过来的控制信号转换成实际的电压信号，来驱动相关设备，通常解码器在前端摄像机附近安装。 如果摄像机配有云台或变焦镜头，就必须相应地配置一个解码器，解码器实物如图 2.14 所示。

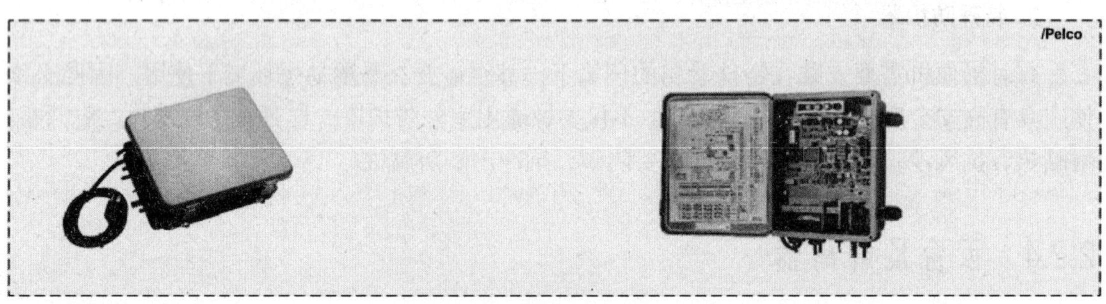

图 2.14　解码器实物

注意：模拟视频监控系统中的“解码器”与后面章节中要经常介绍的数字视频监控系统中的“解码器”是两个完全不同的概念。模拟视频监控系统中的“解码器”的作用是接受控制矩阵发送过来的控制信号，解码成电信号，实现对摄像机镜头及云台动作的控制；而数字视频监控系统中的“解码器”是与“编码器”相对应的，作用是将数字视频数据流解码还原成模拟视频信号显示。

2.2.5　一体球型摄像机

一体球型摄像机(快球)是集变焦镜头、摄像机、PTZ 云台、解码器、防护罩等多器件于一体的摄像系统，是集光、机、电多技术于一体的高科技产品。一体球型摄像机已经广泛应用于大范围监视的场所，如大厅、小区、平安城市等。一体球型摄像机的实物如图 2.15 所示。

图 2.15 一体球型摄像机的实物

1. 一体球型摄像机的特点

相对于传统的 PTZ 摄像机(摄像机、镜头、云台、防护罩、解码器组合)，一体球型摄像机：

- 安装结构简单，所需连接的线缆数量少，安装难度低，故障发生率低，外观精美，体积小巧，便于隐蔽监视，并且不影响现场美观程度；
- 具备快速旋转能力，能够更准确、快速地追踪目标。

但是：

- 由于整机体积小，摄像机、镜头体积也相应较小，一般摄像机以 1/4in CCD 居多，其清晰度和光通量不及 1/2in 和 1/3in CCD 的摄像机；
- 镜头变焦倍数不大，主流机芯通常是 22 倍变焦，最大焦距不超过 100mm，因此在需要监视大范围、远距离的目标时(城市监控、铁路监控等)可能力不从心；
- 球机的防护罩外形为球形，不能加装雨刷器，会因为积垢影响图像质量；
- 球罩的反光、弧形失真等现象会影响到图像成像效果。

2. 一体球型摄像机的关键技术

(1) 清晰度

清晰度是摄像机最重要的指标，在快球安装的场所，通常对图像的清晰度有很高的要求，如对车辆要求能识别车牌号码，对行人要求能看清脸部特征，如果这些都看不清楚，那么监控将失去意义。通常快球摄像机一定要达到 480 线的清晰度才能满足基本要求。

(2) 最低照度

如先前所述，摄像机的最低照度是指当被拍摄物体的光亮度降低到一定程度时，摄像机输出的视频信号仍能清晰可见。因为快球摄像机大多安装在室外，需要 24 小时监控，夜晚光线通常很暗，通常要求摄像机的最低照度达到 0.01Lx 才能满足需求。目前解决摄像机低照度问题主要是采用超感度 CCD(即 EXview HAD CCD)，这种超感度 CCD 要比普通 CCD 接收到更多的光线，从而能够在很暗的光线下仍能清晰成像。

(3) OSD 显示功能

在操作快球摄像机的过程中，监视器上的屏幕信息(OSD)可以显示当前快球的方位(方向及水平、垂直角度)，以及当前摄像机的放大倍率(Zoom)等，此 OSD 设置可以在快球摄像机安装完成后进行定义，该功能可以让操作人员清楚当前摄像机的位置状态。

(4) 画面凝固功能

画面凝固功能能够在快球高速旋转到预设位之前，保持画面不变化，忽略掉摄像机旋转过程中的无用图像，以节省数字硬盘录像的存储空间，用户可自行选择此功能的开/关。

(5) 宽动态功能

在一些前景和背景光线反差很大的情况下，为了能拍摄到高质量的画面，就需要摄像机具备宽动态功能。如先前所述，宽动态技术是图像经过两次曝光，通过内部处理电路，合成一幅前景物和背景都清晰明亮的图像。快球摄像机通常安装在室内大堂、停车场、室外广场等光线变化很大的场所，因此，宽动态功能是必需的。

(6) 球机自动跟踪

在一体快球摄像机巡逻区域内，一旦发现目标，可以自动调节 PTZ，跟踪目标并提醒安保人员，这就是球机自动跟踪功能。球机自动跟踪原理是当运动目标进入摄像机的视场范围内时，利用高速 DSP 芯片在前一帧图像和现在的图像进行差分计算，当达到某个特定阈值，判定一帧中的某个特定部分为移动物体，然后球机自动发出指令给球机云台，如此循环往复，从而控制球型摄像机实现对运动目标的连续跟踪而不需要人为干预操作，也不需要后台计算机系统的支持。自动跟踪技术适合机场、小区周界等空旷的场合，在视场内的目标可能有很多个的情况下，球机的自动跟踪功能可能会失效。

(7) 隐蔽区域设置

如果在该快球摄像机所监控的视场范围内有一些重要的场所，比如私人住宅，银行 ATM 机的密码输入区域等，这些区域不能被监视，就要在快球摄像机上设置隐私遮蔽区域，以防止其他任何人员监视到，隐私遮蔽区域可以设定多个，隐私遮蔽区域会随变焦操作而自动放大和缩小，从而完全遮挡。

(8) 手动最低转速

快球摄像机的“快”字体现其在手动跟踪或调用预置位时，能够迅速完成动作。目前快球摄像机的这个参数都能满足要求。但是，快球的“慢速”性能，在有些时候显得更加重要。事实上，摄像机能否以“极慢速”旋转，才是对云台解码器性能一个真正的考量，也是实际应用中更为关键的指标。以“远程跟踪”为例，摄像机的焦距需要拉得很长，目标物的移动速度可能很慢，这种情况下，摄像机微小地转动，都会引起视频场景的大幅度变化；如果“手动转速”不够慢，也就无法对摄像机进行“微步控制”，那么摄像机的场景很难对准被跟踪的目标，而无法确保对目标物的持续跟踪。

(9) 预置位精度

对于预置位功能，厂家多数宣传的是预置位的数量，其实预置位的数量通常不是问题，目前多数摄像机支持 128 甚至 256 个预置位，而实际应用中也不需要这么多预置位，但是预置位的精度是考察 PTZ 摄像机的重要指标。例如，当用户设置好一个预置位后，有的摄像机预置位会出现偏移，影响日后使用。所谓“预置位精度”就是调用预置位功能后，摄像机实际达到的角度位置与预先设定的角度之间的偏差。“预置位精度”不高，摄像机会旋转过头、或不到位，严重影响到系统应用的准确性。

2.3　信号传输设备

闭路电视监控系统通常按照功能分为前端部分、传输部分和主控部分，传输部分是将监控系统的前端设备与终端设备联系起来的物理通道。前端设备所产生的视频信号、音频信号、各种报警信号通过传输系统传送到控制中心，并反向将控制中心的控制指令传送到前端设备。总体讲，信号传输包括视频信号的上行传输及控制信号的下行传输，以及电源供应。信号的传输需要根据传输信号不同而选择相应的电缆，一般需要视频同轴电缆、带屏蔽层的多芯控制电缆、三芯电源线等，如果距离过长，需要配置光纤及相应的收发器。

2.3.1　视频信号的传输

监控系统中视频信号的传输非常重要，由于视频信号的信息量大，频带宽，实时性强，因此视频监控系统中信号传输的重点就是视频图像信号的传输。视频信号传输的介质主要是同轴电缆，如果距离过远可以采用光纤传输，还有双绞线传输方式。常见的三种视频信号传输方式如图 2.16 所示。

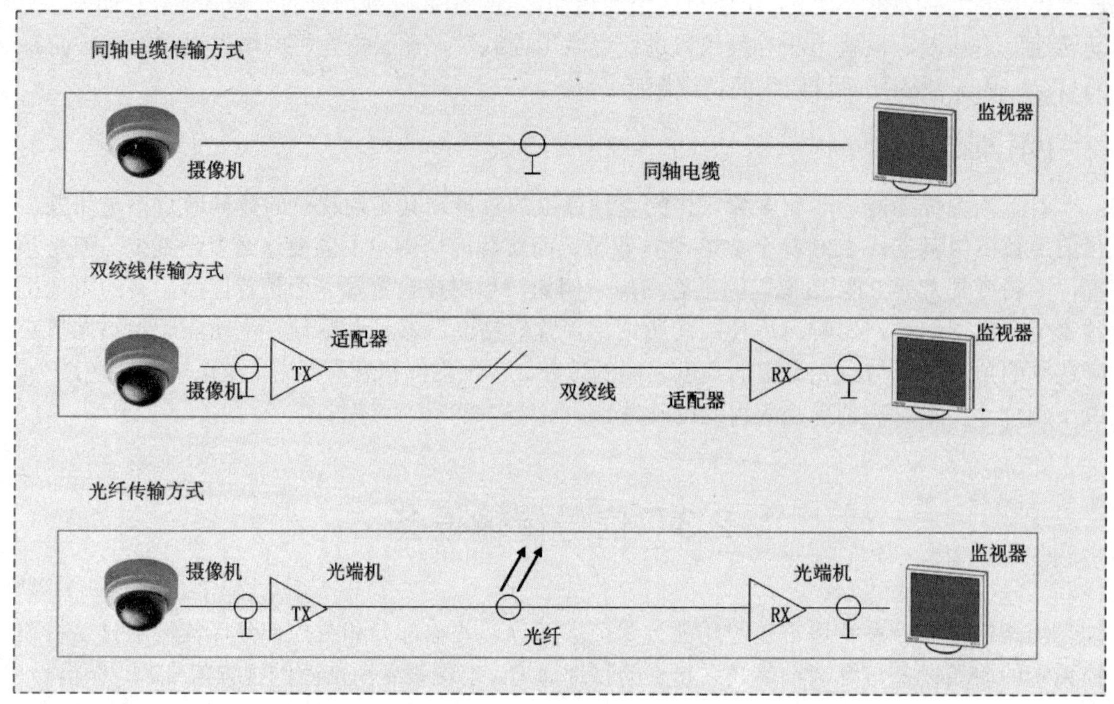

图 2.16　三种视频信号传输方式

1. 视频基带传输(同轴电缆)

视频基带传输是最为传统的视频信号传输方式，对 0~6MHz 视频基带信号不作任何处理，通过同轴电缆(非平衡)直接传输模拟信号。同轴电缆截面的圆心为导体，外用聚乙烯同心圆状绝缘体覆盖，再外面是金属编织物的屏蔽层，最外层为聚乙烯封皮。同轴电缆对外界电磁波和静电场具有屏蔽作用，导体截面积越大，传输损耗越小，可以将视频信号传送更长的距离。

缺点是传输距离短，300 米以上时高频分量衰减较大，无法保证图像质量；一路视频信号需布一根电缆，传输控制信号需另外的电缆；布线量大、维护困难、可扩展性差，适合小系统。SYV-75-5 的同轴电缆传输距离可以达到 300 米，SYV-75-7 的同轴电缆传输距离可以达到 400 米，更远传输距离应用时需要采用视频放大器。

2. 双绞线传输(平衡传输)

双绞线也是视频基带传输的一种，是将 75Ω 的非平衡模式转换为平衡模式来传输的。它是监控目标在 1km 距离内，电磁环境复杂场合的解决方式之一，将监控图像信号处理后，通过平衡对称方式传输。其优点是布线简易、成本低廉、抗共模干扰性能强。其缺点是只能解决 1km 以内监控图像的传输，而且一根双绞线只能传输一路图像，不适合应用在大中型监控系统中；双绞线质地脆弱，抗老化能力差，不适于野外传输；双绞线传输高频分量衰减较大，图像颜色会受到很大损失。

3. 光纤传输方式

光纤是能使光以最小的衰减从一端传到另一端的透明玻璃或塑料纤维，光纤的最大特性是抗电子噪声干扰，通讯距离远。常见的有模拟光端机和数字光端机，是几十甚至几百公里视频监控传输的最佳解决方式(通过把视频及控制信号转换为光信号在光纤中传输)。

其优点是传输距离远、衰减小，抗干扰性能最好，适合远距离传输。其缺点是对于几公里内监控信号传输不够经济；光熔接及维护需专业技术人员及设备操作处理，维护技术要求高，不易升级扩容。

2.3.2 视频分配器

摄像机采集的视频信号，或矩阵输出的视频信号，可能要送往监视器、录像机、传输装置等终端设备，完成图像的显示与记录功能。经常会遇到同一个视频信号需要同时送往几个不同设备的需求，在终端设备为两个时，可以利用转接插头或者某些终端设备上配有的环路来完成，但在个数较多时，因为并联视频信号衰减较大，送给多个输出设备后由于阻抗不匹配等原因，图像会严重失真，线路也不稳定。使用视频分配器，可以实现一路视频输入、多路视频输出的功能，并且视频信号无扭曲或清晰度损失。通常视频分配器除提供多路独立视频输出外，兼具视频信号放大功能，故也称为视频分配放大器。

2.3.3 控制信号的传输

控制信号主要包括对云台全方位控制、对镜头的三可变控制、对辅助设备的控制、切换控制、电源控制及录像控制等。控制信号传输方式主要为双线控制信号传输及同轴视控。双线控制通讯距离可以达到 1200 米，一般采用 RVVP2×1.5 线缆。同轴视控方式是利用同轴线缆传输视频及控制信号，原理是将控制信号调制到与视频信号不同的频率上逆行传输。

2.3.4 系统供电

电视监控系统中的电源线一般都是单独布设，在监控室设置总开关，以对整个监控系统进行直接的电源控制。一般情况下，电源线是按交流 220V 布线，在摄像机端再经适配器转换成直流 12V 或交流 24V，电源线与信号线需要保持一定距离。有些小系统也可采用 12V 直接供电的方式，即在监控室内用一个大功率的直流稳压电源对整个系统供电。在这种情况下，电源线就需要选用线径较粗的线，且距离不能太长，否则设备可能不能正常工作。

2.4 矩阵控制设备

最早期的闭路电视监控系统中没有矩阵切换设备，摄像机与录像机或监视器进行一对一的连接。当摄像机数量越来越多且没有必要同时对所有视频进行录像和监视时，“一对一”的模式造成监视器及录像机数量激增，这从实施和成本等角度来看均不合适。

矩阵切换器的产生完美地解决了这个问题，矩阵切换设备后来者居上，成了闭路电视监控系统的核心。通过矩阵及控制设备，可以实现选择任意一台摄像机的图像在任一指定的监视器上输出显示，同时通过键盘，可以对前端摄像机、镜头及辅助设备进行远程控制操作。矩阵控制系统实物如图 2.17 所示，矩阵一般采用模块化设计，多个矩阵可以级联。

图 2.17 矩阵控制系统实物

2.4.1 矩阵工作原理

视频矩阵的切换功能可将多路输入信号中任意一路或多路分别输出给一路或多路显示设备，一般用于规模较大的监控系统中。

矩阵系统原理如图 2.18 所示。我们把列(摄像机)作为矩阵切换器的输入，那么矩阵中列的数量“8”就代表摄像机的数量或系统输入通道数量；把行(监视器)作为矩阵切换器的输出，那么矩阵中行的数量“4”就是监视器的数量。因此矩阵中每一个行列节点代表系统的一个输入、输出状态。如节点 CM74 代表 7#摄像机图像在 4#监视器上显示，就是图中的“房子”显示在 4#监视器上，依次类推。因此所有通道的图像都可以在任何一个监视器上显示；同理所有监视器都能显示任何一个通道的图像，而相互不影响。这就是矩阵切换器的巨大优势。矩阵切换系统可大可小，小型系统可以是 4×1，大型系统可以达到 1024×256 或更大。

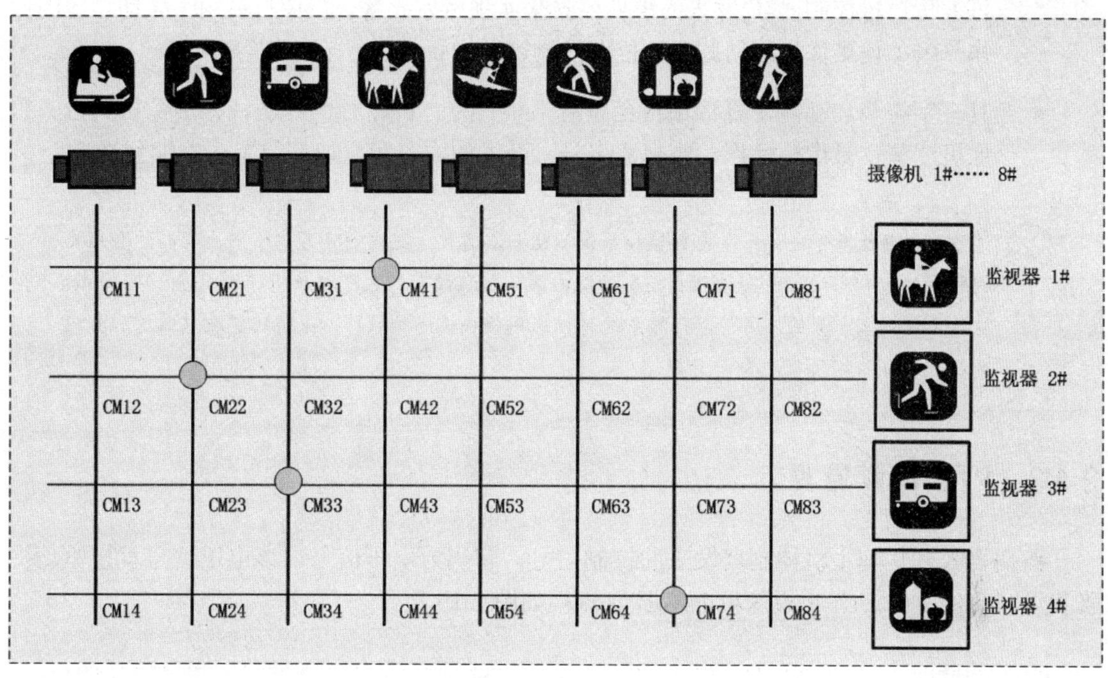

图 2.18　矩阵系统的原理

2.4.2 矩阵的主要功能

矩阵的主要功能是进行视频信号的切换操作及控制，其本身是个复杂的计算机系统，还具有强大的附加功能，如视频信号丢失检测、分组、报警联动、字符叠加等。具体如下：

- 视频矩阵为视频切换设备，矩阵系统中任一输入图像可以切换至任一输出。
- 可以通过键盘或人机界面，实现对所有前端 PTZ 摄像机的各种控制功能。
- 视频矩阵采用组合式结构，可进行积木式搭接，随时扩充输入输出通道容量。
- 支持矩阵间的联网，可通过建立双向视频干线实现矩阵间的互联，形成一套完整的分布式矩阵系统。
- 可以对摄像机设置逻辑编号，并能按照摄像机的逻辑号选择调用摄像机图像。
- 具有多种复合控制功能，包括分组切换、宏控制、巡视等。
- 具有宏编程功能，对宏可设定按预定的时间序列和按照报警事件手动或自动执行。
- 可以控制辅助设备以增强系统功能，辅助设备包括报警输入/输出单元、干接点输出控制单元、通信口扩展单元、通信转换单元。
- 控制单元具有不间断热切换功能。原控制单元损坏时，备份控制单元能在线切换。
- 可以接收其他系统(如门禁、周界报警、消防报警系统等)和设备(如图形用户界面、可编程逻辑控制器等)发来的事件信息来实现触发报警、摄像机调用、联动相应的操作——如使摄像机移动到预设位、控制辅助设备、执行宏操作等。

- 具有字符叠加功能，叠加项目至少包括年、月、日、时、分、秒、摄像机编号、摄像机注释、摄像机标识、监视器编号，叠加的内容和叠加的位置可以编程选择。

> 注意：视频矩阵系统是闭路电视监控系统的核心，通常，视频矩阵为基于微处理器的全矩阵视频切换控制系统，所有管理和控制功能由菜单编程设置，也可以采用 Microsoft Windows 操作系统的人机界面。另外，矩阵系统必须采用模块化结构设计，系统的扩展仅仅增加相应的机箱和模块即可实现平滑升级。

2.4.3 PTZ 控制原理

解码器收到矩阵主机控制器发来的控制信号，解码为电压信号，该电压信号直接驱动摄像机及云台的 PTZ 动作。摄像机 PTZ 控制流程如图 2.19 所示。

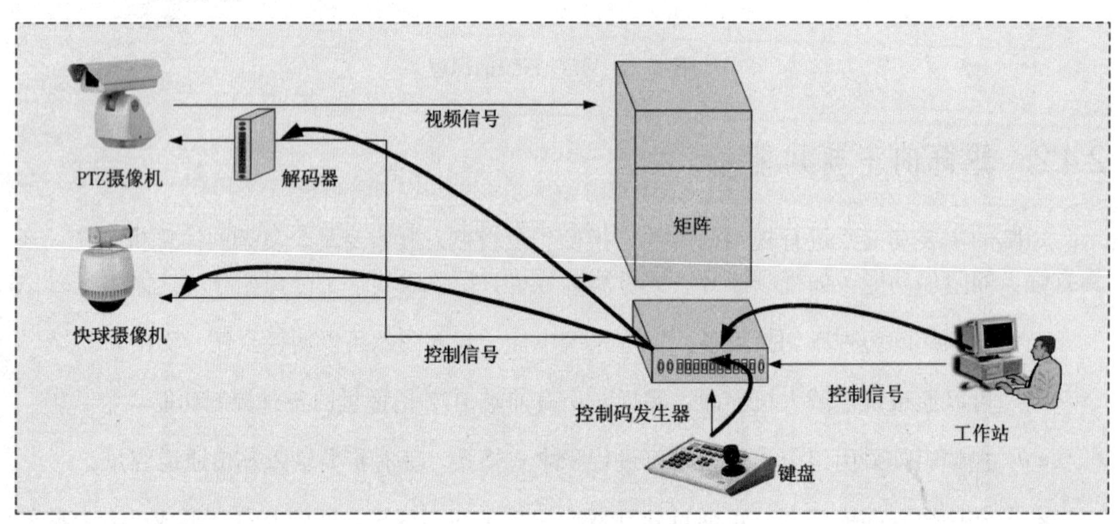

图 2.19　PTZ 控制流程

2.4.4 控制键盘介绍

控制键盘是监控人员控制闭路电视监控设备的平台，通过它可以切换视频、遥控摄像机的云台转动或镜头变焦等(即 PTZ 操作)，它还具有对监控设备进行参数设置和编程等功能。如图 2.20 所示为常用的控制键盘实物图。

图 2.20　控制键盘实物

通常控制键盘内置液晶(LCD)显示屏，具有摄像机、监视器、报警点及继电器的控制选择。操纵杆可控制变速云台及镜头，操作员凭密码登录与注销，防止未被授权的操作。分控键盘通过 RS232 信号与主控系统连接，它拥有与主控键盘几乎同样的操作功能。

2.5　显示与录像设备

2.5.1　多画面处理器

为了达到最好的监视和录像效果，摄像机与监视器或录像设备的配置比例当然是 1∶1 最好，但是，这是根本不可能实现的。在中型及大型项目中，摄像机数量往往成百上千个，从成本及操作人员的使用上来说，监视器及录像设备都远远要少于摄像机数量。为了让更多的摄像机画面同时显示在监视器上或进行录像，需要多画面处理器。这种设备能够把多路视频信号合成为一路输出，再输入一台监视器或录像机，这样就可在屏幕上同时显示多个画面或同时录制多路画面。

多画面处理器实物如图 2.21 所示，多画面分割器与多画面处理器的工作原理有很大差异，通常都被视为一类“多画面处理器”。“画面分割器”的根本在于“图像拼接”技术，而“画面处理器”的根本在于“分时处理”技术。

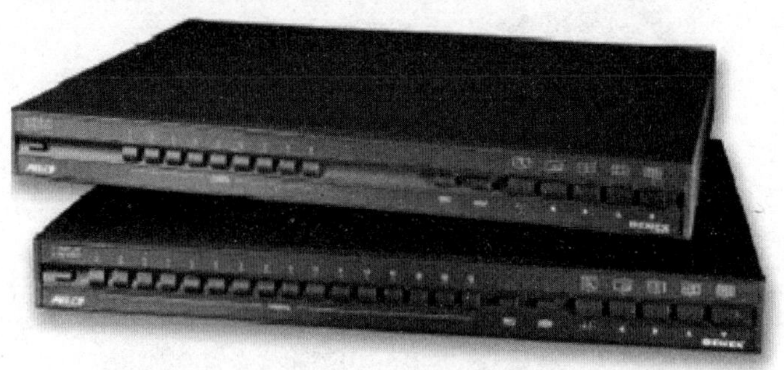

图 2.21 多画面处理器

1. 多画面分割器

多画面分割器的基本原理是采用数字图像压缩处理技术，将多个摄像机的图像信号经过模/数转换，并经过适当比例压缩后存入帧存储器，再经过数/模转换后显示在同一台监视器的屏幕上。录像机将它视为一个单一的画面来处理。这种方式只有编码的处理程序，在回放时不须经过解码器，虽然有很多四分割允许画面在回放时以全画面回送，但这只是电子放大，即把 1/4 画面放大成单画面，用四分割播放全部的动作，故会牺牲掉画面的解析度及品质。当对视频动作的要求高于对画面清晰度的要求时，四分割是个不错的选择。

2. 多画面处理器

多画面处理器的主要技术是时间分割技术，是按图像最小单位—场或帧的图像时间依序编码个别处理，按摄像机的顺序依次录在 VCR 磁带上，编上识别码，录像回放时取出相同识别码的图像，集中存放在相应的图像存储器上，再进行像素压缩后送给监视器以多画面方式显示。因此其显示、输出的图像是不连续的、跳动的图像。因此，很明显，输入的摄像机数量与多画面视频图像的“实时性”是成反比的。

多画面处理器的原理如图 2.22 所示。

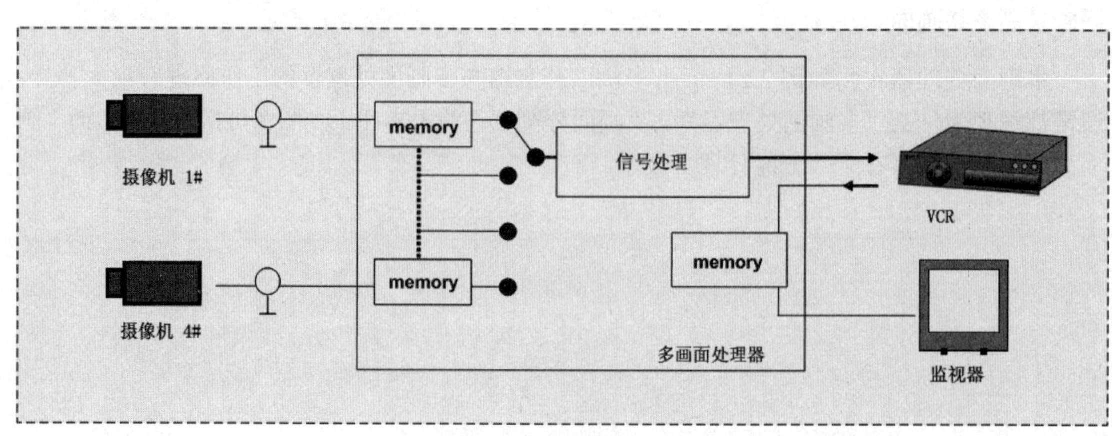

图 2.22 多画面处理器的原理

多画面处理器录像及回放过程如图 2.23 所示。

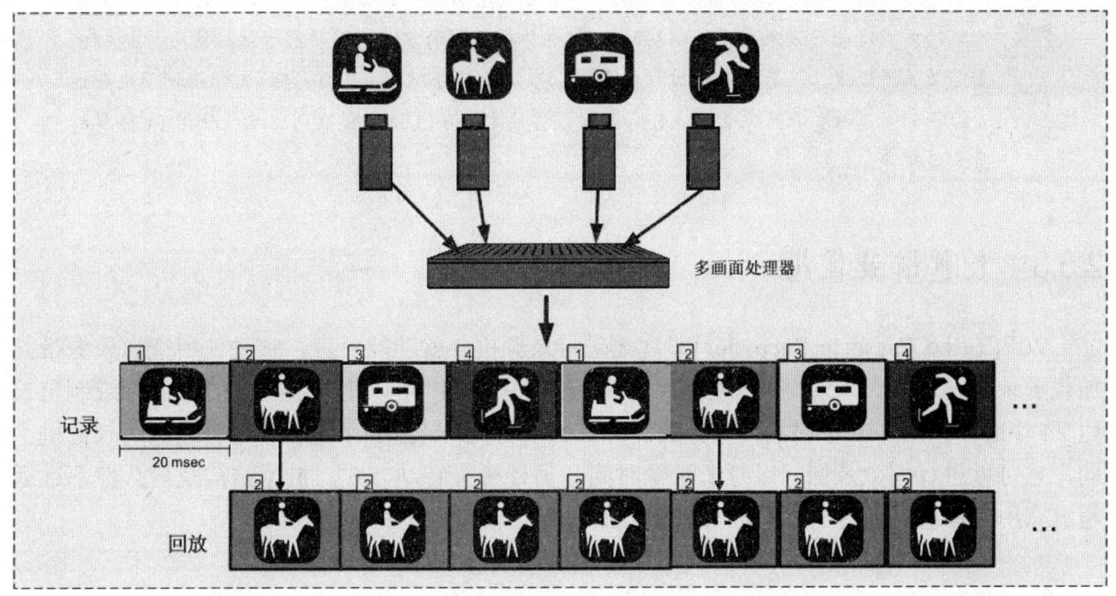

图 2.23 多画面处理器的录像及回放原理

提示：画面分割器可以实时监视画面动作，没有延迟现象，录像时是将四画面组成一个视频信号进行录像，录像回放时也是以四分割的方式实时回放。有些产品可以进行电子变焦(Zoom)式的放大处理，但其像素少且清晰度大幅下降，以至于没有意义，故可认为它不能进行大画面回放。画面处理器由于不损失画面像素但损失了时间，因此录像回放时会产生延迟现象，动画效果强烈，所看到的画面是不连续的，回放时可以分割画面回放，也可以单画面、大画面回放。可以看出，多画面分割器的优点是无画面丢失记录，取证效果好，缺点是不能大画面(在不牺牲像素的境况下)回放，而画面处理器是回放功能好，能大画面回放，也能多画面回放，缺点是丢失图像，产生动画效果。

2.5.2 图像显示设备

CRT 监视器是早期视频监控系统中的核心显示设备，后期，LCD 监视器、等离子(PDP)、拼接屏等逐步在大型视频监控项目中得以大量应用。监视器的功能是把摄像机输出的电视信号还原成图像信号，供安保值班人员查看。专业监视器的功能与电视机基本相同，但由于监视器的特殊使用要求和标准，所以线路结构和技术指标有较大差别。监控系统中监视器的输入信号是未经调制的全电视信号(视频信号)，而电视机最基本的是接收射频信号。

随着电视技术和计算机技术的日益发展，CRT 的性能也在不断提高，如行水平扫描线倍增，垂直清晰度大大提高；画面更加稳定，更益于视力的保护等。

提示：CRT 监视器与 LCD 监视器区别——前者采用磁偏转驱动实现行场扫描的方式(也称模拟驱动方式)，而后者采用点阵驱动的方式(也称数字驱动方式)。因而前者往往使用“电视线”来定义其清晰度，而后者则通过“像素数”来定义其分辨率。CRT 监视器的清晰度主要由监视器的通道带宽和显像管的点距和会聚误差决定，而 LCD 监视器则由其所使用 LCD 屏的像素数决定。

2.5.3 长延时录像机

VCR(Video Cassette Recorder)即盒式磁带录像机，就功能而言，它是使用空白录像带并加载于录像机进行影像录制及存储的监控系统设备。VCR 可以用一盘三小时录像带录制出长达 24 小时，甚至 960 小时的内容，故而称其为长时间(长延时)录像机。与普通家用录像机不同，它可以进行间歇录像，以延长录像时间，另外磁头转动方式、机械结构及耐久性都远远超过家用录像机。但是由于间歇性录像，所以存在较为严重的卡通效果。

提示：多画面处理器及长延时录像机等设备基本已经退出历史舞台，此处简单介绍以便于读者了解一下曾经在闭路电视历史上有过广泛应用的设备。

2.6 夜视技术及应用

安防监控通常需要摄像机 7×24 小时连续工作，由于大多数应用环境下夜间没有辅助光源，因此，摄像机的夜视功能逐步发展起来。目前，夜视摄像机主要包括超低照度摄像机、主动红外夜视摄像机及被动红外夜视摄像机(又称热成像仪)。

2.6.1 主动红外摄像机

摄像机的图像传感器本身具有很宽的感光光谱范围，其感光光谱不但包括可见光区域，还延长到红外区域，利用此特性，可以在夜间无可见光照明的情况下，用辅助红外光源照明监视场景以使图像传感器清晰地成像。主动红外摄像机就是将摄像机、防护罩、红外灯、供电散热单元等综合到一起的摄像设备，红外灯将红外光投射到目标景物上，红外光经目标景物反射后再进入摄像机进行成像。这时我们所看到的图像实质是由红外光反射所成的画面，而不是平常可见光反射所成的画面，以此可拍摄到黑暗环境下肉眼看不到的景物。

1. 主动红外摄像机的关键问题

(1) 红外灯的红爆问题

部分 LED 红外灯会有“红爆”现象，即近距离观察会发现红外灯发出暗红色的光。是否有“红爆”取决于红外灯 LED 发射管的波长选择，850nm 的红外灯会有红爆现象，但是，摄像机对此波长的光感应度要比无红爆的 940nm 好。

(2) 红外灯的寿命问题

目前红外灯主要有卤素灯、LED 阵列及红外激光。卤素灯能耗高、发热大、寿命短、效率低；LED 阵列发光均匀、利用率高、寿命较长；红外激光，主要用在远距离应用。不论哪种红外灯，关键在于光学系统设计合理、发光均匀、利用率高、散热快，同时要严格控制工作电压，以尽量延长红外灯使用寿命。

(3) 夜视距离的问题

主动红外摄像机的成像原理是红外光打到景物后，返回的红外光成像(携带景物信息)。因此，只要红外灯能够照射到目标并且反射光，理论上都可以成像。通过提升红外灯的功率，即可提升红外灯的覆盖距离及监控距离，但是会带来发热高、寿命变短等问题，目前红外灯有效距离普遍在几十米。

(4) 红外灯角度问题

红外灯的角度不是技术问题，也不是发射角度越大越好。实际上，红外灯角度需要与镜头配合使用。如果红外灯角度小，则可能产生手电筒现象(即图像周围有一圈黑暗部分)；而红外灯角度大，则存在光源浪费现象。

(5) 焦点偏移的问题

可见光和红外光的波长不一样，波长不同，会导致成像的焦面位置不同，从而出现虚焦、画面模糊的现象。红外镜头可以让不同波长的光线聚焦在同一焦面位置上，从而使可见光及红外光环境下均能够保持画面的清晰。

(6) 灵敏度的问题

摄像机的灵敏度是主动红外夜视摄像机的关键指标，摄像机的灵敏度越高，对红外线的感应能力也越强。

提示：一般行业经验认为，50 米以内的红外夜视系统，选用 0.1 勒克斯的摄像机比较好；50 米到 100 米范围的夜视系统可选用 0.01 勒克斯的摄像机；100 米以上的夜视系统应选用 0.001 勒克斯以上的摄像机。

2. 红外截止滤光片(IR-CUT)的应用

红外截止滤光片(IR-CUT)在白天光线充足的情况下，切换至“红外截止”工作状态，只让可见光进入摄像机，以使 CCD 还原真实彩色而不出现偏色现象；夜晚光线不充足的情况下，“红外截止滤光片”移开，进入“全透光谱滤光片”工作状态，以保证 CCD 能够利用所有光线，实现夜晚成像，可大大提高摄像机的低照性能。

如图 2.24 所示，IR-CUT 是一种机械装置，内有两个窗口，一个低通滤片、一个透明玻璃，可依需要左右移动，从而使摄像机白天彩色不失真，且夜间具有夜视功能。

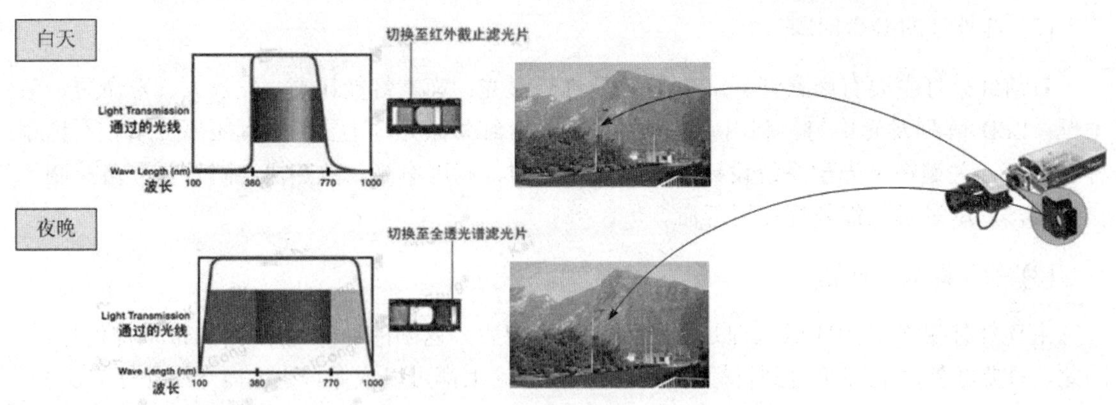

图 2.24 红外截止滤光片工作原理示意图

简单地说，通过 IR-CUT，白天只允许 780nm 以下波长的光线进入摄像机，避免了白天的彩色失真；晚上则允许 780nm 以上波长的红外光线进入，以使得传感器能够利用红外光线，取得夜视成像效果。

2.6.2 激光夜视技术

激光夜视技术是以激光作为光源，激光经过整形、扩束等处理，针对具体的目标范围进行照明。激光光源的输出功率一般是几瓦到十几瓦，具有能量集中、照射距离远的优点(有效覆盖范围可达千米以上)。使用时，激光光源可以灵活方便地调整发散角(视场角)，距离近时扩大角度以覆盖较大范围，距离远时缩小角度集中光源聚焦目标。

如图 2.25 所示，其工作原理就是通过调节照明系统的激光扩散角，将目标的全部或关键部位照亮，满足成像系统的探测要求，实现对目标物的成像。通过远距离通讯，控制运动旋转系统和成像系统及激光发射装置，实现对监视范围内的静止或运动目标的监视和跟踪。

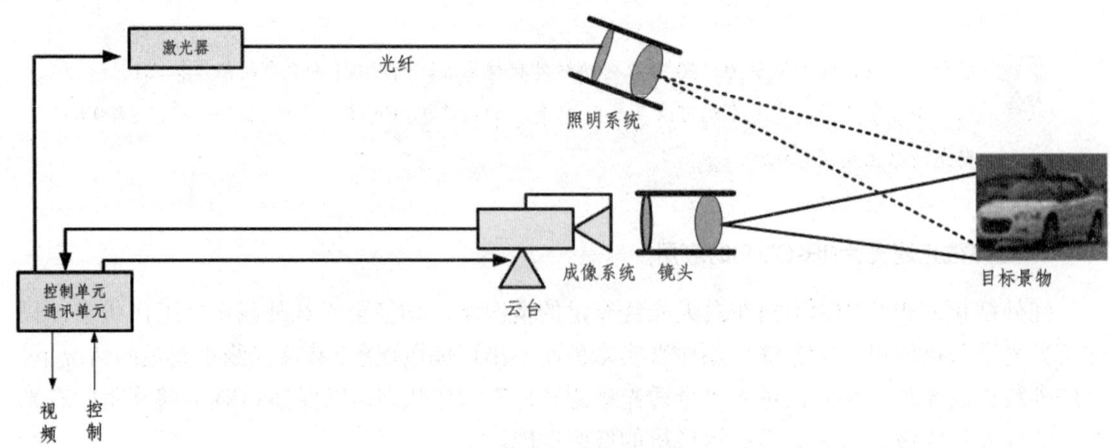

图 2.25 激光夜视摄像机工作原理示意图

2.6.3 被动红外夜视

1. 被动红外原理

红外线辐射是自然界存在的一种最为广泛的电磁波辐射，它是基于任何物体在常规环境下都会产生的自身分子和原子的无规则运动，并不停地辐射出热红外能量。红外线与可见光、紫外线、X射线、γ射线和无线电波一起，构成了一个完整连续的电磁波谱，如图 2.26 所示。

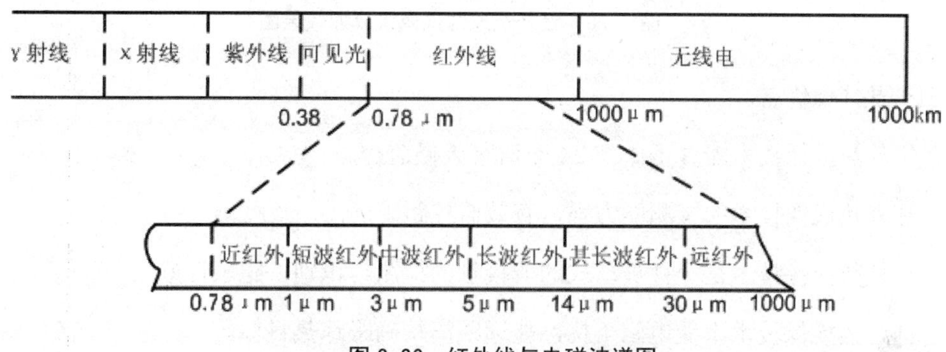

图 2.26 红外线与电磁波谱图

红外热成像技术是一种被动红外夜视技术，其原理是基于自然界中一切温度高于绝对零度(-273℃)的物体在每时每刻都辐射出红外线，同时这种红外线辐射都载有物体的特征信息，这就为利用红外技术判别各种被测目标的温度高低和热分布场提供了客观的基础。利用这一特性，通过光电红外探测器将物体发热部位辐射的功率信号转换成电信号后，成像装置就可以一一对应地模拟出物体表面温度的空间分布，最后经系统处理，形成热图像视频信号，传至显示屏幕上，就得到与物体表面热分布相对应的热像图，即红外热图像。

如图 2.27 所示，热成像系统通过探测目标物体的红外辐射，并经过光电转换、电信号处理等手段，经过放大和视频处理，将目标物体的温度分布图像转换成视频图像，从而使人眼的视觉范围扩展到不可见的红外区。其核心器件和技术主要为：焦平面探测器、后续处理电路、图像处理软件等。

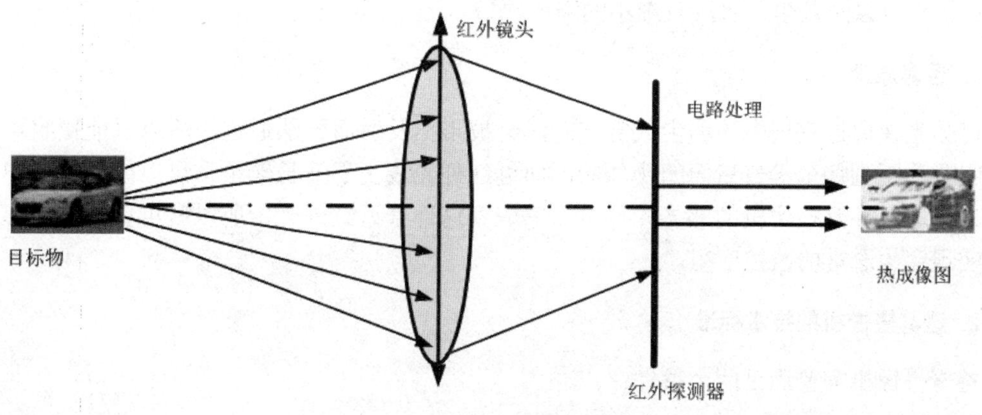

图 2.27 红外热成像摄像机成像原理示意图

成像效果如图 2.28 所示。

图 2.28　红外热成像摄像机成像效果图

2. 红外热成像优点

- 红外热成像技术能真正做到 24 小时全天候监控。
- 红外热成像技术的探测能力强，有效监控距离远。
- 红外热成像技术是一种被动式的非接触的检测与识别，隐蔽性好。
- 红外热成像技术不受电磁干扰，能远距离精确跟踪热目标。
- 红外热成像技术能直观地显示物体表面的温度场，不受强光影响，应用广泛。

3. 红外热成像技术的缺点

- 图像对比度低，仅显示轮廓。
- 图像分辨细节能力较差。
- 设备应用不够普及、价格比较贵。
- 不能透过透明的障碍物(如玻璃)。

2.6.4　透雾摄像机

透雾摄像机就是能穿透雾气，采集到清晰图像的摄像机。这里所讲的“透雾”从实际应用来讲，也可以透灰尘、水汽及细小的障碍物等。

1. 透雾原理

可见光在通过空气中的烟尘或雾气时，会被阻挡反射而无法通过，所以只能接收可见光的人眼是看不到烟尘雾气后面的物体的，而近红外光线由于波长较长，可以绕过烟尘和雾气并穿透过去，并且摄像机的感光元件可以感应到这部分近红外光，所以就可以利用这部分光线来实现穿尘透雾的监控应用。

2. 透雾摄像机的技术标准

透雾摄像机需要满足两个条件：

- 一是允许近红外光线进入摄像机，即采用的镜头和滤光片的带通范围要包含这部分红外光谱；
- 二是在摄像机的处理芯片中有专门的处理技术来改善透雾区的信号，提升效果，并且要有多个等级以供调节，来适应不同的雾气浓度状况。

透雾过程将不可避免地把图像处理成黑白图像，这个是由透雾摄像机的工作原理决定的，从本质上讲“透雾摄像机”就是一种“红外线成像摄像机”，如图 2.29 所示。

图 2.29　富士 D60x12.5 日夜透雾型镜头拍摄实例

2.7　闭路电视监控系统设计

任何工作，任何工程都需要进行规划和设计，弱电系统、安防系统、电视监控系统都不例外。系统设计工作的好坏，对于一个系统的顺利建设、成功运行非常重要，尤其是大型的系统，涉及的接口多、界面杂、周期长、系统类型多、功能强，因此设计工作是必须和必要的。系统设计实质上应涵盖整个工程的立项、招标、采购、安装调试、试运行直至工程验收的全过程。系统设计前期主要集中在系统架构、功能设计及设备选型上，当项目开始进场实施后，需要根据现场情况进行深化设计(二次设计)，以纠正前期设计的偏差。

提示：可以将设计分为前期的方案设计和后期的深化设计两个阶段，前期方案设计是为了投标中标而进行的，当时对一些现场情况并不清晰，设计工作主要集中在设备选型、点表数量统计、系统架构及功能设计上，而后期深化设计是服务于施工的，基于现场情况、第三方情况、用户变更需求等条件进行。

2.7.1　系统需求分析

系统设计前需要进行需求分析，设计工作必须基于一定的需求来完成，需求分析的输入条件很多，包括统一的“安全防范及视频监控”相关国家标准、行业规范、地方标准；针对项目的招标文件及附加文件；项目的具体安装条件及用户的具体需求情况等。

1. 现场安装条件

对现场安装条件考核的输入条件是建筑类型、结构、功能用途、装饰、管道路由、供电情况、光照情况、建筑距离、机房位置、监控中心位置等，输出则是摄像机安装点数、类型、位置、信号传输方式、视频存储周期等(见表 2.1)。

表 2.1 现场安装条件参考列表

序 号	输 入	输 出	备 注
1	建筑类型、功能	确定摄像机点位、数量、类型、布防类型、其他特殊需求设计	普通建筑、文博、金融、小区、交通等领域
2	建筑装饰情况	根据吊顶、立杆、装修风格等情况确定摄像机类型	如无天花吊顶时一般无法安装半球摄像机
3	监控点位分布情况	确定信号传输方式，如铜缆或光纤传输；确定电源供电方式，如集中供电或现场供电	一般视频信号传输超过 700 米就需要考虑光纤传输方式
4	现场光照情况	确定摄像机的照度需求，或确定是否增加辅助光源；确定摄像机光圈类型；确定摄像机动态范围	
5	线缆路由情况	确定线缆经过的桥架、管井等整个路径的路由，并计算线缆材料及施工量、施工难度	
6	现场自然条件	确定摄像机防护罩的类型，如防尘、防污染、防侵蚀等需求	
7	现场气候条件	确定摄像机是否需要增加加热器；确定是否需要安装防雷设施	不同区域最低、最高气温不同；雷击类型不同

2. 用户需求情况

用户需求是指方建设该视频监控系统的目的何在，是否有特色需求等(见表 2.2)。

表 2.2　用户主要需求参考列表

序 号	输　入	输　出	备　注
1	用户行业类型	确定用户利用视频监控系统的主要应用目的并有针对性地进行功能设计	文博、金融、交通、教育、监狱、工厂等不同行业类型需求不同
2	用户需求定位	确定用户建设系统目的是解决财产问题、安全问题、责任问题、安保问题还是效率问题等，并有针对性地进行设计	一般是为解决不同目标问题的综合体
3	监控终端数、分布情况、电视墙	确定视频矩阵的输出；操作键盘/工作站的数量；系统级联方式	注意矩阵级联成本比较高
4	视频存储需求(质量及周期)	确定视频码流需求，利用存储周期需求进而确定存储空间需求	DVR 硬盘
5	系统中用户情况	确定系统用户(组)权限划分，及 PTZ 优先级划分	注意 PTZ 的“抢控”问题
6	系统与其他系统的互联互通	确定报警联动关系；确定集成的接口方式；确定彼此工作界面	干接点/API/OPC 等

2.7.2　摄像机的选型

摄像机的选型有不同的角度，具体包括摄像机的外形及内在参数(性能)。

1. 摄像机外形选型

摄像机外形选型可以参考表 2.3。

表 2.3 摄像机选型参考列表

序 号	类 型	适 用 性	备 注
1	半球摄像机	适用于有吊顶的室内场所，如机房、办公区域、走廊等	无需另外配支架，美观、安装简单
2	固定枪式摄像机	适用于普通固定监视场景，如走廊、电梯厅、楼梯口、各类入口、银行柜台、地下停车场等	需要配合支架安装
3	快球一体摄像机	适用于室内、室外大范围监控并需要快速响应的场景，如各类建筑大堂、室内外停车场、小区、工厂、平安城市等	集成了摄像机、变焦镜头、云台、解码器、防护罩于一体，只需配合支架完成安装
4	PTZ 枪式摄像机	适合超大范围的室外监视应用，如铁路、机场、公路、码头等	通常是变焦镜头、摄像机、防护罩、云台组装在一起，具有高性能

2. 摄像机具体参数指标

摄像机具体参数指标如下。

- 清晰度：通常 480 线以上的称为为高清晰度摄像机，适合重要场合。
- 照度：0.1Lx(彩色)、0.01Lx(黑白)称为低照度，适合于低照度监控应用。
- 电子快门：可以配合镜头扩展摄像机灵敏度范围。
- 白平衡：适合于景物的色彩温度在拍摄期间不断改变的场合。
- 背光补偿功能：适合于固定监视点具有逆光的监视环境。
- 宽动态功能：适合于固定监视点具有逆光的监视环境，可提供高质量画面。
- 强光抑制：适合于监视现场经常出现反差很大的强烈光线的场合，如车库入口、公路监控中经常由于汽车灯的开启而形成的强光。

2.7.3　镜头的选型

镜头选型可以参考表 2.4。

表 2.4　镜头选型参考列表

序号	类　型	适 用 性	备 注
1	自动光圈	适合于光线变化较大的环境	如一般的室外环境
2	手动光圈	适合于室内光线变化不大的固定监控点	如机房、通道
3	短焦距(广角)镜头	适于大范围的全景监视	宏观场景
4	长焦距(远望)镜头	适于远距离的特写监视	微观场景

2.7.4　矩阵的选型

矩阵切换系统可以将视频输入切换到任何一路监视器输出上。矩阵允许多个操作人员同时观看实时视频和操作云台。如果需要的话，还可以给不同的人员分配不同的操作等级，即权限。多数的矩阵切换系统都可以用 ASCII 命令通信，这就给第三方设备的联动提供了方便(例如门禁、报警、图形电子地图等)。选择矩阵需要考虑的因素如下：

- 视频输入/输出容量支持能力
- 键盘/控制器支持能力
- 报警/继电器
- 云台控制(同轴视控，派尔高 P 或 D 协议)方式
- 外部控制/集成能力
- 扩展功能
- 高级系统性能支持(宏，巡检，序列等)

2.8 本章小结

本章是本书中唯一一个“跑偏”的章节，整个闭路电视监控系统与“智能、网络”基本无缘。但由于模拟监控系统发展比较早、技术成熟，因此直到目前仍然有大规模的实际应用比例。不过，新部署的项目中模拟监控系统的应用比例明显地减少，尤其是画面处理器、VCR等设备，基本已退出舞台(部分特殊场合还是有少量应用)。

本章关键知识点如下：

- 摄像机的作用是通过光电转换过程实现成像过程。
- 摄像机镜头的选择与目标场景具体需求密切相关。
- 视频矩阵可以实现任一摄像机到监视器的画面切换。
- 夜视监控包括主动红外、被动红外等不同类型。

本章重点介绍设备的工作原理，让读者对模拟时代视频监控设备有所了解，但是可能在未来的实际项目中很少再有机会接触这些设备，权当是对闭路电视监控时代的一个总结，因为这个系统曾经辉煌了 30 多年，并还继续发挥着它的作用。

第3章

视频编码压缩技术

伴随着计算机、芯片、图像处理、网络交换、存储技术的发展，视频监控技术发生了巨大的变革，模拟视频监控系统因种种缺陷而走向末路，而网络视频监控系统得以迅猛发展，其中视频编码压缩技术的发展是网络视频技术的前提条件。

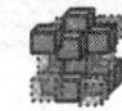 关键词

- 媒体技术基础
- 静态图像压缩技术
- 视频编码压缩技术基础
- 主流视频编码压缩技术

3.1 多媒体技术基础

3.1.1 图像的色彩模型

色彩模型也叫颜色空间。在多媒体系统中常涉及到用不同的色彩模型表示图像的颜色，如计算机显示时采用 RGB 色彩模型，在彩色全电视数字化系统中使用 YUV 色彩模型，彩色印刷时采用 CMYK 色彩模型等。不同的色彩模型对应不同的应用场合，在图像生成、存储、处理及显示时，可能需要做不同的色彩模型处理和转换。

1. RGB 色彩模型

从理论上讲，任何一种颜色都可用三种基本颜色——红、绿、蓝(RGB)按不同的比例混合得到。三种颜色的光强越强，到达我们眼睛的光就越多，如果没有光到达眼睛，就是一片漆黑。色光混合的比例不同，我们看到的颜色也就不同。当三基色按不同强度相加时，总的光强增强，并可得到任何一种颜色。

某一种颜色与三基色之间的关系可用下面的式子来描述：

颜色=R(红色的百分比)＋G(绿色的百分比)＋B(蓝色的百分比)

例如：

- 红色(100%)＋绿色(100%)＋蓝色(100%)=白色
- 红色(100%)＋绿色(100%)＋蓝色(0%) =黄色
- 红色(100%)＋蓝色(100%)＋绿色(0%) =品红
- 绿色(100%)＋蓝色(100%)＋红色(0%) =青色

如上面所述，当三基色等量相加时，得到白色；等量的红绿相加而蓝为 0 值时得到黄色；等量的红蓝相加而绿为 0 时得到品红色；等量的绿蓝相加而红为 0 时得到青色。三基色混色效果及 RGB 色彩空间如图 3.1 所示。

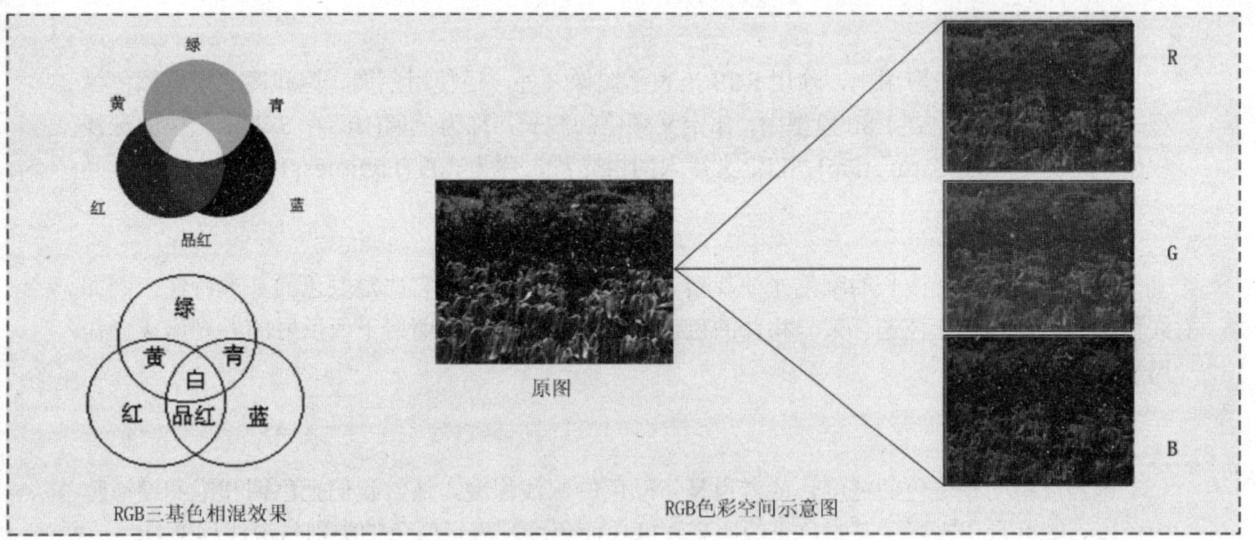

图 3.1　三基色混色效果及 RGB 色彩空间

电视机和计算机显示器使用的阴极射线管(CRT)是一个有源设备，CRT 使用 3 个电子枪分别产生红(Red)、绿(Green)和蓝(Blue)三种波长的光，并以各种不同的相对强度综合起来产生颜色。组合这三种光波以产生特定颜色即相加混色，称为 RGB 相加模型，相加混色是计算机应用中定义颜色的基本方法。CRT 工作原理如图 3.2 所示。

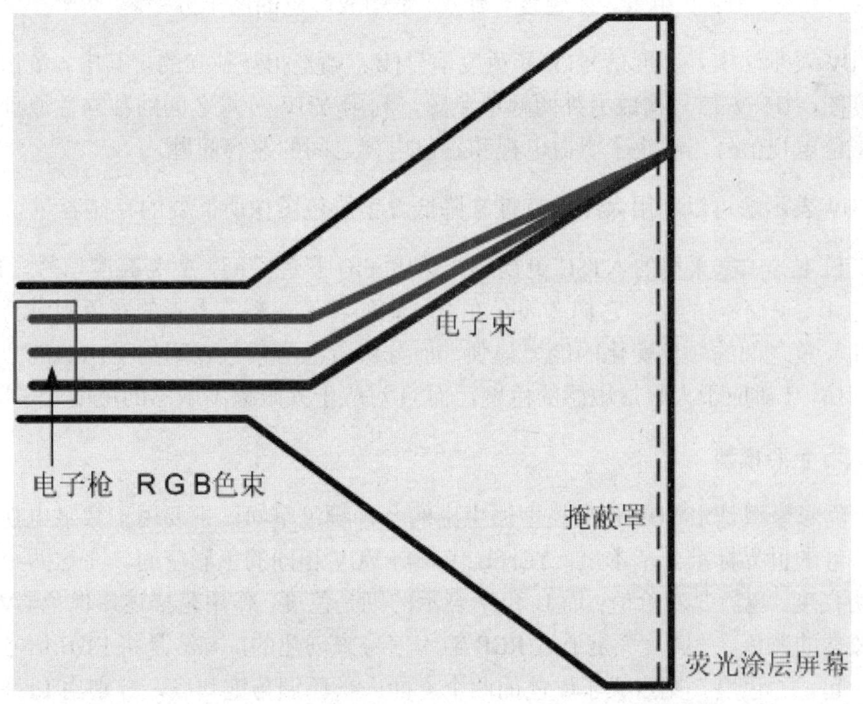

图 3.2　CRT 工作原理

2. HSL 色彩模型

在多媒体计算机应用中，除用 RGB 来表示图像之外，还使用色调、饱和度、亮度颜色模型——即 HSL 模型。在 HSL 模型中，H 定义颜色的波长，称为色调(Hue)；S 表示颜色的深浅程度，称为饱和度(Saturation)；L 定义掺入的白光量，称为亮度(Lightness)。

(1) 色调

色调是由于某种波长的颜色光使观察者产生的颜色感觉，它决定颜色的基本特性，例如红色、蓝色等都是指色调。某一物体的色调，是该物体在日光照射下所反射的各光谱成分作用于人眼的综合效果。

(2) 饱和度

饱和度指的是颜色的纯度，或者说是指颜色的深浅程度。通常我们把色调和饱和度通称为色度，亮度是用来表示某彩色光的明亮程度，而色度则表示颜色的类别与深浅程度。

(3) 亮度

亮度是光作用于人眼时所引起的明亮程度的感觉，它与被观察物体的发光强度有关。

3. YUV 与 YIQ 色彩模型

在彩色电视制式中，图像是通过 YUV 和 YIQ 空间来表示的。PAL 彩色电视制式使用 YUV 模型，Y 表示亮度，U、V 用来表示色差，U、V 是构成彩色的两个分量。

(1) YUV 表示法中，亮度信号(Y)和色度信号(U、V)是相互独立的。其中，Y 信号分量构成黑白灰度图，U、V 信号构成另外两幅单色图。利用 YUV 分量之间的独立性原理，黑白电视能接收彩色电视信号，解决了黑白电视和彩色电视之间的兼容问题。

(2) YUV 表示法可以利用人眼的特性来降低数字彩色图像所需要的存储容量。

美国、日本等国家采用的 NTSC 电视制式选用 YIQ 彩色空间，Y 为亮度信号，I、Q 为色差信号，与 U、V 不同的是，它们之间存在着一定的转换关系。人眼的彩色视觉特性表明，人眼分辨红、黄之间的颜色变化的能力最强，而分辨蓝色与紫色之间的变化的能力最弱。通过一定的变换，I 对应于人眼最敏感的色度，而 Q 对应于人眼最不敏感的色度。

4. YCrCb 色彩模型

YCrCb 色彩模型是由 YUV 色彩模型派生出的一种颜色空间，主要用于数字电视系统，是数字视频信号的世界标准。基本上，YCrCb 代表与 YUV 相同的色彩空间。在这两个色彩空间中 Y 表示明亮度，也就是灰阶值；而 U 和 V 表示的则是色度，作用是描述影像色彩及饱和度，用于指定像素的颜色。“亮度”是通过 RGB 输入信号来创建的，方法是将 RGB 信号的特定部分叠加到一起。“色度”则定义了颜色的两个方面——色调与饱和度，分别用 Cr 和 Cb 来表示。其中，Cr 反映了 RGB 输入信号红色部分与 RGB 信号亮度值之间的差异。而 Cb 反映的是 RGB 输入信号蓝色部分与 RGB 信号亮度值之同的差异。

3.1.2　图像的色彩空间变换

1. YUV 与 RGB 的转换

RGB 和 YUV 的对应关系可以用近似的方程式表示，具体如下：

$$Y=0.299R+0.587G+0.114B$$

$$U=-0.147R-0.289G+0.436B$$

$$V=0.615-0.515G-0.100B$$

YUV 色彩表示法的重要性在于它的亮度信号(Y)和色度信号(U、V)是相互独立的，也就是 Y 信号分量构成的黑白灰度图与用 U、V 信号构成的另外两幅单色图是相互独立的。由于 Y、U、V 是独立的，所以可以对这些单色图分别进行编码。

YUV 表示法的另一个优点是可以利用人眼的特性来降低数字彩色图像所需要的存储容量，人眼对彩色细节的分辨能力远比对亮度细节的分辨能力弱。如把人眼刚能分辨出的黑白相间的条纹换成不同颜色的彩色条纹，那么眼睛就不再能分辨出条纹来。由于这个原因，就可以把彩色分量的分辨率降低而不会明显影响图像的质量，因而就可以把几个相邻像素不同的彩色值当作相同的彩色值来处理，从而减少所需的存储容量(见图 3.3)。

图 3.3　YUV 颜色空间示意

2. YUV 模型的采样格式

YUV 有许多取样格式，常见的是 4∶4∶4、4∶2∶2 和 4∶2∶0 三种。4∶4∶4 采样指每个分量具有相同的分辨率，例如 4 个亮度点对应 4 个色差 U 和 4 个色差 V；在 4∶2∶2 格式中，色差在垂直方向上的分辨率与亮度相同，而在水平方向上只有一半；4∶2∶0 格式中，在水平和垂直方向上，色差的分辨率都是亮度的一半。

YUV 采样格式如 3.4 所示。

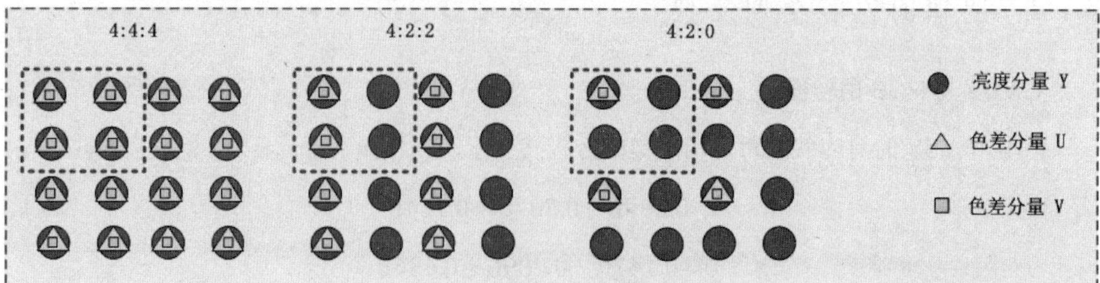

图 3.4 YUV 采样格式示意

提示：在 YUV 4∶4∶4 格式下，只是 RGB 色彩空间的对应变换而已，没有数据信息的损失，因此是无损的。而 4∶2∶2 及 4∶2∶0 格式是牺牲一小部分色差信息的，由于牺牲的信息部分对人眼的视觉效果影响并不大，从而实现了数据量的减少。这是充分利用了人眼对亮度信号比对色度信号敏感的特点，图像采样的目的是损失部分图像质量而换取较大的数据压缩比。

比如：“销售人员、技术支持，售后服务，如何搭配？”。Peta 的公司做智能网络视频监控产品销售，产品本身有一定的技术含量，因此，销售人员需要配备一定的技术支持人员。开始的团队建设是“4 个销售配置 4 个售前支持加 4 个售后服务工程师”，这样的好处是销售支持力度非常大，售后服务也到位，但是公司开销太大。后来 Peta 发现，减少几个售前工程师或服务工程师对业务影响并不大，于是，改为 4 个销售配置 2 个售前及 2 个服务工程师(4∶2∶2 模式)，这样，在不大影响总体业务的情况下，大大减少了开销，甚至后来，干脆改为 4 个销售配置 1 个售前及 1 个服务工程师(类似于 4∶2∶0 模式)。

3.1.3 图像的基本属性

1. 分辨率

我们经常遇到的分辨率有两种：即显示分辨率和图像分辨率。

(1) 显示分辨率

显示分辨率是指显示屏上能够显示出的像素数目。例如，显示分辨率为 640×480 表示显示屏分成 480 行，每行显示 640 个像素，整个显示屏总共含有 307200 个显像点。屏幕能够显示的像素越多，说明显示设备的分辨率越高，可显示的图像质量也就越高。

(2) 图像分辨率

图像分辨率是组成一幅图像的像素密度的度量方法。对同样大小的一幅图，组成该图的图像像素数目越多，则说明图像的分辨率越高，图像的信息量就越大，视觉效果也就越逼真。

相反，图像像素数量越少，图像就显得越粗糙，效果不清晰。

提示：图像分辨率与显示分辨率是两个不同的概念，以身边数码相机拍照为例，对于同样场景，如果调整到40万(704×576)像素进行拍照，然后在电脑上进行照片的显示。假设电脑显示器分辨率为1024×768像素，那么该画面只能占到显示器画面的一半。本例中，704×576像素是图像分辨率，是图像的固有属性，不管到哪里去显示，永远不会变；而1024×768像素是显示设备的分辨率，不依所显示的图片的分辨不同而改变，通常是固定不变的。

2. 像素深度

像素深度是指每个像素所用的位数(bit)，像素深度决定了彩色图像的每个像素可能有的颜色数，或者确定灰度图像的每个像素可能有的灰度级数。

例如，一幅彩色图像的每个像素用R、G、B三个分量来表示，若每个分量用8位，那么一个像素共用24位表示，就说像素的深度为24位，每个像素可以是2^{24}，即16777216(千万级)种颜色中的一种。在这个意义上，往往把像素深度说成是图像深度。表示一个像素的位数越多，它能表达的颜色数目就越多，而它的深度就越深。

虽然像素深度或图像深度可以很深，但由于设备本身的限制，加上人眼自身分辨率的局限，一般情况下，一味追求特别深的像素深度没有意义。因为，像素深度越深，数据量越大，所需要的传输带宽及存储空间就越大。相反，如果像素深度太浅，会影响图像的质量，图像看起来让人觉得很粗糙而不自然。

提示：在图3.4中，假如像素深度是8(bit)，那么以虚线框中4个像素点而言，以4∶2∶0格式为例，采样总共为6个采样点(4个亮度分量加2个色度分量)，总共需要6×8=48比特，平均每个像素48/4=12比特，这就是为什么有些情况下4∶2∶0采样格式也被称为“12比特每像素采样”的原因。

3.1.4　图像的格式与质量

1. 图像的格式

对于视频编码应用，在编码压缩和传输之前，首先需要将视频图像转换为中间格式(CIF格式)，通用的中间格式对应一组通用的帧分辨率，如CIF(Common Intermediate Format)格式的分辨率为352×288像素，而4CIF分辨率为704×576像素。对于CIF图像，在未压缩前，其一帧图像所需要的比特数如下(假定8比特采样深度)：

- 如果采用4∶2∶0格式，352×288×12=1216512=1.2Mbit
- 如果采用4∶4∶4格式，352×288×24=2433024=2.4Mbit

那么，如果采用实时 25 帧/秒的码流设定，即使采用 4∶2∶0 格式，码流也要达到 30Mbps，而录像一个小时需要的空间为 108G(30Mbps×3600s)。此码流和空间需求在实际应用中是无法接受的，这就是视频压缩的必要性。常用图像格式(PAL 制式下)如图 3.5 所示。

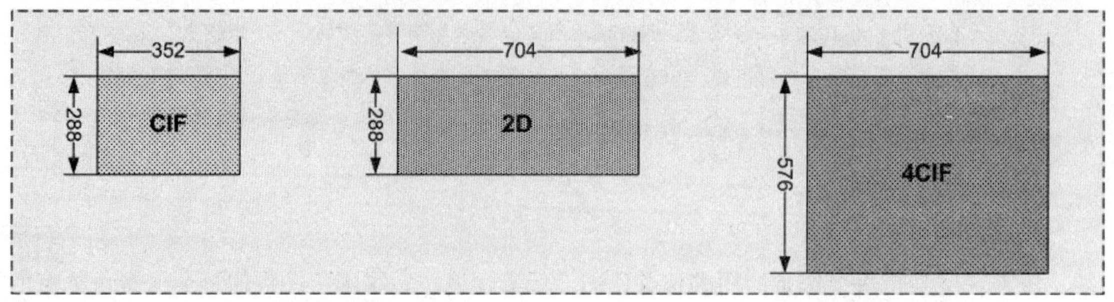

图 3.5　常见视频格式示意图(PAL 制式下)

2. 图像的质量

对于图像质量的评定，有主观评定法和客观评定法。主观评定法即是将图像序列呈现到评价人员面前，评价人员对图像质量进行主观评定打分。客观评定法主要是 PSNR，即“峰值信噪比”，是一种广泛采用的评价图像质量的客观标准，PSNR 是“Peak Signal to Noise Ratio”的缩写，意思就是峰值信噪比。通常在经过编码压缩之后，输出的图像都会有某种程度的失真。为了衡量经过编码处理后的图像品质，我们通常会参考 PSNR 值来认定某个算法程序够不够令人满意，它的单位是 dB。

提示：PSNR 标准是普遍使用的评定图像质量的客观方法，但是，PSNR 的结论可能与人的主观评价并不一致，有可能 PSNR 评分较高的图像在人眼主观看起来反而感觉较差。这是因为人眼的视觉对于误差的敏感度并不是绝对的，其感知结果会受到许多因素的影响而产生变化(如人眼对低频信号敏感，对一个感兴趣区图像敏感，对亮度敏感等)。所以，在视频监控领域，多数用户或集成商考察图像质量的方法是主观评价法，即“眼见为实，以人为本”。将不同厂家的设备并排放在一起，统一场景、统一码流，进行直接地比对，实现对图像质量最直接的评价。另外，目前已经有主观打分的模拟设备，其实质是将人眼评价模型输入到机器中，再利用设备“客观”地进行评分。

3.1.5　数据压缩方法

数据能够进行压缩，是因为数据中存在或多或少的冗余信息，而对于视频和音频等多媒体信息，更可以利用人类自身的感知冗余(失真)特点来实现更高的压缩比例。衡量压缩算法的三个主要性能指标如下：

- 压缩比

- 压缩质量(失真)
- 压缩与解压缩的效率

提示：人类视觉系统并不是对任何图像的变化都很敏感，人眼对于图像的注意是非均匀的。事实上人类视觉系统一般分辨能力约为 64 灰度等级，而一般图像量化采用 256 灰度等级，这类冗余我们称为视觉冗余。例如，人的视觉对于边缘的急剧变化不敏感，且人眼对图像的亮度信息敏感，对颜色的分辨率弱等，因此视频编码算法需要充分利用人眼的“弱点”进行“欺骗性”设计。

根据解码后数据与原始数据是否完全一致，数据压缩方法划分为两类：

- 可逆编码(无失真编码，无损压缩)

  如：Huffman 编码、算术编码、行程长度编码等。

- 不可逆编码(有失真编码，有损压缩)

  如：变换编码和预测编码。

图像编码压缩算法分类如图 3.6 所示。

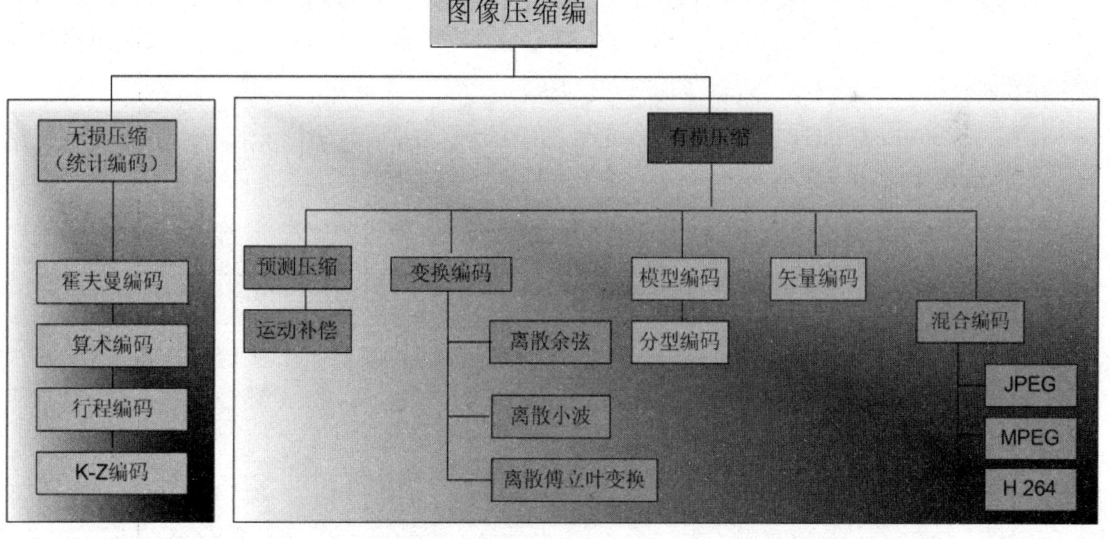

图 3.6 图像压缩编码方法分类

数据压缩方法按原理可以做如下分类。

1. 信息熵编码(统计编码)

信息熵编码又称统计编码，它是根据信源符号出现概率的分布特性而进行的压缩编码，基本思想是在信源符号和码字之间建立明确的一一对应关系，以便在恢复时能准确地再现原信号，同时要使平均码长或码率尽量小。最常见的方法有 Huffman 编码、Shannon(香农)编码以及算术编码。

(1) Huffman 编码

Huffman 编码属于信息熵编码的方法之一，霍夫曼编码的码长是变化的，对于出现频率高的信息，编码的长度较短；而对于出现频率低的信息，编码长度较长。这样，处理全部信息的总码长一定小于实际信息的符号长度。

(2) 算术编码

算术编码把一个信源集合表示为实数线上的 0 到 1 之间的一个区间，这个集合中的每个元素都要用来缩短这个区间。

信源集合的元素越多，所得到的区间就越小，当区间变小时，就需要更多的数位来表示这个区间，这就是区间作为代码的原理。算术编码首先假设一个信源的概率模型，然后用这些概率来缩小表示信源集的区间。

(3) 行程编码

行程编码又称“运行长度编码”或“游程编码”，是一种统计编码，常用 RLE(Run-Length Encoding)表示。

该编码属于无损压缩编码。行程编码一般包含两项，第一项用一个符号串代替具有相同值的连续符号，第二项用来记录原始数据中有多少个这样的值。这样使得编码长长度少于自然编码的长度。

如 667777700025555558888 的行程编码为(6,2)(7,5)(0,3)(2,1)(5,5)(8,4)。可见，行程编码的位数远少于原始字符串的位数。

提示：计算机制作图像过程中，常常具有许多颜色相同的图块，或者在一行上有许多连续的像素都具有相同的颜色值。这时，就不需要存储每一个像素的颜色值，而仅存储一个像素的颜色值以及具有相同颜色的像素数目，或者存储一个像素的颜色值，以及具有相同颜色值的行数，这种压缩编码即为行程编码，而具有相同颜色的连续的像素数目称为行程长度。

2. 预测编码

预测编码的原理是利用相邻样本的相关性来预测数据，预测编码可以用于空域(比如同一帧中相邻像素样本之间具有高度相关性)，也可以用于时域(比如相邻两帧图像的相同位置的像素样本之间具有高度相关性)。

这样，预测编码无需编码传输所有的采样值，而是编码传输采样值的预测值与其实际值之间的差值。预测编码分为线性预测及非线性预测，线性预测的典型代表是差分脉冲编码调制(DPCM)编码。

空间冗余是图像数据中经常存在的一种冗余，在同一幅图像中，规则物体和规则背景的表面物理特性具有相关性，这些相关性的光成像结构在数字化图像中就表现为数据冗余。时间冗余则是序列图像中所经常包含的冗余，序列图像中的两幅相邻的图像之间有较大的相关性，即反映为时间冗余。空间冗余及时间冗余示意如图 3.7 所示。

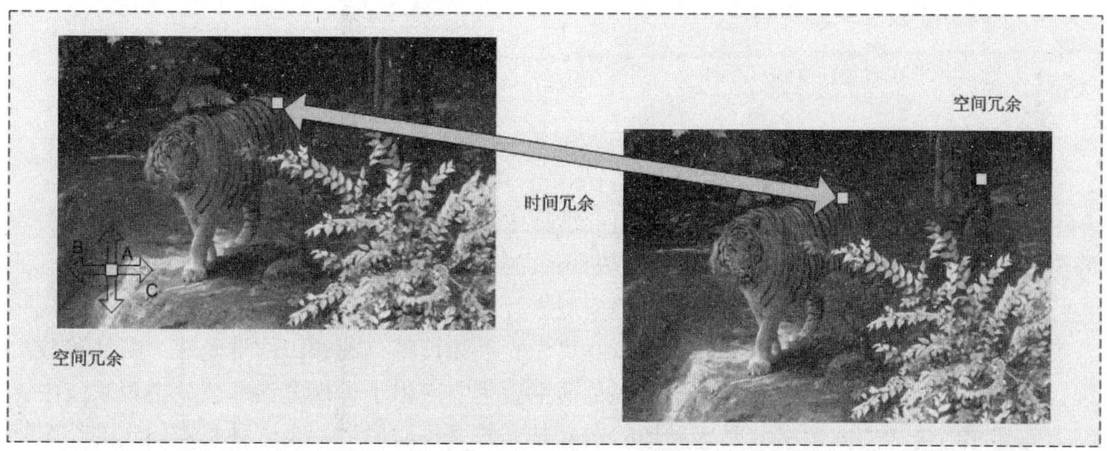

图 3.7　空间冗余及时间冗余

提示：预测编码可以获得比较高的编码质量，并且实现起来比较简单，因此被广泛地应用于图像压缩编码系统中。但是它的压缩比不高，而且精确的预测有赖于图像特性的大量的先验知识，一般不单独使用，而是与其他方法结合起来使用。例如，在 JPEG 中使用了预测编码技术对 DCT 直流系数进行编码。

比如："老虎出山图"，假如要传输 10 秒钟这个场景的视频，首先，第一幅全景图是必须的，而第二幅图就没有必要传输全图，可以利用"时间"及"空间"的冗余来完成。通常背景图像本身具有高度相关性，因此可以利用空间冗余性，如背景中的一个采样 A 点，可以用其临近的 B 点和 C 点的均值生成其预测值 P，之后对实际值 X 与预测值 P 的差值进行编码传输，之后解码端根据差值及预测值可以重新生成实际值。对于时间冗余，第二幅图 M 点和第一幅 N 点差别通常很小，那么利用第一幅图的 N 点做预测，对预测值与实际值的差值进行编码传输，解码端根据差值及预测值可以重新生成实际值。

3. 变换编码

预测编码方式消除相关性的能力有限，变换编码是一种更高效的编码方式。变换编码的思想是将原始数据从时间域或者空间域变换到另一个更适合于压缩的抽象域，通常为频域。即变换编码不是对空间区域的图像信号编码，而是将图像信号映射变换到另外一个正交矢量空间(变换域或频域)，产生一系列变换系数，然后对这些系数进行编码处理。变换具有可逆性及可实现性，目前普遍采用的是基于块的离散余弦变换(DCT)。

变换编码的主要分类如下：

- 离散余弦变换(DCT)
- 离散正弦变换(DST)
- 离散小波变换(DWT)
- 离散傅立叶变换(DFT)

4. 模型编码

模型编码是利用计算机视觉技术和图形学技术对图像信号进行分析和合成，通过对图像的分析和描述，将图像视为实际的三维空间场景的二维平面的投影，进而对图像结构和特征进行分析并提取出特征参数，然后用某种模型进行描述，最后通过对模型参数编码达到视频压缩的目的。在解码时，根据参数和模型的“先验”知识重建图像。由于是对“特征参数”进行的编码，因此压缩比较高。模型编码目前主要集中应用于可视电话和会议电视系统中。因为此类应用传送的图像中主要感兴趣的内容是人的“头肩像”，是一种基本固定的特定场景，可以预先建立人体头肩像的三维模型，从而进行模型编码。

5. 混合编码

用两种或两种以上的方法对图像进行编码称为混合编码，混合编码是近年来广泛采用的一种视频编码压缩方法。混合编码通常使用 DCT 等变换方式进行空间冗余度的压缩，用帧间预测或运动补偿预测进行时间冗余度的压缩，从而达到对运动图像的更高的压缩率。视频压缩过程中主要利用的冗余信息如表 3.1 所示。

表 3.1 视频压缩可利用的各种冗余信息

类 型	内 容	主要编码方法
空间冗余	同帧相邻像素间的相关性	变换编码、预测编码
时间冗余	临帧像素时间上的相关性	帧间预测、移动补偿
图像构造冗余	图像本身的构造特征	轮廓编码、区域分割
知识冗余	收发两端对事物的共有认识	基于知识的编码
视觉冗余	人的视觉特性	非线性量化、位分配

后面将要介绍的 JPEG 和 MPEG 系列编码方式等都属于混合编码。

3.2 静态图像压缩技术

静态图像是指内容保持不变的图像，可能是不活动的场景图像或活动场景图像在某一瞬时的“冻结”图像。最常见的静态图像是我们身边的数码照相机拍摄的图片。静态图像编码是指对单幅图像的编码，最常见的编码方式是 JPEG 算法。

JPEG 是一个适用范围很广的静态图像压缩技术，既可用于灰度图像又可用于彩色图像。JPEG 算法与色彩空间无关，处理的彩色图像是单独的彩色分量图像，因此它可以压缩来自不同色彩空间的数据，如 RGB、YCbCr 和 CMYK。JPEG 专家组开发了两种基本的压缩算法，一种是采用以离散余弦变换(DCT)为基础的有损压缩算法，使用有损压缩算法时，在压缩比为 25∶1 的情况下，压缩后还原得到的图像与原始图像相比较，区别不大，因此得到了广泛的应用；另一种是以预测技术为基础的无损压缩算法。

基于 DCT 的 JPEG 压缩编码主要过程如下。

(1) 正向离散余弦变换(FDCT)。

(2) 量化(Quantization)。

(3) Z 字形编码(Zigzag Scan)。

(4) 使用差分脉冲编码调制(DPCM)对直流系数(DC)进行编码。

(5) 使用行程长度编码(RLE)对交流系数(AC)进行编码。

(6) 熵编码(Entropy Coding)。

JPEG 压缩编码的流程如图 3.8 所示。

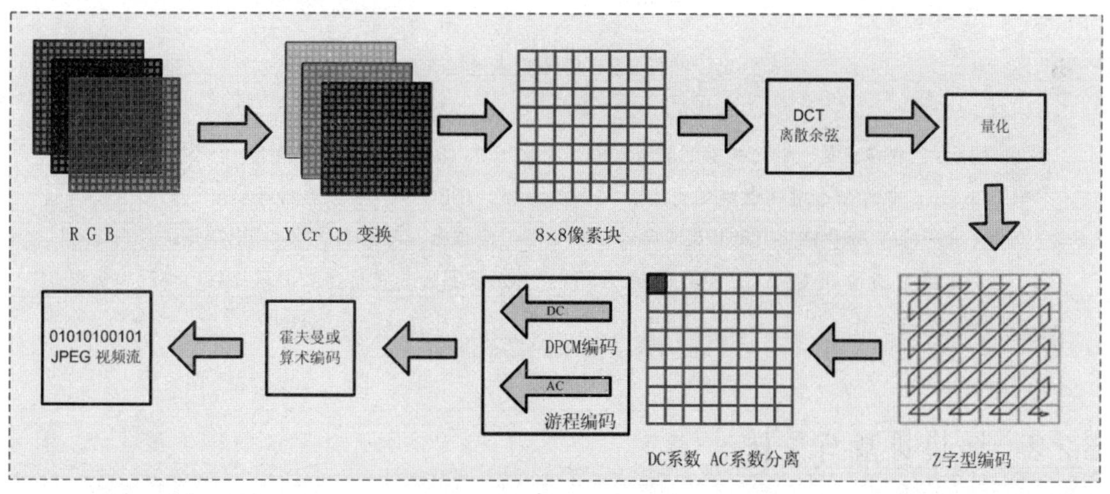

图 3.8　JPEG 压缩编码的流程

3.2.1　色相变换过程

色相变换(色彩空间变换)的目的是因为人类眼睛对亮度的敏感度比对色度更高，因此在进行取样的过程中，会完全保留亮度信息，而色度数据则视取样方式而定。输入的未经压缩的图像可按照多种格式中的一种保存，较流行的是 24 bit 的 RGB 格式，即每个红、绿和蓝像素对应 8bit。但是，考虑到对一幅给定的图像有 R、G 和 B 三个独立的子通道，通常在这 3 个子通道之间存在明显的视觉相关性。因此，为获得更大压缩比，通常将 RGB 格式转换成亮度(Y)和色差(Cb、Cr)分量，变换公式如下：

$$Y=0.299R+0.587G+0.114B$$

$$Cr=(0.500R-0.4187G-0.0813B)+128$$

$$Cb=(-0.1687R-0.3313G+0.500B)+128$$

JPEG 算法与色彩空间无关，因此“RGB 到 Y/ Cb、Cr 变换”和“Y/Cb、Cr 到 RGB 变换”过程不包含在 JPEG 算法中。JPEG 算法处理的彩色图像是单独的彩色分量图像，因此它可以压缩来自不同色彩空间的数据，如 RGB、YCbCr。色相转换是无损的，它仅仅是将图像从一种色彩空间变换到另外一个色彩空间而已，色相变换过程示意如图 3.9 所示。

图 3.9　色相变换过程

提示：色相转换是一种无失真的转换过程。假如 JPEG 输入的影像为灰阶的(所谓灰阶就是 Y、Cb、Cr 中的 Y 分量，也就是亮度)，这种情况下，JPEG 不做色相转换及取样过程，直接将灰阶影像(Y 分量)交给 DCT 及其后的步骤处理。实质上，对彩色图像，JPEG 算法分别进行了三层(Y 分量及 Cb、Cr 分量)的编码压缩，然后三层图像进行叠加形成最后的编码输出图像，反之亦然。

3.2.2　区块切割与采样

1. 区块切割

JPEG 算法是在 8×8 像素的数据块上的操作，块(8×8 像素)是离散余弦变换操作的基本单位，高速信号处理器对这个尺寸大小的数据块有最高的处理性能。在每个图像缓冲区中，数据被从左到右、从上到下地划分成多个 8×8 大小的像素块。这些像素块不重叠，如果图像的行和列像素数不是 8 的整数倍数，那么就要根据需要通过重复图像的最后一行或列来填充。

区块切割示意如图 3.10 所示。

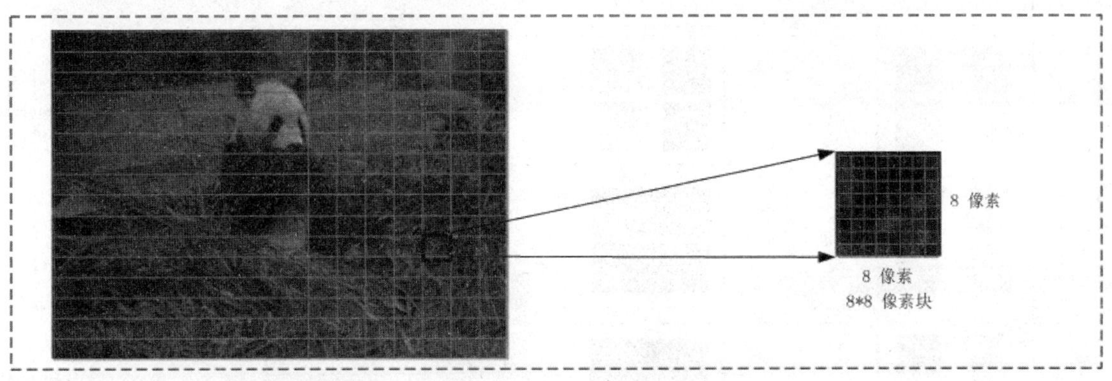

图 3.10 区块切割示意图

如图 3.10 所示，首先把一幅图像划分成一系列的图像块，每个图像块包含 8×8 个像素。如果原始图像有 640×480 个像素，则图片将包含 80 列 60 行的方块。如果图像只包含灰度，那么每个像素用一个 8 比特的数字表示。因此可以把每个图像块表示成一个 8 行 8 列的二维数组，离散余弦变换将会作用在这个数组上。

提示：如果图像是彩色的，那么每个像素可以用 24 比特表示，相当于三个 8 比特的组合来表示(用 RGB 或 YCrCb 表示，在这里没有影响)。因此，可以用三个 8 行 8 列的二维数组表示这个 8×8 的像素方块。每一个数组表示其中一个八比特组合的像素值，离散余弦变换将分别作用于三个数组中的每个数组。

2. 图像采样

前面我们介绍了 YUV 色彩空间下的采样格式，在 YCbCr 色彩模型下也一样。因为人眼对亮度信号比对色差信号更敏感，所以通过对色差(Cb,Cr)分量滤波(子采样)能够降低图像的数据带宽。

一个没经过滤波的图像，子像素的排列为{Y,Cb,Cr,Y,Cb,Cr,Y,...}，称为 4 : 4 : 4 格式，因为对于每 4 个连续采样点取 4 个 Cb，4 个 Cr 和 4 个亮度 Y 样本。这相当于每个像素都由一个完整{Y,Cb,Cr}组成。那么，对一幅 640×480 像素的图像，4 : 4 : 4 格式意味着这 3 个分量样本中每个分量图像都是 640×480 字节(Byte)。如果通过对色差分量滤波我们可把水平带宽降至原来的一半，可得到 4 : 2 : 2 格式{Cb,Y,Cr,Y,Cb,Y,Cr,Y,...}。

这里，每个像素由一个字节的 Y 和一个字节的 Cb 或 Cr 组成。因此，对于一幅 640×480 的图像，4 : 2 : 2 格式意味着 Y 分量图像为 640×480 字节，Cb 和 Cr 分量图像每个都是 320×480 字节。

YCbCr 图像采样示意如图 3.11 所示。

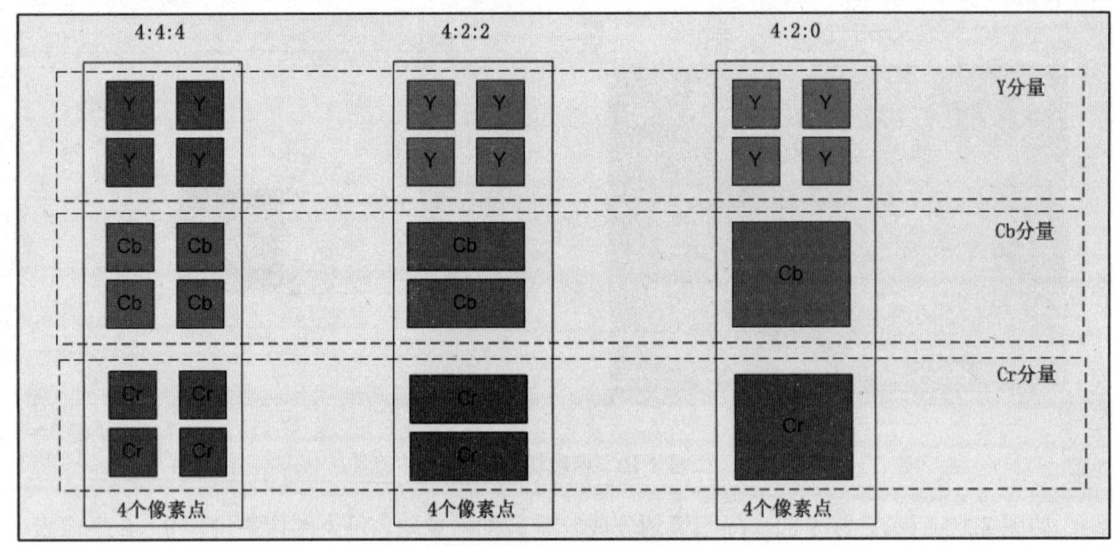

图 3.11 YCbCr 模型下的图像采样

为了进一步降低图像带宽，可以再在竖直方向对色差分量滤波。这就得到了 4∶2∶0 格式，那么意味着对于一幅 640×480 图像，其 Y 分量图像为 640×480 字节，而对于 Cb 和 Cr 分量图像每个都是 320×240 字节。

不论选择何种格式，图像都会被单独存入 Y、Cb 和 Cr 缓冲区，因为 JPEG 算法是按照相同的方式在每个分量上单独地执行操作的过程。如果色差分量被滤波，那么这就相当于在减小尺寸的图像上运行 JPEG 算法，如上例中，如果不对色差分量滤波，那么 JPEG 算法在 640×480 图像尺寸上执行，采用 4∶2∶0 滤波后，变成在 320×240 图像上执行算法。

提示：采样滤波未必一定是有损的，比如 4∶4∶4 方式。但是，在实际应用中，经常用到的是 4∶2∶0 的采样格式，该格式利用人眼的生理弱点，进行了“欺骗”性处理，欺骗的代价是丢掉一些人眼不敏感的数据资源，而收获是数据量的降低。

3.2.3 离散余弦(DCT)变换

JPEG 算法中的 DCT 变换利用这样一个事实——即人眼对低频分量的图像比对高频分量的图像更敏感。8×8 像素 DCT 变换把空间域表示的图像变换成频率域表示的图像。虽然其他频率变换也会有效，但选择 DCT 变换的原因是其相关特性，图像独立性、压缩图像能量的有效性和正交性。

简单地说，是用一个 8 行 8 列的二维数组产生另一个同样包含 8 行 8 列二维数组的函数，相当于把一个数组通过一个变换，变成另一个数组，DCT 变换过程如图 3.12 所示，对每个图像块做离散余弦变换，通过变换可以把能量集中在矩阵左上角少数几个系数上。若不考虑截尾误差，DCT 变换过程是属于无失真的转换过程，经 DCT 转换后每个 8×8 的像素会产生一个 DC(直流)系数及 63 个 AC(交流)系数。

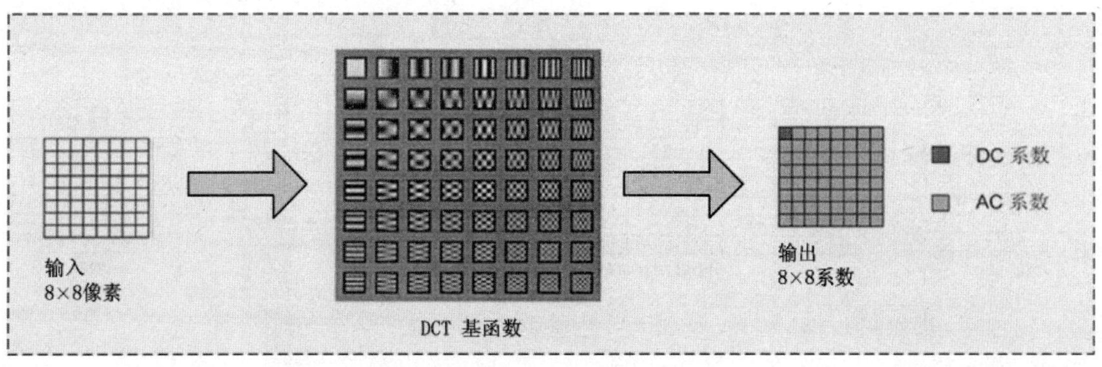

图 3.12　DCT 变换过程

- 输入是 8×8 个像素点，输出则是 8×8 个系数。
- 把影像由空间定义域转换到频率定义域，每个 8×8 小方块里面系数的位置越靠近左上角，它代表的频率越低，越靠近右下角，则它代表的频率越高。
- 大部份的影像能量会集中在低频部份，也就是转换之后的输出系数在低频部份的值较大，而输出系数在高频部份的值很小。
- 当输出系数经过量化后，高频部份的值大部份都会变为 0。

比如：“销售，业绩考核”。Peta 公司的销售队伍越来越大，有 50 多个人，平时大家都忙忙碌碌，做报价、投标、开会、请客吃饭。但是，需要对员工进行绩效考核，考核的方面就是对公司利润的“贡献值”，简单讲，就是销售人员给公司赚钱数减掉花公司的钱，这样的目的就是了解到各个销售人员对公司利润的贡献到底都是多少，之后形成数据表格，以备将来奖励或裁员。公司可利用自己的方法完成对员工从“赚钱&花钱”到“贡献表”转换，在视频编码过程中，则是利用 DCT 变换完成从“像素”到“系数”的转换过程。

3.2.4　量化过程介绍

为了达到压缩数据的目的，需要对 DCT 系数做量化。量化是对经过离散余弦变换后的频率系数进行量化，这是一个“多到一”映射的过程。量化的目的是减小非 0 系数的幅度以及增加 0 值系数的数目，在一定的主观保真的前提下，丢掉那些对视觉效果影响不大的信息，量化是图像质量下降的最主要原因。

量化是在 8×8 像素块上完成 DCT 变换之后进行的，一旦非重要的分量被去除，是无法恢复的，因此量化过程是不可逆的有损压缩过程。当量化表建立好之后量化过程就很简单了，简单说就是选择“量化比例系数”，然后 DCT 系数除以“比例系数”得到“量化后的 DCT 系数”，量化后的比例系数中数值较大的被映射到非零的整数，数值较小的系数被映射到零。量化过程如图 3.13 所示。

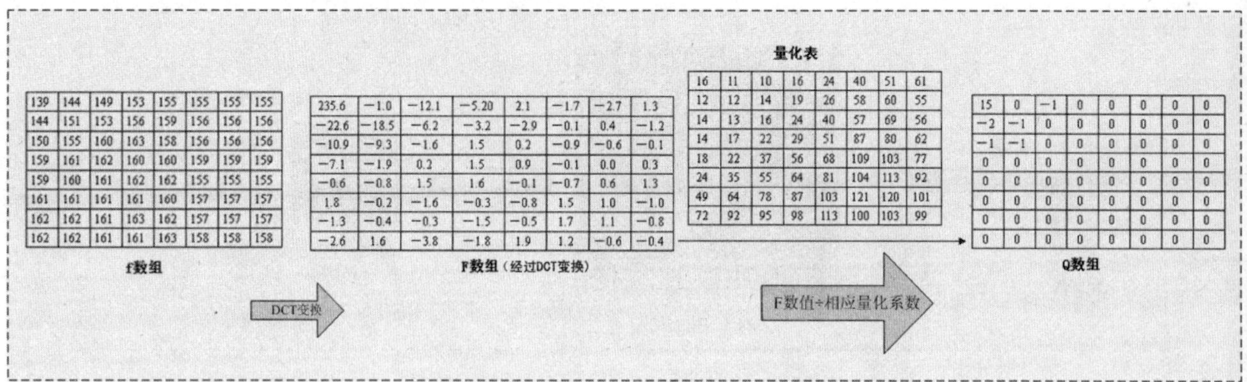

139	144	149	153	155	155	155	155
144	151	153	156	159	156	156	156
150	155	160	163	158	156	156	156
159	161	162	160	160	159	159	159
159	160	161	162	162	155	155	155
161	161	161	161	160	157	157	157
162	162	161	163	162	157	157	157
162	162	161	161	163	158	158	158

f数组

235.6	−1.0	−12.1	−5.20	2.1	−1.7	−2.7	1.3
−22.6	−18.5	−6.2	−3.2	−2.9	−0.1	0.4	−1.2
−10.9	−9.3	−1.6	1.5	0.2	−0.9	−0.6	−0.1
−7.1	−1.9	0.2	1.5	0.9	−0.1	0.0	0.3
−0.6	−0.8	1.5	1.6	−0.1	−0.7	0.6	1.3
1.8	−0.2	−1.6	−0.3	−0.8	1.5	1.0	−1.0
−1.3	−0.4	−0.3	−1.5	−0.5	1.7	1.1	−0.8
−2.6	1.6	−3.8	−1.8	1.9	1.2	−0.6	−0.4

F数组（经过DCT变换）

量化表

16	11	10	16	24	40	51	61
12	12	14	19	26	58	60	55
14	13	16	24	40	57	69	56
14	17	22	29	51	87	80	62
18	22	37	56	68	109	103	77
24	35	55	64	81	104	113	92
49	64	78	87	103	121	120	101
72	92	95	98	113	100	103	99

15	0	−1	0	0	0	0	0
−2	−1	0	0	0	0	0	0
−1	−1	0	0	0	0	0	0
0	0	0	0	0	0	0	0
0	0	0	0	0	0	0	0
0	0	0	0	0	0	0	0
0	0	0	0	0	0	0	0
0	0	0	0	0	0	0	0

Q数组

图 3.13　量化表及量化过程示意

量化表的特点是在量化表的左上角的数值都小，而越往右下角则数值越大。这样设计的目的是为保持低频区系数的准确度，至于高频区，由于人类肉眼对其并不敏感，故量化的数值较大。

注意：注意人眼对低频分量的图像比对高频分量的图像更敏感。因此，高频分量的图像中的细小错误不容易被发现，所以完全去掉一些高频分量通常在视觉上可以接受。JPEG 算法中的量化过程正是利用这一特性来降低对给定 8×8 像素块编码所需要的 DCT 信息量。在 JPEG 处理中，量化是不可逆的关键步骤。由于量化后原来未量化的系数的精密度会永久地丢失，所以量化仅用在有损压缩算法中，例如我们在这里讨论的 JPEG(Base Line)压缩算法。

JPEG 对于影响影像质量最大的低频值及 DC 系数使用最细腻的量化方法，处理后再还原的数值几乎没有失真，对于影响影像质量最小的高频系数，则使用最粗略的量化方式来量化，如此可得到较高的压缩率。

如果量化系数高，那么压缩比就大，质量不清晰，而反之，量化系数低，那么就是相对较少地抛弃视频信息，压缩比就小。因此需要在一定的主观保真的前提下，丢掉那些对视觉效果影响不大的信息。

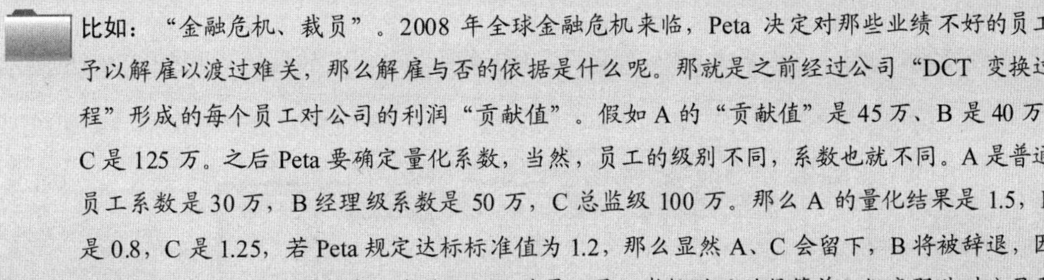

比如："金融危机、裁员"。2008 年全球金融危机来临，Peta 决定对那些业绩不好的员工予以解雇以渡过难关，那么解雇与否的依据是什么呢。那就是之前经过公司"DCT 变换过程"形成的每个员工对公司的利润"贡献值"。假如 A 的"贡献值"是 45 万、B 是 40 万、C 是 125 万。之后 Peta 要确定量化系数，当然，员工的级别不同，系数也就不同。A 是普通员工系数是 30 万，B 经理级系数是 50 万，C 总监级 100 万。那么 A 的量化结果是 1.5，B 是 0.8，C 是 1.25，若 Peta 规定达标标准值为 1.2，那么显然 A、C 会留下，B 将被辞退，因为 A、C 对公司的贡献较大，合格。Peta 对员工量化考核的目的很简单，抛弃那些对公司贡献不大的员工并尽量不影响公司的业务。

3.2.5 Z 字形编码过程

量化后的二维系数要重新编排，并转换为一维系数，为了增加连续的"0"系数的个数，也就是"0"的游程长度，JPEG 编码中采用"Z 字形"编排方法。

正如我们从 DCT 输出中看到的，随着水平方向和垂直方向频率值的增加，其量化系数变为零的机会越来越大。

为了利用这一特性，我们可将这些二维系数按照从 DC 系数开始到最高阶空间频率系数的顺序重新编排为一维系数。通过使用 Z 字形编码方法实现这种编排，即在 8×8 像素块中沿着空间频率增加的方向呈"Z"字形来回移动的过程。

Z 字形编码过程如图 3.14 所示，在图左边，可以看到对 DCT 量化后的矩阵系数，使用图中部示出的 Z 字形编排模式，产生一个图右边的一维系数。每个量化后的 DCT 输出矩阵都经过 Z 字形编码过程。从 DCT 二维系数生成的 64×1 一维数组中的第一个元素代表 DC 系数，其余的 63 个系数代表 AC 系数。这两类系数完全不同，足以将它们分开，并且可用不同的编码方法编码压缩以获得最佳压缩效率。

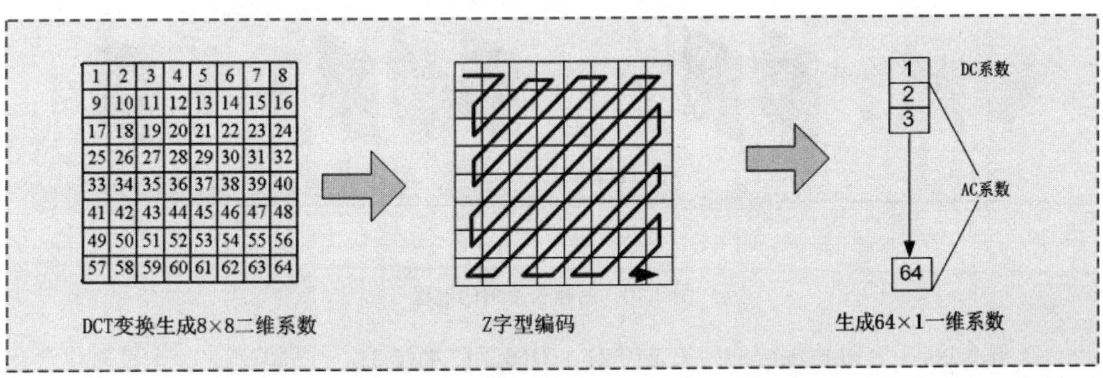

图 3.14 Z 字形变换

3.2.6 DC 系数及 AC 系数编码

对 DC 系数组和每个 AC 系数组分别编码，DC 系数与 AC 系数编码流程如图 3.15 所示。

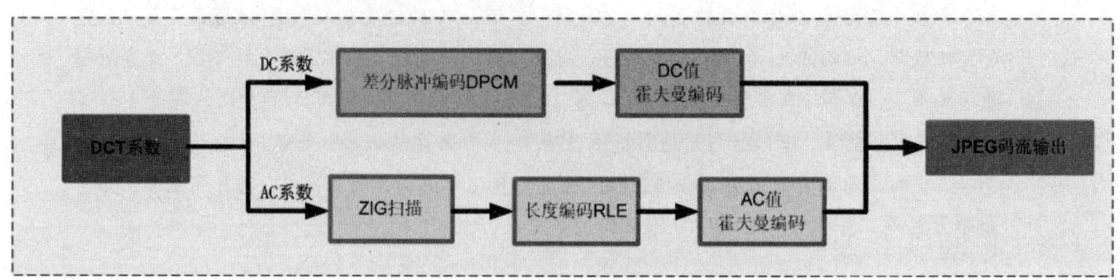

图 3.15 DC 系数与 AC 系数编码流程

1. DC 系数编码

DC 系数代表每个 8×8 像素块的亮度。8×8 图像块经过 DCT 变换之后得到的 DC 系数有两个特点：一个特点是系数的数值比较大，二是相邻 8×8 图像块的 DC 系数值变化不大。根据这两个特点，JPEG 算法使用了差分脉冲调制编码(DPCM)技术，对相邻图像块之间量化 DC 系数的差值进行编码。实际的图像通常在局部区域变化不大，通过使用差分预测技术(DPCM)对相邻图像块之间的 DC 系数的差值进行编码，降低图像中的空间冗余信息。

2. AC 系数编码

由于经过量化过程后有许多 AC 系数值变为零，对这些系数采用游程编码(RLE)方式进行压缩。游程编码的概念是根据一种简单的原理：在实际图像序列中，相同值的像素总可以用单个字节表示，但是把相同的数值一遍又一遍地发送没有意义。例如，我们看到量化后的 DCT 输出数据块产生许多系数为零的字节，Z 字形编排有助于在每个序列末尾产生系数为零的数组。游程长度编码过程如图 3.16 所示。

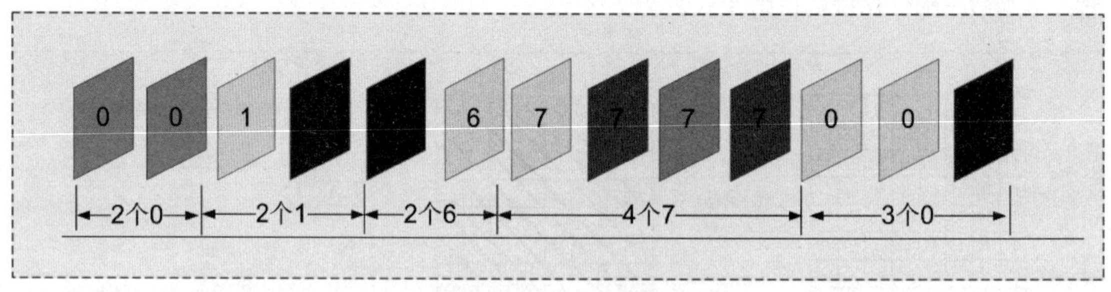

图 3.16 游程长度编码过程

在图 3.16 中，RLE 编码的结果是(0,2)(1,2)(6,2)(7,4)(0,3)，行程编码是一个针对包含有顺序排列的多次重复的数据的有效数据压缩方法。其原理就是把一系列的重复值用一个单独的值再加上一个计数值来取代，其中的行程长度就是连续且重复的单元数目。如果想得到原始数据，只需展开这个编码就可以了。

比如："斗地主、叁 Q 带俩 8"。Peta 没事喜欢斗地主，开始的时候，他没有把随手抓到的牌好好整理一下并按套路进行顺序编排，而是随机抓到手里随机出牌，很快发现这样在出牌时很麻烦，要临时查看并理牌出牌。后来，他改进了一下，每抓到一张牌，便随时编排，那么，一个猫、3 个 Q，3 个 J，2 个 8，非常整齐好记。即使把自己的牌合上，也很容易知道自己的牌况。牌还是一样的牌，不过换了个排列方式，比原来更加方便好记，节省脑细胞。需要注意的是 RLE 过程中，没有"理牌"的过程，其数据序列是自然的。

3.2.7 熵编码介绍

对上面得到的系数序列做进一步压缩称作熵编码。在这一阶段，对量化后的 DCT 系数完成最终的无损压缩以提高总压缩比。熵编码是一种使用一系列位编码代表一组可能出现的符号的压缩技术。使用熵编码还可以对 DPCM 编码后的直流 DC 系数和 RLE 编码后的交流 AC 系数做进一步的压缩。JPEG 标准规定了两种熵编码算法：即哈夫曼编码和自适应算术编码。霍夫曼(Huffman)编码是一种可变长度编码技术，它用于压缩具有已知概率分布的一连串符号。JPEG 标准使用的另一种熵编码方法是算术编码。

3.2.8 JPEG 数据流介绍

JPEG 编码的最后一个步骤是把各种标记代码和编码后的图像数据组成一帧一帧的数据，这样做的目的是为了便于传输、存储和解码器进行解码，这样组织的数据通常称为 JPEG 位数据流，JPEG 数据流的形成过程如图 3.17 所示。

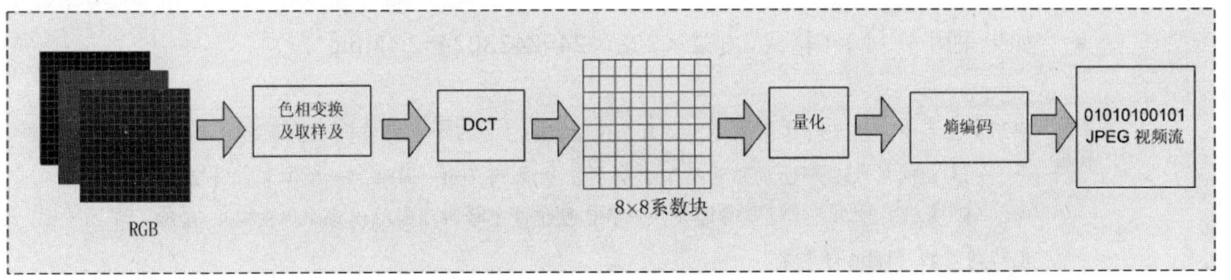

图 3.17　JPEG 编码过程

3.2.9 JPEG 解压缩过程

JPEG 解码过程的 5 个步骤如图 3.18 所示。

(1) AC 及 DC 值的还原(熵编码的解码)。

(2) 量化值的还原。

(3) 离散余弦反转换(IDTC)。

(4) 反取样。

(5) 色相反转换过程。

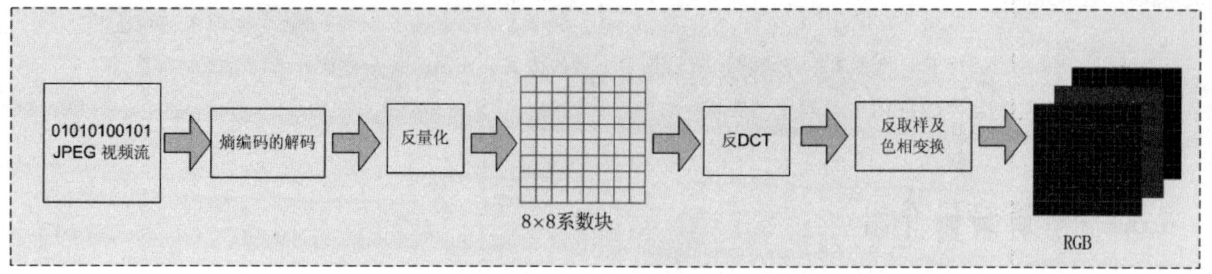

图 3.18 JPEG 解压缩

3.3 视频(动态图像)编码压缩

3.3.1 视频压缩的必要性

前面介绍了静态图像压缩技术，而在视频监控系统应用中，图像是动态的视频序列，为实现动态视频的实时传输与存储，需要进行视频数据的编码压缩。再次强调一下视频编码压缩的必要性，以 352×288 像素的视频为例，单帧画面数据量大小如下：

- 如果采用 4∶2∶0 格式，352×288×12=1216512=1.2Mbit
- 如果采用 4∶4∶4 格式，352×288×24=2433024=2.4Mbit

提示：上式中，在 8bit/像素深度下，每个像素实际上有三个色彩空间，如 4∶4∶4 格式下，每个色彩空间信号(2 个色度信号及 1 个亮度信号)占用 8bit，因此，一个像素占用 24bit，同理，如果是 4∶2∶0，经过空间转换，一半色度信号忽略掉了，所以每个像素需要 12bit，即先前讲过的“12bit 每像素”。

对于实时 25 帧/秒的码流，即使采用 4∶2∶0 格式，码流可以达到 30Mbps(1.2Mbps×25 帧/秒)，这是目前的网络环境根本无法支撑的，而另外一方面，录像一个小时需要存储空间为 108G(30Mbps×3600s)，是标准 DVD-R 存储容量的 20 倍。因此，视频压缩是必须的。所谓压缩就是采用特定的算法，将一种数据类型转换为另一种形态，使得转换后的数据量远小于转换前的数据量，并且可恢复(或部分恢复)。视频压缩就是采用某种压缩方法将原始图像数据流进行压缩，再对压缩后形成的数据流进行传输或存储。

注意：身边的电脑应用中也有很多压缩软件用来对文件进行压缩，之后保存或通过网络发送。电脑中文件压缩的要求是“尽力而为”但必须“万无一失”，也就是对压缩率不强求但不能丢失数据，日后需要 100%解压缩还原。视频压缩与之不同，视频压缩要求有较高的压缩比但是部分信息丢失是可以接受的，压缩比越高，丢失信息就越多，图像还原性就差，反之，压缩比低，丢失信息少但是数据量较大。压缩比主要取决于码流限制，并且是可调的。

3.3.2 视频压缩的可行性

携带信息的信号可以被压缩，压缩成比原始信号所需要更少的比特数的格式或表达方式，对原始信号进行压缩的软件或硬件叫编码器，而解压缩的设备或程序叫解码器。视频压缩的主要方法是对时间域冗余和空间域冗余进行压缩。在时间域冗余中，主要体现在相邻视频帧之间的相关性，而空间域冗余，主要体现在同一视频帧中，相邻区域多像素之间的相关性。空间域冗余及时间域冗余如图 3.7 所示。

1. 空间冗余

这是图像数据中经常存在的一种冗余。在同一幅图像中，规则物体和规则背景的表面物理特性具有相关性，这些相关性的光成像结构在数字化图像中就表现为空间冗余。

2. 时间冗余

这是序列图像和语音数据中经常包含的冗余，图像序列中的两幅相邻的图像之间有较大的相关性，这反映为时间冗余；在语言中，由于人在说话时发音的音频是一连续的渐变过程，而不是一个完全时间上独立的过程，因而存在时间冗余。

3. 视觉冗余

人类视觉系统并不是对任何图像的变化都很敏感，人眼对于图像的注意是非均匀的。事实上人类视觉系统一般分辨能力约为 64 灰度等级，而一般图像量化采用 256 灰度等级，这类冗余我们称为视觉冗余。

例如，人的视觉对于边缘的急剧变化不敏感，对颜色的分辨率弱，但是人眼对图像的亮度信息相对敏感。

3.3.3 图像格式说明

1. 图像通用格式 CIF

为了使现行各种电视制式，即 PAL、NTSC、SECAM 制的图像，能比较容易地转换成电视电话的图像格式，既便于相互转换，又考虑到位率较低，采用通用中间格式 CIF(Common

Intermediate Format)。

CIF 格式规定图像亮度分量 Y 的横向像素为 352 个，纵向像素为 288 个。图像色度分量 Cr、Cb 的纵横像素数为亮度分量的一半。为了使图像尺寸的纵横比为 3∶4，与常规电视屏幕尺寸比例一致，所以像素的纵横比为：

像素纵横比=纵∶横=3/288∶4/352=11∶12

可见像素的纵横比为 11∶12，接近于方形。

2. CIF 格式图像层次结构

通常，视频编码算法把输入的 CIF 和 QCIF 格式的视频分成一系列以“块”为基础的层次结构，分别为图像(Picture)、块组(GOB)、宏块(MB)和块(Block)四个层次。每个宏块由 4 个 8×8 的亮度块和 2 个 8×8 的色度块(Cr 和 Cb 各 1 个)组成，一个块组由 3×11 个宏块组成，一个 QCIF 图像由 3 个 GOB 组成，一个 CIF 图像则包含 12 个 GOB。

CIF 格式的图像层级示意图如图 3.19 所示，这种复杂的分级结构是高压缩比的视频编码算法所必需的。

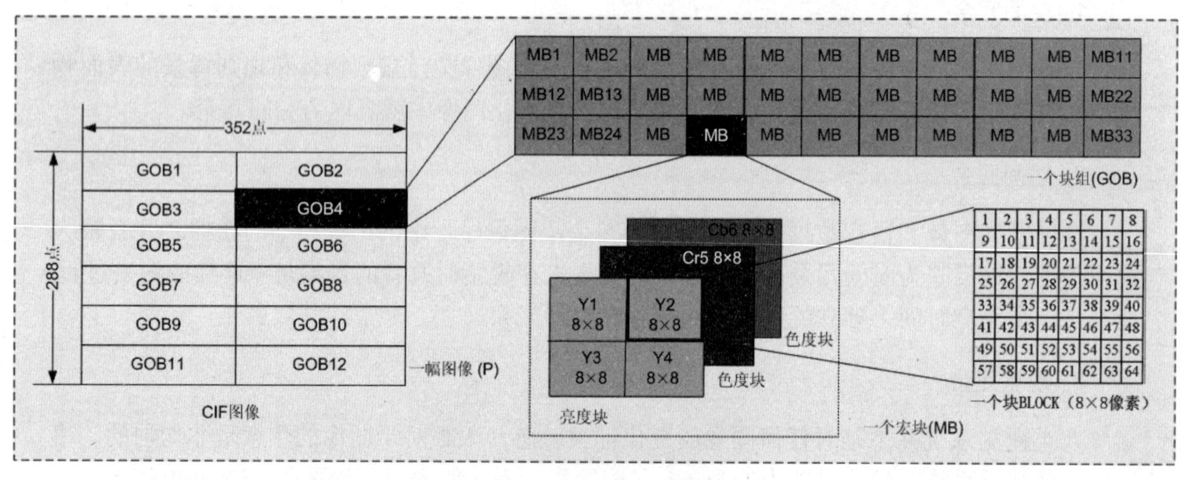

图 3.19 CIF 格式图像层次结构

3. 图像宏块与块说明

在视频编码过程中，为使算法处理单元高效处理，通常把每帧图像分成宏块及块，例如对于 CIF 图像，将每帧图像分成 22×18 个宏块(MB)，而每个宏块包含 6 个子块(Block)，其中包含 4 个 8×8 的亮度块及 2 个 8×8 的色度块(4∶2∶0 取样)，或 4 个 8×8 的亮度块及 4 个 8×8 色度块(4∶2∶2 取样)，或 4 个 8×8 的亮度块及 8 个 8×8 的色度块(4∶4∶4 取样时)。宏块是进行运动补偿(视频编码关键技术)的基本单位。图像的宏块与块的对应关系如图 3.20 所示。

CIF 图像 352×288 个像素

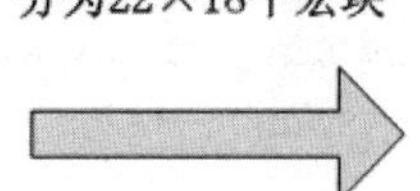

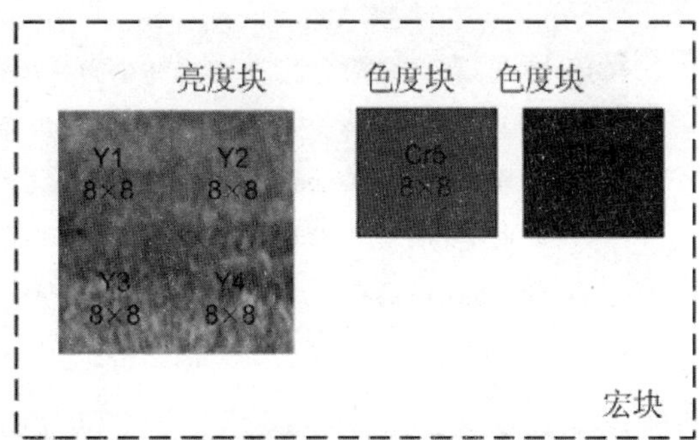

图 3.20　图像的宏块与块的对应关系

在图 3.20 中，在 4∶2∶0 取样格式时，图中共有 6 个 8×8 像素块，亮度 Y 占 4 块，色度 Cb 和 Cr 各占 1 块。亮度 Y 的图像区域与色度 Cb 或 Cr 的图像区域面积相等并重合。因为色度 Cb、Cr 的像素数量少，故清晰度较低，但不影响人眼的主观视觉感受，因为人眼对色度的敏感程度低。在处理图像时，按图中各 8×8 方块的编号次序处理。块是码流的最底层，每个块是一个 8×8 像素的数据矩阵。每个块中只含有一种信号元素，即它或是亮度数据矩阵，或是某种色度数据矩阵。

注意：“块”是进行 DCT 运算的基本单位，“宏块”在进行 DCT 运算之前要被分成若干个块。

4. 视频压缩比计算举例

根据图像格式及信道指标，可以计算出所需的视频编码压缩比。

例如：若采用 CIF 图像格式，采样格式为 4∶2∶0，采用 8 位像素深度，帧率取 25 帧/秒，求在带宽为 2Mbps 的网络中传输时视频编码压缩系统应有的压缩比。

解：压缩前的码流为[352×288＋2 (176×144)]像素/帧×25 帧/秒×8 位/像素=30412.8kbps=30M。那么对视频编码器件的压缩比要求是：30Mbps/2M=15 倍。

5. 电视制式介绍

PAL 电视制式标准为每秒 25 帧，电视扫描线为 625 线，奇场在前，偶场在后，标准的数字化 PAL 电视标准分辨率为 720×576，24 比特的色彩位深，画面的宽高比为 4∶3，PAL 电视标准用于中国、欧洲等国家和地区。NTSC 电视制式标准下，每秒 29.97 帧(简化为 30 帧)，电视扫描线为 525 线，偶场在前，奇场在后，标准的数字化 NTSC 电视标准分辨率为 720×480，采用 24 比特的色彩位深，画面的宽高比为 4∶3。NTSC 电视标准用于美、日等国家和地区。

提示：对于 PAL 制式，实际传输的是 720×625 的分辨率，但是，模拟系统最大的分辨率却是 D1，即 720×576，是因为其中有 49 条水平扫描线要作为字幕、测试信息等应用。而 576 条垂直扫描线，为何到了电视显示系统为最大 540 线？因为电视屏幕是 4∶3 的宽高比，所以电视的处理电路进行了转换，即 540=720×3/4 得来。720×576 这个标准是信号本身决定的，6MHz 的带宽的标准就是这个分辨率。

注意：可以看出，受模拟视频制式本身的限制，即使采用最好的编码芯片及 CCD 感光器件，模拟摄像机的分辨率也是有限制的。在 PAL 制式下，最多为 720×576 像素，也就是接近于 40 万像素的水平。

6. CIF 分辨率

如先前所讲，CIF 分辨率为 352×288，约 10 万像素格式图像。

7. 2CIF 分辨率

2CIF 格式的图像纵向也只有 288 线，但每行的水平像点数却翻了一倍，因此，图像大约为 20 万像素。虽然每一行的像点数增加了，但由于整个图像中每隔一行都被忽略，因此，仍然丢失了大量的重要信息。所以，我们看到的图像恰如其名只是半帧或半图。2CIF 分辨率是 704×240 像素(NTSC)或 704×288(PAL)像素。

8. 4CIF 分辨率

4CIF 格式的图像由两个时间上连续的隔行扫描半图像拼合而成，这种格式的实际像素达到 704×576=40 万，但由于半帧是在不同瞬间形成的，所以行与行之间就会发生错位。这样会导致所谓的“梳状失真”，这是 4CIF 格式图像在实际应用中的一个缺陷。

9. D1 与 4CIF 分辨率区别

D1 的分辨率为 720×480(NTSC)、720×576(PAL)；4CIF 的分辨率为 704×480(NTSC)、704×576(PAL)。从分辨率数据来看两者相差不多，但是从技术原理角度，4CIF 的原型是由 CIF 发展而来的，通过后期处理得到。早期 DSP 运算能力不足以支持大分辨率画面的实时编码传输，因此将画面切割成 4 个 CIF 大小的画面分别处理然后进行大画面的合成。而 D1 本身就是指大画面的单个画面，也可以进行分割，成为多个 CIF 画面。

10. VGA 及 SIF 分辨率

VGA 是 Video Graphics Array 的缩写，是 IBM 公司开发的计算机显示系统，分辨率定义为 640×480 像素，此分辨率更适合网络摄像机，因为网络摄像机视频基本上都在计算机上进行显示。而 QVGA 也经常使用，QVGA 是 320×240 像素，接近于 CIF 分辨率大小，QVGA 有时称为 SIF(Standard Interchange Format)。

常见的不同分辨率如图 3.21 所示。

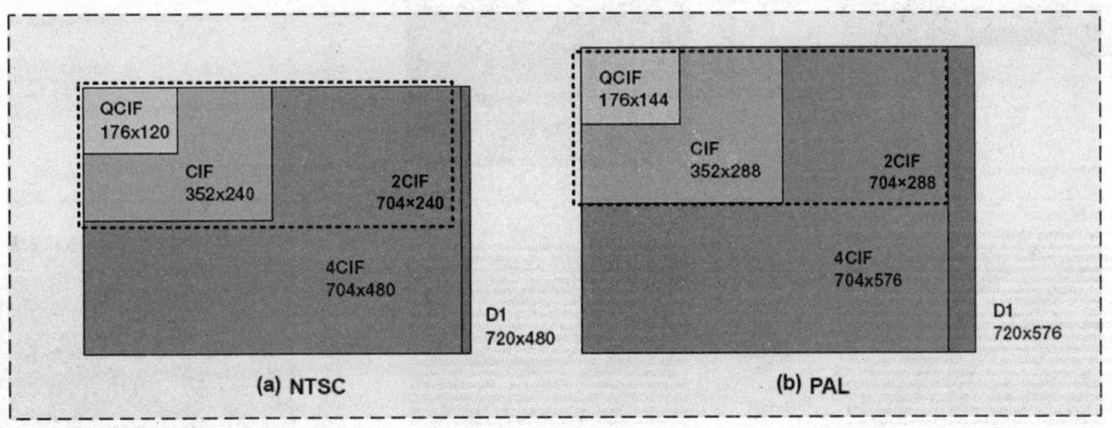

图 3.21　常用图像分辨率

3.3.4　逐行扫描与隔行扫描

隔行扫描，是把一幅图像分成两场来扫描，第一场称为奇数场，只扫描奇数行，而第二场只扫描偶数行，通过两场扫描完成一帧图像扫描的行数，这就是隔行扫描。例如对于每帧图像为 625 行的隔行扫描，每帧图像分两场扫，每一场只扫描了 312.5 行，每秒钟共扫描 50 场，共 25 帧图像，即隔行扫描时帧频为 25Hz、场频为 50Hz。由于视觉暂留效应，人眼不会注意到两场只有一半的扫描行，而会视为完整的一帧。

隔行扫描的行扫描频率为逐行扫描时的一半，因而电视信号的频谱及传送该信号的信道带宽亦为逐行扫描的一半。这样采用了隔行扫描后，在图像质量下降不多的情况下，信道利用率提高了一倍。

由于信道带宽的减小，使系统及设备的复杂性与成本也相应减少。可见，隔行扫描的优势是在同样的带宽下可以传送的场数是逐行采样的两倍，例如 PAL 制式下视频流是 50 场/秒(25 帧)/秒，该方式下，运动的图像要比 25 帧/秒的逐行采样模式自然许多。但是，对于横向的快速运动或纹理，可能产生不好的视觉效果(木梳状失真)。隔行扫描的失真可以通过一些过滤器器处理提升从而提高图像质量。

隔行扫描与逐行扫描原理如图 3.22 所示。

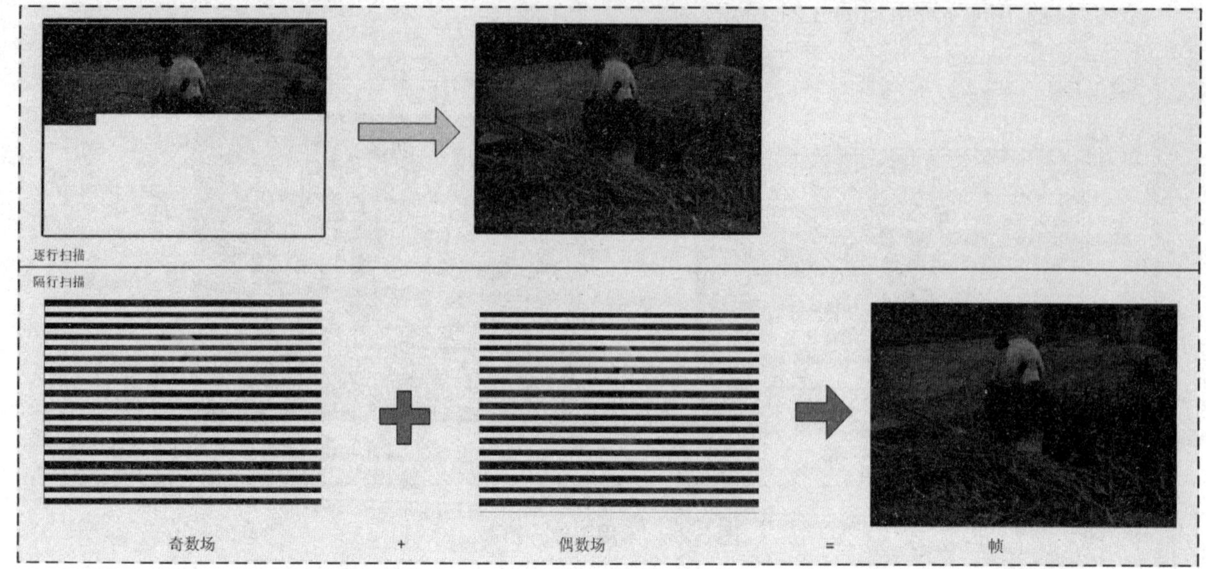

图 3.22 隔行扫描与逐行扫描原理

3.3.5 帧率、码流与分辨率

帧率是每秒显示图像的数量，分辨率表示每幅图像的尺寸，即像素数量，码流是数据流量，而压缩是去掉图像的空间冗余和时间冗余。对于基本静态的场景，可以用很低的码流获得较好的图像质量，而对于剧烈运动的场景，可能用很高的码流也达不到好的图像质量。设置帧率表示想要的视频实时性、连续性，设置分辨率是想要看的图像尺寸大小，而码流的设置取决于网络、存储及视频场景的具体情况。

1. 帧率概念

一帧就是一幅静止的画面，连续的帧序列就形成动画，如电视图像等。我们通常说的帧率，就是在 1 秒钟时间里传输、显示的图片的帧数，也可以理解为图形处理器每秒钟能够刷新几次，通常用 FPS(Frames Per Second)表示。每一帧是一幅静止的图像，快速连续地显示多帧便形成了运动的“假像”。高的帧率可以得到更流畅、更逼真的动画。每秒钟帧数越多，FPS 值越高，所显示的视频动作就会越流畅，码流需求就越大。

2. 码流概念

码流(Bit Rate)是指视频数据在单位时间内的数据流量大小，也叫码率，它是视频编码画面质量控制中最重要的部分。同样分辨率及帧率下，视频数据的码流越大，压缩比就越小，画面质量也就越高。

3. 分辨率概念

分辨率是指图像的大小或尺寸。常见的分辨率有 4CIF(704×576)、CIF(352×288)、

QCIF(176×144)、VGA(640×480)及百万像素(如 1920×1080)。在成像的两组数字中，前者为图片长度，后者为图片的宽度，两者相乘得出的是图片的像素数，长宽比一般为 4∶3 格式，在高清视频监控中主要为 16∶9 格式。帧率、分辨率与码流的关系如图 3.23 所示。

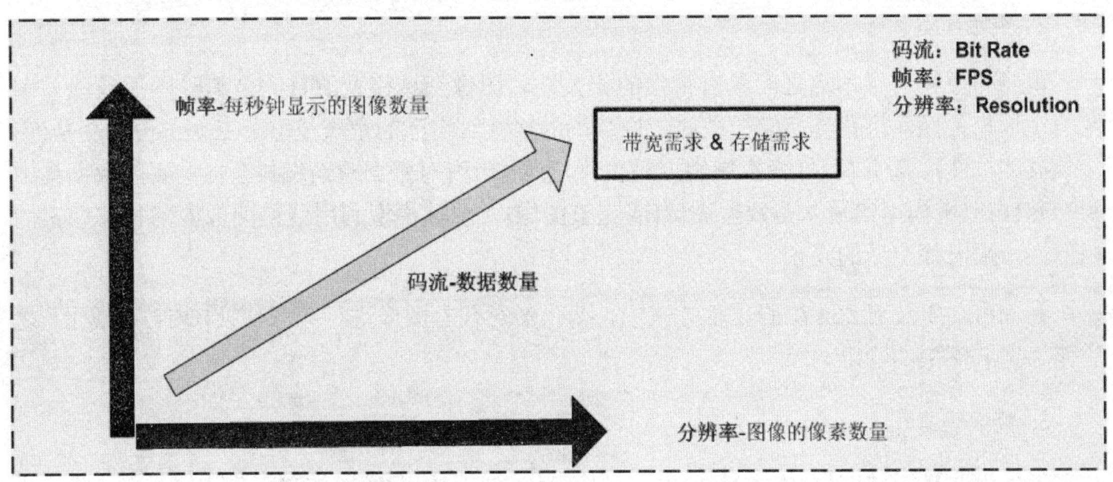

图 3.23　帧率、分辨率与码流的关系

3.3.6　视频编码模型

视频编码器的结构如图 3.24 所示，编码器的作用是将原始图像编码压缩成视频流，解码器的作用相反，将视频流还原成图像。通常，编码器采用某种模型来描述一个视频流，模型使得压缩的视频流尽可能占用较少的码流，却提供尽可能好的图像质量。

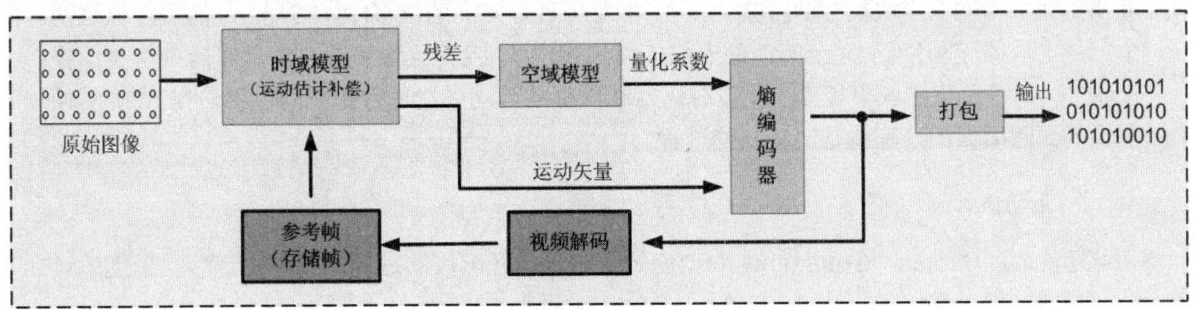

图 3.24　视频编码器模型结构

1. 时域模型

时域模型的作用是消除连续视频帧之间的时域冗余，在时域模型中，当前帧与参考帧之间相减得到残差图像，预测帧越准确(运动估计做得好)，那么得到的残差图像的能量就越小。残差图像经过编码后传输到解码器，解码器通过重建帧与残差图像相加来恢复当前图像帧，并得到下帧图像的预测帧。

在 MPEG-4 及 H.264 中，预测帧一般采用当前帧的之前或之后的一帧作为参考预测帧，利用运动补偿技术来降低预测帧与当前帧的差别。时域模型的输出是当前帧与预测帧相减得到的残差及运动模型参数(如运动矢量)。

2. 空域模型

视频图像相邻样本点之间具有很强的相关性，图像空域模型的目的是消除图像或残差图像的空域相关性，将其转换成一种便于熵编码的格式。实际的空域模型分三个部分，变换(消除数据相关性)、量化(降低变换域数据精度)和重新排序(对数据重新编排，将重要的数据集中到一起)。空域模型的输入是残差图像(或完整图像)，空域模型利用残差图像内部相邻像素的相似性，来消除空域的冗余。

在 MPEG-4 及 H.264 编码压缩方式中，编码器对残差图像进行频域变换(DCT)、量化，之后作为空域模型的输出。

3. 熵编码器

熵编码器对空域模型(量化系数)及时域模型(运动矢量)的输出参数进行压缩，消除统计冗余，并输出最后的比特流供传输或存储之用。

3.3.7 运动补偿技术介绍

在帧间编码过程中，需要消除相邻帧之间的时域信息冗余，即仅仅传输相邻帧之间对应宏块的差值(残差)，此差值不是前后两帧对应像素的直接相减差值，而是需要在前帧(参考帧)内，对应于后帧的宏块位置的附近区域内，搜索找到一个最匹配的宏块(最相似的宏块，甚至能找到完全相同的宏块)，并得到宏块在水平及垂直方向上的位移(运动矢量)，然后传送这两个宏块之间的差值(对于完全相似的宏块，差值接近于零)及运动矢量。将存储器中前一图像帧(N−1 帧)的重建图像中相应的块按编码器端求得的运动矢量进行相应的位移，得到第 N 帧图像的预测图像的过程就是运动补偿过程。

1. 运动估计

运动估计(Motion Estimation，ME)就是搜索最佳匹配块的过程，或者说是寻找最优的运动向量的过程。

运动估计的基本思想是将图像序列的帧分成多个宏块，并认为宏块内所有像素的位移量都相同，然后对每个宏块在参考帧的某一给定搜索范围内根据一定的匹配准则找出与当前块最相似的块，即最佳匹配块，匹配块与当前块的相对位移即为运动矢量(Motion Vectors，MV)。视频压缩的过程中，只需保存运动矢量和残差数据就可以完全恢复出当前的块。运动估计原理如图 3.25 所示。

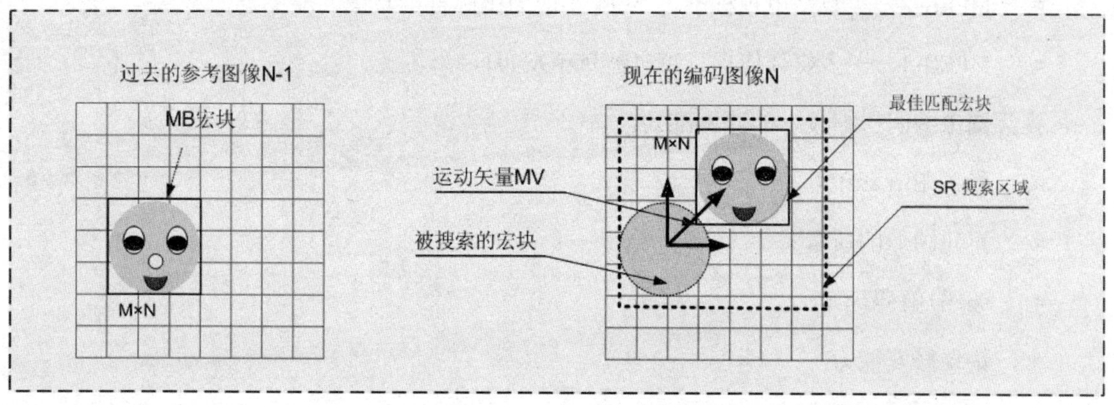

图 3.25　运动估计过程原理

2. 运动补偿

利用运动估计算出的运动矢量，将参考帧图像中的宏块在水平及垂直方向进行相应地移动，即可生成被压缩图像的预测。运动补偿(Motion Compensation，MC)是通过先前的图像来预测、补偿当前的图像，它是减少视频序列时域冗余的有效方法。即运动补偿是一种描述相邻帧差别的方法，具体来说是描述前一帧图像的每个块怎样移动到当前帧中的某个位置去，这种方法经常被视频编解码器用来减少视频序列中的时域冗余信息。

3. 运动补偿的实现

如上所述，运动补偿的基本原理就是当编码处理视频序列中的 N 帧的时候，利用运动补偿中的关键技术——运动估计技术(Motion Estimation，ME)得到第 N 帧图像的预测帧 N'，在实际传输时，不总是传输 N 帧本身(偶尔传输 N 帧本身做参考)，而是传输 N 帧与 N'的差值 ΔN。在运动估计十分有效的情况下，ΔN 的值会非常小(接近零甚至是零)，这样传输需要的码流也非常小，从而实现对信源中时域冗余信息的消除，这是运动补偿技术的根本所在。在运动补偿时，一般将图像分成多个矩形块，而后对各个图像块进行补偿。

3.4　主流视频编码技术

MPEG(Moving Picture Expert Group)是在 1988 年由国际标准化组织(International Organization for Standardization，ISO)和国际电工委员会(International Electrotechnical Commission，IEC)联合成立的专家组。开发电视图像数据和声音数据的编码、解码和它们的同步等标准。MPEG 标准是一个面向运动图像压缩的标准系列，到目前为止，已经开发和正在开发的标准有：

- MJPEG 压缩。
- MPEG-1——数字电视标准，1992 年正式发布。

- MPEG-2——数字电视标准，1994 年成为国际标准草案。
- MPEG-4——多媒体应用标准(1999 年发布)。

视频图像编码压缩技术的评价准则：

- 码率(Bitrate)
- 重建图像的质量
- 编码/解码延时
- 错误修复能力
- 算法复杂程度

3.4.1 MJPEG 编码压缩

MJPEG 编码压缩方式是一种基于静态图像压缩技术发展而来的动态图像压缩方式，可以对连续的视频流进行压缩产生一个图像序列。MJPEG 的特点是不考虑视频序列前后帧之间的相关性而仅仅考虑同一帧内视频图像的空间冗余性并进行压缩，因此 MJPEG 编码方式实现起来比较简单、编码延时较小、画面可以任意剪接(画面之间没有关系)、可以灵活调整压缩帧率及分辨率；缺点是由于不考虑相邻帧图像之间的空域冗余性，因此压缩比不高。MJPEG 可以实现各种分辨率，如从 QVGA、4CIF 到百万像素的编码。

在 MJPEG 编码压缩方式中，由于压缩每一幅图像，而忽略了多幅图像序列之间的关联，因此，发送的信息中有大量的冗余信息。如果每秒传输多帧视频的情况下，实质上除了第一幅图像，之后一遍又一遍地传输着大量、重复的信息，这是一种巨大的资源浪费。在之后要介绍的视频编码方式，MPEG 系列及 H.264 算法中，它们不发送重复的信息，编码器仅仅每隔一段时间(取决于 GOP Size 大小)发送一副完整的参照帧数据，其他时间仅仅发送图像的变化信息。

在多数视频监控系统中，图像的大部分内容并不变化，仅仅一部分变化，因此，这样可以节省大量的网络带宽及存储资源。如 MJPEG 可能发送的图像每帧都在 100KB 大小，而 MPEG-4 可能第一幅及以后的参考图像帧也在 100KB 左右大小，但是中间的图像(预测帧，B、P 帧)大小可能仅仅 10KB 大小，节省码流可达 50%到 80%。

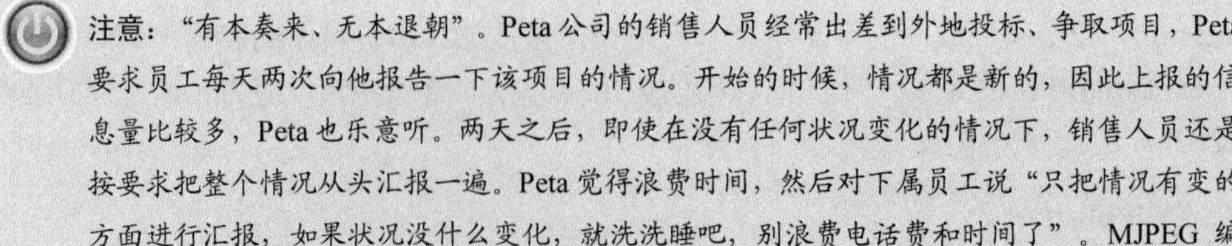
注意：“有本奏来、无本退朝”。Peta 公司的销售人员经常出差到外地投标、争取项目，Peta 要求员工每天两次向他报告一下该项目的情况。开始的时候，情况都是新的，因此上报的信息量比较多，Peta 也乐意听。两天之后，即使在没有任何状况变化的情况下，销售人员还是按要求把整个情况从头汇报一遍。Peta 觉得浪费时间，然后对下属员工说“只把情况有变的方面进行汇报，如果状况没什么变化，就洗洗睡吧，别浪费电话费和时间了”。MJPEG 编码方式的弱点就在于“一遍又一遍地传输着大量、重复的信息”。

3.4.2 MPEG-1 技术介绍

MPEG-1 标准于 1992 年发布，主要应用于 VCD、MP3 音乐等。使用 MPEG-1 的压缩算法，可将一部 120 分钟长的电影压缩到 1.2GB 左右大小，因此，它被广泛地应用于 VCD 制作中，成为先进、合理、质量高、成本低的优秀标准。MPEG-1 促进了大规模集成电路专用芯片的发展，为多媒体技术和相关产品的繁荣做出了贡献。MPEG-1 采用了块方式的运动补偿、离散余弦变换(DCT)、量化等技术，并为 1.2Mbps 传输速率进行了优化，MPEG-1 随后被 Video CD 采用作为核心编码技术。MPEG-1 的输出质量和传统录像机 VCR 的信号质量大致相当。

MPEG-1 标准具有如下特征：

- 第一个集成的视频/音频标准。
- 第一个与视频格式无关的编码标准(NTSC/PAL/SECAM)。
- 第一个由几乎所有相关视/音频企业联合制定的标准。

1. MPEG-1 的编码压缩技术

在空间方向上，图像压缩采用 JPEG 压缩算法去掉画面内部的冗余信息，即基于 DCT 的压缩技术，减少空间域冗余；在时间方向上，采用基于 16×16 子块的运动补偿(Motion Compensation)技术，减少帧序列时间域的冗余。以上两种压缩方式可以保证图像质量降低很少而又能够获得较高的压缩比。

提示：需要指出的是，通常情况下，采用运动补偿(MC)去除时间冗余度要进行上百亿次的算术运算过程，采用离散余弦变换(DCT)和游程长度编码(RLC)去除空间冗余度要进行几十亿次的算术运算过程，这为编码芯片处理能力带来很高的负荷，为了减少计算量，最佳算法的探讨及标准化是很重要的。

2. MPEG-1 的层次及语法结构

MPEG-1 的视频数据层次结构如图 3.26 所示。

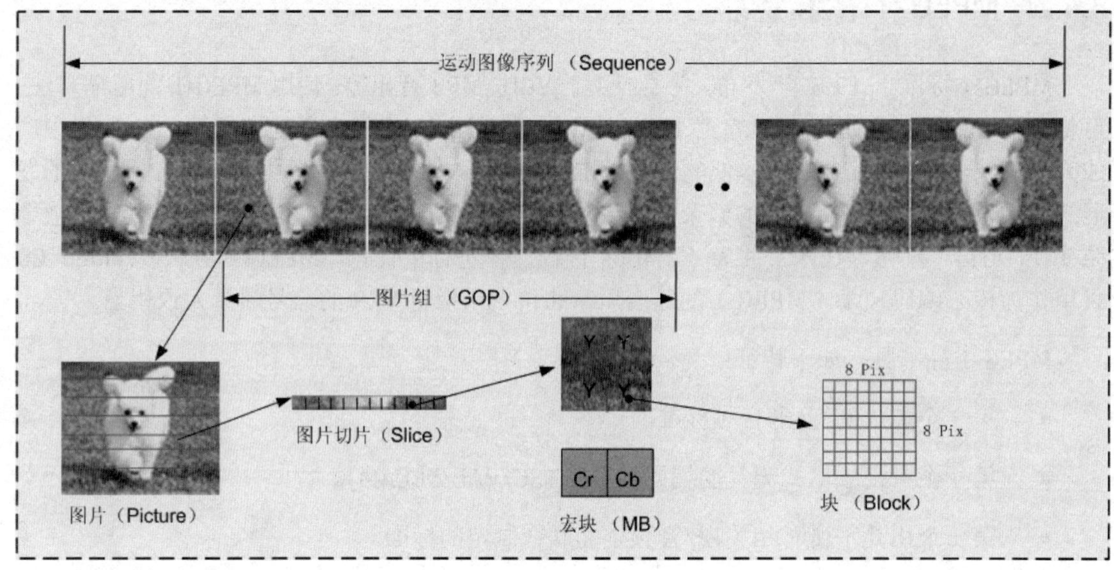

图 3.26　MPEG-1 数据层次结构

从图 3.26 中可以看出 6 层视频数据结构从上到下依次是：运动图像序列、图片组、图片、图片切片、宏块和块，其中宏块是运动补偿的基本单元，块是 DCT 操作的基本单元。

MPEG-1 的数据语法如图 3.27 所示。

视频序列

序列头	GOP	GOP	…	GOP	End	序列层
GOP头	Picture	Picture	…	Picture	Picture	GOP层
Picture头	Slice	Slice	…	Slice	Slice	Picture层
Slice头	MB	MB	…	MB	MB	Slice层
MB头	Block0	Block1	…	Block	Block	宏块层
DC系数	AC系数	AC系数	…	AC系数	End of Block	块层

图 3.27　MPEG-1 数据语法

- 运动序列(Sequence)：由表头＋图片组＋结束标志构成。
- 图片组(GOP)：由一系列图片构成。
- 图像层(Picture)：是基本编码单元，包括一个亮度信号和两个色度信号。
- 图像切片(Slice)：由一个或多个连续的宏块构成。

- 宏块(MB)：运动补偿的基本单元。
- 块(Block)：DCT 的基本单元，一个块由 8×8 的亮度信息或色度信息组成。

3. MPEG 的图片组(GOP)

为了在高效编码压缩的情况下、获得可随机存取的高压缩比、高质量图像，MPEG 定义了 I、P、B 三种帧类型，分别简称为帧内图(Intra Picture)、预测图(Predicted Picture)及双向图(Bidirectional Picture)，即 I 帧、P 帧及 B 帧，用于表示 1/25s 时间间隔的帧序列画面。要满足随机存取的要求，仅利用 I 帧本身信息进行帧内编码就可以了；要满足高压缩比的要求，单靠 I 帧帧内编码还不够，还要加上由 P 帧和 B 帧参与的帧间编码以及块匹配运动补偿预测。这就要求帧内编码与帧间编码相平衡，最终得到高压缩比、高质量的视频。

MPEG 的 GOP(Group Of Picture)结构如图 3.28 所示。

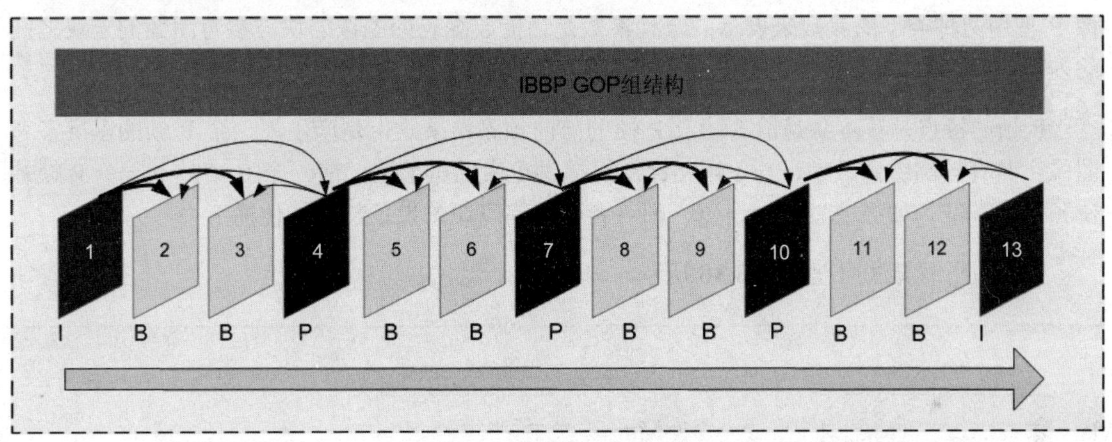

图 3.28　MPEG 的 GOP 结构

(1) I 帧

I 帧采用类似 JPEG 的编码方式实现，它不以任何其他帧做参考，仅仅进行帧内的空域冗余压缩。I 帧的编码过程简单——首先将图像进行色彩空间变换，从 RGB 到 YCrCb，然后进行区块切割，再对每个图块进行 DCT 离散余弦变换，DCT 变换后经过量化的直流分量系数用差分脉冲编码(DPCM)，交流分量系数先按照 Zig-Zag 的形状排序，然后用行程长度编码(RLE)，最后用霍夫曼(Huffman)编码或者用算术编码。由于 I 帧图像是不参考其他图像帧而只利用本帧的信息进行编码(即无运动预测，采用自身相关性，即帧内相邻像素、相邻行的亮度、色度信号都具有渐变的空间相关性)，因此数据量最大。由于图像序列间无相关性，因此可随机进入图像序列进行编码。

I 帧的编码算法原理如图 3.29 所示。

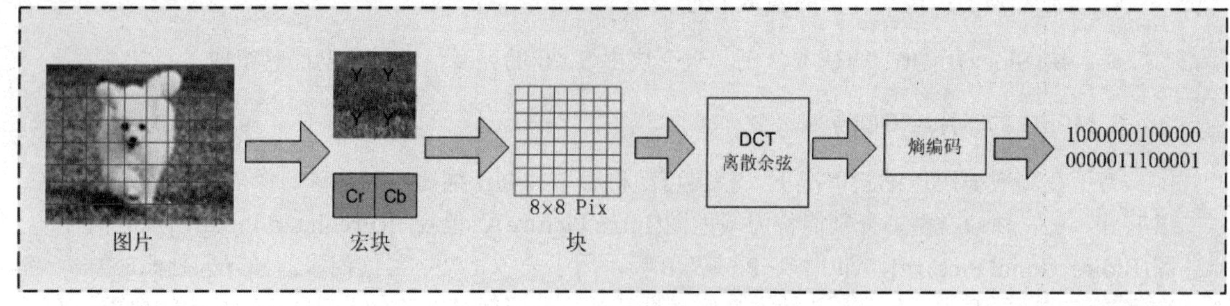

图 3.29　I 帧的编码算法原理

(2) P 帧

P 帧是由一个过去的 I 帧或 P 帧采用运动补偿的帧间预测进行更有效编码的方法，预测图像 P 使用两种类型的参数来表示：一种参数是当前要编码的图像宏块与参考图像的宏块之间的差值，即 SAD；另一种参数是宏块的移动矢量即 MV。

P 帧的特点是其本身是前 I 帧或 P 帧的前向预测结果，也是产生下一个 P 帧的基准参考图像；具有较高编码效率，与 I 帧相比，可提供更大的压缩比；前一个 P 帧是下一个 P 帧补偿预测的基准，如果前者存在误码，则后者会将编码误差积累起来、传播下去。

P 帧的压缩算法原理如图 3.30 所示。

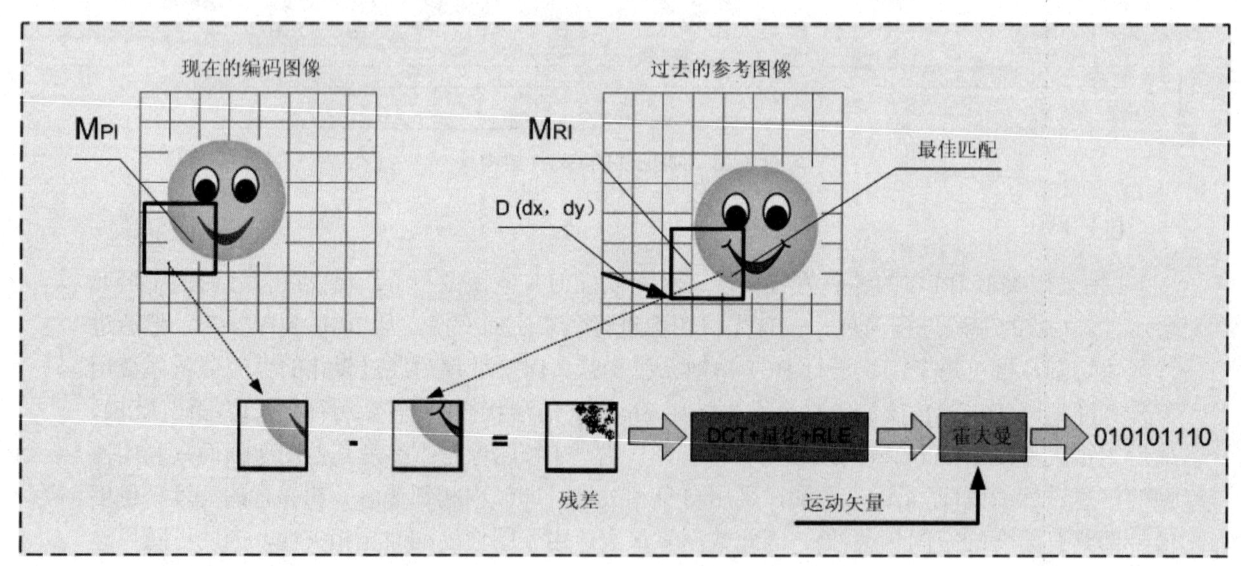

图 3.30　P 帧的压缩算法原理

(3) B 帧

B 帧可以提供最高的压缩比，它是既可以用过去的图像帧(I 帧或 P 帧)，也可以用后来的图像帧(I 帧或 P 帧)进行运动补偿的双向预测编码方式。由于 B 帧可以参考下一帧的信息进行编码，从而减小 B 帧的大小，相对 P 帧更小。B 帧是同时以前面的 I 帧或 P 帧和后面的 P 帧或 I 帧为基准进行运动补偿预测所产生的图像，即双向预测编码。前面的 I 帧或 P 帧代表的是“过去信息”，后面的 P 帧或 I 帧代表的是“未来信息”，由于同时使用了“过去”和“未来”信息，故称双向预测帧。

B 帧的压缩算法原理如图 3.31 所示。

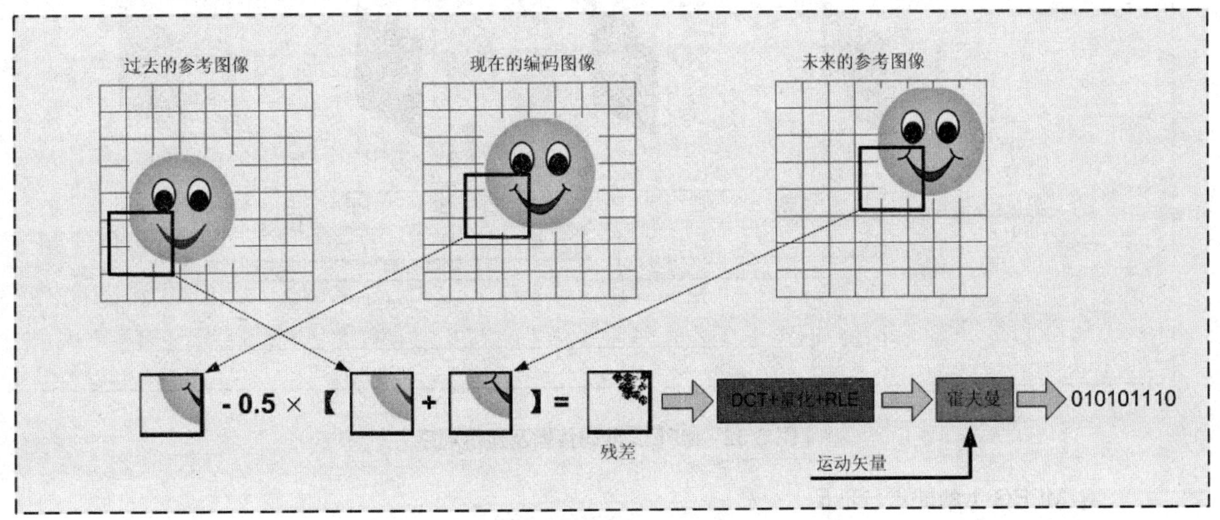

图 3.31　B 帧的压缩算法原理

(4)　GOP 类型与尺寸

GOP 类型是指 GOP 中 I、B、P 帧的构成情况，如是否含有 B、P 帧及 B、P 帧的分布情况，如两个 I 帧之间有多少个 B、P 帧，I、P 帧之间多少个 B 帧等。而 GOP 尺寸又叫 GOP Size，即多少个帧之间会出现一个 I 帧。假如 GOP 结构如下：IBBPBBPBBPBBPBBPBBPBBI，那么可以看出 GOP 尺寸是 20(每 20 个帧出现一个 I 帧)，而 GOP 的类型是 IBBPBBP 的结构。

4. 传输与解码显示顺序

由于视频编码过程中，需要进行单向或双向参考预测，因此，图像的编码压缩、传输及显示顺序并非一致的。在编码完成后，图像不是以显示顺序传输，编码器需对上述图像重新排序，因为参照图像 I 帧或 P 帧必须先于 B 帧图像恢复之前恢复。也就是说，在任何 P 帧或 B 帧被解码之前必须有参考图像帧。

MPEG 编码传输及显示顺序如图 3.32 所示。

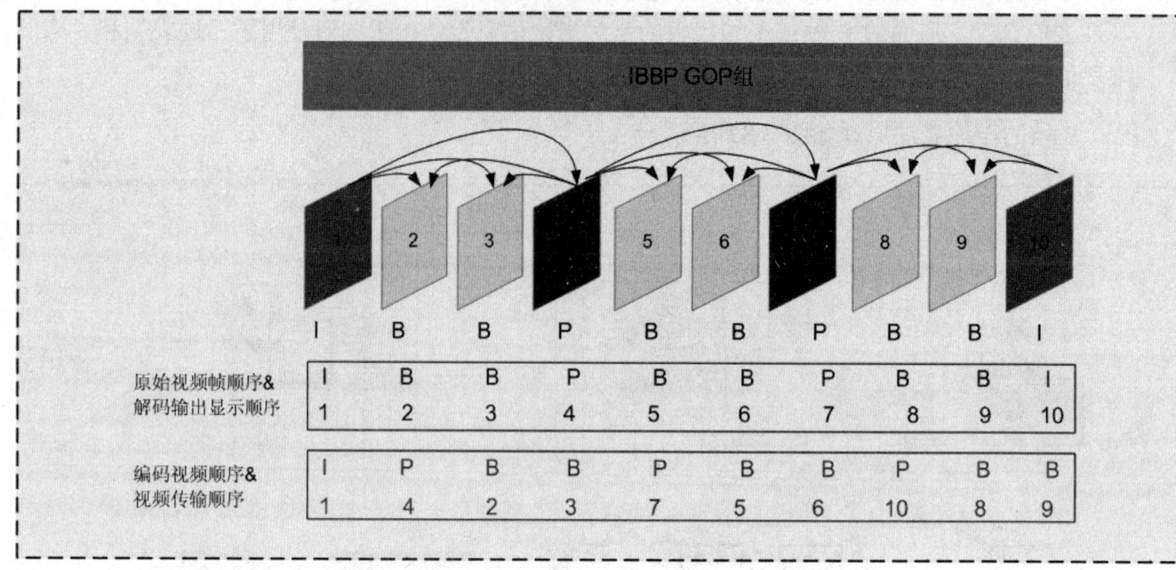

图 3.32 MPEG 编码传输及显示顺序

5. MPEG-1 的缺点与不足

- 16×16 的宏块作为预测单位尺寸稍大。
- 可能产生亚像素级的位移。
- 物体的 3D 运动(如旋转)不易预测。
- 摄像机运动、灯光变化、物体形状变化、场景切换等引起的画面变化较难预测。
- B 帧画面、P 帧画面使编辑操作复杂化。
- 仅适合逐行扫描的视频信号的处理。

3.4.3 MPEG-2 技术简介

MPEG-2 是 MPEG 工作组于 1994 年发布的视频和音频压缩国际标准。MPEG-2 通常用来为广播信号提供视频和音频编码，包括卫星电视、有线电视等。MPEG-2 经过少量修改后，成为 DVD 产品的核心编码技术。MPEG-2 的系统描述部分(第 1 部分)定义了传输流，它是用来在非可靠介质上传输数位视频信号和音频信号的机制，主要用在广播电视领域。MPEG-2 的第 2 部分即视频部分与 MPEG-1 类似，但是它提供对隔行扫描视频模式的支持(隔行扫描广泛应用在广播电视领域)。MPEG-2 视频并没有对低码流(小于 1Mbps)进行优化，在 3Mbps 及以上码流情况下，MPEG-2 明显优于 MPEG-1。MPEG-2 向后兼容，也即是说，所有符合标准的 MPEG-2 解码器也能够正常播放 MPEG-1 视频流。

MPEG-1 和 MPEG-2 编码方式对比如表 3.2 所示。

表 3.2 MPEG-1 与 MPEG-2 的区别

	MPEG-1	MPEG-2
标准化时间	1992 年	1994 年
主要应用	VCD	DVD
空间分辨率	CIF	D1
帧率	25~30 帧/秒	50~60 场/秒
码流	1.5Mbps	15Mbps
质量	相当于 VHS	相当于广播电视
压缩率	20~30	30-40

MPEG-2 支持逐行扫描和隔行扫描。在逐行扫描模式下，编码的基本单元是帧；在隔行扫描模式下，编码基本单元可以是帧(Frame)，也可以是场(Field)。编码过程是：输入图像首先被转换到 Y、Cb、Cr 颜色空间。其中 Y 是亮度分量，Cb 和 Cr 是两个色度分量。对于每一分量，首先采用块分割，然后形成宏块，每一个宏块再分割成 8×8 的小块。

对于 I 帧编码，整幅图像直接进入编码过程，对于 P 帧和 B 帧，首先需要做运动补偿。通常来说，由于相邻帧之间的相关性很强，各个宏块可以在前帧和后帧中对应的位置找到相似的匹配宏块，该偏移量作为运动向量被记录下来，运动估计重构的区域的残差 SAD 被送到编码器中编码。对于残差每一个 8×8 小块，离散余弦变换把图像从空间域转换到频域，之后得到的变换系数被量化并重新组织排列顺序，从而增加长零的可能性，最后做游程编码(Run-length Code)及霍夫曼编码(Huffman Encoding)。

3.4.4 MPEG-4 技术介绍

MPEG-4 标准于 1998 年 11 月公布，MPEG-4 不仅是针对一定比特率下的视频、音频编码，而是更加注重多媒体系统的交互性和灵活性，目的是为视听数据的编码和交互播放开发算法和工具，它是一个数据速率很低的多媒体通信标准。

MPEG-4 算法的核心是“支持基于内容”的编码和解码功能，也就是对场景中使用分割算法抽取的单独的物理对象进行编码和解码。MPEG-4 标准规定了各种音频视频对象的编码，除了包括自然的音频视频对象，还包括图像、文字、2D 和 3D 图形以及合成语音等。MPEG-4 通过描述场景结构信息，即各种对象的空间位置和时间关系等，来建立一个多媒体场景，并将它与编码的对象一起传输。由于对各个对象进行独立地编码，从而可以达到很高的压缩率，同时也为在接收端根据需要对内容进行操作提供了可能，适应了多媒体应用中“人机交互”的需求。

MPEG-4 标准的视频编码分为合成视频编码和自然视频编码。

1. MPEG-4 视频编码技术

MPEG-4 标准采用的仍然是类似以前标准(H.261/3 和 MPEG-1/2)的基本编码框架，即典型的三步：预测编码、变换量化和熵编码。新的压缩编码标准都是基于优化的思想进行设计的，将先前标准中的某些技术加以改进。例如在原来的基础上提出 1/4 和 1/8 像素精度的运动补偿技术，使得预测编码的性能大大提高。

MPEG-4 标准不仅仅给出了具体压缩算法，它是针对数字电视、交互式多媒体应用、视频监控等整合及压缩技术的需要而制定的。MPEG-4 将多种多媒体应用集成在一个完整的框架里，为不同的应用提供了相应的类别(Profile)和档次(Level)。

提示：在 MPEG 系列编码压缩标准中，经常提到编码的类别(Profile)及档次(Level)概念。其中类别(Profile)是指 MPEG 编码的不同处理方法，每一类都包括压缩和处理方法的一个集合，较高的类别意味着采用较多的编码工具集，可进行更精细的处理，达到更好的图像质量，算法越复杂，对芯片处理能力要求也就更高。档次(Level)是指 MPEG 编码的输入格式，标识从有限清晰度的 VHS 图像质量到 HDTV 图像质量，每一种输入格式编码后都有一个相应的范围。如低级 LL(Low Level)，图像输入格式的像素情况是 352 × 288 × 25，而主级 ML(Main Level)，图像输入格式符合 720 × 576 × 25 标准。

MPEG-4 标准中采用了“基于对象”的编码理念。传统的视频编码方法依照信源编码理论的框架，利用输入信号的随机特性达到视频数据压缩的目的，而并没有考虑信息获取者的主观特性以及事件本身的具体含义、重要性及后果等。

MPEG-4 标准中引用了视频对象的概念，打破了过去以“宏块”为单位编码的限制，其目的在于采用现代图像编码方法，利用人眼的视觉特性，抓住图像信息传输的本质，从轮廓、纹理的思路出发，支持基于视频内容的交互功能。注意以上这些改进都是根据人眼的一些自然特性提出来的。

提示：无论是 MPEG-1 还是 MPEG-2 编码方式，都是将整个视频图像切割分块，然后利用时域及空域冗余特性对整个画面“一视同仁”地进行编码压缩。但是，视频画面中，经常遇到“相同的场景，不同的前景”，如果能对场景进行分类并按照不同分类的特点有区别地进行编码压缩，将会给编码效率带来很大的提升空间，MPEG-4 正是如此的“基于对象”的视频编码方式。

2. VO 与 VOP 概念的引入

传统的视频编码方式是将整个视频信号作为一个内容整体来进行处理，其本身不可再分割，而这与人类对视觉信息的识别习惯是不同的。传统的编码方式(MPEG-1、MPEG-2)不能将一个视频信息完整地从视频信号中提取出来，比如将加有电视台台标和字幕的视频恢复成无台标、无字幕的视频。

解决此类问题的办法就是在编码时就将不同的视频信息载体，即视频对象 VO(Video Objects)区分对待，分别独立地进行编码与传输，将图像序列中的每一帧，看成是由不同的 VO 加上活动的背景所组成。VO 可以是人、车、动物、其他物类，也可以是计算机生成的图形。VO 具有音频属性，但音频的具体内容数据是独立于视频编码传输的。

VO 概念的引入，更加符合人眼对视觉信息的处理方式，提高了视频信号的交互性和灵活性，使得更广泛的视频应用和更多的内容交互功能成为可能。

视频对象平面(Video Object Plane，VOP)是视频对象(VO)在某一时刻的采样，VOP 是 MPEG-4 视频编码的核心概念。

VOP 的编码主要由两部分组成：一个是形状编码，另一个是纹理和运动信息编码。

VOP 纹理编码和运动信息的预测、补偿在原理上同 MPEG-2 标准基本一致，而形状编码技术则是首次应用在视频编码领域。MPEG-4 是以 VOP 为单位进行编解码，MPEG-4 的 VO 概念原理如图 3.33 所示。

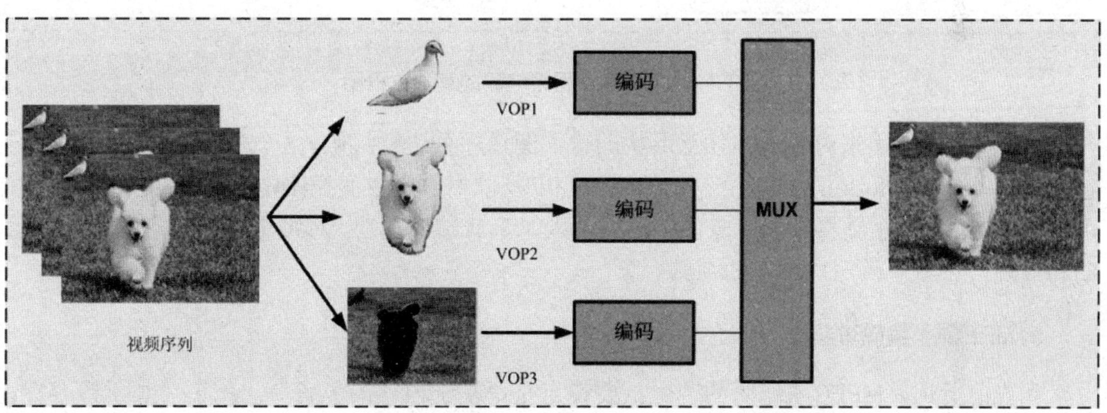

图 3.33　MPEG-4 的 VO 概念原理

3. VOP 编码类型

VOP 编码类型有 4 种。

- 内部 VOP(I-VOP)：只用到当前帧的信息编码。
- 单向预测 VOP(P-VOP)：参考前面的 I 或 P-VOP，利用运动补偿技术来编码。
- 双向预测 VOP(B-VOP)：参考前后的 I 或 P-VOP，利用运动补偿技术来编码。
- 全景 VOP(S-VOP)，用来编码 Sprite 对象。

4. MPEG-4 编码架构

为了支持高效的编码压缩，MPEG-4 仍然采用了变换、预测混合编码的框架。MPEG-4 视频编码算法方框图如图 3.34 所示。

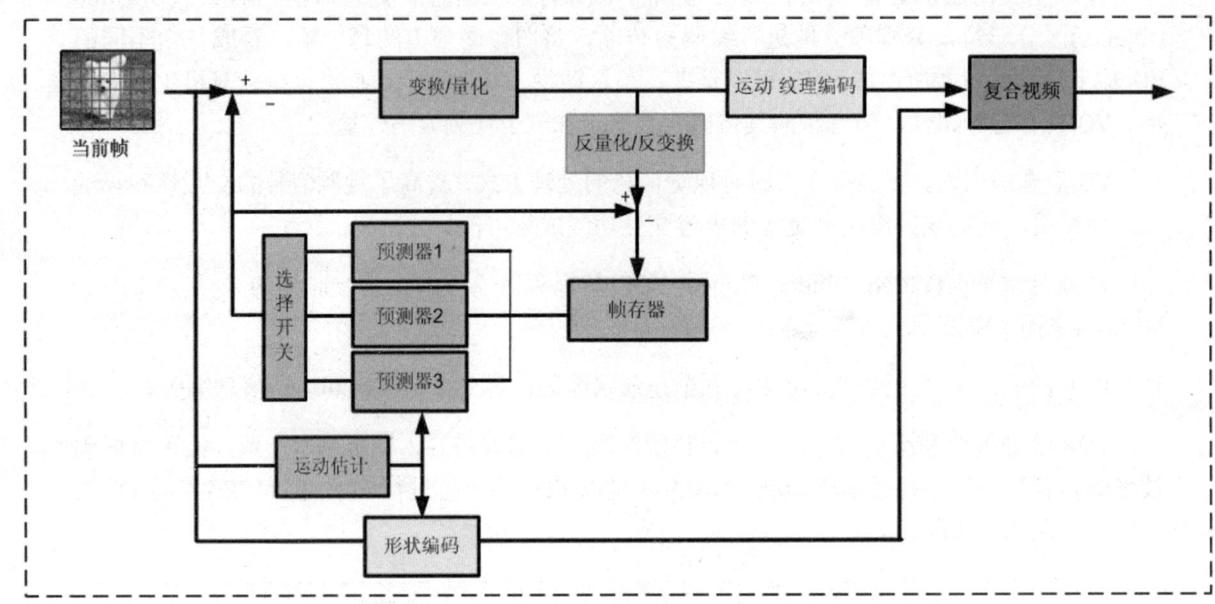

图 3.34 MPEG-4 视频编码的算法方框图

MPEG-4 可以用来对矩形和任意形状的输入图像序列进行编码。这个基本编码算法结构图包含了移动矢量(Motion Vector，MV)的编码，以及以离散余弦变换(DCT)为基础的纹理编码。可见，MPEG-4 为了支持基于对象的编码，引入了形状编码模块，对每个视频对象的形状、运动和纹理信息编码，形成单独的视频对象。

5. MPEG-4 编码过程

如先前所述，MPEG-4 编码的一个重要特点是“基于内容的编码”。所谓“基于内容”，是指它在交互使用过程中可从图像中选择某一部分对象进行单独的编码和操作。例如，一幅图像含有若干个不同对象，位于各个不同位置，同时还有文字说明和背景等，MPEG-4 可按操作者的需要把各个对象或文字说明、背景等单独提取出来进行编码和操作，最后还可分别译码，重组成一幅新的图像，这种功能在交互业务中很重要。

MPEG-4 的编码流程的第一步是 VO 的形成(VO Formation)，先要从原始视频流中分割出 VO，其次由编码控制(Coding Control)机制为不同的 VO 以及各个 VO 的三类信息分配码率，之后各个 VO 分别独立编码，最后将各个 VO 的码流复合成一个位流。其中，在编码控制和复合阶段可以加入用户的交互控制或由智能化的算法进行控制。

目前的 MPEG-4 标准中包含了基于网格模型的编码和 Sprite 技术。在进行图像分析后，先考察每个 VO 是否符合一个模型，典型的如人头肩像，如果是就按模型编码；再考虑背景能否采用 Sprite 技术，如果可以则将背景生产一幅大图，为每帧产生一个仿射变换和一个位置信息即可；最后才对其余的 VO 按上述流程编码。MPEG-4 的解码流程基本上为编码的反过程。

基于对象的视频编码器工作原理如图 3.35 所示。

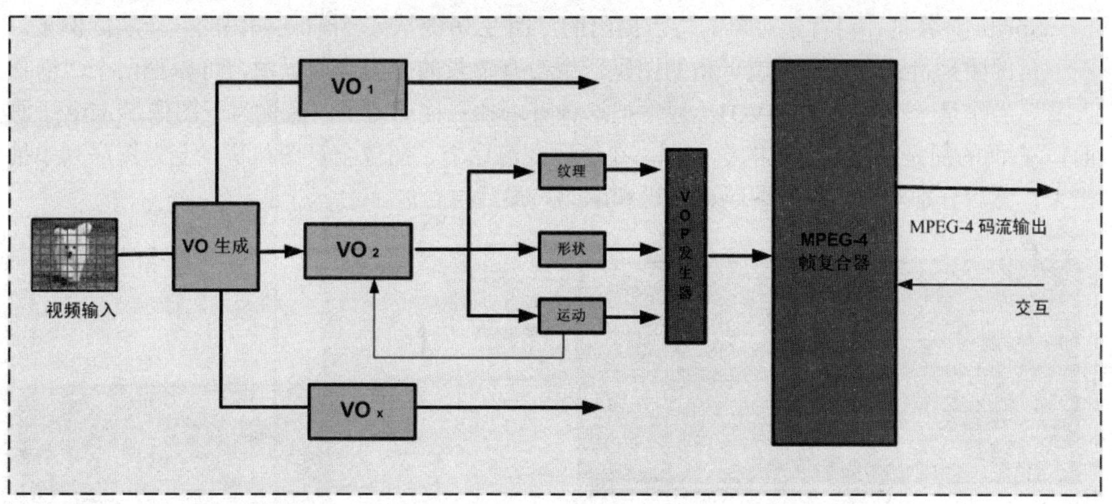

图 3.35 基于对象概念的视频编码原理

6. MPEG-4 中的视频对象 VO

MPEG-4 中把对视频对象(VO)分成以下几类：自然视频(传统的)、2D 和 3D 网格(Mesh)、静态纹理(静态图)、Sprite(通过拼接生成的背景图)、FBA(Face and Body Animation，人脸和人体动画)，以便有针对性地对这些类别分别进行编码和处理。

(1) 自然视频编码

首先，对自然视频流进行 VOP 分割， 由编码控制器为不同 VO 的形状、运动、纹理信息分配码率，并由 VO 编码器对各个 VO 分别进行独立编码，然后将编码的基本码流复合成一个输出码流，编码控制和复用(Multiplex，多路复用)部分可以加入用户的交互控制或智能算法控制。接收端经解复用(Demultiplex，多路信号分离)，将各个 VO 分别解码，然后将解码后的 VO 合成场景输出。

视频对象(VO)编码器包括三个部分：形状编码部分、运动补偿部分以及纹理编码部分。在视频监控系统应用中对视频进行编码时，常采用 MPEG-4 标准进行压缩，因为视频监控的场景中图像背景通常是固定不变的，人物活动情况比较少，基于对象编码能得到较高的数据压缩率。

(2) 3D 人脸和身体对象

3D 人脸对象是用 3D 网格模型来描述人脸的形状、表情等各种面部特征，MPEG-4 定义了两套参数来描述人脸的形状和运动，面部定义参数 FDP(Facial Define Parameter)和面部动画参数 FAP(Facial Animation Parameter)。在 3D 人脸对象的编码过程中，FDP 参数只需要编码传输一次，关键帧的 FAP 参数编码驱动面部运动，关键帧之间通过插值技术生成一些中间图像，使人脸的各种运动看起来更平滑、自然。

(3) Sprite 编码技术

Sprite 对象是针对背景对象的特点提出的，图 3.36 是表示 Sprite 编码的一个实际例子。左上角的图是背景全景图。左下角的图是一个没有背景的子图像前景图，可以把两个“潜伏人员”当作是一个视频对象(VO)，通常把这种可以独立移动的小图像称为子图像(Sprite 子画面)。右面的图是接收端合成的全景图。在编码之前这个子图像全景图从背景全景图序列中抽出来，然后分别对它们进行编码、传送和解码，最后再合成。

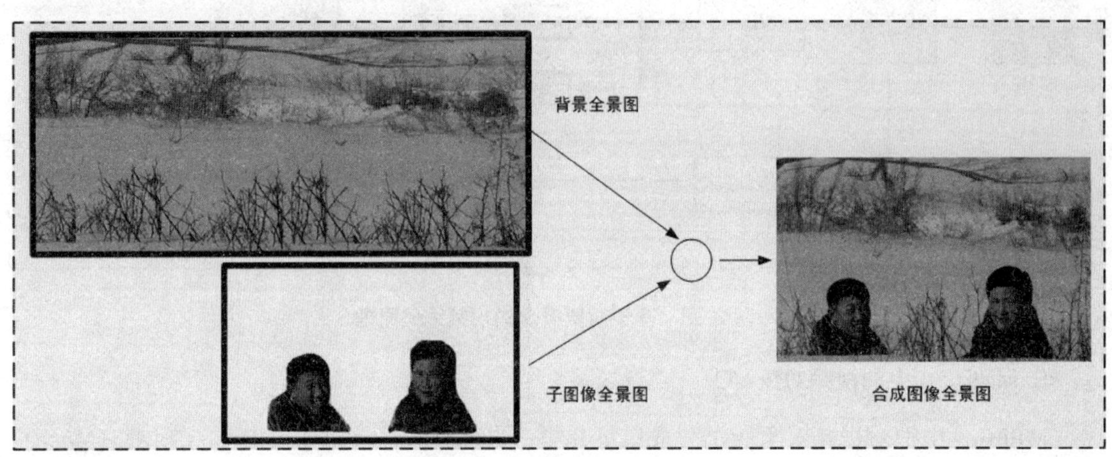

图 3.36　Sprite 编码原理

3.4.5　H.264 技术说明

1. H.264 编码压缩技术

H.264 也是 MPEG-4 标准的第十部分，是由 ITU-T 视频编码专家组(VCEG)和 ISO/IEC 动态图像专家组(MPEG)联合组成的联合视频组(Joint Video Team，JVT)提出的高压缩率视频编码标准。与以前的标准一样，H.264 也是采用预测编码加变换编码的混合编码模式，它集中了以往各个编码标准的优点，并吸收了标准制定过程中积累的经验，获得了比以往其他编码方式好得多的压缩性能。H.264 标准最大的优势是具有很高的数据压缩比，在同等图像质量的前提条件下，H.264 编码的压缩比是 MPEG-4 的 1.5~2 倍。H.264 采用“网络友好”的结构和语法，有利于对误码和丢包的处理，以满足不同速率、不同解析度以及不同网络传输、存储场合的需求。

比如：“汽车、发动机、油耗”。编码器的压缩算法好比汽车的发动机，性能好的发动机结构复杂、成本较高，优点是“节油“。显然，在汽车上安装部署高性能发动机的“一次采购成本”稍高，但是因为省油而降低了汽车的“终生使用成本”。H.264 编码的算法复杂程度高，芯片成本高，但是，在相同图像质量的前提下，它可节省相当大的带宽和存储成本，因此总体成本并不高。

2. H.264 编码器架构

与其他的视频编码压缩标准类似，H.264 也是采用帧内与帧间预测的混合编码方式，主要的功能模块包括预测、变换、量化及熵编码，但是多了一个环内滤波功能，用来去掉“马赛克”效应，提高图像质量。H.264 编码架构如图 3.37 所示，图中编码器包括两个视频通路，一个是从左到右的“编码通路”，另一个是从右到左的“重构解码”通路。

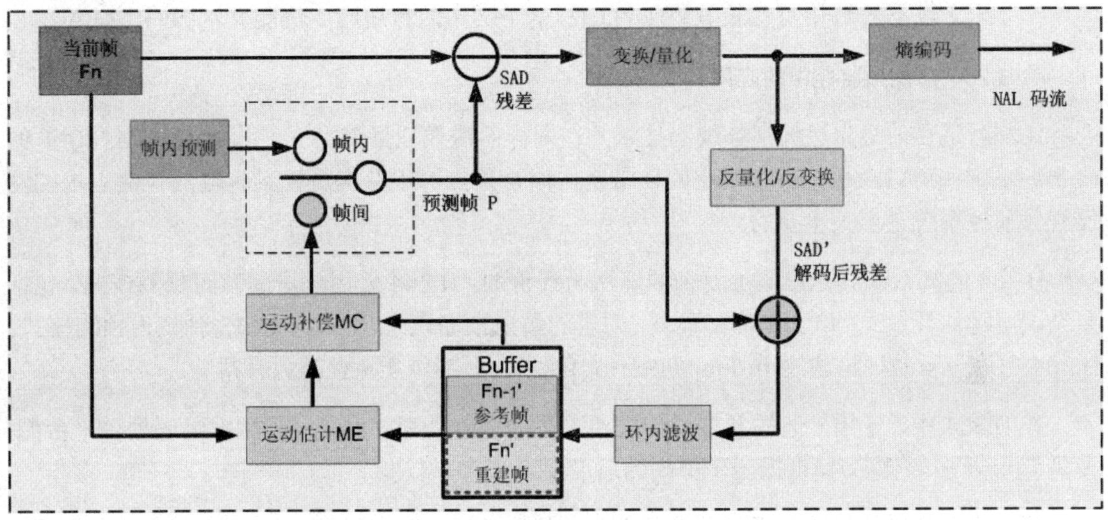

图 3.37　H.264 编码架构

3. H.264 编码的关键特性

H.264 编码的关键特性如下。

- 网络适应性强：H.264 提供了网络抽取层(Network Abstraction Layer)，使得 H.264 的文件能容易地在不同网络环境中传输(例如互联网、CDMA、GPRS、WCDMA、CDMA2000 等)。
- 容错能力强：H.264 提供了解决在不稳定网络环境下容易发生的丢包等错误的必要工具。
- 帧间编码及 SP 帧引入：H.264 充分利用相邻帧之间时域冗余进行运动补偿，与先前其他编码压缩方式类似，支持 P 帧、B 帧，并引入新的 SP 帧，即流间传送帧，能在有类似内容但有不同码流的码流间进行快速切换，并支持快速播放及随机接入。
- 运动估计特点：H.264 运动估计有多个特点，包括不同大小和形状的宏块分割、高精度的亚像素运动补偿、多帧预测等，以上特性可以保证利用更低的码流，实现更好的图像质量。
- 去块滤波器：H.264 定义了自适应去除块效应的滤波器，这可以处理预测环路中的水平和垂直块边缘，大大减少了“方块效应”。

- 整数变换：H.264 使用了基于 4×4 像素块的类似于 DCT 的变换，但使用的是以整数为基础的空间变换，整数 DCT 变换还具有减少运算量和复杂度、有利于向定点 DSP 移植的优点。
- 量化：H.264 中可选 32 种不同的量化步长，步长以 12.5%的复合率递进。
- 熵编码：视频编码处理的最后一步就是熵编码，在 H.264 中采用了两种不同的熵编码方法——通用可变长编码(UVLC)和基于文本的自适应二进制算术编码(CABAC)。

4. H.264 在视频监控中的应用

H.264 是目前最先进的视频编码技术，在同样的图像质量前提下，其码流是 MPEG-4 的一半还不到，可以大量节省存储空间及带宽占用，这点对于有大量视频传输及存储需求的网络视频监控系统是至关重要的。

H.264 的高效编码是以更加复杂的算法为代价的，H.264 采用先进的帧间预测模式，包括复杂的运动估计、1/2 和 1/4 像素预测；先进的帧内预测模式，包括多达 13 种帧内预测模式；H.264 引进全新的环路滤波(In-loop Filtering)技术，对图像质量提高大有帮助。

在 H.264 中，应用上述的新技术均需要大量的运算处理资源，对视频编解码处理平台(主要是 CPU 及多媒体芯片)也提出了更高的速度要求。

任何行业都需要标准，视频监控行业也一样。H.264 算法是目前先进、主流、有前景的视频编码算法，但是未来需要各个视频监控厂家共同努力，克服目前没有标准、自成标准、多个标准的情况，做到标准编码，通用解码，这对于大型联网视频监控系统非常重要。

提示：由于 H.264 编码方式需要大量的运算处理资源，无论对 DSP 还是 CPU 的处理能力都提出了挑战，受制于成本及研发能力等因素影响，一些厂商只能在满足 H.264 的大框架的前提下，舍弃一些 H.264 的先进、特色的技术，如帧内，帧间编码预测模式，环路滤波等。这样的后果是美其名曰先进的 H.264 算法，实则与 MPEG-4 算法差不多。这样非标准的 H.264 编码方式，也将导致很难与其他通用解码器配套使用，只能采用私有解码器，开放性不强。

3.4.6 H.265 编码技术

2010 年 1 月，ITU-T 和 ISO 下的动态图像专家组(MPEG)联合成立 JCT-VC 组织，着手统一制定下一代编码标准，2010 年 4 月在德国德累斯顿召开了 JCT-VT 第一次会议，确定新一代视频编码标准名称 HEVC(High Efficiency Video Coding)，即 H.265 标准。新一代视频压缩标准的核心目标是在 H.264/AVC High Profile 的基础上，压缩效率提高一倍。即在保证相同视频质量的前提下，视频流的码率减少 50%；在提高压缩效率的同时，允许编码端适当提高压缩算法的复杂度。

HEVC 依然沿用 H.263 就开始采用的混合编码框架：

- 帧间和帧内预测编码：消除时间域和空间域的相关性；
- 变换编码：对残差进行变换编码以消除空间相关性；
- 熵编码：消除统计上的冗余度；
- HEVC 将在混合编码框架内，着力研究新的编码工具或技术，提高视频压缩效率。

1. H.264 的局限性

由于H.264/MPEG-4 AVC是在2003年发布的，随着网络技术和终端处理能力的不断提高，人们对目前广泛使用的 MPEG-2、MPEG-4、H.264 等，提出了新的要求。希望能够提供支持高清、3D、移动无线等特性，以满足家庭娱乐、安防监控、广播、流媒体、摄像等领域应用。

随着网络视频应用的快速发展，视频应用向以下几个方向发展的趋势愈加明显：

- 高清晰度(Higher Definition)：视频格式向 720 P、1080 P 及更高像素全面升级；
- 高帧率(Higher Frame Rate)：视频帧率从主流 25/30FPS 向更高发展；
- 高压缩率(Higher Compression Rate)：带宽和存储空间限制导致压缩率要求更高。

H.264 编码由于面临上述趋势而表现出如下的一些局限性：

- 宏块个数的爆发式增长，会导致用于编码宏块的预测模式、运动矢量、参考帧索引和量化级等宏块级参数信息所占用的码字过多，用于编码残差部分的码字减少。
- 由于分辨率的大大增加，单个宏块所表示的图像内容的信息大大减少，这将导致相邻的 4×4 或 8×8 块变换后的低频系数相似程度也大大提高，导致大量的冗余。
- 由于分辨率的大大增加，表示同一个运动的运动矢量的幅值将大大增加，H.264 中采用一个运动矢量预测值，对运动矢量差编码使用的是哥伦布指数编码，该编码方式的特点是数值越小使用的比特数越少。因此，随着运动矢量幅值的大幅增加，H.264 中用来对运动矢量进行预测以及编码的方法导致压缩率将逐渐降低。
- H.264 的一些关键算法(如采用 CAVLC 和 CABAC 两种基于上下文的熵编码方法、Deblock 滤波等)都要求串行编码，并行度比较低。针对 GPU/DSP/FPGA/ASIC 等并行化程度非常高的 CPU，H.264 的串行化处理方式越来越成为制约运算性能的瓶颈。

2. H.265 的技术亮点

作为新一代视频编码标准，HEVC(H.265)仍然属于“预测加变换”的混合编码框架。然而，相对于 H.264，H.265 在很多方面有了革命性的变化。

- 灵活的编码结构

在 H.265 中，将宏块的大小从 H.264 的 16×16 扩展到了 64×64，以便于对高分辨率视频格式的压缩。同时，采用了更加灵活的编码结构来提高编码效率，包括编码单元(Coding

Unit)、预测单元(Predict Unit)和变换单元(Transform Unit)。

如图 3.38 所示，其中的编码单元(CU)类似于 H.264/AVC 方式中的宏块的概念，用于编码的过程，预测单元(PU)是进行预测的基本单元，变换单元(TU)是进行变换和量化的基本单元。这三个单元的分离，使得变换、预测和编码各个处理环节更加灵活，也有利于各环节的划分更加符合视频图像的纹理特征，更有利于各个单元更优化地完成各自的功能任务。

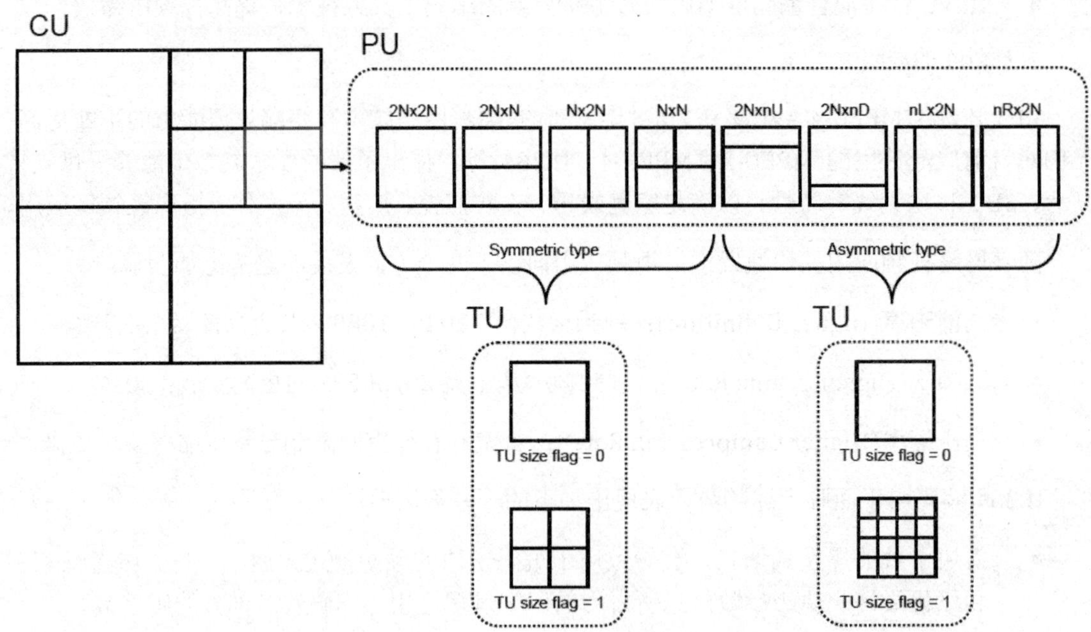

图 3.38 H.265 编码单元(CU)、预测单元(PU)、变换单元(TU)示意图

- 灵活的块结构—RQT

RQT(Residual Quad-tree Transform)是一种自适应的变换技术，这种思想是对 H.264/AVC 中 ABT(Adaptive Block-size Transform)技术的延伸和扩展。对于帧间编码来说，它允许变换块的大小根据运动补偿块的大小进行自适应的调整；对于帧内编码来说，它允许变换块的大小根据帧内预测残差的特性进行自适应地调整。

大块的变换相对于小块的变换，一方面能够提供更好的能量集中效果，并能在量化后保存更多的图像细节，但是另一方面在量化后却会带来更多的振铃效应。因此，根据当前块信号的特性，自适应地选择变换块大小，如图 3.39 所示，可以得到能量集中、细节保留程度以及图像的振铃效应三者最优的折中效果。

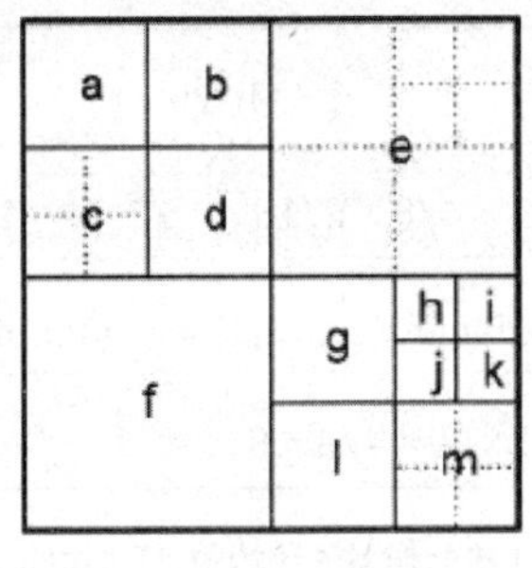

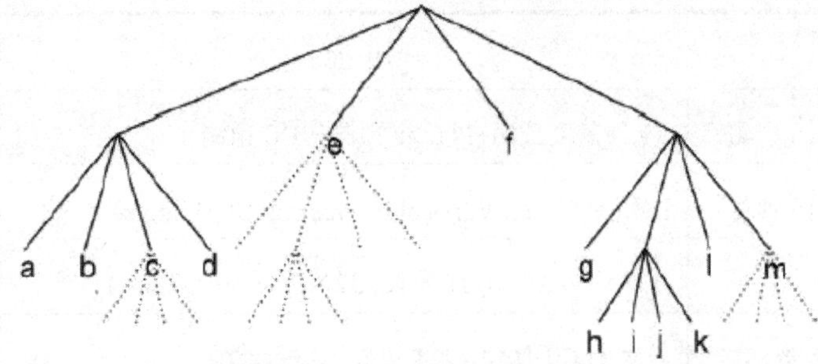

图 3.39　H.265 编码下灵活的块结构示意图

- 采样点自适应偏移

SAO(Sample Adaptive Offset)在编解码环路内，位于 Deblock 之后，通过对重建图像的分类，对每一类图像像素值加减一个偏移，达到减少失真的目的，从而提高压缩率、减少码流。采用 SAO 后，平均可以减少 2%~6%的码流，而编码器和解码器的性能消耗仅增加了约 2%。

- 自适应环路滤波

ALF(Adaptive Loop Filter)在编解码环路内，位于 Deblock 和 SAO 之后，用于恢复重建图像以达到重建图像与原始图像之间的均方差(MSE)最小。ALF 的系数是在帧级计算和传输的，可以整帧应用 ALF，也可以对于基于块或基于量化树(Quadtree)的部分区域进行 ALF，如果是基于部分区域的 ALF，还必须传递指示区域信息的附加信息。

- 并行化设计

当前芯片架构已经从单核性能逐渐往多核并行方向发展，因此为了适应并行化程度非常高的芯片实现，HEVC/H265 引入了很多并行运算的优化思路，克服了 H.264 的缺陷。

3. H.265 和 H.264 关键点对比

与 H.264 High Profile 的编码性能相比，目前 HEVC 可以取得 40%左右的压缩性能提升，而编码复杂度也增加了 50%左右，不同测试场景的编码复杂度和性能提升程度有较大的差异，而降低编码复杂度仍然是 HEVC 发展过程中需要大力研究的一项重要议题。

表 3.3　H.265 编码对比 H.264 编码

	H.265	H.25
MB/CU 大小	4×4～64×64	4×4～64×64
亮度差值	Lluma-1/2 像素{-1,4,-11,40,40,-11,4,-1} Lluma-1/4 像素{-1,4,-10,57,19,-7,3,-1} Lluma-1/4 像素{-1,3,-7,19,57,-10,4,-1}	Lluma-1/2 像素{-1,-5,20,20,-5,1} Lluma-1/4 像素{1, 1}
MVP 预测方法	空域+时域 MVP 预测・AMVP/Merge	空域 MVP 预测

续表

	H. 265	H. 25
亮度 Intra 预测	34 种角度预测+Planar 预测・DC 预测	4×4/8×8/16×16：9/9/4
色度 Intra 预测	DM,LM,Planar,Vertical,Horizontal,DC,Diagonal	Planar,Vertical,Horizontal,DC
变换	DCT4×4/8×8/16×16/32×32・・DST4×4	DST4×4/8×8
去块滤波契	较大的 CU 尺寸,4×4 边界不进行滤波	4×4 和 8×8 边界 Deblock 滤波

4. 典型 H.265 编码结构图

H.265 的框架是基于 H.264 的，所以只是在部分环节上的改善，没有本质的改变。

如图 3.40 所示，H.265 相对 H.264，从以前的 16×16 像素块输入提升到最大为 64×64 像素块的格式输入；计算精度也从 8 bits 到 10 bits；提供了自适应环形滤波器；运动预测从以前的 9 个方向编程到现在的 34 个方向；变换从 4×4 像素提升到最大为 32×32 像素。

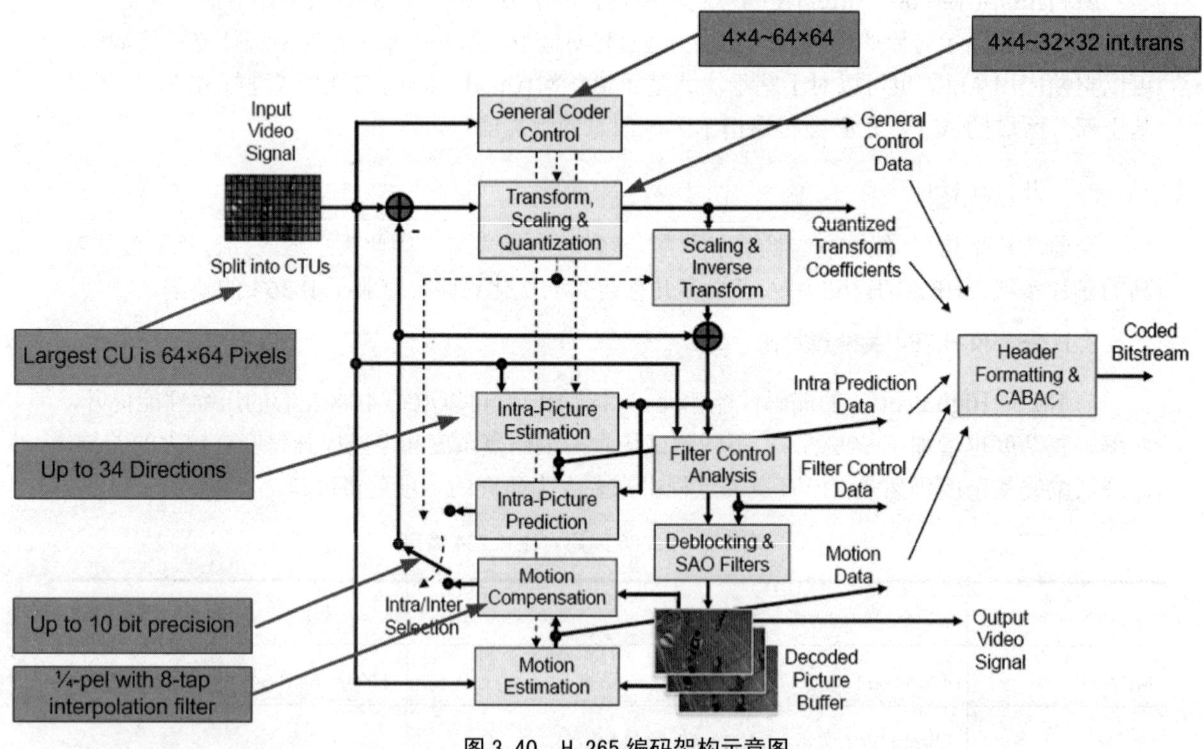

图 3.40　H. 265 编码架构示意图

5. 视频编码压缩的未来

显然，更好的编码压缩方式，带来的好处是更好的压缩比、图像质量、更低的带宽消耗及存储空间。更好的压缩方式的代价是算法的复杂程度大增，如图 3.41 所示。算法越复杂，导致的直接需求是视频编码芯片、解码芯片及显示终端处理能力的更高要求。

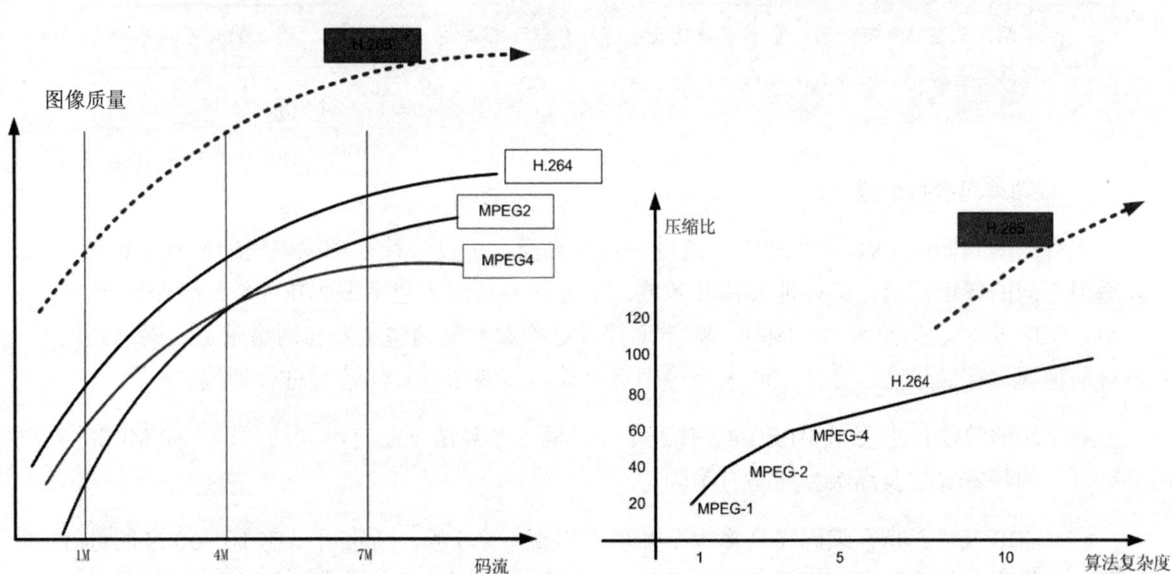

图 3.41　不同压缩方式的图像质量、码流、压缩比、复杂度等对比示意图

H.265 标准是在 H.264 标准的基础上发展起来的，结合 H.264 在视频应用领域的主流地位可以预见 H.265 标准在未来有广大的发展前景。随着芯片处理能力越来越强，算法复杂性对应用的影响因素将会越来越小。

3.4.7　视频编解码技术应用

在网络视频监控系统中，视频编解码技术是前提，正是视频编解码技术的不断发展，促成网络视频监控技术逐步走向成熟应用。网络视频监控系统应用中，视频编码技术主要应用在编码器、DVR 及 IP 摄像机上。视频编码可以基于硬件或软件，但其实质都是如本章介绍的各种视频编码算法的具体应用，而解码技术主要应用在硬件解码及 PC 客户端软件上，是视频编码过程的逆向过程。

视频编码技术是一门复杂的信息科学，在实现过程中，需要大量的复杂的算法、变换过程及参数配置，而视频编码技术在网络视频监控系统应用中，通常还需要考虑成本、效果、效率等多种因素，对编码实用性及适用性要求较高。

视频编码技术在网络视频监控应用中主要是一个成本平衡问题。我们采用视频编码技术的出发点是利用芯片及算法，对数据进行压缩，然后进行传输和存储，而后在需要的时候，再进行解码显示。因此，在带宽成本和存储成本下降的同时是以视频编码芯片及算法成本的增加为代价的，我们或者可以说，目前是带宽成本及存储成本与芯片及算法成本相差悬殊，所以在极力进行算法的改进和芯片的升级。

说明：幻想将来有一天，带宽资源极大丰富，存储设备都是“白菜价”，那我们就可以不必再煞费苦心地研究算法及优化工作。

1. 视频编码参数配置

在视频编码器或 DVR 中，通常，通过客户端界面，可以进行视频编码压缩参数的调整，以适用不同的环境需求，最好地发挥其效能。常见的参数配置包括编码压缩算法、GOP 尺寸大小、GOP 类型、码流大小、帧率、分辨率等，这些参数的调整主要与网络带宽、网络延迟及抖动情况、存储带宽、存储空间大小等因素有关，需要根据具体情况进行调整。

- 压缩算法：主要指 MPEG-4、H.264 等，同一个算法下还有不同的类别，如 MPEG-4 的基本算法及高级算法略有不同。
- GOP 尺寸：指在编码序列多少个帧里面出现一个 I 帧，通常可以在 10~60 之间进行设定，如 GOP 是 IBBPBBPBBPBBI，则 GOP 尺寸是 12。通常认为 GOP 尺寸越长，图像压缩效率越高，也即在同码流、同编码格式的前提下图像质量越好。但这也不是绝对的，通常需要综合考虑多种因素。
- GOP 类型：指 GOP 中 B、P 帧的分布及数量，在 GOP 中 B 帧越多，编码延时越长，但是编码压缩率更高(B 帧数据量更少)。
- 帧率：每秒钟帧的数量，如 PAL 制式下 25 帧/秒代表实时。帧率越高，码流越大。
- 分辨率：每帧图像像素数量，如 4CIF(704 × 576)、CIF(352×288)等。相同帧率下，分辨率越高，需要的码流就越大，但图像信息越丰富。

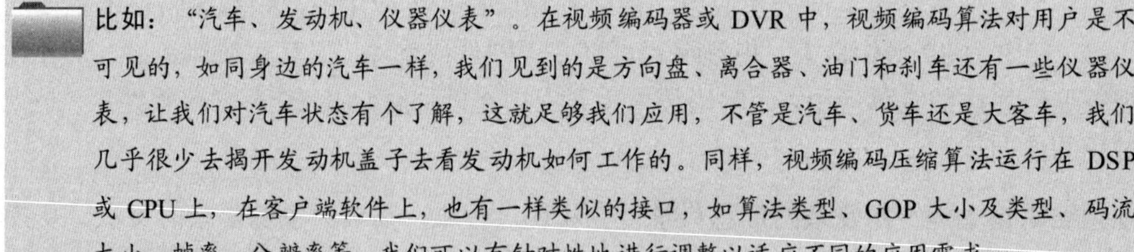
比如：“汽车、发动机、仪器仪表”。在视频编码器或 DVR 中，视频编码算法对用户是不可见的，如同身边的汽车一样，我们见到的是方向盘、离合器、油门和刹车还有一些仪器仪表，让我们对汽车状态有个了解，这就足够我们应用，不管是汽车、货车还是大客车，我们几乎很少去揭开发动机盖子去看发动机如何工作的。同样，视频编码压缩算法运行在 DSP 或 CPU 上，在客户端软件上，也有一样类似的接口，如算法类型、GOP 大小及类型、码流大小、帧率、分辨率等，我们可以有针对性地进行调整以适应不同的应用需求。

2. 视频编码传输

(1) 传输协议说明

实时传输协议 RTP(Real-time Transport Protocol)是在网络上处理多媒体数据流的一种网络协议，它能够在单播及多播的网络环境中实现流媒体数据的实时传输。RTP 通常使用 UDP 来进行多媒体数据的传输，RTP 协议的设计目的是提供实时数据传输中的时间戳信息以及各数据流的同步功能。RTP 本身并不能为按序传输数据包提供可靠的保证，也不提供流量控制和拥塞控制，这些都由实时传输控制协议 RTCP(Real-time Transport Control Protocol)来负责完成。通常 RTCP 会采用与 RTP 相同的分发机制，向会话中的所有成员周期性地发送控制信息，应用程序通过接收这些数据，从中获取相关资料，从而对服务质量进行控制或者对网络状况进行诊断。

(2) 传输模型介绍

当发送端(编码器端)收到编码压缩的码流后，按照 RTP 数据传输协议的报文格式装入 RTP 报文的数据负载段，并配置 RTP 报文头部的时间戳、同步信息等参数，之后再封装上 UDP 报头和 IP 报头，然后 IP 数据包通过网络向接收端发送；接收端收到 IP 包后先分析 RTP 包头，判断版本、长度等信息，更新缓冲区的 RTP 信息(如收到的字节数、视频帧数、包数等信息)，再按照 RTP 时间戳和包序列号等进行信源同步，整理 RTP 包顺序，重构视频帧，最后根据负载类型标识进行解码，将数据放入缓存供解码器解码输出。期间接收端周期性回送包含 QoS 反馈控制信息的 RTCP 包到数据发送端实现质量控制。

视频编码传输模型如图 3.42 所示。

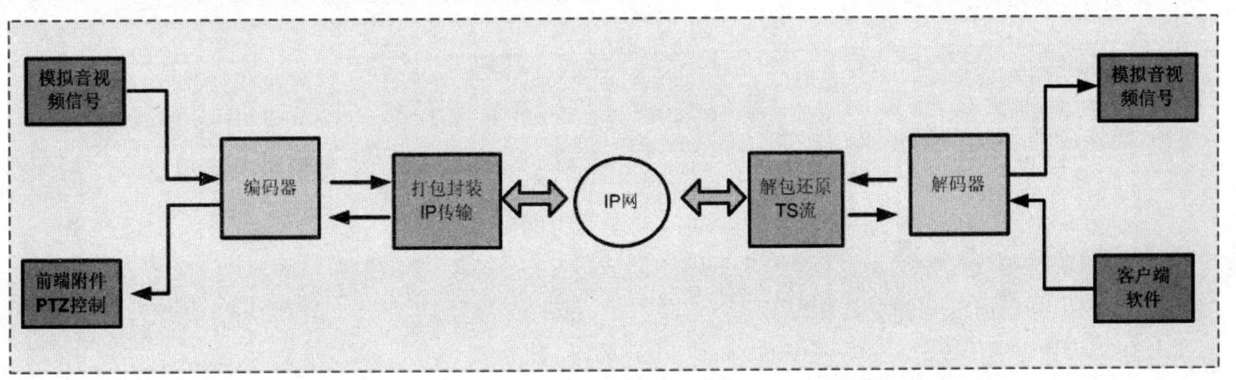

图 3.42　视频编码传输模型

3.5 本章小结

本章介绍了图像技术基础、数据压缩技术、视频编码压缩技术，并重点介绍了 MPEG 系列编码压缩技术原理，旨在让读者对视频编码压缩技术有大致的了解，这对于网络视频监控系统设计、调试等工作将会大有益处。

从另一个角度讲，视频编码压缩技术是网络视频监控技术的根本，但是在实际应用中，我们完全可以将其当做“黑匣子”技术，而没有必要过于深入了解底层算法、原理，我们需要了解大致的原理，在此基础上能够在实际应用中进行正确的参数选择、设定、故障排除等，以适应不同的应用需求就够了。

- 视频可以进行压缩是因为视频序列中有大量空间及时间冗余信息。
- 视频压缩的主要工作是利用帧内编码去掉空域冗余，利用帧间编码去掉时间冗余。
- MPEG-4 是首个针对视频对象进行编码压缩的方法，在网络监控中得到大量应用。
- H.264 具有更好的压缩效率、网络性能，因而发展迅速，但是算法更加复杂。
- H.265 编码具有相比 H.264 更高的压缩性能及算法复杂度，适合高清视频压缩。
- 网络视频监控中，对编码参数的调整重点在 GOP 大小及类型、帧率及分辨率等。

试一试：已知采样格式计算图像码流。

条件：4CIF 实时视频流，采样格式为 4：2：0，每像素深度 8bit，采用 MPEG-4 编码方式，得到码流大小 3Mbps，计算该编码器的压缩率是多少？

解答：704×576×12bit×25 帧=120Mbps。则压缩率=120Mbps/3Mbps=40 倍。

第4章 硬盘录像机(DVR)技术

硬盘录像机，简称 DVR(Digital Video Recorder)，是数字视频监控时代的标志性产品，它的出现，让磁带录像机设备 VCR 逐渐退出了历史的舞台。硬盘录像机可以看成是集视频采集、编码压缩、录像存储、网络传输等多种功能于一体的计算机系统。

关键词

- DVR 产品介绍
- DVR 软硬件构成
- DVR 应用软件功能
- DVR 应用架构
- DVR 亮点功能
- DVR 设备选型
- DVR 远程访问
- DVR 软件操作

4.1 DVR 产品介绍

4.1.1 DVR 发展历史

数字视频录像机(或叫硬盘录像机)，简称 DVR(Digital Video Recorder)，是伴随多媒体技术而发展起来的，开始于 20 世纪 90 年代末，而在本世纪初得到了迅猛发展，DVR 是集多画面显示预览、录像、存储、PTZ 控制、报警输入等多功能于一体的计算机系统。

早期的 DVR 系统多采用视频采集卡加工控主机的架构，后来发展成以嵌入式为主流。DVR 的组成与计算机类似(DVR 实质上可以看成是计算机的功能延伸和扩展)，主要包括视频采集编码卡、主板、硬盘、CPU、内存及操作系统，在操作系统上运行 DVR 专用软件。DVR 利用视频采集编码芯片对输入的音视频进行编码压缩，形成数字化码流，然后通过磁盘的 I/O 操作写到硬盘或通过网络端口发送出去。

初期的 DVR 是“磁带录像机 VCR”的取代产品，是数字化的存储设备而已，主要作为模拟视频监控系统中的附属设备完成录像功能，与矩阵控制系统配合使用或独立应用在小型系统中，实现录像存储功能。相比磁带录像机，DVR 具有如下优点：

- 实现了对视频、音频的数字化，便于传输和存储。
- 以计算机系统作为载体，使用和操作更简单、方便。
- 采用模块化的软硬件设计，便于扩展和维护。
- 数字视频资料可以长期保存而图像质量不会失真。
- 录像资料的回放和检索更加方便快捷。

提示：磁带录像机录制的是未经压缩的模拟信号，上一章介绍过，未经压缩的视频信息其数据量是相当大的。磁带录像机的录像质量相当于 CIF 分辨率，通常采用抽帧非实时录像模式以延长录像时间，可以达到几十甚至上百小时录像。

后期的 DVR 产品在网络化、存储容量、软件管理等方面不断增强，已经远远超出初始阶段的单一录像功能，可以联网构成完整的视频监控系统。

到目前，DVR 产品的存在形态主要为两部分：一部分是与视频矩阵配合应用，主要实现录像功能；还有一些项目中，可以脱离模拟矩阵的架构，建立完全以 DVR 支撑的数字化视频系统，以网络为支撑，实现视频监控应用的虚拟矩阵、视频预览、回放、存储、PTZ 控制、软件管理等各种功能。

提示：在整个安防监控行业，从前端摄像机、镜头到核心矩阵乃至后端监视器，中国的发展一直是落后于国外的厂商的。但是，对于 DVR，中国的企业抓住了机遇，开发了好的产品，成就了一个产业。DVR 的核心硬件是芯片，从这个角度来说，目前中国还没有达到完全自主(多采用国外的芯片)，只是基于国外的芯片进行压缩板卡及整机的设计和生产，但是在算法、架构、功能、产业规模上，中国的 DVR 产业已经居领先地位。

4.1.2　DVR 工作原理

DVR 的核心功能是模拟音视频的数字化、编码压缩与存储。模拟音视频通过相应的音视频 A/D 转换器转换为数字音视频信号并输入到编码芯片中，编码芯片根据系统配置，将此音视频信号压缩编码为 MPEG-4(或其他标准，如 H.264)格式的音视频数据。CPU 通过 PCI 总线将编码后的音视频数据存入本地硬盘中。当需要本地回放时，通过读取硬盘中的音视频数据并发送到解码芯片，解码芯片解码并输出到相应的 D/A 转换器中，完成录像资料的回放；需要远程回放时，通过读取硬盘中的音视频数据并发送到网络接口，这样远程工作站或解码器就可以实现视频图像的还原显示过程(解码过程)。DVR 的工作原理如图 4.1 所示。

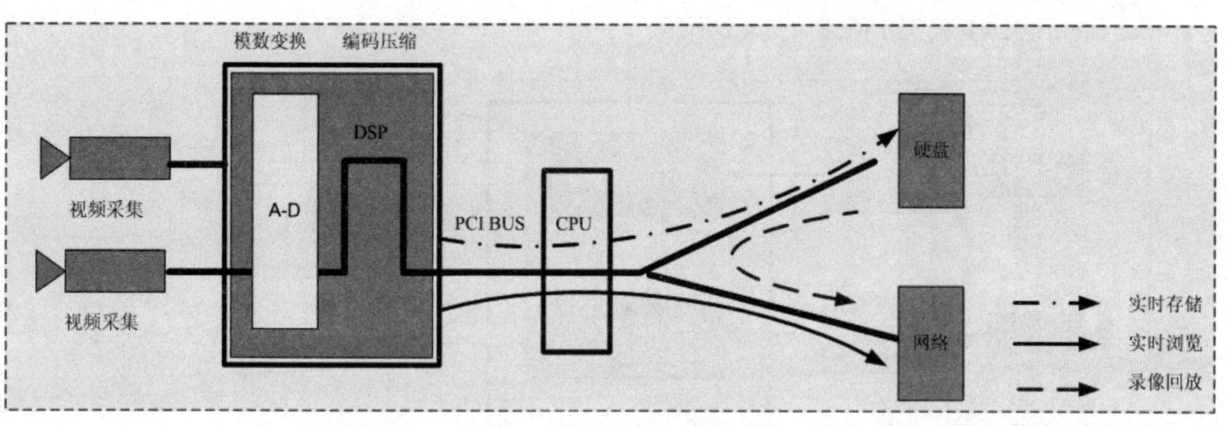

图 4.1　DVR 的工作原理

如图 4.1 所示，DVR 的内部工作流程具体如下。

(1) 视频采集：模拟视频信号输入，并进行阻抗匹配、限幅和钳位等预处理过程。

(2) 模数转换：A/D 芯片将模拟视频信号转换成符合 ITU656 格式标准的数字信号。

(3) 视频编码：ITU656 数字信号输入给 DSP 编码芯片，生成 MPEG-4 或其他码流。

(4) 硬盘写入：实时存储，CPU 通过 PCI 总线将编码压缩的数据写入硬盘。

(5) 实时浏览：系统将编码压缩并打包封装的视频流经过网卡发送到远程客户端。

(6) 录像回放：系统找到需要回放的视频流，通过网卡发送给请求回放的远程客户端。

以上实时视频浏览及录像回放指的是远程客户端通过网络针对 DVR 的操作过程，当然，DVR 可以在本地进行实时视频浏览及录像回放，过程类似，只不过数据流无需经过网络发送，仅仅需要本地解码芯片的解码及数/模转换过程来完成。

4.1.3 软压缩与硬压缩

目前在 DVR 领域，对于视频信号的编码压缩主要有两种形式，一种形式是基于计算机软件的编码压缩，数字化视频信号由 CPU 进行编码压缩，称为软压缩；还有一类是编码压缩工作由视频采集卡上的压缩芯片完成，压缩芯片分专用处理芯片(ASIC)的硬件处理方式及基于高速数字处理器(DSP)的软处理方式，由于 ASIC 和 DSP 都能独立完成数字视频的压缩工作而不需要 PC 的介入，因此被统称为硬压缩技术。

1. 硬压缩

硬压缩的基本原理——摄像机的模拟视频信号输入后，由视频采集转换芯片进行 A/D 变换，将模拟信号转换成数字信号，然后传送至板卡自带的临时存储器中，再由卡上自带视频压缩芯片(如 ASIC 芯片或 DSP 芯片)执行编码压缩算法，将庞大的视频信号编码压缩，之后这些压缩后的数据通过 PCI 桥芯片进入 PCI 总线，然后存储到硬盘中或发送到网络上。

硬压缩 DVR 的工作原理如图 4.2 所示。

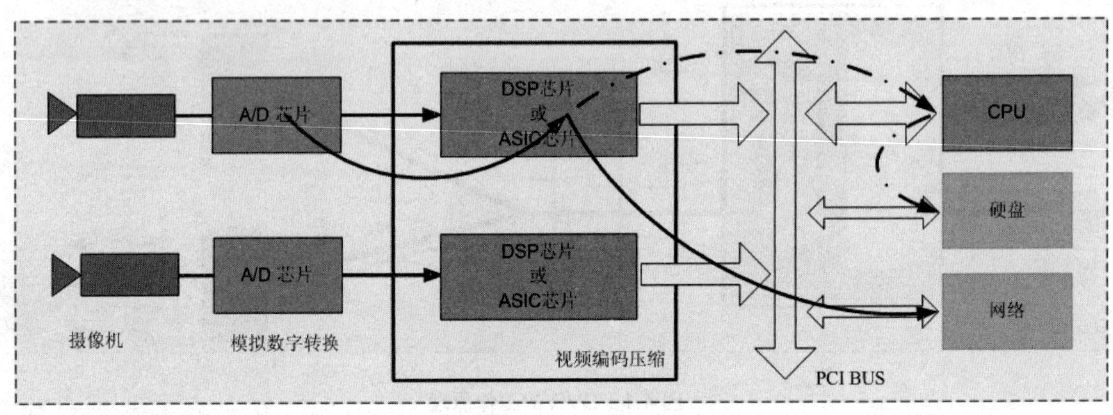

图 4.2 硬压缩 DVR 的工作原理

2. 软压缩

软压缩的基本原理——摄像机模拟视频信号输入后，经过视频采集转换芯片 A/D 转换，将模拟信号转换成数字信号，然后通过 PCI 桥芯片进入 PCI，再传输到内存中，由 CPU 执行相应的压缩算法，将庞大的视频信号压缩后存储到硬盘中或发送到网络上。软压缩 DVR 的工作原理如图 4.3 所示。

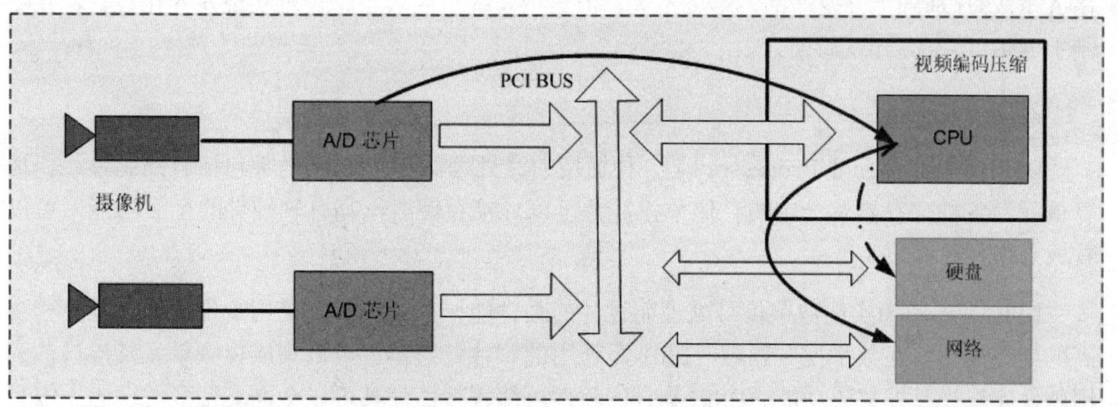

图 4.3　软压缩 DVR 的工作原理

注意：从上面两张图可以看出来，软压缩与硬压缩的根本区别在于编码压缩工作谁来完成，如果由板卡上的硬件芯片完成，就叫硬压缩；如果交给 CPU 完成编码压缩，就叫软压缩。但是，行业另外一种说法是，硬压缩中的 ASIC 与 DSP 方式，虽然都是硬件芯片，但 ASIC 是“专业编码压缩芯片”，是真正的硬压缩；而 DSP，从原理上说与 CPU 实现压缩是一样的(DSP 是一种处理器而已，类似 CPU)，也是一种软压缩，只不过是编码压缩工作前移。

提示：DVR 的大量处理工作其实就是视频的编码压缩工作，那么在硬压缩架构下，ASIC 芯片或 DSP 芯片完成了编码压缩工作，从而将 CPU 解脱出来，因此 CPU 的负荷比较低，所以其稳定性就相对较高。另外一方面，CPU 可以空闲出丰富的处理资源完成其他工作，如响应用户需求、完成网络传输等。

4.1.4　DVR 芯片介绍

从 DVR 的组成可以看出，抛开作为基础承载的计算机系统设备如 CPU、内存不谈，DVR 必备的核心芯片主要有两部分，一个是负责模数转换工作的前端 A/D 芯片，一个是负责编码压缩的后端处理芯片(这里“前端后端”是针对视频采集卡而言，并非针对整个 DVR 系统)。

在前端 A/D 芯片领域，器件形态比较成熟固定；而后端编码压缩芯片主要有 DSP、ASIC 及 SOC 三大类，DSP 是通用的多媒体处理器，在多媒体领域有广泛应用；ASIC 是专业的视频编码芯片，技术成熟；SOC 是系统芯片，实质是多个芯片的集成。

1. ASIC 芯片

ASIC(Application Specific Integrated Circuits)是指应特定用户要求和特定电子系统的需要而设计、制造的集成电路。在数字视频领域，ASIC 是专用的编码压缩芯片，通过集成一些外围接口，可实现硬件方式的视频编码，其编码压缩算法由 ASIC 芯片商提供并在出厂时固化好，因此在成本、性能方面具有优势，而在灵活性及扩展性方面略显不足。板卡及 DVR 厂商在 ASIC 芯片基础上开发产品，难度不大，但自由发挥空间较小，较难实现差异化设计，并受制于 ASIC 厂家的开发周期。

2. DSP 芯片

DSP(Digital Signal Processor)是一种通用的微处理器，在 DSP 内部包括有控制单元、运算单元、各种寄存器及一定的存储单元，并可以外接存储器，具有软硬件的全面功能，可以看成是微型计算机。

DSP 是专门为实现数字信号处理而设计的高性能单片处理器，采用哈佛设计，具有相当高的处理速度。在数字视频领域，DSP 是通用的媒体处理器，可以集成视频单元及接口，利用软件实现视频编解码功能。DSP 具有的软件可编程特性使其可以全面支持多种编码压缩算法，产品扩展、升级容易。DSP 处理能力强，并可以提供多种辅助功能，如滤波、去交织(De-Interlacing)、屏幕字符叠加(OSD)等。由于 DSP 的实质是软件方式的编码压缩，因此开发周期短，产品升级换代较快。

实际上，在模拟摄像机的产品中，DSP 也得到了广泛应用。通常，传感器光电转换后产生的信号可能存在强度不够、亮度不均匀、有噪音、彩色不自然等各种瑕疵现象，DSP 经常用来做数字信号处理器，实现对视频信号进行校正处理，当然前提是模拟信号需要进行一次 A/D 转换。除此之外，还可以提高摄像机宽动态、实现自动聚焦等功能。

提示：目前，视频内容分析技术，即 VCA(Video Content Analysis)技术在视频监控领域得到越来越多的应用，而 VCA 技术已经逐步从后端服务器工作模式走向前端编码器/DVR 模式。在此情况下，对芯片的灵活性、处理能力等都提出了更高的要求。DSP 的运算处理能力(MIPS)不断提高，加上其本身的灵活性，使得在 DSP 芯片运行 VCA 算法已经成为可能，并成为发展趋势。

3. SOC 系统

SOC，即片上系统，是 System On Chip 的缩写，也有称其为系统级芯片的。SOC 实质是具有多处理器核心的集成系统，而且其中集成有 CPU 主处理器，同时所集成的核心既可以是 ASIC 类的硬核，也可以是 DSP 或协处理器类的软核，甚至也包含其他的专用处理子系统，并且集成有丰富的外设。

在网络视频监控领域，SOC 可以将处理器、内存、片上资源、外设接口、视频编码压缩算法都集成在一起，构成一个平台上的芯片组，芯片厂商完成核心功能并固化，并向板卡及 DVR 厂家提供源代码，后者就可以进行二次开发工作。这样的优势使芯片厂家与板卡厂家分工明确，各有专攻，从而提供更好的产品。相比单芯片系统，SOC 在集成性、处理速度及成本上都有优势，是 DSP 与 ASIC 的优势整合。

提示：SOC 芯片在数字网络视频监控系统中得到了越来越多的应用，有 CPU 加 DSP 或 CPU 加 ASIC 不同的架构方式。SOC 把视频编解码算法固化在芯片内，集成了丰富的外围接口，并通过提供完善的开发工具，极大地降低了 DVR、网络摄像机等前端设备开发难度。而且它还同时具有集成度高和可靠性高的优点，这对网络视频监控系统来说是很至关重要的。

4.1.5　DVR 的录像文件管理

录像文件管理涉及到视频编码压缩算法及硬盘管理技术，它关系到视频的存储及检索回放效率，目前有两种主流的录像文件管理方式，即视频流式及文件打包方式。视频流式通常直接对裸盘进行区块级(Block)存储，存储及回放效率高；而文件方式通常采用标准文件格式，系统每隔一段时间对数据进行打包，成为文件，然后写入硬盘中，采用此方式的主要问题是存储及回放效率较差。

注意：需要注意的是视频流格式存储方式下，其视频无法被其他电脑直接识别，需要利用厂商提供的软件进行提取及转换；而标准文件形式基本是通用的。

DVR 视频文件管理如图 4.4 所示。

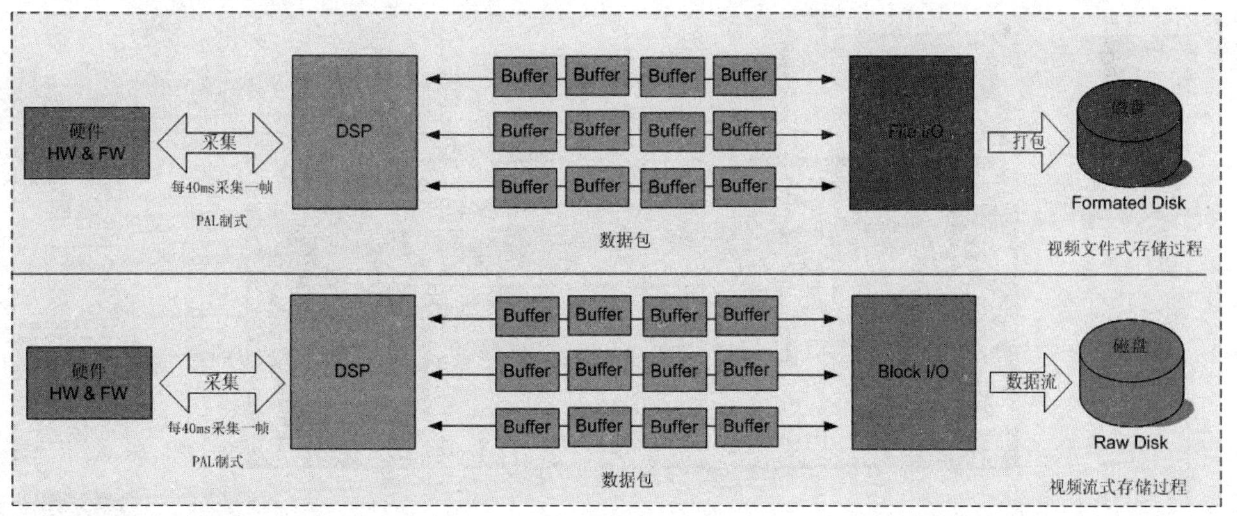

图 4.4　DVR 视频文件管理

1. 视频文件存储(通用文件系统)

DVR 是一种特殊的计算机系统，而视频数据是一种特殊的数据形式，存储在硬盘上，因此同样需要文件系统对大量的视频数据进行操作管理。DVR 可以采用 PC 的 FAT 或 NTFS 文件系统进行文件管理。通常，DVR 对于录像产生的数据包进行分包管理，即将完整的录像分成若干个小的文件包，比如每 5 分钟、10 分钟或半小时自动生成一个文件。

2. 视频流式存储(私有文件格式)

部分 DVR 厂商开发了适合视频流存储的私有文件管理系统，可以高效地管理磁盘，不再对数据进行分段打包，录像长度不再进行限制(由存储空间决定)。通常，私有格式的视频文件存储在“裸盘”上，系统建立区块索引表，不同的通道对应不同的录像文件。

注意：采用私有的文件格式实质是把“双刃剑”，一方面，私有的文件格式具有更高的安全性，可以防止非法的删除或窃取视频资料，必须通过厂家的客户端软件才能进行解码播放；另外一方面，私有文件格式给用户带来一定不便。

4.1.6 DVR 配置及接口

DVR 的配置及接口决定了 DVR 的功能是否强大，如支持的分辨率、硬盘数量及容量、视频输入输出数量、报警接口数量等。图 4.5 是典型的 DVR 背板接口示意图。

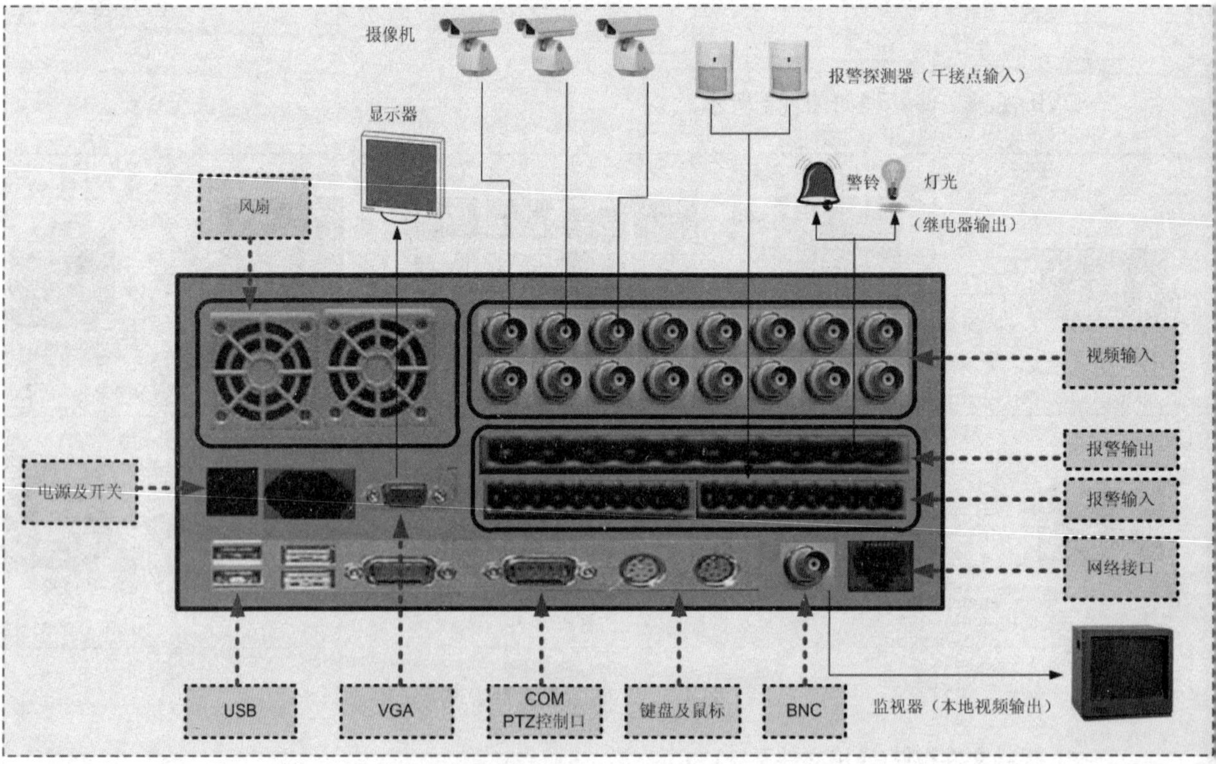

图 4.5 典型的 DVR 背板接口示意图

1. 通道数量

通道数量包括视频及音频通道数量，通常一台设备支持 4~16 个视频通道输入，但是由于视频编码工作由编码芯片完成，因此，不同的分辨率及帧率下，实际支持的通道数量是不同的，如一个支持 16 路 CIF 实时分辨率的 DVR，如果需要支持 4CIF 实时录像，可能只可以支持 4 路(DVR 通常采用多个通道共享编码芯片资源的方式，一颗 DSP 芯片目前能支持 5CIF 全实时视频编码运算能力，如 1 个 DSP 芯片可以完成 4 路 CIF 实时编码，或 1 路 4CIF 实时编码)。

一台 DVR 支持的音频数量是 8~16 个不等，用来与视频同步录音。通常每台 DVR 还配置一个 BNC 或 VGA 接口，用来实现 DVR 本地的视频浏览显示。

提示：目前，有些 DVR 能够提供在连接模拟摄像机的同时，可以支持 IP 摄像机或视频编码器的接入，称之为“混合 DVR”，其优点是在系统过渡、升级及扩容方面提供很大的便利性，是数字视频系统向网络视频系统过渡的产品，由于总资源有限，因此在接入 IP 摄像机时，其能连接的模拟摄像机通道减少。

注意：关于 DVR 产品能够最多支持的通道数量，不同厂商有不同的理解。有的厂商认为多路数的 DVR 能够在大系统中节省大量的成本，并且是厂商实力的体现，而有的厂商认为支持超大通道数量的 DVR 在稳定性、实用性方面并不可取。在实际应用中，确实有最终用户对超大路数的 DVR 的可靠性心存怀疑而不敢使用，目前看来，16 路 DVR 在性价比、稳定性上是比较合适的。

2. 存储空间

存储空间是早期的 DVR 设备的一个重要指标，因为 DVR 机箱空间有限，因此本地的存储空间不大，通常最多支持 8 块 IDE 硬盘接入。后期，DVR 支持扩展存储功能，可以利用 DAS 来进行大容量的本地存储扩展。目前通过 SCSI 接口(或 USB、1394 等接口)扩展存储，一台 DVR 最多可以连接 30T 以上的外挂阵列，还支持 SAN、NAS 等存储方式。随着硬盘、存储技术的发展，在存储空间、架构、成本、稳定性等方面还会大有提升。

3. 输入输出

输入输出功能主要实现报警输入联动及现场辅助设备的输出控制。如在无人值守的机房、电站，可能还安装有红外、烟感、温感探测器，及灯光、警铃等设备，那么，需要利用 DVR 的辅助功能，实现报警的触发及联动。在此情况下，DVR 实质是小型安防集成平台。报警输入端子通常是开关量形式，用来连接触发设备的信号，通常支持 6~18 个，报警输出多为开关量或继电器形式，通常每台 DVR 设备配置 4~8 个输出接口。

提示：在一些无人值守的机房、变电站等场合，输入输出的数量尤其重要，可能一个机房的防盗、环境探测器等数量比较多，同时需要各个摄像机编程预置位与各个报警输入点一一关联，因此，充足的输入输出接口是必需的。

典型防盗应用中，DVR 需要连接红外对射、微波、震动、手报等防盗探测设备，并连接声光报警器等输出设备。探测器的信号连接至 DVR 的报警输入，DVR 的报警输出驱动外部报警器。根据探测器的信号及 DVR 报警输出信号是否有源，常见的报警输入输出连接方式如图 4.6 所示。

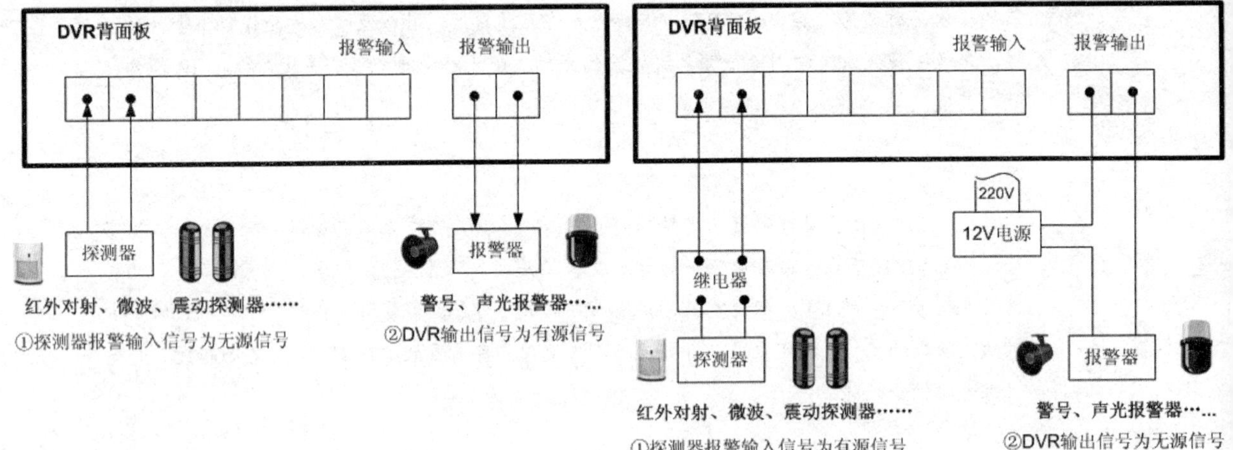

图 4.6　DVR 连接报警输入输出设备示意图

4. 联网功能

早期的多数 DVR 是作为录像存储设备应用，但是，在一些大型项目中，可能根据需要而联网集成，形成一个完整的数字联网视频监控系统，联网后，能够实现多台设备的全局虚拟矩阵(Global Matrix)、集中存储备份(Archive Storage)、远程浏览(Live Play)、远程回放(Playback)等功能。对于通道数量较少的 DVR，如 8 路以下的 DVR，一般配置 100M 网络接口，而如果路数比较多，通常配置 1000M 网络接口。

提示：在大型系统中，经常有多个用户共同访问同一个视频流的情况(如平安城市的多级用户访问某发生事故的现场)发生，这时，对网络接口的需求就比较高，同时需要软件支持大量的并发流，如果不支持，通常需要单独配置流媒体服务器实现并发访问支持，但成本增加。通常 DVR 能够支持的并发用户连接数与每路视频码流大小有关，对于 4CIF 实时视频单机应支持 16 路以上。

5. PTZ 接口

数字硬盘录像机具有控制与其连接的摄像机的 PTZ 及辅助设备的功能，目前 DVR 控制 PTZ 多采用 RS485 通讯方式，仅需两根线连接到解码器即能实现。通常，在 DVR 上选择对应 PTZ 的控制协议(主流 PTZ 控制协议如 Pelco-P、Pelco-D、AD)，并编程好 PTZ 的 ID，即可实现对 PTZ 及辅助设备的控制。DVR 的 PTZ 接口控制如图 4.7 所示。

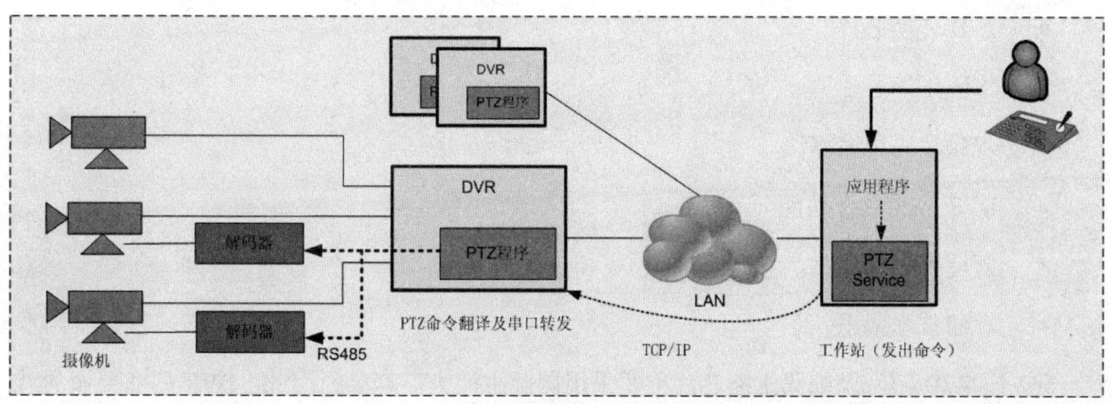

图 4.7 DVR 的 PTZ 控制原理

在设置解码器(此解码器为控制 PTZ 的信号解码器，不要与视频解码器混淆)参数时，主要是设置通道号、解码器协议类型、波特率和地址位，这四个参数任何一个设置不正确，都会导致 PTZ 无法正常工作。一般情况下使用 RS-485 接口的 T+和 T-来连接解码器的正负引脚。

云台不受控制的原因可能如下：

- RS-485 接口电缆线连接不正确；
- 云台解码器类型(如 PELCO-P/D)选择不对；
- 云台解码器波特率设置不正确；
- 云台解码器地址位(ID)设置不正确；
- 主板的 RS-485 接口故障(一般正常电压为 1～5V)。

4.1.7 DVR 的关键技术

DVR 的主要功能是视频的编码压缩与存储，一台 DVR 涉及的技术有多媒体、计算机、网络、存储、芯片、软件等领域。因此，DVR 实质是个集大成者，如何进行合理的产品设计，使得各个不同领域的器件有效地结合起来，合理地控制成本并发挥最大效能，是 DVR 厂家需要考虑的问题。

换个角度说，DVR 主要要解决的问题就是如何平衡图像质量与芯片处理能力、带宽、存储之间的矛盾，那么，追根溯源，是对算法的要求。因此，迫切需要一种算法，在有限的芯片资源、有限的带宽、有限的存储空间限制下，尽可能给用户最好的图像质量，这就是 DVR 产品的关键所在，除此之外，DVR 在网络传输、录像存储、软件应用、智能分析等方面的功能也是非常关键的。

DVR 的关键技术包括下列几个方面：

- A/D 转换芯片
- 编码压缩芯片
- 视频编码压缩算法
- DVR 应用软件功能
- 智能视频算法
- 存储技术应用

通常，A/D 芯片及编码压缩芯片主要采用国际主流大厂产品，因此，DVR 厂商要做的就是选择适合自己公司研发周期、研发思路、产品架构的芯片进行开发；对于编码算法，需要进行一些优化工作以实现更高的图像质量并控制码流、增强网络适应性；对于视频分析技术，核心的技术在算法本身。如何开发出实用的算法，并能够移植在 DVR 上是关键。

4.1.8 DVR 术语介绍

1. 嵌入式定义

IEEE(国际电气和电子工程师协会)对嵌入式系统的定义是“用于控制、监视或者辅助操作机器和设备的装置”(原文为 Devices used to control, monitor or assist the operation of equipment, machinery or plants.)。

从中可以看出嵌入式系统是软件和硬件的综合体。国内普遍认同的嵌入式系统定义为：以应用为中心，以计算机技术为基础，软硬件可裁剪，适应应用系统对功能、可靠性、成本、体积、功耗等严格要求的专用计算机系统。

可以这样认为，嵌入式系统是一种专用的计算机系统。通常，嵌入式系统是一个控制程序存储在 ROM 中的嵌入式处理器控制板。

事实上，所有带有数字接口的设备，如手机、微波炉、录像机等，都使用嵌入式系统，有些嵌入式系统还包含操作系统，但大多数嵌入式系统都是由单个程序实现整体控制逻辑。嵌入式系统会不会死机？看看手机会不会死机就知道了。

2. RTOS

实时系统(Real-time Operating System，RTOS)的正确性不仅依赖系统计算的逻辑结果，还依赖于产生这个结果的时间。实时系统是能够在指定或者确定的时间内完成系统功能，和对外部或内部、同步或异步时间做出响应的系统。因此实时系统应该具有在事先定义的时间范围内识别和处理离散事件的能力；系统能够处理和储存控制系统所需要的大量数据。

在嵌入式产品开发中使用 RTOS 有很多好处，归纳起来主要有以下几方面。

首先 RTOS 支持多任务，应用程序被分解成多个任务，程序开发变得更加容易，便于维护，易读易懂。提高了开发效率，缩短了开发周期；其次，计算机对关键事件的处理在延迟时间上有保证，即系统的实时性可以保证好于某一确定的值；还有，系统的稳定性、可靠性会得到提高。例如可以增加一些用于监控各任务运行状态的任务来提高系统的可靠性。

3. SOC

SOC 是 System on Chip 的缩写，又称系统级芯片或者片上系统。随着设计与制造技术的发展，集成电路设计从晶体管的集成发展到逻辑门的集成，现在又发展到 IP 的集成，即 SOC 设计技术。SOC 可以有效地降低电子/信息系统产品的开发成本，缩短开发周期，提高产品的竞争力，是未来业界将采用的主要的产品开发方式。

SOC 的特征包括：实现复杂系统功能的 VLSI；采用超深亚微米工艺技术；使用一个以上嵌入式 CPU/数字信号处理器(DSP)；外部可以对芯片进行编程。

4. 码流、帧率与分辨率

如本书上一章介绍的，帧率是每秒显示图像的数量，分辨率表示每幅图像的尺寸(即像素数量)，码流是经过视频压缩后每秒产生的数据量。结论是设置帧率表示想要的视频实时性，设置分辨率是表示想要看的图像尺寸大小，而码率的设置取决于网络、存储的具体情况。

4.2　DVR 软硬件构成

DVR 按照产品架构方式，主要分为嵌入式 DVR 及 PC 式 DVR。无论 PC 式 DVR 还是嵌入式 DVR，实质上都是一个计算机系统，具有计算机系统的几大要素——CPU 主控系统、操作系统和应用软件系统。

PC 式 DVR 大多选用的是 Intel X86 系列 CPU 和微软 Windows(或 Linux)操作系统，而嵌入式 DVR 多选用的是嵌入式 CPU 和实时操作系统(RTOS)，下面分别对嵌入式 DVR 及 PC 式 DVR 从硬件及软件构成上进行介绍。

4.2.1　嵌入式 DVR

1. 硬件

嵌入式 DVR 的硬件组成如图 4.8 所示，主要包括 CPU、内存、编码芯片、A/D 芯片、外围接口、硬盘等，此 DVR 系统采用的是编码压缩芯片加主控 CPU 的形式。

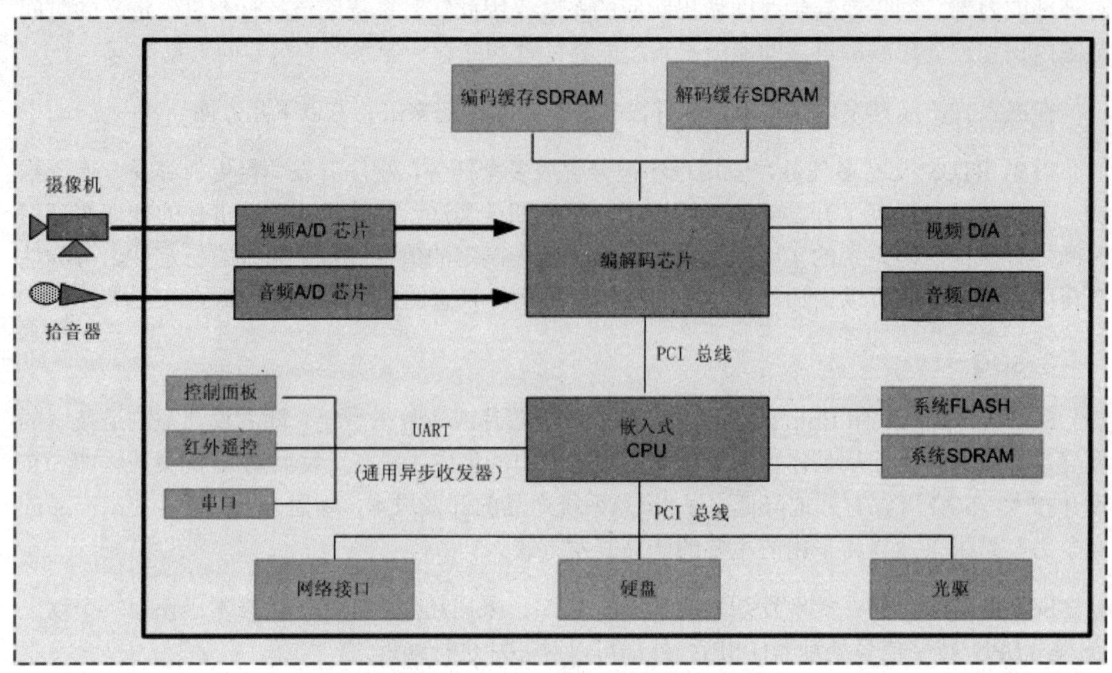

图 4.8　嵌入式 DVR 硬件的构成

(1)　A/D 转换器件

A/D 转换器件的作用是将模拟的视频信号转换成符合 ITU656 标准的数字化信号，提供给编码压缩芯片 DSP 或 ASIC 进行编码压缩。视频和音频需要不同的 A/D 转换设备，同时必须进行视、音频信号的同步操作。

(2)　编码压缩芯片

A/D 器件输出的 ITU656 标准的数字信号，提供给编码芯片进行编码压缩，常见视频压缩编码算法有 MPEG-2、MPEG-4、H.264 等，音频压缩算法有 G.711、G.722、G.723、G.728、G.729 等。实时完成这样的编码压缩算法需要高速的处理器来实现。

(3)　嵌入式 CPU 及缓存

CPU 是系统的核心处理单元，编码压缩芯片完成视频编码压缩后，CPU 通过 PCI 总线将编码压缩数据以文件(或视频流)形式写入本地硬盘或外挂的存储设备。大量的高速运算产生的数字视频/音频数据，需要高速、大容量的缓存，其与 CPU 共同构成了 DVR 系统的上层处理核心。

(4)　硬盘及网络接口

DVR 的主要功能是数字化编码及存储，需要通过接口实现与存储设备的连接，内部通常是 IDE 接口，对外可以通过 USB 或 SCSI 接口连接外部存储扩展设备；DVR 的另外一个功能是联网，通过网络实现远程视频浏览与录像回放，因此网络接口非常重要。

(5) 外围接口

对于前端的 PTZ 摄像机，DVR 首先发出控制命令给 PTZ 解码器，然后实现相应的控制功能，这些控制命令(如 PTZ 控制及辅助开关控制)一般通过 RS422/RS485 接口通讯。另外，还需要环境监测，如温感、烟感、红外探测器等，这些接入一般通过输入模块来实现。

2. 软件

嵌入式 DVR 软件组成主要包括应用软件程序、操作系统内核部分及设备驱动程序，嵌入式 DVR 软件的构成如图 4.9 所示。

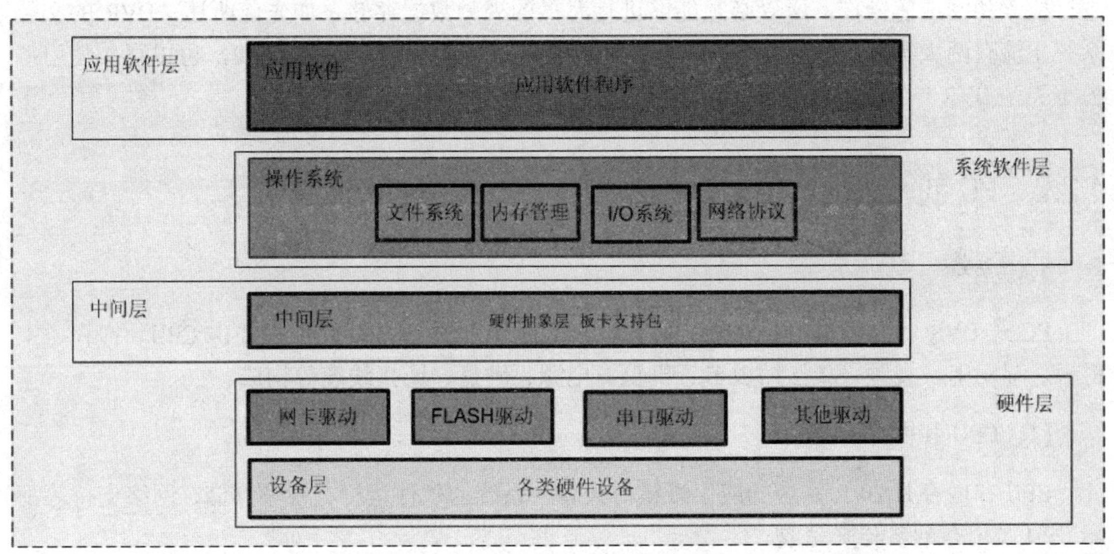

图 4.9　嵌入式 DVR 软件的构成

(1) Linux 操作系统

Linux 是嵌入式 DVR 中最常见的操作系统，Linux 具有“开源”的特性，并广泛支持各种硬件平台及软件协议。因为成本、稳定性、灵活性等因素，使得 Linux 成为 DVR 产品的主要操作系统。随着对 DVR 功能需求的不断提升，基于 Linux 平台的灵活特性使得需求容易得以满足。通常，能够在主流 PC 平台实现的功能，如果要在 Linux 实现，仅仅需要交叉编译及迁移过程便可完成。

在嵌入式 DVR 中实现的 Linux 系统主要分为几个部分——引导装载程序、Linux 内核、Linux 的根文件系统及相应的应用程序。

(2) 设备驱动程序

设备驱动程序是在操作系统与输入/输出设备之间的一层必不可少的“中间层”。它的作用相当于转换器，将从操作系统发来的原始的请求转换成某种外围设备能够理解的命令。DVR 的设备驱动程序包括显卡、声卡、网卡、USB 等设备的驱动。

(3) 应用软件

嵌入式 DVR 系统中最基本的功能是对视音频数据的采集、编码、存储、分发，以及一些网络协议的实现等软件功能。在应用软件里还有很重要的一部分，就是 DVR 的人机界面(GUI)系统，嵌入式 DVR 与 PC 式 DVR 相比，较弱的一环也在于界面的友好性，所以提供一个较好的 GUI 对于能否打造一款简单易用、有竞争力的 DVR 产品非常关键。

(4) 文件系统

DVR 的一个功能是对压缩后的视频数据进行长时间的保存，日后还要对保存的视频图像进行检索和回放等操作，所以必须能够进行海量的视频数据存储。如先前所述，DVR 的文件系统主流有两大类，一类是基于操作系统自带的文件管理系统，如 FAT32，可以直接使用；另一类是 DVR 厂商自行开发的私有文件管理系统。

4.2.2 PC 式 DVR

1. 硬件

PC 式 DVR 相当于由 PC 加视频采集卡构成的 DVR 系统，其硬件主要由 CPU、内存、主机板、显示卡、视频采集压缩板卡、机箱、电源、硬盘、连接线缆等构成。

(1) CPU 和内存

CPU 和内存是 DVR 系统的应用级核心设备，系统的软件运行、视频存储、网络支持等都靠 CPU 及内存的参与来完成。

通常，需要根据 DVR 的具体通道数量、录像码流等情况决定 CPU 的处理速度，如果负荷过高而 CPU 处理速度差，会出现问题。

(2) 主机板和显示卡

PC 式 DVR 的主板，通常分为普通 PC 主板及工控主板，区别在于工控主板由主机板及底板构成，一般由 DVR 厂商自行设计。DVR 不同于普通 PC，它具有多块硬盘、多块板卡的架构，长时间恶劣环境运行需求下要求主板具有高稳定性，自行设计的主板可以更好考虑设备布局、通风等因素，从而更加稳定可靠。

(3) 视频采集压缩板卡

视频采集压缩板卡主要完成视频的数字化及编码压缩，通常视频采集卡的核心器件是 A/D 芯片及编码压缩芯片，还有一些辅助器件如缓存、接口等。

(4) 硬盘存储

由于 DVR 特有的记录方式，要求硬盘高速旋转和磁头频繁移动，且需要长时间写入工作，导致硬盘的故障率较高，也反映到整个 DVR 系统经常会出现系统宕机，启动和操作缓慢等现象。要降低硬盘的故障率，应该控制单机硬盘数量，一般来说内部硬盘最好不要超过 8 块，还要加强硬盘散热，减轻硬盘过热等因素造成的数据毁损。

2. 软件

PC 架构的 DVR 通常以传统的 PC 为基本硬件，以 Windows 操作系统(或 Linux)为系统软件，配备图像采集压缩卡，形成一套完整的系统。

PC 是一种通用的平台，PC 的硬件更新换代速度快，因而 PC 式 DVR 的产品软件修正、升级也比较方便。

PC 式 DVR 的应用软件核心通常包括若干个进程，如：

- 与用户建立连接并响应请求；
- 激活录像开始与结束进程；
- 激活回放进程；
- 自动更新视频数据索引；
- 对报警信号进行监测并触发报警联动或发送信息；
- 进行视频数据存储及磁盘管理等。

4.2.3　嵌入式对比 PC 式 DVR

1. 稳定性比较

PC 式 DVR 一般为工业主板加视频采集卡构成，系统建立在 Windows 操作系统(或 Linux)上，由于操作系统本身是个庞大而复杂的系统，很可能由于和硬件的驱动或其他原因兼容不好而导致不稳定。

PC 式 DVR 的软件一般都安装在硬盘上，系统的异常关机可能造成系统文件破坏或者系统硬盘被损坏，从而导致整个系统宕机。PC 式硬盘录像机比较薄弱的硬件环节是板卡、电源、硬盘。软件可能出现死机、蓝屏、系统软件无法启动等现象，原因可能是系统文件丢失，硬盘扇区坏掉，系统板卡松动等。故障一般通过重新插拔板卡、更换电源、硬盘、重新做系统等方式实现恢复，大多厂家的 DVR 预置了 GHOST 文件，因此恢复操作系统很方便。目前，PC 式 DVR 的稳定性已经大大提高。

嵌入式 DVR 是基于嵌入式处理器和嵌入式实时操作系统，系统没有 PC 式那么复杂和功能强大，结构比较专一，只保留 DVR 所需要的功能，硬件软件都很精简，此类产品性能稳定。软件固化在 Flash 或 ROM 中，不可修改，基本上没有系统文件被破坏的可能，可靠性较高。但是如果嵌入式 DVR 出现问题，一般很难修复，多数需要返回厂家。

提示：我们身边到处是嵌入式系统，手机、MP3、DVD 等，确实给我们以“性能稳定、经久耐用”的印象。但是需要注意 DVR 系统的不同之处在于它需要 24 小时连续不间断运行，并且嵌入式 DVR 具有的高稳定性并非意味着永不死机，比如身边的手机、MP3 也都会发生死机现象。而 PC 式 DVR 经过对操作系统的裁剪、对硬盘等硬件的优化处理，在稳定性方面也有很大的提升。

2. 功能性比较

PC 式 DVR“不稳定”的缺点背后是其强大的功能特性，从硬件上讲，主要体现在其与其他硬件兼容性好，接口也非常齐全；从软件上主要体现在，Windows 操作平台上可以调用系统自带的一些功能和利用非常成熟的可视化编程工具来快速开发软件，这也大大节省了开发成本和开发周期。

PC 式 DVR 的网络功能强于嵌入式，由于 Windows 操作系统对网络协议和大数据量图像传输的支持有优势，所以可以轻松实现远程控制和管理。独立的网卡、在 TCP/IP 上早已成熟应用的 Windows 操作系统，保证了其强大的网络功能。

嵌入式 DVR 的应用软件与硬件融于一体，类似于 PC 中 BIOS 的工作方式，具有软件代码小、高度自动化、响应速度快等特点，特别适合于要求实时和多任务的应用场合，此类产品没有 PC 式 DVR 那么多的模块和辅助软件功能。在网络功能上，嵌入式 DVR 是在专有的操作平台上开发的，各个厂家的操作系统平台不同，所能提供的网络开发包也不同，网络功能由内嵌的操作系统通过控制网络芯片处理来实现网络功能，由于 CPU 和 RTOS 的限制，网络功能没有 PC 式强大。嵌入式 DVR 一般可以和模拟矩阵混合使用，或单兵作战直接连接模拟视频输入，利用遥控器操作，不需要中央管理软件支持，当然多台联网亦可，辅以中央软件平台支持以实现强大的功能。

3. 存储支持

PC 式 DVR 可以具有多种存储扩展方式，一般可以内置 4~8 块硬盘，通过 NAS、DAS、SAN 可以进行大容量扩展，并且由于其基于 Windows 系统，其存储扩展，存储管理都非常有优势。由于 PC 式 DVR 采用的是通用硬件和软件平台，因此也可以采用 1394 或 SCSI 接口解决大容量储存问题，用相应数据线将 DVR 主机与硬盘阵列相连即可，非常简单。

专业嵌入式 DVR 采用专用的硬件架构，操作系统一般采用实时操作系统如 RTOS 等。通常主机里面一般有 4 个 IDE 接口，可以接 8 块硬盘。嵌入式 DVR 通常没有外置接口实现存储扩展，并且也没有 PCI 插槽，无法通过直接插卡增加总线方式连接外部阵列。

提示：专业嵌入式 DVR 由于电源功率有限、空间较小，一般采用硬盘休眠技术，当需要硬盘写入数据时系统就唤醒它，当硬盘空闲时就将其休眠。这种技术虽然可以降低电源的负担、减少硬盘发热量、延长硬盘使用寿命，但是由于同时只有一个硬盘在工作，因此在检索和回放等功能方面差强人意。

总之，对于嵌入式和 PC 式 DVR 的争论，表面上是稳定性、功能性的讨论，其实是两个不同的设计理念之争。

嵌入式 DVR 走的是封闭、专业化的道路，而 PC 式 DVR 是开放、标准化的道路。很显然，封闭、专业化的产品不考虑与更多的软件、平台的互联互通及整合，只求高效稳定，适合在需求固定的应用领域并表现良好；而 PC 式 DVR 走的是开放的道路，开放的架构就会得到大量软、硬件厂商支持，加上产品本身也是模块化设计，扩展、升级、集成都方便，开放平台能及时满足定制需求，更容易满足客户需求。

随着技术的不断发展，PC 式 DVR 与嵌入式 DVR 都在不断克服自身劣势，继续扩展自身优势，两者均在实际应用中得到大量的部署应用。

总之，PC 式 DVR 与嵌入式 DVR 各有所长，关键是看如何根据具体应用、具体需求进行合理的设计和选型。对于嵌入式 DVR 与 PC 式 DVR 孰优孰劣的争论没有意义。事物没有绝对的优劣之分，安防监控产品也一样。

4.3 DVR 应用软件功能

相比 VCR，DVR 因其发展于计算机系统，因此具有良好的人机界面(GUI)，通过 DVR 系统的人机界面或客户端应用程序，DVR 可以提供丰富、方便、灵活的应用功能。

DVR 软件功能的构成如图 4.10 所示。

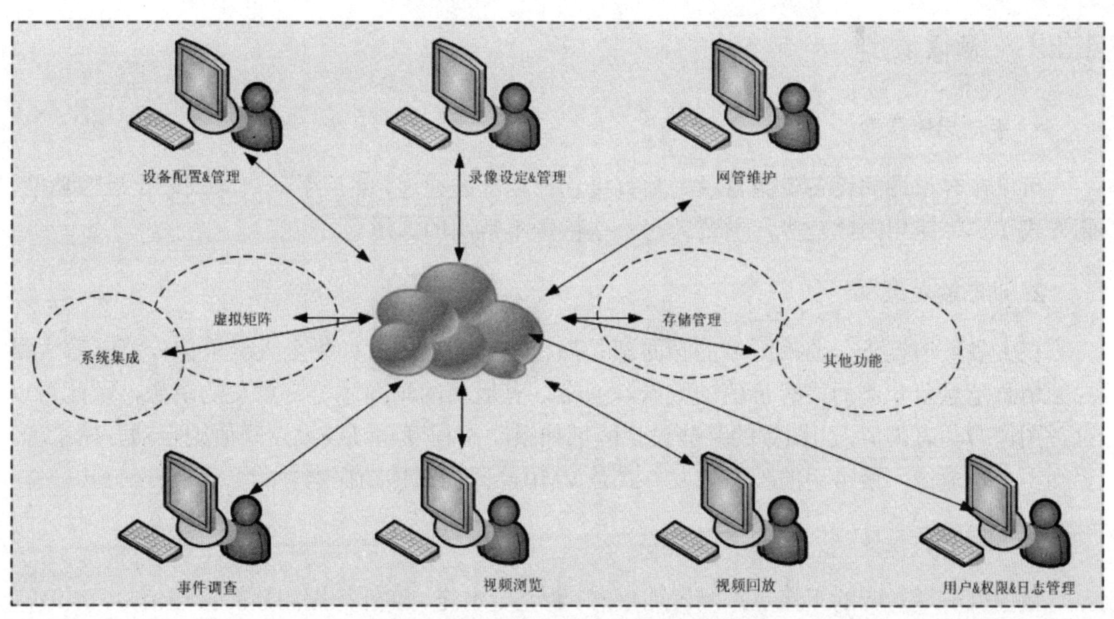

图 4.10 DVR 应用软件的构成

4.3.1 设备配置及管理

1. 设备配置

设备的配置包括 DVR 的添加、IP 地址的设定、辅助 I/O 设备的添加、PTZ 设备的添加、视频通道的添加、音频通道的添加、摄像机通道名称编辑、网络协议的选择、PTZ 的设定、电子地图编辑、设备分组、通道轮询设定、宏编辑、报警邮件配置、报警联动关系配置等。设备的配置工作是系统运行的前提条件，没有进行配置的设备是“一盘散沙”，配置之后的设备才构成有机的系统。系统设备配置完成后，DVR 可以编码录像、PTZ 可以控制、存储备份开始工作，系统数据库资料开始更新、报警联动启动、可以远程浏览等。

2. 设备管理

设备管理操作主要包括录像计划配置、视频归档备份、图像参数(如录像帧率、分辨率设置、通道的亮度、对比度、色度等色彩参数)的调整等。简而言之，设备管理是在已经配置、搭建完成的系统中，按照实际应用需求，有目的、有针对性地进行参数修改操作。

在大型项目中，系统中通常有中央管理服务器(内含中央管理数据库)，中央管理数据库是系统的核心，系统配置完成后，在中央管理服务器中自动生成设备资源数据库报表，报表内容包括设备名称、地址、联动关系、日志、用户名称及权限、内部程序 ID 号等。在客户端程序连接到中央数据库后，将自动显示设备的资源目录树，客户端可以对目录树进行通道选择及相应操作。当然，在小型系统中，可以不设置专门的中央数据库部分。

4.3.2 录像管理

1. 手动启停录像

可以在客户端的设备资源目录树上直接选择相应的通道，然后手动启动或停止录像功能。此方式在实际应用中比较少，主要针对一些特殊不常用的通道。

2. 动态触发录像

在大多数情况下，监控区域的画面都是静止不动的，因此如果全天候录像，意味着大量视频信息是重复录制而没有价值的数据。通常，有运动的画面才是有意义的录像，因此可以设置图像的动态阈值，当图像的某些设定区域如果动态程度超过该设定阈值则自动开始录像，否则不启动录像，最常用的动态触发方式是 VMD，即视频移动探测。

3. 报警事件录像

摄像机前端对应的干接点探测器如烟感、温感、水淹、红外等探测器的探测信号，或 DVR 通过网络接收的报警触发信号(如消防、楼控)，一旦报警触发，可根据预先的编程，系统自动开始录像，一旦事件结束，则录像停止。通常为了更了解报警事件的前因后果，可以设置报警前后各有一段时间也进行录像。另外，还有一种方式，即非报警与报警状态录像参数不同，如平时采用 CIF 半实时录像，一旦报警触发，自动改为 4CIF 全实时模式。

4. 时间表录像

对于一些行业应用，如机场、铁路、地铁等场所，其本身运营状况非常有规律。因此用户可以根据自身行业特点与要求，预设每天的各个时间段应该执行的录像动作，使系统自动按照预先设定的计划进行录像操作。这样大大增加了系统的自动化程度，并节省存储资源。通常录像计划以一个星期作为基本模板，按照具体需求安排录像时间表，用户可以很方便地指定一个星期内每个工作日和休息日的每个时段的录像计划。

4.3.3 报警管理

1. 外部干接点报警方式

通过 DVR 的辅助 IO 模块，连接探测器如烟感、温感、水淹、红外等探测器的探测信号，DVR 经过预先编程设定逻辑，触发相应输出信号，如调用预置位或触发报警等。

2. 外部 API 报警方式

通过 API 接口，可以接收网络上其他系统如门禁(Access Control)、防盗(Intrusion System)、楼控(BAS)等系统发送过来的报警信息，然后利用内部编程设定关系，触发 DVR 执行相关动作，如启停录像、调用 PTZ 的预置位等。

3. VMD 报警方式

系统自动探测画面预设区域的运动变化情况，当画面变化程度超过预设的阈值上限时将会触发报警，高级的 VMD 探测可以设定多个防区、灵敏度、进行入侵目标尺寸过滤等。

4. 通过手动创建标签报警

在视频的实时浏览或录像回放过程中，如果对某段视频感兴趣，希望日后可以快速找到该视频录像，那么可以在视频录像中手动添加标签(Event Mark)，该标签可以作为日后视频索引的输入条件，这样，将来可以快速地查找到该“感兴趣的视频”。

4.3.4 视频存储与备份

对于一些重要通道的视频或报警触发的视频，通常除了进行 DVR 本地视频存储外，还需要在网络其他位置部分归档存储服务器(Archive Server)，用来对部分重要通道视频及报警视频进行集中归档存储备份。Archive Server 通常具有如下功能模式：

- 可以选择并将整个录像进行远程备份。
- 可以将录像中的报警事件录像进行远程备份。
- 可以选择备份视频传输的时间段以避开白天网络利用的高峰期。

4.3.5 视频浏览与回放

1. 虚拟矩阵

在模拟监控时代，矩阵主机解决了摄像机与监视器的“多对一”观看的问题，使得少量的监视器通过切换功能可以浏览大量的前端摄像机图像。视频的切换靠核心矩阵的电气/电子切换，切换的基础是摄像机及监视器之间必须具有物理连接，并且局限于摄像机到监视器的切换，是纯模拟的。此矩阵结构不是开放的结构，不是通用的数据结构，不能在网络上传输或电脑上存储，且受空间位置等诸多限制。

在数字视频监控系统中，“虚拟矩阵”的功能由网络及软件来完成，端到端的物理连接并不存在，从而提供了更大的灵活性、更丰富的功能，如摄像机切换、摄像机轮询、个性页面、电子地图及“宏操作”等功能。同时，用户依然可以利用模拟监控系统的键盘进行操作控制。另外，数字视频监控系统的权限管理、操作日志等功能更加丰富并易于实现。

2. 视频浏览

在调用实时视频进行浏览时，可以通过“直接拖拉视频通道名称到相应的显示窗口、或直接在显示窗口输入视频通道快捷键”的方式完成。用户可以通过 PTZ 操作来实现相应的全方位实时视频浏览，或调取预先编程的预置位实现摄像机快速定位；可以在电子地图上采用拖拉方式直接显示视频；或者调用事先做好的个性页面，进行轮流显示等。此外还提供：

- 多种视频显示窗口布局选择。
- 多种视频浏览、调用模式。
- 视频输出到解码器和电视墙显示。
- PTZ 的鼠标操作及传统键盘操控支持。

3. 视频回放

DVR 软件具有多种模式进行录像回放操作。例如：

- 以通道编号及索引时间为输入条件进行回放。
- 以报警事件为索引，直接点击回放该事件相关录像。
- 以该时间为基准，如回放前 3 分钟、10 分钟前图像。
- 以该时间为基准，进行反向回放。

在回放过程中，可以执行快进、快退、暂停、抓屏、循环播放、打开或关闭叠加在画面上的屏幕文本(OSD)显示、导出单帧图像等功能。用户也可以拖动视频播放滑块，快速缩放至图像的原始大小、加倍大小及全屏显示等。

4.3.6　设备网管维护

设备维护的意义在于“及时发现现场设备的故障状态，并发出报警或形成报告”。现场设备包括 DVR 的操作系统、I/O 设备、硬盘、摄像机、存储设备、PTZ 设备、网络连接设备、电源、各类服务设备等。系统后台服务程序周期轮询所有前端设备及程序，一旦发现有设备没有响应或响应失效便触发预置程序进行报警，同时写入系统故障日志。

对于大型项目，如果靠人员手动巡检方式进行维护，则难度太大，所以系统状态自动检测功能非常重要。目前，不仅可以对设备故障或程序故障进行自动检测，甚至可以对摄像机工作状态细节(如遭到遮挡、喷涂、场景位置变换、聚焦模糊、图像过明过暗、信号丢失等)都可以及时发现，并发送报警信息提示操作人员进行核实。设备网管维护包括：

- 系统核心服务、数据库状态检测。
- 摄像机视频丢失、断线、断电等检查。
- DVR 电源故障、网络故障、硬盘故障监测。
- DVR 进程状态、软件状态等检测。
- 摄像机破坏功能，如剪断线、遭遮挡、位置改变、聚焦失效、被喷雾等。
- DVR 与主服务器时间同步状态。
- PTZ 服务状态。
- DVR 的存储设备工作状态及空间使用状态。

4.3.7　用户的管理

用户管理主要包括建立用户、编辑用户权限或删除用户(或权限)，在一个项目中，可能有多个不同用户，为不同用户设置不同的权限是良好的管理方式，可以有效地进行系统资源利用，并提高系统的安全性。用户权限通常分“操作权限”及“实体权限”，操作权限指视频浏览、PTZ 控制、视频回放、设备添加删除等操作性的功能，而实体权限指摄像机视频通道、音频通道、录像机、存储设备等具体设备资源。操作权限与实体权限相组合才共同构成用户的真正权限。具体如下：

- 无权限，即用户得不到摄像机通道列表。
- 浏览权限，用户可以浏览视频但不能做任何操作。
- PTZ 操作权限，用户可以浏览视频或操作 PTZ。
- 操作员，可以具有操作、控制、回放等各个权限。
- 管理员，可以锁定设备、锁定用户，可以分配用户权限，具有所有权限。

4.3.8 用户操作日志审计

系统中所有用户的所有操作行为，包括登录到系统、PTZ 控制、添加设备、删除设备、退出系统等所有事件均会记录在系统操作日志中，以保证系统安全性及方便管理。具体如下：

- DVR 添加、删除。
- 视频音频添加、删除，通道名称编辑。
- PTZ 设置及关联。
- 视觉参数修改，如亮度、饱和度、对比度。
- 录像参数修改，如录像时间表、录像模式等。
- 警联动关系设定。
- 系统轮询、地图设定、宏编辑等。
- 修改用户或组。

用户操作日志保存在系统数据库中，可以依据索引条件进行查询，导出、打印。

4.4 DVR 的应用架构

4.4.1 单机工作模式

早期的 DVR 在集成、网络、软件功能上不是很强大，因此通常是“单兵作战”，即 DVR 直接连接模拟摄像机，实现数字化的录像功能，网络接口仅仅实现远程管理和配置功能。辅助的输入输出接口实现报警联动，视频输出与监视器连接实现多画面显示。DVR 单机工作模式如图 4.11 所示。

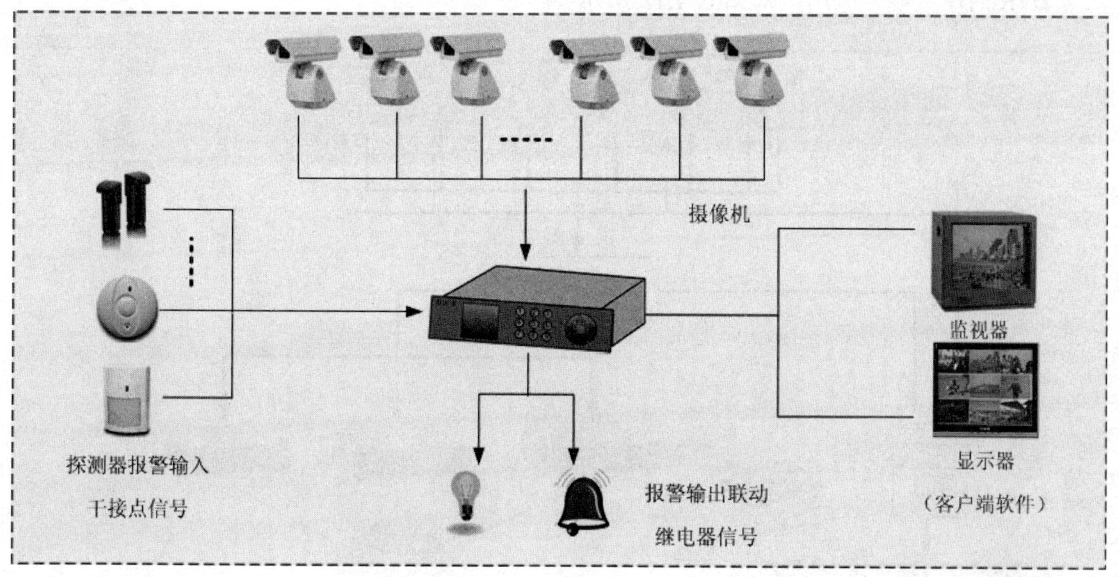

图 4.11　单机工作模式

单机工作的 DVR 具有如下的主要功能。

- 压缩功能：视频的数字化及编码压缩。
- 录像功能：编码压缩的视音频信号存储到硬盘上。
- 回放功能：把记录在硬盘上的视音频信号在模拟监视器上或电脑显示器上回放。
- 备份功能：把记录在硬盘上的视音频信号通过各类接口备份到各种存储介质中。
- 网络功能：通过网络接口实现视频的远程实时视频浏览与录像回放。
- 云台、镜头控制功能：能通过键盘、面板或网络工作站控制云台、镜头动作。
- 报警输入输出：能接收、处理报警输入和输出信号，即报警联动功能。

4.4.2　模数混合架构

在大型项目应用中，由于矩阵系统在稳定性、操控实时性等方面非常有优势，因此通常采用“模拟矩阵加 DVR”的架构方式。视频信号经过视频分配器一分为二后，分别进入矩阵及 DVR 的视频输入中，矩阵实现模拟信号的切换和控制，而 DVR 实现数字化存储录像功能。实际上，两者形成了一体而又相互备份的混合系统。在有的系统中的 PTZ 具有双重可控性，即摄像机既可受模拟系统(矩阵的键盘)的控制，又可受数字系统(工作站的鼠标)的控制。

DVR 的模数混合应用架构如图 4.12 所示。

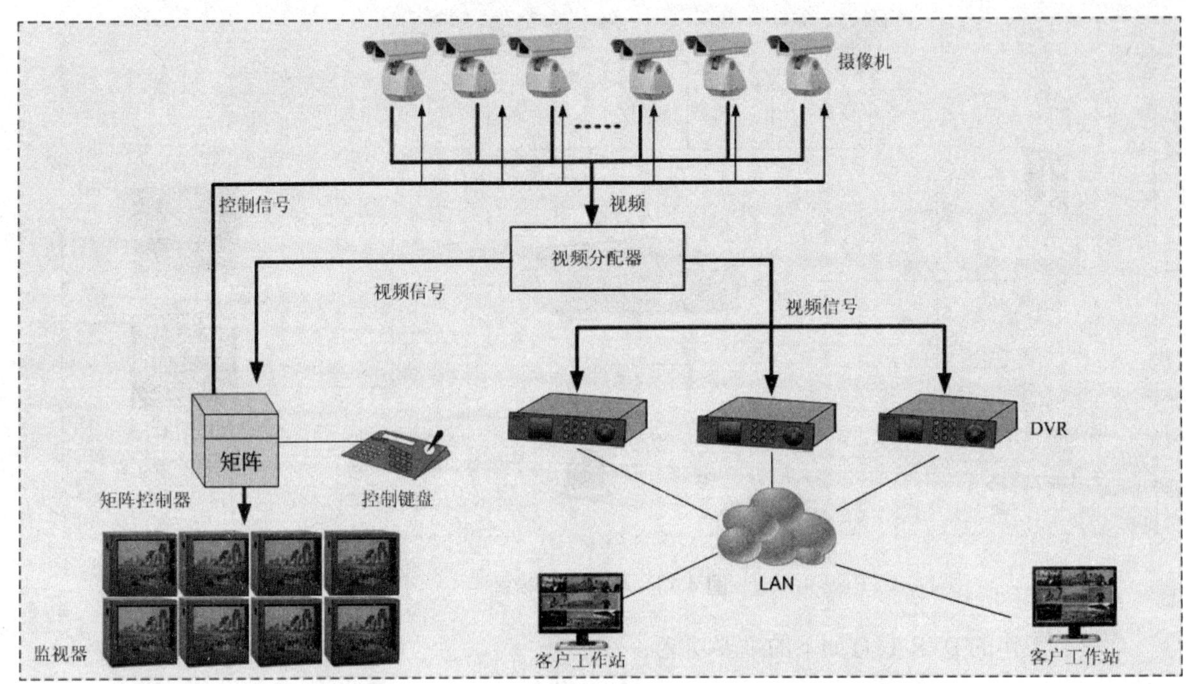

图 4.12　DVR 的模数混合应用架构

提示：一般来说，嵌入式 DVR 在设计上以长时间稳定录像为主，主要用作终端录像设备，虽然也具备如视频切换、报警连动、云台控制等功能，但与专业的矩阵主机相比，特别是与中型、大型矩阵切换系统相比，功能上还是有欠缺，操作也不灵活。因此，在多路监控系统中，工程商通常将其作为独立的录像设备使用，如同传统的磁带录像机 VCR 一样，而不会过多使用其他功能。

4.4.3　多机联网模式

随着 DVR 产品的网络功能、软件功能的增强，在一些大型项目中，DVR 可以独挑大梁，实现整体系统架构及所有功能支撑。在此情况下，系统中通常由多台网络分布的 DVR 及一台(或多台)中央服务器构成。由于系统中 DVR 较多，为完成设备统一管理、权限的灵活分配，设置全局性的中央数据库是必要的。DVR 联网模式如图 4.13 所示。

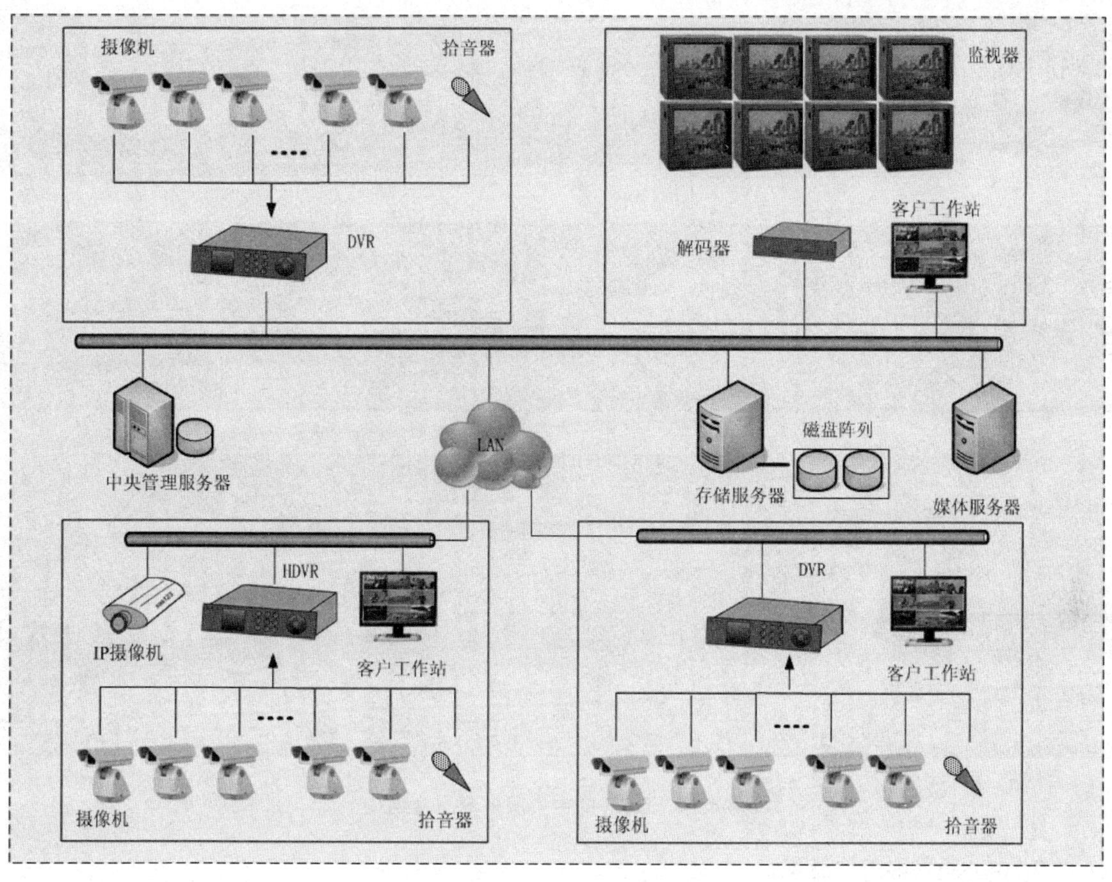

图 4.13　DVR 联网模式架构

1. 中央数据库功能

在中央(核心)服务器数据库中，通常，报表内容包括设备名称、ID、IP 地址、联动关系、日志、用户名称及权限、内部程序 ID 号等。在应用程序连接到中央服务器数据库后，客户端自动显示授权设备的资源目录树，客户端可以在目录树上进行通道选择，然后完成摄像机视频的实时浏览或 PTZ 控制等操作。系统的操作日志、故障日志、PTZ 日志、地图、设备组、联动关系等都存储在中央服务器中。中央服务器是在应用程序与底层设备(如 DVR、输入输出模块等)之间架起的一道桥梁，应用程序对系统的操作，首先经过中央服务器进行认证和定向，而中央服务器与前端设备始终保持活动通讯状态(Keep Live)。这样，一旦应用程序与前端设备及程序建立连接，则相关操作不需要中央服务器。需要注意视频流自始至终不需要经过中央服务器。

DVR 的中央服务器层次结构如图 4.14 所示。

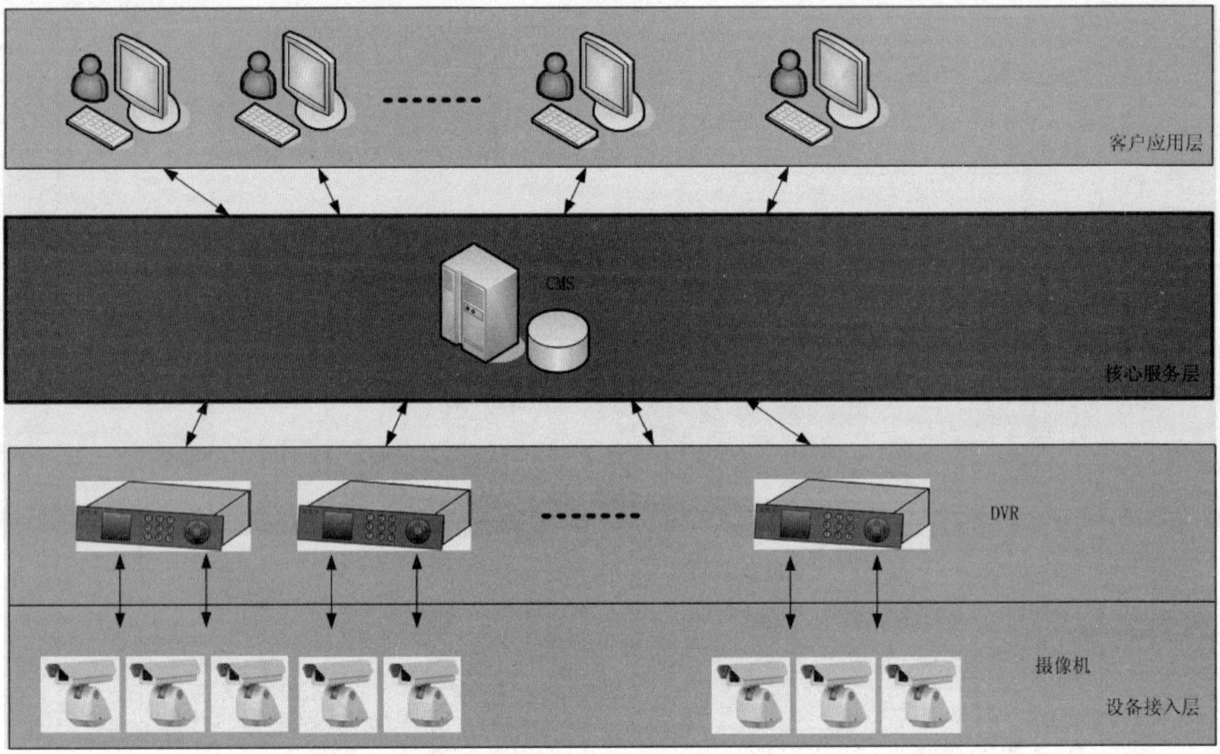

图 4.14　DVR 的中央服务器层次结构

2. 中央服务器工作流

中央服务器具有数据库表单保持、设备注册、访问管理、权限管理、网络服务及认证服务等多个功能。系统应用程序对数据库的任何修改均保存在中央数据库中；中央服务器巡检前端设备并定期自动刷新系统资源目标树列表。这样，客户程序可以基于更新的资源目录树，获得系统内 DVR 等设备的资源及状态信息，并得到访问前端设备的路由，在得到中央服务器认证和许可后，可以在目录资源树中访问任意的 DVR 资源，进而实现相应的编辑、操作、控制等功能。

DVR 的数据流结构如图 4.15 所示。

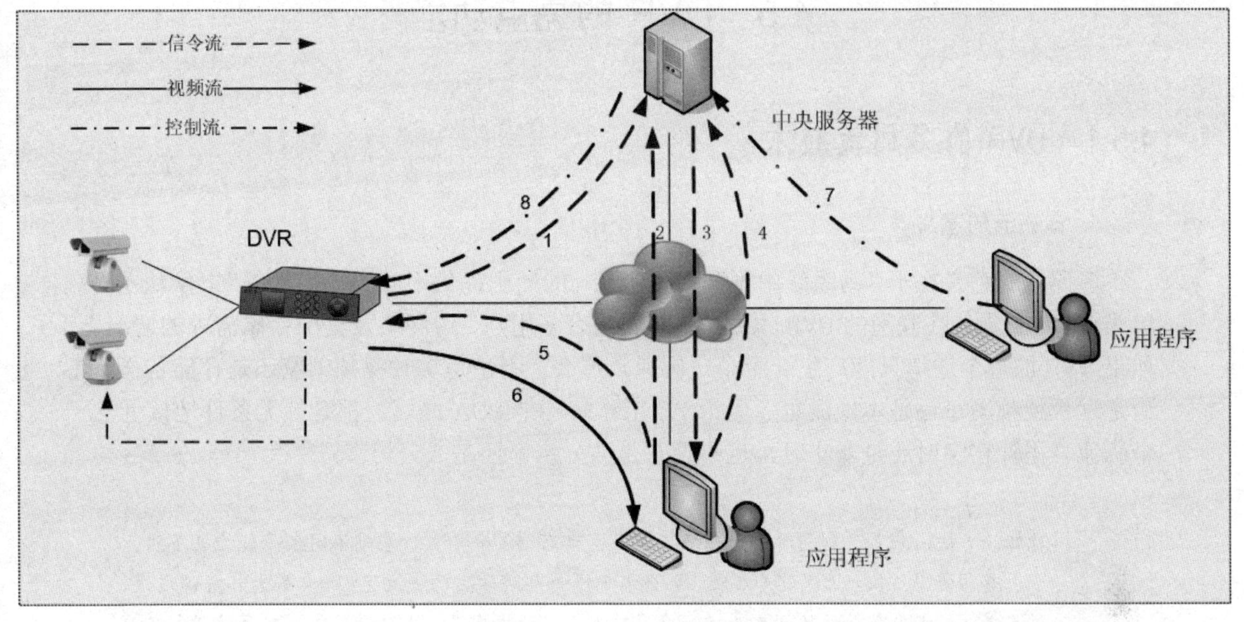

图 4.15　DVR 的数据流结构

(1) DVR 启动，刷新中央服务器设备列表。

(2) 用户请求登录到中央服务器。

(3) 服务器验证用户权限，返回设备列表。

(4) 用户请求资料，如视频调用，回放等。

(5) 应用程序与 DVR 建立连接。

(6) DVR 发送视频流给请求客户端。

(7) 如果控制 PTZ，DVR 发送控制命令给摄像机的解码器。

提示：在此结构中，中央服务器仅仅相当于公司的人事行政部门，而不是运营生产部门，即中央服务器只提供权限验证、路由定向、控制转发等命令，而负荷很大的视频流不经过中央服务器(只是提供目录资源树而已)。因此，在非常大甚至几千路的系统中，中央服务器可能只需要一台而已，其压力并不大。

4.5 DVR 的亮点功能

4.5.1 DVR 的多码流技术

1. 多码流的意义

多码流的意义在于“为系统中不同用户、不同的应用提供不同码流的视频”，解决了“众口难调”的问题。在联网的 DVR 系统中，尤其是有多用户、跨网络及集中存储需求的情况下，如果 DVR 的每个通道只能产生一个单一码流，那么，不论是实时视频浏览还是存储备份、不论是远程视频浏览还是本地浏览、无论 PC 工作站还是 PDA 终端，都必须无条件地接受这一个码流，不管它实时还是非实时，也不管它是高分辨率还是低分辨率。

比如：“快慢班”。如同对一个班级授课，全部有 50 个学生，基础不同接受能力也不同。如果老师讲课过快，讲课过于粗糙，那么水平低一些的学生无法接受；而如果老师讲课过慢、过于详细，水平高一些的学生又觉得磨磨叽叽。好的办法是，老师辛苦点，对每节课内容分两个甚至更多的档次，如快速粗略讲一次，再细节慢慢讲一次，这样，每个受众都能够接受。

同理，多码流技术将使每个视频通道支持同时生成多个视频码流，这些视频码流是独立配置的，可以分别为不同的分辨率、不同的帧速、不同的压缩比率或者不同的编码方式(H.264，MPEG-4 或者 MJPEG 等)，以满足不同的应用需求(本地 PC 浏览、PDA 浏览、大屏实时显示、远程网络浏览、存储归档等)。

多码流技术原理如图 4.16 所示。

2. 多码流的实现方式

目前多码流技术的实现方式主要有以下几种。

(1) 双编码芯片

双编码芯片是高成本的实现方式，但是效果比较好，即对同一个视频源进行两次独立编码，例如一路 4CIF 实时本地浏览，另外一路 CIF 半实时远程浏览，此方式是独立的多码流。

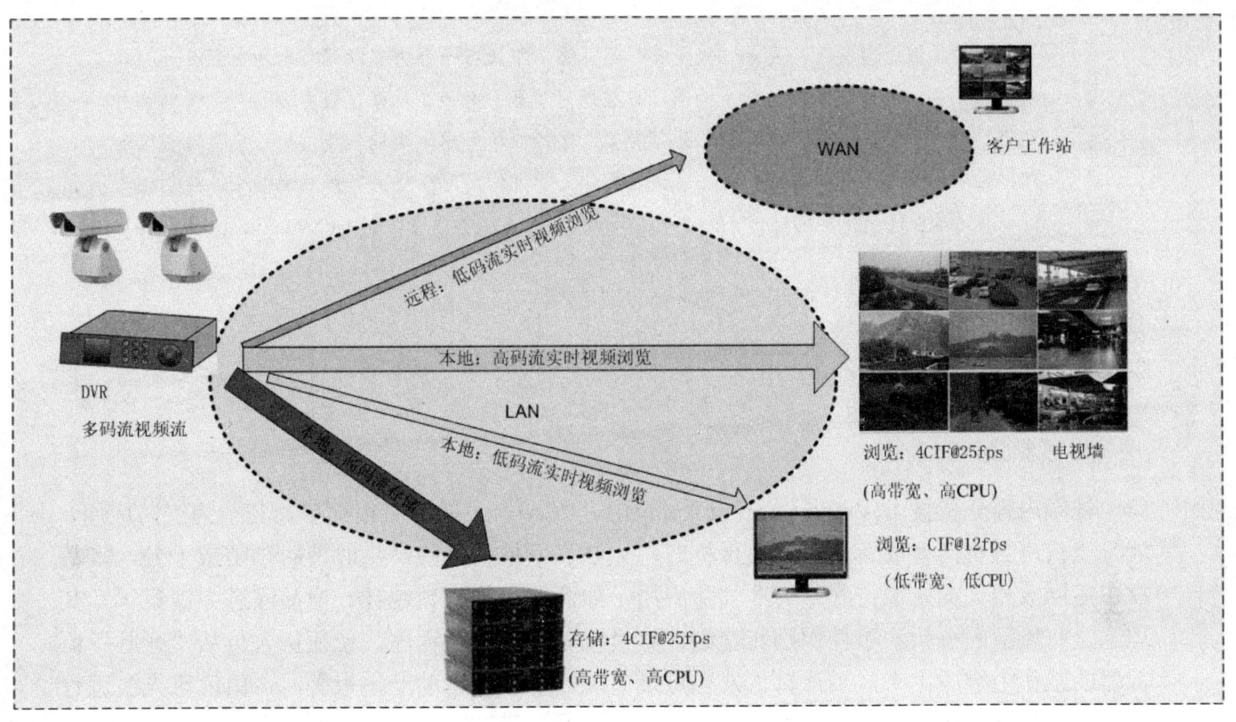

图 4.16　多码流技术原理

(2) 码流稀释方式

“码流稀释”的实现方式很简单，即 DVR 实际编码一个高分辨率的实时码流，然后通过码流稀释过程(DVR 或工作站)，稀释生成低分辨率非实时的码流。例如，芯片编码一路 4CIF 实时本地浏览，然后通过稀释，产生 4CIF 半实时或 1/4 实时的码流，此方式成本不高但灵活性差，并且，码流的选择有所限制。

(3) 高性能单芯片

单芯片具有高处理能力，能够分别编码压缩产生不同分辨率、帧率的码流。

(4) QoS 功能介绍

QoS(服务质量)主要针对实时视频，并以多码流为前提。当用户发出浏览某视频的请求后，首先 DVR 与客户工作站进行通讯，通讯过程双方对可用的网络带宽及工作站的 CPU 资源(解码能力)进行评估，根据评估值动态调整码流。

如开始发送 4CIF 实时图像，如果后来可用带宽降低或 CPU 负荷过高而导致不足够支持 4CIF 实时图像传输或解码显示，则 DVR 自动调整成发送 CIF 半实时图像给该客户端，整个过程不需要人为干预。这样的好处是系统能够自动检测并保证有视频流发送，而不是变成不可用(Not Available)。

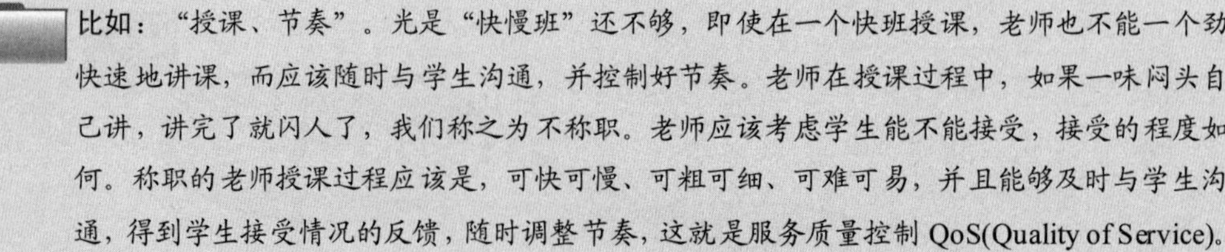
比如："授课、节奏"。光是"快慢班"还不够，即使在一个快班授课，老师也不能一个劲快速地讲课，而应该随时与学生沟通，并控制好节奏。老师在授课过程中，如果一味闷头自己讲，讲完了就闪人了，我们称之为不称职。老师应该考虑学生能不能接受，接受的程度如何。称职的老师授课过程应该是，可快可慢、可粗可细、可难可易，并且能够及时与学生沟通，得到学生接受情况的反馈，随时调整节奏，这就是服务质量控制 QoS(Quality of Service)。

4.5.2　视频分析技术应用

1. 视频分析的意义

视频内容分析技术(Video Content Analysis，VCA)产生的背景很简单，其一为安防应用，就是当值班人员面对成百上千的摄像机时，无法真正地在风险产生时及时预防或干预，多数靠事后回放相关的录像；其二为非安防应用，如商业上的人数统计、商品注意力观察等。其理念是将风险的分析和事件识别转交给计算机或者芯片算法程序，使值班人员从"死盯"监视器的工作中解脱出来，当计算机发现可疑情况的时候，自动产生报警，再由值班人员进行响应。

带 VCA 功能的视频监控系统对比传统监控系统如图 4.17 所示。

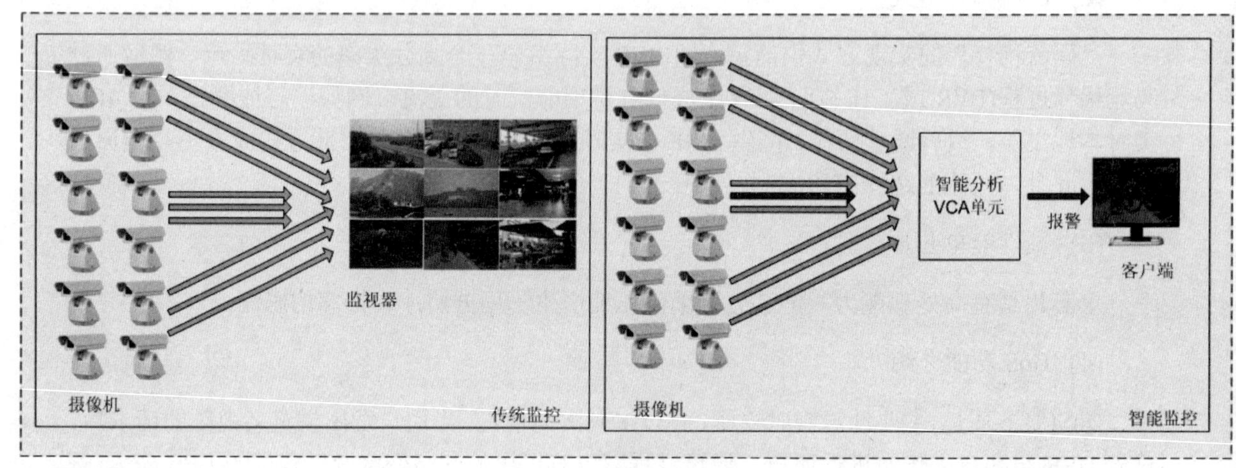

图 4.17　传统监控 vs 智能监控

2. 视频分析的实现方式

视频内容分析技术来源于计算机视觉，它能够在图像及图像描述之间建立起映射关系，从而使计算机能够通过图像处理和分析来理解画面中的内容，其实质是"自动分析和抽取视频源中的关键信息"过程。在 DVR 系统中，视频分析工作可以由 CPU 或 DSP 芯片完成，利用 A/D 后的数字图像，系统算法从中提取关键信息，并与预先设置好的"规则"进行比对，一旦符合预设的报警条件则在目标物上做标记(目标框及尾巴线)并触发报警。

4.5.3　混合 DVR 技术

1. 混合 DVR 的意义

混合 DVR(Hybrid DVR)的初衷是，市场上已经同时存在着两种不同的视频监控系统架构(DVR 和 NVR)，在彼此无法相互取代的情况下，Hybrid DVR 可在不必淘汰既有模拟设备的前提下，也能同步享用 IP 监控的好处。概念很简单，就是 DVR 支持 IP 设备如编码器或网络摄像机接入，当然也支持模拟摄像机接入。换句话说，可以通过网络捕获网络上编码器或 IP 摄像机的视频流并存储在 DVR 的硬盘空间上的这类 DVR 叫混合 DVR。

很显然，混合 DVR 的产生是为了迎合 DVR 到 NVR 的过渡问题，既然短期内两者并存，尤其对于一些改建、扩建项目，如果原来系统是 DVR，而用户想部署一定的 IP 摄像机，那么，在不改变系统架构、不需升级设备情况下，混合 DVR 是个过渡时期不错的选择。

混合 DVR 构成的视频监控系统应用如图 4.18 所示。

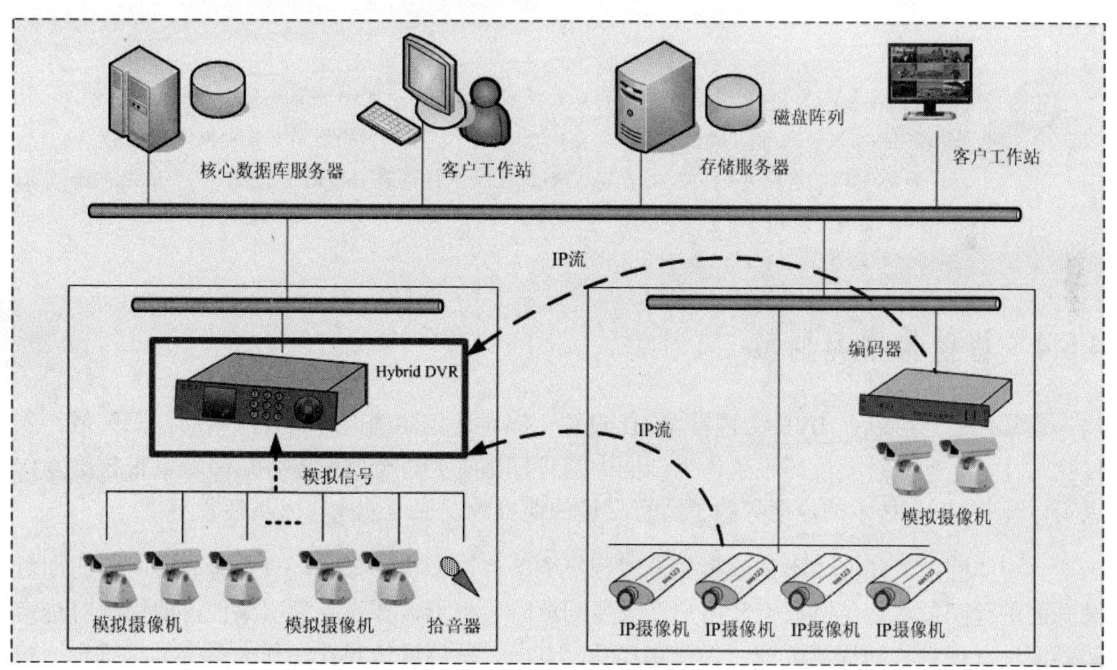

图 4.18　混合 DVR 系统应用

2. 混合 DVR 的实现方式

混合 DVR 的实质是 DVR 与 NVR 的集合体，通过混合 DVR 的本地摄像机接入，完成模拟视频的数字化、编码及存储；而 NVR 部分，主要是软件层次的，因为编码压缩工作由相应的网络摄像机或编码器完成了，所以 NVR 部分的工作就是抓取到这些 IP 视频流，并写到本地硬盘或者转发出去给客户端或解码器进行显示。

注意：对于混合 DVR 中的 NVR 部分，如果需要支持不同厂家的视频编码器或 IP 摄像机，需要相应的协议，也就是说，混合 DVR 对 IP 摄像并非是即插即用的。因此从这个角度说，PC 式的混合 DVR 具有更大的灵活性，可以更灵活、快速地集成不同厂商的 IP 编码设备。

3. 混合 DVR 的发展

混合 DVR 的产品定位在过渡应用，未来的发展方向应该是：在一个平台下，DVR 与 NVR 并存的混合模式而不是 DVR 本身的混合模式，老系统设备用 DVR，新 IP 摄像机归属 NVR，在设备分散的地方部署 NVR，集中的地方部署 DVR。这样对于集中或分散、升级或扩容、软件一致性、PTZ 控制、存储、解码、视频分析、集成等均有好处。

4. 混合 DVR 的问题

混合 DVR 的初衷，是对于一些改建扩建项目，如果原来系统是 DVR，而业主想部署一定量的 IP 摄像机，那么，在不改变系统架构、设备情况下，混合 DVR 将会是这个过渡时期的最佳选择。

注意：用户需要在原 DVR 供应商那里购买混合 DVR，这样才能新旧系统融合在一起。另外，如果混合 DVR 发生板卡、硬盘故障、需要软件升级等，那将影响到所有模拟摄像机与 IP 类产品。如果该厂商有纯粹的 NVR 产品，那么可以直接部署 NVR。而在一个系统中部署 DVR+NVR 架构，即保护了原有投资，也平滑地进行了升级。

4.5.4 智能检索与回放

通常，用户可以在 DVR 上进行 VMD 设置，即对选定的画面进行视频移动探测区域、入侵物尺寸、方向、敏感度等设置，当画面中的目标出现并符合触发条件后便触发报警给操作人员。但是 VMD 技术的原理导致了会有大量的误报警发生而使操作人员疲惫不堪。

“智能回放”功能，不需要事先设置预报警条件，无实时报警，只当有需要时，比如对某画面进行回放，智能回放可让用户在录像回放阶段根据需要设置索引条件，即用户对选定的画面进行视频移动探测区域、入侵物尺寸、方向、敏感度等设置，那么系统只将符合这些设定条件的录像视频片段呈现给用户，从而使用户在发生了事故之后不必花费很大的精力去遍历整个录像文件就可快速查找到目标视频。

VMD 技术应用如图 4.19 所示。可以通过事先设定 VMD 进行实时报警，或事后索引视频。

VMD防区

On-line VMD报警

Off-Line VMD检索

图 4.19　VMD 技术应用

比如在机房，如果想知道某时间段是否有人接触某服务器机柜，那么可以将机柜附近区域设置为探测区域，则在回放录像阶段，只有该区域发生了视频变化的视频才会显示，其他的直接跳过，从而大大提高了效率。

比如：“谁动了我的石头”。在电影“疯狂的石头”中，安防经理“包头”为了查出有谁动过那个“石头”，他和助手的眼睛直勾勾盯着 VCR 的回放录像，一帧一帧地查找，生怕漏过相关视频，效率非常的低下。如果有智能回放检索功能，只需要将“石头”区域设置成入侵探测区域，以此为条件索引就可以快速索引出“谁动了我的石头”的相关视频，这就是数字视频监控相对于 VCR 产品的优势，可以实现快速、高效、智能的检索。

4.5.5　场景重组技术

场景重组的意义在于：快速对发生报警的场景进行录像回放并同步显示相关实时视频，以方便操作人员快速了解现场情况。

比如，机场的周界有人越过围栏进入停机坪，并迅速跑向飞机 A380，某智能分析摄像机在该入侵者越过时便触发了报警，但是通常情况下，当值班人员打开该视频时，入侵者可能早已跑出了监控画面、不知去向，操作人员需要手动回放视频来查明情况，效率比较低下。而通过场景重组功能，操作人员可以直接点击视频分析触发的报警信息，然后该摄像机的实时视频及报警触发时的回放视频同时显示在窗口中，这样，极大地方便了事件的紧急处理。场景重组提供了视频搜索策略的新手段，实质是系统对事件进行自动索引的智能化功能，提供了一个易于搜索的强大的数据库，从而提高了安保人员的工作效率。具体优势如下：

- 快速的反应时间。
- 安保操作员只需要注意相关信息从而更加有效。
- 较少的报警信息能够更好地做出判断。
- 强大的数据检索和分析功能，能提供快速的反应时间和调查时间。

DVR 的视频场景重组技术如图 4.20 所示。

图 4.20　DVR 场景重组技术

4.5.6　视频加密技术

DVR 的产生使视频监控系统从封闭走向开放化、数字化、网络化。数字视频的网络化使得视频文件可能受到网络黑客的攻击，他们可能试图劫持数据流，并进行修改，然后发送给视频显示端或存储设备，企图蒙混过关。由于此问题存在，使得数字视频录像资料能否作为法律直接证据而存在争议。

目前，数字视频文件有两类，一类是基于标准的操作系统(如 Windows)的文件格式，此方式很容易从计算机底层进入系统而修改或获取数据；另外一类是厂家自行开发的私有文件格式，此方式下进行恶意修改破坏有一定难度。

为防止及识别视频资料遭到篡改，可以在视频序列中的视频数据之外，添加部分额外数据(水印标签)，两者组合起来作为整个视频文件的一部分，而不同视频帧之间的“标签”具有加密的相关性，这样，当试图进入视频数据并进行修改时，这部分添加的数据会受到破坏。这样，系统将会识别到数据遭到破坏而产生报警。

4.6　DVR 产品选型

如前所述，PC 式 DVR 或嵌入式 DVR 是不同的产品形态，但是其功能是一样的，用来完成视频的数字化及存储，并能够联网构成大型系统，进行集中管理与应用。

通常，用户在选择 DVR 产品时，首先需要参考的就是 DVR 厂商提供的设备参数表(Specifications)。各个厂商会提供非常完整的、全面的参数列表，其中包括编码芯片类型、视频输入输出数量、音频接口数量及类型、报警接口数量及类型、存储接口、硬盘容量、网络接口等硬性指标，还有如操作系统、压缩算法、帧率、分辨率、码流、网络协议、软件功能等软性参数，通过参数表基本可以了解该 DVR 产品的功能和档次。

注意：对于 DVR 厂商的开放的设备参数(Specifications)，我们能够了解的是一些基本信息，但可能还不够，我们还需要厂商提供一些隐性的参数，包括并发用户数的支持、支持的存储扩展方式、可以提供的开发包的类型与功能支持、产品的兼容性、编码算法细节等。

DVR 的选型通常需要考虑如下的因素。

1. 系统稳定性

系统的稳定性是 DVR 设备选型的重点考虑因素，试想一下 DVR 产品目前应用的场合，多数是分散的、跨区域的场所，如铁路的各个站点机房、电力系统供配电机房、油田机房、总部/公司的机房、派出所机房等，这些分散的设备部署为系统的维护带来了巨大的困难，而 DVR 系统需要 24 小时连续运行，那么系统的稳定性将是重中之重。

提示：通常，用户在选择产品时，需要考察 DVR 的 MTBF(平均无故障运行时间)，并了解最低值。MTBF 符合“木桶原理”，它是整个 DVR 产品所有部件的短板环节来决定的，因此，操作系统、磁盘、软件程序、电源、板卡等综合环节决定了 DVR 的 MTBF 值，而不单单是一个部件的高性能。

2. 图像的清晰度

这是 DVR 使用者最关心的问题，因为清晰度是最直接的观感参数，从人的视觉感官角度，任何人都希望自己能看到“越清晰越好”的图像。但是实际应用中，当综合考虑到设备成本、带宽、存储等综合成本因素时，我们有必要选择合理的清晰度(分辨率)。实质上，对于 DVR 的清晰度，主要是考核 DVR 的芯片处理能力和算法上。能否支持高清晰度编码及在同等码流下能达到何种清晰度是 DVR 的考核要素。通常，能否在较低码流下达到较高清晰度和图像综合质量，是考核算法是否先进的重要方面。

3. 编码压缩算法

编码压缩算法很复杂，复杂到我们没有必要对其过于深入地研究，就像一个汽车引擎一样，烧的是汽油，输出的是动力。对于编码器件，给它一定的码流，希望它输出一个满意的图像质量。因此，考核编码算法时，我们可以把编码器件看做一个“黑盒子”，我们关注外在效果，即设定一定码流后，考察图像的清晰度、实时性、马赛克效应、平滑性等，目前来讲，MPEG-4 编码方式是主流，而 H.264 标准代表的是未来，而 H.264 之后，还会有更先进的算法：它会具有更好的网络适应性、更低的码流需求，更好的图像表现等更多优点。

提示：MPEG-4 编码算法比 MPEG-2 算法复杂两倍以上。而 H.264 算法比 MPEG-4 算法复杂两倍以上。算法的复杂，换来的是低码流下的高质量图像。理论上讲，编码算法并不难，难的是做好算法，即在有限的芯片处理能力下，实现好的编码压缩效果。

4. 网络功能

目前，对 DVR 的需求已经绝非简单的数字化及存储功能就足够了，DVR 的网络功能得到越来越多的需求。网络功能的强大使 DVR 在无人机房、电站、铁路、公路应用中担当重任。DVR 的网络功能绝不是简单配置一个网络接口，实现远程配置、访问、升级而已，而是需要与平台软件配合，以网络为架构形成真正网络化系统，视频的远程调用、联网报警、网络回放、集中存储等都需要通过网络功能完成。因此，我们不仅要看产品是否提供了以太网网络接口，还要看是否提供配套的集中监控管理系统软件及相关功能支持。

5. 存储和备份

早期的 DVR 产品自成系统，通常仅仅考虑一台 DVR 能够安装几块硬盘，后来，可以通过扩展接口扩展本地化的硬盘，但是仅仅如此还不够，DVR 通常需要将全部或部分视频资料进行集中备份存储，将有价值的数据进行归档存储。因此，网络集中备份存储对于管理、成本考虑都是重要因素。

工程商在选购时应该重视 DVR 产品的存储和备份性能，对存储方式的支持，如 DAS、NAS、SAN 的架构支持，并考虑存储归档的灵活性，如是否具备按时间段归档、报警自动归档、全部视频归档等多种模式。

6. 图像检索功能

在大型系统应用中，通常通道数量海量、存储时间要求非常长、那么得到的录像资料也是海量的。如何快速地对视频进行检索是对 DVR 的重要考核指标。通常，可以按时间索引、按照报警索引、按标签索引、通过智能回放检索、或结合人脸识别功能检索等。

7. 报警联动

DVR 一定要具备报警和联动接口，一旦报警信息传送到 DVR，通过事先编程的函数关系，可实现相应的联动动作。在报警开启录像模式下，系统要能够对收到报警信号前的一段时间的视频数据也要进行保留，便于日后取证时的全过程分析。也有的 DVR 产品支持短信报警，其原理是当监控设备监控到异常的情况时，立即激活短信功能发送实时报警信息到预先设定的手机，使用户可以及时地对异常状况进行处理。

8. 操作便利性

对于嵌入式 DVR，通常可通过操作面板来实现主要操作功能，如同身边的 DVD 播放机一样：

- 一是要注意 DVR 设备前面板上的按键设计和布局是否清晰合理；
- 二要看软件菜单是否直观友好，是否方便用户的设定和浏览；
- 三要看嵌入式 DVR 是否支持鼠标、遥控等多种操作方式。

而 PC 式 DVR 通常具有良好的人机界面 GUI，操作起来比较方便。

4.7 DVR 的常见故障

4.7.1 PC 式 DVR 的常见故障

PC 式 DVR 通常采用与计算机类似的操作系统(Windows)，同时安装一个或多个视频采集卡、多块硬盘。由于需要长时间运行，因此，PC 式 DVR 的常见故障环节比较多。

- 板卡松动：由于 PC 式 DVR 具有多块板卡、底板、CPU 板卡及视频采集卡，因此经过运输及安装过程，很可能某个环节松动导致无法启动或启动后报错。
- 硬盘故障：硬盘故障会导致系统死机、无法启动或报错，由于长时间不间断地运行，导致硬盘出现故障的概率比较高。
- 板卡损坏：包括主板、CPU 板及视频采集卡的芯片、器件故障。
- 操作系统：操作系统长期运行后出错，一般通过重启可以恢复正常。
- 软件：录像软件长期运行后出错，通常通过重启后可以恢复。
- 病毒：病毒侵入导致系统报错甚至死机。
- 环境因素：由于 DVR 在有限空间里集成了视频采集板卡、硬盘等大量散热设备，一旦机房空调运行不佳，环境温度快速上升，很容易导致系统死机。

4.7.2 嵌入式 DVR 的常见故障

嵌入式 DVR 的常见故障如下。

- 硬盘故障：硬盘损坏、分区不正确等问题都会导致系统死机、反复重启等问题，由于长时间运行，硬盘出现故障的概率比较高。

- 主板故障：将导致图形显示不正常、无画面、高亮、黑屏、无分割等现象。
- 数据线问题：导致系统反应缓慢、硬盘无法格式化、视频显示异常等。
- PTZ 不可控：连线及参数设定不正确，或者 RS485 接口故障。
- 提示网页错误或无法登录：插件安装问题，或者 IP 地址设定，用户名问题。
- 打开通道受限制：并发访问用户数超过限制。
- 预览视频比较慢：解码客户端电脑的 CPU 占用率过高。

注意：通常 PC 式 DVR 故障点确定后，可以采用标准的设备如电源、CPU、风扇、硬盘等及时地进行更换，而嵌入式 DVR 硬件集成专用主板、网络接口、RS485 接口等，通常需要返回厂家进行板卡级维修。

4.8 DVR 应用案例

4.8.1 DVR 带宽设计

在数字及网络视频监控系统中，在考虑带宽时，首先需要知道带宽的使用者的路径，带宽好比公路，而视频流好比车辆，脱离了车辆行驶路径去讨论带宽没有任何意义。在 DVR 系统中，主要的带宽需求是视频的远程实时浏览、录像回放及集中归档存储。图 4.21 是 DVR 应用案例示意图，其中包括了主要视频流的构成。

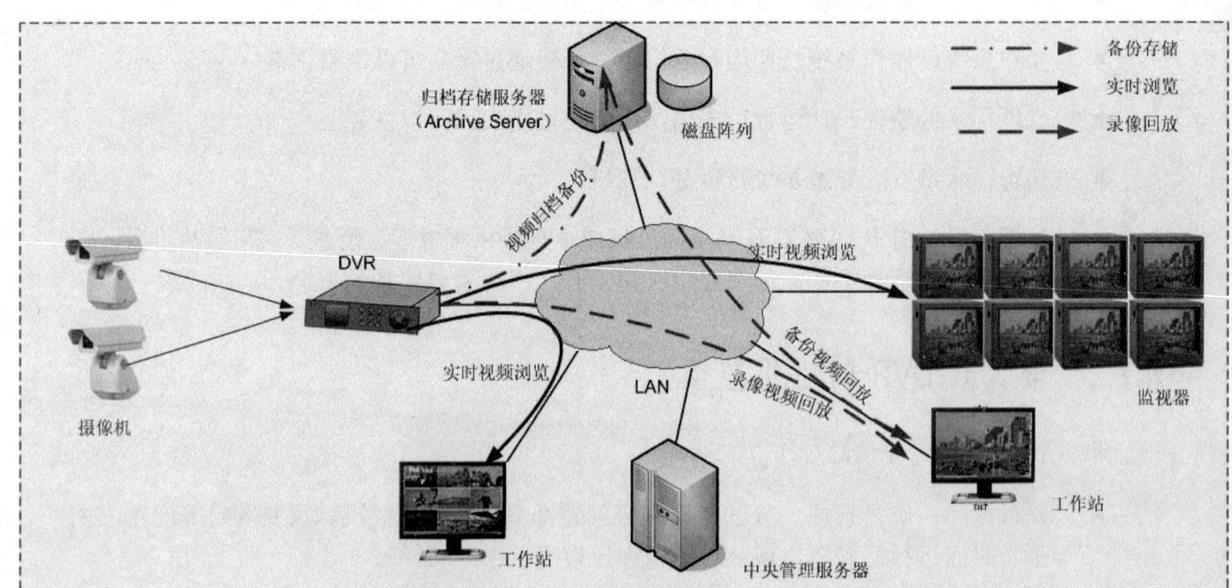

图 4.21 DVR 应用主要视频流的构成

1. 实时浏览视频流

对于实时视频流，工作站调用某个通道视频时，DVR 的 CPU 直接将内存中的视频流通过 PCI 总线及网卡发送到客户端，工作站调用的视频流类型不同，码流会有所不同，需要考虑的是分辨率及帧率，4CIF 分辨率下实时视频码流大小可以按照均值 1.5Mbps 考虑，而 DVR 到客户端之间的总带宽需求主要取决于每个通道码流的大小及总的浏览通道数量。

假如工作站同时浏览一个 DVR 上的 4 个通道，那么按照先前的假设，该路径需要的带宽是 1.5Mbps×4=6Mbps(本讨论中假定 DVR 没开组播功能，否则是另外一回事了)。

2. 实时存储视频流

DVR 的另外一个功能是存储视频，并响应客户端的视频回放命令，此功能主要体现在 DVR 及磁盘(阵列)带宽。典型的磁盘(阵列)可以提供 40MB/s 的带宽，一个标准的 MPEG-4 视频流带宽为 1.5Mbps，因此磁盘不是瓶颈，但是 DVR 的存储机制、内存、CPU 性能等因素，都会对 DVR 总共支持的通道数有所影响。尤其当系统中有大量的并发用户时，磁盘的输出能力是系统的主要瓶颈。

注意：当 DVR 与网络存储系统(NAS 或 IPSAN)配合使用时，实时视频存储需要占用网络带宽资源。

3. 归档备份视频流

在系统中部署了归档存储服务器(Archive Server)时，DVR 将定期地把自身硬盘中的视频资料通过网络发送到“归档存储服务器”，以实现视频的长期备份。例如 DVR 自身硬盘可以存储 3 天视频，而“归档存储服务器”可以保持 7 天重要的视频。从 DVR 到归档服务器的视频备份需要占用网络带宽资源，带宽需求是所有归档通道的码流之和。

4. DVR 的负载(Burden)

综上所述，在 DVR 系统中，主要的视频流流向包括——从 DVR 内部总线到存储设备的存储视频流(Recording)，从 DVR 到客户端的实时视频流(Live Video)，从 DVR 到客户端的录像回放视频流(Playback)，从 DVR 到 Archive Server 的备份视频流(未必实时)(Archive Video)，从 Archive Server 到客户端的录像回放视频流(Playback)。

其中，对于 DVR 本身：

- 视频存储流(Recording)——体现的是数据写到硬盘的限制。
- 录像及回放流(Recording & Playback)——体现的是硬盘的读写限制。
- 实时浏览与回放流(Live & Playback)——体现的是网络带宽限制。

由此可见，系统的总资源，包括 DVR、硬盘及带宽资源，是互相牵制、共享资源的，这样的好处是系统可以最大地利用总资源。

4.8.2 DVR 存储设计

在视频监控系统中，磁盘存储空间需求的计算公式是：

存储空间=通道数×码流×保存日期

如 20 个通道，每个通道码流为 3Mbps，计划保存录像 30 天。

则按照公式：

空间需求(T)=20CH×3Mbps(码流)×3600s(小时换算成秒)

×24(每天 24 小时)×30(天)/8(bit 换算成 Byte)

/1000 (M 换算成 G)/ 1000 (G 换算成 T)=19T

注意：磁盘空间的计算是粗略的、不可能非常精确，因为每个摄像机的场景是随时变化的，因而码流也是动态的，因此可能存在一定偏差。为了尽量对视频存储空间设计精确，最好的办法是搭建一个测试环境并模拟现场情况进行测试。

节省硬盘空间的方法如下。

- 时间表录像：每天按照时间表自动启动或停止录像。
- VMD 触发录像：系统按照 VMD 情况自动启动或停止录像。
- 报警触发录像：系统按照报警(干接点、其他系统)自动启动或停止录像。

4.9 DVR 设置与操作

如图 4.22 所示案例参考，系统包括前端摄像机、DVR，DVR 分布于不同地点，通过网络构成整个视频监控系统，在远端控制中心，安装“4000”视频管理软件，实现对所有视频资源的统一管理和应用，控制中心亦可安装解码设备实现解码上墙显示。

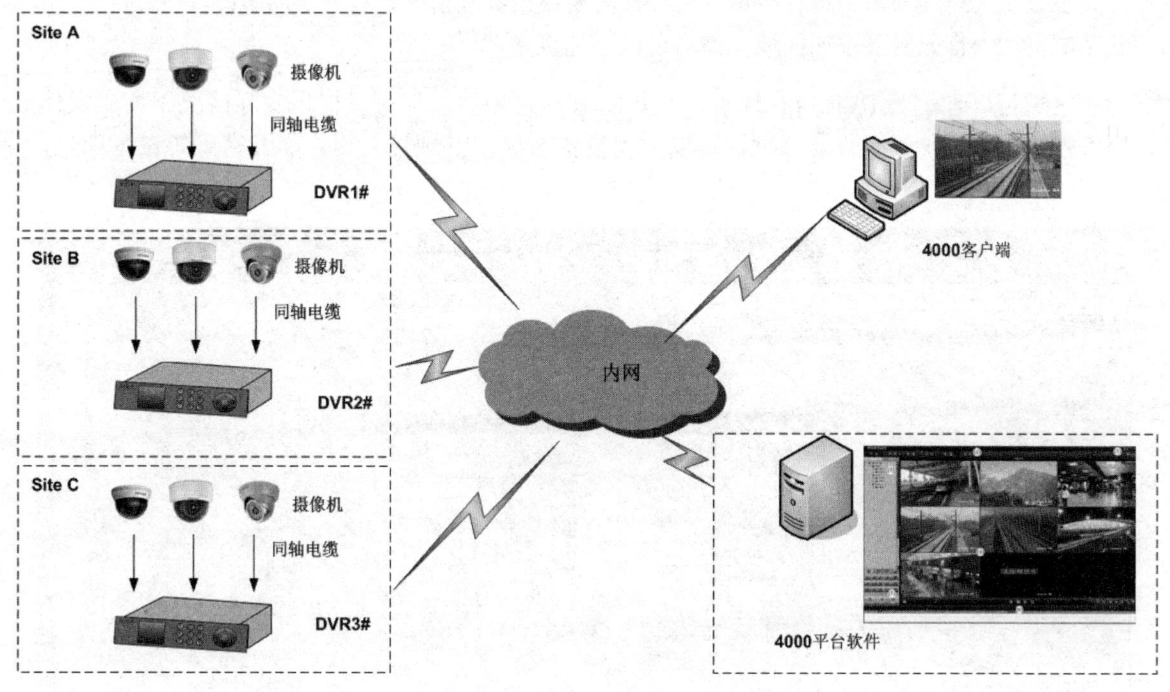

图 4.22　DVR 简单联网应用

本节以此简单应用为例对 DVR 构成的简单系统应用进行说明。4000 软件可以实现集中管理功能，包括系统配置、电子地图、视频预览、视频回放、日志管理等各种功能。

4.9.1　DVR 的系统设置

DVR 的系统设置需要在系统硬件连接完成后，如硬盘连接并识别正常、摄像机通道、PTZ 控制线缆、串口、监视器、网络接口等连接正常后，才进入系统设置过程。总体讲，系统设置是系统应用的前提，好的系统设置可以让系统发挥最大的效能，节省资源，提高效率。

1. 系统设置

系统设置包括对 DVR 的网络参数、录像文件参数、存储路径、轮询时间、串口通讯参数、PTZ 控制协议等进行总体性的设定，是针对整个 DVR 的“高层次”设定。

2. 通道设置

通道设置主要是针对各个具体通道进行的设定，包括通道的名称、通道的 OSD、通道的录像方式(全部、报警录像)，录像参数(帧率、分辨率等)，通道的图像参数(色度、亮度、对比度、饱和度等)，通道的动态侦测设定(区域、灵敏度等)。

参数配置是任何系统进行应用的前提，需要根据实际情况，对分散的 DVR 设备进行“组装及配置”。首先需要添加区域，然后可以添加设备。

区域可以理解为 DVR 所在地点，设备即 DVR，当然，也可以根据实际情况添加流媒体服务器。在“添加设备”对话框，可以输入设备名称、IP 地址、用户名及密码等设备信息，如图 4.23 所示。

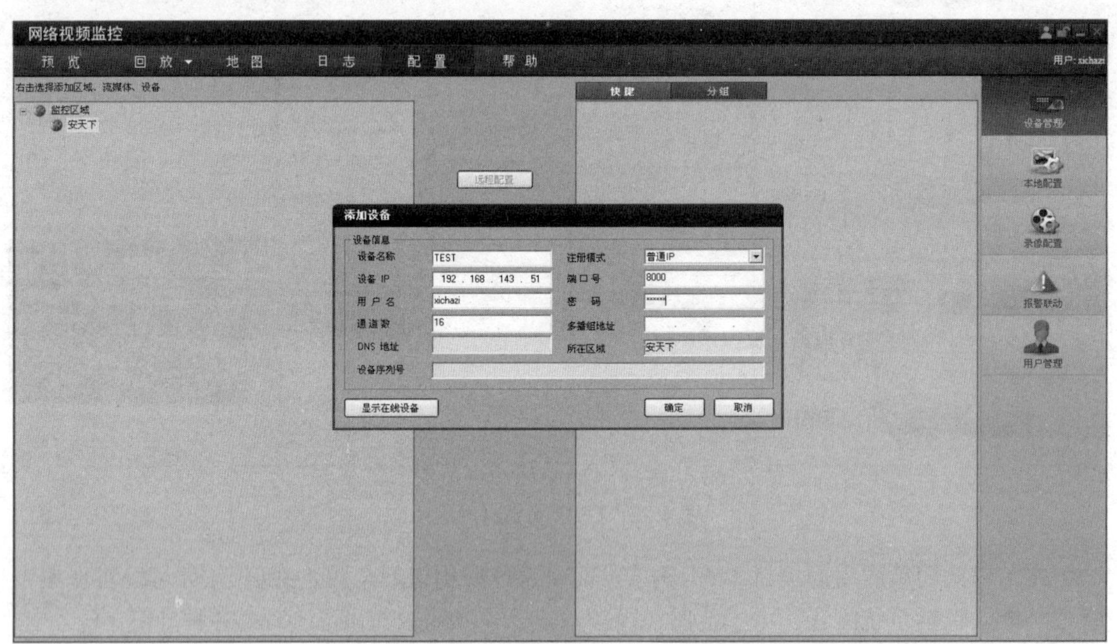

图 4.23　DVR 配置——添加设备

选择 DVR，可以对 DVR 进行“远程配置”，远程配置的参数包括：设备参数、显示参数、网络参数、报警管理、硬盘管理等内容。可以理解为通过 4000 软件对远端的 DVR 进行参数配置以使其能够按计划工作的过程。

其中关键及必须的参数配置包括：视频帧率、分辨率、码流控制、录像计划等，如图 4.24 所示。

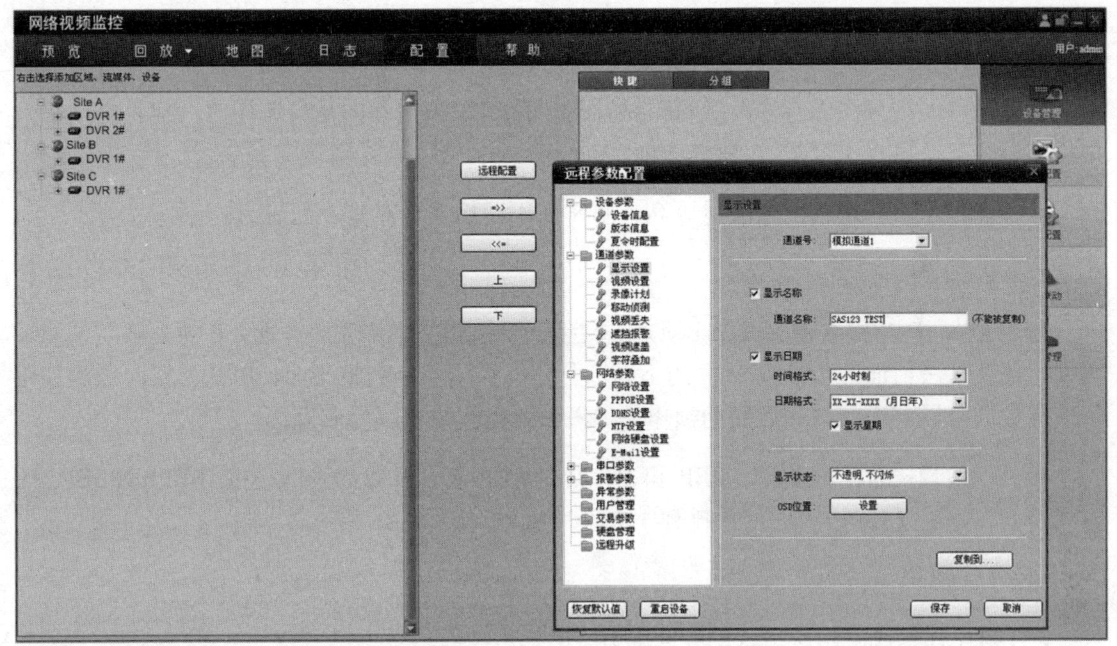

图 4.24　DVR 配置——参数设定

- 码流类别

双码流，即“主码流”和“子码流”，通常主码流主要用于录像，子码流主要用于网络传输。在设置完“主码流”下的各项参数后，还需设置“子码流”下的各项参数。

- 码流类别

有“复合流”和“视频流”两个选项，其中“复合流”包括音频数据，“视频流”没有音频数据，这个需要根据实际情况选择。

- 分辨率

分为 QCIF、CIF、2CIF、4CIF 和 DCIF，其中 4CIF 也可称为“D1”。

- 位率类型

分为“变码率”和“定码率”，“变码率”设置下的静止画面所需要的码流相对较小，动态画面则相应自动加大码流，以使画面的清晰度不至于下降严重；“定码率”则是对任何画面都采用固定的码流，这样会导致动态画面情况下的清晰度有所下降。

- 位率上限

指编码的码流大小的“最大极限值”，有“32Kbps”到“2048Kbps”范围可供选择。位率上限的选择要与分辨率相匹配，通常我们使用的 DVR 一般用 CIF 或 4CIF(D1)这两种分辨率，通常对应 CIF 的位率上限最高设置是 512Kbps，4CIF(D1)对应于 2Mbps。

- 视频帧率

表示每秒的视频图像有多少帧，正常情况下每秒 25 帧的画面是最流畅的，也叫“全帧率”，根据实际情况，可选 12 帧、6 帧等选项。

- 图像质量：通常图像质量分高、中、低不同档次，对应不同码流。

- 帧类型

包括 I 帧、P 帧和 B 帧。其中 I 帧为关键帧，一帧就是一幅完整画面，P 帧为帧间预测编码帧，需要参考前面的 I 帧或 P 帧的不同部分才能组成一幅完整画面，B 帧为双向预测编码帧，需要同时以前面的帧和后面的帧作为参考帧才能组成一幅完整画面。

帧类型参数：有两种选择，BBP 和 P，其中 BBP 表示视频的画面是按 IBBPBBPBBP...的方式排列，P 是按 IPP……的方式排列。

- I 帧间隔

即 I 帧在视频流中两次出现的帧间隔数。

3. 报警设置

报警设置主要针对 DVR 的报警节点输入、移动侦测输入等进行参数设定，如报警名称、电气参数、时间表等，并对报警输入与输出、录像进行联动设定。

4. 用户管理

用户管理主要功能为添加用户、设置用户密码、设置用户权限等。

5. 系统录像

对所选择的通道进行录像设定，可以分别设定时间表、录像参数等。

6. 地图应用

可以添加地图，然后在地图上添加摄像机或者关联地图，这样，可以在地图上直观地直接点击摄像机图标即可显示相应的实时视频，便于操作者浏览实时视频。如图 4.25 所示。

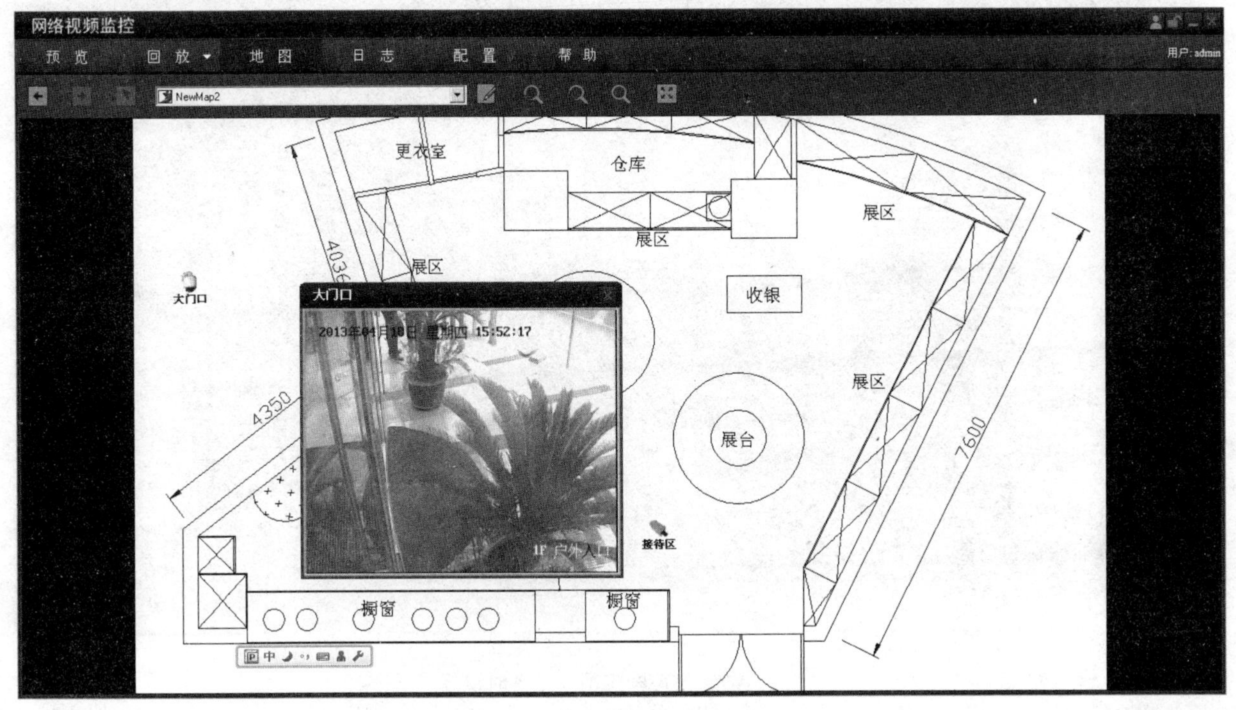

图 4.25　DVR 应用——添加地图

4.9.2 DVR 的应用操作

(1) 实时浏览：可以选定通道进行实时视频显示并进行 PTZ 操作动作。如图 4.26 所示。

(2) 录像检索：可以检索系统以往的图像记录。检索分为普通录像检索、移动侦测录像检索、报警录像检索、抓拍图片检索等。

(3) 录像回放：可以进行录像回放，执行暂停、快进、快退、单帧、连续等各种操作。如图 4.27 所示。

图 4.26　DVR 应用——实时视频

图 4.27　DVR 应用——录像回放

(4) 日志管理：可根据操作员、日志时间、日志类型检索该操作员所做的系统操作；可根据报警输入点、日志时间检索该报警点的报警日志。如图 4.28 所示。

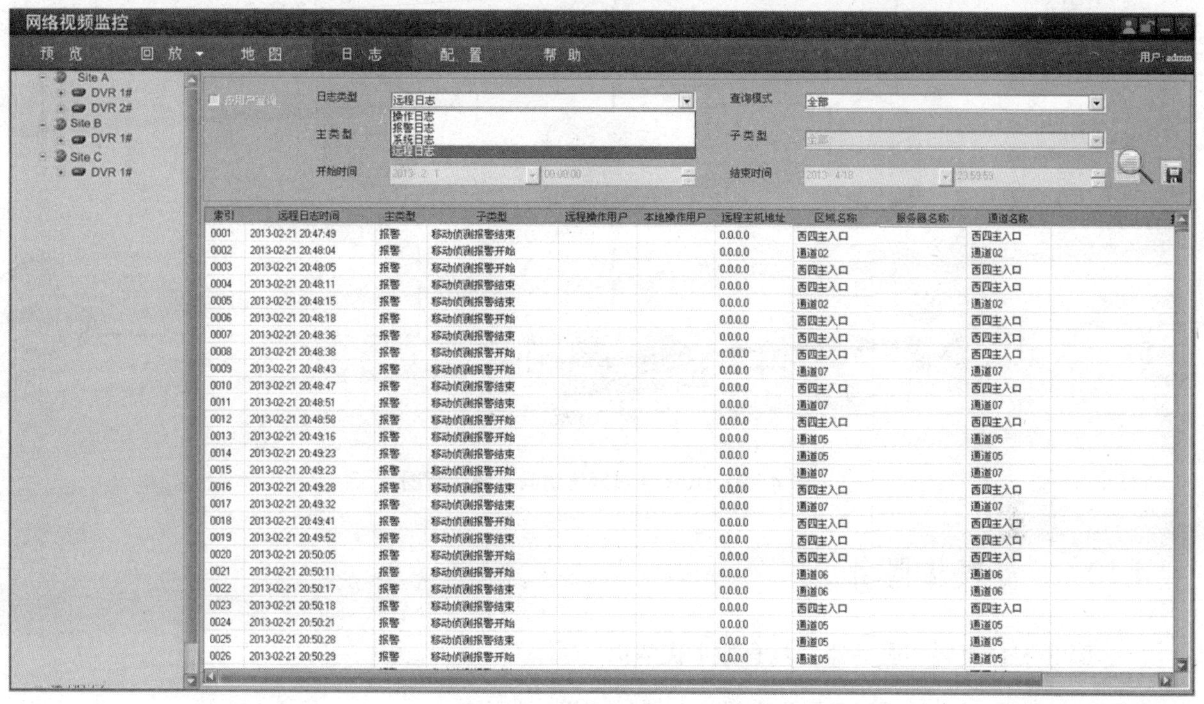

索引	远程日志时间	主类型	子类型	远程操作用户	本地操作用户	远程主机地址	区域名称	服务器名称	通道名称
0001	2013-02-21 20:47:49	报警	移动侦测报警结束			0.0.0.0	西四主入口		西四主入口
0002	2013-02-21 20:48:04	报警	移动侦测报警开始			0.0.0.0	通道02		通道02
0003	2013-02-21 20:48:05	报警	移动侦测报警开始			0.0.0.0	西四主入口		西四主入口
0004	2013-02-21 20:48:11	报警	移动侦测报警结束			0.0.0.0	西四主入口		西四主入口
0005	2013-02-21 20:48:15	报警	移动侦测报警结束			0.0.0.0	通道02		通道02
0006	2013-02-21 20:48:18	报警	移动侦测报警开始			0.0.0.0	西四主入口		西四主入口
0007	2013-02-21 20:48:36	报警	移动侦测报警结束			0.0.0.0	西四主入口		西四主入口
0008	2013-02-21 20:48:38	报警	移动侦测报警开始			0.0.0.0	西四主入口		西四主入口
0009	2013-02-21 20:48:43	报警	移动侦测报警开始			0.0.0.0	通道07		通道07
0010	2013-02-21 20:48:47	报警	移动侦测报警结束			0.0.0.0	西四主入口		西四主入口
0011	2013-02-21 20:48:51	报警	移动侦测报警结束			0.0.0.0	通道07		通道07
0012	2013-02-21 20:48:58	报警	移动侦测报警开始			0.0.0.0	西四主入口		西四主入口
0013	2013-02-21 20:49:16	报警	移动侦测报警开始			0.0.0.0	通道05		通道05
0014	2013-02-21 20:49:23	报警	移动侦测报警结束			0.0.0.0	通道05		通道05
0015	2013-02-21 20:49:23	报警	移动侦测报警开始			0.0.0.0	通道07		通道07
0016	2013-02-21 20:49:28	报警	移动侦测报警结束			0.0.0.0	西四主入口		西四主入口
0017	2013-02-21 20:49:32	报警	移动侦测报警结束			0.0.0.0	通道07		通道07
0018	2013-02-21 20:49:41	报警	移动侦测报警开始			0.0.0.0	西四主入口		西四主入口
0019	2013-02-21 20:49:52	报警	移动侦测报警结束			0.0.0.0	西四主入口		西四主入口
0020	2013-02-21 20:50:05	报警	移动侦测报警开始			0.0.0.0	西四主入口		西四主入口
0021	2013-02-21 20:50:11	报警	移动侦测报警开始			0.0.0.0	通道06		通道06
0022	2013-02-21 20:50:17	报警	移动侦测报警结束			0.0.0.0	通道06		通道06
0023	2013-02-21 20:50:18	报警	移动侦测报警结束			0.0.0.0	西四主入口		西四主入口
0024	2013-02-21 20:50:21	报警	移动侦测报警开始			0.0.0.0	通道05		通道05
0025	2013-02-21 20:50:28	报警	移动侦测报警结束			0.0.0.0	通道05		通道05
0026	2013-02-21 20:50:29	报警	移动侦测报警开始			0.0.0.0	通道05		通道05

图 4.28　DVR 应用——日志应用

4.10　DVR 的远程访问

DVR 属于网络化视频监控设备，多台 DVR 通过网络连接，可以构成强大的网络视频监控系统。远程客户端可以通过网络（专网或者公网），对视频资源（实时及录像）进行访问。远程客户端可以基于 C/S 或者 B/S 架构，在采用 C/S 架构且远程用户较多时，可以在远端客户端部署流媒体服务器以减轻网络压力。基于公网访问通常需要端口映射及域名绑定。

示意图如图 4.29 所示。

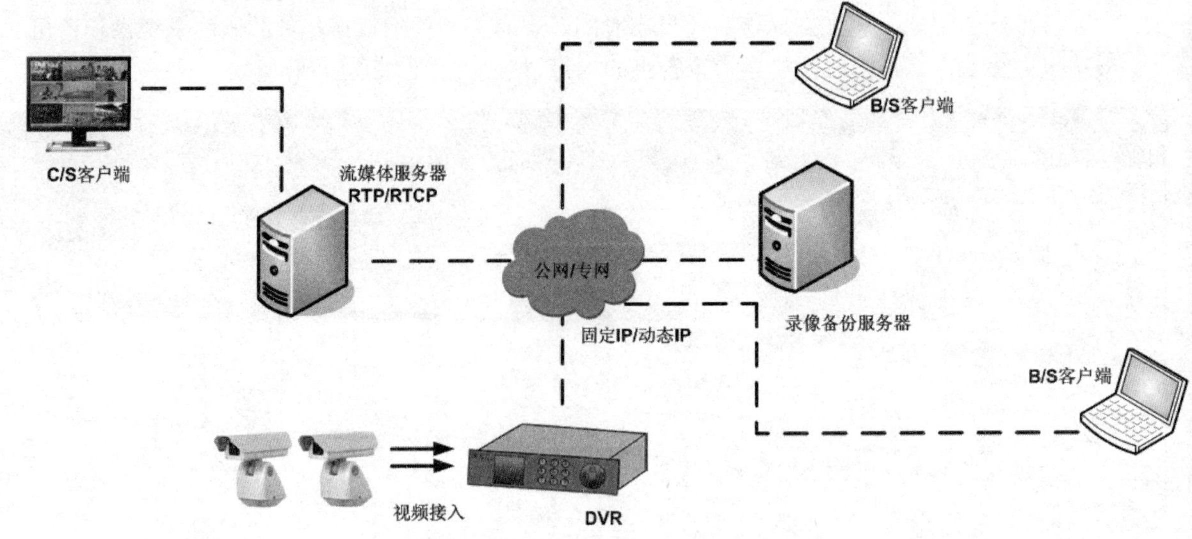

图 4.29　DVR 通过网络访问系统示意图

4.10.1　流媒体服务

DVR 配合流媒体服务器，具有如下优势：

- 节省广域网（或局域网主通道）带宽资源；
- 增加可支持的并发访问实时流的用户数量。

通过流媒体服务器并发访问支持的最大客户数主要取决于网络带宽及服务器资源情况。

示意图如图 4.30 所示。

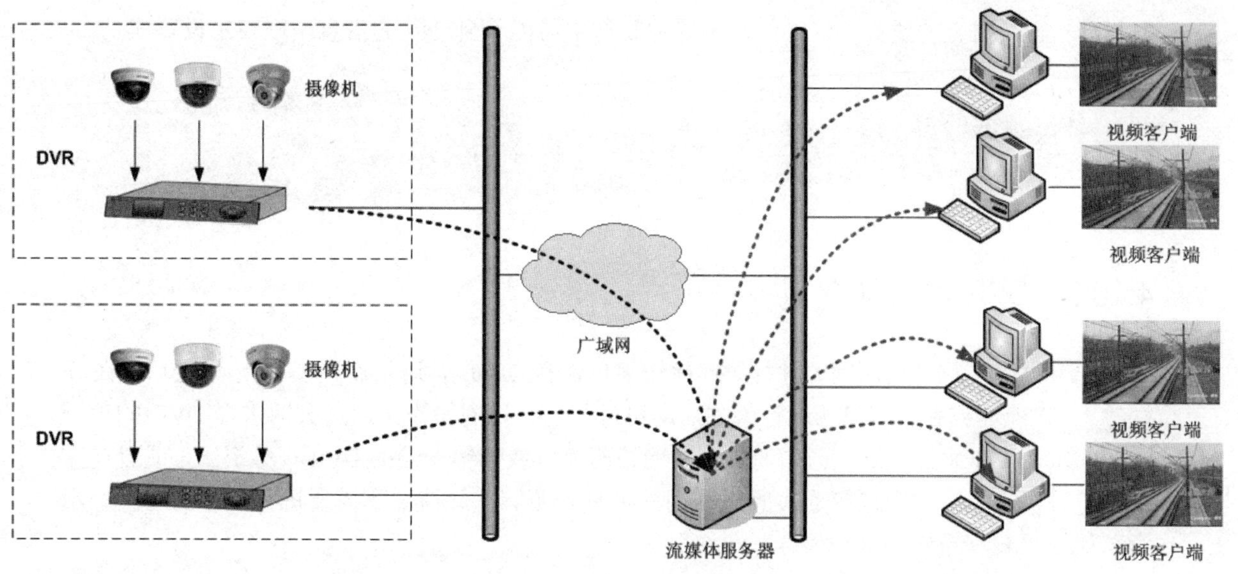

图 4.30　DVR 配合流媒体服务器应用系统示意图

流媒体服务器的设置步骤大致如下：

(1) 在某台服务器上运行流媒体服务器软件；

(2) 进行流媒体转发的连接用户数、视频数和端口的相关设置；

(3) 进行客户端电脑配置，在客户端“设备管理”里面添加流媒体服务器，其中的 IP 为运行流媒体服务器软件的服务器 IP，端口号与修改的端口需保持对应，如图 4.31 所示。

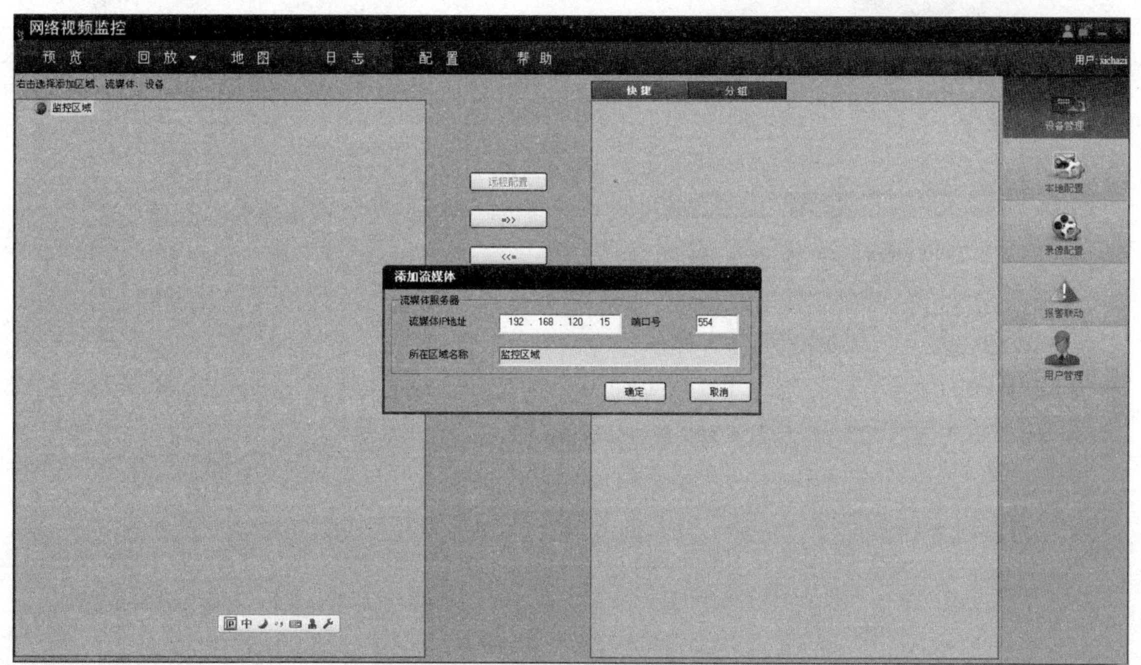

图 4.31　流媒体服务器添加及设置

(4) 客户端启动预览，这时候在流媒体软件中如能看到转发的信息，则表示设置成功。

提示：流媒体软件需要配合客户端使用，使用 IE 访问没有意义。

4.10.2 DVR 的公网配置

DVR 通过专网（局域网）进行访问比较简单，容易实现，通常设置了 IP 地址之后，在 IE 端输入 IP 地址或者在客户端进行添加后即可进行远程访问操作。通过公网进行 DVR 的远程访问需求变得越来越普遍，例如通过互联网访问家庭或店铺安装的 DVR 视频资源，或者在家中浏览公司、工厂、学校等连接到互联网的视频资源等，此情况下需要进行额外的配置。示意图如图 4.32 所示。

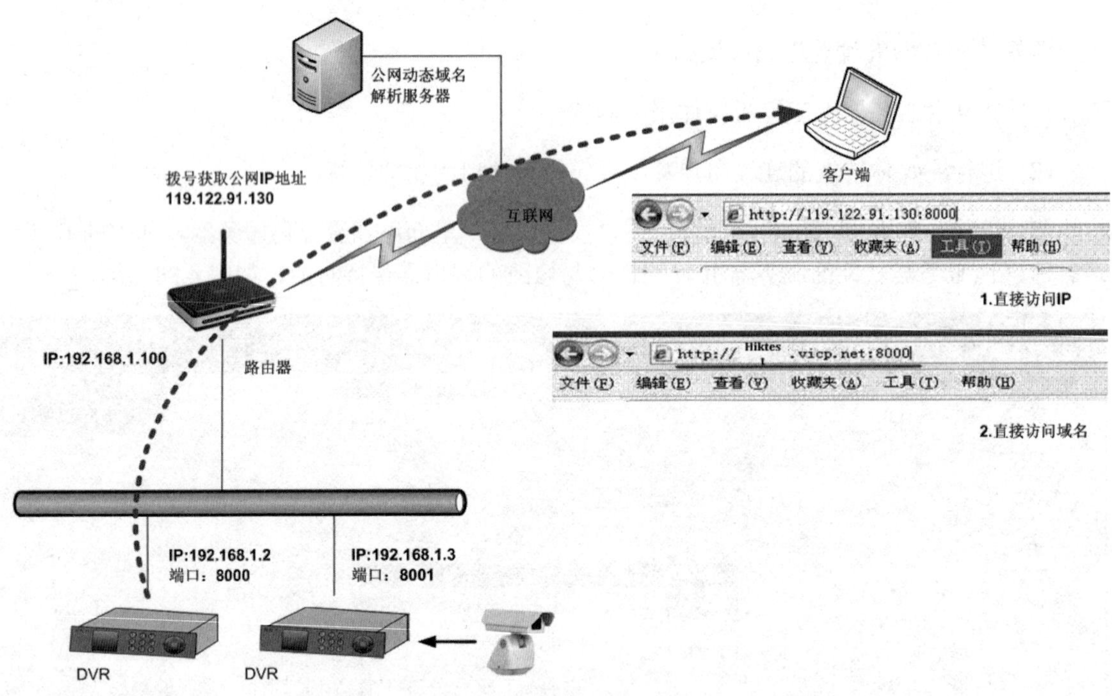

图 4.32　通过公网访问 DVR 原理示意图

提示：实际上，在理想状态下，给 DVR 设置一个公网固定 IP 地址，应该可以如同内网一样进行访问。问题在于由于 IPV4 下 IP 地址的枯竭，当前取得静态公网 IP 地址已经没有可能，只能利用“动态域名解析+端口映射转发（虚拟服务器）”的方式来解决此问题。

DVR 通过支持动态域名解析及支持端口映射功能的路由器（拨号或者其他）接入互联网。担负着接入公网任务的宽带路由器需具备以下功能：支持动态域名解析、支持端口映射功能。所谓“动态域名”，域名实际上是不变的，“动态”的含义是域名所指向的 IP 地址不固定。

示意图如图 4.33 所示。

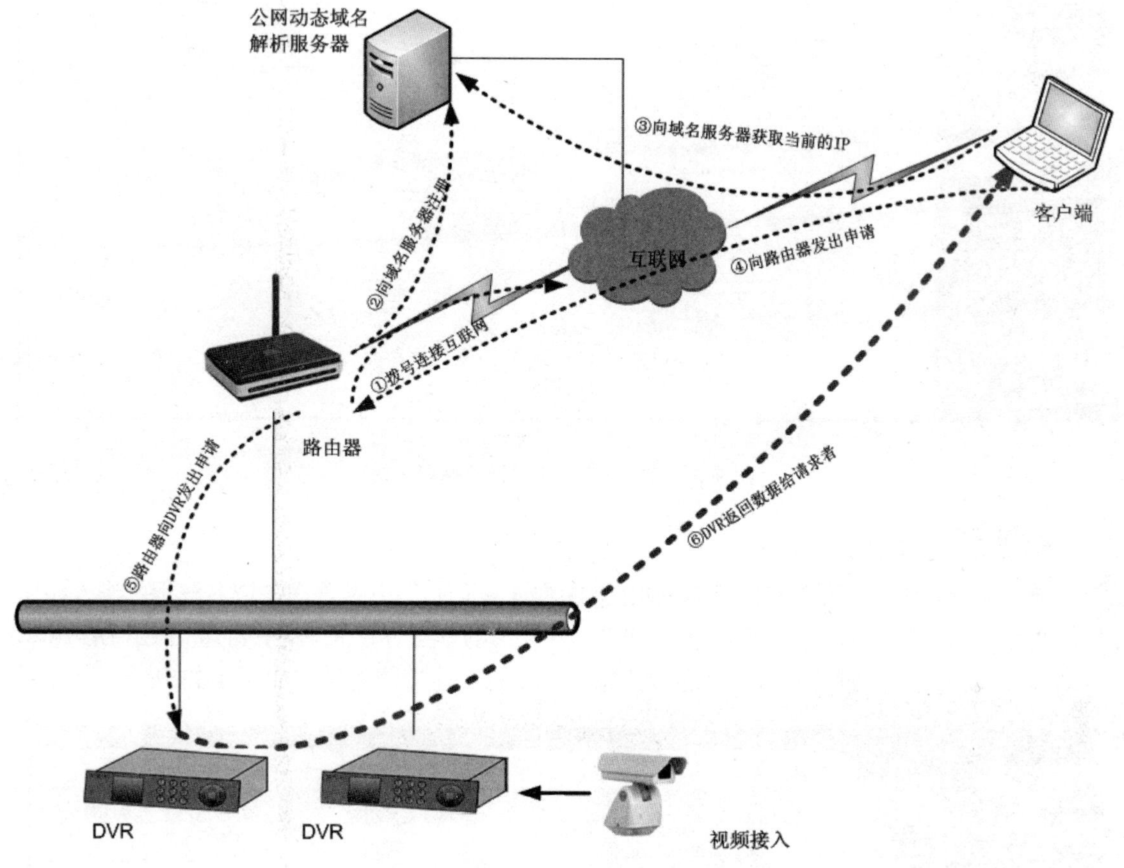

图 4.33　通过公网访问 DVR 流程示意图

1. 端口映射设置

通过路由器配置端口映射，首先给 DVR 设置局域网 IP 地址、掩码、网关等，然后在路由器里“转发规则”中的“虚拟服务器”界面中进行端口映射，例如服务端口填入 8000，再填入 DVR 在内网“局域网”的 IP 地址，可选择协议为“ALL”，并将该服务启用。如图 4.34 所示。

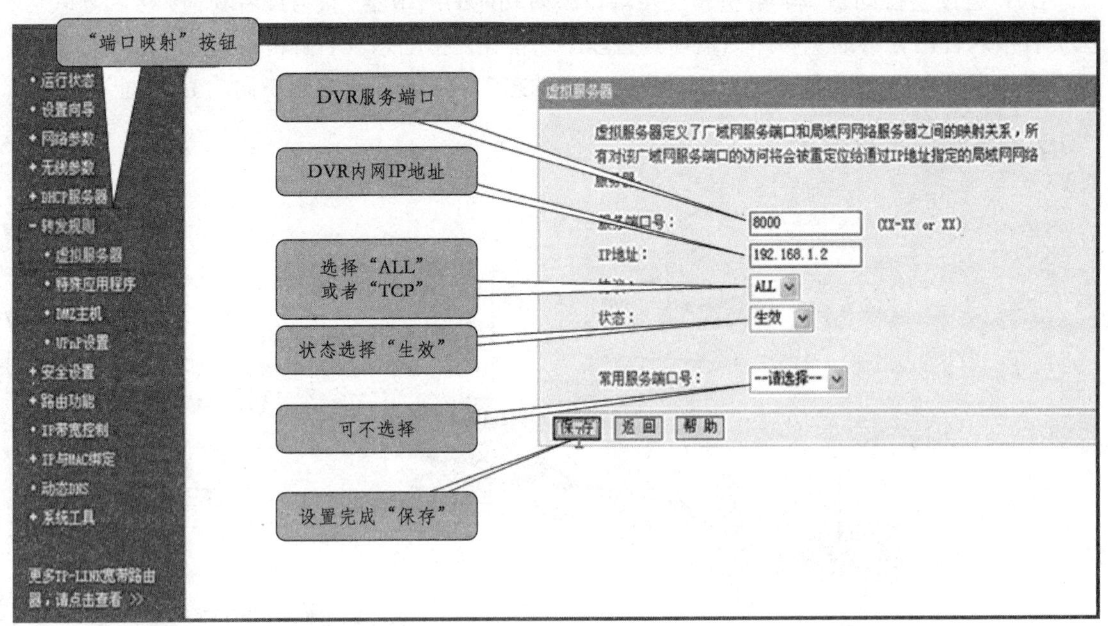

图 4.34 在 TP-LINK 上设置端口映射

2. 域名解析设置

首先需要申请一个动态域名，在路由器的“动态 DNS”中设置动态域名解析，进入路由器的“动态 DNS”界面，选择“服务提供商”，填入“用户名”和“密码”，勾选“启用 DDNS”，点击“登录”按钮，如果成功，“连接状态”将显示“连接成功”，如图 4.35 所示。

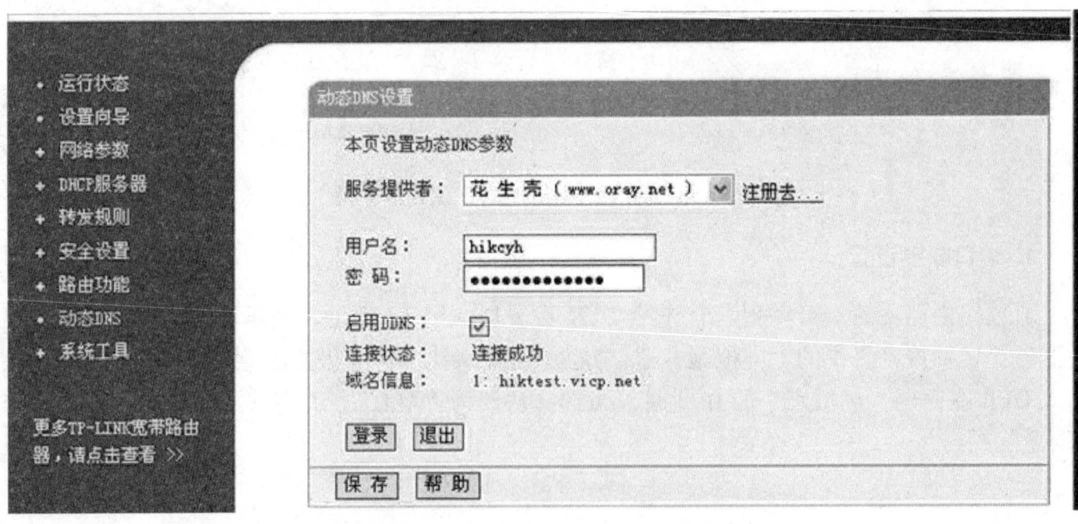

图 4.35 在 TP-LINK 上设置动态 DNS

4.10.3　DVR 的转码应用

目前，通过连接互联网的个人电脑、移动终端、手机等设备观看 IP 视频监控的方式得到了用户的普遍接受和认可，并快速发展。在不改变原有已建监控系统的前提下，方便实现对大型传统数字监控系统进行整体升级，以支持广泛的手机视频观看和基于互联网的视频分组授权管理等功能的相关需求增多。这样，使得原有监控系统的功能和价值大大延展，不仅只是为安保人员提供了安防监控系统，同时将监控视频延伸到领导和管理人员的手机上，方便了公司领导和管理人员实时掌握相关的安保状态和经营情况。

实现方式如图 4.36 所示，在已有的视频监控系统中，部署转码网关服务器，转码服务器可以连接已有的 DVR 或者连接到平台，通过原 DVR 对应的 SDK 完成视频解码还原为原始视频过程，转码服务器继而可实现对视频资源的再编码、封包、传输，远程的 PAD/电脑/手机则可以通过互联网实现对视频资源的灵活访问。

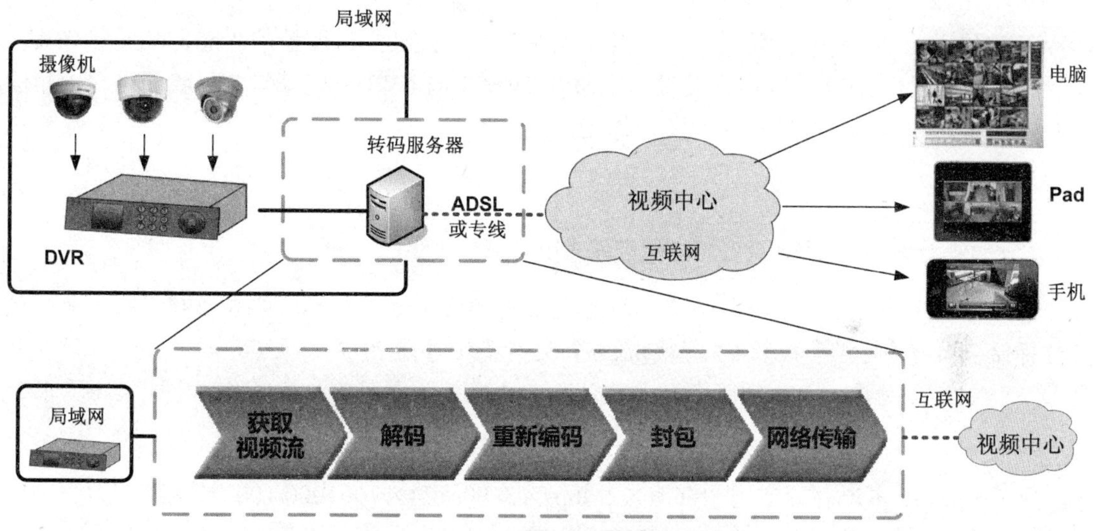

图 4.36　DVR 的转码应用过程示意图

转码服务器，实质上包括两部分模块：接入方 SDK 及转码网关 SDK。

- 原平台 SDK 帮助获取原始码流，需支持获取多路码流，可以通过启停获取码流；
- 转码网关支持 RTSP 及 RTP&RTCP 协议，对接收到的视频进行重新编码。

4.11　本 章 小 结

本章介绍了 DVR 的技术原理、构成、系统架构、主要功能、嵌入式 DVR 与 PC 式 DVR 的比较，并介绍了 DVR 的实际操作、远程访问、故障维修及应用设计。DVR 在数字视频监控系统中发挥了重要作用，是数字视频监控时代的标志性产品。

本章重点如下：

- DVR 的构成
- DVR 的工作原理
- DVR 的系统架构
- DVR 的核心技术
- DVR 的远程访问
- DVR 的应用设计

DVR 技术成熟、应用广泛，但是伴随着网络视频监控及高清监控的兴起，其发展势头已经放缓，目前混合 DVR 的发展已经说明了 DVR 在逐步向 NVR 方向倾斜，但我们有理由相信 DVR 在一定时期内仍将继续存在并发挥作用。

试一试：计算 DVR 本地及备份存储空间大小。

条件：DVR 连接 16 个视频通道，所有通道码流设置为 2Mbps。要求所有视频本地硬盘实时存储 7 天，并将报警视频发往归档服务器进行备份存储 21 天，报警率按照 10%，该项目中每 50 台 DVR 对应一台归档服务器。试计算：本地硬盘空间及归档服务器空间大小需求分别是多少？

解答： DVR 本地存储空间=16CH×2Mbps×3600s×24×7/8/1000/1000=2.4TB。归档服务器的空间需求是 2.4TB×50×10%×3(21/7)=36TB。

第5章

视频编码器技术

视频编码器，简称DVS(Digtial Video Server)，是网络视频监控时代的标志性产品之一，是衔接模拟摄像机与网络系统的关键设备，它的出现，标志着视频监控系统进入了准网络时代。编码器的主要功能是编码压缩、辅助接口、视频分析及网络传输。

关键词

- DVS产品介绍
- DVS软硬件组成
- DVS应用架构
- DVS亮点功能
- DVS的集成整合
- SDI-DVS介绍

5.1 DVS 产品介绍

5.1.1 DVS 发展历程

视频编码器又叫视频服务器，简称 DVS(Digital Video Server)，顾名思义，主要用来对模拟视频信号进行编码压缩，并提供网络传输功能。

提示：本书第 4 章介绍的 DVR 产品侧重在“录像”功能而 DVS 侧重在“视频编码及网络传输”，大多数 DVS 没有录像存储功能(部分编码器带缓冲存储器，可以临时性地进行视频存储)。

随着网络基础建设的不断完善及视频编码技术的不断进步，利用视频编码器为主体硬件的网络化视频监控系统得到越来越多的实际应用。

DVS 适合应用在监控点比较分散的应用环境中，目前 DVS 在铁路、机场、地铁、教育、电力、平安城市等行业中得到了越来越多的应用。

作为网络视频监控系统的核心硬件产品，DVS 具有如下关键指标。

- 图像质量：图像质量是编码器的根本，图像质量应该清晰、流畅。
- 延时性：视频经过编码压缩传输到网络客户端的延时不能过长。
- 网络适应性：能够具有良好的网络适应性，克服抖动、丢包等现象带来的影响。
- QoS：支持服务质量控制，保证视频传输的质量。
- 开放性：能够以各种方式与不同厂商的 NVR 快速集成、整合。

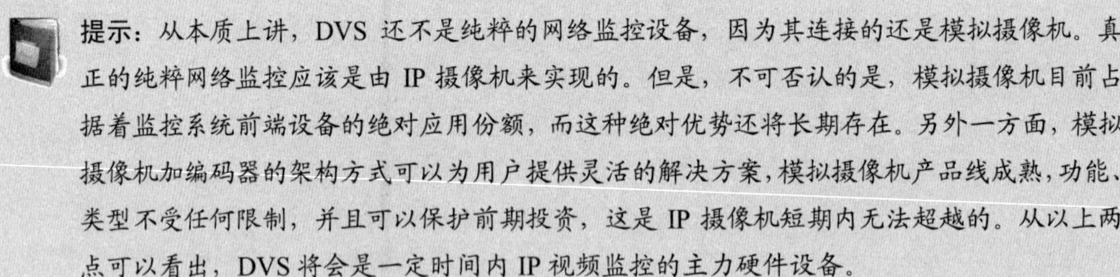

提示：从本质上讲，DVS 还不是纯粹的网络监控设备，因为其连接的还是模拟摄像机。真正的纯粹网络监控应该是由 IP 摄像机来实现的。但是，不可否认的是，模拟摄像机目前占据着监控系统前端设备的绝对应用份额，而这种绝对优势还将长期存在。另外一方面，模拟摄像机加编码器的架构方式可以为用户提供灵活的解决方案，模拟摄像机产品线成熟，功能、类型不受任何限制，并且可以保护前期投资，这是 IP 摄像机短期内无法超越的。从以上两点可以看出，DVS 将会是一定时间内 IP 视频监控的主力硬件设备。

DVS 可以看成是视频监控系统从模拟时代到网络时代的过渡产品，利用 DVS，可以不必抛弃已经存在的模拟设备而升级到网络系统。通常，DVS 具有 1~8 个视频输入接口，用来连接模拟摄像机信号输入，一个或两个网络接口，用来连接网络，与下一章要介绍的网络摄像机一样，它有内置的 Web 服务器、压缩芯片及操作系统，可实现视频的数字化、编码压缩及网络存储。除此之外，还有报警输入输出接口、串行接口、音频接口等实现辅助功能。

5.1.2 DVS 对比 DVR

我们知道 DVR 产品通常具有 8~16 路的视频输入，并有大容量的本地存储功能，可以独立完成视频的采集、编码压缩、存储、传输、管理等功能，适合集中的项目应用。而 DVS 通常具有 1~8 路的视频输入接口，主要用来进行编码压缩及网络传输，非常适合在点位分散的项目中应用，并且具有稳定性高、网络功能强的特点。DVS 与 DVR 在数字网络视频系统中的角色如图 5.1 所示。

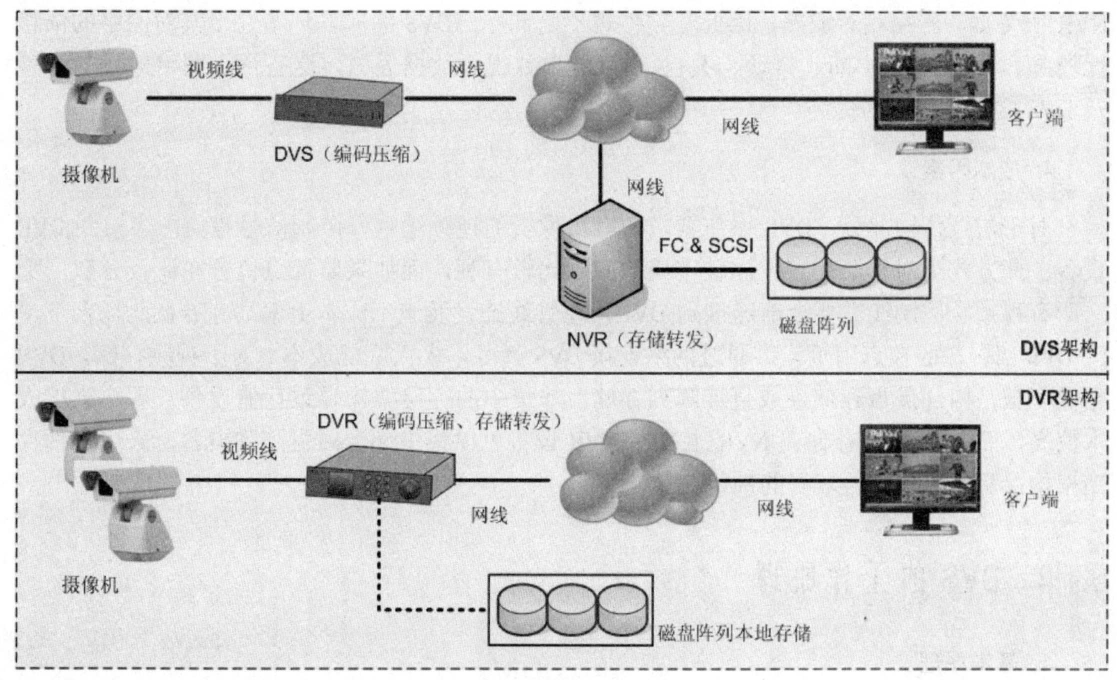

图 5.1　DVS vs DVR 架构

DVS 与 DVR 的主要差别如下。

1. 功能角色

DVS 实质上可以看作是 DVR 的一个功能分拆，即将编码压缩器件从 DVR 中完全独立出来，分布部署在前端，然后在后端与 NVR 配合实现视频的存储分发，再加上磁盘存储设备，构成了完整的网络监控系统。可以说，在 DVS 系统中，分工更加精细，所谓“术业有专攻”，这样的好处是设备更专业、稳定性更高。而 DVR 集编码压缩、存储、软件管理等功能于一体，可以单机独立应用，构成系统。

2. 开放性

DVR 系统集成了视频编码压缩、本地存储及网络传输等所有功能，这种一体式的设备给用户一个相对完整的解决方案，正是这种架构，导致了 DVR 不需要“开放性”，因为它可以不需要与其他平台、存储系统等进行“协同作战”，可以没有“团队精神”。而 DVS 本身仅仅是一个视频采集编码设备，本身没有“单兵作战”的能力，必须与后端平台、存储、网络、解码设备等配合应用才能实现完整的功能，因此，DVS 必须采用开放式架构和标准的协议，产品要求“透明化”，因此 DVS 在开放性、集成性方面比 DVR 要好。

3. 稳定性

DVR 的操作系统、电源、硬盘、主板等环节均是故障点，任何一个故障点失效将需要整机停机，影响使用。而 DVS 通常采用嵌入式处理器及操作系统，无硬盘及其他计算机组件，因此，从单体设备上，DVS 的稳定性要强于 DVR。同时，DVS 的后端配合设备，如存储设备、NVR 服务器，产品相对成熟，因此稳定性也不是问题。DVS 的薄弱环节在于其对网络的依赖比较强，网络失效(中断、抖动、丢包等)可能导致视频数据丢失，这有待于网络建设的完善及 DVS 网络适应性的提高。

4. 成本因素

对于信号传输部分，DVR 系统要求所有摄像机的视频输入、控制信号等集中连接到 DVR 设备，此方式下对于监控点位比较密集的应用比较有利，而如果监控点位分布比较分散，那么所有视频、控制线需要全部连接到 DVR，在管线铺设及施工成本上偏高。若在此场合下，将 DVS 部署在监控点附近，再通过网络连接 DVS 就可以大大降低成本。对于视频存储，DVR 存储多数是内部硬盘存储，或直连阵列存储，非集中的存储架构导致存储设备管理、维护成本偏高，而 DVS 集中存储在 NVR 上，在 NVR 设备可以集中部署磁盘阵列设备，采用多种存储架构，从而可以获得较好的性价比。

5.1.3 DVS 的工作原理

1. 基本原理

从外部看，DVS 主要由视频输入接口、网络接口、报警输入输出接口、音频输入输出、用于串行数据传输或 PTZ 设备控制的串行端口、本地存储接口等构成。

从内部看，DVS 主要由 A/D 转换芯片、嵌入式处理器主控部分(芯片、Flash、SDRAM)、编码压缩模块(芯片、SDRAM)、存储器件等硬件，以及操作系统、应用软件、文件管理模块、编码压缩程序、网络协议、Web 服务等软件构成。摄像机模拟视频信号输入后，首先经模/数变换为数字信号后，通过编码压缩芯片(如 ASIC 或 DSP)进行编码压缩，然后写入 DVS 的本地缓存器件进行本地存储，或者经过网络接口发送到 NVR 进行存储与转发，进而由应用客户端进行解码显示，或由解码器解码输出到电视墙显示等。网络上用户可以直接通过客户端软件或 IE 浏览器方式对系统进行远程配置、浏览图像，PTZ 控制等操作。

DVS 的基本组成如图 5.2 所示。

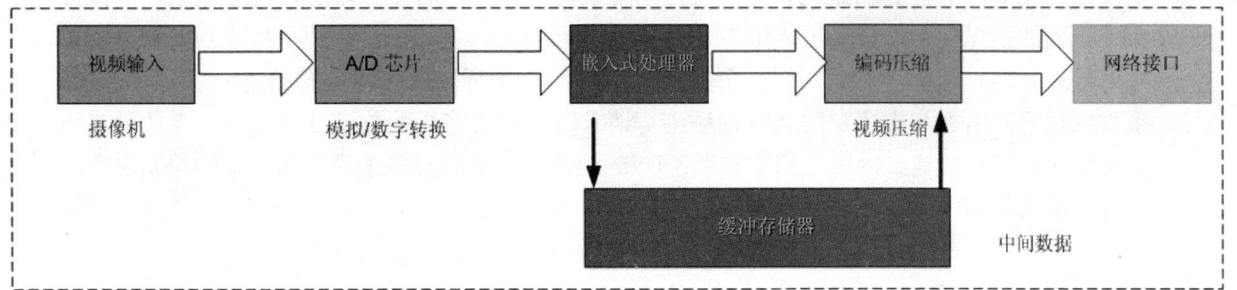

图 5.2　DVS 的基本组成

2. DVS 的架构

DVS 具有多种不同的架构方式，如编码芯片 DSP+CPU 方式、编码芯片 ASIC+CPU 方式、双 DSP 方式及 SOC 芯片方式等，但是核心是视频编码芯片及主控制芯片。

如图 5.3 所示为编码芯片(DSP)＋CPU 架构的 DVS 硬件构成。

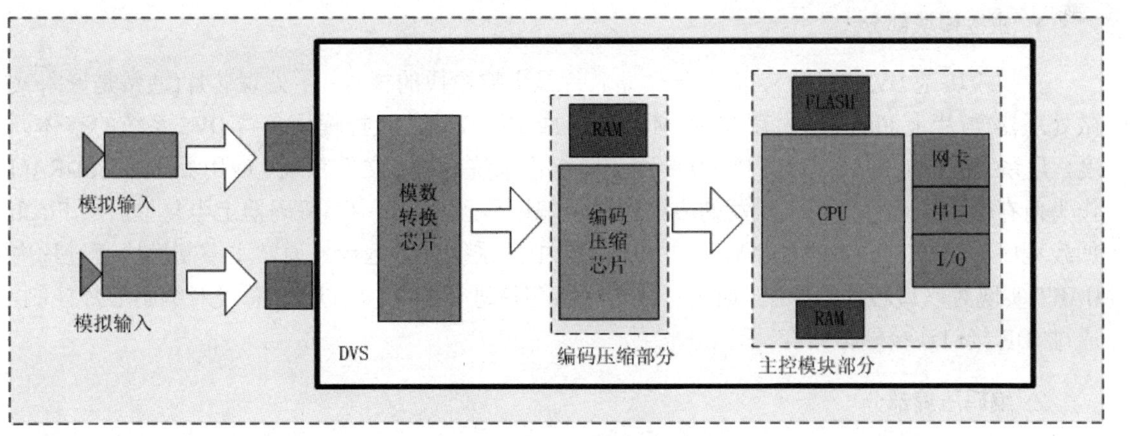

图 5.3　DVS 的编码器组成

图中 DVS 的主要组成包括模拟视频输入端口、模/数转换器件、编码压缩器件、CPU 及内存、网络接口、I/O 接口及串口等。

编码器将来自摄像头的模拟视频信号经模数转换芯片转换成 YUV 格式的数字视频信号，由 DSP 芯片按相应算法(如 MPEG-4 或 H.264)压缩成图像的数据码流，然后通过 PCI 总线传给以太网接口单元，进行封装再由网卡将其送到网络上，再到达 NVR、媒体服务器、工作站或解码器。开发的应用程序经编译连接写入 Flash 中。编码器上电复位后 Flash 中的程序搬移到 SDRAM 中，系统开始运行。编码过程中的原始图像、参考帧等中间数据可存储在 SDRAM 中。

3. DVS 的工作流程

开发的应用程序写入到 Flash 中去，在 DVS 上电或复位后，从 Flash 加载程序到与主控芯片连接的 SDRAM 中，系统开始运行。

首先完成对芯片的初始化和外围硬件的配置等工作，之后便开始进行图像采集，从摄像头采集到的摸拟视频信号经过 A/D 转换为数字视频信号，编码压缩芯片将接收到的数字视音频信号进行编码压缩，将数据存储到缓冲存储器件中，或通过网络接口发送到网络上。当 DVS 接收到远程网络客户端用户的实时视频浏览请求时，直接将视频数据打包并以流媒体形式通过网络接口芯片传输给网络上的请求者；DVS 的主控模块同时接受客户端发来的控制命令，并发送给相应的服务程序，服务程序通过串口将命令发送给 PTZ(解码器)从而实现控制操作。

5.2 DVS 产品软硬件构成

5.2.1 DVS 硬件构成

DVS 的硬件主要包括主控模块部分、模/数转换部分、编码压缩部分、网络接口部分、串行接口等多个部分，如图 5.3 所示。

1. 主控模块部分

主控模块是 DVS 的核心，而主处理器芯片是主控模块的核心，主处理芯片(通常是嵌入式微处理器)与片上 Flash 及内存 SDRAM 共同组成主控模块。主控模块负责 DVS 系统的整体调度，是系统的核心部分。其中 Flash 中固化了操作系统内核、文件系统、应用程序等，SDRAM 作为内存供系统运行使用，开发的应用程序经编译写入 Flash 中，编码器上电复位后从 Flash 加载程序，将 Flash 中的程序搬移到 SDRAM 中，系统开始运行。通常主控制模块通过片内 UART 实现对串口芯片的控制，通过总线对网络芯片进行控制，通过 I^2C 总线对编码芯片控制，通过 IDE 接口连接硬盘缓存。

2. 编码压缩部分

编码压缩模块主要有编码压缩芯片及 SDRAM(SDRAM 是同步动态 RAM，它用于存取应用程序、原始的数字视频数据以及处理的中间数据)组成。数字化视频流发送到编码压缩模块由编码芯片进行压缩，压缩后的视频数据存储在外部 SDRAM 中。主处理芯片通过主机接口对编码压缩芯片进行初始化配置，并接收编码后的数据流进行网络传输。

3. 模数转换部分

模数转换部分将摄像接入的复合模拟信号转换成 ITU656 标准数字信号，供编码芯片用。通常模数转换芯片也叫解码芯片，一般应支持多种制式，如 PAL 及 NTSC，实现摄像机接入的模拟视频信号转换成数字并行信号(如 ITU656 标准)。模数转换芯片与编码芯片通过双向主机接口进行通信，并且支持多种分辨率，如 VGA、QVGA、CIF、QCI、D1。

注意：通常将模/数转换器件，或 A/D 器件也叫做解码器件，这种叫法让人极易与视频解码器(Decoder)混淆。模/数转换器件的实质是完成输入的模拟信号到数字信号的“模/数”变换以供给编码芯片进行编码压缩；而解码器(Decoder)是与视频编码器(DVS)对应的设备，完成视频编码工作的逆向工作，即解码还原图像。

4. 网络接口部分

DVS 的网络接口部分负责将编码压缩的数据流打包上传到网络中，其实现过程是：网络芯片通过总线接口把主控芯片传送来的数据，通过内部 MAC 控制器对数据进行封装、上传。同时，主控芯片通过网络接收客户端发送来的控制信息，传送给相关的应用程序。

5. 串行接口部分

应用程序发送来的控制信号，通过串行接口发送到摄像机，实现相应的 PTZ 控制功能。一般通过 RS-485 接口标准实现对摄像头及云台的控制。如图 5.4 所示。

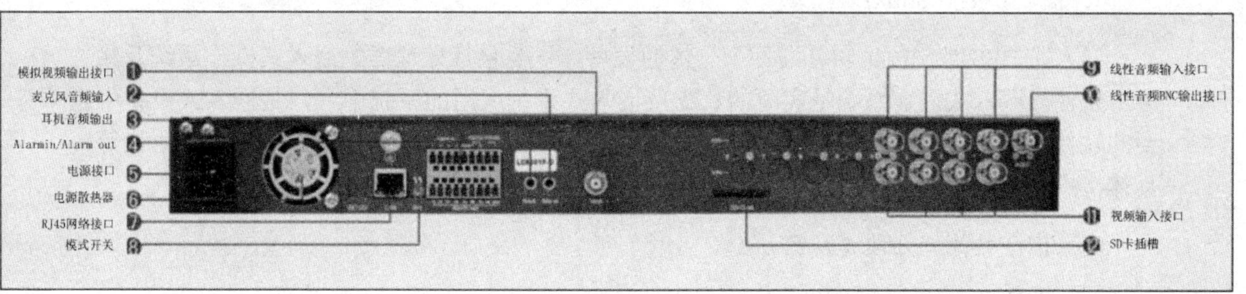

图 5.4　朗驰 LC8304 视频编码器背板接口

5.2.2　DVS 软件构成

DVS 的软件功能主要包括视频的编码压缩、与客户端的连接、发送视频流给客户端、接收客户端发送来的配置及控制命令、接收前端传感器的信号状态改变并更新服务器、对登录连接的用户进行认证、提供 Web 服务等。

DVS 的软件一般包括如下几个部分：操作系统、Web 服务、CGI 应用、编码压缩程序、网络传输协议、视频存储管理等。

目前多数 DVS 的软件系统采用嵌入式 Linux 作为操作系统平台，在 Linux 系统中，软件采用分层的体系结构，软件系统构建在硬件系统之上，硬件系统在固件(Firmware)的支持下工作，系统的应用程序工作在用户模式，而设备驱动程序则工作在内核模式。

DVS 的软件体系结构如图 5.5 所示。

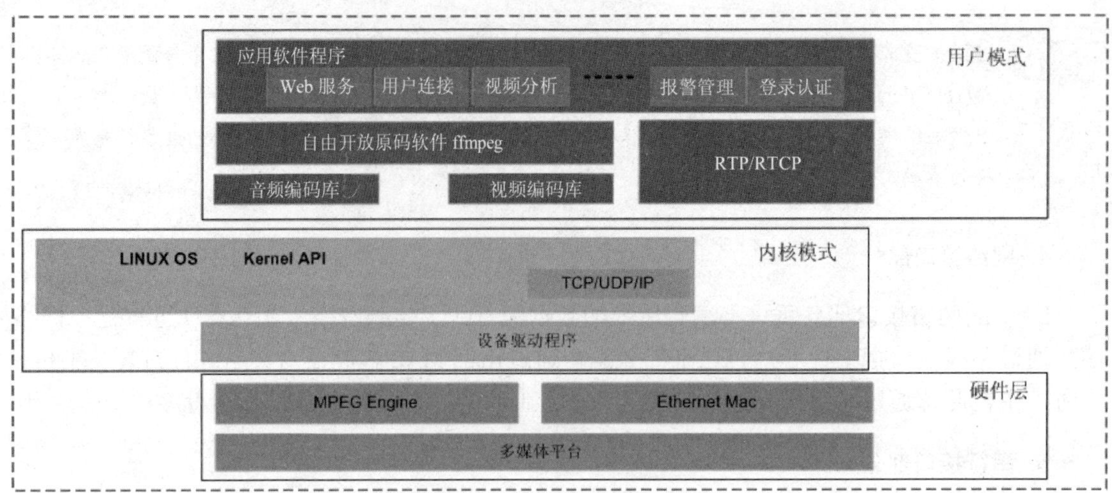

图 5.5 DVS 的软件构成

1. 嵌入式系统(Linux)

嵌入式 DVS 是一种集软、硬件于一体的设备，主要包括处理器、嵌入式操作系统及相关应用软件。嵌入式操作系统是实时的、支持嵌入式系统应用的系统平台，是嵌入式设备中重要的软件部分，通常包括与硬件相关的底层驱动软件、系统内核、设备驱动及通讯协议等，具体特点如下：

- 指令精简，处理速度快。
- 调用速度快，系统数据多置于 Flash 缓存内。
- 性能稳定，嵌入式系统是一种集软硬件于一体的可独立工作的设备。
- 实时性好，其软件固态化，因而系统处理实时性好。
- 适合于大量的视频数据应用。

通常，在 DVS 系统中，Linux 负责整个系统软件的总体调度，Linux 系统通常包括如下几个部分：Linux 内核(Kernel)、文件系统(Filesystem)、设备驱动和 TCP/IP 网络协议栈等。

嵌入式系统需要通过各种硬件驱动程序来完成对各个外设的操作，在嵌入式软件系统设计中，硬件设备驱动开发是一个重要的部分。由于嵌入式系统设计是针对特定场合和应用设计的，还须开发相应的网卡驱动、USB 驱动和对应的 I/O 控制端口驱动程序，这些驱动模块和 Linux 中其他模块共同构成了嵌入式系统的软件运行平台。

2. 应用软件

嵌入式 DVS 系统除了有相关的硬件平台和软件平台外，还需要运行在平台上面的各种应用程序，主要实现的功能包括 Web 服务、客户连接认证、视频流的发送、控制流的接收与命令执行、报警状态检测与响应、视频内容分析、PTZ 操作等。

- Web 服务：支持 IE 客户访问。
- 客户认证：对请求连接的客户进行认证，并反馈参数。
- 数据发送：将视频流发送给客户端并动态更新。
- PTZ 操作：接受 PTZ 指令并发送给串口，完成对云台、镜头等设备的控制。
- 报警：对外部报警信号接收及做出相关动作响应。
- VCA：视频内容分析功能。

3. 编码压缩

编码压缩工作主要完成对采集、数字化的视频图像的编码压缩。对采集到的图像数据进行压缩可以有两种方案，一种是用硬件来压缩，另一种压缩方法就是用软件来实现。

MPEG-4 压缩方式是目前一种主流的编码方法。而 H.264 是更先进的方法，与其他压缩编码方式比较，利用 H.264 标准可以获得更高的压缩比及更好的图像质量。

4. 网络传输

目前网络上数据的传输主要采用 TCP 和 UDP 协议。TCP 协议能提供有序、可靠的服务，但是一旦数据丢失会带来严重的延迟，无法保证实时性；UDP 是节约资源的传输层协议，其操作执行比 TCP 快得多，它适合于不断出现的、与时间相关的应用。由于音、视频数据对实时性要求比较高，而控制数据则对可靠性要求较高，因此，通常系统采用两种通信协议；TCP/IP 协议传输通信控制数据，UDP/IP 协议传输视频数据。

由于 UDP 的不可靠性，基于 UDP 的应用程序在不可靠网络使用时必须自己解决可靠性问题，诸如报文丢失、重复、失序和流量控制等问题。在实现连续媒体数据传输时，发送方和接受方应该能处理图像传输中发生的数据丢失、延迟等一些问题。因此，在 UDP 协议之上，采用 RTP(实时传输协议)和 RTCP(实时传输控制协议)来完成视频数据的传输。DVS 的网络传输应用如图 5.6 所示。

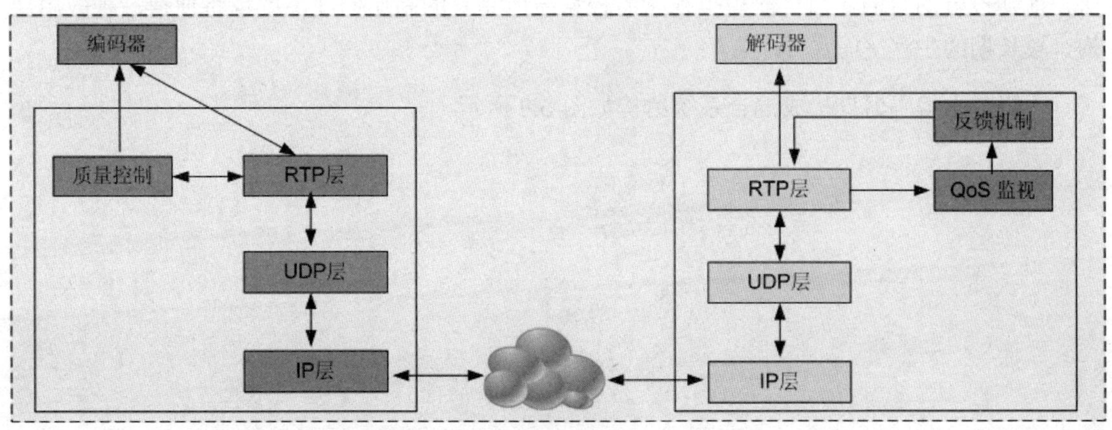

图 5.6　DVS 网络传输应用

5. 客户端应用

此处的客户端软件是指编码器厂商提供的简易客户应用程序，可以实现一些基本功能。对于大型系统及项目，一般另外有中央管理软件及 NVR 平台，并利用专用的客户端程序实现强大的功能。客户端主要完成视频数据的接收、解码和显示工作，同时还可以设置编码器的参数。从功能角度，客户端的软件体系结构可划分为 3 个模块：设备控制模块、网络的接收与反馈模块、显示模块。

DVS 的客户软件体系结构如图 5.7 所示。

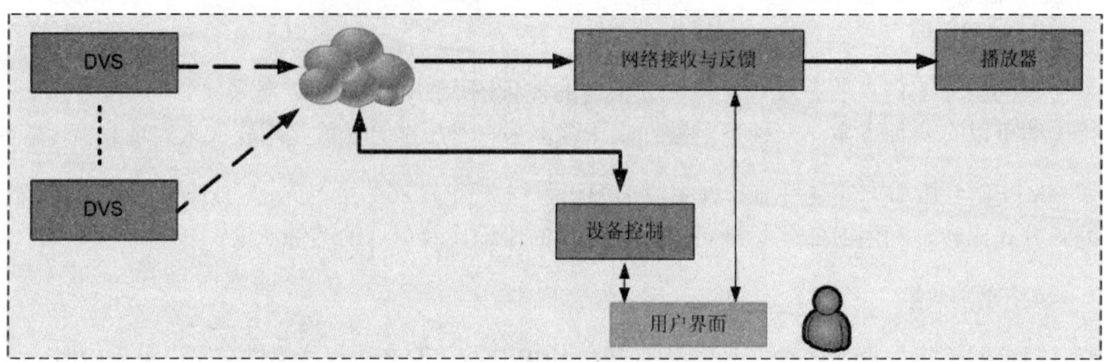

图 5.7　DVS 的客户端组成

5.3　DVS 系统应用架构

5.3.1　矩阵+DVS 混合架构

矩阵与编码器相结合的应用模式，主要应用在原有模拟视频监控系统的升级改造上。在视频联网监控项目建设中，采用这种模式可以最大限度地利用原有的设备，达到节省成本、保护前期投资的目的，而目前模拟视频监控系统所具有的高比例使用率也将使得这种应用架构有较长期的生存空间。

“矩阵＋编码器”构成混合系统结构如图 5.8 所示。

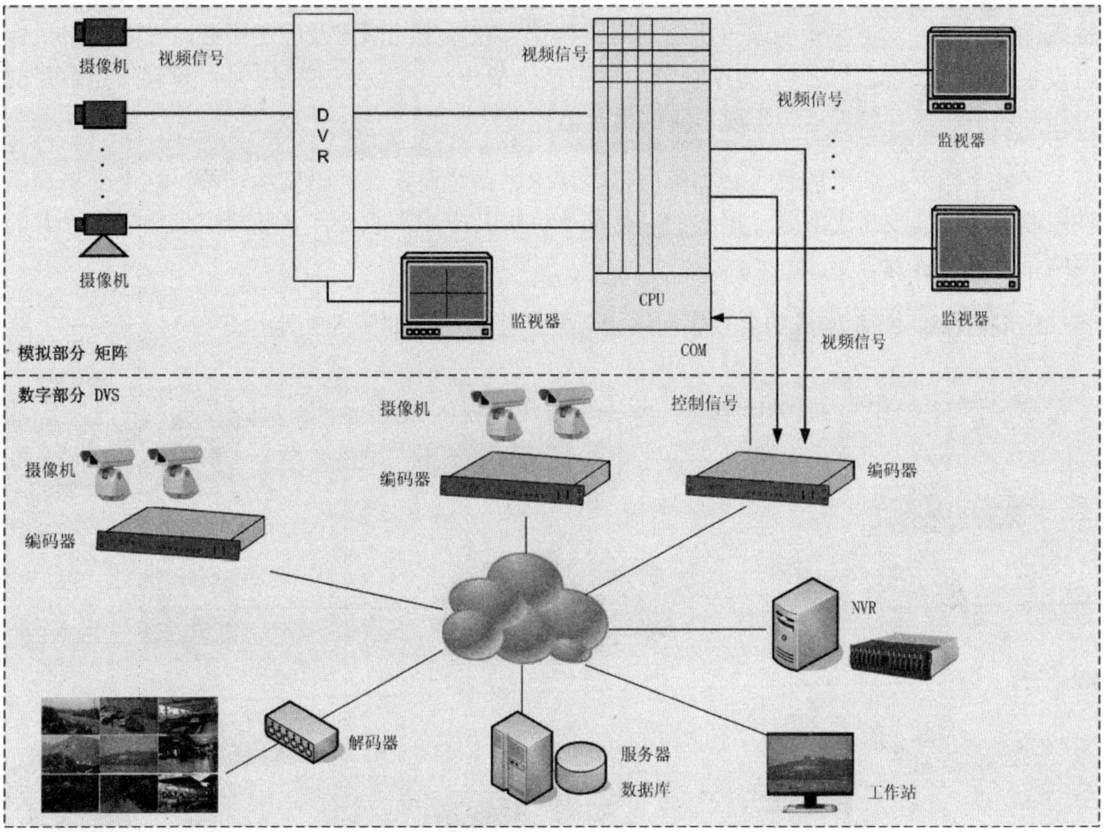

图 5.8　“矩阵+编码器”构成混合系统结构

在此模式下，模拟摄像机和矩阵系统已经各自构成了完整的系统，可以独立自主地运行。但是，新增加的设备采用了数字化的视频监控系统，出于成本保护因素不能将矩阵系统弃置不用，因此，可以有选择地部分接入原矩阵系统中的通道，实现新旧系统的整合，最大限度地保护已有的投资。为了实现两系统的融合，需要利用视频编码器，将矩阵系统的视频输出接入到视频编码器的视频输入端口，并利用编码器及矩阵的串口进行通讯，这样就实现了对原有系统的数字化和网络化升级。

注意：其中需要注意的是，模拟矩阵系统的控制协议可能是非标准化的，因此，矩阵与视频服务器的通讯一般需要一些配置修改。目前已有厂家引入了“透明通信”信道技术，实现视频编码器与不同矩阵厂家的无缝对接。

5.3.2　DVS+NVR 架构

“编码器+NVR”的架构是全数字网络视频监控系统构成模式，一般新建项目均采用此架构。此种架构下，视频编码器分布在前端各个监控点，然后连接摄像机视频输出及其他辅助输入输出信号，实现视频的编码压缩及网络传输。在系统的节点及控制中心，设置网络录像机设备(NVR)或流媒体设备，实现视频数据的存储及分发。在系统控制中心，设置一定数量的工作站、解码器及监视器，实现视频的显示监控。

在此架构下，所有的设备，如编码器、NVR、存储设备及解码显示设备，均不受物理条件限制，唯一需要考虑的是“用户的具体部署位置及应用需求”，并基于需求预先设计好的网络带宽进行资源分配。

由编码器加 NVR 构成的全数字网络视频监控系统结构如图 5.9 所示。

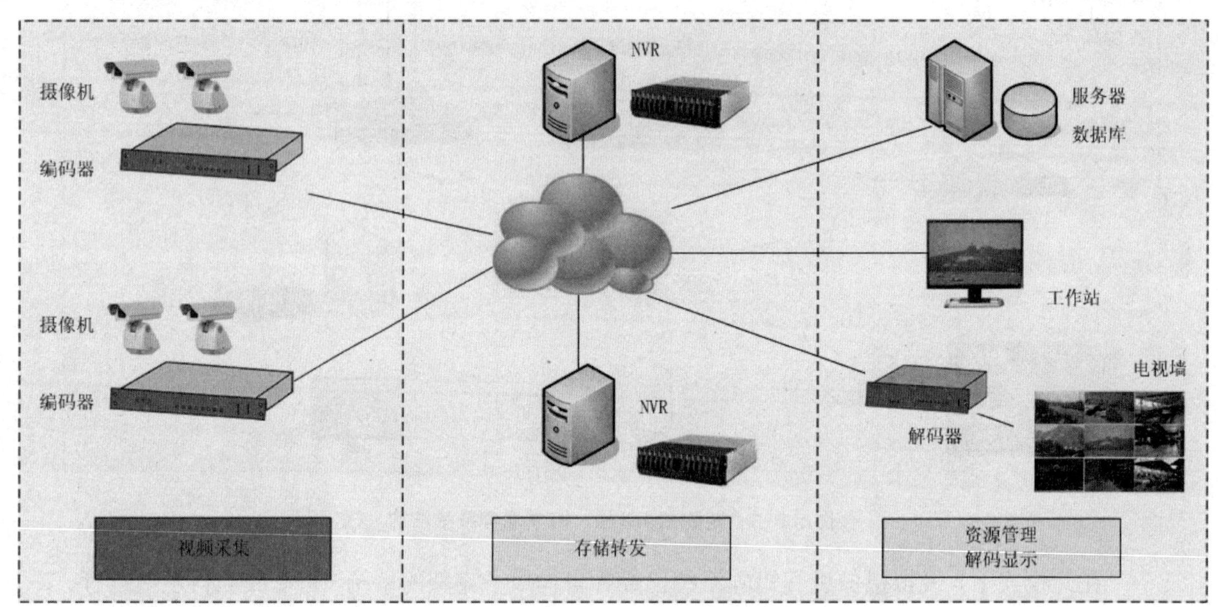

图 5.9　“编码器+NVR”构成的全数字系统结构

如图 5.8 所示，编码器任意部署在网络连接的地方，NVR 负责视频的存储及转发，服务器是系统的资源中心，系统所有的设备、用户、服务、资源信息都运行并存储在中央服务器中，客户工作站可以采用 B/S 或 C/S 的架构，实现系统的参数设定及视频操作等各种功能。

5.4　DVS 的亮点功能

5.4.1　DVS 的 ANR 技术

ANR 技术即 Automatic Network Replenishment，又称“断点续传技术”，是一种结合本地存储和网络存储的技术，主要用来解决网络失效时的视频丢失问题。

如先前所讲，DVS 与 DVR 架构的最大不同在于：DVS 通常本身没有视频存储功能，而是必须由后端的 NVR 来实现视频的存储，因此对于网络稳定性要求很高，网络连接失败、丢包严重、抖动等各种因素都可能造成视频数据的丢失。

因此 DVS 本身设计存储缓冲区是个好办法，可以保证网络短暂中断的情况下视频数据的连续存储。

ANR 实质即要求前端(DVS)与后端(NVR)都要具有存储功能，一旦出现网络中断情况，前端的存储可以不受网络的影响，继续进行存储并作为备份数据，后端(NVR)就可以在网络重新接通成功后，将网络失效期间存储在前端 DVS 缓存区的视频数据以“补充”的方式传输到后端(NVR)。DVS 的 ANR 功能如图 5.10 所示。

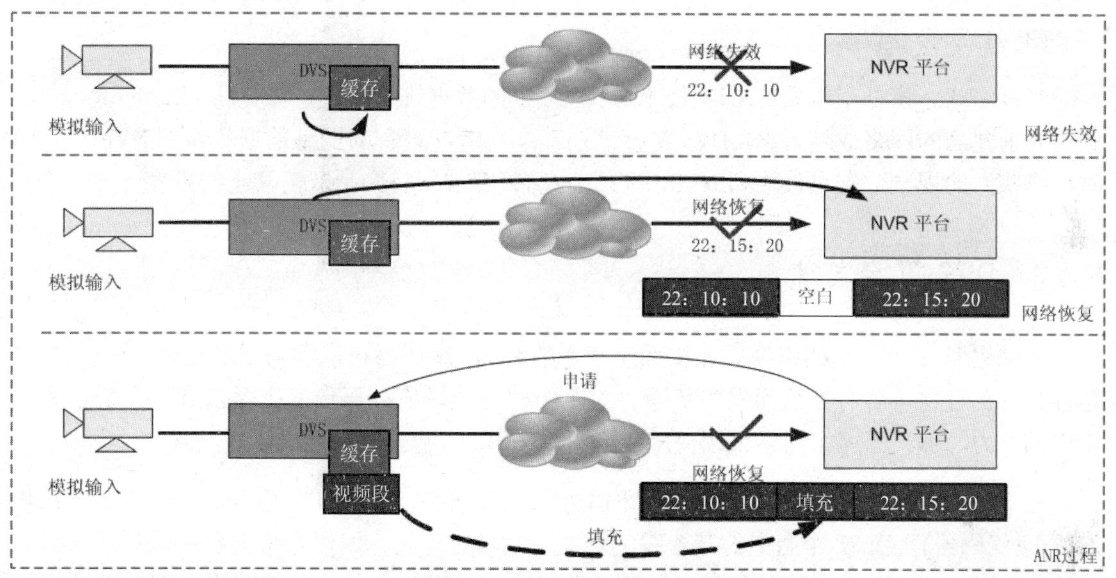

图 5.10 DVS 的 ANR 功能

注意：ANR 技术的实质就是DVS 本身增加缓冲存储功能，以弥补网络中断导致的视频录像丢失。但是，该功能并非是简单地在 DVS 增加一个存储卡、记忆棒那么简单，在 DVS 上增加存储设备后，DVS 启动电流可能需要增加，这样散热问题也跟着需要解决；另外，需要采用良好的存储机制，保证网络中断后视频转到本地录像，在网络恢复后，自动补充 NVR 的“断点”视频。

由图 5.9 可以看出，ANR 技术不单单是 DVS 本身的技术，是需要和后端的 NVR 配合工作才能实现的。这样，系统在网络出现故障时自动启用 DVS 本地存储功能，网络恢复后再将前端数据自动同步至 NVR 中，并且是在不影响实时视频传输质量的前提下，从而实现了后端(NVR)与前端(DVS)的双重数据备份，有效地提升了视频存储的可靠性。

ANR 技术包括如下过程。

(1) 侦测网络状况

通常，在 DVS 及 NVR 中都需要安装网络状态检测组件，对网络的实时状态进行监测、评估。当确认网络失效时，NVR 及 DVS 会建立相关的日志信息，之后 DVS 启动本地存储。

(2) 双重录像原则

在网络中断的情况下，DVS 独自进行录像；在网络质量比较差时，DVS 及 NVR 可能都会启动录像，即双重录像原则会生效。DVS 把视频数据存储在本地的存储设备(Buffer)中，其中存储设备可以是 U 盘、闪存等多种介质，其容量大小与预期网络中断的时间相匹配，否则将出现视频数据溢出丢失的现象。

(3) 自动修复数据

当网络状态恢复正常后，ANR 技术对 NVR 上的数据进行补充、修复(Replenishment)。利用先前建立的网络故障日志，DVS 将存储在其本地缓冲设备的视频数据传输到 NVR 中，同时，将实时的视频数据也传输到 NVR 中，此时的带宽占用将会是双倍常态的带宽。

5.4.2 DVS 冗余技术

“编码器+NVR”是网络视频监控系统基本的组成，编码器可能因为电源模块、网卡、DSP 芯片、内部程序等各种原因而发生故障。对于一些应用场所，要求编码器具有冗余、不间断工作的能力，编码器冗余通常采用“N+1 备份”方式。

在系统中，N 个正常工作的编码器平时处于工作状态，对应一个编码器处于待命备份状态(冗余编码器)，当 N 个当中的某个编码器发生故障时，冗余编码器将会自动接管故障编码器的各项工作，而当该故障编码器的故障排除后，冗余编码器退出接管状态，编码器的冗余为高可靠的应用提供了“不间断”工作模式。当然 NVR、中央管理服务器等设备也都可以根据需要采用冗余技术(本书后面会介绍)。编码器冗余技术通常应用在多通道(如 8 路编码器)的重要应用场所。

1. 冗余 DVS 工作原理

通常，冗余编码器技术采用“N+1”的方式，所有 N+1 个编码器隶属于一个 NVR。平时状态下 N 个编码器处于正常编码工作状态，而一个冗余备份的编码器处于待命状态，所有 N+1 个编码器利用排线进行级联(视频信号灾难通道)。

在 NVR 平台上安装编码器状态监测程序，对所有 N 个编码器进行状态巡检，一旦确定某台编码器异常，则启动冗余编码器来接替失效编码器继续编码压缩传输，冗余编码器此阶段编码压缩的视频流对系统来说是透明的，就是说冗余编码器在此期间所做的编码压缩工作都记在失效编码器的“账”上，这样保证以后数据检索的一致性。DVS 的 N+1 冗余工作原理如图 5.11 所示。

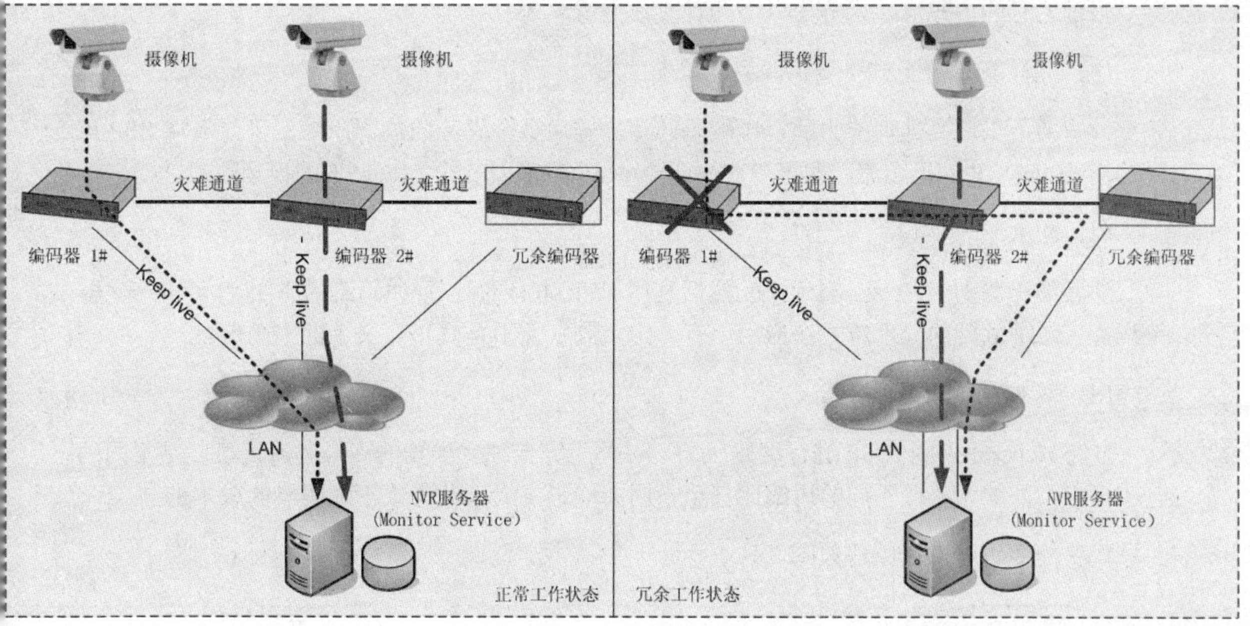

图 5.11　DVS 的“N+1”工作原理

2. 冗余编码器工作过程

监视程序(Monitor Service)安装在 NVR 上，对所有编码器进行状态监视。所有编码器的配置信息(Configuration)均记录在 NVR 的数据库(DB)中。

当编码器出现电源失效、网络问题、内部故障等异常时，监视程序启动冗余编码器，并将该编码器信息登记为故障编码器。

N 个编码器中可以设置优先级，当第二台编码器故障，程序判定优先级，并可以对优先级高的编码器进行工作接管(受制于容灾通道的具体物理连接)。

整个切换过程自动完成，不需要人工干预，用户意识不到切换过程，系统日志会有记录，当故障编码器恢复正常时，冗余编码器退出接管，故障编码器自动恢复原来的工作。

5.4.3 DVS 的多码流技术

在本书第 4 章中介绍过 DVR 的双码流技术。同样，DVS 也可以采用多码流技术。多码流技术的出发点在于平衡网络传输和本地存储之间的矛盾，利用 DVS 产生多个不同的码流，一个用于本地存储，另外一个做网络传输，比如用 4CIF/25 帧做本地存储，CIF/13 帧做网络传输。双码流的实现方式有多种，一种是双编码芯片，一个芯片做一种码流，成本比较高，另外一种是采用高性能 DSP 编码芯片，产生两个码流。

多码流技术在目前的网络环境中非常有意义，它在当前的网络环境下兼顾了图像存储质量和传输质量。

目前常见的多码流技术分为以下几种实现方式。

(1) 高性能 DSP 方式

此方式下采用高处理能力的视频编码芯片来实现多个码流的编码压缩，目前高端 DSP 可以输出 5CIF@RT 的视频流，即可以产生一个 4CIF@RT 及一个 CIF@RT 的视频流。

(2) NVR 转发实现

通常编码器到 NVR 是一个码流，然后利用 NVR 本身的处理(如码流稀释)过程可以产生多个码流，这种额外的处理方式在应用上有一定限制，并不是真正意义上的多码流。

(3) 双 DSP 方式

此方式下采用两个 DSP 进行编码压缩，可产生完全独立配置的多个码流，可以是不同的分辨率、不同的帧率、不同的压缩比甚至不同的编码方式，此方式下编码器的成本偏高。

DVS 的多码流工作原理如图 5.12 所示。

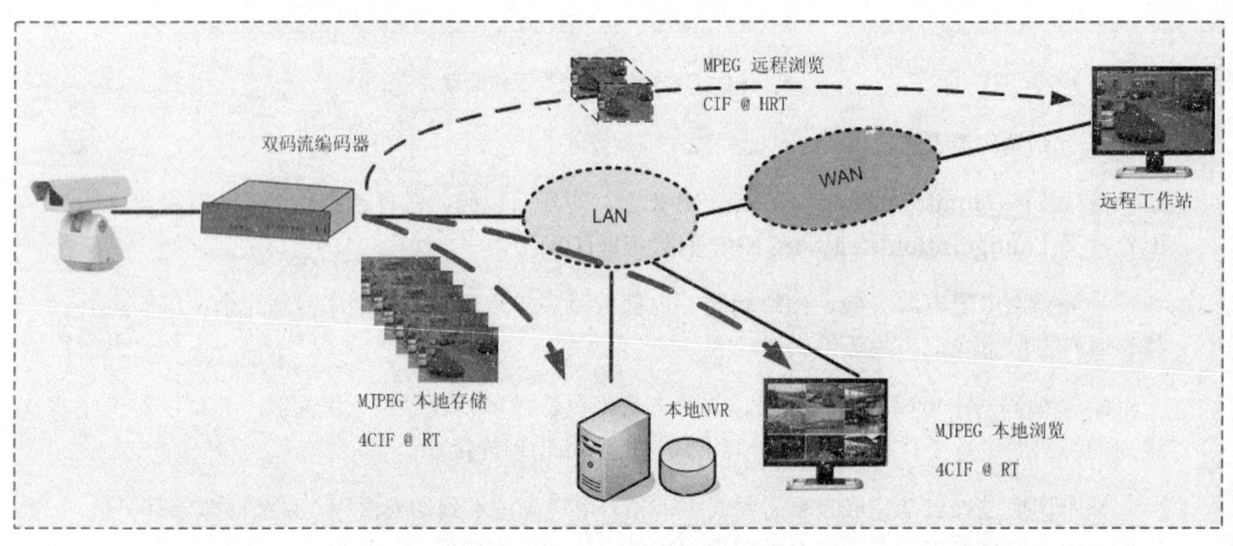

图 5.12 DVS 双码流工作原理

注意：通常，真正意义上的多码流应该是通过在编码端采用多种格式(如 MJPEG、MPEG-4 及 H.264 算法)分别进行编码来实现的，这样多个码流是完全独立的，相互之间没有影响，但是这对包括芯片在内的硬件系统和软件操作系统提出了更高的要求。目前多数方式是两个码流共享总的芯片处理资源，一个码流受制于另外一个码流的设置(如一个码流 4CIF 分辨率/实时，另外一个就最多是 CIF/分辨率实时)，这不是真正意义的多码流，但有成本优势。

5.4.4 DVS 的 PoE 技术

PoE，即 Power On Ethernet，以太网供电技术，该技术可以通过一条网络电缆同时传输数据和设备(编码器及小功率摄像机)所需的电力。通过 PoE 技术，用户无需单独布设电源线，可有效简化前端线缆部署、节约成本。基于现在的 IEEE 802.3af 标准，使用支持 PoE 以太网供电技术的网络交换机，可以实现前端编码器(小功率摄像机)由以太网交换机供电。这样一来，哪怕是监控区域停电，编码器(及小功率摄像机)仍可正常工作，整个监控系统不再受监控区域供电状态影响。DVS 的 PoE 原理如图 5.13 所示。

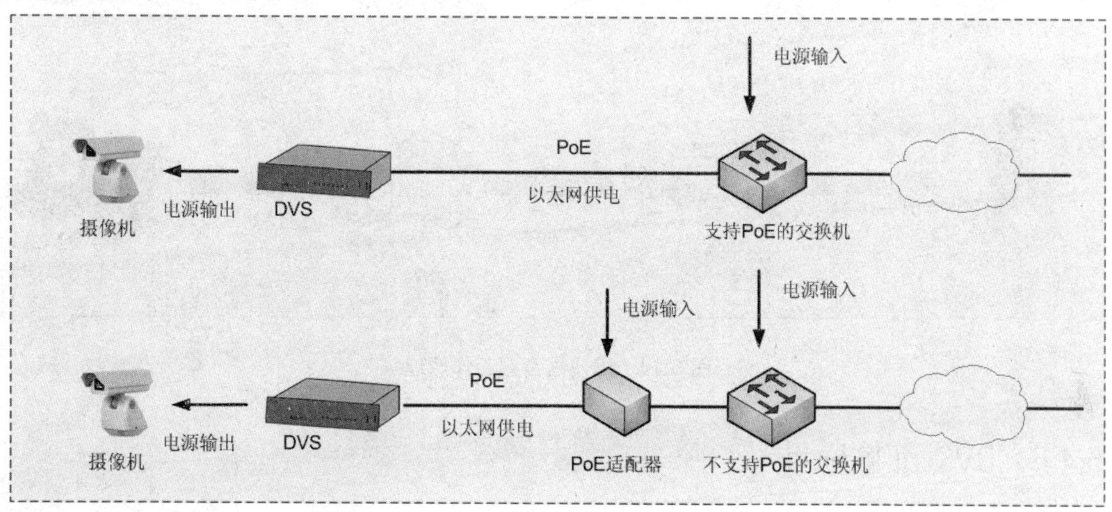

图 5.13　编码器 PoE 工作原理

注意：在 PoE 标准中，目前供电的功率范围是 13W 以下，那么意味着对于大功率摄像机及编码器 PoE 供电方式可能是不合适的。而最近 IEEE 出了一个最新的 802.3AT 标准，其中规定了 PoE 方式可以提供更高的功率，超过了 13W，可以达到 50W，这将大大地减少 PoE 供电的局限性。

5.4.5　DVS 的音频功能

数字视频监控系统需要音频功能，音频功能包括音频输入和输出功能，输入功能是对前端的音频输入进行与视频同步的录音，输出功能指控制中心可以对前端现场进行音频广播输出。目前主流编码器具有与视频通道相当或略少的音频通道数量。DVS 音频工作原理如图 5.14 所示，其中实现了双向音频功能，即对讲功能。

- 可以浏览现场实时音频(Live Audio)，即监听功能。
- 可以对音频的输入输出进行同步录音(Recording)，录音方式可以手动或自动。
- 音频与视频自动同步录制及同步回放功能(PlayBack)。
- 可以通过工作站的麦克风对远程现场进行广播(Public Address)。
- 应用工作站具有优先级广播功能设定。

■　音频输入应该具有“回声和背景噪声消除”功能。

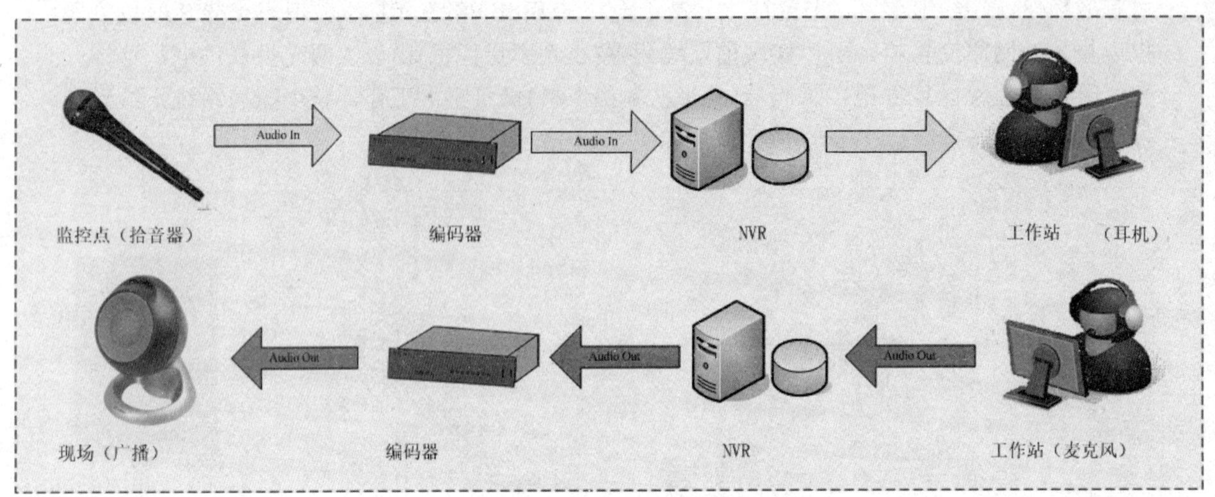

图 5.14　编码器音频工作原理

5.4.6　DVS 组播应用

在网络视频监控系统应用中，客户端访问前端视频监控图像需要 NVR 或媒体服务器的转发。在此情况下，当多个客户并发访问前端视频资源时，将会给 NVR 带来巨大的压力。同时，多路视频复制分发工作也会造成带宽浪费。如果编码器支持组播功能，那么客户端可以直接得到视频的组播流而不需要 NVR 的转发。

DVS 组播工作原理如图 5.15 所示。

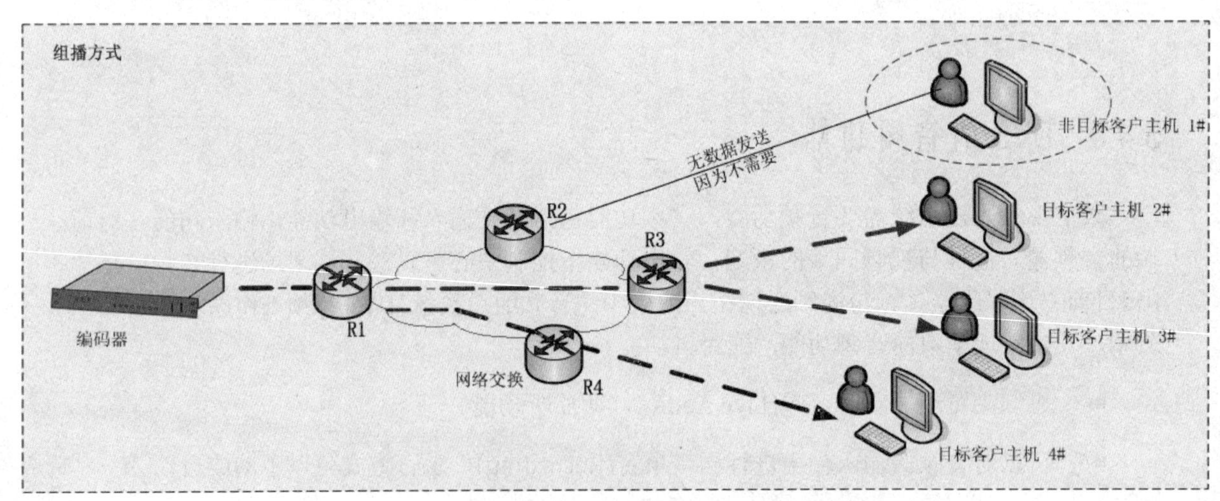

图 5.15　视频组播工作原理

组播带来的好处如下：

- NVR 将不再是系统的故障点和性能瓶颈。
- 理论上并发访问的客户端数量不再受限制。

但是组播也有一定的局限性：

- 组播网络设备的成本高、结构复杂。
- 系统的联动、PTZ 控制、集成等仍需要 NVR 平台支持。
- 音频功能仍需要 NVR 平台的支持。

5.4.7 带视频分析功能的 DVS

视频编码器的主要功能是视频编码的编码与传输，而智能编码器通常集成了视频分析功能(Video Content Analysis，VCA)，即采用高性能的处理芯片或多芯片方式，实现“在视频编码传输的同时对视频内容进行分析”，实现分布式智能的功能。

目前，为了使编码器具有分析功能，通常有两种做法：一种是采用不同的硬件设备(如增加芯片)，一种是对原来的编码器进行固件升级，增加许可使之具有视频分析功能。

注意：需要注意具有视频分析功能的编码器可能需要占用较多的运算资源(如超过正常编码压缩 40%)，这样，要保证实时视频编码流优先得到处理，如果芯片处理能力不足，视频分析效果可能会受到影响。

带有视频分析功能的 DVS 架构如图 5.16 所示，DVS 内嵌视频分析算法，实时地进行分析和报警。

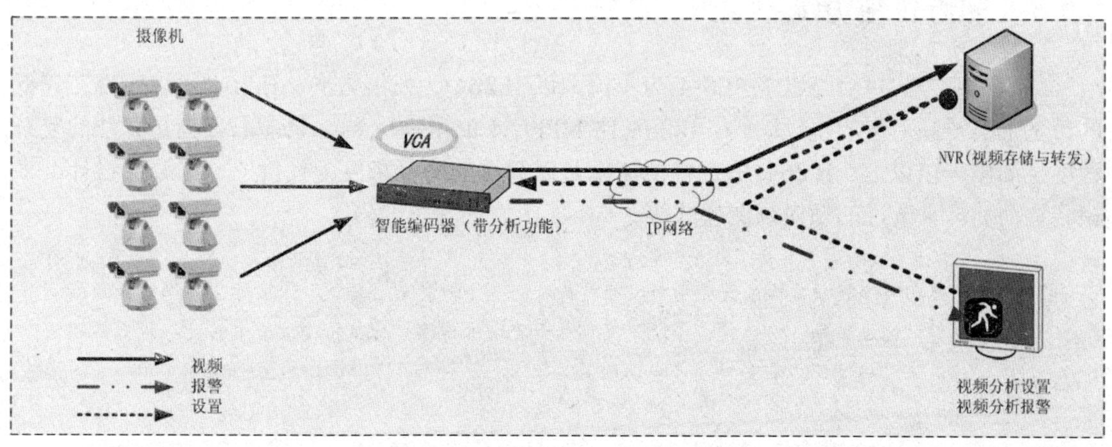

图 5.16 带视频分析功能的 DVS 架构

5.5 DVS 产品选型

5.5.1 DVS 的主要参数

通常，用户在选择 DVS 时，首先需要参考的就是 DVS 厂商提供的 DVS 参数规格(Specifications)。一般，DVS 厂商会提供非常全面的参数资料，其中包括视频输入输出类型及数量、芯片类型、音频接口、报警接口、存储接口、网络接口、PoE 功能等硬性指标，还有如操作系统、压缩算法、帧率、分辨率、码流、网络协议、Web 功能、智能功能等软性参数。通过这些参数基本可以了解 DVS 的功能、档次。但是，还有一类参数如二次开发支持、本地存储空间、图像延时、网络适应性、并发访问支持数可能不会直接显示在参数列表当中，但是这类参数对系统应用可能也非常重要，因此，需要进一步了解。

5.5.2 DVS 产品的架构

DVS 是网络视频监控系统中最关键的硬件设备，系统的模拟/数字转换、编码压缩、网络传输等功能都是由编码器实现的，目前 DVS 主要采用 DSP、SoC、ASIC 等硬件芯片，而操作系统多数为 Linux 嵌入式实时操作系统。

采用 DSP 芯片的优势在于：运算性能强，可升级性好。与 PC 类似，通用 DSP 芯片的具体功能可通过编程来实现，能快速、方便地进行软件升级及新功能添加，以适应技术发展和市场需求。

5.5.3 编码压缩方式

编码压缩方式目前是以 MPEG-4 为主流，以 H.264 为发展方向。H.264 可以实现在较低的带宽上实现高质量的视频编码。H.264 比 MPEG-4 的压缩比高 1 倍左右，但是算法的复杂程度也高出一倍以上。H.264 的高性能压缩是以算法的高复杂度为代价的，如分层设计、多模式运动估计、改进的帧内预测模式等。

提示：在网络视频监控系统应用中，经常提及的一个概念是“码流”，实际上，网络视频监控应用中经过编码压缩的视、音频数据都属于流媒体传输，而在传输信道中的数据流就俗称“码流”，码流与编码压缩技术密切相关。

提示：好的编码算法不仅仅体现在良好的图像观感质量上，如色彩、亮度、饱和度等，还体现在编码压缩效率上。优秀的编码压缩算法在同等图像质量前提下，可以节省大量码流资源，节省带宽、存储空间并具有良好的网络适应性。

5.5.4 视频分析功能

视频内容分析技术(VCA)势不可挡，目前视频分析模式主要有基于前端编码器视频分析及基于后端 NVR 服务器(或专用服务器)分析，两种模式的区别在于基于 DSP 或基于 CPU 执行视频分析算法。

早期的视频分析功能多是由后端服务器完成，由于视频分析需要大量的运算处理资源，因此，一台服务器支持的视频分析通道数量非常有限。随着芯片运算能力的逐步增强，使得越来越多的厂家把智能分析的功能集成到前端的视频编码器中，这样视频内容分析工作直接在前端完成，不但可以减轻网络实时传输的压力，也减轻了后端服务器的运算处理压力，也使得视频内容分析更具分布性、实时性。

为了打造具有视频分析功能的编码器，需要将视频内容分析算法嵌入到编码器中。一般可利用视频编码器本身所富裕的芯片运算处理资源，来实现一些基本的视频内容分析功能。如果需要在基本应用的智能功能外，运行更加复杂的分析算法，通常需要增加芯片，或者利用具有更强运算能力的芯片及缓存。

智能视频编码器的组成如图 5.17 所示。

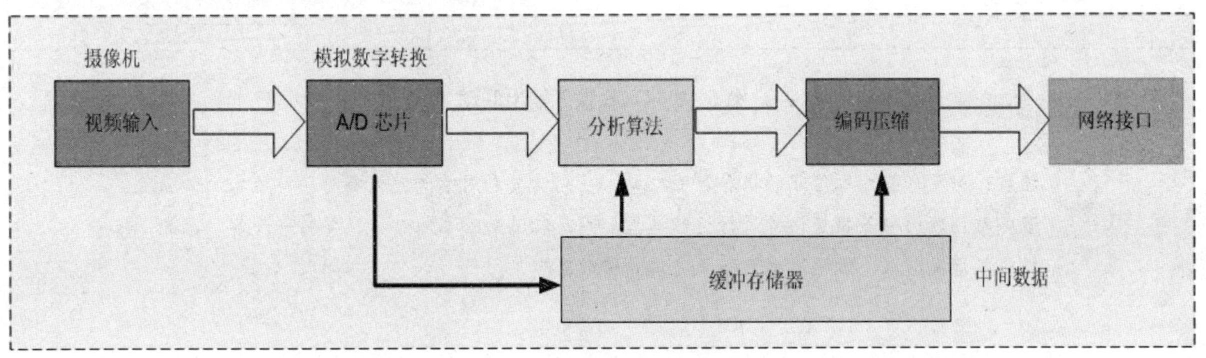

图 5.17　智能视频编码器的组成

提示： 如果采用后端服务器(或 NVR 服务器)模式进行视频内容分析工作，由于视频经过编码压缩后传输到网络上，到达服务器或 NVR 的时候，会失去一部分真实信息并产生一些噪音信号，这时用智能分析算法对压缩后的视频进行分析与识别处理，相对效果可能会差些，可能有更多的漏报和误报。

5.5.5 各类接口资源

编码器的视频输入接口是其关键指标，目前主流编码器为 1 路、2 路、4 路、8 路视频输入，可以根据需要进行选择。部分厂家采用灵活组合的方式，如采用 4CIF 实时码流则单机支持 1 路视频，采用 CIF 实时码流则单机支持两路视频接入，开启视频分析模式时单机支持 1

路 CIF 实时视频等。这种设计方式可以给用户带来良好的灵活性并体现出编码器厂家的良好的产品开发思路。音频输入也是一个重要指标，目前很多项目应用中需要双向语音对讲功能，另外 TTL 报警输入/输出、PTZ 接口、继电器输出接口等都是必需的基本配置。

图 5.18 是 DVS 连接报警输入、触发报警输出的示意。

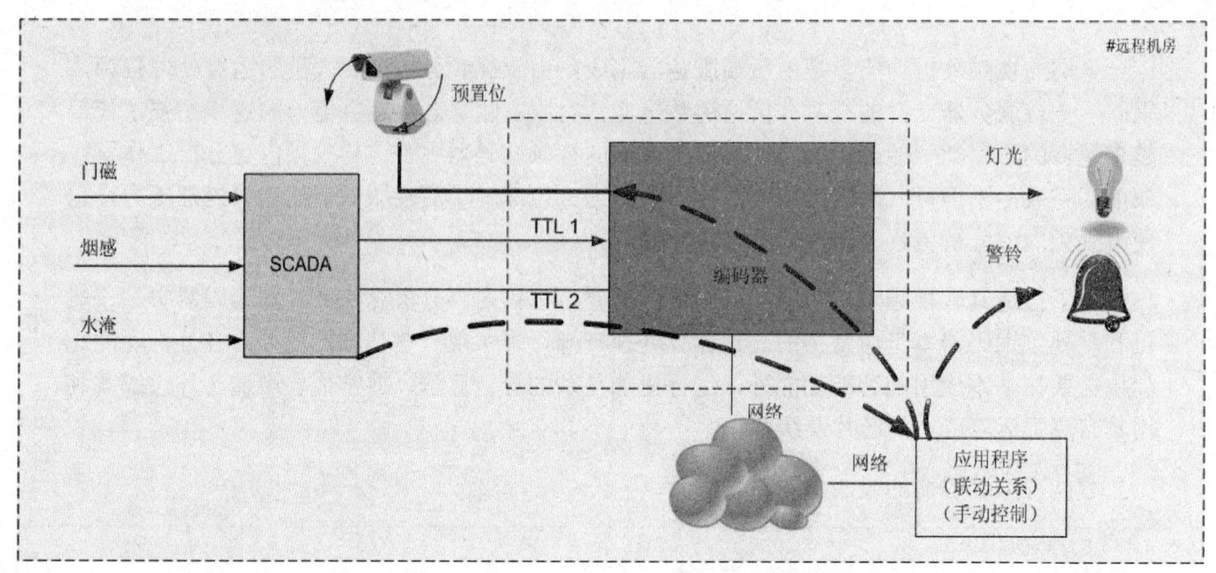

图 5.18　DVS 输入输出联动

注意：对于一些无人值守的机房、变电站，可能需要利用编码器设备对环境监控。如温度、湿度及门禁门磁等报警信号进行远程监控，同时能够触发本地灯光、警铃等设备，因此，根据前端环境需求，编码器需要配置充足的辅助接口。

5.5.6　标准化与开放性

如本书之前所讲，DVS 与 DVR 的一个很大区别是 DVS 是“非完整”设备，必须与 NVR、存储服务器、中央管理平台等配合使用才能构成完整的系统，这样，理想的 DVS 产品应该是即插即用的，也就是说产品是标准化的，这样用户不会局限于一个厂家的产品。

目前，这个理想还难以实现，那么，退而求其次，要求 DVS 具有开放性。集成商或用户可能根据需要选择不同厂家的 DVS，集成到一个平台上，那么 DVS 厂家是否能提供相关协议或 SDK 开发包，提供的开发包能支持多少功能等都是考核厂商开放性的重要方面。

5.5.7　设备的稳定性

对于 1 路、2 路等较少路数的视频编码器，多数厂家的设计是单板机，不采用风扇，这样的好处是减少了故障点，但是面临的挑战是，机器散热可能出现问题，进而影响编码器的正常工作。而对于多路编码器，风扇散热是必需的，但是也同时增加了故障点。另外，芯片、电源、网口、串口等都是编码器的故障点，编码器不同于 DVR，其本身的特性决定了其分散性应用，这样一旦设备出现问题将会给维护工作带来很大的成本负担。

提示：与 DVR 设备通常半集中部署在机房模式完全不同，编码器是通常分散安装的设备，一条 500 公里的铁路监控线，可能有几百个编码器分布在沿线的无人值守机房内，如果稳定性得不到保证，那么，其后期的维护成本会非常高。

5.6　DVS 的集成整合

本书第 4 章介绍过的 DVR 设备，在大型联网系统中经常有二次开发及整合的需求，即 DVR 需要与后端的监控平台(CMS)进行集成整合，目前整合的方式多数采用 DVR 提供的开放接口及辅助工具(如 SDK 开发包、DEMO 软件等)，这样的集成方式不难，但是，通常是一些简单功能的实现，集成的深度不够，可能导致部分特色功能缺失。相比 DVR，DVS 本身的理念就是开放性的产品，DVS 采用标准化的硬件和接口，专注在视频编码压缩与传输，配合通用的网络传输，基于 NVR 服务器或媒体服务器，实现完整的网络视频监控解决方案。在产品的集成上，DVS 的需求更高，通常采用底层通讯协议，实现深度集成，或者类似 DVR 采用 API 方式，完成 DVS 到第三方 NVR 或媒体平台的集成。

5.6.1　DVS 的 SDK 集成

实际上，编码器的 API 提供了一种软件和硬件的接口机制。应用程序可以用编码器的 API 来配置编码器和用来存储这个配置好的设置。编码器的提供者(编码器厂家)可以用 API 来展示这个编码器的功能。

DVS 的 API 集成方式如图 5.19 所示。图 5.19 中，SDK 通信管理器位于 NVR 或媒体服务器上，负责处理所有与编码器的通信任务。SDK 包含一套 API，这些 API 提供完整的对编码器的控制功能。SDK 采用 Plug-in 驱动的方式实施，运行在 NVR 服务器(或媒体服务器)上，实现与各个编码器通讯。

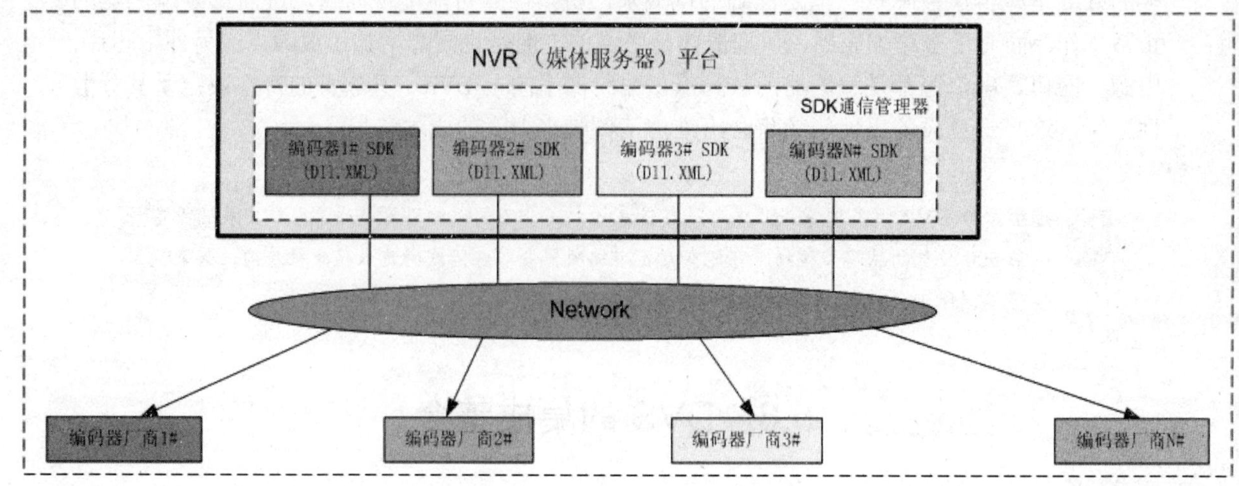

图 5.19　DVS 的 API 集成方式

5.6.2　DVS 的 SDK 功能

(1) 编码器初始配置：

- 获取硬件型号列表(硬件型号、Firmware 等)。
- 摄像机参数配置、初始化通道。
- 设置通道视觉参数，如亮度、对比度、灰度、白平衡等。
- 设置通道码流参数，如分辨率、帧率、码流、编码方式等。
- 检查网络连接、获取视频信号。
- 恢复设备到出厂设置状态。
- 编码器自动探测与获取(状态、参数、版本等)。

(2) 移动探测：

- 激活 VMD、设置 VMD 的灵敏度、解除 VMD 设置。
- 视频探测状态获取、设置感兴趣区。

(3) TTL 触发器：

- 激活 TTL、获取 TTL 状态、解除 TTL 触发。
- 设置 RELAY 报警。
- 设置 TTL 输出。

(4) PTZ 连接：

- PTZ 连接与断开。
- PTZ 通信口参数设置(波特率、停止位等)。

(5) 媒体流控制：

- 开始媒体流(视频+音频)、停止媒体流(视频+音频)。
- 帧获取。
- 发送状态检查。
- 创建回放帧(I 帧)。
- 获取视频缓冲(音频入)。
- 视频缓冲(音频出)。

5.7 DVS 设置与应用

5.7.1 DVS 工作流程

DVS 上电后的启动工作流程如图 5.20 所示。

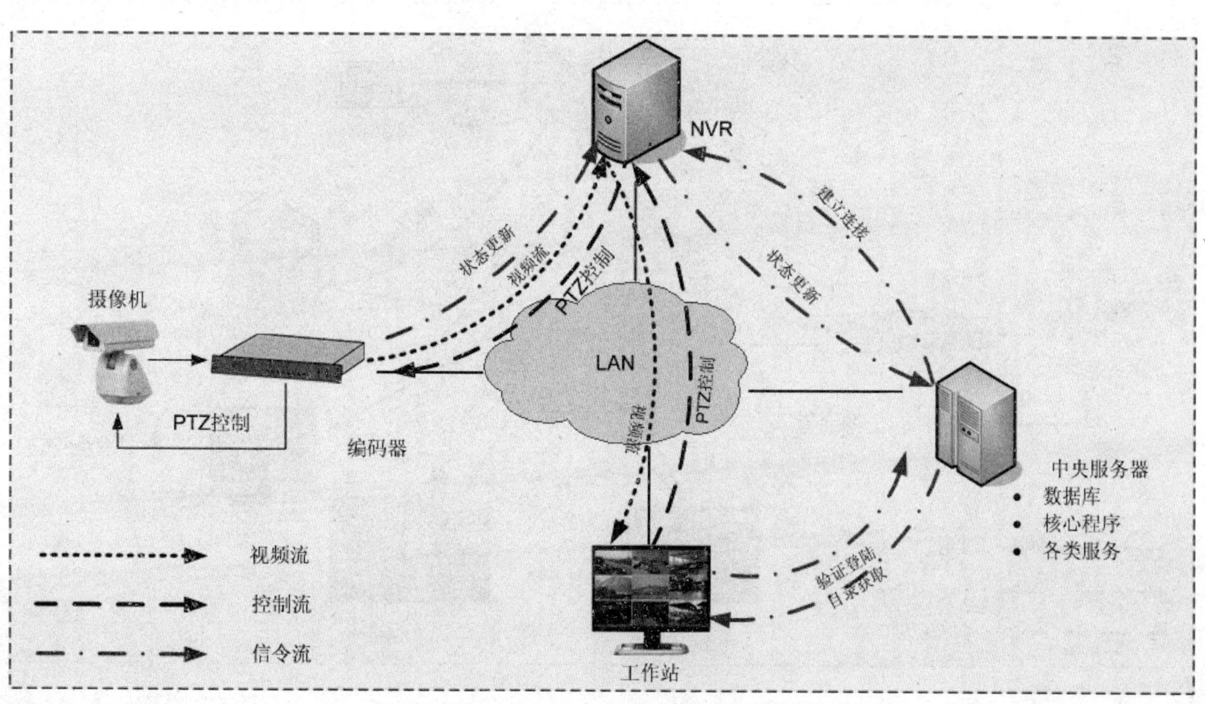

图 5.20 DVS 上电工作流程

(1) 编码器启动，刷新服务器列表。

(2) 中央服务器自动巡检下层设备状态(Keep Live)。

(3) 用户请求登录到中央服务器。

(4) 中央服务器验证用户权限，返回设备列表。

(5) 用户请求资源，如实时视频调用，回放等。

(6) NVR 响应用户请求，如转发实时视频流给客户。

(7) 如果控制 PTZ，NVR 发送控制命令到编码器。

5.7.2 DVS 码流分析

如图 5.21 所示是一个典型的 DVS 与 NVR 构成的网络视频监控系统,其中的码流情况如下。

(1) 编码器编码压缩的视频流发送到 NVR。

(2) NVR 将视频流写入磁盘阵列中进行存储。

(3) 工作站申请实时视频流经过 NVR 转发。

(4) 解码器(监视器)申请实时视频流经过 NVR 转发。

(5) 工作站申请回放视频流，由 NVR 服务器从磁盘阵列索引并发送到网络。

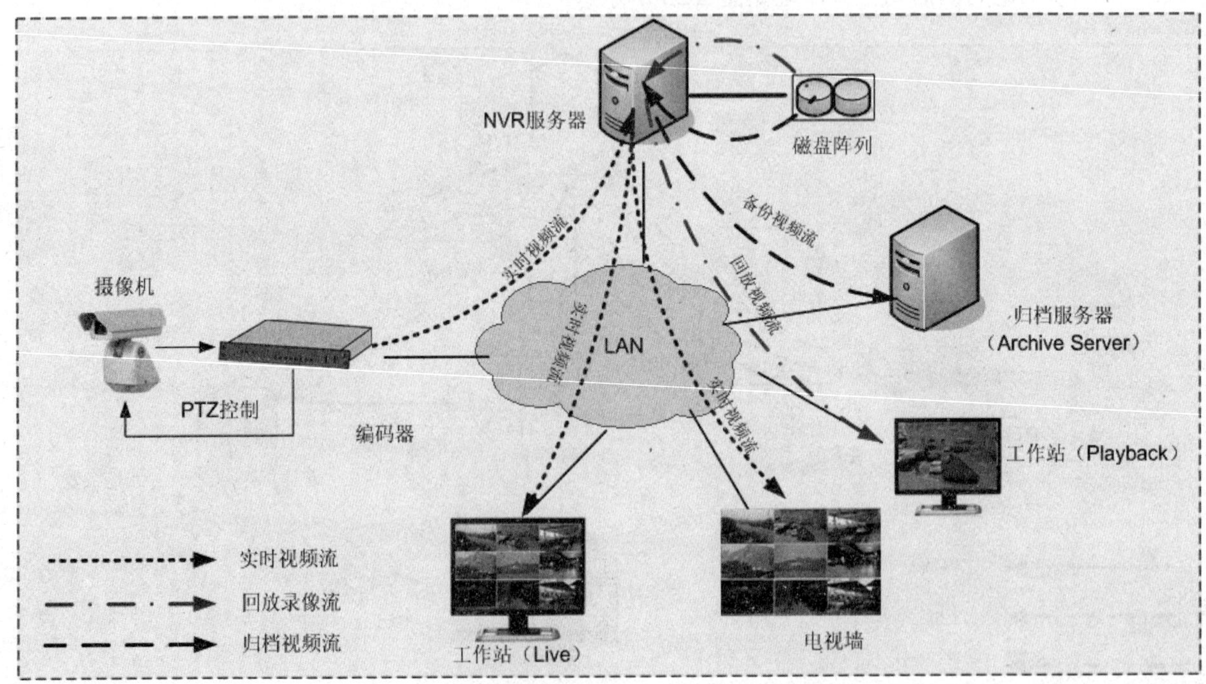

图 5.21 DVS 系统中码流结构示意图

在图 5.21 中，DVS 系统的设计主要是网络带宽及存储的设计，对于 DVS 本身来说，可以部署在网络中的任何位置，但是，其带来的网络带宽需求是关键所在；其次需要考虑 NVR 的部署位置，因为系统中所有的实时视频及录像回放视频都需要 NVR 的转发，因此，其位置、路由关系到带宽资源的需求；第三，就是解码器电视墙及客户工作站的位置，因为每个监视器(工作站窗口)需要一路视频码流解码显示，因此，其占用的带宽资源很高。第四，在一些项目中，可能部署归档服务器(Archive Server)，用来对重要视频及告警视频进行归档存储备份，因此，也需要考虑该部分对带宽的需求。

5.7.3 DVS 主要参数说明

1. 多种预定义的压缩配置

通常，系统中可以采用预设的方式，设置不同分辨率下的码流大小限制，如在 4CIF 实时模式下，有如下选择(当然，具体码流都是可调的)：4CIF 经济模式(1.5Mbps)、4CIF 正常模式(2Mbps)和 4CIF 高质量模式(3Mbps)。

2. 个性配置 MPEG-4 的压缩参数

对于视频编码压缩方式，可以采用有针对性的参数微调以实现更好的性能表现。例如调整 GOP 尺寸大小，其实质反映的是编码压缩过程中参考帧出现的频率，在不同的应用，如不同的网络环境下，GOP 可以有针对性地调节以得到更好的效果。

- GOP 大小：如设定值为 16，为每 16 个帧中出现一个 I 帧。
- 压缩率：通常码流在 0.5Mbps 到 8Mbps 之间。
- 压缩帧率：1/1~1/25(PAL)，1/1~1/30(NTSC)。
- 分辨率：常见的有 4CIF、2CIF、CIF 等。
- MPEG-4 的压缩方式有 Simple Profile 或 Advanced Simple Profile 等。

3. 其他参数配置

其他参数配置列举如下。

- 双码流：不同码流下不同帧率、分辨率及编码方式。
- 通道色彩参数，如对比度、饱和度的调节。
- 音频：音频输入输出配置。
- PTZ 控制：PTZ 串口配置以支持摄像机控制。
- 其他：报警输入输出端口参数的配置。

5.7.4 DVS 配置过程

DVS 的配置过程很简单，首先 DVS 需要连接到网络中，然后分配一个 IP 地址，在分配完 IP 地址的情况下，便可以将 DVS 加入到相应的 NVR 逻辑下，之后可以开始工作。日后，还可以对 DVS 进行 Firmware 的升级以提高性能。

DVS 基本配置过程如图 5.22 所示。

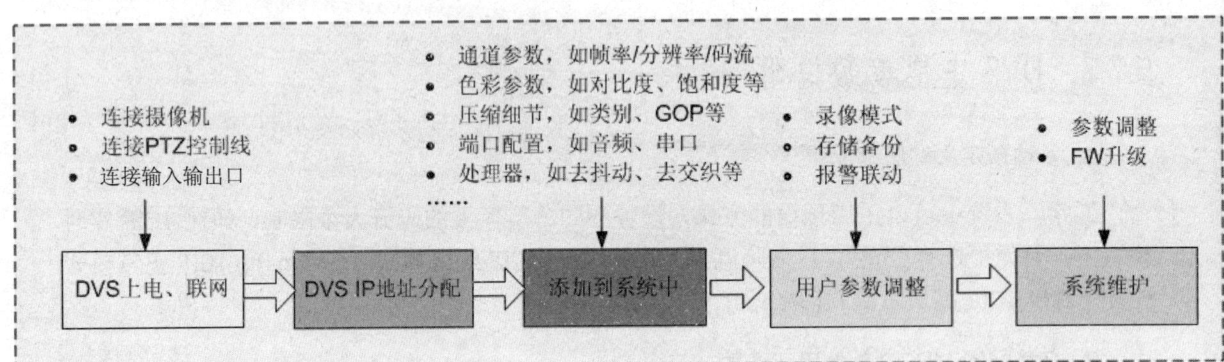

图 5.22　DVS 配置过程

(1) 登录到 DVS 配置程序。

(2) 连接 DVS 的电源及网络。

(3) 对 DVS 进行 IP 设置。

(4) 升级 DVS 的 Firmware。

(5) 添加 DVS 到系统资源树。

(6) 进行通道名称设置。

(7) 进行码流、帧率、分辨率设置。

(8) 设置 PTZ 具体参数。

(9) 设置 DVS 的音频输入输出参数。

DVS 连接摄像机信号开始工作之前，需要进行一些基本参数设定才能正常工作，包括 IP 等网络参数、视频分辨率&帧率等视频参数，这些参数是基本而必要的参数，还可以扩展进行其他参数设定（如时间、字幕、码流、事件等）。首次进行参数设置，可以通过编码器的串口，利用超级终端进行登录或者利用网口连接（需要知道编码器的 IP 地址等信息）。

1. DVS 的基本参数配置实例

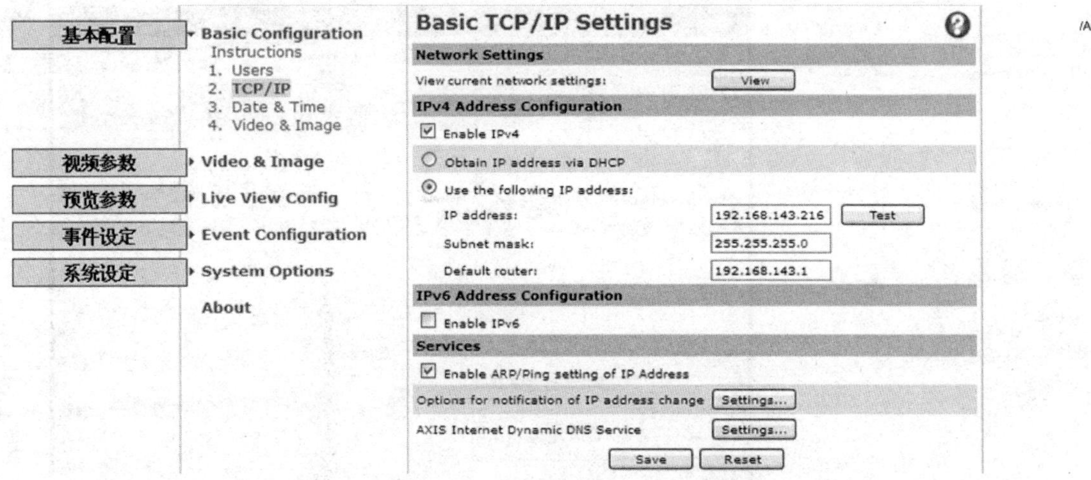

图 5.23　典型 DVS 基本参数设定界面

- TCP/IP：网络相关参数（如 IP 地址、掩码等）；
- Date & Time：时区、时间同步服务器、字幕时间等参数；
- Video & Image：分辨率、帧率、码流等视频参数。

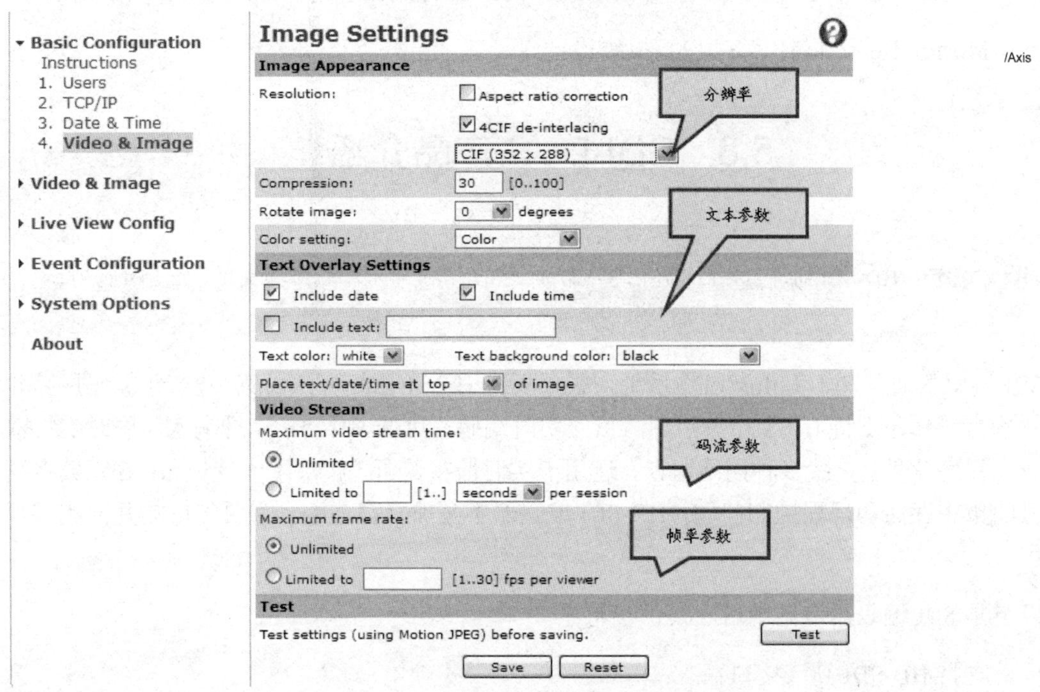

图 5.24　典型 DVS 视频相关参数设定界面

2. DVS 的事件设定实例

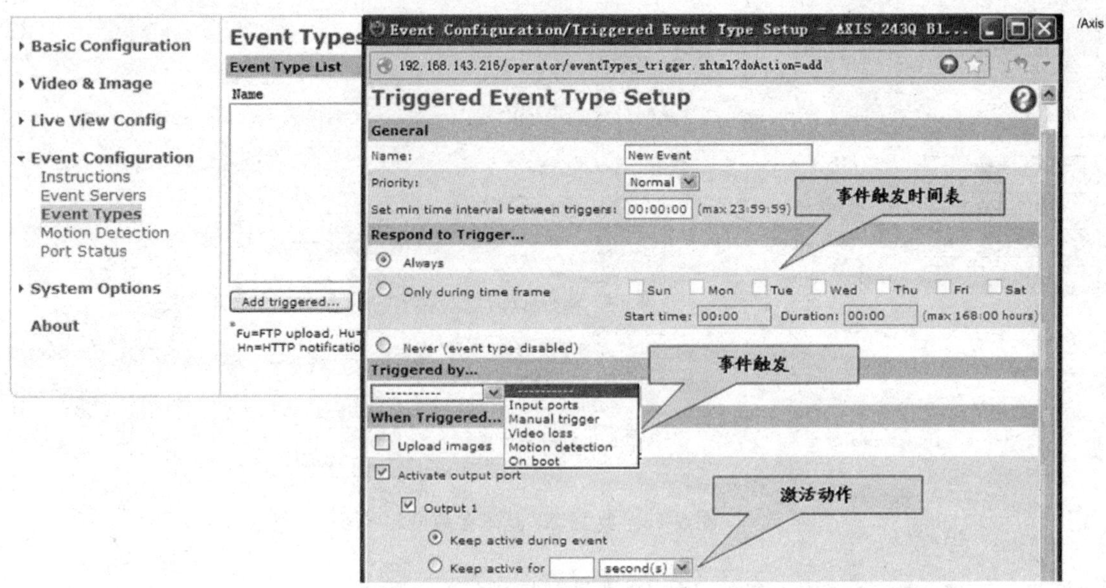

图 5.25　典型 DVS 事件参数设定界面

- Event Servers：报警触发后上传图片或信息的服务器，如 FTP、TCP 等；
- Event Types：事件类型，如手动触发、视频丢失、报警输入触发等及相关激活动作；
- Motion Detection：移动探测报警设定。

5.8　SDI-DVS 产品介绍

提示： HD-SDI 高清相关内容详见本书第 8 章 SDI 高清部分内容，本节简单介绍 SDI 编码器。

SDI 编码器通常基于 Linux 操作系统，采用标准 H.264 压缩算法，集视/音频编码压缩和数据传输为一体，支持 HD-SDI 数字高清信号实时编码，可选 HD-SDI 光纤输入，同时支持双向音频和报警信号，支持多种网络协议，适用于实时监视监听，解决了大规模 HD-SDI 数字高清信号的集中存储和远程控制问题，HD-SDI 编码器不是孤立存在的，需要与后端共同完成视频应用。

以下是 SDI 编码器常见规格，仅供参考：

- 支持 HD-SDI 高清接口输入；
- 视频接入信号符合 SMPTE-292M 标准，最大传输速率为 1.485Gbps；

- 视频标准：H.264/ Baseline/Main；
- 支持 1080P、1080I、720P 高清分辨率实时编码；
- 支持双向音频和报警接入；
- 支持 PTZ 控制；
- 支持网络协议 TCP/IP、HTTP、IGMP、Telnet、ICMP、ARP；
- 支持中英文字符及时间 OSD 的叠加；
- 完善的 SDK 和 DEMO 程序，便于用户集成和二次开发；
- 支持视频丢失检测、掉电数据备份。

如图 5.26 所示，SDI 高清摄像机视频信号，通过视频分配器一分为二后，一路进入 SDI 高清矩阵，进行实时视频切换及显示，另外一路进入 SDI 高清编码器，进而进行传输、存储。

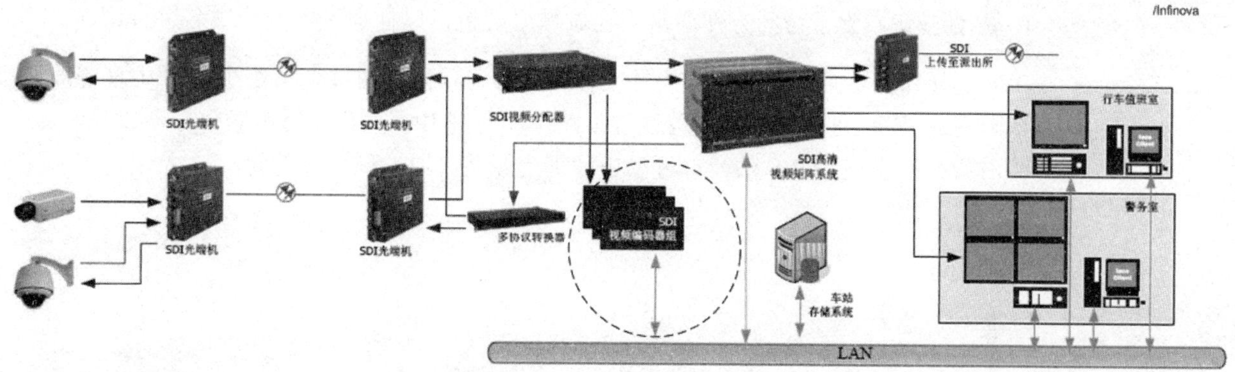

图 5.26　SDI-DVS 应用示意图

5.9　DVS 常见故障及公网接入

1. DVS 常见故障及处理办法

现　象	可能原因	处理方法
无法启动	编码器固件损坏	尝试重新刷新 Flash 或者返厂维修
IE 无法访问	网络连接或 IE 控件	确认网络连接正常，IE 控件安装正常
图像条文	视频信号源问题	检测摄象机信号及视频连接
PTZ 不可控	参数设定及连接	检查 PTZ 连接 RS485+-连接、端口连接线及对应参数(协议、波特率等)设置

续表

现　象	可能原因	处理方法
无法添加	用户名&密码，网络连接	确认用户名及密码正确，确认网络连接
通道无法打开	通道自身问题或连接限制	前端视频通道连接是否正常，或者可能 DVS 的单&总通道打开数量已经超过限制

2. DVS 接入公网

与 DVR 通过广域网访问类似，DVS 的广域网访问可以采用下面三种方式：

- 如果用户是向电信运营商申请的固定公网 IP，那么只要将 DVS 设备的 IP、掩码、网关参数通过超级终端或者客户端设置为用户申请到的公网参数，连接好网线后，就可以直接在异地通过一台可以访问公网的电脑，通过软件或者 IE 来访问该 DVS 设备。
- 如果 DVS 支持 PPPOE 自动拨号功能，则可以通过拨号获得公网的 IP。但是这里的 IP 是动态 IP，为了访问方便通常需要做域名解析，以便通过不变的域名进行访问。
- DVS 连接路由器，路由器通过拨号或者其他方式获得公网 IP，需要在 DVS 中设置局域网内的 IP 地址、掩码，网关设置为路由器内网 IP，然后在路由器中做端口映射，路由器如果支持 DDNS 功能，可以申请绑定域名，通过域名来访问。

5.10 本章小结

本章介绍了 DVS 的技术原理、软硬件构成、主要功能，并介绍了 DVS 的特色功能、应用架构、集成整合。DVS 在网络视频监控系统中扮演着重要的角色。伴随着网络摄像机及高清视频监控的兴起，DVS 的优势逐渐得到削弱，但其在一定时期内将继续存在并发挥作用。对于 DVS 的考核，关键在于视频编码质量、系统接口、稳定性及开放性。

第6章 网络录像机(NVR)技术

NVR，全称 Network Video Recorder，即网络视频录像机，是网络视频监控系统的存储转发部分，亦可具有管理、分析、解码等功能，NVR 与视频编码器或网络摄像机协同工作，完成视频的录像、存储及转发功能。

 关键词

- NVR 产品介绍
- NVR 主要功能
- NVR 亮点功能
- NVR 的 ONVIF 接入
- NVR 的设计选型
- NVR 应用案例介绍

6.1　NVR 产品介绍

6.1.1　NVR 的功能角色

NVR 的全称为 Network Video Recorder，其核心特点主要体现在字母“N(Network)”上，即网络化特性。在 NVR 系统中，前端监控点安装网络摄像机或视频编码器。模拟视频、音频以及其他辅助信号经视频编码器数字化处理后，以 IP 码流形式上传到 NVR，由 NVR 进行集中录像存储、管理和转发，NVR 不受物理位置制约，可以在网络任意位置部署。NVR 实质是个“中间件”，负责从网络上抓取视频音频流，然后进行存储或转发。因此 NVR 是完全基于网络的全 IP 视频监控解决方案，基于网络系统可以任意部署及后期扩展，是比其他视频监控系统架构(模拟系统、DVR 系统等)更有优势的解决方案。

NVR 在网络视频监控系统中的功能角色及逻辑地位如图 6.1 所示。

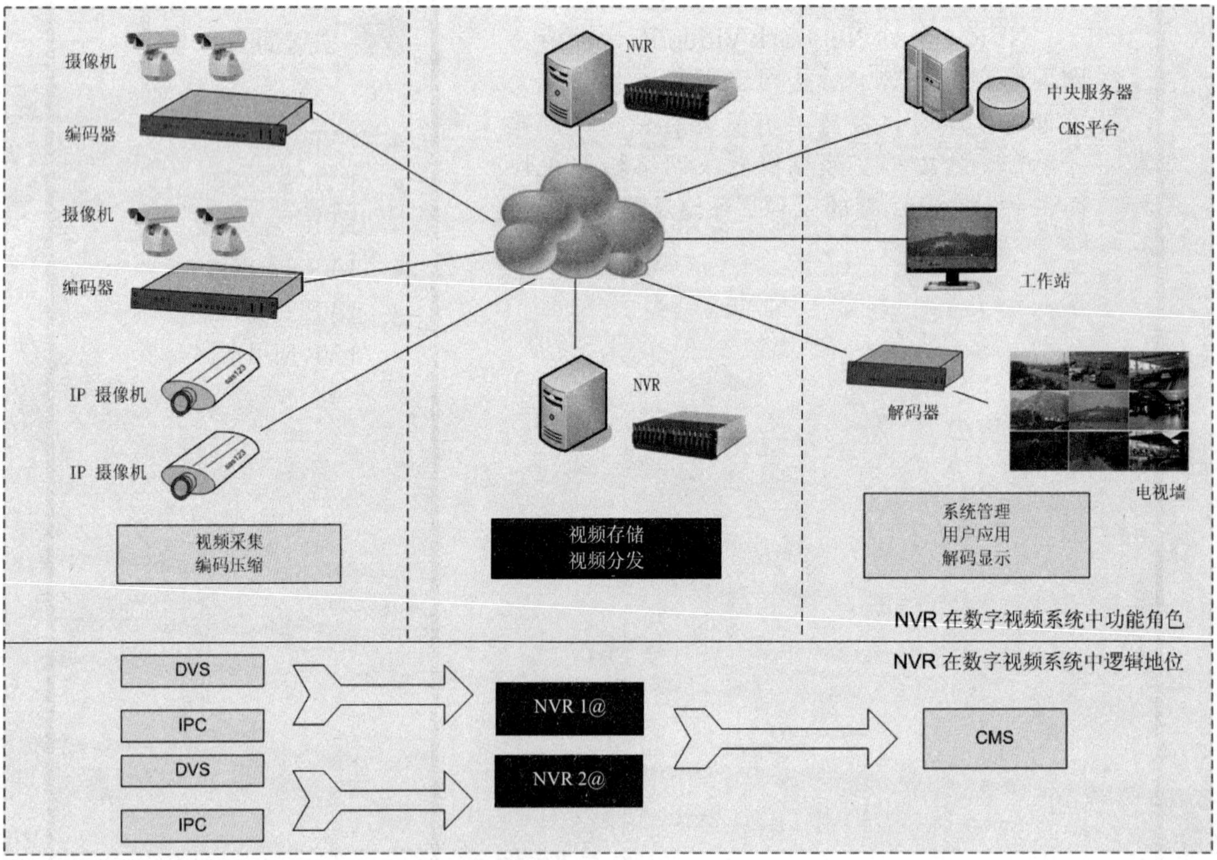

图 6.1　NVR 在网络视频监控系统中的角色

对于 NVR，目前行业的定义也不是非常统一，甚至对于 NVR 是硬件还是软件还有不同声音。而实质上，不同 NVR 厂商提供的 NVR 产品形态的确不同，有的提供软硬一体解决方案(TurnKey)，如嵌入式 NVR 或基于某些服务器厂商的 NVR，有的提供纯软件(SoftwareOnly)解决方案，如光盘软件加许可(License)的形式。但是这些只是表面现象而已，NVR 实质上可以理解为软件，但是其完整功能的实现离不开计算机平台这个载体。如同 MP3 播放器，实质是个软件，在任何一台电脑上安装后都可以播放动听的音乐，但是，前提是有电脑平台，有的公司将 MP3 播放软件做成软硬一体的小盒子——就是流行的 MP3 随身听了。同样，NVR 产品可以是软硬一体化形态，也可以是纯软件形态。

NVR 的工作原理如图 6.2 所示。

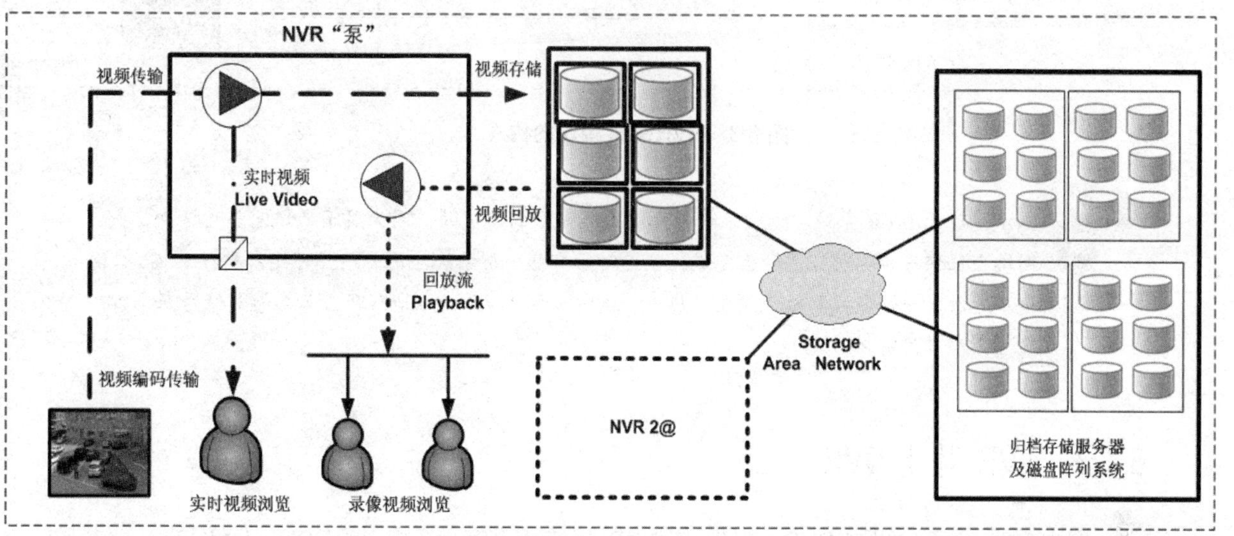

图 6.2　NVR 工作原理

从图 6.2 中可以看出，NVR 对于视频流，其实质是起到了一个类似“泵”的作用，实现了视频流的“泵入与泵出”功能。

提示： 对于 NVR 产品，有部分公司的 NVR 配置本地视频输入输出接口、键盘及鼠标等接口，用来实现本地化的视频操作应用。其意义在于对于一些小型项目，可以直接以显示器连接到 NVR 上而无需再单独配置电脑，其应用方式与 DVR 类似。NVR 通常是在大型、分布式的项目应用，通常安装在环境良好的机房机柜内，而视频工作站连接到网络上便可实现所有功能。

6.1.2　NVR 的功能模块

NVR 的核心功能就是视频流的存储与转发，NVR 的主要软件功能如图 6.3 所示。DVS 或 IPC 编码压缩的视频流经过网络传输，经由 NVR 进行视频的转发(到解码)，或进行视频存储(本地存储、远程存储及视频归档备份)。同时响应客户端请求进行视频录像的检索回放，也可以根据需要进行本地的视频输出显示。

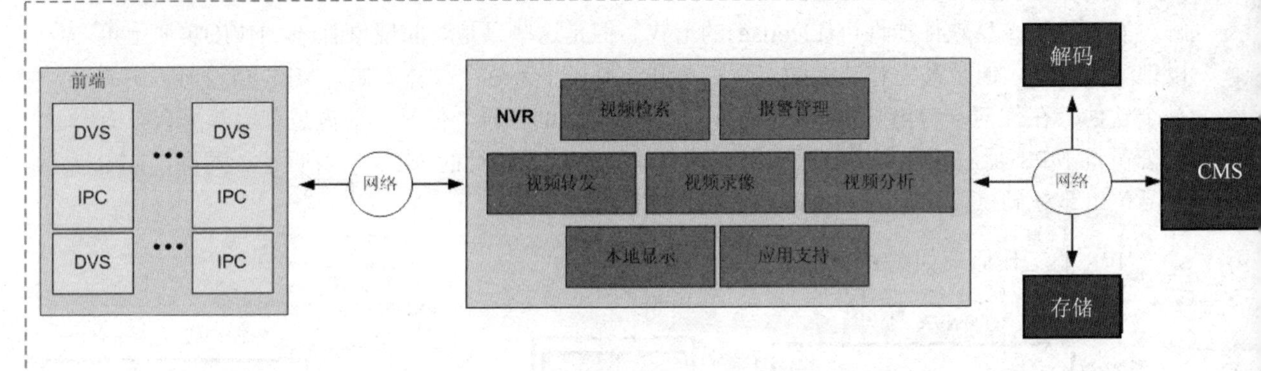

图 6.3　NVR 软件模块的构成

提示：对于 NVR 系统，通常来讲是没有本地显示的需求的，因为显示工作完全可以通过在网络上任何一台电脑客户端来完成。但是对于有些小型系统应用，用户可能需要在 NVR 旁边本地放置一台监视器做视频显示应用，这时需要 NVR 的本地解码显示功能支持，而此情况在大型项目并不多见。

6.1.3　NVR 对比 DVR

在本书第 4 章介绍过 DVR。DVR 与 NVR 相差一个字母，却决定了它们之间的巨大本质区别。DVR 将模拟视频进行数字化编码压缩并存储在硬盘上，其“D”字母主要涉及的是编码及存储技术，与网络传输关系不大，因此 DVR 通常就近安装在模拟摄像机附近的机房内。而 NVR 从网络上获取经过编码压缩的视频流然后进行存储转发，其字母“N”涉及的是网络，是传输，因此我们在 NVR 设备上一般看不到视频信号的直接连接，其输入及输出的都是已经编码并添加了网络协议的 IP 数据。

1. 独立性

对于 NVR，与 DVR 的第一个区别就是，NVR 不可以独立工作、自成系统，NVR 需要与前端的 IP 摄像机或 DVS 配合使用，实现对前端视频的存储和管理。对于 DVR，可以直接连接模拟摄像机进行视频获取、编码压缩、存储和管理，完全可以自成系统独立工作。

2. 物理位置

在实际应用中，NVR 的部署是灵活而不受物理位置限制的，也就是说，NVR 不受摄像机、编码器及控制中心的物理位置限制，而只要求网络连通就可以了，主要需要考虑网络视频流带宽的合理分配及部署。DVR 由于直接与模拟摄像机连接，因此物理位置受制于现场设备的布局，通常需要就近摄像机、音频设备(拾音器、麦克风)以及辅助输入输出设备(红外、温感、烟感、警铃等)，并考虑传输距离及信号传输损失，有一定的局限性。

3. 存储

NVR 可以采用各种方式进行存储，如 DAS、SAN、NAS 等，可以采取各种级别的 RAID 技术实现数据保护，并且 NVR 的集中存储方式更有利于存储设备的集中部署，从而降低存储设备成本、维护成本、机房成本。DVR 系统，存储通常是由 DVR 内部挂接的多块硬盘或外挂磁盘阵列完成，不便于集中存储设备的部署。

注意：DVR 由于存储不依赖于网络的连接，因此，网络的中断对其存储功能没有任何影响，而 NVR 的存储要求网络实时畅通，一旦网络中断，视频录像数据将会丢失，或者需要前端的编码器/IP 摄像机具有本地视频数据的缓存功能。

4. 高清

NVR 系统是真正的数字化、网络化、开放化的系统，配合前端高清摄像机可以实现真正的高清存储与视频转发。如果需要实现真正的高清，从视频的采集、编码压缩、存储到显示各个环节均需要高清支持。当前的高清的实现方式主要是前端的“高清 IP 摄像机+NVR”的方式实现，高清 IP 摄像机可以产生百万像素级的图像，然后直接进行网络传输、存储、显示或回放。DVR 系统受制于模拟摄像机自身技术、通道传输带宽限制及芯片处理能力限制，无法实现真正的高清视频，最多支持 D1 分辨率。

5. 开放性

NVR 采用开放的 IP 架构，需要与编码器、管理平台、操作系统、网络传输及存储设备配合使用，实现完整的功能。因此，NVR 具有良好的集成能力，无论在视频的互联互通方面，还是与报警、门禁等系统的融合上，都更加方便灵活。另外，NVR 可以基于通用的服务器及操作系统运行，因此，逐渐打破了安防监控领域设备专有、封闭的格局，逐渐与 IT 融合，进一步有利于用户购买及维护。

DVR 系统中，通常由于其本身具有视频采集、编码压缩、存储、管理等全面的功能，可以自成系统独立工作，因此，较少考虑不同厂商系统间的兼容性，缺乏“团队合作精神”，通常视频编码方式、网络传输协议、视频文件系统等均私有化，不利于集成。

6. 成本

对于分布式的大型视频监控系统、如果具有良好的网络建设、并计划部署集中存储系统设备，那么 NVR 系统架构是个不错的选择。对于小规模并且点位比较集中的应用场合，可以直接利用线缆将视频信号连接到 DVR 实现小规模、完整的系统功能，成本较低。

7. 接口

DVR 通常具有丰富的接口，包括视频输入输出、音频输入输出、PTZ 控制接口、报警输入输出接口、存储扩展接口、网络接口等，这些接口对于自成系统的 DVR 来讲是基本而必须的；而对于 NVR，其功能定位在视频的存储与转发，并且通常作为“中间件”部署在二级机房，那么意味着远离现场，远离各类视频音频输入输出、远离报警接口，远离工作站，因此，为其部署多余的接口意味着成本的增加及故障点的增加。从另外的角度讲，这些音视频、辅助输入输出接口已经部署在了 DVS 等前端设备上了。

提示：以上对于 DVR 与 NVR 的讨论，旨在增加读者对两个产品形态的了解，而并非要争论出孰优孰劣，或谁将淘汰谁。实际上，两者在不同的项目、不同需求下有各自不同的应用优势，将会长期并存，因此，关键在于合理选用。

6.1.4 PC 式与嵌入式 NVR

如先前的介绍，NVR 有不同的产品形态，虽然其核心功能是网络视频流的捕获、存储、管理与转发，但是，不同公司有不同的设计来完成这些功能，并有各自的特点。目前主要有三种 NVR 产品形式：

第一种是基于 PC 服务器式的 NVR 软件产品(Software Only)，即厂商提供的是 NVR 软件加授权许可模式，可以安装在任何满足要求的标准 PC 或服务器上；

第二种是由厂商提供软硬件一体的 NVR 整体解决方案，即厂商已经将 NVR 软件安装在其定制的 PC 服务器上了——所谓的(Turnkey Solution)产品；

第三种是嵌入式的 NVR 产品，即基于嵌入式硬件平台及操作系统的嵌入式设备(All In One)；

另外，还有存储设备厂家开发的存储管理一体设备，不是目前主流的 NVR 形态。这里重点讨论主流的 PC 服务器式(Software Only 以及 Turnkey Solution)和嵌入式两大类 NVR 产品形态。

提示：对于两种基于 PC 服务器的 NVR 产品形态，其产品本身差别不大，其核心 NVR 软件可能是完全相同的。差别在于 Turnkey Solution 形态下，厂商提供整体的 NVR 软硬件，由于厂商在研发阶段已经进行深度测试，因此集成性好、稳定性有保证，并且在售后服务上用户面对的接口单一；另外由于 NVR 厂商可以大宗采购 PC 服务器(OEM 方式)，因此成本并不高。Turnkey Solution 的问题在于产品的灵活性不够。而 Software Only 形态的 NVR，在满足 NVR 运行需求(OS、CPU、RAM 等)的前提下，给用户采购 PC 服务器提供了自由选择空间，缺点是由于 NVR 软件和服务器硬件来自不同的供应商，当出现故障时，用户的售后服务可能遭遇“踢皮球”推诿的困惑。

1. 稳定性

在 DVR 产品中，PC 式与嵌入式的稳定性问题已是老生常谈的话题。在 NVR 时代，也一样有此问题。对于大型分布式、网络化的视频监控系统，系统的稳定性尤其重要。

PC 式 DVR 通常基于主流的 PC/服务器硬件平台，采用 Windows 操作系统，因此其稳定性的确需要重视。但是有一点与 PC 式 DVR 不同，NVR 系统没有 DVR 系统那样多的环节。PC 式 DVR 中的主板、视频采集板卡、大量的硬盘、录像软件等都是容易出故障的环节，而对于 PC 式 NVR，其硬件平台及操作系统完全是技术成熟的标准化产品，基于该平台运行 NVR 软件时的稳定性通常不是问题。PC 式厂家一般也提供“Turnkey NVR”产品，即软硬一体的 PC 式 NVR，这样经过厂家的严格测试，稳定性更加有保证。

嵌入式 NVR 基于嵌入式处理器和嵌入式实时操作系统，系统没有 PC 式那么复杂和功能强大，结构比较专一，只保留 NVR 所有需要的功能，硬件软件都很精简，此类产品相对更加稳定。软件固化在 Flash 或 ROM 中，不可修改，基本没有系统文件被破坏的可能性，也不会遭到病毒程序的攻击，总体来讲，可靠性很高。

注意：从稳定性角度，我们完全不必苛求 NVR。

第一，NVR 与 DVR 的部署位置不同，DVR 通常是安装在靠近摄像机的现场机房或弱电间内，一般环境恶劣(电源质量、温湿度、灰尘污染等)，而 NVR 通常是靠后面部署，一般安装在一级或二级中心机房内，环境条件有保证，这也导致 NVR 与 DVR 其实际维护成本的差别很大；

第二，NVR 相比 DVR，功能角色定位不同，NVR 功能更加单一，仅仅是视频存储、转发及回放功能，没有直接的视频、音频、报警输入、报警输出的接入，因而故障点少；

第三，DVR 的任何一个部件，不论板卡、电源、硬盘、接口哪一处发生故障，都要整机停止运行而又没有备份 DVR 支持，因此，DVR 稳定性必须很高，但是 NVR 完全可以启动备份 NVR 无停机地进行维护。

所以，怀疑 PC 式 NVR 的稳定性没有多大意义。

提示：目前，多数 PC 式 NVR 厂家提供 N+1 冗余技术，也就是说，当一组中的一个 NVR 出现故障后，冗余的 NVR 可以快速接管其工作，而让系统停机时间最小化(分钟级)，用户可以充分利用该时间对故障 NVR 进行修复，而 NVR 其实是通用的 PC(硬盘、CPU、电源等)及操作系统，其修复工作很简单。

2. 功能性

PC 式 NVR 基于通用的 PC 平台架构及通用的操作系统，因此可以提供强大的功能支持，从硬件上讲主要体现在其与其他硬件兼容性好，接口也非常齐全；从软件上主要体现在，Windows 操作平台上可以调用系统自带的一些功能和利用非常成熟的可视化编程工具来快速开发软件，这也大大节省了开发成本和开发周期。

嵌入式 NVR 的应用软件与硬件融于一体，类似于 PC 中 BIOS 的工作方式，具有软件代码小、高度自动化、响应速度快等特点，特别适合于要求实时和多任务的应用。此类产品没有 PC 式 NVR 那么多的功能模块和辅助软件功能。

3. 扩展与集成

NVR 与 DVR 的一个不同点在于：NVR 是开放的系统，而不像 DVR 那样经常单兵作战，NVR 需要与视频编码设备、存储设备、视频分析设备、中央管理平台等进行集成，并有可能日后在规模、架构上进行扩展。

PC 式 NVR 因为其硬件的接口通用、开放，标准化(一般采用 X86 系列 CPU)，另外操作系统自身功能强大，因此在兼容方面容易解决。后期可以很容易写入协议，更新驱动，从而可以兼容更多、更新的 IP 设备，表现出良好的扩展性。如 NVR 常见的需求是“增加对一些新型网络摄像机的支持，或增加视频分析功能”，这些功能对于开放、标准的 PC 式 NVR，仅仅需要增加驱动或者升级软件便可轻松地实现。

嵌入式 NVR 主要表现在其硬件的集成度过高、接口单一、与其他硬件的兼容性不够好；软件方面主要体现在，嵌入式软件的存储空间一般较小，这也决定嵌入式软件的附带功能不可能很强。通常嵌入式 NVR 需要前期写入相关协议，那么当后期需要增加协议以实现兼容更多 IP 设备时，需要做的工作要相对复杂，周期一般要更长些。

4. 成本因素

PC 式 NVR 基于主流的 PC 及操作系统、存储系统，因此，所有的软硬件平台是通用的，发生故障后，用户可以利用通用备件，如 CPU、内存、电源、板卡、硬盘等快速地进行更换，以实现成本最小化。如果嵌入式 NVR 出现故障，一般用户或集成商自己较难修复，多数需要返回厂家。

提示：两种 NVR 产品形态可以说各有各的优势，而其各自的缺点也正在逐步得到修正，因此，讨论哪种产品形态孰优孰劣意义不大，必须结合具体情况，选择合适的产品，并发挥其最大效能。

6.2 NVR 的技术指标

6.2.1 NVR 的平台需求

如先前所述，NVR 有嵌入式及 PC 式，而嵌入式 NVR 是软硬一体的整体产品，因此无需用户或集成商考虑平台需求。对于 PC 式 NVR，目前的产品形态有两种，一种是一体化的 NVR，厂家提供软硬件整体解决方案；另外一种是纯软件形态。

通常，对于一体化解决方案的 NVR，厂商会根据相应的订单需求，在出厂时配置好相应的硬件平台和操作系统等。而对于纯软件 NVR，厂商提供的可能是仅仅是一套软件加相应的 License，但是会对平台有详细的要求，比如要求 x86 系统、处理器频率、内存大小、Windows 2003 操作系统等，甚至不同的 SP 程序都有要求。这样，用户需要根据相应的需求进行 PC/服务器的采购、系统配置，然后安装 NVR 软件，这是一个基本要求，是必须要满足的硬性指标。

1. 平台刚性需求

对于硬性指标，用户通常希望它是“宽泛”的，如同身边的 MP3 软件，我们希望 MP3 软件可以在任何硬件 PC 及操作系统上都能使用，而不是在指定 CPU、指定操作系统的平台上才能使用。NVR 实质是在硬件基础上的软件应用，出厂前，一般 NVR 软件厂商均会对一些平台及操作系统进行兼容性测试，但是，这种测试可能是局部的而不全面，那么在非认证测试的平台上运行该 NVR 程序可能会在日后使用过程中出现问题。

2. 平台弹性需求

对于不同负载的 NVR，对内存资源、CPU 资源的占用情况不同，因此其对硬件的要求也是不同的，比如 64 通道 4CIF 实时录像配置的 NVR 与 32 路 CIF 实时录像配置的 NVR 对 CPU 及内存的要求肯定是不同的，因此，必须根据不同的 NVR 负载，选择满足相应要求的硬件(CPU 及内存等)以实现较高性价比。确定平台的软性需求时要考虑下列情况：

- 视频通道数量及具体参数，如帧率、分辨率。
- 视频码流设置，与视频通道参数相关，单位是 Mbps。
- 视频录像需求，如按照时间表录像、全部时间录像或报警触发录像。
- 音频通道数量。
- 可能的并发访问数量，包括实时浏览与录像回放。

对于不同负载的 NVR，厂商通常会列出相应的平台系统最低配置需求清单，通常包括 CPU 频率要求、内存要求、网卡、系统盘大小、操作系统版本等。

提示：目前，一些厂商的 PC 式 NVR 的软件具有智能安装自检功能，即系统软件在安装过程中，自动对平台资源、操作系统、硬盘空间、系统补丁或服务等基础条件设施进行检查，一旦发现不满足安装条件便暂停安装并提示用户。

6.2.2 NVR 的瓶颈分析

1. NVR 性能瓶颈分析

NVR 的功能划分包括视频存储、视频转发、录像回放、视频备份归档等，而 NVR 的负荷能力主要瓶颈在三方面：NVR 自身的处理能力(软硬件)、网络带宽及存储吞吐率。NVR 的瓶颈点如图 6.4 所示，其中包括网卡(网络)、NVR 自身软硬件能力、存储带宽等各个环节。

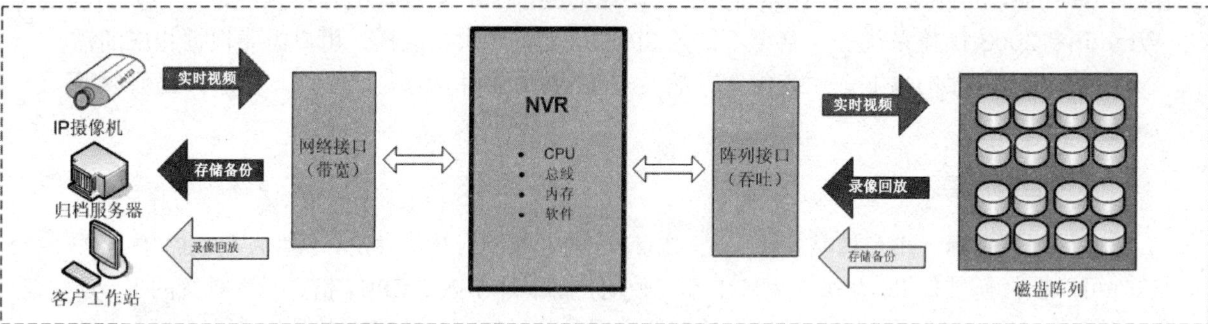

图 6.4 NVR 工作瓶颈说明

2. 视频通道容量

即使硬件平台如 CPU、内存等条件不受限制，单台 NVR 能够支持的视频通道、音频通道数量也不是没有限制的，这取决于不同厂商的 NVR 软件机制。NVR 是集中存储的设备，单台设备能够支持的通道数量越多，那么服务器平台成本、操作系统成本、机房空间成本就会越低，因此系统通道容量是衡量 NVR 的一个很重要的指标。但是，衡量视频通道数量是有前提条件的，因为不同码流的视频，其对硬件、软件资源的消耗不同，从而导致 NVR 能够支持的通道容量也不同。比如一台 NVR，最多可以支持 CIF@RT 通道 150 个，但对 4CIF@RT 通道可能仅仅支持 40 个，而如果需要支持音频通道，数量可能更低，因此 NVR 通道容量必须是基于一定前提条件给出的。目前行业主流 NVR 对于 4CIF@RT 通道的支持数量一般可达到 30 以上的水平，这对于系统成本、架构也是合适的。

提示：单台 NVR 能够支持的通道数量是衡量 NVR 的一个指标，但是也没有必要盲目求高。虽然单台 NVR 支持的通道容量与系统总体成本是成反比的，但是需要一个平衡点，这个平衡点就是系统的稳定性。支持过多通道数量的 NVR 在实际中未必实用，其在带宽需求、存储、风险上均有障碍。在目前的服务器能力、网络、带宽等基础条件下，单 NVR 服务器支持 30 路 4CIF 实时视频是不错的容量标准，当然，根据分辨率、帧率不同，容量不是固定的。

3. 存储空间容量

通常，NVR 是运行在 PC/服务器平台上，服务器通过 NAS、SAN、DAS 等方式连接各种类型的磁盘阵列，NVR 需要对所分配的磁盘空间进行管理并写入视频流，每台 NVR 能够支持的磁盘容量也是有限的，也就是说每台 NVR 至多支持的存储空间是有限制的，那么，与之相应的视频通道的存储时间也相应受到限制。例如 NVR 可能支持 20TB 或 30TB 空间，而如果要求更长时间录像，那么单台 NVR 支持的存储空间将成为一个瓶颈，方法只有增加一台 NVR，让每台 NVR 支持一部分通道，这样系统的建设成本会有所提高。

4. 并发流量支持

NVR 的作用不仅仅是网络录像，在大型系统中，NVR 在抓取网络上相应的视频流的同时，还要响应网络上一些用户的请求，将视频流进行转发，转发给客户端或解码器电视墙进行显示；或者响应一些用户的需求，将历史视频流发送给请求的客户端；或者将已经存储在 NVR 本地的视频进行远程归档，传输到网络上的归档存储系统进行备份。

NVR 并发流如图 6.5 所示。

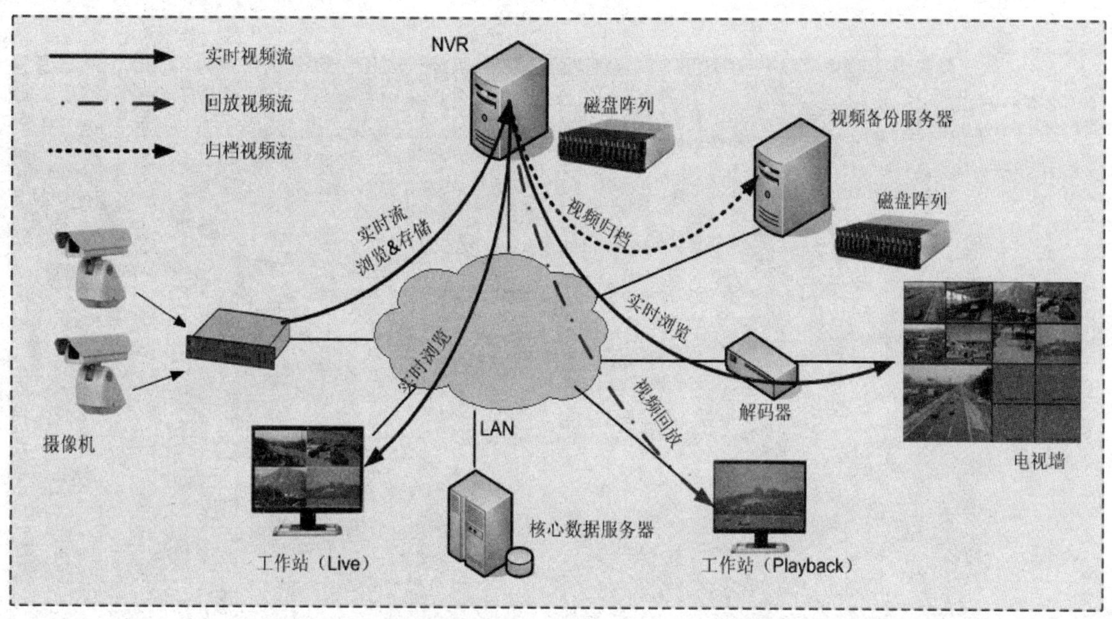

图 6.5　NVR 系统中的视频流

比较常见的情况是，当某路摄像机的场景出现重大事故，如交通事故，可能同时有市级、区级、公安、交警等多个用户对同一路视频进行并发访问，如果此时的 NVR 并发流支持能力有限，那么，部分用户的访问需求将得不到及时响应。

6.2.3　NVR 的软件功能

1. 用户界面布局

NVR 软件界面(GUI)是人机交互的窗口，系统的所有功能，如通道参数设置、启停录像、视频浏览、视频回放、视频导出、PTZ 控制等各项操作均通过用户界面完成。NVR 典型的用户界面如图 6.6 所示，具体包括下列功能区：

- 视音频通道目录资源树。
- 视频图像窗口显示区。
- 菜单栏。

- 视频色彩参数调节区。
- PTZ 控制按钮。
- 视频播放控制条。
- 视频播放进度显示条。
- 报警信息显示区。

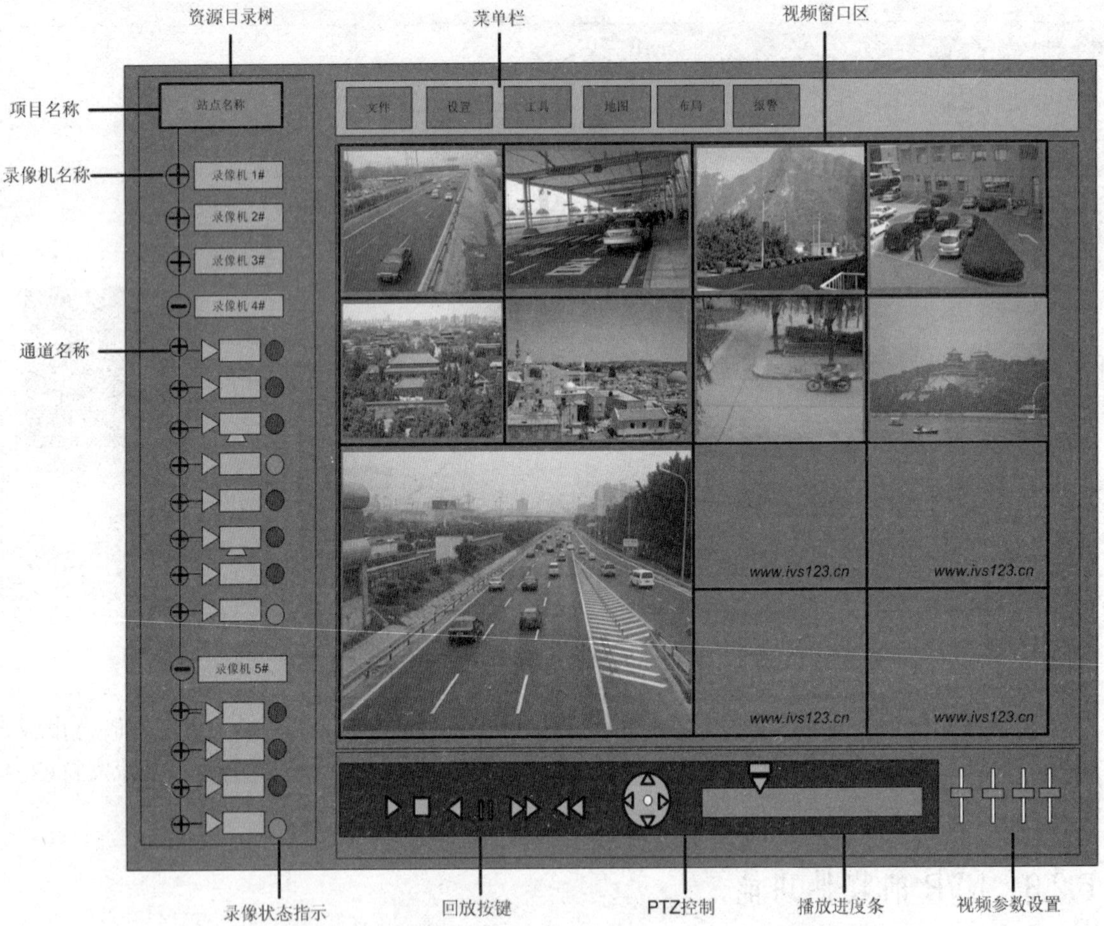

资源目录树　菜单栏　视频窗口区
项目名称　站点名称
文件　设置　工具　地图　布局　报警
录像机名称　录像机 1#　录像机 2#　录像机 3#　录像机 4#
通道名称
录像机 5#
www.ivs123.cn　www.ivs123.cn　www.ivs123.cn　www.ivs123.cn
录像状态指示　回放按键　PTZ控制　播放进度条　视频参数设置

图 6.6　NVR 系统用户界面

不同 NVR 厂家的用户界面布局可能差别很大，但是主要功能相差不多。通常，人机界面应该符合用户的操作习惯，做到界面布局合理、功能适用、操作简单。

2. 视频浏览功能

通常，在 NVR 软件平台上，可以添加并显示系统中所有视音频通道(包括其他 NVR 下属的通道)，在 GUI 上形成结构清晰的通道资源目录树，以进行实时视频浏览操作，而不需要分别登录连接到不同的 NVR 去加载不同的 NVR。

实时视频浏览有两种方式，一种方式是直接拖动左侧的相应通道到目标窗口显示区域即可，另外一种方式是先选择显示窗口，然后键盘上输入通道的快捷键并回车即可。

(1) 电子地图

可以将现场的平面布局图导出到 GUI 上，然后根据现场情况添加摄像机，这样，用户可以直观地了解摄像机的实际布局，并可以直接点击拖动进行实时视频的浏览。电子地图应该具有级联功能，可以从一个地图直接链接到另外一个地图，以便于快速操作。

(2) 通道轮询

通道轮询功能可以将不同摄像机通道组合在一个组里，然后分别为各个通道设定不同的显示停滞时间，这样该组摄像机日后可以被调出并自动“轮显”在指定窗口或监视器上。

(3) 个性界面

在一个系统应用中，通常有不同的用户，而不同的人员有不同的操作习惯或工作重点，可以通过预先定制显示窗口的布局，并基于该布局分配通道，用户可以将该设置保存成自己的“个性界面”，日后可以快速进入自己的个性界面中，而不需要再次单独设置。

(4) 双向音频

对于支持双向音频的编码器或者 IP 摄像机，前方拾音器的音频在 NVR 进行同步录制同时，在 NVR 平台的 GUI 上，可以直接进行音频实时浏览，即通过播放器进行音频监听；也可以选择相应的前端编码器或 IP 摄像机的音频输出，进行广播功能，此功能对于地铁站台、铁路、机场等场所非常有实际应用价值。

(5) 视频抓拍

对于实时或回放的视频，可以进行视频快照抓图，即采集到一帧或几帧的高清晰图片。

(6) PTZ 控制

通过 GUI 的按键可以实现对摄像机的 PTZ 操控，具体包括 PTZ 动作控制、预置位操作及编程，辅助设备控制，电子 PTZ(针对高清摄像机)。

3. 录像及存储功能

(1) 录像模式

对于同一 NVR 上的不同通道，可以具有多种不同的录像模式供选择，可以进行报警启停录像(前后预录功能)、按照时间表录像(如每周 7 天每天不同时间段)、手动启停录像等多种模式，并且可以对各种录像模式下的录像参数配置进行不同设定，如设置帧率等。

(2) 存储支持

NVR 通常支持多种存储架构，可以利用服务器内置的标准硬盘进行存储、或利用 SCSI 或 FC 接口的标准外部磁盘阵列进行存储，或利用网络存储设备，如 SAN 及 NAS。

(3) 视频备份

视频备份也叫视频归档，利用归档服务器(Archive Server)，通过网络对报警视频或重要视频进行备份，尤其是在大型项目中。

此功能主要针对 NVR 中重要通道的录像，或报警录像进行集中归档，将视频从 NVR 设备镜像备份到另外的存储服务器。

注意：归档服务器(Archive Server)或称为备份服务器，或存储服务器，其与 NVR 服务器是完全不同的设备。NVR 服务器针对的是网络摄像机或视频编码器，主要任务包括视频流捕获、存储、转发、回放、显示等多种功能。而归档服务器针对的是已经写入 NVR 或 DVR 硬盘中的视频数据(文件)，提供基于网络方式的备份，可看做是一种特殊的拷贝过程。因此，归档服务器主要有两个任务，数据拷贝及回放响应。另外，NVR 的数据存储始终是实时的，而归档服务器可以选择网络“非繁忙时段”进行视频数据的备份。

4. 回放及导出功能

(1) 多种回放模式

视频回放具有多种模式，可以分时间段回放、报警视频快速回放及随时反向回放等。在回放过程中，可以逐帧播放，可为回放片段添加标记以便于日后查找。回放过程中可进行正常播放、加速播放、降速播放、暂停、停止等各种操作。

(2) 视频导出

可以将视频导出成视频文件，可以转换成 AVI 通用格式；可以为导出文件设置密码；可以同时导出多个视频片段，并给视频片段加上目录索引。

(3) 多通道回放

在一些现场事件发生后，为了全面了解该监控点位周围场景的情况，有时需要多个通道视频同步回放操作，通过多路视频同步回放，便于全景式展现事件发生的全过程。

5. 事件调查

(1) 事件列表

按照系统事件生成的事件列表，如 TTL 触发、视频分析触发等，可以快速地进行回放，只需要点击事件列表中的某个具体事件信息条目，系统将自动回放与事件对应的视频。

(2) 视频录像的快照功能

在事件调查的过程中，如果事件的持续时间很长，那么需要很长时间逐步检查录像，一般可采用快进或快退的功能。

录像快照功能可以将画面中所有的视频进行标志性分段，并赋予每个视频片段一个“代表画面”即“视频快照”，这样，操作人员点击相应的“快照”，便可以对该快照代表的视频段进行回放，可以大大提高效率。

(3) Off-line VMD 调查功能

事后调查，即对于平时未开启 VMD 功能的通道，如果在日后需要进行视频回放，查找那些有视频移动(Video Motion)的场景，可以采用此功能。

此功能支持报警区划分、行动方向区、目标尺寸过滤等，这样限定了搜索条件后再进行查找非常高效。

6. 用户权限管理

用户权限通常分为操作权限及实体权限，操作权限指视频浏览、PTZ 控制、视频回放、设备添加删除等功能，而实体权限指摄像机视频、音频、录像机、编码器等具体设备资源，操作权限与实体权限组合共同构成用户的真正权限。

- 无权限：即用户得不到摄像机通道列表。
- 观看权限：用户可以浏览视频但不能做任何操作。
- PTZ 操作权限：用户可以浏览视频或操作 PTZ 动作。
- 操作员：具有操作、控制、回放等各个权限。
- 管理员：可以添加或删除用户，可以分配用户权限。

7. 用户操作日志

在一个大型系统中，通常有多个不同级别的用户，为了方便管理、保证系统安全，需要对所有操作人员的操作行为进行跟踪、记录，并形成用户操作日志。这样，当日后需要事件调查时，可以直接导出用户日志表。用户日志一般包括如下内容：

- 用户登录电脑的名称、IP 地址、登录名。
- NVR 添加、删除等操作。
- 视频音频通道添加、删除，通道命名操作。
- PTZ 设置及关联操作。
- 视觉参数修改，如亮度、饱和度。
- 录像参数修改，如录像时间、录像参数等。
- 报警联动关系设定。
- 系统轮询、地图、宏等设置。
- 修改用户或组操作。

用户操作日志保存在系统数据库中，可以依据索引条件进行查询、导出及打印。

8. 设备管理

在大型系统项目中，系统需要有网管功能，以定期对所有设备状态进行巡检，发现故障及时提示操作人员进行检查维修，以最小化损失。对于不同的设备故障等级有不同的标记，并将设备故障日志写入到数据库中，供日后查询及导出。网管信息至少包括如下内容：

- 系统核心服务、数据库的状态。
- 摄像机视频丢失、断线、断电。
- 编码器电源故障、网络故障、程序故障。
- NVR 服务器状态、软件状态等。
- 摄像机防破坏功能，如遭遮挡、场景改变、聚焦失效、被喷雾等。
- NVR 与主服务器时间同步状态失效。
- PTZ 服务程序状态。
- NVR 的存储设备状态及剩余空间状态。

9. PTZ 控制功能

PTZ 控制功能包括下列方面：

- 多种协议支持，支持主流协议，如 PELCO 及 AD 协议。
- PTZ 控制具有多个速度档，如极慢速用来进行长焦状态下的目标跟踪。
- 摄像机的多个预置位支持。
- 支持鼠标操作 PTZ，可以外接键盘操作。
- 可设定多个 PTZ 优先级，具有 PTZ 操作权限“抢控”功能。

10. 报警联动功能

报警联动的输入可以是干接点信号、API 信息、VMD 报警、视频分析等各种触发源，输出动作是报警录像触发、E-mail 通知、地图弹出显示、预置位、声光输出、协议输出等。

- 可以设置报警触发的时间表。
- 可进行“宏”联动设定。
- 可以报警触发 PTZ 动作。
- 报警后自动触发 E-mail 通知。

11. NVR 系统安全

(1) 操作系统安全

通常，NVR 软件运行在标准服务器及操作系统(如 Windows)上，系统软件不应该提供通用级别的访问，以保证无法对系统文件的删除及修改。另外，系统软件应该支持尽可能少的 Port 开放需求(这些接口用来与服务器、编码器或 IP 摄像机通讯)。

(2) 视频信息安全

NVR 视频文件如果采用私有的文件格式(不是通常的 Windows 文件格式如 FAT)，可以保证视频文件不遭到破坏或删除。如果系统可轻易登录，可直接找到相应的视频文件并进行删除，将是一个巨大的安全隐患，私有文件格式通常是非通用格式，并以特殊的数据库进行视频文件的索引，通常很难进行定位、删除或修改，足以保证视频文件的安全。

(3) 系统通讯安全

在网络视频监控系统中，可以通过使用信息码流加密方式、用户认证方式和授权等多种方法来确保系统的通讯安全，减少网络视频监控系统源于网络传输的安全隐忧。

12. NVR 的解码显示

大多数 DVR 架构下的图像上墙，一般通过视频分配器，将视频分出后，接入矩阵，再输出到电视墙，DVR 和矩阵分别完成视频存储及实时上墙显示的功能，这种方式下，接线复杂、部署固定、成本较高。NVR 架构下，小型系统可以直接通过 NVR 本地视频输出上墙，大中型系统可以通过解码器解码上墙，解码器上墙部署位置灵活、操控性、成本都有较大优势。

NVR 架构下的解码显示应用如图 6.7 所示。

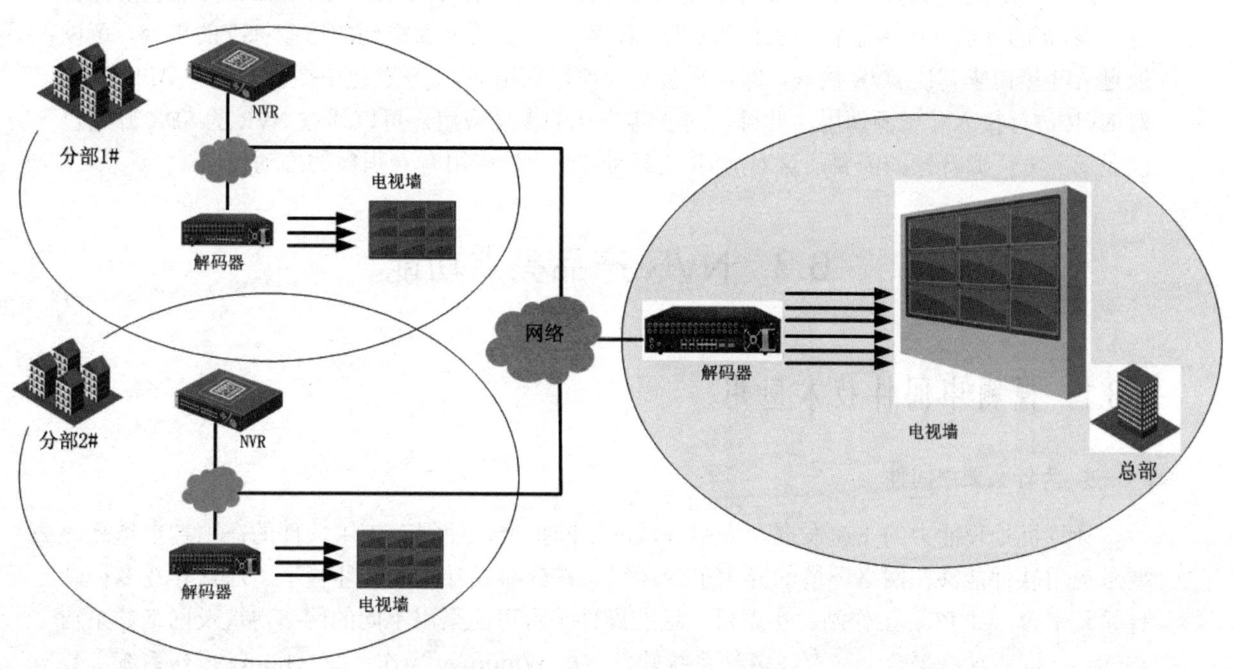

图 6.7　NVR 架构下解码显示应用示意图

6.2.4 NVR 的兼容性

NVR 的兼容性主要体现在向下对不同品牌前端设备（IPC&DVS）的接入能力及向上接入到不同品牌监控平台(CMS)的能力。ONVIF 标准组织的建立就是为解决此类兼容问题，目标是实现不同品牌 NVR 与 IPC/DVS、CMS 之间标准接入。对于不支持 ONVIF 标准的，也可以通过 RTSP 实时流媒体协议进行互联互通，作为一个应用层协议，RTSP 提供了一个可供扩展的框架，并使得实时流媒体数据的受控和点播变得可能，大大提升了协议的适用性。

NVR 的兼容性关键环节如图 6.8 所示。

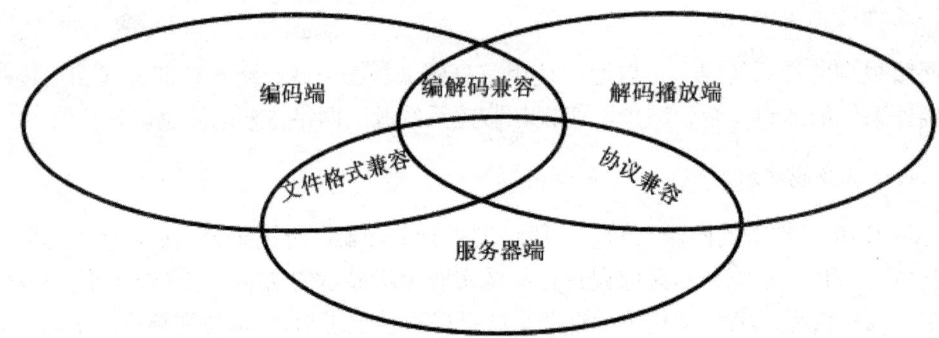

图 6.8 NVR 的兼容性关键环节

除了标准的发展对 NVR 开放性的促进外，NVR 本身的 API 接口以及 SDK 开发包的完善也对 NVR 的开放性产生了积极的促进。比如，对于不支持前面提到的这些标准的平台，可以通过 API 接口来解决 NVR 接入，即让平台厂商通过调用 NVR 开发包中提供的相关 API 函数，对 NVR 进行接入和资源调用。此外，对于客户化的上层应用，可以通过 NVR 的 SDK 开发包满足第三方厂商开发的需要，这对 NVR 的行业&专业化应用有着积极的推动作用。

6.3 NVR 产品亮点功能

6.3.1 视频中间件技术应用

1. 为什么要中间件

计算机处理能力的飞速发展、应用领域的不断扩展，使得对应用软件的需求越来越高，要求应用软件能够在网络环境的异构平台运行。在分布式异构平台环境下，通常存在多种硬件系统平台，如 PC、工作站、小型机，这些硬件平台可能采用不同的网络协议及网络体系结构连接，同时这些平台上又存在多种系统软件，如 Windows 操作系统、Linux 操作系统、数据库等，如何在复杂的环境下进行应用开发是一个大问题。

中间件(Middleware)就是为了解决这种分布异构问题的而产生的，中间件是基础软件的一大类，属于可复用软件的范畴。中间件在硬件、操作系统、网络和数据库等“基础设施结构”之上，在应用软件的下层，总的作用是为处于自己上层的应用软件提供运行与开发的环境，帮助用户灵活、高效地开发和集成复杂的应用软件。

2. 什么是中间件

中间件是位于平台(硬件和操作系统)和应用之间的通用服务，这些服务具有标准的程序接口和协议，针对不同的操作系统和硬件平台，它们可以有符合接口和协议规范的多种实现。很难给中间件一个严格、清晰的定义，但中间件应具有如下一些特点：

- 满足大量应用的需要。
- 运行于多种硬件和 OS 平台。
- 支持标准的协议。
- 支持标准的接口。
- 支持分布计算，提供跨网络、硬件和 OS(Operating System，操作系统)平台的透明性的应用或服务的交互。

3. 视频中间件在 NVR 中的应用

目前的视频监控系统应用中，存在的主要问题是不同厂家的设备难以互联互通、集成接入，而这样的需求在过去、现在和未来一定时期将会长期存在。因此，如何在目前的情况下，采用低成本、高效率、适用性的视频监控系统集成/开发架构，是 NVR 厂商、CMS 厂商需要共同面对的问题。视频中间件的概念在 IT 领域已经很成熟，将该思想拿到视频监控系统软件的架构开发商，是一个不错的选择。视频中间件应该具有如下特点：

- 运行于多种硬件和 OS 平台。
- 支持分布计算，提供跨网络、硬件和 OS 平台的透明性的应用或服务的交互。
- 支持标准的协议、支持标准的接口。
- 全组件化的系统架构。
- 在编程接口层而不在协议层解决互联问题。
- 跨越不同的操作系统平台，提供一致的源程序编程接口。
- 在同一操作系统下提供一致的二进制兼容编程接口。
- 只要任何设备提供 SDK 或者协议，都可以为其开发一个接口转换组件将其连接到系统中，不需要独立的协议转换设备。
- 基于接口的能力协商，能够充分发挥设备的全部能力。
- 灵活的可任意扩展的架构，用户可以自行开发一些系统尚不具备的功能插件，无缝地插入到系统中。

图 6.9 是视频中间件在 NVR 系统中应用的示意，视频中间件包括所有的主流视频应用服务程序，应用软件的开发基于视频中间件，而不必去关注底层的硬件厂商协议，这样，对于不同厂商的编码器、DVR、IPC 设备，当需要增加新的厂商设备、新型号设备，或需要进行升级时，仅仅需要对中间件进行相应的配置修改，无需进行底层代码级别的更新，大大节省了开发周期和建设成本。

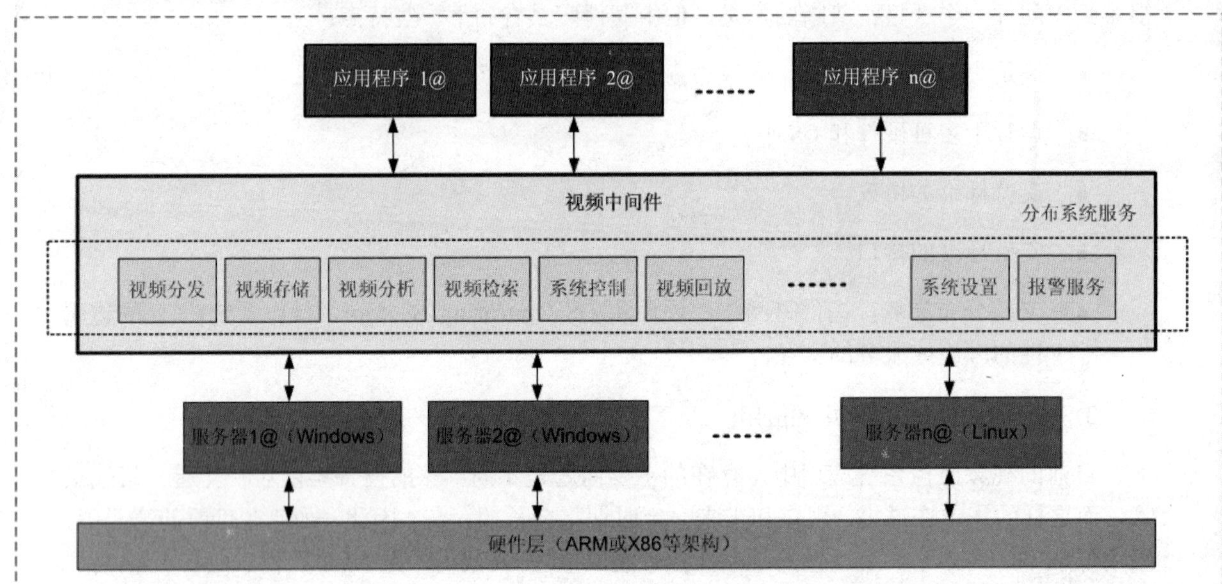

图 6.9 NVR 系统中间件应用

6.3.2 ANR 技术

本书第 5 章介绍了 DVS 的特色功能 ANR 技术，即自动网络补偿技术，全称 Automatic Network Replenishment。ANR 技术不是单独的一个设备功能，其实现需要与后端存储设备 NVR 协同完成。ANR 是一种结合本地存储和网络存储的技术，解决了网络失效时的问题，确保在网络中断期间不会出现视频丢失。

NVR 与 DVR 架构的最大不同在于，前端编码器需有后端的 NVR 来配合共同实现视频存储，如果编码器与 NVR 之间的网络连接失败，或丢包、抖动等因素都可能造成视频数据的丢失。因此编码器本身配置存储缓冲区(ANF 技术)是个好想法，可以保证短暂网络中断情况下视频的连续性存储。ANF 实质即要求网络中断或失效情况下，前端编码器或 IP 摄像机(利用小型 Flash 卡或硬盘)及后端 NVR 都要进行存储，这样前端的存储由于不受网络的影响，可进行缓冲性存储，后端 NVR 就可以在网络重新连接后，将网络失效过程中存储在前端缓存的视频补充传输到后端。

6.3.3 NVR 冗余技术

NVR 软件应该能够支持 Server Based 的故障切换功能(冗余)，包括一对一、多对一(N+1)及多对多(N+m)架构。通常，将一台 NVR 设置成冗余 NVR 服务器，它平时监视一个或多个正常工作的 NVR 的状态，当确定有 NVR 失效(硬件失效、软件失效、存储失效等)时，冗余 NVR 将会自动接管那台失效 NVR 的所有视音频通道，继续完成视频的存储与转发，并提供给用户完全透明的、无法察觉的、与原故障 NVR 完全一致的功能支持。冗余 NVR 应该有自己的存储资源，与其他 NVR 在一个网络环境中，并且具有最高的配置许可(如通道数、存储空间)。

N+1 冗余 NVR 工作模式如图 6.10 所示。

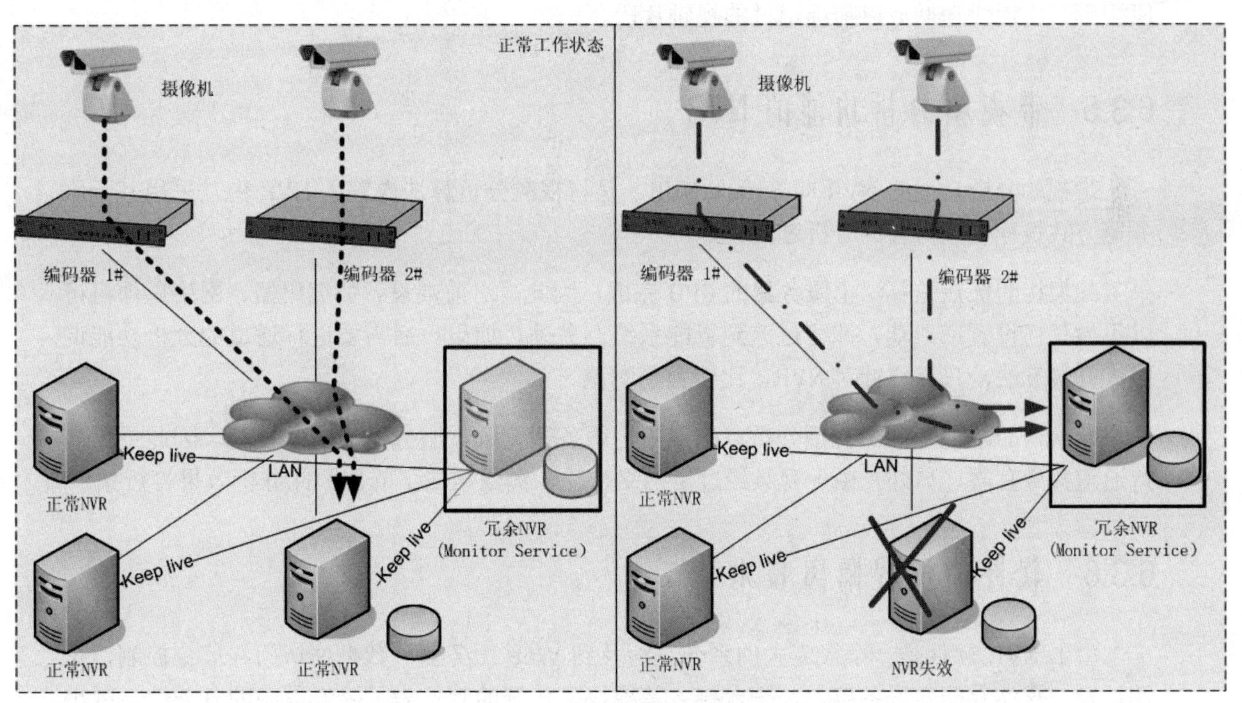

图 6.10 NVR 系统冗余技术原理

图 6.10 中，当一个 NVR 因为某种原因而失效时，冗余的 NVR 可以发现并及时接管该故障 NVR 的各项工作，使得系统避免长时间的录像丢失，而为 NVR 故障恢复提供充分的时间。目前，NVR 冗余多采用 N+1 的方式，不同厂商的架构不同，N 一般为 10~20 之间，而冗余 NVR 接替失效 NVR 的过程一般需要几十秒到几分钟的时间。

冗余 NVR 工作机制如下：

- 冗余 NVR 安装冗余服务程序，平时与各个 NVR 进行巡检，监测其状态。
- 平时冗余 NVR 一直处于待命状态，直到发现有 NVR 失效从而接管。
- NVR 失效包括硬件、操作系统、录像程序、网卡、电源、存储等。

6.3.4 视频标签功能

在操作人员浏览实时视频或回放历史视频的时候，可能会对某段视频产生兴趣，并希望在日后可以快速调阅出来。

两个办法：一个办法是拿出记事本记住视频通道名称及视频起始时间，这样以后可以基于“通道名称+日期时间”索引条件进行索引回放；另外一个办法就是，在实时或回放的视频中做个标记，比如某天有领导来视察“安天下科技发展有限公司”，那么，在相应的视频上，操作人员只要给领导视察时的相应视频添加标签，如“www.sas123”，那么，就相当于加了个标签在该段视频上，而日后调阅仅仅输入标签词即“www.sas123”，则系统自动索引到该段视频，实现快速回放以前标记过的视频片段。

6.3.5 带视频分析功能的 NVR

带视频分析功能的 NVR 即 Smart NVR，是将视频分析算法内置于 NVR 内，采用基于服务器方式执行视频内容的分析过程。

此架构的优点是算法由服务器的 CPU 完成，因此，对前端设备如编码器、网络摄像机可以不做任何设置或改动，即可过渡到智能系统。另外，如果日后需要进行通道的分析功能调整，升级算法，只需要针对 NVR，比较容易实施。

此架构的缺点是由于视频分析算法集中由服务器完成，服务器的负荷较高，因此单机支持通道数量有限。另外，由于视频经过了网络传输，图像质量下降，因此分析效果打折扣。

6.3.6 软件的进程隔离技术

由于 NVR 软件是一个很庞大的系统，涉及到 Web 服务器、数据库访问、信令控制、媒体转发、媒体存储、设备接入、平台接入等模块。传统的软件为了降低程序的复杂性，减少模块的通信，会把功能相关的模块合并。

近来 NVR 软件厂商通过自主研发的远程调用技术来实现模块之间的进程隔离，各个模块之间不用去关心通信的具体实现，只要定义好接口函数，就能方便地实现调用，这样使得进程之间的通信变得非常的简单。

NVR 系统可采用 SOA 架构（面向服务的架构），在这种体系结构中，上述功能模块都定义为独立的服务，所有的服务都采用独立进程实现，并且单个服务可以分成多个子服务存在，每个子服务也采用独立进程。例如 NVR 会为每一种接入厂家类型启动一个接入子服务，即使此接入服务不稳定也不会影响其他服务的运行。NVR 上所有的服务模块都通过一个主服务进程来启动和调度。服务可以分布实施，即服务不需要全部建完才能用，只要某个服务建成，就可提供服务。

6.3.7　软件定制化设计

在 NVR 软件设计过程中，要充分考虑到未来用户可能对产品的各种定制化需求。所有界面相关的图片、文字都以资源包的模式存在，所有界面响应模块和功能实现模块隔离开来。对于简单定制化需求，用户只需要按照说明完成图片资源，打包之后在 Web 界面上远程升级即可完成定制化需求。对于界面变化较大的定制化需求，只需要修改界面响应相关的模块即可，而不用理会功能实现模块，既快速响应了用户的定制化需求，又保证了系统的稳定性。

6.4　NVR 产品选型要点

6.4.1　NVR 典型参数

NVR 典型参数如下。

- 支持的视频通道个数：目前主流 NVR 应该支持 30 路以上 4CIF 实时视频。
- 压缩方式：目前主流为 MPEG-4 及 H.264 编码方式。
- 支持音频方式：一般支持与视频路数相当的音频输入，并支持双向语音对讲。
- 双码流：双码流是为解决存储质量和浏览带宽矛盾而产生的技术。
- 报警输入输出：一般支持多路干节点报警输入，多路继电器输出。
- 视频分析：将视频分析功能集成在 NVR 中可以实现更好的灵活性。
- 本地视频输出：可以在小型应用中节省成本。

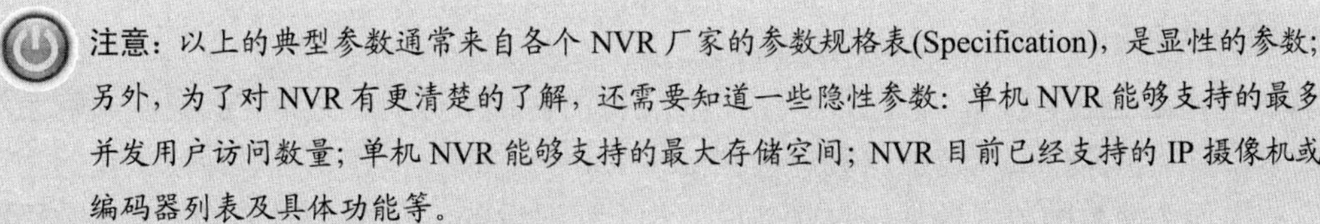

注意：以上的典型参数通常来自各个 NVR 厂家的参数规格表(Specification)，是显性的参数；另外，为了对 NVR 有更清楚的了解，还需要知道一些隐性参数：单机 NVR 能够支持的最多并发用户访问数量；单机 NVR 能够支持的最大存储空间；NVR 目前已经支持的 IP 摄像机或编码器列表及具体功能等。

6.4.2　NVR 产品选型

1. 产品开放性

NVR 是基于硬件平台的软件产品，因此 NVR 应该是可以安装在任何主流 PC 上的任何操作系统上的，比如 Windows XP 或 Windows 2003 等，而不是单单局限在某个固定平台。同时，考察 NVR 的一个重要指标就是 A 厂家的 NVR，能不能支持市场主流的 B、C、D 等厂商的编码器或 IPC，这样以后系统扩容就不必受限制于单厂商，也体现了 NVR 厂家系统的开放性。如果在网络监控系统中应用的是 PC 式 NVR，因为软件具备很好的扩展性，可以随时写入协议，从而实现更快兼容前端 IP 设备，这也是目前整个 NVR 市场以软件 NVR 较多的重要原因之一。NVR 通过 API 集成前端设备的方式如图 6.11 所示。

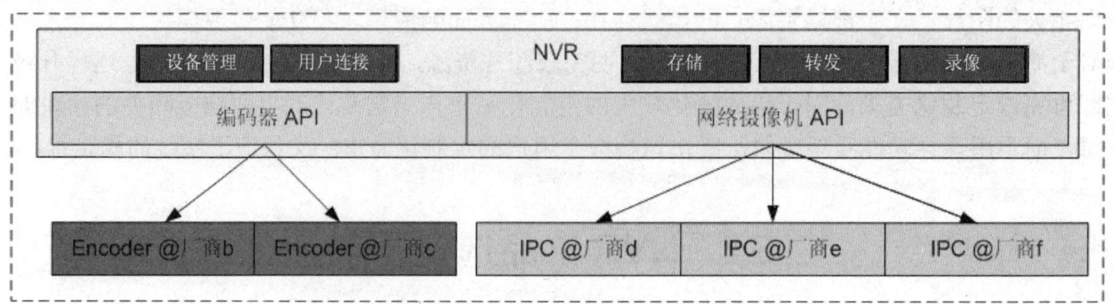

图 6.11 NVR 系统 API 集成

通常，NVR 厂商对自己所支持的 IP 摄像机及编码器会形成列表供用户参考，有的厂商支持的 IP 摄像机列表很短而有的列表很长，这需要理性区别。实质上如果列表很少却可能是深度集成，而如果列表很长则可能只是集成了一些简单功能而已。NVR 集成不同厂家的 IP 摄像机或编码器至少应该具有如下的功能：

- 视觉参数设置。如亮度、对比度、饱和度。
- 视频参数设置。如帧率、分辨率、码流、编码方式等。
- PTZ 设置。如预置位。
- 报警触发改变码流功能。
- VMD 功能设置及报警信息。
- TTL 报警触发功能。

2. 系统容量

NVR 的作用是录像存储，因此，单台 NVR 支持的视频录像通道数量将会直接影响系统的建设成本。目前主流厂商支持的路数一般在 32~128 路，但是，在系统设计前，我们需要确认其支持的通道路数的前提条件，也就是说，对于通道设置，4CIF 实时和 CIF 半实时码流是完全不同的，有必要在限制相同的硬件平台、相同的通道码流的前提下进行比较。

3. 存储机制

目前，NVR 的存储系统向着海量存储、集中存储及可靠存储方向发展。NVR 在一些重要应用场合，对于录像的存储时间需要越来越长，通常为 7×24 小时到 30×24 小时，因此，存储的视频数据是海量的，同时多路 NVR 系统并发存储或回放对于磁盘的 IO 指标要求也越来越高，另外，要求存储系统不能停机，能够在线进行硬盘更换操作。为满足以上需求，NAS 和 SAN 得到越来越多的应用。

4. 冗余机制

单台 NVR 可能在实际中部署了几十甚至百路通道，但是其基于 PC 及普通操作系统的架构让这种过于集中的系统存在一定的可靠性风险，因为基于 Windows 的 PC/服务器可能因操作系统、硬盘、板卡、电源、软件程序、网络等单点故障导致系统失效，而对于 NVR 来讲最好的规避风险的办法就是采用 NVR 的冗余技术，对于重要的 NVR 采用多对一的方式进行在线备份，将故障的影响减少到最低。

5. TurnKey **vs** SoftwareOnly

如前所述，市场上主流的 NVR 有两种存在形态，一种是嵌入式，采用的多是 Linux 操作系统，另外一种是 PC 式，即运行在普通 PC 上。

对于 PC 式的 NVR，实际上各个厂家也基本上提供两个采购选择，一个是 TurnKey(即软硬一体 NVR)，一种是 SoftwareOnly 的 NVR。对于 TurnKey 式 NVR，通常是视频厂家与各个 PC 名家合作，如 HP、DELL、IBM 等，然后视频厂家基于该平台进行软件的研发、测试、安装，用户拿到该产品，打开电源就可以直接使用。此产品的优点是产品性能有保证，集成度高、售后服务简单。对于 SoftwareOnly 的 NVR，用户可以有更多的硬件平台选择和灵活性，缺点是性能未必有保证，同时售后服务可能需要协调多家进行解决。

6.5 NVR 应用案例分析

6.5.1 需求分析

1. 项目总体需求

在进行网络视频监控系统设计前，首先需要了解项目的具体特点，如行业特点及用户特殊需求、摄像机的数量、点位分布情况、存储系统的架构、网络建设情况等。其次要明确 NVR 并非适用于所有的项目中，在网络建设良好、对高清需求显著、具有集中存储优势及前端点位分布相对分散的项目中，NVR 才是个不错的选择，否则可以考虑 DVR 系统。

以图 6.12 中的系统架构为案例进行说明：

- 在 Site A 及 Site B 分别有 16 台摄像机(2 台 8 路编码器)，编码器的码流情况设定为 4CIF@RT@2M；
- 共 32 路摄像机通道指定到核心网的一台 NVR 服务器上，NVR 与磁盘阵列通过 SCSI 通道直接连接进行存储，所有录像需要保存 7 天；
- 控制中心设置 9 台监视器构成的电视墙，进行实时解码显示；
- 控制中心设置 1 台客户工作站，用来对任意 4 个通道进行录像回放工作(Playback)；

- 远程有 1 台客户工作站(Live)，用来对任意 4 个通道进行实时视频浏览工作。

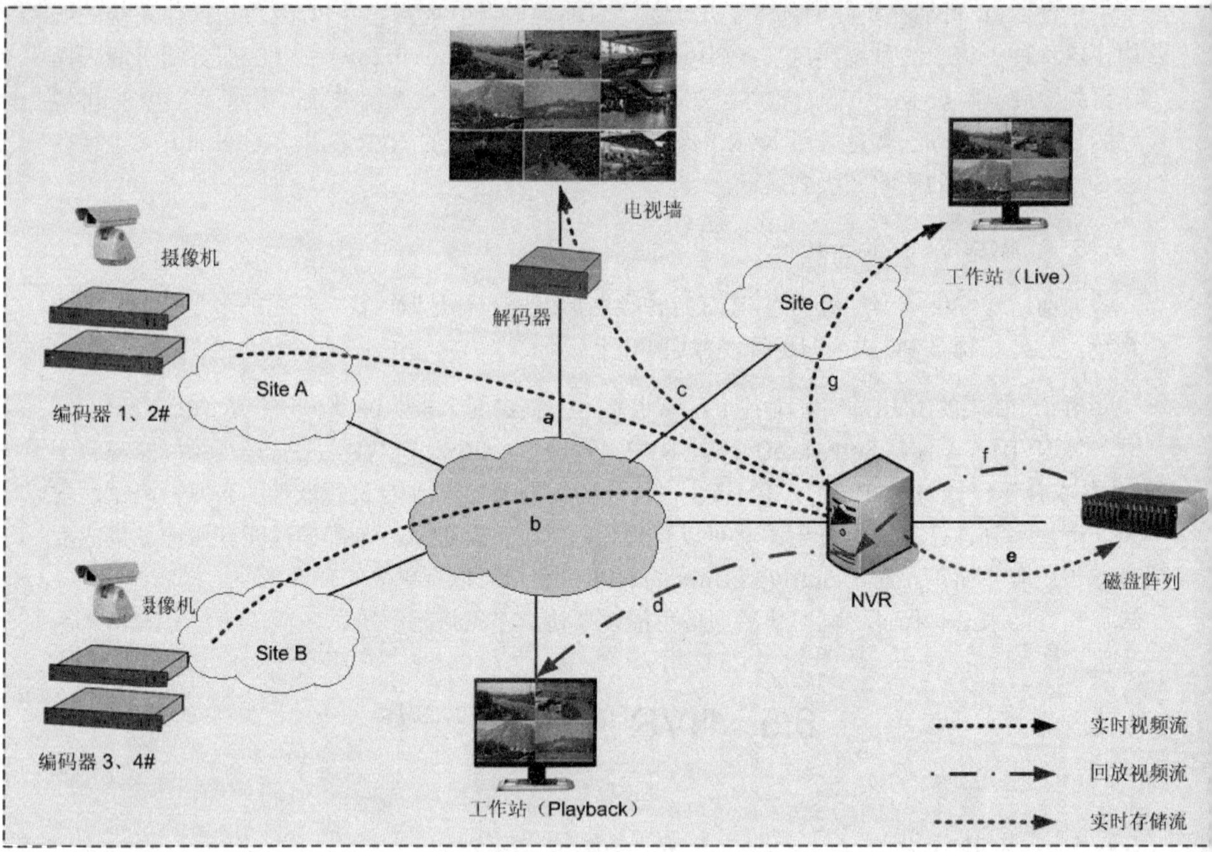

图 6.12　NVR 系统应用案例

2. NVR 部署需求

NVR 部署的关键在于 NVR 的数量设计、存储空间设计及网络带宽设计。因此，在设计、选型 NVR 系统之前，必须明确如下事宜：

- 摄像机的数量及分布情况。
- 视频通道的码流设置，如帧率、分辨率等(其实质是确定码流)。
- 控制中心的电视墙位置(在网络中)。
- NVR 及磁盘阵列的位置(在网络中)。
- 客户端的数量、位置及其应用情况(进行回放、实时显示等)。
- 归档服务器的位置及视频备份的模式(全部归档、部分归档等情况)。

图 6.12 是一个基本、简单但非常典型的网络视频监控系统，在更大型的项目中，可能有中央管理服务器、转发服务器、网管服务器、报警服务器等。图 6.12 虽然简单，但已经足够

让我们了解系统设计中需要注意的主要事项。从图 6.12 中可以看出，系统的主要构成部分是编码器、NVR、解码器及客户工作站，从中可以快速提炼出如下信息。

- 通道情况：通道数量 32ch，码流 2Mbps。
- 实时监视(Live)视频流 9ch×2Mbps＋4ch×2Mbps。
- 实时存储(Record)视频流 32ch×2Mbps。
- 实时回放(Playback)视频流 4ch×2Mbps。
- 存储空间：32ch×2Mbps，7 天。

6.5.2　网络带宽设计

网络是整个视频监控系统中的信息高速公路，它承载着整个系统中的所有数据流，包括实时、存储、转发、回放、备份等各种视频流数据(音频、信令及控制信息码流很小，相对视频流数据而言基本上可以忽略)。网络带宽资源是系统的主要需求，必须严格设计。

在图 6.10 中，主要的数据流如下：

a. 实时视频流(编码器 1、2——NVR)。

b. 实时视频流(编码器 3、4——NVR)。

c. 实时监控流(NVR——解码器)。

d. 回放视频流(NVR——工作站)。

e. 实时存储流(NVR 服务器——存储设备)。

f. 回放视频流(存储设备——NVR 服务器)。

g. 实时监控流(NVR——工作站)。

网络带宽需求可根据公式计算：

网络带宽=码流大小×流数

1. 实时视频流

实时视频流包括编码器到 NVR 的视频流及 NVR 转发给工作站(解码器)的视频流。对于实时视频流，工作站调用某个通道视频时，编码器将视频发送给 NVR，然后 NVR 进行转发，而工作站调用的视频流类型不同，码流大小也不同，需要考虑的是分辨率与帧率，4CIF 分辨率实时码流大小均值可以按 2Mbps 进行考虑，而编码器到 NVR 之间总带宽主要取决于每个通道码流大小及总的通道数量。工作站与 NVR 之间的带宽主要取决于工作站调用的视频资源的码流及数量。在码流需求上，工作站与解码器没有区别，可以统一考虑。

本例中的实时流需求如下。

- 路径 a 的网络带宽需求：16ch×2Mbps=32Mbps

- 路径 b 的网络带宽需求：16ch×2Mbps=32Mbps
- 路径 c 的网络带宽需求：9ch×2Mbps=18Mbps
- 路径 g 的网络带宽需求：4ch×2Mbps=8Mbps

2. 回放视频流

NVR 的另外一个主要功能是接收客户端视频回放请求，为客户端提供录像视频流，NVR 接受客户端命令后，在磁盘阵列中索引到相应的视频数据并通过网卡发送给提出回放申请的客户端。本例中回放视频流需求如下：

路径 d 的网络带宽需求= 4ch×2Mbps=8Mbps

6.5.3 NVR 存储设计

1. 存储空间需求

NVR 的存储空间计算与 DVR 没有区别，存储空间可根据公式计算：

存储空间=通道数 ch×码流×保存日期

本例中：32 个通道，每个通道码流为 2Mbps，视频资料计划保存 7 天。则：

32ch×2Mbps×3600s×24×7/8/1000/1000=4.8TB

2. 磁盘阵列带宽

如先前所讲，NVR 的主要功能是以稳定的速率捕获来自网络上的数据流并写到磁盘阵列，同时向网络上的客户端传输实时及录像视频数据。当系统中有大量的输入视频流及并发用户访问时，磁盘阵列的带宽可能成为系统的主要瓶颈。

本例中的磁盘阵列带宽需求如下。

- 路径 e 的存储带宽需求：32ch×2Mbps=64Mbps
- 路径 f 的存储带宽需求：4ch×2Mbps=8Mbps

则磁盘阵列带宽需求为：64Mpbs＋8Mbps=72Mbps=9MB/s

注意：需要注意的是"此需求要求磁盘阵列即使在 Rebuild 期间也必须满足"，否则可能导致视频录像数据的丢失。

3. 存储架构设计

在网络视频监控系统中，编码器将视频编码压缩并传输，NVR/媒体服务器/存储服务器负责视频的采集并写入到磁盘阵列，同时响应客户端的请求进行视频录像的回放。NVR 实质可以看成是视频存储设备的主机，可以采用不同的架构，如 DAS、NAS、FC SAN 或 IP SAN 等，以实现不同的存储需求。

网络视频监控系统应用中，存储系统的设计不是孤立的，是与视频监控系统的软件架构、视频文件格式，与现场设备的类型(IPC/DVS)等因素都有关系的。通常，DVS 或 IPC 以流媒体方式将数据写入存储设备，这种读写方式与普通数据库系统或文件服务器系统中采用的“小数据块读写方式”不同。

提示：具体视频监控系统中存储的架构将在本书第 12 章关于存储的章节部分做具体的介绍。

注意：不管整个系统中有多少个摄像点，哪怕是 10000 个点，我们需要明确的是，这些所有的摄像机通道视频是分摊到系统中所有的 NVR 上的。假如有 10000 个点，而每个 NVR 最多支持 50 路视频通道，那么对于存储空间及带宽需求，压力集中在该 NVR 本身的网络带宽及吞吐能力。因此，不要以所有摄像机点数做为网络带宽及存储系统带宽的计算条件。

6.6　NVR 的 ONVIF 接入

1. 接入前检测 NVR 版本信息

IPC/DVS 通过 ONVIF 协议接入 NVR，接入前需要查看 NVR 版本信息，检测 NVR 的版本信息以确保支持相应的 ONVIF 协议，较早的版本可能导致无法接入。登录系统后，执行“主菜单”→“系统信息”→“版本信息”命令可查询 NVR 的版本信息，如图 6.13 所示。

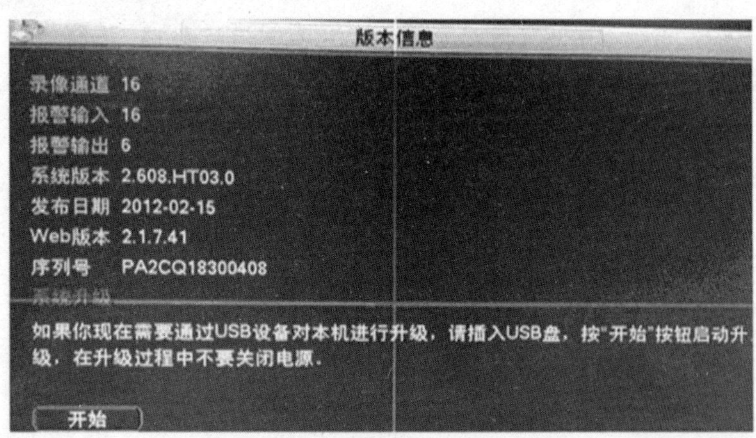

图 6.13　查询 NVR 的版本信息

2. 接入前检测前端设备版本信息

前端设备包网络摄像机(IPC)、编码器(DVS)、各类模块等，统称为前端设备。使用 ONVIF 协议接入 NVR，前提是前端设备也必须支持 ONVIF 协议。因此需要查看前端设备的固件版本是否为支持 ONVIF 的版本。通过网页或者客户端登录在“系统设置”→“版本信息”→“文件系统版本”。如果没有 ONVIF 信息说明该前端设备不支持 ONVIF 协议，要接入该 NVR 需升级支持 ONVIF 的固件。如图 6.14 所示。

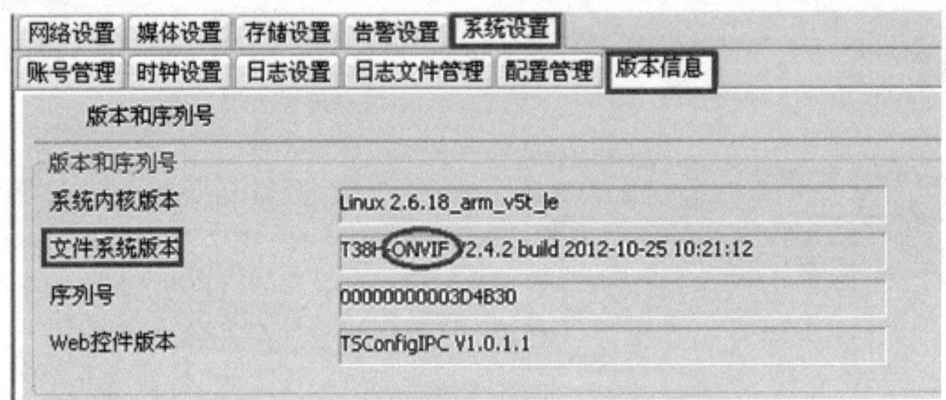

图 6.14 查询前端设备信息以确认是否支持 ONVIF

3. 配置前端设备和 NVR 在相同网段

局域网内前端设备接入 NVR 需配置在相同网段上(如 NVR 在 192.168.1.*网段，则前端设备也是 192.168.1.*)。NVR 的网络参数在“主菜单”→“系统设置”→“网络设置”中更改，前端设备的网络参数在登录后，从“网络设置”→“以太网设置”中更改。

4. 通过 ONVIF 协议添加前端设备接入

NVR 添加前端设备接入必须先登录系统，NVR 登录后，添加“远程设备”，厂商选择 ONVIF，设备类型为 IPC，手动输入设备的 IP 地址及 RTSP 端口及 HTTP 端口号，然后输入用户名及密码，即可完成在 NVR 中对前端支持 ONVIF 设备的添加过程。

如图 6.15 所示。

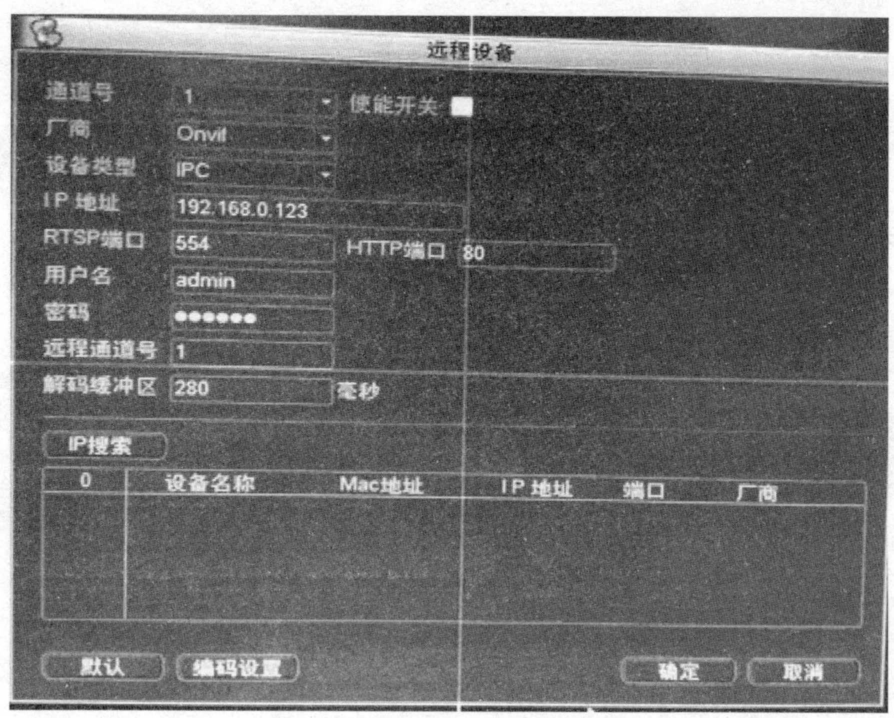

图 6.15　通过 ONVIF 协议添加设备到 NVR

6.7　本 章 小 结

本章介绍了 NVR 的技术原理、构成、系统架构、主要功能及嵌入式 NVR 与 PC 式 NVR 的比较，并介绍了 NVR 的特色功能、应用架构、设备选型、ONVIF 接入等。NVR 在数字视频监控系统中发挥着重要作用，并随着 IP 摄像机与高清监控技术的成熟，其前途不可限量。NVR 实则是网络视频监控系统的“中间件”，下面管理着 IP 摄像机及视频编码器，上面需要向中央管理平台汇报，视频的存储、转发等各项高负荷任务都是由 NVR 完成的。我们不必在 NVR 的产品形态、架构上过分纠结，而应重点考核 NVR 的功能、稳定性和开放性。

读书笔记

第 7 章 网络摄像机(IPC)技术

IPC，全称 IP Camera，即网络摄像机，是真正的 IP 监控设备，它与网络录像机或媒体服务器配合工作，构成完整的网络视频监控系统，共同完成视频的采集、编码、传输、存储及转发等功能。

 关键词

- IPC 产品介绍
- IPC 主要功能
- IPC 软硬件构成
- IPC 参数设置
- IPC 设计选型

7.1 IPC 产品介绍

7.1.1 IPC 的定义

网络摄像机，也叫 IP 摄像机，即 IP Camera，简称 IPC，近几年得益于网络带宽、芯片技术、算法技术、存储技术的进步而得到大力发展。

IPC 的特点主要体现在“IP”上，即支持网络协议的摄像机，IPC 可以看成是“模拟摄像机+视频编码器”的结合体，从图像质量指标讲，又可实现高于“模拟摄像机+视频编码器”能达到的效果。

IPC 是新一代网络视频监控系统中的核心硬件设备，通常采用嵌入式架构，集成了视频音频采集、信号处理、编码压缩、智能分析、缓冲存储及网络传输等多种功能，再结合录像系统及管理平台，就可以构建成大规模、分布式的智能网络视频监控系统。

从实现的功能来讲，IPC 相当于“模拟摄像机+视频编码器(DVS)”构成的联合体，但从设备构成角度讲，IPC 与“模拟摄像机+DVS”的联合体是有本质区别的，IPC 从视频采集、编码压缩到网络传输，所有环节都可以实现全数字化，而“模拟摄像机+DVS”联合体需要经过多次模/数转换过程，即 IPC 才是真正的纯数字化设备，这是二者的本质区别，也因此导致“模拟摄像机+DVS”的联合体的图像技术指标无法与 IPC 相比。IPC 本身可以看作是镜头、摄像机、视频采集卡、计算机、操作系统、软件、网卡等多元素的集合体。

注意：IPC 与我们常见的电脑摄像头不同，电脑摄像头即 Web Camera，如身边常见的视频聊天摄像头，其实质是一种视频采集设备，本身不具备视频编码压缩及传输功能，通常通过 USB 接口连接到电脑，由电脑实现视频编码及传输功能。而 IPC 是完全独立的设备，不依赖 PC，自带处理器、操作系统及缓存，需要配置 IP 地址，可以独立完成视频采集、编码压缩及网络传输功能。

IPC 是真正的即插即用设备，可以部署在局域网，也可以部署在互联网环境中，允许用户通过浏览器在网络任何位置对摄像机的视频进行显示及控制，这种相对独立的工作模式使得 IPC 既适合大规模视频监控系统应用，也可以独立分散地应用在如商店/学校/家庭等分布式、需要远程视频监控的环境中。IPC 在网络视频监控系统中的角色如图 7.1 所示。

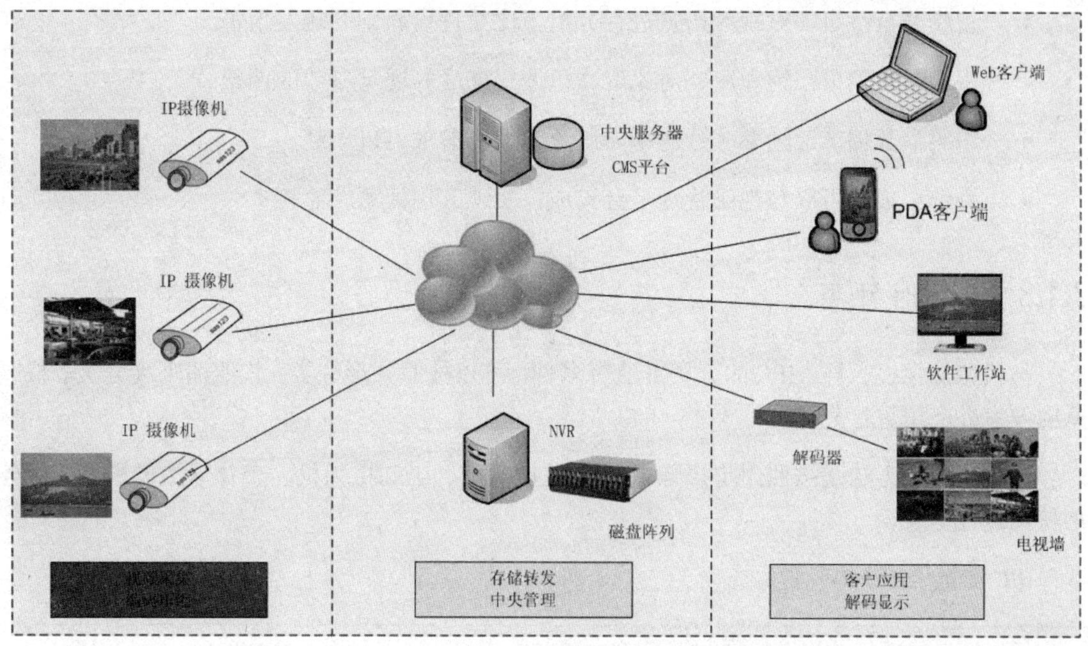

图 7.1　IPC 应用示意图

比如："铁岭、纽约"。想象这样一个场景：当您在美国出差时，打开电脑浏览器或 PDA 手机，输入 IP 地址或域名及密码，这时屏幕中出现了地球另一端"铁岭"你们家的画面，卧室、客厅各个房间都可进行实时视频浏览，你可以看看你们家的花花草草、看看你们家的阿猫阿狗。你会因此而多一份安心，少一份牵挂。而这仅仅需要在家中安装几个 IPC，然后与网络连接即可，非常简单。如今，网络视频监控已经走出了传统"安防电视监控"的狭义领域。

7.1.2　IPC 的主要功能

IPC 的主要功能如下。

- 视频编码：采集并编码压缩视频信号。
- 音频功能：采集并编码压缩音频信号。
- 网络功能：编码压缩的视音频信号通过网络进行传输。
- 云台、镜头控制功能：通过网络控制云台、镜头的各种动作。
- 缓存功能：可以把压缩的视音频数据临时存储在本地的存储介质中。
- 报警输入输出：能接受、处理报警输入/输出信号，即具备报警联动功能。
- 移动检测报警：检测场景内的移动并产生报警。

- 视频分析：自动对视频场景进行分析，比对预设原则并触发报警。
- 视觉参数调节：饱和度、对比度、色度、亮度等视觉参数的调整。
- 编码参数调节：帧率、分辨率、码流等编码参数可以调整。
- 系统集成：可以与视频管理平台集成，实现大规模系统监控。

7.1.3　IPC 的分类

与模拟摄像机一样，IPC 的分类方法有多种，可以按照外形分类、按照清晰度分类、按照室内及室外应用进行分类。

通常的分类方法是按照固定摄像机、PTZ 摄像机、半球摄像机、一体球摄像机等直观外形特征进行分类。

IPC 实物如图 7.2 所示。

图 7.2　不同类型 IPC 实物

1. 固定半球 IPC

此类摄像机一般采用固定焦距或手动变焦镜头，内置于半球护罩内，外观漂亮便于安装，通常需要天花板支撑安装。缺点是镜头基本固定，由于空间有限难于更换其他焦距的镜头，摄像机视场 FOV(Field Of View)固定，难于调整。

2. 固定枪式 IPC

此类摄像机具有固定或手动可变焦距镜头，一般用于监视固定场所，配合安装支架，实现中焦、远景或广角场景的监视功能，配合相应的防护罩可以应用于室外环境，摄像机视场 FOV(Field Of View)可以手动进行调整。

3. PTZ 及一体球 IPC

此类摄像机为可变焦距、可变角度摄像机，通过远程操作实现焦距及角度的控制，因此拥有大范围如室内大堂、室外广场、停车场等场景的监视功能。与模拟 PTZ 摄像机区别在于此类 IPC 不需要单独布置控制线缆便可以实现对 PTZ 的控制，因为下行的 PTZ 控制信号通过网络进行传输。与传统模拟 PTZ 及一体球型摄像机类似，此类 IPC 通常具有预置位、隐私遮挡、自动跟踪等多种功能，属于高端应用类摄像机。

4. 百万像素摄像机

百万像素摄像机是一种特殊的 IPC，顾名思义，百万像素摄像机指成像像素达到 100 万的 IPC，这是模拟摄像机最高可达到的分辨率的两倍以上，从而可以显示场景中更细微的内容以便增强目标识别能力，也可以覆盖更大范围的场景以节省摄像机安装数量。百万像素摄像机通常配置百万像素图像传感器，其高像素级为网络带宽和存储带来更高的要求。

7.1.4　IPC 的优势

1. 信号处理过程

在模拟摄像机中，CCD 传感器所产生的模拟信号首先经过模/数(A/D)转换器转换为数字信号，然后由摄像机内置的 DSP 芯片进行信号处理，如增益、降噪、背光补偿等处理。经过 DSP 处理后的数字信号又经过数/模(D/A)转换重新转化为模拟信号，用于在同轴电缆上进行传输，然后传输至 DVR 或 DVS 后再次进行模/数(A/D)转换来完成编码压缩工作，这样多次的模/数、数/模转换过程大大牺牲了图像质量。

而在 IPC 中，传感器(CCD/CMOS)完成光/电转换过程后，仅仅需要进行一次模/数转换，然后即进行编码压缩，打包上传，显然模/数转换次数少，图像质量损失较小。

因此 IPC 比模拟摄像机信号转换环节少，可以尽可能少地降低图像质量损失。另外，IPC 通常采用逐行扫描传感器，相对于模拟摄像机的隔行扫描方式，图像质量更好。IP 摄像机与模拟摄像机的比较如图 7.3 所示。

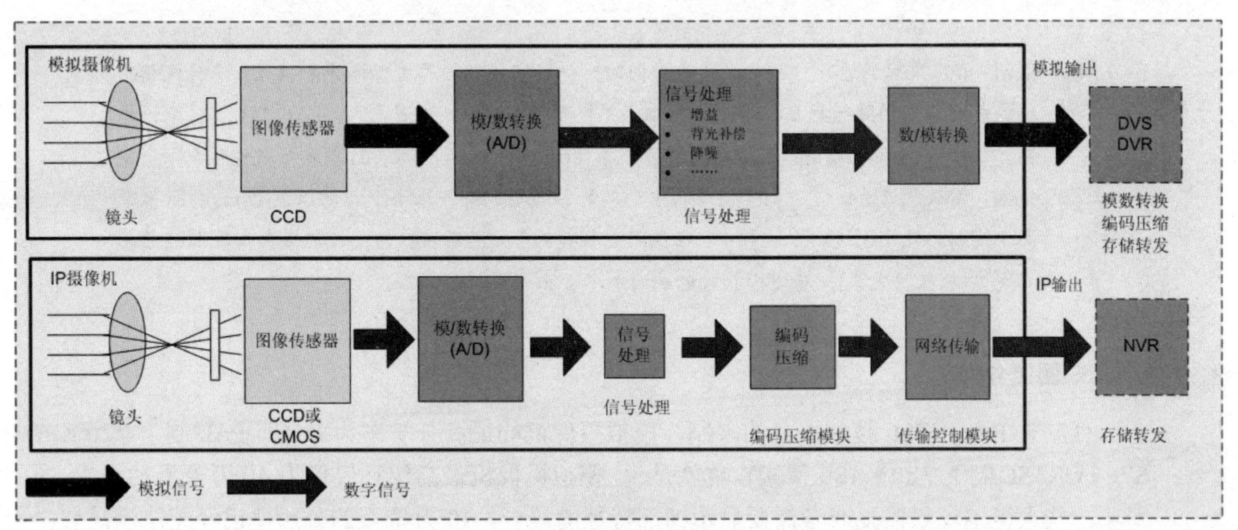

图 7.3　IP 摄像机与模拟摄像机的比较

2. 扫描方式

对于模拟摄像系统，受技术本身的限制，通常由两场交替的隔行扫描信号构成的一帧图像，而两场扫描信号之间会有短暂的时间间隔，因此，对于沿着水平方向快速运动的物体，会产生木梳状失真。而 IP 摄像机采用逐行扫描技术，对一帧画面进行一次性逐行扫描，因此对于快速移动物体仍然可以高质量成像。

摄像机的逐行扫描与隔行扫描如图 7.4 所示。

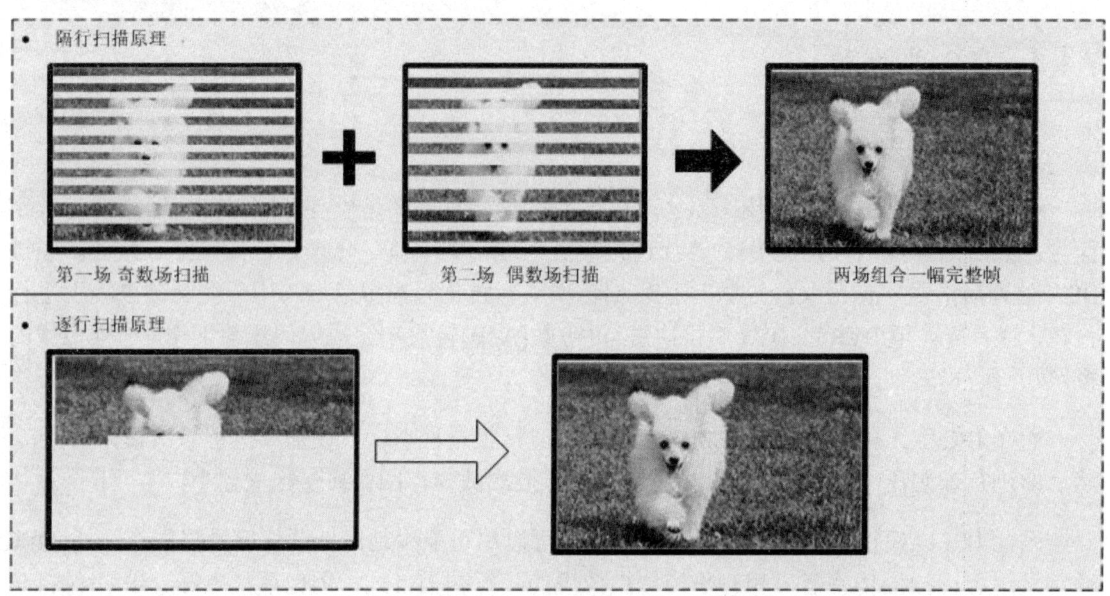

图 7.4 逐行扫描与隔行扫描方式

提示：IPC 采用的逐行扫描方式意味着同时对一幅完整的图像进行曝光和捕获，而传统模拟摄像机所采用的隔行扫描技术一次只扫描半帧图像(一场)，20 毫秒(在 PAL 制式下，1 帧画面 40ms，一场画面 20ms)之后再扫描另外半帧(一场)，然后两场画面合成在一起形成一个完整帧，那么意味着任何时刻一帧画面中的两场画面之间有一个小小的时间差(20ms)。如果画面中有物体处于快速运动过程中，在隔行扫描模式下，其所获取的图像通常会出现明显的拖影现象(木梳状失真)，而逐行扫描的画面则不会出现类似的现象。

3. 图像分辨率

受制于 PAL/NTSC 技术本身的限制，模拟摄像机的最高分辨率为 D1(即 PAL 制下 720×576 或 NTSC 制下 720×480 像素)，也就是说，模拟摄像机最高像素仅仅为 40 万像素的水平。对于一些大范围场景监视或者需要显示细部特征的场合，40 万像素的分辨率已经无法满足要求。而 IPC 不受该限制，可以实现百万像素甚至更高的分辨率，可以覆盖更大范围视野、显示更多画面细部特征。

图 7.5 是不同分辨率(4CIF 与百万像素)图像的效果。

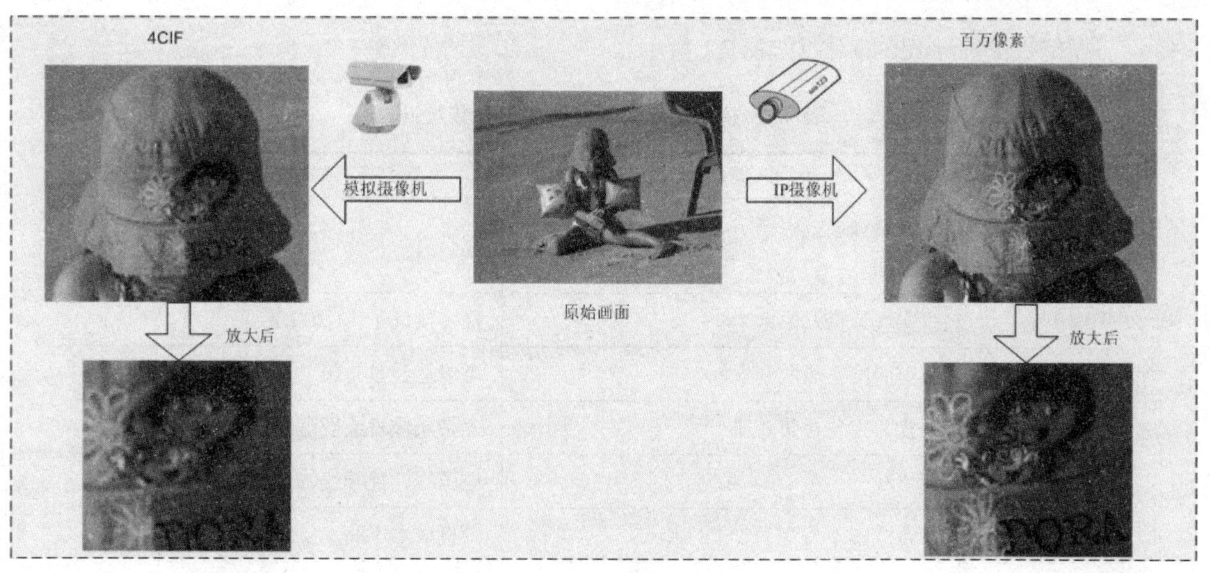

图 7.5　不同分辨率图像的效果

4. 双向音频支持

传统的模拟摄像机是不具备音频功能的，如果需要音频功能，则需要单独安装及部署音频设施，在施工及布线上成本比较高，并且难与监控系统良好地集成。而 IPC 技术本身决定了其集成音频功能非常容易实现。通常，IPC 可以集成双向音频功能，部署在前端的 IPC 具有音频输入输出端口，可以直接连接拾音器及扬声器，甚至可以与远程终端的操作人员进行双向对讲，并且双向音频可以与视频进行同步存储，日后可以进行同步回放。

音频输入功能主要用来对目标区域进行监听，音频输出功能可以对目标区域发送语音命令或广播，例如有旅客过分靠近站台，或有人在 ATM 机附近闲逛，值班人员可以通过对目标点发送广播从而实现警告作用，因此，双向音频使 IPC 更加“生动”，变得“耳聪目明”。

图 7.6 是具有双向音频支持的 IPC 的应用。

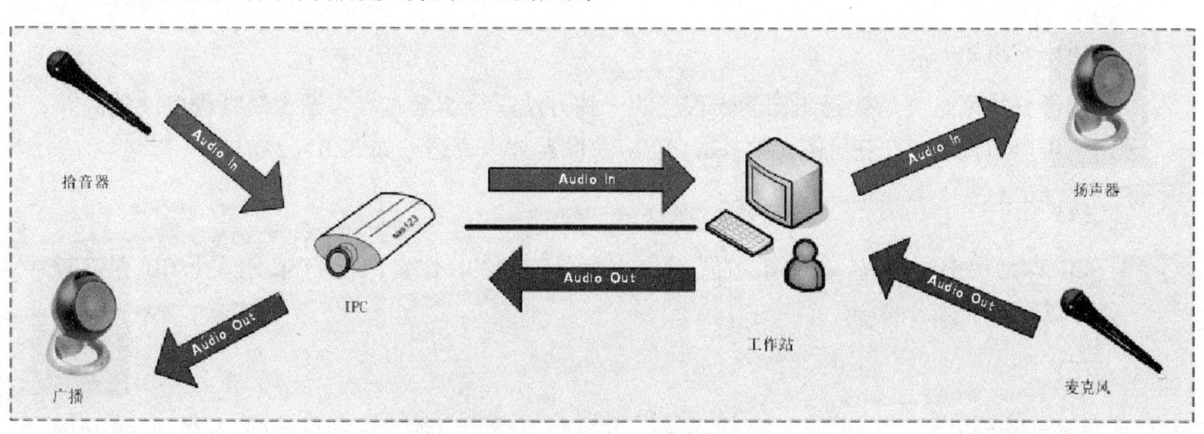

图 7.6　使用 IPC 的音频功能

5. 模拟摄像机与 IPC 的对照

模拟摄像机与 IPC 的对照如表 7.1 所示。

表 7.1　模拟摄像机与 IP 摄像机参数对照表

	IP 摄像机	模拟摄像机
核心技术	感光器件、编码算法、压缩芯片、视频分析算法	光学镜头及成像器件
图像质量	可实现数百万像素	最多接近于 40 万像素
感光性	目前照度不能做到太低	可以达到星光级
存储介质	硬盘为主要存储介质	磁带录像机或硬盘录像机
接线方式	网络线	电源线、视频线、控制线
成本因素	综合成本不高	单机成本不高
应用场合	具有网络接入的各种场合	多种类型适应各种应用场合
单机功能性	目前不是很丰富，部分技术指标有待加强	产品种类丰富、功能强大、技术成熟
应用情况	目前应用率较低，但增势强	目前应用率高，但增速放缓

7.1.5　IPC 的常用术语介绍

(1) IP(互联网协议)

互联网协议是一种通过网络传输数据的方式，是用于报文交换网络的一种面向数据的协议，数据在 IP 互联网中传送时会被封装为报文。

(2) ASIC(专用集成电路)

它是为特定应用设计的一种电路，与一般用途的电路(比如微处理器)相区分。

(3) 分辨率

图像分辨率是度量数码图像清晰程度的一种方法：分辨率越高，图像清晰程度就越高。分辨率可以通过纵向(宽度)像素数×横向(高度)像素数来表达，如 320×240。

(4) CIF

CIF 即通用中间格式。在 PAL 制式下，CIF 是 352×288 像素，在 NTSC 制式下 CIF 是 352×240 像素的视频分辨率。

(5) 帧率

帧率(FPS)用于描述视频流更新的频率，用帧/秒表示，当帧率达到每秒钟 25 帧以上(PAL)时，人眼认为视频是实时的。

(6) HTTP

HTTP 即超文本传输协议，为网站上运行的文件(文本、图形、声音、视频和其他多媒体文件)设置规则，HTTP 协议在 TCP/IP 协议组的上端运行。

7.2　IPC 的组成及工作原理

从外在情况看，IPC 在一块电路板上集成了视频采集、图像处理、视音频编码压缩、网络传输、控制、报警等各种功能模块，实现视频的编码压缩与上传；从内在情况看，IPC 的软件部分主要包括嵌入式操作系统、外围设备驱动、网络协议栈、编码压缩算法程序等。

7.2.1　IPC 的硬件构成

IPC 的硬件构成一般包括镜头、图像传感器、声音传感器、信号处理器、模/数转换器、编码芯片、主控芯片、网络及控制接口等部分组成。光线通过镜头进入传感器，然后转换成数字信号由内置的信号处理器进行预处理，处理后的数字信号由编码压缩芯片进行编码压缩，最后通过网络接口发送到网络上进行传输。

IPC 的硬件构成如图 7.7 所示。

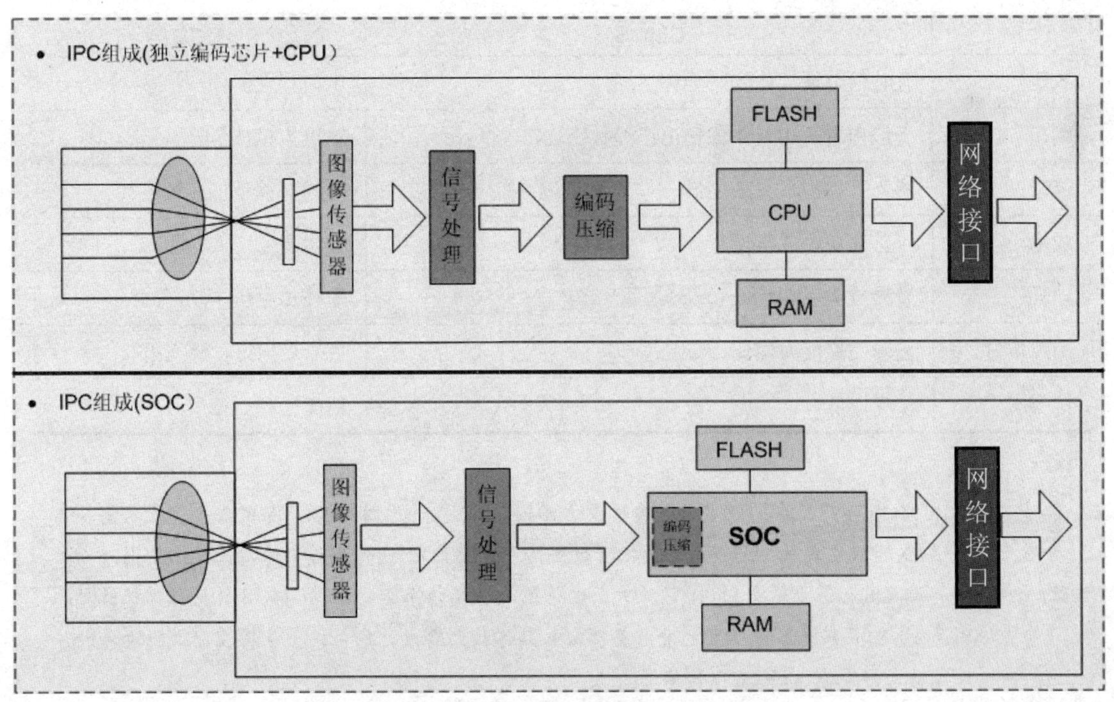

图 7.7　IPC 的硬件构成

从图 7.7 可以看出，在独立芯片+CPU(主控芯片系统)的架构中，编码压缩工作与系统主控工作分别在两个独立芯片上完成；而在 SOC 的架构中，系统的 SOC 除了要做视频的编码压缩工作外，还需要处理系统数据及网络传输。

1. 镜头

镜头作为 IPC 的前端部件，有固定光圈、自动光圈、自动变焦、自动变倍等多种。

2. 图像传感器

前面曾经介绍过，目前图像传感器有两种，一种是在模拟监控设备中所广泛使用的 CCD(电荷耦合)元件；另外一种是后来发展起来的 CMOS(互补金属氧化物导体)器件。CCD 和 CMOS 在制造上的主要区别在于，CCD 是集成在硅晶半导体的材料上，而 CMOS 是集成在被称做“金属氧化物”的半导体材料上。从制造工艺上区分，CCD 较为复杂，全球只有少数几个厂商掌握这种技术。

目前，CCD 在灵敏度及信噪处理等方面表现优于 CMOS，而 CMOS 则具有低成本、低功耗，以及高整合度的特点。随着 CCD 与 CMOS 传感器技术的不断发展，它们之间的差异正在逐渐减小，新一代的 CCD 传感器一直在功耗上做改进，而 CMOS 传感器则在改善信噪处理及灵敏度等方面的不足。

两者的特点对照如表 7.2 所示。

表 7.2　CMOS 与 CCD 参数的对照

	CMOS	CCD
术语	互补性金属氧化物半导体	电荷耦合器件
输出	一般内置 A/D，图像输出已经数字化	输出为模拟信号
灵敏度	感光开口小，灵敏度低	等同面积下，灵敏度高
成本	工艺简单，成本低	成本高
功耗	直接放大，功耗低	需外加电压，功耗高
图像质量	色彩还原能力偏弱、曝光差	色彩还原好、曝光好
信噪比	信噪比低	信噪比高

提示：CMOS 传感器在感光度及图像质量方面较 CCD 差的原因是 COMS 的每个像素都需要一个 A/D 转换电缆及 ADC(放大兼类比数字信号转换器)，这使得每个像素感光面积因此而减少，而使用与像素等量的 ADC 放大器也将造成较高的噪音干扰。CMOS 传感器功耗低的原因是 CMOS 感光器件产生的电荷直接由电晶体放大输出，影像输出采用主动式驱动，耗电比被动式影像输出的 CCD 传感器要低。

3. 模/数转换器

模/数转换器的作用是将图像和声音等模拟信号转换成数字信号提供给编码芯片进行编码压缩。基于 CMOS 的图像传感器一般内置 A/D 模块，可以直接输出数字信号，因此无需额外的模/数转换器，即可以将光信号直接转换成符合 ITU656 标准的数字视频信号；而基于 CCD 模式的图像传感器模块需独立的 A/D 转换装置。

4. 编码压缩部分

编码压缩部分的作用是对经模/数转换后的数字信号，按一定的标准如 MPEG-4 或 H.264 进行编码压缩。编码压缩的目的是减少视频信息的冗余，利用更低的码流实现视频的网络传输及存储。

目前，图像编码压缩方式有两种架构：

- 一种是硬件编码压缩，即把编码压缩算法固化在芯片上；
- 另一种是软件编码压缩，即软件运行在 DSP(或其他处理器)上进行图像的编码压缩。

同样，声音的压缩亦可采用硬件编码压缩和软件压缩。编码压缩部分由编码芯片及相关的 RAM 构成，编码芯片需要 RAM 来存储编码压缩的原始数据及中间处理数据，通常需要空间比较大，如通常需要 16MB 或 32MB 的 SDRAM。

5. 主控部分

主控部分是整个 IPC 的核心控制单元，负责整个系统的调度工作，主控部分可以直接向编码压缩芯片发送命令，读取经过编码压缩的音视频数据并发送给网络模块进行传输。如果是硬件编码压缩，主控制器一般是一个独立部件；如果是软件编码压缩，主控制器可能就是运行编码压缩算法的 DSP，即主控与编码功能合二为一，当然也可以采用单独的芯片。

主控部分主要包括主控芯片(CPU)、程序存储器 Flash 及缓存 SDRAM 等，Flash 中固化 OS 内核、文件系统、应用软件和系统配置文件；SDRAM 是系统内存，SDRAM 用来存储系统及应用程序，由于系统及程序经过专门优化和裁剪，通常文件不大，一般可以采用 4M 的 SDRAM 作为系统内存。

6. 网络模块

网络模块提供 IPC 的网络功能，接收主控芯片的控制命令，将编码压缩后的视频发送到网络上去，或从网络接收控制命令，转发给控制模块实现 PTZ 控制。从主控芯片传送过来的数据通过网络模块转换成以太网物理层能够接收的数据，通过标准 RJ-45 网络接口传输到网络上去。通常 IPC 采用 RTP/RTCP、UDP、HTTP、TCP/IP 等网络协议，允许用户远程对 IPC 进行访问、参数修改、实时视频浏览及控制 PTZ 动作。

7. 控制模块

IPC 通常配置外围接口，如用于报警信号输入输出的 I/O 接口。控制模块的主要功能是把主控芯片传送过来的并行信号转换为串行信号，实现对外设的控制。I/O 模块用来实现信号的输入输出转换，即通常说的报警联动功能。

7.2.2 IPC 的软件构成

IPC 的软件构成一般包括操作系统、应用软件、编码算法、底层驱动等几部分，IPC 的稳定性非常重要，通常采用嵌入式 Linux 操作系统，其具有低成本、开放源码、高安全性及移植性好等优点，是目前 IPC 的主流 OS。在视频编码算法上，MPEG-4 是目前的主流，但是 H.264 是未来的方向，H.264 相对于 MPEG-4 算法能够节约一半左右的码流，但是其算法复杂度也大大提高，因此需要更强的芯片处理能力支持。通常，出于可靠性及灵活性考虑，IPC 的软件采用分层的架构。

如图 7.8 所示，其自下而上分为 4 层，分别是设备驱动层、操作系统层、媒体层(多媒体库和网络协议栈)及应用层。

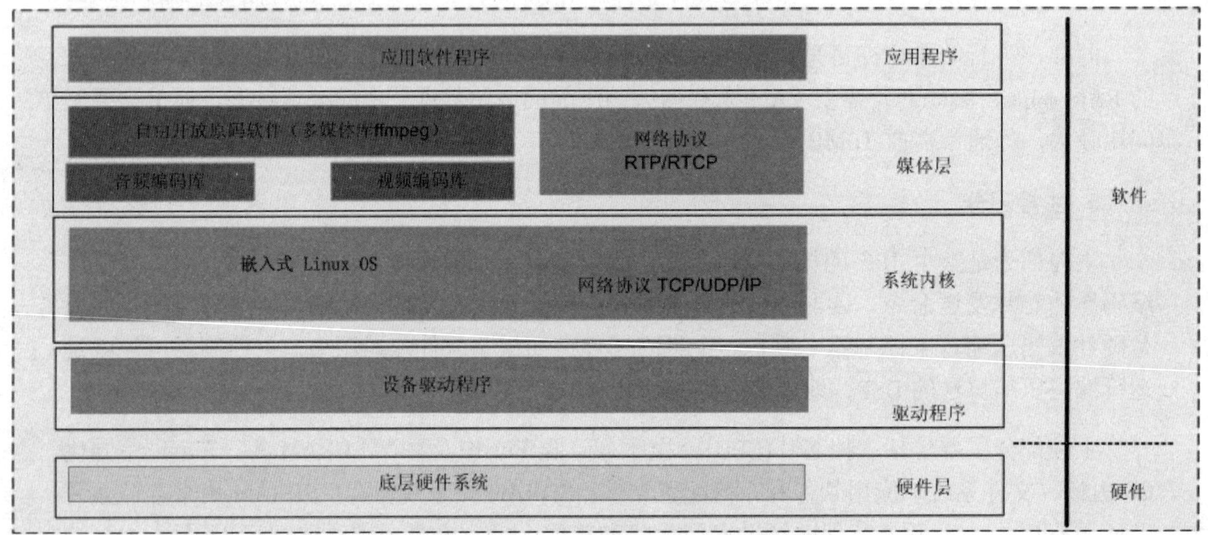

图 7.8 IPC 软件的构成

1. 设备驱动程序

通常，IPC 外设驱动程序包括 802.3 以太网 MAC 控制器、通用 I/O、I2S、AC97、SD/MMC 卡、LCD 显示控制器、视频捕获设备、硬盘控制器以及高速 USB 控制器等驱动程序。

2. Linux 操作系统

通常，Linux 操作系统被用作为 IPC 的软件核心，主要负责程序的管理与调度、内存的管理及对外设的驱动和管理等。

Linux 操作系统具有源代码完全免费开放、内核可裁减、软件易于移植及驱动丰富等优点。Linux 系统做为 IPC 的 OS 时，需要解决的问题主要包括硬件支持、提供二次开发的环境以及裁减内核等，裁减内核的目的是在满足操作系统基本功能和用户需要的前提下，使内核尽可能小，以适应芯片级运行环境。

3. 编码程序

在多媒体处理方面，IPC 一般支持 MJPEG、MPEG-4、H.264、MP3、WMA、AAC、G.711、G.723、G.729 等音视频格式。ffMpeg 是一个开源免费的项目，它提供了录制、转换以及流化音视频的完整解决方案，它包含了非常先进的音视频编解码库。

4. 传输协议

通常，IPC 在网络协议方面，支持 TCP/I P、UDP、SMTP(邮件传输协议)、HTTP、FTP(文件传输协议)、Telnet、DHCP、NTP、DNS、DDNS(动态域名解析)、PPPOE 和 UPnP 等。音视频数据的传输则采取实时传输协议(RTP)和实时传输控制协议(RTCP)配合使用，以实现实时音视频码流的实时传输控制，并且提供 QoS 服务提升传输质量。在网络管理方面，还有一些高级网络管理协议有所应用，如 ICMP、SNMP、IGMP、ARP 等协议。

5. 应用软件

IPC 的应用软件位于整个软件层次的最高层，包括系统初始化、磁盘管理、文件系统管理、网络服务、邮件服务、报警服务与管理、用户连接、Web 服务等各种应用功能。

7.2.3 IPC 的工作原理

(1) IPC 启动过程

IPC 启动时，主控模块将 Linux 内核转入系统内存 SDRAM 中，系统从 SDRAM 启动。系统启动后，主控模块通过串行接口/主机接口等控制编码模块、网络模块及串行接口，实现视频的编码压缩、网络传输及辅助控制。IPC 加电启动后软件启动的过程包括装载启动代码、设备驱动程序、网络协议处理等。

(2) IPC 工作流程

图像信号经过镜头输入及声音信号经过麦克风输入后，由图像传感器及声音传感器转化为电信号，模/数转换器将模拟信号转换为数字信号，再经过编码器件按一定的编码标准进行编码压缩，在控制器的控制下，由网络服务模块按一定的网络协议发送到网络上，控制器还可以接收报警信号及向外发送报警信号，且按要求发出控制信号。

7.3 IPC 数据的网络传输

在网络视频监控系统应用中，主要有两种数据需要传输，一种是视音频流的传输，即“数据通道”，一种是控制信息的传输，即“信令通道”。其中视音频流的特点是数据信息量大，

占用绝对的带宽资源，实时性要求高，但是少量的信息丢包是可以接受的；而控制信息的特点是信息量比较少，但是传输要求绝对高质量、高可靠，不允许丢包。

7.3.1 网络传输协议介绍

IPC 应用中的主要网络协议构成如图 7.9 所示。

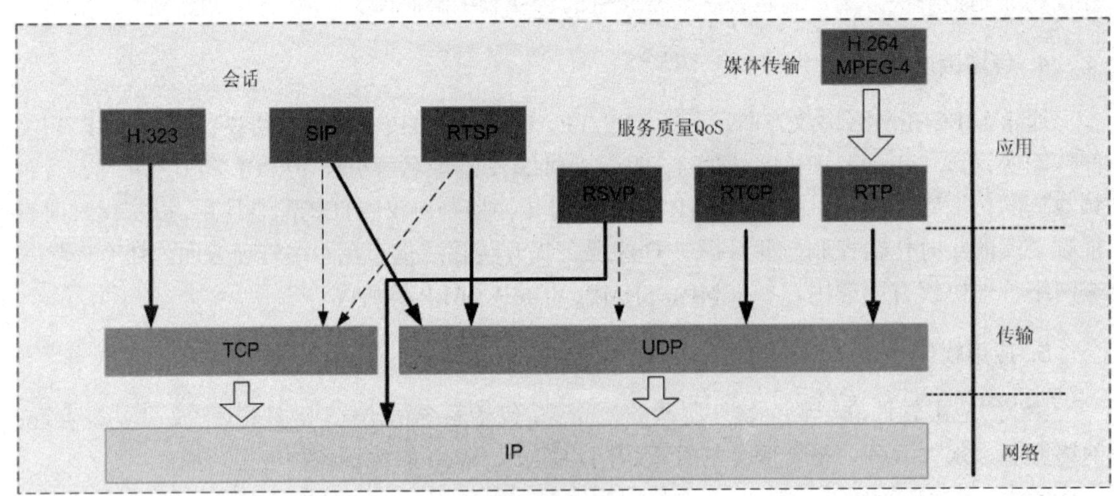

图 7.9 主要网络协议构成

1. UDP 协议

UDP(User Datagram Protocol)即数据报协议，是最基本的网络数据传输协议，利用 IP 协议提供网络无连接服务，常用来封装实时性强的网络音视频数据，即使网络传输过程中发生丢包现象，在客户端也不会非常影响音视频浏览。

2. TCP 协议

TCP(Transmission Control Protocol)即传输控制协议，利用 IP 协议提供面向连接网络服务，为在不可靠的互联网络上提供一个可靠的端到端传输而设计。TCP 协议往往需要在服务端和客户端经过多次“握手”才能建立起连接，因此利用 TCP 传输实时性较强的音视频流时开销较大，如果网络不稳定，音视频抖动的现象明显。常利用其可靠性来传输网络摄像机的控制命令，如 PTZ 控制，I/O 设备控制命令。

3. HTTP 协议

HTTP(HyperText Transfer Protocol)即超文本传输协议，主要为网站上运行的文件(文本、图形、声音、视频和其他多媒体文件)设置规则，HTTP 协议在 TCP/IP 协议组的上端运行。网络摄像机通过 HTTP 协议提供 Web 访问功能，很方便地将音视频数据经过复杂网络传输，但实时音视频支持不是很理想。

4. RTP 协议

RTP(Real-time Transport Protocol)即实时传输协议，是针对多媒体数据流的一种传输协议，RTP 被定义为在一对一或一对多的传输情况下工作，其目的是提供时间信息和实现流同步。RTP 协议的时间戳机制，不仅减少了抖动的影响，而且也允许多个数据流相互之间的同步。RTP 通常使用 UDP 来传送数据，但 RTP 也可以在 TCP 协议之上工作。当应用程序开始一个 RTP 会话时将使用两个端口：一个给 RTP，一个给 RTCP。

RTP 本身并不能为按顺序传送数据包提供可靠的传送机制，也不提供流量控制或拥塞控制。它依靠 RTCP 提供这些服务。通常 RTP 算法并不作为一个独立的网络层来实现，而是作为应用程序代码的一部分。

5. RTCP 协议

RTCP(Realtime Transport Control Protocol)即实时传输控制协议，它是 RTP 的姊妹协议，RTCP 和 RTP 一起提供流量控制和拥塞控制服务。RTCP 不传输任何数据，它的主要功能是用来向源端提供有关延迟、抖动、带宽、拥塞等网络特性的反馈信息，发送端可以利用这些信息进行速率调整。比如当网络状况较好时，可以提高数据速率，而当网络状况不好时，它可以减少数据速率。通过连续的反馈信息，发送端可以持续地做相应的调整，从而在当前条件下尽可能地提供最佳的质量。

6. RTSP 协议

RTSP(Real Time Streaming Protocol)即实时流协议，该协议定义了一对多应用程序如何有效地通过 IP 网络传送多媒体数据，RTSP 在体系结构上位于 RTP 和 RTCP 之上，它使用 TCP 或 RTP 完成数据传输。

RTSP 协议利用推式服务器方法，让音视频浏览端发出一个请求，网络摄像机向浏览端推送封装成 RTP 分组的音视频编码数据。HTTP 与 RTSP 相比，HTTP 传送 HTML，而 RTSP 传送的是多媒体数据。HTTP 请求由客户机发出，服务器作出响应；使用 RTSP 时，客户机和服务器都可以发出请求，即可以是双向的。

7.RSVP 协议

RSVP(Resource Reservation Protocol)即资源预定协议，是 IETF 提出的协议。RSVP 是为 Internet 开发的，通过在路由器上预留一定的带宽，能在一定程度上为流媒体的传输提高服务质量。由于音频和视频数据流比传统数据对网络的延时更敏感，要在网络中传输高质量的音频、视频信息，除带宽要求之外，还需其他条件。

7.3.2 视音频流的传输

视音频流传输过程中，视音频流首先以 RTP 协议进行封装，再用 UDP 协议对 RTP 数据包进行封装，最后由 IP 网络层封装为 IP 数据包，发送到网络上进行传输。RTP 本身不提供可靠的传送机制以及流量控制或拥塞控制，它依靠 RTCP 提供这些服务。在 RTP 会话期间，各参与者周期性地传送 RTCP 包。RTCP 包中含有已发送的数据包的数量、丢失的数据包的数量等统计资料。基于 RTCP 的反馈机制，发送端可以评估网络状态和接收端情况，及时利用这些信息动态改变传输速率甚至有效载荷(Payload)类型，以尽可能地解决网络实时数据传输中出现的不可预测的延迟、抖动等问题。

基于发送端的码率控制主要有改变编码量化参数、丢帧和帧率控制 3 种方法。

IPC 的数据通道及信令通道如图 7.10 所示。

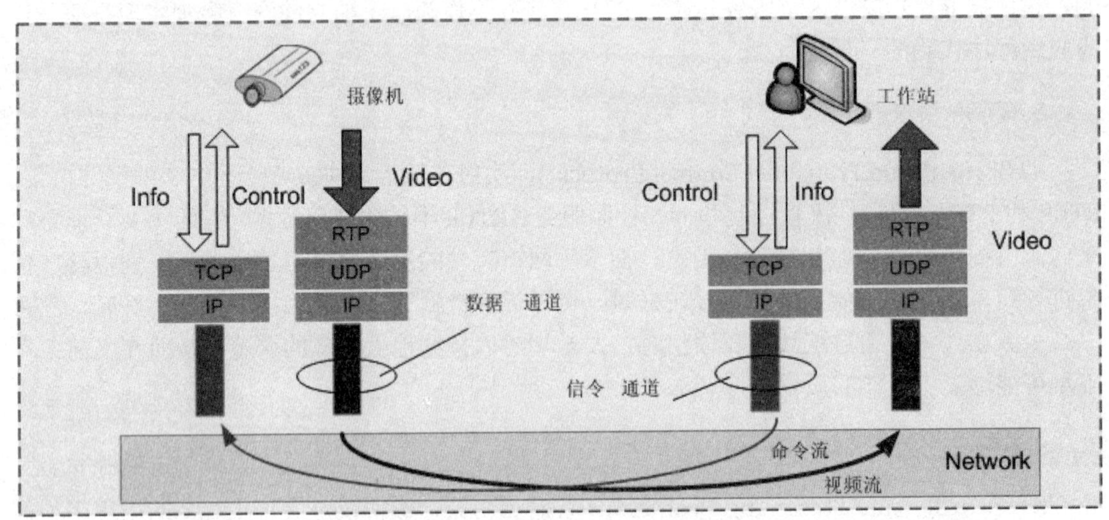

图 7.10　IPC 的数据通道及信令通道

7.3.3　控制信号的传输

控制信号的传输要求高可靠性，如前所述，TCP/IP 协议是有多次的“握手确认”过程的“面向连接”的协议，因此可以采用 TCP/IP 协议传输控制信号，即所谓“信令通道”。控制信号包括狭义的 PTZ 控制信息及其他类型的信令，如对前端设备的参数修改(帧率、码流、色彩参数等)以及视频录像的回放等，都可以采用 TCP/IP 协议实现。在 PTZ 控制过程中，上层客户端软件进行相应操作，发送控制信息，底层软件做数据的转发，经过网络，最后由 IPC 的内置解码部件接收 PTZ 控制指令，解码并完成相应的动作。

7.4　IPC 的核心技术

谈及 IPC 的核心技术，还是需要从其软硬件构成谈起。在硬件上，IPC 主要是由光学器件、感光成像器件、IC 芯片、电路板等构成；从软件上看，主要是包括视频编码压缩算法、视频分析算法及应用软件程序。不同的公司采用不同的成像器件、芯片、开发不同的压缩算法，最终生产的 IPC 设备在性能表现上会有很大的差别。

7.4.1 光学成像技术

光学成像系统无论是在模拟摄像机还是在 IPC 系统中都是一个重要的环节，视频图像的质量与光学成像系统密切相关。通常光学成像技术包括镜头技术及感光器件技术，一直以来，镜头技术以德国及日本的技术比较领先。感光器件目前有 CCD 及 CMOS 两种，CCD 感光器件目前占绝对的市场份额。

CCD 的主要优点是高解析、低噪音、高敏感、可大批量稳定生产等，日本公司的 CCD 技术占全球主导地位。CMOS 技术自从 20 世纪 80 年代发明以来，初期主要用于低端、低品质市场，但随着 CMOS 技术的逐步成熟和完善，在高分辨率摄像头中，CMOS 开始迅猛发展起来，CMOS 技术目前是欧美公司较领先。这两种传感器各有长短，甚至许多公司的 IPC 产品线分别以 CCD 和 CMOS 传感器架构支撑，两条腿并行。

7.4.2 视频编码算法

视频编码算法不仅仅是 DVS、DVR 的核心技术，对于 IPC 一样是核心技术。无论何种编码方式，其关键是“在有限的码流下实现高质量的图像，并具有良好的网络适应性”。视频编码算法从早期的 MJPEG，MPEG-4，发展到目前的 H.264。H.264 因为具有良好的图形质量、编码效率及网络适应能力，是目前及未来一段时间编码算法的主流。

早期的 IPC 主要采用 MJPEG 算法，MJPEG 编码方式比较简单，对芯片的处理能力要求不高。采用帧内压缩方式，帧之间没有关系；图像质量好，适合于影像编辑。但是由于不采用帧间预测技术，使得码流过高从而网络负荷较重，存储空间需求也比较大。

提示：由于 MJPEG 编码方式下对每帧图像独立压缩编码，因此，在部分地区可用来做法律证据。

MPEG-4 编码方式在 IPC 应用中比较多，可以实现较低码流下良好的图像质量，但是其编解码复杂性相对 MJPEG 而言较高，对芯片的处理能力要求较高。另外网络延迟，图像抖动等问题仍需要加强改善。

H.264 是目前最高效的编码技术，同等图像质量下 H.264 编码产生的码流是 MPEG-4 的一半左右，并且内建针对流媒体和无线网络的优化工具，相比 MPEG-4 其编码复杂度更高，编解码时间更长，需要编码芯片具有很强的运算处理能力，总体成本较高。

图 7.11 是不同编码方式下对应的码流示意图，H.264 在同样图像质量下码流最小。

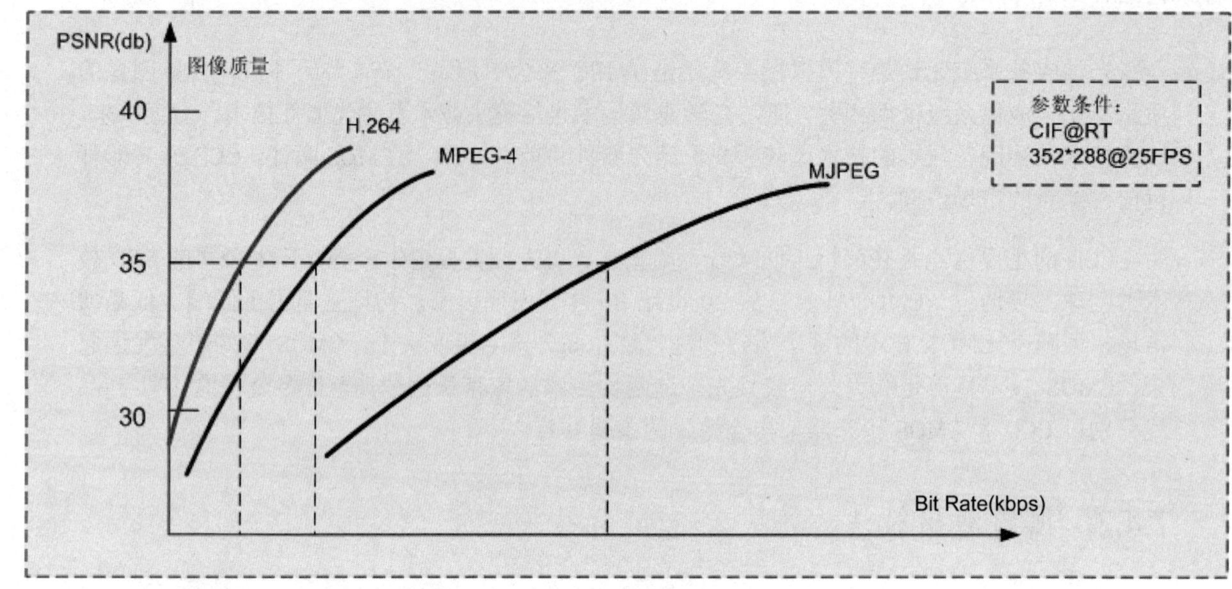

图 7.11 不同压缩方式效率对比示意图

7.4.3 编码压缩芯片

在 IPC 设备中，核心的任务是视频的编码压缩，而视频的编码压缩工作，具体实施角色就是编码芯片，编码芯片具有高效的运算处理能力。目前视频编码算法的发展趋势是效率越来越高，同时算法越来越复杂，这对编码芯片的处理能力提出了更高的要求。

早期的 IPC 编码压缩工作由 ASIC 芯片或 DSP 芯片实现，目前有 SOC 单片系统占主导的趋势。得益于近几年网络视频监控市场的不断扩大，芯片厂商开始重视视频监控行业应用，从而不断地、有针对性地开发出高性能、低价格、专用于安防视频应用的多媒体芯片，使得芯片处理能力不断增强，进而可以运行复杂的视频编码算法(如 H.264)。

目前，多数 IPC 厂商均采用国际主流厂商的 IC 来完成 IPC 的开发研制，而有部分厂商采用自己研制的 IC 芯片，此方式对 IPC 厂商的综合实力是个考验，但可以灵活自主地决定开发周期。

7.4.4 视频分析技术

视频内容分析技术(Video Content Analysis，VCA)可以使系统对视频内容进行自动分析提取，将大量无用的视频信息进行过滤，而对于可疑的视频内容，可以自动触发事件从而改变分辨率、帧率，并发送报警视频给相应的客户端，这样大大节省了网络资源及存储资源。

早期的视频分析技术多数基于后端服务器方式，该方式对后端服务器资源的占用比较高，不便于进行大规模、分布式的部署。目前，许多 IPC 厂商已经直接把视频分析功能置入 IPC

内，利用 IPC 的芯片运行视频分析算法，从而实现分布式的智能化监控。部署在 IPC 的视频分析功能，将极大地减少大型系统中的存储成本和网络带宽的费用开销，同时也改变了传统的安全人员“死盯监视墙”的状态。

把视频分析技术嵌入到 IPC 中，是未来 IPC 的一个应用趋势，具有视频分析功能的 IPC 的应用如图 7.12 所示。

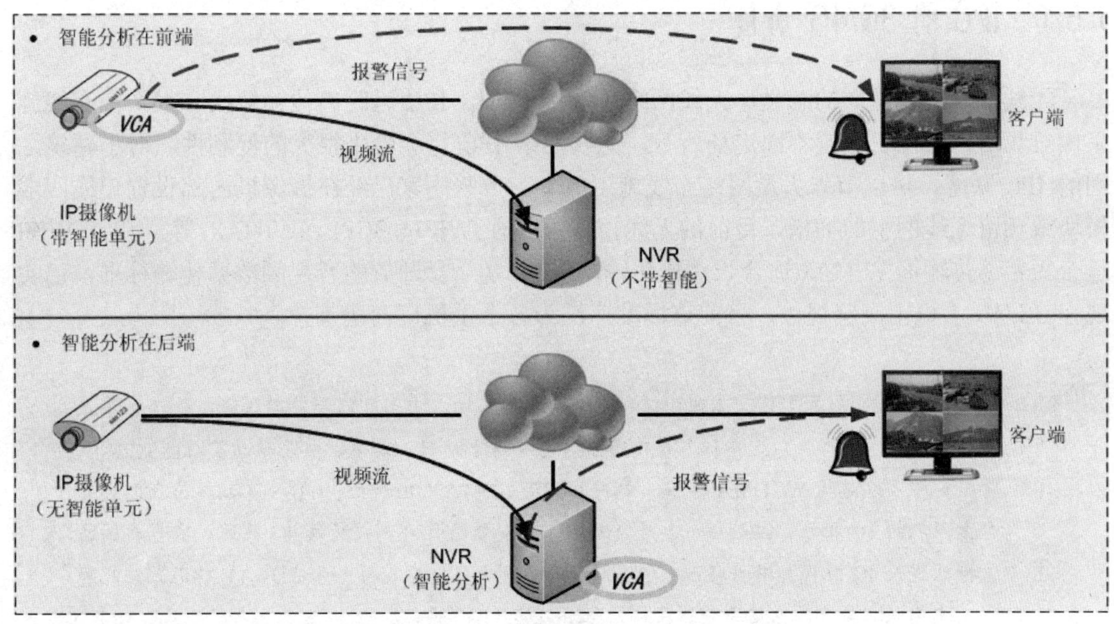

图 7.12　智能分析功能的不同部署方式

目前主要的视频分析功能模块包括：

- 入侵探测
- 人数统计
- 车辆逆行
- 丢包检测
- 人脸识别

对于智能 IPC，不同的厂商有不同的理解，有的 IPC 中集成了基本的移动探测功能，具有初级的智能功能，有的 IPC 集成了诸如人脸识别、入侵探测、丢包探测等高级功能，属于真正的智能型 IPC。

具有视频分析功能的 IPC 可以自动侦测并触发事件，可以自行决定是否改变帧率及分辨率等编码参数，并按照约定发送报警信息及视频给监控中心。IPC 集成视频分析技术的功能可以利用编码芯片多余的处理能力来运行视频分析算法，也可以增加额外的芯片来独立运行视频分析算法。

从目前来看，高效视频编码需要大量的运算资源，而复杂的视频分析算法也需要大量的资源，因此，增加额外的处理芯片是个不错的选择。

7.5 IPC 的亮点功能

7.5.1 IPC 的 3G/4G 功能

无线传输具有重要的意义，无线网络传输技术带给 IPC 远距离传输解决方案。在有线施工困难场所、摄像机位置不固定场所等，无线网络 IPC 将会带来很大的便利性。对于建筑之间的 IPC 联网，可以节省大量网络布线施工成本。一些厂家已经在摄像机内部设置无线网卡模块或预留无线网卡的插槽。目前的无线技术主要有 WIFI、3GPP、WIMAX 等，其中 WIFI 适合短距离传输而 WIMAX 适合长距离传输，3GPP 是一套开放的音视频数据传输标准，已实现在 3G/4G 手机上浏览视频，目前该标准广泛为各个手机厂商所支持。

提示：2009 年 1 月 7 日，工业和信息化部为中国移动、中国电信和中国联通发放 3 张第三代移动通信(3G)牌照，此举标志着我国正式进入 3G 时代。其中，中国移动获 TD-SCDMA 牌照，中国联通获 WCDMA 牌照，中国电信获 CDMA2000 牌照。TD-SCDMA 为我国拥有自主产权的 3G 标准。2013 年 12 月 4 日，工业和信息化部正式发放 4G 牌照，宣告我国通信行业进入 4G 时代。中国移动、中国联通和中国电信分别获得一张 TD-LTE 牌照。与此同时，中国联通与中国电信还分别获得一张 FDD-LTE 牌照。

3G/4G 网络的带宽优势将为无线视频监控提供强有力的支持，这必将大大促进视频监控向远程、无线、民用领域扩展延伸。

很简单的例子是在平安城市建设中，3G/4G 无线监控摄像机的安装仅仅需要架设一个摄像机，配置通信卡就可以了，而传统模拟摄像机接入需要考虑光纤敷设、地面开挖等多个环节复杂、高成本的工作。

3G/4G 网络摄像机、视频编码器等设备，将采集并编码压缩的视频信号通过 3G/4G 网络进行传输，不再受地理位置、现场环境、线路资源等因素限制；从监控后端来说，手机/PDA 终端可以通过 3G/4G 网络对监控视频进行监看和管理，随时随地及时掌握现场情况，而不必局限在监控中心或分控制室。

3G/4G 视频监控系统如图 7.13 所示。

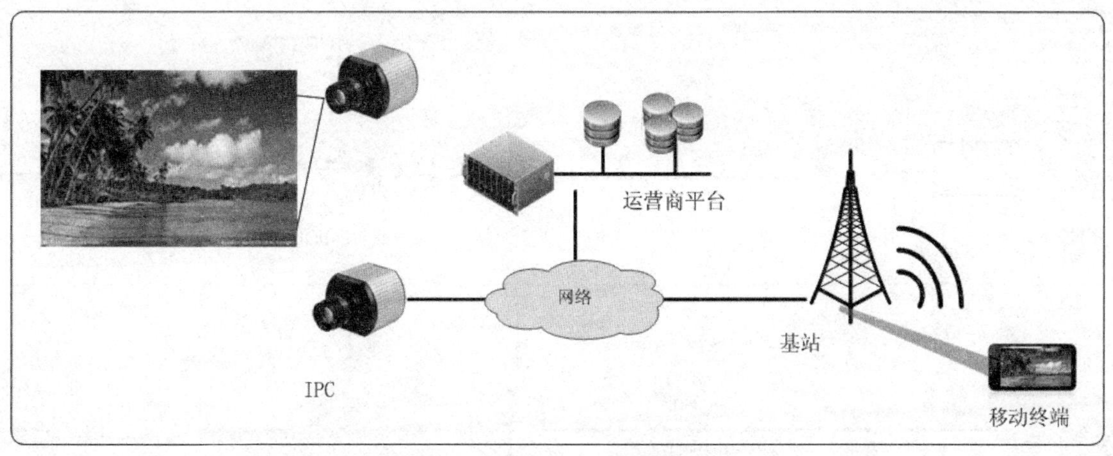

图 7.13　3G/4G 视频监控系统

在视频监控领域应用 3G/4G 技术还有一定的技术问题需要克服。首先，3G/4G 网络有自身的网络特性，因此，对于 IPC 与 DVS，需要在视频编码算法、网络适应性等方面做适应性调整，而不能完全采用原来的传输模式；其次，对于中央平台软件、操作终端，需要做相应的调整和改进，以实现在手机/PDA 终端上的视频操作；第三，3G/4G 的覆盖范围、性能表现、普及程度、成本等方面均需要进一步改善。不过，相信 3G/4G 视频产品会很快地成熟并得到广泛应用。

7.5.2　PoE 技术

在本书的 DVS 章节中，我们已经介绍过 PoE 技术，PoE 技术在 IPC 上比 DVS 上更加适用。PoE(Power over Ethernet)，指的是通过以太网为网络设备提供电力的技术。

PoE 技术遵循 IEEE802.3af 标准，在不降低网络数据通信性能的基础上对网络设备进行供电，是 IT 行业的一个成熟标准。将 PoE 技术引入到 IPC 系统应用中，可以解决 IPC 单独供电的施工及线缆敷设成本，并便于管理。此外，还可以与 UPS 系统配合使用，提高系统电源的稳定性和可靠性。IEEE802.3af 标准规定的受电设备的功率在 12.95W 以下，基本可以满足各普通固定类 IPC 的供电需求，而对于 PTZ 式 IPC 或快球式 IPC，由于功率稍高，因此可能仍然需要另外单独供电。

现在，大多数厂商提供的网络交换机都支持 PoE 功能。如果已经装了相应的普通交换机设备，需通过给交换机增加中跨(Midspan)以实现 PoE 的功能支持，其中，中跨的主要作用是给网线加载电源。

IPC 的 PoE 供电原理如图 7.14 所示。

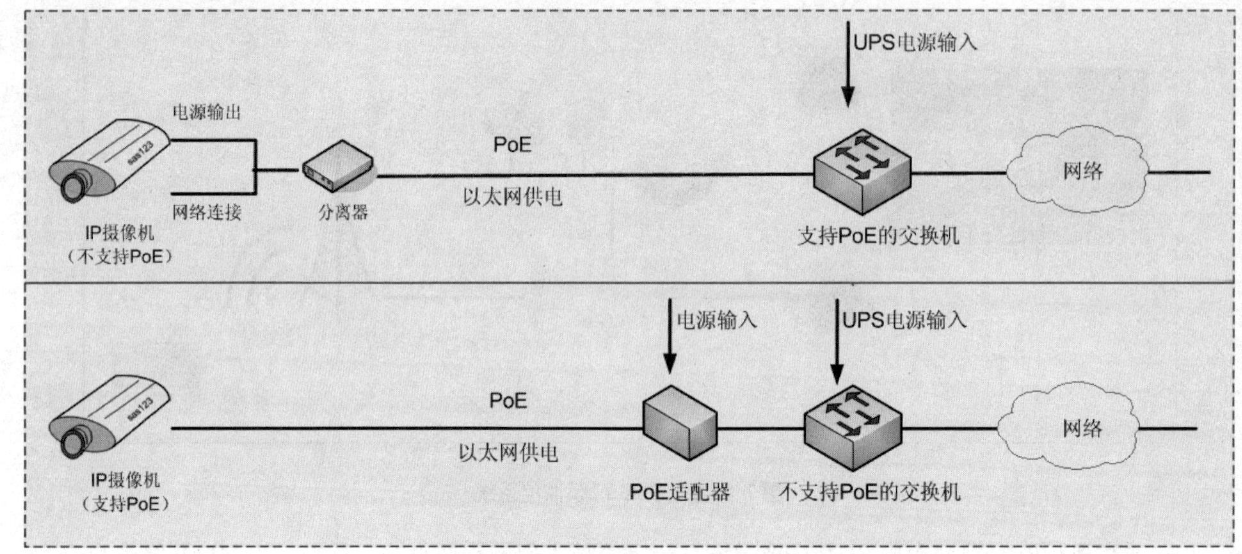

图 7.14　IP 摄像机的 PoE 供电原理

注意：需要注意的是，选择支持 PoE 功能的 IP 摄像机时，一定要确保它们符合 IEEE802.3af 标准。这样才能够从很多主流的网络设备厂商(如 Cisco、H3C、NetGear 等)那里自由的挑选支持 PoE 功能的网络交换设备。

7.5.3　本地缓存功能

与 DVS 类似，IPC 一个弱点是其对网络的依赖性过强，实时的视频浏览与存储要求网络不允许有一刻中断，否则带来的后果是部分视频数据的丢失，这在一些重要场合是无法接受的，因此，需要 IPC 具有临时本地视频数据存储能力。

通过在 IPC 内部采用闪存或 DRAM 作为缓存器，或在外部采用 CF、SD 卡作为缓存器，可以实现 IPC 的本地临时存储(On Board Storage)功能。缓存可作为网络故障时视频图像的缓冲设备，在网络恢复正常后，再将视频进行补充上传，这样可有效地保证视频数据的连续性和完整性。

7.5.4　DDNS 支持

目前多数 ISP 都为我们提供动态 IP(如 ADSL 拨号上网)，而很多 DVS 和 IPC 在远程访问时需要一个固定的 IP，但固定 IP 的费用很难让客户接受。所以 DDNS 提出了一种全新的解决方案，它可以捕获用户每次变化的 IP，然后将其与域名相对应，这样客户就可以通过域名来进行远程监控了。

DDNS(Dynamic Domain Name Server)是动态域名服务器的缩写，DDNS 是将用户的动态 IP 地址映射到一个固定的域名解析服务上，就是说 DDNS 捕获用户每次变化的 IP 地址，然后将其与域名相对应，这样其他上网用户就可以通过域名来进行交流了。如果网络摄像机支持 DDNS，用户即可使用动态 IP 及虚拟域名(如 Camer1#.www.sas123.cn)功能来设置此台摄像机的动态 IP，不管 IP 地址如何变化，该 IPC 的域名是唯一的，系统中能够以域名来识别 IPC 的身份。

7.5.5 IPC 的安全通信

在闭路电视监控系统中，系统采用点对点连接，系统中没有任何加密或认证机制，如果想截获或者破坏视频信号，仅仅需要物理连接到这个闭路系统中，采用搭线的方式或切换视频源的方式对视频信号进行截获或破坏。

对于网络视频监控系统，数据包直接在开放的网络环境中传输，因此，视频数据及控制数据在中途遭到截取是个风险，但是，由于其采用数字化网络架构，因此可以实现多种安全保护机制。

IPC 的数据安全保护通常有 3 种方式——IP 过滤方式、用户名及密码方式、数据加密方式。在访问网络摄像机时，一般可以提供多级用户管理机制和 IP 过滤机制，不同级别的用户(IP 地址)有不同的访问权限，这种机制满足了分布式网络监控系统的安全高效管理要求。而数据加密方式通常有以下几种。

1. SSL/TLS

SSL(Secure Sockets Layer)采用加密源端(服务器)及客户端数据的方式以保证传输数据的机密性和完整性，当客户端向源端发出申请时，一个公共的 Key 发送到客户端，用来进行数据加密，客户端加密的数据能够并且仅仅能够被源端(服务器)解密。SSL 能够实现数据的加密、防篡改、防伪造等。TLS 基于 SSL 机制并具有更好的安全保证。

SSL 协议提供的服务主要有：

- 加密数据以防止数据中途被窃取。
- 维护数据的完整性，确保数据在传输过程中不被改变。
- 认证用户和服务器，确保数据发送到正确的客户机和服务器。

2. HTTPS

HTTPS 的全称是 Hypertext Transfer Protocol over Secure Socket Layer，是以安全为目标的 HTTP 通道，简单讲是 HTTP 的安全版，即 HTTP 下加入 SSL 层。

HTTPS 的安全基础是 SSL，因此加密的详细内容请参看上面介绍过的 SSL。

3. IPSec VPN

VPN 的英文全称是“Virtual Private Network”，翻译过来就是“虚拟专用网络”。顾名思义，对虚拟专用网络我们可以理解成是虚拟出来的企业内部专线。它可以通过特殊的加密的通信协议连接在 Internet 上的位于不同地方的两个或多个企业内部网之间建立一条专有的通信线路，就好比是架设了一条专线一样，但是它并不需要真正去铺设光缆之类的物理线路。

一句话，VPN 的核心就是在利用公共网络建立虚拟专用网。

虚拟专用网(VPN)被定义为通过一个公用网络(通常是因特网)建立一个临时的、安全的连接，是一条穿过混乱的公用网络的安全、稳定的隧道。

虚拟专用网是对企业内部网的扩展。虚拟专用网可以帮助远程用户、公司分支机构、商业伙伴及供应商同公司的内部网建立可信的安全连接，并保证数据的安全传输。

SSL 与 VPN 加密方式的区别如图 7.15 所示。

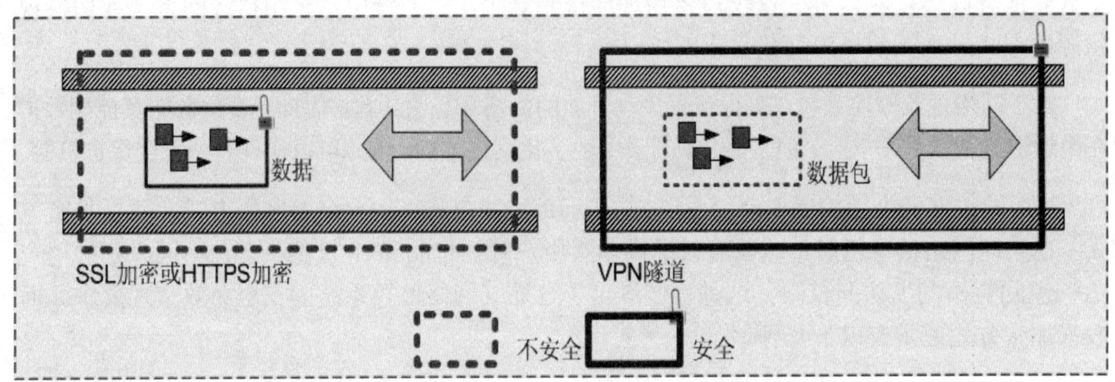

图 7.15　SSL 与 VPN 加密方式的区别

比如："保险柜、运钞车"。在一座城市中，需要从 A 大厦将 500 万现金送到 B 大厦，怎样做？要么买个大保险柜，将钱放进去，以密码锁定，用卡车拉过去，中途就是有人劫抢了保险柜，一时半会也弄不开；或者将钱装入牛皮袋子，然后找个"运钞车"来送过去。两种方式下，一个是钱存放(保险柜)本身安全，但是传输的路径(大卡车)不安全；一个是钱存放(牛皮袋)本身不安全，但是传输的路径(运钞车)安全，都达到了"防窃取、保完整"的目的，当然，最安全的方式是"运钞车+保险柜"方式，不过成本偏高。SSL 是在数据本身进行的安全措施，而 VPN 则是建立了数据的安全传输通道。

7.5.6　报警改变帧率技术

通常采用网络录像机(NVR)对 IPC 传输过来的视频进行存储，实际上，IPC 每时每刻都在产生大量的视频数据流，这对存储系统是个巨大的考验。实践证明，存储系统存储的大量数据，绝大多数是无用的垃圾数据，没有任何价值。在存储系统中，真正有意义的数据是 IPC 或 DVS 报警及事件触发前后的相关视频。既然如此，可以通过在平时状态下，采用较低的分辨率和帧率进行录像，而一旦发生事件或报警，系统自动切换成高分辨率和帧率进行录像，这样可以节省大量的存储资源，同时又可以保证重要的视频的高质量录像。

IPC 的报警改变帧率功能如图 7.16 所示。

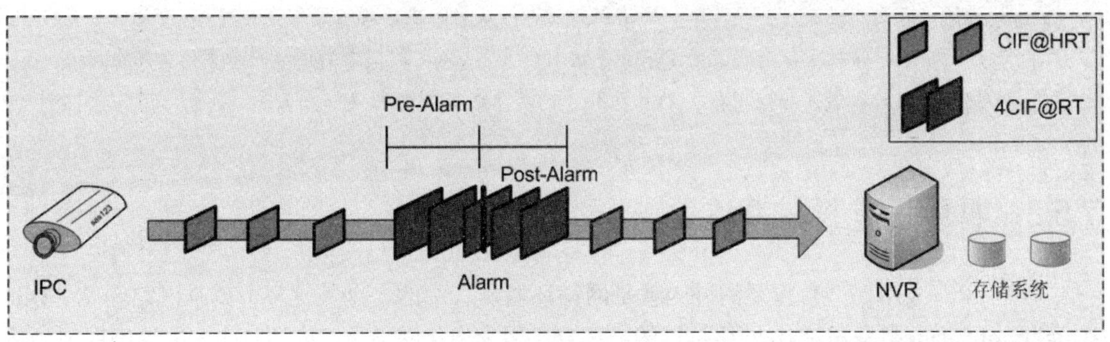

图 7.16　IPC 报警改变录像参数

7.5.7　IPC 的多码流技术

本书先前介绍过 DVR、DVS 的多码流技术，同样，IPC 的“多码流”技术也意义重大。多码流技术指对于同一个视频源，IPC 能够产生并传输多个不同帧率、分辨率或图像质量的码流，以满足不同的用户的需求，实现本地存储、远程观看及移动终端用户观看等各种需求。需要注意的是这些码流可能采用不同的编码压缩方式，并且相互之间应该是完全独立的，由 IPC 直接生成而无需辅助手段。

IPC 的多码流技术原理如图 7.17 所示。

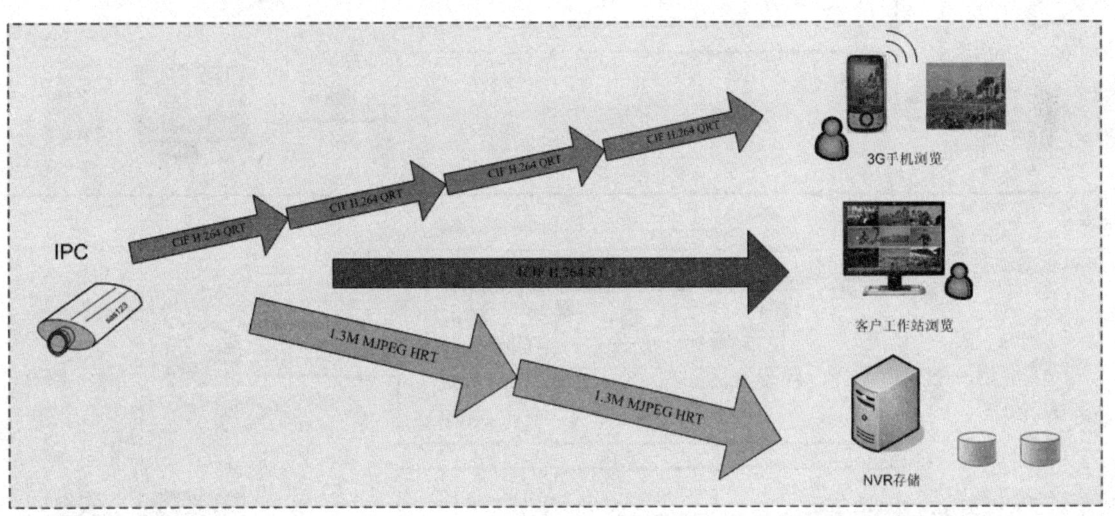

图 7.17　IP 摄像机多码流技术原理

例如对于一个工厂园区，在多个分控中心的电视墙上，可以进行实时高画质的视频浏览，而为了节省存储空间，可以采用高画质低帧率的存储方式，而对于保安人员手中的移动终端，可以选择更低码流进行实时视频的显示，这样即可同时满足不同用户的各种需求。

注意：有些双码流或多码流系统中，视频的存储及实时显示都可能需要经过 NVR 的转发处理，在这种情况下，多码流的需求会导致 IPC 与 NVR 之间码流的增加而带宽的占用也跟着增加，因此，需要考虑 IPC、NVR 及码流的请求者之间的网络位置关系。

7.5.8 视频质量控制 QoS

对于 IPC 应用，一个重要的外因就是网络环境，其中的一个关键环节就是网络带宽。QoS (Quality of Service)是 802.1p 网络标准的一部分，用来优化网络带宽应用。QoS 能够确保视频传输带宽在稳定的水平上，有了 QoS，带宽资源可以更加有效地应用，从而保证视频的传输质量。

在没有 QoS 机制下，带宽可能被数据传输(如 E-mail、FTP)全部消耗，从而导致视频传输的抖动；有了 QoS 机制，视频传输的需求被优先分配，从而实现平滑传输。所有交换机、路由器和网络视频产品必须支持 QoS，这是网络视频应用中采用 QoS 机制的必要条件。

IPC 的 QoS 技术应用原理如图 7.18 所示。

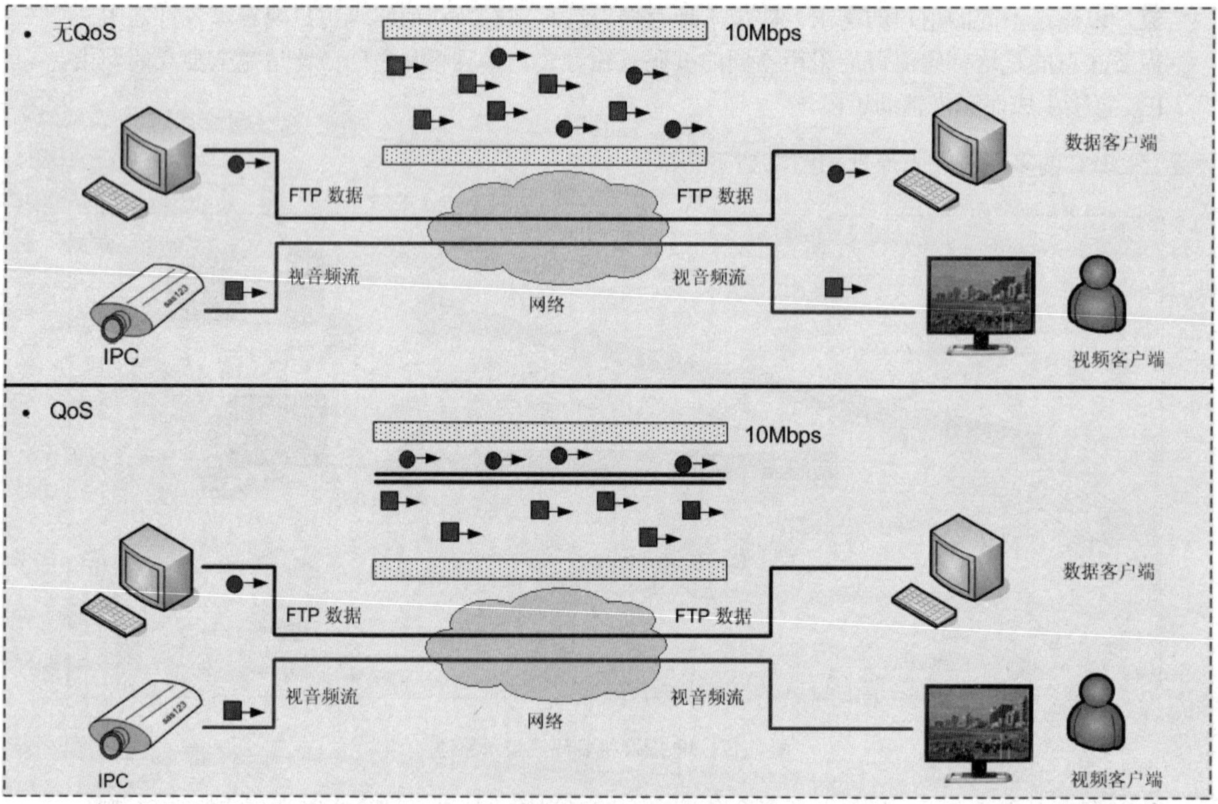

图 7.18　IP 摄像机 QoS 技术应用原理

7.5.9　视频移动探测

视频移动探测即 VMD(Video Motion Detection)，也是一种视频分析功能，但是功能比较单一，智能程度不高。主要用来对视频场景或某个区域进行监测，以确定是否有变化并发出报警。稍微高级的 VMD 功能支持“多防区”、“方向性”防区、入侵目标过滤等扩展参数以实现更好的探测效果。

VMD 功能适合室内环境应用，室外环境误报较高。另外，可以利用 VMD 功能，进行视频录像的回放检索，以快速地对录像资源进行查索引，提高效率。

相对于视频分析技术，VMD 技术的算法简单，对芯片处理能力要求不高，在一些室内环境下具有良好的性能表现及性价比。

7.6　IPC 的选型要点

7.6.1　IPC 的主要参数

通常，用户在选择 IPC 时，首先需要参考的就是 IPC 厂商提供的参数资料(Specifications)。IPC 厂商一般会提供非常完整的、全面的参数列表，其中包括传感器类型、芯片类型、视频输出、音频接口、报警接口、存储接口、网络接口、PoE 功能等硬性指标，还有如操作系统、压缩算法、帧率、分辨率、码流、网络协议、照度、Web 功能等软性参数，通过参数列表基本可以了解 IPC 的功能和档次。

7.6.2　图像质量

视频图像质量是摄像机的灵魂，是视频监控系统最重要的指标，没有好的图像质量，任何其他丰富的功能都失去意义。在光学器件方面，成像质量与镜头和传感器密切相关；而不同于模拟摄像机，IPC 不仅仅由光学器件构成，还有其他“软因素”，即视频编码压缩算法，同样的光学成像系统下，不同的编码压缩算法得到的图像质量也会有差别。

在编码压缩算法方面，主要考核的是“在相同码流下图像能够达到的清晰度、流畅度，或者达到一定的清晰度、流畅度时 IPC 需要消耗的带宽资源”。另外，IPC 的灵敏度、色彩还原能力、图像延时等参数都是图像质量要考核的方面。

一般需要从如下方面考核：

- IPC 的镜头及传感器
- IPC 的编码压缩芯片
- IPC 可以提供多个级别的清晰度

- IPC 的图像的流畅度
- IPC 的图像延时及控制延时
- IPC 的色彩还原能力
- 静态及动态图像清晰、无拖影、无马赛克
- 低照度下 IPC 的成像效果

注意：图像质量实质是个主观性很强的指标，因此，应以“眼见为实”，对于资料宣传，只能是参考，必须亲眼考察 IPC 的实际表现效果，并在不同环境下，如夜晚、大量活动场景图像、PTZ 控制等多个情况下实际考察。另外，对比不同厂家的 IPC 的图像质量时，要在相同的场景及码流下比较才有意义。

7.6.3 网络适应性

网络适应性主要指 IPC 的网络延迟性及在网络环境比较差(如丢包、抖动)的情况下，IPC 是否仍然能够具有良好的表现。目前 IPC 的延迟参数在 300ms 左右的水平，很容易测量，而对于其他网络适应性，一般需要接入网络损伤仪，分别模拟网络丢包、网络延迟和抖动等网络环境，考核图像的质量，以确认 IPC 对网络环境的适应性是否良好。

7.6.4 编码压缩算法

目前 IPC 的编码压缩方式主要是 MJPEG、MPEG-4 及日益流行的 H.264 压缩方式，但是在这些大的编码条框下，不同厂家的优化细节还是不同，导致了即使同样的编码压缩方式下，不同厂家设备性能表现差别很大。标准的不统一也导致了目前不同厂家的编解码设备不能互联互通，而互联互通是目前的需求，也是未来的发展趋势，在此情况下，应该尽可能选择完全符合标准压缩算法的产品，这样可以确保将来系统扩展时不会受制于某单一厂商的产品。而相反，如果采用完全私有化的压缩方式，将来扩展升级可能会遇到麻烦。

7.6.5 系统安装与升级

IPC 设备通常应用在大型、跨区域的项目中，而 IPC 的远程维护、升级能力将会是用户未来运营成本的一个重要因素。另外，IPC 逐渐朝着民用化方向发展，因此其操作、安装的简易性也很重要，主要考核点如下：

- 是否方便安装调试，如采用工业接线柱电源设计。
- 是否支持本地视频输出以方便调试。
- 是否具有 PoE 功能以支持网络供电。

- 是否具有免费、简单的设备配置工具。
- 是否真正支持远程、广域、局域网的固件升级。
- 系统设备更换的流程及时间需求。
- 设备固件升级对系统的停机影响。
- 视频浏览时所需要的插件安装情况。

7.6.6 产品许可授权方式

对于IPC及DVS产品，目前行业上的一些做法是同样的硬件根据用户不同的许可(License)购买情况，进行功能授权。因此，产品的升级仅仅需要更改 License，而无需更换整个硬件。如普通的 IPC 或 DVS 产品，通过增加许可，可以升级支持视频分析功能、本地存储功能或其他辅助功能等。产品授权应该满足以下原则：

- License 可以灵活更改、互换，在 A 设备上的 License 可转移到 B 设备。
- 功能升级可以通过软件、通过网络远程操作。
- 系统升级时原配置、录像、参数等均可以保留。

7.6.7 二次开发与集成

IPC 的一个重要特点就是网络性、开放性、集成性。

用户购买了 A 厂家的 IPC，可能需要集成在 B 厂家的管理平台上，而存储设备选择的是 C 厂家。任何用户希望购买了 IPC 后其他环节的选择余地还很多，这就要求 IPC 厂家能够提供丰富的协议与接口，拥有很强的开放性，以为后端设备的选型提供足够的空间。目前主流的 IPC 厂家都与行业主流的视频管理平台厂商进行合作开发，以实现平台厂家兼容不同品牌的 IPC，IPC 可以在不同的平台上应用而无需二次开发。

IPC 厂家仅仅声称可以提供完整的 API 是不够的，必须确认其产品确实能够直接应用在不同的平台上，没有附加条件。

7.6.8 厂商产品线考察

在具体应用中，可能需要不同类型的 IPC，如室内半球 IPC 做天花安装，室内枪式 IPC 做支架安装，室内一体球型 IPC 做大堂监视，室外 PTZ 做大范围监视，地下停车场低照度 IPC 做全天候监视等。

比较健全的 IPC 产品线应该至少包括如下产品：

- 室内固定枪式 IPC
- 室内半球式 IPC
- 室内快球一体 IPC
- 室外快球一体 IPC
- 百万高清 IPC
- 低照度夜视 IPC
- 前端带缓冲 IPC
- 前端带视频分析功能的 IPC

注意：目前相对于模拟摄像机，IPC 的种类并不十分丰富，因此，如果一家厂商具有产品线非常齐全的 IPC 设备，那么可以为系统后台的选择、日后维护、成本等方面等带来很大优势。

7.7 IPC 的应用设计

模拟摄像机与 IPC 的设计部署有一定的区别，对于模拟系统，需要考虑的问题主要在施工布线上，比如矩阵的位置、线缆的铺设、供电方式等；而对于 IPC，通常仅仅需要一个网络接口可能就全部解决了。因此，设计的重点不在安装施工，而在网络与存储设计，因此需要考虑存储系统在网络架构中的位置，需要考虑各种带宽的占用等。

在 IPC 应用设计时，首先需要明确具体项目的需求，包括点位的数量、点位分布情况，存储系统的架构，网络建设情况、控制中心情况等。其次，IPC 并非适用于所有的项目中，只有将网络建设考虑在内，在具有集中存储优势及前端点位分布比较分散的情况下，IPC 是不错的选择。

7.7.1 需求分析

1. 监视目标及范围

在部署 IPC 之前，首先需要明确监视需求及范围，这是前提。监视需求分宏观及微观，宏观监视一般是用来了解场景内目标的大概行为，微观监视是对场景内的目标进行识别，如人脸、ATM 周围、车辆号码等；而范围主要指视频场景能够覆盖到的监视区域。监视需求及范围因素共同决定了 IPC 的类型，如焦距、固定或 PTZ、安装位置、百万像素等。

2. 安装环境因素

与模拟摄像机类似，做 IPC 设计时需要考虑安装环境，安装环境的考察是为了确定摄像机的灵敏度及防护罩选用等。如室外无光源情况可能需要考虑辅助光源或采用日夜 IPC，室外灰尘污染的情况需要考虑防尘防护罩；室内无天花板的环境需要考虑支架辅助安装等。

3. 存储及带宽需求

视频的存储及带宽需求与多种因素有关，具体如下：

- 摄像机数量及分布情况。
- 摄像机录像方式，如实时录像、报警录像、时间表录像。
- 录像的参数，如帧率、分辨率、图像质量等。
- 视频场景的复杂情况，如繁忙、相对平静。
- 视频录像计划保存时间。
- 视频存储设备的分布情况。
- 视频客户端、电视墙等终端的分布情况。

4. 案例需求说明

以下面的图 7.19 为案例进行说明，在 Site A 及 Site B 分别有 16 个 IPC，32 个 IPC 连接到 1 台 NVR 上，NVR 与磁盘阵列直接连接；系统有 9 台监视器构成的电视墙，进行实时视频解码显示；系统中有 1 台客户工作站，用来对任何通道进行录像回放或实时浏览。

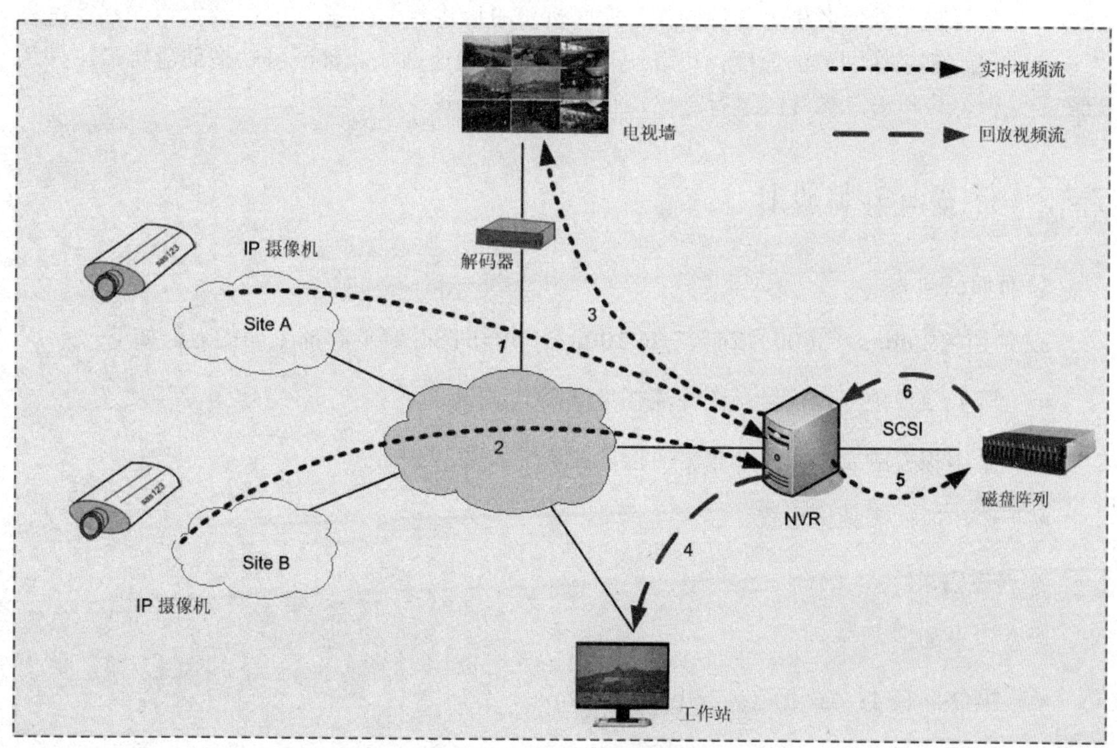

图 7.19　IP 摄像机应用实例系统

- 32 个 IPC 采用 4CIF@RT 的全天候方式，录像 7 天。
- 电视墙的 9 个画面采用 4CIF@RT 的方式实时显示。
- 一个工作站进行一个通道 4CIF@RT 实时显示。
- 4CIF@RT 的码流按照 2Mbps 来计算。

7.7.2 系统架构

系统中的前端设备就是分布在各个点位的 IPC，IPC 通过 RJ-45 接口连接到网络上，完成视频的采集、编码、压缩和传输工作。IPC 可自带 PTZ，通过网络接收远程控制信号实现 PTZ 的操控。IPC 支持 TCP/IP、UDP、RTCP、RTSP、SNMP、FTP 等网络协议。

在控制中心安装一台 NVR 服务器，负责系统设备管理、设备控制、报警管理、录像存储、视频转发、视频回放等工作。NVR 服务器的硬盘根据存储的需求来确定大小，每台服务器可支持 30~50 路 4CIF 实时存储，并留有一定余量。NVR 服务器连接到核心主干交换机上，NVR 服务器与磁盘阵列通过 SCSI 或 FC 通路实现连接。

控制中心显示设备是由 9 台监视器构成的电视墙，连接到解码器的视频输出端口，利用系统的“虚拟矩阵”功能实现所有 32 路视频在任一路监视器的切换显示。

工作站是一台安装了应用软件的计算机，可以进行系统配置、实时视频浏览、历史视频回放、报警管理、录像备份等各种操作。实时浏览可以进行 PTZ 操作或图片抓拍；回放过程可以自由地控制录像回放的速度，可以快进、正常和慢速回放，甚至可以拖动滑轨播放任意时刻的录像，可以对录像片段进行导出，保存成文件形式。

7.7.3 带宽与存储设计

1. 存储空间

32 通道×2Mbps×3600×24×7/8/1000/1000=5TB。降低存储空间的方法如下。

- 降低录像帧率：代价是图像流畅度下降。
- 采用报警触发录像：非报警时段的视频无法再得到。
- 采用时间表录像方式。

2. 带宽需求

带宽需求如下。

- 网络路径 1：16 通道×2Mbps=32Mbps
- 网络路径 2：16 通道×2Mbps=32Mbps

- 网络路径 3：9 通道×2Mbps=18Mbps
- 网络路径 4：1 通道×2Mbps=2Mbps
- 存储带宽 5＋6：32 通道×2Mbps＋2Mbps=66Mbps=8MB/s

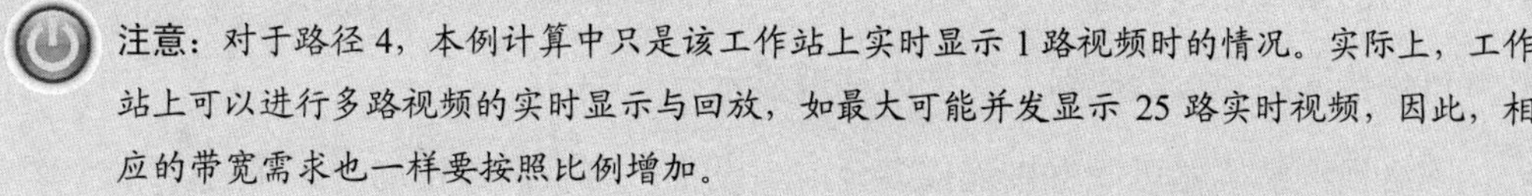
注意：对于路径 4，本例计算中只是该工作站上实时显示 1 路视频时的情况。实际上，工作站上可以进行多路视频的实时显示与回放，如最大可能并发显示 25 路实时视频，因此，相应的带宽需求也一样要按照比例增加。

7.7.4 系统的主要功能

1. 基本功能

基本功能如下：

- 采用嵌入式 Linux 操作系统，稳定性高。
- 网络化实时监控，在网络的任何地方都可以实现远程实时视频监控。
- 网络化存储，系统可以实现本地、远程的录像存储和录像回放。
- 高清晰的视频图像，信号不易受干扰，可大幅度提高图像品质和稳定性。
- 视频数据可存储在通用的计算机硬盘中，易于保存。
- 全 IP 化系统，可以无限扩容。
- 支持多种云台、镜头控制协议。
- 采用先进的音视频压缩技术，支持双向语音。
- 系统状态信息显示，设备告警故障提示及日志写入。
- 操作人员操作日志自动日志记录及日后检索。
- 录像保护——通过安全认证保证录像的真实性，以防录像被修改。
- 组网方便——系统可以在现有的任何网络中完成各种监控功能。
- 可扩展——具有与其他信息系统集成的开放接口，能够持续平滑升级和扩展。

2. 应用程序

应用程序功能如下：

- 支持通道分组轮询、预置位的轮询。
- 提供全屏、4、6、9、16、25、36 多种画面实时显示。
- 实现运动检测报警和联动报警，可远程设置运动图像的变化区域和灵敏度。

- 支持图像抓拍功能。
- 用户分组及权限管理。
- 触发录像、定时、手动等多种录像管理。
- 灵活的录像计划设置。
- 可连接网络视频解码器，支持电视墙显示。
- 网络视频解码器可以直接连接多台前端设备，可以设置轮询时间间隔。
- 系统的兼容性——支持多种云台控制协议，与其他系统完成复杂的报警联动。
- 支持 IE 浏览器监控方式，无需安装客户端软件，直接通过 Web 浏览。

7.8　IPC 的参数设置

IPC 与模拟摄像机最大的区别在于其使用前需要进行相应的设置工作，而不是通电、连接线缆即可投入工作。通常，对 IPC 的设置至少包括如下内容：IP 地址的设置、视频&图像参数的设置、报警管理设置、网络安全设置等内容。

表 7.3　IP 摄像机主要参数设置表

	类 型	描 述
1	系统设置	系统时间、版本信息、升级
2	视频设置	编码参数、OSD、隐私遮挡等
3	报警设置	移动侦测、报警联动、外部输出报警
4	网络设置	IP 地址、掩码、PPPoE 设置、FTP 等
5	用户设置	用户的添加、删除、管理等
6	前端设置	串口参数、云台参数
7	存储设置	存储路径、录像模式、抓拍等
8	访问设置	PC 预览、存储路径等

7.8.1　设置前的准备工作

全新的 IPC 到达现场后，首先应该基于项目具体网络规划情况，对 IPC 进行 IP 地址的设置，这是摄像机能够接入网络并开始工作的前提。连接 IPC 到 POE 交换机或者分别连接 IPC 的网络线及电源线，连接调试电脑到交换机，然后即可利用 IPC 配套的设置软件或者在 IE 界面下对 IPC 进行设置工作（期间可能提示需要安装相应的插件）。如图 7.20、图 7.21 所示。

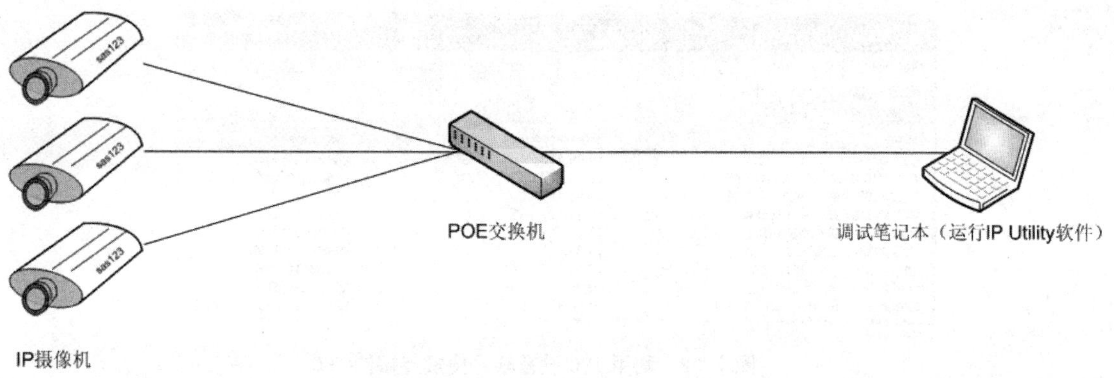

图 7.20　IPC 的设置前连接

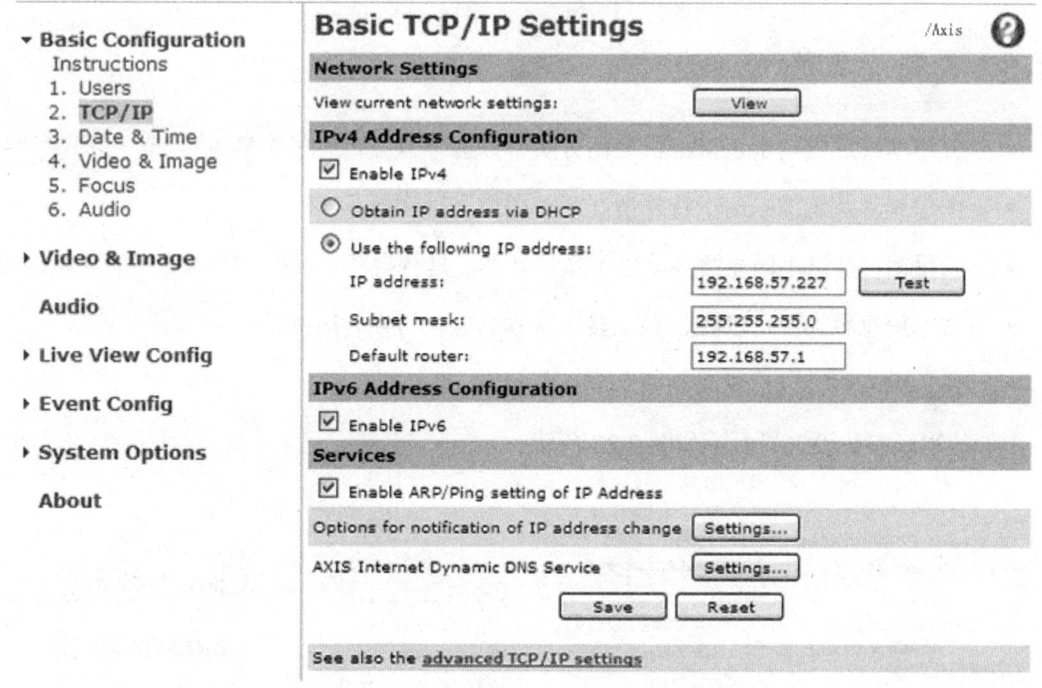

图 7.21　IPC 的基本设置界面

7.8.2　IP 地址设置

通常，厂家网站或设备光盘会提供 IP 地址设置工具软件（IP Utility）或下载，利用该软件,可以直接搜索到与该电脑物理连接的IP摄像机,进而可以进行IP地址设置､进行Firmware（固件）升级、甚至可以进行其他一些高级参数的设置。如图 7.22 所示。

AXIS IP Utility
File View Tools Help
Name
IP Address
Serial Number
AXIS 209MFD - 00408C87E88D
10.96.127.74
00408C87E88D
AXIS M1031-W - 00408C1836B8
10.96.127.47
00408C1836B8
AXIS M1031-W - 00408C1837C2
10.96.127.12
00408C1837C2
AXIS P1346 - 00408CA5BEEA
10.96.127.163
00408CA5BEEA
AXIS P3301 - 00408C9491F6
10.96.127.101
00408C9491F6
AXIS P3304 - 00408C183BCA
10.96.127.0
00408C183BCA
AXIS P3344 - 00408C18287A
10.96.127.177
00408C18287A
AXIS P3344 - 00408C998585
10.96.3.44
00408C998585
AXIS P3346 - 00408C183DE2
10.96.127.25
00408C183DE2

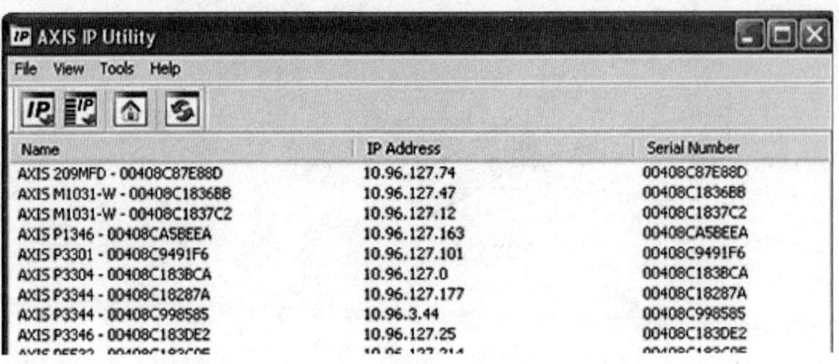

图 7.22　利用 IPC 设置软件搜索连接的 IPC

通常，IPC 出厂时 IP 地址是固定并且公开的，可以修改调试电脑的 IP 地址和 IPC 的 IP 地址在同一网段，然后即可以直接通过 IE 方式直接访问 IPC。

7.8.3　视频流参数

- 分辨率：通常基于该摄像机最高分辨率并向下兼并，有多个档位可选。
- 图像旋转及镜像：用于特殊情况下对图像进行调整。
- 白平衡：针对不同光照环境进行颜色补偿，具有自动、室内、室外等不同环境选项。
- 文本信息叠加：可以在视频上显示文本标题、日期、时间等。
- 最大帧率：可以设置限制帧率或不限制。

IPC 的视频参数设置界面，如图 7.23 所示。

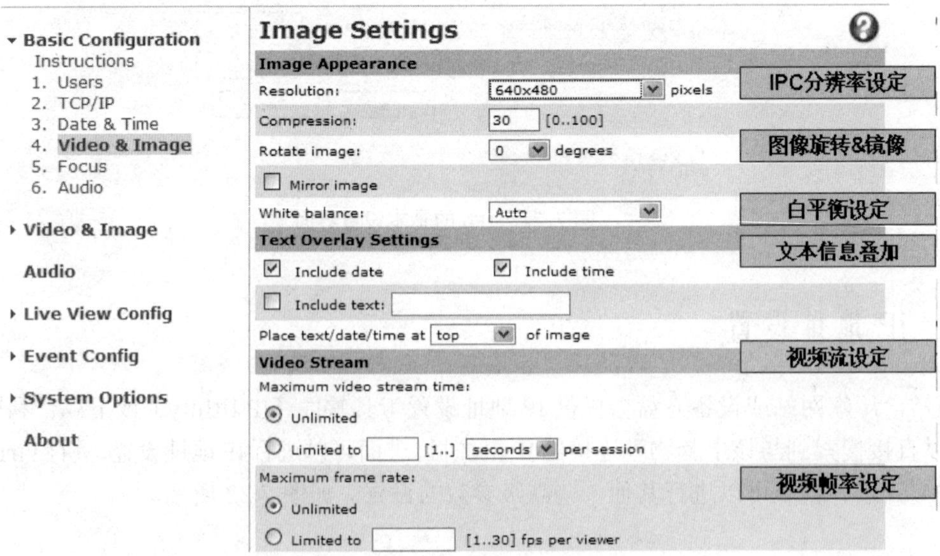

Basic Configuration
Instructions
1. Users
2. TCP/IP
3. Date & Time
4. Video & Image
5. Focus
6. Audio
Video & Image
Audio
Live View Config
Event Config
System Options
About
Image Settings
Image Appearance
Resolution: 640x480 pixels
Compression: 30 [0..100]
Rotate image: 0 degrees
Mirror image
White balance: Auto
Text Overlay Settings
Include date
Include time
Include text:
Place text/date/time at top of image
Video Stream
Maximum video stream time:
Unlimited
Limited to [1..] seconds per session
Maximum frame rate:
Unlimited
Limited to [1..30] fps per viewer
IPC分辨率设定
图像旋转&镜像
白平衡设定
文本信息叠加
视频流设定
视频帧率设定

图 7.23　IPC 的视频参数设置界面

7.8.4　摄像机图像参数设置

图 7.24 所示为 IPC 的“摄像机”参数设置界面。

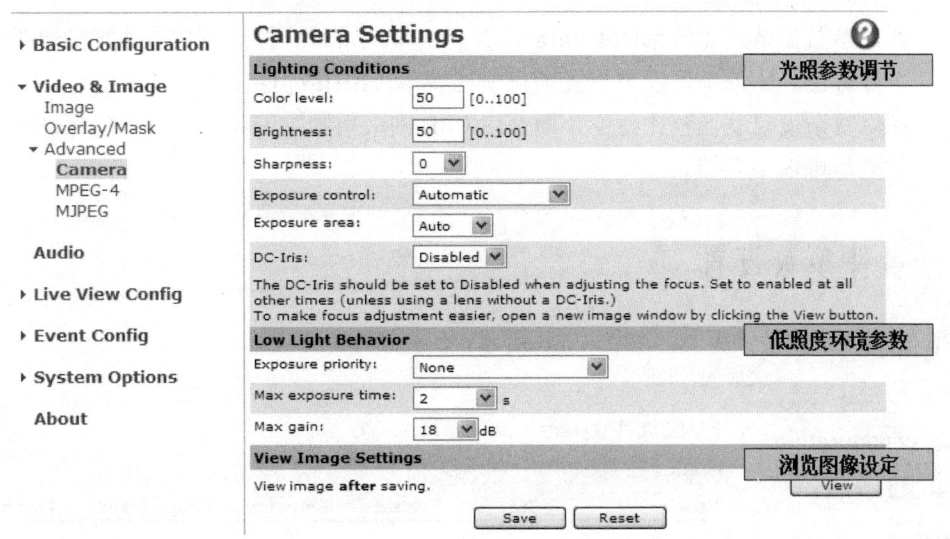

图 7.24　IPC 的“摄像机”参数设置界面

- 光照环境：颜色等级、亮度、锐度、曝光区域、曝光控制、DC 光圈等参数。
- 低照度参数：曝光优先、曝光时间及增益参数。
- MPEG-4 编码参数设置(MJPEG 编码相对简单通常无需设置参数)。

IPC 的编码参数设置界面，如图 7.25 所示。

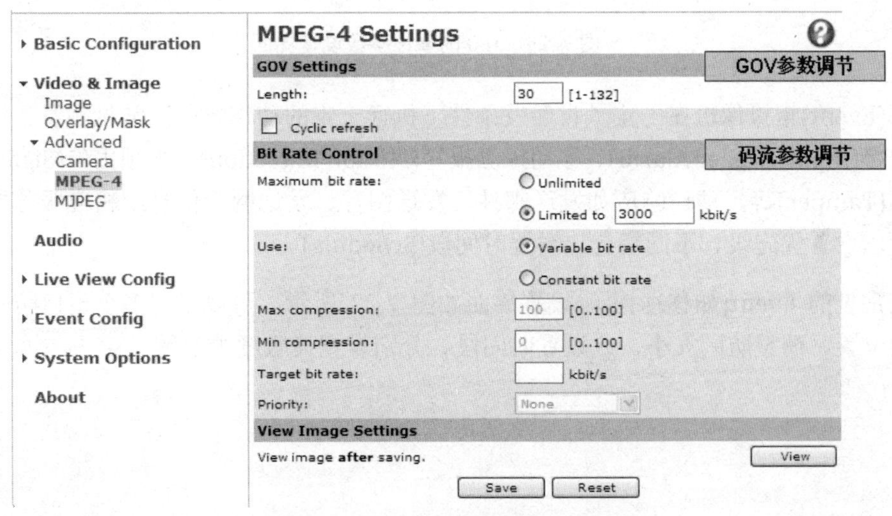

图 7.25　IPC 的编码参数设置界面

- GOV 参数调节：GOV = Group of VOPs，GOV 长度参数定义了视频序列中相邻 I 帧图像之间的 P 帧数量(关于 I 帧及 P 帧定义参见本书之前编码章节的介绍)，显然，GOV 设置为较大值时能够减少数据量，而 GOV 设置为较小值，意味着 I 帧的密集度增加，图像质量增强，同时带宽需求增加。
- 码流参数调节：比特率(Bit Rate)设置为变量或常数是控制 MPEG-4 视频流带宽的一个好方法。比特率可以被设置为可变比特率(VBR)或恒定比特率(CBR)。VBR 会根据图像复杂度自动调整比特率，而使用 CBR 则采用固定的比特率，可以保证带宽消耗的量是可以预见的。

7.8.5 事件参数设置

IPC 的事件参数设置界面，如图 7.26 所示。

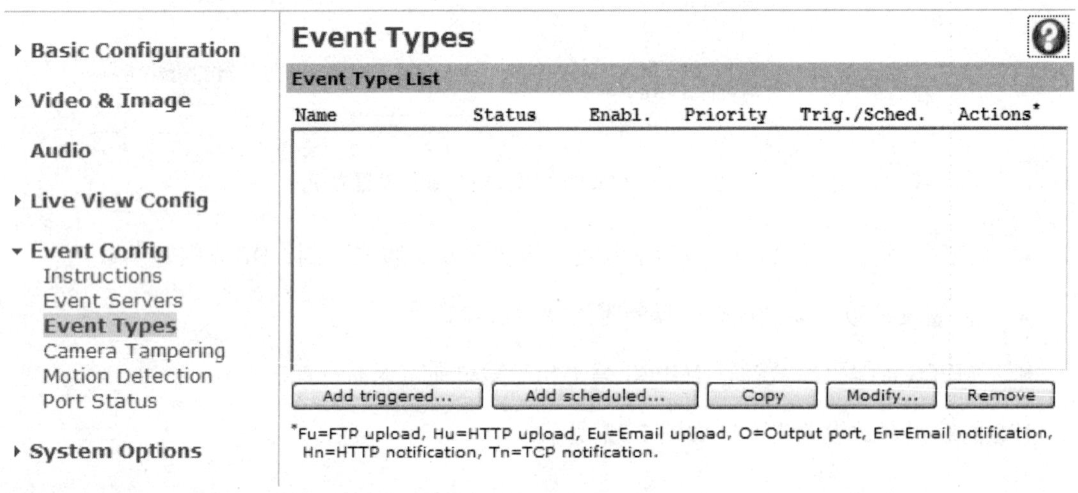

图 7.26 IPC 的事件参数设置界面

事件(Event)指摄像机在一定预设触发条件下执行一定的动作响应，常见触发条件如干接点信号报警(Input Trigger Alarm)、移动探测报警(Motion Detection)、视频丢失(Signal Loss)、视频遮挡(Tamper)等，动作响应如发送邮件、发送图片、发送网管信息给相应服务器等，触发条件可以设置优先级、不同组合、设置时间段(Schedule)。

比较常见的 Event(如移动探测)设置界面如图 7.27 所示，可以设置多个窗口防区，窗口可以移动位置、调整防区大小，或设置时间段、分别设置灵敏度等参数。

图 7.27　IPC 的“移动探测”设置

7.8.6　系统设备维护功能

图 7.28 所示为 IPC 的维护功能界面说明。

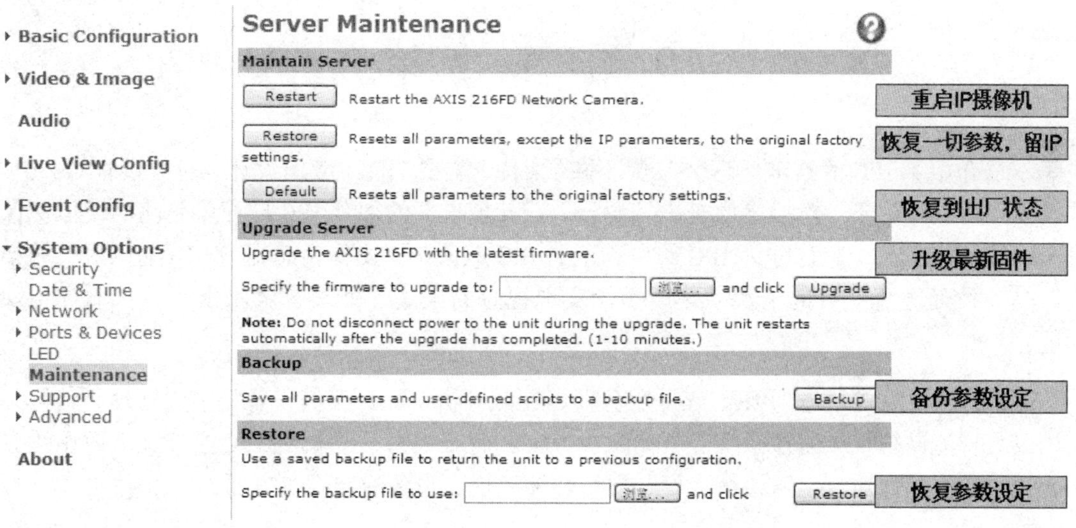

图 7.28　IPC 的维护功能界面说明

本节介绍了 IP 摄像机的简单设置过程，实际上，不同厂家的摄像机、相同厂家不同型号的摄像机，设置界面及参数会有所不同，比如有的摄像机可以进行焦距微调、快门参数、增益、白平衡、聚焦等视频参数的调节，以及 FTP、SMTP、NTP、DNS、IP 过滤、QOS、NAT 等安全及传输方面的参数设置，如图 7.29 所示。具体操作前建议详细阅读产品手册的相关章节以保证正确进行。

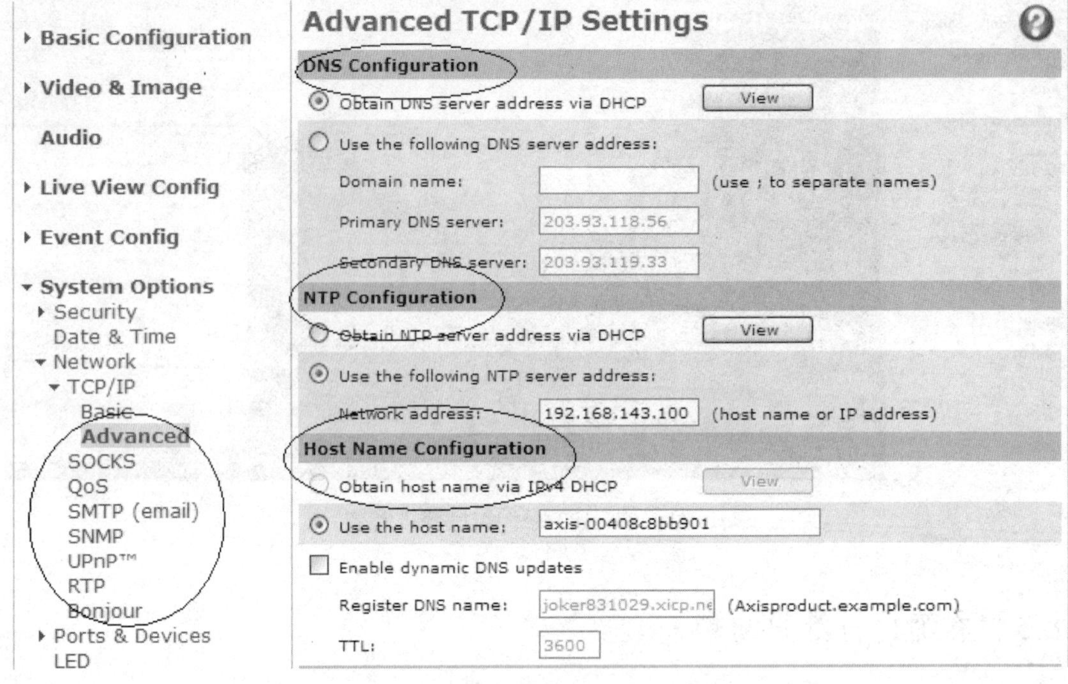

图 7.29　IPC 的高级参数设置界面

7.9　本 章 小 结

本章介绍了 IPC 的技术原理、构成、系统架构、主要功能、应用设计、参数设置等。IPC 从功能上讲，等价于“模拟摄像机＋编码器”，甚至早期的部分 IPC 厂商就是将“模拟摄像机＋编码器”封装一起称呼为 IPC 的。真正的 IPC 应该是“图像传感器+DSP+编码板”的架构，是一体而无缝融合的全数字化产品，实现视频的采集、处理、编码压缩、传输等各种功能。

IPC 的应用模式是与 NVR、媒体服务器、视频分析单元、存储设备、中央管理平台等共同构成“智能网络视频监控系统”整体解决方案。而对 IPC 设备的考核点主要在编码压缩算法、视频成像图像质量、网络适应性、视频传输表现、设备稳定性等方面。

第 8 章

高清视频监控技术

“高清”是个主观称呼，此概念在模拟监控时代便产生了，是根据摄像机的电视线数量来区分高清与否；在网络视频监控时代，高清主要指百万像素级的 IP 摄像机，当然除了像素外还有其他一些性能要求，后期又兴起 HD-SDI 数字高清及模拟高清 HDCVI 技术，本章重点介绍高清 IP 摄像机的相关技术与应用，以及高清镜头技术。

关键词

- 模拟高清系统
- 网络高清技术
- HD-SDI 数字高清
- HDCVI 高清
- 高清监控的实施
- 高清镜头技术介绍

8.1 高清监控概述

8.1.1 高清监控目前格局

1. 高清监控技术

目前高清视频监控系统主要有：模拟高清(960H)、数字高清(HD-SDI)、网络高清(IP 高清)、HDCVI 同时存在并各有其市场及应用。

- 960H 摄像机的清晰度相对传统模拟摄像机可以提升 30%，提升虽然有限但是基本可延续原来的模拟系统架构；
- HD-SDI 的优势在于其高清晰度及无延时特点，不过整体系统相关配套设备要求较高；
- 网络高清(IPC)发展迅猛，随着编码效率的提高、带宽成本及存储成本的逐步降低，已经得到越来越多的认可，不过实时性稍差；
- 而 HDCVI 是大华公司自主研发的模拟高清技术，优势比较明显，尚需逐步推进。

如表 8.1 所示。

表 8.1 960H、HD-SDI、HDCVI、IP 高清主要特点对比

项 目	960H	HD-SDI	IPC	HDCVI
成本	低	高	高	中
监控效果	好	非常好	好	非常好
兼容性	非常好	好	中	好(目前配套少)
系统布线	同轴电缆	高质量同轴电缆	网络	同轴电缆
视频延时	基本无延时	平均在 50ms	平均在 200ms	基本无延时

2. 高清接口介绍

目前在高清视频应用中常见的有：

- 基于色差分量的模拟高清(模拟传输一般采用 YPbPr 分量传输，一路高清视频信号需要三根同轴线缆同时传输)；
- 基于 HDMI/DVI 等接口传输的数字高清(传输距离非常有限，最远几十米)；
- 基于以太网进行传输的网络高清以及在广播视频领域已经成熟应用的基于 SDI 接口的数字高清。

综合来看，前面两种方式由于受到传输介质以及对信道的高要求，其传输距离仅能满足临近设备之间的连接和传输，不适合应用于安防监控系统。HD-SDI 信号可以传输百米左右，并可采用 CVBS 同轴电缆传输，接口为常用的 BNC，所以可被应用在现场采集设备与百米内的控制设备间的信号传输连接。如表 8.2 所示。

表 8.2　常见高清传输接口对比

接口方式	HD-SDI	YPbPr	HDMI	DVI
端口数量	1	3	1	1
传输格式	1080i/1080p/720p	1080i/1080p/720p	1080i/1080p/720p	1080i/1080p/720p
信号模式	无压缩数字信号	模拟信号	无压缩数字信号	无压缩数字信号
音频传输	支持	————	支持	————
传输带宽	1.45Gbps	30MHz	5Gbps	8Gbps
最远距离	100m	50m	20m	5m

8.1.2　IP 高清与 HD-SDI 对比

目前，IP 高清占绝对优势，而 HD-SDI 技术在一定领域有其自身的优势及价值空间。HD-SDI 监控以未压缩高清数字信号实现高质量、低延时、高保真的图像应用；而 IP 高清系统为了解决网络传输及存储问题，进行了视频压缩及解压缩过程。

SDI 系统在很大程度上是针对 IP 高清系统无法克服的弱点而产生的，即 IP 高清系统的网络延迟性、网络架构复杂、摄像机与后端平台/存储设备的不兼容性等问题，但 SDI 的联网应用灵活性远不如 IP 高清应用。

如图 8.1 所示。

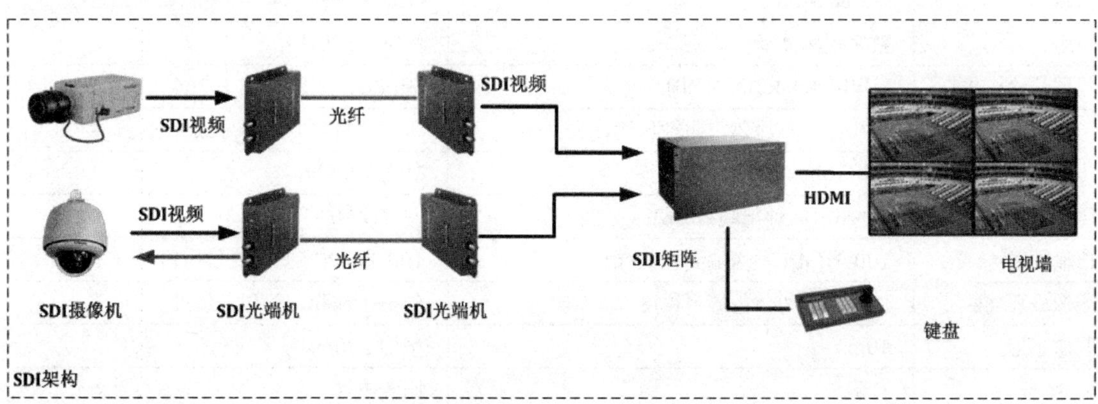

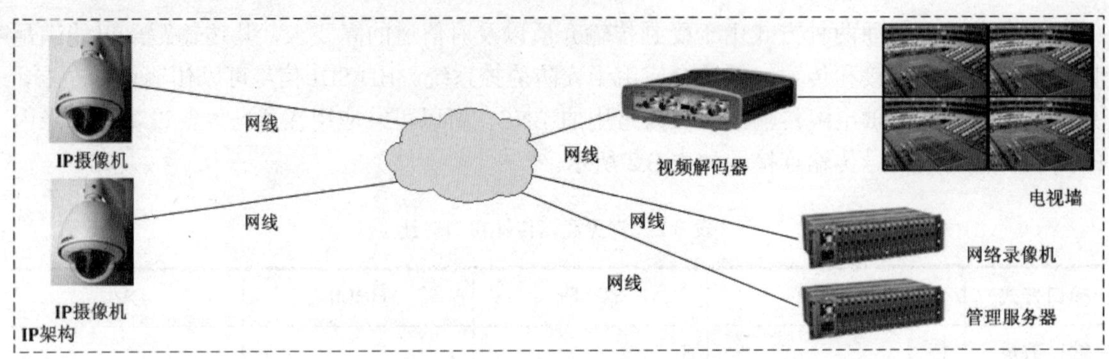

图 8.1　SDI 高清与 IP 高清架构对比

具体项目选用 HD-SDI 还是 IP 高清的评估细则可参考如下：

- 是否是基于原有系统进行升级改造，原有系统的架构是模拟还是数字；
- 项目对于视频的传输与处理的实时性是否要求非常高；
- 传输具体距离要求及项目允许的传输方式；
- 系统的存储需求及计划架构；
- 系统前端设备及分控、总控的分布情况及传输基础。

如表 8.3 可以看出，HD-CCTV 与网络高清的优势主要在于：实时的视频监视过程没有延时，差别在于 40 毫秒与 200 毫秒的数量级之间的区别。综合而言，HD-SDI 并不会取代 IP 高清或者侵蚀 IP 高清过多的生存空间，但也不至于被完全否定。相信在很长的一段时间内 SDI 与 IP 高清摄像机将会并存发展，SDI 会在有限的项目特殊需求下发挥自身最大的价值。

表 8.3　HD-SDI 与 IP 高清技术细节对比

项　目	HD-SDI 高清系统	IP 高清系统
摄像机构成	传感器＋ISP＋SDI 传输 IC＋均衡 IC	传感器＋ISP+SOC 芯片＋网络模块
传感器	CCD&CMOS	CCD&CMOS
应用	数字视频高清	网络高清监控
数据传输格式	YUV(4:4:4,4:2:2, 4:2:0)	MJPEG、MPEG-4、H.264
图像失真	不压缩、不封包、同轴传输，失真小	压缩、封包、网传导致失真
传输带宽	1.485Gbps	100/1000M
传输链路	HD-SDI(同轴电缆+BNC)	网络(网线+RJ45)
传输距离	100 米(SDI 发送端到接收端)	100 米(IPC 到交换机设备)
图像处理功能	伽马、饱和、色调、锐度	伽马、饱和、色调、锐度
图像延迟	40ms	平均 200ms
配套产品	有限	比较丰富
系统开放性	封闭	比较开放
标准	HD-CCTV	ONVIF/PSIA

注意：HD-SDI 要求的摄像机与矩阵或者硬盘录像机之间最远距离为 100 米（目前版本的 HD-SDI 信号传输距离限制），并且对同轴电缆的品质要求很高，因此，大多数情况下，可能需要重新布置线缆而不能直接应用原来的。另外，HD-CCTV 录像或网络传输时也仍然要采用 SDI-DVR 或者 SDI-DVS，那么意味着，一旦进入录像或网络传输环节，其与网络高清摄像机（IPC）已然没有了任何区别，一样需要取样、编码、打包、网络传输等过程。

8.2　960H 高清技术

视频监控行业对 960H 的定义是：摄像机的有效像素达到 960×576 像素水平，彩色摄像机分辨率达到 650 线，黑白达到 700 线。另外，960H 摄像机相对于普通模拟摄像机，在感光度、噪点控制、宽动态等方面均有较大的提升。960H 摄像机不是变革性的产品，相对于普通模拟摄像机，仅仅是“加强提升版”，在网络摄像机势如破竹地侵蚀着模拟摄像机阵营的背景下，960H 可以说是在一定程度上延长了模拟摄像机系统的生存期，其优势主要在于其图像质量的提升及其与早期模拟系统的无缝对接。如图 8.2 所示。

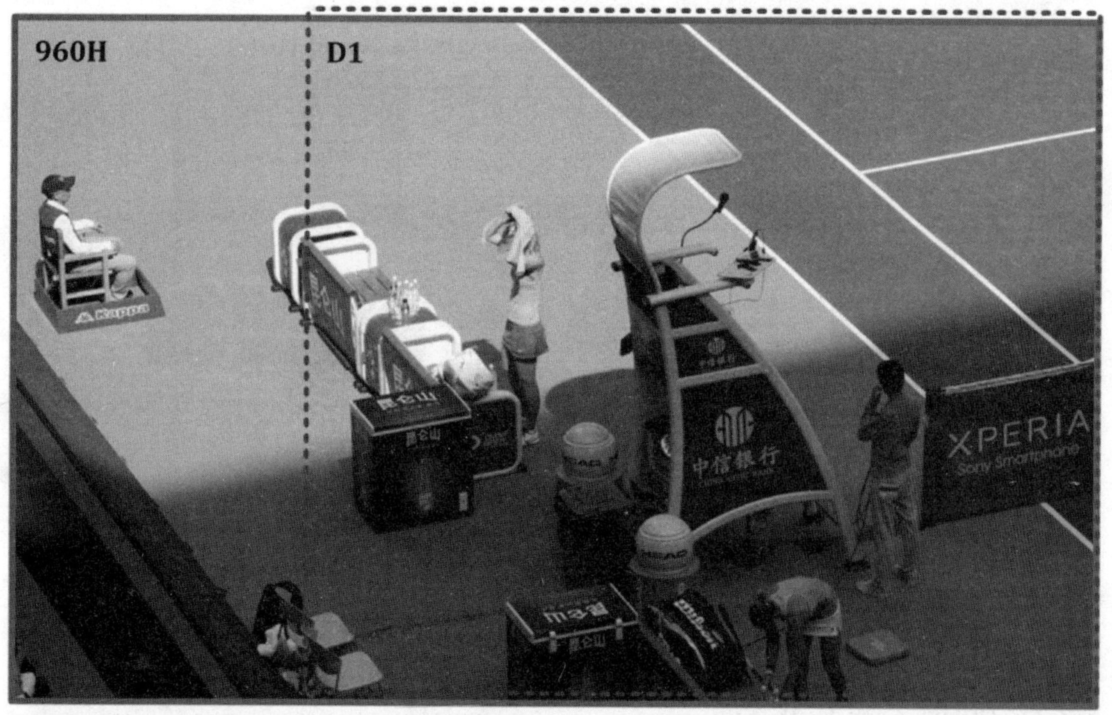

960H=960×576像素；D1=720×576像素

图 8.2　960H 摄像机与 D1 摄像机对比示意图

因此，所谓 960H 等级的高清监控，实质是一种延续模拟摄像机的“高解”摄像机，通常，利用 Sony 公司的 EFFIO 系统芯片搭载 Super HAD CCD II 与 EXview HAD CCDI I 等感光组件，即可以组合成模拟、高解、高线数的 960H 摄像机，当然，也有其他方案。

8.2.1 EFFIO 方案介绍

EFFIO(Enhanced Features and Fine Image Processor)是 Sony 公司推出的一种增强型功能和精细化图像功能的信号处理器，可以实现摄像机的高分辨率、高信噪比和高质量色彩再现。960H 高清完整解决方案(包括摄像机及后端存储设备)最初由 Techwell 和索尼公司共同定义和开发，其中摄像机端采用 Sony 新一代 960H CCDSensor。在此之后，许多业界领先的摄像机厂家也开始大量地推出基于 960H Senor 技术解决方案的全系列产品。

目前 EFFIO 主要有三个版本，即 EFFIO-E、EFFIO-S 及 EFFIO-P 方案。其中 EFFIO-E 方案为普通级，EFFIO-S 为弱光增强级，EFFIO-P 为宽动态级别。

960H 内部组件采用 Sony Effio DSP +Sony HAD Sensor。EFFIO 的三个版本，可搭配一般功能的 Sony HAD-II、具备 WDR/BLC/DN 功能的 Super HAD-II、具备 WDR+BLC+DN+Lowlight 功能的 Exview HAD-II。如图 8.3 所示。

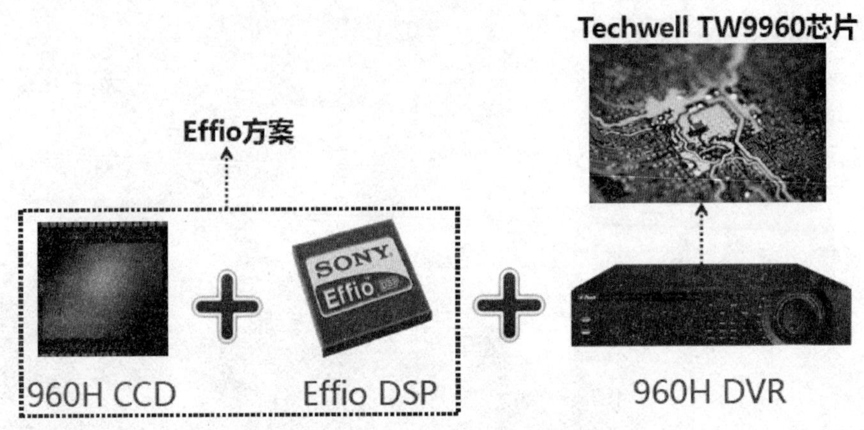

图 8.3　SONY 公司 960H 摄像机方案示意图

除索尼之外，三星的 SV5、松下的 SD6 等芯片也为 960H 提供解决方案，而 CCD 方面，目前市场多采用 HADCCD、EXviewCCD。

8.2.2 960H 高清的优势

1. 提高信噪比(Signal Noise Ratio)

针对 960H 摄像机，视频监控厂商开发了数字信号处理器以提供高解析画质在高信噪比

(SNR)上的控制力，其信号与噪声的比值越高，表示其对信号信杂的控制质量越高及色彩重现能力越强。因此 DSP 可以从原有 48dB 噪声比控制到目前的 52dB。

2. 宽动态范围技术(Wide Dynamic Range)

在 960H 的 DSP 支持下展现了良好的宽动态(WDR)功能，即摄像机对于室内外光线差、强光目标或背光强烈的背景目标的良好监控表现。越大的宽动态条件下，也意味着背光补偿与曝光快门技术必须越密切地调校、配合，才能获得最好的宽动态效益。

3. 色彩还原技术(Color Recover)

960H CCD 具有丰富的色彩表现及接近目标的逼真还原效果。除了 CCD，在 DSP 上的 ATR or ATR-EX 自适应调整 (Adaptive Tone Reproduction)让画面除了能呈现清晰视频，对于色彩部分也具有高灵敏度的反应与还原增益效果。

8.3 HDCVI 高清技术

8.3.1 HDCVI 技术说明

HDCVI(High Definition Composite Video Interface)，即高清复合视频接口，是一种基于同轴电缆的高清视频传输规范，采用模拟调制技术传输逐行扫描的高清视频。HDCVI 技术是大华公司研发的模拟视频同轴电缆传输技术，其超越了高清视频传输距离的极限，可实现百万像素级视频 500 米以上距离传输，突破了传统模拟技术下超高分辨率的传输瓶颈。

HDCVI 技术规范包括 1280H 与 1920H 两种高清视频格式(1280H 格式的有效分辨率为 1280×720，1920H 格式的有效分辨率为 1920×1080)。如图 8.4 所示。

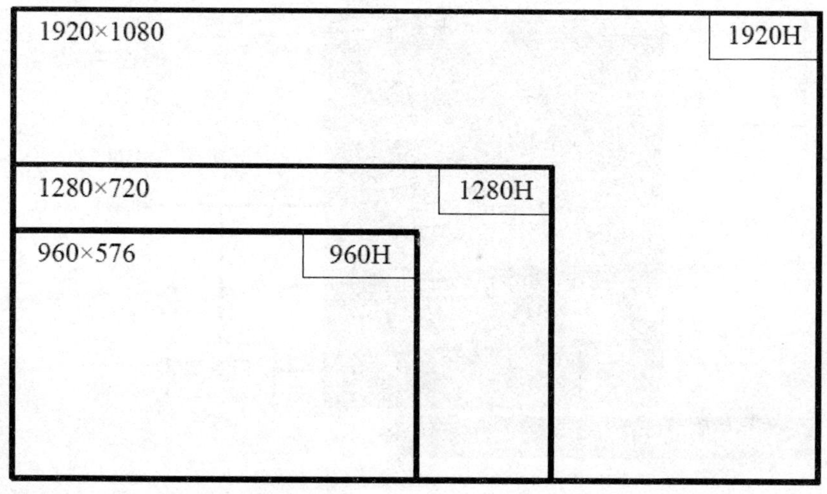

图 8.4　HDCVI 分辨率示意图

HDCVI 采用自主知识产权的非压缩视频数据模拟调制技术，使用同轴电缆点对点传输百万像素级高清视频，实现无延时、低损耗、高可靠性的视频传输。其产品形态涵盖 HDCVI 枪型摄像机、HDCVI 硬盘录像机等终端设备，可以实现与数字高清摄像机 720P 与 1080P 同样分辨率的高清视频，直接应用于现有模拟系统。HDCVI 采用自主知识产权的自适应技术，保证了 75-3 及以上规格的同轴电缆至少传输 500 米高质量高清视频，突破了高清视频现有传输技术的传输极限。

- 使用 75-3 规格同轴电缆时，1280H 可保证 500 米距离高清视频信号可靠传输；
- 使用 75-3 规格同轴电缆时，1920H 可保证 300 米距离高清视频信号可靠传输；
- 使用 75-5 及以上规格同轴电缆时，1280H 可保证 650 米高清视频信号可靠传输；
- 使用 75-5 及以上规格同轴电缆时，1920H 可保证 400 米高清视频信号可靠传输。

除此之外，HDCVI 技术还包括同步音频信号传输技术以及实时双向数据通信技术。

8.3.2 HDCVI 摄像机方案

HDCVI 技术采用模拟调制技术，逐行方式传输 1280H(1280x720)和 1920H(1920x1080)分辨率的高清视频信号。HDCVI 技术具有百万像素级的承载能力，包括：1280H@25fps、1280H@30fps、1280H@50fps、1280H@60fps、1920H@25fps、1920H@30fps 六种格式。采用 HDCVI 技术的监控系统可实现高清摄像机至高清 DVR 之间无损、无延时的视频、音频传输以及设备间的数据通信。如图 8.5 所示。

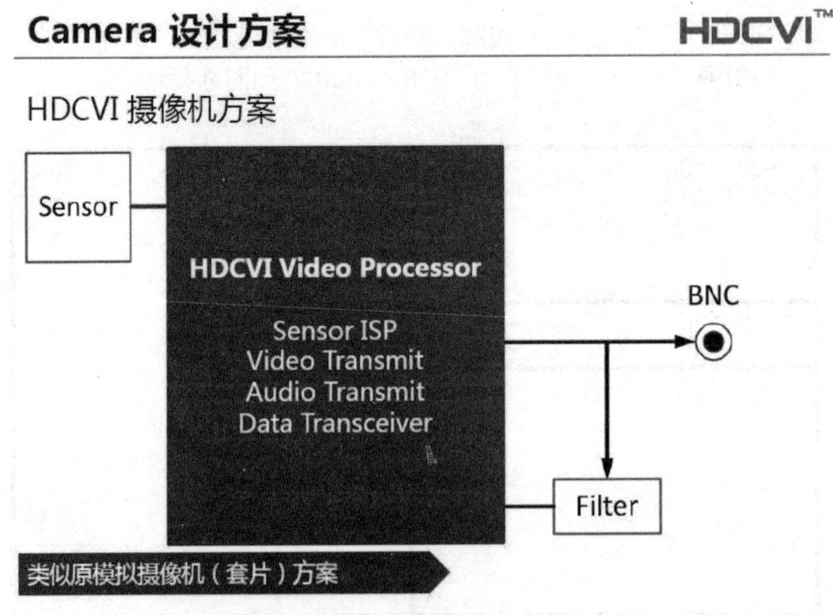

图 8.5　HDCVI 摄像机方案示意图

8.3.3 HDCVI 高清与其他技术对比

HDCVI 高清与其他技术的对比如表 8.4 和表 8.5 所列。

表 8.4 HDCVI 与 HD-SDI 对比

项 目	HD-SDI	HDCVI
传输距离	100 米，V2.0 版本将支持 300 米	500 米
抗干扰	易受高频电磁波干扰导致图像不稳定	低频模拟调制技术，抗干扰能力强
施工布线	线缆、端子、路径、工艺要求高	沿袭了模拟标清施工规范及要求
产品线	产品种类丰富，可满足不同需求	刚起步，产品种类及配套较少

表 8.5 HDCVI 与 IP 高清对比

项 目	高清 IPC	HDCVI
传输性	网络传输，有延迟、丢包、抖动	点对点传输，无延时，图像效果好
兼容性	需要进行兼容测试，协议支持	与支持 HDCVI 的 DVR 即插即用
施工布线	涉及到 IT 环节，对施工、调试等要求高	沿袭模拟施工规范及要求，施工容易
产品线	产品种类丰富，满足不同需求	刚起步，产品种类及配套较少

8.3.4 HDCVI 高清应用

HDCVI 高清解决方案，主要采用 HDCVI 技术的 DVR 和模拟摄像机组成基础系统，以 DVR 作为汇聚的节点设备，配合模拟摄像机采用星型拓扑部署。HDCVI 技术的视频监控系统不仅在使用方式和安装方式上与模拟标清摄像机系统保持一致，用户操作也拥有同样的交互体验，传输介质更可以直接沿用标清系统中的同轴电缆、连接器等。

HDCVI 技术的产品对于用户而言，首先根据监控场景选择合适的摄像机；然后根据监控点数量选择足够接入通道的 DVR；接着根据预定的录像时间选择合适容量的硬盘，便可以搭建高清监控系统。整个选型过程以及后续的安装、调试工作与传统标清时代的模拟监控系统几乎一致。如图 8.6 所示。

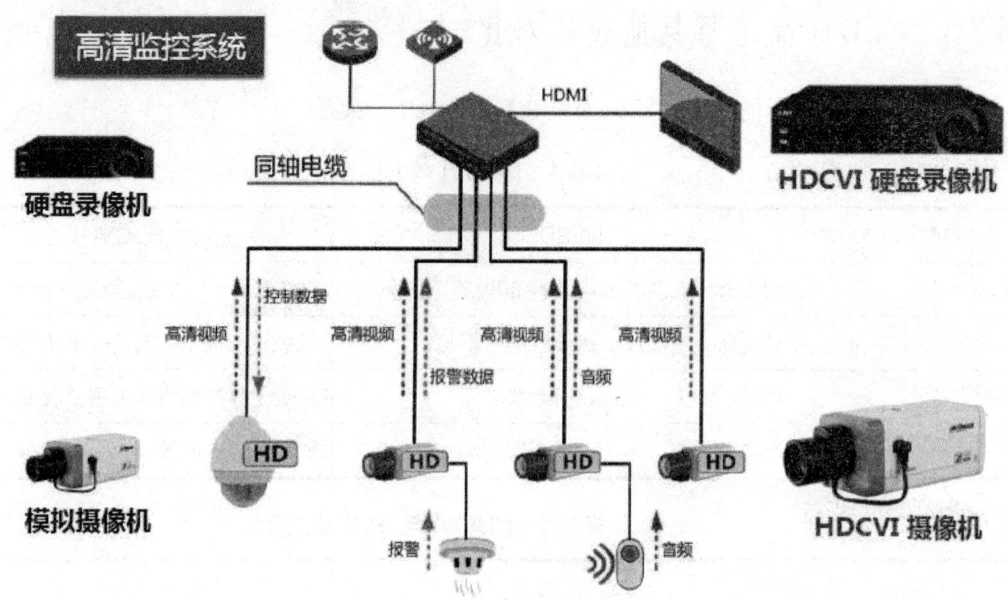

图 8.6　HDCVI 系统架构示意图

8.4　HD-SDI 高清技术

8.4.1　SDI 标准说明

SDI(Serial Digital Input，串行数字接口)是 ITU-R BT.656 以及 SMPTE(电影与电视工程师协会)提出的串行链路标准，通过 75 欧姆同轴电缆来传输未压缩的数字视频，为高清视频传输和应用提供了另外一种方式。

SDI 接口目前已经有 SMPTE 259M(SD-SDI，数据率 270 Mbps)、SMPTE 292M(HD-SDI，数据率 1.485Gbps)、SMPTE 424M(3G-SDI，数据率达到 2.97 Gbps)等多个标准。

采用 SDI 接口的系统中，没有引入压缩以及解压缩的过程，传输过程中也不需要考虑图像时间冗余度，因此，无需进行视频帧的缓冲，视频可以实时传送。视频源头的高清信号能够经过 SDI 接口，无损失地直接到达视频显示单元。

HD-SDI 即为符合 SMPTE 292M 标准的高清数字接口标准(High Definition Serial Digital Interface)，采用串行数字接口传输非压缩的高清数字视频信号，速率达 1,485 Gb/s。

HD-SDI 在广电行业比较常用的应用场景如下：

- 电视台体育赛事、大型户外娱乐活动、广播电视节目的现场直播；
- 同一个电视台节目在两个会场之间的信号的传输和转播；

- 不同省级电视台联合制作现场活动；
- 学校礼堂或会场的节目制作、录播等。

HD-SDI 近年来引入安防高清视频监控领域。

8.4.2 HD-SDI 系统原理

HD-SDI 系统构成主要分发送端(TX，Transmitter)及接收端(RX，Receiver)，发送端如通常的 SDI 摄像机，而接收端主要是 SDI-DVR、SDI-DVS 及 SDI 矩阵等设备。

如图 8.7 即为发送端及接收端分别采用 Gennum 公司的 SDI 专用编码芯片 GV7600 及解码芯片 GV7601 的 SDI 系统示意图，GV7600 编码输出的 SDI 信号经过同轴电缆发送至 GV7601。

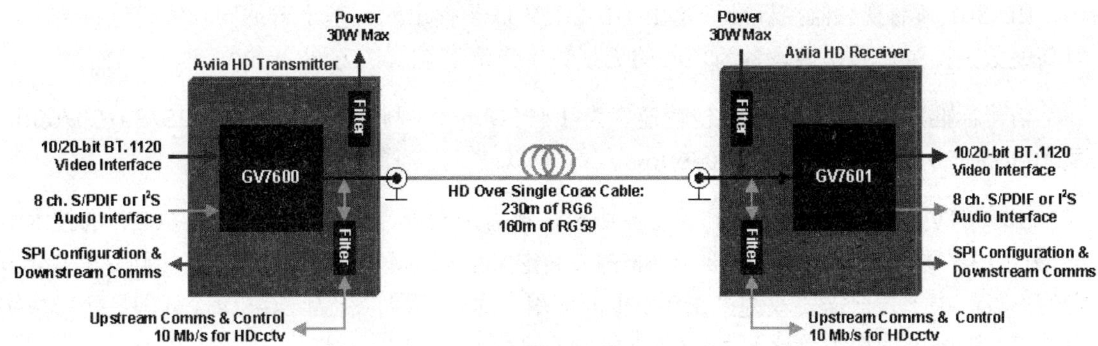

图 8.7 SDI 发送端及接收端示意图

以某公司 1080P 的 SDI 摄像机为例，如图 8.8 所示，其光传感器采用 Sony 最新的 CMOS 传感器，之后再配合 Sony 的 CXD4191GG 处理芯片，对视频信号进行处理后，转换成 BT1120 格式的 YUV 信号，至此已经完成了图像信号的采集及处理。

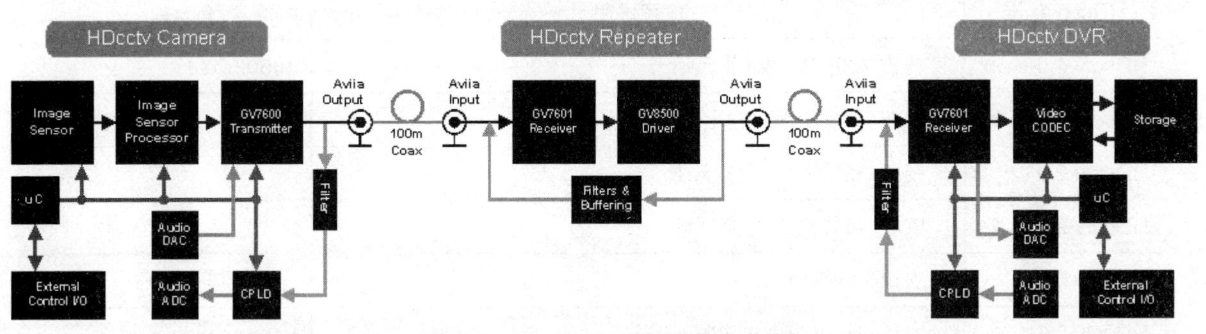

图 8.8 HD-CCTV 监控系统示意图

SDI 编码采用 Gennum 公司的 SDI 专用编码芯片 GV7600(该芯片功能强大，支持相当多的格式，包括 720P、1080I、1080P 等高清视频格式)，GV7600 把输入的 BT1120 格式的 YUV，编码成 SDI 信号，通过 BNC 头输出。在接收端用 HD-SDI 接收器就可以把高清视频信号还原出图像，完成高清视频信号的接收。另外，其也支持音频嵌入，拾音器的声音采样通过放大、滤波和 ADC 等处理，与高清视频信号一起被编码成 SDI 信号。

8.4.3 HD-CCTV 标准介绍

1. HD-CCTV 标准

2009 年 SMPTE 授权 HD-CCTV 联盟，基于 HD-SDI SMPTE-292M 标准制定了一个监控标准协议，推动 HD-SDI 技术应用到安防行业的数字高清视频监控。通过 HD-CCTV 标准协议，不同厂家生产的 HD-SDI 设备能够相互兼容，即插即用。HD-CCTV 目前已发布了 HD-CCTV 1.1 标准、2.0 标准即将推出。HD-CCTV 标准的核心是采用标准的 SDI 传输技术、通过传统的 CCTV 媒介传输数字非压缩高清视频信号。

HD-SDI 高清视频监控标准，是由 HD-CCTV 联盟提出的，基于普通同轴线缆进行传输，以高速数字视频信号切换设备为核心的无损数字高清监控解决方案。

信号标准为 SMPTE292M，传输速率为 1.485Gbps，视频格式为 720p@25/30/50/60fps 及 1080p@25/30fps &1080i@50/60fps。

HD-CCTV 联盟是一个非赢利的工业协会，致力于发展、管理、推动 HD-CCTV 的技术规范。为了满足更高清晰度视频的要求，SMPTE 又定义了 424M 标准，该数据速率可达 2.97Gbps。它的出现解决了之前需要双链接 HD-SDI 的应用，这一标准也称为 3G-SDI，可满足新兴数字电影更高清晰度的要求，比如 1080/60 帧视频即需要 3G-SDI 支持。

2. HD-CCTV 规划

HD-CCTV 标准发展计划如表 8.6 所示。

表 8.6 HD-CCTV 标准发展计划图

HDcctv 标准	内容说明	备 注
HDcctv 1.0	传输 720p/1080p 视频信号	1080P@30
HDcctv 1.1	RG59 同轴电缆传输至少 100 米	
HDcctv 2.0	视频+双向音频+双向数据	
HDcctv 2.1	RG59 可传输 300 米距离	
HDcctv 2.2	支持光纤界面	光纤接口
HDcctv 2.3	实现同轴电缆供电(POC)选择	Power Over Coax

8.4.4　HD-CCTV 技术优势

相对于 IP 网络高清方案，HD-SDI 高清方案具有如下优势：

1. 标准化

HD-SDI 从广播领域引入安防监控应用中，由于 SDI 接口具备相应的成熟标准，因此，在传输、分配、显示过程中都可以采用标准设备(如摄像机、分配器、矩阵切换器、光端机等)搭建高清系统而无需过多考虑兼容性问题。

2. 易用性

类似于传统模拟 CCTV 系统，在允许的距离内，通过更换摄像机和后端设备且可以使用已有的同轴电缆、光纤线路，直接从模拟升级到高清系统。比起转换到 IP 网络监控，经销商/工程商不需再做额外的升级和搭建并学习复杂的网络知识。

3. 高画质与实时性

HD-SDI 摄像机未将视频信号进行编码压缩处理，它是以未经压缩的数字信号在同轴电缆上高速传输，原始图像信息不会失真，具有高画质保证。HD-SDI 摄像机的图像不受传输网络影响，不会有 IP 网络产生的图像延迟问题，具有更好的实时性。

8.4.5　HD-CCTV 设备

传统的模拟监控系统由前端模拟摄像机、模拟光端机(收/发送端)、模拟视频分配器、数字硬盘录像机、模拟矩阵切换器、模拟监视器和模拟监视电视墙等组成。与此类似，高清 HD-SDI 系统由前端 HD-SDI 摄像机、HD-SDI 光端机(收/发送端)、HD-SDI 视频分配器、HD-SDI 硬盘录像机、HD-SDI 矩阵切换器、HD-SDI 监控器和高清显示电视墙等组成。如图 8.9 所示。

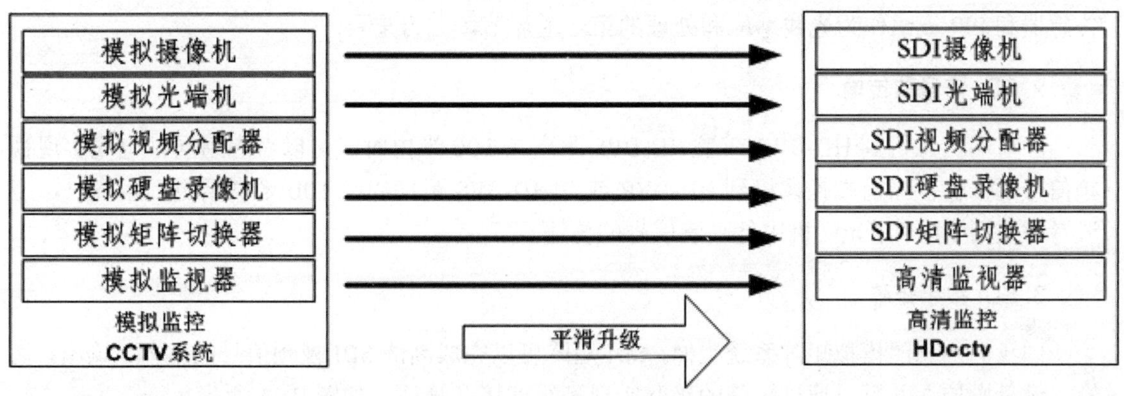

图 8.9　HD-CCTV 监控系统构成图

1. SDI 摄像机

HD-SDI 摄像机通过图像传感器获得视频信号之后，通过 ISP 芯片做视频处理，转换成 SDI 非压缩串行数据，然后通过同轴电缆传输；网络摄像机同样是通过图像传感器获得视频信号，然后通过 ISP 芯片做视频处理，但是增加了视频数据的编码压缩过程，打包再通过网络进行传输。如图 8.10 所示。

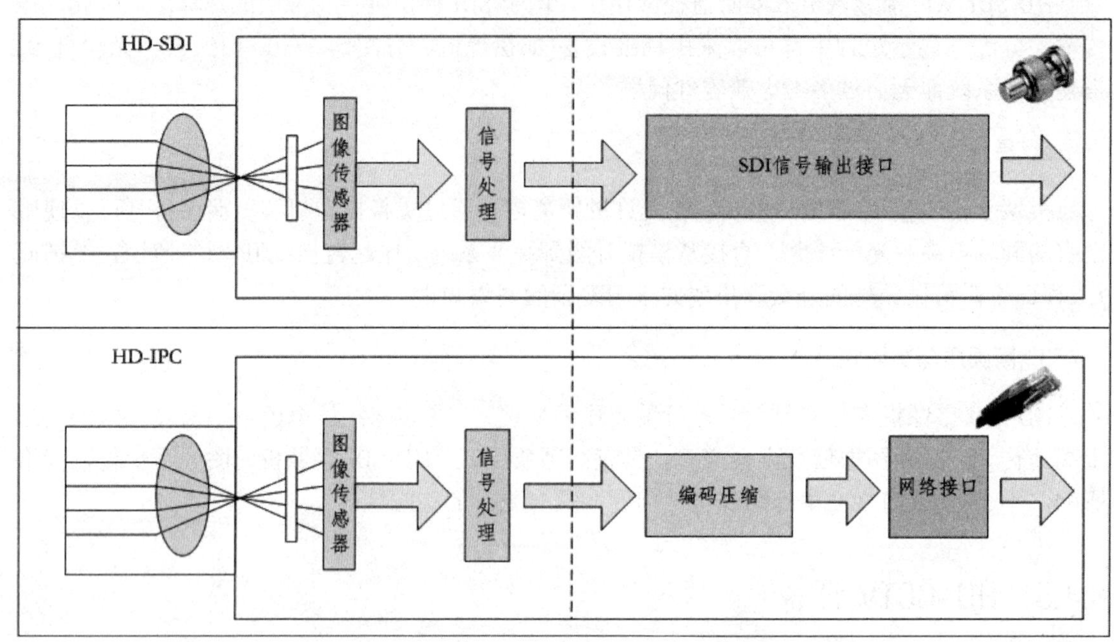

图 8.10　SDI 摄像机对比 IP 高清摄像机

HD-SDI 摄像机的硬件构造主要包含图像传感器、信号处理器、模/数转换器、主控芯片等部分。光线通过镜头进入传感器，然后转换成数字信号，再由内置的信号处理器进行预处理，处理后的数字信号不经过压缩，直接转换成 SDI 信号通过同轴电缆接口输出。由此可见，传感器和 ISP 模组作为光线感应和处理的第一道环节，尤为重要。

2. SDI 信号的传输

当前端摄像机到 HD-DVR 或者 HD-DVS 距离在 100 米内时，可以考虑用同轴电缆实现视频信号的传输；当前端摄像机到 HD-DVR 或者 HD-DVS 距离超过 100 米甚至更远距离时，应该考虑采用 HD-SDI 光端机进行高清信号的传输。

3. SDI 数字矩阵

同我们熟悉的模拟矩阵系统类似，SDI 矩阵可以完成高清 SDI 视频信号的输入、输出、切换、键盘操控，并可以通过矩阵的级联实现多级连接及管理。如图 8.11 所示。

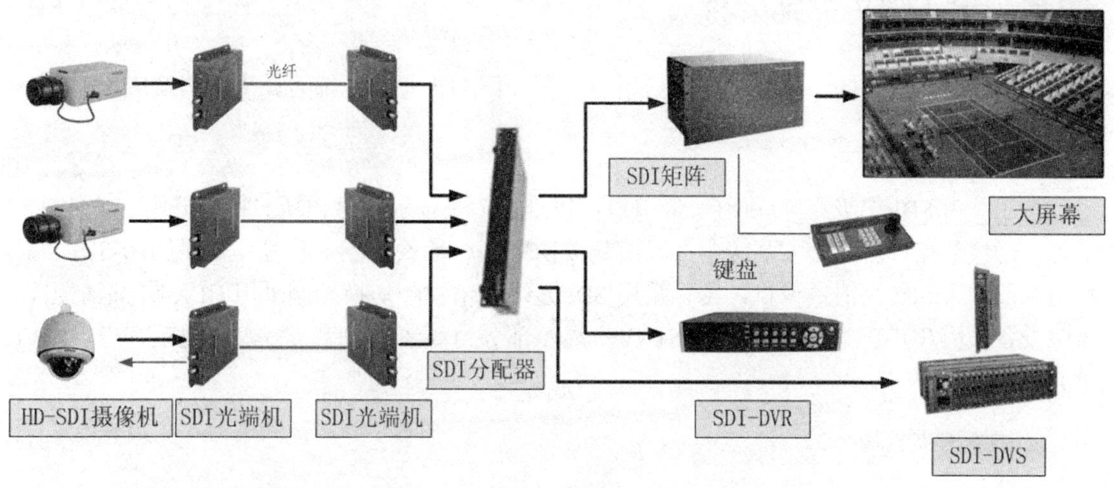

图 8.11 SDI 摄像机矩阵接入示意图

4. SDI 编码器

SDI 编码器通常基于 Linux 操作系统，采用标准 H.264 压缩算法，集视音频编码压缩和数据传输为一体，支持 HD-SDI 数字高清信号实时编码，可选 HD-SDI 光纤输入，同时支持双向模拟音频和报警信号，支持多种网络协议，适用于实时监看监听，解决了大规模 HD-SDI 数字高清信号的集中存储和智能控制问题，HD-SDI 编码器不是孤立存在的，需要与后端存储设备共同完成视频录像。

5. SDI 录像机

SDI 编码器需要与 NVR 等存储设备配合完成视频的压缩及存储，而 SDI-DVR 可以单独实现视频的编码及存储功能。目前主要是通过 SDI-DVR(或称 HD-DVR)储存 HD-SDI 的信号，当然 SDI-DVR 存储容量与一般 DVR 一样是有限的，可通过连网络存储设备，扩充 DVR 的存储空间。

6 .SDI 解码器

SDI 视频信号的解码是编码的反向过程，主要实现对 DVR 或 DVS 信号的解码上墙过程，由于 SDI 系统的优势在于高清及实时，因此，通常通过矩阵的输出信号直接进行上墙显示，如果利用对 DVR 或 DVS 编码后的视频信号进行解码上墙，则失去了 SDI 系统的实时性优势。

7 .SDI 高清显示

SDI 信号的显示系统应满足高清视频监控的需要，配置支持 DVI/HDMI 接口输入的大屏幕控制器，支持多路 RGB/VGA/DVI/HDMI 及复合视频信号实时显示，图像窗口可任意缩放、任意漫游和任意叠加，可 24×7×365 天持续工作。

8.4.6 HD-CCTV 系统架构

此处以 SDI 系统的二级矩阵联网应用为例，介绍 SDI 监控系统的典型架构及应用。

1. 总体架构说明

本系统为 SDI 二级矩阵联网(二级节点可以理解为平安城市派出所、机场分中心、地铁车站等。一级节点理解为公安局级中心、机场安防中心、地铁总控中心等)，采用 HD-SDI 高清系统，前端为 SDI 高清摄像机，传输采用 SDI 光端机，视频切换控制采用 HD-SDI 高清矩阵，存储设备采用 SDI-DVR 或者 SDI-DVS+NVR,显示部分为高清电视墙及多媒体视频客户端(DVR 或 DVS 对应的客户端)。

2. 二级节点结构

前端 SDI 摄像机的视频信号通过 SDI 视频光端机传送至二级节点，高清视频信号一分为二：一路进入视频矩阵进行本地实时切换显示控制，另外一路进入 SDI-DVR 或 SDI-DVS 进行视频的编码压缩及存储。

二级节点与一级节点通过光纤实现矩阵级联，级联的矩阵可以互相调用对方视频信号(高清 SDI 信号)并可以进行相应控制操作。二级节点如果部署了 SDI-DVR，则可以独立完成本级编码压缩及存储过程，如果部署了 SDI-DVS，则还需要相应部署 NVR 设备以实现视频的存储工作。二级节点的客户端软件通过网络可以对 DVR 或 DVS(NVR)编码压缩的视频进行浏览及回放。如图 8.12 所示。

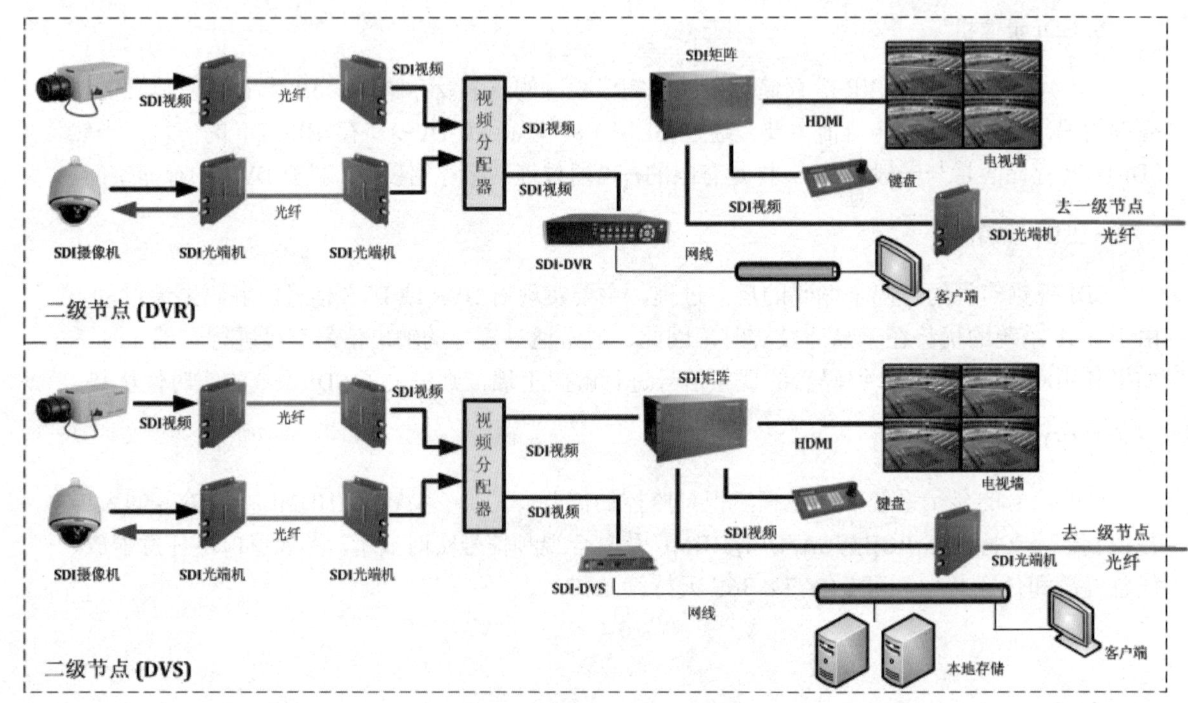

图 8.12 SDI 应用案例-二级节点架构

3. 一级节点结构

一级节点部署 SDI 矩阵、电视墙显示设备及数字视频管理服务器等。二级节点经由光端机传输的视频信号输入给视频矩阵，通过矩阵的级联功能，实现一级矩阵对所有接入的二级矩阵的视频调用功能，一级节点可以调用并控制所有二级矩阵的视频资源。一级节点可以根据情况设置视频管理服务器、流媒体服务器、存储备份服务器等，以实现对一级阶段数字和网络视频设备的管理、配置及备份功能。如图 8.13 所示。

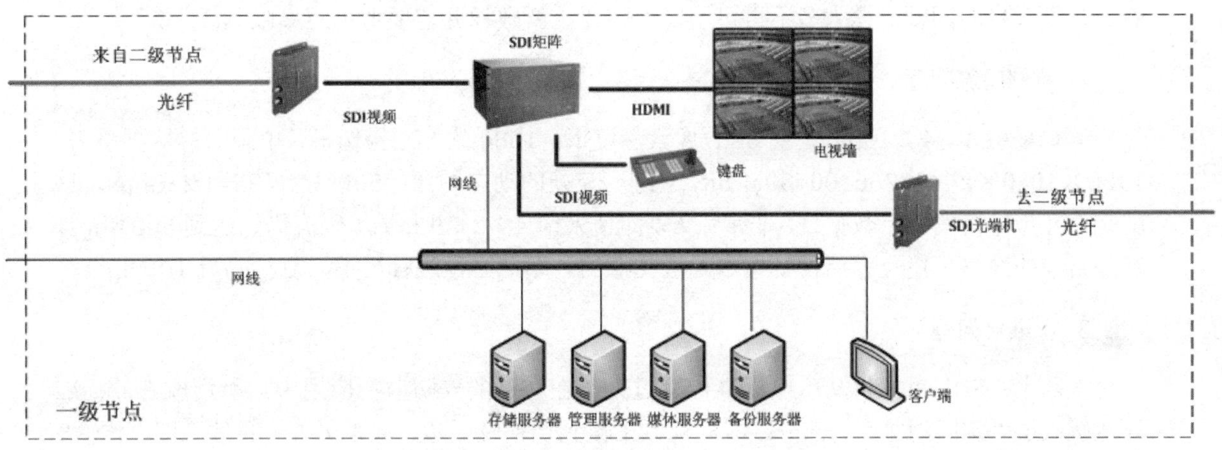

图 8.13　SDI 摄像机应用案例——一级节点架构

4. 系统架构特点

本系统实际是两条系统并行：一个是 SDI 高清信号部分，这部分从前端摄像机到信号传输、分配、接入视频矩阵及电视墙显示，全部过程都是 SDI 高清信号(目前显示设备也能够支持 HD-SDI 信号，但市场不够普及，所以矩阵 HD-SDI 信号输出后可采用 HD-SDI 到 HDMI 的转换设备将视频输出到高清显示设备，此转换对信号影响很小)，没有任何的编码压缩及网络打包传输过程，以保证 SDI 信号的高质量、实时性；

另外一个部分是从视频分配器分出后，由于存储及传输的需要，进入 DVR 或 DVS 进行视频的编码压缩、封装、传输。

提示：SDI-DVR 可直接内置硬盘进行存储，SDI 编码器需要配合后端管理软件及网络存储设备（如 IP SAN）进行存储。SDI 摄像机视频接入点在二级节点，所以录像存储的编码器设备放置在二级节点，一级节点可通过网络方式配合视频管理平台软件实现录像视频的调用，并能够实现二次备份存储，在监控专网内有权限的用户都可通过客户端软件实现查看调用。

8.4.7　HD-CCTV 应用注意事项

从之前 SDI 系统架构可以看出，SDI 系统需要自始自终保持“纯正的血统”才有其实际意义，即从视频采集到传输及切换显示过程都是 SDI 高清信号，这无论对于新项目还是很多计划从原来模拟系统平滑升级的系统，实际上都会带来一定的困难。

1. 平滑升级问题

SDI 的优势之一是可以沿用原有的模拟系统架构，无须进行线缆等基础设施的改变。实际上，传统模拟系统架构多是同轴电缆连接摄像机，集中到机房的矩阵进行汇合，完成切换和控制。但是目前 SDI 的传输距离至多 100 米，并且对传输介质要求比较高，因此，这意味着，早期项目的同轴电缆大多不再可用，而需要重新敷设并需要考虑距离限制。

2. 存储码流问题

假如采用 4：4：4 格式，在 8bit/像素深度下，1080 的 SDI 摄像机，单画面的数据量为：1920×1080×24=49766400=50M bit，对于 25 帧的动态图像：50M bit×25=1.25Gbps，这就是 SDI 摄像机的原始数据量，非常惊人！即使采用 4：2：0 格式，码流仍然达到 600Mbps，这是目前的网络环境及存储设备根本无法支撑的。因此必须进行压缩，目标码流 10Mbps。

3. 标准化问题

实际上，SDI 摄像机从广电标准借鉴过来，在实际的安防监控应用中，所谓成熟的标准只是解决了“实时浏览”的部分，即从视频采集到切换及显示，但是另外一条线，即“传输&存储”部分仍然没有解决，目前 SDI-DVS 及 SDI-DVR 厂家仍然较少、配套可选设备及解决方案不多，不同厂商设备之间依然可能会遇到兼容性问题。

4. 远程管理问题

大规模组网视频监控应用当中，网管系统对整个系统的维护有很重要的作用，而 HD-SDI 监控系统的专用设备不具备网络功能，使得网管不能监控到每个设备的运行状况，用户也无法根据需求随时远程调节设备参数，不便于管理。

8.5 IP 高清技术

8.5.1 高清电视(HDTV)标准

近年来，CRT 电视机飞速向液晶电视(LCD)和等离子电视(PDP)转变，HDTV(High Definition TeleVision)在民用领域取得了巨大的成功。在视频监控系统数字化、网络化的进程中，HDTV 的应用逐渐扩展到了视频监控领域，HDTV 的概念不断得到重视，而实际项目中也开始采用 HDTV。与普通电视系统相比，HDTV 意味着出色的图像质量和视觉效果。

SMPTE(美国电影电视工程师协会)定义的两个最重要的 HDTV 标准如下：

- SMPTE 296M(HDTV 720P)定义的分辨率为 1280×720 像素，16：9 格式的高保真色彩，25/30 Hz 顺序扫描频率，即每秒 25~30 帧，根据具体国家而定，还支持

50/60Hz 扫描频率(每秒 50/60 帧)。

- SMPTE 274M(HDTV 1080P/I) 定义的分辨率为 1920×1080 像素，16∶9 格式的高保真色彩，使用 25/30Hz 和 50/60Hz 的交错或顺序扫描频率。

也就是说，美国高清标准 HDTV 有三种显示格式，分别是 720P(1280×720，逐行)，1080i(1920×1080，隔行)，1080P(1920×1080，逐行)。符合 SMPTE 标准的摄像机表示遵从 HDTV 质量，并应提供 HDTV 的所有分辨率、色彩保真度和帧速率优点。HDTV 基于正方形像素，类似于计算机屏幕，因此来自网络视频产品的 HDTV 视频既可以在 HDTV 屏幕上显示，也可以在标准计算机监视器上显示。

使用顺序扫描 HDTV 视频，当视频将由计算机处理或在计算机屏幕上显示时，不需要去交织(De-Interlace)技术。

8.5.2　高清 IPC 的概念

高清 IP 摄像机，即 HDIPC，High Definition IP Camera，也就是完全符合 HDTV 标准的 IPC。很显然，高清视频意味着更大的数据量，无论对于编码芯片、编码算法、网络传输及存储系统都带来巨大的考验，而得益于这些相关领域技术的不断突破，高清 IP 监控已经得以实现，并快速地发展和应用。

根据 SMPTE 标准，高清 IP 监控系统需达到如下要求：

- 分辨率要求。即需要达到 1280×720/逐行或 1920×1080/隔行/逐行。
- 帧率能够达到全帧速，即全帧速 25/30fps。
- 具有更好的图像色彩保真度。
- 16∶9 格式。

因此，高清摄像机不等于“百万像素摄像机”。既然支持 1280×720P 扫描、1920×1080I 扫描、1920×1080P 扫描 3 种显示模式的电视可以称为“高清”电视，那么高清摄像机不一定要达到百万像素(1280×720P=90 万像素)，但是，百万像素摄像机已经达标“高清”摄像机的分辨率标准了，但这还不够。对于高清摄像机，另外一个关键指标是帧率，高清视频应该是实时视频，也就是说，需要达到全帧率(25 帧/30 帧)。高清摄像机还有一个指标要求是“应该具有高图像色彩保真度、长宽比为 16∶9 的格式的成像效果”。因此，百万像素摄像机只有在满足了以上所有条件的前提下，才能称为是高清摄像机。

注意：高清的概念和百万像素的概念是一对比较相近而且容易混淆的概念，实际上，百万像素的概念主要是安防监控的行业概念，而高清的概念是国际标准，主要是借鉴了广播电视标准。因此，高清 IP 摄像机不仅仅有分辨率要求，对色彩还原、失真等方面都有要求，重点强调“主观感受”，达到广播电视标准的视觉体验。但是，从另外的角度说，安防监控又有自己的特点，广播电视主要针对影视视频，因此在色彩、实时、长宽比等方面当然要求更高。另外，高清对视频的编码压缩方式没有限制，可谓“殊途同归”，看的是最终效果。

可以看出，百万像素摄像机与高清摄像机的本质区别并不是十分明显，百万像素是实实在在的一个客观条件，仅仅考虑像素，对图像还原性、帧率、长宽比没有约束。而“高清”实质是主观约束，在像素标准、帧率、长宽比、色彩还原等方面均有要求。但是，在视频监控领域，两者的技术、应用等方面区别并不是很大，因此，本书以下章节部分如果没有特殊说明，对高清摄像机与百万像素摄像机“混为一谈”，没必要较真。

8.5.3 高清 IPC 的优势

本文以下讨论的高清摄像机均指“高清网络摄像机”，高线数的模拟摄像机不再讨论。一般百万像素和高清网络摄像机较传统模拟摄像机、普通网络摄像机具有很多优势：

- 高清晰度、百万像素级的传感器、可以获得更多的视频信息；
- 逐行扫描的 CCD/CMOS 技术可以让画面更清晰、自然流畅；
- 方便集成视频内容分析功能；
- 数字 PTZ 功能，没有机械移动部件，更耐用；
- 更大的视觉覆盖范围，一个百万像素高清摄像机可以代替数个普通摄像机实现大范围场景覆盖，从而节省线缆、安装、维护费用。

1. 覆盖范围

高清摄像机的一大优势就是场景覆盖范围更广，可以替代原有的多个固定点摄像机或全方位模拟摄像机。

对于密集型监控场所，如机场的安检/边检通道、车站、地铁、商场出入口、停车场、银行柜员等，原来可能需要安装多个密集分布的普通摄像机来全面覆盖，现在可以部署很少的高清摄像机。

高清摄像机的覆盖效果如图 8.14 所示。

图 8.14　高清摄像机的大视野

2. 图像细部特征

所谓“细节决定成败”，高清摄像机采用先进的感光器件，使图像细节更加清晰，尤其对于移动物体来说，逐行扫描方式可以给我们提供更好的图像质量，有效解决了隔行扫描带来的梳状模糊现象。

可靠的图像质量+足够的细节=可靠快速地调查和分析。

高清摄像机使得海量的视频存储数据变得有价值而不再是垃圾录像，这对于车牌、人脸识别等应用更具有重要意义。相反，如果图像质量差，缺少细节，无疑给日后的调查分析工作带来巨大的困惑。

高清摄像机对细部特征的体现效果如图 8.15 所示。

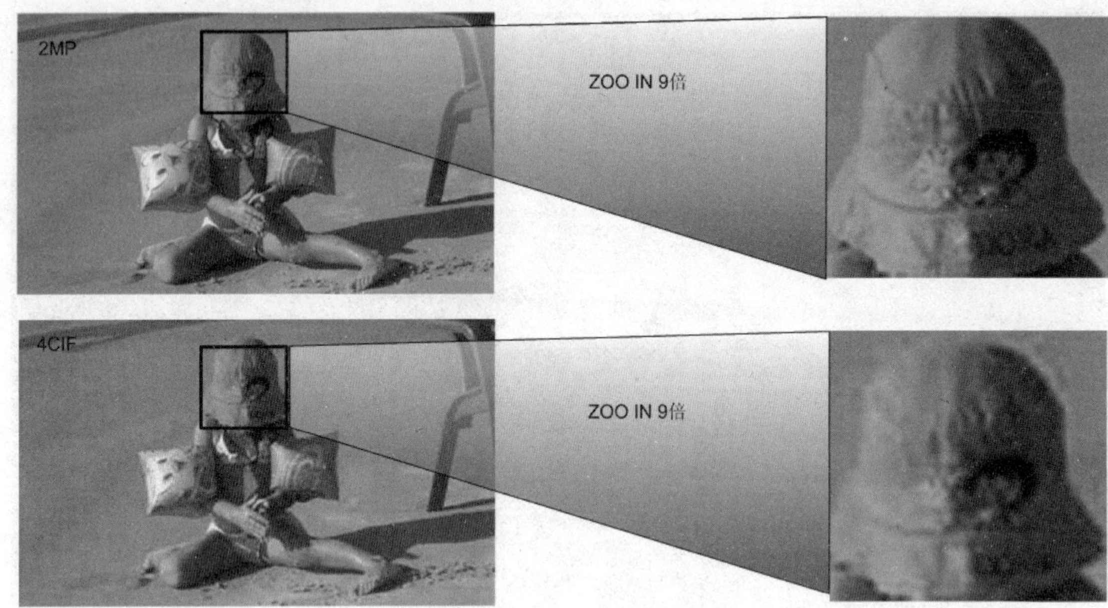

图 8.15　高清摄像机的细节体现

3. 数字云台功能

高清摄像机具有数字云台的功能，即视频监控“画中画”功能，可以在一个显示屏幕上同时显示全景和局部图像，非常方便操作者。

数字云台实质是拍摄一个高分辨率的大画面，然后使用数字变焦视频窗口在大的图像中捕获，并放大图像中的某个部分，这样就同时可以显示全景和局部。当监控人员通过数字变焦功能将镜头接近到某一所选区域时，还可以继续拍摄整个场景，从而不会错过整个监控范围内的任何情况。

普通的 PTZ 摄像机，只能同时显示一个画面，要么拉近、要么拉远。高清摄像机的“画中画”功能、拉近与拉远的画面是“与”而不是“或”的关系。

高清摄像机的数字 PTZ 效果如图 8.16 所示。

图 8.16 高清摄像机的数字 PTZ 功能

如左上图所示，模拟 PTZ 摄像机只能记录放大或缩小的图像，即全景图像与局部图像在同一时刻只能取一个，如当镜头拉近到游船时，监控人员可能就看不到湖面不同区域的其他游客的情况；而如果镜头拉远，可以监控到整个湖面，但是，又无法识别某个游船上的细节情况。但是高清摄像机的画中画功能则可“鱼和熊掌”兼得，如右上图所示。

比如：“放大镜、北京地图”。对于一般的城市地图，如果粗劣地看，我们通常可以对城市有个大概地了解，看到各条环路、立交桥、公园等标志性建筑。如果要看到更清晰的街道、小区等，我们可以借助于放大镜或把眼睛贴近到地图上。如果可能，我们希望手边能有两张地图，一张来看整个城市全景的，另外一张精确定位在目标区，这样，两张结合看，可以准确定位自己所找目标的大致方位并可了解细节信息。高清摄像机的数字云台功能同理。

4. 视频校正与处理

高清摄像机是一个复杂的系统设备，由于其覆盖范围大，因此可能导致边缘图像存在一定的视频失真，需要进行“校正、分割等后处理过程”来矫正图像成像。由于数据流巨大，为了节省带宽资源，可以进行“图像裁剪”，实现对感兴趣区域(AOI)的传输；可以利用软件进行图像画面的分割以方便观察或传送，或反过来，对多个画面进行后期组合。

高清摄像机的视频校正与后处理效果如图 8.17 所示，上部分图为视频自由裁剪，仅仅传输“感兴趣”区域，而下图为视频的自由组合与分拆，可进行灵活显示。

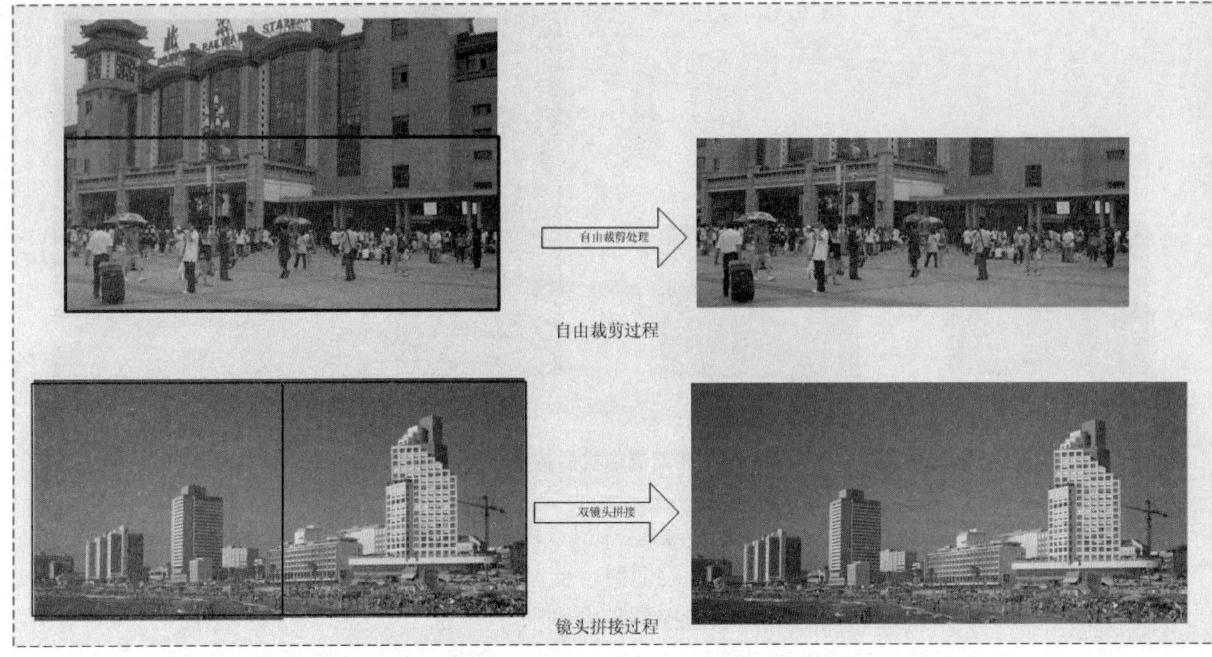

图 8.17　高清摄像机视频校正与处理

注意：对于类似的视频“后处理”过程，在模拟监控及普通 IP 监控中也有此功能，但是，通常是后端处理，也就是将图像发送到后端服务器平台，由软件进行处理，这对带宽、处理器等都带来压力。而高清摄像机的视频校正与处理一般由摄像机自身的软件及处理器在前端本地直接处理完成。

5. 360° 全景摄像机

对于室内大堂、会议室等封闭空间，传统的监控方式下，通常需要安装模拟摄像机若干个，进行 4 个角度的对射，实现无盲区覆盖，但是带来的问题是多个固定摄像机无法具有“全局效果”。

360° 高清摄像机由于采用鱼眼镜头技术，配合高分辨率传感器器件，利用芯片处理器进行“失真校正”，从而实现单摄像机的全局场景监视。

目前，360° 高清摄像机的显示方式包括自然场景、四分割画面显示、双 180° 画面、多种画面的虚拟 PTZ 显示功能等，相对于传统的全景监控模式，是全新的设计理念，有很大的技术突破。

8.6　高清 IPC 的关键技术

高清摄像机与普通网络摄像机类似，集光学成像、编码压缩、视频缓存、网络传输等多种功能于一体，并且比普通的网络摄像机具有更高的技术要求，需要采用更专业的高清配套镜头及成像器件以实现高质量成像、采用更高效的编码算法实现低带宽占用、更高性能的编码芯片实现复杂算法的运行、更好的网络接口实现海量数据传输。

8.6.1　高清配套镜头

镜头是摄像机的眼睛，高清摄像机的镜头更加重要。高清摄像机的镜头在光学设计与机械设计上比普通摄像机的镜头更加复杂。

- 通常采用多层复合镀膜技术，以抑制逆光条件下的鬼影和闪光，减少眩光、改善色彩还原性，使得色彩更加鲜明，从而提高清晰度；
- 采用非球面和超低色散镜片，减低像差、提高画质；
- 通过光学设计技术，在保证中心区域图像清晰、鲜明的前提下，边缘也不会虚焦、变形；
- 还需要提升摄像机的整体感光度，应该能够在一定照度下帮助摄像机采集到鲜明的彩色图像。

提示：高清镜头相关内容参考本章 8.11 节。

8.6.2　图像传感器

CCD 和 CMOS 在制造上的主要区别是 CCD 是集成在硅晶半导体的材料上，而 CMOS 是集成在被称做“金属氧化物”的半导体材料上。CCD 技术在普通摄像机上有广泛的应用，而在百万高清摄像机应用上，CMOS 后来居上，通过自身技术的不断提升，逐渐赶上 CCD 的应用。CMOS 传感器的主要问题在于灵敏度及信噪处理两个环节，但是 CMOS 与 CCD 的差距正在逐步缩小，另外一方面，CMOS 的成本比 CCD 更有优势。目前的情况是，CCD 和 CMOS 传感器在百万高清摄像机产品中均得以应用。

8.6.3　图像灵敏度问题

相对于传统的模拟摄像机，高清摄像机的像素点数多了几个数量级，导致了每个像素点的面积变得非常小，从而每个像素能够捕获的光就变得很少，所以百万高清摄像机在灵敏度、宽动态、抗干扰方面比模拟摄像机难于处理。如在高清摄像机中应用较多的 CMOS 传感器，其感光度比 CCD 传感器更差，原因是 COMS 的每个像素都需要一个 A/D 转换电缆及 ADC 放大器，这使得每个像素感光面积因此而减少，而使用与像素等量的 ADC(放大兼类比数字信号转换器)，也会造成较高的噪音干扰。

8.6.4 编码压缩算法

编码压缩方法和效率对百万像素高清摄像机尤为重要，对于海量的数据信息，如果压缩方法不同，效果差别会很大，而直接影响着网络带宽及存储空间占用。目前，在高清摄像机中应用比较多的是具有极高复杂性及压缩效率的 H.264 编码算法，其复杂程度是 MPEG-4 的 2 倍左右，同时其同等质量的图像码流也仅仅是前者一半左右，当然，复杂的算法实现的另外一个代价就是对视频编码压缩芯片的处理能力要求更高，H.265 的诞生即针对高清压缩。

8.6.5 高清信号传输

高清视频信号的特点是大码流，这给网络传输带来了很大的压力，目前一般高清视频信号(以两百万像素参考)占用带宽在 3~8Mbps 左右，是 4CIF 标清实时视频信号的 5 倍左右，对于多点位、大跨度的大型系统项目来讲，带宽的因素是一个比较大的成本障碍。

从另外一个角度来讲，在目前任何项目中，无论从单机成本还是对带宽的要求上，高清摄像机都是“奢侈品”。通常，可以有选择地部署一些高清摄像机，这是目前平衡高清监控成本的一个有效方法。在关键场合如大门口、交通卡口、机场安检/边检等区域，可以有选择地部署百万像素高清摄像机，然后其他场合安装标清摄像机，从而节省了成本，优化了配置。

8.6.6 视频管理平台支持

这里的管理平台，可以理解成中央管理平台 CMS、网络媒体服务器、网络录像机(NVR)及客户端软件、解码器等，高清信号对视频管理平台的影响，主要就是相对于标清信号而言，给平台的处理能力带来了更大的压力，或者从另外的角度说，同样的管理平台(媒体服务器、NVR 服务器或客户端软件、解码器)，支持高清摄像机的数量将远远少于标清摄像机接入数量，而在其他方面，没有什么区别。

- 媒体服务器或 NVR 因高清信号的大码流而支持的通道数量减少。
- 客户端工作站需要更强的处理能力实现高清视频的解码。
- 解码器需要更强的运算芯片实现高清解码过程。
- 存储设备因为高清信号而录像天数减少，或者说高清信号需要更大的空间存储。

8.6.7　高清信号显示

高清信号显示有两种方式，一种是用户客户端平台显示，视频显示的载体是电脑的显示器；另外一个是通过解码器输出到电视墙的大屏幕进行显示。多年以来，电视监控系统显示设备的主流是 CRT 监视器，受制于技术原因，CRT 监视器如果要显示高清图像必须做非常大的屏幕，这是技术瓶颈。20 世纪 90 年代后出现的液晶显示器及等离子技术，将高清显示轻易实现，目前的液晶及等离子显示设备，以 1920×1080 分辨率为主流。

8.7　高清 IPC 的亮点功能

8.7.1　日夜监视功能

日夜型网络摄像机在白天传输彩色图像，当光照轻减少到一定程度时，摄像机能自动切换到夜间模式以利用红外(IR)光而提供高品质的黑白图像。近红外光的波长从 780 纳米(nm)到大约 1000nm，超出了人类眼睛可视的范围，但多数摄像机传感器可以感应到并对其进行利用。在日间，日夜摄像机使用红外截止滤光器(IR-CUT)将红外光线过滤掉，使它不会干扰正常彩色成像。当摄像机处于夜间(黑白)模式时，红外截止过滤器被移除，让摄像机感应红外光，应用照度以达到 0.01 勒克斯或更低。

8.7.2　宽动态范围(WDR)

宽动态是指摄像机处理场景光照条件宽范围的能力，通常在一个场景中并存明亮和黑暗区域，比如一个人站在明亮的窗户前的背光条件下，传统的非宽动态摄像机将会因曝光过度或曝光不足使得场景中区域过亮或过暗，宽动态摄像机可以解决此问题。

8.7.3　摄像机的“走廊模式”

摄像机的走廊模式如图 8-18 所示。

图 8.18 IPC 的走廊模式示意图

8.7.4 觅光者技术

觅光者技术应用 CMOS 传感器，可以得到较高的灵敏度，觅光者技术不仅仅是传感器环节，而是镜头、传感器、芯片等共同优化组合得到的结果。觅光者技术尤其适用于要求苛刻的视频监控应用，如建筑工地、停车场和城市监控等。与传统的日/夜摄像机在黑暗中切换到黑白模式不同，觅光者摄像机即使在非常黑暗的条件下，也可保持色彩还原性。如图 8.19 所示。

普通摄像机

"觅光者" 技术摄像机 0.3Lux

图 8.19 AXIS 觅光者摄像机效果图

8.8 高清 IPC 的障碍

对于一个网络高清视频监控系统来说，不单单是安装高清摄像机的问题，而是与多个环节密切相关。首先高清设备可供选择的种类不多，其次高清监控对网络带宽的需求过高，第三是高清监控对存储的海量需求导致高存储成本，第四是对解码显示设备的要求比较高。因此，高清的普及应用需要监控前端、传输、存储、显示、管理等众多环节的配套提高。

行业中经常见到所谓“高清元年及高清时代”的说法，实际上， 高清摄像机并非对所有场景都有必要和适用，高清在平安城市及道路监控等优势显而易见，但是在一些室内场所(如出入口、走廊、通道、机房等位置)，实际上 4CIF 分辨率已经能够满足需要。

8.8.1 高带宽占用

早期的百万像素摄像机，主要压缩方式为 M-JPEG，编码方式简单但效率不高，如 200 万像素的实时视频，码流可能达 20Mbps 左右，这对于网络而言是无法接受的。目前主流百万像素高清摄像机多数用的是 H.264 Baseline Profile 这个方式，对于 200 万像素的实时视频，码流可能做到 3~5Mbps 码流区间，这对目前网络资源而言还是可以接受的。另外，如果使用 Main Profile、Extended Profile 或者其他效率更高的视频压缩算法，可以进一步提高压缩效率、降低码流大小。

注意：越高效的视频编码算法，其对编码压缩芯片的处理能力要求越高，因此芯片的成本负担越重。

8.8.2 海量存储问题

存储空间与码流成正比，而高清视频监控需要大量的码流来支持其高分辨率，因而，会遇到大量的存储空间需求。通常，人们往往看到的是“一台高清摄像机需要的存储空间是如此大”，而忽略了一个事实，即一台高清摄像机实质等价于多台普通摄像机(1 台 200 万像素高清摄像机可以覆盖的场景范围相当于 5 台普通标清 4CIF 摄像机能覆盖的范围)。因为高清摄像机能提供优秀的图像质量，使得视频的存储变得更有价值。

另外，如果能够做到减帧存储、按时间表存储、报警触发存储等方式相结合的存储应用，那么视频存储空间的需求会更低。

8.8.3 高成本问题

成本是任何建设项目必须考虑的因素，新技术可以给客户带来更好的回报，但是成本很重要。目前高清摄像机给人的感觉是价格非常高。百万高清摄像机对比普通摄像机，就实际效益来讲，成本并不高。在一个项目中，百万高清摄像机只是因地制宜地选择，不是所有监控点位都需要百万高清摄像机，“鸟枪”是否“换炮”完全取决于实际现场情况。

8.9 高清 IPC 的应用

8.9.1 需求分析

高清摄像机为用户带来了全新的视觉体验，目前情况下，并不是整个视频监控系统所有的摄像机都有必要选用高清摄像机。

实际上，在一个项目中，最可能的情况是各种类型模拟摄像机、IP 摄像机、标清摄像机、高清摄像机混合一起搭建一个完整的、性价比高的系统。因此，最佳的 IP 视频监控解决方案，应该是一个可支持各种模拟摄像机和 IP 摄像机的混合系统。这样的混合系统让用户有效地控制建设成本的同时，又可以获得当前先进技术所带来的美好体验。通常，视频监控系统中主要包括以下的目标监控需求。

1. 一般监控(侦测)

一般监控是指对场景进行大概地了解，如广场的总体人流情况，但没有对人流中人脸识别的需求；公路的车流情况，但没有对车牌进行识别的需求。即一般监控通常是对场景进行总体的、概括性地了解。

2. 目标的识别(识别)

目标识别的监控需求，是在一般监控的基础上，对画面清晰度(像素数)有更高的要求，要求通过监控画面，能够对画面中的人物进行精确地识别，张三李四，或清晰显示车牌等。

3. 高度清晰细部特征监控(确认)

高度清晰细部特征识别主要用在一些特殊应用场所，比如赌场、ATM 机、银行柜员、商场收银等场所，要求在目标识别基础上，得到目标更多的细部特征供参考。

本案例中假设对两个宽 40 米的停车场部署高清摄像机进行“目标识别”级别监控。

8.9.2 像素密度

像素密度是指在一定范围内的像素数量，像素密度实质上表征了我们在目标场景内能看到什么。像素密度=水平像素值(IPC 的水平分辨率)÷视野范围(实际场景从左到右要覆盖的范围大小)。比如有摄像机为 1920×1080 像素，视野场景覆盖 1920 cm，则像素密度为 1920 像素÷1920 厘米=1 像素/厘米=100 像素/米，即 100PPM(Pixels Per Meters)。

像素密度随着监控距离的增加而降低，若要在不同的监控距离维持相同的像素密度不变，则需要更换更长焦距的镜头。

像素密度与距离及焦距关系可参考图 8.20 及图 8.21。

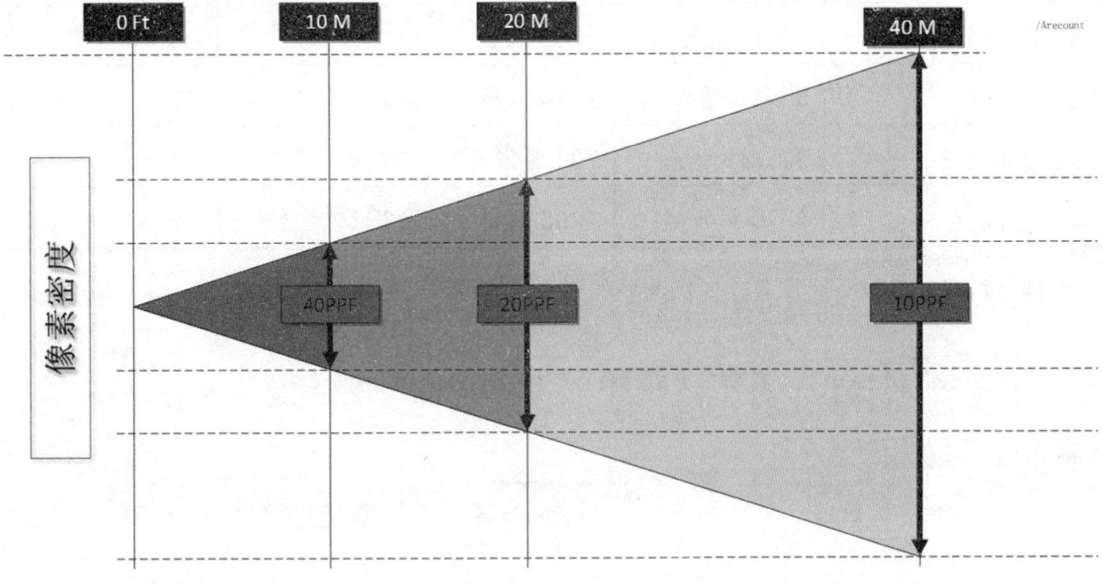

图 8.20　像素密度随着距离的增加而降低

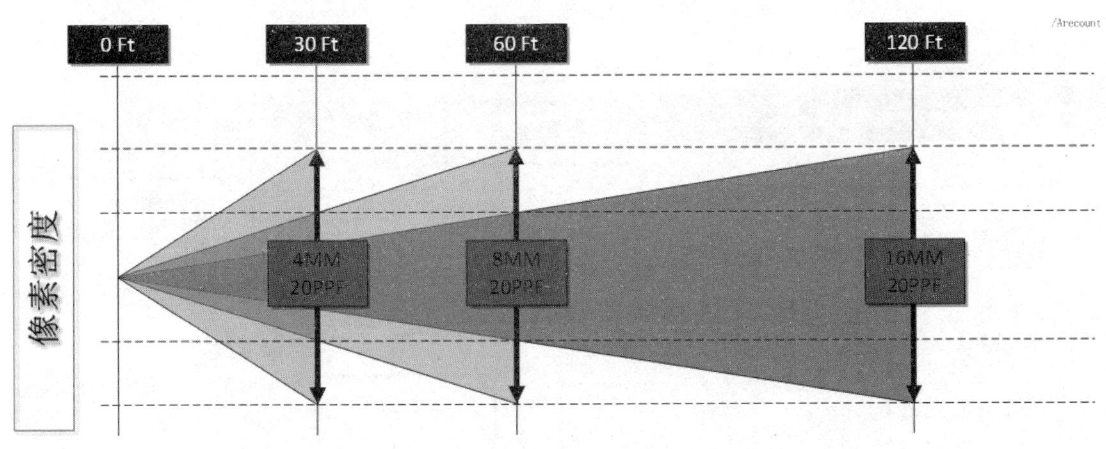

图 8.21　像素密度维持不变和所选镜头焦距的关系

表 8.7 表示的是在一定像素密度条件下(维持 500 像素/米的水平线性分辨率)，部分型号摄像机的最大“确认”距离。距离增加后，像素密度降低，则“确认标识”应用无效，可以降级进行“识别”与“侦测”应用。

表 8.7 维持一定像素密度时摄像机最大"确认"距离

摄像机型号	焦 距	水平分辨率	最大距离	最大场景宽度
AXIS P1346	4-10 毫米	2048 像素	8 米	3.88 米
AXIS P3344 12 毫米	3.3-12 毫米	1280 像素	8 米	2.5 米
AXIS Q1755	5.1-51 毫米	1920 像素	40 米	3.7 米
AXIS Q6032-E	3.4-119 毫米	704 像素	46 米	1.4 米
AXIS Q66034	4.7-84，6 毫米	1280 像素	45 米	2.5 米

部分厂家提供镜头计算器软件供选型如图 8.22 所示。

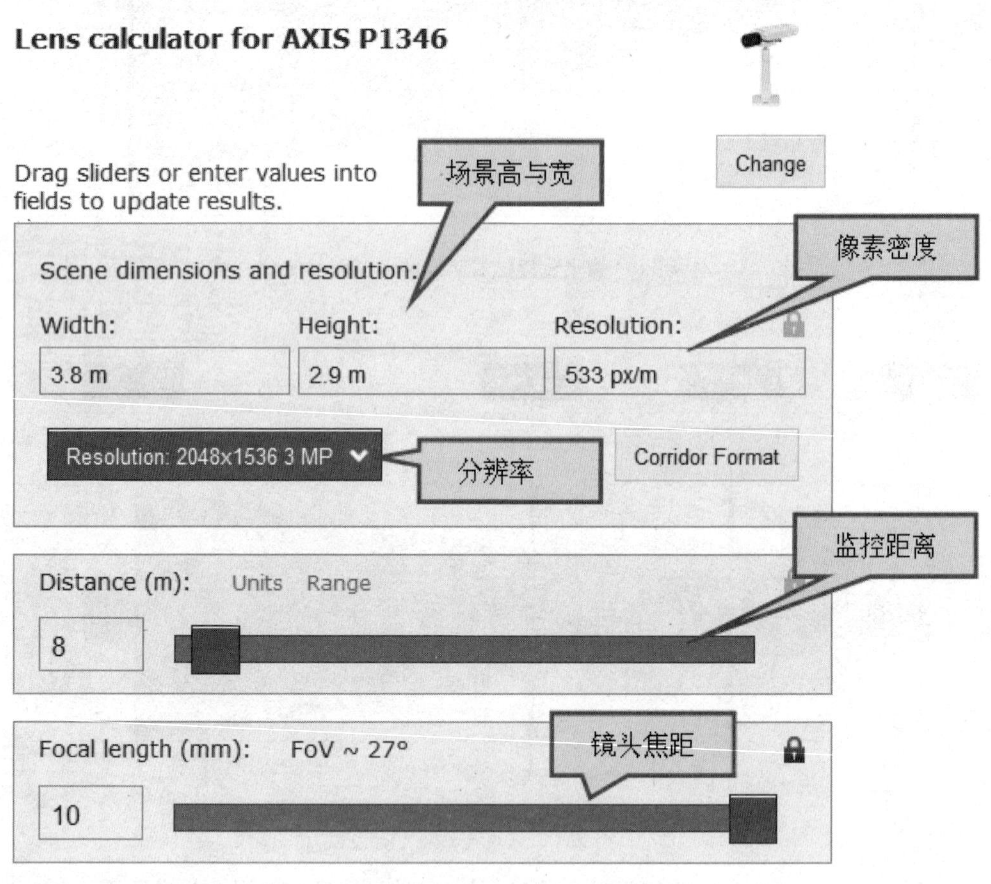

图 8.22 AXIS 镜头计算器

提示：如图 8.23 所示，在摄像机分辨率确定的前提下，像素密度与监控距离及镜头焦距有关，监控距离拉大，像素密度降低，而镜头焦距拉大，像素密度提高，反之亦然。

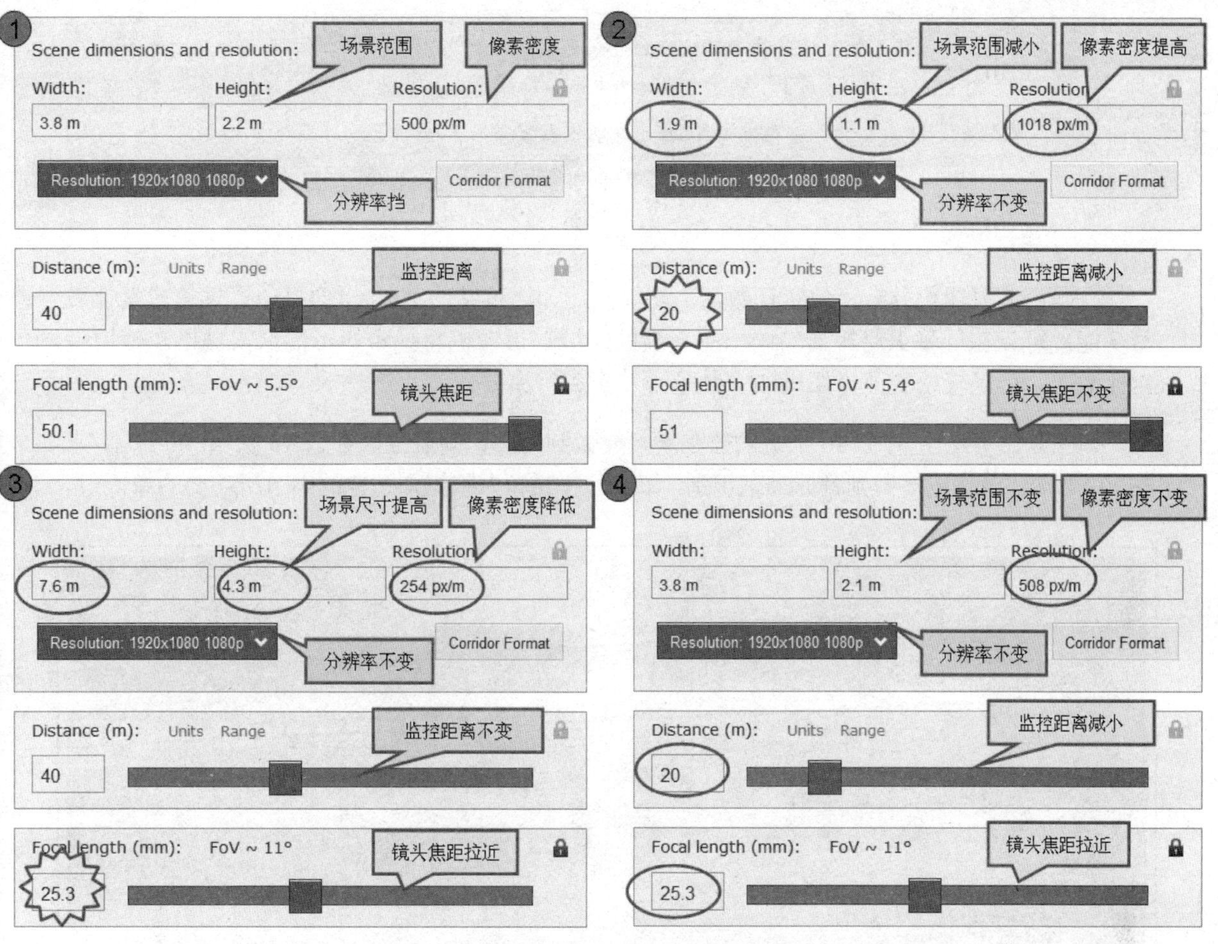

图 8.23　镜头计算器使用案例

1. 监控需求与像素密度

如上面所述，监控系统中经常有不同的监控需求，首先需要确定具体监控类型，之后就是确定需要何种覆盖范围，覆盖范围是指摄像机能“看见”的区域，最后根据监控类型确定该监控目标需要的总像素数量。

不同监控类型需要的像素数参考表 8.8。

表 8.8　不同监控需求需要的像素数/米(参考)

	监控类型	所需像素/米(参考值)
1	场景一般监控(侦测)	100
3	目标识别监控(识别)	200
3	清晰细部特征监控(确认)	300

注意：以上像素密度值是参考的最低分辨率要求，基于现场情况，可能需要更高的“像素密度”，比如在标识应用中，SKL（瑞典国家司法科学实验室）建议适用于标识的分辨率应当至少为 500 像素/米。这意味着 16 厘米宽的人脸应当由 80 像素或更多像素来表示。

2. 像素计算器

有些高清摄像机具有“像素计数器”功能，比如通过某些 Axis 摄像机中提供的像素计数器功能，可以在屏幕上用矩形勾画出感兴趣的区域。摄像机将报告矩形的像素规格。使用像素计数器，可以轻松验证摄像机的安装是否符合分辨率要求。

如图 8.24 所示，对于 40 米宽的停车场，要做到目标识别监控，那么 40 米×200 像素/米=8000 像素，这就能够做到目标准确识别，如汽车牌照和人脸识别这样的细节所需要的像素数。

图 8.24　像素密度计算器功能

3. FOV 及镜头选择

选择摄像机的时候，观察区域即视场角(FOV)的规划很重要，FOV 由镜头的焦距和图像传感器的尺寸共同决定。镜头焦距越长，观察区域(FOV)越窄。如图 8.25 所示。

图 8.25　不同镜头焦距下的 FOV 效果示意图

- 一般观察为与人眼观察区域类似的区域；
- 长焦图像的视野比较窄，但是对于远处监控目标能够提供更多细节；
- 广角图像能够观察较大区域，但是细节比较少，有时候会产生扭曲。

PTZ 摄像机具有高倍光学变焦能力，可以提供高细节的图像并覆盖更大区域，而固定摄像机则是能够一直提供全部覆盖的区域。

8.9.3　摄像机选型

下一步就是确定使用哪种分辨率的摄像机。通过前面计算出来所需的像素数(8000 像素)除以实际应用中摄像机所能提供的水平(栏)像素数目。如 640×480 分辨率的摄像机，640 是水平位像素，480 是垂直位像素。

在同样 40 米范围的停车场监控应用中，需要各类型摄像机数量的计算方法参考表 8.9。

表 8.9　同样范围需要各类型摄像机的台数计算(参考)

摄像机类型	数据计算	摄像机台数
352×288(10 万像素)	8000 /352 =	23
704×576(40 万像素)	8000 /704 =	12
1280×1024(130 万像素)	8000 / 1280 =	7
2048×1536(3 百万像素)	8000 / 2048 =	4

这样覆盖同样的监控范围时，摄像机像素值越高，所需要的摄像机数量就越少，如图 8.26 所示。

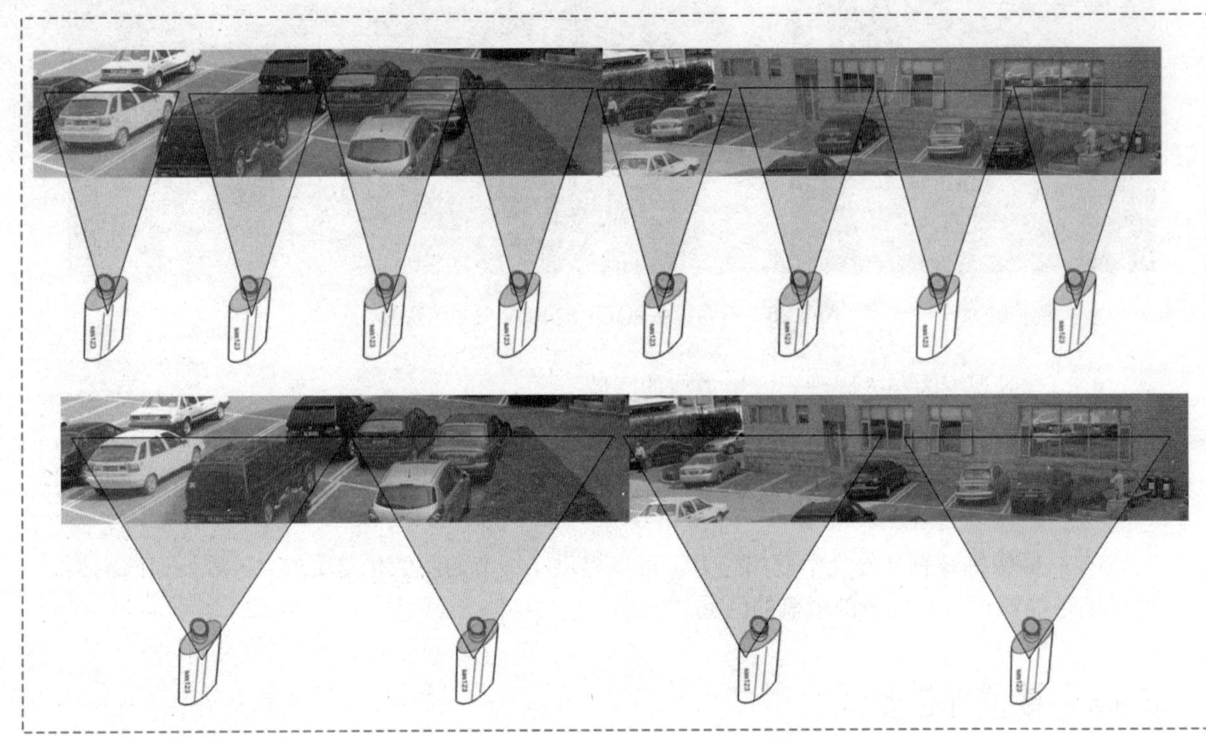

图 8.26 不同像素的摄像机应用示意图

8.9.4 系统架构说明

经过上面的计算，项目中总共两个停车场，系统总共需求 14 台百万高清摄像机(1280×1024)，假如用一台 NVR 做存储转发，存储时间是 15 天，百万像素的码流平均值按照 3Mpbs 计算，系统如图 8.27 所示。

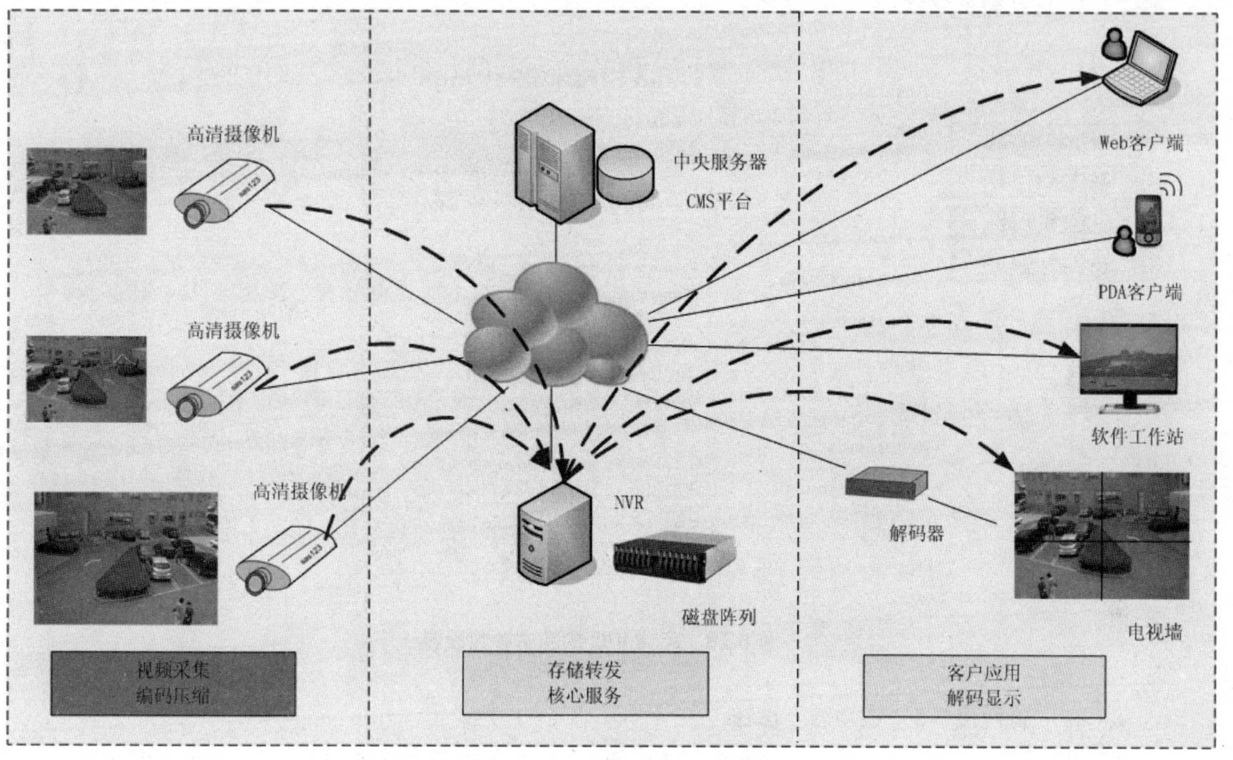

图 8.27　高清摄像机应用

如图所示，高清摄像机实现视频采集、编码传输，NVR 进行视频存储与转发。

8.9.5　视频传输与存储

单路高清视频数据存储 15 天需要的容量=3Mbps(平均值)×60×60×24×15(天)÷8(bit 变 Byte)÷1024(M 变 G)÷1024(G 变 T)=0.5T。则总共 14 台高清摄像机存储容量为 7TB。该 NVR 的总流量=14×3Mpbs=42Mbps=6MBps。考虑到视频实时存储的同时，有视频回放的需求，因此，磁盘阵列的吞吐能力要求在 10MBps 以上。

8.10　高清 IPC 的设置

本书之前的章节中介绍了 IPC 的基本设置，高清 IPC 的设置与普通 IPC 的设置过程基本相同，主要有一些特色、附加功能应用。

1. 视频基本参数

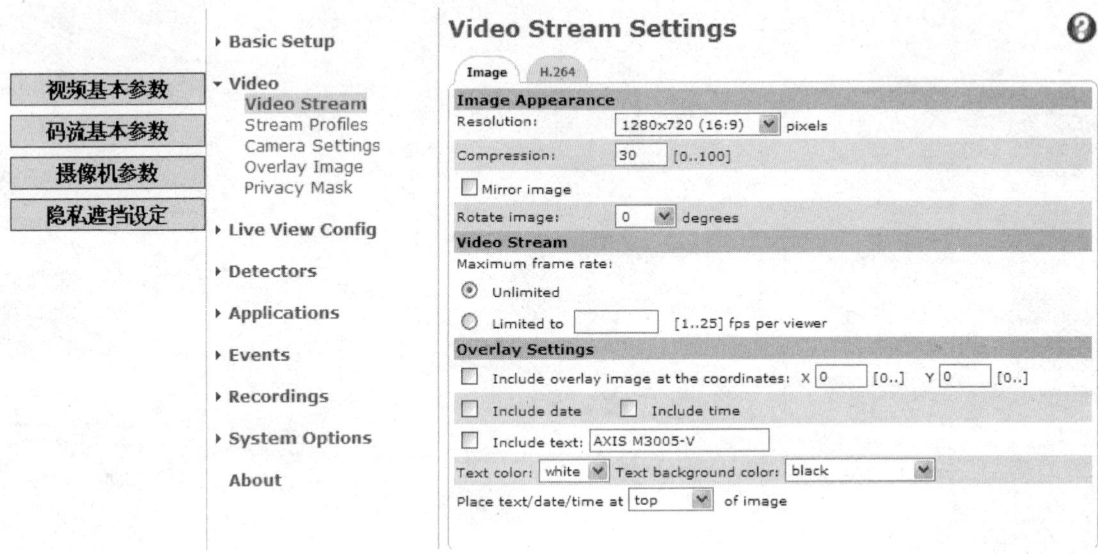

图 8.28 高清 IPC 的基本参数设置

2. “低照度”&“宽动态”按钮

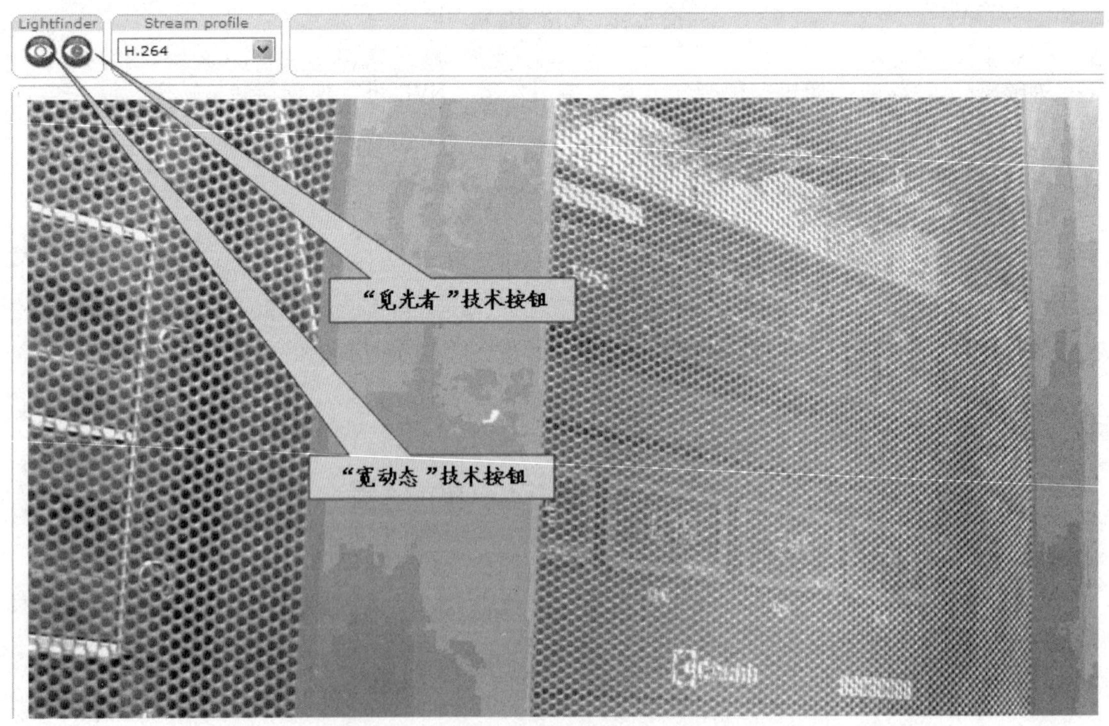

图 8.29 AXIS 高清 IPC 的“觅光者”按钮

3. E-PTZ 操作

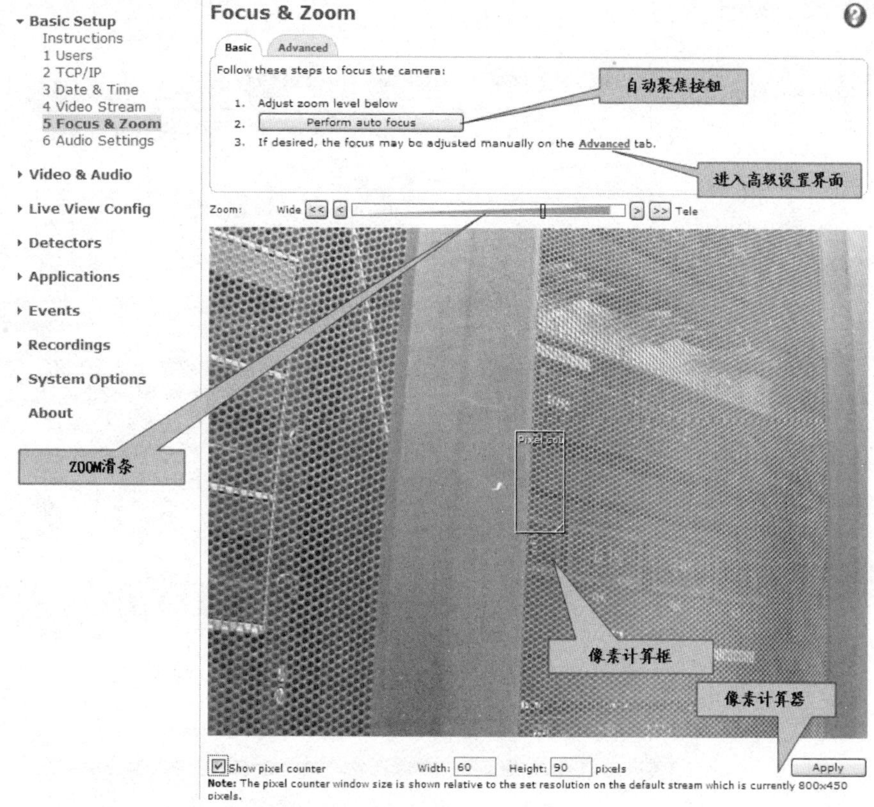

图 8.30　高清 IPC 的电子 PTZ 操作

4. 机械 PTZ 操作

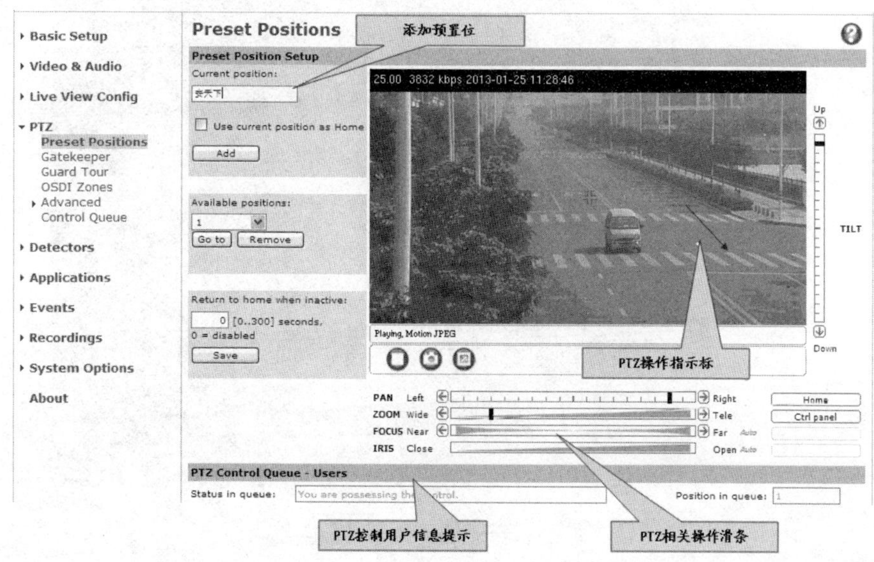

图 8.31　高清 IPC 的机械 PTZ 操作

5. 全景摄像机参数设置

■ 视频流参数

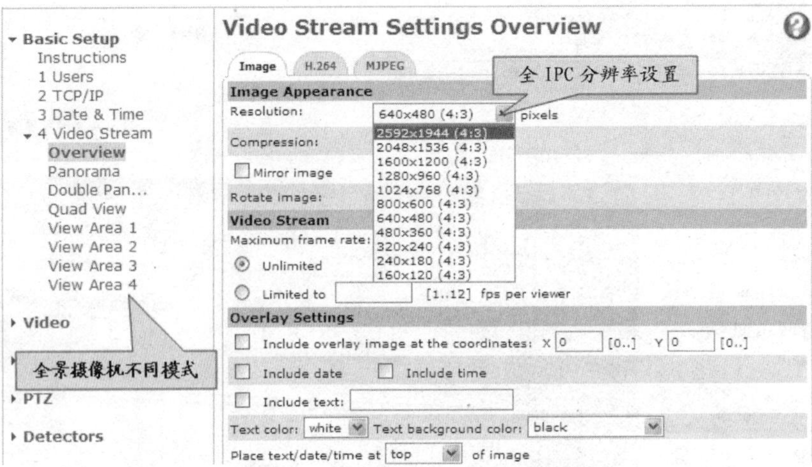

图 8.32　全景高清 IPC 的视频参数设置

■ 全景分割视频设置

图 8.33　全景高清 IPC 的四分割画面设置

■　四分割视频设置

图 8.34　全景高清 IPC 的四分割画面显示

■　PTZ 参数设置(预置位及轮巡)

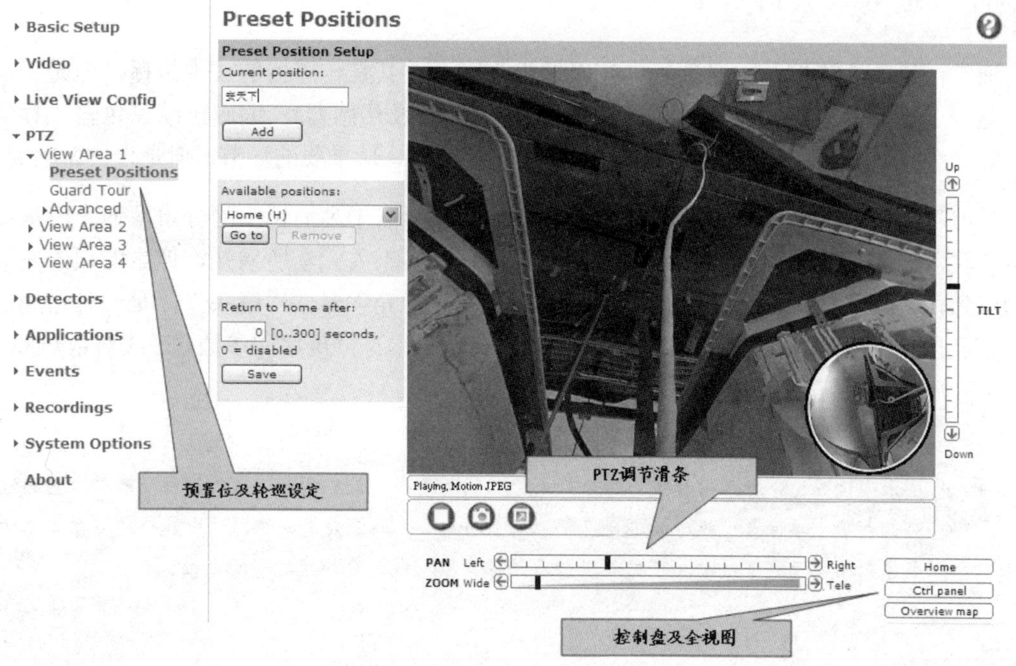

图 8.35　高清 IPC 的 PTZ 参数设置

6. ONVIF 参数设置

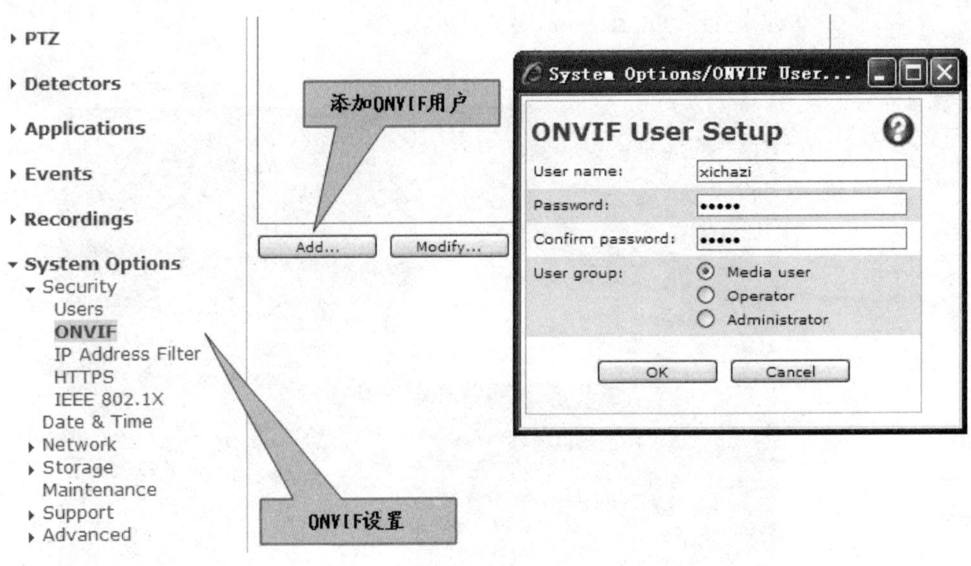

图 8.36 高清 IPC 的 ONVIF 参数设置

8.11 高清镜头

8.11.1 高清镜头的重要性

通常讨论高清监控，一般都集中在摄像机本身，尤其是传感器的技术指标，但是，“高清”是一个完整的系统工程，应包括从图像采集(镜头及传感器)、编码压缩、传输、存储、显示等一个完整的图像处理流程，其中镜头属于最前沿、最重要的环节，但是也常常被忽视。

目前，高清镜头通常被关注的唯一参数是焦距，而对于高清镜头的分辨率通常不提或者很少关注，比如笼统地称之“百万像素”镜头，这其实不妥。众所周知，像素的概念是数字化的概念，是形容成像器件的硬指标，用来形容纯粹的光学器件“镜头”，是一种借用的概念，实际上指的是匹配百万像素成像器件的镜头，镜头本身分辨率的参数是“线对数/毫米”，而对于高清镜头分辨率有自身特定的测试及评价方法。

提示：镜头的分辨率指该镜头能分辨出分离的两条线的最小间距，通常用每毫米能分辨的线对数表示，单位是“线对数/毫米”或者“lp/mm”；而像素是成像器件中最小的点单元，两个像素相当于一个线对，可据此进行器件像素数及镜头分辨率之间的匹配。

8.11.2　镜头的像差与色差

不同波长的光线具有不同的折射率，相同波长的光线因为入射位置不同，也会产生折射角度的差异，从而使聚光位置产生偏差。无论是单一波长光线还是多种波长的光，理想情况都是汇聚在一点上，但是实际的光学系统难免造成实际成像和理想成像之间的差异，这种差异称为“像差”。像差可以分成“单色光像差”和“复合光色差”两大类。如表 8.10 所示。

表 8.10　镜头的像差分类

单色光像差	球差	由于镜头为球面，在轴上成像时产生的一种像差
	慧差	由于轴外光线成像偏离焦面产生的一种像差
	像散	像散使画面边缘在子午与弧矢两个方向的线条具有不同的清晰度
	场曲	镜头所成的像并不在一个像平面内
	畸变	镜头像场中央区的横向放大率与边缘区的横向放大率不一致
复合光(白光)像差	位置色差	描述多种色光对轴上物点成像位置差异的色差
	倍率色差	不同色光所形成的影像具有不同的摄影倍率

1.　单色光像差

- 球差

球差是由于镜头的透镜球面上各点的聚光能力不同而引起的。从无穷远处来的平行光线在理论上应该汇聚在焦点上，但是由于近轴光线与远轴光线的汇聚点并不一致，汇聚光线并不能相交于一个点，而是一个以光轴为中心的对称弥散圆，这种像差的产生是由于透镜的表面是球面而形成产生的，因此称为球差。焦距越长、相对孔径越大，球差越严重。如图 8.37 所示。

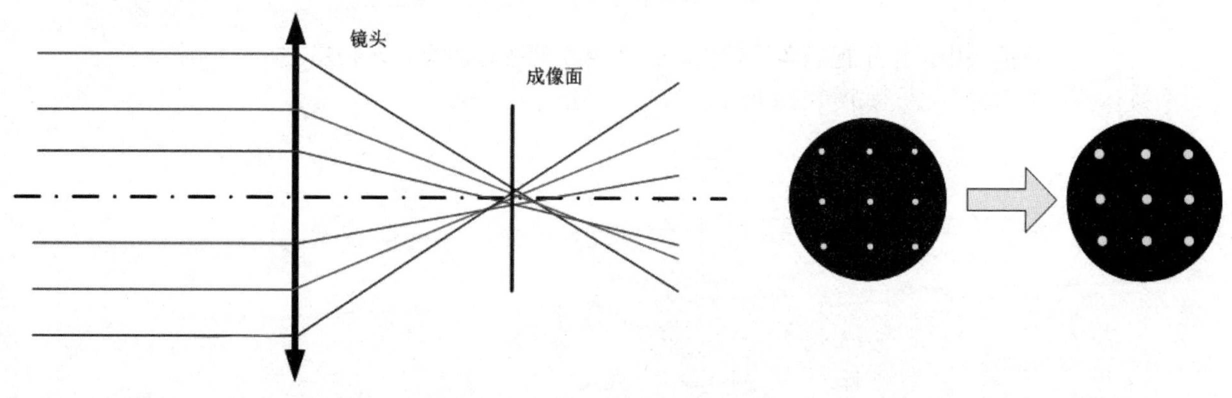

图 8.37　镜头球差产生原理图

■ 慧差

彗差是在轴外成像时产生的一种像差。从光轴外的某一点向镜头发出一束平行光线，经光学系统后，在像平面上并不是成一个点的像，而是形成一个彗星状的光斑，因此将这种像差称为彗差。彗差的大小既与光圈有关，也与视场有关。在拍摄时也可以采取适当采用较小的光圈来减少彗差对成像的影响，彗差多产生于短焦镜头的画面边缘。如图 8.38 所示。

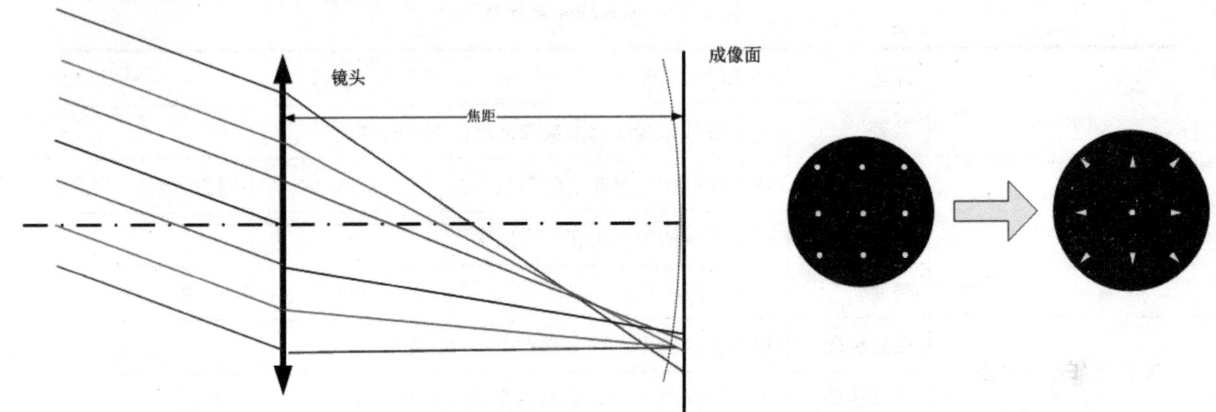

图 8.38 镜头慧差产生原理图

■ 像散

由于轴外光束的不对称性，使得轴外点的子午细光束(即镜头的直径方向)的汇聚点与弧矢细光束(镜头的圆弧方向)的汇聚点位置不同，这种现象称为像散。像散使画面边缘在子午与弧矢两个方向的线条具有不同的清晰度。

像散可以对照眼睛的散光来理解，带有散光的眼睛，实际上是在两个方向上的晶状体曲率不一致造成的。像散也使得轴外成像的像质大大下降，像散的大小只与视场角有关，与孔径没有关系

在广角镜头中，由于视场角比较大，像散现象就比较明显，在拍摄的时候应该尽量使被摄体处于画面的中心。如图 8.39 所示。

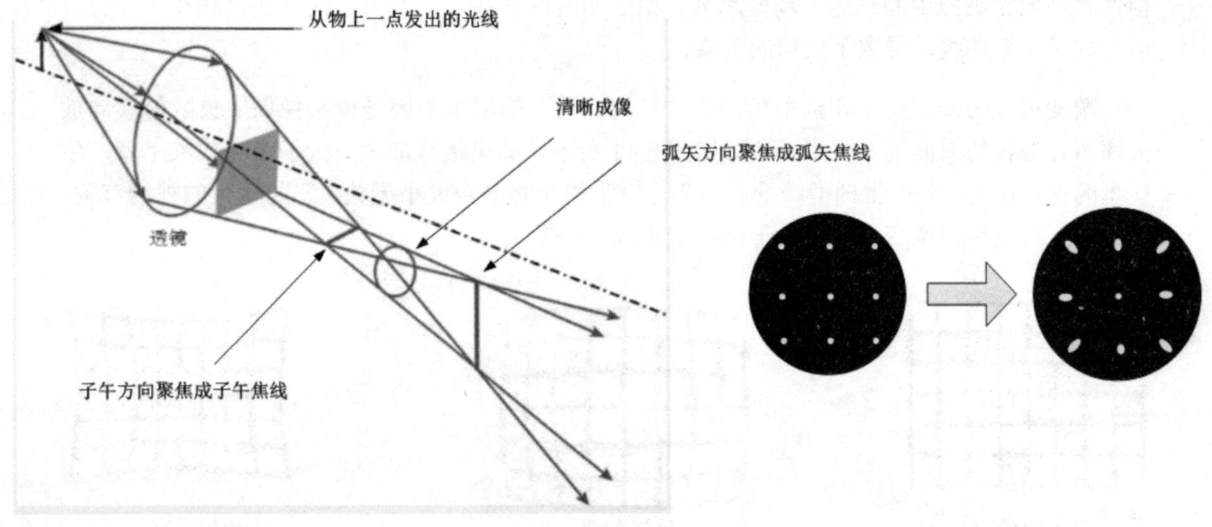

图 8.39　镜头像散产生原理图

- 场曲

当拍摄垂直于光轴的平面上的物体时，经过镜头所成的像并不在一个像平面内，而是在以光轴为对称的一个弯曲表面上，这种成像的缺陷就是场曲。场曲的存在导致弯曲的镜头对平面物体成像时，画面的中部与周边部分不可能同时调准焦点：

当调焦效果让画面中央处影像清晰，画面四周影像就模糊，而当调焦至画面四周影像清晰时，画面中央处的影像又开始模糊，因此无法在平直的像平面上获得中心与四周都清晰的像。

场曲是一种与孔径无关的像差，靠减小光圈并不能改善因场曲带来的模糊。场曲会导致视场边缘(相对中心)清晰度下降，也即 MTF 下降。如图 8.40 所示。

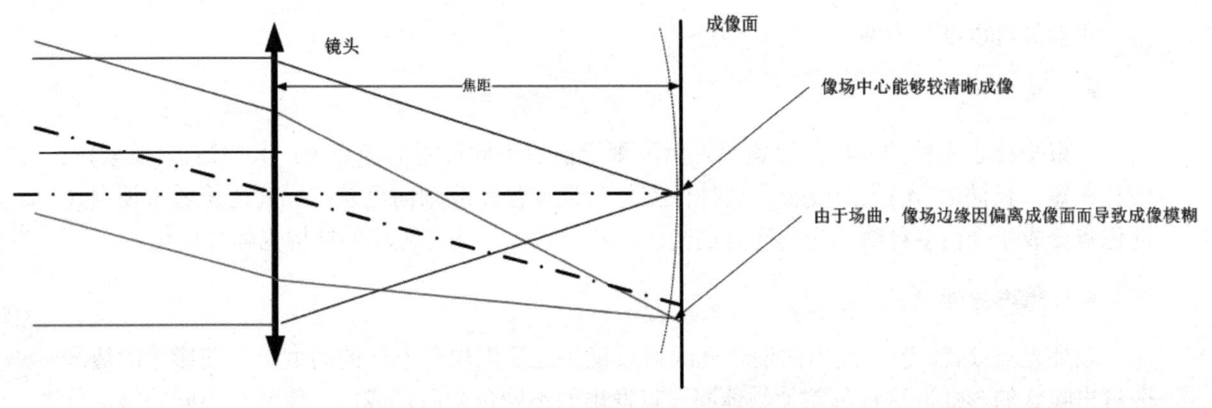

图 8.40　镜头场曲产生原理图

- 畸变

畸变指景物所成的像在形状上的变形，畸变不会影响像的清晰度，而只影响像与物的相似性，一般距画面中心越远，畸变越大。由于畸变的存在，“物方”的一条直线在“像方”就变成了一条曲线，导致了成像的失真。

畸变可分为枕型畸变和桶型畸变两种。造成畸变的根本原因是镜头像场中央区的横向放大率与边缘区的横向放大率不一致。如图 8.41 所示，如果边缘放大率大于中央放大率就产生枕型畸变，反之，则产生桶型畸变。畸变与镜头的光圈 F 数大小无关，只与镜头的视场有关。因此，广角镜头的畸变一般都大于标准镜头或长焦镜头。

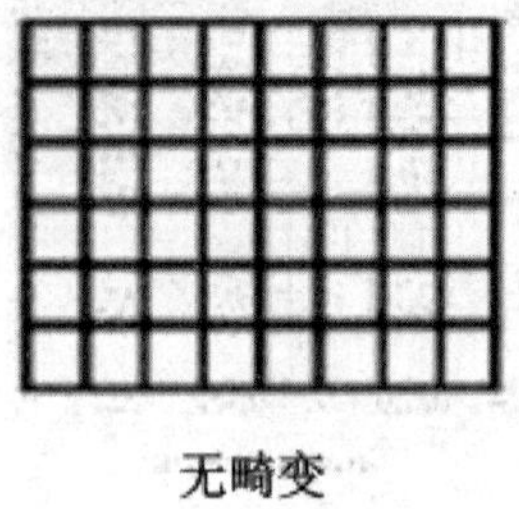

无畸变

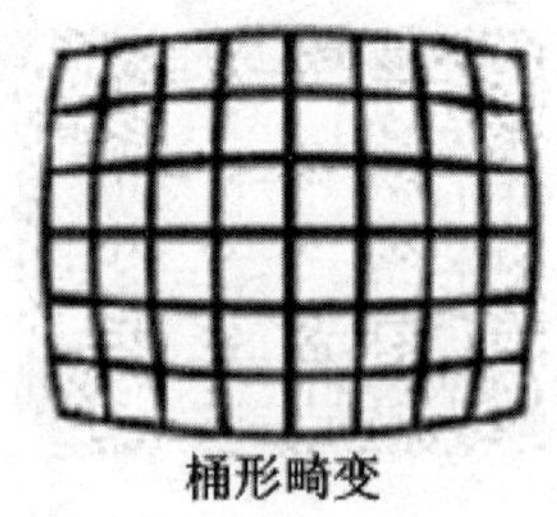

桶形畸变

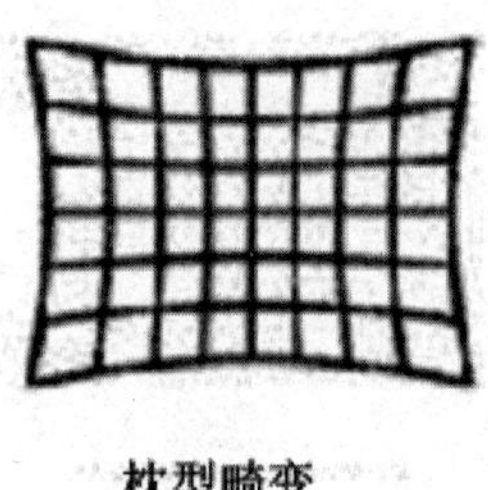

枕型畸变

图 8.41　镜头的畸变现象示意图

一般情况下，监控类应用不承担高精度测量任务，因此对畸变可容忍度较高。但畸变过大会影响观察效果，因此畸变率控制在 5%~10%以内通常可以满足绝大部分监控需求。

2. 复合光像差(色差)

镜头的成像是白光成像，白光是由各种不同波长的单色光复合而成，镜头的折射率与波长有关，导致成像时不同波长的光线会有差异，进而使得物体上的点成像后产生色彩的分离，这种现象就称为色差。

色差可以分为位置色差和倍率色差两种。前者是由于不同波长的光线汇聚点不同而产生彩色弥散现象，后者是由于镜头对不同波长光的放大倍率不同而引起的。

色差又可以细分为两类：

- 位置色差

一束平行于光轴的光线经过镜头之后汇聚于前后不同位置的像点上，其中短波(蓝紫)光线焦距短、长波(红光)焦距较长，这种像差称为位置色差或轴向色差。位置色差通常使白光的像点变成一个由多种颜色光环套叠的光斑，移动调焦，光斑色环的结构也随之变化。

- 倍率色差

轴外光点(远轴光线)发出的混合光线通过镜头之后汇聚于不同的高度上，使影像的边缘分解出朦胧的彩虹，这种色差使物体同一点发出的不同色光所形成的影像具有不同的摄影倍率，因此称为倍率色差，又称为横向色差或垂直轴色差。

8.11.3 镜头 MTF 曲线说明

随着高清监控技术的应用，“百万像素镜头”、“高清镜头”等概念越来越普及。而通常，我们对高清摄像机的成像质量评定，是基于“镜头＋摄像机”的综合成像评定而很少单独评定镜头成像品质。在专业高清镜头领域，厂商实际上有单独针对镜头的专业测评方法，即 MTF 曲线图。

MTF 曲线图是镜头厂家在极为专业、严谨的测试环境下测试并对外公布的参数，可作为镜头成像品质权威、客观的技术参考依据。一方面因为 MTF 曲线图测试环境非常严谨，另外排除了成像介质(胶片或者成像器件)的影响，因此能够客观反应镜头水准。

1. 镜头分辨率及反差

对镜头成像品质影响最大，或者说镜头的核心参数指标是镜头的分辨率和反差。

- 分辨率(Resolution)反映的是镜头清晰再现被摄景物细节能力的指标，分辨率的单位是“线对/毫米”，相邻的黑白两条线即一个“线对”，镜头每毫米能够分辨出的“线对数”即为分辨率。
- 反差(Acutance)，又称明锐度，反映的是镜头透光性，即再现景物中间层次、暗部层次、微弱亮度对比等方面的能力。反差高的镜头，成像轮廓鲜明、边缘锐利、层次丰富、纹理细腻。
- 分辨率和反差的综合表现，可以称为清晰度(Clarity)，分辨率和反差是评价镜头成像质量的两大核心特性因素，而镜头的 MTF 曲线图则可以客观地反映这两个特性。

提示：分辨率（Resolution）：又称鉴别率、解像力，指镜头清晰分辨被摄景物细节的能力，制约镜头分辨率的原因是光的衍射现象，即衍射光斑（爱里斑）。

镜头分辨率指的是在成像平面 1 毫米内能分辨出的黑白相间的线条对数，单位是“线对/毫米”（lp/mm）。

2. 镜头调制度的定义

对比度(Contrast)指景物或影像中最大亮度和最小亮度的比值，比如景物中的最大亮度为 100，最小亮度为 1，则可以说它的对比度为 1∶100。

调制度(Modulation)的定义为最大亮度与最小亮度的差与它们的和的比值，即调制度=(最大亮度－最小亮度)/(最大亮度＋最小亮度)，设最大亮度为 Imax，最小亮度为 Imin，调制度 M=(Imax－Imin)/(Imax＋Imin)，很明显，调制度的值会永远介于 0 和 1 之间。

在对镜头的分辨率和反差进行测试时，将正弦光栅图(黑白条纹图)置于镜头前方，测量镜头成像处的调制度，由于镜头像差的影响，会出现以下情况：空间频率较低(线条较宽疏)时，测量的调制度几乎等于正弦光栅的调制度；当正弦光栅空间频率较高(线条较细密)时，镜头成像的调制度逐渐下降。

镜头成像的调制度随空间频率变化的函数称为调制度传递函数 MTF(Modulation Transfer Function)。对于原来调制度为 M 的正弦光栅，如果经过镜头后达到像平面的像的调制度为 M*，则 MTF 函数值为：MTF=M*/M。显然 MTF 值介于 0 与 1 之间，MTF 值越高，镜头性能越好。根据这个调制传递函数作出一条关于镜头的“幅频特性”曲线，即 MTF 特性曲线图，纵坐标为 MTF 值，横坐标为空间频率(每毫米线对数)。如图 8.42 所示。

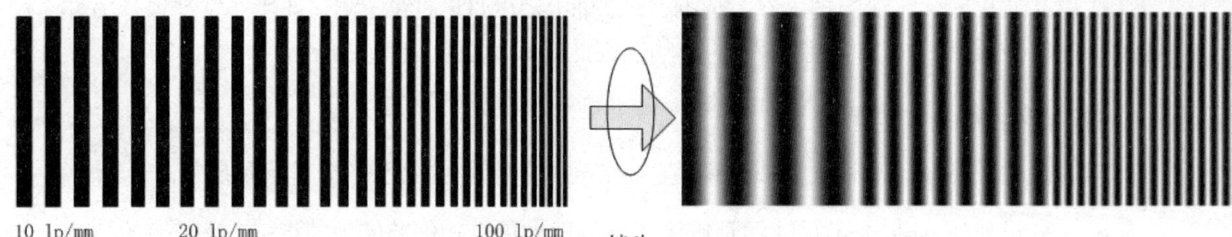

图 8.42　镜头的调制函数

提示：我们来理解一下：景物有景物的调制度，影像有影像的调制度，两者的比值即调制度传递函数。显然调制度传递函数的核心在于“传递”，体现的是镜头的“传递”能力水准。一个理想的光学系统，是指既无任何像差，又没有杂光、散射、反射等现象的光学系统，它的 MTF 值等于 1，即它所成影像的调制度等于景物的调制度。

3. MTF 曲线图

在 MTF 曲线图上，用于评价一款镜头成像清晰度的两个指标(反差和分辨率)，可以清楚地表现出来。镜头的反差表示了镜头还原实物反差变化的能力，它对应的是空间频率很低时的 MTF 值，随着空间频率提高，MTF 值以递减的趋势变化。

一般来讲，当 MTF 值降低到 0.03 时，用肉眼已经无法辨别光栅的线对数，此时对应的空间频率就是镜头的分辨率。如图 8.43 所示。

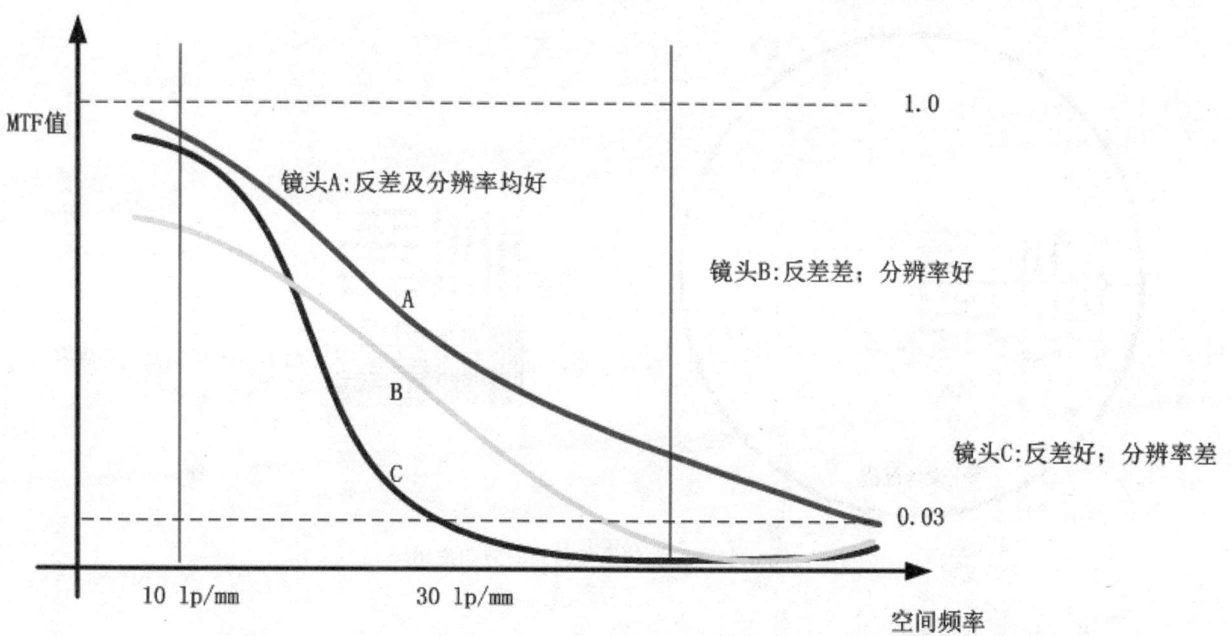

图 8.43　镜头的 MTF 曲线图说明

4. 弧矢曲线与子午曲线

如上所述，镜头是以光轴为中心的中心对称结构，理论上，在像场中与光轴同心的圆上的任一点的成像状况都应该是相同的。但是，光栅并不是点状的，它有方向性。我们将平行于参考直径的光栅方向称为弧矢向(S)，而将垂直于参考直径的光栅方向称为子午向(M)。受到镜头像散的影响，这两种方向的光栅作出的曲线往往是不重合的。

在 MTF 曲线图中，应该同时包括这两种信息。于是，MTF 曲线图的坐标轴发生了变化，纵坐标还是 MTF 值，但横坐标变成了测试点到像场中心的距离，单位为 mm，而空间频率的变化要画出多条曲线来表示。

这就是实际上，在镜头的官方资料中所能找到的 MTF 曲线和上面讲的“幅频特性”曲线并不一样的原因，尽管它们实质相同，但是真正的 MTF 曲线要包含更丰富的内容。如图 8.44 所示。

图 8.44 镜头的子午和弧矢方向说明

5. MTF 曲线解读

对于镜头的成像素质，我们只关心反差和分辨率，也就是低频空间频率下和高频空间频率下的 MTF 值，所以一般只用两条曲线分别代表这两个参数——用低频的 10 lp/mm 曲线代表镜头反差特性，用高频的 30lp/mm 曲线代表镜头分辨率特性。另外，随着镜头光圈大小的改变，成像的素质也会有很大变化，在 MTF 图中也要表示出这一点。一般会选用最有代表性和使用价值的两个光圈值 F8 和全开作出两组曲线，可同时画在一张图上。如图 8.45 所示。

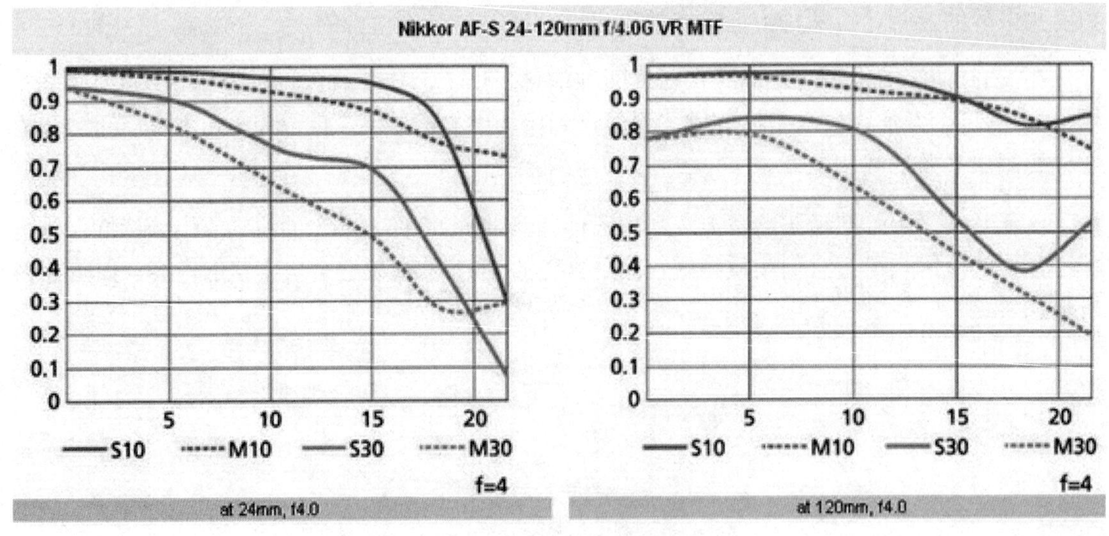

图 8.45 镜头的 MTF 曲线实例参考

左上图中(左图右图焦距不同，分别为 24mm 和 120mm，F 值相同)：

- S10 代表在空间频率固定为 10lp/mm，f=4 时的弧矢方向曲线图，反差特性；
- M10 代表在空间频率固定为 10lp/mm，f=4 时的子午方向曲线图，反差特性；
- S30 代表在空间频率固定为 30lp/mm，f=4 时的弧矢方向曲线图，分辨率特性；
- M30 代表在空间频率固定为 30lp/mm，f=4 时的子午方向曲线图，分辨率特性。

MTF 图的分析方法可以总结如下：

- 10lp/mm 曲线代表镜头反差特性，越高说明镜头反差越大；
- 30lp/mm 曲线代表镜头分辨率特性，越高说明镜头分辨率越高；
- MTF 曲线越平直，说明边缘与中间的一致性越好；
- 边缘曲线快速下降说明成像在边角的反差与分辨率降低；
- 弧矢曲线与子午曲线越接近，说明镜头像散越小。

8.11.4 日夜镜头技术

安防应用对于 24 小时连续监控的需求越来越多，因此要求摄像机及镜头能够在白天与黑夜均具有良好的成像表现。目前，日夜两用摄像机产品主要是通过红外线截止滤片实现日夜转换：即在白天时开启过滤片，阻挡红外线进入传感器，让传感器只能感应到可见光；在夜视状态下，过滤片关闭，不再阻挡红外线进入传感器，红外线经物体反射后进入镜头进行成像。

但在实际中，经常会出现白天画面清楚，晚上红外光条件下画面却变得模糊的现象。这是因为，可见光和红外光(IR 光)的波长不一样，波长的不同，会导致成像的焦面位置不同，从而出现虚焦、画面模糊的现象。

红外镜头(Infared Lense，IR 镜头)可以校正球面差，让不同光线聚焦在同一焦面位置上，以保证可见光及红外光环境下均能够保持画面的清晰。通常，IR 镜头采用了最新的光学设计方法以及特殊的光学玻璃材料等先进技术，消除了可见光和红外光的焦面偏移，因此从可见光到红外光区的光线都可以在同一个焦面位置成像，使图像都能清晰。此外，红外镜头还采用了特殊的多层镀膜技术，让红外光尽可能地透过去，还可以最大限度地抑止逆光条件下鬼影和闪光的发生。如图 8.46 所示。

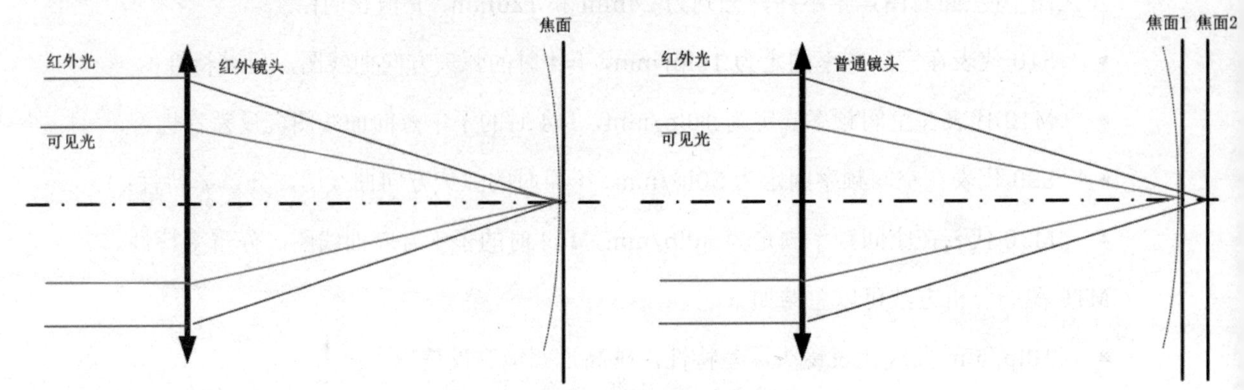

图 8.46 日夜镜头清晰成像原理示意图

8.11.5 非球面镜头技术

常规的监控镜头为球面镜头，如前所述，球面镜头会产生无法避免的像差现象。在实际应用中，通常通过多片镜片组合来对球面镜头的像差进行矫正，这样带来的问题是镜头的体积及重量的增加，同时透过的光减少。

非球面镜头(Aspherical Lens)采用非球面镜片，实质是在球面面形基础上细微调整而成的。从数学的角度来说，球面的面形是一个二次函数，而非球面的面形函数是四次甚至更高次的函数，因此非球面的面形更加复杂。实际上，它是在球面的基础上，按事先设计好的细微面形起伏，进行人为控制而获得非球面的复杂曲面。

- 非球面镜头能够减少球差及色差，提高清晰度；
- 非球面镜头采用的镜片数量小，可以缩小镜头体积和重量；
- 非球面镜头能够显著提升画面周边的成像质量；
- 光通过镜头损耗减少，可以做出通光量更大的镜头。

8.11.6 镜头镀膜技术

由于光线通过镜头的玻璃镜片过程中，有部分光会发生反射现象而产生损失(通常为5%)，而镜头一般由多组镜片构成，则光线通过一组镜头镜片过程中，由于发生了多次反射过程(N 组镜片的镜头实质有 2N 个反射面)，实际上到达摄像机靶面的光线大量减少，同时，会产生令人不愉快的鬼影和炫光现象，如图 8.47 所示。因此，多组镜片构成的镜头一方面产生了像差、降低了镜头的反差、并导致了镜头实际有效通光孔径降低。

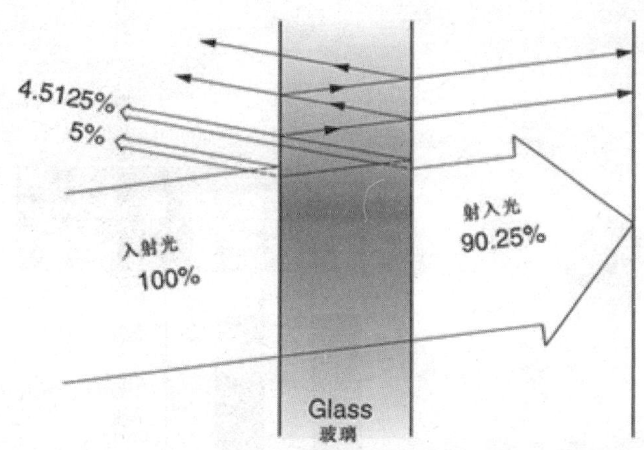

图 8.47　普通镜头反射损失示意图

镜头镀膜的核心意义在于可以使得光线在一定波长范围内减少反射，增加通光量，从而使多组镜片的镜头达到可用的目标。镜头的镀膜是根据光学的干涉原理，在镜头表面镀上一层厚度为四分之一波长的物质(通常为氟化物)，使镜头对这一波长色光的反射降至最低。显然，一层膜只对一种色光起作用，而多层镀膜则可对多种色光起作用。

多层镀膜通常采用不同的材料重复地在透镜表面镀上不同厚度的膜层。多层镀膜可大大提高镜头的透光率，例如，未经镀膜的透镜的每个表面的反射率为 5%，单层镀膜后降至 2%，而多层镀膜可降至 0.2%，这样，可大大减少镜头各透镜间的漫反射，从而提高影像的反差和明锐度。

8.11.7　高清镜头的选用

高清摄像机的传感器动辄百万像素，要充分体现高清性能必须选择与之匹配的高清镜头，高清镜头与高清成像器件的匹配实质是两者分辨率的匹配过程，即 lp/mm 与像素数的匹配。假如一个镜头它的最高分辨率 N=lp/mm，那么根据纳奎斯特采样定理，至少需要配以 2N/mm 个空间采样点。

可以这样来理解，1mm 内有 N 条黑白线对，那么就有 N 条白线和 N 条黑线总共 2N 条线。以摄像机的一个感光元对应以一条白线或黑线，那么摄像机在 1mm 内需要有 2N 个感光元来对应 N 条白线和 N 条黑线，摄像机的感光元密度就是 2N/mm。如图 8.48 所示。

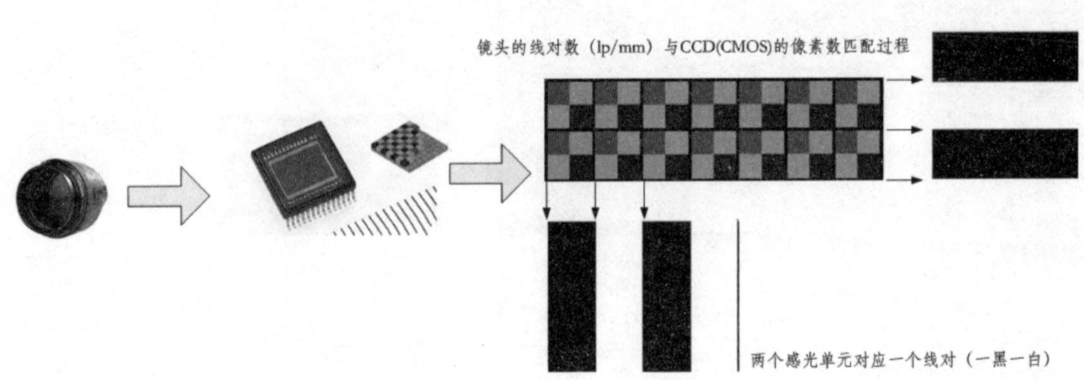

图 8.48 镜头的线对数(lp/mm)与 CCD(CMOS)的像素数匹配过程

这时摄像机感光元件的分辨率和镜头的分辨率正好匹配，没有浪费。同样如果一个摄像机每毫米的像素密度是 M 点(pixel/mm)，那么应该选择一个分辨率是 M/2 lp/mm 的镜头。

举例

有一个 2 百万像素摄像机，像素数为 1600×1200=1920000，感光面尺寸是 1/2 吋(水平尺寸是 6.4mm、垂直尺寸是 4.8mm)，它的水平像素密度是 1600/6.4=250 pixel/mm，垂直像素密度是 1200/4.8=250 pixel/mm，感光像元尺寸是 4um×4um。水平像素密度和垂直像素密度一样，像素按照是正方形考虑(如果像素不是正方形的，镜头分辨率应参考像素密度高的)。在这里水平像素密度和垂直像素密度都是 250 pixel/mm，所以镜头分辨率应选 125 lp/mm。如果一个 2 百万像素摄像机感光面尺寸是 1/3 吋(水平尺寸是 4.8mm，垂直尺寸是 3.6mm)，它的水平像素密度是 1600/4.8=333.3 pixel/mm，垂直像素密度是 1200/3.6=333.3 pixel/mm，所以镜头分辨率对应应该选 167 lp/mm。

8.11.8 镜头的关键指标说明

1. 高清晰度

清晰度的两大重要指标包括分辨率和反差。分辨率是指镜头再现被摄景物细节的能力，分辨率越高，画面越清晰细腻；反差是指再现被摄景物明暗层次的能力，反差越高，画面景物轮廓鲜明，边缘锐利，层次丰富，质感强烈，影调明朗。分辨率高而反差低的镜头，影像轮廓不清晰，反差灰暗，影调平淡，给人感觉反而不清晰。

2. 定焦镜头

同一焦距，定焦镜头的效果一般来说都比变焦镜头的解像力好。定焦镜头解像力高，是因为镜头设计简单，用的镜片数量少，从而可以提高图像的对比度，减少色差等。应用 AS 非球面镜片、SD 超低色散镜片同样可以提高镜头解像力。镜头在长焦段上的解像力往往是一个镜头解像力好坏最容易看出来的地方，可以看看成像是不是锐利，是不是容易聚焦。

3. 大口径小型化

大口径是指镜头的通光量，主要表现在画面的亮度上，在环境昏暗和夜间模式下相比小口径镜头有更优质的表现。小型化是指镜头结构紧凑，可以适用不同产品安装和减小产品的体积。

4. 日夜不离焦

在保证日间像质的前提下，用户对夜间像质的要求也越来越高，可以利用 ED(低折射率高色散系数)玻璃较好的校正色差，提高日夜成像的共焦能力和像质。

5. 杂光消除

杂光主要包括杂散光和鬼像。杂散光是指机械部件的反光造成的彩虹状杂光等，杂散光可以通过镜头内壁和隔圈的消光处理完美消除。

提示：鬼像是指光线在镜头内部镜片之间多次反射在画面的二次成像，鬼像与强光物体轮廓类似，无法完全消除，只能通过镀多层增透膜来尽量减轻。

8.12　本 章 小 结

本章介绍了模拟、数字、IP 高清、960H 高清、SDI 高清、HDCVI 高清等摄像机的技术原理、构成、主要特点及应用案例。高清摄像机具有视野覆盖大、成像质量好、细节多等诸多优点。高清视频监控是未来视频监控系统发展的方向，目前得益于芯片处理能力、编码算法、带宽资源、存储成本、显示环节等多个因素的发展，高清摄像机逐步得到迅速普及应用。

读书笔记

第9章 视频内容分析(VCA)技术

视频内容分析技术属于计算机人工智能领域。伴随着数字视频监控及网络视频监控应用的发展，视频分析技术得到越来越多的应用。本章将介绍视频分析技术原理、架构及主要应用及视频诊断、视频摘要技术。

关键词

- 视频分析原理
- 视频分析过程
- 视频分析实施难点
- 视频分析主要应用
- 视频诊断技术
- 视频摘要技术

9.1 视频分析技术说明

9.1.1 视频内容分析技术背景

“美国国防部的研究表明，在一个非智能的视频监控系统里，一个工作人员监控两台监视器，10 分钟后将会遗忘 45%的内容，20 分钟后会遗忘 95%的内容”，这是近两年各个视频分析厂商推销视频分析技术及产品时经常用到的“话术”。因此，视频监控系统需要智能，系统需要具有能像人一样独立思考的能力，并克服一些人为监控行为的不足。

如本书先前章节中介绍的，视频监控技术的发展经历了闭路电视监控时代、DVR 时代及网络监控时代。在闭路电视监控时代，通过矩阵的控制切换功能实现对前端的视频信号选择并切换到指定监视器上，值班人员需要聚精会神地盯着监视器以试图发现可疑情况。由于摄像机与监视器并非一对一比例配置，因此漏掉一些摄像机的信息是必然的，另外就算按照一比一配置监视器，也不能指望值班人员长期盯着监视器画面而不漏掉一些信息，因此，无论从技术角度还是从人类自身特点看，闭路电视监控系统无法做到高可靠的监视。

在 DVR 时代，视频监控系统实现了一定的数字化，利用视频编码及硬盘存储设备，可以进行大容量长时间录像，但是，顾名思义，DVR 的功能侧重在“录像”上，因此，DVR 的主要作用通常是事后调查回放，而不能防患于未然，部分 DVR 设备实现了 VMD(视频移动探测技术)的“初级智能”，但是实际应用效果并不好，算不上智能视频分析。

综上所述，闭路电视监控系统、数字视频监控系统有如下弱点：

- 摄像机与监视器通常是按照“多对一”比例配置，无法监视所有通道。
- 对于模拟电视墙，人的注意力不能永远集中监视并提早发现可疑行为。
- DVR/NVR 通常是录像作用，在需要时做事后调查用。
- DVR/NVR 的检索功能单一，不具有智能检索功能。

因此从模拟电视监控到网络视频监控系统，实质还是视频信号的传输、存储，而没有解决如何将值班人员从“死盯”监视器的繁重工作中解脱出来，也没有解决如何从海量的视频录像数据中快速检索到一定特征的视频资料的问题，系统还不具有智能。

因此，能否让计算机系统独立“读懂”视频信息，从而代替值班人员，实现对视频内容的自动判定及报警；能否将视频信息建立标签索引或特征描述，从而实现定制化的视频快速检索，是视频监控发展之道，也是智能视频监控技术的核心。

由此而产生了视频内容分析 VCA(Video Content Analysis)技术。

图 9.1 给出了视频分析功能的示意。利用视频分析技术，可以在原始的成百上千的摄像

机图像中提取出异常视频，进而自动报警、显示及存储录像。

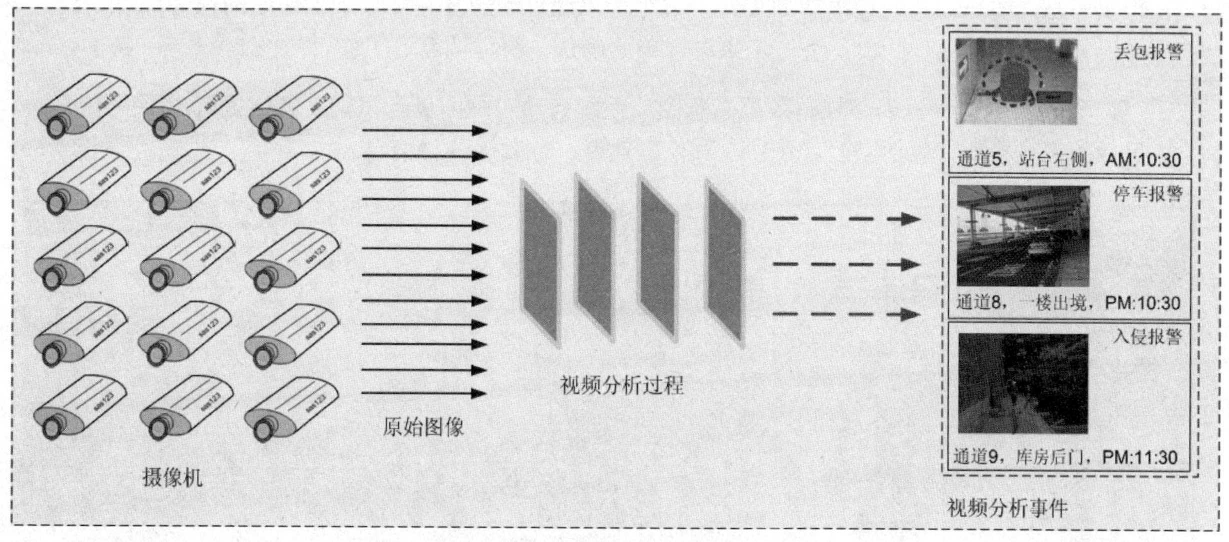

图 9.1　视频分析功能

因此，本书的整体内容实质如书名，即智能网络视频监控系统，也就是 IVS(Intelligent Video Surveillance)，涵盖了 IPC、DVR、DVS、NVR、CMS、存储、传输、集成、解码显示等全部内容，而本章的内容则是视频分析技术原理与应用，也就是 VCA(Video Content Analysis)部分。从本书范围看，IVS 的概念远远大于 VCA，VCA 是 IVS 的一个子系统。

9.1.2　视频分析实现的功能

通常，在视频监控中心，值班人员的工作流程是——将摄像机视频图像有选择地切换到监视器上，然后，对各个视频画面进行扫视，看看是否有可疑的现象，比如，有人跨越护栏、有车非法停泊、有人丢了一个包裹在站台上等。值班人员实质通过“眼睛”对视频信息进行了采集，然后通过“大脑”进行了判断，知道现场“发生了什么事”，然后再比对自己大脑中的一些预设好的规则，来实现安保视频监控的功能。

视频分析技术的功能也在于此。既然摄像头和编码传输系统完成了“眼睛”的功能，那么视频分析功能便担任“大脑”的角色，视频分析技术能够在图像及图像描述之间建立映射关系，使计算机系统能够通过图像处理和分析来理解视频信息中“发生了什么事情”，实质是“自动分析和抽取视频源中的关键信息”。这样，计算机系统能够“读懂”视频信息内容，再为视频信息设置一定的规则，那么计算机系统将“读到的内容”与“设定的规则”进行匹配，一旦行为与规则完全匹配，便可以迅速报警或者索引。

这样，通过对视频的内容描述及规则匹配，计算机系统如同人类有了眼睛和大脑，可以脱离人为干预而实现“独立自主”，“代替”人进行监控，即视频分析(Video Content Analysis)。这样，大量的、枯燥的、“死盯”屏幕的任务便交给了视频编码器/IPC/DVR 或服务器的算法程序，值班人员解脱出来之后，将重心放在视频分析系统报警触发后的事件核查工作上。理想状态是“值班人员一边喝着咖啡，一边等待系统自动触发并传输到工作站的报警信息”，并根据需要进行录像回放，进一步来进行警情确认、警力调度等工作。

图 9.2 是计算机人工视觉效果示意图，系统自动对画面进行识别，能够提取出不同前景目标的表征参数，包括类型、尺寸、颜色、速度、位置等各种信息。

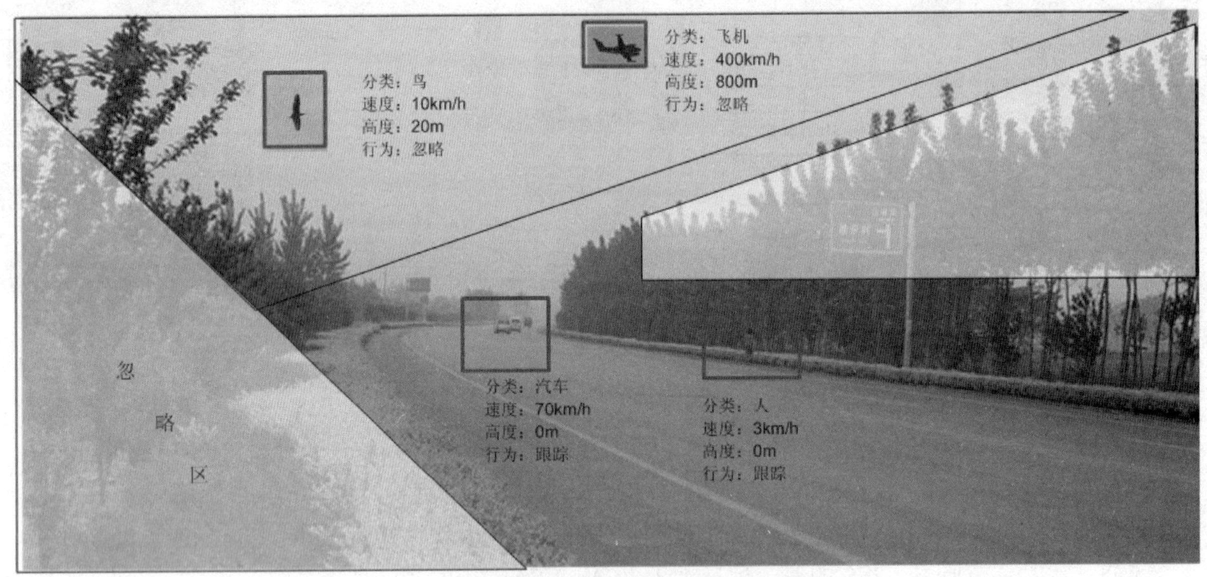

图 9.2　计算机人工视觉效果示意图

提示： 视频内容分析技术实际上是先将背景图像与前景目标抽离，将前景目标的原始数据(大小、速度、轨迹、出现时间、分类等)抽取出来，并形成对目标的语法描述，然后对比事先设定的逻辑规则(进入防区、从防区消失、拿走、遗留、徘徊、密度、数量加减等)，从而实现对事件的判断。通过将“事件”与“规则”的对比，系统可以自动报警，报警类型如发现防区内有符合尺寸的物体入侵；有人在防区内放置包裹超过一定时间、有人在防区闲逛滞留；机场柜台排队办票的旅客超过警戒容量线等。

智能视频监控系统的主要优势如下。

- 快速的反应时间：毫秒级的报警触发反应时间。
- 提前预警机制：在事件刚刚发生即快速触发报警。
- 更有效地监视：安保操作人员只需要注意相关信息。
- 强大的数据检索和分析功能：能提供快速的反应时间和调查时间。
- 带宽及存储资源的节约：系统可以按照 VCA 报警来传输或录像。

9.1.3　视频数据结构介绍

1. 视频数据结构

视频数据实质是由一组组连续的图像构成的，而对于图像本身而言，除了其出现的先后顺序而外，没有任何结构信息。

为了实现对视频内容进行有效地分析，需要为视频建立不同层次的结构索引，并进一步为视频检索及浏览提供基本的访问单元，视频的数据结构可以按如下进行划分——视频序列、视频场景、镜头和帧，如图 9.3 所示。

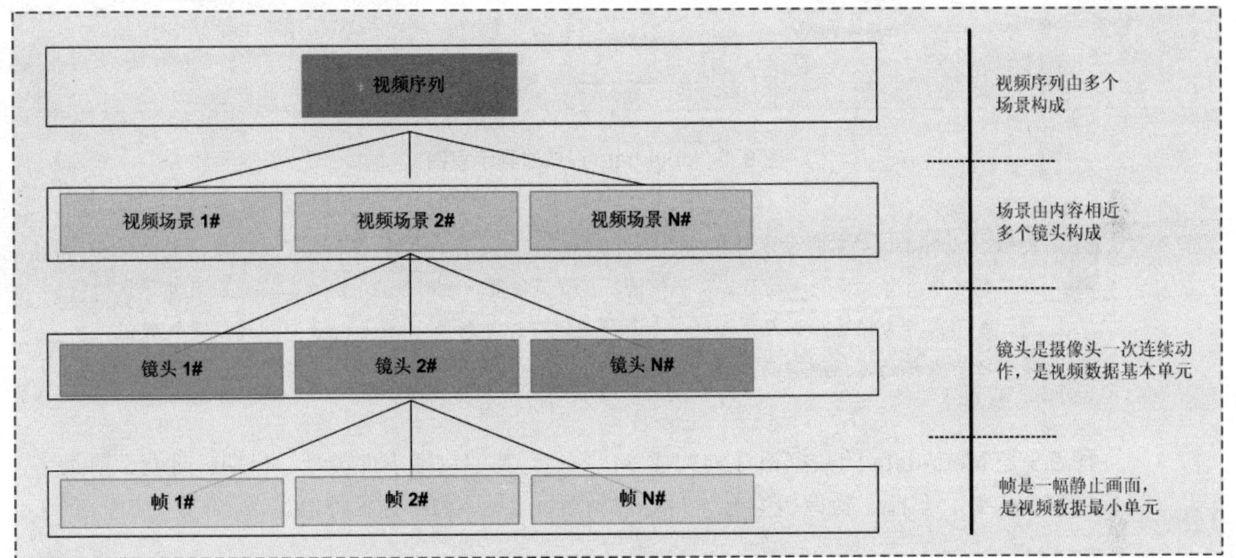

图 9.3　视频分层结构

2. Meta-data 介绍

通常，对于视频监控应用，典型的需求是找到整个视频流中活动目标的属性描述，之后系统可以根据目标描述的信息进行视频分析操作，或者操作人员可以通过对该描述性信息的检索来找到这些目标对应的相应视频。

这样的需求通过 Meta-data(元数据)来实现，Meta-data 是视频分析及检索技术的一个关键组成部分，Meta-data 是整个视频场景的低层次文本级别的描述。Meta-data 包括视频场景中所有目标的信息，如位置、类别、轨迹等。

图 9.4 是 Meta-data 的形成过程示意图。

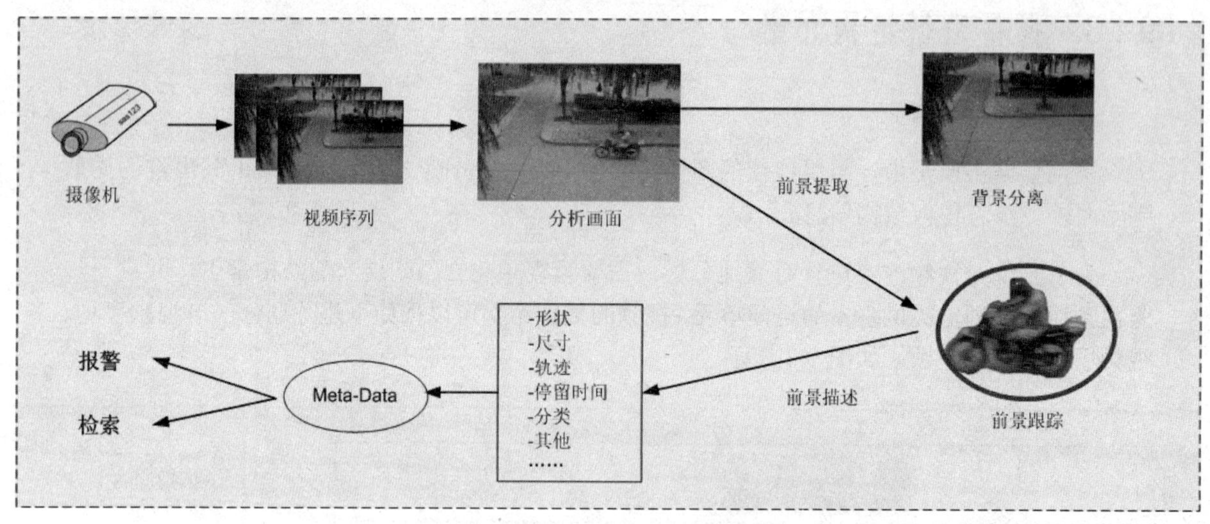

图 9.4 Meta-data 形成过程示意图

提示：Meta-data 的数据量本身相对于视频数据而言，是非常小的。Meta-Data 描述了整个视频序列当中所有目标的活动行为，如轨迹、速度、位置、时间设置、分类、颜色、尺寸等信息，并形成行为描述，如人员入侵、人员闲逛、车流逆行等。Meta-data 可以看成是视频流当中所有目标的高压缩率的“描述”。

图 9.5 是 Meta-data 的数据语法结构样本(示意)，其中包括事件类型、日期、时间、前景目标类型、人数、车流、摄像机编号、目标停留时间、通道 ID 等各种信息。

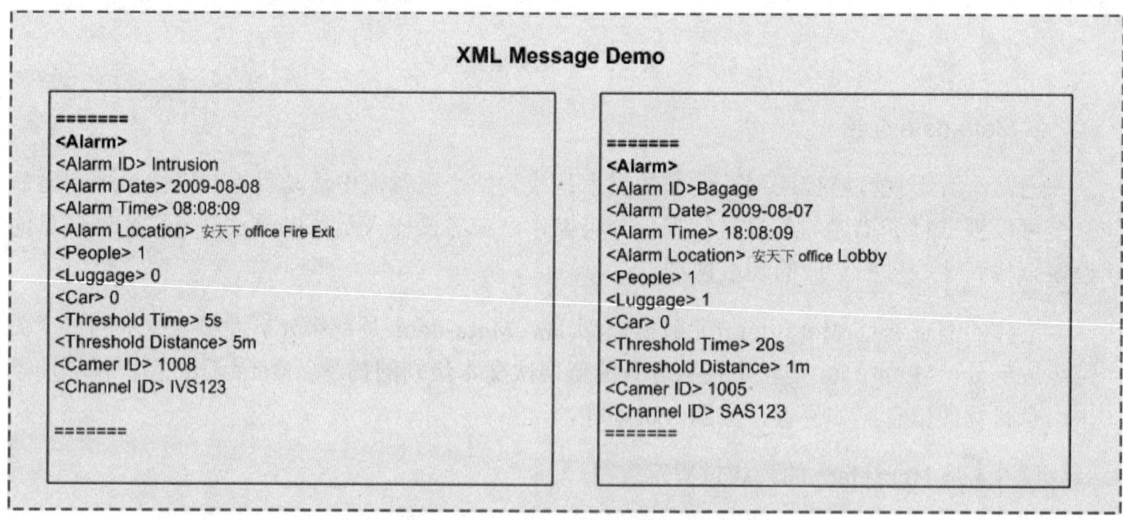

图 9.5 Meta-data 的语法结构

9.2　VMD 技术介绍

9.2.1　VMD 技术原理介绍

VMD，即 Video Motion Detection，全称视频移动探测，曾经在早期的 DVR 系统中比较流行，其原理是对整个视频画面(或部分区域)的像素变化情况进行检测，一旦发现像素变化幅度超过设定的阈值，便可以触发报警。VMD 采用相邻两帧(或多帧)图像像素比对的方法，来实现对防区的探测。

图 9.6 是 VMD 技术原理示意图，可以看出，VMD 技术通过比对相邻帧变化来实现移动探测，没有背景或前景的概念。

图 9.6　VMD 技术通过相邻帧比较来实现探测

VMD 实质并不是真正的视频分析技术，通常仅仅具有移动探测功能，在目标跟踪、分类、识别等方面功能较弱。虽然多数 DVR 产品都有此功能，但是实际中应用得不多，比较高级的 VMD 技术可以设置灵敏度、设置防区、设置入侵方向及入侵目标尺寸过滤。VMD 技术的优势是算法比较简单，对内存大小、芯片处理能力的要求较低。

9.2.2　VMD 技术的缺陷

VMD 技术的实质是检测视频的“变化”，实现的方法是通过检测视频信号中帧与帧之间的不同，早期的 VMD 技术在检测出帧与帧之间的不同时就会报警，比较敏感，而造成帧与帧之间不同的原因是像素的变化，造成像素变化的原因可能是摄像机抖动、光线变化等多种因素。因此，大量的误报使得 VMD 技术实用性很低。后期的 VMD 技术不断改进，在探测、跟踪、报警、误报等方面均有很多改进和提高。

VMD 技术的主要缺陷如下：

- 气候因素——风、霜、雨、雪、雾等自然现象导致的视频图像变化带来像素变化。
- 对一些环境变动，尤其室外环境如树叶晃动、海浪等过于敏感而误报较多。

- 对于缓慢移动或移动突然停止的物体失去跟踪而漏报。
- 摄像机的震动导致像素变化而引起误报。
- 不具有三维探测功能，可能将镜头附近的“苍蝇”视作符合尺寸规则的入侵者。

9.3 VCA 技术介绍

由于 VMD 技术本身的一些缺陷，使得 VMD 技术并未得到广泛的应用。需要明确 VCA 是个泛指，即“视频内容分析技术”，因此早期的 VMD 技术及后来基于背景建模加目标跟踪的视频内容分析技术(Object Tracking Technology)都是 VCA 技术，但是如前所述，VMD 技术已经非主流，而基于目标跟踪原理的技术正处于大力发展中。以下的视频内容分析技术主要指基于背景建模加目标跟踪的视频内容分析技术(Object Tracking Technology)。

9.3.1 VCA 技术的原理

VCA 技术通常采用背景分离(背景减除)技术来进行图像变化的检测(所有的视频分析模式，如入侵、丢包、逆行等都是一种模式的图像变化)，其思路就是对视频帧与基准背景图像进行比较，那么相同位置的像素(区域)变化则认为是变化了的区域，对这些区域进一步处理、跟踪、识别，得到包括目标位置、尺寸、形状、速度、停留时间等基本形态信息和动态信息，完成目标的跟踪和行为理解之后，也就完成了图像与图像描述之间的映射关系，从而系统能够进一步进行规则判定，直到触发报警。

背景减除法是目前普遍使用的运动目标检测方法，其算法本身需要大量的运算处理资源，并且仍然会受到光线、天气等自然条件及背景自身变化(海浪、云影、树叶摇动等情况)的影响，但是，针对不同的天气以及自然干扰，已经有多种附加算法(过滤器)应用来弥补这些缺陷，随着芯片能力的提升及算法改进，相信视频分析技术会进一步成熟。

9.3.2 VCA 技术的突破

这里的 VCA 技术是个泛指，是为了与 VMD 技术进行区别，VCA 技术多数是指是基于目标跟踪技术的视频分析技术。VCA 技术不同于 VMD 技术，VCA 技术不使用相邻帧之间进行对比的方式来实现移动目标探测，而是首先将视频图像中的背景和前景(目标)进行分离，并保持背景的自动更新，然后通过对前景目标的探测、跟踪、分类及识别，并参考为不同摄像机场景预设的报警触发规则，将目标行为与规则进行比较，一旦前景目标触发了规则，系统则自动实现告警，控制中心可以接收报警、重组场景、警情确认直至采取措施。

VCA 技术可以对视频图像内容进行预处理，过滤掉对分析产生影响的因素，如风、霜、雨、雪、雾等自然情况，或摄像机的抖动，或树叶、海浪等循环运动的背景，排除各种干扰，集中资源对目标进行探测、跟踪、分类和识别。相对于 VMD 技术，VCA 更专注于前景，并具有“记忆”识别能力。

图 9.7 是基于目标跟踪技术的视频分析技术，具有背景/前景分离过程。

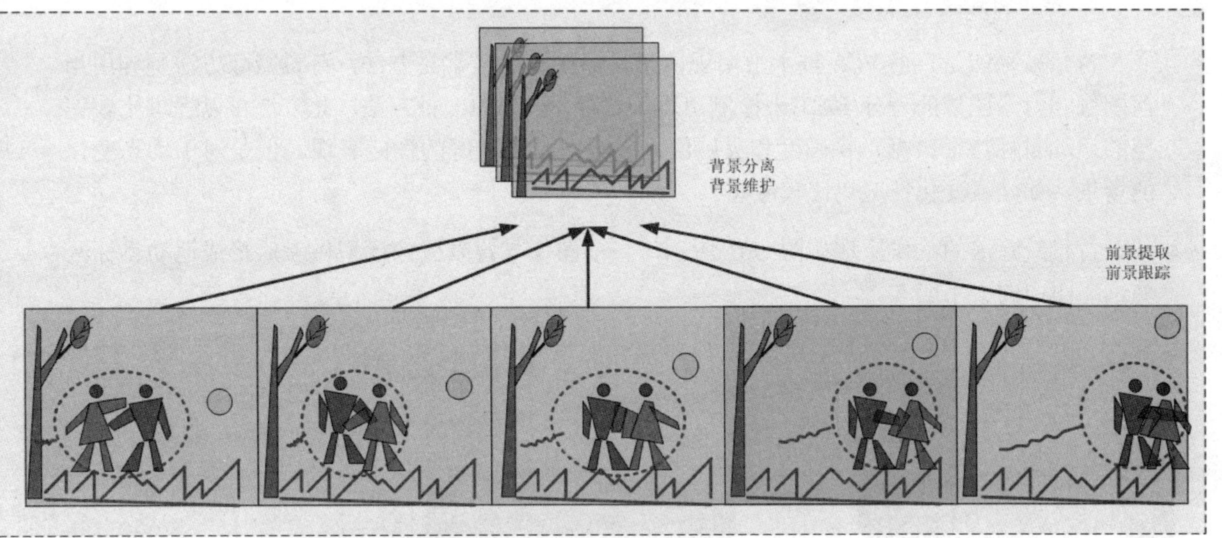

图 9.7　VCA 技术通过背景/前景分离实现探测

因此 VCA 技术克服了 VMD 技术的一些缺陷并有所提高，具体如下：

- 系统采用背景、前景分离技术实现目标探测。
- 系统具有背景学习及自动更新功能。
- 系统具有光线自动调节机制，以适应白天、黑夜 24 小时工作。
- 系统可以过滤非关注的、具有重复性的背景如闪光、波浪、树叶等。
- 系统能够对入侵目标的停留时间进行计算。
- 能够为入侵探测及跟踪的目标分配唯一的 ID 号。
- 具有对各种自然条件如风、霜、雨、雪、雾的过滤器。
- 能够进行摄像机震动带来的图像抖动的预处理。
- 能够对停止移动的目标进行记忆，并随时继续先前的跟踪，维持相同的 ID。
- 能够对入侵物移动轨迹进行标注(尾巴线)。
- 能够对视频场景进行区域划分，如探测区、忽略区。
- 可以实现景深机制，根据透视探测 3D 形状。
- 使用透视探测各种变化的地形，如沟沟坎坎、坑坑洼洼。

9.3.3 VCA 的关键技术

前景目标的探测是 VCA 技术实施的前提条件。

1. 背景减除法

背景减除法是目前 VCA 技术中用于前景目标探测的最常见方法，背景减除方法是利用当前图像和背景图像的差分(SAD)来检测出运动目标(区域)的一种方法。此方法可以提供比较完整的运动目标特征数据，精确度和灵敏度比较高，具有良好的性能表现，但是对于动态变化的场景，如光线变化情况也比较敏感。

背景减除法的工作原理如图 9.8 所示，当前图像与背景图像模型做差后形成运动目标区域，即图中的“小船”。

图 9.8　背景减除法的工作原理

背景模型的建立是背景减除法的关键所在，通常，视频分析算法需要一定的时间进行“背景学习”，所谓背景学习过程，实质就是利用“时间平均图像”的方法，将背景在一个时间段内的平均图像计算出来，作为该场景的背景模型。那么，“背景学习”时间结束后，系统仍然需要具有“背景维护”的能力，而不是说之前建模的背景是一成不变的，这样，保证系统对场景内的图像变化不那么敏感，如光线变化、影子干扰等，因此，开发出实用、有效的背景模型以适应动态、复杂的场景是目标探测及视频分析技术的关键。

2. Blob 的概念

Blob 是视频分析技术中经常用到的术语。所谓 Blob 分析，可以理解成对“视频图像中相同像素的连通域”进行分析，该连通区域就被称为 Blob。

图 9.9 是利用“背景前景分离”技术得到的 Blob 图。

图 9.9　Blob 效果

从图中可以看出有多个 Blob 块，系统算法需要对 Blob 进行统计、分配 ID，做属性分析，同类聚合(相邻相似多个 Blob 聚合成一个目标，即小汽车)，最后形成总结性结论，即获得该车的尺寸、位置、轮廓，进而进行后续视频分析工作，如跟踪、识别。

9.4　视频分析工作机制

9.4.1　视频分析软件框架

图 9.10 是视频分析系统软件结构框架，在框架中，系统用户可以在工作站配置视频分析模式，如入侵探测、丢包、停车管理等各种视频分析模式，然后在该模式上进行该规则下的各项参数细节性配置，如防区设置、停留时间设置、目标速度过滤、尺寸过滤等，这样，符合预设规则的场景将会触发报警事件，反馈给工作站的用户。

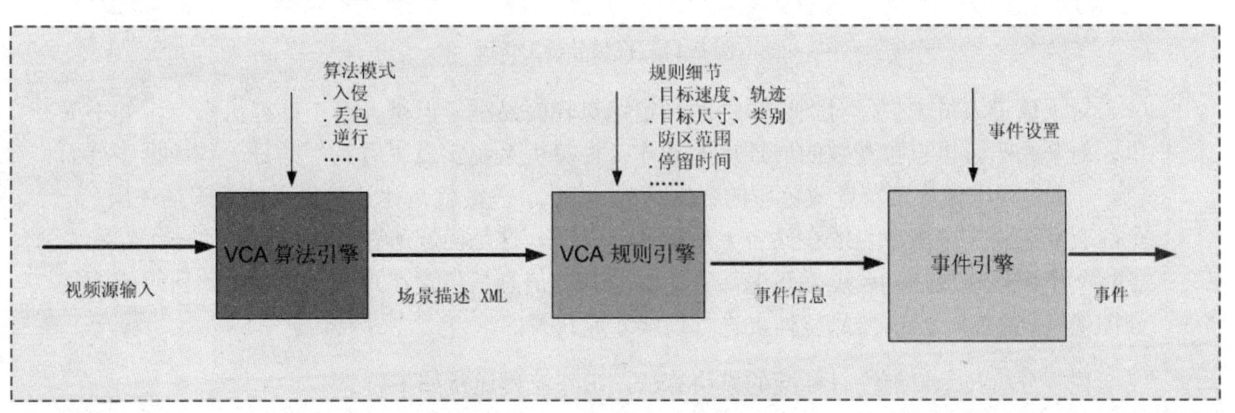

图 9.10　VCA 软件结构原理示意图

9.4.2 视频分析的工作流

视频分析实质是人工智能的一部分，是模仿人类的工作过程实现的。人类通过眼睛这个传感器实现视频的采集、预处理、处理，然后将真实图像传送给大脑，大脑并不是对整个传送过来的图像进行整体的分析处理，而是采用多层分级的过程，将背景、缓慢移动及远处的目标分辨率最低化，忽略一些细节；而对前景感兴趣区进行二次聚焦(我们常说的眼前一亮就是这个意思)，以求获得更多细节，然后对锁定的该区域进行判定。

如图 9.11 所示的案例是实际中常见的情况，监控值班人员将一路视频切换到监视器上，图像是一个地铁站台，这时画面中出现一个穿红色衣服的女子，手里拿着一个黑色包，放到站台中的一个空地上，之后迅速离开。这是一个很普通的视频场景，值班人员对这段场景很容易迅速地提取出特征描述来，即“一个红衣女子将一个黑色包放在站台之上后迅速离开”。对这个简单的信息，值班人员首先利用眼睛采集到信息，首先是场景(站台)，之后分离出感兴趣的前景目标(红衣女)，之后对其跟踪锁定，最后形成结论(丢下一个包)，之后将整个过程完整信息传给大脑去按规则判定行为。

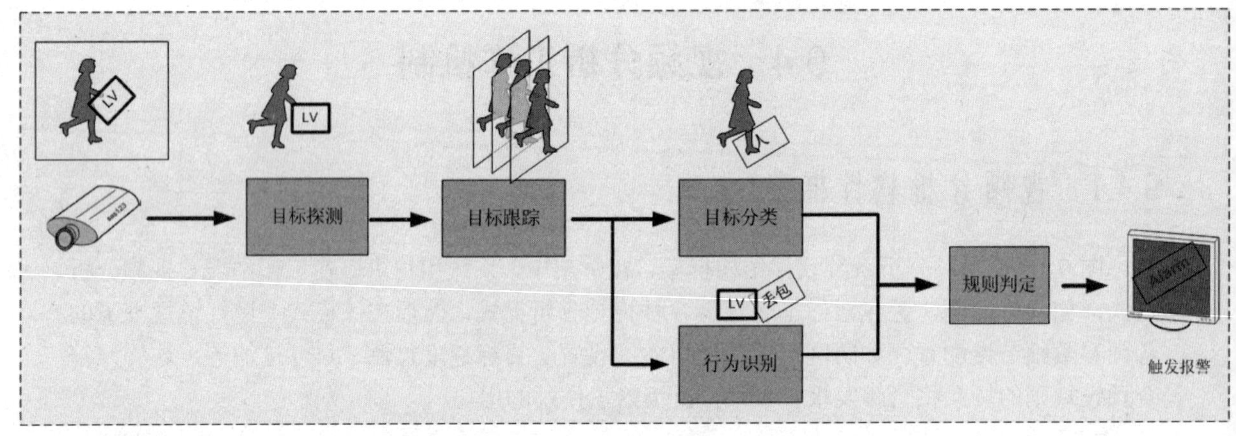

图 9.11 视频分析工作流

对于值班人员来说，对上述事件的判定绝对轻而易举。但是，对于计算机系统，并不简单。对于人眼可以直接观察的一连串的动作，计算机系统实质“看到”的是一些数据序列而已，一个包含图像像素灰度或色彩的数据序列，那么，关键就是让计算机系统能够描述出“一个红衣女子将一个黑色包放在站台上后迅速离开”，这是问题所在。事实上，“一个红衣女子将一个黑色包放在站台上后迅速离开”这些基本信息是包含在那些像素点的值所组成的平面图像序列中的，是需要从整体上进行理解才能获得的。

视频分析技术目前没有标准的模块算法，工作流程通常如下。

(1) 背景建模完成后，场景内的前景目标被检测出来。

(2) 单独的前景目标被提取出来，然后逐帧跟踪。

(3) 跟踪过程包括目标的位置、速度、在某区域停留的时间。

(4) 当需要分类识别时，该目标的关键特征(形状、尺寸、动作)被提取，进而分类。

(5) 如该行为事件匹配预设的规则，则向终端发出告警信息、触发相关联动。

9.4.3 视频分析算法模块

通常，按照视频分析的过程，视频分析主要包括以下几个算法模块：背景建模与维护、前景探测、目标跟踪、目标分类、轨迹分析、事件识别等几个部分。如图 9.12 所示是视频分析算法模块的构成，不同厂商的算法模块会有所不同。

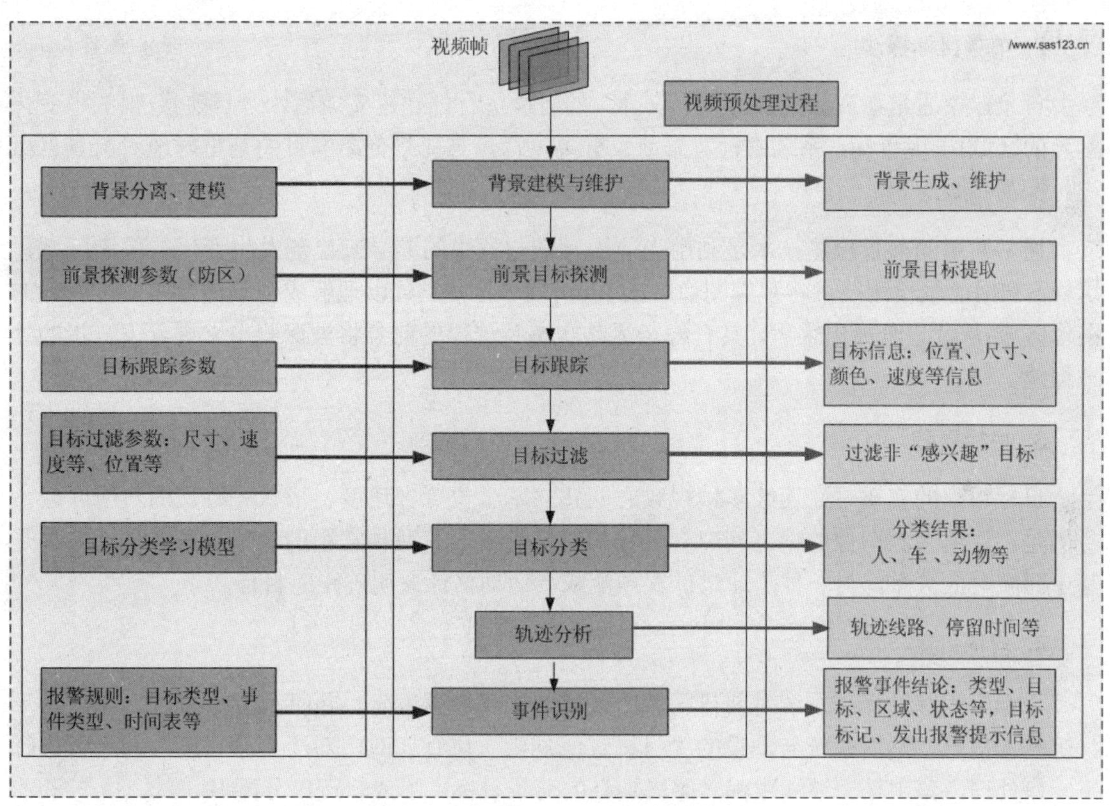

图 9.12　视频分析算法模块的构成

1. 背景建模与维护

背景建模就是通过某种模型得到视频场景的“背景表示”。背景建模本身并不复杂，但是背景建模后在日后的更新及维护非常重要，因为背景模型将影响前景目标的探测、跟踪与识别。通常的情况是系统开始进入视频分析过程前，需要对背景进行自动学习，以完成背景建立，简单的背景模型建立方法是时间平均图像，即利用同一场景在一个时间段的平均图像作为背景模型，但是模型建立后，可能对场景的变化如光照、云影、树叶、波浪等都比较敏感，因此，必须开发出能够适应于长期和复杂场景的背景建模方式，该模型在日后能够自动对背景进行更新、重建及维护，以减少场景变换对前景检测的影响。

背景建模的基本要求：

- 对场景的变化要求能够快速适应，如室外环境光照的骤变。
- 背景动态目标的忽略，如树叶摇动、海浪波纹等。
- 建模后对于低对比度或纹理少的前景仍然敏感而不至于当成背景。
- 对于突然的光线变化不要太敏感而不至于将整个帧当成前景。
- 对运算处理资源及内存资源符合主流需求，而不至于过高而无法实现。

2. 前景目标探测

背景建模通常在视频场景比较“安静”的时候进行，建模完成后，一旦前景(视频中变化剧烈的区域)出现目标，系统进行背景前景分离，背景与前景分离的目的是更好地对前景目标进行探测和跟踪。

通常采用的前景检测技术是利用当前视频帧与背景的差异来检测发生变化的像素区域，这样，利用前景检测技术将视频图像中的 Blob(前景团块，可以理解成视频图像中变化剧烈的图像区域)从背景分离出来后，具有稳定运动状态及规律的前景将被探测出来进入下一步的处理模块。

3. 目标跟踪

目标跟踪的实质是在连续多帧视频之间建立基于位置、速度、形状等特征的对应匹配，目的是在连续视频图像的帧之间建立目标的对应关系。有两种常用的对象跟踪方法：一种是基于匹配对应关系，另一种是通过位置预测或者运动估计来明确跟踪目标。

4. 目标过滤

目标的跟踪过程：系统对前景区域的目标建立“数据库”，包括尺寸、位置、速度、形状等基本信息，然后系统与预设的“目标过滤规则”进行比对，对“不感兴趣”的不再进行下一步处理，集中精力继续跟踪“感兴趣”的前景目标，形成轨迹、分配 ID 等。

5. 目标分类

在视频分析过程中，对于成功跟踪的目标进行分类是个重要的过程，通常，为了让算法系统更好地理解实际发生的事件和目标行为，在完成目标的检测及跟踪后，需要将跟踪的目标分类为事先定义好的类别，然后再进行行为识别。目标分类实质是从语义意义上选取的典型物体，如“人”、“动物”、“车辆”等，目标分类就是将视频检测的运动目标分类为事前已经定义好的类别。

6. 轨迹分析过程

轨迹分析技术对跟踪成功的目标的运动轨迹进行分析，对运动轨迹进行平滑及误差修正，使目标的运动轨迹更加接近于真实状态。

7. 事件判定识别

在视频分析过程中，事件判定识别是最后一个环节，是结论性的环节。有了先前的目标探测与跟踪，有了目标分类，那么将这些采集到的信息与用户预先设定的报警规则进行比对，即逻辑判断过程，对于触发报警规则的(如入侵探测)，或者符合事件规则的(如人数统计)，则自动发送报警信息或自动更新统计数据。

8. 其他模块

为了使视频分析算法在不同的应用环境尤其是室外场合有较强的适应性，通常在各个视频分析算法框架中加入一些附加模块(各类过滤器及辅助工具)，通过内部算法自身的优化提高复杂场景适应性的同时，再借助附加算法模块，实现视频分析算法在安防监控中对特殊场景的处理效果。

- 动态过滤器：消除树叶、波浪等产生的前景“假”像素变化。
- 抖动抑制模块：提升摄像机在抖动情况下的处理效果。
- 雨、雪过滤器：消除雨、雪对视频场景的全局性干扰。
- 云影抑制模块：使得系统在室外多云场景下有良好的处理效果。
- 碰撞处理模块：可以提升该技术在目标图像频繁互相遮挡场景下的跟踪精度。

提示：视频分析算法目前没有标准，不同的厂家有不同的算法框架及不同的实现方法，不同的框架和算法的复杂程度差异很大，对处理器及内存的需要也不同，而实现的效果、稳定性、适应性也大不相同。但就视频分析的各个功能模块、框架，甚至是视频分析产品而言，难度并不大，可以说视频分析产品“门槛不高，但做好很难”，这也是目前越来越多的厂家能够很快开发出视频分析产品的原因。视频分析产品目前能够实现的功能，各个厂家之间差别不大，但是对视频分析产品的考核，并不是在功能上，而是在实际应用效果上。

9.4.4 视频分析过程

上一节从软件模块介绍了视频分析的框架，无论采用何种视频分析架构，其视频分析过程都是以上的算法模块的“团队作业”的结果，视频分析的基本过程如图 9.13 所示。

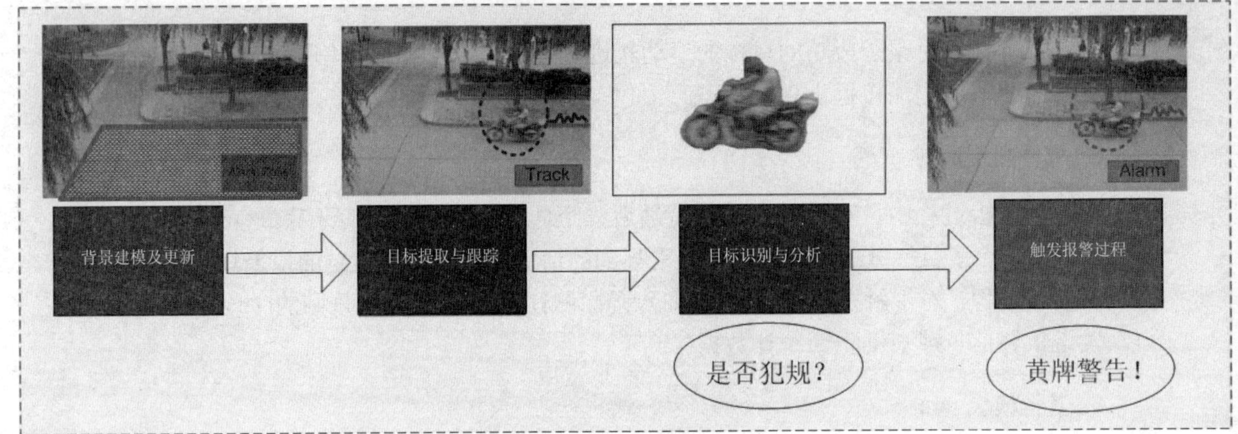

图 9.13　视频分析过程示意图

(1) 加载算法过程：加载用户的预定义规则，如防区、分析模式等。

(2) 过滤器加载：对特殊场景进行预处理，如防抖动、雨雪、灯光抑制等。

(3) 背景建模及更新：背景模型建立并自动学习更新背景情况。

(4) 目标提取与跟踪：提取跟踪前景变化目标，检测并分析目标的活动。

(5) 目标分类：对跟踪的目标进行分类，如人或车辆等。

(6) 视频分析判断过程：根据规则判断是否符合预定义规则。

(7) 触发报警过程：确认目标活动违反规则，根据预定义传输报警到指定的用户。

1. 加载算法过程

系统开始工作前，用户设置的视频分析算法的具体参数，如分析的模式、防区范围、景深参数、目标尺寸过滤、典型目标参考等信息需要加载到视频分析系统中，系统才能按照设定的具体参数开始工作。

2. 背景建模与更新

视频分析开始生效后，首先系统进行背景学习阶段，学习时间根据背景画面的“热闹”程度有所不同，期间系统自动建立背景模型。背景的建模是背景减除法的技术关键。一般系统设置自适应学习时间来完成建模过程，根据背景实际“复杂程度”选取 1~3 分钟的学习时间。一般系统建模完成后，随着时间的变化，背景会有一些改变，系统具有“背景维护”能力，即可以将一些后来融入背景的图像，如云等自动添加到背景。

3. 目标提取与跟踪

目标提取是在背景模型建立完成后进行的，如果前景出现移动目标，并且满足防区范围及设置的尺寸大小，则系统将自动提取并跟踪目标。目前提取的主要方法是背景减除法，背景减除方法是利用当前图像和背景图像的差分(SAD)来检测出前景图(通常将画面中随时间变化而变化的部分视为前景图)的一种方法，前景图的探测是视频分析的关键，是视频分析系统“感兴趣”的内容。而为了实现良好的前景目标探测，通常需要对前景图进行去噪处理。

目标的跟踪是视频分析最关键的过程，是实现良好分析效果的前提。系统通过目标的跟踪，可以了解前景动态信息，如出现的时间、出现的位置、运动的轨迹、运动的方向、运动的速度、停留的时间等，而这些信息将直接用来进行后续的行为识别。目标的跟踪算法有多种，常见的是 Blob 及 MeanShift 法，并且过程复杂，其目的就是获取目标的一段时间内的运动状态，为之后的分析提供前提条件。

4. 目标的分类与识别

目标的分类与识别是系统对先前提取并跟踪的目标进行辨识。要想让系统具有目标辨识能力，通常需要对系统进行模型培训，就是利用已知的目标特征(如车辆、人员、动物等)，对系统进行训练，系统将会在大量已知的样本信息上，学习不同目标的特征(大小、颜色、速度、行为方式等)，这样当系统发现一个目标时，系统将自动与已经建立好的模型进行比对、并匹配特性，从而对目标进行识别和分类。

目标分类的挑战在于：

- 同一种类的目标，形状也可能各不相同，比如汽车的多种形态、颜色。
- 同类目标，可能具有不同的特征，比如不同人走路姿态并不同。
- 同一个目标，在不同位置和角度具有不同的形态，比如人的走、跑、爬。
- 目标分类需要占用大量的处理资源及内存资源。

一般视频分析系统通过设置视频分析“尺寸”参数来过滤掉体积过大或过小的物体，而高级视频分析系统软件内设“对象分析引擎”，能够根据不同的活动目标的大小、运动速度及运动规律大致地识别出人员、动物、车辆或其他对象，成功地将不需要跟踪信息分离出来，从而只对“目标”物体进行跟踪。

5. 行为判断与报警

视频分析与报警过程，这个过程是系统的关键过程，有了先前的背景建模、目标跟踪、轨迹建立、识别分类等过程，视频分析利用以上过程的结果，根据目标出现的时间、位置、速度、大小、类别、停留时间等因素，并结合先前设置好的行为规则，实现视频分析报警触发的过程，如入侵行为、丢包行为、逆行、闲逛等，实质是个“定论”的过程。

> **比如：**“杀人放火、判刑 20 年”。通常，对于犯罪嫌疑人，公诉人需要提供大量的犯罪事实、包括证人、证言、证物，同时对犯罪嫌疑人的各种行为进行描述。这样，犯罪嫌疑人的行为细节，包括犯罪行为时间、地点、人物等全部呈现给了“法官”，最后法官大人根据所有的这些描述，并比对自己的牢记于心的“刑法大典”，做出最后裁决，“杀人放火、判刑 20 年，立即执行”。

9.5 视频分析技术难点

视频分析技术本身不是一项新技术，但是其在视频监控系统中的应用还仅仅是处于刚刚起步阶段，它给视频监控系统带来了颠覆性的革命，具有美好的发展远景。目前，视频分析系统本身有一些技术问题有待提升，下面是一些需要克服的技术应用难点。

9.5.1 环境因素

1. 光照适应性

通常，视频监控系统需要 24 小时昼夜工作，其环境的光照情况也是一直处于变化的状态中，如昼夜的交替、阴、晴、雨、雪、雾等天气条件及外界各种光源干扰，如照明灯光、逆光、反光、车灯，还有室外云彩、云影的动态变化等，所有这些情况都对视频分析核心算法的光照适应性提出了很严格的要求，视频分析算法应该具有先进的背景学习、更新、维护功能，从而消除各种现场光线变化导致的误报与漏报。

2. 自然天气变化

雨、雪、雾、沙尘天气、烟雾、气流、云影等，体现的不仅仅是光照的变化，而是真正的图像像素的变化，这些“小小的假象”会导致系统视为场景中真的有物体在移动，从而干扰了真正的目标探测，并浪费了系统资源。因此，需要采用各种“过滤”机制将这些干扰进行过滤处理，来适应各种天气及自然条件变化现象。

3. 背景的高频率变化

通常，在视频图像背景中，可能出现摇动的树叶、晃动的波浪、光线反射、物体的反光、草地的微动等“规律运动”现象，而这些现象都会造成画面像素的变化进而造成误报。系统需要具有先进的过滤器，实现对规则往复性、细小运动进行过滤，集中精力在前景。

4. 阴影区域与高亮区域

视频内容分析算法通常是基于 YUV 色彩空间的“Y”信号，就是对亮度信号进行探测与跟踪，因此对于视频场景中背景和前景的对比度有一定要求。而在高亮区域，颜色近乎白色，在阴影区域灰度的范围过窄，而对比度低，从而导致系统探测、跟踪能力降低。

9.5.2 视频场景相关因素

视频分析功能的实施，对视频场景(Field of View，FOV)都有一定的要求，目的是使得摄像机所采集的图像适合相应的视频分析算法模式。但是在一些情况下，摄像机的安装位置、角度，高度是不可改变或很难改变的，在此情况下，需要视频分析算法具有一定“自适应”技术措施来弥补算法本身 FOV 的各种限制。典型的视频场景相关因素如下。

1. 摄像机角度

通常，在镜头的光轴上及附近区域，摄像机的成像与实际差别不大，但是，由于摄像机自身成像技术的限制，对于场景两侧的视频图像，可能会产生变形，而变形后的像素数量、高宽的比例关系会失衡，导致视频分析算法的识别能力下降。

2. 摄像机高度

对于一些分析功能，如“人数统计”功能，通常要求摄像机安装在人流通过区域的正上方，这样才可以得到良好的探测效果和统计精度，如果摄像机安装的高度不够，那么可能造成人数统计的精确度急剧下降。

3. 摄像机距离

视频分析算法实质是对像素进行检测，因此对目标像素尺寸有要求，通常，以最小识别像素数来标称，如 5×5 像素或 10×10 像素。那么，对于同一摄像机场景，如果距离过远，可能导致较远距离的目标无法被系统识别得到。

注意：通常，视频分析算法厂商会对摄像机安装的角度、高度、位置等提出需求，并声称满足这些需求的前提下视频分析算法才可以良好运行。但是，实际工程项目不比实验室，通常安装条件有限，因此，只能尽量去满足视频分析算法厂商提出的需求，这样，对视频分析系统实际效果会有一定影响。

4. 地形透视

通常在室外环境，如周界、铁路沿线、公路桥梁等场合，现场环境通常可能沟沟坎坎、凹凸不平，这对于摄像机景深有一定挑战。因为，地形的高低导致成像的像素区别，在同样距离的目标在高坡与地沟中成像差别较大，这样对系统的算法识别的有效性带来考验。

9.5.3　平台及芯片的限制

视频分析技术本身是个复杂的算法，各个厂家不同的产品形态也都是基于一定条件的硬件平台来完成的，因此，核心的技术是算法及平台(处理器)。视频分析性能的改善和提高可以通过运行更加复杂的算法来实现，而复杂的算法对系统的处理能力要求更高。

虽然近年来计算机技术飞速发展，人工智能领域不断突破，但是，计算机实现的智能毕竟与人的智能还有很大差距，而缩小这种差距的方式就是采用更加复杂的算法，从而对计算机(芯片)的处理能力要求更高，这对于实验室环境可能没有问题，但是对于视频分析技术在安防监控领域的普及是不现实的。因此我们需要找到一个平衡点，在芯片处理能力、成本与视频分析算法难度上进行平衡，开发出适合安防视频监控平台的算法。

1. 芯片处理能力

目前主流的单 DSP 具有 5CIF@RT 的编码压缩运算能力，而相对于算法相对成熟的编码

压缩工作，视频分析过程可能更加复杂，需要的运算处理资源可能更高。因此，单 DSP 芯片如果进行视频分析工作，通常仅仅能够进行 CIF@RT 的编码压缩，而 3GHz 主流 CPU 运行视频分析算法，通常也仅仅能同时支持 8~16 个通道。如果需要对快速移动的、尺寸小的目标物体进行跟踪，视频分析算法需要在较高的分辨率(侦测小目标)及较高的帧率(跟踪快速移动目标)下工作，这对系统处理能力的要求更高。

2. 内存需求

与视频编码压缩工作一样，视频分析过程中，有大量的中间数据需要处理。尤其是在背景建模、目标跟踪等过程中，视频分析算法需要存储先前的一帧或多帧视频来完成，因此，需要较大的内存。当视频分析在服务器(CPU)上运行时，分析引擎通常要求有 10MB 到 100MB 内存可用。分辨率越高，需要内存越大；而在 DSP 上，内存的空间非常有限，在一定程度上有所限制，因此，需要对算法进行优化处理。

9.5.4 成像因素

视频分析系统应用较多的模式是入侵探测识别，与其他入侵探测技术一样，识别率、漏报率、误报率是其主要衡量指标。不同于红外、微波、震动等入侵探测技术，视频分析应用的实质是“视频成像＋分析算法”的综合体，其防护范围是立体的空间，涉及到视频成像、编码、算法等各种技术。视频分析的核心就是算法，算法的基础是图像和像素，既然是人工智能，那么其实质在某种程度上与人相似。

当值班人员盯着监视器的屏幕时，通常会根据监视的目的不同，对目标的成像尺寸有一定要求。如需要了解一个场景大致的情况、大体识别一个目标或进行人脸识别等，对目标在监视器上成像大小要求都不同。同样，视频分析算法对图像大小(像素数)也根据不同的探测模式而有不同要求。不同监控目的下，如目标探测、目标识别、人脸鉴定等不同需求下，成像大小需求参考图 9.14。

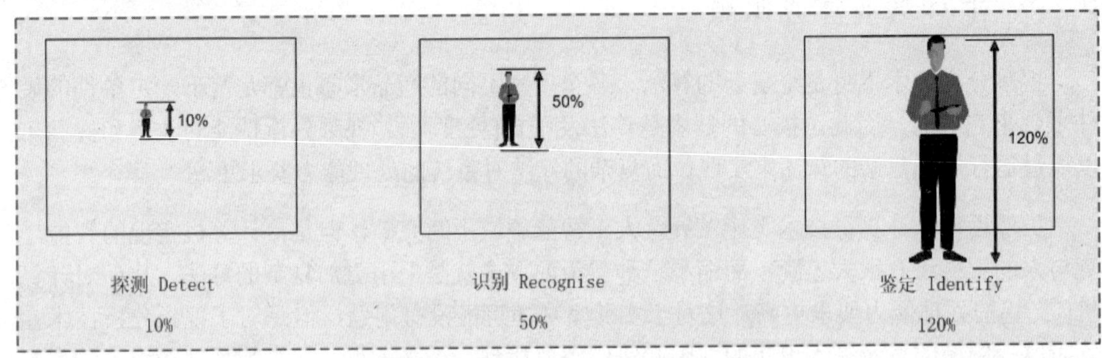

图 9.14 不同监控目的下成像大小需求(标准屏幕，高度比例)

在图 9.14 中，人眼在进行不同目的的监控时，具有不同的图像大小需求，而视频分析算法进行视频分析时也一样有一定数量的像素数量要求。

视频分析模式不同，需要的像素数目不同，如入侵探测、人数统计、入侵跟踪等，需要的像素不同。而相同的模式下，例如都是做入侵探测应用，不同厂家的算法，对像素数目要求也不同。

提示：闭路电视监控系统中，不同位置的摄像机实质上有不同的部署需求，如在室外广场的摄像机或交通路况摄像机，通常作为“瞭望场景”应用，其针对的是一个宽范围的场景，主要用来对整体情况进行大概了解；而“探测目标”的摄像机，主要应用于一些室外周界等长距离监控场合，用来发现目标；“识别目标”的摄像机，要求目标在屏幕上的尺寸较大，可以识别目标是人还是动物；而如果需要“鉴定目标”，则要求目标在屏幕上的尺寸更大些，可以看出是张三李四的面部特征，或车牌号码。在视频分析系统应用中，对目标的尺寸大小需求直接以像素数量衡量。

9.6　视频分析系统架构

目前，视频分析具有不同的产品形态和架构方式，可以采用独立的视频分析单元模式、采用后端服务器方式、采用智能编码器或 IPC 方式。或采用“前端＋后端”的协同工作方式。但是，不同的架构方式仅仅是表象，视频分析工作的实质还是由各个厂家开发的核心算法(程序代码)实现对视频信息进行运算处理而完成的，不论是嵌入式还是服务器式，区别仅仅是算法运行的平台不同：一个是基于嵌入式平台，由 DSP 芯片执行算法，另外一个是在计算机操作平台上由 CPU 完成算法的执行。

9.6.1　前端独立单元

前端独立单元，即 Local Processing 模式，此种架构是传统的模拟电视监控系统、数字监控系统向智能监控系统过渡的很好的解决方案。通常，视频分析单元部署在摄像机附近，但是自己是独立单元。利用视频分配器将摄像机信号一分为二后，一路信号进入矩阵、DVR 或编码器，另外一路进入视频分析处理单元。视频分析处理单元内置嵌入式操作系统及视频分析处理芯片，可以通过网络接口加载视频分析的规则。一旦发生报警，可通过网络发送报警信息或通过本机接口输出报警信号。

此架构如图 9.15 所示，嵌入式视频分析单元自成系统、独立运行。

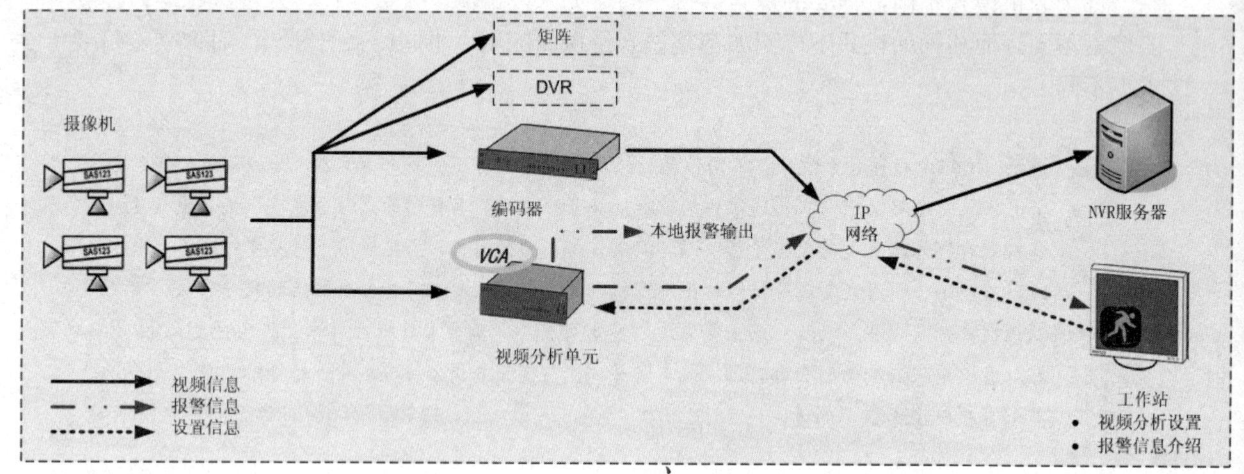

图 9.15　Local-Processing 方式视频分析架构

(1) 此种架构的优点：

- 直接对未经编码压缩的视频进行分析，效果较好。
- 视频分析单元自成系统，独立于主系统，不需考虑兼容性。
- 灵活部署，不受先前系统架构的约束，可保护前期投资。
- 可灵活进行本地报警输出，如触发灯光、警铃等。

(2) 此种架构的缺点：

- 视频分析单元不具备编码压缩功能，增加了成本。
- 视频分析单元与整个系统集成性弱(通常是简单的干接点信号或报警信息)。

9.6.2　后端服务器方式

后端服务器方式，即 Server-based 模式，此种架构也是在数字监控系统上增加视频分析功能的解决方案。此种架构下，视频分析单元部署在后端服务器，视频编码器或网络摄像机将视频信号编码压缩后上传到网络，NVR 服务器或视频分析服务器抓取码流后进行视频分析工作。此架构中，视频分析设置工作在客户端 PC 上完成，视频分析算法的执行是在智能 NVR 服务器或视频分析服务器上，可以同时存储视频的元数据信息(Meta-data)。由于视频分析算法需要大量运算处理资源，因此，该方式下单服务器可以同时支持的视频分析通道数量有限。

基于后端服务器方式的视频分析架构如图 9.16 所示。

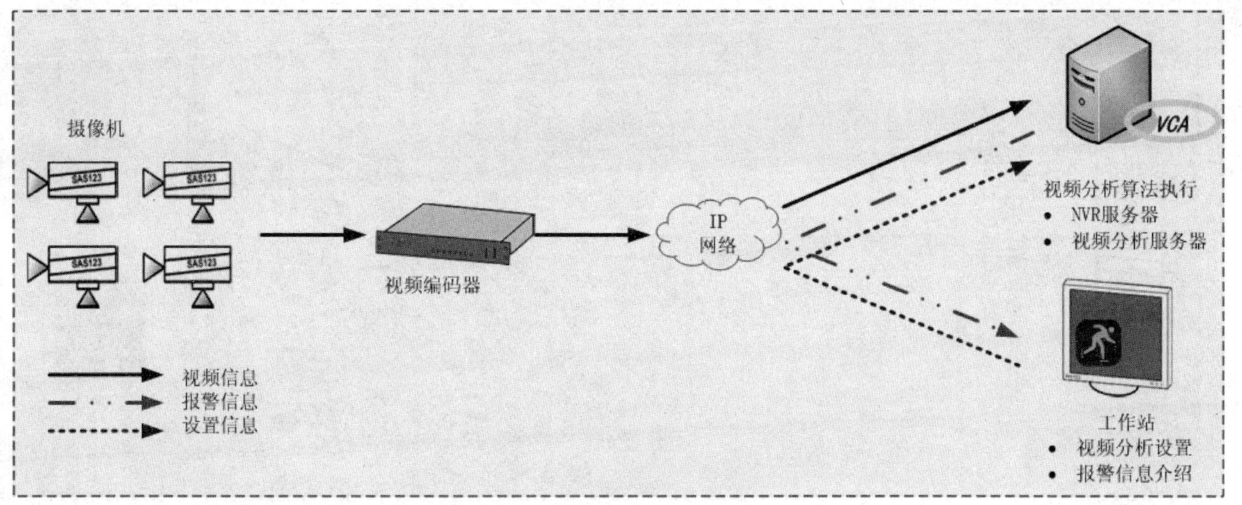

图 9.16　Server-Based 方式视频分析架构

另外，也可以在服务器上增加视频采集卡，然后运行视频分析算法，从而实现对矩阵的模拟视频输出进行视频分析工作；当然，在 DVR 上运行视频分析算法也属于此架构。

(1) 此种架构的优点：

- 视频分析单元置于后端，便于集中部署。
- 视频分析工作由软件执行，程序的升级或更新比较方便。
- 视频分析通道灵活配置，可以随时更改视频分析通道。

(2) 此种架构的缺点：

- 视频分析单元或 NVR 服务器的 CPU 负荷过高。
- 每个服务器处理资源有限(目前 CPU 的处理能力一般支持 16 路)。
- 对网络带宽占用比较多。
- 服务器得到的图像经过编码压缩、网络传输后丢失了部分信息，导致精确度低。

9.6.3　智能 DVS 或 IPC

智能 DVS 或 IPC，即 Edge-based 模式，此种架构方式下，视频分析单元部署在前端的视频编码器、网络摄像机上，实现基于前端的视频分析功能，此方式可以构建智能分布式、边缘式的智能系统。目前的问题是前端芯片处理能力普遍不足，不过随着 IC 技术的飞速发展及算法的不断提升，对视频分析边缘化会有很大推动，也可采用附加芯片的方式，即再增加独立芯片专门做视频分析之用，但成本有所提高。

此方式的架构如图 9.17 所示。

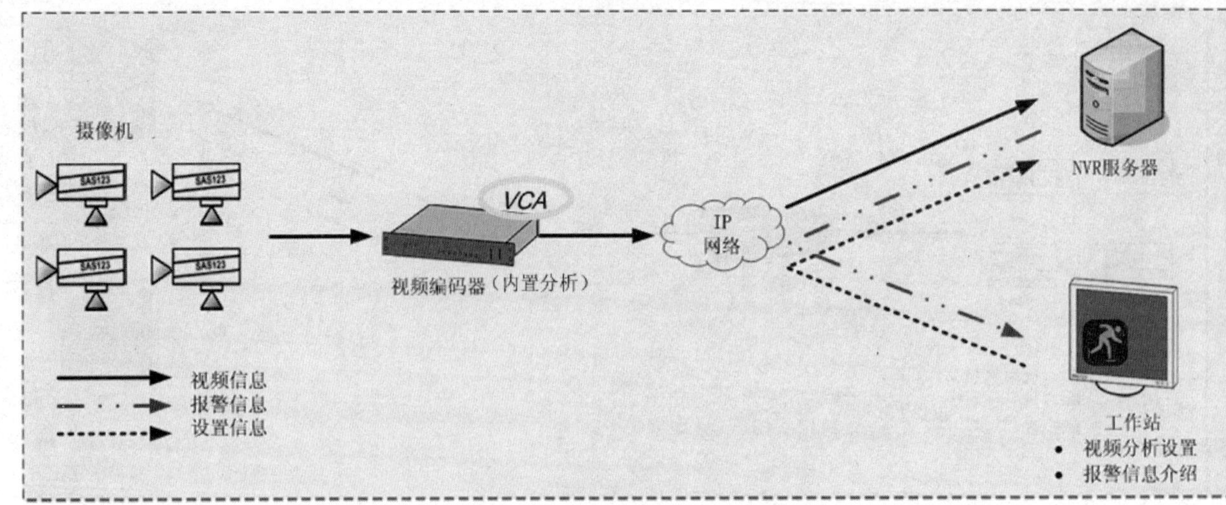

图 9.17 Edge-based 方式视频分析架构

(1) 此种架构的优点：

- 可以灵活部署、远程管理，是真正分布式智能系统。
- 可以与 NVR 服务器及管理平台深度集成(及时回放、报警管理、场景重现等)。
- 可在只有报警发生的时候才传输视频到 NVR，大大节省网络负担及存储空间。
- 视频分析单元(DVS & IPC)直接对原始未压缩图像进行分析，精确度高。

(2) 此种架构的缺点：

- 嵌入式的系统架构，研发周期较长。
- 视频分析软件升级麻烦，需要更新固件 Firmware，影响运行。
- 目前编码器或网络摄像机芯片处理能力及内存资源有限，限制了视频分析算法。

9.6.4 前后端混合架构

前后端混合架构，即 Distributed 模式，此种方式下，视频分析单元部署在前端及后端，前端基于 IPC 或 DVS 进行视频信息的采集提取(Feature Extraction)，后端服务器基于采集到的视频信息(Metadata)进行视频分析(Feature Analysis)工作，构成分布式智能系统。网络上实质传输的不是视频本身，而是视频信息的“描述信息”给后端视频分析单元，做到前后端协同工作。此架构中，视频分析设置工作在客户端上完成，嵌入在 IPC 或 DVS 的算法做视频分析工作，同时还发送元数据(Metadata)到后端服务器，这样做的另外一个好处是，Metadata 同时存储下来，可供日后做智能搜索。

此方式的架构如图 9.18 所示。

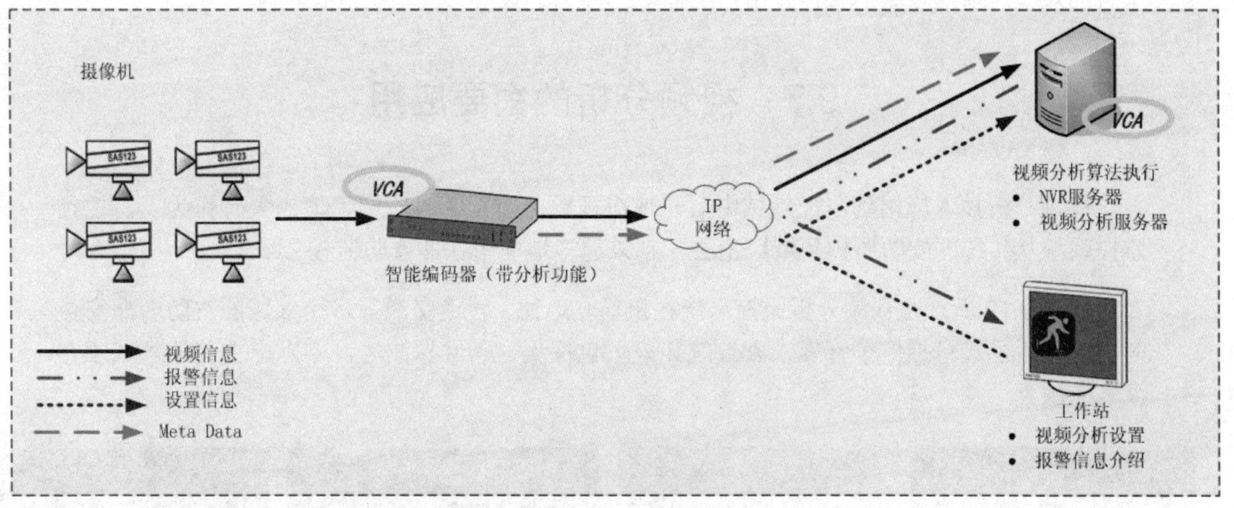

图 9.18　Distributed 方式视频分析架构

(1) 此种架构的优点：

- IPC 及 DVS 的资源占用少，要求不高。
- 网络带宽资源占用较少。
- 后端服务器资源占用少，可以支持很多个通道。

(2) 此种架构的缺点：

前端后端设备受制于单厂商，可选择性差。

9.6.5　目前的架构情况

目前，在实际应用中，视频分析产品主要有三种架构，一种是基于后端服务器(算法运行于 CPU)，第二种是基于前端的 IPC 或 DVS，还有第三种就是利用前端独立的嵌入式视频分析设备(仅仅做视频分析，不做编码压缩工作)完成。三种架构也可以按照目前主流的说法，即分成两大类，基于前端分析与基于后端分析。

注意：基于后端服务器的视频分析系统，可以灵活地调整所需要视频分析的通道及变更视频分析模式；而基于前端(DVS、IPC)的视频分析方式，由于是硬件方式，比较固定，那么一旦建设完成，如果想增加或取消视频分析通道，或需要更改分析模式，可能需要硬件的更换或者固件的升级工作。

对于视频分析功能，最根本的考核是性能，即良好的探测率和较低的误报率，而视频分析架构方式并不是最重要的，其实质都是由视频分析算法来完成的，无非是运行平台不同，一个在 DSP 上，一个在计算机 CPU 上。不存在某种方式绝对的好与坏，实际应用中应该根据项目的规模、前期设备的架构、用户的需求、网路建设等具体情况进行选择部署。

9.7 视频分析的主要应用

视频分析技术应用到监控领域中后，使得视频监控系统“广阔天地、大有作为”，视频监控系统从传统的安防监控领域迈出去，越来越多地应用在非安防监控领域。

如图 9.19 所示是视频分析监控系统在机场、地铁、轨道交通等多个领域的安防与非安防应用，分析模式包括停车管理、人数统计、丢包探测、入侵探测等，实际上在其他领域还有很多应用。

停车管理

车流统计

丢包探测

入侵探测

图 9.19 主要视频分析模式举例

9.7.1 安全类应用

1. 入侵探测

入侵探测是视频分析系统中应用最多而且技术最成熟的分析模式，也被称为“拌网探测”，主要是针对一定场景区域，定义一块或几块虚拟线防区，一旦有物体进入该区域，系统自动进行探测并跟踪轨迹，如果完全符合预设规则，则发送报警信息给安保人员，此技术广泛应用在各类严格限制进入的场所，如机场周界、军事区、博物馆、监狱、高档小区等。相对于传统的红外探测或震动线缆入侵探测技术，视频分析入侵探测无需敷设及安装过多的现场设备，但是能够覆盖更大的范围，形成立体空间防范系统，具有良好的探测率和较低的误报率。

入侵模式的视频分析探测过程如图 9.20 所示，一旦有目标进入防区(Alarm Zone)并符合预设规则(目标类型、尺寸、方向等参数)，即触发报警。

图 9.20　视频分析之入侵探测模式

通常，入侵探测技术具有如下特点：

- 在同一场景下支持多个任意形状的防区，各个防区可以独立探测。
- 针对各个防区可以设置不同的参数，如灵敏度、类别、尺寸及速度。
- 可为各个防区规定入侵方向，只有沿着该方向入侵才会触发报警。
- 在同一个场景中可以支持多个入侵目标(目前一般 20 个)的探测、跟踪及触发。
- 能够在复杂的天气环境中(如雪、雨、雾)精确地探测和识别单个物体或多个物体的运动情况，包括运动方向、运动特征等。

2. 遗留物探测

遗留物探测也有时称为“丢炸弹探测”或“丢包探测”，主要是针对一定场景区域，对遗留或放置超过一定规定时间而无人看管的物体(包裹)及时地进行发现并报警，并在目标停放位置产生告警框提醒相关人员有物品遗留。

场景内警戒区域(Alarm Zone)外的物品遗留将不会产生告警，对于有人看管的物品则忽略。此技术广泛应用于机场候机楼、各类展厅、地铁站台、铁路“公跨铁”区域等。系统通过及时的报警提示，让安保人员迅速做出响应，对遗留物进行确认并排除可能的危险隐患，另一方面，此功能可以帮助旅客照看好随身物品防止丢失。在机场的行李传输系统中，此功能可以监视行李跌落传送带。

如图 9.21 所示为遗留物视频分析模式，在 Alarm Zone 的包裹停留超过规定时间即触发报警。

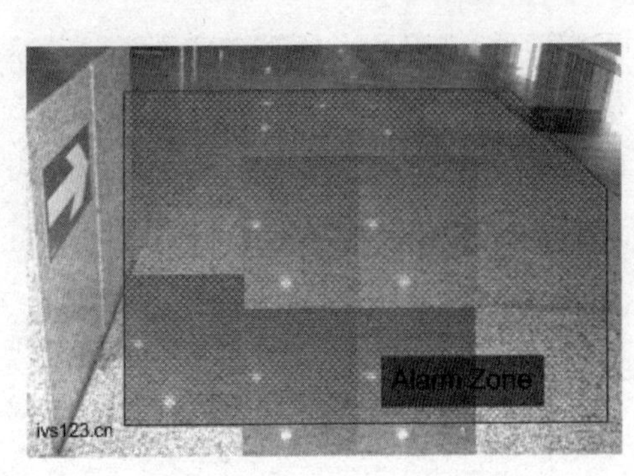

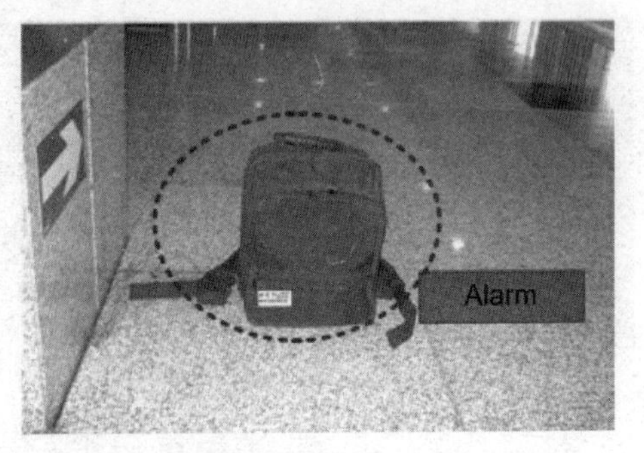

图 9.21　视频分析之丢包探测模式

遗留物探测具有如下特点：

- 自动检测可疑行李和包裹并产生报警信息。
- 具有包裹尺寸过滤机制。
- 包裹遗留时间可以自行设定。
- 探测由人携带并遗弃(或放置)在探测区域的物体。
- 探测由防区外直接扔入到防区内的物体。
- 对于有人看管的物体则不予报警。

3. 移走物体检测

移走物体检测主要用来进行贵重物品保护，当设定的防范区域内目标物被移走，替代或恶意遮挡时将触发报警，此技术主要用于博物馆的文物、展览物品、商场贵重物品、其他场合的贵重物品保护。

物品状态检测是一种先进的智能视频监控技术，能够准确识别物体消失、移动等状态变化事件，为高安保需求提供有力支持。

如图 9.22 所示为物品丢失探测模式示意图，当物体消失，则立刻(或超过一定时间)自动触发报警。

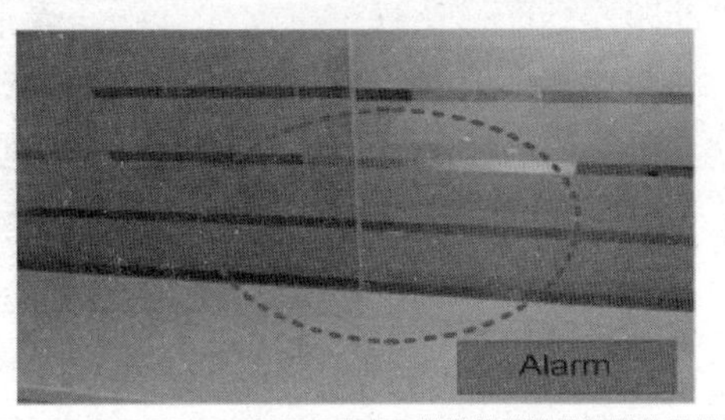

图 9.22　视频分析之丢失探测模式

通常，移走物体检测有两种模式：

- 当物品被搬移时立即报警。
- 当物品被拿走超过一定时间，且没有放回原处的时候发出报警。

4. 逆行检测

在机场、地铁、铁路、商场等场合，一些出入口是单行设计的，即只允许旅客单向出入，而不允许旅客反向穿越，因为这些场合都是人流密度相对较大的地方(或其他原因限制出入方向)，不按照正常的秩序很容易造成拥堵、影响效率，而过度拥挤也往往容易造成意外事故。为保障各出入口人员流动的正常秩序，采用视频分析系统针对出入口进行单方向流动行为监测，防止逆向穿越，一旦发现有和正常行进方向相背离的穿越者，系统将及时报警，以便第一时间安排相关人员处理。系统应该具有良好的稳定性，通过对出入口处人员的运动轨迹的分析，能够在较多人员聚集甚至部分遮挡的情况下，完成逆向穿越人员的检测和报警。

图 9.23 是逆行探测应用示意图。

图 9.23　视频分析之逆行探测模式

5. PTZ 自动跟踪

在宽范围、大视野的视频监控场景中，如机场周界、油库、小区周界等，当 PTZ 摄像机发现目标时，通常，操作人员需要手动控制 PTZ 对目标进行跟踪，此方式的缺点是操作人员需要聚精会神地操作 PTZ，以确保目标不消失在场景中。另外一方面，在摄像机自动巡检过程中，如果没有操作人员干预，那么目标出现在场景中将会迅速消失。而 PTZ 自动跟踪功能可以确保目标在场景内出现后，通过用户手动操作锁定或让摄像机自动锁定目标，继而实现自动跟踪功能，这样可以保证目标始终出现在场景的中央位置，而值班人员同时可以联系相关部门现场出警。

9.7.2　非安全类应用

1. 人数统计(车流统计)

人数统计(车流统计)功能主要实现对一定的通道或一定的区域进行视频分析，识别人员(车流)的出入情况，进而实现统计功能，并可以形成报表。其工作原理是从摄像机视频图像中提取符合人体特征(如头加肩)或车辆特征的运动行为，并进行计数。人数统计(车流)功能的主要挑战是，该分析模式对摄像机的角度要求比较高，通常安装在高处进行俯视效果比较好，另外，当场景人员(车流)比较多的时候，密集的人流(车流)为系统的区域检测带来困难，从而造成统计结果可能不十分精确。

视频分析之人数统计模式(车流)如图 9.24 所示，系统直接将某方向(或双方向)车流数叠加在画面上。

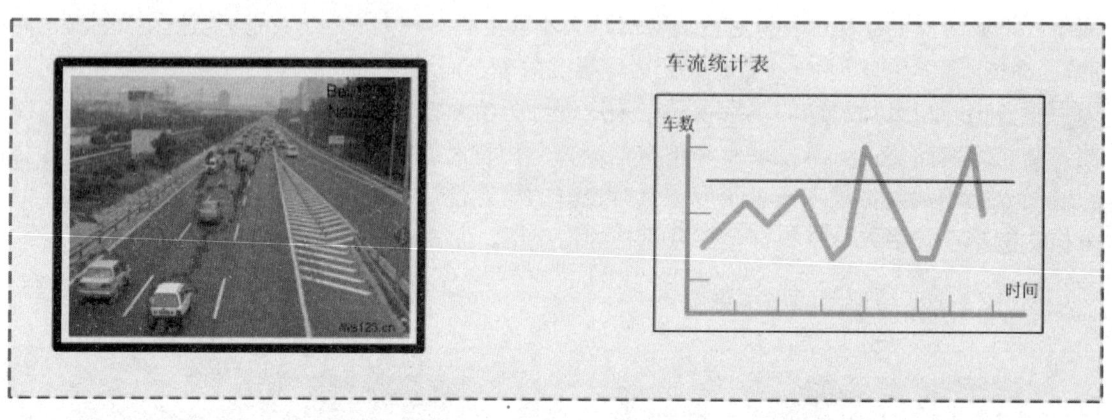

图 9.24　视频分析之人数统计模式(车流)

2. 拥挤探测

拥挤探测主要用在一些重要的公共场合，系统可以对一定的区域自动侦测过度拥挤状况并产生报警信号，此模式采用类似人员计数原理，当人员拥挤开始超过指定数量(阈值)时开始触发报警，此模式是人数统计与区域探测相结合的技术，此功能在车站、商场、机场、广场等场合应用，以确保更有效的工作人员配置，如开通更多通道、开通更多窗口，以提高工作效率，并预防潜在事故的发生。

视频分析之拥挤探测模式如图 9.25 所示。

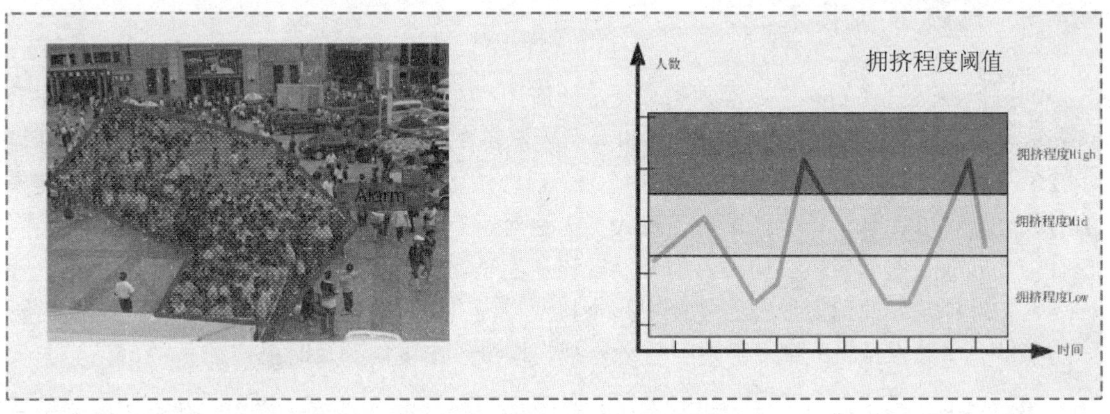

图 9.25　视频分析之拥挤探测模式

3. 车辆行为识别

车辆是个特殊的目标，在视频分析技术中，需要将车辆(前景)从背景中分离出来并进行跟踪，另外，需要对车辆进行分类识别，以过滤掉车辆附近的人的行为。车辆的行为识别主要有以下的工作模式。

(1) 车辆逆行检测

在视频场景内，可以设置禁止逆行的路段，这样，如果有车辆逆行进入，系统自动对车辆进行跟踪，标记车辆的运动轨迹，并在车辆上标记(框框或圈)，然后发出报警，防区外的车辆及非逆行的车辆不会触发报警。

(2) 非法停车检测

在摄像机监视的场景范围内，可以任意设置警戒区域，当有车辆从警戒区域外驶入警戒区域内并达到阈值时间后，则触发报警，同时该车辆被“告警框”标识出，并显示其运动轨迹。此技术与普通的入侵探测技术区别不大。

视频分析之非法停车探测模式如图 9.26 所示。

图 9.26　视频分析之非法停车探测模式

9.7.3 视频诊断技术

视频监控系统在不同领域得到越来越多的应用，在一些大型基础设施中，视频监控点数可能成千上万，而监视墙能够实时显示的画面数量实在有限(通常大型系统的电视墙上实际显示 20~30 路视频)，绝大多数摄像机通道处于后台录像状态，只有在发生报警或有特殊需求的时候才会调出图像。这样，由于值班人员无法对所有前端通道一一进行实时观察，而当真正有需要回放某些摄像机图像时，如果发现该通道早已因为视频信号丢失、聚焦模糊、位置移动、被遮挡、遭喷涂等原因而使得视频资料变得没有意义时，将会是一个灾难。因此需要系统能够自动对摄像机此类故障进行自动监视、检测，出现问题及时报警。

应此需求，一类针对“摄像机状态维护”类的视频分析功能应运产生。此类视频分析技术自动检测摄像机的图像，实时侦测摄像机是否工作正常，一旦发现异常，迅速报警，使得值班人员能够快速进行确认，甚至维修。

1. 视频诊断功能分类

目前主要的摄像机视频诊断功能如下：

- 视频信号丢失(摄像机故障、断电或线缆断开)：自动监测因为摄像机自身故障、电源故障、线缆断开等原因导致的信号丢失。
- 图像过亮(摄像机故障、人为光照等)：自动监测系统中由于人为强光照射、摄像机自身故障、增益控制失效等原因导致的图像过亮现象，此功能可以根据现场环境编程时间表及对应的阈值区间，以 24 小时自适应工作。
- 图像过暗(摄像机遭到遮挡或喷涂)：自动监测系统中由于人为遮挡、喷涂、摄像机自身故障等原因导致的图像过暗现象，此功能可以根据现场环境编程时间表及对应的阀值区间，以 24 小时工作。
- 信号干扰(扭曲、抖动、横条等) ：自动监测视频图像中图像扭曲、抖动、横条、滚屏等现象。通常由于线缆传输故障、线缆老化、接触不良、电磁干扰等导致视频画面出现的各类干扰。
- 图像模糊(聚焦错误) ：自动监测摄像机由于镜头故障或聚焦不当而导致的视频图像模糊。
- 图像场景移位(摄像位置改变过大)。
- 自动监测摄像机由于角度变化过大导致的视频画面图像“骤变”。

如图 9.27 所示。

图 9.27　典型视频诊断功能示意图

2. 视频诊断流程

视频诊断流程示意图如图 9.28 所示。

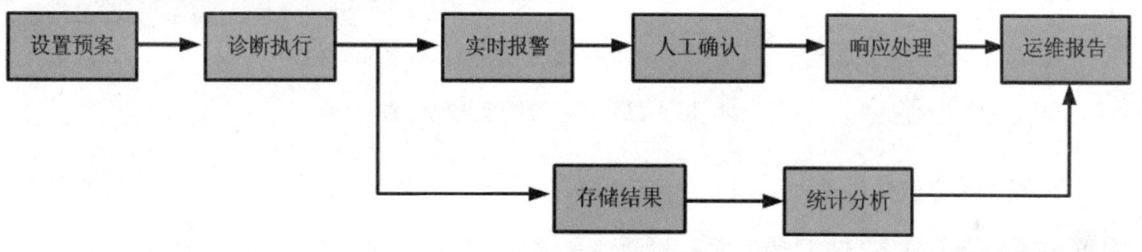

图 9.28　视频诊断流程示意图

- 根据时间、项目、位置和设备优先级等要素设置预案，系统根据预案自动巡检；
- 可对每个摄像机、摄像机分组、传输设备、存储资源等设置不同的诊断参数；
- 诊断指标范围可以分多个级别(阈值)，可根据实际需求灵活调整量化标准；
- 可以将诊断结果和抓拍画面实时显示在用户界面上；
- 可以进行诊断情况统计、分析、跟踪等。

3. 视频诊断功能优势

- 可以自动对前端采集、编码等设备做日常状态监测；
- 可以实时对前端设备进行健康状态跟踪，大大降低工作量；
- 可以做到 7×24 小时无人值守，快速提高系统故障维护的响应速度；
- 可在第一时间检测到故障，提高系统维护效率，保证系统高可靠性、可用性；

- 视频诊断技术不仅仅限于图像质量，还可以覆盖传输、存储、解码等各个环节。

4. 视频诊断系统架构

利用视频诊断服务器(或者录像服务器的诊断服务模块)，通过网络，采集到摄像机、编码器、DVR、NVR、存储等设备运行状态信息，进行诊断分析，发出实时预警信息。利用数据库服务器存储诊断结果和系统配置，视频诊断服务器将诊断结果发送给用户，并在数据库服务器中记录有关信息，用户可以通过客户端监控系统状态，进行信息查询、统计，设置诊断预案，维护设备信息，进行系统管理等各种操作。如图 9.29 所示。

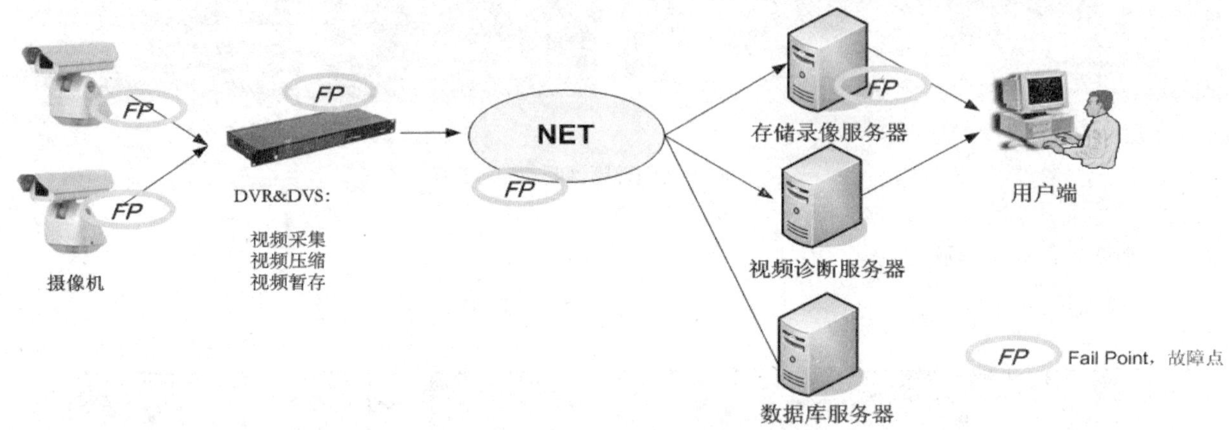

图 9.29 视频诊断系统架构图

5. 视频诊断软件功能

视频诊断软件客户端功能包括：诊断参数设定、日常管理、故障统计等。如表 9.1、图 9.30 所示。

表 9.1 视频诊断软件功能

视频诊断管理	自动预案	根据位置、时间、巡检次数、项目等要素设置预案
	手动控制	手动选择某些摄像头，进行质量检测
	参数设置	可设置并存储多套阈值参数、灵敏度参数
	诊断结果显示	将视频诊断结果及抓拍画面实时显示在用户界面上
故障处理	故障报警	以多种方式通知用户故障，包括语音、电子邮件、短信(可选)报警
	故障处理	故障确认、处理、维修任务派发
信息分析查询	信息查询	对诊断记录进行查询，查询条件包括时间、摄像头所属区域、型号、供应商、故障次数、故障类型、故障严重程度等
	统计分析	结合摄像头所属区域、型号、供应商、故障次数、故障类型、故障严重程度等要素，形成某段时间内的摄像头故障统计图表
	报表生成	将分析查询结果生成报表，并导出生成用户需求的格式

续表

系统管理	用户管理	增加、修改、删除用户；用户权限管理；用户资料信息管理
	系统设置	视频诊断服务器、Web 服务器和数据库服务器的配置
	日志维护	系统日志、用户操作日志的查询、管理、备份、存档

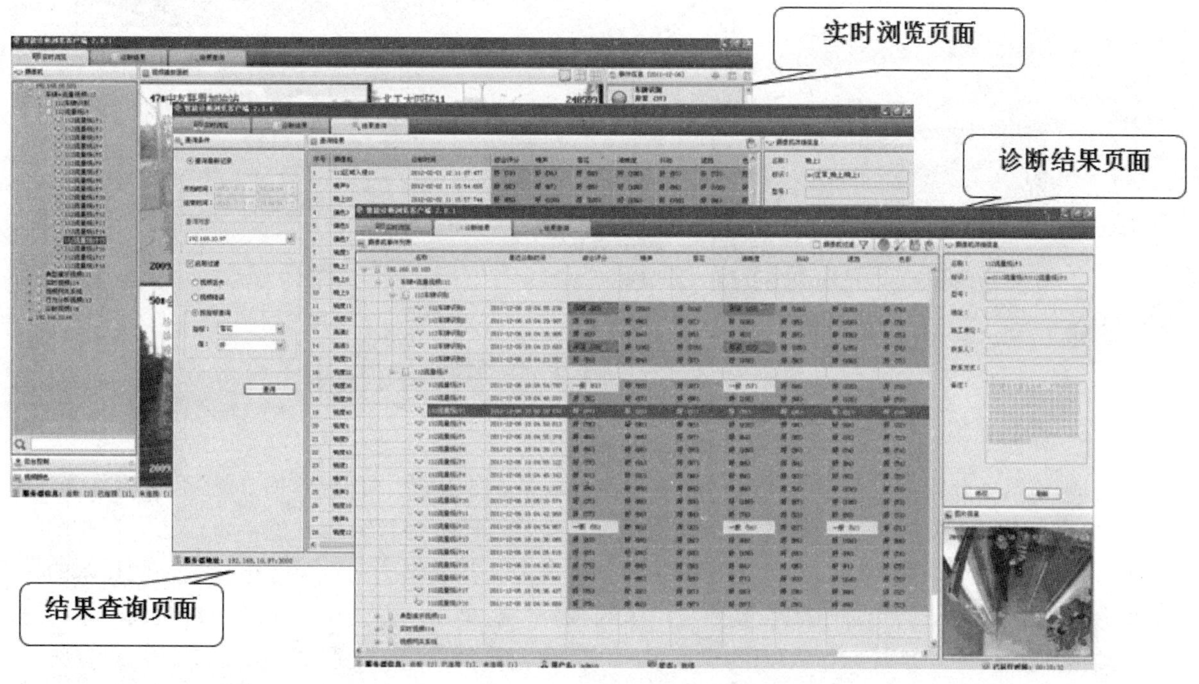

图 9.30　视频诊断软件应用

9.7.4　特色功能介绍

1. 多个预置位分析模式

对一台 PTZ 摄像机的多个不同的预置位，均可以进行视频分析，这样一台 PTZ 摄像机可以具有多个分析模式，可以对多个点进行视频分析，从而节省投资成本，并具有更大的灵活性。但是可能存在的问题是，系统的 FOV 不是非常合适某个模式，因此在某种情况下效果不好。摄像机在不同预置位有不同的分析模式，系统自动加载相应的视频分析参数(Configuration)。

单 PTZ 摄像机多预置位分析功能示意如图 9.31 所示。

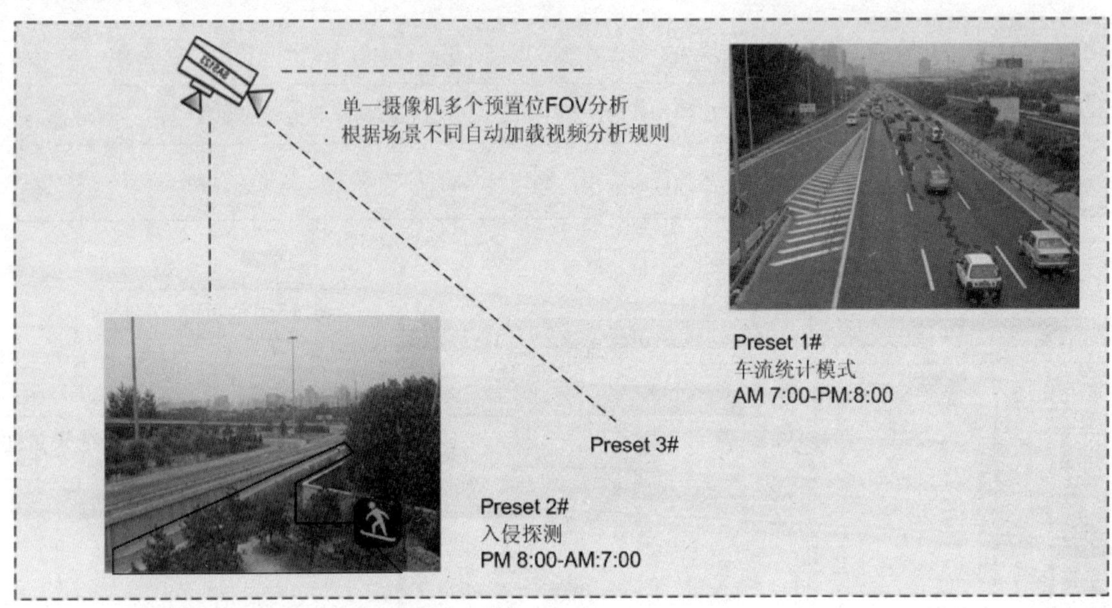

图 9.31　单摄像机多预置位分析

2. 单场景多分析模式

单场景多分析模式是指对于一个固定摄像机场景，视频分析可以同时完成多个分析行为，如对同一个场景同时进行入侵探测、丢包探测、人数统计等多种分析功能，可以认为视频图像具有多个图层，在不同图层上进行不同的分析设定、实现不同的视频分析模式。此技术的优势在于，可以节省摄像机的安装数量，节约视频分析单元。但是由于不同分析模式对不同场景的视场(Field Of View，FOV)的要求不同，因此，分析效果可能受到影响，另外，对视频分析单元的处理能力要求比较高。

3. 固定摄像机与 PTZ 摄像机接力跟踪

对于机场、小区、监狱等场所，常见情况是整个周界部署“首尾呼应”的多台固定枪式摄像机，对周界进行“入侵模式”的探测，但是，固定摄像机通常场景有限，入侵者将很快脱离摄像机监视范围而导致目标消失。而此时可以部署一台 PTZ 摄像机，PTZ 摄像机的分析模式是“目标自动锁定及跟踪”，这样，一旦固定摄像机发现目标，PTZ 摄像机会得到相关信息(后端软件支持)，并开始跟踪目标，跟踪过程自动进行 PTZ 控制调整操作，保证目标始终在视场中，从而实现对入侵目标的大范围、长时间的有效跟踪。通常，在此方式下设置多个固定摄像机对应一个 PTZ 跟踪摄像机。

9.8　视频分析软件及设置

9.8.1　视频分析设置程序

1. 视频分析的 GUI 程序

视频分析程序(客户端软件)的主要功能是进行视频分析的设置及报警接收，视频分析的设置过程实质是针对一定的场景，选择分析模式(如入侵探测模式)，然后根据场景情况设置防范区域(可以有多个防区，也可以设置方向性防区)、景深、报警触发条件(如目标尺寸、停留时间)，并激活过滤器，以上步骤是让视频分析算法能够排除干扰，并了解自身的任务情况，进行视频分析工作。

视频分析的设置主要包括如图 9.32 所示的步骤。

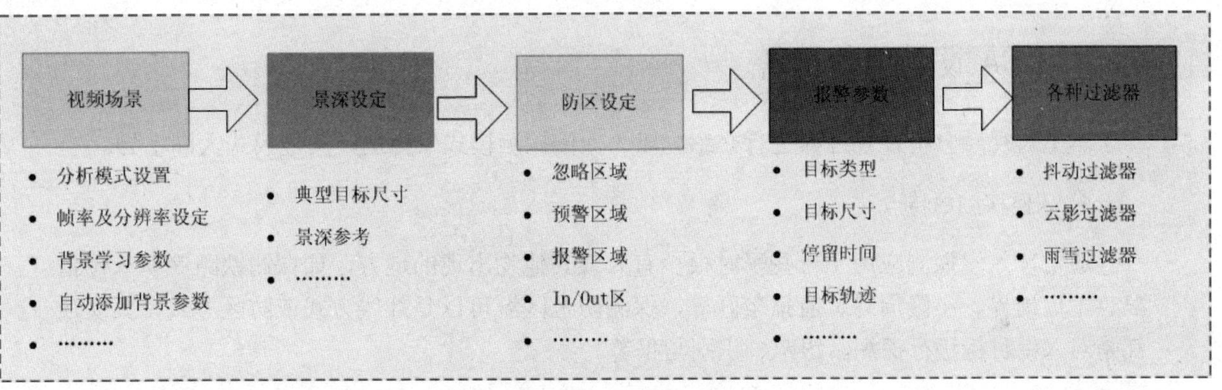

图 9.32　视频分析软件设置过程

- 防区设定：如报警区域、预警区域、方向性区域等。
- 报警条件限制：如目标尺寸、轨迹、停留时间、速度等。
- 景深参数设定：如典型入侵目标景深。
- 各种过滤器设定：如针对室外摄像机抖动、树叶摇动等的过滤器。

视频分析报警管理程序主要用来监视各个视频分析通道的状态，接收告警等。视频中的入侵目标已经做好了标记，增加了跟踪曲线、具有相关视频叠加报警信息等，具体如下：

- 进入视野的目标进行标记及跟踪(如绿色)。
- 触发报警的目标进行标记及跟踪(如红色)，并发送告警信息。
- 对跟踪的目标分配 ID。
- 对所有跟踪的目标进行轨迹显示，以方便观察目标的行踪。

2. 视频分析系统的整合

如先前所讲，视频分析系统目前存在多种产品形态，有的与普通视频监控系统独立工作，各成体系，如前端独立单元方式；有的集成在编码器或 NVR 上。但是不论形态如何，最终呈现给用户的应该是一套完整、集成、方便应用的智能监控系统。

如果 VCA 系统在研发时与平台厂家有深度合作关系，或者 VCA 系统与监控平台是一个厂家研发提供，那么 VCA 软件与视频平台可以进行深层次的集成，具有如下好处：

- 接收报警与报警确认及回放在一个客户端界面上实现，方便操作。
- 视频分析的 GUI 与视频平台是一个客户程序，在一台电脑上，仅登录一次而已。
- 具有快速回放的功能，直接点击报警信息条目可以进行报警“场景重组”。
- 所有的特色功能不会因为集成而丢失或削弱。
- 视频分析的设置数据保存在 NVR 或视频服务器上，而不需要另外的服务器设备。

9.8.2 VCA 设置过程举例

本节对视频分析设置过程进行介绍，以“入侵探测模式”为例，其他模式大同小异。

1. 入侵探测的特点

通常，入侵探测应用于一些平时很少有人或其他物出现的地方，如探测铁路铁轨入侵情况、工厂周界、小区周界、监狱禁区等，探测防范区域可以是绊线方式或防区方式，其实质都是对入侵目标进行探测、跟踪、识别与报警。

在入侵探测模式下，人、动物、车辆沿着摄像机镜头轴线方向的移动会导致算法跟踪效果较差甚至漏报，因此，应尽可能让摄像机轴线垂直于可能的入侵移动方向。这是因为，摄像机的二维成像上基本没有景深的效果，那么，如果有人沿着摄像机轴线由远及近或由近及远地移动，算法很难识别，而如果是穿越摄像机视场，那么算法很容易识别到。

入侵探测设置步骤如图 9.33 所示。

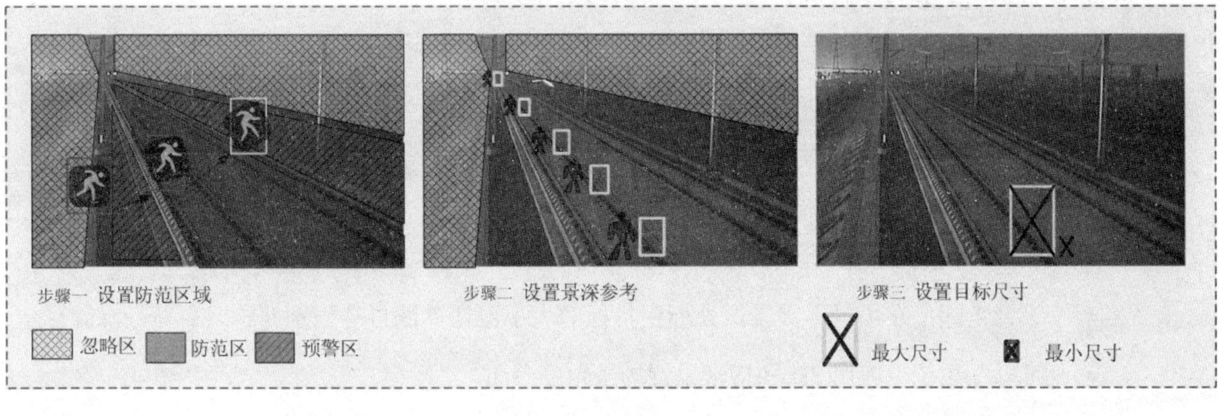

图 9.33　入侵探测设置步骤

2. 视场(FOV)参数设置

FOV，即 Field Of View，主要设置防区范围，具体包含如下步骤——设置警戒区域(防区)、设置算法精度(分辨率)、设置背景学习时间等。此步骤中的关键是调整好摄像机视场，好的视场才会有好的分析效果。

(1) 分辨率选择

视频分析算法可以基于不同的分辨率，如 QCIF 及 CIF 等，注意越高的分辨率，需要芯片的处理资源越多，而分辨率高，可以识别更远的目标。

(2) 帧率选择

视频分析算法可以基于不同的帧率，如 HRT 及 QRT 等，注意越高的帧率，需要芯片的处理资源越多。而帧率高，可以识别更快速移动的目标的移动而不至于漏掉。

(3) 背景学习时间

视频分析功能启动后，算法需要一段时间对背景进行学习以便将来进行背景、前景分离时更有效。背景越是复杂，如背景有海浪、摇动的树叶等，需要的学习时间越长。通常背景学习时间为 30 秒到 1 分钟，在背景学习期间，进入场景的目标不会被跟踪。

(4) 自动添加到背景时间

视频分析算法具有“自动维护背景”的功能，对背景进行更新维护，在有些情况下，进入到背景的目标可能不会再消失，如风吹来的塑料袋、落叶等，在这类目标进入场景超过一定时间(如 5 分钟)，系统会自动地将它们添加到背景中去，而不再跟踪或探测它们。这样的好处是节省系统的计算资源，包括芯片处理资源(CPU 或 DSP)及算法资源(目前一般视频分析算法可支持 20 个目标 ID)。

(5) 忽略区设定

在通常的场景中，一些区域是没有意义的，如防区很远处，背景的天空等，这样，可以设置为忽略区，系统对该区域不进行探测以节约运算资源。

3. 设置景深参数

主要设置典型入侵目标的尺寸及景深透视参照，目的是让算法对场景的景深进行学习以实现不同景深场景下的有效探测和跟踪。景深设置通常应用于远程目标探测过程，对于人流统计、丢包探测等模式一般可以不予设置。

- 典型目标尺寸：在场景中标明典型目标尺寸，以让算法对入侵者大小有所参考。
- 设置景深：在场景不同景深处标明目标的大小，让算法自动识别并学习更新景深。
- 可以在系统中应用 3D 网格来设置场景角度参照。

4. 设置探测防区

主要有如下几种。

- 设置入侵防区：入侵防区的意义在于从各个角度进入到该防区都会触发报警。
- 设置方向性防区：方向性防区对入侵轨迹做方向逻辑判断，如正向进入某区域不报警，而逆向进入则可触发报警。
- 设置排队区：在排队模式下，设置排队监测范围。

5. 设置报警特征

主要设置典型物体的大小，用来过滤一些非典型大小物体目标，假如某铁路监控项目中主要的入侵探测对象为大型动物、人或汽车等可能对列车运行产生巨大安全影响的入侵目标，那么对于猫、狗、羊等小动物不设置触发报警。

(1) 目标的尺寸限制

设置报警特征可以让符合特征的目标触发报警，而不符合特征的目标过滤掉；大于或小于极限尺寸目标会被过滤；尺寸的高和宽均有效；景深因素会被考虑进去。

(2) 目标的轨迹特征

入侵的目标必须有一定的轨迹，只有在视频上超过运动轨迹所标注的距离后，才会触发报警，这样可以防止突然的像素变化而触发误报警。

6. 设置各种过滤器

(1) 影子过滤器

此过滤器主要用来忽略光线的变化，例如有时候因为室外快速移动的云影使算法认为是有物体移动而误报，算法能够检测到是真正的目标还是云影并过滤掉，而真正的目标如果与背景相似，可能被此过滤器过滤掉而漏报。

(2) 抖动过滤器

此过滤器主要用来忽略摄像机画面中小幅度的规则运动(如 10 像素内)，如摄像机抖动情况下的画面中有规则运动，此过滤器开启可能导致小目标探测被忽略掉。

(3) 云、雨、雪、雾过滤器

根据实际情况选用此过滤器，以过滤系统画面中的各类干扰，但是需要更多的系统运算资源，并且，在某些情况下，会导致漏报。

(4) 静态过滤器

根据实际情况应选用此过滤器，如画面中有规则的树叶随风摆动或海浪波纹等，以过滤系统画面中的干扰，但是需要更多的系统处理运算资源，并且在某些情况下，会导致漏报。

9.9　视频分析技术实施

视频分析的设置工作本身并不难，通常的步骤就是选择好视场、明确分析模式，然后进行防区、分辨率、灵敏度、各种过滤器的选择和使用。

设置一个通道的视频分析的过程很快，但是，对一个通道视频分析进行参数微调、现场模拟、效果观察等工作却是一个复杂的工作，而中间的各个环节，要解决的问题就是“提高探测率，降低误报率”。视频分析产品的真正考量在室外环境，通常，对于室内环境，厂商基本可以进行模拟试验，因此问题不大，但是对于大型户外项目，环境复杂、遇到的问题比较多，系统调试阶段工作量比较大，从调试到试运行，可能需要不止一次的现场模拟、参数微调、效果观察等过程才会达到最佳效果。

提示：视频分析产品并非是“即插即用”的产品。每个项目有自己的特点、一个项目中各个点位有自己的特点，各个点位又有不同的应用需求，因此必须针对不同的项目、不同的点位、不同的需求有针对地进行实施。

9.9.1　视频分析实施流程

视频分析是个系统工程，其实施的起点不在项目的安装调试阶段，而是开始于项目立项、设计阶段。视频分析销售人员需要明确了解客户的需求，并定义系统的可能达到效果标准，并对系统的存储、网络、摄像机等配套设施提出需求；在项目实施阶段，调试人员需求了解现场环境，如地形、光照变化、摄像机抖动、信号干扰等各种情况，并采取各种参数调节手段进行优化；最后，调试人员需要对系统表现进行跟踪并进一步微调，以达到最佳效果。

视频分析项目实施的工作流程如图 9.34 所示。

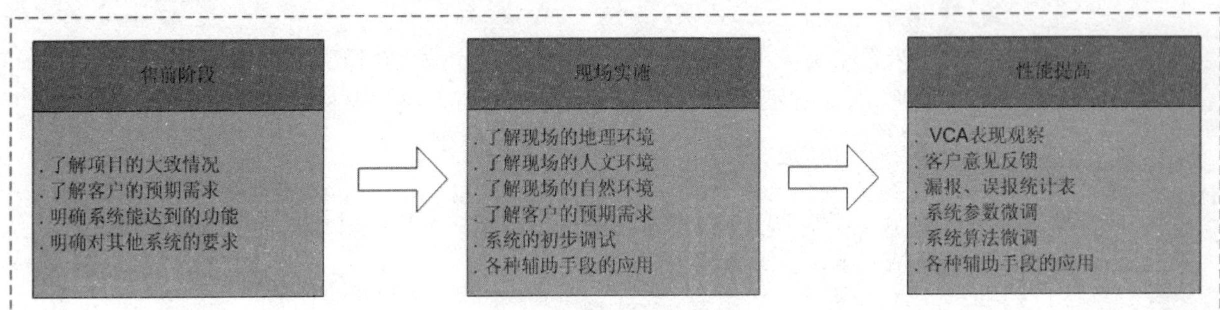

图 9.34　VCA 项目实施工作的流程

9.9.2　摄像机部署要点

要发挥视频分析系统的最佳效果，需要为视频分析算法提供良好的图像视角及图像成像质量，这是前提，当然这个前提是在现场条件允许的情况下尽力而为的。首先，摄像机的性能要好，以最大提升图像的质量；其次，视场要有针对性、降低复杂度、突出有效信息；第三，安装摄像机的位置和角度要避开干扰，且减少目标重叠的可能性。

9.9.3　VCA 效果评定

在视频分析系统完成初步实施后，需要对全部或部分典型通道的“性能表现”做评估，评估需要有详细的记录，记录中包括各种气候环境下(如风、雨、雪、雾等)、自然环境下(如云、树木、摄像机抖动干扰等)、不同的入侵行为模式(如正常走、快跑、慢速跑、爬、停留等)下的评定情况。最后得到系统的各项评定指标，包括探测率、漏报率及误报率等参数，并形成如表 9.2 所示的表格数据。

表 9.2　VCA 项目考核参考表

	入侵模式						自然因素				性能表现		
序号	快跑	慢走	爬行	目标距离	目标尺寸	摄像机抖动	风	雨	雪	雾	探测率	误报率	漏报率
1													
2													
3													
4													
5													

1. 主要的评估指标

主要的评估指标如下：

- 系统探测成功率

- 系统探测误报率
- 系统漏报率
- 系统自动跟踪能力

2. 主要的环境指标

主要的环境指标如下：

- 摄像机在抖动状态下的工作
- 场景附近区域树木等的干扰
- 晴天及多云天气的云影干扰
- 雨天、雪天系统的过滤机制
- 小动物、飞鸟等的干扰
- 夜间低照度下系统的探测性能

3. 主要的模拟入侵指标

主要模拟入侵指标如下：

- 入侵者从不同角度入侵
- 入侵者以不同的速度入侵
- 入侵者以不同的形态(爬、蹲、跑、走、多人等)入侵
- 入侵者对自己进行伪装(着装与背景类似的低对比度情景)
- 入侵者从目标附近的高低地形处入侵

9.10　视频分析产品选型

视频分析系统涉及编码压缩、视频分析算法开发、系统平台等多种应用，因此，厂家的行业经验积累，开发能力、对需求的理解等因素至关重要。产品发布时间早的供应商、成功案例越多的供应商，其产品会越成熟和可靠。在复杂室外环境下的误报率和漏报率能反映厂家真正的实力。

室外复杂环境，风、霜、雨、雪、雾、高处物体或飞鸟的阴影、摇动的树叶、海浪、摄像机的风摆震动、室外建筑的反光等都可能是触发误报的原因，优秀的厂家已经逐渐掌握了以上误报的解决方案并使 VCA 产品表现日益优秀。

9.10.1 算法实现方式

近期的视频分析技术一般基于物体跟踪(背景分离)技术，是真正的视频分析技术，称为VCA，此技术可以提供更好的视频分析效果表现。可以对场景中的背景进行学习并自动维护背景；可以对场景中的物体进行探测、跟踪及分类；可以通过学习目标物体的行为模式而更好地跟踪及分类。此技术的缺点是算法复杂，对处理器或DSP芯片要求较高。

目前，采用背景、前景分离技术的视频分析算法是主流应用。但是，此技术仅仅是一个大的框架，在大框架下有不同的算法模块实现方案，而不同算法模块实现方案下系统的表现差别很大。也就是说，视频分析算法本身并不难，难在优化各个模块并合理搭建一个完整的系统并具有良好的性能表现。这要求视频分析算法厂家能够综合考虑场景中可能的各种情况，使各个算法模块具有复杂视频场景的适应性。

9.10.2 系统架构

前面介绍过，从大的角度看，目前视频分析技术主要有两种架构方式：一种是基于后端服务器方式；另外一种采用DSP方式，两种方式没有孰优孰劣的问题，在不同的系统、不同的需求中两个方式都有各自的应用，重点在于根据各自的特点进行部署。

DSP方式可以使得视频分析技术采用分布式的架构方式，在此方式下，视频分析单元一般位于视频采集设备附近(IPC或DVS)，这样，可以有选择地设置系统，让系统只有报警发生的时候才传输视频到控制中心或存储中心，相对于服务器方式，大大节省了网络负担及存储空间。DSP方式下，可以使得视频分析单元直接对原始或最接近原始的图像进行分析，而后端服务器方式，服务器得到的图像经过编码压缩、网络传输后已经丢失了部分信息，因此精确度难免下降。

后端服务器方式下，系统需要将视频发送到服务器，服务器利用CPU进一步进行处理。服务器模式下，系统对于算法的更新升级比较方便，并且，前端设备不需要更换，硬件设备不需要升级，大大地节省了系统的建设成本。另外，对于前端各个摄像机通道，可以灵活地设置、取消、变更视频分析模式，这是DSP方式很难做到的。但是视频分析是复杂的过程，需要占用大量的系统计算资源，因此服务器方式可以同时进行分析的视频路数非常有限，随着处理器能力的提升及算法效率的提高，这个问题会有所改善。

9.10.3 集成性与易用性

视频分析产品通常是“视频监控系统”锦上添花的功能，因此，设备形态可能是独立于主视频监控系统的，视频分析厂商提供嵌入式硬件、软件等，之后，安防监控集成商需要将视频分析功能集成到系统中去，因此视频分析产品的开放性、集成性是考核要点。

另外，视频分析产品并非是即插即用的，不同的项目，同一个项目中不同的场景需要不同的参数设置。因此，视频分析设备要具有易用性、设备连接要简单化、用户界面要友好、参数设置要清晰并有向导等因素都是需要考虑的。

1. 集成性

视频分析产品的集成性很重要，视频分析产品必须能够有效地集成到视频监控平台甚至安防平台上去，只有当视频分析产品有效集成到整个监控平台上去，才能充分发挥其最大效能，让安保人员及时发现并快速处理报警。

为此，视频分析产品必须与整个视频监控系统一体化设计，无缝集成的设备包括编码器、DVR、NVR、存储设备、显示设备等。

2. 易用性

易用性主要指如下几个方面：

- 通过 Web 浏览器或者客户端软件，用户可以设定相关的所有配置。
- 所有的配置选项容易设置，通常只需几分钟就可以完成。
- 具有全天候的自学习、自适应和自调整功能，不需要人为地进行手工调节。

> 注意：对于视频分析产品，其实质应该理解成是一个“软件+服务”，而不是一个“盒子”、一个“模块”或者一个“设备”等独立的产品。因此，在视频分析产品的报价中，其中的大部分应该是“服务费”，而服务费中包括：系统设计、培训、安装调试、参数微调、再调试、系统升级、特性功能开发等。

9.11　视频摘要与检索

9.11.1　需求背景

平安城市及大型项目(如机场、地铁)，监控摄像头成千上万，存储周期至少一个月，众多的摄像头及海量的视频信息中，要快速找到有用线索，依靠传统人工查找及回放已经远远不能满足要求。另外，找到有用线索后，如何利用线索，查找更多线索、查找关联视频及录像等，人工操作几乎无法实现。

业界的愿景是：日常无事件发生，系统亦能够自动生成并存储线索，一旦发生事件，用户仅仅需要输入请求信息(基于事件的初级线索，如目击人描述)，系统能够自动、快速检索出相关线索，包括空域(多个摄像头)及时域(一段时间录像)跨度的视频内容。

目前，视频摘要技术和视频智能检索技术可以用来解决这一问题，通过视频摘要可缩短视频事件的回放时间，并快速发现线索；通过视频内容目标分析，可实现智能检索，进而实现快速查找事件线索、缩小查看范围的功能，极大地减轻工作人员的工作负荷，提高效率。

9.11.2 视频摘要技术

“视频摘要”是指从原始视频中提取有用的前景目标的活动信息，然后和背景视频合成剪辑而成的较短视频片断，它可以将几小时的视频压缩成一个简短到十几分钟的事件摘要视频，其中包含了原视频中所有重要的目标活动详情和快照。视频摘要可以采用原始视频分辨率，也可以根据存储要求降低分辨率，可通过点击浓缩视频中的目标播放原始视频。如图 9.35 所示。

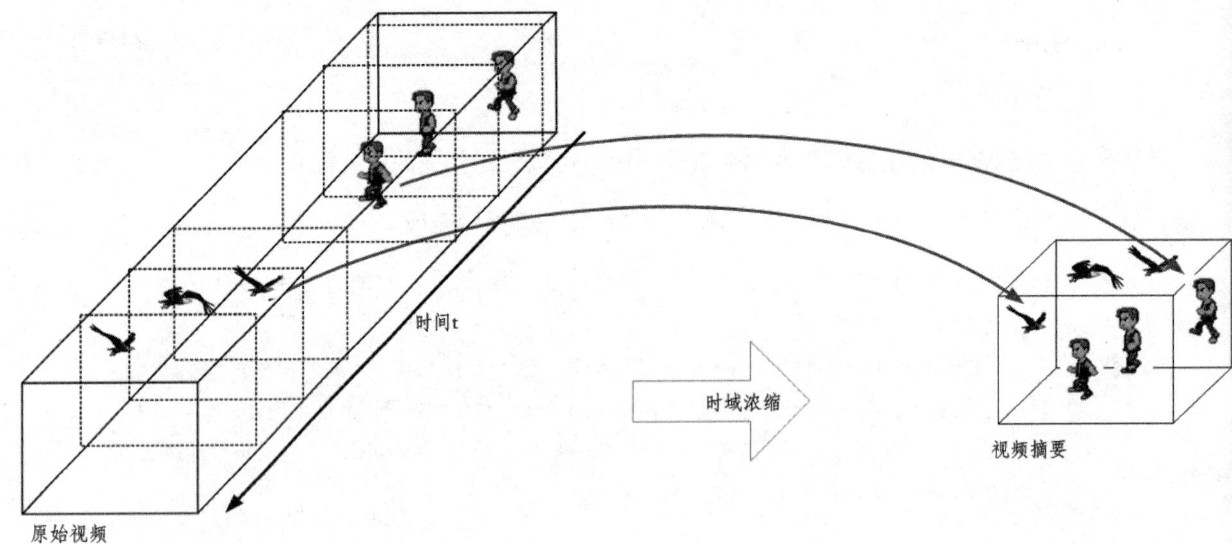

图 9.35 视频摘要原理示意图

1. 视频数据的结构分析

一段视频本质上是一个二维图像流序列，是一种非结构化的数据。视频分析处理系统需要将非结构化视频数据流经提取、识别、分割、整理等过程，变为结构化的数据，以适用视频处理相关应用的需求。

通常视频数据具有如下典型结构：一段视频流描述了一个或多个故事(Story)，一个故事包含一个或多个场景(Scene)，一个场景包含一个或多个镜头(Shot)，一个镜头包含多个系统视频帧(Frame)，视频层次结构由低到高，具体如图 9.36 所示。

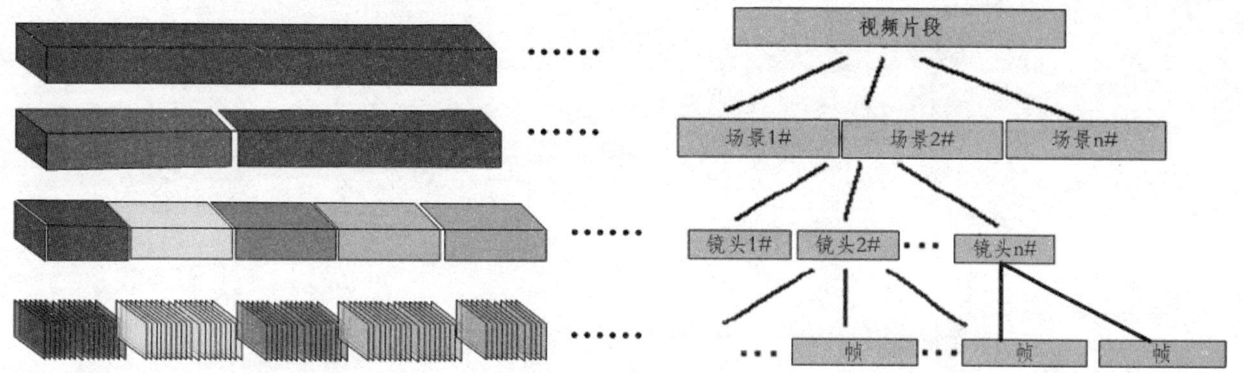

图 9.36　视频数据层级结构示意图

- 视频帧(Frame)：视频数据最小单位，时间连续的帧合成动态图像序列。
- 镜头(Shot)：视频数据基本单位，摄像机记录的一组连续图像帧。
- 场景(Scene)：在时空上连续的视频背景，由多个镜头构成，描述一段具体语义内容。
- 故事(Story)：由一系列时空相关场景组成，描述一个完整的故事。
- 视频流(Video Stream)：原始视频数据，包含一个或多个故事。

提示：视频帧是视频数据本身具有的物理层次，而场景和镜头是概念上的层级。视频数据的结构化就是对视频在时间上的层次分割，完成非结构化视频流到结构化视频的转换。

2. 视频摘要生成过程

视频摘要生成过程如图 9.37 所示。

- 视频数据的结构化分析：将原始视频流划分为合理的结构单位，形成视频内容层次模型，并得到视频内容对象的相关描述；
- 视频内容提取：采用模式识别或者视频结构探测方法，获取能被计算机处理的信息；
- 视频对象评判：通过标准或模型，对视频对象进行评判，选择出相关度高、概括性强的视频内容对象作为视频摘要的组成元素；
- 视频摘要的合成：将选择的视频内容对象排列组合，形成可视化视频摘要。

其中涉及的技术包括：镜头探测、场景聚类、目标探测、车牌识别、人脸识别等。

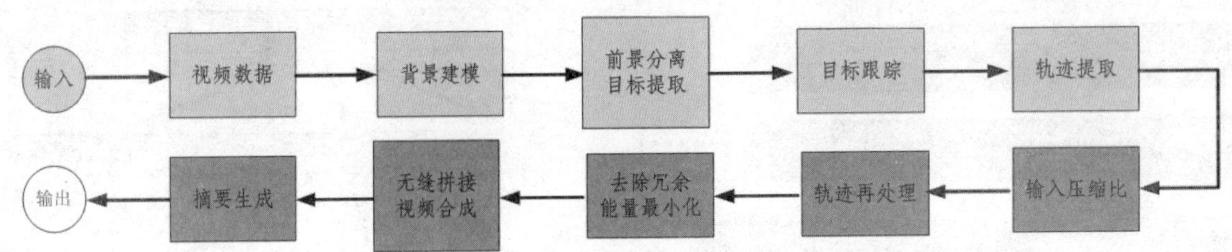

图 9.37　视频摘要生成过程示意图

3. 视频摘要关键技术

视频摘要技术可以将长周期视频内的人物、事件，浓缩在短期视频中，并进行时间标签标记，操作人员可以直观查看，并可快速定位到原视频。通过视频摘要技术，便于可视化调查，能够在事发后快速响应，大大提高调查效率。如图 9.38 所示。

- 提取运动目标：将运动目标和背景分离，记录目标、目标轨迹以及背景的数据。
- 摘要合成：通过一定的规则将不同时间出现的目标同时呈现在一段简短的视频内。
- 摘要检索：选中摘要中任意的运动目标，回放目标的原始视频，还原现场真实情况。

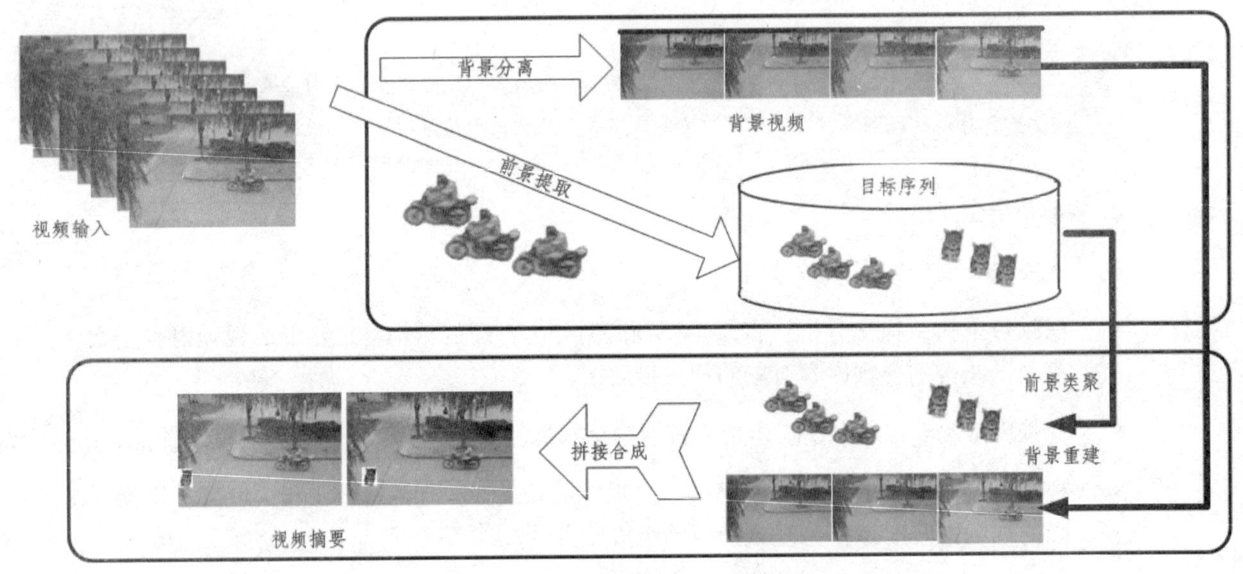

图 9.38　视频摘要关键技术示意图

4. 视频摘要对比视频分析

视频分析(VCA)技术与视频摘要技术(Synopsis)有一定相似度，目的都是为了将安防操作人员从日益繁重的“盯屏幕、查录像”工作状态中解脱出来，将视频的实时报警、录像回放、检索等工作加入智能元素，并且两者的技术支撑都是视频的背景、前景分离，产生 Meta Data，对视频兴趣区域进行事件发现、报警、检索、浓缩等。

不过两者有很大的不同：

- 视频分析技术通常是基于事先预设的规则，比如入侵、逆行、人流等，并且通常一个场景只能进行一个模式的分析，实时处理、直接输出结果；
- 视频分析技术需要进行复杂的设定工作，甚至多次优化，并模拟入侵触发等；
- 视频分析重点在于实时报警，实时触发，通常伴随一定的误报率；
- 视频摘要技术无需进行规则预设及复杂的设定工作(防区、灵敏度、景深、模式等)，可以将一段时间的视频录像进行“全局呈现”，由操作人员基于呈现的视频摘要进行研判，从这个角度讲，视频摘要属于“半自动”设备，需要人员的参与判断。如图 9.39 所示。

图 9.39　Briefcam 视频摘要实例图

- 视频分析算是“全自动”设备，可告诉操作人员直接的结果：逆行、丢包、入侵等。

9.11.3　视频检索应用

“视频检索”可以理解为从大量视频数据中找到目标视频内容的过程。通过有用的内容作为线索，可以进一步在更多视频中进行搜索及检查，进一步形成线索直至达到目标。

视频分析是视频检索的基础，视频分析可以提取出场景中运动的目标，并对目标进行特征提取(分类、颜色、时间、动作、轨迹等)，然后特征描述信息被存储到数据库(索引)，在日后需要智能检索时，系统直接比对数据库中存储的已经索引好的特征，不必重新处理视频，最后，与请求信息匹配度、相关度高的视频片段将快速被检索出来。

完整的视频检索系统的关键技术主要有：关键帧提取、图像特征提取、图像特征的相似性度量、查询方式、以及视频片段匹配等方法。视频摘要也是原始视频的一个索引，可以进而定位事件发生的时间。如图 9.40 所示。

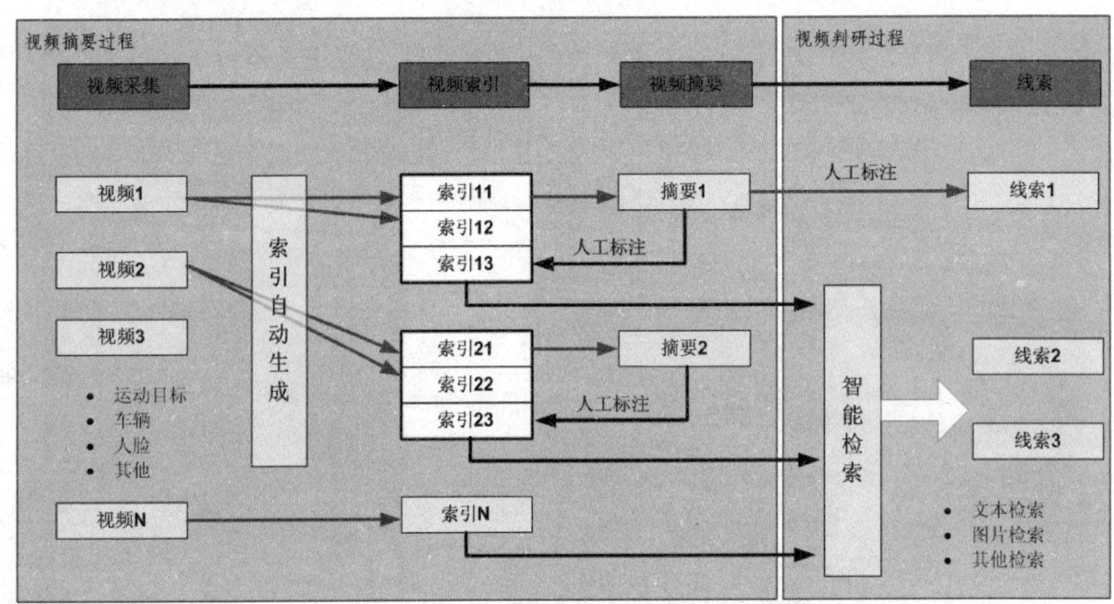

图 9.40　视频检索过程示意图

智能检索使用了下列技术:

- 移动物体的特征提取，例如目标的颜色、大小、速度、位置和轨迹；
- 事件监测后产生的事件描述作为检索输入；
- 从视频摘要获得的线索作为输入；
- 人、车、物目标分类；
- 准确的背景和前景切割，以提供清晰的边缘和背景；
- 利用用户的经验和直觉提高检索准确率。

提示：通过视频摘要及检索系统，事件发生后，首先通过目击证人提供的线索，对相关事件现场视频摘要进行快速浏览，进而进一步找到有意义的线索，然后扩展到更多关联摄像机的视频摘要，进行更多搜索和检查。之后再利用查到的线索信息（目标特征，如人脸、车牌、颜色、速度等）作为索引输入条件，进行请求搜索，系统自动比对已经存储在数据库的运动目标特征（元数据）数据，匹配性高的视频内容将会快速被检索出来。

9.12　本章小结

本章主要介绍了近几年兴起的新技术应用，即视频内容分析技术及视频摘要技术，此技术一经出现，便颠覆了传统的视频监控模式，将视频监控从被动变为主动。目前视频分析技术还处于初级阶段，仅仅在一些高端场合如机场、地铁、铁路、监狱、银行、高档小区等场所应用，应用模式也非常有限，并且其实际效果也亟待提高，但是对于视频内容分析技术的前景，行业上几乎没有异议。

早期视频分析技术应用的障碍(如图像清晰度、芯片处理能力、带宽、算法等环节)都已经得到了快速改进和提高，尤其是“云计算”与视频监控的融合，使得基于云端的视频分析处理、信息交互、检索等工作变得高效可行。

云端智能首先可以处理分析海量监控视频数据，从中提取出有价值的视频线索并构建海量视频情报库，其次，在海量视频情报库基础上，提供多模态视频线索和信息管理、目标快速搜索，轨迹挖掘、事件合并、综合研判等功能。类似于 Google 的搜索，建立真正智能、联网、全面覆盖的智能系统，必将更大地发挥监控价值。

读书笔记

第10章 网络视频传输与交换

随着计算机技术、编码压缩技术的发展，使得网络视频监控系统得到迅速发展，而作为网络视频监控系统的基础承载，对于网络传输、交换、协议等知识，我们有必要进行了解。

关键词

- 网络视频系统结构
- 网络传输基础
- 网络传输协议
- 单播、组播与广播
- 交换机相关技术
- 网络拓扑

10.1 网络视频监控系统的特点

10.1.1 网络视频监控系统的结构

典型的网络视频监控系统的主要构成是编码器、媒体服务器、录像机、解码器、核心管理软件、客户工作站等。编码器对视频图像进行编码压缩并发送到网络，客户工作站对视频进行解码显示，操作人员可以发送控制命令，实现对前端的设备进行PTZ控制等操作。网络视频监控系统的数据流架构如图10.1所示。

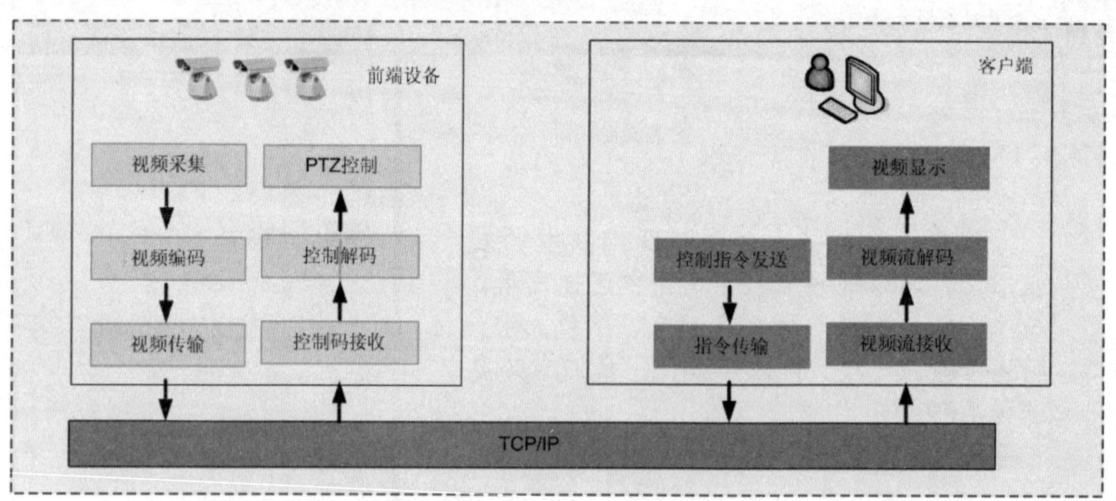

图10.1 网络视频监控系统的数据流架构

图10.1中主要包括两种类型的数据流，一种是视频监控系统中主要的、占据大量带宽资源的媒体流(视频流)，另外一种是视频监控系统中比例很小、占用资源很少但是非常重要的控制流(命令流)。视频流的特点是对实时性要求很高(体现在延时和抖动要求上)，而控制命令的要求是高可靠性(不允许有丢包现象)。

在网络视频监控系统中，视频的编码压缩是基本工作。MPEG-4、H.264编码标准具有压缩率高、质量好等优点，在视频编码压缩方式中占绝对主流。对于视频/音频的传输，网络视频监控主要需求是实时传输、延时小、丢包少，传统的TCP协议的重发机制具有较高延时，而UDP协议本身不提供服务质量(QoS)保证。

因此，在网络视频监控系统的视频流传输中，在UDP之上，通常采用实时传输协议(RTP)加传输控制协议(RTCP)，两者配合使用以实现网络视频数据流传输的需求；而采用TCP进行控制命令的传输。

10.1.2 MPEG-4 技术说明

视频编码压缩技术是网络视频监控系统的基础，没有经过编码压缩的海量数据对网络传输系统来说是无法承受的。视频编码压缩技术目前的主流是 MPEG-4 方式，而 H.264 编码方式近年来发展迅速，并具有更好的特质。相对于以往的编码方式(MPEG-1/2)，MPEG-4 编码方式最大的不同是采用“基于对象”的编码方式，打破了以往的基于“宏块”为编码单位的限制，引入了“视频对象”的概念，在编码时充分考虑了“人眼”的视觉特征因素。

本书第 3 章中已经介绍过，VOP 是 MPEG-4 视频编码的核心概念，VOP 即视频对象平面(Video Object Plane)，它是视频对象(VO)在某一时刻的采样，MPEG-4 在编码过程中针对不同 VO 采用不同的编码策略，即对前景 VO 的压缩编码尽可能保留细节和平滑，而对背景 VO 则采用高压缩率的编码策略，甚至不予传输而在解码端由其他背景拼接而成。这种基于对象的视频编码方式不仅克服了第一代视频编码中高压缩率编码所产生的方块效应，而且可以使得用户能够与场景交互，从而提高了压缩比，又实现了基于内容的交互，为视频编码提供了广阔的发展空间。

MPEG-4 的 VO 与 VOP 概念如图 10.2 所示，这里，鸽子(背景)、草地(背景)、狗(前景)都是 VO 单元。

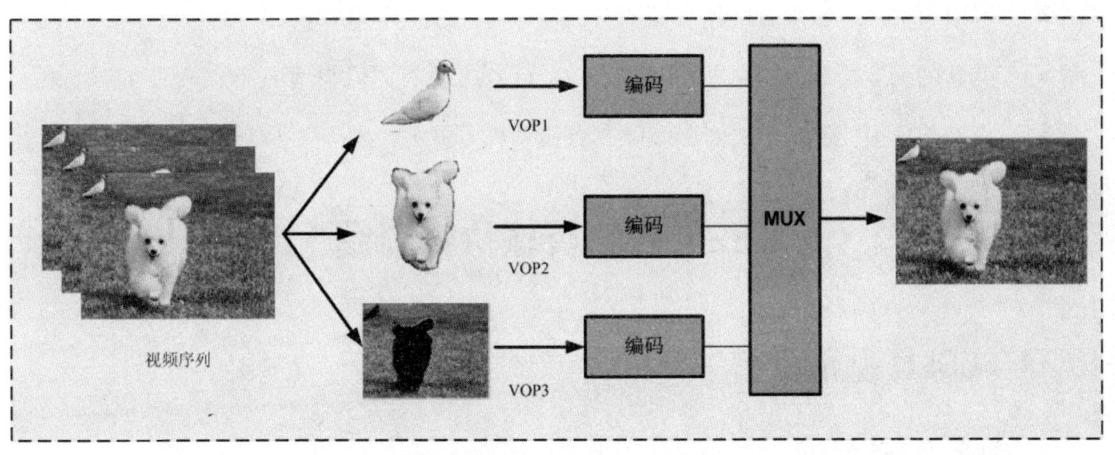

图 10.2 MPEG-4 的 VO 与 VOP 概念

提示：VO 概念的引入是更多地考虑了人眼及人脑对视频信息接收及处理方式的特点，实现了对视频信号数字化到智能化的迈进，为视频处理交互性和灵活性提供了可能。而先前的 MPEG-1/2 编码方式中基于矩形图的编码方式，可以看作是一种特殊类型的 VO，这样，MPEG-4 实现了“传统编码方式”与“基于内容”编码方式的统一性。

10.1.3 系统中的视频传输

在网络视频监控系统中，虽然视频图像经过编码压缩，但是其数据量还是很大，当网络中同时有多路视频信号传输时，并发的大量数据传输对网络的压力非常大，从而可能导致数据的延时或丢包，而网络视频监控系统与普通数据业务的区别在于其对数据(视频)的实时性要求比较高，网络延时必须在一定限度内才可以接受。

在 TPC/IP 协议分层模型中，包含两种传输协议，即传输控制协议 TCP 和用户数据协议 UDP。TCP 是面向连接的传输协议，具有重传机制和拥塞控制机制，能提供可靠服务；而 UDP 是无连接的数据传输，没有重传机制，所以是不可靠的服务，但是传输效率比较高。通常，在网络视频监控系统中，根据具体情况，两种协议都有不同的应用，如 TCP 用来进行设备的控制信息、视频的回放流传输等，以发挥其可靠性特点，而 UDP 用来传输实时的音、视频图像，以发挥其高效性。

在网络视频监控系统中，传输的关键技术体现如下：

- 高效的编码压缩方式以保证对带宽资源的低占用。
- 良好的 QoS 机制以自动调整相关参数，保证降低传输延时、丢包率。
- 可用组播技术实现对网络资源的节约。
- 良好的拥塞控制机制，要求 IPC、DVR 及 DVS 具有码流自适应能力。
- 良好的差错控制，IPC 及 DVS 要具有错误恢复能力。

10.2 网络传输协议介绍

10.2.1 OSI 模型介绍

1. OSI 的 7 层网络模型

OSI 模型是由国际标准化组织(ISO)制定的。OSI 模型将网络通信工作分为 7 层，由低到高依次为物理层、数据链路层、网络层、传输层、会话层、表示层和应用层。各层的功能相互独立，每一层所实现的功能对上面一层来说都是透明的，每一层都只关心下一层所提供的服务。

OSI 的 7 层网络模型结构如图 10.3 所示。

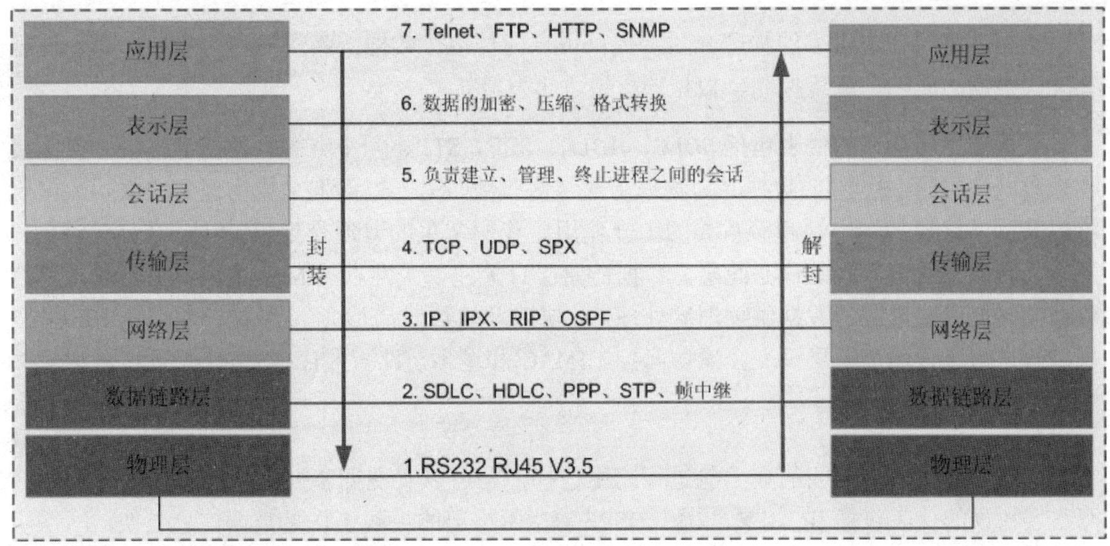

图 10.3 OSI 的 7 层网络模型结构

物理层、数据链路层和网络层属于 OSI 模型的低 3 层，负责创建网络通信连接的链路，传输层、会话层、表示层和应用层是 OSI 模型的高 4 层，具体负责端到端的数据通信。

每层完成一定的功能，每层都直接为其上层提供服务，并且所有层次都互相支持，而网络通信则可以自上而下或者自下而上双向进行。当然，并不是所有通信都是要经过 OSI 的全部 7 层，如物理接口之间的转接，只需要在物理层中进行即可；而路由器与路由器之间的连接则只需要网络层以下的 3 层。

比如："写信、寄信、读信"。我们写信给朋友，通常的过程是将心中要表达的东西以文字形式写在信纸上，再装入信封、投入邮筒，之后经过火车或飞机(邮局传输系统)最后再到达朋友的邮筒。朋友收到信件、打开信封后取出信纸，读到信的内容，然后将信的内容信息传输到大脑。整个过程中，信息(信件内容)经过了一系列的传输和包装、解包装过程后，其内容始终没有改变。

2. OSI 模型分层介绍

(1) 物理层

物理层规定了激活、维持、关闭通信端点之间的机械特性、电气特性、功能特性以及过程特性。物理层为上层协议提供了一个传输数据的物理媒体。属于物理层定义的典型规范包括 EIA/TIA RS-232、EIA/TIA RS-449、V.35、RJ-45 等。顾名思义，物理层就是网络设备的物理连接，如发送器、接收器、网线、光纤、连接器等构件都是物理层设备，是整个网络信息高速公路的基础，它透明地传输比特流，常说的"综合布线"系统主要就是物理层工作，注意我们经常见到的集线器(Hub)就属于物理层设备。

(2) 数据链路层

数据链路层在不可靠的物理介质上提供可靠的传输。数据链路层的作用包括：物理地址寻址、数据的成帧、流量控制、数据的检错、重发等。

数据链路层协议的代表包括 SDLC、HDLC、PPP、STP、帧中继等。数据链路层一方面接收来自网络层(第 3 层)的数据并为物理层封装这些帧，另一方面把来自物理层的原始数据比特封装到网络层的帧中，起着重要的中介作用。我们常见的普通交换机(相比三层交换机)、网卡、智能集线器等就工作在此层。数据链路层只关注以太网上的 Mac 地址，主要职责是将数据帧转换成二进制的数据供物理层处理，此层涉及的数据是“帧”。数据链路层由 IEEE802 规划改进为包含两个子层——介质访问控制(MAC)和逻辑链路控制(LLC)。

(3) 网络层

网络层负责对子网间的数据包进行路由选择，还可以实现拥塞控制、网际互联等功能。网络层协议的代表包括 IP、IPX、RIP、OSPF 等。网络层的主要工作是数据信息交换，网络层把数据包发送到目的路径。我们经常用到的 IP 地址，就是网络层的范畴。在网络层，涉及的是“数据包”，地址解析和路由是网络层的主要任务。常见设备是路由器、网关等。

(4) 传输层

传输层是一个端到端，即主机到主机的层次。传输层负责将上层数据分段并提供端到端的、可靠的或不可靠的传输。此外，传输层还要处理端到端的差错控制和流量控制问题，传输层协议的代表包括 TCP、UDP、SPX 等。传输层提供端到端的通信管理，确保按顺序无错地发送数据包。传输层把来自上层的大量消息分成易于管理的包以便向网络发送。对于不同的协议，其数据单元有不同的称呼，如在 TCP 协议中，数据单元叫做段(Segments)，在 UDP 协议下，数据单元称为数据报文(Data)。

(5) 会话层

会话层管理主机之间的会话进程，即负责建立、管理、终止进程之间的会话。会话层还利用在数据中插入校验点来实现数据的同步。

(6) 表示层

表示层对上层数据或信息进行变换，以保证一个主机应用层信息可以被另一个主机的应用程序理解。表示层的数据转换包括数据的加密、压缩、格式转换等。

(7) 应用层

应用层为操作系统或网络应用程序提供访问网络服务的接口。应用层协议的代表包括 Telnet、FTP、HTTP、SNMP 等。该层是 OSI 模型的最高层。应用层向应用进程展示所有的网络服务，当一个应用进程访问网络时，通过该层执行所有的动作。

3. 数据之间的传输过程

数据在各层之间的单位都是不一样的，在物理层，数据的单位称为比特(Bit)；在数据链路层，数据的单位称为帧(Frame)；在网络层，数据的单位称为数据包(Packet)；在传输层，数据的单位称为数据段(Segment)或数据报文(Data)。

数据在网络中传输的过程如图 10.4 所示，在不同层数据有不同的形式。

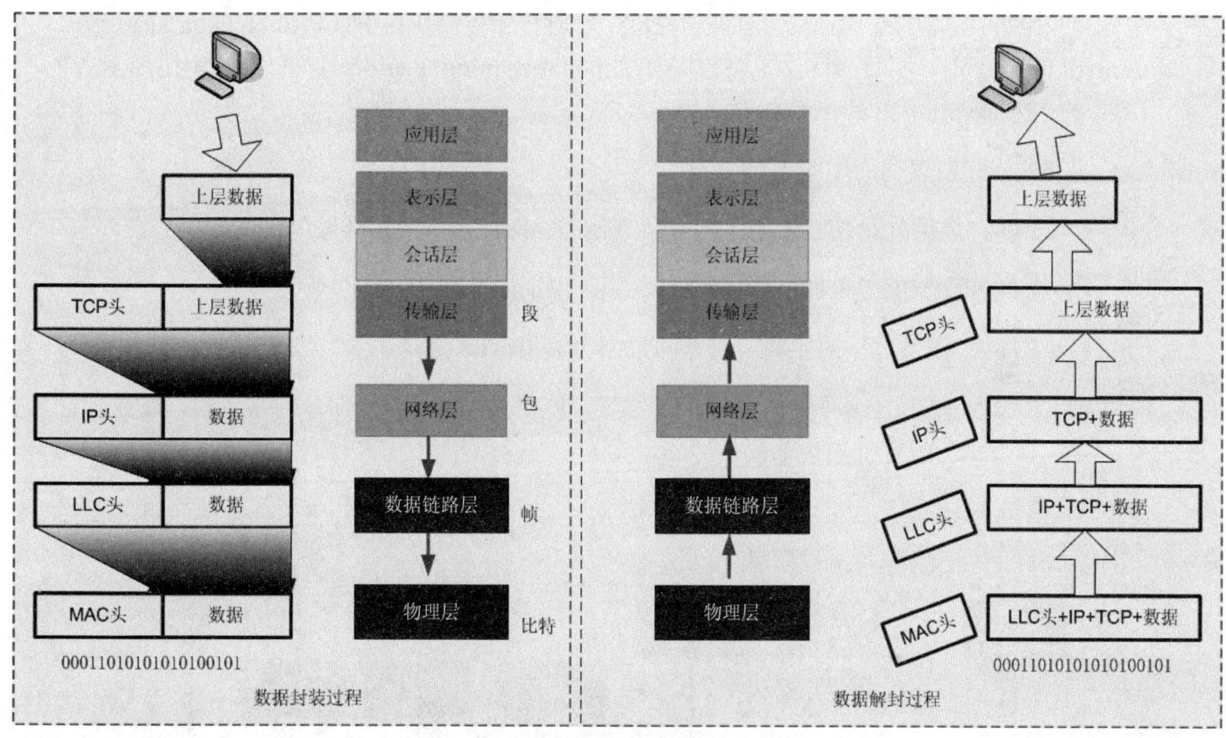

图 10.4 数据传输过程

如图 10.4 所示：物理层实现透明地传输“比特流”，数据链路层实现节点间无差错传输以“帧”为单位的数据，物理层与链路层属于底层基本传输，其功能基本上由传输介质及网卡固化，是不可改变的。

网络层的任务是完成数据的打包和传输，期间需要进行适当的路由选择，在网络层，Windows 和 Unix 采用 IP 协议而 Netware 采用 IPX 协议。

传输层的任务是为主机间建立传输连接，合理利用网络资源，以“透明”的方式传送报文，在传输层，Windows 采用 TCP/UDP 协议，Unix 采用 TCP 协议，而 Netware 采用 SPX 协议。

会话层的任务是确定相互连接的主机间信息传输的方式。

表示层的任务是进行传输数据格式化和代码转换，通常用于异构机之间的通信。

应用层的任务是确定进程之间通信的性质以满足用户的需求，是上层编程的任务，通常具有协议无关性。

在网络视频传输系统中，传输层协议的选择是整个系统设计的关键，关系到视频传输的效率和质量。

4. 主要网络协议

在流媒体传输控制领域及网络视频监控应用中，经常涉及到如下几个协议，即实时数据传输协议 RTP(Real-Time Transport Protocol)，实时传输控制协议 RTCP(Real-Time Transport Control Protocol)，实时流协议 RTSP(Real-Time Streaming Protocol)及资源预留协议 RSVP (Resorce Reservation Protocol)。

主要的网络协议构成如图 10.5 所示。

- RTP：提供时间戳标志、序列号及其他能够保证实时数据传输处理时间的方法。
- RTCP：RTCP 是 RTP 的控制部分，用来保证服务质量和成员管理。
- RTSP：提供远程的控制，具体的数据传输由 RTP 完成。
- RSVP：是 Internet 上的资源预订协议，使用 RSVP 预留一部分网络资源，能在一定程度上为流媒体的传输提供 QoS。

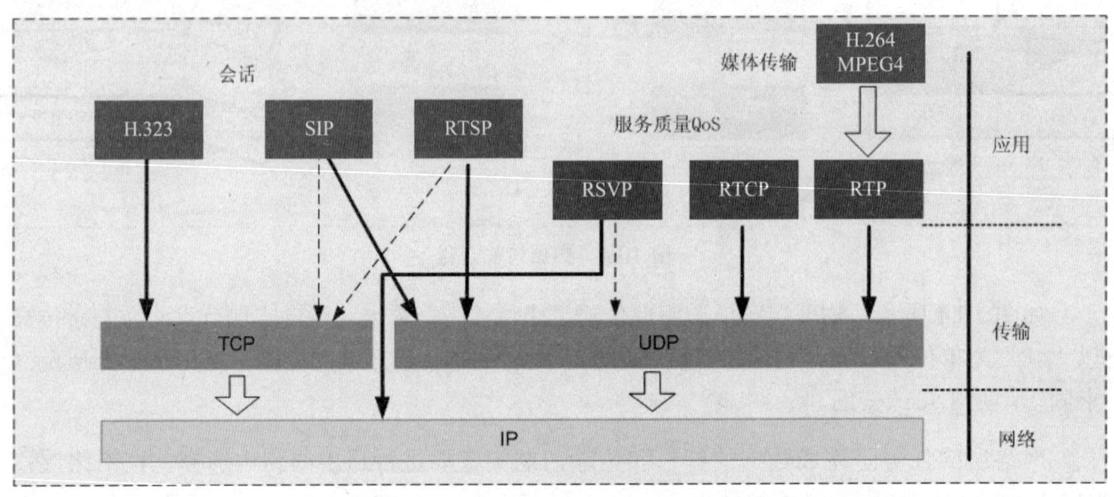

图 10.5　主要网络协议的构成

10.2.2　传输层介绍

1. 传输层的角色

OSI 所定义的传输层正好是 7 层网络的中间一层，是通信子网(下 3 层)和资源子网(上 3 层)的分界线，它屏蔽通信子网的不同，从端到端经网络透明地传送报文，完成端到端通信链路的建立、维护和释放，实现通信子网中端到端的透明传输。传输层在 7 层网络传输层次中的角色如图 10.6 所示。

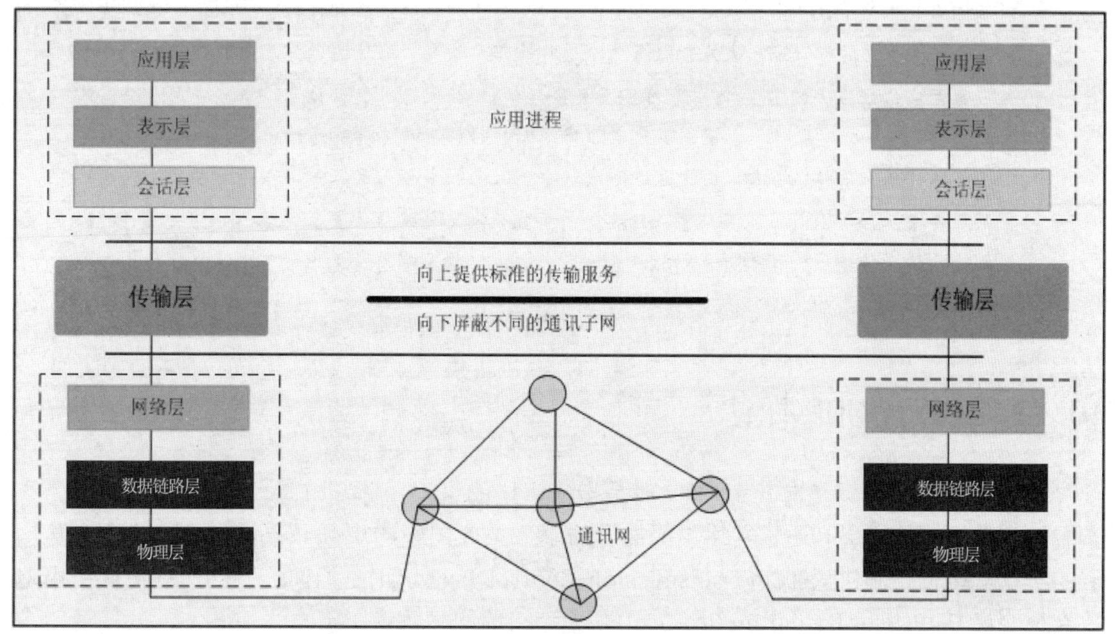

图 10.6　传输层的角色

> 比如："包裹、快递公司、陆海空"。我们发送包裹给朋友，通常会找一家快递公司(传输层)，将打包好的包裹交给他们后，我们就等朋友收到包裹的确认信息了。至于快递公司如何传输包裹，走公路、海运或空运等，是我们看不到的(通信细节屏蔽)，这里的航空公司、铁路系统等可以看做是传输的下 3 层，快递公司是连接下 3 层与上层(用户)的中间层(传输层)。

2. 传输层的意义

如先前所述，传输层是 OSI 网络模型中介于网络层与会话层之间的“中间层”，之所以在网络层与会话层之间增加了“传输层”这个中间层，是因为网络层提供的从源网络到目标网络之间的网络通信服务，其本身的服务质量没有保证，不可靠的 IP 协议提供的是尽力而为(Best Effort)的服务，不保证端对端数据传输的可靠性，IP 分组在传输过程中可能出现乱序、丢包等情况。

因此，需要在网络层之上增加一个“中间层”来弥补网络层本身所提供的服务质量的缺陷，实现可靠的端到端传输。或者从另外的角度讲，作为资源子网中的端用户不可能对底层进行直接控制(即不可能通过更换性能更好的交换路由设备等方式来提高网络层的服务质量)，而只能依靠在自己的主机上所增加的这个传输层来检测分组的丢失或数据的残缺并采取相应的补救措施。所以传输层是必需的，它是 OSI 的 7 层模型中非常重要的一层，起到承上启下的不可或缺的作用，是 7 层分层体系的核心。

比如：“平信、挂号信”。在邮寄重要信件时，通常我们会选择“挂号”。对于电信邮政系统，普通平信的邮寄采用大众化服务，经过邮政部门分拣、海陆运输然后再到邮递员，整个过程无法保证服务的质量(信件有可能丢失或延迟)。如果采用了“挂号”，实质是在平信基础上增加了一层“服务”以确保及改善服务质量。同样，网络层是通信子网的一部分并且是由电信公司来提供服务的，用户无法解决这个层服务质量低劣的问题，可行的方法是在网络层上再增加一层以改善服务质量，传输层的存在使网络传输服务更加可靠。分组丢失、数据残缺均会被传输层检测到并采取相应的补救措施，传输层起着将子网的技术、设计和各种缺陷与上层相隔离的关键作用。

10.2.3 TCP 与 UDP 协议

传输层的最终目标是向其用户(一般是指应用层的进程)，提供有效、可靠的服务。为了实现这一目标，传输层利用了网络层所提供的服务。TCP 与 UDP 协议是网络 OSI 模型中传输层的协议，传输控制协议 TCP(Transmission Control Protocol)是面向连接的网络协议；用户数据报协议 UDP(User Datagram Protocol)是无连接的网络协议。

1. TCP 协议

TCP 是“面向连接”且内置“重发机制”的协议，在双方收发数据前，需要建立“握手”连接，之后才开始发送数据，因此可以提供可靠的通信连接；而在对方收到数据后如果发现有损坏的数据包，会要求重新发送。因此 TCP 能够提供可靠的连接，但效率不高。

TCP 采用“三次握手”建立连接的基本思想是：

(1) 信源机发一个带本次连接序号的请求(第一次握手)；

(2) 信宿机收到请求后如同意连接，则发回一个带本次连接序号的确认应答，应答还包含信源机连接序号(第二次握手)；

(3) 信源机收到应答(含两个初始序号)后再向信宿机发一个含两个序号的确认(第三次握手)，信宿机收到后确认，则双方连接建立。

只有在 TCP 建立端到端的连接后，才能进入真正数据传输阶段。

图 10.7 给出了 TCP 协议示意图。

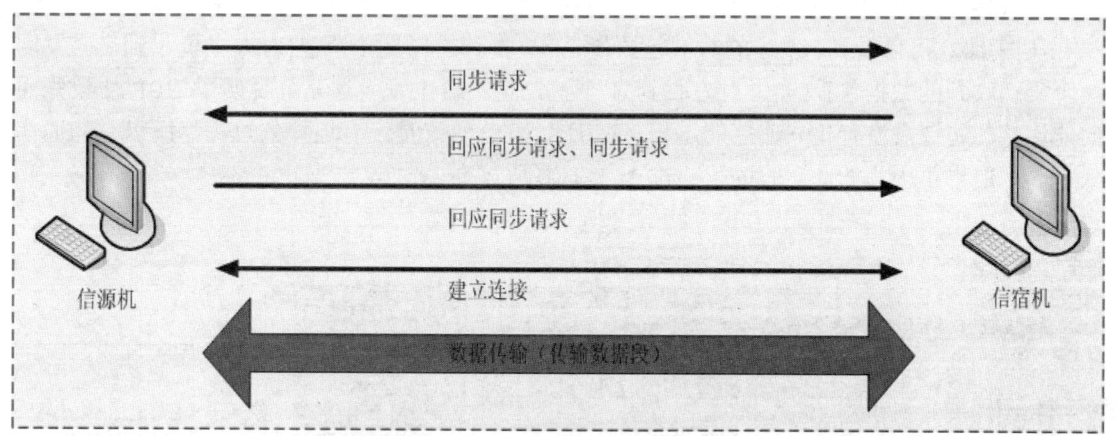

图 10.7 TCP 传输协议示意图

通常，在利用 TCP 协议进行视频传输时，在服务端及客户端都有缓冲及校验机制，服务端及客户端建立连接后直接进行传输，传输过程中“秩序良好”，不会出现先包后到或后包先到的情况，客户端顺序接收后，逐帧解码即可。

TCP 协议不适合实时视频传输的主要因素如下：

- TCP 的验错重传机制导致当数据包出错后，将要求重新传送该数据包，从而导致延时，这有违实时视频传输对数据包出错“可忍”而对长延时“不可忍”的需求。
- 数据延时将导致视频滞后，进而导致客户端可能因为解码速度不够而缓冲区溢出。
- TCP 报文头比 UDP 报文头大(TCP 报文头 40 个字节而 UDP 报文 12 个字节)，并且不能提供时间戳(Time Stamp)服务，而这些信息是客户端解码需要的。

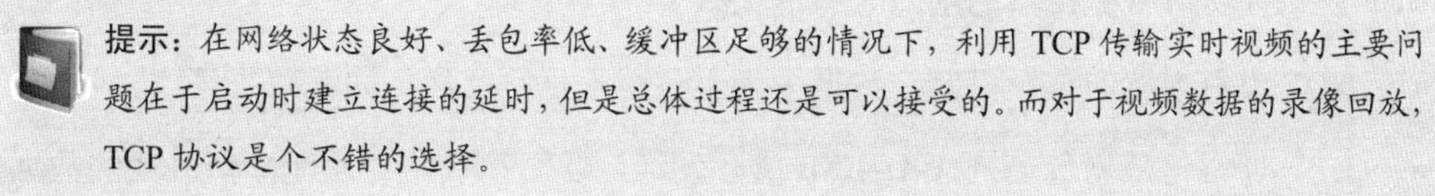

提示：在网络状态良好、丢包率低、缓冲区足够的情况下，利用 TCP 传输实时视频的主要问题在于启动时建立连接的延时，但是总体过程还是可以接受的。而对于视频数据的录像回放，TCP 协议是个不错的选择。

2. UDP 协议

UDP 是“非面向连接”且无内置“重发机制”的协议，在通信前不需要先与对方建立连接而直接发送，因此不能提供可靠的通信连接，发送到对方的数据即使丢失、损坏，也不需要重发，因此传输效率高但可靠性差。UDP 适合于某些应用程序服务的场合，如应用层的简单文件传送 TFTP 便是建立在 UDP 上的。对来回只有一次或有限几次的交互，建立一个连接开销太大，即使出错重传也比面向连接的方式效率高。

我们经常使用 ping 命令来测试两台主机之间 TCP/IP 通信是否正常，其实 ping 命令的原理就是向对方主机发送 UDP 数据包，然后对方主机确认收到数据包，如果数据包到达的消息及时反馈回来，那么网络就是畅通的。例如，在默认状态下，一次 ping 操作发送 4 个 32 字节数据包。

从图 10.8 可以看到，发送的数据包数量是 4，收到的也是 4 个包(对方主机收到后会发回一个确认收到的数据包)，如果对方收到 3 个包，也不再重发。这充分说明了 UDP 协议是面向非连接的协议，没有建立连接的过程。正因为 UDP 协议是没有连接的过程，所以它的通信效率高；但也正因为如此，它的可靠性不如 TCP 协议高。

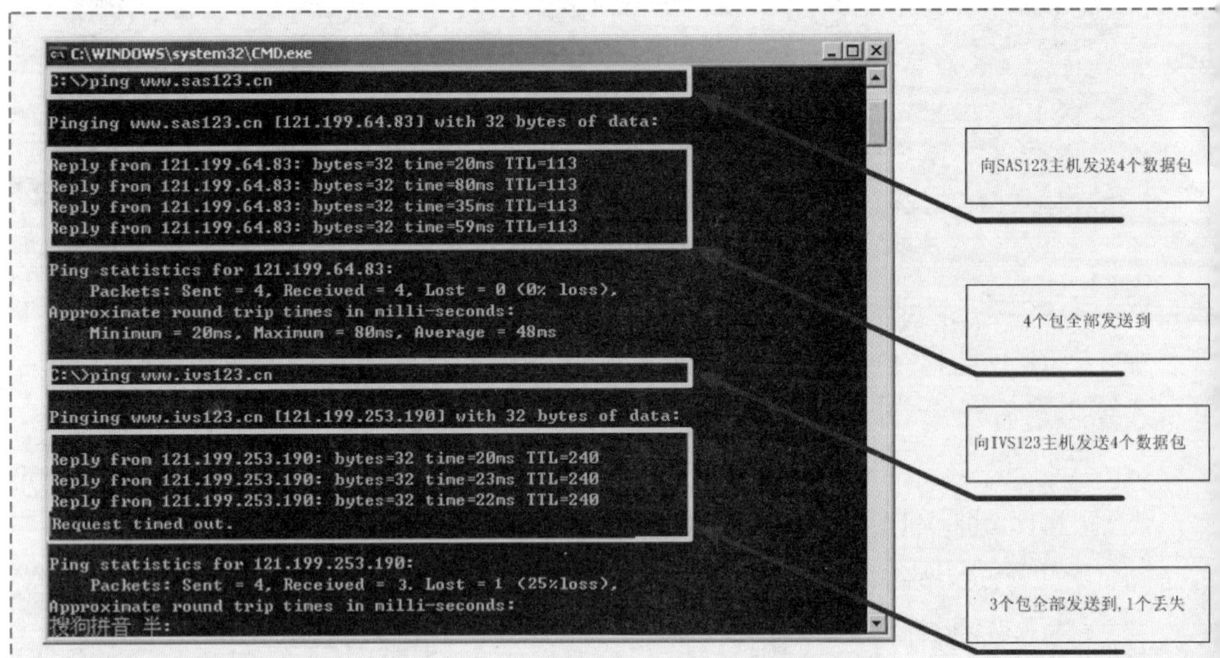

图 10.8　ping 命令利用 UDP 传输抓图

UDP 协议在实时视频传输的主要应用情况如下：

- UDP 没有内置的重发机制，数据丢失不再请求重复发送，因此效率高。
- UDP 通常将数据包分割成 1~2KB 进行发送，即对于源端发送的大于 2KB 的数据包，客户端会收到 N 个 1~2KB 的小数据包，而且是无序的，因此，用 UDP 传输视频数据时首先需要分割成 1~2KB 的数据包然后加上头信息再发送。
- UDP 传输过程中，当发生丢包时，会舍弃该帧及后续的 P 帧(等待下一个 I 帧)，这样可能导致视频解码显示出现局部马赛克或画面突变现象，视频丢包后重传意义不大，并且造成画面停顿及带宽资源浪费。

提示：QQ 和 MSN 是两个最常用的聊天工具，QQ 主要采用 UDP 传输协议，对网络质量要求不高，但数据传输的可靠性得不到保证(可以通过改进应用程序本身来保证数据传输的正确性)。MSN 采用 TCP 传输协议，数据传输必须保证准确性和完整性，对网络质量要求较高。因此两个聊天工具在发送信息的速度、可靠性方面有不同的表现，而带给用户不同的应用体验。

10.2.4　RTP 与 RTCP 协议

1. RTP 协议

实时传输协议(Real-Time Transport Protocol，RTP)是用于多媒体数据流在网络上传输的一种传输协议。传送音视频数据时通常都会采用基于 UDP 的 RTP 协议传输，RTP 为数据流提供时间信息和实现流同步。

RTP 协议位于 UDP 协议之上，在功能上独立于下面的传输层(UDP)和网络层，但不能单独作为一个层次存在，通常是利用低层的 UDP 协议对实时视音频数据进行组播(Multicast)或单播(Unicast)，从而实现多点或单点视音频数据的传输。RTP 本身并不能为按顺序传送数据包提供可靠的传送机制，也不提供流量控制或拥塞控制，它依靠 RTCP(Realtime Transport Control Protocol)提供这些服务。

RTP 数据流结构如图 10.9 所示。

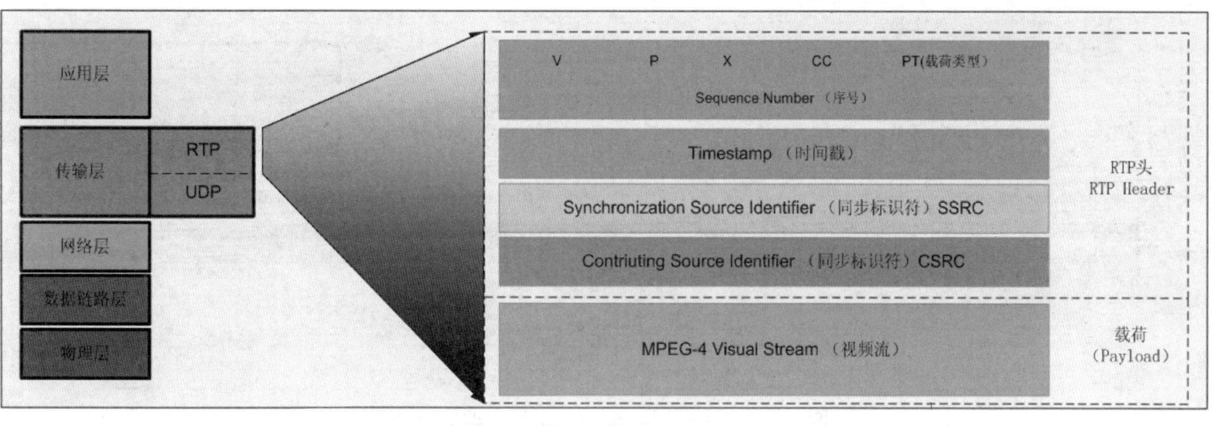

图 10.9　RTP 数据流结构

对图 10.9 中的各元素说明如下。

- V：版本(Version)，识别 RTP 版本。
- P：间隙(Padding)，不属于有效载荷。
- X：扩展位，设置时，在固定头后面，根据指定格式设置一个扩展头。

- CC：CSRC Count，包含 CSRC 标识符(在固定头后)的编号。
- PT：载荷类型(Payload Type)，识别 RTP 有效载荷的格式，7 位信息，提供 128 个可能的编码类型，如 MJPEG、MPE-2 或 MPEG4 等。
- SN：包序号(Sequence Number)，16 位，可以用来探测丢包或对包序列进行识别，接收方可以依次检测数据包的丢失并恢复数据包序列。
- Timestamp：时间标记，32 字节，表示 RTP 数据分组中首个字节的采样瞬间，在接收端可使用该字段消除抖动和提供同步播出，该时间戳是由发送端的采样时钟提供的。
- SSRC：32 位的同步标记，标识视频源的 ID，随机并唯一，旨在确保在同一个 RTP 会话中不存在两个同步源具有相同 SSRC 标识符。

图 10.10 是利用 Wireshark 工具抓取的 RTP 数据包，包中可以看到 SN 号、时间戳信息、SSRC 及载荷数据等内容。

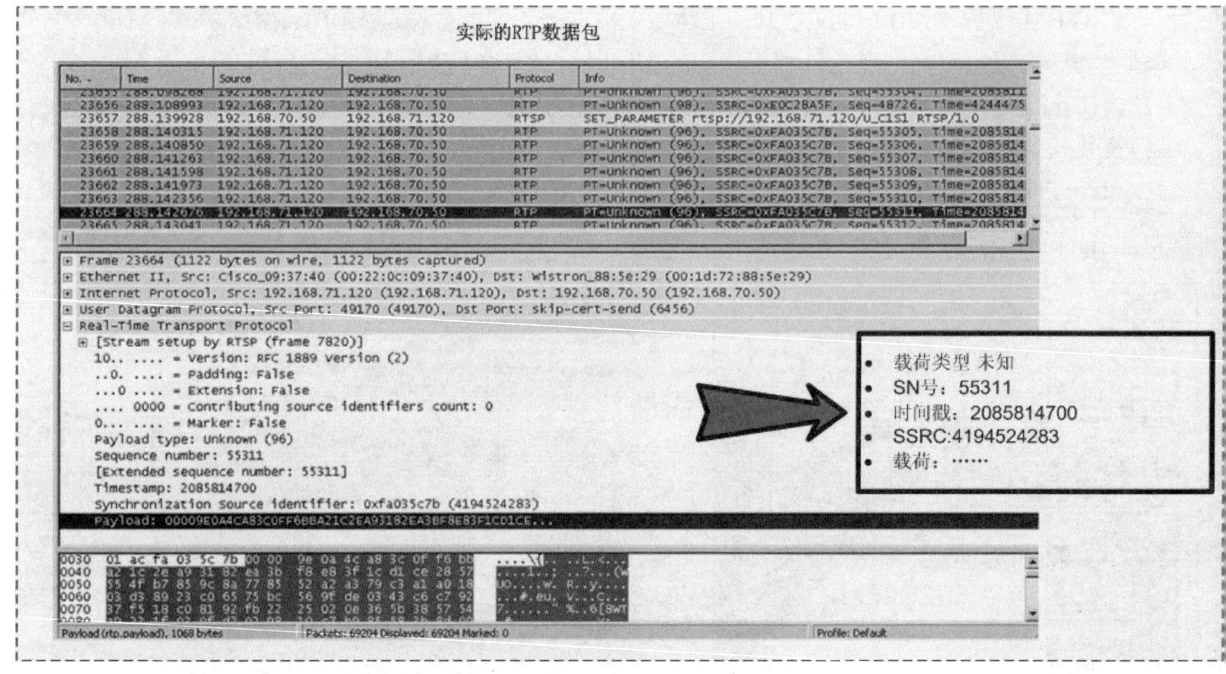

图 10.10　利用 Wireshark 工具抓取的 RTP 包

比如：“包裹、标签”。如身边的 EMS 快递服务。通常邮局收到不同类型、不同大小的包裹后，为了运输、分发方便，首先要将包裹进行装箱打包，并且为了便于接收方接收，要给包裹打上标签，注明货物名称、始发地、收货人等信息。这些标签信息就相当于 RTP 头信息，而包裹里的东西就是“载荷”。

2. RTCP 协议

实时传输控制协议(RTCP，Real-Time Transport Control Protocol)和 RTP 一起提供流量控制和拥塞控制服务。在 RTP 会话期间，各参与者周期性地传送 RTCP 包。RTCP 包中含有已发送的数据包的数量、丢失的数据包的数量等统计资料，因此，服务器可以利用这些信息动态地改变传输速率，甚至改变有效载荷类型。RTP 和 RTCP 配合使用，它们能以有效的反馈和最小的开销使传输效率最佳化，因而特别适合传送网上的实时数据。

RTCP 协议的原理如图 10.11 所示。

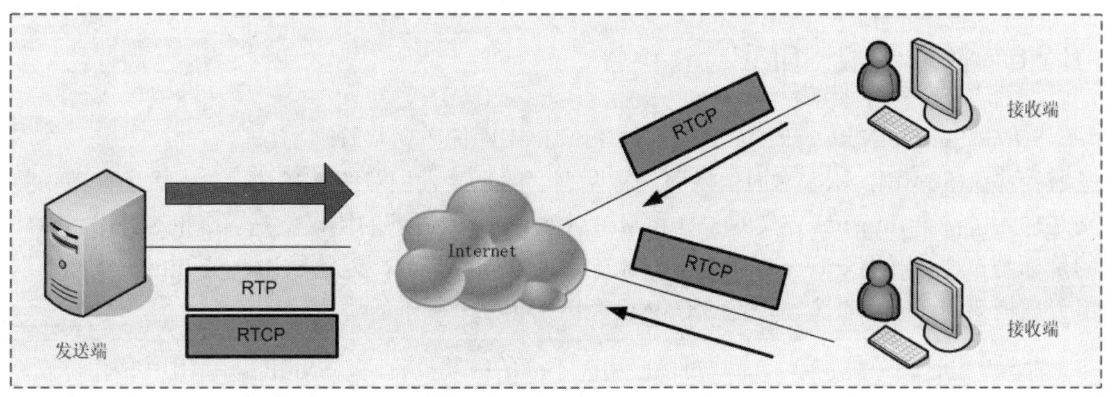

图 10.11 RTCP 协议的原理

比如："流水线、速度"。比方说，Peta 和 Tom 在一个流水线工作，Peta 负责设备组装，Tom 负责设备包装，采取流水线传送带作业。那么如果两个人的效率一致的话，会达到最佳效果。如果 Tom 的效率降下来，则在流水线终端会堆积很多设备。于是两人约定，Tom 和 Peta 实时沟通，通过反馈机制，如果 Tom 的处理能力强则 Peta 就多发设备，否则将采取措施，或者是 Peta 少发(效率降下来)设备，或者是 Tom 抛弃一些(设备)包装工作。

10.2.5 RTSP 与 RTVP 简介

1. RTSP 协议

实时流协议(Real-time Streaming Protocol，RTSP)是由 Real Networks 和 Netscape 共同提出的，该协议定义了一对多应用程序如何有效地通过 IP 网络传送多媒体数据。RTSP 提供了一个可扩展框架，使实时数据，如音频与视频的受控、点播成为可能。数据源包括现场数据与存储在剪辑中的数据。

该协议目的在于控制多个数据发送连接，为选择发送通道(如 UDP、多播 UDP 与 TCP)提供途径，并为选择基于 RTP 上的发送机制提供方法。需要注意，RTP 用来做媒体传输，发送数据及 Metadata，而 RTSP 用来做媒体流控制，进行远程对话控制，即 RTP 包装的是需要传输的数据流，而 RTSP 对传输的流进行控制。RTSP 可以控制流媒体数据在 IP 网络上的发送，同时提供用于音频和视频流的“VCR 模式”远程控制功能，如停止、快进、快退和定位。

2. RSVP 协议

资源预留协议(Resorce ReSerVation Protocol，RSVP)并不是一个路由协议，而是一种 IP 网络中的信令协议，它与路由协议相结合来实现对网络传输服务质量(QoS)的控制。RSVP 是为支持因特网综合业务而提出的，这是解决 IP 通信中 QoS(服务质量)问题的一种技术，用来保证端到端的传输带宽。RSVP 的资源预留概念，是可以事先在通讯链路上预留一定的资源，否则，媒体传输按照尽力而为的方式。

10.2.6 网管协议 SNMP

SNMP(Simple Network Management Protocol)即简单网络管理协议，它的前身是简单网关监控协议(SGMP)，用来对通信线路进行管理。随后，人们对 SGMP 进行了很大的修改，特别是加入了符合 Internet 定义的 SMI 和 MIB 体系结构，改进后的协议就是著名的 SNMP。SNMP 的目标是管理互联网 Internet 上众多厂家生产的软硬件平台，因此 SNMP 受 Internet 标准网络管理框架的影响也很大。现在 SNMP 已经出到第三个版本的协议。

SNMP 设计简单，扩展灵活，可以应用在不同的终端设备商，SNMP 采用 UDP 传输协议，因此效率较高。但是 SNMP 的安全性稍弱，不支持业务部署功能，不适合管理大量的用户终端。

10.3 视频监控系统的数据传输

10.3.1 网络视频监控数据流

典型的 IP 视频监控系统结构如图 10.12 所示，主要包括视频编码压缩及传输设备(即编码器及 IP 摄像机)，视频存储与转发设备(NVR 服务器)，系统数据与管理设备(中央服务器)。客户端软件可以部署在任何位置，实现系统配置、视频浏览、视频回放等操作。

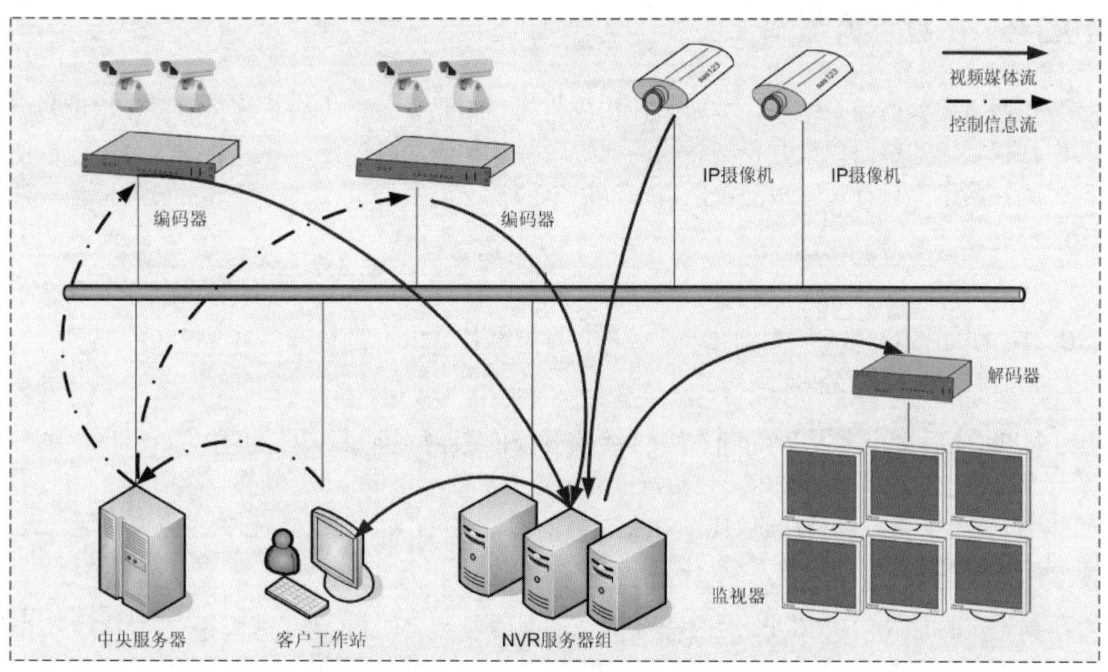

图 10.12　典型 IP 监控系统构成

从图 10.12 中可以看出，系统中主要有两大类数据流，即编码器(NVR)向客户端及解码器发送的视频媒体流与客户工作站向编码器发送的控制信息流。媒体流与控制信息流差别很大，控制信息流主要针对业务管理、服务连接、命令发送等，都是关键性业务，其信息流量很小，但是传输过程不允许有数据丢失(丢包)，因此通常采用 TCP 协议，充分利用其面向连接、可靠性传输的特点。

而对于媒体流，其数据量非常大，在传输过程对实时性要求比较高，同时对一定范围的数据丢失(丢包)是可以接受的，因此采用 UDP 协议，充分利用其非面向连接、高有效性(代价是低可靠性)、低网络开销、低延时的特点。

采用 UDP 传输媒体流时，由于 UDP 本身的不可靠、数据包无编号、无差错控制等问题，通常采用由 IETF 制定的 RTP 传输协议，RTP 协议的两个组成部分是实时传输协议 RTP 和实时传输控制协议 RTCP。RTP 协议可提供数据包传输过程中的时间信息和实现流数据同步；RTCP 协议与 RTP 协议一起工作，提供网络传输中的流量控制和拥塞控制。

目前 IP 视频监控系统对端到端的视频传输通信质量参考要求如下。

- 丢包率上限：1/1000
- 网络延时上限：400ms
- 延时抖动上限：50ms

10.3.2 视频流的编码

在网络视频监控系统中，主要硬件构成是视频编码设备、传输系统及解码显示设备，其中，视频流的编码压缩是视频传输的前提条件，编码的目的是对视频数据进行压缩以使得视频在网络上进行传输成为可能，未经压缩的视频流数据量太大，导致目前的带宽条件无法承受。

目前，视频压缩标准主要有两个系列，一个是由 ITU-T 制定的 H.26x 系列，另一个是由 ISO 制定的 MPEG-x 系列。目前比较主流的国际标准是 H.264 和 MPEG-4。MPEG-4 是目前的主流，而 H.264 代表了视频编码的方向。

MPEG-4 标准定义了 Profile(类)及 Level(等级)来针对不同的应用。其中，Profile 主要涉及一个码流中采用了哪些技术，包括压缩和处理方法的一个集合，较高的类意味着采用较多的编码工具集，进行更精细的处理，达到更好的图像质量，同时实现的代价也更大，而 Level 主要涉及输入格式，如图像大小、需要的缓存量等。

如先前所介绍，MPEG-4 采用了基于对象的编码理念，更加考虑了人眼视觉的特点，提出了运动信息、纹理、轮廓编码的概念。

10.3.3 RTP 打包过程

视频流完成编码压缩后，在传输之前需要进行打包(RTP 数据包由 RTP 包头和不定长的连续媒体数据载荷组成)，给 MPEG-4 视频流打包的目的是更好地适应网络传输，让解码显示端能够恢复 MPEG-4 数据流并进行回放。

MPEG-4 的视频流是以 VOP 为单位编码的，在传输前，将视频流加上包头信息，然后进行 RTP 打包封装，MPEG-4 视频流是 RTP 数据包中的载荷(Payload)部分。RTP 数据包的结构如图 10.13 所示。

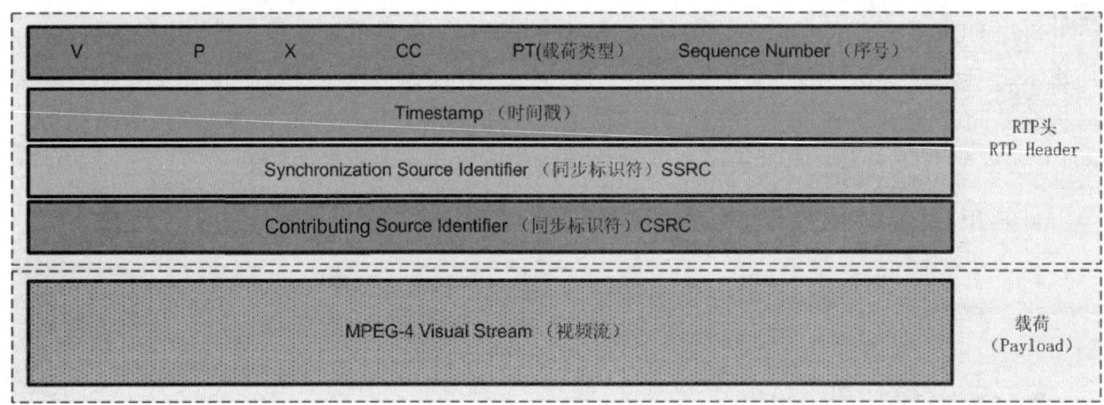

图 10.13　RTP 数据包的结构

提示：理论上，MPEG-4 标准是任何 VLC(符合 ffMPEG 开源库)都可以进行解码的，目前的问题是各个厂家为了提高、优化编码而进行了改进工作，这样就不是完全标准的 MPEG-4 码流了。此时，利用通用解码器解码带来的代价是视频质量可能有所下降、解码器处理资源(CPU)占用更高(即解码效率降低)。

10.3.4　视频流封装过程

视频流完成编码压缩、RTP 打包后，需要进行封装，即将 RTP 协议数据封装在 UDP 的消息字段，然后进行 IP 数据封装，才能发送到网络上进行传输。

如图 10.14 所示，MPEG-4 数据流分别被封装上 RTP 报头、UDP 报头和 IP 报头，然后 IP 数据包通过网络发送。

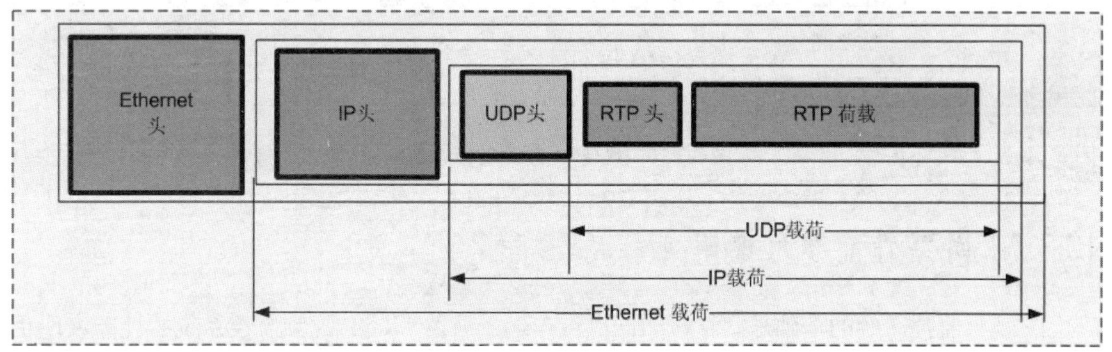

图 10.14　RTP 视频流的封装

10.3.5　视频封装格式

视频的编码标准与视频文件的封装格式无必然关系。如同样都是采用 MPEG-2 标准的视频流，有的可能采用 PS 流(节目流)，PS 流的后缀是 VOB 及 EVO 等；有的可能采用 TS 流(传输流)，PS 流的后缀是 TS。

不同的封装格式一般为了适应不同的传输需求。另外，即使采用同一编码标准，如 MPEG-2 标准，由于数据包封装格式不同，不同厂商的视频流一般无法直接兼容(互编互解)。目前主流的视频封装格式如下：

- AVI
- WMV
- MPEG
- Real Video
- Quick Time Video

10.3.6 视频传输过程

视频流首先以 RTP 协议进行封装，再用 UDP 协议对 RTP 数据包进行封装，最后由 IP 网络层封装为 IP 数据包，经网络进行传输。RTP 本身也不提供可靠的传送机制以及流量控制或拥塞控制，它依靠 RTCP 提供这些服务。在 RTP 会话期间，各接收端周期性地传送 RTCP。RTCP 中含有已发送的数据包的数量、丢失的数据包的数量等统计资料。基于 RTCP 的反馈机制，发送端可以评估网络状态和接收端情况，及时调整传送方式，尽可能地解决网络实时数据传输中出现的不可预测的延迟、抖动等问题。

RTP 视频流传输过程如图 10.15 所示。

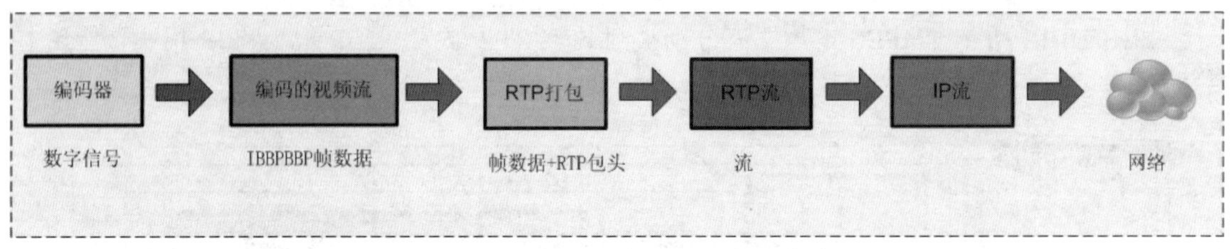

图 10.15 RTP 视频流的传输过程

10.3.7 网络性能参数说明

IP 视频监控系统的基础是网络，如同“汽车之于公路”，IP 视频监控系统的性能表现在很大程度上依赖于网络，恶劣的网络环境影响图像质量，甚至影响一些应用程序的连接。

1. 网络带宽

带宽(Bandwidth)是网络传输系统的一个重要指标，单位是 bps。在网络视频监控系统中，带宽资源的占用主要体现在视频流本身及一些附加传输协议数据上，但是，视频信息本身的数量占整个带宽资源的绝大部分。目前，单路 4CIF 实时视频流通常的码流大小(也就是带宽需求)在 2Mbps 左右，而相应的控制数据，一般仅仅几十 kbps 数量级。

2. 网络延时

网络延时(Delay)是指 IP 包在网络中传输时的时滞，可以通过简单的 ping 命令检测出来，网络延时的产生原因是数据包在网络中传输时在交换机、路由器等硬件设备中需要排队过程(Queuing)。在网络拥挤的情况下，网络延时值更大，达到一定极限时，可能产生丢包(Packet Drop)现象。通常，网络延时的范围在几毫秒到上百毫秒。

在网络视频监控系统中，延时主要影响 PTZ 操作及语音通信过程。系统延时是指信息经由数据网络传输时，端到端的信息延迟时间(双向)，主要包括发送端信息采集、编码压缩、网络传输、接收端解码与显示等过程所经历的时间。当信息经由数据网络传输时，端到端总延时(双向)应在 3s 内，系统端到端延时=PTZ 控制响应延时+设备编解码延时+各级转发延时+

网络延时(双向)+其他。

3. 网络抖动

如果网络发生拥塞，排队延时将影响端到端的延时，并导致通过同一连接传输的分组延时各不相同，而抖动(Jitter)就是用来描述这样的延时变化的程度(Variation)。因此，抖动对于实时性的传输是一个重要参数，尤其是我们讨论的实时视频传输、音频传输等。

4. 延时、抖动、丢包率测试

ping 命令可以用来进行简单的延时、抖动与丢包测试，如图 10.16 所示。

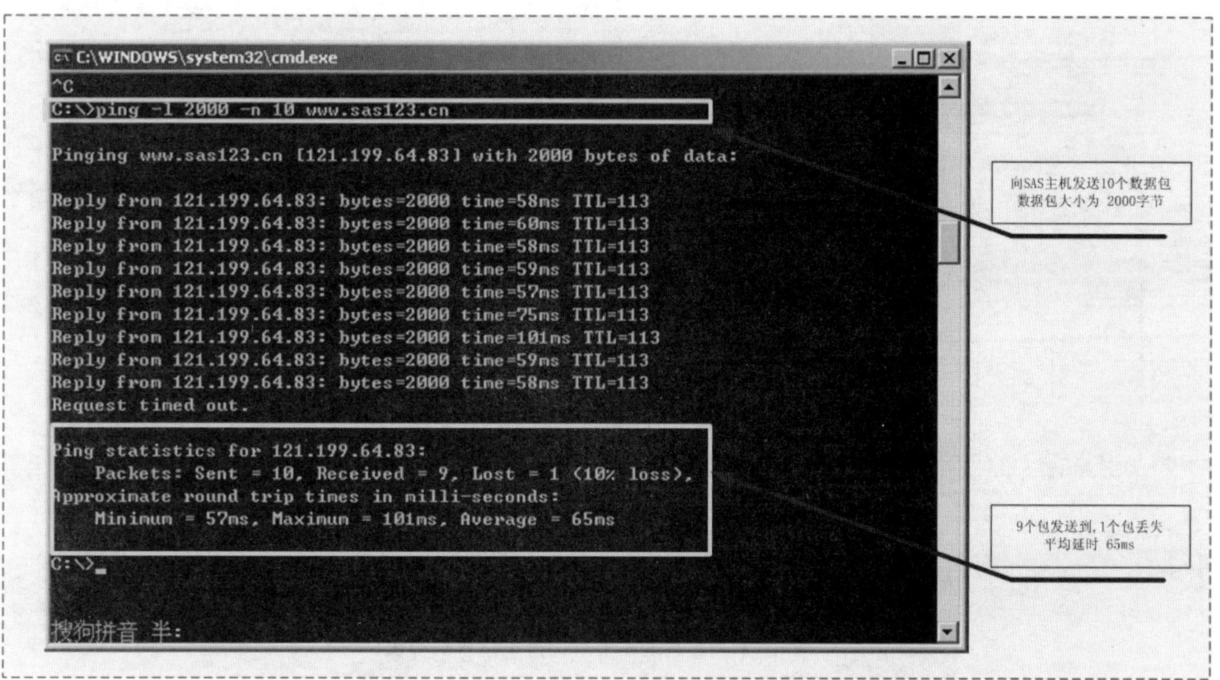

图 10.16　网络丢包、延时、抖动测试 ping 命令

在本测试过程中，丢包率 10%，抖动是−8ms 到+36ms，延时是 65ms。在网络延时较大又无法克服的情况下，尽量选择编码延时小的压缩方式，如不采用 B 帧以降低编解码延时从而降低总延时。

在如图 10.16 所示的 Ping 命令中，数字 2000(Byte)定义了所发送缓冲区的数据包的大小，在默认的情况下 Windows 的 ping 命令发送的数据包大小为 32 字节，也可以自己定义，但有一个限制，就是最大只能发送 65500 字节，超过这个数值时，对方就很有可能因接收的数据包太大而死机，所以微软公司为了解决这一安全漏洞限制了 ping 的数据包大小。数字 10 用来定义测试所发出的测试包的个数，默认值为 4。通过这个命令可以自己定义发送的个数，对衡量网络速度很有帮助，比如想测试发送 10 个数据包的返回的平均时间为多少，最快时间为多少，最慢时间为多少，就可以通过执行带有这个参数的命令来获知。

5. 主要协议应用

在 IP 视频监控系统中，常见的码流(视频媒体流)包括实时视频流(从编码器到 NVR 服务器)，视频回放流(从 NVR 服务器到工作站或解码器)，实时组播流(从编码器到解码器或工作站)，录像流(从编码器到 NVR 服务器)，如图 10.17 所示。

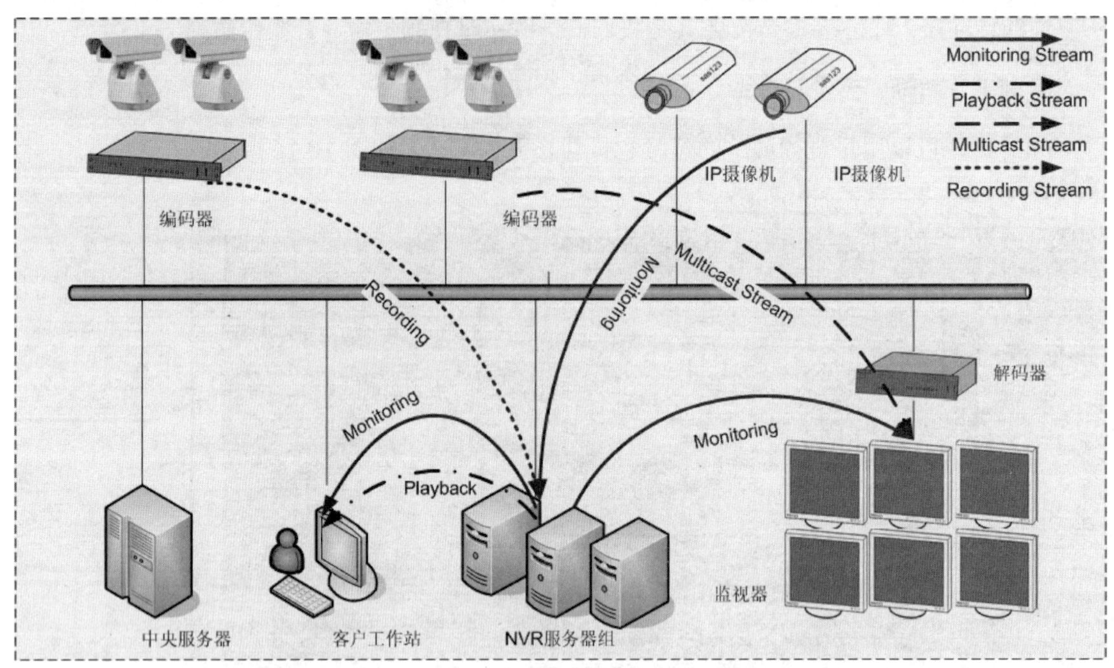

图 10.17 典型 IP 监控系统中视频流的构成

表 10.1 是 IP 监控中常见媒体流协议的应用，不同的应用中有不同的协议支持。

表 10.1 IP 监控中常见媒体流协议的应用

序 号	服 务	数 据 流	协 议	备 注
1. 实时	Monitoring (Recorder→Decoder)	DVR/NVR→Workstation/解码器 DVR/NVR→Workstation/解码器 DVR/NVR→Workstation/解码器	UDP/IP TCP/IP UDP/IP	单播 单播 组播
2. 回放	Playback	DVR/NVR→Workstation DVR/NVR→解码器	TCP/IP TCP/IP	单播 单播
3. 实时	Monitoring /Direct Streaming (Encoder→Decoder)	编码器→Workstation/解码器	UDP/IP	组播
4. 录像	Recording	编码器→NVR IP Camera→NVR	UDP/IP UDP/IP 或 TCP/IP	单播&组播 单播

10.4 组播技术介绍

10.4.1 单播、组播与广播

通常，在传统的网络通讯中，有两种方式：

- 一种是源主机和目标主机两台主机之间进行的“一对一”的通讯方式，即单播(Unicast)。
- 第二种是一台源主机与网络中所有其他主机之间进行通讯，即广播(Broadcast)。

那么，如果需要将信息从源主机发送到网络中的多个目标主机，要么采用广播方式，这样网络中所有主机(当然包括目标主机)都会收到该信息，要么采用单播方式，由源主机分别向各个不同目标主机发送信息。

可以看出来，在广播方式下，信息会发送到不需要该信息的主机(非目标主机)从而浪费带宽资源，甚至引起广播风暴；而单播方式下，会因为数据包的多次重发而浪费带宽资源，同时，源主机的负荷会因为多次的数据复制而加大。所以，单播与广播对于多点发送问题有缺陷。

在此情况下，组播技术产生了。组播技术的初衷是——在 IP 网络中，以“尽力而为”的形式发送信息到某个目标组，这个目标组称为组播组(Multicast Group)，这样在有源主机向多点目标主机发送信息的需求时，源主机只发送一份数据，数据的目标地址是组播组地址，这样，凡是属于该组的成员，都可以接收到一份源主机发送的数据的拷贝(拷贝工作由路由设备完成，而不是源主机完成)，此组播方式下，只有有真正信息需要的成员(即组播组内的成员)会收到信息，其他主机不会收到。因此，组播方式解决了单播情况下数据的重复拷贝及带宽的重复占用，也解决了广播方式下带宽资源的浪费。

1. 单播(Unicast)

单播是指在源主机和目标主机之间“一对一”的通讯模式，网络中的交换机和路由器对数据只进行转发而不进行复制。如果 10 个客户机需要相同的数据，则服务器需要逐一传送，重复 10 次相同的工作。网络中的路由器和交换机根据其目标地址选择传输路径，将 IP 单播数据传送到其指定的目的地。

使用单播方式如图 10.18 所示。

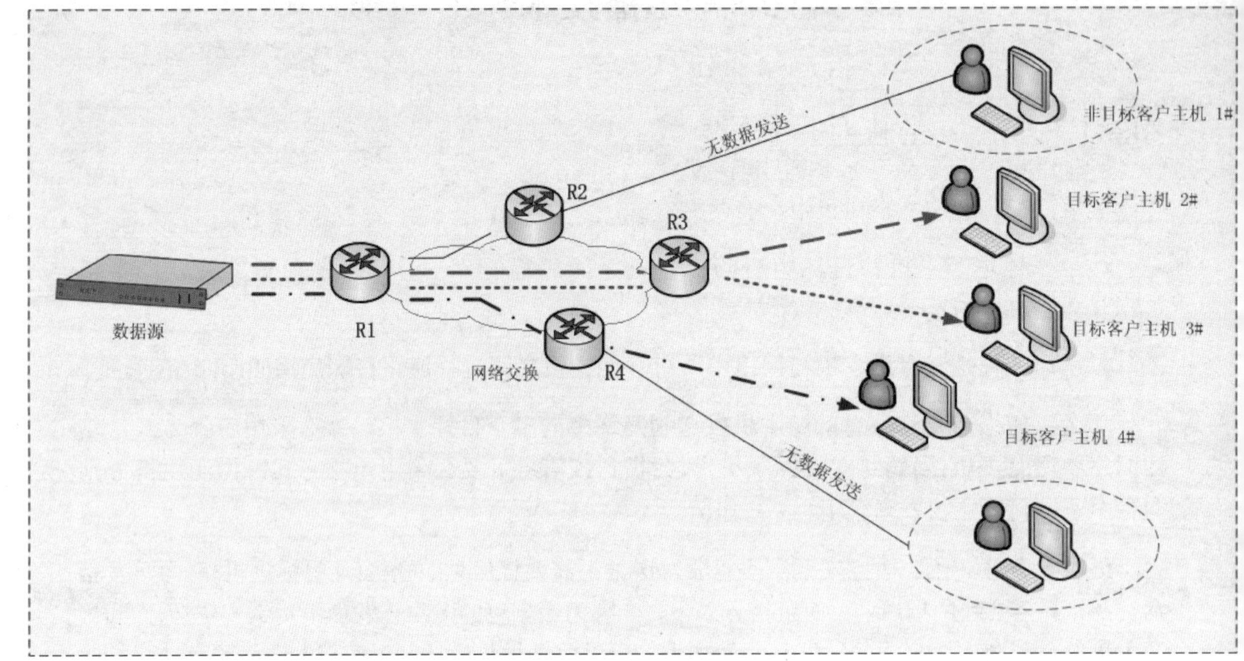

图 10.18　单播通讯原理

为了使目标客户主机(接收者)2#、目标客户主机 3#、目标客户主机 4#都能收到同一个数据包，数据源要复制发送三次同一个数据包，同时为了使目标客户主机 2#、目标客户主机 3#都能收到同一个数据包，R1 要转发两次同一个数据包给 R3。

单播的优点是系统架构简单，对网络硬件设备没有特殊要求，同时，服务器可以按照不同客户目标主机的请求而发送定制的个性化的服务响应；单播的缺点是服务需要重复相应多个客户机的请求而负荷过重，同时网络带宽重复发送造成严重浪费。

2. 广播

广播是源主机与网络上所有其他主机进行“一对所有”的模式通信，网络对源主机发出的信号都进行无条件复制并转发，所有的网络中主机都可以接收到信息(不管你是否需要)，当信息需要发送到网络上的多个主机而不是所有主机时，采用广播方式均会浪费大量带宽。

广播意味着网络向子网主机都投递一份数据包，不论这些主机是否乐于接收该数据包，在图 10.19 中，目标客户主机 1#并不需要该信息，但是，S1 还是复制一份通过 S2 发送给它。然而广播的使用范围非常小，只在本地子网内有效，因为路由器会封锁广播通信，另外广播传输增加非接收者的开销。

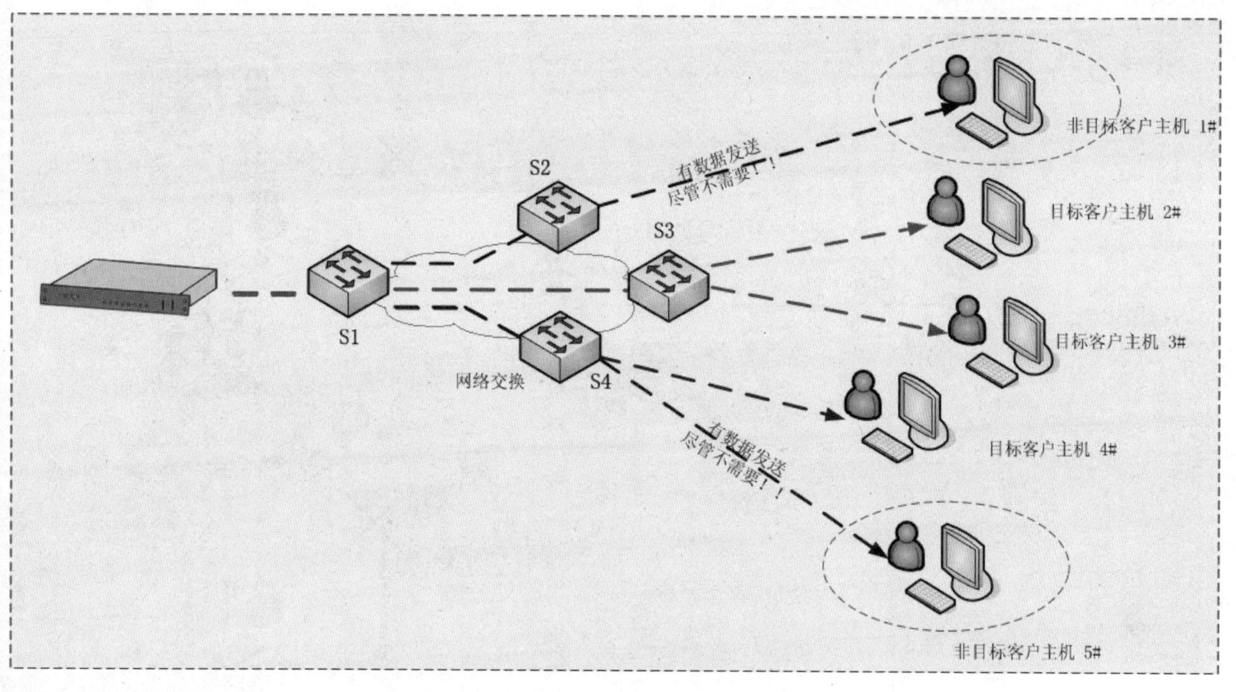

图 10.19　广播通讯原理

广播通讯的优点是网络设备简单，维护方便，同时由于源主机不需要重复拷贝多个数据，因此负荷不高；广播的缺点是无法提供个性定制服务响应给不同的客户，同时，广播的全面发送拷贝通讯方式对带宽资源是极大的浪费，同时在 Internet 上，广播被禁止。

提示： 由于广播模式不用路径选择，所以其网络成本可以很低廉。有线电视网就是典型的广播型网络，在数据网络中也允许广播的存在，但其被限制在二层交换机的局域网范围内，禁止广播数据穿过路由器，防止广播数据影响大面积的主机。

3. 组播

当信息需要发送到网络上的多个目标主机时，源主机只发送一份数据信息，组播网络负责拷贝该信息到应该得到该信息的目的主机上。主机之间采用“一对一组”的通讯模式，也就是加入了同一个组的主机可以接受到此组内的所有数据，网络中的交换机和路由器只向有需求者(前提是组成员)复制并转发其所需数据。主机可以向路由器请求加入或退出某个组，网络中的路由器和交换机有选择地复制并传输数据，即只将组内数据传输给那些加入组的主机。这样既能一次将数据传输给多个有需要(加入组)的主机，又能保证不影响其他不需要(未加入组)的主机的其他通讯。

如图 10.20 所示，非目标客户主机 1#、5#不是该组成员，因此不会收到该视频源发送的信息，而对于目标客户主机 2#、3#、4#，首先需要加入该组播组，然后路由设计负责相应的源数据的复制与分发，如目标客户 2#、3#需要的数据，由 R3 进行复制，这样，R1 到 R3 仅仅需要一份数据，而源数据到 R1 之间总共只需要一份数据包。

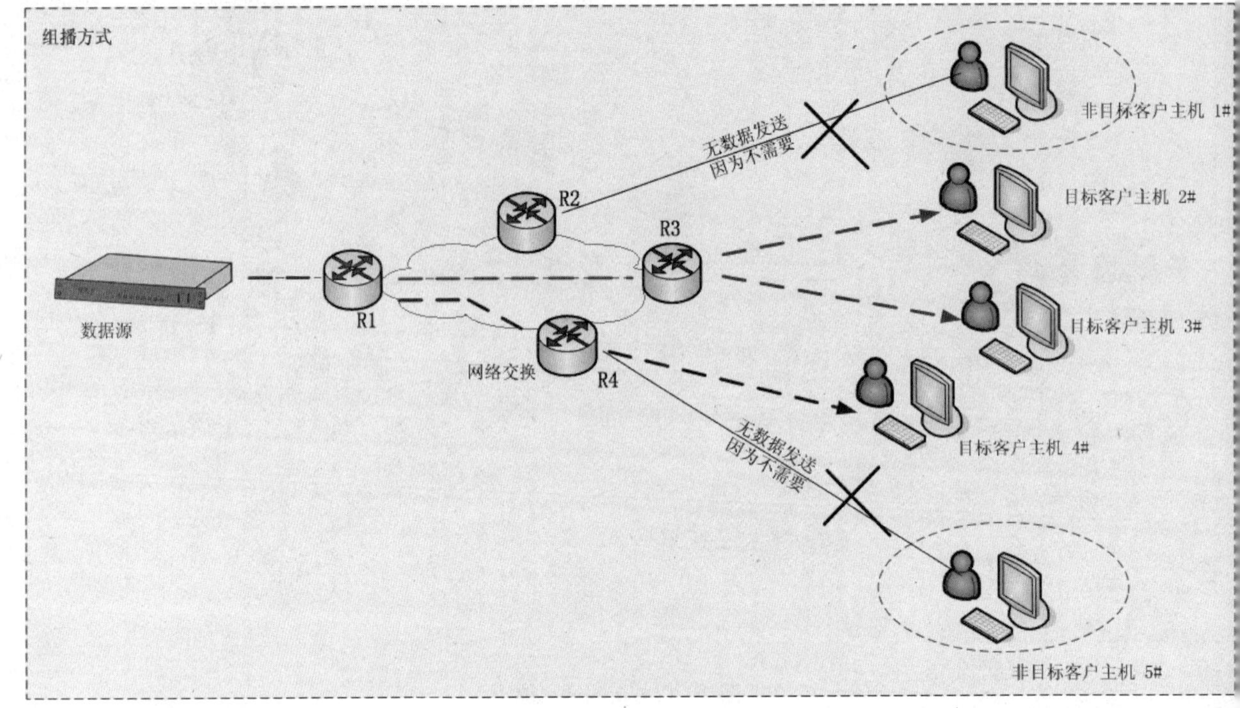

图 10.20 组播通讯原理

组播技术的优点是解决了一对多的数据通讯问题，把数据发送给了真正需要的目标主机，实现了高效转发，节省了带宽资源，降低了数据源主机及目标主机的负担，组播数据允许在 Internet 上传播；组播的缺点是，由于组播基于 UDP(单播在大多数情况下使用 TCP)，因此 IP 传输不可靠，数据可能丢失或重复，无法进行流量控制，还有组播的安全性等问题，另外，组播网络成本较高，同时维护困难。

提示： 单播方式下，任何客户端访问视频资源时直接访问该设备；组播方式下，如果某客户端需要访问某视频资源，首先会询问其就近的交换设备，如果该交换设备已经获得该视频资源组播，则客户端直接从该交换设备获得视频流，否则，需要建立组播连接。组播用于实时视频观看，回放录像时不用组播。另外，在单播下，多个客户的请求数据由数据源负责复制，而网络仅仅负责分发；在广播及组播下，数据的复制分发由网络(路由器或交换机)完成。

10.4.2 组播在视频监控中的应用

1. 视频组播的意义

对于实时视频数据的传输，一般选用 UDP 协议，而采用 UDP 的 IP 传送方式有单点传送、广播传送、组播传送三种方式。

如先前所述，单播方式是一对一的传送，即每次传送的数据只能被一台主机接收。在实时的监控系统中，由于视频数据量很大，若以单播方式进行通信，发送信息的主机必须向每个希望接收此数据包的用户(客户工作站)发送一份单独的数据包拷贝，这种巨大的冗余会给发送数据的源主机(IPC/DVS/DVR/NVR)带来沉重的负担，因为它必须对每个要求都做出响应，这使得负担过于沉重，主机的响应时间会大大延长，并且同时只是用户连接数有限。

组播技术在数字视频监控系统当中主要用于多用户实时共同观看同一个通道的实时图像时，采用“一对组”的方式传输，从而节约带宽并减轻视频源负担。

并且，视频流支持从编码器发送到网络中去，利用网络实现多个并发流的复制与分发，IPC/DVS/DV/NVR 设备不再是系统并发访问的瓶颈。

同时，网络带宽资源也得到有效利用，并且，实时视频的组播浏览功能是点对点的，而不像单播的那样故障点多。

2. 视频组播的缺点

通常，在网络视频监控系统中，组播有效缓解了视频源的负荷，降低了网络资源的浪费，但是也存在一定缺点。

(1) 功能缺失

目前，网络视频监控系统的典型架构是 IPC&DVS+NVR 模式，NVR 设备是系统的核心，视频音频的存储及转发功能、PTZ 控制、时间同步、报警联动等功能都需要 NVR 设备的支持，因此 NVR 还是系统的底层应用核心，而组播技术主要针对视频流的实时浏览。组播无法使用管理系统针对整个业务进行管理。

(2) 安全性

组播是单向的视频数据的传输模式，从视频流的分发到解码显示，很难有系统认证与授权机制的参与。

组播设备通常无法提供完整的用户认证机制。

另外，基于组播的视频监控系统没有请求和确认机制，目前仅对进入管理服务器提供相应的认证。

(3) 日志管理

组播没有完善的日志系统，组播分发是路由和交换设备完成的。

10.5 流媒体技术在视频监控中的应用

10.5.1 视频监控系统需求分析

1. 监控系统中的视频流

传统的网络视频监控系统架构通常如图 10.21 所示，DVR 负责视频信号的接入、模数转换和编码压缩，然后将编码压缩后的视频流写入到磁盘阵列(内部或外接阵列)中，并发送到网卡进而实现网络传输。

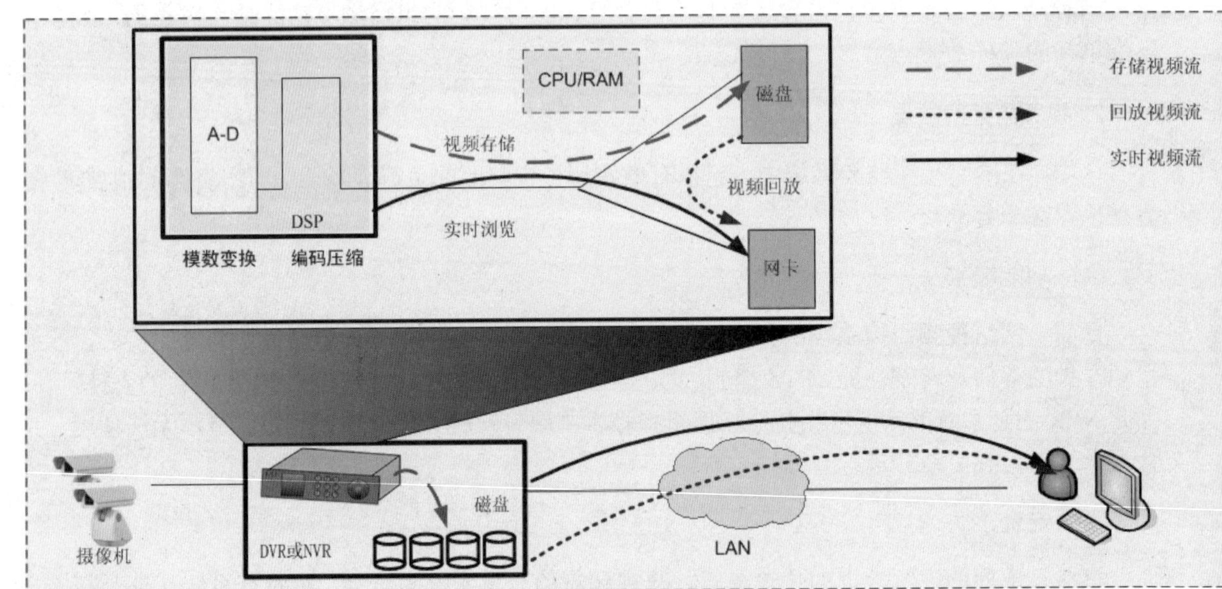

图 10.21 网络视频监控系统数据流

图 10.21 中，是以 DVR 为例(在 NVR 架构下，实质是编码压缩工作迁移到前端的视频编码器，而 NVR 主要做存储与转发用，因此视频流类型及结构与 DVR 类似)，在此架构中，主要有三种视频流，即直接写入磁盘进行存储的视频流、经过网络发送的实时浏览视频流及远程客户调用的录像回放视频流。

在大型系统中，通常三种视频流同时存在，并且因为众多用户的实时浏览、回放浏览、实时存储等需求，使得 DVR 设备需要并发支持多个用户请求，这对 DVR 的 CPU、内存资源、I/O 总线以及网络带宽、存储吞吐率等都带来严峻的考验。

注意：通常，在数字视频监控系统中，一旦遇到某个现场出现问题，尤其是铁路、地铁及平安城市建设项目中，系统中经常有大量的用户有同时调用某路或某几路视频的需求，这对 DVR 或 NVR 的并发用户支持能力是个考验。

2. 系统瓶颈

在传统的媒体服务器或 DVR、NVR 中，系统采用以应用进程(线程)为中心的系统资源管理方式，操作系统采用虚拟内存方式，应用程序的虚拟内存空间映射到物理内存，物理内存与 CPU 之间有 Cache。当流媒体数据从磁盘上到网络上进行传递时，要在不同的系统空间中进行多次传递拷贝。

如图 10.22 所示为视频录像回放过程内部的流程。服务器的性能随着客户连接数的增多，效率将急剧下降，因此，这样的架构的媒体服务器(DVR、NVR)无法实现大量并发支持。

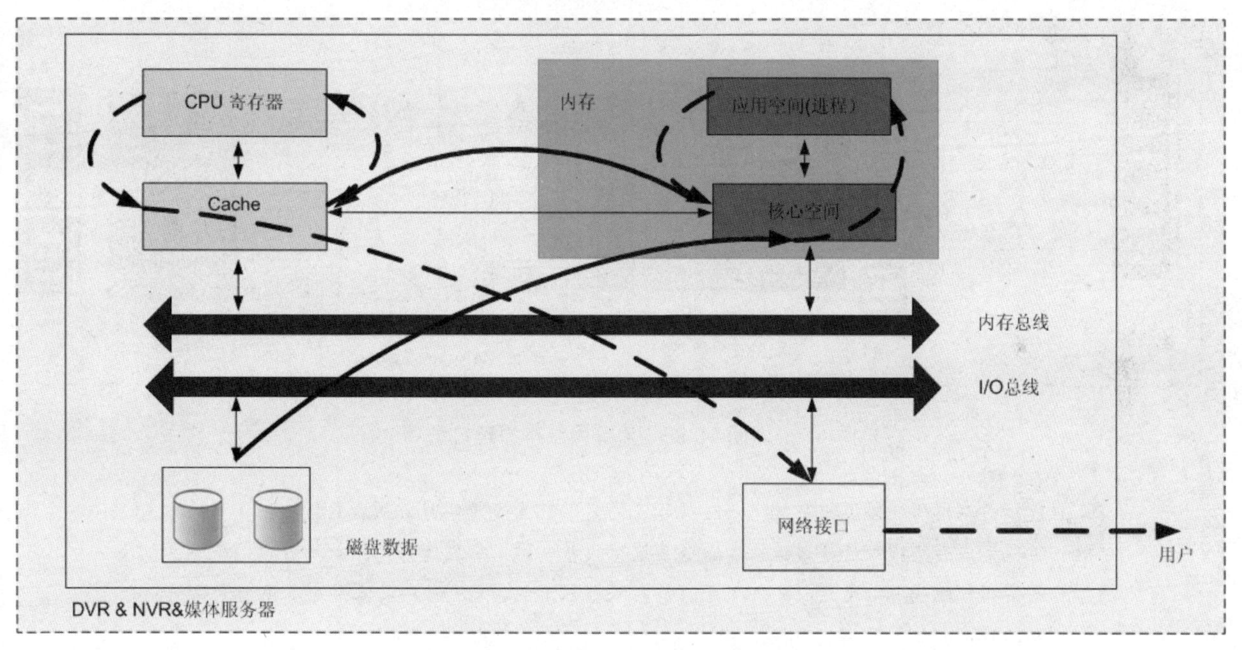

图 10.22 视频回放流程的内部

10.5.2 流媒体概念

早期的流媒体(Streaming Media)技术主要应用在网络视频点播中，用户可以实现边下载边播放多媒体数据的功能。

通常，系统建立连接后，需要在用户端开辟缓冲存储，实现对起始阶段数据的下载，之后开始播放，这样，用户不需要下载完整的多媒体数据，而媒体数据会源源不断地进入本地缓冲进行播放。流媒体技术是多媒体编解码与网络视频传输技术的融合，能够保证在复杂的网络环境下，实现超多用户并发支持，并保证播放质量。

> **比如**：“下载、在线看”。我们经常在网上看电影或其他视频，通常对于网络上存在的电影资源，有两种方式播放。一种是采用工具将整个视频文件完整地下载到本地硬盘，先“下载”后观看。另外一种方式是“在线”观看，即连接到网站的服务器后，视频资源通过流式传输到个人电脑，可以一边下载一边观看，但是下载的内容仅仅缓存在本地电脑中，观看完成后，自动删除，没有文件。

流媒体主要有两种应用，如图 10.23 所示，一种是直播(实时播放)，一种是点播(录像)方式。在直播模式下，视频媒体数据一边进行编码一边由流媒体服务器传输给用户，而点播模式下，视频媒体数据是早期已经完成了编码并存储在磁盘阵列等介质中，随时响应用户的请求，索引并调用相应的视频数据给用户传输过去。

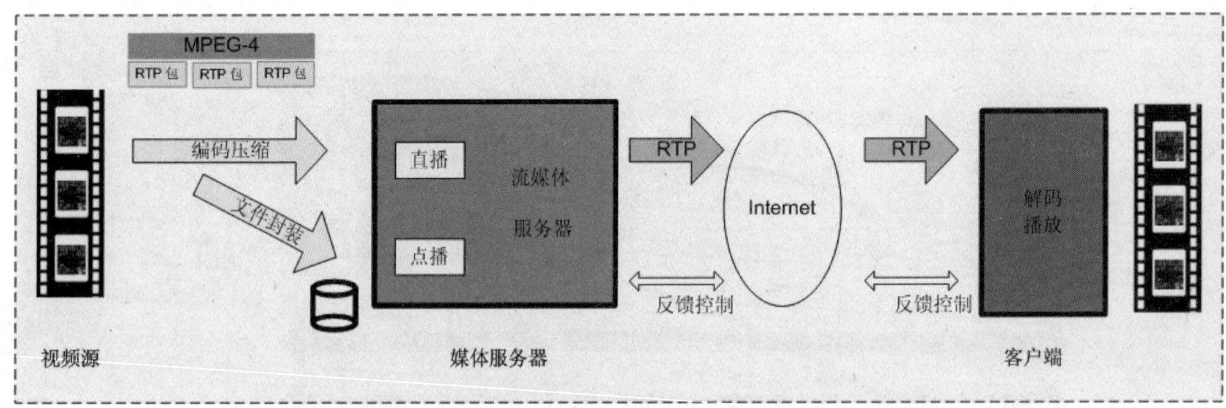

图 10.23　流媒体结构原理

> **提示**：在网络视频监控系统中，对视频流的需求，主要是实时视频流的请求，即直播方式，编码完成后的视频流通过流媒体服务器进行大量实时的分发工作。而对于目前的视频网站，通常视频编码压缩后是以文件形式存储在服务器上的，采用用户点播方式实现大量的视频分发工作。

在流媒体系统中，流媒体服务器与用户之间传递多媒体数据的同时，还需要反向传输请求、反馈、控制信息，也就是说流媒体服务器与用户之间是双向通信的。用户端会将用户终端的处理能力、内存资源(缓冲区状态)、网络连接情况(丢包率、延迟)等信息反馈给流媒体服务器的相应模块，部分信息还会到达编码设备，这样编码设备及流媒体服务器进行相应的调整以适应不同的情况。

流式传输的实现需要合适的传输协议，由于 TCP 需要较多的开销，故不太适合传输实时数据。在流式传输的实现方案中，一般采用 HTTP/TCP 来传输控制信息，而用 RTP/UDP 来传输实时视频数据。

10.5.3 流媒体在视频监控中的应用

流媒体技术在网络视频监控系统中的应用主要是直播方式，即实时将编码器或 NVR 转发过来的视频流分发给远程的多个用户，而媒体服务器主要角色是视频的分发，不需要进行视频的编码压缩工作(编码压缩工作已经由编码器或 DVR 完成)。另外，媒体服务器也可以将视频进行存储，供网络客户端进行回放(即录像视频回放、点播)。

在实际应用中，媒体服务器主要专门针对多级网络环境下的音视频传输而开发，设置媒体服务器(模块)的一个目的在于缓解网络带宽紧张的区域，对该区域内的视频服务器(或 DVR)的访问全部通过流媒体转发服务器(模块)来进行转发，使得该视频服务器(或 DVR)的视频服务只占一个通道(不需要多次重复复制)；设置流媒体服务器的另外一个目的是解决先前讨论的 DVR、NVR 无法支持大量用户并发访问的问题。

如图 10.24 所示，当总部有多个客户端需要同时查看某监控点 A/B 的相同画面时，势必会造成在一条网络线路上的数据拥堵，严重浪费网络资源，并且 DVR、NVR 本身也无力支持超大规模并发访问支持。可以利用流媒体服务器支持视音频流的转发，当有多个局域网客户端需要同时访问同一远程画面时，通过流媒体服务器进行转发，在转发服务与前端视频通道之间只占用一个通道带宽的网络资源(Stream1@及 Stream2@)，再由转发服务器将数据分发给多个客户端。

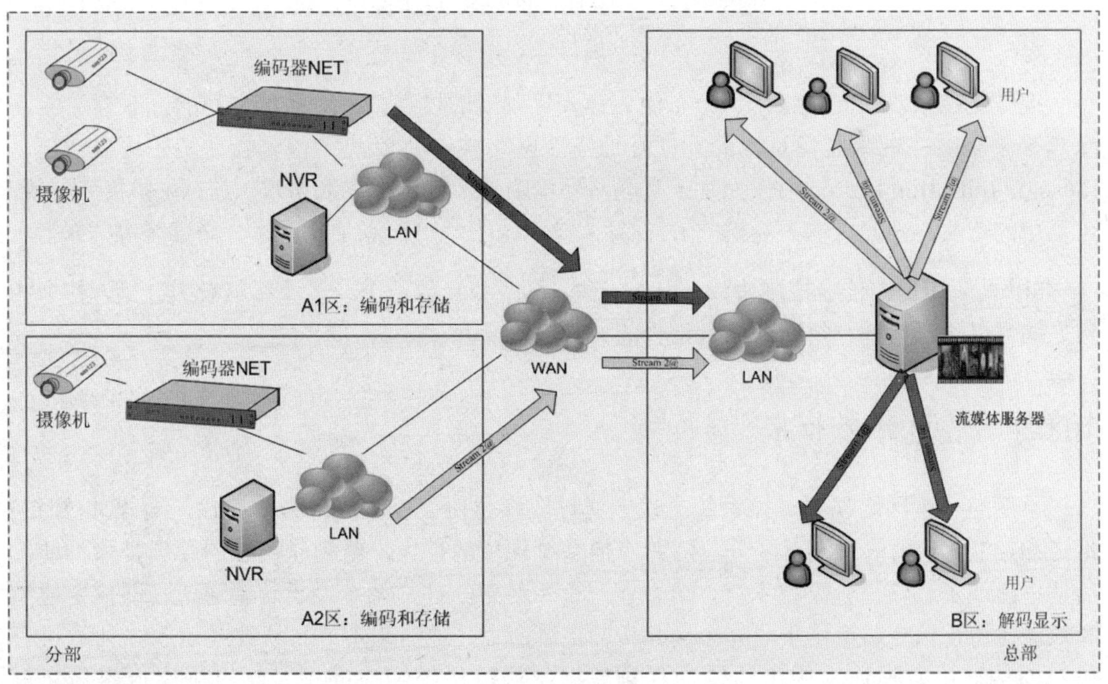

图 10.24 流媒体在视频监控中的应用

(1) 解决带宽问题

总部的用户都是通过流媒体服务器来观看实时图像，而不是直接连接到视频服务器上(或其他视频源)，这样可以降低 LAN 的流量，流媒体服务器接收到前端视频服务器传送过来的视频后转发给 LAN 里的用户，这时只占用 LAN 内的网络带宽。

(2) 解决并发访问问题

假如总部有 8 个用户，每个用户都要看同一 NVR 上的相同 4 路图像，这样，NVR 总共需要转发 32 路图像，这对于一般 NVR 由于自身的限制，通常是难以实现的。如果采用流媒体服务器，那么，实质仅仅需要 4 路图像上传到流媒体服务器，然后流媒体服务器进行视频分发，由于流媒体服务器采用特殊架构，因此完全胜任大规模并发支持。

提示：在数字视频监控系统中，通常 NVR 具有视频的转发功能，但是，在大型系统中，NVR 的转发能力有限，因此，在单播网络中，如果摄像机数量较多，一般需要采用流媒体转发服务器。流媒体转发服务器能够接收一路视频流，然后流媒体服务器复制出多路相同的视频流，转发到不同的接收端，由于流媒体服务器的自身特点，其复制转发能力比较强。而在组播网络中，由网络平台完成实时视频流的复制分发，从而实现点对多点的实时视频流发送。

10.6 SIP 协议介绍

视频监控系统在向网络化、分布化、集成化发展的过程中，对系统之间的互联互通的需求越来越明显，视频监控系统的互联互通需要网络控制协议的支持。会话初始协议 SIP，(Session Initiation Protocol)作为基于互联网环境中的一种信令控制协议，具有可扩展、灵活、可重用的特质，因此，在大规模的 IP 视频监控系统中，可以满足联网、分布部署等需求。

SIP 是应用层的信令控制协议，用于创建、修改和释放一个或多个参与者的会话，各个成员之间可以通过单播、组播或两者结合的方式进行交互。

10.6.1 信道分离技术

早期的一些网络视频监控系统，视频通过流媒体协议以流媒体方式传输，对媒体(数据)信道和控制(命令)信道没有区分，随着监控系统规模的扩大，给视频监控的管理带来不便。后期，出现了“信道分离技术”，可以在一个系统中，建立两个逻辑传输通道，即信令通道和数据通道，信令通道用于建立会话并传输控制命令，通常采用 SIP 协议或 H.323 协议进行信令的传输；数据通道用于传输音视频数据，经过压缩编码的视音频流采用流媒体协议 RTP/RTCP 传输。

视频数据传输中的信道分离技术如图 10.25 所示。

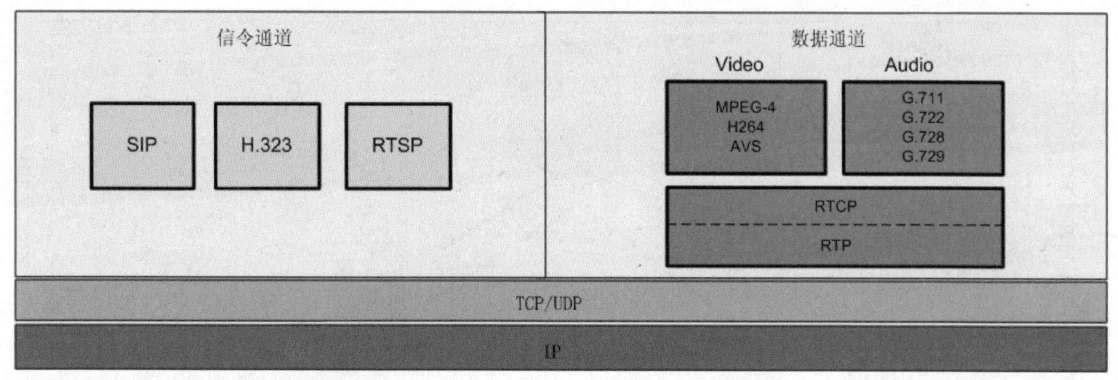

图 10.25　视频数据传输中的信道分离技术

提示：在数字视频监控系统中，对于媒体信道与控制信道的分离，媒体信道部分主要借鉴了应用比较成熟的 IETF 为流媒体传输制定的实时流传输协议(RTSP)，或 IETF 为实时音视频传输制定的 hiding 传输及传输控制协议(RTP&RTCP)；在控制信息部分，目前主要采用会话初始协议 SIP，SIP 是 IETF 提出的建立多方多媒体通信的规范，其特点是简单灵活，分布控制。

10.6.2　SIP 架构下的数据传输

1. 控制命令的传输

控制命令在信令通道上传输，信令协议可以采用 SIP 协议进行会话控制。SIP 协议下控制命令的传输过程如图 10.26(a)所示。

2. 实时视频的传输

实时视频的传输采用 RTP/RTCP 协议传输视频流，采用 SIP 协议作会话控制。SIP 协议下实时视频图像的传输流程如图 10.26(b)所示。

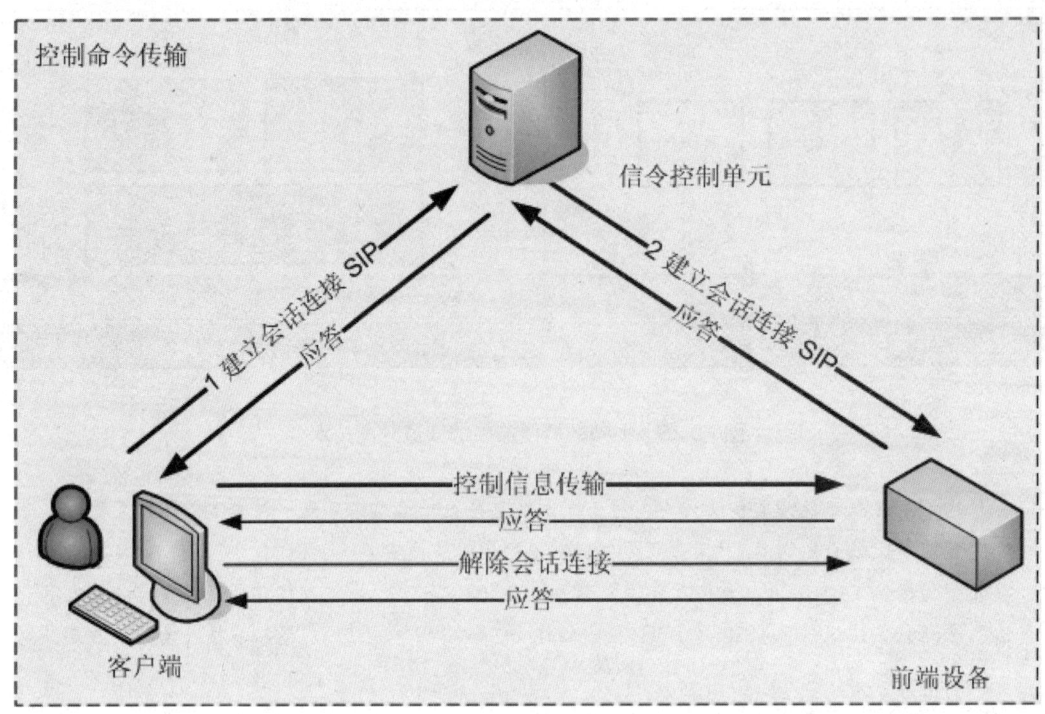

(a) 控制命令传输

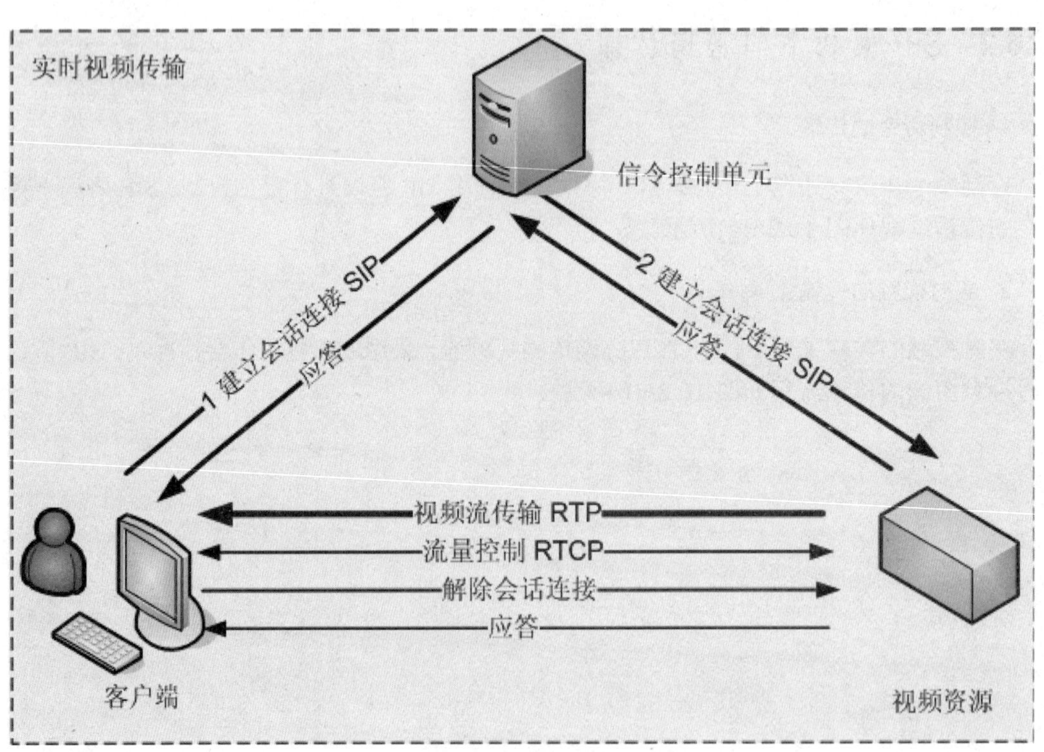

(b) 实时视频传输

图 10.26　控制命令与实时视频传输

3. 录像视频的传输

录像视频的传输采用 SIP 协议做会话控制，RTSP 协议对媒体流进行控制、RTP/RTCP 协议传输视频流。

录像视频的传输流程如图 10.27 所示。

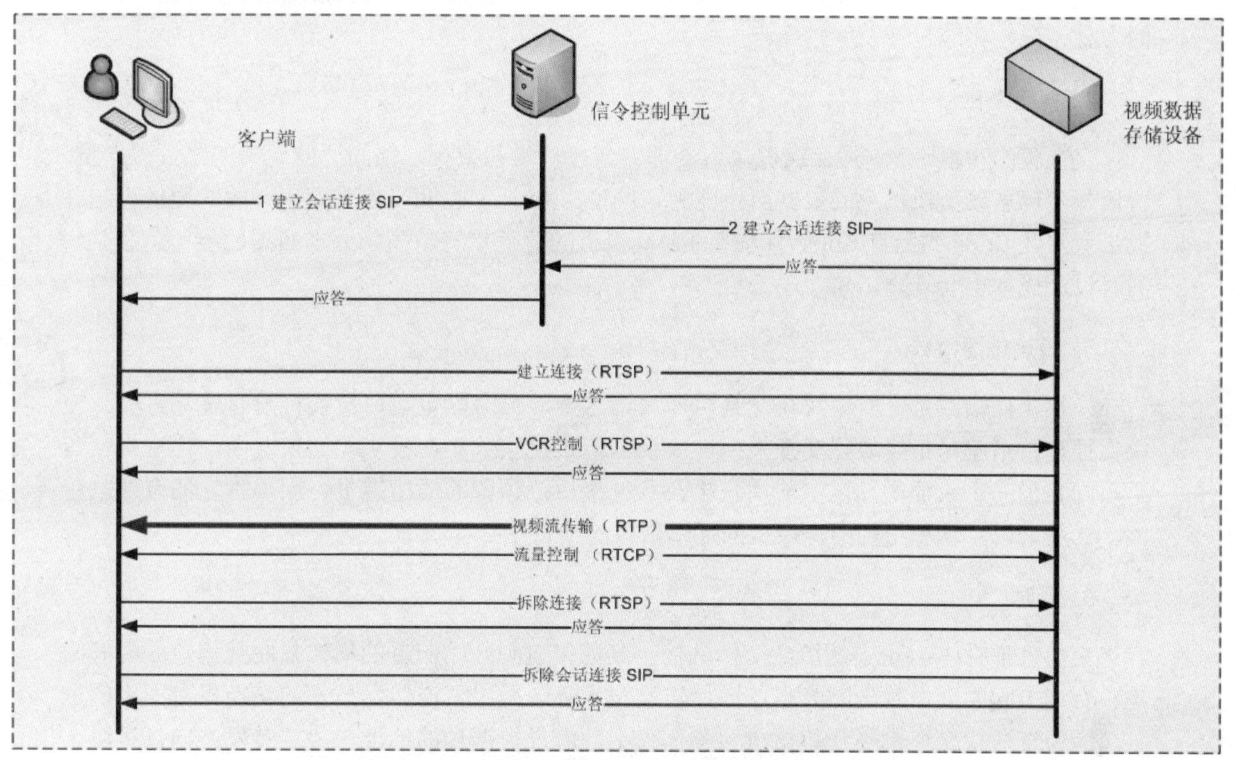

图 10.27　录像视频的传输流程

10.7　交换机相关技术

10.7.1　交换机主要参数

1. 端口速度

交换机的传输速度是指交换机端口的数据交换速度，常见的有 10Mbps、100Mbps、1000Mbps 等几类。除此之外，还有 10GMbps 交换机，但应用较少。

2. 端口数

交换机设备的端口数量是交换机最直观的参数指标，通常此参数是针对固定端口交换机而言，常见的固定端口交换机端口数有 8、12、16、24、48 等几种。

3. 包转发率

包转发率即以太网接口每秒转发报文的个数，又叫端口吞吐量，包转发率的单位是 pps(packet per second)，包转发率标志着交换机转发数据包能力的大小，一般交换机的包转发率在几十 Kpps 到几百 Mpps 数量级不等。决定包转发率的一个重要指标就是交换机的背板带宽，背板带宽标志着交换机总的数据交换能力，一台交换机的背板带宽越高，处理数据的能力就越强，相应包转发率越高。

4. 背板带宽

交换机的背板带宽，是交换机接口处理器或接口卡和数据总线间所能吞吐的最大数据量。背板带宽标志着交换机总的数据交换能力，单位为 Gbps，也叫交换带宽，一般的交换机的背板带宽从几 Gbps 到上百 Gbps 不等。一台交换机的背板带宽越高，处理数据的能力就越强，同时设计成本也会越高。

5. 模块化插槽数

模块化插槽数是针对模块化交换机而言，这个参数对固定端口交换机没有实际意义。模块化插槽数量就是指模块化交换机所能安插的最大模块数。在模块化交换机中，为用户预留了不同数量的空余插槽，以方便用户扩充各种接口，预留的插槽越多，用户扩充的余地就越大，一般来说，这种结构的交换机的插槽数量不应低于 2 个。

6. 延时

交换机延时(Latency)是指从交换机接收到数据包到开始向目的端口复制数据包的时间间隔。有许多因素会影响延时大小，比如转发技术等。采用直通转发技术的交换机有固定的延时，因为直通式交换机不管数据包的整体大小，而只根据目的地址来决定转发方向，所以，它的延时是固定的，取决于交换机解读数据包前 6 个字节中目的地址的解读速率。采用存储转发技术的交换机由于必须要接收了完整的数据包才开始转发，所以它的延时与数据包大小有关，数据包大，则延时大。

10.7.2 监控系统网络拓扑

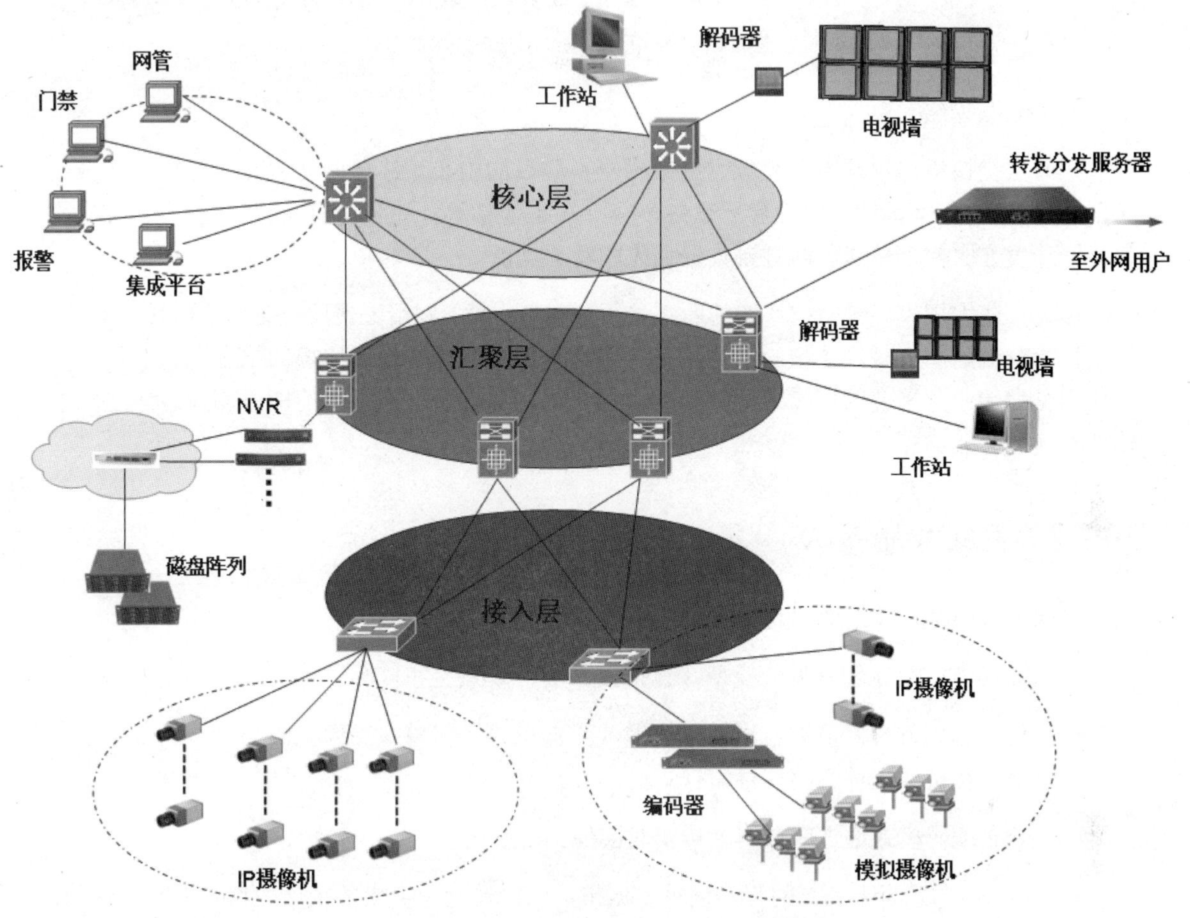

图 10.28 典型视频监控网络拓扑示意图

1. 接入层网络

接入层通常用于连接网络摄像机及视频编码器等前端设备，接入层向上与汇聚层级联，提高前端边缘设备的部署范围，接入层交换机性能要求不高、成本较低、端口密度高，通常以10/100BASE-T网口为前端设备提供接入，部分设备还支持POE供电功能。对于接入交换机来说，向下联接的摄像头端口百兆、千兆没有本质的区别，但是向上联接要求是千兆。

2. 汇聚层网络

汇聚层交换机的作用是为接入层提供数据的汇聚、传输、管理、分发处理，同时也可以控制、过滤和限制接入层对核心层的访问，保证核心层的安全和稳定。当监控系统很大时，存储、显示等通常为分布式部署，因此无需通过核心层负载所有的流量，这时的汇聚层就可以实现各网络子树流量的分流作用，而核心层仅仅完成部分存储、备份、显示功能，并承担集成、向上报警、联动等功能，流量压力并不大。

注意：通常三级组网的大型视频监控系统，在进行交换机选择时，因为主要压力是在汇聚层交换机，它既要承担视频存储的实时流量，还要承担录像回放查询的流量压力，所以选择适用的汇聚交换机显得非常重要。

3. 核心层网络

核心层交换机通常是整个视频网络数据交换转发的中心，连接网络视频监控用户端应用的平台设备(如存储备份、解码显示设备、客户端工作站等)，因此对它的冗余能力、可靠性和传输速度方面要求较高，同时要具备强大的管理功能。

现在一些大规模视频监控系统的网络采用分级扁平化，利用汇聚层设备构成区域子系统，将数据流分流隔离，减轻了核心层交换机更多的负载，所以在很多监控网络中，核心层更多的作用是后端业务平台的连接管理、三层数据包的寻址转发、网络性能的监测及各级之间的数据交换等功能。

10.7.3 前端设备接入

前端接入模型设计，通常有如图 10.29 所示几种模式：

- LAN 方式是比较常见的模型，包括接入层、汇聚层和核心层；
- 集中编码方式，前端通过模拟线缆或光端机方式将模拟摄像机的图像传送到中心，统一在机房进行编码和存储；
- 分布编码模式通过广域网上传实时图像到中心；
- EPON 方式为无源光网络，在平安城市、园区等远跨度大的场所应用，非常有优势。

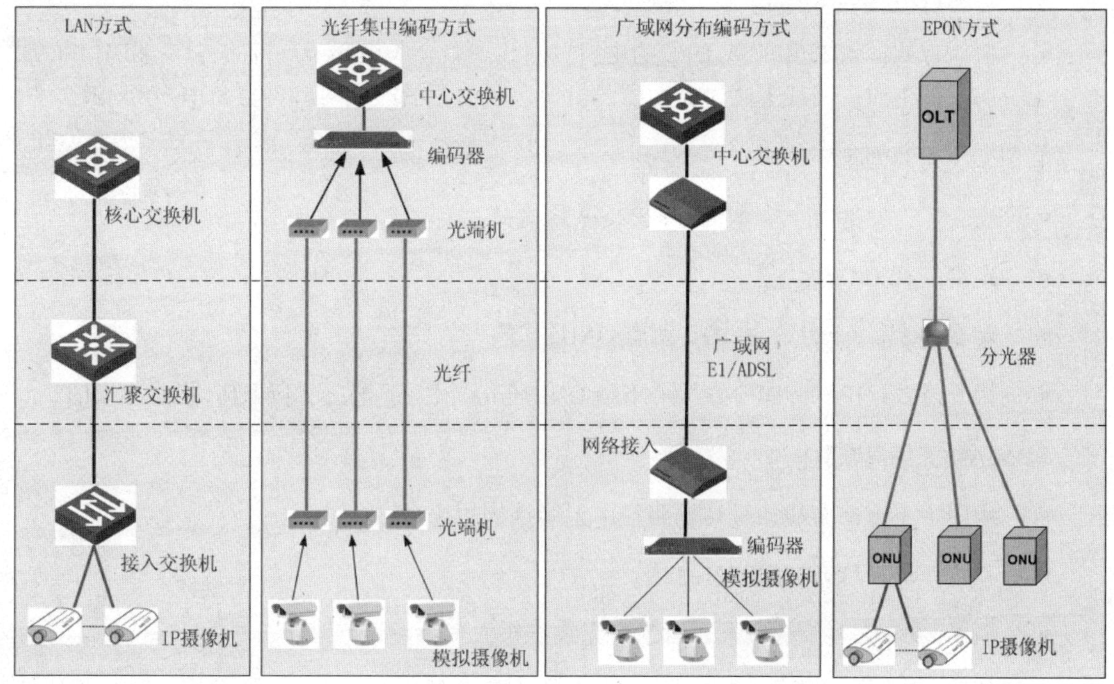

图 10.29　几种前端设备接入模型示意图

1. LAN 方式

- 通用，廉价，随处可得；
- 距离：100 米内；
- 带宽：10/100M；
- 接入方式：IPC 或 DVS 的电口以网线上联至接入交换机的电口。

2. ADSL

- 适合偏远地区或者对图像质量要求不高的场合；
- 带宽：非对称传输，目前一般上行为 512K，下行为 1M/2M；
- 接入方式： IPC 或 DVS 的电口以网线上联至前端的 ADSL 接入设备(如路由器)的电口，前端接入设备再外接 ADSL Modem。

3. 专线(MSTP/SDH)

- 适用于自建传输网的用户，比如铁路公司，高速公路；
- MSTP 传输节点设备直接出以太网接口，SDH 需加路由器转成以太网；
- 距离：取决于传输网；

- 带宽：n×2M；
- 接入方式：MSTP:IPC 或 DVS 的电口以网线上联至 MSTP 节点机的网口；SDH:IPC 或 DVS 的电口以网线上联至路由器的电口，路由器的广域网口再与 SDH 光纤相连。

4. EPON(无源光网络)

- 安全、方便部署、成本优势、P2MP 结构；
- 距离：20KM 内；
- 带宽：上行/下行各享 1G、所有 ONU 共享；
- 接入方式：IPC 或 DVS 连接 ONU，ONU 与分光器的分支光纤相连，上行至 OLT。

5. WLAN(无线局域网)

- 应用于不方便布线，且传输路径中无遮挡物的场合；
- 带宽：54M/108M/300M；
- 距离：AP 大多不超过五六百米，无线网桥大多不超过二三十公里；
- 接入方式：IPC 或 DVS 的电口以网线上联至无线网桥的电口，无线网桥再以无线的方式上联至对端的无线网桥，对端的无线网桥以电口连接至接入交换机。

6. 光纤集中编码方式

- 带宽：点对点传输，带宽高；
- 距离：可达几十甚至上百公里；
- 接入方式：模拟摄像机视频接入发射端光端机，接收端光端机视频接入到编码器。

10.7.4 监控系统网络规划

1. 节点压力分析

如图 10.30 所示。

- 高带宽需求：D1 分辨率已经不能满足大多数需求，2M 码率的单路视频已经不能满足客户对于清晰度及分辨率日益增加的需求，4M、8M 码率的视频应用逐渐兴起；
- 流量分布不均：视频存储和查看的需求同时存在，存储集中汇聚以及多路视频的接入造成了流量的局部热点，整体网络流量分布不均衡；
- 低时延要求：语音和实时交互视频达到 200ms 延迟用户即可感知，超过 300ms 延迟，用户就能感觉到不适；
- 高可靠性要求：视频存储数据一般要求可查证、可追溯，对可靠性要求高，网络的震荡、故障乃至中断都会对数据可靠性造成威胁。

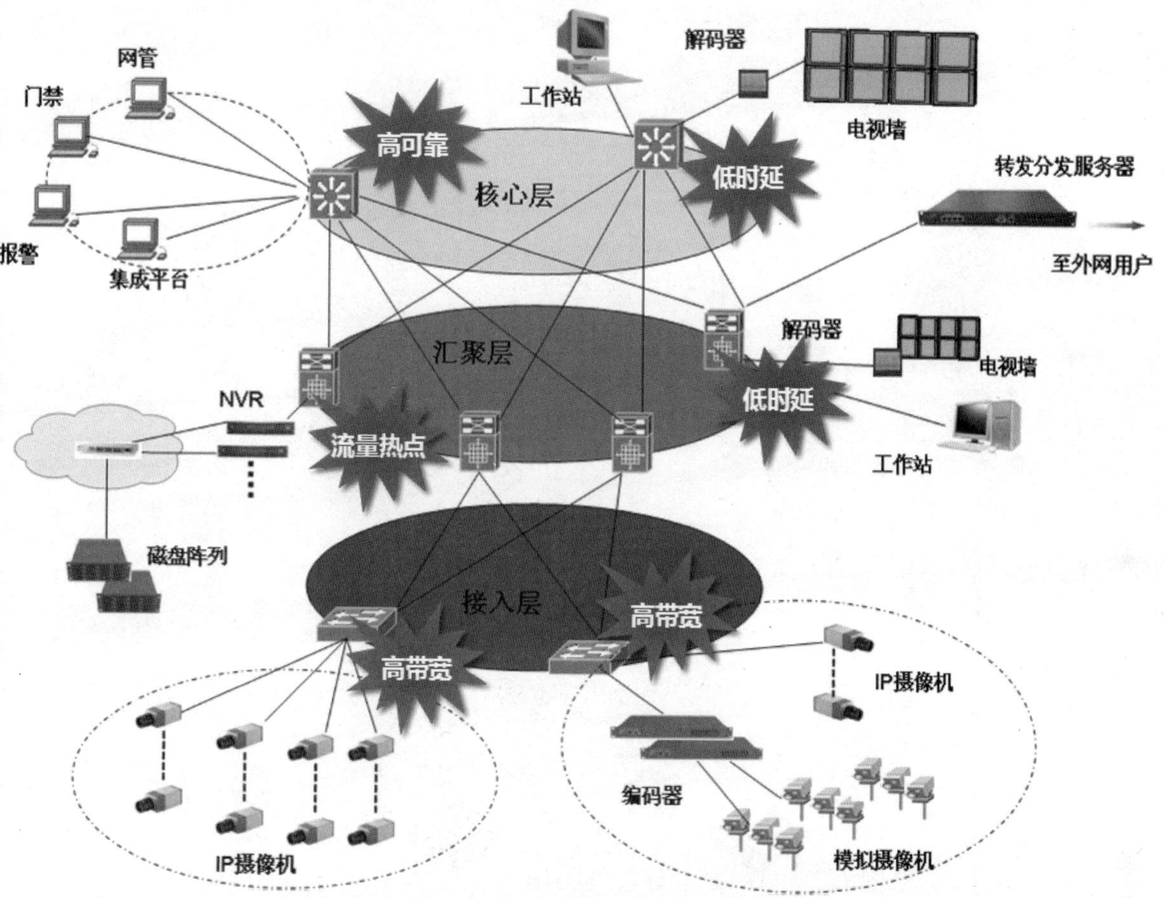

图 10.30　视频监控网络压力环节示意图

2. 网络拓扑规划

传输网络支撑着整个视频监控系统的信息通道，其核心是能够提供满足相应要求的传输带宽，且具有路由冗余的能力。骨干层、汇聚层、接入层应该是功能层次分明的网络，要求具有灵活的扩展能力、升级能力、可管理性，且能够提供满足要求的安全性。整个网络的主要负载依视频流大小及传输路由决定，主要是实时视频流及存储流，音频流及网络管理信息不大，但优先级要求相对较高，PTZ 信息、串行控制指令、与各种传感器等占比也不高。

三级组网方式，提高了核心设备端口利用率，但也增加了网络延时节点。如图 10.31 所示。

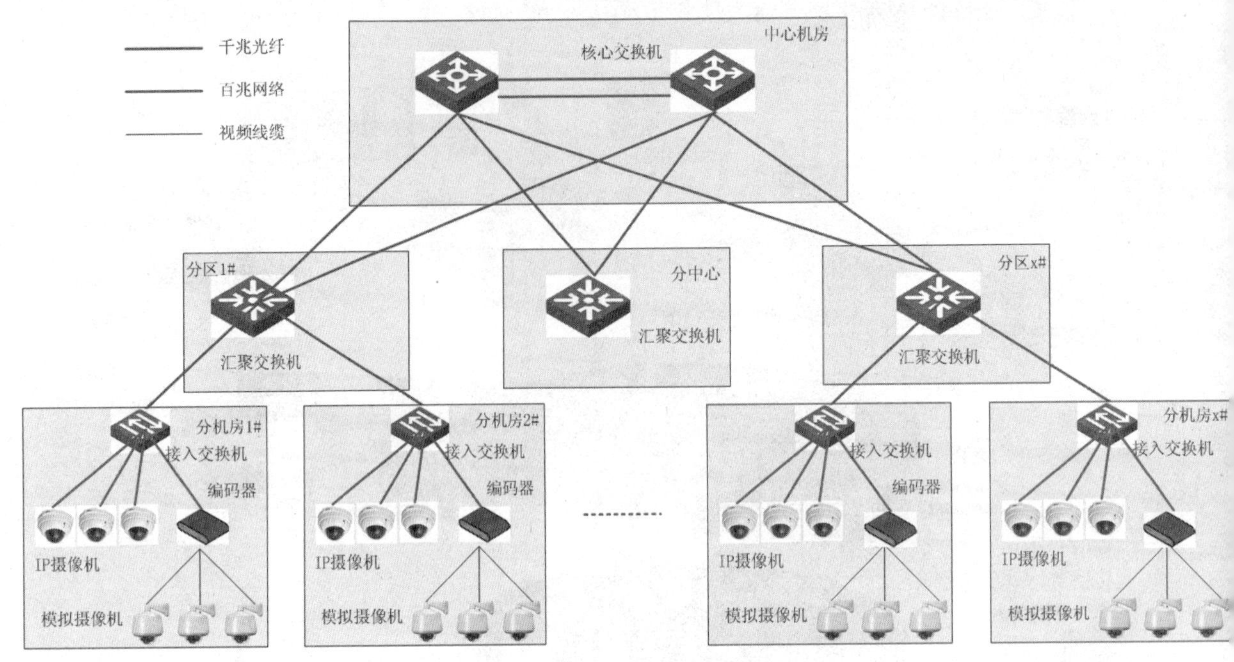

图 10.31　三级组网视频监控系统拓扑示意图

在部分应用情况下，采用二级组网，也有一定优势。如图 10.32 所示。

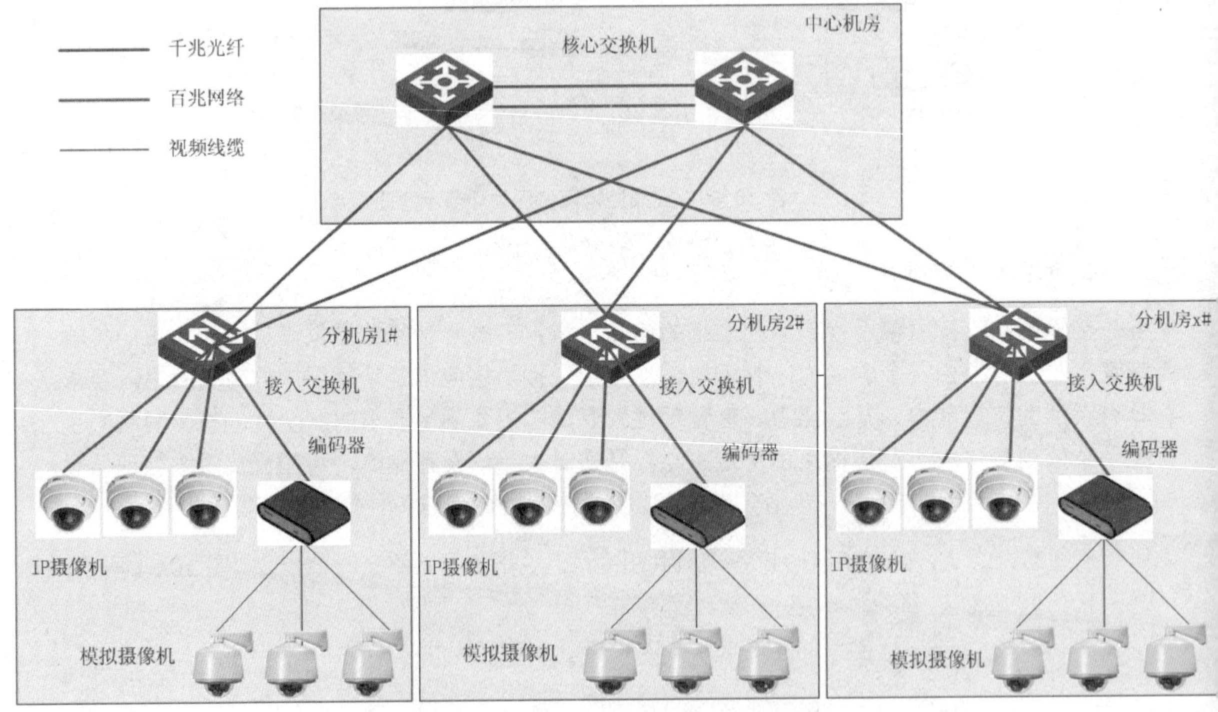

图 10.32　二级组网视频监控系统拓扑示意图

二级组网优点：

- 无带宽收敛
- 组网简单、管理简洁
- 减少节点、缩小时延
- 无收敛节点
- QoS 更简捷

具体采用三级或者二级组网模式需要根据项目具体情况决定，不能一概而论。

3. 接入方式规划

	EPON接入	有线以太网接入	无线接入
组网拓扑	• 树型、星型、链型等组网结构根据需要灵活使用，网络结构没有特定限制，适用于任何光纤可达的环境	• 树型、星型等组网结构根据需要灵活使用，网络结构没有特定限制	• 点到点、点到多点、多点桥接等模式
传输距离	• EPON可以在高带宽的情况下保证10-20KM的传输距离	• 100m传输距离限制	• 取决于天线，全向天线100m左右，定向天线200~1200m左右，受天气、障碍物等影响
可靠性	• EPON为无光源网络，传输可靠性高	• 以太网技术成熟、可靠性高	• 受天气、环境、信号源功率、距离等影响
供电	• EPON传输无需供电	• 需额外供电	• 无线AP需要额外供电
带宽	• EPON是长距离、高带宽接入技术，能提供上下行对称的1Gbps带宽	• 千兆接入是主流	• 802.11a最大速率54M • 802.11b最大速率11M • 802.11g最大速率54M • 802.11n最大速率54~144M

图 10.33　网络视频监控系统前端接入主要模式

- EPON 接入：适合周界、区域覆盖、园区道路、出入口及室外监控等长距离应用。
- 有线以太网接入：适合大厦、楼宇、室内等监控应用。
- 无线接入：适合布线不方便的非关键区监控。

4. 网络带宽说明

图 10.34 为常见网络视频监控系统数据流示意图，主要包括实时视频预览及存储数据流，这两个流的数据量比较大，其他如音频、控制数据流相对而言可以忽略。在规划及计算带宽时，需要主要考虑的就是两类视频数据流的路径、大小及数量规模。

NVR 通常是视频系统汇聚层的核心设备，汇聚来自前端设备的视频数据流并进行存储及转发，NVR 通常都位于汇聚层，向下连接前端摄像机，向上级连接管理及解码设备(通过核心交换机)。

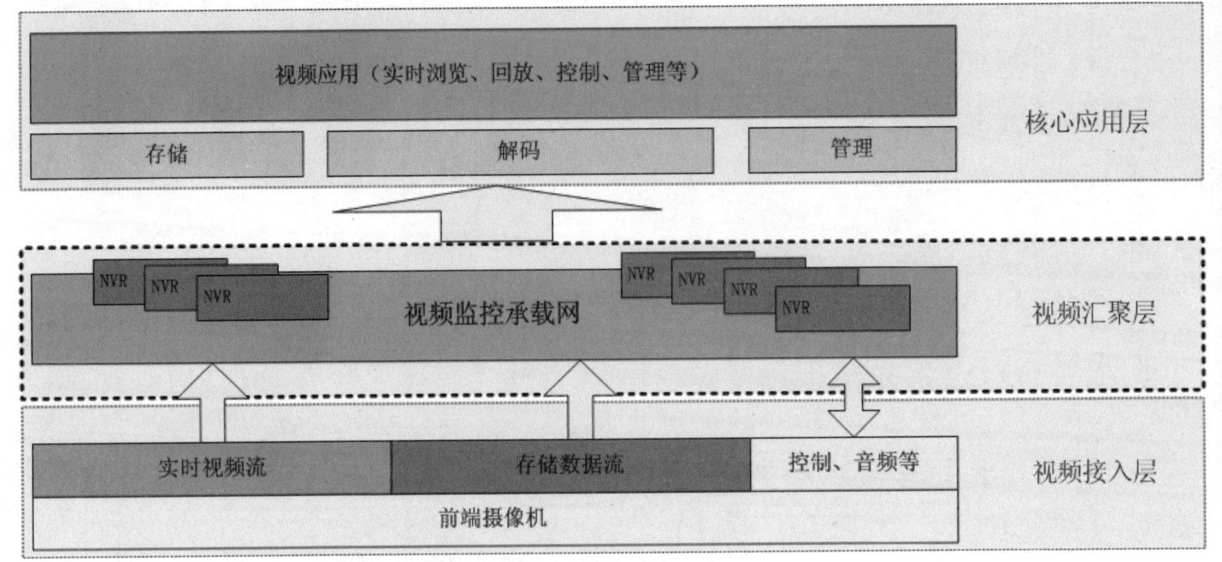

图 10.34 网络视频监控系统数据流示意图

- 接入带宽

接入带宽=接入路数×每路码流。假如一个 24 口交换机接入了 15 台高清 IPC，每台 IPC 的码流为 4Mbps，则该接入交换机的上行端口(级联至汇聚交换机)的带宽需求：15×4Mbps=60Mbps。通常，带宽应用中还需要考虑 25%的网络余量，用来传输其他数据(如音频、握手协议)及其他开销。

- 汇聚带宽

NVR 服务器带宽值=接入视频路数×每路视频带宽＋客户端并发访问路数×每路视频带宽＋解码上墙实时解码路数×每路视频带宽。假如一个 NVR 服务器接入了 40 路视频，每路码流为 2M，有 5 个客户端访问，6 路视频解码上墙，则 NVR 服务器带宽为：40×2M＋5×2M＋6×2M=102Mbps.

- 核心带宽

通常，大路数的高清视频监控系统，三级网络中核心节点的网络带宽压力不大，出于分级监控及分流的目的，存储流往往部署在汇聚层而不在核心层，所以核心交换机没有大规模视频录像的压力，核心交换机主要需要考虑交换容量以及到汇聚层的链路带宽。

> 注意：核心层有时需要部署备份 NVR，以保证位于汇聚层的 NVR 故障时自动接管其录像及存储工作，此时需要考虑汇聚层到核心层的带宽需求（根据路数及码流均值）。

10.8　无线相关技术

1. 无线通信基础

无线通信(Wireless Communication)是利用电磁波信号可以在自由空间中传播的特性进行信息交换的一种通信方式，其距离可以很短(如电视遥控范围数米)或很长(数千或数百万公里的无线电通信)。近些年信息通信领域中，发展最快、应用最广的就是无线通信技术。在移动中实现的无线通信又统称为移动通信，人们把二者合称为无线移动通信。

按照传输距离，无线通信分为：

- 近距离：蓝牙、WiFi、UWB、ZigBee、红外、HomeRF、RFID(射频识别)
- 远距离：WiMax、GSM(2G)、GPRS(2.5G)、WCDMA/CDMA2000/TD-SCDMA(3G)/TD-LTE(4G)

如图 10.35 所示。

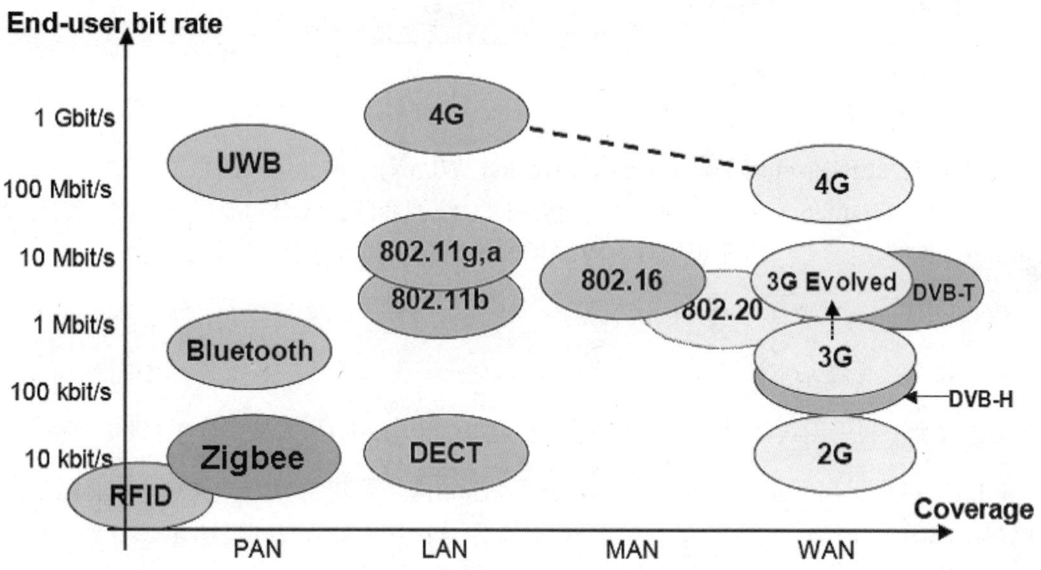

图 10.35　几种无线通信技术对比

- LAN(Local Area Network)：局域网
- MAN(Metropolitan Area Network)：城域网
- WAN(Wide Area Network)：广域网
- PAN(Personal Area Network)：个人局域网

2. 无线通信系统模型

通信系统是通信中所需要的一切技术设备和传输媒质构成的总体。通信系统由发送端、接收端和传输媒介组成。通信系统的发送端由信息源和发射机组成，接收端由接收机和终端设备组成，信号通过空间电磁波传送。如图 10.36 所示。

- 发射机(TX)对原始信号进行转换，形成已调制射频信号(高频电磁波)，通过发射天线送出。
- 接收机(RX)接收信号，放大、变频后，将其进行解调，再送给终端设备。

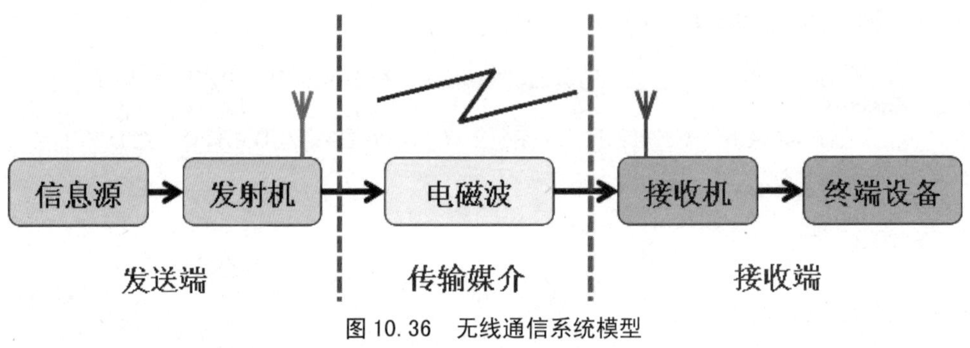

图 10.36 无线通信系统模型

3. WLAN 技术

无线局域网络(Wireless Local Area Networks，WLAN)是相当便利的数据传输技术，它利用射频(Radio Frequency，RF)技术，取代传统的双绞铜线(Coaxial)构成局域网络，达到“信息随身化、便利走天下”的理想境界。WLAN 的推动联盟为 Wi-Fi Alliance。

802.11 WLAN 主要面向两种应用类型：

- 接入：无线站点通过无线接入设备访问企业网络。
- 中继：利用无线信道作为企业网干线，用于大楼(LAN)与大楼(LAN)之间的数据传输。

WLAN 提供了高带宽，但却是在有限的覆盖区域内，即建筑物内以及户外的有限距离。与此相比，3G/4G 网络支持跨广域网络的移动性，但是目前数据吞吐速度明显低于 WLAN。由于 3G 与 WLAN 在覆盖区域和带宽上具有不同优势和局限性，因此这两种技术支持不同的应用并满足不同的需要，相互补充。

Wi-Fi 联盟成立于 1999 年，当时的名称叫做 Wireless Ethernet Compatibility Alliance (WECA)。在 2002 年 10 月，正式改名为 Wi-Fi Alliance。Wi-Fi 作为一种无线互联技术，可通过 Wi-Fi 组成一个共通的 LAN，也可以通过 Wi-Fi 技术，基于路由并通过网络提供商提供的 Internet 网络联网，该技术在电波的覆盖范围方面则要略胜一筹，Wi-Fi 的覆盖范围则可达 90 米，Wi-Fi 一直是企业实现无线局域网所青睐的技术，目前 802.11n 技术速度可高达 300Mbps(理论最高 600M)。

Wi-Fi 标准及参数概况如表 10.2 所示。

表 10.2　Wi-Fi 标准及参数

标准	802.11	802.11b	802.11a	802.11g	802.11n
标准冻结时间	1997.7	1999.9	1999.9	2003.7	2009.9
工作频段	2.4GHz	2.4GHz	5GHz	2.4GHz	2.4GHz 和5GHz
带宽	20MHz	20MHz	20MHz	20MHz	20MHz 和40MHz
调制方式	FHSS DSSS	CCK DSSS	OFDM	DSSS OFDM	OFDM DSSS
峰值速率	2M	11M	54M	54M	600M
兼容性	-	不兼容11a	不兼容11b	兼容11b， 不兼容11a	兼容11a/b/g
产品状态	速率低，已被淘汰	成熟，价格低廉，逐渐被淘汰	速率快、干扰小、价格较高	成熟，价格低廉，终端普及率高	技术和产品发展方向，设备价格相对较高，终端普及率有待提高

4. 无线网桥应用

无线网桥是一种采用无线技术进行网络互联的特殊功能的 AP。无线网桥根据传输距离的不同可分为工作组网桥和长距专业网桥。为了防止信号大幅度衰减，网桥组网时两个网桥之间通常不能有障碍物的阻挡。以室外作为主要应用环境的无线网桥一般在设计时都会考虑适应一些恶劣的应用环境，点对点无线网传输必须保证两点可视。造成不可视的原因包括地球曲率、地理特征(如山脉、建筑物和树木等)。

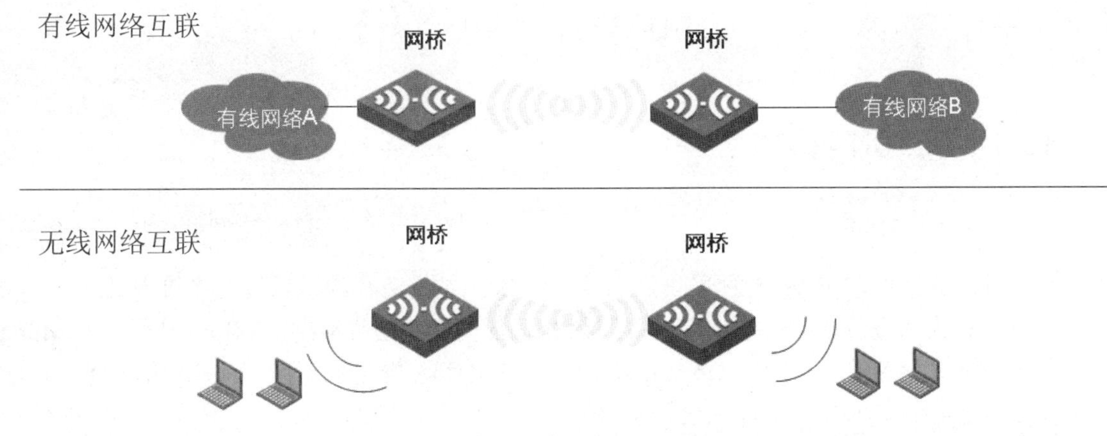

图 10.37　无线网桥的典型组网

5. 无线微波传输

微波是指频率超过 1GHz 的电磁波，波长范围在毫米～厘米数量级，其波长比普通无线电波更短。无线微波传输类似光线直线传输，是一种视距范围内的接力传输。在实际使用的微波通信线路中，总是使用方向性非常强的天线，并把收、发天线对准，以使接收端收到较强的直射波。无线微波传输分为模拟微波传输和数字微波传输。

6. 无线视频传输应用

如图 10.38 所示，整个系统以无线传输为主，前端编码器将模拟视频信号进行编码，压缩编码后的视频信号通过无线传输设备及无线网络传输至监控中心，监控中心需要进行解码上墙，在大屏上显示实时视频等。

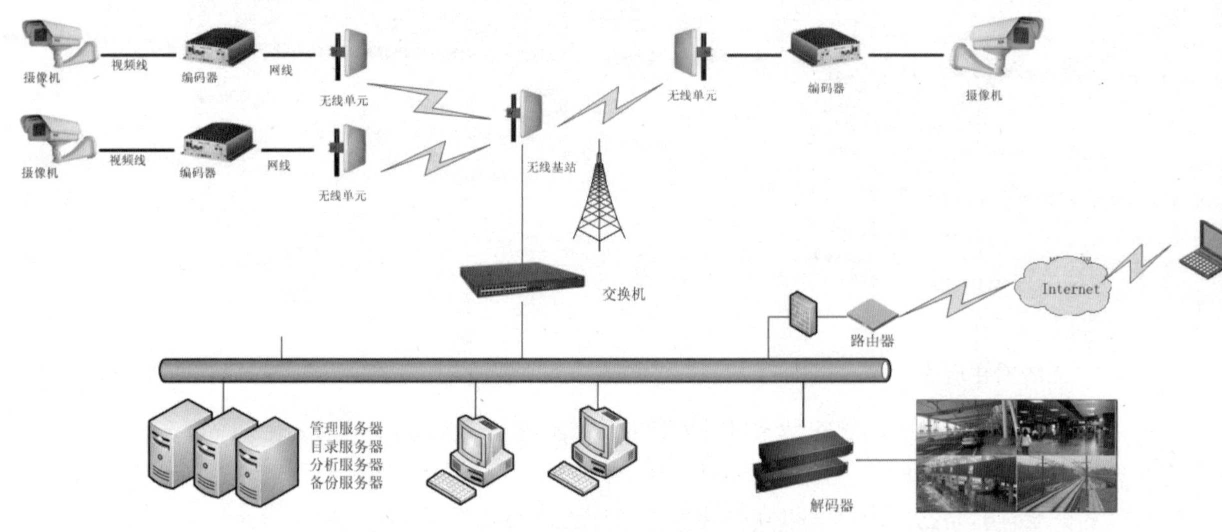

图 10.38 无线视频监控系统图

10.9 EPON 技术

10.9.1 EPON 概念

1. PON 技术介绍

无源光网络(PON)是一种采用点到多点(P2MP)结构特征的单纤双向光接入网络，其典型拓扑结构为树型。PON 系统包括三个组件：由局侧的光线路终端(OLT，Optical Line Terminal)、用户侧的光网络单元(ONU，Optical Network Unit)和光分配网络(ODN，Optical Distribution Network)组成，为单纤双向系统。

在下行方向(OLT 到 ONU)，OLT 发送的信号通过 ODN 到达各个 ONU；在上行方向(ONU 到 OLT)，ONU 发送的信号只会到达 OLT，而不会到达其他 ONU。ODN 在 OLT 和 ONU 间提供光通道，ODN 中的无源光分路器可以是一个或多个光分路器的级联。如图 10.39 所示。

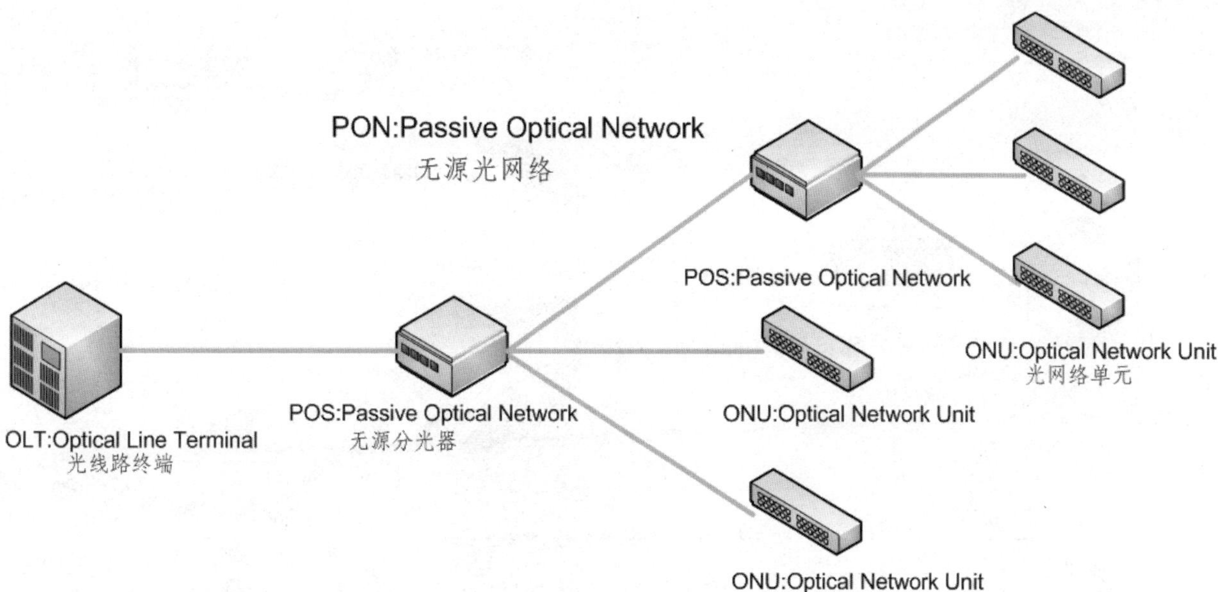

图 10.39　PON 构成原理示意图

2. PON 的技术优势特点

- 节省大量光纤和光收发器，较传统光纤接入方案成本低；
- 大量使用无源设备，可靠性高，显著降低维护费用；
- 网络扁平化，结构简单更利于运营商对网络的管理；
- 最高 20km 的接入距离，使运营商端局部署更加灵活；
- 组网模型不受限制，可以灵活组建树型、星型拓扑网络；
- 应用广泛，不仅仅是运营商宽带接入，也可作为广电视频的传输网络。

3. EPON 技术原理

EPON 无源光网络是一种点到多点(Point-to-Multipoint Optical Access Network)的光接入网络，是二层采用 802.3 以太网帧来承载业务的 PON 系统。EPON=Ethernet+PON。如图 10.40 所示。

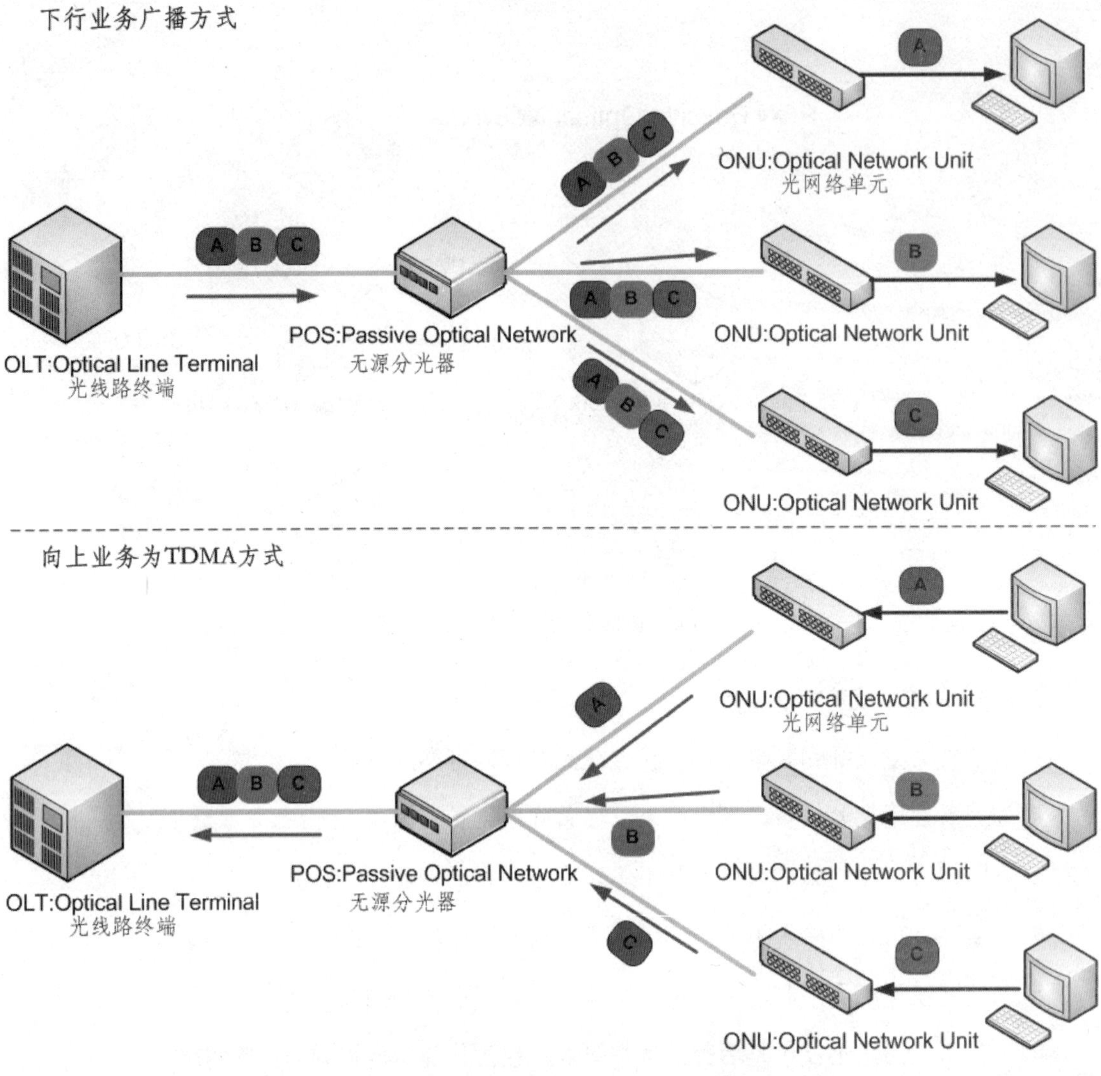

图 10.40　EPON 上下行传输示意图

EPON 的标准是 IEEE802.3ah，标准中定义了 EPON 的物理层、MPCP(多点控制协议)、OAM(运行管理维护)等相关内容。IEEE 制定 EPON 标准的基本原则是尽量在 802.3 体系结构内进行 EPON 的标准化工作，最小程度地扩充标准以太网的 MAC 协议。这就最大程度地继承了以太网经过长期、大规模实践检验积累下来的宝贵技术经验。

10.9.2　基于 EPON 的视频传输

1. EPON 视频传输架构

如图 10.41 所示，OLT 可以部署在机房，OLT 向上通过 GE 接口与核心骨干网络连接，OLT 向下通过分光网络(ODN)与 ONU 相连。ONU 通常与现场设备(网络摄像机、视频编码器等)一并安装在现场机箱内，ONU 与网络摄像机或编码器通过 FE 接口连接即可。

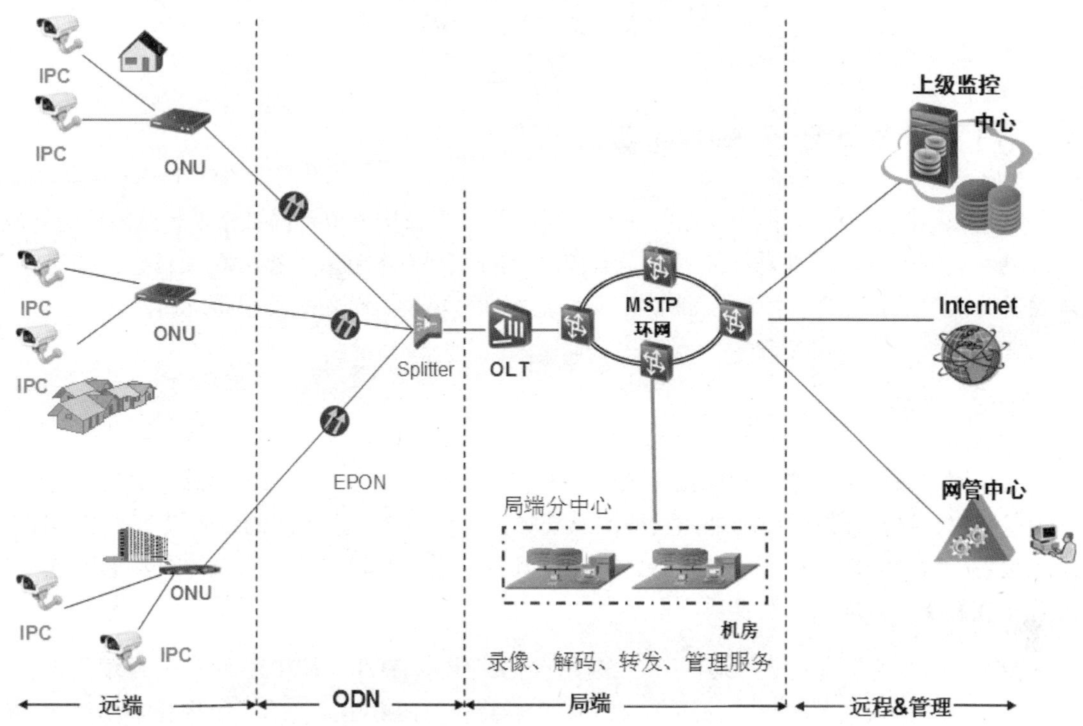

图 10.41　基于 EPON 的视频监控系统传输图

2. EPON 应用于远程视频监控的优势

- 降低成本：传统远距离视频监控系统通常基于同轴电缆及光缆＋光端机方式，而 EPON 方式可以在大大提高传输距离的同时，减少光纤及光端机设备数量；
- 稳定性强：EPON 架构下分光器及光纤为无源设备，没有电源、雷击、散热、过流等各种问题，可靠性强，并降低维护费用；
- 覆盖范围大：可提供 20km 的远距离视频信号接入，基本覆盖中等规模城区的范围，绝大多数市内的摄像机可直接通过光网络将图像传送至局方的视频监控平台；
- 传输带宽大：1000Mbps 对称传输速率，轻松满足远程视频监控需求；
- 组网灵活：组网模型不受限制，通过不同分光器的组合可以灵活组建链型、树型、星型网络。可根据摄像机的不同地理位置以及客户的不同需求，调整组网方式；

- 可维护性好：EPON 的综合网管支持业务使远程视频监控系统维护简单，系统提供拓扑管理、故障管理、性能管理、安全管理、配置管理等功能，大大提高了运营商的运营维护能力，大大降低运营商的 OPEX (Operating Expense，运营成本)；
- 扩容简单：EPON 在一定程度上对所使用的传输体制是透明的，传输侧扩容方便。

10.10 视频互联互通

10.10.1 视频互联互通的意义

从模拟矩阵到 DVR，再到现在的 NVR，视频监控系统从模拟走向数字，从封闭走向开放，开放性、兼容性、集成性是目前对视频监控系统的一个基本需求。在大型项目建设中、在旧项目的升级改造扩容中，不同厂商、不同系统之间的互联互通变得必需而迫切。

10.10.2 视频互联互通的方式

目前网络视频监控系统行业没有统一的标准，各个厂商按照自己的思路去开发编码算法和通信协议，这样导致的问题是在大型的系统中，多个不同厂家之间的编码设备(IPC、DVS)、录像设备(DVR/NVR)、解码播放设备之间无法互联互通。在目前的形势下，通常采用 API 的方式实现系统间集成和互联互通。

API 集成方式中，从编码设备(IPC、DVS)到录像设备(DVR、NVR)，可以利用编码设备厂商提供的 API 接口实现视频流的捕获，如 RTP 封装的 MPEG-4 流，然后录像设备(DVR/NVR)或视频转发设备可以直接打包生成视频文件进行存储，或转发到下级节点去(RTP 封装的 MPEG-4 流)。需要解码播放时，一般需要编码设备厂家提供的播放插件，实现对该厂商的视频流的解码显示，如果该 MPEG-4 流是标准的，即符合 ffMPEG 开源解码库标准，那么可以采用标准播放器如 VLC 进行解码播放。

10.10.3 ONVIF 及 PSIA 介绍

闭路电视监控时代的标准很简单，主要是一个统一的规范，即电视制式。PAL 也好，NTSC 也好，只要满足这个标准，摄像机、矩阵、监视器、VCR 等所有的设备互联互通就没有问题，因为是模拟信号，兼容性很容易实现。

在模拟视频监控时代，视频的互联互通不是问题，而摄像机的控制协议互联互通还是个问题，也就是说，不同厂商的控制码、矩阵连接通信、键盘控制、PTZ 摄像机之间的控制协议并不相同，可能需要转码设备。对于控制协议之间的互联互通，由于其协议并不复杂，并且主流协议就二、三家，因此，相对容易实现。所以说，模拟视频监控时代的互联互通不是问题。

进入数字视频及网络视频时代后，由于视频信号完全数字化，因此，视频信号的互编互解成为困扰用户、集成商的一个主要问题，同时，伴随视频监控系统规模不断扩大，在控制、信令信号之间的互联互通(Interoperability)也变得越来越重要。

这些问题集中体现在：

- 厂商间前端设备(IPC/DVS/DVR)与后端设备(NVR、媒体服务器)之间的兼容性。
- 编码设备(IPC/DVS/DVR)与解码设备(解码器、客户软件)的互编互解。
- 前端设备(IPC/DVS/DVR)、存储设备(NVR、媒体服务器)与平台的兼容性。

为统一标准、规范行业，目前国际上已有两个团体(ONVIF 及 PSIA)分别于 2008 年成立，针对网络视频监控标准提出建议草案，来制定前后端设备的接口(Interface)共同标准，期望经由共同规范的订立，为未来建构可互通的网络视频监控系统预作。

ONVIF 采取定义平台、指令及需求方式，以 Web Service 的 SOAP(Simple Object Access Protocol)为主要结构；PSIA 虽然也架构在 Web Service 之下，却采用 API(Application Programming Interface)方式，并以 HTTP(Hypertext Transfer Protocol)来支持互通性的实施。

1. ONVIF 标准

ONVIF 是由 Axis、Bosch 和 Sony 在 2008 年合作建立的面向全球的开放性网络视频接口论坛(Open Network Video Interface Forum)，其目的是以公开、开放的原则共同制定开放性网络视频监控行业标准。2008 年 11 月，该组织正式发布了 ONVIF 第一版规范——ONVIF 核心规范 1.0。这一标准将为网络视频设备之间的信息交换定义通用协议(诸如装置搜寻、实时视频、音频、元数据和控制信息)。

ONVIF 的主要目标在于促进不同品牌网络视频设备间的整合，并帮助生产制造商、软件开发商及独立软件供货商确保产品的可互通性。他们认为，经由统一开放的标准，将提供给最终使用者更大的选择自由，让用户能够从各个不同供货商的产品中，更加自由地选用，以整合出一套适合不同需求的监视系统。

2. PSIA 标准

PSIA(Physical Security Interoperability Alliance，实体安全互通联盟)，该联盟主要由 Cisco Systems、Genetec、IBM、ObjectVideo、Panasonic、Pelco、Texas Instruments 及 Verint 等公司于 2008 年 2 月联合成立，主要目标也是推动网络型安全设备间的互通性，参与成员包括来自监控摄像机、视频管理软件、门禁控制与系统整合等不同性质的厂商，该团体也同样致力于开放标准的推动。该规范中定义媒体设备(Media Devices)及其功能所需的 HTTP(S)应用程序接口(Application Programming Interfaces，APIs)，其所涵盖的内容，包括系统、管理、网络、IO、影音输入/出、设备、PTZ、动态侦测、媒体流及事件处理等功能与设定。

10.11 本 章 小 结

网络视频监控技术与网络传输技术关系紧密，如何利用当前的基础网络或新建的网络承载高效、实时的视频传输是视频监控厂商重点考虑的问题。对于视频监控设备，其对网络带宽的需求、对网络质量(抖动、延时)的适应性，对视频实时显示及回放效果有很大影响。本章介绍了网络基础结构、视频传输的特点、传输的模式、基本需求及视频互联互通实现方式，核心内容在于如何对视频与网络进行有效的融合应用。

第11章 中央管理软件(CMS)

CMS，全称 Central Manage System，即中央管理系统，CMS 是在数字网络视频监控系统得到广泛应用后才逐渐发展壮大起来的，主要实现对系统资源的集中管理并提供用户程序接口。

关键词

- CMS 的原理
- CMS 的组成
- CMS 的功能
- CMS 的架构
- CMS 的考核
- 相关标准介绍

11.1 CMS 介绍

11.1.1 CMS 的定义

在闭路电视监控时代，系统的核心是硬件，所有的信号采集、传输、交换、存储都是基于模拟信号的，系统可以不需要任何平台管理软件的支持而独立工作。在数字化、网络化视频监控时代，系统的架构变得网络化、分布化、功能专一化，因此，CMS 的主要使命是利用统一的数据库、软件及服务，在分散的设备与用户之间建立一个接口服务平台，通过这个平台，完成系统中所有 DVR、DVS、NVR、IPC 等设备的统一管理与集中控制，并可以对大量用户提供统一的接口应用及媒体分发服务，从这个角度说，CMS 实质是个中间桥梁。

CMS 的原理图如图 11.1 所示。

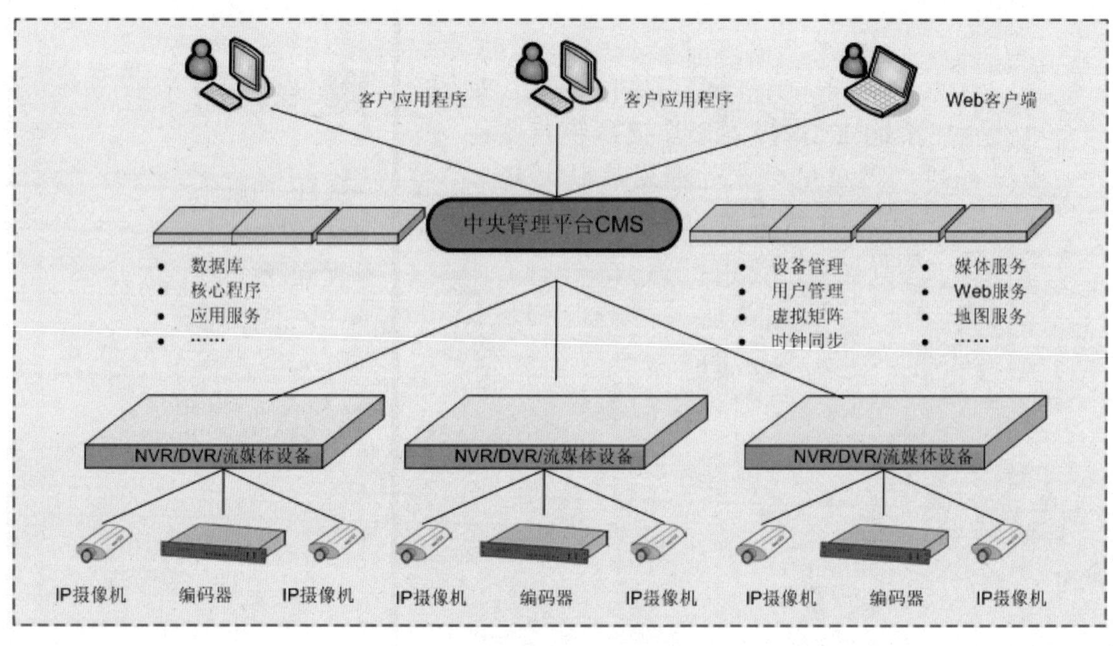

图 11.1 CMS 的原理

从功能及构成来看，CMS 应该是服务器、数据库、核心程序、媒体交换服务、虚拟矩阵服务、Web 服务、时间同步服务、PTZ 控制服务、客户应用软件等多个功能模块构成的集合体。CMS 不是简单的一台服务器或一个软件、程序，而是一个系统，一个软硬件体系，是基于一定服务器及操作系统、依托于数据库、架构于网络、运行一定程序及服务的系统，可以分散或集中部署，可以是一台或多台设备，可以是软件或硬件平台。当然，根据不同的项目、不同的需求，CMS 的构成并不相同，其中一些功能不是必须的。

提示：在模拟监控时代及 DVR 时代，多数产品并不提供功能强大的管理平台，软件得到的重视不够。随着平台软件的需求越来越明显，一些软件公司开始专业地开发平台，集成不同厂商的 DVR、NVR、IPC 等，实现设备集中管理、权限管理、媒体分发等功能。随着网络视频监控系统的大量应用，视频监控管理平台的地位越发重要，从长远看，CMS 将会成为系统核心部分。

比如：“员工、客户、管理层”。对于一个小型的公司，如果销售人员加工程技术人员仅仅 3、5 个人，那么客户可以轻松地直接与各个销售或技术人员进行联系，并得到需要的服务(报价、方案、技术支持、售后服务等)，这时公司的员工是独立的而没有明显的管理层组织的。而当公司发展到一定程度时，公司的员工可能增加到 30、50 人，并且每个人的分工更加专业。这样，客户如果需要销售或工程技术服务，就需要一个接口平台，通过这个接口管理平台(如图 11.2 所示，即公司的中层管理人员)进行接口，而不需要与公司内部各个不同的业务员、技术人员直接打交道，即公司的中层管理人员实现了“公司内部的资源整合并对外提供了统一的接口”。

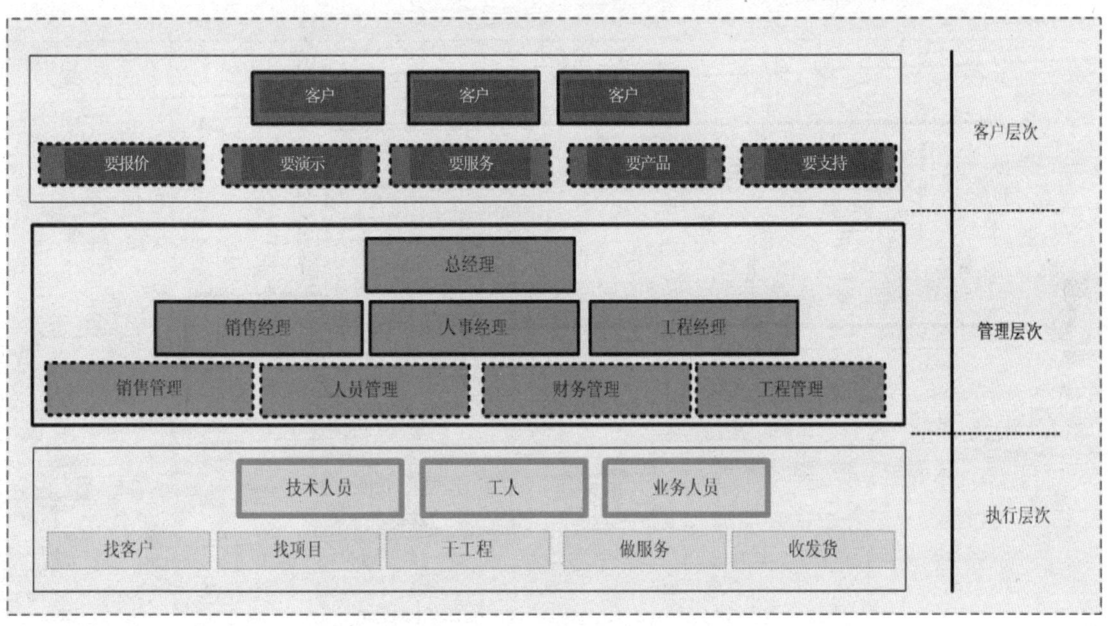

图 11.2　公司管理层结构

11.1.2　CMS 的发展历程

模拟监控系统中设备主要是各类硬件电子产品，工程中的主要工作是设备安装、布线及系统的连接，并可以采用软件辅助完成系统的配置工作，一旦系统建设完成，其日常运营可完全不再依靠软件，因此，管理平台价值不大；数字视频监控时代，DVR 是主导，而 DVR 的工作模式多为单机独立工作，对于系统的整合管理、集成、联网的需求不高，相对于模拟时代，DVR 时代的管理平台的地位得到一定提升，但是重点还是以 DVR 硬件产品为主导；到了 IP 监控时代，系统设备主要以 IPC、DVS 及 NVR 为主，系统的运行必须有平台的支撑，才能完成设备管理、媒体交互、虚拟矩阵、用户管理、应用接入等各种功能。

1. 闭路电视监控系统的软件

闭路电视监控系统中，核心设备是矩阵切换控制系统，系统是模拟而集中式的，系统中所有的设备，如摄像机、云台、控制器、键盘等，必须连接到矩阵或矩阵扩展接口上，而信号的传输主要是基于同轴电缆和光纤。在此情况下，通过系统硬件可以实现完整的设置、控制、操作、管理、切换功能，因此在闭路电视监控系统中，是没有 CMS 的概念的。

后来，随着计算机技术的发展，多媒体技术开始应用在安防监控领域，一些厂家开发了一些基于计算机的“图形界面程序”，来实现对整个闭路电视监控系统的管理。具体实现的功能包括设备配置、视频调用(配置视频采集卡的视频工作站)、PTZ 控制、报警联动、电子地图等，其实质是为矩阵控制系统提供了一个“可视化界面”，本身是对矩阵系统起到“锦上添花”的作用，但是整个闭路电视系统还是离不开矩阵等核心设备的支撑。

图 11.3 是矩阵时代管理软件应用示意图。

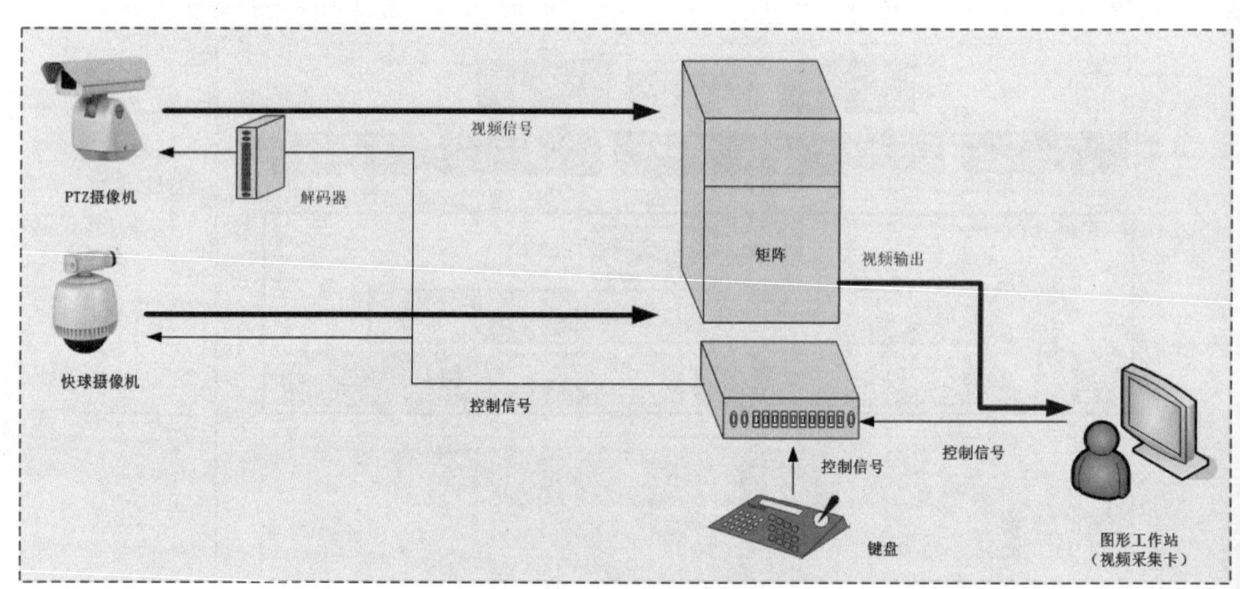

图 11.3　矩阵时代管理软件应用示意图

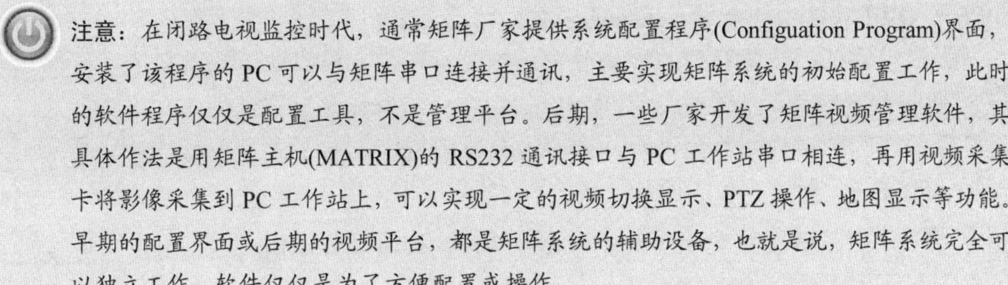

注意：在闭路电视监控时代，通常矩阵厂家提供系统配置程序(Configuation Program)界面，安装了该程序的 PC 可以与矩阵串口连接并通讯，主要实现矩阵系统的初始配置工作，此时的软件程序仅仅是配置工具，不是管理平台。后期，一些厂家开发了矩阵视频管理软件，其具体作法是用矩阵主机(MATRIX)的 RS232 通讯接口与 PC 工作站串口相连，再用视频采集卡将影像采集到 PC 工作站上，可以实现一定的视频切换显示、PTZ 操作、地图显示等功能。早期的配置界面或后期的视频平台，都是矩阵系统的辅助设备，也就是说，矩阵系统完全可以独立工作，软件仅仅是为了方便配置或操作。

提示：矩阵的主要功能是任意数量的视频输入到任意路数视频输出的切换，实质是大型多路开关阵列，通过手动、自动等方式将输入对应到输出。早期的矩阵多数是模拟矩阵，即通过交换开关阵列直接连接输入与输出，后期产生通过“包”(交换机及流媒体支持)交换的矩阵，即数字矩阵。

2. 数字视频系统的软件

数字视频时代的标志性产品是 DVR，DVR 是 VCR 的终结者。早期的 DVR 设备主要是实现数字化的录像功能，因此，DVR 产品的软件功能、网络功能不是很强，其主要应用也是与模拟矩阵配合使用，完成视频资源数字化、录像及存储功能。通常的应用是利用视频分配器将视频输入一分为二，一路输入给视频矩阵，一路给 DVR。在此背景下，DVR 不需要太多的管理功能，因此，多数 DVR 厂家对视频软件也不是非常重视，通常是免费提供，但功能单一，一般具有视频浏览、PTZ 控制、视频存储、回放、远程查看等基本功能，此时的视频监控软件适合小规模、小系统应用。

DVR 时代的软件应用如图 11.4 所示。

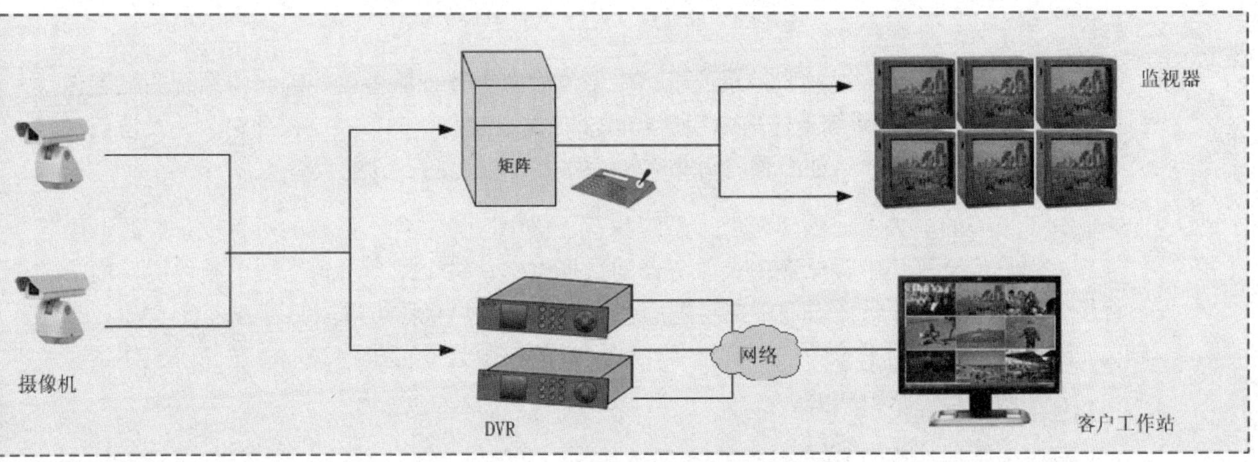

图 11.4　DVR 时代的软件应用

后来的 DVR 设备，发展迅速，逐渐形成两种产品形态，嵌入式 DVR 和 PC 式 DVR。毋庸置疑，PC 式 DVR 软件功能强大，国外的多数厂商都是采用 PC 式，并且配备功能强大的平台软件，对于权限验证、设备管理、视频分发、报警管理、人机界面、系统集成、存储管理等均具有强大的功能支持。而嵌入式 DVR，以稳定性和易操作性取胜，但对于多数厂商，开始阶段重硬轻软，因此，视频监控平台并未着力开发或推广，对于大型项目，一般是采用第三方管理平台的方式，所谓“分工明确、各有专攻”。

这样，当需要 DVR 独挑大梁，在大型视频监控系统中联网应用时，对中央管理系统 CMS 的需求是刚性的。因为，对于大量的 DVR 设备，如果没有中央管理软件，很难实现对大量设备的统一部署、管理、集中配置，而对用户来讲，需要统一的登录接口(分别登录到不同的 DVR 设备去实现视频浏览、录像回放和 PTZ 控制功能是无法接受的)。

非集成的 DVR 系统应用架构如图 11.5 所示。

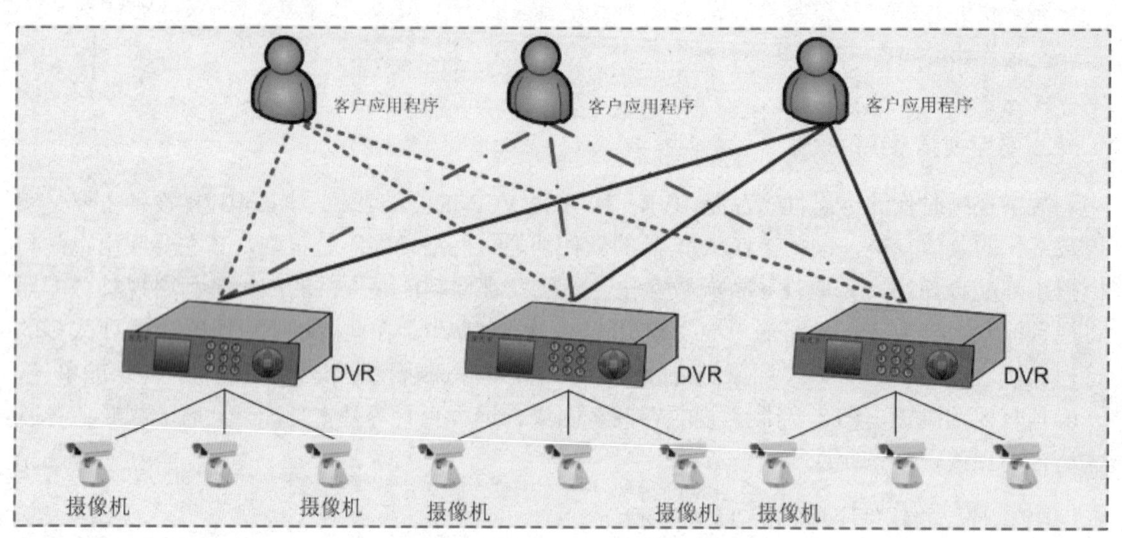

图 11.5 非集成平台的 DVR 系统架构

在非集成平台的数字视频监控系统中，由于没有中央管理服务器，因此，系统的配置保存在 DVR 个体设备上，系统无法集中管理，可能有权限冲突、PTZ 控制权冲突、并发访问冲突等问题。客户程序需要单独配置，每个客户程序要单独访问不同的设备。

而有了核心的中央管理软件之后，系统具有了集中服务平台，系统的所有设备资源、配置信息、用户信息等集中存储在中央服务器的数据库中，每个用户不再需要单独设置，用户不直接访问前端设备，只需访问中央管理服务器即可。客户软件可以同时管理多台 DVR、客户端一次登录可以访问系统中的所有设备，而用户的权限设置可集中管理，在任何工作站登录都具有相同的用户权限功能。

具有中央管理平台的 DVR 系统如图 11.6 所示。

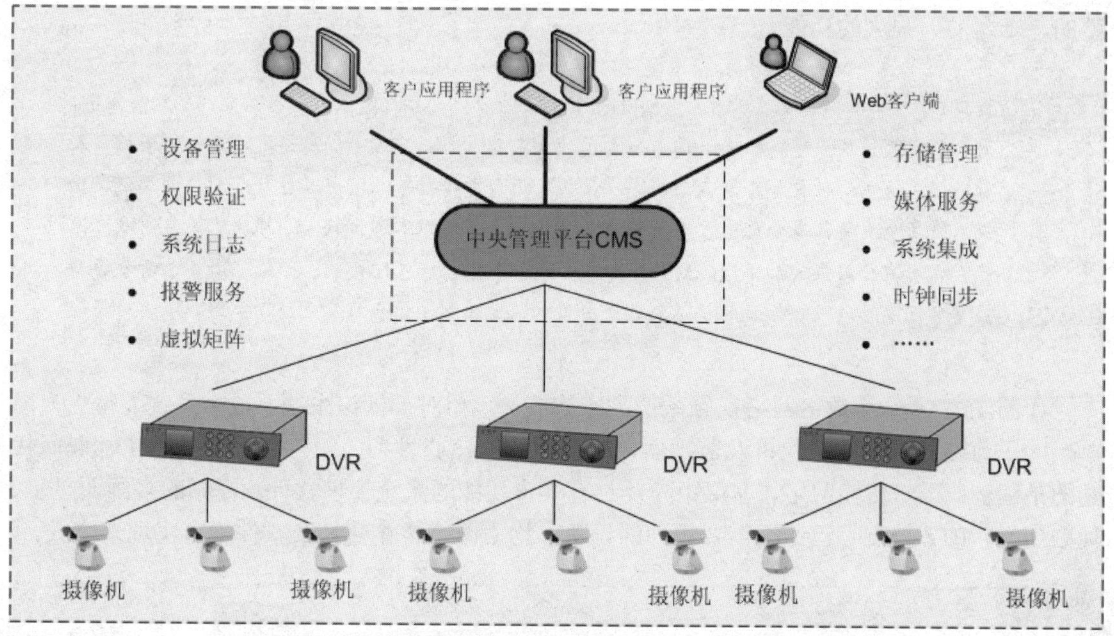

图 11.6　集成平台的 DVR 系统

提示：在上图中，CMS 管理平台实质包括多个模块，实际应用中，系统的各个功能模块，如报警服务、媒体服务等，可能根据需要分散部署在不同的位置，而并不是统一部署在一台服务器上，并且一些模块是可选项而不是必须的。

3. 网络视频系统的软件

网络视频监控时代的标志性产品是网络摄像机(IPC)、编码器(DVS)及网络录像机(NVR)，相对于 DVR 时代的数字化系统，网络视频监控系统中任何一个单体设备(如 IPC、DVS、NVR)都无法独立工作，也就是说网络摄像机、编码器或网络录像机，必须靠中央管理平台的支撑才能构成一个完整的、强大的系统，而 DVR 是可以脱离中央管理平台自成系统独立工作的(虽然功能可能不是很强大)。

注意：对于小型系统或项目，网络摄像机可利用厂商自带的免费软件，实现视频浏览或录像等简单功能，但是很难满足大型项目中各种复杂的功能需求，如设备管理、存储管理、数据备份、权限管理、联动报警等，通常需要额外的平台软件支持来实现强大的功能。同样，部分公司的 NVR 本身集成了管理平台的功能，可以完成系统资源及用户的管理，但是一般在大型系统项目中，通常用 NVR 做专业的存储转发设备，而另外配置 CMS 完成中央管理功能。

在网络化视频监控系统中，对于网络摄像机或视频编码器，其功能及角色定位就是进行视频的编码压缩及传输；而对于 NVR，定位在视频的存储与转发(NVR 的初衷是网络架构录像，通常本身不具有设备管理、权限登录、人机界面等功能，做专业的存储应用)。因此，需要一个平台，将分散的前端编码设备、后端存储设备及用户之间连接起来，实现视频监控系统完整的、丰富的、强大的功能。

> **比如**："员工、分工、专业化"。对于一个小型的公司，有的业务员一人多能，从销售签单、发货、安装、服务可能都可以自己一条龙独立完成(相当于 DVR)。当公司达到一定规模，人员多了，角色定位更加清晰专业，这样销售人员只负责签单、调试人员只负责设备调试、物流人员负责发货，每个角色没有义务做其他工作，或者根本不会做。这样，从签单到维修保养，需要有公司强大的平台(CMS)去支撑，这个平台可能包括人事、行政、财务、项目管理等多方面的管理服务，目的就是将各个分散的人员有机地结合成"团队"。

如图 11.7 所示为数字网络视频系统大家族成员，相对于模拟系统，数字系统显得更为简单，除了前端和末端的摄像机及监视器，模拟系统的核心设备"矩阵"已经没有了，取而代之的是编解码器、传输网络、虚拟矩阵及具有丰富功能的系统管理软件。视频的多画面显示、视频切换、PTZ 控制等已经不需要额外的设备，均由网络传输交换及软件平台实现来完成。

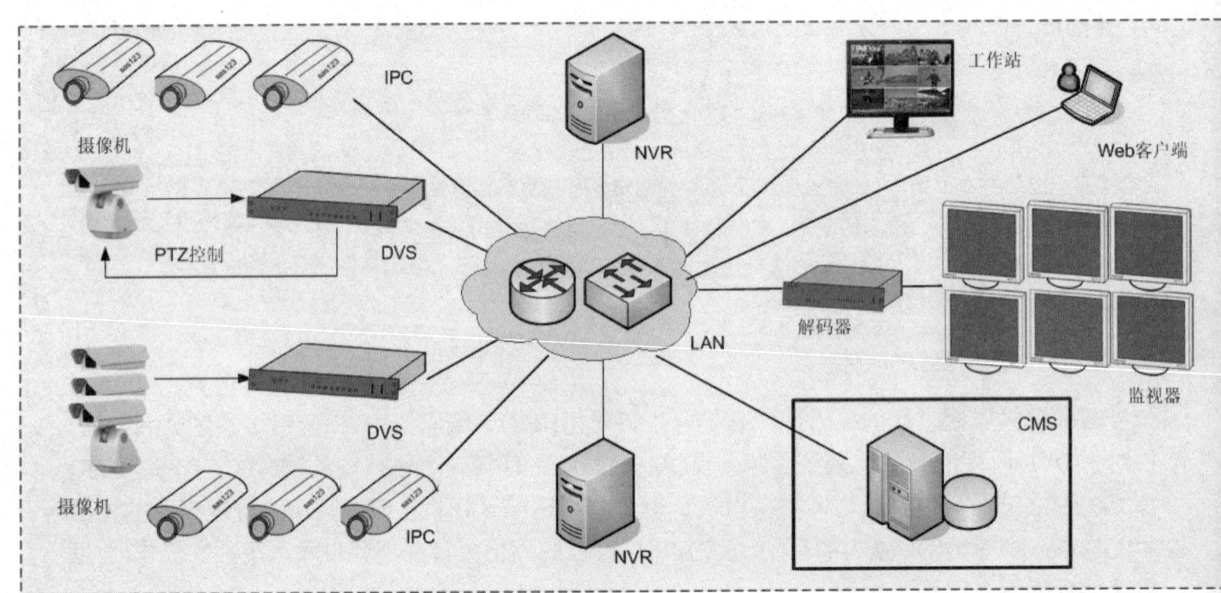

图 11.7 带 CMS 的 IP 监控系统

CMS 的主要使命如下：

- 良好的人机界面，简化日常操作、提高效率。
- 集大成者，兼容不同厂家的各种前端底层设备。
- 将分散的、大量的设备进行集中管理。
- 实现用户的统一管理与登录服务。
- 视频媒体的存储与转发服务。

- 多用户并发访问接口服务。
- 实现多用户、多部门、多级别的权限管理。
- 系统设备的运营管理、故障报警、日志管理等服务。
- 突发事件的应急预案，充分发挥视频监控系统功能。

4. 目前的视频平台存在的问题

从目前的视频管理平台发展过程来看，通常是基于 DVR、DVS、IPC 等设备的系统建设完成之后，才有建设中央管理平台的需求。这样，无疑是硬件设备厂商占有先机，而 CMS 厂商只能去适应性地迁就各个不同厂家的硬件设备而实现集成。

从技术角度上讲，由于 DVR、DVS、IPC 等设备与平台之间没有标准的接口及协议标准，因此，通常的做法就是 CMS 厂家利用各个硬件厂家提供的 SDK 进行二次开发，实现 CMS 平台对前端设备的设置、图像调用、PTZ 控制等基本的功能。

这样的集成模式显然是硬件设备为主导，而 CMS 平台通过 SDK 来适应集成，因此，系统的功能及平台能够实现的功能实质上还是由硬件设备或硬件设备的 SDK 决定，CMS 厂家无法发挥自身的优势，因此在这样的方式下，CMS 实质上还是一个统一的界面而已，没有深入到底层，功能不强，效率不高。

注意：基于 SDK 进行集成是目前视频监控系统集成的主要模式，而多数视频监控平台厂商的主要工作就是熟悉各个硬件厂商(DVR/DVS/IPC)提供的 SDK 开发包，与硬件厂商进行沟通、交流，从而将该厂商的硬件“接进来”，这种接入方式通常是基本的设备管理、交互与应用，而多数硬件厂商的一些特色功能可能就遭到舍弃。另外，基于 SDK 的系统集成属于上层软件层次集成(相对于底层协议)，对系统资源的消耗(CPU)也比较高，其实质是在各种通信机制中效率比较低的一种，但这却是目前比较普遍的情况。

11.1.3　CMS 的发展方向

针对当前的系统集成状况，一些行业用户、厂家及工程商已经意识到并在努力扭转当前的局面，那就是，改变目前的“硬件厂家 SDK 决定 CMS”的状态，而逐渐向“系统建设从 CMS 向前端硬件传导”的方式，这种方式实质是改变目前的“CMS 集成采用 API 接口”方式，而是 CMS 与前端设备硬件通过“标准接口协议”进行深度集成。

虽然硬件厂商与 CMS 厂商长期的地位不对等状态及目前项目实施的特点决定了这不是短期能解决的问题，但是，目前能够看到一些行业已经开始这种方式，如从全球眼、宽世界等一些企业和行业标准中可以看到这样的趋势。但是，无论何种方式，CMS 已经得到越来越多的重视，并且正朝着集成化、开放化、层次化、智能化、专业化的方向发展。

(1) 集成化

CMS 实质上并非是视频监控专用的名称，在网络监控、消防、楼宇、智能弱电集成等领域都有不同的诠释。如果扩展开来讲，CMS 可以是弱电集成平台，那么意味着，在一个 CMS 平台上，可以实现楼控、视频监控、门禁、防盗、消防等多个系统的集成，各种信息可以资源共享、彼此交互。对于视频监控系统，CMS 需要将 IPC、DVS、DVR、媒体服务、存储、报警等设备集成到一起，协同工作。

(2) 开放、标准化

视频监控系统目前的一个问题是互联互通问题，不同厂商的软硬件甚至同一厂商不同版本的软硬件都可能无法互联互通，通常需要二次开发，但是，二次开发可能会导致成本增加或部分功能缺失。未来的 CMS，应该是集大成者，对于不同厂商的硬件或同一厂商不同时期硬件，能够做到深度集成，集成应该简单易行并且不会造成功能的缺失。

为实现不同厂商软硬件互联互通，目前的主要方式是通过 API 进行开发，这在目前的情况下是可行的方式，但是，从长远可持续发展及生产效率角度出发，视频管理平台与前端硬件设备之间应该以标准通讯协议进行交互，设备的互联互通不应该再是视频监控平台厂商煞费心机的工作，应该从底层的互联互通工作中解脱出来，在上层做更有意义的工作。

(3) 层次化

中央管理平台的“层次化”的意义与目前已经非常成熟的 IT 产业类似，即对于底层、基础的设备采用完全“标准化、通用化、规模化”的架构，而对于上层应用，采用“专业化、行业化”的架构，这样，上层应用可以屏蔽底层设备细节，针对不同的行业用户的不同的特点，进行有针对、个性化的开发，提供增值能力。

(4) 智能化

智能化是伴随计算机技术而发展起来的，分广义的智能化和狭义的智能化，目前，所有基于计算机、网络、数字化的系统都可以称为智能化系统，智能在这里可以理解成计算机技术的应用代替了部分人类的工作而“智能”。而狭义的智能是“视频内容分析技术”，即“人工智能、图像分析”等技术在视频监控领域的融合。

智能化的意义在于系统自动承担一部分识别、判定功能，在不需人为干预的情况下及时预警、提高效率。

(5) 专业化

不同行业有不同的特点，而 CMS 软件会集中满足客户不同的应用需求，如平安城市，对系统的级联、权限控制方面要求比较高；而银行业对图像的稳定性、清晰度、长时间录像的要求比较高；铁路行业对多设备的联网能力、系统稳定性等要求高。因此，需要针对不同行业的不同需求开发定制化的软件，而不是采用一套软件来以不变应万变。

在专业化方面，国内厂商具有天然的优势，可以很好地跟最终用户面对面地沟通、了解需求及反馈，并能够以最快速度修正软件应用，提供真正的针对不同行业的平台解决方案。

未来视频监控平台厂商应该是根据行业用户的需求，专注于高层次的业务应用和增值服务。

比如："QQ、聊天工具、平台"。QQ 是大家非常熟悉的即时通讯软件，目前 QQ 同时在线用户数已突破 5000 万。QQ 的架构设计源于 1998 年，十年过去了，用户数从先前设计的百万级到现在的数以亿计，整个架构还在使用，难能可贵，甚至说不可思议。QQ 早已从开始的"互联网"产品转化成"日常沟通"平台，它更专注于用户体验。与其他众多聊天软件不同的是：腾讯公司在 QQ 上整合了丰富的互联网服务项目，使之成为用户网络生活的枢纽，聊天工具做成了一个富有人情味和巨大粘性的在线生活平台。CMS 也一样，是一个平台，需要有好的架构支持未来的无限扩容，要从视频监控平台上升到一个综合服务、增值服务的平台，更要专注于不同行业的用户体验。

11.2 CMS 的原理及组成

11.2.1 CMS 的结构

CMS 通常是基于 Windows 或 Linux 操作系统，以数据库系统作为基础数据平台，采用 C++语言进行程序开发，以网络作为传输介质，以 TCP/IP 作为通讯协议，以计算机作为终端的"信息集成平台"。CMS 通常采用"软件复用技术及模块化"的设计方法，实现系统的各类资源管理。CMS 在架构上属于操作系统与应用软件的中间部分，在操作系统、数据、网络基础之上，在应用软件之下，提供集中的系统资源管理与各类应用服务等。

11.2.2 CMS 的组成

CMS 通常采用模块化的软硬件架构，系统的数据库、核心软件、核心服务、虚拟矩阵支持、文件服务、目录服务、媒体服务、报警服务等可以安装在一台服务器上，也可以部署在分布的多台服务器上，以上各个组件之间通过网络进行连接通讯。有的产品也将客户应用程序、存储管理服务等归入到 CMS 系统中。

CMS 系统的层次结构如图 11.8 所示。

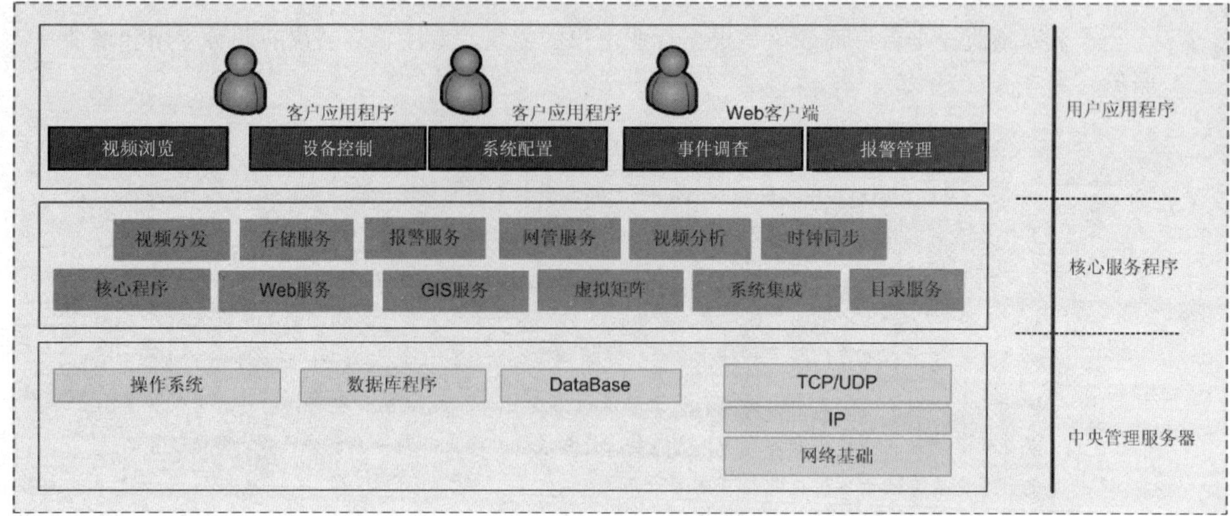

图 11.8　CMS 系统的层次结构

CMS 通常由以下功能模块构成：

- 中央管理服务器
- 虚拟矩阵服务器(模块)
- Web 服务器(模块)
- 存储服务器(模块)
- 视频分发服务器(模块)
- 报警服务器(模块)
- 视频分析服务器(模块)
- 网络管理服务器(模块)
- 目录服务器(模块)
- 客户端应用软件(模块)
- GIS 服务器
- 信令服务器
- PDA 服务(器)

其中，中央管理服务器是必须的，而其他服务器或模块通常根据需要选择配置或已经集成在中央服务器中。中央管理服务器是整个平台的核心，负责系统设备的管理、设备的接入、设备的注册、逻辑连接、设备状态监测、用户的管理、用户的接入、信令的转发、报警联动关系、系统日志的存储等。视频存储及视频转发服务器实现音视频的存储、请求响应、视频转发、视频分发、级联转发等，通常按照网络情况及现场情况进行分布式部署。

提示： 通常来讲，CMS 实质上是一个软硬件构成的系统，包括服务器、数据库、核心软件、服务等。CMS 的基础是核心硬件设备(中央管理服务器)，服务器运行操作系统、安装数据库(DB)及网络协议。CMS 的软件组成是核心软件及各类引擎服务(日志引擎、PTZ 引擎、目录服务等)，以实现综合管理系统中所有的录像设备、存储设备、前端设备，并为所有访问系统资源的客户应用程序提供统一的登录入口。

通常，中央管理服务器运行后，需要定期地对系统中所有的成员(DVR、NVR、编码器、解码器等)进行状态轮询，即以广播形式对所有成员点名(Keep Live)，然后所有成员需要以单播形式反馈状态信息给中央管理服务器，中央管理服务器得到反馈后刷新核心数据库，并定期更新设备列表(各客户端也可以手动随时刷新)，之后各个客户端便可以基于当前可用的设备列表发送请求给中央管理服务器，进而实现实时视频浏览或录像回放等操作。

1. 系统资源管理

CMS 通过中央数据库可以对系统中所有的设备、资源、服务进行统一注册管理，所有信息保存在核心数据库，包括硬盘录像机、网络录像机、编码器、解码器及系统服务(流媒体服务及存储服务等)，并支持设备添加、删除、服务间连接、服务的启停、数据的同步、数据的备份与恢复等功能，用户通过系统配置程序实现对资源的编辑、修改、调用、配置，而不需要进入数据库中。系统通常可以支持分布式、多中心的架构，各中心之间有良好的同步机制和备份机制。CMS 中系统资源的构成如图 11.9 所示。资源管理的主要任务如下：

- 对系统中的所有设备(IPC、DVR、DVS、NVR 等)进行注册。
- 对系统中的所有设备(IPC、DVR、DVS、NVR 等)进行监视并更新状态。
- 系统虚拟矩阵支持。
- 对系统中的所有设备进行“目录树”形式的拓扑结构显示及状态更新。
- 对系统通道参数如 IP 地址、端口、码流等参数进行设置及保存。
- 对视频信号参数如亮度、对比度、色调等进行设置及保存。
- 对设备进行分组、轮询、Map、Page、预案设置及保存。
- 对设备逻辑关系的设置及保存，对系统中的报警联动关系进行设置并保存。
- 对系统中的存储资源进行分配并设定存储计划。

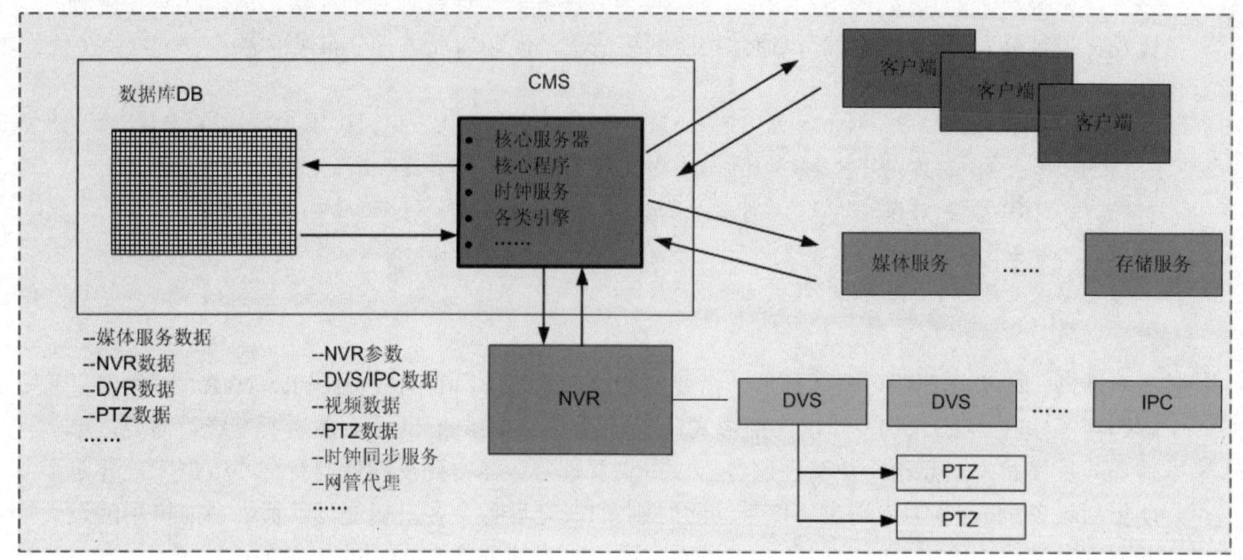

图 11.9　CMS 系统中的资源

2. 用户及权限管理

用户管理是对系统内的所有用户、用户组进行统一注册管理，所有用户信息集中保存在系统数据中心。用户的注册主要包括用户组、用户名称/密码的分配与设置。在系统权限管理层面，用户隶属于组，即用户的最终权限由其自身权限与所属用户组的权限共同决定。

在大型系统中，系统资源、用户非常多，为了便于管理、有效利用资源，必须对用户进行权限管理。通常，用户权限包括用户访问、控制设备的权限及对部分设备的优先级控制权限。用户访问、控制权限通常根据用户职能进行划分，包括相应的操作权限及实体权限；而优先级权限是访问相同设备时对不同用户设定的优先控制权，如 PTZ 的操作权限。

用户权限可以采用多级管理分别设定的方式，也可以与微软的活动目录(Active Directory)相结合，主要设置内容如下：

- 对系统用户进行分组。
- 对不同用户组进行权限设定。
- 针对具体用户设置权限。
- 修改、删除用户权限。
- 对 PTZ 优先级进行设置。

3. PTZ 命令转发

PTZ 命令的发送可以通过用户应用界面，也可以通过与工作站连接的操作键盘。通常，客户端发送的 PTZ 控制命令，经过网络发送到中央服务器的 PTZ 控制程序，之后经过中央服务器的相应程序的转发，通过网络发送到分布的 NVR 或 DVR，NVR 或 DVR 再通过相应设备的串口发送到 PTZ 控制器，从而实现相应的 PTZ 控制功能，如图 11.10 所示。

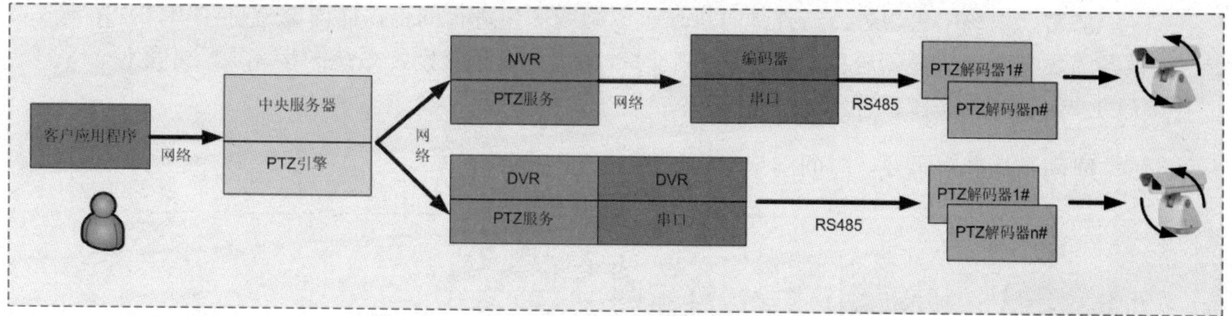

图 11.10　CMS 中 PTZ 控制流程

具体的流程如下。

(1) 客户端发送命令到中央服务器。

(2) 中央服务器发送命令到 NVR/DVR。

(3) NVR/DVR 发送命令到编码器或自身的串行接口。

(4) 命令经过 PTZ 控制器发送到 PTZ 控制器。

(5) PTZ 命令解码成电压信号，进而实现云台及镜头的动作驱动。

PTZ 控制具体包括的操作如下：

- 摄像机全方位角度控制、镜头 Zoom In/Out 控制、Focus 控制。
- 预置位控制。
- 巡航控制。
- 灯光、雨刷、加热器等辅助开关控制。
- 摄像机锁定与解锁。

4. 系统日志写入

通常，系统的用户操作行为均应该自动写入日志，按照日志类型、时间、操作信息等类别，完整地记录系统事件、操作员行为等，包括：

- 将所有登录用户的登录记录进行自动保存。
- 将所有用户的操作行为日志进行自动保存。
- 日志的打印、检索、导出等。

所有日志自动记录在中央管理服务器，以便将来对操作者的操作行为进行审计(Audit)，系统日志可以进行导出、检索及打印。

5. 时钟同步功能

通常，系统中央服务器与外部时钟通过网络或串口进行同步，而内部所有 DVR/NVR 等设备需要与中央服务器进行同步，同步后时钟精确到毫秒级别，系统同步完成后才能保证系统的录像、回放工作正常。

时间同步非常重要，时间同步过程如图 11.11 所示。

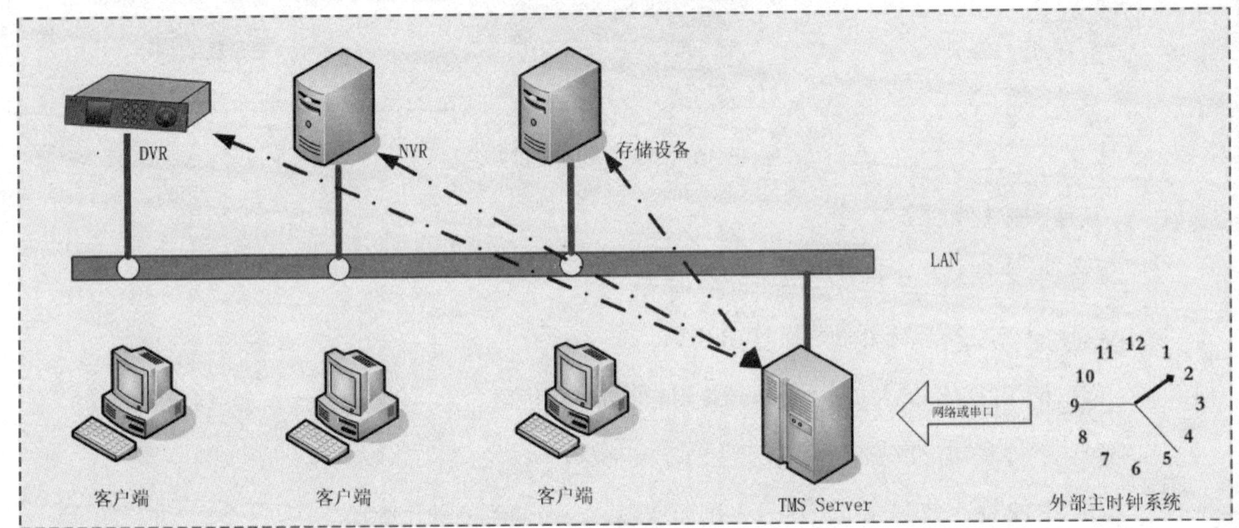

图 11.11　系统时间同步

6. 虚拟矩阵功能

传统模拟矩阵以输入输出模块为接口，以电子开关切换板卡为核心，完成模拟视频的输入输出切换功能。而虚拟矩阵是以 IP 网为承载，基于 TCP/IP 协议，通过网络视频平台完成视频的调度切换工作。可以将整个 IP 视频专网看作是一个巨大的矩阵交换系统，其基本硬件则是由视频编码设备、视频解码设备、网络管理平台以及网络交换机、路由器等组成。虚拟矩阵不是一个具体的硬件设备，而是一个具有特定功能的系统。

通过 CMS 平台，实现的虚拟矩阵功能比模拟矩阵更灵活、功能更丰富：

- 任意切换控制，实现全局摄像机资源与解码器、显示界面的任意切换。
- 摄像机控制功能，实现 PTZ 操作及电子 PTZ 操作。
- 视频自动“轮询”功能，轮询通道与时间间隔随意设置。
- 系统“预案”功能，实质是一种预先设定的界面、通道、显示、回放组合。
- 电子地图功能，实现地图与摄像机通道的一一对应关系，并方便调用。
- 摄像机预置位的设置与调用。

7. 报警服务功能

报警服务是系统自动监测系统中的所有设备、接口及服务，如干节点、视频分析服务等，一旦发现超过设定的报警值，则产生告警信息并发送给客户端，同时触发相应的联动关系，并将报警情况写入日志。注意报警服务产生的是“事件信息”，后面即将介绍的“网管服务”产生的是“故障信息”，前者是针对系统中的报警入侵事件，而后者是针对设备的故障状态维护。通常，系统可以根据报警进行联动编程，触发报警输出装置及各种预案：

- 报警后自动弹出电子地图及摄像机画面。
- 报警后发出声光报警。
- 报警后自动触发预案。
- 报警日志自动写入日志。
- 报警联动楼控、消防等第三方系统。

8. 存储与转发功能

网络视频监控系统中的视频存储和转发功能主要体现在 NVR 设备、媒体分发设备上。在小型系统中，NVR 的存储和转发功能基本上可以满足需求，而在大型系统中，通常利用流媒体服务实现分布式、大跨度、多用户的视频转发功能，以实现对网络带宽的有效利用。另外可以利用存储归档服务器(Archive Server)实现对视频数据的备份存储。

如图 11.12 所示为视频监控系统存储与转发的示意图。

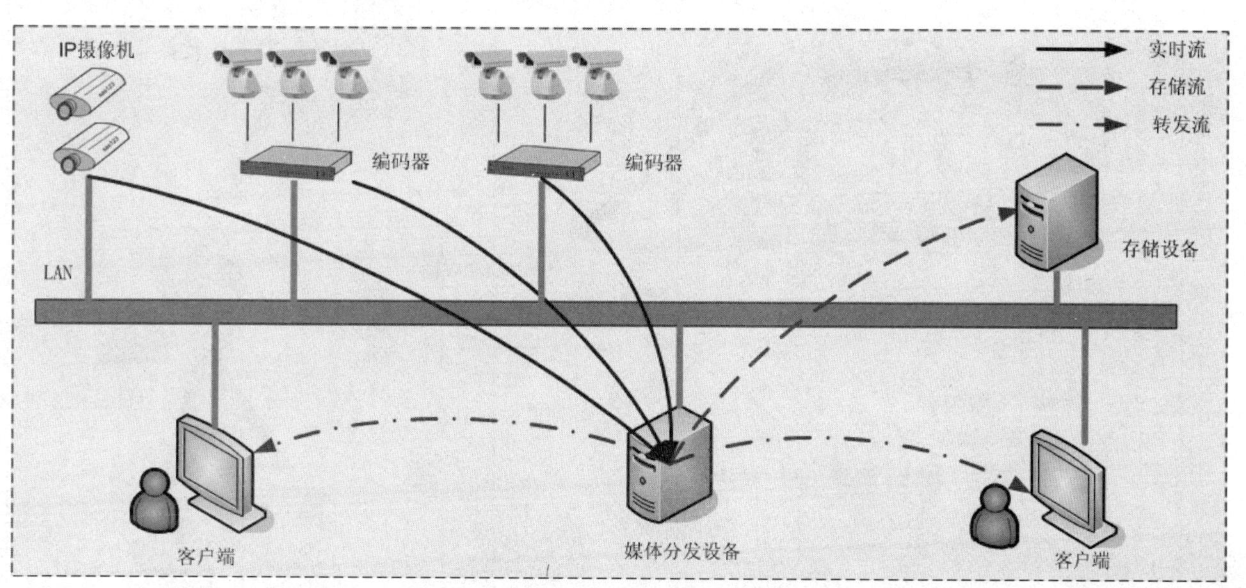

图 11.12　网络视频系统存储与转发示意图

存储与转发功能负责如下方面的任务：

- 所有监控码流的捕获、转发以及分发，即媒体交换服务。
- 管理存储设备，进行存储空间分配。
- 制定并执行存储计划。
- 视频流的自动归档备份(Archive)功能。
- 历史视频流的索引和回放支持。

9. 流媒体技术

关于流媒体技术，本书上一章有过介绍。流媒体技术是编码压缩、传输、存储、中央管理服务等多个技术的集合体。在大型视频监控项目中，当某个地点出现状况时(如平安城市的交通事故、大型自然灾害等)，经常需要多个客户端同时查看某监控点的同一路视频信号，此时的 DVR、NVR 系统一般无法支持超过一定数量的并发访问(主要是 DVR、NVR 本身的处理能力问题，也有网络带宽资源问题)。为解决“系统本身并发流有限及一条通讯网络线路上数据拥堵而严重浪费网络资源”的情况，可以部署流媒体服务器。流媒体服务器支持视音频流的转发，当有多个客户端需要同时访问同一远程画面时，可以通过流媒体服务器进行转发，在转发服务与前端视频通道之间只占用一个通道带宽的网络资源，再由转发服务器将数据分发给多个客户端。流媒体服务器本身具有特殊的线程处理方式，可满足大量并发支持需求。

图 11.13 为流媒体服务器的工作原理。

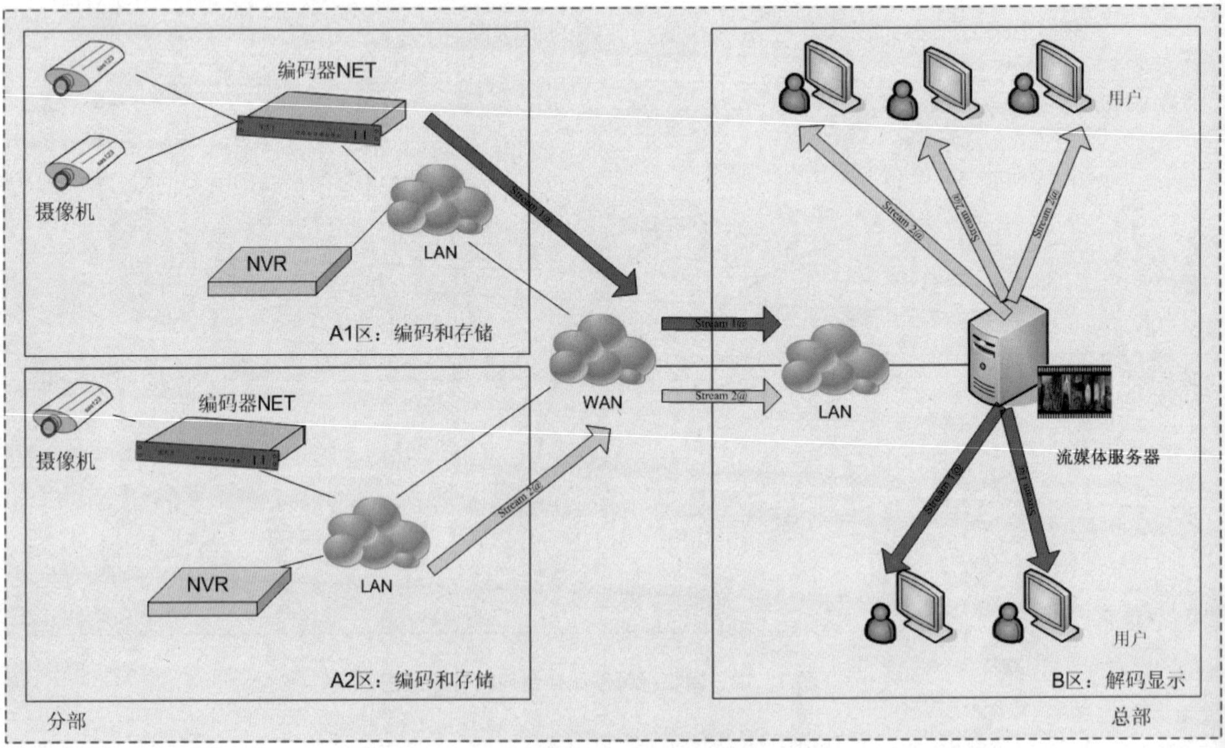

图 11.13　流媒体服务器的工作原理

10. 网管功能

网管模块的功能在于可以自动监测并收集系统中所有设备及服务的状态信息，比如系统硬件的运行状态、软件的运行状态、服务状态、网络设备及存储设备的状态，通过网管软件完成设备状态的采集，定期刷新给网管模块(或网管服务器)，并可以进一步将信息存储在系统日志中，或根据程序设定发送给客户端。

通常，在系统设备(如 NVR、DVR 等)内置网管代理软件实现本地信息采集，然后代理软件与网管服务交互，实现信息的集中采集更新，一旦发现采集的状态信息达到报警值，则产生告警并发送给客户端。

网管功能负责如下方面的任务：

- 将系统中所有设备、服务的故障、告警等状态自动写入日志。
- 将系统中所有设备、服务的故障、告警等状态通知客户端。

11. 视频分析功能

本书前面的章节中介绍过视频分析技术。视频分析实质是一种算法，甚至可以说与硬件、与系统架构没什么关系。

视频分析技术基于数字化的图像，依靠计算机视觉技术原理来实现，其在 CMS 中的主要角色是“基于服务器模式的视频内容分析及视频索引支持”。

12. 客户应用程序模块

客户应用程序可以安装在网络中任何位置的计算机上，客户程序与中央服务器、数据库及各类服务通过网络实现连接，客户端输入中央服务器(DB)的 IP 地址后，经过权限验证，便可以连接到系统数据库及程序，实现各种应用。

客户端程序模块如图 11.14 所示。

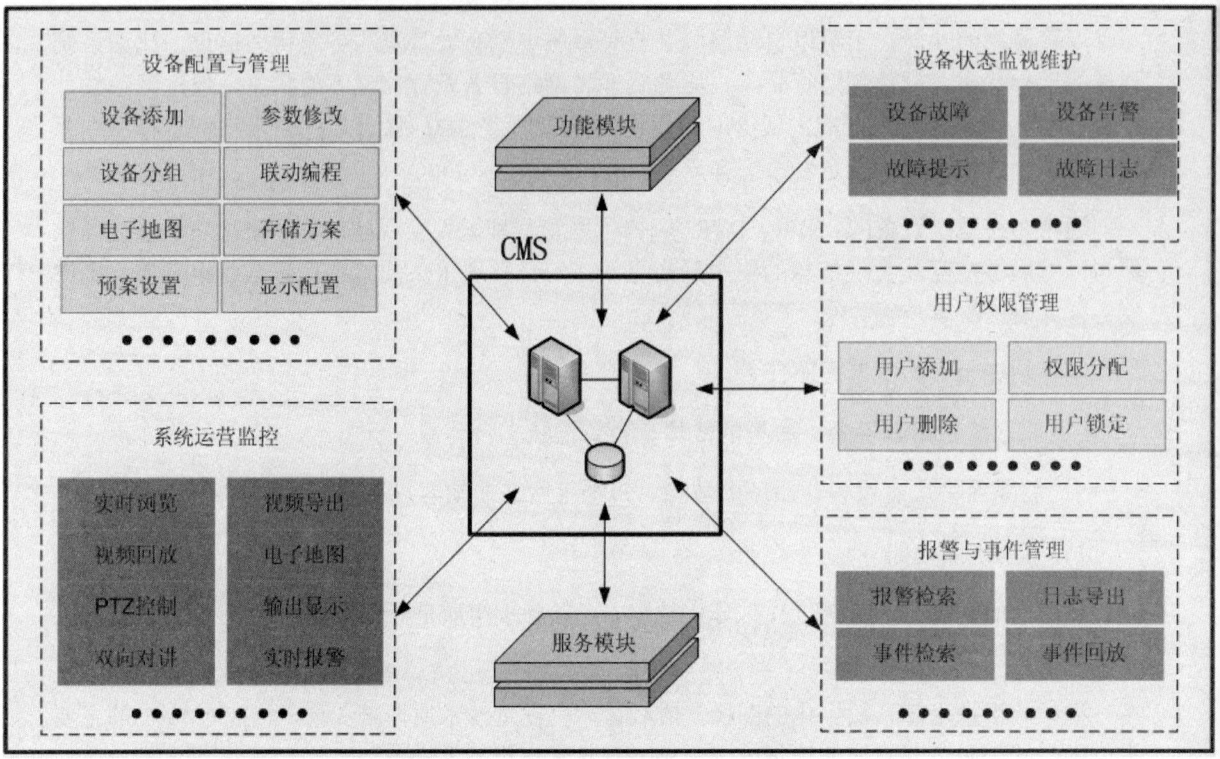

图 11.14　客户程序模块的构成

客户程序模块的构成主要包括下列部分：

- 设备配置与管理。
- 系统运营监控。
- 设备状态维护监视。
- 用户权限管理。
- 报警与事件管理。
- 视频分析服务。
- 视频存储与转发服务。
- 其他功能模块。

13. Web 应用模块

Web 视频监控程序，此功能可以给用户提供方便的应用服务，用户无需安装客户端软件，只需要利用通用的 IE 浏览器就可以完成实时视频监控工作，包括视频的实时浏览，PTZ 的控制等操作，这对于系统日常应用、日后升级、维护等非常有意义。此模块的任务包括：

- 网络上用户通过 IE 直接登录系统，无需安装客户端软件。
- Web 方式下支持客户端常见功能，如参数设定、PTZ 控制、视频浏览与回放等。
- Web 方式需要登录密码认证、IP 认证等安全保护措施。

11.2.3　CMS 的工作流程

CMS 位于用户和前端设备之间，完成对系统中所有设备、服务等资源的管理，并提供用户应用连接接口。具体功能包括设备资源(DVR/DVS/IPC)、用户资源、媒体资源的统一管理，用户登录与认证、视频流转发与存储、报警管理、网络管理、用户的请求响应等。

CMS 在视频监控系统中的角色及工作流程如图 11.15 所示。

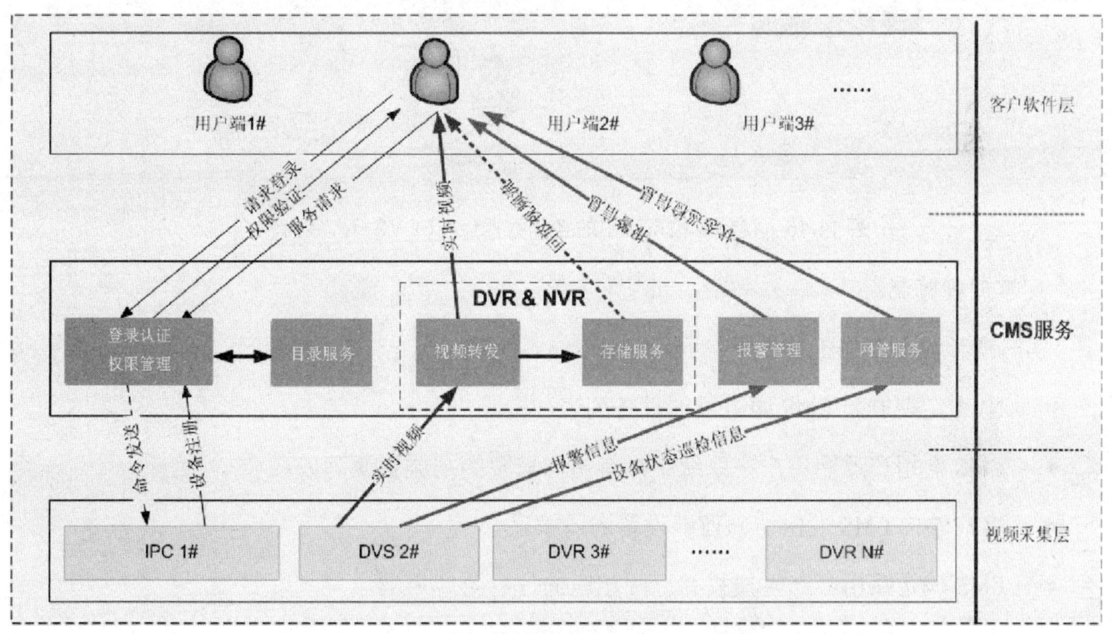

图 11.15　CMS 在系统中的角色及工作流

在网络视频监控系统中，主要的数据流就是“视频流”，而视频流分为实时视频浏览、录像回放、视频存储等，另外还有 PTZ 控制、报警信息等。

各类数据流如图 11.16 所示。

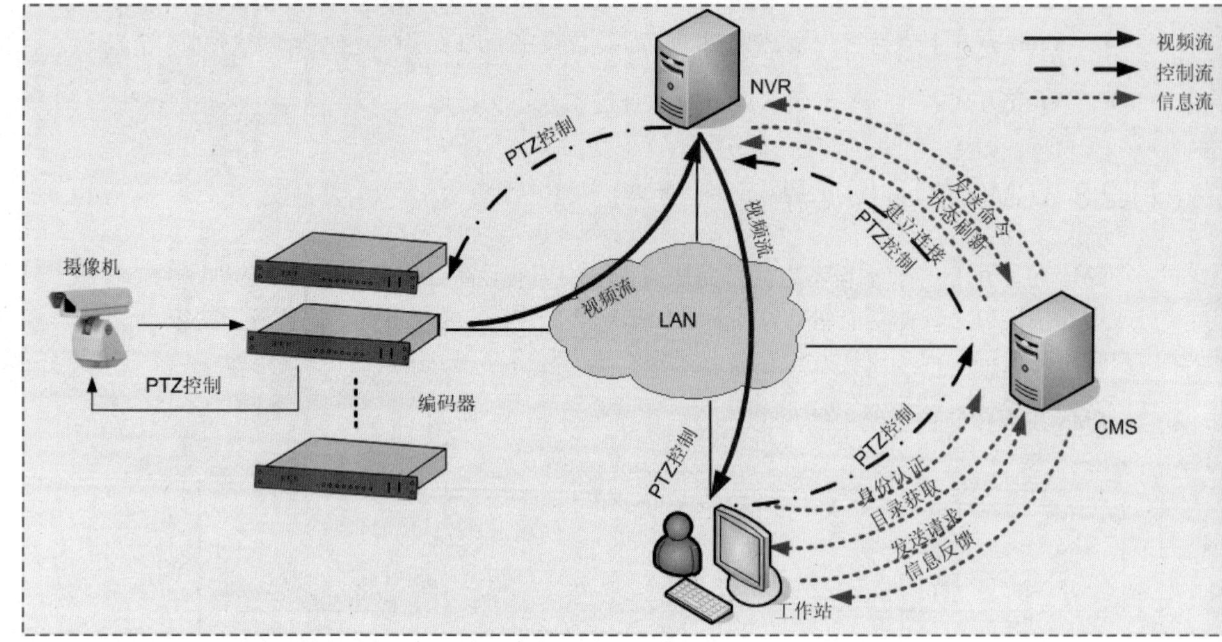

图 11.16　视频监控系统中的各类数据流(以 DVS+NVR 为例)

1. 实时视频流

实时视频流的工作机制如下：

- NVR 定期刷新 CMS 服务器的设备列表。
- CMS 向用户返回用户在系统中拥有访问权限的视频资源列表。
- 客户端向 CMS 发出访问前端设备的请求。
- CMS 确定路由，产生授权并返回相应的信息给客户端。
- 客户端连接存储转发设备(NVR)。
- NVR 响应请求，向客户端发送相应的视频数据。

2. 回放视频流

回放视频流的工作机制如下：

- 编码器与 NVR 设备保持状态巡检通讯。
- NVR 定期刷新 CMS 的设备列表。
- CMS 向用户返回用户拥有访问权限的视频资源列表。
- 客户端向 CMS 发出视频回放的请求。
- CMS 向 NVR 转发录像回放的请求。

- NVR 响应请求，返回录像资源地址给 CMS。
- CMS 返回相应信息给客户端(含录像资源地址)。
- 客户端连接存储转发设备(NVR/DVR)。
- NVR 响应请求，直接将视频流发送到请求者。

3. PTZ 控制过程

PTZ 控制过程的工作机制如下：

- CMS 向用户返回用户拥有访问权限的视频资源列表。
- 客户端向 CMS 发出控制前端设备的请求。
- 客户端发送控制命令(经过 CMS 转发)到 NVR。
- NVR 将客户端发送来的控制命令发送给 PTZ 控制器。

4. 视频流存储

视频流存储的工作机制如下：

- NVR 的存储参数配置保存在 NVR 中。
- NVR 的存储计划自动从服务器下载到 NVR 本地。
- NVR 从下属的编码器或网络摄像机捕获视频流并进行存储。

5. 报警信息流

报警信息流的工作机制如下：

- 视频编码器或网络摄像机将报警发送到 NVR。
- NVR 收到报警后，记录报警日志，并发送到 CMS。
- CMS 检查联动关系，如果有关联视频则开启报警录像、探测画面等。
- CMS 将报警信息转发送给相关用户(E-mail/Message)。
- CMS 将日志自动记录在硬盘上。

> 注意：以上的 CMS 工作流程仅仅是一个参考流程(基于 DVS+NVR)，不同厂家的产品、不同的架构下，具体流程并不相同，尤其是身份验证、命令转发、视频分发等工作，可能会有很大的差别，取决于各个系统的软硬件实现机制。

11.3 CMS 的主流架构

CMS 由很多个功能模块构成，除了核心服务程序，各个功能模块可以有选择地部署在集成的一台服务器上，也可以分布在网络的多个位置的服务器上，根据系统数据库、程序、服务、媒体服务等构件的分布方式，目前 CMS 的架构可以分成以下几种。

11.3.1 完全集中型

此架构中，系统数据库、核心程序、核心服务、报警服务、文件管理等所有信息及服务均运行在完全集中的中央服务器中，仅仅是将媒体流部分(视频存储与分发)功能在单独的服务器上实现。此模式系统架构简单、资源管理方便，但是，对于大型系统，中央集权的架构可能成为瓶颈而存在不稳定因素。

完全集中式的 CMS 架构如图 11.17 所示。

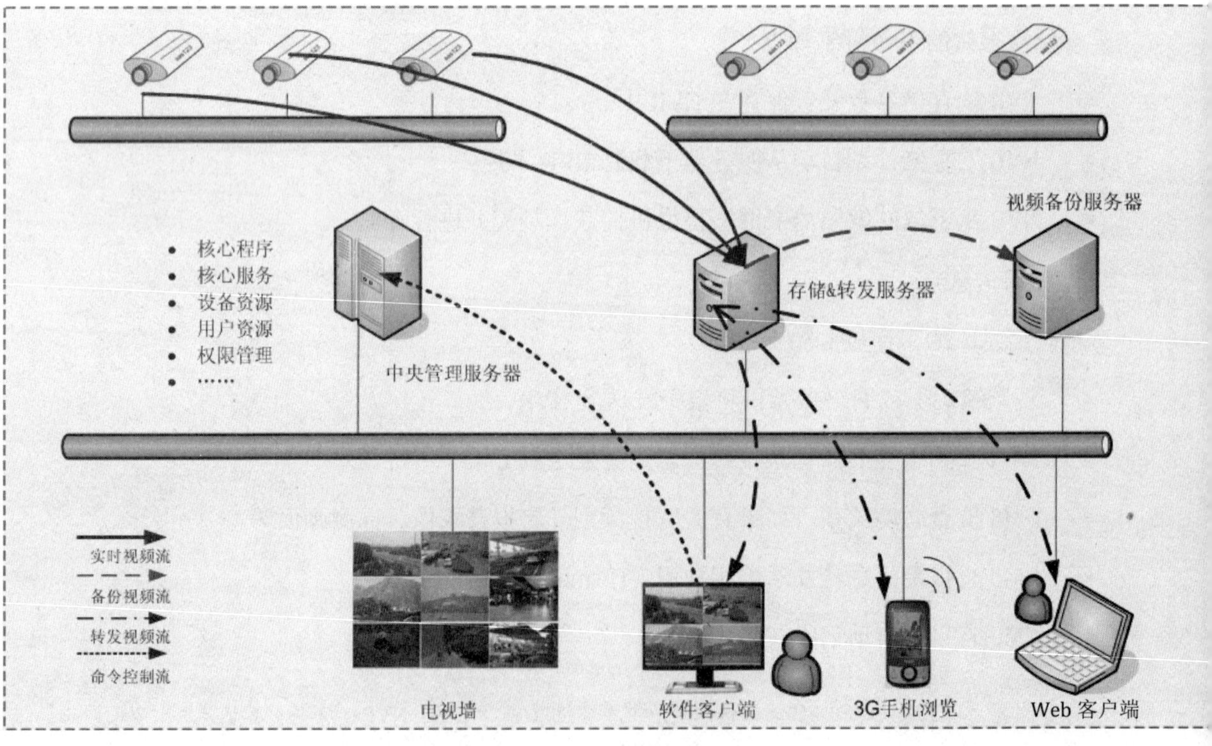

视频备份服务器
• 核心程序
• 核心服务
• 设备资源
• 用户资源
• 权限管理
• ……
存储&转发服务器
中央管理服务器
实时视频流
备份视频流
转发视频流
命令控制流
电视墙
软件客户端
3G手机浏览
Web 客户端

图 11.17　完全集中式的 CMS 架构

11.3.2 完全分散型

在完全集中的架构中，在中央管理服务器上部署数据库、核心程序、核心服务，这样的好处是系统资源集中，对于设备管理、权限分配、PTZ 控制、报警联动等都容易实现，但是，过于集中的架构方式，很容易让核心数据库成为系统的瓶颈。虽然媒体流数据不经过核心服务器，但是对于大型系统，几百甚至上千路的系统，核心服务器需要巡检所有设备、需要建立大量的用户连接/响应大量的请求、需要写入大量的系统日志，因此，可能造成系统负荷过高而宕机。

在“分散型”的架构中，系统数据库、程序、服务、流媒体、文件管理、报警管理、网管等所有资源及服务运行在分散的多个的服务器中，各个功能模块(服务器)分别完成虚拟矩阵支持、报警管理、媒体处理、视频分析、用户认证、存储管理等各种不同的功能，各个模块通过网络连接通讯、信息交互构成完整的系统，呈现给用户的是“整体服务功能”。此架构避免了单机服务器的一些瓶颈，提高了整体系统性能及灵活分布性。

完全分散的 CMS 架构应用如图 11.18 所示。

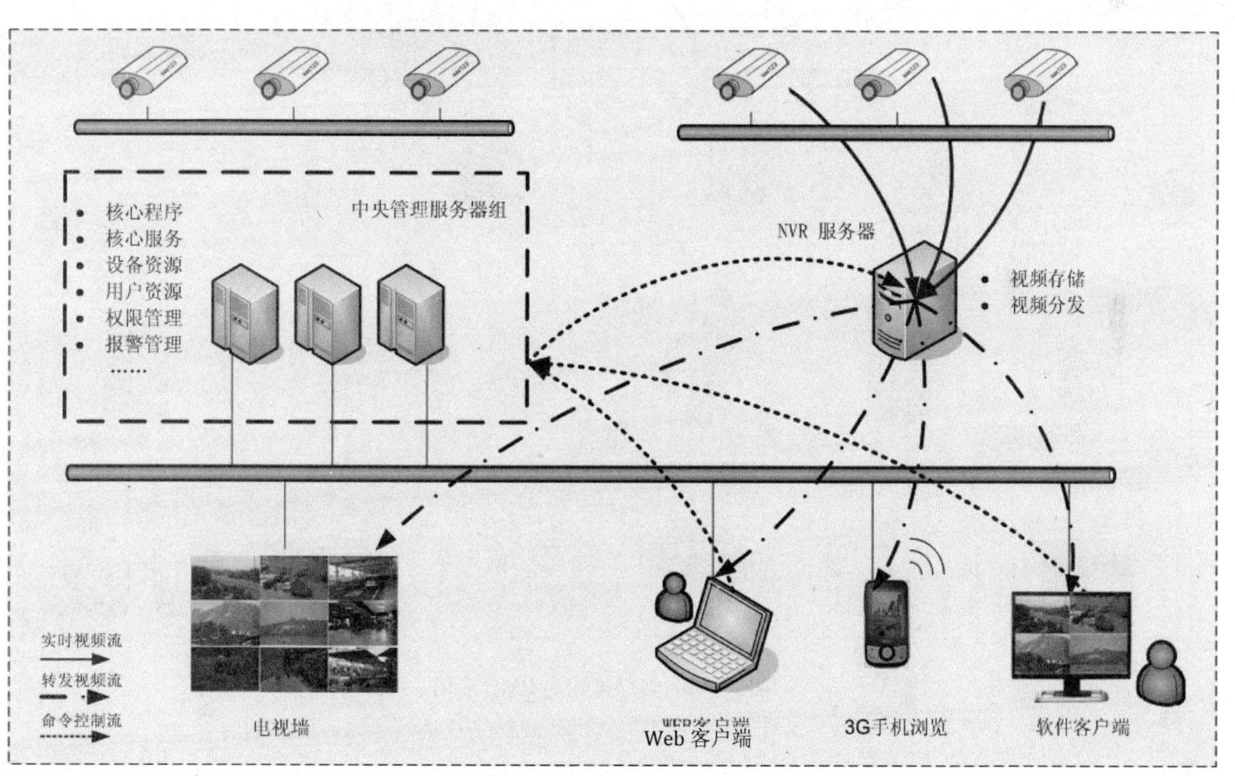

图 11.18 完全分散的 CMS 架构

11.3.3　多级 CMS 架构

通常，在平安城市的视频监控系统中，摄像机不再是成百上千，成千上万，而是数十万，完全集中的视频管理平台不具有可行性，必须采用分布式架构，各个行政级单位(街道、区、市)分别有自己的管理服务器，负责各自级别区域的视频监控资源的管理，而上级行政区域(区、市)的中央管理服务器具有对下辖级别区域的数据资源的备份，这样，各个监控中心可以独立完成自己区域的设备配置、管理、而上级管理中心具有备份及管理的双重能力。此种架构关键在于各级服务器数据库之间数据的自动同步机制，以实现各级监控中心之间能够进行视频的互通互用，在保证独立性的同时提高可靠性。

多级架构的 CMS 应用如图 11.19 所示。

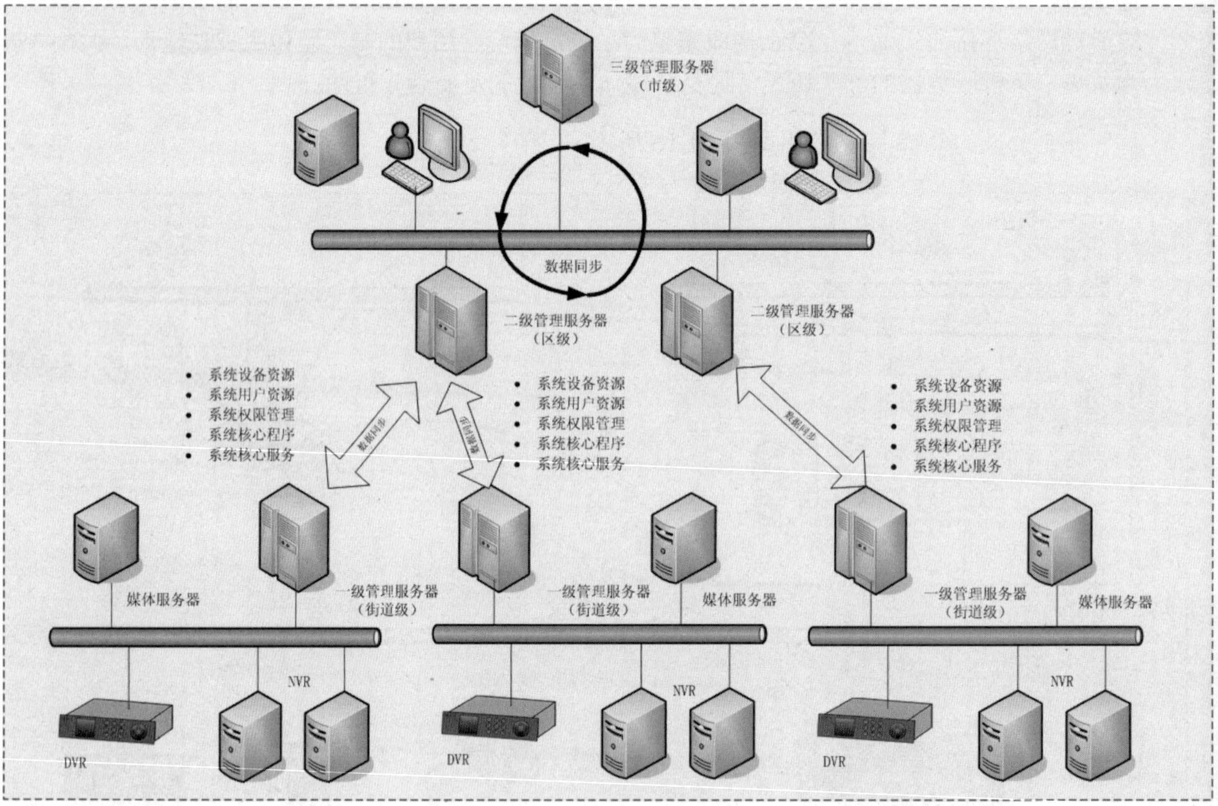

图 11.19　多级架构的 CMS 应用

11.4　CMS 的客户软件功能

CMS 的客户端软件提供人机交互界面(GUI)，通常按照不同的功能，软件有不同的模块(功能应用)，或者集成在一个软件界面下实现。CMS 客户端程序可以部署在网络的任何位置，通过网络，安装了客户端程序的工作站就可以登录到 CMS 系统，访问系统中的资源了。客户端程序通常提供良好的人机界面给用户，一般包括视频浏览区，设备列表区、PTZ 控制区、菜单、图像布局区域等。而按照实现的功能，可以分为如下若干部分：

- 设备管理模块(设备配置与管理)
- 视频操作模块(系统运营监控)
- 报警管理模块(报警与事件管理)
- 事件调查模块(报警与事件管理)
- 用户管理模块(用户建立与权限分配)
- 设备维护模块(设备状态网管应用)

11.4.1　设备管理模块

设备管理模块主要包括两部分，即“系统配置”与“参数调整”。系统配置实现对所有前端设备(DVR、DVS、IPC 等)、中间层设备(NVR、媒体服务、存储服务)与核心层设备及服务(数据库、核心服务、时钟服务、PTZ 服务、联动关系、设备组、设备群、地图、预案等)的逻辑关系建立。系统配置完成后，所有数据(DB)保存在数据库中，至少包括设备及服务的ID、类型、名称、参数细节等。而参数调整主要针对具体项目需求，对完成逻辑关系建立的系统的参数进行调节，如分辨率、帧率、码流、色彩参数、联动关系、报警参数等，系统参数保存在系统的数据库中或中间层设备本地数据系统中。

无论是模拟视频监控系统还是网络视频监控系统，甚至扩展到其他电气电子产品，在开始应用前都需要进行系统配置管理工作。如家里的电视机，刚刚买来之后需要连接线缆，需要搜索频道然后才能投入使用；家用的路由器，需要连接电话线和电脑，然后设置拨号程序，之后才能正常应用。网络视频监控系统也一样，IPC、DVR、DVS、NVR、CMS、VCA 等各种模块以网络为承载，以软件为桥梁，进行通信、交互，协同完成整体功能。而“设备管理模块”的重要作用就是“化零为整”，将分散的设备整合到一起，其实质是完成各个不同设备、服务、模块的“角色定位”，之后系统开始运行。配置完成后，通常用户基于其他应用模块进行日常的操作，除非增减设备或有些设备参数需要调整。

1. 系统配置应用

系统配置包括服务器系统配置，核心数据库及程序的安装，然后进行 NVR、DVR 设备的添加，PTZ 设备的添加，存储设备的添加，以及 DVS、IPC 等设备的添加。

设备添加完成后，可能需要进行分组、建立电子地图、预案、联动关系等。系统站点配置应用大致包括如下内容：

- 中央服务器的总体参数设定，如站点名称、ID、IP 等。

- 视频存储及转发设备的添加与设定，如 NVR、DVR 的添加与设定。
- 视频通道及编码器的添加、通道的命名、参数的设定。
- 视频存储设备的添加和配置，如通道存储空间的分配等。
- 存储备份设备的配置，如本地存储与备份存储设备的映射关系。
- 报警联动设定，报警源(触发器)与触发目标联动关系的设定。
- PTZ 设定，PTZ 的参数如串口参数、波特率、协议等。
- 音频设备的添加及设定，如与视频通道的关联，压缩方式选择。
- 报警输入设备添加及设定。
- 报警输出设备添加及设定。
- 设置系统预案、修正预案的具体内容。
- 视频通道、音频通道、存储设备分组。
- 设置摄像机分组的轮巡功能。
- 设置摄像机分组预案功能。
- 解码器的添加、虚拟监视墙的设定。
- 视频分析设定，包括通道选择、FOV 调整、入侵防区、过滤器、景深等参数。

2. 系统参数调整

系统站点搭建完成后，需要根据具体项目的设计情况，如网络带宽、存储空间、机房分布、控制中心位置、存储计划、外部接口等情况有针对性地进行系统参数调整，以完成有针对、有特点的配置，让系统良好地运行。

系统参数调整设定具体包括如下内容：

- 设定服务器名称、通讯协议、码流限定等参数。
- 设置各个通道的分辨率、帧率及码流等参数。
- 设置各个通道的视觉参数，如亮度、对比度、色调等。
- 设置各个通道的视频编码细节，通常包括 GOP 类型及 GOP 尺寸等。
- 视频存储方式设定，如实时存储、报警存储、时间表存储等。
- 设定录像计划，如按照每天每个不同时间段录像方式。
- 设置录像参数，如正常录像参数(帧率、分辨率)及报警后参数。
- 设置报警输入参数，如高低电平、常开常闭等。

- 设置报警输出参数，如脉冲信号输出或其他信号。
- 设置报警时间表，如按照每天各个不同时间段触发方式。
- 设置报警组合逻辑，如报警“与”、“或”组合构成新触发条件。
- 设置报警联动关系，如干接点触发预置位、弹出地图、自动发送邮件等。

3. 常用系统配置列表

常用系统配置列表参见表 11.1。

表 11.1　常见系统配置应用

序　号	名　称	描　述	备　注
1	摄像机遮挡	当摄像机遭到遮挡，如喷涂、遮挡、角度改变时，系统可以自动探测并报警	Camera Tampering
2	视频增强	可以对视频工作站的图像进行后处理，如去抖动、去隔行、去马赛克等以提高图像质量	Video Filters
3	多码流设定	设定“多个码流”对应的算法、分辨率等	Multi-Stream
4	遮挡区域设定	设定“遮挡”隐私区域	Mask-Zone
5	时间表设定	为“录像”或“报警”计划设定“时间表”	Schedule
6	码流表设定	设定“码流表”供整个系统设备应用	Bitrate Table
7	配置备份与恢复	可以对 NVR 或 DVR 已经做好的配置进行备份，配置包括通道名称、码流、录像模式、分辨率等，这样，在单体设备故障更换或操作失误时可以迅速恢复到起始备份的配置	Archive Recorder Setup
8	快速配置	可以将一个通道的配置，如帧率、分辨率、GOP 设置、色彩设置等快速拷贝到其他通道	Channel Copy

提示：设备管理工作包括“系统配置及参数调整”两块，“系统配置”工作是“硬配置”工作，一般由调试工程师完成，主要完成系统框架、主体的结构建设，好比“盖楼”的过程；而“参数调整”过程是“软配置”，是在系统主体上进行的参数调整、修改，以适应不同的应用环境和需求，好比“装修”过程。

11.4.2　视频操作模块

视频操作模块主要包括实时视频、录像视频查看与 PTZ 控制等操作，是最终用户应用最多的功能。

系统搭建完成后，通常最终用户基于此模块进行日常操作，使用整个系统，如最常见的视频的实时浏览、PTZ 控制、报警管理、视频回放、视频导出等。图 11.20 是典型视频操作界面示意图，整个界面包括资源目录树、菜单栏、视频窗口、PTZ 控制栏、媒体控制栏、快捷按钮、报警列表、通道参数调整等部分，系统可以通过菜单操作、右键操作、拖拉操作、鼠标点击、键盘快捷键等方式或组合方式实现各种应用。

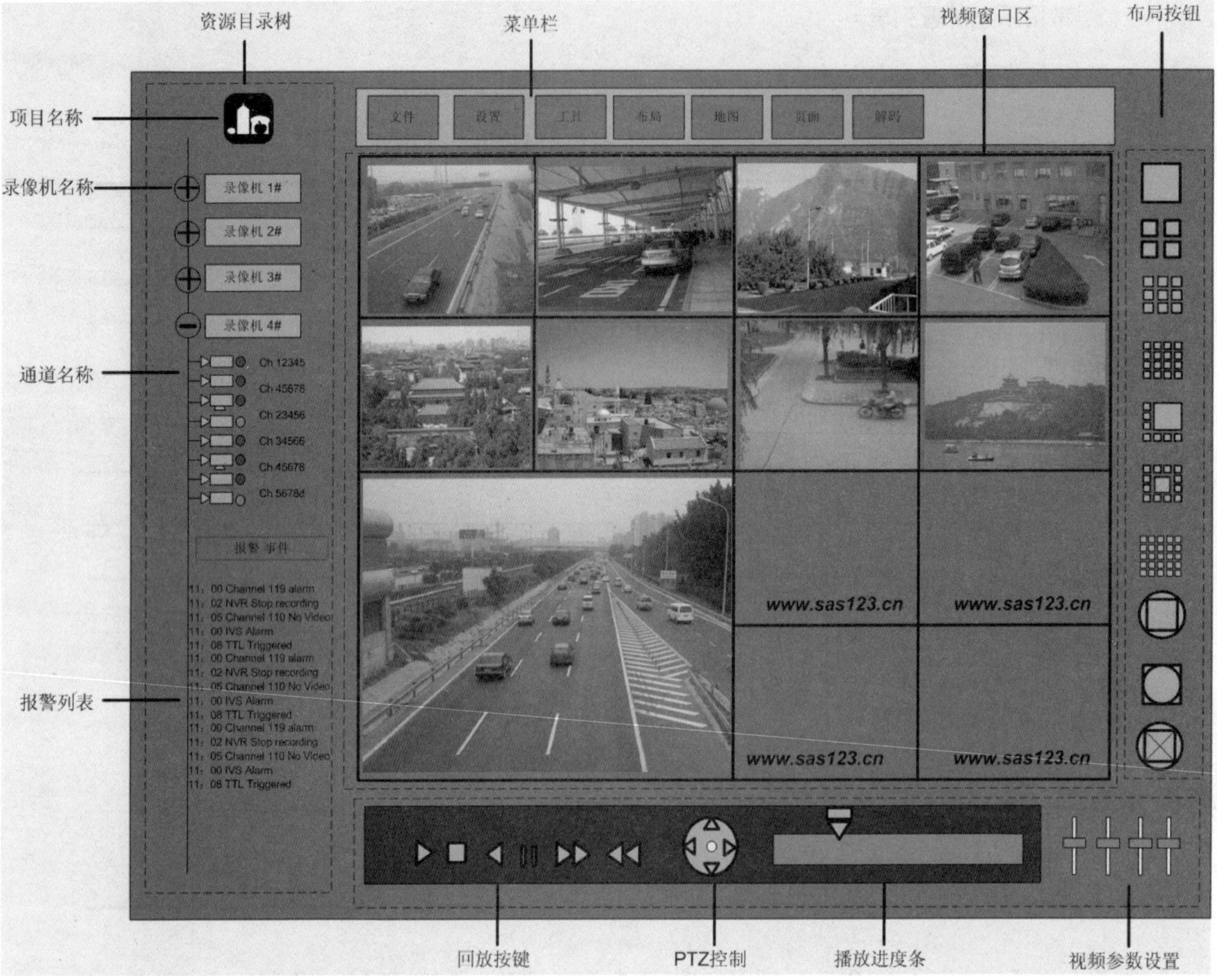

图 11.20　视频操作窗口的布局

1. 虚拟矩阵支持

虚拟矩阵并不是直观的菜单或操作按钮，其实质是一个“隐性”服务，所有的视频操作功能基本上都离不开虚拟矩阵的“后台”支持。

虚拟矩阵是以 IP 网为承载，基于 TCP/IP 协议，通过网络视频平台完成视频的调度、切换、控制工作。因此，网络是虚拟矩阵的通讯平台，而中央管理软件是虚拟矩阵的支撑平台，所谓“网络搭台，中央管理软件唱戏”。虚拟矩阵功能的体现是由视频操作客户端来实现的，具体能够实现的操作如下：

- 在监视窗口实现任意通道到任意显示窗口(解码器和监视器)的切换。
- 在监视窗口通过鼠标拖曳方式选择并进行视频的切换。
- 在监视窗口通过快捷键点击方式选择并进行视频的切换。
- 在显示窗口上选择视频通道后，通过操作虚拟键盘实现 PTZ 的操控。
- 快速调用 PTZ 的预置位功能。
- 虚拟矩阵支持电子地图功能，可以具有多级电子地图、地图链接。
- 虚拟矩阵可以实现摄像机通道组的轮询功能。
- 可以支持个性界面(Favorite)，预案(Salvo)等各种功能。

2. 实时视频操作

视频操作是视频监控系统最简单、最直接的应用，可以利用键盘、显示器、鼠标人机交互窗口或工具，实现视频通道到工作站或解码器(电视墙)的任意切换显示、控制、电子地图显示、轮询、预案、页面等多种功能：

- 使用分层列表显示所有的视频和音频通道，便于用户查看和管理通道。
- 在分层列表中以图标显示摄像机状态，如视频信号丢失、触发器被激活、用户事件被激活、被关联到音频通道、录像状态、内容分析应用被关联到某个摄像机等。
- 能从实时的视频中捕捉、保存和打印静态图像。
- 可以在工作站以及解码器输出的视频信号中显示字幕，并支持中文。
- 应用程序可通过事件驱动在指定窗口中显示指定摄像机的图像。
- 可以进行双向语音对讲功能。
- 可以实现客户端上全屏、2×2 分割、3×3 分割、4×4 分割、5×5 分割，自定义分割及组合等多种布局显示方式，只需点击相应的布局图标，便可以轻松切换，并可以并发支持多个画面的实时视频浏览。
- “虚拟控制室”功能。即按照解码器及电视墙的布局，在客户端上虚拟“控制室”。可实现客户端切换任一视频通道图像到指定的解码器(监视器)上。
- 客户端自动显示系统中所有授权的通道列表目录树，可以在任何一台工作站上进行任意视频通道的调用、切换、控制而不需要单独登录到不同实体(DVR、NVR)。
- 在客户端界面上，通过选择通道列表中的通道，结合电子地图，用户可采用“拖+拉”、“直接点击报警事件信息”、“在显示窗口输入快捷键”等多种方式实现实时视频快速切换显示到指定显示实体(工作站窗口或解码器和监视器)的操作。
- 系统支持多个客户端或同一客户端并发监视同一个通道视频，总共支持的并发访问用户数与网络带宽、服务器处理能力及软件功能有关。

- “轮询功能”。系统随时调用预先编辑好的“轮询”配置，在任一显示窗口或者解码器(监视器)上显示轮询画面，之后系统自动进行该组画面的切换。
- 支持多级电子地图功能。实现城市、区、楼、楼层等快速切换，系统调用预先编辑的电子地图，可以在地图上以直接拖拉的方式显示实时视频。
- “个性页面”功能。调用预先编辑的“页面”，快速调出通道界面，通道界面包括实时或回放模式；调用预先编辑的“布局预案”，实现对多个通道的快速播放。
- 可以对视频图像的时间、日期、名称等内容及显示方式进行调整。
- 可以提供双显示器支持。通道、组、报警、轮询、布局和地图显示在第一个显示窗口；视频图像页面显示在第二个显示窗口。

3. PTZ 操作

PTZ 操作与模拟系统中键盘的操作功能基本相同，主要通过鼠标对软键盘的操控完成系统中 PTZ 控制、辅助开关控制等所有功能(当然，系统中也可以接入实体键盘，供操作人员进行各种操控)：

- 可以用键盘或鼠标进行 PTZ 操作(包括上下左右移动、缩放、光圈控制、聚焦等)，可以调出摄像机的预置位；控制灯光、雨刷、加热器等辅助开关。
- 可以在工作站上进行图像数字缩放。
- 授权用户能锁定 PTZ 摄像机，防止低优先级用户获得摄像机的控制权。
- “PTZ 优先级”。如果有多个用户同时控制 PTZ 摄像机，应用程序可根据用户权限和优先级对该用户进行允许或禁止。

4. 视频回放显示

视频回放显示是有针对地对系统中的一些通道进行特定时间段的视频回放操作，以实现在海量的视频信息中找到目标视频进而进行调查。

回放功能包括：

- 可以采用“视频通道右键点击方式”实现回放。
- 可预先设置多个回放选择，如“最后 1 分钟、最后 30 秒”，按时间段回放等。
- 可以直接点击报警事件，则自动回放该报警录像(报警前后及报警阶段录像)。
- 通过工作站或外部解码电视墙进行视频回放浏览。
- 提供回放进度滚动条，允许用户拖动滚动条执行高倍速的快进/快退操作。
- 支持多个画面同时回放，如本地或远程录像并发 2、4 等多路同步回放，以便于进行事件调查(相关联多个摄像机的视频同步回放便于事件调查)。

- 支持多种回放操作，如正常播放、暂停、快放、单帧模式、反向回放等。
- 画面抓拍，将回放的画面保存成 JPEG 或 MPEG 格式。
- 可以设置“Off-line”的 VMD 回放视频模式，以快速定位系统中的目标视频。
- 可以采用“场景重组”功能，实现视频的快速回放，并可以比对实时视频。
- 可以在回放过程中设立“参考帧”，即视频快照(SnapShot)。

5. 视频录像与备份

视频的录像与备份是系统日后能够用来做调查研究的前提，实际上，视频监控系统规模越来越大，靠工作人员在监视墙上实时发现各类异常情况是不可能的。因此，视频录像与备份能够保证视频数据可以长期保存以供将来应用。

此功能包括：

- 可以通过菜单或右键方式启动或停止一路或多路录像。
- 可以设定录像方式，手动、定时、移动探测录像、报警联动录像等。
- 设定录像存储目标地址，如本地或远程存储。
- 可以设定报警时与非报警时不同的录像参数，如非报警时采用 CIF@HRT 录像，而报警发生后系统自动切换成 4CIF@RT 方式的录像。
- 可以设定单独将报警录像进行集中备份，如将视频录像中报警时间录像传输到归档备份存储设备，实现重点长期备份。
- 为了记录不同录像长度及类型的视频数据，可以为磁盘阵列创建多个逻辑分区，不同通道、不同类型的视频数据可以分别存储。
- 将日期和时间信息作为数据流的一部分，在实时和回放模式下可开关此信息。

6. 视频录像导出

视频监控系统在平安城市、机场、地铁、铁路、工厂等场合有大量的应用，当事件发生后，经常需要导出视频录像给上级领导、公安部门、媒体做进一步应用，因此，视频录像的导出也是一个非常常见的应用模块。

此功能包括：

- 允许用户对当前查看的通道或当前选择的通道进行快速导出。
- 可以将视频从 DVR 或 NVR 导出到中央备份存储，并进行锁定，拒绝覆盖。
- 可以将视频导出到本地硬盘或 CD、DVD 光盘。

- 在导出时，可以选择视频的起始时间、导出格式。
- 可将多个通道的视频并发导出，并建立索引目录。
- 用户可打印导出的通道列表以及每个视频片段的信息。
- 对导出的视频录像进行加密以防止未经授权的修改。
- 可以为导出的视频进行后期编辑，如对视频中场景、人物等做标记。

7. 键盘及监视器操作

键盘及监视器操作包括：

- 支持在监视器上进行多画面显示。
- 监视器可以显示报警、日期、通道名称等 OSD 信息。
- 支持监视器的权限设定。
- 监视器可以显示设置过的“轮询”或“预案”等。
- 支持“虚拟键盘”操作，即实际键盘的图形界面操作。
- 支持“虚拟监控室”功能，以方便用户操作与管理。
- 支持多厂家的矩阵键盘，操作员可以通过键盘完成绝大多数实时监视的操作。

8. 常见操作及名词介绍

常见操作及名词介绍见表 11.2。

表 11.2 常见视频操作及名词

序 号	名 称	描 述	备 注
1	帧率自动调整 (Frame Adaption)	在视频监控系统中，不是所有的视频信息都需要在 25 帧/s(PAL)的帧率下进行实时监视和存储的。对于一些不太重要的视频通道，在保证信息不丢失的前提下，可以做减帧处理，即保证了信息的完整性，又节省带宽和存储资源	可由编码器根据图像内容变化自动增减帧，这种方式要求编码设备具有图像内容分析功能，当图像内容变化大时，自动增加帧率；当图像内容没有变化或变化很小时，可将帧率减小
2	场景重组 (Scene Re-Construct)	对于报警视频，可以采用“一键”方式，快速地同步地回放“录像视频”与“实时视频”，两个视频并列显示，便于操作人员高效调查事件	

续表

序　号	名　称	描　述	备　注
3	快速回放	对于感兴趣、报警或可疑的视频，可以进行迅速的回放操作，如“之前 5 秒钟”，“之前 10 秒钟”等类似视频，以便在最佳时机对突发事件进行快速查证	回放最小时间可设
4	多路回放 (Multi-PB)	对临近多个摄像机录像并发回放，以清楚了解该监控点附近的“全局”情况	对工作站资源占用较高
5	添加标签 (Event Mark)	可以在实时浏览视频、回放视频的时候对特定视频进行“标签”的添加，“标签”可以作为日后视频索引的“关键字”，以便于快速定位该段视频	标签也可以是 API 接口，如 ATM 机发送标签(银行卡号序列)给视频系统
6	视频快照 (Snapshot)	对于回放的视频，进行一定间隔的视频的“快照”，其实质是一段视频录像的一个“抓拍”，以便于更好地定位和查找录像	
7	智能 VMD 检索 (Off-Line VMD)	如果在实时视频中设置 VMD(Realtime VMD)，可以即时对移动的视频进行报警，但误报过多可能无法忍受。通过在回放检索时设置 VMD，能够对视频录像进行过滤和快速检索，提高效率	

11.4.3　事件调查与用户审计

1. 系统事件调查

在大型项目中，每时每刻都有大量的视频生成，如何在海量的视频信息中进行有效的检索是考核视频监控系统效率的关键。

经常要对一定通道进行快速回放，实现相关视频的调查。包括：

- 按通道的报警情况回放视频。
- 按时间、通道回放视频。
- 多路通道同时回放，通常可以并发 4 路回放，与工作站解码能力有关。
- “Off-line VMD”搜索功能，即对一定区域、一定条件的视频进行检索。
- 存储常用的检索条件以实现将来的重复使用。

2. 用户行为审计

在大型系统尤其多用户系统中，必须具有完善的日志管理以实现对用户进行审计跟踪并自动生成报表，日志应足够深入、详细以便将来进行调查取证。审计内容至少包括用户登录、注销、配置修改、报警处理、设备操作、备份恢复、资源管理等内容。具体如下：

- 日志类型、时间、用户名、细节。
- 用户的登录与退出，操作行为、操作失败、连接失败等记录。
- 用户行为，如“用户的添加、删除”、“设备的添加、删除”等操作。
- 操作行为，如“录像的开启与关闭”、“报警联动关系的添加与删除”等。
- 资源操作如“存储资源的分配”、“存储数据的删除、转移”等。

11.4.4 报警管理功能

在视频监控系统中，报警的主要来源包括干节点信号触发报警、视频分析触发报警、其他系统通过软件 API 报警、视频丢失信号等，在系统出现报警后，相关的操作人员需要及时得到报警信息(报警信息可以自动弹出并伴随声音等提示)，然后需要对报警信息进行确认、拒绝、删除、复位等各种操作，之后报警信息自动写入日志。

(1) 报警预设：

- 可以设置各类报警信号“输入到输出”的逻辑关系，如干节点报警后触发灯光。
- 可以设置报警后联动录像动作，如开启录像或改变录像帧率、分辨率等。
- 可以预设报警处理建议条(To Do List)，提示操作人员如何处置该报警。
- 报警发生后，可以通过 API 方式联动第三方设备，如楼控系统、广播系统等。
- 用户能为系统中每个报警设置不同的报警页面，如果某个报警没有相关联的报警页面，将显示默认的报警页面。
- 用户可通过报警列表来选择查看任何报警视频。
- 在报警发生时，相关联的 PTZ 摄像机将自己转动到特定的预置位。
- 用户能通过在报警列表中单击报警条目使报警画面在工作站上“重建”。
- 用户能在报警列表中单击报警条目使报警画面在外部监视器(虚拟矩阵)上“重建”。
- 用户能将报警与预定义的布局关联，在报警时能在一个或多个外部监视器上自动显示该布局。

(2) 报警列队：

- 列出用户授权可查看的所有报警。

- 每个报警能被分配给单个用户或用户组(用户设置)。
- 用户能过滤在报警列表中报警的类型(根据报警类型和/或严重程度)。
- 用户能根据报警类型、优先级或状态(活动/不活动)将报警队列排序。
- 每个报警应有一个图标指示它的类型和状态(活动/不活动)。

(3) 报警通知：

- 在主报警列表中显示报警信息。
- 在报警发生时，弹出一个通知窗口。
- 在本地或外部监视器上弹出报警视频。
- E-mail(支持 E-mail 分发列表)方式通知。
- 以 API 方式通知第三方安防系统。
- 激活 TTL/继电器以驱动外部的报警设备。

(4) 报警处理：

- 报警画面、地图、Map 等的自动弹出。
- 报警信息显示、确认及查询。
- 用户可以在报警列表中清除报警。
- 用户可以在报警列表中清除已经处理过的报警。
- 报警事件预定义分配给不同的用户或用户组。
- 报警信息自动弹出，双击后可以立即看到相关的录像及实时视频(无需再检索)。
- 报警事件对应不同的操作指导(To Do List)，实现快速处理。
- 报警信息写入日志，并可以检索或导出成通用的格式。
- 报警无响应后“扩大化”，通知上级操作或管理人员。
- 报警信息导出、打印、检索。
- 用户能确认、拒绝或复位报警——在报警被确认后，所有授权用户应可以在各自的工作站上看到该报警的状态变化。
- 系统管理员能审核用户对报警的操作细节(确认、拒绝、复位)。

11.4.5 系统诊断与维护

在大型系统中，摄像机数量可能成百上千，而编码器、解码器、DVR、NVR、存储设备、网络设备及附属设备等数量众多，为了及时发现系统设备存在的故障、故障恢复情况，系统需要有“设备维护”功能。当系统设备出现故障后，系统可以自动以信息、短信、邮件等形式发送到相关的客户端。这样，系统管理人员可以尽快定位并检测故障设备，使影响最小。而对于故障报警，系统可以自动弹出处理指导(To Do List)，提示操作人员进行相关操作，而所有的故障报警，可以自动写入系统日志，日后操作人员可以以各种方式(时间、设备、故障类型等)进行检索，从而生成故障报告，更好地进行维护。

- 故障细节包括：所有设备的运行状态，并且需要监视到底层的状态，从而为维护人员提供详实的信息，如提供硬盘工作状态、风扇工作状态、现场温度/湿度、设备电源电压、UPS 工作情况等。
- 具体类型包括：录像机失效、软件故障或通讯故障等；编码器、解码器失效；服务器、数据库、PTZ 失效；存储设备故障，如磁盘、接口故障等。
- 允许授权用户执行服务器/录像机的软件复位或硬件复位。
- 允许授权用户手动执行系统组件的自检并接收不同组件的状态和即时反馈信息。
- 所有系统错误应被保存在中央数据库中，授权用户可以创建系统元件故障报告。

> **注意：**“系统诊断与维护”类的“报警”不同于先前介绍的“事件报警”，“系统诊断与维护”类报警信息主要针对设备故障、异常等；而“事件报警”针对的是“安全防范及联动类”，如视频分析入侵报警、干接点触发等。

11.4.6 用户权限管理

通常，系统对用户权限的管理分为“用户设备操作权限的分配”和“用户优先控制权限的分配”。设备操作权限的分配是根据用户的职能划分设备访问及操作范围；用户优先控制权限的分配是指对访问相同设备的不同用户可以制定不同的优先控制权，例如对 PTZ 的操作控制权限，系统会自动进行智能调度，不同级别的用户由权限高的用户优先控制，同样级别的用户则“先来者先控制”。CMS 中用户权限的分配如图 11.21 所示。

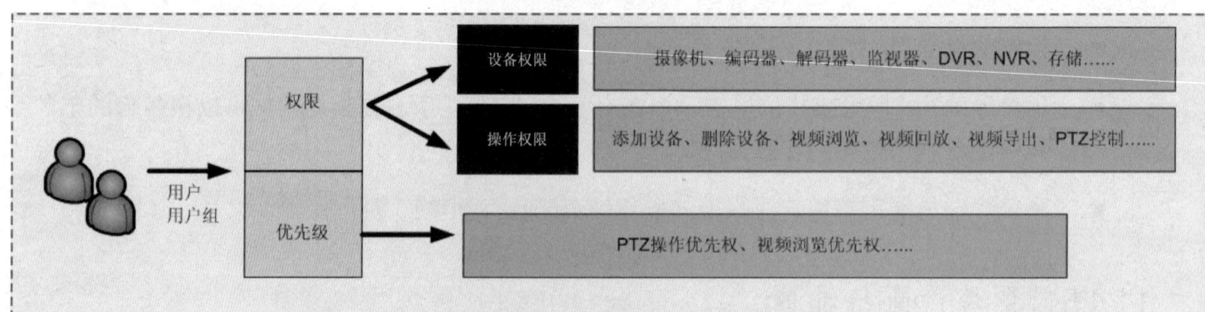

图 11.21 CMS 中的用户权限

用户操作权限的分配机制通常是：用户首先分配到不同的用户组，然后对用户组进行权限设定，这样的好处是，单独的用户权限授予和取消不需要进行具体的修改，只是从组中添加或删除。用户组权限的设置方式是：功能性权限＋实体性权限，功能性权限即设备添加、设备删除、PTZ 添加、报警添加等操作权限；而实体性权限主要包括摄像机通道、NVR、编码器、存储设备等系统资源。

(1) 密码原则：

- 可以在本地或者远程创建用户。
- 用户可以在本地或远程修改密码。
- 用户必须提供有效的用户名和密码才能进入和配置系统。
- 可从 Microsoft Active Directory 中导入用户。
- 限制用户使用一定位长的密码，同时还具有严格的其他密码限制。
- 未使用的账户将在数天未使用后被锁定。
- 用户超过 N 次不成功登录尝试时，账户会被系统挂起。

(2) 功能性权限：

- 系统设备添加、配置、删除。
- 系统设备参数修改。
- 系统数据备份、保存。
- 视频的实时 PTZ 操作。
- 视频的录像资料导出。
- 系统日志的查询与导出。
- 系统录像的开启与关闭。
- 系统报警的确认、删除与检索。
- 开始/停止录像权限。
- 通道查询权限、通道回放权限。
- 通道手动创建事件权限。
- 视频内容分析激活/取消激活权限。

(3) 实体性权限：

- 视频通道、音频通道。
- 存储设备及备份设备。

- 电子地图、通道巡检、Page、预案。
- 解码器和监视器。
- 操作键盘。
- PTZ 优先级。

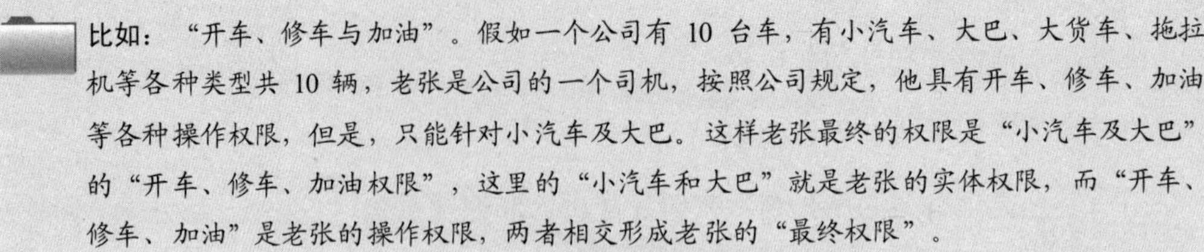

比如：“开车、修车与加油”。假如一个公司有 10 台车，有小汽车、大巴、大货车、拖拉机等各种类型共 10 辆，老张是公司的一个司机，按照公司规定，他具有开车、修车、加油等各种操作权限，但是，只能针对小汽车及大巴。这样老张最终的权限是“小汽车及大巴”的“开车、修车、加油权限”，这里的“小汽车和大巴”就是老张的实体权限，而“开车、修车、加油”是老张的操作权限，两者相交形成老张的“最终权限”。

11.5 CMS 的增强功能

CMS 是系统的核心，一旦宕机，系统的所有功能或大部分功能都会受到影响，因此，必须加强 CMS 的系统稳定性。

可以采用冗余架构，目的是保证系统不间断运行，冗余技术尤其适用于一些不允许系统中断的情况，系统冗余分很多方面，包括中央管理服务器冗余、电源冗余、NVR 冗余、磁盘阵列 RAID 技术、网络冗余等。另外，还可以通过增加“安全登录认证功能”及“网络冗余功能”来增强系统的稳定性。

11.5.1 CMS 服务器冗余

(1) 服务器的薄弱环节：

- 服务器内部磁盘故障
- 服务器内存故障
- 服务器处理器故障
- 服务器电源故障
- 网络设备故障
- SQL 数据库故障
- 操作系统故障
- 各类应用程序服务出错

(2) 服务器冗余的实现方式。

服务器冗余通常是基于"心跳"和"共享数据库"的双机热备方式，系统基于微软的 Cluster 系统，由两台 CMS 服务器组成。

这两台 CMS 服务器对客户端程序来说是一个整体，它们共享一个数据库，对外提供一个虚拟 IP，提供透明的服务。

其中处于工作状态的主服务器为用户提供业务服务，当该集群中的主服务器由于某种原因不可用时，系统会自动将业务和应用热切换到备份服务器上。

冗余服务器的构成如图 11.22 所示。集群中的两个服务器使用交叉线(Cross Over)连接，通过心跳信号判定对方的状态。

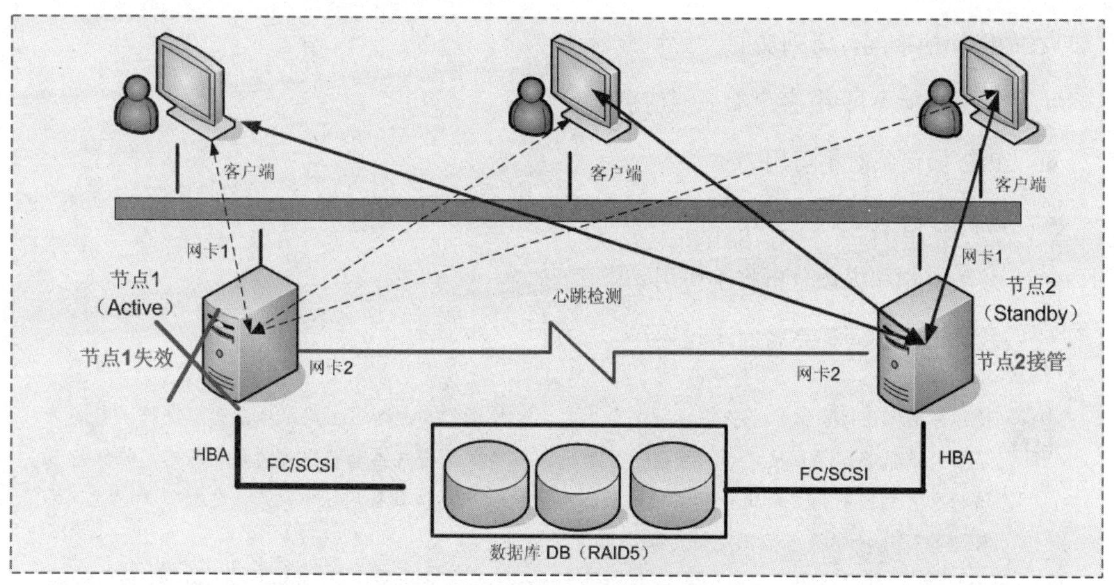

图 11.22 冗余核心服务器的构成

冗余 CMS 的工作机制如下：

- 心跳检测机制保证系统及时进行故障切换。
- 备份服务器不需人为干预自动接管宕机的服务器。
- 接管并恢复工作时间在几分钟的时间。
- 两个服务器完全相同、互为备份，两台服务器对整体性能没有提升。

注意：只有主用节点(运行中的节点)能够向共享数据库进行写数据操作，以防止数据库冲突。假设图 11.22 中节点 1(Node1)开始时处于主用状态(Active Mode)，而节点 2(Node2)处于备份状态(Standby Mode)，若节点 1 因某种原因失效，则节点 2 通过心跳检测探测到后，集群服务将自动将系统所有程序、服务切换到节点 2 上去，节点 2 从而拥有共享数据库(DB)控制权。

(3) 切换过程中对系统的影响。

在进行故障切换期间，所有由 CMS 提供的服务将停止，这些服务必须在主动、被动服务器切换完成之后，才可以继续生效。如 PTZ 的控制，在故障切换期间将会停止，当切换完成后，PTZ 操作也恢复，对系统用户来说，仅仅是几分钟的不可用，但是没有提示或要求重新登录或重新操作。在故障切换期间，继续保持的业务有：

- 视频通道的录像工作。
- 对于那些已经在客户端打开的通道，可继续进行视频浏览和回放。
- 在客户端中已经打开的请求，会被继续保持。

在故障切换期间，下列功能会受到影响：

- 告警功能不可用(客户端显示信息)。
- PTZ 操作临时不可用。
- 新用户登录临时不可用。
- 移动侦测和视频分析将不可用。
- 系统报警联动关系暂时不可用。

提示： 通常，冗余技术不提供故障恢复后自动切换功能，也即当主用服务器出现故障，完成了主、被服务器的切换之后。原来的主用服务器的状态将从主动状态变为备用状态，并保持该状态直到当前的主用服务器又出现故障，并将状态切换到备用状态之后，也就是说“主”与“备”是针对状态而不是针对服务器。

(4) 服务器冗余的配置：

- 服务器安装，两台服务器具有完全相同的操作系统。
- 磁盘阵列的安装及测试，两台服务器共享盘阵(RAID)。
- 服务器活动目录及 DNS 安装。
- 共享盘阵的配置。
- 集群服务的配置与测试。
- 两台服务器的 SQL 及相应补丁的安装。
- 数据库安装在共享磁盘阵列。
- 系统软件程序安装在两台服务器。

11.5.2　冗余 NVR 机制

在先前章节中介绍过 NVR 技术及其冗余服务，在某种程度上讲，NVR 可能是 CMS 的一个部分。

为了提高中间层 NVR 的可靠性，部分公司推出了 NVR 的冗余技术，一般是 N＋1，意味着 N 个 NVR 对应一个备份 NVR，当某个 NVR 因为故障、维护等原因停机时，备份的 NVR 可以接替其工作，避免了录像的中断或丢失。冗余 NVR 机制需要设定一个 NVR 组，该组 NVR 和冗余 NVR 合在一起称为 Cluster，一个 Cluster 最多由 N(N 为 10 左右)个 NVR 和一个冗余 NVR 组成。也有的公司推出 N+m 冗余技术的 NVR。

备用的 NVR 可以接管出现故障的 NVR 的全部工作。一方面冗余 NVR 监控组内其他 NVR 是否正常运行，另外一方面冗余 NVR 每一次检查组里其他的 NVR 时也保存它们的最新配置信息(Configuration)。这样当一个 NVR 出现故障时，这个 NVR 的配置信息将可以立刻应用在冗余的 NVR 上，在故障期间，冗余的 NVR 将一直以故障 NVR 角色工作。如图 11.23 所示为冗余 NVR 的构成原理。

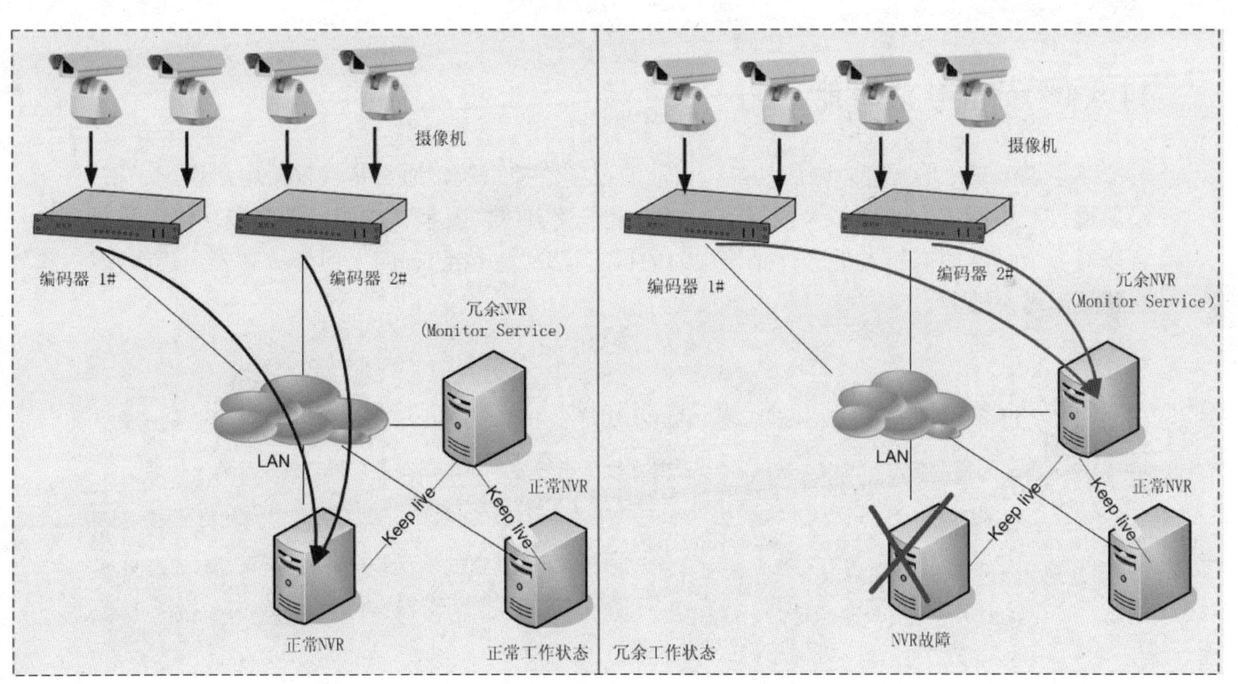

图 11.23　冗余 NVR 的构成原理

11.5.3　网络冗余机制

网络冗余有不同的实现方式，可以采用“两个独立网卡＋两个独立 LAN”，构成双网络、高可靠应用；也可以采用“Hot Standby”方式，此方式先将两个网口 Trunk 成一个逻辑接口，共享一个 MAC 地址及 IP 地址。通常，一个网口正常应用，一旦该网口出现故障，第二个口投入工作。

图 11.24 是冗余网络结构的示意。

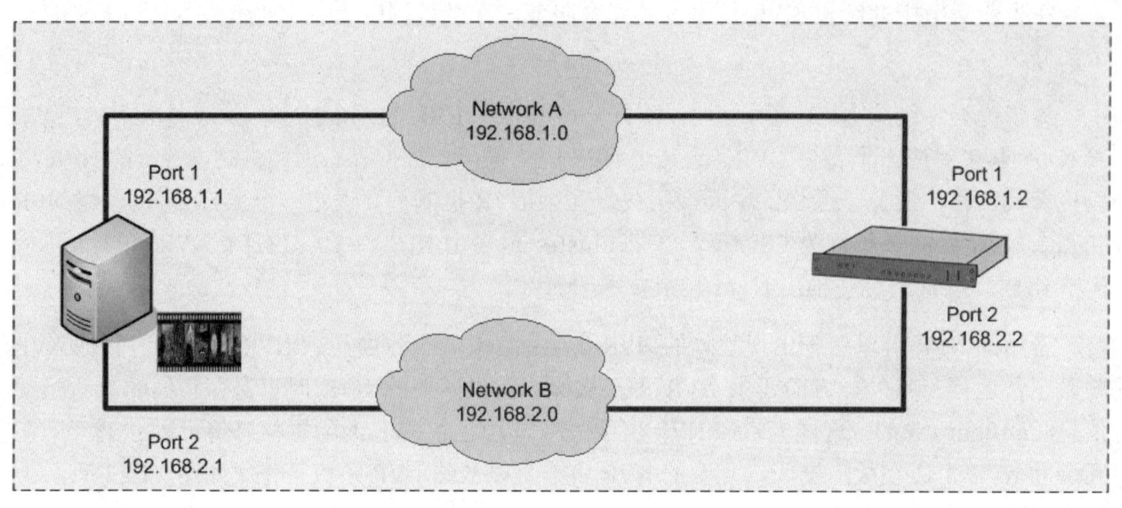

图 11.24　冗余网络结构

11.5.4　安全登录功能

这里说一说"四眼、六眼"功能。目前的视频监控系统，通常是仅仅给用户设定了密码，然后通过对不同级别的操作人员授予不同的操作及实体权限来完成相应的限制功能，另外还可以对各个级别的操作人员进行操作行为的日志记录"Audit Trail"，但是从高安全等级来讲，这些还远远不够。

提示： 在一些系统中，可能存在内部或外部人员"故意删除操作记录或视频录像"的情况，企图以此掩盖一些真相。对于一些重要的操作行为，如删除日志、删除视频录像等行为，可以采用"四眼登录、六眼登录"功能，所谓"四眼、六眼"，就是必须现场同时存在 2~3 人的情况下，并且每个人需要分别输入密码，才能继续操作。这样可防止系统或数据因为个人进入而进行数据破坏。

11.6　CMS 的特色功能

11.6.1　智能回放检索技术

在 VCR 时代，视频录像记录在磁带上，由于是模拟的设备，想精确定位一段视频很难，快进或快退的往复操作过程中，可能遗漏重要视频信息，效率低下。而在数字视频监控系统中，如果要在海量的视频信息中快速地定位并找到“感兴趣”的视频资料，却变得非常简单，可以有多种方式实现视频的快速定位及索引。

比如：“疯狂的石头”。保安队长“包头”为了在录像资料中定位到谁动了“石头”从而找到盗贼，要死死地盯着VCR的录像资料一点一点地查看，如果没有大概的时间坐标，那么，从录像带中找到一段“感兴趣”的片段是很困难的。同样，普通的NVR或DVR，如果不具备丰富的智能回放功能，那么也一样会面临着回放效率不高的问题，目前有很多特色功能可以解决这个问题。

1. 视频快照功能

所谓视频快照功能，就是对录像进行“时间等分切片”处理，然后以快照(Snap Shot)形式进行显示，这样，对于很长一段时间的视频录像，利用快照功能，可以迅速地根据快照中场景的变化而定位“感兴趣”的视频信息。“快照”实质是以单帧图片代表一段视频片段场景，这样，很快就可以完成定位和查找——即使是长达数小时的视频录像。

2. 书签标记功能

在实时视频浏览或视频录像回放过程中，如果操作人员对某段视频感兴趣，那么可以直接在客户应用程序上，为该段视频添加“书签”，这样“书签”成为了该视频的一部分，当日后需要对该视频进行回放时，只需要输入“书签”索引，系统会自动地将该段视频索引找到。比如在一段实时或回放的视频中，直接加入书签“sas123.cn”，这样，日后在客户端上输入“sas123.cn”作为索引字，系统可以迅速索引到该视频。

3. 场景重组功能

在系统应用过程中，值班人员发现可疑行为时，一方面需要对可疑的场景继续进行监视，另外一方面希望能够回放该通道稍前时刻的视频资料做参考，以上工作如果手动完成，几个步骤下来可能错过稍纵即逝的时机。

这时，可以利用系统的“场景重组”快捷键，只需要点击一下，该通道的“实时视频”及“稍前时候”的录像可同时显示在并列的窗口上，供操作人员进行“实时”与“录像”视频的对比检查。

提示：通常，在系统应用中经常需要对视频进行快速回放，以便对突发事件进行调查，而不同的视频监控系统存储机制不同，如果以文件形式存储视频(早期的一些DVR设备采用文件形式进行视频存储)，则每隔一段时间进行文件打包，而文件打包过程一般是不可回放的，那么快速回放是无法实现的。

4. 多路并发回放

在一些实际应用中，对于视频录像，可能需要多路同时回放在一台电脑以进行事件的查证。如对于一些银行、大厦、小区等视频监控，可能需要同时回放多路相关的视频录像，以便快速地发现及锁定目标。因此，要求系统能够支持多路视频同步回放，通常四路以上。

提示：H.264 编码方式的解码需要占用大量的 CPU 资源，一个 3G 频率的双核 CPU 通常能够解码 22Mbps 的码流。因此进行多路并发回放时，如果视频分辨率设置比较高，那么多路回放工作对视频工作站的压力是比较大的。

5. Off-line VMD 功能

如先前章节所讲，VMD 技术因为一些局限而在实际中应用不多，因为可能实时触发过多的误报警。但是，在事后回放视频录像的时候，可借助 VMD 功能有针对地进行索引从而大大提高回放效率。例如在一个机房中，如果想知道在过去一天内有谁接触过某个机柜，那么，可以针对该机柜范围，进行 VMD 设置，进行回放时，系统将一天内该机柜防区内有“视频移动”，即有人接触机柜的视频进行显示，其他视频一律跳过，从而提高了效率。

11.6.2 多路图像拼接

图像拼接技术也叫“数字全景技术”。通常，在大范围场景中，传统的摄像机本身视野不大，因此可能需要部署多个摄像机，针对一个场景中不同的区域进行监控。这样带来的问题是应用者需要将各个独立的图像利用自己的大脑进行拼接，成为反映整个场景全貌的图像，不太方便。因此，可以利用视频拼接技术，将多个镜头的图像合成一个全景图像。此功能主要针对已经实施的模拟系统项目。由于目前百万像素摄像机得到快速发展，因此，对于新项目完全可以采用高清摄像机实现。

图像拼接技术的效果如图 11.25 所示。

图 11.25　图像拼接技术的效果

11.6.3　应急预案功能

应急预案指面对突发事件如自然灾害/重特大事故/环境公害及人为破坏的应急管理、指挥、救援计划等。从安防监控角度讲，应急预案功能要求“系统能够对一些紧急事件或报警信息进行及时、准确、有计划的处理”。在视频监控系统中，可以预先思考、模拟多个紧急情况，然后针对各个不同的情况，设置一系列要执行的操作。如当某个点报警发生时，可以自动地在多个屏幕调出相关联的实时视频或回放录像，或开始启动通道的录像，调动一些摄像机预置位，打开灯光、触发警铃等。这样，通过一键式预案调用，可大大节省时间，提高效率。

图 11.26 是一个典型的 CMS 应急联动过程。

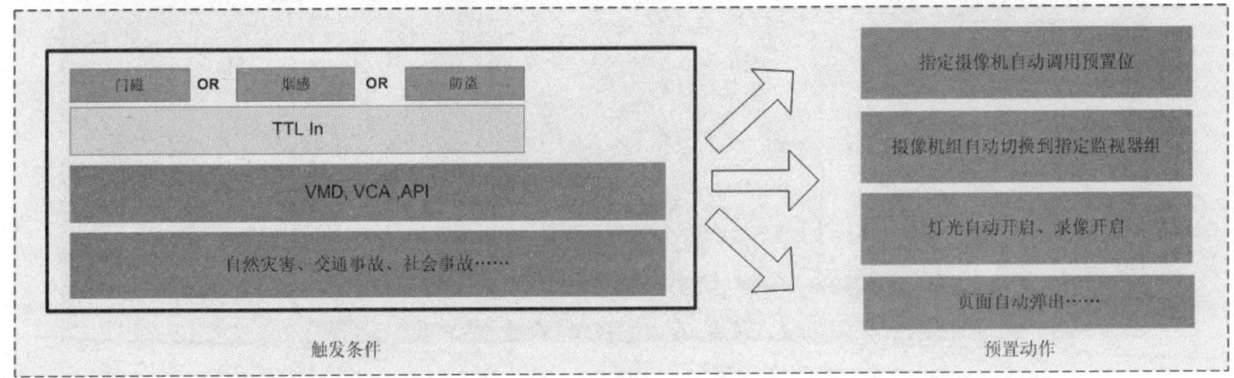

图 11.26 CMS 系统应急联动

11.6.4 视频时间链表

视频时间链表是对视频录像总体情况的一种表示方式，对于不同的通道，时间链功能可以更加直观地显示系统硬盘中存储的视频的录像细节，如正常录像、CA 报警录像、干接点报警录像、移动 VMD 录像及锁定录像等，可以通过点击某点进而查看当时的录像。

视频资源链表如图 11.27 所示。

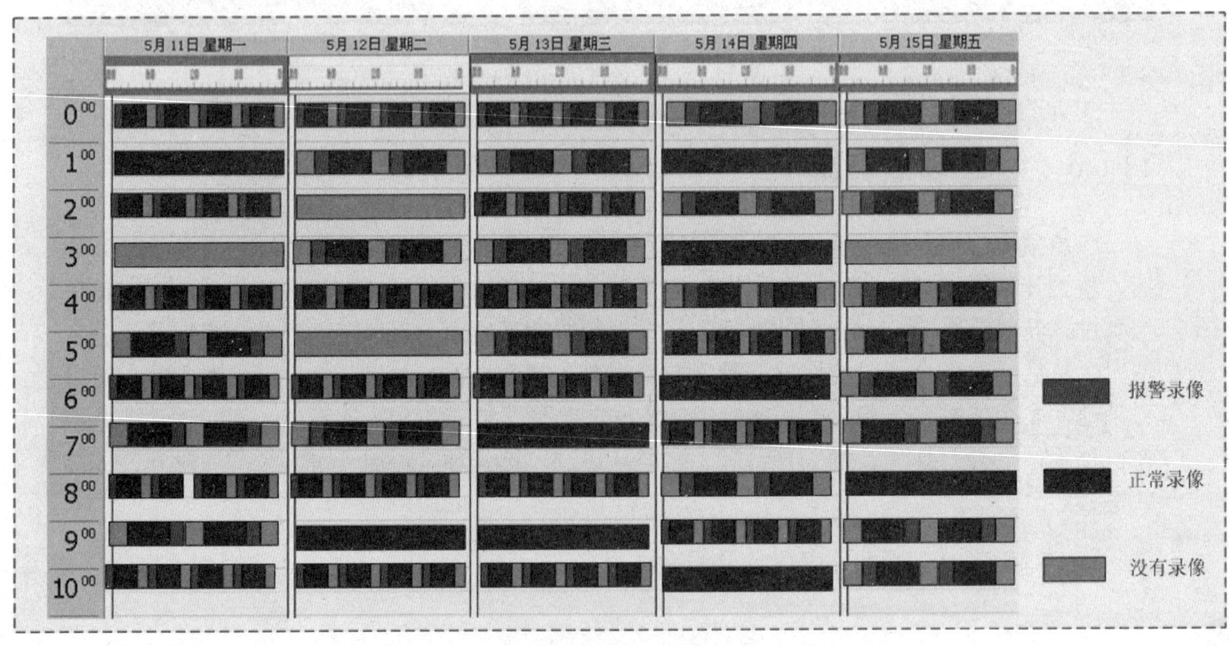

图 11.27 视频资源链表

视频资源链表具有如下作用：

- 直观显示录像情况。
- 直观显示报警情况及发生的比例。
- 可以直接对视频进行操作(在时间条上回放)。
- 可以显示录像密度。

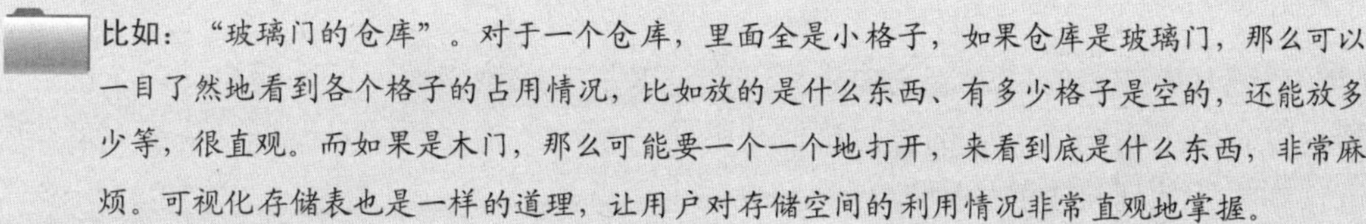

比如：“玻璃门的仓库”。对于一个仓库，里面全是小格子，如果仓库是玻璃门，那么可以一目了然地看到各个格子的占用情况，比如放的是什么东西、有多少格子是空的，还能放多少等，很直观。而如果是木门，那么可能要一个一个地打开，来看到底是什么东西，非常麻烦。可视化存储表也是一样的道理，让用户对存储空间的利用情况非常直观地掌握。

11.6.5 视频编辑器

在回放视频的过程中，对于一些视频片段，有的用户希望能够做些标注在视频上，比如标注一个人群中的扒手(用椭圆)或进行部分遮挡(如马赛克)，这样领导或其他人很容易发现问题，“视频编辑器”可以提供该功能。

提示：视频编辑不同于“标签”技术，标签打在视频上之后，是不可以显示的，作为 Metadata，只有在索引的时候才用到，而视频编辑功能是直接在视频上叠加一些直观的标注，如打圆圈、叉叉，以提示其他操作者。

11.6.6 模糊索引功能

“模糊查询”的概念在某些应用场合显得有意义，首先，对于一些大型系统，如机场，广场、地铁等公共场合，当突发事件发生后，需要能够迅速地对发生事故的地点进行相关多个摄像机的并发回放工作以快速调查事件。比如某地铁扶梯口出现事故，那么系统能够快速对该扶梯附近相关的摄像头实施快速同步回放工作，这样，在多画面的视频场景中可以快速侦查事故。模糊查询需要中央平台及存储系统的相关功能支持。

11.7 CMS 平台的考核

11.7.1 平台稳定性

CMS 通常用于大型及超大型系统建设中，系统需要 24 小时连续运行，因此稳定性非常重要，系统的稳定性和可靠性是 CMS 系统能够应用在大型重要项目的首要条件，可以想象经常死机、不稳定的 CMS 给用户带来的困扰。

(1) 系统应该采用业界成熟、主流的技术及组件，以降低不稳定因素；同时系统应该具有良好的容错能力，不至于因为用户的错误操作或外界因素(如突然停电)而导致系统出现灾难性的后果，应该可以尽快地自动恢复正常工作。

(2) 系统具有良好的预警机制，预警机制可以防患于未然，在系统没有完全宕机的情况下，系统对自身健康状态进行监控，一旦发现有程序、进程、服务有问题，及时发出告警，以防止事态恶化。

(3) 系统具有完善的日志记录功能，Log 记录机制应该能够保证系统自动、全面、完整地记录一段时间内系统的 Log 信息，这样，系统宕机后，软件研发人员可以基于 Log 信息对故障进行判断并找到问题的原因。

提示： 目前，一些厂家的 CMS 系统建立在 Windows 系统上，Windows 的不稳定性会影响 CMS 可靠性，而为了解决这个问题，一些厂家开发了双机冗余热备的 CMS 系统，以降低风险。而有的厂家核心设备均采用嵌入式操作系统，嵌入式操作系统具有任务单一、响应实时的特点，避免了 Windows 等操作系统启动缓慢、安装配置复杂、不易维护、不能长时间稳定运行的缺陷。

11.7.2 系统可扩展性

系统建设完成后，可能因为客户业务的调整、项目规模的扩大而需要对 CMS 系统进行部分扩展，因此系统需要具有良好的扩展及能力，以不影响前期建设完成和已经投入运营的系统正常工作为前提。通常，CMS 系统采用模块式设计，单台系统、多台系统、单个模块、多个模块都可以构成系统，只需要根据需求自由选择、灵活组合，并且，新增加的设备可直接融入现有系统，并保持一致性。

(1) 系统硬件平台、数据库及通讯协议均采用国际通用的标准，接口规范符合国家或行业相关标准，具有良好的扩展、开发、升级支持。

(2) 系统所有软硬件、服务、程序等应该采用模块化结构，用户可以根据需要进行灵活选择，便于将来进行调整并节省成本。

(3) 系统配置灵活，软件许可、服务、参数等各自独立，用户可根据需要随时调整。

11.7.3 系统兼容性

目前的视频监控系统百家争鸣，百花齐放。对于视频编码压缩设备，有很多厂商的设备可以供选择，对于一个项目，可能多个硬件厂商有不同时期的设备。最终用户或集成商当然希望 CMS 软件能够兼容多个厂家的设备及同一厂家的不同版本的硬件产品。CMS 应当容纳百川、兼容并蓄，而不是限制在一两家供应商或几个版本的产品上。注意，兼容不是以改变软件底层或增加成本为代价的，应该是通过升级而简单实现。兼容的主要含义包括：

- CMS 可以支持多个厂家多个版本的 DVR/NVR/编解码及存储设备。
- 同一 NVR 中应支持多种编码方式，如 MPEG-4/MJPEG/H.264。
- 同一 NVR 中支持多个厂商的设备。
- 同一 NVR 中支持同一厂商不同版本的设备。
- NVR 支持多种云台控制协议。

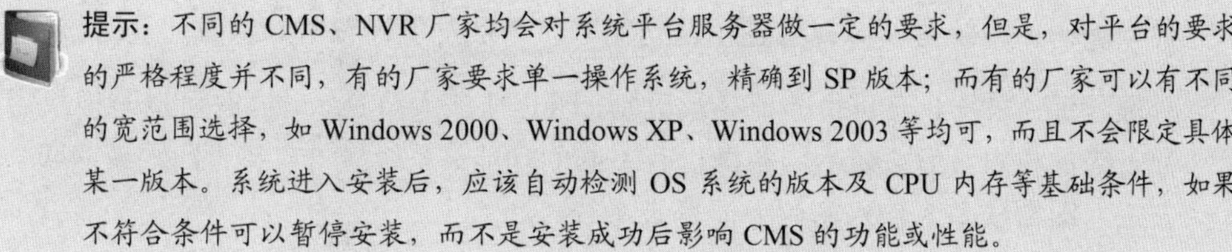
提示：不同的 CMS、NVR 厂家均会对系统平台服务器做一定的要求，但是，对平台的要求的严格程度并不同，有的厂家要求单一操作系统，精确到 SP 版本；而有的厂家可以有不同的宽范围选择，如 Windows 2000、Windows XP、Windows 2003 等均可，而且不会限定具体某一版本。系统进入安装后，应该自动检测 OS 系统的版本及 CPU 内存等基础条件，如果不符合条件可以暂停安装，而不是安装成功后影响 CMS 的功能或性能。

11.7.4　系统升级

对于数字视频监控系统，其与计算机技术、多媒体技术、网络技术、存储技术、芯片技术等发展密切相关，任何新技术和新产品的出现，可能都会给视频监控行业带来新技术、新产品或新思路；另外一方面，视频监控厂商自身对系统的缺点、Bug 需要进行修正加强，因此系统的升级是不可避免的。在系统升级过程中，要求简单、平滑、可靠。具体要求如下：

- 系统具有良好的备份机制以保证升级失败后系统迅速恢复原始状态。
- 系统的升级是部分组件、服务的升级而不需要整体性的升级。
- CMS 的升级对 DVR/NVR/编解码器、存储设备是向后兼容的。
- NVR 的升级不需要编码器设备的 Firmware 更新。
- 系统在无需重新配置所有硬件的情况下实现软件升级。
- 所有的升级均是在保留原来的数据和配置的前提下。
- DVR/NVR 的通道数量、内部存储、外部扩容等工作不影响原有数据。

11.7.5　系统安全性

一般在视频监控系统应用的场所，系统的安全性非常重要。系统的安全性涉及到服务器数据库的安全、在网络中传输的数据的安全、视频文件的非法侵入及篡改保护、系统用户的登录验证、系统操作管理人员的操作行为日志等。

- 数据库安全：系统所有设备及用户配置信息，如通道名称、IP 地址、码流设置、录像参数、用户权限等均保存在中央服务器数据库中，系统数据库应用具有良好的防入侵机制，以防止非法进入系统进行修改或删除系统数据；同时系统应该具有数据库写保护机制，这样可以保证同一时间只能有一个用户访问数据库而不至于造成数据库混乱。当某个用户连接数据库并进行参数修改、配置时，若其他用户试图进行修改，系统应该提示“数据写入中、请稍候修改”等提示，以防止多人同时修改相同数据导致系统混乱。
- 数据传输安全：确保基于对网络传输的所有数据进行加密。加密算法必须足够复杂，以防止机密的视频和安全信息如密码等被捕获和解码。
- 视频加密：系统可以对视频进行自动加密，一旦发现视频遭到篡改、及时报警。
- 身份验证：系统具有身份验证登录机制，阻止非法人员登录，同时可以对授权用户进行多级的权限设置，让不同的身份有不同的功能。系统应该支持“四眼或六眼”登录方式，即需要多人输入密码方能登录系统。
- 用户操作日志：能够对登录到系统的所有操作人员的登录时间、修改配置、回放操作、导出视频等所有的行为有全面、完整的日志记录，以保证日后审查日志时，能发现异常的破坏行为，进行取证。
- 前端设备安全性：系统应该能够对恶意的破坏行为，如摄像机遮挡、喷涂、位置移动、线路剪断等行为进行自动侦测并及时报警。

11.7.6 CMS 的维护

CMS 的升级与维护工作非常重要。CMS 应该有良好的备份(Backup)及恢复(Restore)机制，可以在系统工作时自动备份，可以远程备份，可以自动备份；备份包括系统所有的设备、设定、用户、联动等所有数据，备份具有数据完整性自动检测机制。CMS 应该具有快捷的 IP 地址修改功能，由于 CMS 涉及到 PC、SQL、程序等，所以手动修改意味着需要更改 SQL 的 DB，这是比较有风险而且不推荐的，系统应该具有简单的自动修改机制。

11.7.7 系统容量支持

系统功能强大并不单单指系统具有很多应用功能，另外一方面是非常重要的，就是系统对大项目的支持。视频监控系统在机场、铁路、地铁、平安城市等行业的应用越来越多，而这些基础建设项目的点数动辄几千路，甚至上万路，因此，要求系统能够支持多点数、海量存储、多用户、大跨度的大型项目应用。

1. 系统总体容量

系统总体容量是针对中心级设备，如中央管理服务器、数据库及软件来讲的。通常，系统总体容量涉及到系统能够支持的视频通道、音频通道、PTZ 摄像机、DVR/NVR、解码器、编码器、用户、报警联动关系、地图、预案、轮询等。

CMS 系统总体容量参考值如表 11.3 所示，其中以大型系统应用为例说明。

注意：表 11.3 中列举的系统容量是指采用“集中中央服务器及数据库”的系统架构下的系统容量，并且是指厂家经过试验测试的数据，而不是系统理论支持的数据。从实际工程经验上来讲，理论数据与实际应用的情况一般是不同的，因而对于大型工程的实际部署经验案例更有说服力。而对于分布式服务的系统，通常，系统支持的容量少了很多限制，多数参数是不受数量限制的。

表 11.3　CMS 系统总体容量参考

序　号	名　称	描　述	备　注
1	DVR/NVR	系统中总共能支持的录像机数量	大型系统参考值(500)
2	DVS	系统中总共支持的编码器数量	大型系统参考值(1000)
3	解码器	系统中总共支持的解码器数量	大型系统参考值(100)
4	存储服务器	存储服务器用来对 DVR/NVR 的视频进行集中归档备份	大型系统参考值(50)
5	音视频通道	一个系统总共支持的音视频通道数量	大型系统参考值(5000)
6	PTZ 通道	一个系统总共支持的 PTZ 摄像机数量	大型系统参考值(500)
7	设备组数量	音频、视频通道组数量	大型系统参考值(300)
8	地图数量	系统总支持的地图数量	与地图尺寸有关
9	预案数量	系统总共支持的预案数量	大型系统参考值(500)
10	PTZ 预置位	系统总共支持的 PTZ 预置位数量	大型系统参考值(1000)
11	报警数	系统每秒处理的报警数量，中央服务器接受到报警并转发给各个客户端	大型系统参考值(500/S)
12	用户组及用户数	系统可建立的用户组及用户数(用户数与并发登录用户数不同，系统支持的用户数远大于系统可同时登录的用户数)	大型系统参考值(200)
13	报警联动关系	报警触发事件，如 TTL 触发录像预置位，改变帧率等	大型系统参考值(500)

2. 录像机 NVR 容量

NVR 容量主要包括单台 NVR 最多支持的存储空间大小、支持的视音频通道数量、报警输入输出数量、视频分析通道数量、冗余切换时间等。对于大型项目，单台 NVR 的容量越大，那么系统总共需要配置的 NVR 服务器就越少，在设备成本、软件成本、维护成本、机房节能、管理等方面均会有更大的优势。

表 11.4 是单台 NVR 容量的典型值。

表 11.4　单台 NVR 容量

序　号	名　称	描　述	备　注
1	存储空间	单台 NVR 最大支持的存储空间大小	典型值(30T)
2	视频通道数	单台 NVR 最大支持的视频通道数	典型值(64CH)
3	音频通道数	单台 NVR 最大支持的音频通道数	典型值(64CH)
4	报警输入数	单台 NVR 最大支持的 Input	典型值(128IN)
5	报警输出数	单台 NVR 最大支持的 Output	典型值(64OUT)
6	冗余 NVR 切换时间	从故障 NVR 切换到冗余 NVR 需要的时间	几十秒到几分钟
7	并发码流数	多个客户并发访问 NVR 某通道	与码流有关

注意：NVR 最多支持的通道数量与多种因素有关。通常，NVR 厂家自身的软件会对通道数量有限制，如 128 路或 64 路等，还可能与通道的参数设置，如分辨率、帧率等(码流大小)有关系，如单台 NVR 能够支持 CIF 实时通道 160 路，而支持 4CIF 实时通道可能仅仅 40 路。另外实际能够接入的摄像机数量还与 NVR 服务器的网卡、NVR 外接的存储阵列的带宽等都有关系。

为了保证系统能够 7×24 小时工作，系统通常需要很强的稳定性，但是单台设备无论如何都很难确保永不宕机，这就需要系统在不同的环节具有不同的冗余机制。目前，常见的冗余机制包括编码器的冗余、NVR 的冗余、中央服务器的冗余及存储设备的冗余，考察系统冗余能力主要考察系统的冗余配置、冗余切换时间。

冗余参数典型值如表 11.5 所示。

表 11.5　视频监控系统 NVR 冗余参数

序　号	名　称	描　述	典型值
1	编码器冗余	通常采用“N+1”的冗余方式，即 N 个正常工作的编码器对应一个备份编码器	
2	NVR 冗余	通常采用“N+1”的冗余方式，即 N 个正常工作的 NVR 对应一个备份 NVR	
3	NVR 冗余总数	在一个系统中，最多支持的 NVR 集群数	通常几十个
4	中央服务器冗余	通常采用双机热备	1+1
5	编码器切换(Fail Over)	备份编码器接管故障编码器所需时间	几十秒
6	NVR 切换(Fail Over)	备份 NVR 接管故障 NVR 所需时间	几十秒到几分钟
7	服务器切换(Fail Over)	备份服务器接管故障服务器所用时间	几分钟

3. 并发用户支持

在大型系统中，并发用户访问是经常涉及的一个需求，对于一些突发事件，很多用户需要同时调用同一个通道的实时视频，或同时调用同一通道的录像视频。这样，系统能够支持的并发用户如果不够，可能给用户带来很多不便。而目前的主流解决方案是“流媒体技术”，流媒体服务器支持视音频流的转发，当有多个客户端需要同时访问同一远程画面时，可以通过流媒体服务器进行转发。而在系统中没有部署流媒体服务器的情况下，“并发支持能力”考察的是 CMS、DVR、NVR 的负荷能力。

- 并发访问用户数：通常，在大型系统当中，同时并发登录服务器的用户可能很多，而“不同的用户同时进行各种操作”是经常发生的现象。因此，并发用户数量决定着系统是否是企业级产品、是否真的够强大。
- 并发回放：为了调查分析一个事件，通常需要使用“时间同步回放功能”同时观察多个摄像机的视频录像(所有摄像机在同一时间点上回放)。
- PTZ 优先级数量：当多个用户同时试图操作一个 PTZ 设备时，系统应该可以设置 PTZ 操作的优先级，这样，优先级高的用户可以对 PTZ 控制权进行抢占。

提示：我们知道，磁盘阵列的读写带宽是有限的，因此，当多个用户并发进行回放视频时将会造成过多的带宽占用，从而可能导致视频写入磁盘阵列的带宽不足，而造成数据丢失。因此，需要限定从磁盘阵列中读的数据的带宽，比如限制在 16Mbps。这样当多个用户并发访问时，如 8 个用户(假如每个用户按照 2M 带宽)，那么系统可能无法响应或响应非常慢。

4. 存储策略

视频的存储很重要，视频的存储可谓是“养兵千日、用兵一时”。在海量的存储阵列空间中，大量的视频信息可能因为没有事故发生而一轮一轮地遭到覆盖。问题是：一旦有事故发生，要求视频必须是“可用”的，否则，就是失败的系统。目前，对于 DVR 及 NVR，普遍的存储方式是 DVR 及 NVR 本地直接连接 DAS 存储系统，实现本地化存储，同时，通过网络“归档备份存储”实现视频的“长周期备份”或“重要视频的存储备份”。

- 实时集中备份存储：在 DVR 及 NVR 进行本地存储的同时，DVR 及 NVR 通过网络以“全部传输”的方式将视频传输到“归档存储池”进行存储，此方式尤其适合 DVR 或 NVR 本身存储空间比较小而又需要长期存储的场合。
- 分时集中备份存储：此方式与“实时集中备份存储”的差别在于，为传输工作指定时间表，这样，可以在网络空闲(如夜间)时间段，将视频信息进行备份存储，以节省有限的带宽资源，与“重型货车只能半夜 11 点之后上环路”是一个道理。
- 报警事件集中存储：视频监控信息中，大多数的信息是垃圾信息，真正重要的是报警触发的相关信息，因此，有必要进行备份存储，以保证存储安全及长周期。报警事件存储是在系统触发报警后，将报警前后一段时间的视频传输到“归档存储池”，这样，相对于“全部式”存储，大大节省了空间。

11.7.8 系统管理及维护

通常，系统建设完成移交给最终用户后，仍然可能有一些维护工作需要安保值班人员完成，而安保值班人员与调试工程师不同，他们对设备的理解可能没有专业工程师深刻，因此要求系统本身提供简单可行的维护方式，让值班人员可以胜任。

系统的日常管理及维护主要涉及系统的备份与恢复、系统日志的存储与检索、前端设备的远程管理、前端设备的故障维护等，系统应该具有完善的操作文档、报警提示、操作提示等，以帮助维护人员定位与排除故障，减少工作量。

(1) 数据库备份与恢复：

- 系统具有自动对数据库 DB 的备份功能。
- 手动备份数据库操作简单，并具有备份步骤指导及成功提示。
- 数据库支持远程异地备份。
- 数据库恢复具有操作提示及恢复成功提示。

(2) 系统日志写入机制：

- 数据库日志自动写入。
- 程序日志自动写入。
- 服务日志自动写入。

- 网络日志自动写入。
- 存储设备日志自动写入。
- 所有日志可以采用工具进行快速导出，而不是手动拷贝。
- 所有日志可以远程通过网络导出。

(3) NVR/DVR 及编码器远程操作：

- 编码器、解码器的远程 Firmware 升级支持。
- DVR/NVR 的升级保证原有数据不丢失。
- DVR/NVR 远程 OS 重启。
- DVR/NVR 远程应用软件重启。

(4) 系统设备的故障报警与维护：

- 摄像机信号丢失报警，遮挡、剪断、喷涂、模糊等报警。
- 编码器通讯中断报警。
- 编码器电源、风扇、网卡、程序故障报警。
- DVR/NVR 操作系统、电源、硬盘、软件、程序故障报警。
- 中央服务器、数据库、程序等非正常状态报警。

11.7.9 良好的人机界面

人机界面的主要体现是客户端软件，如前所述，客户端软件按功能可以分成系统搭建、系统配置、系统操作、系统维护、报警管理、事件查看、播放器等不同的软件模块。通常，对于系统调试人员及最终用户，经常应用的模块是不同的。如系统安装调试人员主要使用系统搭建、配置的界面；而最终用户(如安保人员)经常需要系统操作、维护及报警管理界面。

对人机界面的具体要求如下：

- 界面布置清晰、简单，便于操作。
- 系统配置区域与操作区域界限清晰。
- 复杂的操作具有操作向导提示。
- 工具条与鼠标操作良好结合。

无论何种软件界面，均应该以人为本，要求业务流程清晰，符合常规的人类操作习惯：

- 系统操作采用菜单、右键、快捷键等方式，实现业务处理高效准确；

- 系统软件配置简洁流畅，具有自动化设计思路，避免复杂的、大量的手动操作及配置；
- 系统中除了核心的服务器外，对于客户应用程序，应该采用大众熟悉的 Windows 操作系统。

11.8 视频监控系统的集成

11.8.1 系统集成的意义

数字视频系统是安防系统的一部分，经常需要与报警控制系统、门禁控制系统甚至楼宇自动控制系统进行集成，实现一个平台下报警触发联动。集成带来很多的好处，如系统的数据共享、联动控制、自动操作、成本节约、提高效率等。

(1) 信息共享，提供增值服务。不同的系统之间通常有一定程度的相互关联，如考勤系统、一卡通系统、人事数据库系统、人脸识别系统与门禁控制系统之间的关联性非常强。因此，一个开放的、共享的数据库能够为各个部门提供数据共享、同步的服务功能。

(2) 报警联动。报警联动分内部联动及跨系统联动，而跨系统联动离不开系统集成，系统集成使原本独立的子系统如同在逻辑上成了一个系统，可按需要建立联动关系，有效地对各类事件进行全局管理，提高对突发事件的快速响应能力，实现系统整体防灾、抗灾的能力。

(3) 资源集中管理与控制。系统集成可以通过一个统一的平台，将各个不同的子系统，在一个界面上进行集中、统一的监视与管理，操作人员无需分别登录到不同的系统，便可以实现各种功能，提高了工作效率，同时，节省了系统建设成本。

11.8.2 硬件集成方式

视频监控系统需要与防灾系统、动力、环境检测等系统进行必要的联动集成，其他系统可以“以硬件干节点或 API 接口”的方式，实现与视频监控系统的集成报警联动。报警发生后，视频监控系统接收报警信号，按照预先设置好的联动程序，可以自动启动录像、改变录像帧率或分辨率、画面自动弹出、PTZ 预置位调出、触发继电器输出驱动灯光、警铃等设备。

编码器干接点联动报警功能如图 11.28 所示。

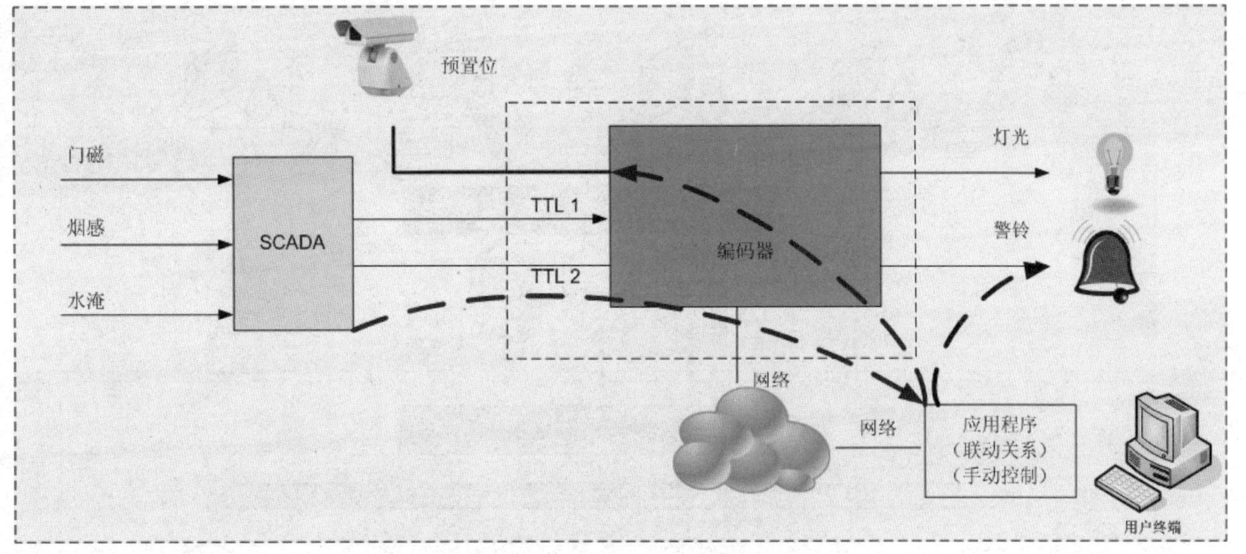

图 11.28　视频监控系统干接点集成方式

11.8.3　SDK 方式集成

1. SDK 概念说明

SDK 就是 Software Development Kit 的缩写，即“软件开发工具包”，凡辅助开发某一类软件的相关文档、范例、程序、工具都可以统称为 SDK，包括接口协议规范（如 SIP 协议、HTTP 协议等）和程序开发库（如 COM 组件、C#链接库等）两种类型。接口协议规范描述了接口的具体使用规格，程序开发库包括基于不同操作系统和开发环境下的 DLL 和 API，以及相关的说明文档和 DEMO 例子程序，其中，DLL 封装了接口资源以及接口暴露的功能代码，API 用来访问 DLL 中暴露的接口功能。

注意：需要注意，在概念上，SDK 是一系列文件的组合，包括 lib、dll、.h、文档、示例等等；API 是对程序而言的，提供用户编程时的接口，即一系列模块化的类和函数。可以认为 API 是包含于 SDK 中的一部分。

SDK 的典型应用场景：

- 当集成商需要定制客户业务需求时；
- 当第三方应用系统需要集成、访问监控平台资源开发增值业务时；
- 当同类监控系统共享访问监控资源、平台互联互通时；
- 当第三方前端设备需要接入监控中心管理平台时；

- 根据实际不同的需要，可以选择 C/S 或 B/S 应用模式，如图 11.29 所示。

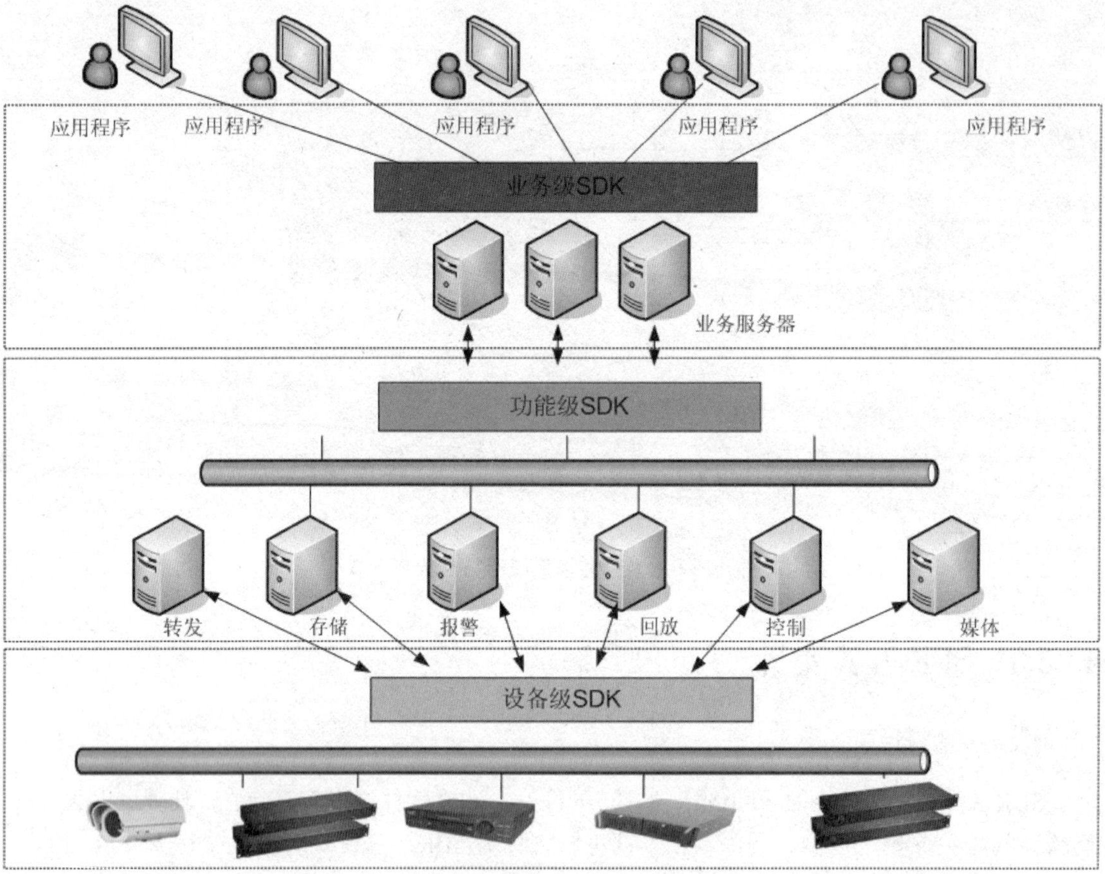

图 11.29　安防 SDK 应用层次示意图

2. SDK 集成方式说明

在数字视频监控系统中，SDK 经常用来实现与第三方软件的系统集成，如门禁系统、楼控系统、消防系统及环境监控系统。SDK 给如今的安防系统集成带来了极大的便利，但是也常常并非杂志或厂商所说的那样简单。相反，实际上 SDK 的集成工作是很复杂的，视频监控系统通过 SDK 与第三方系统集成原理如图 11.30 所示。具体包括：

- 数字视频系统与门禁、防盗系统集成。
- 数字视频系统与消防系统集成。
- 数字视频系统与楼宇自控系统集成。
- DVR/NVR 与第三方 CMS 平台的集成。
- DVS/IPC 与第三方 NVR 的集成。

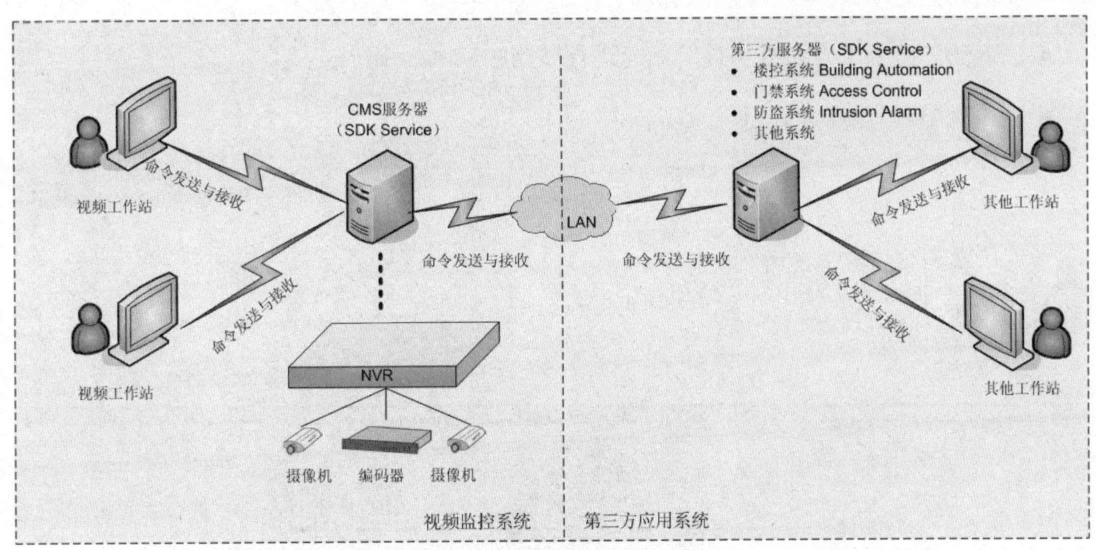

图 11.30 视频监控系统 SDK 集成方式

提示：通常，销售人员面对用户或集成商时，集成商会关注“你们的系统是否可以和 X 或 Y 公司系统进行集成？”，而多数情况下的答复是“没问题，因为我们可以提供 API”。但是在实际上，情况并非说的那么简单，A 公司可以提供 API，B 公司也提供 API，但是 A 公司系统和 B 公司系统并非一定可以顺利集成到 C 公司的平台上去。提供 API 仅仅是集成工作的“必要非充分条件”，真正集成还需要双方去做很多工作，有的公司在研发阶段已经针对部分合作伙伴的 API 进行了开发，这种情况当然更好。

3. 第三方系统能够实现的功能

允许将数字视频系统集成到第三方平台应用中去，如在安防平台 SAS 或楼宇平台 IBMS 上浏览实时视频、回放视频、启动或停止录像、查看系统设备状态、报警状态等。具体如下：

- 在第三方平台查看实时视频。
- 在第三方平台查看录像视频。
- 在第三方平台控制 PTZ 摄像机。
- 在第三方平台启动、停止录像。

4. 数字视频系统能够实现的功能

允许数字视频系统得到第三方系统(如报警系统、门禁系统、楼控系统)的报警信息，并进行确认。视频监控系统通过 SDK 与第三方门禁系统集成的原理如图 11.31 所示。其中涉及：

- 收到第三方系统的报警信息。

- 对第三方系统的报警进行确认。
- 对第三方系统发送来的报警信息进行联动响应。
- 收到第三方系统的信息并添加到水印中。

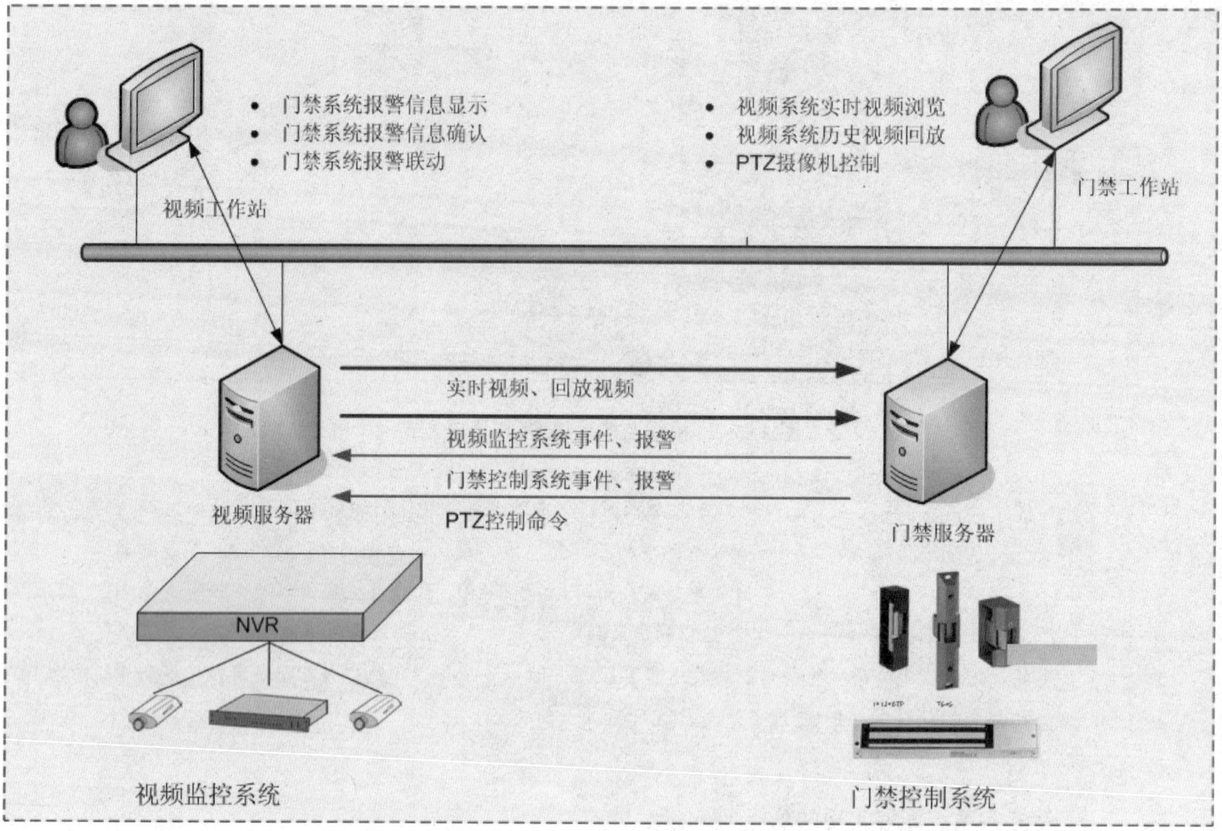

• 门禁系统报警信息显示
• 门禁系统报警信息确认
• 门禁系统报警联动
视频工作站
• 视频系统实时视频浏览
• 视频系统历史视频回放
• PTZ摄像机控制
门禁工作站
实时视频、回放视频
视频监控系统事件、报警
门禁控制系统事件、报警
PTZ控制命令
视频服务器
门禁服务器
NVR
视频监控系统
门禁控制系统

图 11.31　监控与门禁系统通过 SDK 进行集成

5. SDK 集成的弊端

目前对于数字视频厂商来讲，“是否能够与其他系统进行集成”是一个重要的考核指标，即考核系统的“开放性”，而多数厂家的答复是肯定的，通常是我们有“SDK”。但是，需要注意的是，提供 SDK 仅仅是集成的一个必要条件，并不意味着一定可以轻松地集成。实际上，在利用 SDK 集成时，一般还需要大量的二次开发工作。因此，考核一家产品的集成能力及开放性时，通常需要考察“其当时已经集成的其他厂商的具体设备列表”，这意味着两家产品在研发阶段已经互相有针对性的开发并通过测试。

另外，SDK 集成方式属于“上层”集成方式，不同于通过标准的接口协议的“下层”集成方式，SDK 集成可能导致一些其他厂家的“系统个性化功能”的缺失，而仅仅能够实现一些通用的功能，这在系统日益专业化、行业化、定制化的情况下，着实是个损失。

6. 流媒体SDK应用

流媒体SDK提供访问流媒体服务器的编程接口。应用程序不直接与流媒体服务器交互，而是通过流媒体SDK访问流媒体服务器；同样流媒体服务器不直接跟监控设备交互，而是通过网络SDK实现跟监控设备的交互。

应用程序要操控设备上的实时监视数据可被分成如图11.32所示的步骤：

(1) 应用程序发操作请求给流媒体SDK；

(2) 流媒体SDK向流媒体服务器请求分配资源；

(3) 流媒体服务器调用网络SDK发起连接注册，向监控设备提交操作请求；

(4) 监控设备收到操作请求后返回结果或数据；

(5) 依次将结果或数据返回给应用程序。

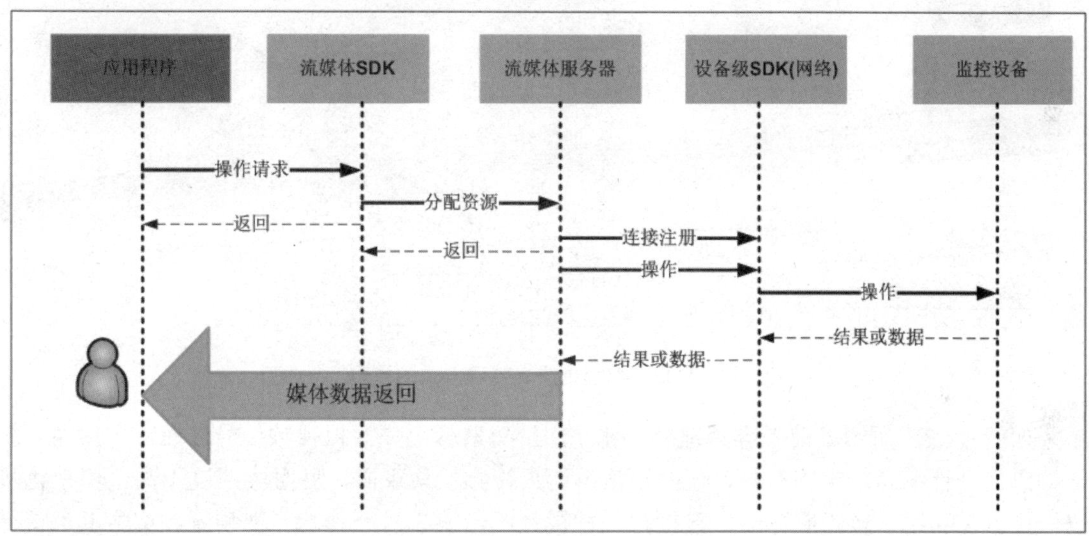

图11.32　流媒体服务过程示意图

11.8.4　视频转码技术介绍

在视频监控系统的互联互通需求下，需要不同厂家不同系统进行“大集成”。但是数字视频监控系统没有统一的标准，因此给视频“互联互通”带来困难，在现有的情况下，可采用“视频解码再编码”及“视频转码”技术实现。

视频转码方式的原理如图11.33所示。

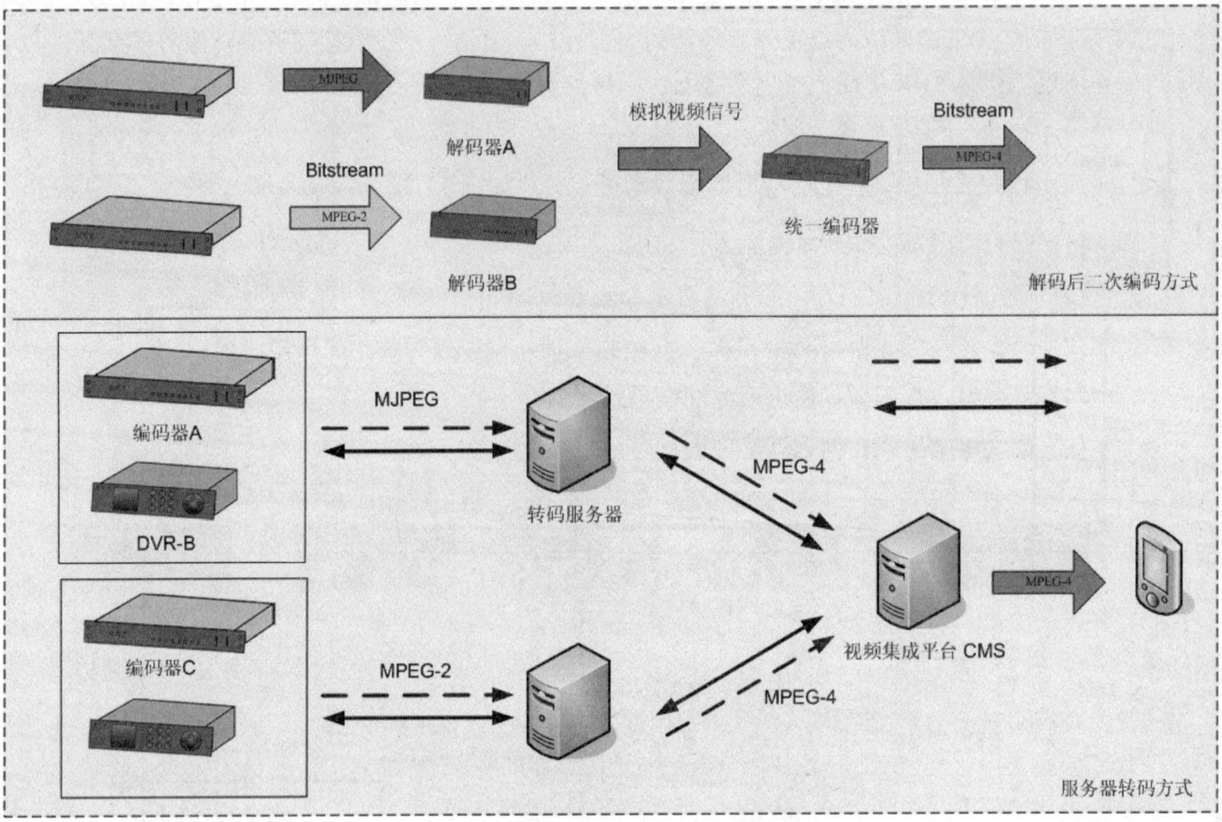

图 11.33　视频集成之转码方式的原理

如图 11.33 所示，前者容易理解，就是用解码器解码成模拟视频信号之后，再次输入统一编码器进行编码，实施简单，但是二次编码后视频质量下降，并且集成度不高。“视频转码”技术是利用“转码服务器”直接把一种视频码转换成另一种统一视频流，实际上是将一种压缩方式转换成另一种压缩方式(如 M-JPEG 转换为 MPEG-2)，其方法只有一个，就是先把原码流解码成基带视频信号，然后再重新编码。视频转码是一个高运算负荷的过程，需要对输入的视频流进行解码、处理后再对输出格式进行全编码。

11.9　相关标准

为了在可控的成本下，高效管理规模不断扩大的监控系统，以避免重复建设，进而标准化地整合不同厂家的设备，监控行业一直都在积极探讨、制定相关标准。国际上一些产业巨头和标准化组织，正在有效推进，例如 ONVIF 标准、PSIA 标准及我国的国标 GB/T28181-2011。

11.9.1　ONVIF 规范

ONVIF 规范描述了网络视频的模型、接口、数据类型以及数据交互的模式，并沿用了一些现有的标准，如 WS 系列标准等。规范的目标是实现一个网络视频框架协议，使不同厂商所生产的网络视频产品（包括前端视频采集、录像设备等）实现完全互联互通。如图 11.34 所示。

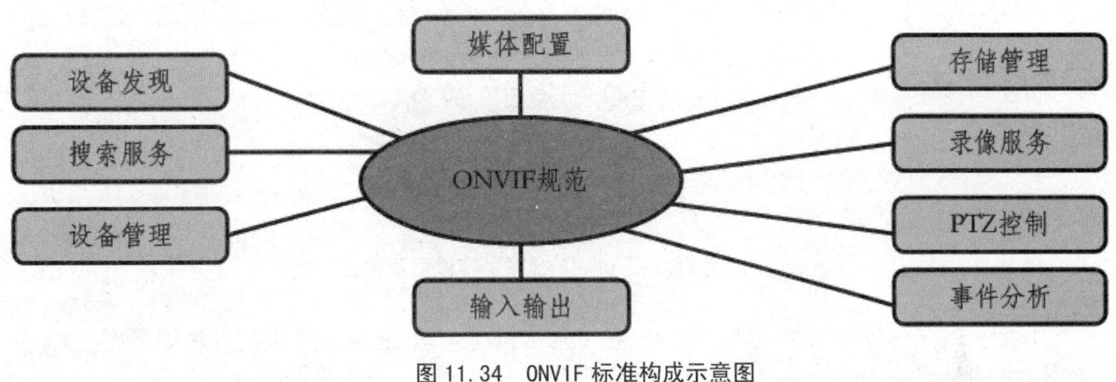

图 11.34　ONVIF 标准构成示意图

1. Web Service

ONVIF 规范中设备管理和控制部分所定义的接口均以 Web Service 的形式提供。ONVIF 规范涵盖了完全的 XML 及 WSDL 的定义。每一个支持 ONVIF 规范的终端设备均须提供与功能相应的 Web Service。服务端与客户端的数据交互采用 SOAP 协议，ONVIF 中的其他部分(比如音视频流)则通过 RTP/RTSP 进行。如图 11.35 所示。

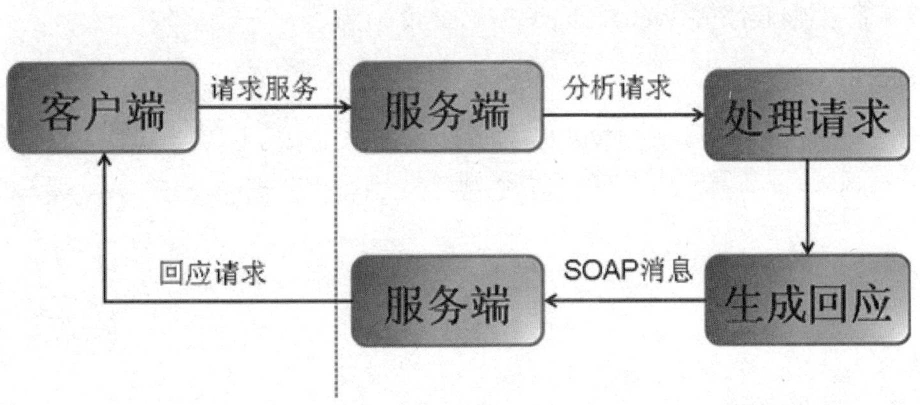

图 11.35　Web Service 服务过程示意图

2. ONVIF 模型

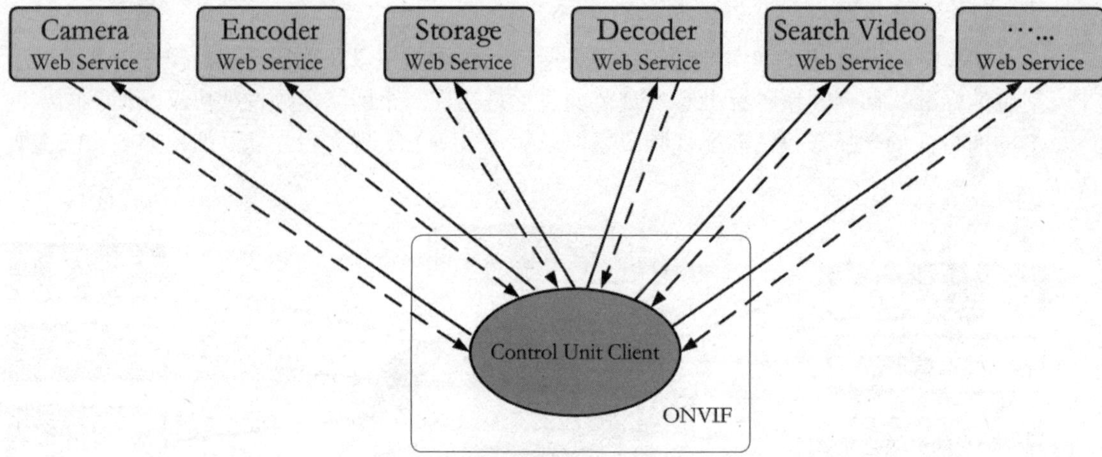

图 11.36　ONVIF 视频监控模型示意图

ONVIF 规范向视频监控引入了 Web Service 的概念，给视频监控系统带来如下好处：

- 设备的无关性，任何一个设备接入系统，不会对其他设备造成影响；
- 设备的独立性，每一个设备只负责对接收到的请求做出反馈；
- 管理的集中性，所有的控制由客户端来发起；
- 抽象了功能的接口，统一了对设备的配置以及操作的方式；
- 控制端关心的不是设备的型号，而是设备所提供的 Web Service；
- 规范了视频系统中 Web Service 范围之外的行为。

3. ONVIF 应用

传统视频监控系统及基于 ONVIF 标准的视频监控系统架构下，客户端连接 CMS 并向编码器设备申请视频流的流程有所不同，具体区别如图 11.37 所示。

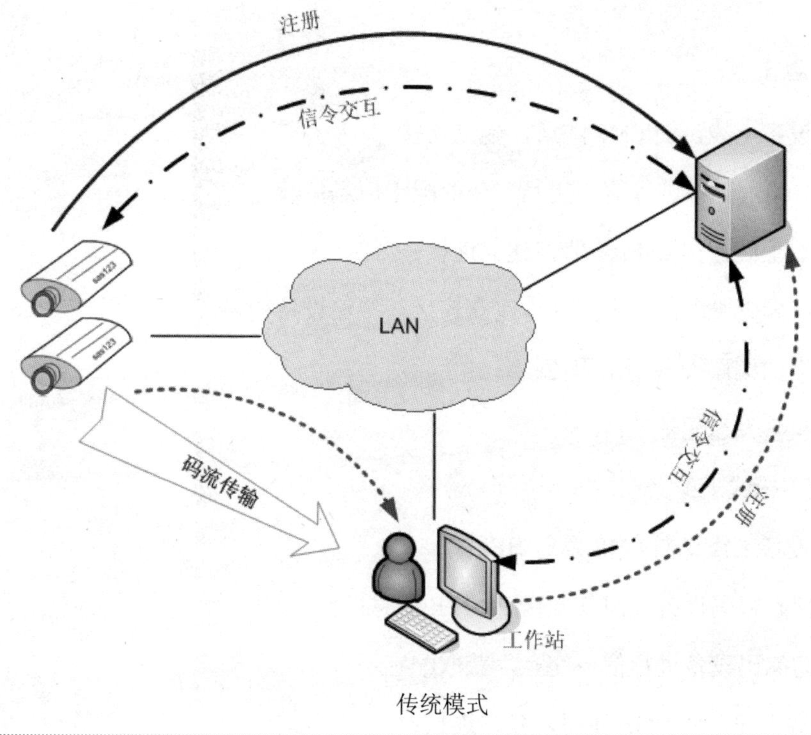

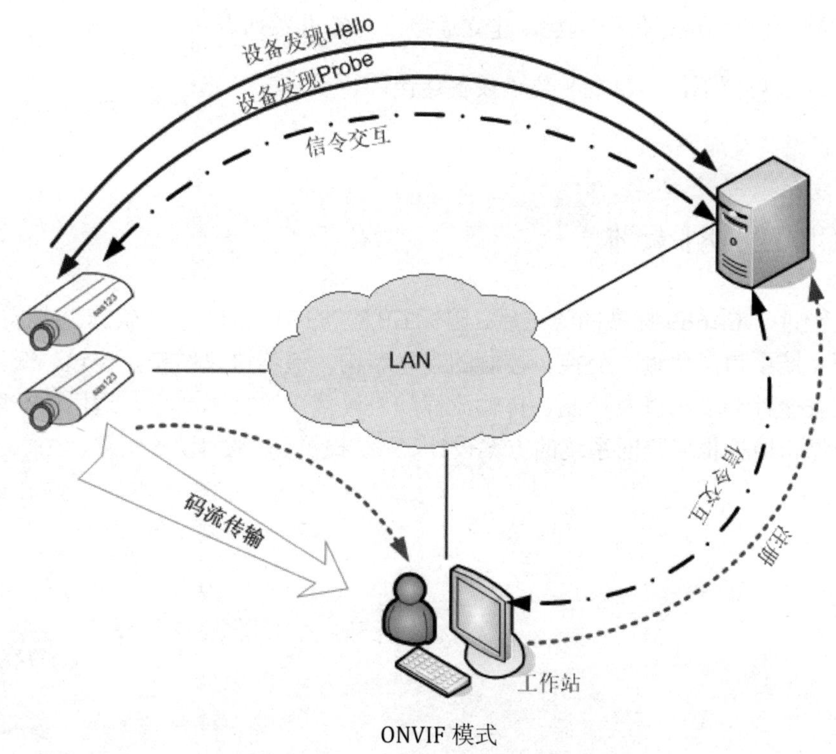

图 11.37　ONVIF 视频监控应用示意图

传统应用模式下：

(1) 编码设备上线，向 CMS 注册，建立连接；

(2) CMS 与编码设备进行信令交互，获取配置信息；

(3) 客户端上线，向 CMS 注册，建立连接；

(4) CMS 与客户端进行信令交互，建立连接，传输设备列表；

(5) 客户端向编码设备请求码流；

(6) 编码设备发送码流。

ONVIF 应用模式下：

(1) 编码设备上线，向 CMS 发送 HELLO；

(2) CMS 搜索编码设备，向其发送 PROBE 信息；

(3) CMS 与编码设备进行信令交互，获取配置；

(4) 客户端上线，向 CMS 注册，建立连接；

(5) CMS 与客户端进行信令交互，建立连接，传输设备列表；

(6) 在 CMS 协调下，客户端与传输设备连接；

(7) 编码设备发送码流。

11.9.2 GB/T28181 标准

我国在经过了 GA669 标准的尝试后，国标 GB/T28181-2011 正式实施，该标准规定了安防监控联网系统中信息传输、交换、控制的互联结构、通信协议结构，传输、交换、控制的基本要求和安全性要求，以及控制、传输流程和协议接口等技术要求，适用于安防视频监控联网系统及城市监控报警联网系统的方案设计、系统检测、验收、设备研发、生产。如图 11.38 所示。

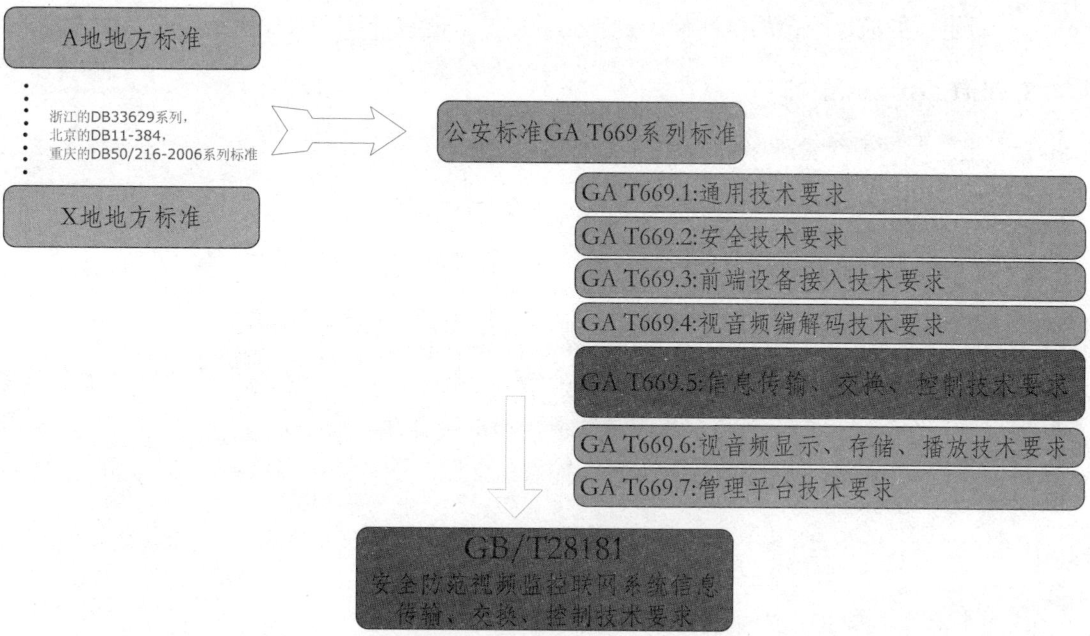

A地地方标准

浙江的DB33629系列，
北京的DB11-384，
重庆的DB50/216-2006系列标准

X地地方标准

公安标准GA T669系列标准

GA T669.1:通用技术要求
GA T669.2:安全技术要求
GA T669.3:前端设备接入技术要求
GA T669.4:视音频编解码技术要求
GA T669.5:信息传输、交换、控制技术要求
GA T669.6:视音频显示、存储、播放技术要求
GA T669.7:管理平台技术要求

GB/T28181
安全防范视频监控联网系统信息传输、交换、控制技术要求

图 11.38　我国安防视频标准发展过程图

GB/T28181 标准清晰地定义了建议的通讯模型、重要的数据格式、既有系统的兼容性方案，以及子系统和外部系统之间的通讯模式。对大型系统建设，尤其是联网的社会共享性系统，如平安城市建设给出了明确的、可实施的技术标准。

1. GB/T28181 的优势

GB/T28181 国标主要沿袭 GA/T669.5 的体系思想，将会话初始化协议 SIP 定位为联网系统的主要信令基础协议，并利用 SIP 的有关扩展，实现了对非会话业务的兼顾。GB/T28181 的设计研究了设备管理的问题，SIP 协议中的一个成功之处，在于对域内设备的管理和域间寻址的解决，使得 SIP 真正成为一个可扩展的大型系统。

在这个体系中，终端设备向注册服务器注册，在获得身份认证的同时，向系统中注入了一个资源或者用户的 ID。这样，不管系统规模如何，都可以靠这个机制，实现设备的动态管理，而不用手工维护设备的列表，而且可以建立动态资源的灵活应用。

GB/T28181 解决了不同系统互联的问题。开放、清晰的接口，面向服务的系统架构，解决了资源管理的问题。资源的可视化、自动化管理，结合协议的状态查询和自动化视频质量检测，实现了高效的系统资源管理。

2. GB/T28181 的难点

- 如何将目前已经建设完成的系统、设备接入新标准中是个难点，目前完成建设的视频采集、编码设备基数庞大，更换或全面升级难度较大，如果通过网关，效果降低。

- 标准是为解决视频资源联网与共享，大系统本身已经规模巨大，平台之间联网后效果、稳定性如何，平台的个性化、定制化功能是否能够继续有效使用还需要继续关注。

3. GB/T28181 标准检测

视频监控联网系统管理平台标准符合性检测分为三个部分：

- 视频监控联网系统管理平台间上联标准符合性检测；
- 视频监控联网系统管理平台间下联标准符合性检测；
- 视频监控联网系统管理平台与标准前端设备通信标准符合性检测。

在视频监控联网系统管理平台标准符合性检测过程中，先检测视频监控联网系统平台间互联标准符合性，再检测平台与前端设备间通信标准符合性。检测分为信令标准符合性检测和媒体标准符合性检测，在检测过程中宜先检测信令标准符合性，再检测媒体标准符合性。

11.10 本章小结

CMS 是视频监控系统的灵魂，这如同一个企业，可以有灵魂也可以没有灵魂，但是显然有灵魂的企业能更好地发展、经营、有活力、有竞争力。对于视频监控系统，CMS 尚未完全标准化，可以简单、可以复杂，可以功能单一、可以丰富多彩。但是，用户已经越来越意识到中央管理系统对于视频监控系统的重要意义。

本章介绍了 CMS 的原理、构成、架构、主要功能、互联互通、标准等。目前 CMS 主要有一般行业应用的“企业级”平台及通信运营企业实施的“运营级”平台，显然，本章重点在于介绍企业级的 CMS 平台，而“运营级”平台则更加复杂和功能强大。目前 CMS 还在朝标准努力的过程中，不同厂商有不同的理解、有不同的架构，但是，最终目的都是在大型的视频监控系统项目中有效地进行资源管理并获得良好的投资回报。

第12章 视频监控系统存储应用

伴随着网络视频监控技术的发展，视频数据存储的需求越来越高，利用存储系统实现视频数据的高速、海量、可靠存储并方便管理与维护是存储技术在视频监控系统中应用的关键。

关键词

- 存储技术基础
- 存储的架构
- RAID 技术介绍
- 视频存储应用
- 云存储技术

提示：如需进一步了解存储系统的细节与最新技术，推荐阅读《大话存储2》，清华大学出版社。

12.1 存储基础知识

12.1.1 计算机 I/O 技术

在计算机系统中，各个部件是通过总线的方式进行连接的，总线相当于计算机系统的信息高速公路，CPU、内存、输入输出设备间的信息交互都是经过总线完成的。通常，主机的各个核心部件直接通过总线连接，外围设备则通过相应的接口器件与总线连接。

图 12.1 是计算机系统总线的结构。

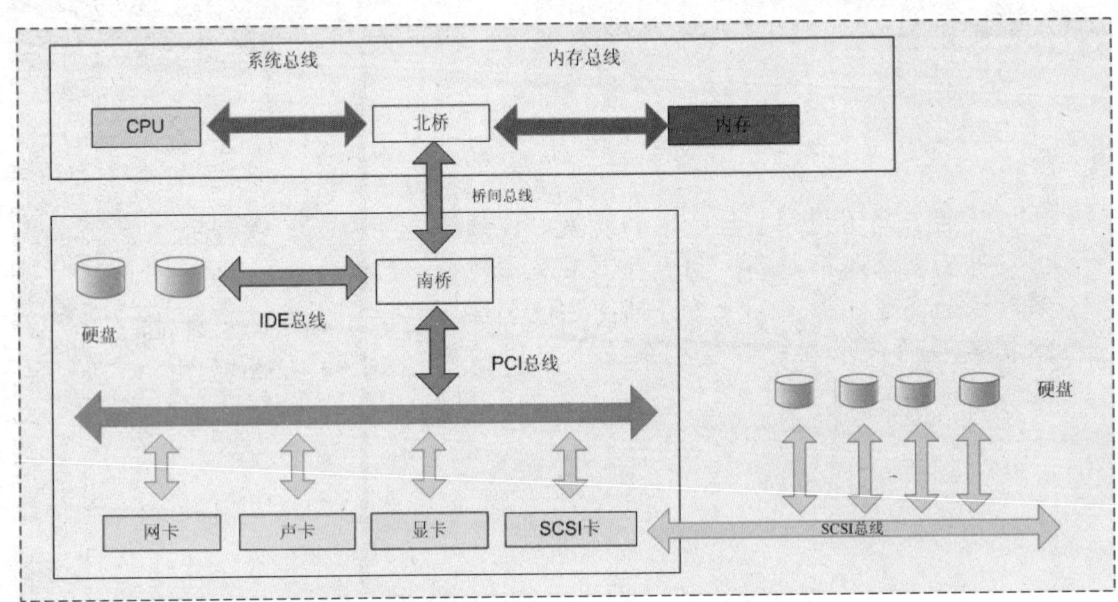

图 12.1 计算机系统总线的结构

> **提示：**计算机系统由多个内部及外围部件构成，CPU 需要与各个部件进行信息交互，但是不可能各个部件分别用一组线路与 CPU 实现连接。为了简化电路及系统结构，通常采用一组线路，配合一定接口实现与各个部件及外围设备的连接，这组线路便称为“总线”。采用总线结构有利于部件的扩展，统一的总线标准方便部件间的互联互通。

在计算机系统中，因为 CPU 和内存的处理及响应速度极快，因此它们通常在一条总线上，然后通过桥接(北桥)芯片连接 IO 总线(目前最常见的就是 PCI 总线)。CPU 与北桥连接的总线叫系统总线，内存与北桥连接的总线叫内存总线。IO 总线相对于北桥来讲其速度较慢，因此通常在北桥和 IO 总线之间，增加一个桥接芯片(南桥)，IO 总线可以实现多个外设(如网卡、显卡、声卡、HBA 卡等)的连接。

12.1.2　磁盘结构与原理

磁盘分为软盘和硬盘。

1. 硬盘的结构

硬盘是目前最主要的数据存储设备，硬盘内部通常由多片磁盘盘片构成，盘片一般是以铝为片基，外涂磁性介质，硬盘的工作原理是利用磁粒子的极性来记录数据(磁性的两种状态代表数据的 0 和 1)。

在磁盘片的每一面上，以转动轴为中心、一定的间隔的若干个同心圆就构成磁道(Track)，每个磁道又被划分为若干个扇区(Sector)，数据就按扇区存放在硬盘上。在每一面上都相应地有一个读写磁头(Head)，不同磁头的所有相同位置的磁道就构成了柱面(Cylinder)，传统的硬盘读写都是以柱面、磁头、扇区为寻址方式的，即 CHS 寻址方式。硬盘在上电后保持高速旋转，位于磁头臂上的磁头悬浮在磁盘表面，可以通过步进电机在不同柱面之间移动，对不同的柱面进行读写(即改变磁粒子的极性)从而实现数据的读写操作。

提示：柱面(Cylinder)、磁头(Head)和扇区(Sector)三者简称 CHS，此寻址方式又称 CHS 寻址，早期的硬盘都是采用 CHS 寻址方式。与 CHS 方式相对应的是 LBA(Logical Block Addressing)——即逻辑块寻址模式，LBA 方式不再划分柱面和磁头，而是对外提供“线性地址”。

- 每个硬盘可以有多个盘片，如 2~14 片不等。
- 硬盘在格式化时被虚拟划分成许多同心圆，即磁道。
- 磁道又被划分成多个圆弧段，每段圆弧叫做一个扇区。
- 所有盘片的同一磁道，在竖向方向构成一个圆柱，称为柱面。

磁盘的格式化分“低级格式化”和“高级格式化”两种，低级格式化就是对磁盘进行磁道和扇区的划分过程，需要注意磁道、扇区的划分在表面上看是没有任何标记的。磁头可以清楚准确地定位磁道和扇区，主要因为在一个扇区的 512 字节中，还有除了数据外的一些其他信息，好比扇区的门牌号，以实现扇区的界限划分。而高级格式化就是对磁盘上存储的数据进行文件层次的标记。

提示：计算机对硬盘的读写，出于效率的考虑，是以扇区为最小单位(基本单位)，硬盘中每个扇区中的数据作为一个单元同时读出或写入，不可能发生对某个扇区中一部分数据进行读写的情况，即使计算机只需要硬盘上存储的某个字节，也必须一次把这个字节所在的扇区中的 512 字节全部读入内存，再使用所需的那个字节。这是因为磁头只能定位到某个扇区的开始或结尾，而不能对扇区再深入地做精确的“下一级”定位。

比如："超市、寄存处"，硬盘好比我们身边经常见到的超市的"寄存柜"。通常，为了提高使用率，寄存处的柜子分成小格子，当我们寄存物品时，不论我们想要寄存的物品有多小，哪怕是一瓶饮料，我们都会被分配一个小格子，这样，超市管理系统分配给我们的存储空间的最小单位就是一个"小格子"，小格子可以看成是扇区，而"小格子"的箱牌号就是"扇区标记"。

2. 磁盘的工作原理

磁盘控制器及磁盘驱动器的控制电路是磁盘工作过程中两个重要的部分。磁盘控制器通常位于主板上(集成在南桥或采用独立芯片)，负责向磁盘驱动器的控制电路发送指令，从而控制磁盘驱动器读写数据；而磁盘驱动器控制电路位于磁盘驱动器上，负责接受磁盘控制器的指令并直接驱动磁头臂实现响应请求从而读写数据。

因此，CPU 读写数据的过程通常是——CPU 发送命令给磁盘控制器(CPU 需要执行磁盘控制器驱动程序)，然后磁盘控制器发送命令给磁盘驱动器，磁盘驱动器直接控制磁头臂执行相应的动作，实现数据的读写过程。

如图 12.2 所示是 CPU 读写硬盘数据的过程。

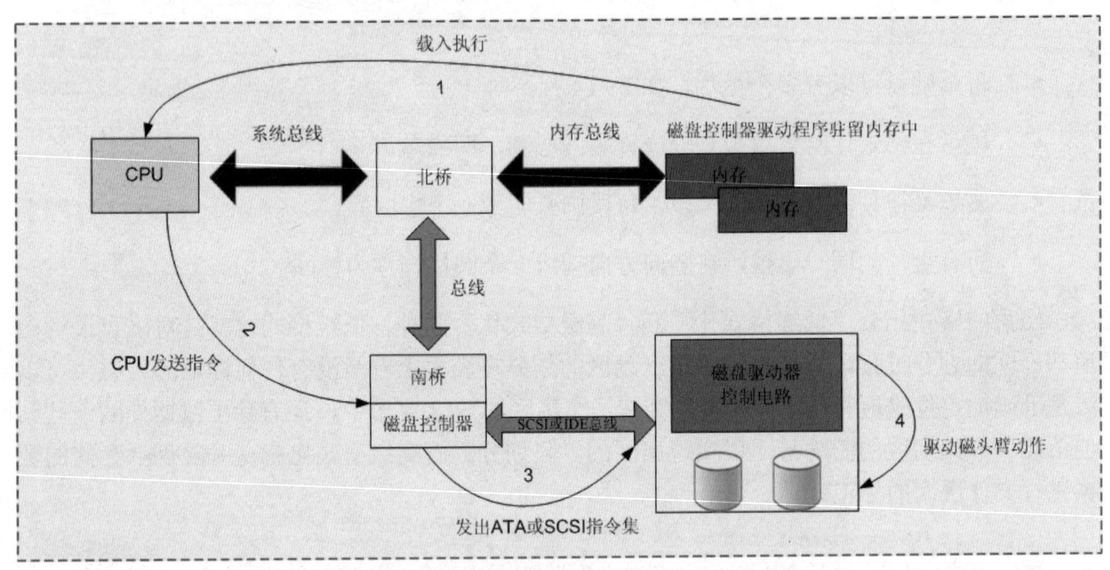

图 12.2 CPU 读写磁盘数据的过程

比如："PM、SM、GM"。磁盘控制器好比是"项目经理 PM"，通常可以响应 CPU(好比总经理 GM)的指令，然后对磁盘驱动器(好比现场经理 SM)发号施令。而磁盘驱动器是最靠近底层(工人)的，是真正"驱动"工人干活的那个关键环节，一方面接受上级 CPU 及控制器发过来的命令，一方面传递命令给下方磁盘(工人)，进一步实现最底层的各种动作。

在磁盘驱动器与磁盘这个最底层的“劳苦大众”部分，数据的读写过程是——磁头移动到磁盘目标地址区，之后进行数据的读写操作。磁头移动并定位到目标地址扇区实质分成两个动作，即磁头移动到目标磁道，即寻道过程，这个过程主要是磁头在磁盘盘片上的径向移动过程，其花费的时间称为“寻道时间”；然后是旋转盘片到目标扇区的过程，其花费的时间称为“潜伏时间”，因此，硬盘的读写数据操作，必须经过“寻道时间”+“潜伏时间”的过程，才能完成数据的读写操作。在不同的读写操作请求下，“寻道时间”、“潜伏时间”表现会有所不同。

提示：通常一个硬盘由多个盘片及相应的读写磁头构成，读写磁头在盘片上高速移动，完成数据的读写过程，如果数据所在的硬盘盘片为连续扇区，那么读写磁头只需要很小范围移动就能完成磁盘 I/O 操作，相反，如果数据所在的物理位置不连续，磁盘驱动器需要较长时间完成读写过程。例如，连续的数据查找可能需要几毫秒的时间，而不连续的数据查找可能几十个毫秒，其具体数值还与磁盘的转速及其他物理特性有关。

3. “簇”的概念

文件是操作系统与磁盘驱动器之间的接口，操作系统通过文件系统(如 FAT/NTFS)，来实现对硬盘文件的读写操作，当操作系统请求从硬盘读取文件时，便会请求文件系统打开文件。如前所述，扇区是磁盘的最小的物理存储单位，计算机对硬盘的读写，出于效率的考虑，是以扇区为基本单位的。簇(Cluster)是硬盘上存储文件的一个逻辑单位，物理相邻的若干个扇区就组成了一个“簇”，操作系统读写磁盘的基本单位是扇区，而文件占用磁盘空间时，基本单位不是扇区，而是簇。簇是多个扇区的组合，如图 12.3 所示。

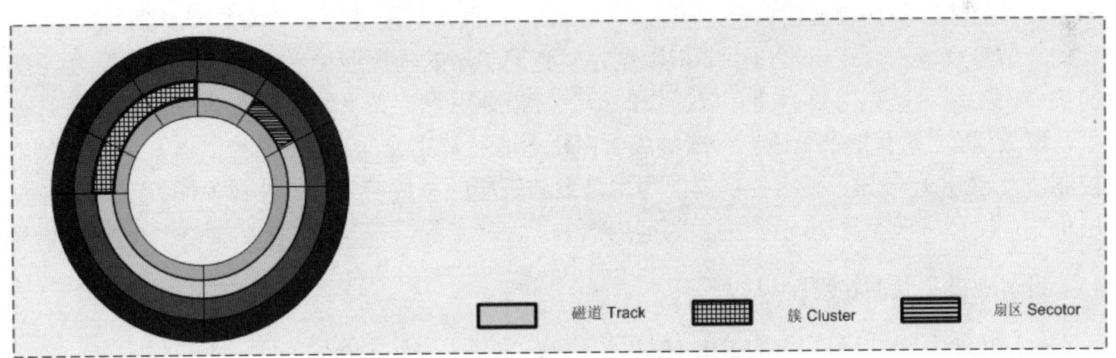

图 12.3　“簇”与“扇区”结构示意图

簇的大小根据文件系统的不同而不同，如 1KB、2KB、4KB 等，为了读取数据的高效性，操作系统规定一个簇中只能放置一个文件，不管其大小是否够一个簇的大小。所以，一般文件占用磁盘空间的大小大于文件的实际大小就是这个道理。簇越大存储性能越好，但空间浪费严重；簇越小性能相对越低，但空间利用率高。

4. 硬盘的 IO 概念

如先前所述，硬盘的读写是以扇区为最小单位的，扇区的大小是 512 字节，那么即使有时候只需要在某个扇区写入一个字节的数据，则这个扇区就是“不可用”的了，也就是说该扇区其他剩余空间部分无法继续写入数据，而需要寻址到其他“可用”扇区进行写入。对于磁盘来说，一次“磁头”的连续“读”或者“写”叫做一次 I/O。

I/O 的概念，可以理解成“输入输出”，在系统的上层到下层，存在很多接口，各个接口之间的每次“数据交互”都可以称为是一次 I/O，这是广义的 I/O。如应用程序对文件系统 API 的 I/O，文件系统对卷的 I/O，卷程序对磁盘控制器驱动程序的 I/O 等，I/O 从上层到下层由稀疏变得密集。

比如：“总经理、部门经理、员工”。好比公司日常运营过程中，总经理的一个指令，可能多个部门经理都需要进行响应，而各个部门经理的指令，可能该部门多个员工都需要响应，所谓“牵一发而动全身”，总经理的一个指令可能因此带来无数的响应。可以将总经理与部门经理，部门经理与员工之间的命令发布、信息反馈看作是 I/O 操作过程。

12.1.3 硬盘接口技术

硬盘本身是个复杂的设备，但是，不论其内部如何复杂，对于用户来讲，都可以把硬盘看成是“黑匣子”，即我们在应用中不需要过多地关注硬盘的内部结构，我们仅仅需要关注其接口及协议。

硬盘的接口包括物理接口及逻辑接口，物理接口也就是硬盘接入到硬盘控制器上的针数、针的细节等规范；而逻辑接口主要指硬盘完成到控制器的物理连接后，还需要约定通过硬盘的接口，实现对硬盘内数据的存取操作的指令，指令用来定义“怎样将数据写入磁盘或从磁盘读取数据”。这套指令是由专门或集成于南桥上的芯片完成的，即磁盘控制器，主要是 ATA 控制器及 SCSI 控制器，磁盘控制器的作用是参与底层的总线初始化、仲裁等任务，从而将底层机制过滤掉，向上层驱动程序提供简洁接口。

目前硬盘主要的物理接口如下：

- 用于 ATA 指令系统的 IDE 接口
- 用于 ATA 指令系统的 SATA 接口
- 用于 SCSI 指令系统的并行 SCSI 接口
- 用于 SCSI 指令系统的串行 SCSI 接口(SAS 接口)
- 用于 SCSI 指令系统并承载于 FC 协议的串行 FC 接口

ATA 接口标准是 IDE 硬盘的特定接口标准，是最早期的接口，以稳定性、低价位、标准化等优势而得到广泛的应用，主要应用在中低端；而 SCSI 接口是一种专门为小型计算机系统设计的存储接口，通常服务于大型的转发服务器及存储系统中，性能好、价位高。

提示：对于磁盘阵列来说，需要注意“内部接口”和“外部接口”的概念。内部接口是盘阵内部控制器与内部磁盘连接的接口，可以是 IDE 接口、SCSI 接口、SATA 接口或 FC 接口；而外部接口是磁盘阵列与主机连接的接口，通常是 SCSI 接口或 FC 接口。实际上，内部接口与外部接口可以相同也可以不同。

1. IDE(ATA)接口

通常，IDE 接口与 ATA 接口指的是相同的东西，是早期主要的硬盘接口，IDE 全称是 Integrated Drive Electronics，即“电子集成驱动器”，它的本意是指把“硬盘控制器”与“盘体”集成在一起的“硬盘驱动器”。把盘体与控制器集成在一起的做法减少了硬盘接口的线缆数目与长度，数据传输的可靠性得到了增强，硬盘制造起来变得更容易，因为硬盘生产厂商不需要再担心自己的硬盘是否与其他厂商生产的控制器兼容。

2. SATA 接口

SATA 接口，即 Serial ATA，串行 ATA 接口，Serial ATA 采用串行连接方式，串行 ATA 总线使用嵌入式时钟信号，具备了更强的纠错能力，与以往相比其最大的区别在于能对传输指令(不仅仅是数据)进行检查，如果发现错误会自动矫正，这在很大程度上提高了数据传输的可靠性，串行接口还具有结构简单、支持热插拔的优点。

3. SCSI 接口

SCSI 即小型计算机系统接口，其英文全称为 Small Computer System Interface，是一种特殊的接口总线，具备与多种外设进行通信的能力，是与 IDE(ATA)完全不同的接口，IDE 接口主要是普通 PC 的标准接口，而 SCSI 并不是专门为硬盘设计的接口，是一种广泛应用于小型机上的高速数据传输技术。SCSI 接口具有应用范围广、多任务、带宽大、CPU 占用率低，以及支持热插拔等优点，SCSI 硬盘主要应用于中、高端服务器和高档工作站中。

双通道 SCSI 总线连接如图 12.4 所示。

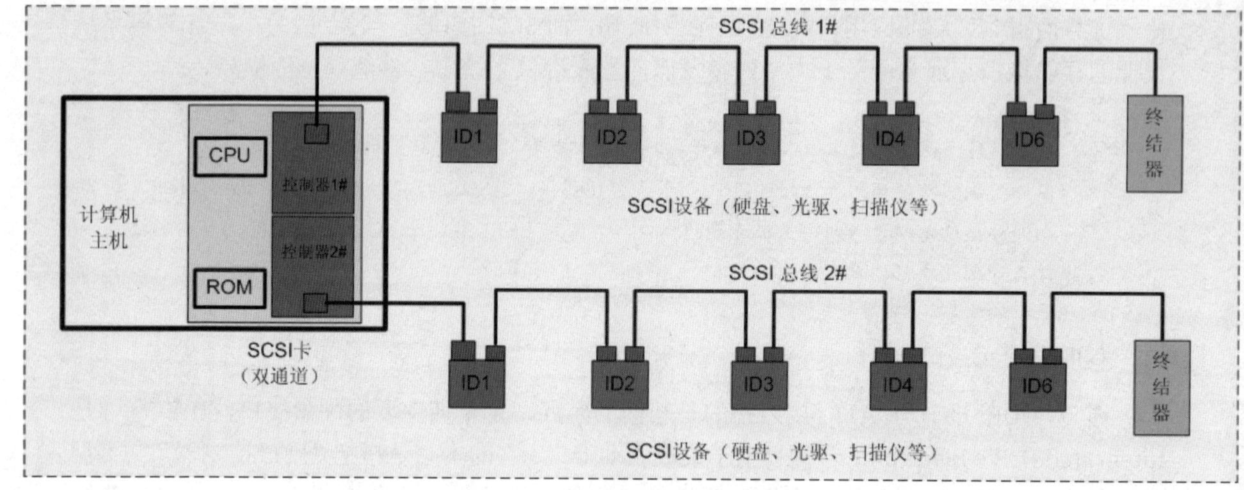

图 12.4　双通道 SCSI 总线连接

SCSI 卡的功能就是连接 SCSI 设备到主机，在计算机主板和 SCSI 设备之间快速传递数据。通常，需要为 SCSI 设备配置 SCSI 卡(如果计算机主板上已经集成了 SCSI 控制器，则没有必要再安装 SCSI 卡)才能连接到主机上，SCSI 卡上有自己的 CPU 芯片及 ROM，实现对 SCSI 设备的控制，且自身能够处理大部分的工作，因而减少了主机的负荷。如果 SCSI 卡上有两个 SCSI 控制器，而每个控制器可以独自掌管一条 SCSI 总线，这就是双通道 SCSI 卡，当然可以有多通道 SCSI 卡。

注意：一个 SCSI 卡上可以有多个控制器，每个控制器掌管一条 SCSI 总线，称为多通道 SCSI 卡；同样，一个 SCSI 控制器也可以掌管多条 SCSI 总线，称为多通道 SCSI 控制器，此情况下，这个物理的 SCSI 控制器被逻辑上划分成多个虚拟的控制器。每个通道可以接入 8 或 16 个 SCSI 设备，需要为每个 SCSI 设备分配 ID 以实现寻址，一个通道上的 ID 是唯一的，不同通道设备 ID 可以相同，因为 SCSI 总线的寻址方式是，控制器>通道>SCSI ID>Lun ID。

4. SAS 接口

SAS 即串行 SCSI 接口，英文全称 Serial Attached SCSI，是新一代的 SCSI 技术，与现在流行的 Serial ATA(SATA)硬盘类似，都是采用串行技术以获得更高的传输速度，SAS 是并行 SCSI 接口之后开发出的全新接口。此接口的设计是为了改善存储系统的效能、可用性和扩充性，并且提供与 SATA 硬盘的兼容性。SAS 的接口技术可以向下兼容 SATA。

具体来说，二者的兼容性主要体现在物理层和协议层的兼容。在物理层，SAS 接口与 SATA 接口完全兼容，SATA 硬盘可以直接使用在 SAS 的环境中，从接口标准上而言，SATA 是 SAS 的一个子标准，因此 SAS 控制器可以直接操控 SATA 硬盘，但是 SAS 却不能直接使用在 SATA 的环境中，因为 SATA 控制器并不能对 SAS 硬盘进行控制。

5. FC 接口

FC 接口即光纤通道，英文全称是 Fibre Channel，FC 与 SCSI 一样，最初的思路是为网络系统设计而不是针对硬盘开发的接口技术。随着存储系统速度需求的提升，逐步应用到硬盘接口中。光纤通道硬盘是为提高多硬盘存储系统的速度和灵活性才开发的，它的出现大大提高了多硬盘系统的通信速度。

光纤通道的主要特性有：热插拔性、高速带宽、远程连接、连接设备数量大等。

光纤通道是为在像服务器这样的多硬盘系统环境而设计，能满足高端工作站、服务器、海量存储子网络、外设间通过集线器、交换机和点对点连接进行双向、串行数据通讯等系统对高数据传输率的要求。

12.1.4　磁盘阵列技术

磁盘阵列是目前改善磁盘读写速度并可以解决磁盘数据安全问题的主要方式。磁盘阵列将多个磁盘组成一个阵列，并视为单一的虚拟磁盘(Virtual Disk)，此虚拟磁盘被操作系统当做是一个硬盘。在磁盘阵列中，数据以分段(Block & Segment & Striping)的方式存放在磁盘阵列中，在存取数据时，阵列中所有的磁盘一起动作，可以降低数据的存取时间从而提高存取效率，同时提高空间利用率。在数据分布上，数据以分段形式，从第一个磁盘开始存放然后到最后一个磁盘，然后返回第一个磁盘，直到数据分布完成。分段的大小，根据系统的不同而不同，可以使 1KB、4KB、6KB 甚至几个 MB，其原则是“分段应该是 512B 的倍数”。

总体上来说，磁盘阵列具有如下优点：

- 提高数据存取速度。
- 提供容错能力，保证数据的安全性。
- 更加有效地利用磁盘空间。
- 尽量平衡 CPU、内存及磁盘的性能差异，提高计算机的整体工作性能。

磁盘阵列的主要部件包括阵列控制器、磁盘及磁盘扩展柜、电源系统等，图 12.5 是一个典型双控制器磁盘阵列结构示意图。根据不同的市场定位，不同型号的盘阵结构和各项技术指标会有或大或小的区别，如控制器数量、缓存容量、管理终端、接口类型等。

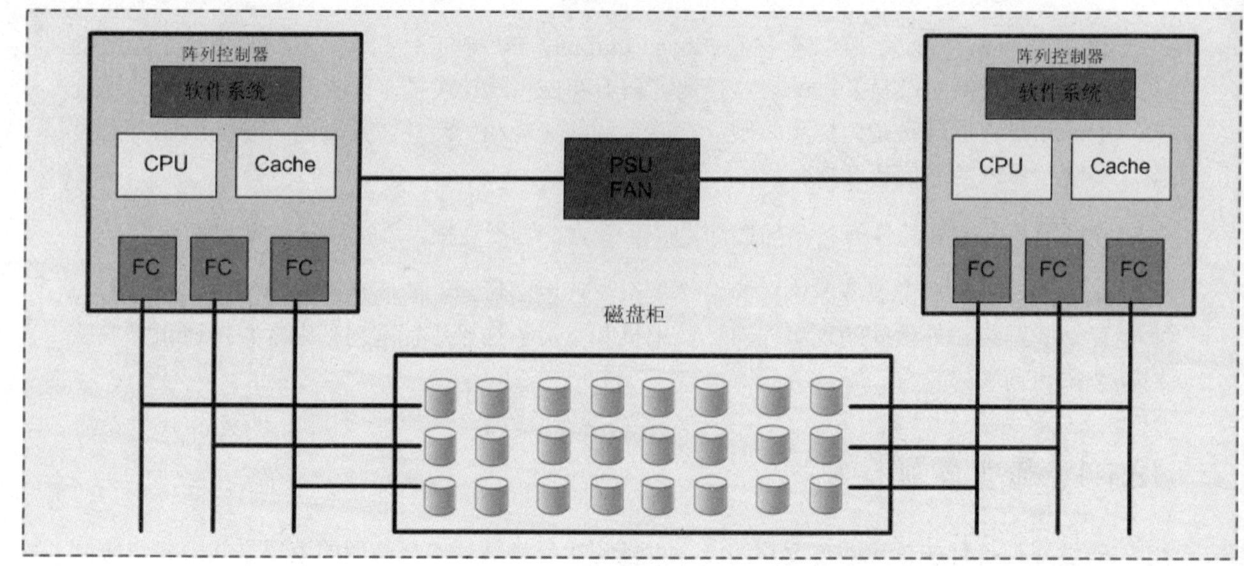

图 12.5　双控制器磁盘阵列结构

1. 阵列控制器

阵列控制器是整个磁盘阵列的“首脑”，主要用来实现数据的存储转发及整个阵列的管理，是系统主机与存储器件(磁盘柜)之间的“中间件”。通常，阵列控制器采用专门的单片机、工控机或服务器，并配合专业的控制软件实现数据存储及系统管理，另外，配置大容量缓存实现数据读写过程的缓冲，提高访问效率。磁盘阵列按控制器分类如下。

(1) JBOD

即 Just Bundle of Disk，顾名思义，是一捆磁盘而已，称为傻瓜盘阵。JBOD 内部没有控制器及缓存，也没有其他手段提高效率及安全性，每个磁盘独立完成数据的存取访问，RAID 算法需要主机完成，因此性能不高。

(2) 单控制器盘阵

单控制器阵列具有较高的性能表现但安全性不高，阵列可能因为控制器故障而停机。

(3) 双控制器盘阵

双控制器阵列能够实现控制器级的冗余，进一步提高系统的性能和稳定性、可靠性。

(4) 多控制器盘阵

多控制器盘阵采用 4 个或以上的控制器，采用多级冗余结构，既能使系统的稳定性和可靠性达到更高标准，又能使整体处理能力大大提高，常用于大型关键业务及数据中心。

2. 磁盘及磁盘扩展柜

磁盘是盘阵存储数据的物理介质，是数据的基本载体。它装在磁盘柜或磁盘扩展柜中，是盘阵中的薄弱环节，为了减少或防止磁盘故障导致的数据丢失，一般都会采用 RAID 技术来容错。

磁盘扩展柜用于安装磁盘，扩展存储容量。磁盘扩展柜提高了系统扩容的灵活性和方便性，可以实现按需分步的扩展。

3. 电源

电源为整个磁盘阵列供电，包括控制器、磁盘及扩展柜、管理终端。需要根据对可靠性要求的不同来选择单电源或者多电源。为防止冗余电源同时发生故障，中高端盘阵还需配备电池，能够确保外部电源出现故障后，系统继续维持一段时间运转，让系统将缓存中的数据写入磁盘中。

12.1.5　磁盘 IOPS 及带宽

1. 磁盘的 IOPS

如前面所讲，对于磁盘来说，磁头的一次读写叫做一次 IO，IO 的概念，充分的理解就是“输入输出”。在上层到下层，从应用软件到磁盘，层与层之间的各种主要接口，各个接口之间的每次交互都可以称为一次 IO。

提示： 可以这样理解一次 IO。实质上，每次 IO 操作从上层到底层，经过多个环节多个接口，而 IO 在不同的层次上，定义是不同的，IO 可以理解成接口间的数据流动。例如应用软件执行操作读取一个文件到缓存，需要经过操作系统、文件系统、硬盘控制器、磁盘，那么层层之间为了完成一个读取操作需要有多个 IO。需要注意的是对于磁盘来说，一次 IO 就是指一次 ATA 或 SCSI 指令交互，比如一个读或写操作。

IOPS 就是每秒能进行多少次 IO，IOPS 值取决于多种因素：

- 如果 IO 的数据块很大，那么 IOPS 不会很高。
- 如果 IO 的数据块不大，但是需要磁头频繁换道，那么 IOPS 不会很高。
- 如果 IO 的数据块又大而又需要频繁换道，那么 IOPS 会很低。
- 如果 IO 的数据块不大而又不需要频繁换道，那么 IOPS 会很高。

比如："资料员、取资料"。Lucy 是公司资料员。在公司开会时，经常需要去资料室取不同的资料给大家开会讨论。不同类的资料，如技术类、商务类、维保类放在不同的格子里。那么，Lucy 单位时间往返于会议室和资料室的拿取次数我们可称之为 IOPS。显然，每次去取的资料越少，IOPS 就越大，反之亦然。如果资料连续(比如都是商务类或都是维保类)，那么 IOPS 当然会高，如果资料很随机，比如要取一部分商务资料和一部分技术资料，则效率低。而单位时间往返的次数与每次存取的资料数的乘积就是吞吐率(MB/S)。

2. 传输带宽(吞吐量)

传输带宽指硬盘或设备在传输数据的时候数据流的速度，比如，写入 10MB 的文件需要 10s，那么此时的传输带宽就是 1MB/s，如果写入 10MB 的文件用了 0.1s，那么传输带宽就是 100MB/s。同样的硬盘，连续读、连续写，随机写、随机读，文件大小不同等各种情况下，表现出来的带宽是不同的。

12.1.6 磁盘的性能测试

对于视频监控系统，磁盘阵列通常是与 DVR、NVR 或存储服务器配合使用，在部署磁盘阵列之前，必须明确存储需求，然后根据需求对磁盘阵列进行测试，测试通过后方可应用，否则，可能导致后期 DVR、NVR 或存储服务器因为磁盘阵列性能不满足要求而无法实现原始设计要求。

对于与 NVR 或存储服务器连接的磁盘阵列，首先需要明确该 NVR 总共部署的摄像机数量及录像存储方式，通道码流设置情况，实时浏览和录像回放需求等，以上信息明确后需要计算磁盘阵列的 IO 需求、吞吐量及阵列的容量大小等。

1. 磁盘 IO 测试说明

(1) IO SIZE 的大小

IO 及带宽测试结果是与系统测试环境有很大关系的，不同的厂家、不同的视频流格式、不同的参数设置，意味着写入磁盘的文件格式并不同，因此 IO SIZE 也是不同的。进行 IO 测试时，必须首先界定 IO SIZE，基于该 IO SIZE 大小，测试出的 IOPS 及带宽才有意义。

假如 NVR 同时连接了 100 路视频通道，即需要 100 路视频数据流并发写入，采用 MPEG-4 编码，CIF 分辨率，实时码流大小为 640kbps，假如视频流一次 IO 的块大小是 64kb(各个厂家的每次 IO 的块大小不同，如 4kb/8kb/16kb，需具体对待)。那么在此情况下，100 路并发写入时需要的 IO 次数是 640kbps/64kb×100=1000。磁盘阵列的吞吐量是 640kbps×100 =64Mbps=8MB/s(此处未考虑视频录像回放请求所需要的数据吞吐)。那么此案例中，对磁盘阵列的需求是 IOPS 在 1000 次以上，吞吐量在 10MB/s 以上。

(2) 读写百分比

吞吐量指标(传输带宽)是双向的，需要根据具体应用，在测试时配置好读写百分比，比如(在 70%写 30%读的情况下)，那么总的带宽是双向“读和写”带宽的总和。

提示： IO 测试的目的是对磁盘性能有总体了解以满足存储应用需求，因此在测试时需要考虑各种极端因素，并设定 IO 情景。极端因素包括高比例的读请求、随机请求、系统的 Rebuild 状态等，只有这样测试出来的数值才能在日后的实际应用中经受住考验。

(3) Rebuild(重建)情况

在视频监控系统应用中，磁盘阵列需要 24 小时不间断运行，即使系统某个盘坏掉而系统进入“Rebuild”状态下，也一样需要保持事先计算好的 IO 性能要求，因此从某种程度上讲，系统在 Rebuild 的情况下的 IO 性能才是真正要测试的指标。

注意： Rebuild 状态的 IO 测试是容易被忽略的一个重要事情，好多测试结论是在正常情况下得到的，可能满足并远远高于实际需求，但是，非常态即 Rebuild 状态也是客观会发生的情况，而该情况下磁盘的性能会大大降低，因此，只有 Rebuild 状态下也满足读写需求，才是真正的满足需求。

2. 磁盘 IO 测试工具

IOMeter 是 Intel 公司开发的一个专门测试系统 I/O(包括磁盘、网络等)速度的测试软件。它的基本原理是模拟实际应用环境来测试硬盘的性能，它预置了多种磁盘实际运行环境，包括定长短数据块的读写，数据的连续读/写，以及数据库、文件服务器和 Web 服务器等多种模式，用户还可以根据自己的需要制定自己的运行环境，功能十分强大，是磁盘性能的理想测试工具。

如图 12.6 所示是硬盘 IO 测试过程抓图。

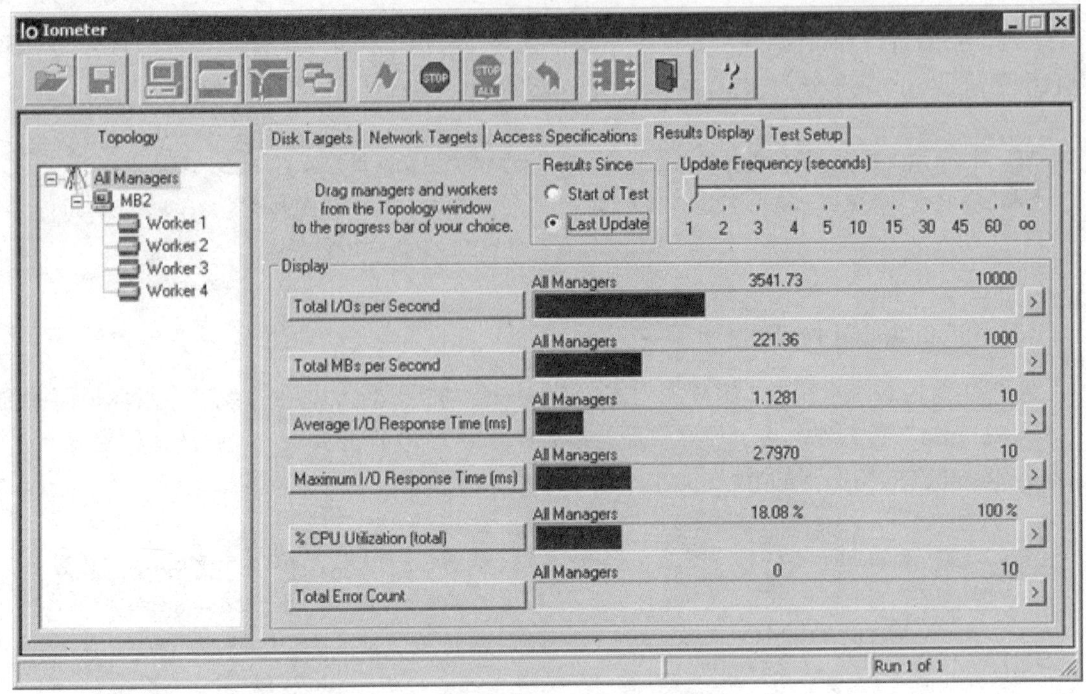

图 12.6 硬盘 IO 测试过程抓图

(1) Total I/Os per Second：反映硬盘每秒处理完成的 I/O 请求数，一个 I/O 请求包括发送读/写请求、定位盘片和磁头完成读/写操作。每秒完成的 I/O 请求数是最重要的一个指标，它直接影响其他操作的性能，从每秒完成 I/O 请求数就基本可以反映硬盘和控制器的性能。

(2) Total MBs per Second：每秒传输的数据量(MB)，每秒 I/O 操作传输的数据量，即吞吐量，越大越好。

(3) Average I/O Response Time(ms)：即平均 I/O 响应时间(ms)。

(4) %CPU Utilization (Total)：即 CPU 占用率(%)。

IOmeter 中的参数之间的关系是：IOPS×IOsize/1024=Bandwidth(带宽)。

提示： 在视频监控应用中，通常的应用是视频录像设备(DVR 或 NVR)及存储服务器(流媒体或存储备份服务器)等对视频流进行抓取并写入硬盘，同时根据用户响应来回放视频。因此，对于录像机或存储服务器而言，重要的一环是测试与其连接的盘阵的性能是否满足设计要求。例如需要对 40 路 4CIF 视频进行存储，那么需要明确磁盘阵列是否能够提供足够的带宽，因此，需要进行 IO 测试，首先约定写入的数据块大小，然后重点测试 Total MB/s 参数。

如图 12.7 所示是磁盘 IO 测试的参数设定窗口，从图中可以看出，可以对数据块大小(Transfer Request Sizes)进行设定，可以对读写百分比进行设定，可以对随机比进行设定。

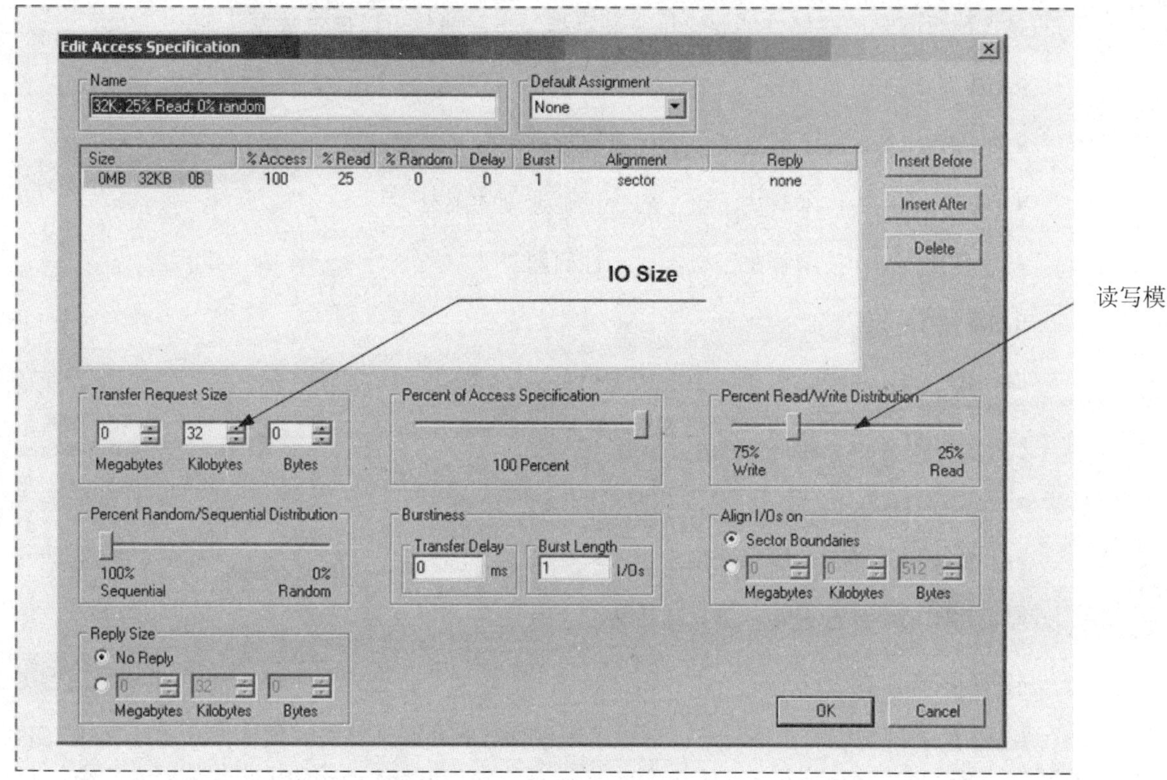

图 12.7　磁盘 IO 测试参数设定

12.2　RAID 技术介绍

12.2.1　RAID 技术基础

RAID 是英文 Redundant Array of Independent Disks 的缩写，翻译成中文即为独立磁盘冗余阵列，或简称磁盘阵列。

简单地说，RAID 是一种把多块独立的硬盘(物理硬盘)按不同方式组合起来形成一个硬盘组(逻辑硬盘)，从而提供比单个硬盘更高的存储性能并提供数据冗余的技术。

组成磁盘阵列的不同方式称为 RAID 级别(RAID Levels)。RAID 技术经过不断的发展，现在主要发展了从 RAID0 到 RAID6 七种基本的 RAID 级别。另外，还有一些基本 RAID 级别的组合形式，如 RAID01(RAID0 与 RAID1 的组合)，不同 RAID 级别代表着不同的存储性能、数据安全性和存储成本。

数据冗余的功能是在用户数据一旦发生损坏后，利用冗余信息可以使损坏数据得以恢复，从而保障了用户数据的安全性。在用户看来，通过 RAID 技术组成的磁盘组就像是一个硬盘，用户可以对它进行分区、格式化等操作。总之，对磁盘阵列的操作与单个硬盘基本一样，不同的是，磁盘阵列的存储性能要比单个硬盘高很多，而且可以提供数据冗余。

RAID 系统的好处是：

- 使用 RAID 技术解决了单个磁盘容量的限制。
- 使用 RAID 技术解决了单个磁盘读写速度的限制。
- 使用 RAID 技术解决了数据可靠性问题。

RAID 技术的发展过程如下。

- RAID0：磁盘条带化，无容错能力。
- RAID1：磁盘镜像，100%数据冗余。
- RAID2&4：没有广泛商业化应用的技术。
- RAID3：并行读写，采用专用校验磁盘。
- RAID5：并行读写，分布磁盘校验。

1. RAID 卡介绍

RAID 的实现需要一定的算法，可以采用软件方式或硬件方式。软件方式实现 RAID 的缺陷在于占用过多的系统资源(CPU 及内存)，另外，软件 RAID 程序的运行基于操作系统之上，那么意味着系统盘无法实现 RAID 功能，而这在有些情况下是无法接受的。而硬件方式实现 RAID 主要通过 RAID 卡，利用卡上的专用芯片实现 RAID 算法。

RAID 卡就是可以实现 RAID 功能的板卡，主要组成包括 CPU 芯片、ROM、内存及相应接口，RAID 卡可以实现多个磁盘同时传输，并在逻辑上将这些磁盘划成一体磁盘，因此在读写速度上大大提高，另外一个功能就是利用 RAID 上的芯片实现 RAID 算法，从而提供磁盘的容错功能。RAID 卡通过集成或借用主板上的 SCSI 控制器来管理硬盘，是一个智能化的设备。RAID 卡的分类一般根据集成的 SCSI 控制器数量来划分，如果没有集成 SCSI 控制器，而是借用主板上的 SCSI 控制器来管理硬盘，则称为零通道 RAID 卡。集成了 SCSI 控制器的 RAID 卡，可以根据集成的 SCSI 控制器的通道数，分为单通道、双通道、三通道 RAID 卡。

双通道 RAID 卡的结构如图 12.8 所示。

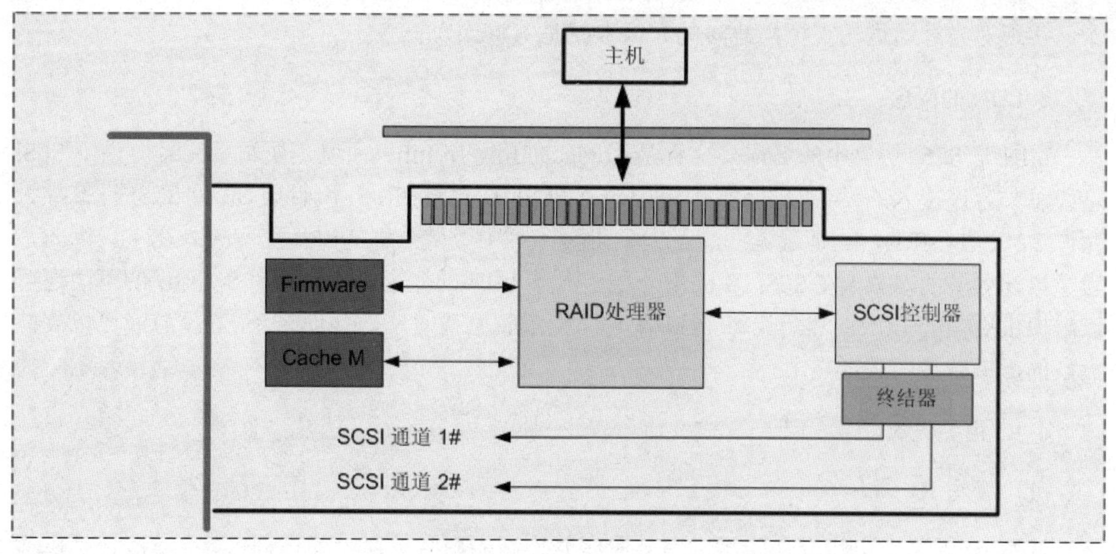

图 12.8　双通道 RAID 卡的结构

RAID 卡是一种工业标准器件，它的主要作用就是为了提高服务器的磁盘读写性能和镜像备份，并可以提高磁盘系统的安全级别。RAID 卡可以是集成在主板上，也可以是单独一块 PCI 卡。有的 RAID 卡上面带硬盘接口，比如 SCSI、SATA、IDE 接口，硬盘直接插到卡上的硬盘接口；而有的 RAID 卡不带硬盘插口，硬盘需要接到主板上相应的接口上。

注意：先前介绍的 SCSI 卡是为了解决主板上没有 SCSI 接口而产生的，SCSI 硬盘需要接到 SCSI 卡上或者主板的 SCSI 接口。而 RAID 卡的主要功能是实现 RAID 算法，如果 RAID 卡上有多个 SCSI 通道，就是多通道 RAID 卡。

2. HBA 卡介绍

如果需要将计算机连接到网络，需要网卡的支持，网卡是计算机总线与网络之间的桥梁，网卡一端通过插槽连接计算机内部总线(PCI/PCI 等)，另外一端通过网线连接网络。与此类似，在存储系统中，也有类似的用于连接计算机内部总线和存储系统的“桥梁”，通常称为主机总线适配卡，即 HBA 卡，英文全称是 Host Bus Adaptor。HBA 卡是服务器内部 I/O 通道与存储系统 I/O 通道之间的物理连接接口。

通常，服务器与存储设备之间的数据通讯采用的协议是 IDE、SCSI 及光纤通道，服务器与存储设备之间需要支持同样的协议才能进行通讯，这是前提。服务器上的通讯协议由主板上的集成电路实现，负责服务器内部总线协议到 IDE、SCSI 等存储协议的转换；而存储设备的协议通常由存储设备的控制器完成，控制器可以实现 IDE、SCSI 等存储协议到底层系统之间的转换。通常，服务器或 PC 主板都支持 IDE，而 IDE 磁盘控制器支持 IDE 协议，因此两者可以直接连接。如果磁盘只支持 SCSI 协议，那么就不能直接与服务器连接，需要在服务器扩展槽上插入一块 SCSI 卡，实现对 SCSI 磁盘的支持，这样，SCSI 卡就是主机总线适配卡(HBA

卡)。同理，如果磁盘只支持光纤通道协议，那么就需要在服务器扩展槽上插入一块光纤通道卡，实现对光纤通道的支持，此时的光纤卡就是 HBA 卡。

3. LUN 的概念

LUN 是 SCSI 协议中的名词，全称是 Logical Unit Number，就是逻辑单元号。由于 SCSI 总线总共容许接入的设备数量是有限的，通常 SCSI ID 数量在 16 个(目前 32 位 SCSI 标准最大允许 32 个设备 ID)，这远远无法满足大型磁盘阵列中数量众多的磁盘空间接入需求。因此，为了描述更多的对象，在 SCSI ID 的下一层引入了 LUN 的概念，使得每个 SCSI ID 的下面还可以虚拟出更多的 LUN，然后让每个 LUN 与一个虚拟磁盘对应，从而一条 SCSI 总线可以支持大量的虚拟磁盘而满足需求。

4. IO 相关概念

(1) 读写 IO

读写 IO 就是发出指令从磁盘读写某段序号连续的扇区的内容的过程。指令一般包括磁盘开始扇区位置，然后给出需要从这个初始扇区往后读取的连续扇区个数，同时给出动作是读还是写。磁盘收到这条指令就会按照指令的要求进行读或者写数据。

(2) 连续 IO/随机 IO

连续 IO 指本次 IO 给出的初始扇区地址和上一次 IO 的结束扇区地址完全连续或者相隔不多；如果相差太大，则算一次随机 IO。

(3) 并发 I/O

磁盘控制器如果可以同时对一个 RAID 系统中的多块磁盘同时发送 IO 指令并且这些最底层的 IO 数据包含了文件系统级下发的多个 IO 的数据，则为并发 IO。并发 IO 模式在特定的条件下可以相当程度地提高效率和速度。

(4) 顺序 I/O

如果直接发向磁盘的 IO 只包含了文件系统下发的一个 IO 的数据，则此时为顺序 IO，即控制器缓存中的文件系统下发的 IO 队列，只能一个一个地来。

(5) IOPS

完成一次 IO 所用的时间=寻道时间+数据传输时间，IOPS=IO 并发系数/(寻道时间+数据传输时间)。

由于寻道时间相对于传输时间要大几个数量级，所以影响 IOPS 的关键因素就是寻道时间。在连续 IO 的情况下，寻道时间很短，仅在换磁道时候需要寻道。在这个前提下，传输时间越少，IOPS 就越高。

(6) 每秒 IO 吞吐量

每秒 IO 吞吐量=IOPS×平均 IO SIZE。IO SIZE 越大，IOPS 越高，每秒 IO 吞吐量就越高。

影响每秒 IO 吞吐量的最大因素就是 IO SIZE 和寻道时间。IO SIZE 越大，寻道时间越小，吞吐量越高。

提示：注意并发 IO 和并发读写，通常在磁盘阵列中，并发读写是在一个 IO 下，所有磁盘可以同时进行读写操作；而并发 IO 是指在一个盘阵系统中，可以同时有多个 IO 操作(每个 IO 操作可能涉及各自的多个磁盘并发读写动作，即在一个磁盘组中，可能分组分布完成不同的操作)。

12.2.2 RAID0 技术介绍

1. 扇区、块、段、条带概念

RAID0 也叫条带化技术，它将数据像条带一样写到多个磁盘上，这些条带也叫做“块”。条带化实现了可以同时访问多个磁盘上的数据功能，平衡 I/O 负载并加快了数据访问速度。需要注意，条带(Stripe)仅仅是 RAID 程序虚拟出来的，实际上并不存在，磁盘上真正存在的仅仅是物理扇区。

RAID0 的条带结构如图 12.9 所示。

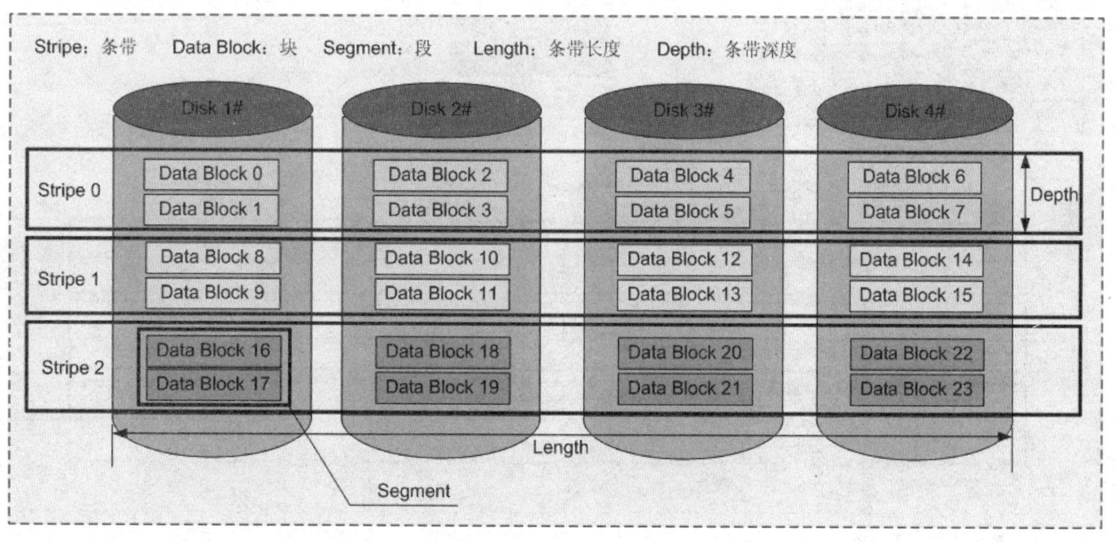

图 12.9 RAID0 条带结构

图 12.9 中的四个圆柱体代表了 4 个磁盘，然后各个磁盘在相同偏移处进行横向逻辑分割，形成条带(Stripe)，一个条带(Stripe)在横向上跨过的块(Block)的个数(或字节容量)，称为条带长度(Length)，一个条带(Stripe)在单个磁盘上占用的区域，称为一个段(Segment)，一个段(Segment)中包含的块(Block)的个数(或字节容量)，称为条带深度(Depth)。Data Block 可以是 N 个扇区大小的容量，根据控制器而“可调或不可调”。

提示： 磁盘上真正存在的结构只有扇区，Stripe 并不是真实存在的结构，它是由程序根据一定算法生成的虚拟结构。条带化之后的多块硬盘，数据是并发写入所有磁盘的，可以理解成“多管齐下”，所有磁盘一起同时动作写入数据，而不是横向顺序一个条带一个条带地写入。

2. RAID0 技术原理

RAID0，即 Disk Stripping Without Parity，又称数据分块，即把数据分成若干相等大小的小块，并把它们写到阵列中不同的硬盘上，这种技术又称 Stripping(即数据条带化)，它把数据分布在多个盘上，在读写时是以并行的方式对各个硬盘同时进行操作。从理论上讲，其容量和数据传输率是单个硬盘的 N 倍，N 为构成 RAID0 的硬盘总数。因为 RAID0 技术传输速度高，因此常用于图像、视频存储等领域，但平均无故障时间只有单盘的 N 分之一，因此 RAID0 可靠性也最差。

RAID0 的结构原理如图 12.10 所示。

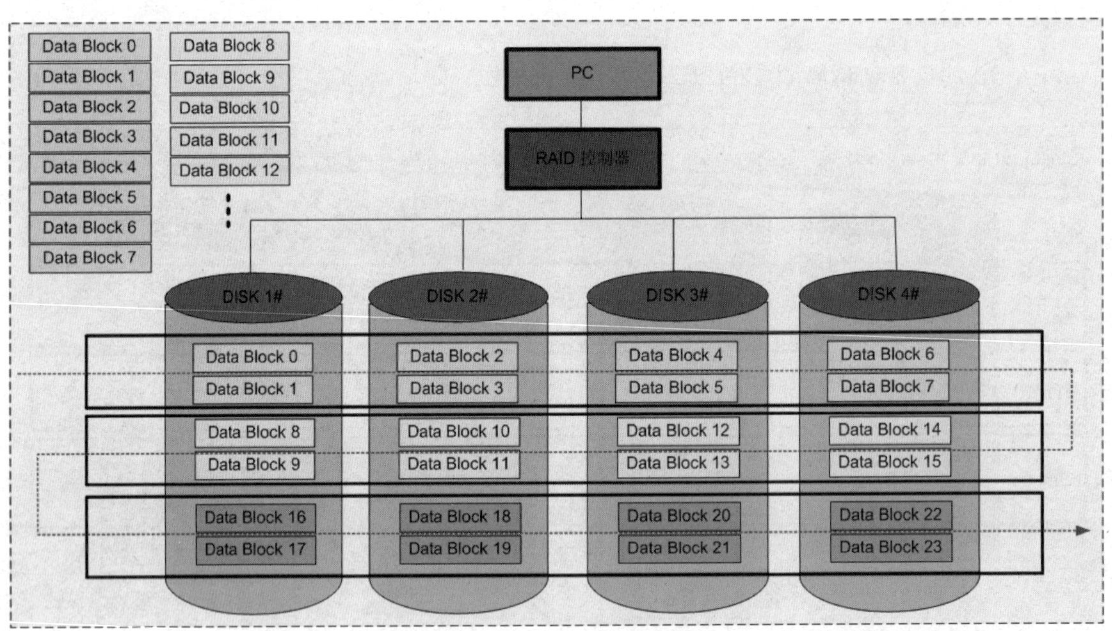

图 12.10　RAID0 的结构原理

在图 12.10 中，一个圆柱就是一块磁盘。可以看出，RAID0 在存储数据时由 RAID 控制器(硬件或软件)分割成大小相同的数据块，同时写入阵列中的所有磁盘。数据像一条带子横跨过所有的磁盘(注意是同时跨过)。

每个磁盘上的条带深度则是一样的(本例中条带深度是 2，即一个 Segment 中包含了 2 个 Data Block)，则 0、1 号 Data Block 被放置到第一个条带的第一个 Segment 中，然后 2、3 号 Block 放置到第一个条带的第二个 Segment 中。

比如："一阳指、九阴白骨爪"。一阳指厉害，九阴白骨爪也不白给。其区别就是一阳指一次动作的目标只在一点(一个指头)，而九阴白骨爪一次动作在五点上(五个指头)。而条带化之后的磁盘犹如九阴白骨爪技术，假如一共五个磁盘，那么五个磁盘会同时"中招"(写入数据)。如果不做条带，那么只能采取一阳指模式，即对目标一个个进行排队，然后逐一各个击破。

RAID0 技术必须有两块以上的硬盘，数据分散成数据块保存在不同的驱动器上，由于可以对多个硬盘同时进行读写操作，因此，数据吞吐率大大提高。RAID0 没有校验码的概念，因此没有数据差错控制，如果其中一个驱动器失败，整个数据将无法使用，因此，适合应用在对读写速度要求比较高但数据可靠性要求不高的场合。

12.2.3　RAID1 技术介绍

RAID1 结构原理如图 12.11 所示。对比 RAID0 等级，可发现 RAID1 的硬盘内容是两两相同的，也就是镜像，相当于内容彼此备份。比如阵列中共有两个硬盘，在写入时，RAID1 控制器并不是将数据分成条带而是将数据同时写入两个硬盘。这样，其中任何一个硬盘的数据出现问题，可以马上从另一个硬盘中进行恢复。需要注意，这两个硬盘并不是主从关系，也就是说，是相互镜像/恢复的。RAID1 是一种真正的 RAID，它提供了强有力的数据容错能力。

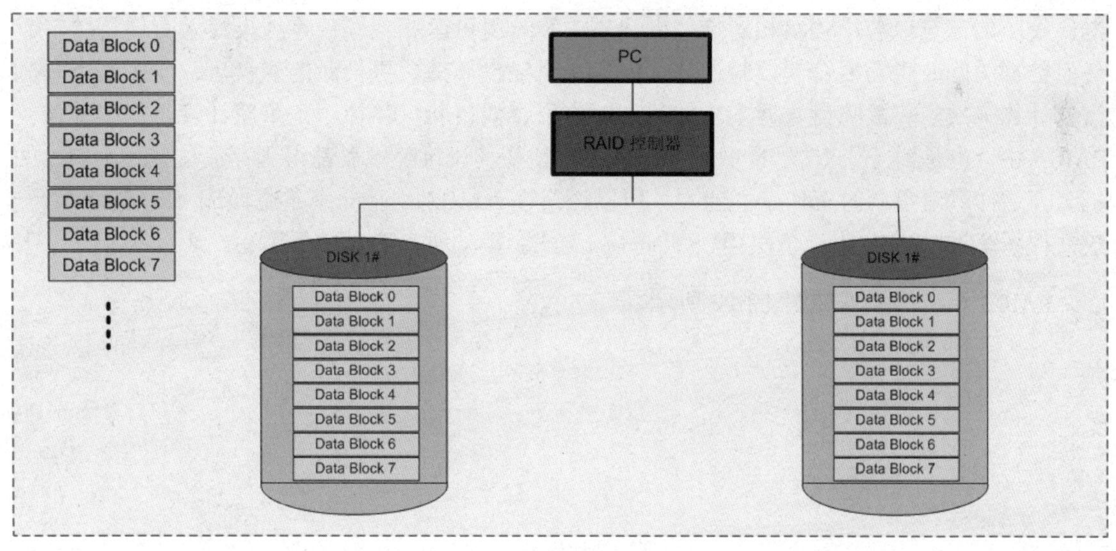

图 12.11　RAID1 结构原理

因为 RAID1 的校验技术十分完备，因此对系统的处理能力有很大的影响，当系统需要极高的可靠性时，比如进行数据统计，那么使用 RAID1 结构比较合适。而且 RAID1 技术支持"热替换功能"，即在不断电的情况下可以对故障磁盘进行更换，更换完毕只要从镜像盘上恢复数据即可。当主硬盘损坏时，镜像硬盘就可以代替主硬盘工作，镜像硬盘相当于一个备份盘，很显然，这种 RAID 模式的安全性是非常高的，但带来的后果是硬盘容量利用率很低，只有 50%，是所有 RAID 级别中最低的。

12.2.4 RAID2 技术介绍

RAID2 是一种比较特殊的 RAID 模式，它是一种专用 RAID 技术，现在已被淘汰。RAID2 是把数据分散为位元(Bit)或块(Block)，加入海明码，在磁盘阵列间隔写入到每个磁盘中，而且写入磁盘的地址都相同，即数据都在相同的磁盘及扇区中，采用共轴同步技术，因此每次读写操作都需要全组磁盘联动，并行存取。

基于 RAID2 并存并取的特点，RAID2 不能实现并发 IO，因为每次 IO 都占用了每块物理磁盘。RAID2 的校验盘对系统不产生瓶颈，但是会产生延迟，因为多了校验计算的动作。

RAID2 和 RAID0 有些不同，RAID0 不能保证每次 IO 都是多磁盘并行，因为 RAID0 的条带深度相对于 RAID2 以位为单位来说是太大了。而 RAID2 由于每次 IO 都保证是多磁盘并行，所以其数据传输率是单盘的 N 倍。

12.2.5 RAID3 技术介绍

RAID3，即单盘容错并行传输，仍旧保持 RAID2 的思想，其数据存取方式基本类似，但是在安全方面 RAID3 以奇偶校验取代海明码做错误校正，因此只需要一个额外的校验磁盘，奇偶校验的计算以各个磁盘相对应位做“XOR”的逻辑运算，然后将结果写入奇偶校验盘。任何数据的修改也需要奇偶校验计算，如果一个磁盘坏掉，更换新的磁盘后，整个磁盘阵列需要计算一次，将故障盘数据恢复并写入，如果奇偶校验盘坏掉，则重新计算奇偶校验值。RAID3 中，也是对一个 IO 尽量做到分割成“小块”，让每个磁盘都得到存放这些“小块”的机会。这样多磁盘同时工作，性能高。所以通常在 RAID3 中把一个条带做成 4KB 这个值(一般文件系统常以 4KB 为一个块)，这样每次 IO 就会牵动所有磁盘并行读写。

RAID3 结构的原理如图 12.12 所示。

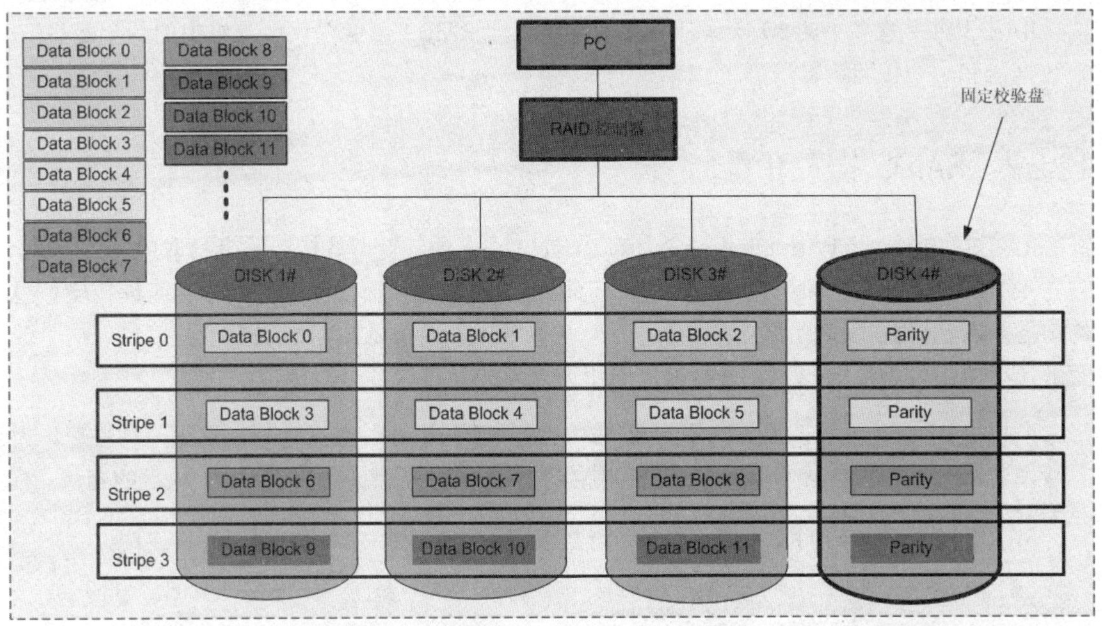

图 12.12　RAID3 结构的原理

提示：RAID2 和 RAID3 都是每次只能做一次 IO，不适合于要求多 IO 并发的应用，因为会造成 IO 等待。RAID3 的并发只是一次 IO 的多磁盘并发读写操作，而不是指多个 IO 的并发。RAID3 和 RAID2 一样，要达到 RAID3 的最佳性能，需要所有磁盘的主轴同步，对于一块数据，所有磁盘最好同时旋转到这个数据所在的位置，然后所有磁盘同步读出来。不然，一旦有磁盘和其他磁盘不同步，就会造成等待，所以只有主轴同步才能发挥最大性能。

RAID3 采用 Stripping 技术将数据分块，对这些块进行“异或”校验，校验数据写到专用校验盘上。它的特点是有一个固定盘为校验盘，数据以位或字节的方式存于各盘(分散记录在组内相同扇区的各个硬盘上)。当一个硬盘发生故障时，除该故障盘外，写操作将继续对数据盘和校验盘进行操作。而读操作是通过对剩余数据盘和校验盘的“异或”计算重构故障盘上原有的数据来进行的。

RAID3 的优点是并行磁盘读写操作和单盘容错，具有很高的可靠性；缺点是每次读写要牵动整个磁盘组，每次动作只能完成一次 I/O。

12.2.6　RAID4 技术介绍

RAID4 技术是在 RAID3 的基础上发展起来的。在 RAID3 中，对一个 IO 尽量做到能够分割成小块，让每个磁盘都得到存放这些小块的机会，这样多磁盘同时工作，性能提高。RAID4 是一种可以独立地对组内各盘进行读写的阵列(RAID2 或 RAID3 做不到，它们是并发的)，其校验盘只有一个。

RAID3 是按位或字节交叉存取，而 RAID4 是按快(扇区)存取，可以单独对某个盘进行操作，RAID3 对不管多小的 IO 操作都要涉及全组，而 RAID4 可能仅仅涉及组中的两个磁盘(一个数据盘和一个校验盘)。

12.2.7　RAID5 技术介绍

RAID5，Striping With Floating Parity Drive，是一种旋转奇偶校验独立存取的阵列方式，它与 RAID3、RAID4 的不同之处是，它没有固定的校验盘，而是按某种规则把奇偶校验信息均匀地分布在阵列所有的多块硬盘上，在每块硬盘上，既有数据信息也有校验信息。这个改变解决了争用校验盘的问题，使得在同一组内可以并发进行多个写操作。

所以 RAID5 既适用于大数据量的操作，也适用于其他各种数据处理，它是一种快速、大容量及容错分布合理的磁盘阵列。当阵列中共有 N 块盘时，用户空间为 N-1 块盘的容量。

RAID5 的条带结构如图 12.13 所示。

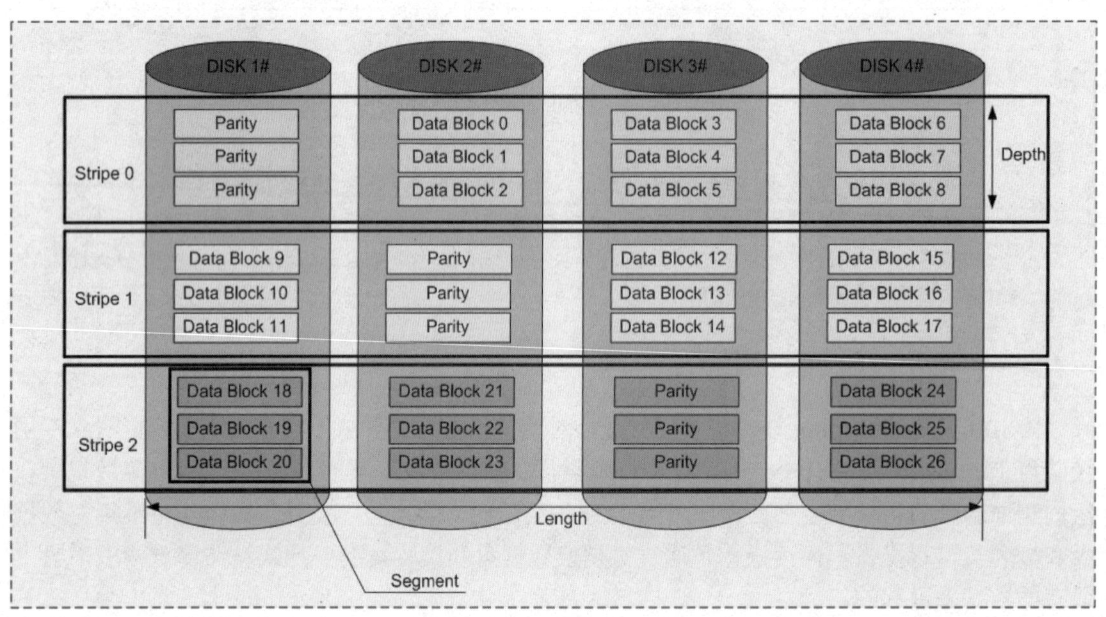

图 12.13　RAID5 的条带结构

RAID5 可理解为是 RAID0 和 RAID1 的折衷方案。RAID5 可为系统提供数据安全保障，但保障程度要比 Mirror 方式(RAID1)低而磁盘空间利用率要比 Mirror 方式高。RAID5 具有和 RAID0 相近似的数据读取速度，只是多了一个奇偶校验信息，写入数据的速度比对单个磁盘进行写入操作稍慢。同时由于多个数据对应一个奇偶校验信息，RAID5 的磁盘空间利用率要比 RAID1 高，存储成本相对较低。

RAID5 是继 RAID0 和 RAID1 之后，第一个能实现并发 IO 的阵式，但是比 RAID1 更加划算，比 RAID0 更加安全。

12.2.8　RAID 技术的比较

(1) RAID 级别比较。不同的 RAID 技术的技术细节对比如表 12.1 所示。

表 12.1　不同 RAID 技术细节的对比

	RAID0	RAID1	RAID3	RAID5
名称	条带	镜像	条带	条带
冗余性	无	完全	固定盘校验	随机盘校验
最少盘数	2 块	2 块	3 块	3 块
并发 IO	支持	支持	不支持	支持

(2) 并发 IO 情况：

- RAID0 没有冗余设计，采用快速写入的方式，完全支持并发 IO。
- RAID1 采用完全镜像方式，支持并发 IO。
- RAID2、RAID3 类似，都是采用小条带深度的方式，导致任何一个动作都牵动所有盘，因此，读写速度提高的同时，由于所有磁盘被占用而无法并发 IO。
- RAID4 加大了条带深度，因此多数情况下，部分磁盘被牵动，但是由于只有一个奇偶盘，并受其拖累而无法实现并发 IO。
- RAID5 加大了条带深度，并分散了奇偶校验工作，因此可以实现并发 IO。

12.3　DAS、NAS 和 SAN

DAS、NAS 和 SAN 是目前主流的存储架构。DAS 是直连式存储，存储设备直接与服务器主机连接，接口一般为 FC 或者 SCSI；NAS 是网络附加存储，通过网络连接存储系统，接口为 TCP/IP；SAN 是存储区网络，一般采用 FC(光纤通道)，将存储系统网络化，接口为 FC(光纤通道)，当然还有直接利用网络的 SAN 架构，即 IP SAN 系统。

12.3.1　存储系统架构的发展

在计算机系统读写某个文件的过程中，一个简单的读写操作可能需要触发底层的多个 IO 操作。

如“读取 D 盘下 ww.ivs123.txt 文件”的操作，在底层可能触发多个 SCSI 指令。如果这些 SCSI 指令仅仅在内存总线中传输，那么速度最快；但是实际上经常需要这些 SCSI 指令在

FC 或 SCSI 总线传输(DAS 或 SAN 架构下)，那么可能会因为底层的指令过于密集、速度不够高而导致传输效率不高。

不同存储系统架构的路径如图 12.14 所示。

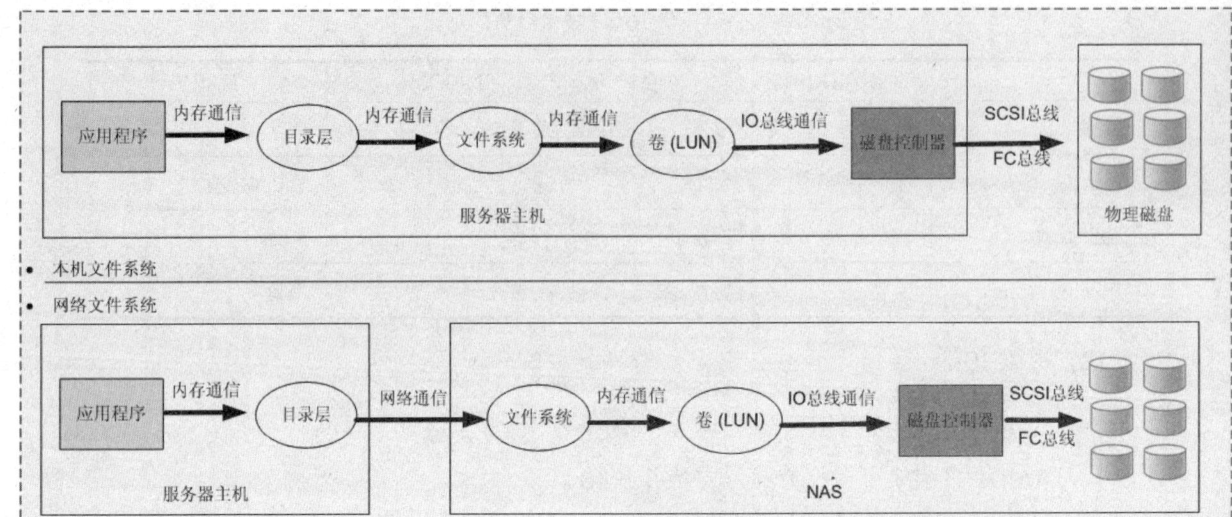

图 12.14　不同存储架构的路径

目前普遍的架构是文件系统与磁盘控制器驱动程序都运行在服务器主机上，文件系统向卷发送的请求通过内存传递，而主机向磁盘(LUN)发送的请求是通过 FC 或 SCSI 总线传递出去的，后者的速度比前者差很多。

如果将“文件系统、磁盘控制器和磁盘”都迁出服务器，成为一个独立的系统，系统再采用文件协议并通过以太网与服务器主机连接，便可以解决磁盘控制器与磁盘之间因为过多 IO 而引起的延时，从而大大提高传输速度。

比如：“总经理、项目经理、现场经理”。我们知道，磁盘控制器好比是“项目经理 PM”，通常可以响应 CPU(相当于总经理 GM)的指令，然后对磁盘驱动器(相当于施工工地的现场经理 SM)发号施令，进而驱动磁盘响应动作完成读写操作。通常，项目经理可以选择在办公室办公，然后通过电话发送指令遥控现场经理，也可以选择自己驻守现场办公，直接对现场经理发号施令，但是这样，总经理的指令就需要远程电话沟通了。需要注意的是，越是下层，指令会越密集。总经理对项目经理的指令，相比项目经理需要对现场经理的指令，可能少几个数量级。所以，为了提高效率，通常，项目经理应该就近现场经理，也就是驻守在工地，这就是 NAS 架构高效的原因。

12.3.2　DAS 技术

DAS 即直连方式存储，英文全称是 Direct Attached Storage，中文翻译成“直接附加存储”。DAS 是以服务器为中心的存储结构，就是将存储设备直接连在服务器主机上(可以在服务器内部或者外部)，然后服务器连接在网络上，网络上任何客户端要访问某存储设备上的资源时必须经过服务器。由于连接在各个节点服务器上的存储设备是独立的，因此整个网络上的存储设备其实是分散、独立而难以共享的。由于所有的数据流必须经过服务器转发，因此服务器的负担比较重，也将是整个系统的瓶颈。服务器的 CPU、内存及 I/O 均影响 DAS 的性能。

DAS 架构如图 12.15 所示。

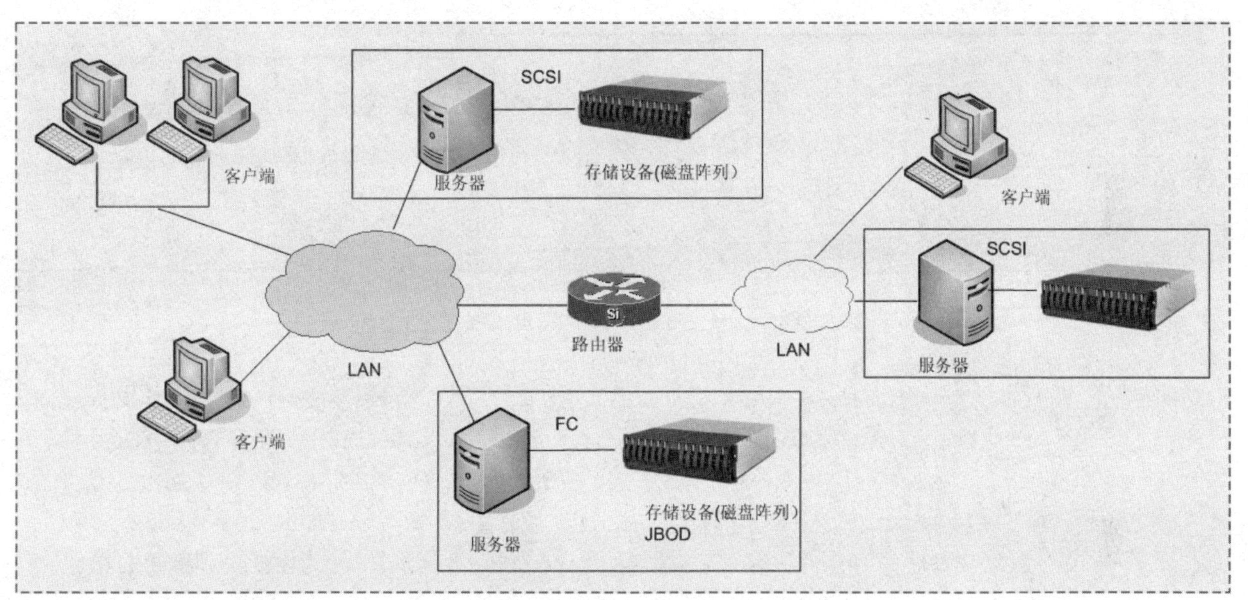

图 12.15　DAS 架构

1. DAS 中数据流

DAS 架构下的数据流如图 12.16 所示，在 DAS 结构中，客户端访问资源的步骤如下。

(1) 客户端发送请求命令给服务器。

(2) 服务器收到命令，查询缓冲区，如有，则直接经过网卡发送数据给客户端；如果没有，则将请求翻译成本地数据访问命令，转向存储设备。

(3) 存储设备根据命令发送数据给服务器缓存。

(4) 数据经过服务器缓存拷贝到网卡缓存。

(5) 数据经网卡发送给客户。

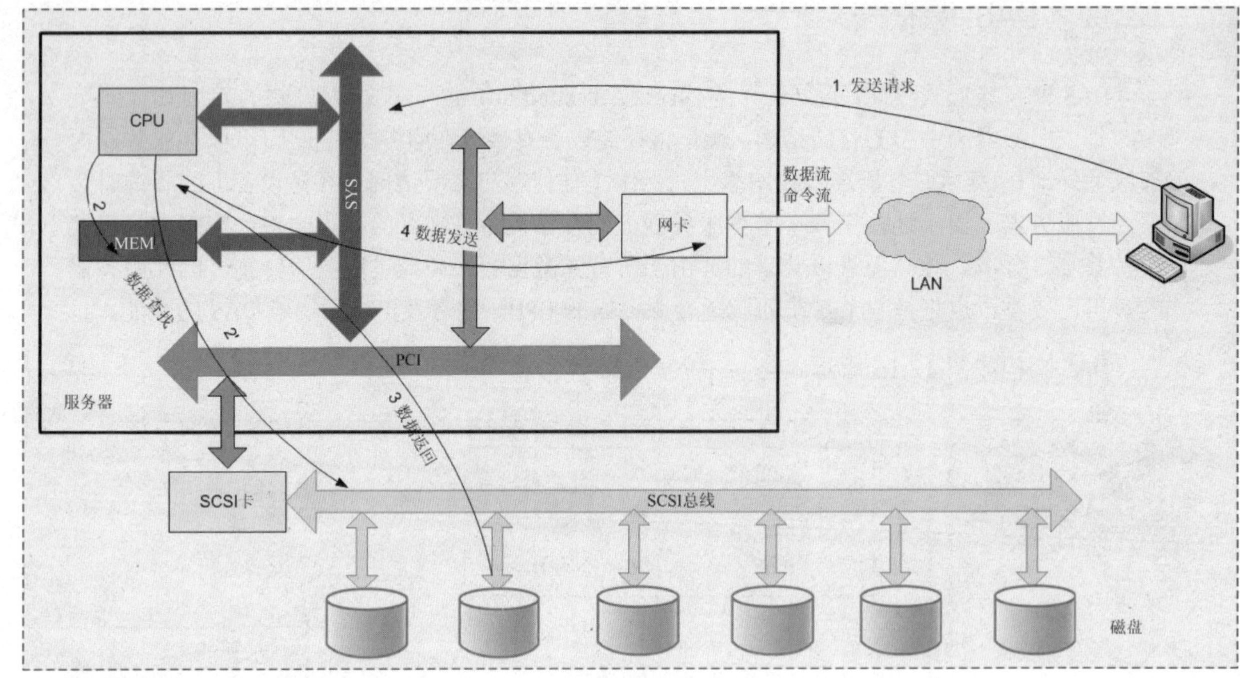

图 12.16　典型 DAS 的数据流程

比如：“千斤的重担，我一肩挑”。Peta 创立了自己的安防公司，实际是一个人自己创业当老板，销售、技术、服务都是一个人在做。后来生意起色了，员工慢慢多了，有了 Tom、John 等员工，但是 Peta 不让他们和客户或业主直接打交道，在销售、服务等过程当中，无论大事小事，事无巨细，都要由客户联系 Peta，然后 Peta 再分派给 Tom、John。这样，随着公司业务不断增多，问题来了，这个客户要报价、那个客户要方案、那个需要售后支持，Peta 得到请求后，先自己分析一下需求，然后找 Tom、John，等 Tom、John 做好后，Peta 再跟客户联系，后来问题出来了，Peta 感到力不从心，而客户需求也未能得到及时的响应，此架构的问题在 Peta，他是核心并且也是瓶颈。

2. DAS 架构的优缺点

(1) DAS 架构的优点：

- DAS 采用以服务器为核心的架构，系统建设初期成本比较低。
- 维护比较简单。
- 对于小规模应用比较合适。

(2) DAS 架构的缺点：

- DAS 架构下，数据的读写完全依赖于服务器，数据量增长后，响应性能下降。

- DAS 的架构决定了其很难实现集中管理，整体拥有成本(TCO)较高。
- 没有中央管理系统，数据的备份和恢复需要在每台服务器上单独做。
- 不同的服务器连接不同的磁盘，相互之间无法共享存储资源，容量再分配很困难。
- DAS 连接方式导致服务器和存储设备之间的连接距离有限制。

提示：在 DAS 架构下，不同的节点服务器连接不同的硬盘存储设备，各个硬盘存储设备容量可能并不相同，同时利用率也不同，可能有的利用率到了 90%而有的利用率不到 10%，因此 DAS 这样专属服务器而非共享的方式导致磁盘总体利用率很低。所以，需要将所有的存储设备从“直连而专属”的形态转变成“网络而共享”的模式，也就是后面要介绍的 NAS 及 SAN 架构。

12.3.3 NAS 技术

NAS 即网络附加存储，英文全称是 Network Attached Storage，在 NAS 存储结构中，存储系统不再通过 I/O 总线附属于某个特定的服务器或客户机，而是直接通过网络接口与网络直接相连，用户通过网络访问。

NAS 实际上是一个带有“瘦服务器”的存储设备，其作用类似于一个专用的文件服务器。这种专用存储服务器不同于传统的通用服务器，它去掉了通用服务器原有的大多数其他功能，而仅仅提供文件系统功能，用于存储服务，大大降低了存储设备的成本。为方便存储系统与网络之间以最有效的方式发送数据，专门优化了系统硬软件体系结构，多线程、多任务的网络操作系统内核特别适合于处理来自网络的 I/O 请求，不仅响应速度快，而且数据传输速率也很高。

NAS 被定义为一种特殊的专用数据存储服务器，包括存储器件和内嵌系统软件，可提供跨平台文件共享功能。NAS 通常在一个 LAN 上占有自己的节点，无需应用服务器的干预，允许用户在网络上存取数据，在这种配置中，NAS 集中管理和处理网络上的所有数据，将负载从服务器上卸载下来，有效降低总拥有成本，保护用户投资。

NAS 架构的网络拓扑如图 12.17 所示。

提示：NAS 架构中与传统以服务器为中心的存储系统相比，数据不再通过服务器内存转发，直接在客户机和存储设备间传送，服务器仅起控制管理的作用，因而具有更快的响应速度和更高的数据带宽。

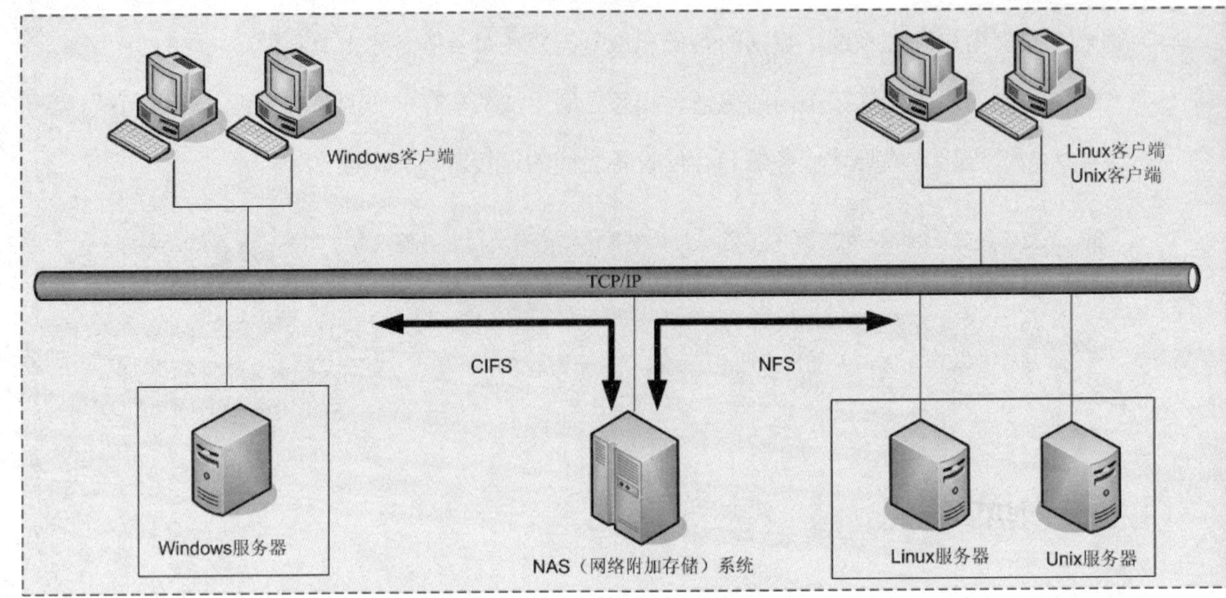

图 12.17　NAS 架构网络拓扑

提示：NAS 可以理解成拥有一定硬盘存储空间的 PC 在网络上为用户提供数据共享服务，前提是有自己的文件系统并能够对外提供访问其文件系统的接口(如 CIFS、NFS 等)，如常见的 Windows 文件共享服务器就是利用 CIFS 作为文件协议的 NAS 设备。因此可以理解成 NAS 就是处于以太网上一台利用网络文件系统(CIFS 或 NFS)的文件共享服务器。

1. NAS 架构数据流

在 NAS 架构下，客户机对资源的请求直接发送给 NAS 设备，该请求返回的数据也直接发给请求者而无需服务器的中转，大大提高了响应速度和传输速率。NAS 采用标准网络接口，只要将 NAS 设备连接到 TCP/IP 网络即可。服务器通过“File I/O”方式发送文件存取请求到存储设备 NAS，NAS 上一般安装有自己的操作系统，它将 File I/O 转换成 Block I/O，发送到内部磁盘。

NAS 的架构数据流如图 12.18 所示。

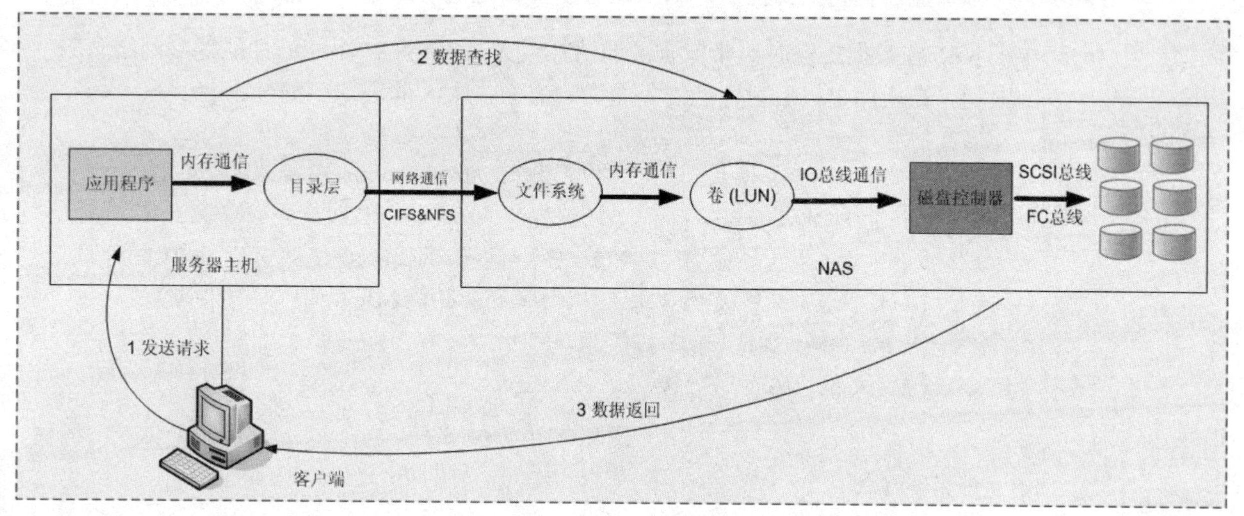

图 12.18　NAS 架构数据流

在 NAS 结构中，客户端向 NAS 请求数据的过程如下。

(1) 客户端直接发送请求给 NAS 服务器。

(2) NAS 服务器检查到缓存命中的情况下访问磁盘缓存，然后直接返回数据给客户端。

(3) 在缓存未命中的情况下需访问磁盘，然后直接返回数据给客户端。

从图 12.18 中可以看出，在 NAS 架构下，客户端对文件的请求直接发送给相应的 NAS 设备，之后返回的数据经过 LAN 返回给客户端而无需文件服务器的转发。

2. NAS 架构优缺点

(1) NAS 架构的优点：

- NAS 的架构将服务器解脱出来，服务器不再是系统的瓶颈。
- NAS 的部署简单，不需要特殊的网络建设投资、通常只须网络连接即可。
- 成本比较低，投资主要是一台 NAS 服务器。
- NAS 服务器的管理非常简单，一般都支持 Web 的客户端管理。
- NAS 设备的物理位置是非常灵活的。
- NAS 允许用户通过网络存取数据，无需应用服务器的干预。

(2) NAS 架构的缺点：

- NAS 下处理网络文件系统 NFS 或 CIFS 需要很大的开销。
- NAS 只提供文件级而不是块级别的服务，不适合多数数据库及部分视频存储应用。

- 客户对磁盘没有完全的控制，如不能随便格式化磁盘。
- 由于 NAS 在数据传输时对带宽资源的消耗较大，所以 NAS 系统的性能受到网络负载的限制。在增加主机后对性能的负面影响方面，NAS 的表现不如 SAN。

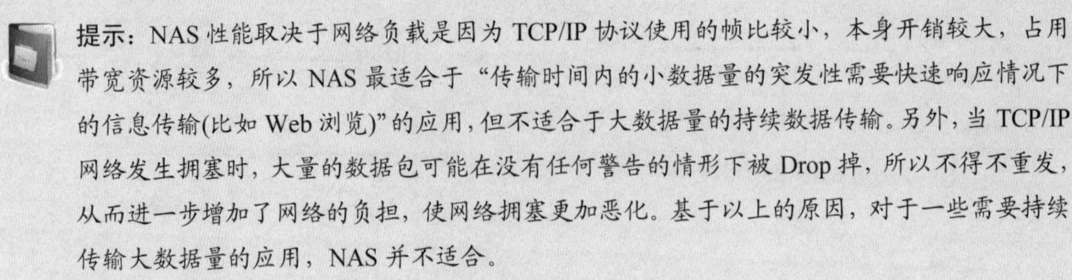

提示： NAS 性能取决于网络负载是因为 TCP/IP 协议使用的帧比较小，本身开销较大，占用带宽资源较多，所以 NAS 最适合于"传输时间内的小数据量的突发性需要快速响应情况下的信息传输(比如 Web 浏览)"的应用，但不适合于大数据量的持续数据传输。另外，当 TCP/IP 网络发生拥塞时，大量的数据包可能在没有任何警告的情形下被 Drop 掉，所以不得不重发，从而进一步增加了网络的负担，使网络拥塞更加恶化。基于以上的原因，对于一些需要持续传输大数据量的应用，NAS 并不适合。

3. 网络文件系统概念

主机与磁盘阵列的文件系统进行交互，不单需要基层的网络系统，还需要定义上层的应用逻辑，针对上层逻辑，微软定义的规范是 CIFS(Common Internet File System)，即"通用互联网文件系统"；而 Linux 和 Unix 定义了另外的规范，叫 NFS(Network File System)，即"网络文件系统"。

以上两种规范统称为"网络文件系统"，网络文件系统是利用 TCP/IP 协议进行传输的。这种文件系统逻辑不是在本地运行，而是在网络其他节点运行，主机通过网络将读写请求发送到远程网络上的文件系统(远程调用文件系统模块，不是本地内存中调用 API 方式)，所以"网络文件系统"又叫 RPC FS(远程调用文件系统)。

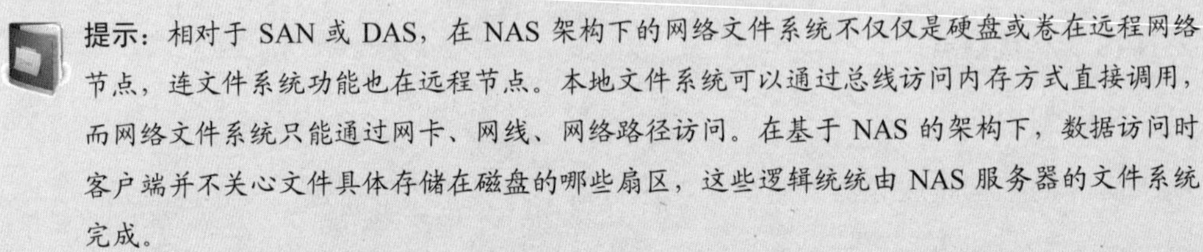

提示： 相对于 SAN 或 DAS，在 NAS 架构下的网络文件系统不仅仅是硬盘或卷在远程网络节点，连文件系统功能也在远程节点。本地文件系统可以通过总线访问内存方式直接调用，而网络文件系统只能通过网卡、网线、网络路径访问。在基于 NAS 的架构下，数据访问时客户端并不关心文件具体存储在磁盘的哪些扇区，这些逻辑统统由 NAS 服务器的文件系统完成。

注意： FTP 和 NAS 的区别。NAS 的网络文件系统与本地文件系统唯一区别是，本地文件系统通过 API 程序在内部总线上完成读写请求，而网络文件系统将内部总线延伸成了网络，对于上层应用，两者没有什么区别。一旦用户挂载了网络文件系统目录到本地，就可以像使用本地文件系统一样使用网络文件系统。比如，远程共享网络上有可执行文件，网络文件系统可以直接点击程序，然后便可以开始执行。而 FTP 不能直接执行，必须拷贝到本地才可以。

12.3.4 SAN 技术

SAN 是一种以网络为中心的存储结构，不同于普通以太网，SAN 是位于服务器后端，为连接服务器、磁盘阵列、带库等存储设备而建立的高性能专用网络。在 SAN 这个网络中，包含了多种元素，如适配器、磁盘阵列、交换机等，因此 SAN 是一个系统而不是独立的设备。SAN 以数据存储为中心，采用可伸缩的网络拓扑结构，通过具有高传输速率的光通道直接连接，提供 SAN 内部任意节点之间的多路可选择的数据交换，并且将数据存储管理集中在相对独立的存储区域网内。

SAN 与 DAS 的区别在于 DAS 的存储设备专门服务于所连接的服务器，而 SAN 模式下所有服务器可以通过高速通道共享所有的存储设备。

SAN 的诞生解决了只有一个 LAN 的紧张状态，使得前线和后台分开，分别走两个网络，互不干扰、提高效率。当然也可以用第二套以太网络代替 SAN(即 IP SAN)，但是 FC SAN 基于光纤链路，速度较快，一般结构是中心采用一台光纤交换机，存储阵列设备连接到光纤交换机上，存储设备对任何节点均可见，任何节点都可以访问它们。主机需要 HBA 卡来连接光纤，就像用以太网卡连接网线一样。

SAN 系统的架构如图 12.19 所示。

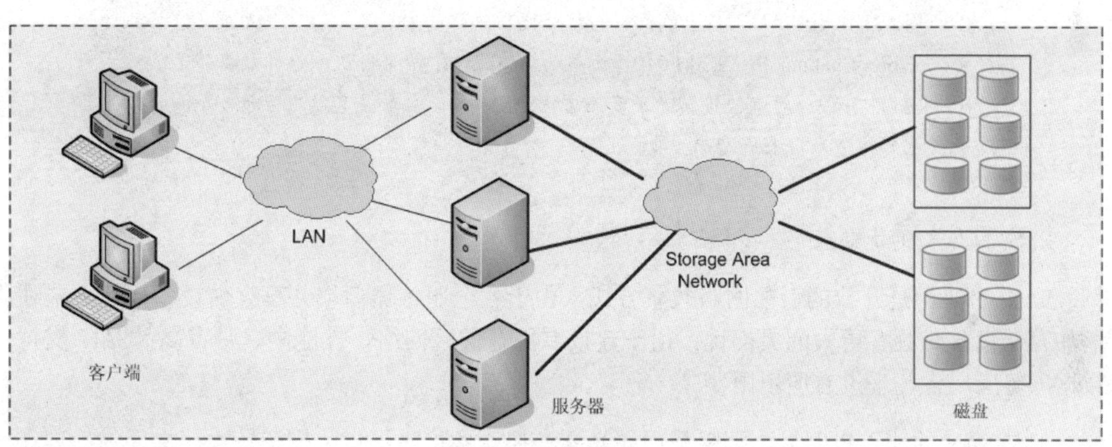

图 12.19　SAN 系统的架构

> 比如：“门庭若市、前后门”。Peta 的公司主要是做家用安防器材批发及零售，在中关村电子城有门市部。由于老百姓安全意识强烈，因此 Peta 的小店经常是门庭若市，热热闹闹。进进出出的有客户，同时也有器材供应商。Peta 发现来来往往的人中有很多是为厂商推销产品来的，但小店的空间、通道、柜台资源毕竟有限，因此，显得拥挤不便。于是 Peta 决定开个后门，并规定所有供应商只能从后门来往，这样，保证有限的前门通道及柜台资源给客户。

1. SAN 的系统构成

SAN 的主要设备包括存储设备(磁盘阵列)、服务器、连接设备(网络交换设备及光纤等)、存储管理软件。SAN 的优势在于所有存储设备高度共享，所有存储设备可以集中管理，同时具有冗余备份功能，单台服务器宕机时，系统照常工作。SAN 的系统构成如下：

- 存储设备，如磁盘阵列或磁带机。
- 服务器。
- 连接设备，如交换机、接口适配器、线缆。

存储区域网络 SAN 是一种类似于普通局域网的高速存储网络，它通过专用的集线器、交换机和网关建立起与服务器和磁盘阵列之间的直接连接。SAN 不是一种产品而是配置网络化存储的一种方法。这种网络技术支持远距离通信，并允许存储设备真正与服务器隔离，使存储成为可由所有服务器共享的资源。SAN 允许各个存储子系统，如磁盘阵列和磁带库，无需通过专用的中间服务器即可互相协作。服务器和存储设备间可以任意连接，I/O 请求可以直接发送到存储设备。

提示：在早期的 SAN 存储系统中，服务器与交换机的数据传输是通过光纤进行的，因为服务器是把 SCSI 指令传输到存储设备上，不能走普通 LAN 的 IP 协议，所以需要使用 FC 传输，因此这种 SAN 就叫 FC-SAN，而后期出现了用 IP 协议封装的 SAN，可以完全走普通 LAN，因此叫做 IP-SAN，其中最典型的就是现在热门的 ISCSI。SAN 使用的 I/O 协议为光纤协议 Fibre Channel Protocol(FCP)，称之为串口 SCSI 命令协议。存储数据的 I/O 方式为“Block I/O”，因为对直接连接的硬盘而言，读写的 I/O 命令是直接定位于一个特定的设备及硬盘上的特定扇区来进行的。

2. SAN 架构的优缺点

SAN 的架构是开放的后端网络共享方式，由于各个服务器后端共享存储设备，此方式在增加存储设备时具有更大的灵活性；由于建设专用存储区网络，性能高、带宽高；SAN 支持数据库等应用，几乎没有应用限制。

但是 SAN 的缺点也明显，那就是后端光纤交换设备价格昂贵，投资较大；文件的处理在服务器上，对前端服务器配置有较高要求；对大量小文件读写性能没优势；对管理维护人员的技术水平要求比较高。

12.3.5 iSCSI 技术

iSCSI 就是 SCSI Over IP，将 SCSI 协议封装到 IP 包中，通过网络传输，以克服 SCSI 传输距离短的缺点，而且方式变得灵活，毕竟以太网及 IP 都是非常成熟的技术。

iSCSI 分为 Initiator 端(发起端)和 Target 端(目标端)，Initiator 端是主机端，适配器可以是专门的 iSCSI 卡，也可以用普通网卡安装 iSCSI 的 Initiator 驱动，用软件模拟硬件的 iSCSI，这个驱动微软免费提供。Target 端指的就是阵列端，也有用软件模拟 Target 的，名称叫做 Wintarget，是付费软件，装到一台主机上，主机的硬盘就成了 iSCSI Target。

iSCSI 协议定义了在 TCP/IP 网络发送、接收 Block(数据块)级的存储数据的规则和方法。

发送端将 SCSI 命令和数据封装到 TCP/IP 包中，再通过网络转发，接收端收到 TCP/IP 包之后，将其还原为 SCSI 命令和数据并执行，完成后将返回的 SCSI 命令和数据再封装到 TCP/IP 包中，再传送回发送端。而整个过程在用户看来，使用远端的存储设备就像访问本地的 SCSI 设备一样简单。支持 iSCSI 技术的服务器和存储设备能够直接连接到现有的 IP 交换机和路由器上，因此 iSCSI 技术具有易于安装、成本低廉、不受地理限制、良好的互操作性、管理方便等优势。

注意：iSCSI，即 Internet SCSI，指在互联网上通过 IP 协议传输 SCSI 指令和数据包。iSCSI 可以用来组建 IP SAN，即构筑在 IP 协议基础上的存储局域网。但是 iSCSI 不是 IP SAN 的全部，像 FCIP(FC over IP)等技术也可以划入 IP SAN 的范畴，所以说，iSCSI 属于 IP SAN 的技术，但两者之间还不能完全划等号。

1. iSCSI 的工作流

iSCSI 的工作流：iSCSI 协议就是一个在网络上封包和解包的过程，在网络的一端，数据包被封装成包括 TCP/IP 头、iSCSI 识别包和 SCSI 数据三部分内容，传输到网络另一端时，这三部分内容分别被顺序地解开。

iSCSI 系统的流程如图 12.20 所示。

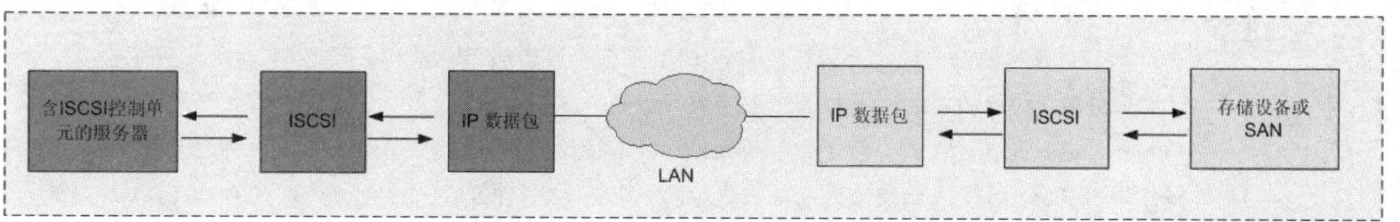

图 12.20 iSCSI 系统的流程

2. iSCSI 的优缺点

iSCSI 的优点如下。

(1) 基于 TCP/IP

iSCSI 是被封装在 IP 包中进行传输的，所以它具有 TCP/IP 的所有优点，诸如可靠传输，可路由等。

(2) 低成本

由于通过以太网进行传输，企业可以利用现有的以太网设施来部署 iSCSI 存储网络，而不需要更改企业的网络体系，所以它的部署成本比较低。

(3) 易于使用

协议本身没有距离限制，由于使用 TCP/IP 进行传输，不但可以在局域网中进行部署，也可以跨过路由设备在广域网中进行部署，大大扩展了 iSCSI 存储网络的部署范围。

(4) 成本保护

由于 iSCSI 结构简单，容易理解，协议通用，即使是多个厂家的设备，也可以有机地结合起来共同使用，极大地保护了企业的投资。

(5) 易于扩展

由于 iSCSI 存储系统可以直接在现有的网络系统中进行组建，并不需要改变网络体系。对于需要增加存储空间的企业用户来说，只需要增加存储设备就可完全满足，因此 iSCSI 存储系统的可扩展性高。

iSCSI 的缺点如下：

- 支持的平台及软硬件较少，目前微软 Windows 平台具备最完备的支持性。
- 流量控制、链路冗余和负载均衡方面，没有 FC SAN 做得好。
- SAN 的文件共享问题，与 FC SAN 一样，是需要解决的问题。
- 硬件 iSCSI 适配卡较贵：如果想要让整体效能有好的表现，那么就必须添置较贵的 iSCSI HBA 卡或稍贵的 TOE HBA 卡(TCP Offload Engine)，整体成本会因而大幅攀升。

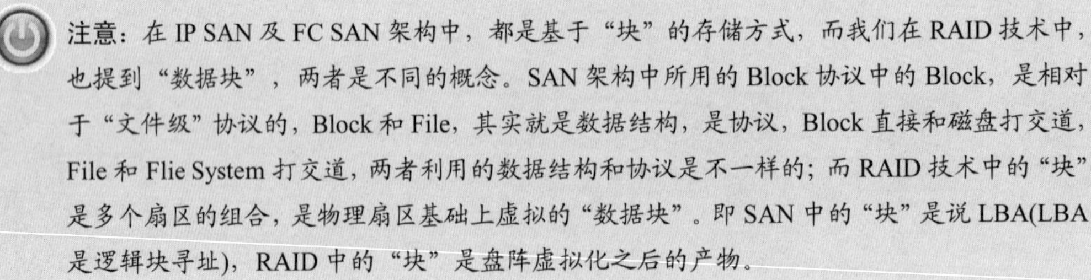

注意：在 IP SAN 及 FC SAN 架构中，都是基于“块”的存储方式，而我们在 RAID 技术中，也提到“数据块”，两者是不同的概念。SAN 架构中所用的 Block 协议中的 Block，是相对于“文件级”协议的，Block 和 File，其实就是数据结构，是协议，Block 直接和磁盘打交道，File 和 Flie System 打交道，两者利用的数据结构和协议是不一样的；而 RAID 技术中的“块”是多个扇区的组合，是物理扇区基础上虚拟的“数据块”。即 SAN 中的“块”是说 LBA(LBA 是逻辑块寻址)，RAID 中的“块”是盘阵虚拟化之后的产物。

12.3.6 存储架构比较

1. 不同架构的比较

DAS 架构的特点是“存储资源专属性”，每个服务器是其附属的存储设备的“Manager”，专属而独立；FC SAN 可以满足高需求的存储需求，但其光纤交换系统成本较高，而且服务器和存储设备之间也有距离限制；NAS 打破了 DAS 的存储设备专属问题，也没有 FC SAN 高昂的光纤交换系统成本问题和距离限制，但是 NAS 服务器本身特点决定了其并不适合做长时间大流量数据存储；iSCSI 具有 SAN 类似的架构和相对低廉的成本，但对交换机的配置及网络稳定性要求较高。

DAS、NAS、SAN 系统结构如图 12.21 所示。

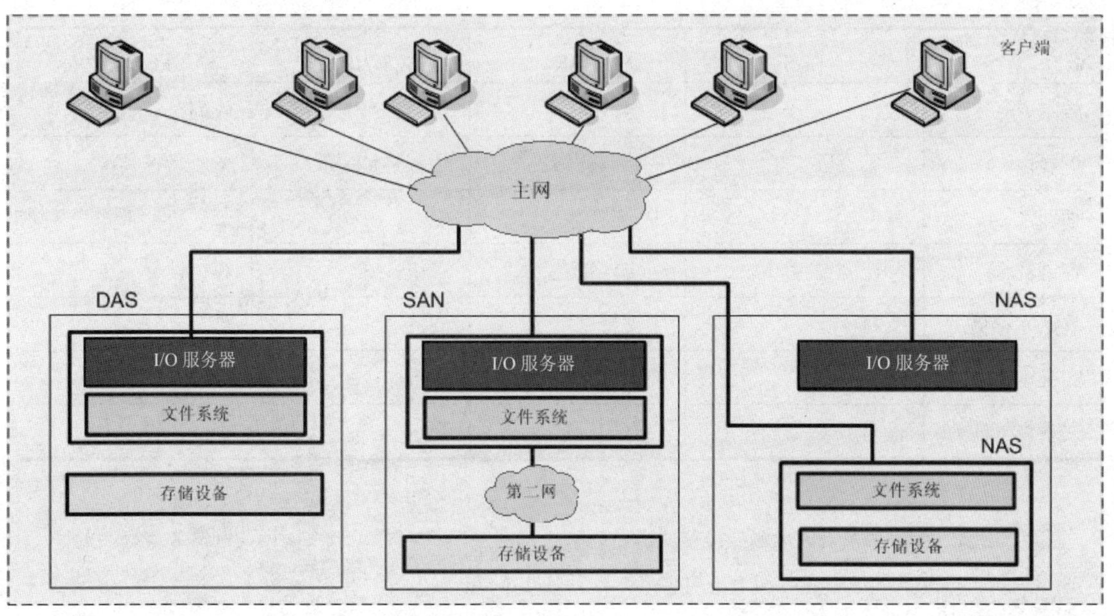

图 12.21　DAS、NAS、SAN 结构对比

(1) NAS 结构和 SAN 最大的区别就在于 NAS 有文件操作和管理系统，而 SAN 却没有这样的系统功能，其功能仅仅停留在文件管理的下一层，即数据管理。

(2) NAS 和 SAN 并不是相互冲突的，是可以共存于一个系统中的，但 NAS 通过一个公共的接口实现空间的管理和资源共享，SAN 仅仅是为服务器存储数据提供一个专门的快速“后方通道”。

(3) NAS 以网络为中心，而 SAN 是以数据为中心的。概括来说，SAN 具有高带宽“块”级数据传输的优势，而 NAS 则更加适合“文件”级别上的数据访问。用户可以部署 SAN 运行关键应用，比如数据库、备份等，以进行数据的集中存取与管理；而 NAS 支持若干客户端之间或者服务器与客户端之间的文件共享，所以用户可使用 NAS 作为日常办公中需要经常交换小文件的地方，比如文件服务。

不同存储架构细节对照表见表 12.2。

表 12.2　不同存储架构细节对照表

	DAS	NAS	ISCSI/IP SAN	FC SAN
架构	SCSI 或 FC 直连外挂存储设备方式	基于以太网的存储	基于以太网的存储	基于光纤网络的存储
读写级别	块级	文件	块级	块级
连接方式	SCSI 卡、1394 卡	以太网路	以太网路	FC 卡、光交换

续表

	DAS	NAS	ISCSI/IP SAN	FC SAN
成本	较低	中等	中等偏高	较高
扩展性	非常有限	依赖具体情况	依赖具体情况	依赖具体情况
管理性	差	中	强	强
容错性	一定容错性	一定容错性	容错性好	容错性好
数据库存储	支持	不支持	支持	支持
实施难易	简单	简单	较难	难
灾难恢复能力	没有	没有	强	强

比如：“小池塘、大方塘”。张三所在的象牙山村一年多数时间干旱少雨，通常只有每年的7、8 月份有降雨，村民用水困难。村民自行挖池塘蓄水以备干旱时候所需，池塘连接山上下来的多条小溪，平时小溪水注入池塘，尤其雨季，水资源较充足，蓄水充盈。等到干旱时候，村民再将池塘开闸放水，来灌溉农田。初期，村里每家每户挖一个池塘，实现自给自足，这就是直连存储。后来发现，每家的池塘规模都不大，而且维护困难，各家池塘利用率也不同。村主任长贵召开会议，建议将各家的小池塘连通，形成一个大方溏，如图 12.22 所示，由几个人专门负责集中维护。这样，村民可以共享整个大水塘的资源，在水资源的管理、利用、成本控制上都提高了水平，这就是网络存储。

2. 文件协议及块协议说明

File I/O 及 Block I/O 是存储数据的两种不同方式，即文件 IO 及块 IO，通常 NAS 系统架构提供“文件”级的 IO 而 DAS 与 SAN 架构可以提供“块”级别的 IO。

File I/O 方式中，操作系统需要对硬盘进行格式化，在硬盘分区上产生一个文件系统结构。操作系统通过文件系统来实现对硬盘数据的定位。NAS 的数据读取方式是 File I/O，当用户与 NAS 服务器请求交换数据时是通过操作系统来实现的，对于硬盘的数据扇区定位是稍后通过 NAS 的操作系统应用来实现的。比如客户访问一个 1MB 的文件，不可以只访问这个文件的 10KB 的部分，必须打开整个文件，所以叫 File I/O。

在 Block I/O 方式中，操作系统不需对硬盘进行格式化，并不在硬盘分区上产生文件系统，应用程序如 SQL 绕过 OS 直接定位读取 Raw Disk(裸盘)中的数据。DAS 及 SAN 通过 Block I/O (Raw I/O)来直接定位硬盘的数据，效率较高，经常应用在数据库应用中。

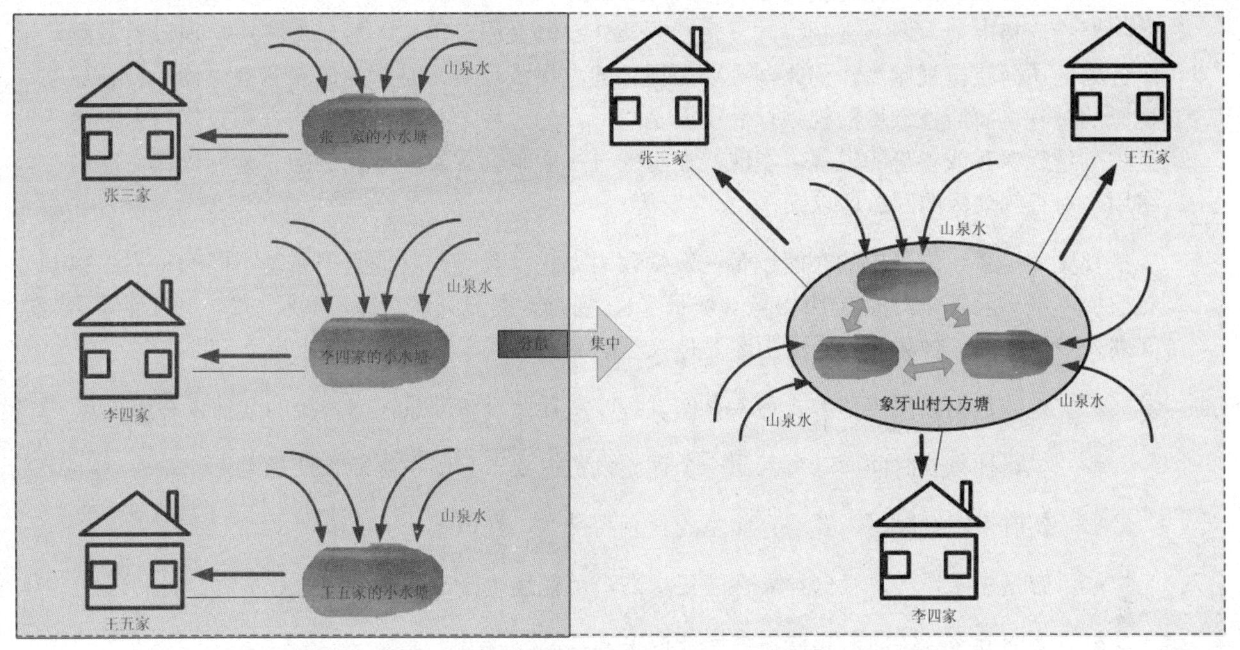

图 12.22　象牙山村蓄水工程示意图

12.4　视频监控中的存储应用

在视频监控系统数字化、网络化、智能化的过程中，存储技术得到越来越多的应用。在单机 DVR 时代，人们对存储空间按照 G 单位来部署，几百个 G 的硬盘是主流；而伴随 DVR 的网络化及 NVR 的大量应用，单机 DVR 或 NVR 自带的存储空间已经远远不能满足人们对海量视频的存储、检索需求。

因此，人们将存储功能从 DVR 或 NVR 中剥离出来，让更专业的设备来做，从此，磁盘阵列轰轰烈烈地进入安防应用，人们谈到的是以 T 为单位的存储空间，考虑的是 DAS、NAS、SAN 架构及 I/O、吞吐、冗余等技术参数。

12.4.1　视频监控存储特点

1. 视频存储的特点

视频存储是网络视频监控系统应用中非常重要的一个环节。海量的视频数据通常需要进行长时间的存储，并为日后的视频录像资料检索、回放等提供服务。用户可以通过系统提供的应用检索界面，对某路、某个时间段的监控录像进行检索、回放或导出生成文件。从磁带到硬盘，从 IDE 到 SAS 接口，从单磁盘、JBOD 到各种 RAID 技术，从 DAS 到 NAS、SAN 架构，存储领域的每一次技术变革都带动了视频存储领域相应的发展。

视频监控领域的存储与民用领域(如视频网站)视频的存储应用不同，民用领域视频的存储主要指广播电视、网络视频等，它将视频文件存储在服务器上，然后网络用户通过对视频服务器的访问获得视频流，因此，主要是视频的直播或点播，是从存储设备中“读”并播放视频的过程。而监控领域的视频存储主要是“写”的过程，是将网络上的视频数据写入到磁盘阵列进行保存或备份的过程，当然，在写的过程中也会并发一定比例的“读”操作，即网络用户对视频录像的回放请求操作。

视频监控系统中采用的存储设备在数据读写方式上具有与其他类型系统不同的特点。视频监控系统一般具有监控点多(摄像头数量多)、视频数据流大、存储时间长、24 小时连续不间断作业等特点。视频监控应用中主要是视频码流的写入，具体特点如下：

- 视频数据以流媒体方式写入存储设备或从存储设备回放，与传统的文件读写不同。
- 多路视频长时间同时写入同一个存储设备，要求存储系统能长期稳定工作。
- 实时多路视频写入要求存储系统具有高带宽，且恒定。
- 容量需求巨大，存储扩展性能要求高，可在线更换故障设备或进行扩容。
- 多路并发读写时对存储设备性能要求非常高。

2. 视频存储的发展过程

如本书先前介绍过的，视频监控技术的发展过程分模拟视频监控、数字视频监控及网络视频监控，模拟视频监控时代的存储设备是磁带录像机(VCR)；数字视频监控时代的代表产品是数字硬盘录像机(DVR)，内置或外挂硬盘是主要的存储设备；在网络视频监控时代，网络摄像机、编码器负责视频的编码传输，而存储主要采用网络视频录像机，即 NVR，NVR 具有多种存储方式，如 DAS、SAN 可选。

在网络化视频监控时期，数据呈爆炸性增长，存储方式变得多样化，不同的存储结构都得到应用，DAS、NAS、FC SAN 及 IP SAN 等存储系统与数字网络视频监控系统配合应用，实现视频数据的海量、高速、实时、稳定的存储与检索。

视频监控系统中存储系统的发展过程如图 12.23 所示。

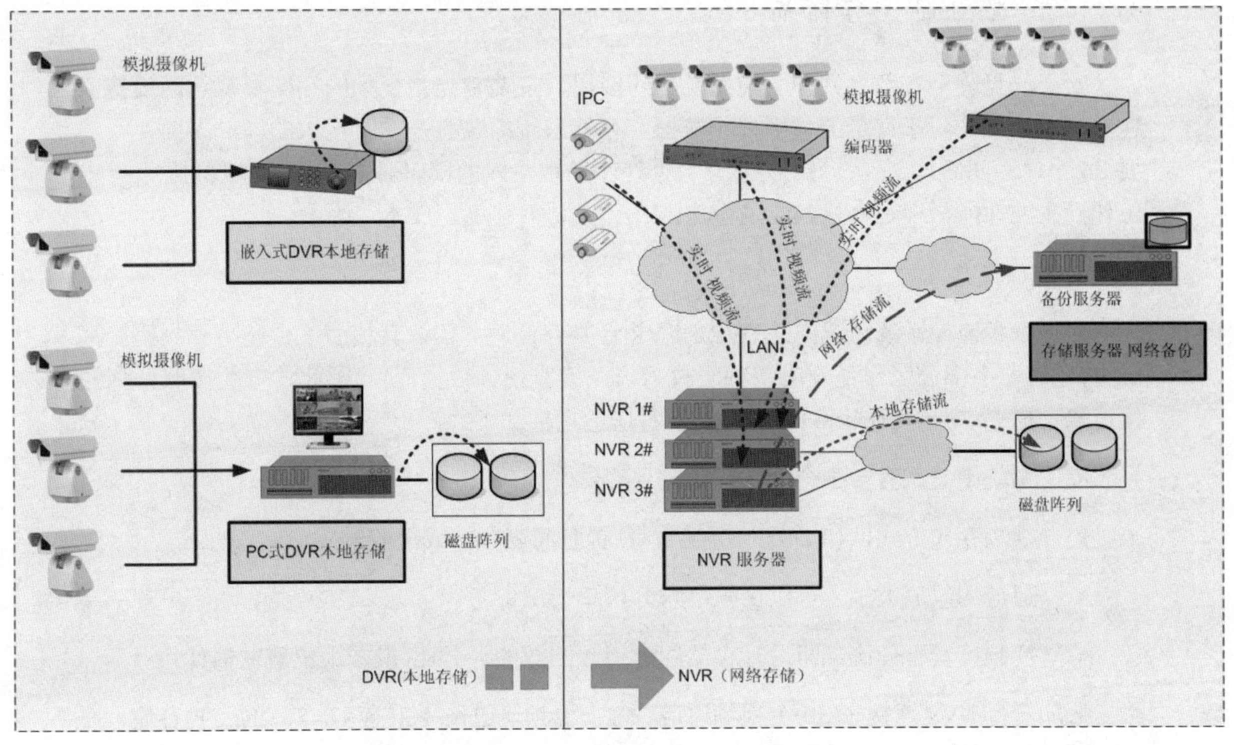

图 12.23　视频监控存储的发展过程

图 12.23 中，在数字视频监控时期，DVR 作为数字化存储设备，通常采用的存储方式是内置多块大容量硬盘的方式实施存储扩展，或通过扩展接口外接磁盘阵列，可以理解为 DAS 方式的存储。DAS 架构的存储在早期的单点及小规模 DVR 系统中，因为部署容易，成本不高而得以广泛应用，此方式的特点是单服务器(DVR)独享存储空间。

DAS 架构的视频存储的缺点如下：

- 存储系统难以扩展，日后扩容、升级、维护比较困难。
- 存储系统无法多机共享，设备利用率不高。
- 视频的存储与回放操作都依赖服务器，服务器负荷较高。
- 易发单点故障，无法高可靠运行。

随着网络视频监控系统的发展，系统变得分散而规模不断扩大，因此，存储系统的容量、带宽、稳定性、集中管理、易维护、成本等方面均成为重点考虑因素。在此情况下，网络化、规模化的存储架构正好可以弥补 DAS 架构的各种不足，NAS、IP SAN、FC SAN 以其良好的网络性、扩容性、冗余性、易管理性等优势得到更多的应用。

12.4.2 视频监控存储需求

对于磁盘阵列在数字视频监控系统中的应用，主要功能是视频的存储及视频回放检索。在大型系统中，对于海量的数字视频数据，存储系统的负荷是非常巨大的。一方面，系统需要 24 小时不间断地工作；另一方面，数据在不断地写入的同时可能伴随着视频回放、导出等工作。主要性能指标是容量、传输带宽(MB/s)、访问速度、成本等因素。

1. 存储带宽需求

对于视频监控系统，无论是 DVR、NVR 还是存储服务器，其核心工作是将视频码流写入磁盘(还有一小部分工作是响应视频回放请求，读取视频数据流)，因此，需要按照计划的码流值来考虑存储带宽(吞吐率)需求。需要考虑的指标如下：

- 系统中总共有多少个视频通道需要存储。
- 视频存储方式，如 24 小时存储、预置时间表存储或报警触发存储等方式。
- 通道的码流大小，可以由帧率与分辨率情况参考。
- 视频读写百分比，即进行存储同时视频回放的百分比(根据用户情况估计)。

假如一台 NVR 连接了 30 个视频通道，每个视频通道做 4CIF@RT=2M 的实时存储，按照 30%的视频回放比例(100%视频写入)，则磁盘带宽需求为：30CH×2M＋30CH×0.3×2M＝78Mbps=10MB/s。那么对 NVR 连接的磁盘阵列(不论是 DAS 还是 SAN 架构)的传输带宽需求为 10MB/s。需要注意磁盘阵列即使在“Rebuild”期间也需要满足此带宽要求，因为视频存储 24 小时连续地进行，因此磁盘阵列的带宽通常要求在 15MB/s 以上。如果视频存储方式不是 24 小时连续存储模式，而是采用预置时间表或报警触发模式，那么对于磁盘阵列的带宽需求将会有所降低，需要根据具体情况另行计算。

注意： 在计算带宽需求时不能采用简单相乘的方法，比如，系统中有 1000 个摄像机，每个摄像机按照 4CIF@RT=2M 的码流计算得出：1000 路 × 2Mbps/8 =250MB/s，然后得出结论，磁盘阵列带宽要求在 250MB/s，需要采用 FC SAN 或 SCSI 阵列。此处的问题是“1000 路视频实际上不可能由一个磁盘阵列进行存储”，即使单体 NVR(或存储服务器)支持这个容量，网络也很难支持，就算网络能够支持，物理上也不会这么部署。因此在实际应用中，通常是分布式部署多台 NVR 设备或存储服务器，那么总共 1000 路视频划分到多个 NVR(或存储服务器)的磁盘阵列中去后，给单台设备的压力并没有那么大。

比如："地铁、人流量、地铁口"。国家大力发展地铁运输业，以解决人们的出行问题。在地铁设计时，需要了解地铁的负荷，如地铁 S 号线，在设计时预计每天全线人流量在 50 万人，那么对沿线各个地铁口的通道口宽度如何设计？

当然是把全线人流分摊到各个地铁出入口来设计负荷，而不可能将 50 万人的流量算到一个出入口的头上。同理，网络视频监控，整个系统中通常设计部署多个 NVR 或存储服务器，因此，流量也是全局流动而不是单点集中。

2. 存储容量需求

通常，对于视频监控系统，无论是 DVR、NVR 还是存储服务器，其核心工作是视频存储，而存储设计的一个重点工作就是存储容量计算。

视频存储空间需求计算过程如图 12.24 所示。

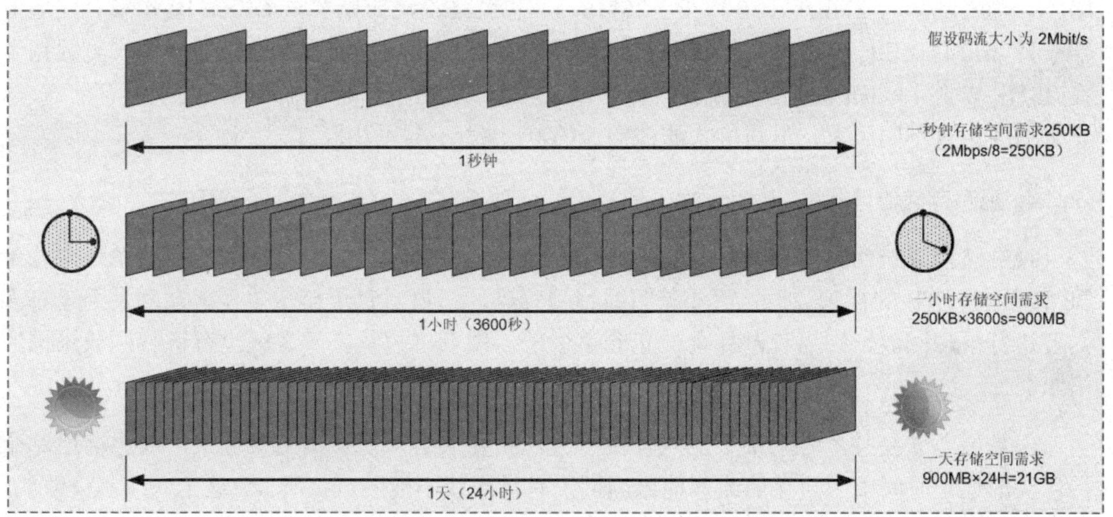

图 12.24 视频存储空间需求计算过程示意图

其中主要需要考虑的因素如下：

- 系统中总共有多少个通道视频需要存储。
- 视频存储方式，如 24 小时存储、预置时间表存储或报警触发存储等方式。
- 通道的码流大小，可以由帧率与分辨率情况参考，如 4CIF@RT 可以按 2M 计算。

注意：磁盘空间的计算是粗略的，不可能做到非常精确。在实际的视频监控系统中，码流的大小是动态变化的，因为每个摄像机的场景是随时变化的(即使是表面上看到的是静态的画面)。通常，在设计、计算存储空间时，利用公式得到的存储空间大小只是一个近似值，一般预留一定容量以保证录像保存天数。

视频存储空间需求计算公式(按照 24 小时实时存储):

存储空间=通道数×码流×录像天数×24(每天 24 小时)×3600 秒(单位小时变成秒)/8(单位 b 变 B)/1024(单位 M 变 G)/1024(单位 G 变成 T)

假如有 30 个通道，每个通道码流 2Mbps，计划保存 30 天，则存储空间大小是:

30CH×2Mbps×30×3600s×24/8/1024/1024=19TB

如果并非 24 小时连续录像方式，而是按照工作时间如每天 8 小时录像方式，那么存储空间 19/3=6.3TB，如果采用报警触发录像方式，假设报警率为 20%，那么 19×20%=3.8TB。

3. 磁盘的 IO 性能

视频监控系统应用中主要是以一定码流多路并发写入数据到磁盘中，并伴有随机读取应用。在采用 MPEG-4 编码方式的情况下，4CIF 分辨率实时码流一般为 2Mbps 左右。假如视频流一次 IO 最大块为 128kb，则 100 路需要执行的 IO 次数为 2Mb/s÷128kb×100＝1562.5 IOPS，而吞吐率为 2Mb/s×100÷8＝25MB/s。也就是说，如果要求 NVR、DVR 或存储服务器支持 100 路 4CIF 实时视频存储需求，假如采用 128kb 块码流写入，则吞吐率实测数据要在 25MB 以上，而 IOPS 值的实测数据也应该在 2000 以上，才满足百路以上的视频存储需求。这里需要注意不同厂家、不同格式的视频流的 IO 块大小并不相同。

4. 视频存储的可靠性

视频监控系统的数据存储，具有“养兵千日，用兵一时”的特点，可能存储系统中几十 TB 甚至上百 TB 的视频数据，“年年月月日日存储，日日月月年年覆盖”。期间甚至没有人需要进行录像回放，因为和谐社会，犯罪率极低，没有事故发生，也就没有进行回放录像的需求。

但是，万一在某个时刻某个地点发生事故，就要求必须能够调出录像来，如果恰恰这个摄像头的这个时间段因为存储或其他原因而没有录像或不能回放，那么，这个系统是失败的，这叫“百密一疏”，是绝对不能允许的。视频录像、存储绝对不能百密一疏，这实质考核的是视频监控系统的可靠性。

视频存储及备份架构如图 12.25 所示。

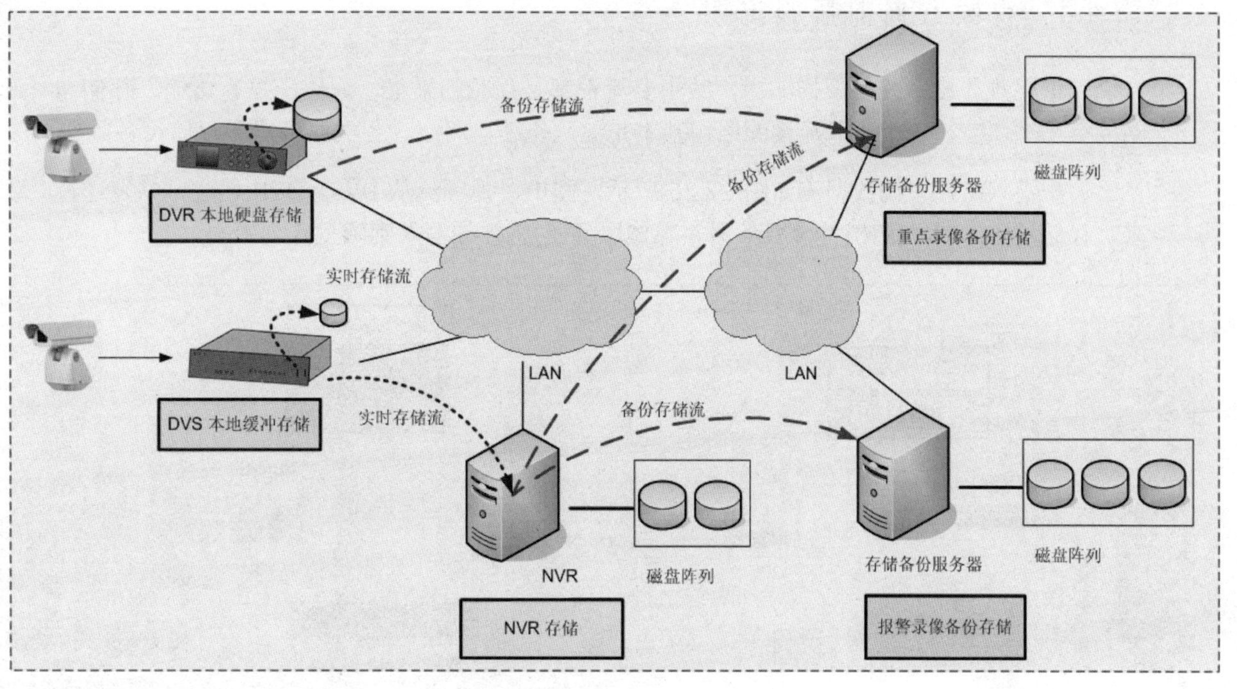

图 12.25　视频存储及备份架构

目前提高视频数据可靠性的方法如下：

- 分散存储、中央备份的方式。
- 分散存储、重点录像备份的方式。
- 存储服务器的冗余技术，以保证无间断工作。
- 磁盘阵列控制器的冗余技术。
- 磁盘的冗余技术，如采用各种 RAID 机制。
- 磁盘的在线更换机制，通常采用热备盘实现故障的自动更换。
- 采用 NVR 冗余备份技术提高可靠性。

在图 12.25 中，DVR 采用内置硬盘的方式进行存储，同时，可以与存储备份服务器配合使用，对 DVR 中的重要通道视频、报警触发后的视频进行远程备份存储以保证数据的可靠性；而 DVS 具有本地缓冲存储以克服网络不可靠问题，DVS 编码压缩后的视频数据发送到网络上，由 NVR 进行视频的存储与转发。

与 DVR 类似，NVR 可以与存储备份服务器配合使用，对 NVR 中的重要通道视频、报警触发后的视频进行远程备份存储以保证数据的可靠性，另外，NVR 还可以采用 N＋1 冗余备份方式以实现视频存储转发的高可靠性。

12.4.3 视频存储的瓶颈说明

无论视频监控系统的架构如何，其主要流程都是视频的采集、编码压缩、传输、存储与回放等几个环节，各个环节经过的路由基本是编码压缩、网络、各类服务器和存储设备。

典型视频监控系统数据流如图 12.26 所示，图中，视频流从 DVS、DVR 通过网络发送过来，存储设备(NVR、归档备份服务器、媒体服务器)将视频写入到磁盘阵列中去。

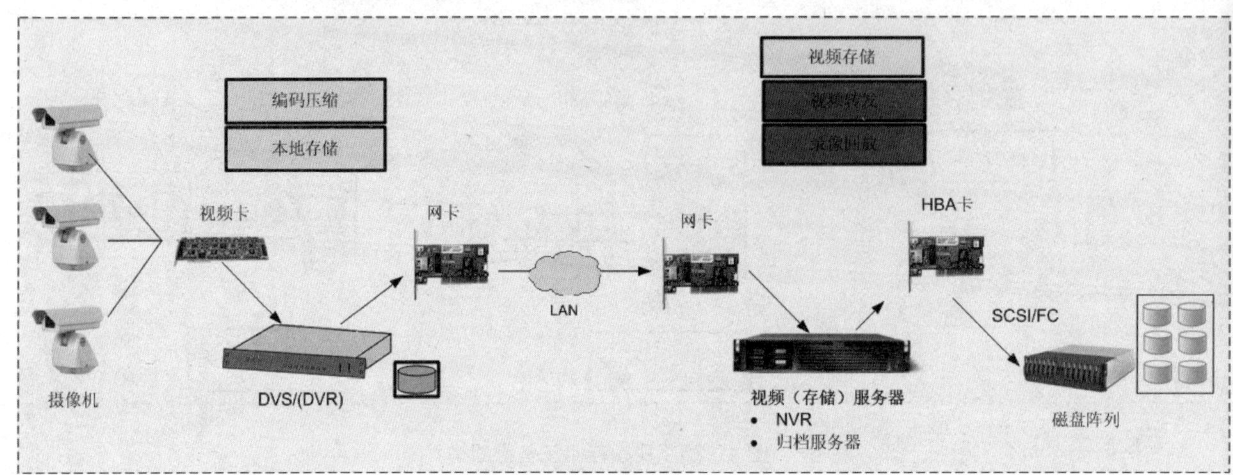

图 12.26　视频监控系统数据流

如图 12.26 所示，对于视频(存储)服务器，实质上包含两个环节，即“一进一出”。通过前端网络接口(网卡)进行视频流的捕获，然后通过后端存储接口 HBA 卡(当然也可能还是网络接口)，如 SCSI 卡或光纤卡等将视频流数据写入磁盘。这里的“视频(存储)服务器”，指的是 NVR 或归档服务器(Archive Server)，主要作用是对编码后的数字视频信号进行存储、转发、并响应用户的请求进行录像回放工作。

注意：先前介绍的流媒体服务器主要用来进行实时视频流的转发工作，采用特殊软件体系结构，能够并发支持的通道数量较多，而视频服务器既要存储视频数据，又要进行视频回放检索，对数据处理负担稍大，因此目前能够支持的视频通道数量有限，通常的情况是单体设备支持 50~100 路摄像机接入，且根据码流不同而不同，从稳定性及成本因素考虑，这个数量级还是合适的。

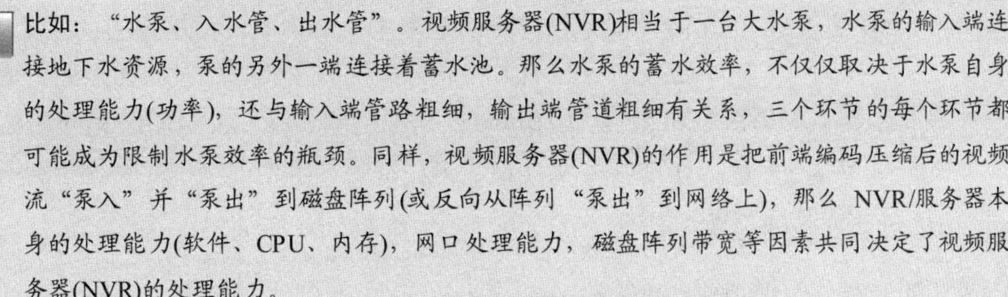

比如：“水泵、入水管、出水管”。视频服务器(NVR)相当于一台大水泵，水泵的输入端连接地下水资源，泵的另外一端连接着蓄水池。那么水泵的蓄水效率，不仅仅取决于水泵自身的处理能力(功率)，还与输入端管路粗细，输出端管道粗细有关系，三个环节的每个环节都可能成为限制水泵效率的瓶颈。同样，视频服务器(NVR)的作用是把前端编码压缩后的视频流“泵入”并“泵出”到磁盘阵列(或反向从阵列“泵出”到网络上)，那么 NVR/服务器本身的处理能力(软件、CPU、内存)，网口处理能力，磁盘阵列带宽等因素共同决定了视频服务器(NVR)的处理能力。

注意：在行业上，这里的 NVR、视频(存储)服务器或归档服务器等设备，叫法并不统一，而其在实际系统应用中角色也不相同。但是，从视频存储的角度来说，它们的作用是一致的，即完成视频数据的写入工作，并响应客户的需求，将相应请求的视频资源读取出来，因此并不影响我们对存储技术的讨论。

1. 服务器输入带宽

目前，在 1000M 网络环境下，单块网卡可提供的带宽通常是 300Mbps 左右(不考虑叠加等方式)，如果按照目前主流单路视频码流在 2Mbps 的情况，则同时支持的通道数量(不考虑回放、归档等其他因素占用资源情况下)可以达到 150 路。这是在理想情况下，实际应用中，单台服务器支持 100 路的视频输入是可以接受的，这个数量对于中型甚至大型的视频监控系统应用都是足够用的，因此，服务器的网卡输入带宽不是瓶颈。

注意：对于视频监控系统来说，没有必要片面追求单机能够支持的通道数量，当然，如果单机支持的通道数量过少，如 10~20 路的数量级，那么在服务器的数量、维护成本、机房资源成本等方面均是劣势。目前行业主流的视频服务器(NVR)可支持 64 路 4CIF 实时(按照 2M 码流)的视频通道，这个数量级无论是对目前网络情况、服务器处理能力、实际应用需求等方面都是比较合适的。

2. 服务器及软件处理能力

视频(存储)服务器或 NVR 服务器的带宽仅仅是个通道资源的限制，而另外一个方面的限制是“服务器本身的处理能力”限制。通常，对于 NVR 或视频(存储)服务器，要进行视频的数据包捕获并写入到磁盘阵列中，要响应客户端的连接请求并找到相应的视频流，然后打包发送出去。因此，在多服务、多用户连接的情况下，对服务器的 CPU 处理能力、内存、各种线程的合理协调等方面提出了更高的要求。

3. 磁盘阵列的带宽

存储服务器(或 NVR)的主要功能是以稳定的速率采集网络上传输过来的视频流数据，当系统中有大量的视频流入时，磁盘的吞吐能力将成为系统的主要瓶颈。假如按照普通 IDE 硬盘可提供的带宽是 10MB/s，SCSI 硬盘是 20MB/s，典型的磁盘阵列可以提供 40MB/s 的带宽，按照一个标准的 MPEG-4 格式视频流带宽为 2Mbps，那么支持的并发用户数如下。

- IDE 硬盘支持通道数：40 路。
- SCSI 硬盘支持通道数：80 路。
- 磁盘阵列支持通道数：320 路。

在实际应用中，存储服务器还需要响应客户端的请求而发送录像视频，因此，也要占用一定的带宽资源。假设一个视频存储服务器设计存储 32 个视频通道，若存储同时还有 25%的通道并发回放录像视频，并留预留 20%带宽，按每个视频流 2Mbps，那么：

$$(32CH\times 2Mbps+32\times 25\%\times 2Mbps)\times(1+20\%)=96Mbps=12MB/s$$

因此，32 个通道 4CIF 实时视频存储情况下，通常需要 SCSI 或以上更高性能的存储系统。

注意：对于不同的存储系统，如 IDE、SCSI 及磁盘阵列，需要注意的是其标称的带宽并不代表其实际可用的带宽，因此通常需要进行测试。例如对于磁盘阵列，其在 Rebuild 期间的带宽值将会有所下降(通常可能下降 30%)。另外，不同厂家的视频流结构不同，数据写入阵列的方式不同，视频读写百分比不同等各种因素，都会影响阵列的吞吐性能，所以前期规划时要全面考虑，以防止系统上线运行后因为存储带宽不足而导致视频流存储失败或影响性能。

12.4.4 视频存储的主要架构

在网络视频监控系统中，编码器负责将视频编码压缩，NVR/媒体服务器/存储服务器负责视频的采集并写入到磁盘阵列，同时响应客户端的请求进行视频的转发。

在视频监控系统中，存储系统的设计不是孤立的，是与视频监控系统的软件架构、视频文件格式、实际设备的类型(IPC/DVS/DVR)、系统用户的需求、现场网络结构等多种因素都有关系的。

而存储架构 DAS、NAS、FC SAN、IP SAN 等都可以针对具体环境而应用，离开了具体的应用环境和具体需求而讨论存储架构没有任何意义。

1. DVR 本身的存储结构

DVR 视频数据存储如图 12.27 所示，在此架构中，DVR 通过内部的硬盘总线连接多块 IDE 硬盘，DVR 根据硬盘的地址顺序规划逻辑盘符，视频数据流按照盘符地址依次写入数据到各个硬盘中。

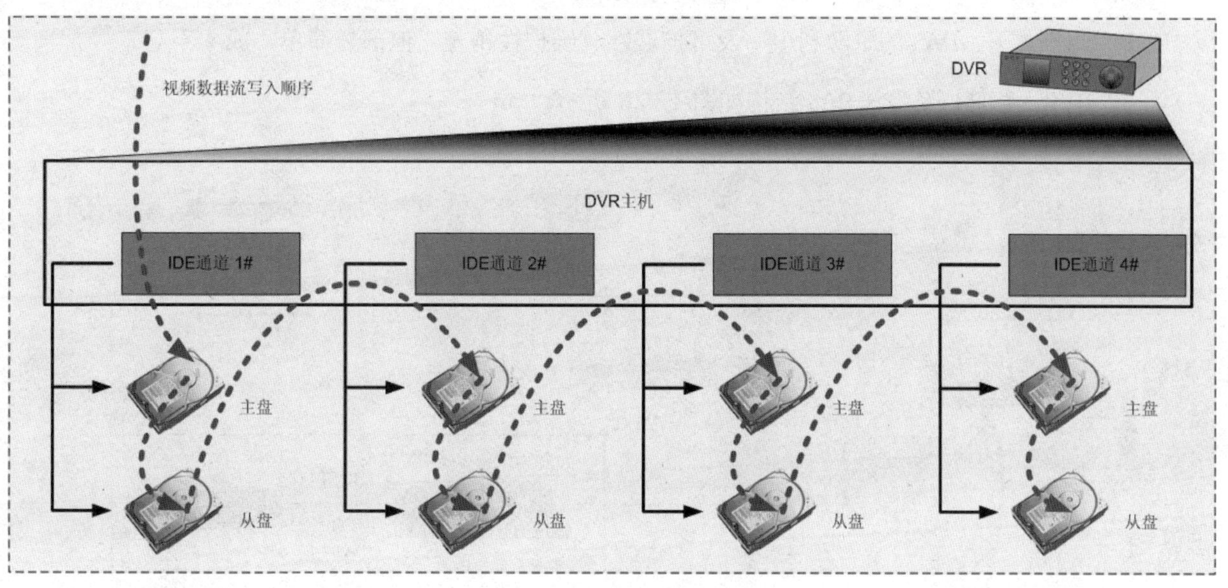

图 12.27　DVR 视频数据存储

因此，在此模式下，平时状态下某块硬盘处于核心工作(数据流写入)压力下，可能导致硬盘的性能下降、降低寿命。

2. 嵌入式 DVR+存储服务器+DAS 结构

PC 式 DVR 因为具有丰富的接口，通常可以直接连接 SCSI 接口的 DAS。

而嵌入式 DVR 通常需要利用视频存储服务器进行存储备份，视频存储服务器后端可以利用 DAS 进行存储扩展。

此方式下，DAS 的资源利用率及可扩展性、维护性稍差，但部署简单，成本不高。

DVR＋存储服务器＋DAS 结构如图 12.28 所示。

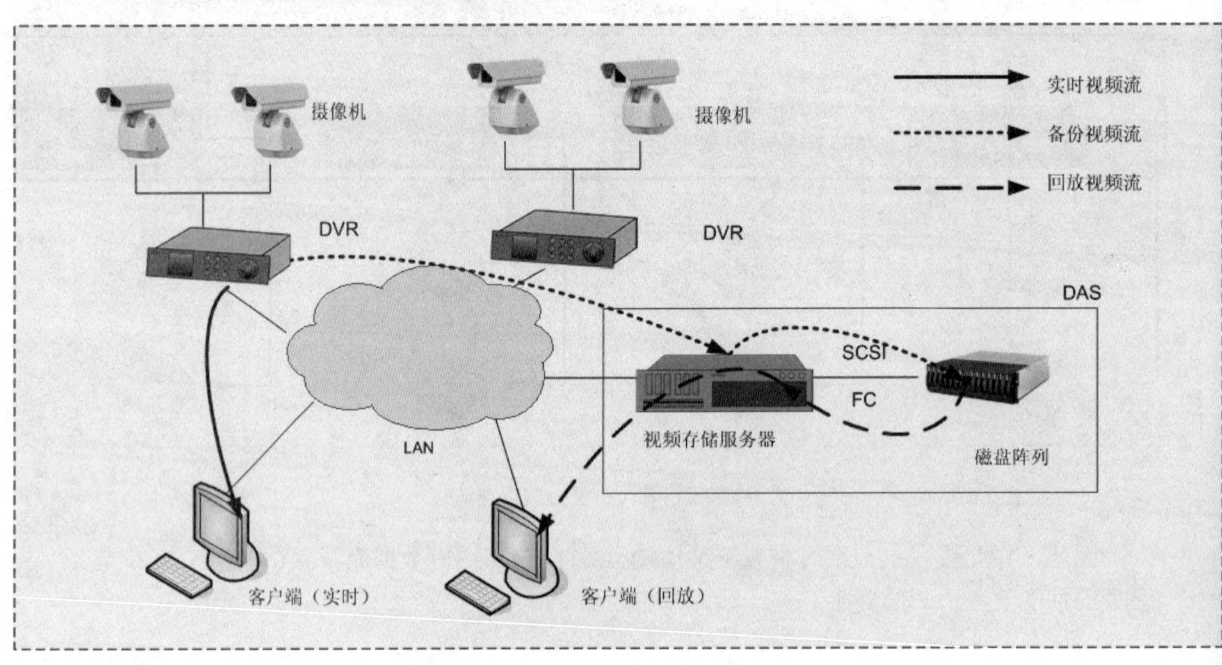

图 12.28　DVR+存储服务器+DAS 结构

3. 编码器+NVR+DAS 结构

此架构下，NVR 直连存储阵列(通过 SCSI 或 FC 通道)，即 DAS 架构，NVR 服务器直接将数据写入到磁盘阵列中。此架构适合 NVR 比较分散的项目中，特点是系统部署简单，各个存储设备相互独立，但是由于缺少共享支持，因此可能对系统前期规划要求“尽量精确到位”，否则后期扩容时成本较高。

磁盘阵列可以根据需要选择 RAID 配置以保证数据的可靠性。

编码器＋NVR＋DAS 的存储结构如图 12.29 所示。

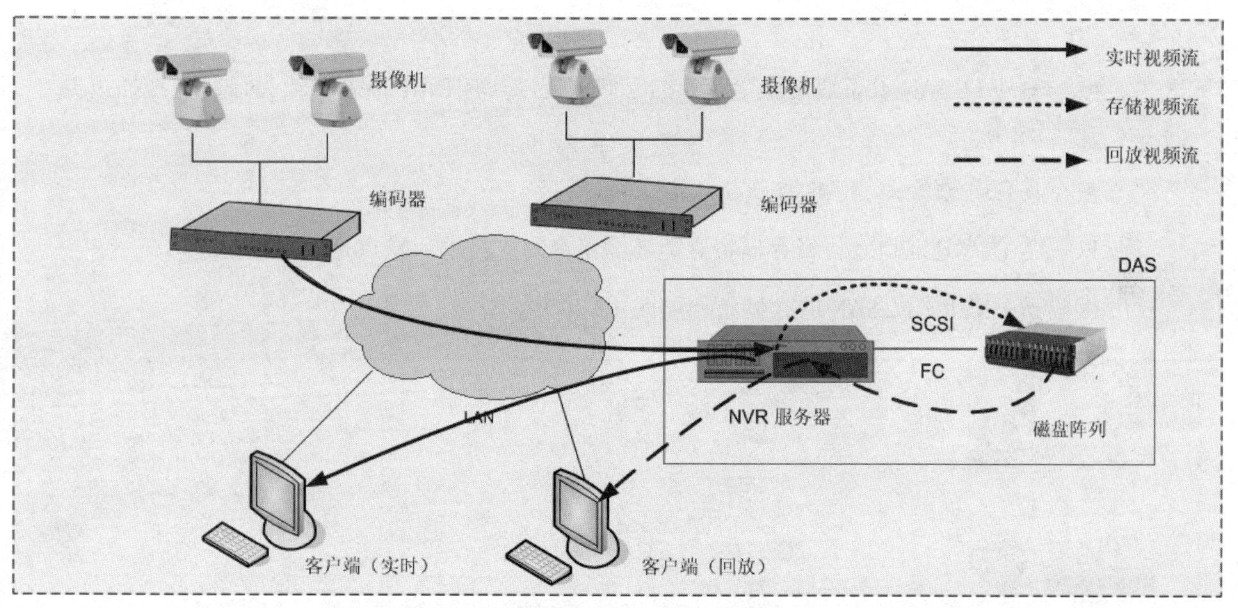

图 12.29　编码器+NVR+DAS 存储结构

4. 编码器+NVR+FC SAN 存储

此架构下，NVR 连接到存储区域网络，即 SAN 架构，NVR 服务器直接将数据写入到 SAN 的相应的磁盘当中去。此架构适合 NVR 比较集中的项目中(比如在一个机房中安装若干台 NVR 服务器)。

此架构特点是：

- 系统功能强大，可以实现多台 NVR 主机共享磁盘阵列；
- 通过光纤通道实现高速数据传输；由于磁盘阵列共享并集中，因此系统的扩展比较容易；
- 另外 FC SAN 设备通常采用专业的存储系统，具有 RAID 保护，支持硬盘在线插拔更换；
- 具有电源冗余、专业散热等可靠技术。

FC SAN 的高速通道及块级存储特点能够满足高写入需求，缺点是成本比较高。

编码器＋NVR＋FC SAN 的存储结构如图 12.30 所示。

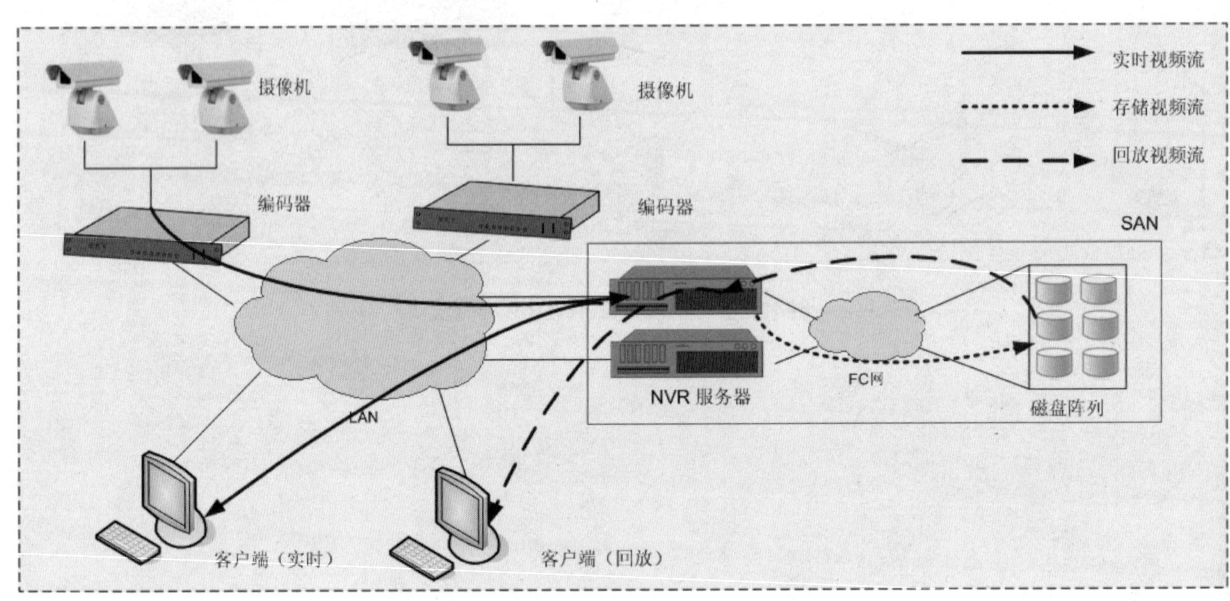

图 12.30 编码器+NVR+FC SAN 存储结构

5. 编码器+媒体服务器+IP SAN

在此方式下，编码器通常需要内置 iSCSI 模块，编码器设备可以按照预先的设置，直接对 IP 存储设备进行写入操作，省去了 NVR 服务器这个环节，节省了成本并提高了效率。编码器根据设置及存储计划，自动将视频流以 iSCSI 块方式写入存储设备，实现了端到端的 IP SAN 存储。通常，设置媒体转发服务器实现视频的实时流转发与存储转发。

IP SAN 设备一般采用专业的存储系统，具有 RAID 功能，支持硬盘在线插拔更换、电源冗余、专业散热等可靠技术。

编码器＋媒体服务器＋IP SAN 存储结构如图 12.31 所示。

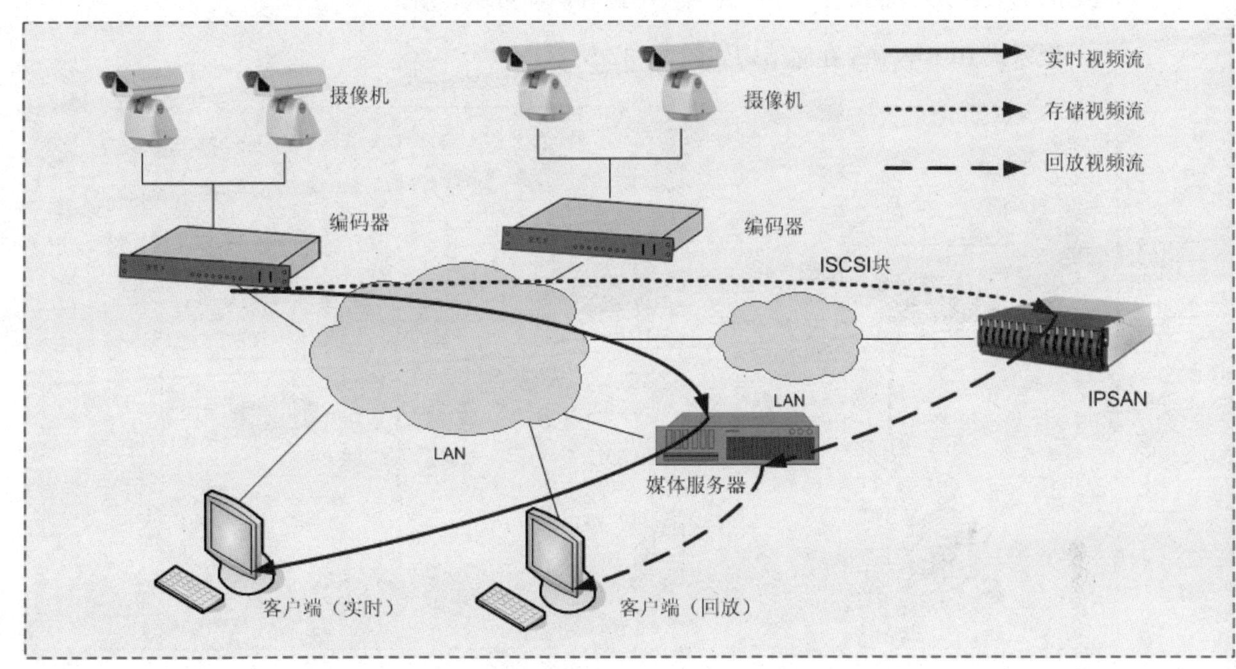

图 12.31　编码器+媒体服务器+IPSAN 存储结构

6. DVR+NAS 结构

此方式下，NAS 服务器是对 DVR 服务器的一个备份存储方式，由于 DVR 存储空间有限、管理不便及稳定性不高，因此可以部署 NAS 实现视频数据的备份工作。NAS 是一种完全独立的存储系统，可以在网络任何位置部署，并支持 RAID 技术。利用 NAS 对 DVR 做存储备份时，首先需要在 DVR 上添加 NAS 设备，即为 DVR 指定目标 NAS 的 IP 地址及文件存储路径，如格式"/NAS/IVS123(存储文件目录名)"。添加完 NAS 地址及路径后，进入 DVR 的"管理工具"→"磁盘管理"，然后选择网络磁盘，并格式化，格式化时 DVR 会在 NAS 中创建视频通道对应的文件夹。格式化完毕，容量显示正确，即可以开始工作。

嵌入式 DVR＋NAS 存储结构如图 12.32 所示。

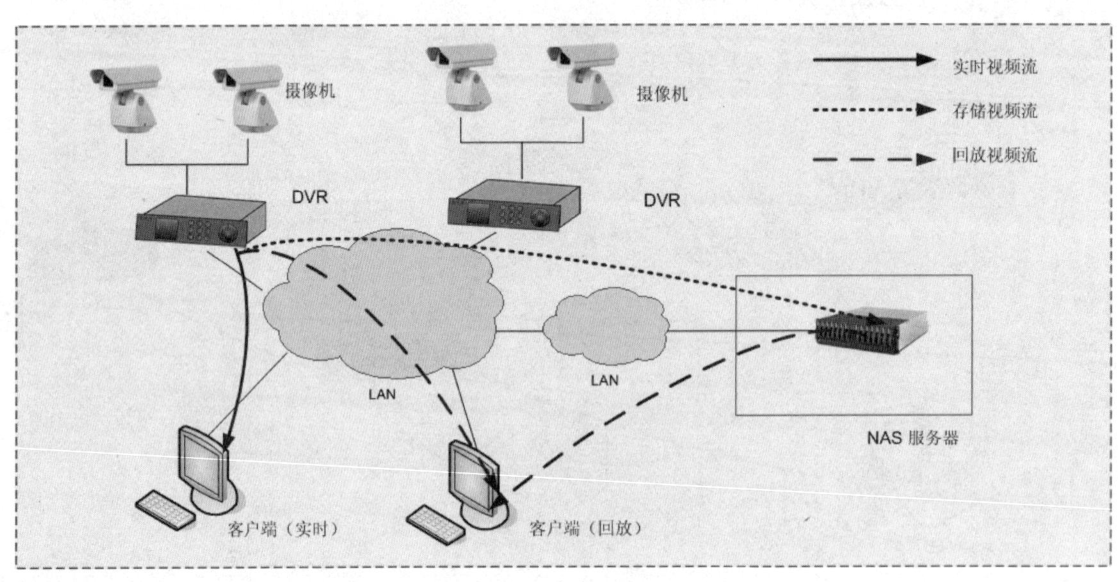

图 12.32　嵌入式 DVR+NAS 存储结构

12.4.5　视频数据归档备份

在以上介绍的视频存储架构中，已经提到了"视频数据的归档备份"存储，即在一些重要应用场合中，需要对 DVR、NVR 中的视频数据(尤其是重要的视频)再进行一次集中、异地存储备份过程，称为视频的集中归档备份(Archive)。归档的原因可能是因为 NVR 或(DVR)本身存储空间有限，或者因为需要对一些重要视频进行集中容灾等。

典型的视频归档存储结构如图 12.33 所示，具体应用架构如下：

- NVR 或 DVR 进行实时短期存储，而归档服务器进行长期备份归档存储。
- NVR 或 DVR 进行全部存储，而归档服务器进行报警视频备份归档存储。

视频归档存储服务具有如下特点：

- 存储架构是完全独立的二级架构。
- 归档服务器(Archive Server)通常分“重要视频归档”及“报警视频归档”。
- 归档服务器(Archive Server)可以在网络的任何位置部署。
- 一个归档服务器(Archive Server)可以对多个 DVR 或 NVR 进行归档。
- 用户无须指定从 DVR 或 NVR 或 Archive Server 回放录像，系统会自动索引。
- 可以选择对一个 DVR 或 NVR 的某部分通道进行归档。

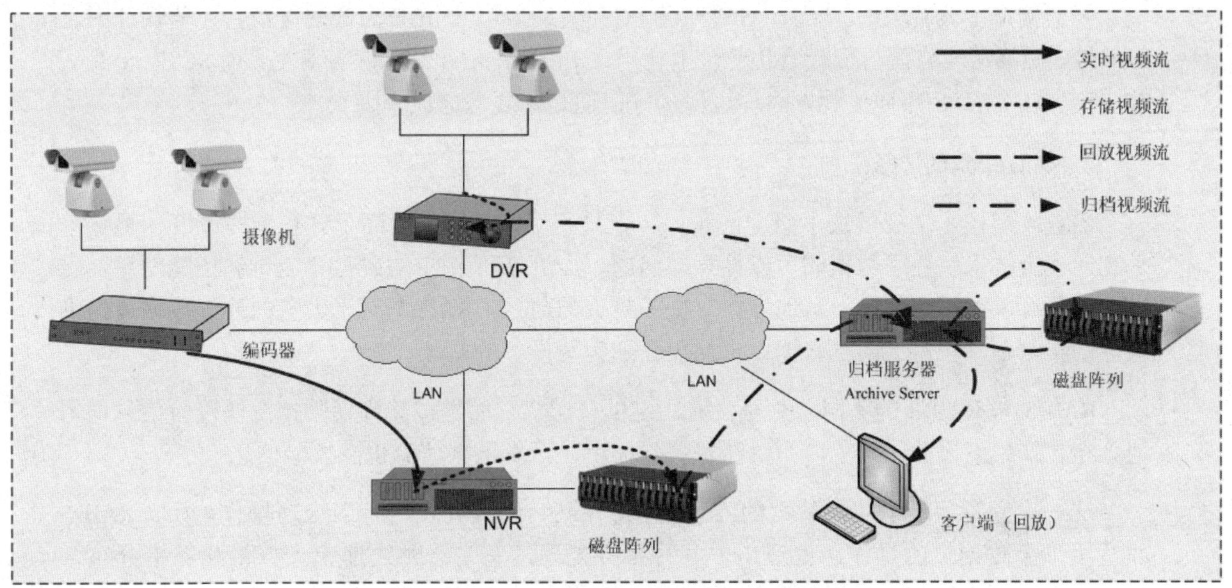

图 12.33　视频归档存储结构

注意：不同于 NVR 存储，归档服务器(Archive Server)不要求实时视频传输，可以在网络利用率较低时段(如夜晚)进行视频归档传输存储，相当于从 DVR 或 NVR 迁移视频数据到归档服务器(Archive Server)。

12.4.6 视频存储设计部署

1. 视频录像方式

视频监控系统中的录像方式主要有如下三种。

- 完全录像：将所有的视频都录像，此方式适合重要的场合，但是成本较高。
- 计划录像：按事先定义好的时间表进行录像，例如只在白天或夜间录像，其他时间不录像，适用场合如机场、地铁等运营类，此方式下存储空间需求比较小。
- 报警触发录像：视频录像动作由报警启动，并且可以保存报警前一段时间内的视频图像，当报警解除后则延时停止录像，此方式既可保证对重要视频进行录像，同时也能节省存储空间。报警触发源可以是 TTL 输入、VMD 及视频分析等。

2. 硬盘接口的选择

硬盘接口主要有 IDE、SCSI、SATA 及 FC 等几种，其中 IDE 为低端接口，在传输速率、可靠性、热插拔支持等方面没有优势，主要用在 PC 工作站和低端服务器上，而 SCSI、SATA、FC 在速率、带宽、热插拔等方面均表现良好，但是需要考虑成本因素。

3. RAID 级别的选择

磁盘阵列技术主要解决了两个问题，一个是利用大量磁盘提高了并行读写速度；另一个是利用冗余技术解决了数据的可靠性存储问题。RAID3 采用单块磁盘存放奇偶校验信息，磁盘失效后可以利用奇偶盘及其他盘恢复失效盘上的数据，RAID3 对于大量的连续数据可提供很好的传输率，但对于随机数据，奇偶盘会成为写操作的瓶颈。

RAID5 与 RAID3 的不同之处是没有固定的校验盘，而是按某种规则把奇偶校验信息均匀地分布在阵列下属的磁盘上，所以在每块磁盘上，既有数据信息也有校验信息。

这一改变解决了争用校验盘的问题，使得在同一组内并发进行多个写操作。所以 RAID5 即适用于大数据量的操作，也适用于各种事务处理，它是一种快速、大容量和容错分布合理的磁盘阵列。目前，在视频监控系统的存储应用中，应用比较多的是 RAID5 技术磁盘阵列系统。

4. 网络存储架构的选择

DAS、NAS、FC SAN 及 IP SAN 是目前主流的网络存储模式，几种模式在网络视频监控系统的存储中均有所应用，几种架构的特点如下。

- DAS 结构简单、成本低、易于部署，因此在各类项目中有大量的应用。
- NAS 基于网络通道，采用 CIFS/NFS 协议进行数据的文件级别传输，带来的问题是网络资源占用比较大，通常，在写入数据时网络带宽的利用率可能仅仅一半左右，这样即使在千兆以太网环境中，其数据传输能力也可能仅仅有几十 MB 或更低的带宽。

而一旦 NAS 中磁盘阵进入 Rebuild 的状态，其读写速度还要降低，因此，NAS 一般应用在中小型的网络数字视频监控系统中，或者应用于对突发性的存储应用如文件/邮件服务器，而在大型视频监控系统中不是很合适。NAS 的优势在于即插即用，部署位置没有限制。

- SAN 的优势在于其第二网完全脱离主网，专门的光纤通道使其具有高性能传输表现，但是其实施成本比较高，适合高端、集中、海量视频存储的情况。IP SAN 是 SAN 的一种，它将 SCSI 协议封装在 IP 包，使得 SCSI 协议能够在网络中传输。IP SAN 具有 SAN 的特征，即提供基于“块”的存储，但是可以在网络中部署，从而大大降低了成本。

注意：需要注意，SAN 提供基于“块”的读写操作，意味着只有写入该数据的服务器可以读取。

5. 视频存储总体设计原则

总体原则如下：

- 需要充分考虑流媒体视频存储的特点，以及其与数据库系统存储及文件服务系统存储的区别，最好在视频监控系统实际模拟环境中进行设备测试及选型。
- 从技术来讲，DAS、NAS、FC SAN、IP SAN 都可以应用于视频监控系统存储，不存在哪类架构绝对不能应用的问题。但在具体的项目中，存储设备选型要从摄像头数量、视频的码率、网络带宽、存储容量、机房分布、系统未来扩展情况、存储架构的可扩展性及维护性、建设成本等多个角度去考虑。
- 存储系统的成本计算要考虑到存储设备本身、相关网络设备、HBA 卡等附属器件的总成本，另外还要考虑是否需要增加服务器数量和相关软件。
- 视频监控系统中存储部署总体来说是建设一个大容量、低成本、高可靠存储系统，应当允许多种存储架构共存，以满足不同的客户需求，形成差异化服务。
- 不同视频监控领域对数据保存的周期要求不同，并可能随着行业或地方政策或业主意向的调整而改变，所以需要提前考虑存储扩容、改造的可行性及成本。

6. 视频存储设计步骤

在进行网络视频监控系统存储设计时，首先需要了解的是系统通道数量(摄像头数量)、编码压缩后码流的大小、视频存储服务器(NVR、存储服务器)的部署位置，视频存储的方式(24 小时存储、报警存储、时间表存储)、归档服务器(Archive Server)的位置、解码显示系统(解码器、工作站)的分布及数量。

有了这些基本条件后，计算出系统中存储的带宽需求和容量需求。注意要根据网络带宽、存储容量等需求来确定存储的架构，即采用分布式存储或是集中式存储。若采用分布式存储，存储系统分散，但是对网络压力小些；采用完全集中方式存储时，对局部网络压力偏高，但是集中存储的总成本、维护性、机房建设成本小些，以上需要根据具体情况具体考虑。

在确定存储方式后，要针对单台存储设备(NVR、媒体服务器、归档服务器)通道数量、码流、存储天数、存储方式分别进行带宽及存储空间计算。此时需要考虑的因素是单体存储设备(NVR、媒体服务器、归档服务器)软件限制(总码流)、硬件限制(网卡、CPU、内存等)，在符合“木桶原理”前提下，确定通道数量及存储空间大小。也就是说，对于视频存储，服务器性能、软件、存储带宽等都有可能是限制，必须全部考虑。

12.4.7 视频存储应用案例一

1. 案例总体情况

某平安城市，需求如下：

- 某平安城市视频监控系统，该市共 5 个区，总共安装 1 万个摄像头(每区 2000)。
- 系统采用流媒体分发服务器与存储服务器相结合的存储方式。
- 整个视频监控系统采用数字化网络视频监控系统。
- 所有视频采用 CIF 实时存储，参考码流 0.5Mbps。
- 各个区为二级中心，部署二级存储子系统，对本区所有视频存储 10 天。
- 全市设置一个一级中心，部署一级存储系统，存储全市重点 500 路视频 30 天。
- 每台流媒体服务器支持 1000 路视频分发，每台存储服务器支持 500 路视频存储。
- 一级与二级中心之间通过高速光纤形成环路通道。
- 存储系统要求 7×24 小时连续工作，具有高稳定及高可靠性。
- 采用模拟摄像机与视频编码器相结合的架构。
- 采用 C/S 网络视频监控管理平台。

如上所列，平安城市的典型特一点是：

- 点位过多，数据的流量非常大，并且回放比例很小；
- 系统架构分散，存储系统一般采用“分散加部分集中”的部署方式；
- 系统要求 24 小时连续运行，对稳定性要求非常高；
- 系统扩容、调整的需求比较多，因此对系统的可扩展、可调整性要求高；
- 在本系统中采用 IP SAN 实现二级及一级的视频存储应用。

2. 存储基本需求

通常，对存储系统的基本需求主要体现在存储空间、存储带宽及存储架构设计上。

该平安城市视频监控系统存储架构拓扑如图 12.34 所示。

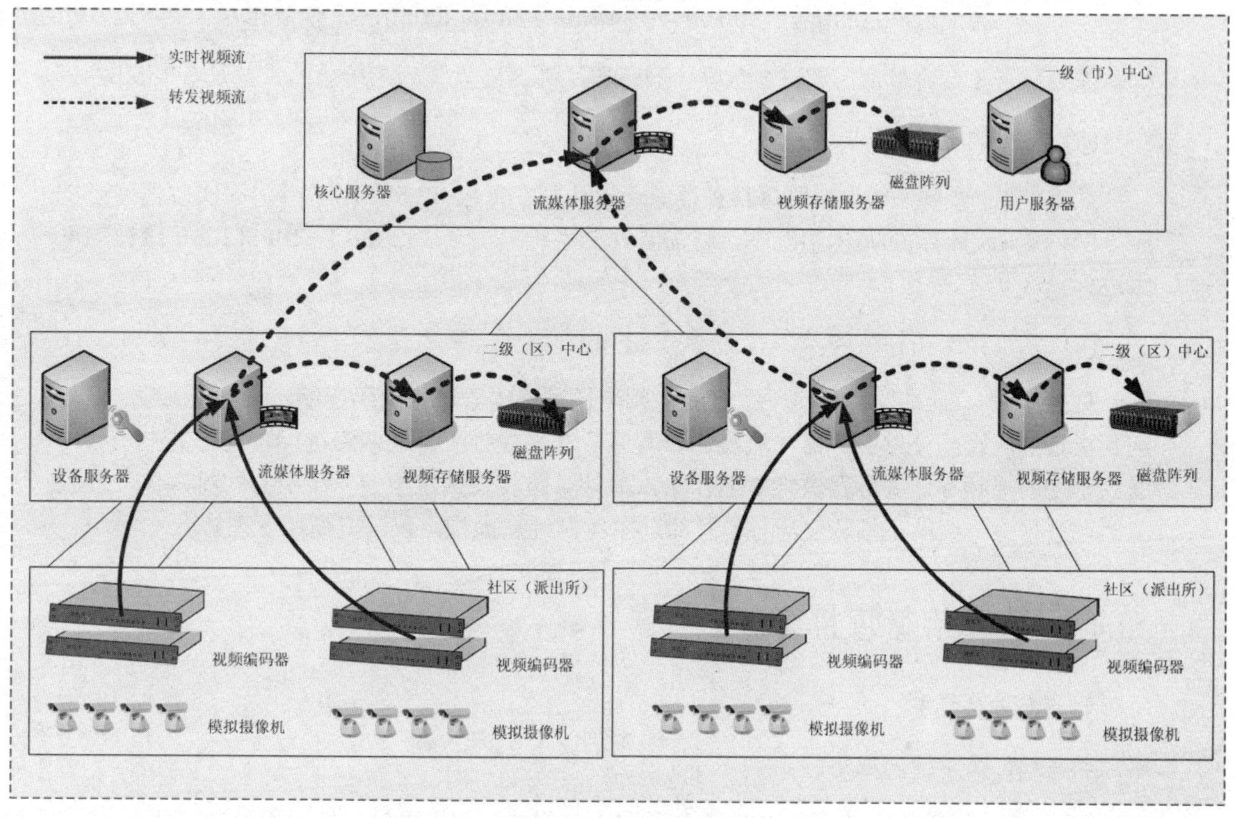

图 12.34　平安城市案例视频存储结构

(1) 存储容量计算

二级存储中心，CIF 实时视频流按照 0.5Mbps 的平均码率进行计算：

2000 路×0.5Mbps×10 天×24 小时×3600 秒/1024/1024/8=103TB

一级存储中心，以 CIF 实时视频流按照 0.5M 的平均码率进行计算：

500 路×0.5Mbps×30 天×24 小时×3600 秒/1024/1024/8=77TB

(2) 存储带宽需求

二级存储中心：单台存储服务器支持 500 路 CIF 实时存储：

500 路×0.5Mbps＋500 路×0.5Mbps×20%=300Mbps=37.5MB/s

其中的 20%是考虑是视频存储过程可能并发的视频回放请求。

每个区 2000 个摄像头，需要部署 4 台存储服务器，两台媒体服务器。

一级存储中心：单台存储服务器支持 500 路 CIF 实时存储：

500 路×0.5Mbps＋500 路×0.5Mbps×20%=300Mbps=37.5MB/s

需要部署 1 台存储服务器，1 台媒体服务器，那么磁盘阵列系统总的带宽是 37.5MB/s。

(3) 磁盘的 IOPS 要求

从 IOPS 上计算，如果按照每秒钟存储一次，则在每包 62.5KB(CIF 分辨率实时视频流按照 0.5M 的码流计算)的写入情况下，将需要存储系统提供至少 2000 的 IOPS(2000 路视频每路进行一次 IO 写操作)。

(4) 系统存储拓扑结构

见图 12.34，前端监控点将采集到的视频流通过编码器进行编码压缩，再经过视频专网传送到指定的流媒体分发服务器；流媒体分发服务器将视频流分成两路进行转发，其中一路传送到本地的视频存储服务器进行本地存储，另外一路转发到市级的一级中心的流媒体分发服务器，进行上一级的视频转发与备份存储。本案例纯属虚构，仅为方便读者理解。

12.4.8 视频存储应用案例二

1. 案例总体情况

某机场，需求情况如下：

- 该机场共 1000 个视频监控点，监控点位覆盖整个机场航站楼、周界、室外。
- 整个视频监控系统采用全数字化网络视频监控系统。
- 采用 IPC、模拟摄像机与视频编码器相结合的架构。
- 采用 C/S 网络视频监控管理平台。
- 存储系统采用 NVR，每个 NVR 最大容量支持 64 路 4CIF 实时存储。
- 在 4 个汇聚机房进行集中存储，所有视频要求 4CIF 实时存储 30 天。

2. 存储基本需求

通常，对存储系统的基本需求主要体现在存储空间、存储带宽及存储架构设计上。

该机场视频监控系统存储架构拓扑如图 12.35 所示。

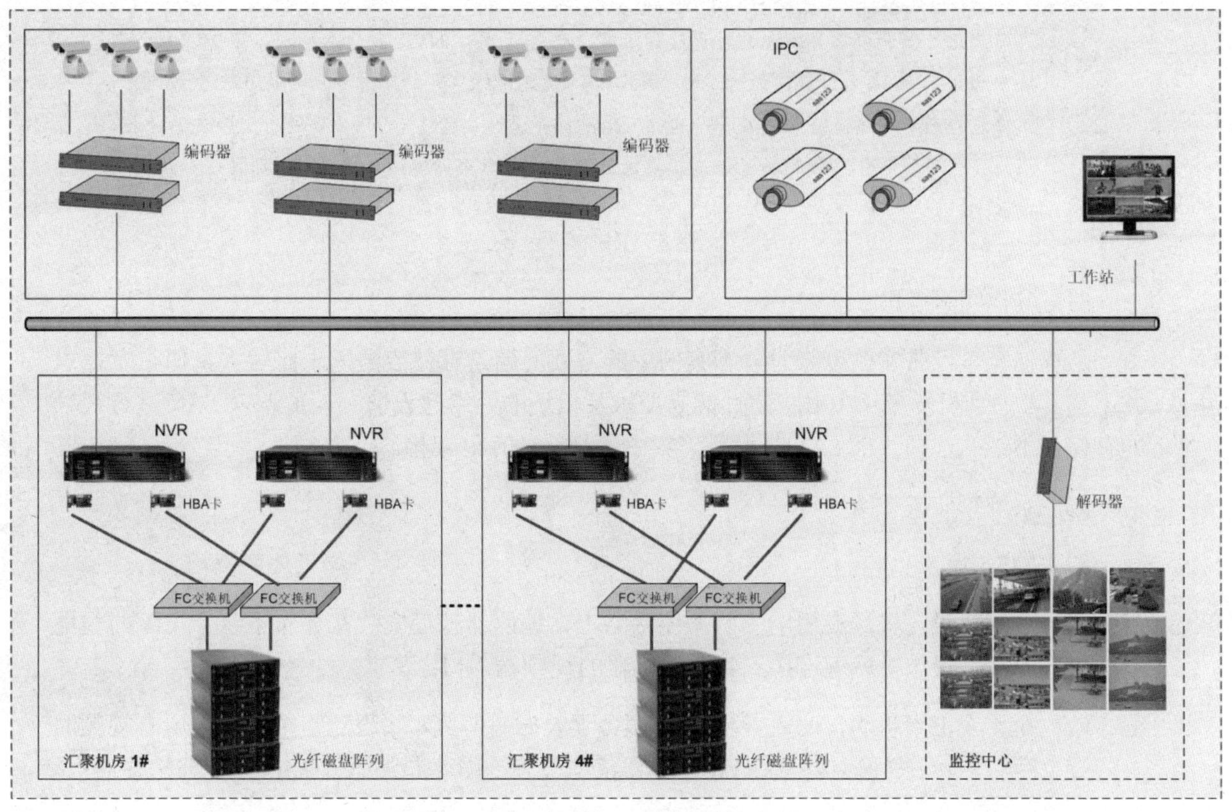

图 12.35　机场案例视频存储结构

(1) 总存储容量计算

4CIF 实时视频流按照 2M 的平均码率进行计算：

1000 路×2Mbps×30 天×24 小时×3600 秒/1024/1024/8=648TB

每台 NVR 支持 64 路通道，该项目中 1000 路视频通道分配到 4 个汇聚机房中，每个机房部署 4 台 NVR，则每个机房的存储空间需求是 648TB/4=162TB。

(2) 存储带宽需求

每个 NVR 最大支持 64 路 4CIF 实时视频流，因此对存储带宽需求：

64 路×2Mbps＋64 路×2Mbps×50%=96Mbps=12MB/s

其中的 50%是考虑是视频存储过程可能并发的视频回放请求。

注意：此处计算中需要注意，对存储的带宽需求是以每台 NVR 来计算的，而不是以整个系统中所有 1000 路来计算。如前面的“地铁、人流、地铁口”的比方中所讲，在一个系统中，不可能将所有视频流全部写入一个 NVR 设备，而是需要部署多台 NVR 来进行视频流的分担，因此，对带宽的需求并不高。但是需要注意的是，磁盘存储阵列在 Rebuild 期间也必须满足要求。

(3) 其他因素考虑

从存储容量及带宽角度来看，本案例中的主要问题是存储容量需求比较大，但带宽需求并不高。考虑到机场应用中对稳定性的高要求及机场的网络建设情况，部署 FC SAN 进行视频的存储是不错的选择。FC SAN 是海量、集中、稳定的存储架构。

(4) 系统存储拓扑结构

图 12.35 中：

- 系统建设在机场专用的安防系统网络上，编码器就近安装在分布于各个角落的弱电间内，摄像机就近连接到各个编码器的视频输入口；
- 在 4 个汇聚机房，设置安装 NVR 服务器及磁盘阵列，实现对整个系统内所有视频的存储、转发工作，由于 NVR 服务器集中部署，因此非常适合采用 SAN 架构存储；
- 在机场的数据中心，安装中央管理服务器，运行系统的数据库及核心服务程序；
- 在机房指挥中心、运营中心，安装多台解码器，实现多路视频解码显示输出到电视墙；
- 在其他分控中心，利用客户端工作站实现视频的浏览、控制或回放操作。

提示：本案例纯属虚构，仅仅为了让本书读者更好地理解系统架构及存储设计。

12.5 视频存储系统的扩容

视频存储系统的扩容是经常遇到的需求，扩容的原因可能是存储需求增加，如摄像头数量增加、存储周期增加、存储的视频码流调整等各种因素。不论以前的系统是 DVR、NVR 还是其他的架构，都有可能面临扩容，基本需求是保护前期投资、容易实施、数据安全。

12.5.1 DVR 系统存储扩容

PC 式 DVR 通常基于主流的平台及操作系统，因此在扩容性方面有优势，其扩容实施比较简单，如果是 Windows 系统，增加一块 SCSI 卡即可外挂磁盘阵列，也可直接利用 USB 或 1394 的磁盘柜，当然通过以太网连接 NAS 或 IP SAN 亦可。

嵌入式 DVR 实质是个“黑匣子”，各家产品结构不同，有的支持加插 SCSI 卡，有的支持 USB 或 1394，如果以上都不支持，那么可以采用 NAS 或 IP SAN 方式扩展存储，但需要确定 DVR 系统软件是否支持录像存储到网络共享盘，也就是所谓的映射盘符(NAS)，而 IP SAN 的架构可能需要在 DVR 系统软件中加入 iSCSI Initiator，或者加插 iSCSI HBA 卡。

12.5.2 NVR 系统存储扩容

NVR 的扩容与 PC 式 DVR 类似，通常 NVR 基于主流的服务器，因此可以通过增加 SCSI 卡或光纤卡，实现 DAS 方式或 SAN 方式的扩容，也可以增加 iSCSI Initiator 实现 IP SAN 方式扩展，或者采用即插即用的 NAS 方式。因此可以看出，从 DVR 过渡到 NVR 架构后，系统的存储扩容变得灵活多样，这是因为 NVR 相对于 DVR，更加开放、标准。

12.5.3 存储扩展注意事项

无论是 DVR 还是 NVR、无论是 DAS、NAS 或 SAN，都是硬件表现形式。但是，既然是扩容，就涉及到原有的系统，对原有系统的成本投入保护及现有的视频数据的保护是视频监控系统存储扩容需要注意的重点。

12.6 云存储应用

云存储是在云计算(Cloud Computing)概念上延伸和发展出来的，具体是指通过集群应用、网格技术或分布式文件系统等技术，将网络中大量不同类型的存储设备通过应用软件集合起来协同工作，共同对外提供数据存储和业务访问功能的一种技术。

云存储是一个以**数据存储和管理**为核心的云计算系统。

- 集群存储是指：由若干个“通用存储设备”组成的用于存储的集群，组成集群存储的每个存储系统的性能和容量均可通过“集群”的方式得以叠加和扩展。
- 网格计算：通过共享网络将不同地点的大量计算机联系起来，从而形成虚拟的超级计算机，将各个位置的计算机的过剩处理能力合并在一起，可为研究和其他数据集中应用提供巨大的处理能力。
- 分布式文件系统：是指文件系统管理的物理存储资源不一定直接连接在本地节点上，而是通过计算机网络与节点相连。分布式文件系统的设计基于客户机/服务器模式。

12.6.1　云存储的概念

云存储是在“云计算”基础上发展和延伸过来的云计算具体相关概念见本书 17 章。云存储可以理解成将存储封装为服务的系统，包括一整套软件硬件方案，因此，云存储显然不是指一个具体的设备、软件或系统，而是一种服务。如图 12.36 所示。

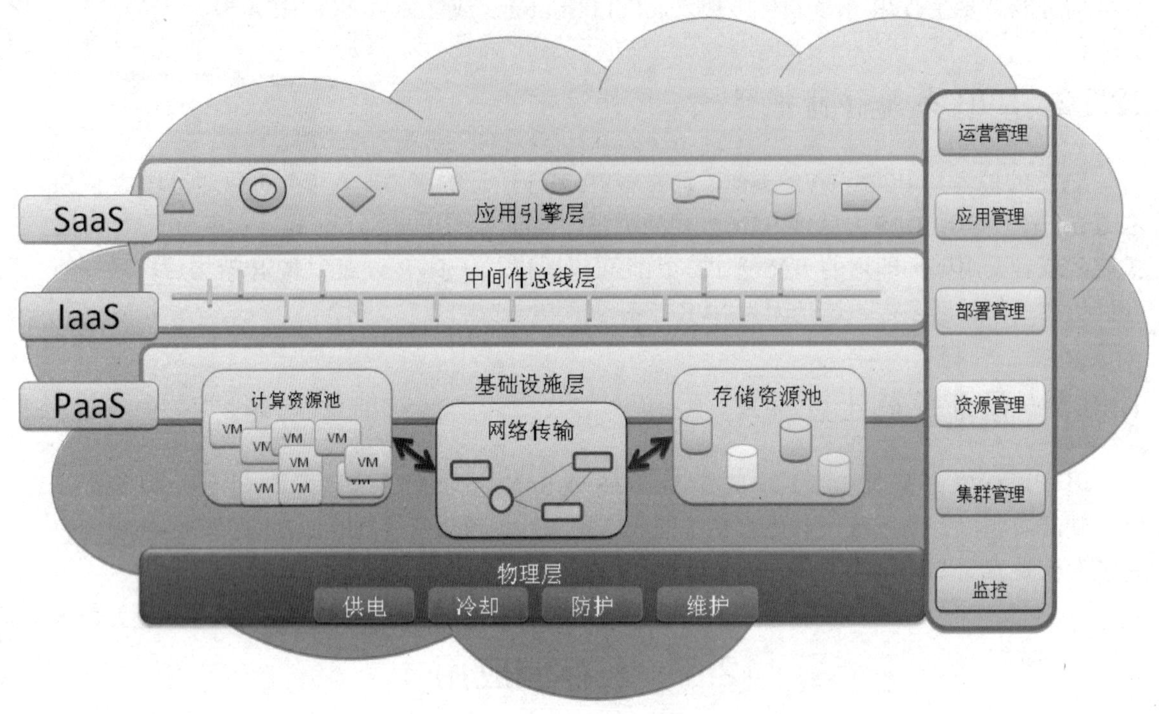

图 12.36　“云计算”基础架构示意图

云存储的核心是应用软件与存储设备相结合，通过应用软件来实现存储设备向存储服务的转变。与传统的存储设备相比，云存储不再是一个或一组硬件，而是一个涵盖了网络设备、存储设备、服务器、应用软件、访问接口、接入网、客户端程序等多个组成部分的复杂系统。各部分以存储设备为核心，通过应用软件来对外提供数据存储和业务访问服务。

“云存储”技术必须具有数据安全性、高吞吐率、高传输率、简单管理、网络访问控制等特点。“云存储”是云资源提供商（PaaS）作为服务给用户使用的，实际上“云端”的存储设备以及管理软件等相对于用户是透明的。

云存储的优势体现在：

- 按实际所需空间租赁使用，按需付费，有效降低企业实际购置设备的成本；
- 无需增加额外的机房机柜、硬件设施或配备专人负责维护，减少管理难度；
- 数据复制、备份、服务器扩容等工作交由云提供商执行，可集中精力于自己的主业；

- 随时可以根据业务需求对存储空间进行在线扩展增减，存储空间灵活可控。

以上可以看出对于企业来说，云存储的优势是极其明显的，尤其是数据量大、需要备份归档的企业。对于安防视频监控行业而言，视频监控系统的特点是视频数据量巨大，需要的存储容量可谓海量（动辄成百上千 T 级别），视频数据要求实时不间断写入存储系统，要求足够的存储带宽及吞吐能力。而存储设备作为视频监控系统的后端设备，负责将前端采集到的视频数据进行集中或分散的存储及管理，以满足视频监控海量存储的需求。

目前看来，云存储适合大型视频监控系统的数据存储，它能够提供数据的海量、可扩展、稳定、分布式存储。云存储视频监控应用需要关注的重点是访问云资源的网络带宽是否足够可用。

12.6.2 云存储的发展基础

1. 数据安全问题

云存储将存储设备资源以服务的形式提供，用户无须了解底层数据存储的细节，这要求云存储有足够的机制保证数据的安全及保密。数据安全包括数据的完整性、高可靠性、容灾能力、数据加密技术、防黑能力、可恢复能力等。

2. 远程访问能力

云存储提出强化“云＋端”概念，显然云与端之间需要网络传输系统支撑。云存储系统通常跨区域、跨城市甚至遍布全球，使用者需要通过网络接入云存储系统，并且要求实时、不间断、快速的网络支撑，否则，各地分布的应用“端”得不到“云”服务，将失去意义。

3. 集群技术、网格技术和分布式文件系统

云存储系统是一个多存储设备、多应用、多服务协同工作的集合体，任何一个单点的存储系统都不是云存储。既然是由多个存储设备构成的，不同存储设备之间就需要通过集群技术、分布式文件系统和网格计算等技术，实现多个存储设备之间的协同工作，使多个存储设备可以对外提供同一种服务，并提供更强大的数据访问性能。

4. 存储虚拟化技术、存储网络化管理技术

云存储中的存储设备数量庞大且分布在不同地域，如何实现不同厂商、不同型号甚至于不同类型(如 FC 存储和 IP 存储)的多台设备之间的逻辑卷管理、存储虚拟化管理和多链路冗余管理等将会是一个巨大的难题，这个问题得不到解决，存储设备就会是整个云存储系统的性能瓶颈，结构上也无法形成一个整体，而且还会带来后期容量和性能扩展困难等问题。

12.6.3 云存储系统的结构模型

云存储系统的结构模型，如图 12.37 所示。

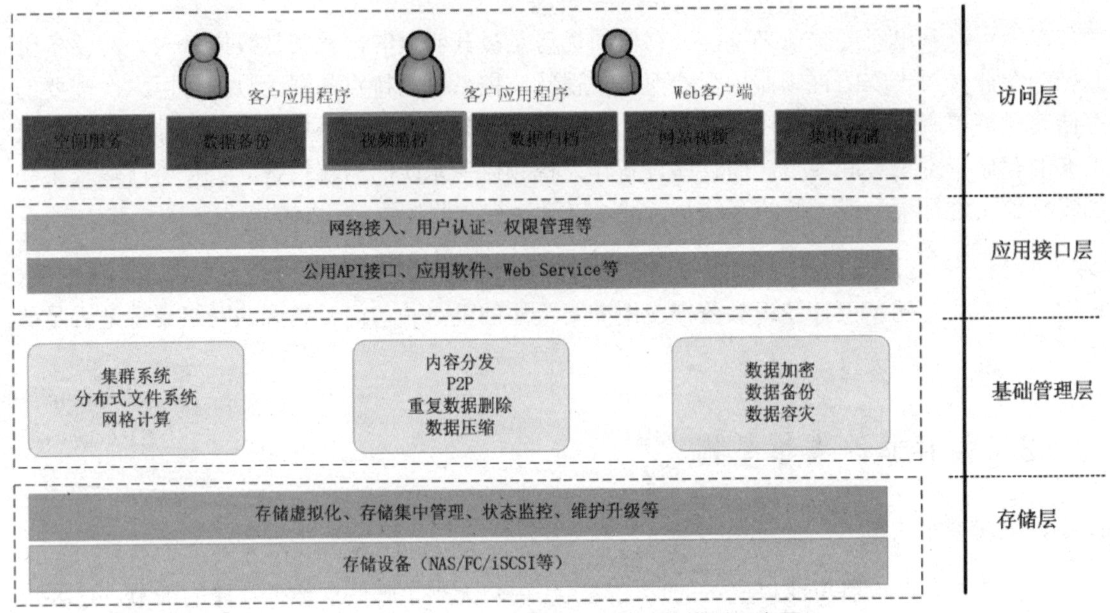

图 12.37 “云存储”系统结构模型示意图

- 存储层：存储层是基于存储虚拟化并配合各种存储设备来实现的一体化解决方案。存储虚拟化是在物理存储系统和服务器之间增加一个虚拟层，它管理和控制所有存储设备并对服务器提供存储服务，存储硬件的变动对服务器层完全透明。存储虚拟化技术分为基于主机、基于存储网络（带内、带外方式）和存储控制器。
- 基础管理层：通过集群、分布式文件系统和网格计算等技术，提供强大数据访问性能，同时兼具数据管理功能。
- 应用接口层：提供不同的应用接口、应用服务。比如视频监控应用平台、IPTV 和视频点播应用平台、网络硬盘，远程数据备份应用平台等。
- 访问层：任何一个授权用户都可以通过标准的公共接口来登录云存储系统。

12.6.4 视频云存储的关键技术

视频监控数据量爆炸性的增长，对存储系统的要求包括海量空间、高吞吐能力、灵活扩展、系统稳定性、分布式架构、可以进行后期处理等。云存储的核心是应用软件与存储设备结合，通过应用软件、虚拟化技术等实现存储设备到存储服务的转变，简化应用环节、节省建设成本、提供稳定存储能力及共享功能。

另外，云存储资源对使用者完全透明，用户在任何地方均可通过网络接入，进行数据访问，对于视频监控，包括摄像机资源的接入及用户对云存储资源访问接入。用户无需关心存储设备型号、数量、网络结构、存储协议、应用接口等，应用简单透明。如图 12.38 所示。

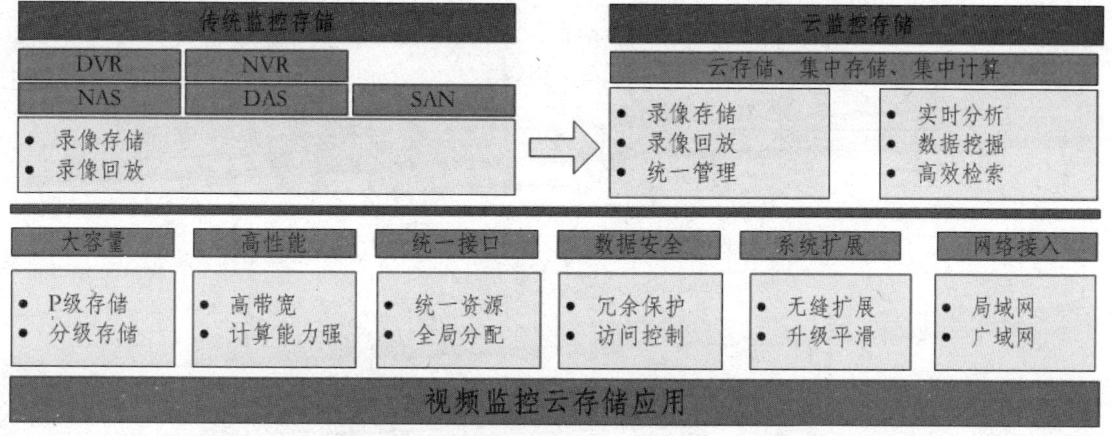

图 12.38　传统监控存储向“云存储”过渡示意图

云监控存储的出现，将突破传统存储方式的性能和容量瓶颈，使云存储提供商能够联接网络中大量各种不同类型的存储设备形成异常强大的存储能力，实现性能与容量的线性扩展，让海量数据的存储成为可能，从而让企业拥有相当于整片云的存储能力。

- 能够满足电信级别监控数据的海量存储扩展要求；
- 大量集中的数据存储和分散化的前端应用，有更强的数据传输能力；
- 具备更好的扩展性能，应对数据量飞速增长对于存储空间扩大的需求；
- 较大的缓存可以保证更多的数据滞留在缓存中，等待向硬盘空间的重新写入。

12.6.5　平安城市视频云存储的探索

近年来，电信和网通在全国各地建设了很多不同规模的“全球眼”、“宽视界”网络视频监控系统。“全球眼”或“宽视界”系统的终极目标是建设一个类似话音网络和数据服务网络一样的、遍布全国的视频监控系统，为所有用户提供远程的实时视频监控和视频回放功能，并通过服务来收取费用，如图 12.39 所示。

提示：由于早期城市内部和城市之间网络条件限制及视频监控系统存储规模的限制，“全球眼”或“宽视界”一般都是在一个城市内部来部署建设。

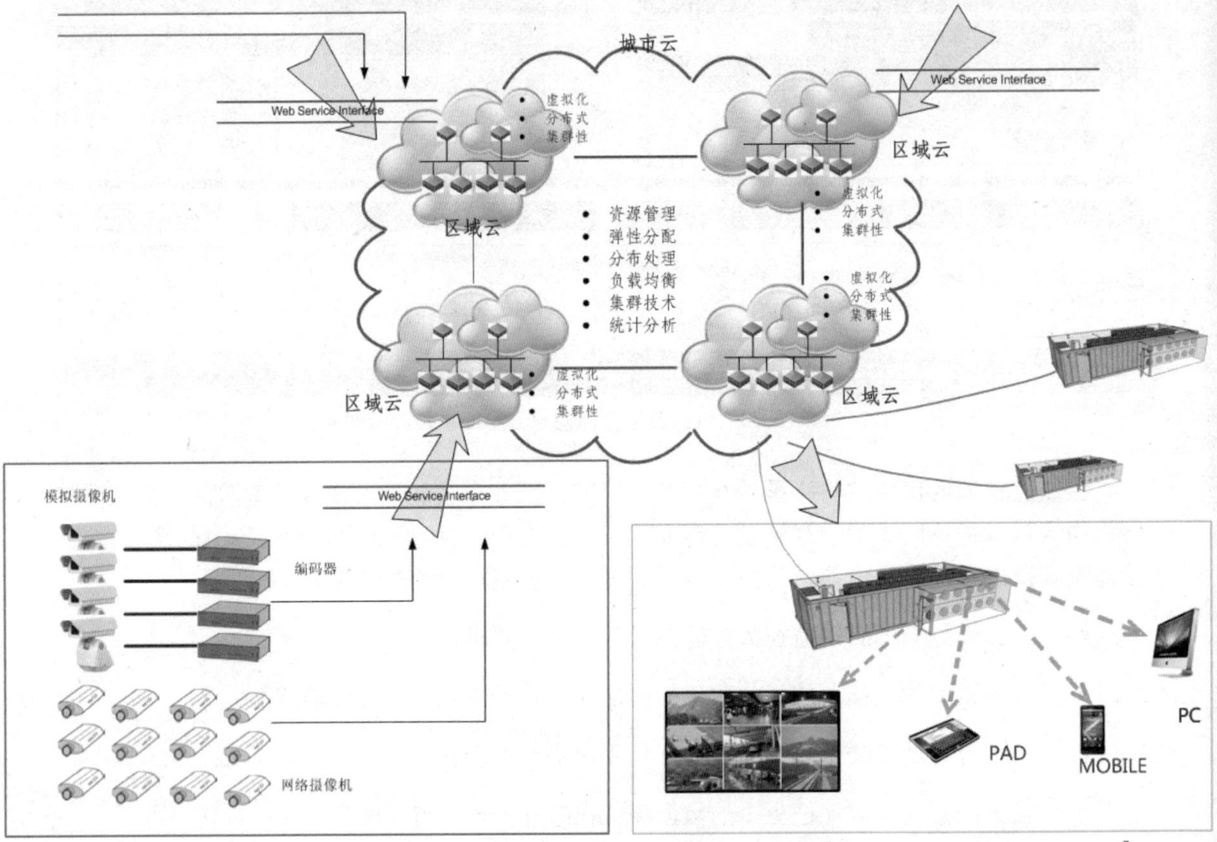

图 12.39　平安城市视频“云存储”架构示意图

假设建设一个遍布全国的云存储系统，并在这个云存储系统中内嵌视频监控平台管理软件，建设“全球眼”或“宽视界”系统将会变得非常简单。系统的建设者只需要考虑摄像头和编码器等前端设备，最终通过视频监控平台管理软件实现图像的管理和调用。用户不仅可以通过解码输出电视墙或 PC 来监看图像信号，还可以通过手机等移动无线终端来远程观看实时图像及录像回放。

1. 前端设备接入

前端图像采集系统主要由高清摄像头、视频编码器等组成，系统为每一个编码器、IP 摄像头分配一个带宽足够的接入网链路，通过接入网与云存储系统连接，实时的视频流数据就可以相应地保存到云存储中，多个存储设备之间互相连接、实现资源共享。

2. 终端设备接入

终端设备包括大屏幕显示终端、电脑工作站及无线终端。终端设备主要进行实时视频浏览、设备配置、设备操控、录像回放等。

3. 云存储部分

云存储的核心是应用软件与存储设备相结合，通过应用软件来实现存储设备向存储服务的转变。传统存储仅仅是一个硬件的概念，存储需求受硬件条件的严格控制，而云存储则不同，它不仅仅是一个硬件，而是可以灵活分配存储资源的网络存储平台，可以通过安装在其上的统一的存储设备管理系统来实现逻辑虚拟化、集中管理等功能。

4. 存储资源层

存储层是云存储的硬件基础部分，分布在不同区域的云存储中的存储设备通过广域网、互联网或者 FC 光纤通道网络连接在一起。存储层的构成包括云存储控制服务器和后端存储设备两大部分。云存储控制器负责整个系统元数据和实际数据的管理和索引，提供超大容量管理，实现后端存储设备的高性能并发访问和数据冗余等功能。

12.6.6 EMC 虚拟化安防解决方案

EMC 安防解决方案虚拟化架构，是指利用最新的云计算和虚拟化技术构建视频监控基础架构，包括实现统一存储。VMware 可优化硬件利用率，降低投资，提高应用可用性和管理灵活性，整合安防系统服务器资源，实现全冗余、零中断、零数据丢失以保证系统连续可用。具体通过 EMC 统一存储 VMware ESX/ESXi 以及视频监控合作伙伴应用软件来实现。如图 12.40 所示。

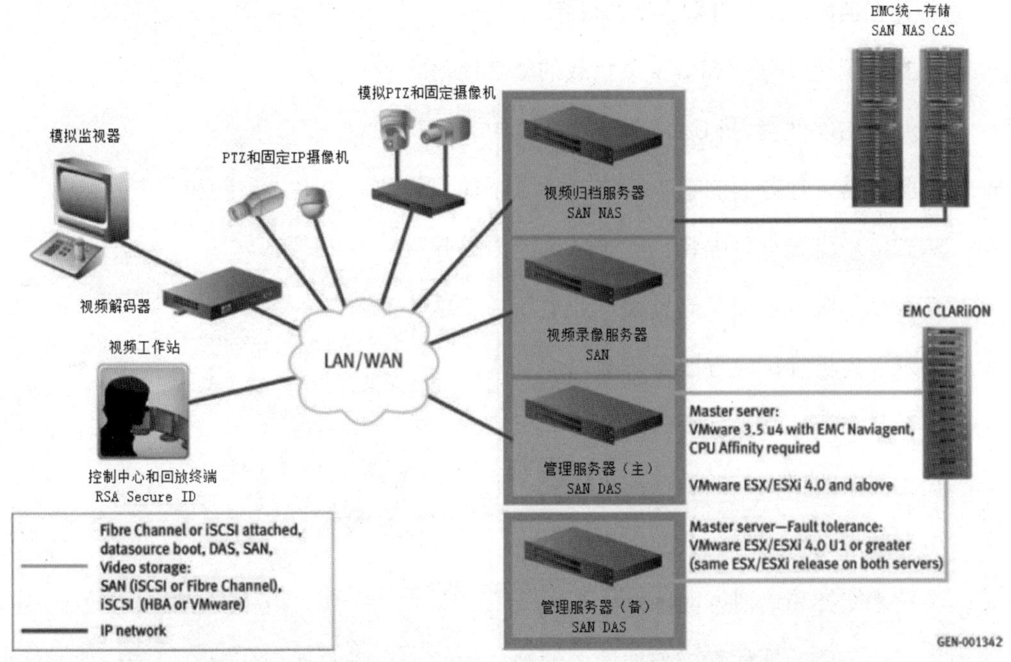

图 12.40　EMC 利用云计算和虚拟化技术构建视频监控基础架构

1. EMC 统一存储及虚拟化技术的优势

- 提高应用可用性和管理灵活性
- 整合物理安防系统服务器
- 全冗余、零中断、零数据丢失以保证系统连续可用
- 服务器自动化管理最大化
- 降低总体拥有成本、节能

2. 以国内某省会城市的“平安云”建设方案为例

- 国内首个基于虚拟化和云计算构建的平安城市项目
- 11000 路高清和标清的 MEPG-4 视频流
- 130 多台虚拟网络视频服务器(网络录像机 NVR)
- 12 台 CX4-960，总容量 12000TB
- 虚拟化技术，分级存储技术以及硬盘降速技术构建真正的绿色数据中心

项目中最关键的一步是视频服务器虚拟化，在目前大多数传统应用中服务器系统资源的利用率在 10%~15%，传统架构中服务器数量激增需要大量的资金和人力去运作、管理和升级。

3. 虚拟化在监控系统中可以实现的目标

- 达到甚至超过每个 CPU 4 个负载的整合比率
- 更低廉的硬件费用和运作成本
- 在服务器管理方面的重大改进，包含添加、移动、变更、预制和重置
- 基础应用将变得更强壮、灾难抵御能力提升
- 整合空闲服务器和存储资源，并重新部署这些资源
- 通过零宕机维护改善服务等级
- 灾难状态下，减少恢复时间
- 更少冗余的情况下，确保高可用性
- 更有效地适应动态商业的需求
- 在技术支持和培训方面降低成本

虚拟构架把可用的硬件看成普通的资源池，因此，在资源规划分配阶段能确保灵活性。在某一负载达到峰值的情况下，任务能轻松地重新分配，预制一个新的负载无须部署一个新的服务器。

由以上可以看出，云计算是 IT 行业日臻成熟的技术创新，也必将引领安防监控行业的发展方向。这要求设备制造商、工程商和设计方共同努力，实现用户要求的系统构架标准化、模块化和更高的扩展性灵活。同时全球各家存储市场的领导者，都在尝试努力借助自身在云计算和大数据方面的优势和技术积累，利用 IT 技术为中国安防市场的发展而努力。

12.7　本章小结

本章介绍了存储技术基础、存储架构、阵列技术、视频存储的特点、云存储等。视频存储的需求在模拟视频监控时代到数字视频监控时代一直在改变，从长时间、高质量、高可靠存储到分布存储、智能存储转变。随着计算机技术、硬盘技术、存储相关技术的发展，各项存储技术快速融合到了视频监控存储应用中，这样视频监控数据可以进行海量、高效、可靠、智能存储。云存储为视频存储开辟了更广阔的空间，可简单实现高效、稳定、海量的应用。

读书笔记

第 13 章 视频解码与图像显示

在数字网络视频监控系统中，视频的解码与图像显示是最终环节，也是系统中重要的一环，经历了编码、传输、存储之后，解码显示才是用户的最终应用界面。

关键词

- 监视器
- 解码器
- 控制中心应用
- 大屏幕拼接系统

13.1 监 视 器

监视器的作用是对视频信号进行还原显示，供操作人员或值班人员进行观看。通常，在视频监控系统中，利用监视器构成多屏幕的电视墙，显示前端传输过来的视频信号，也可以利用矩阵或软件对信号进行切换。

解码显示设备在监控系统中的角色如图 13.1 所示。

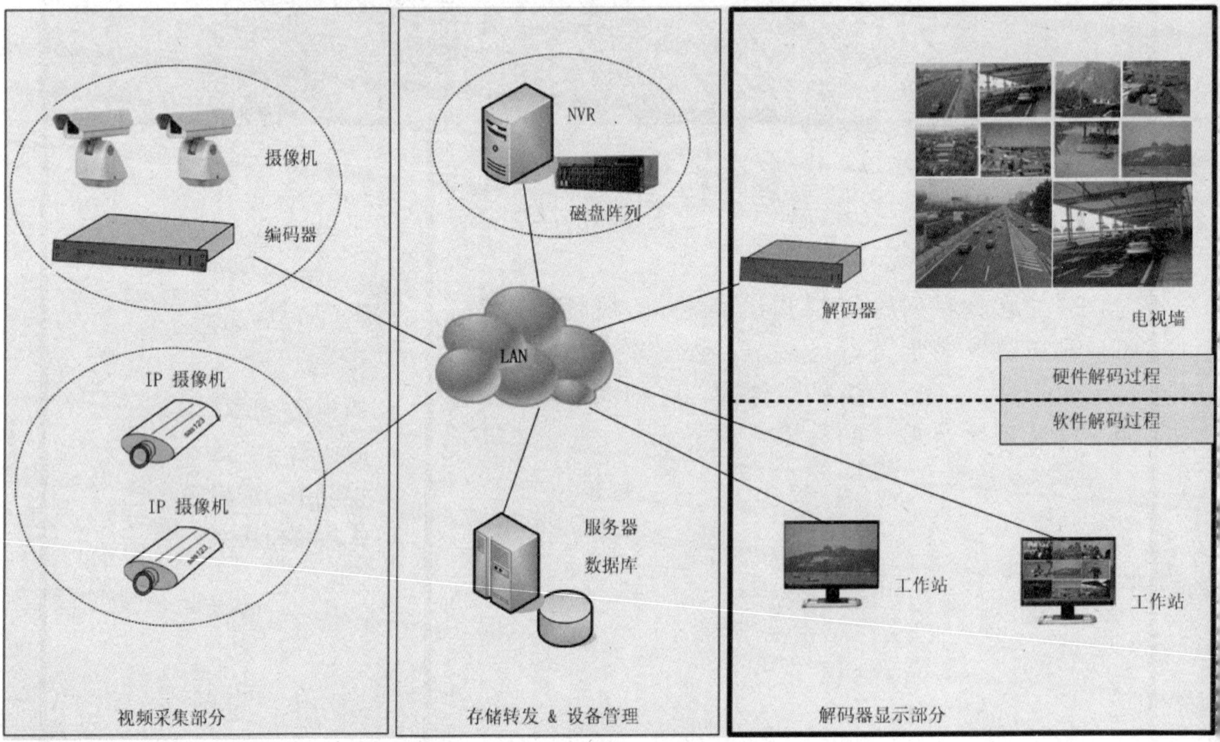

图 13.1 解码显示设备在视频监控系统中的角色

由图 13.1 可见，在视频监控系统中，通常由多个监视器构成电视墙，利用软件界面或键盘实现视频图像切换显示、回放、轮询、分组、预案等各种操作。在模拟视频监控系统中，监视器通常连接到矩阵的输出，而在网络视频监控系统中，监视器需要与解码器连接。

13.1.1 监视器的分类

监视器的发展经历了从黑白到彩色，从闪烁到不闪烁，从 CRT(阴极射线管)到 LCD(液晶)的过程，每个过程都是质的飞跃。从黑白到彩色，使得监控图像从单调迈向了多彩；从闪烁到不闪烁，给监控工作人员带来了更好的视觉体验和健康的操作环境；从 CRT(阴极射线管)到 LCD(液晶)，带来了健康、节能、环保及更好的图像质量。

13.1.2　CRT 与 LCD 监视器

阴极射线显像管(CRT)的彩色监视器采用“磁偏转驱动”实现行场扫描的方式(也称模拟驱动方式)，一般使用“电视线”来定义其清晰度；使用液晶显示屏(LCD)的彩色监视器采用“点阵驱动”的方式(也称数字驱动方式)，通过“像素数”来定义其分辨率。CRT 监视器的清晰度主要由监视器的通道带宽和显像管的点距和会聚误差决定，而液晶显示屏(LCD)则由所使用 LCD 屏的像素数决定。CRT 监视器具有价格低廉、亮度高、视角宽、色彩还原好，使用寿命较长的优点，而 LCD 监视器则有体积小(平板形)、重量轻、分辨率高、图像无闪动无辐射、节省能耗的优点。

目前，LCD 监视器是主流产品，正在逐步地取代 CRT 监视器。

13.2　视频解码器

视频解码是视频编码的反过程，完成该工作的设备是视频解码器。与“编码有硬编码及软编码”两种方式类似，视频解码也有硬解码和软解码之分，硬解码通常由 DSP 完成，软解码通常由 CPU 完成，硬解码的输出通常进行电视墙模拟显示，软解码直接利用电脑工作站进行显示。

硬、软解码器统称 Decoder，视频解码过程如图 13.2 所示。

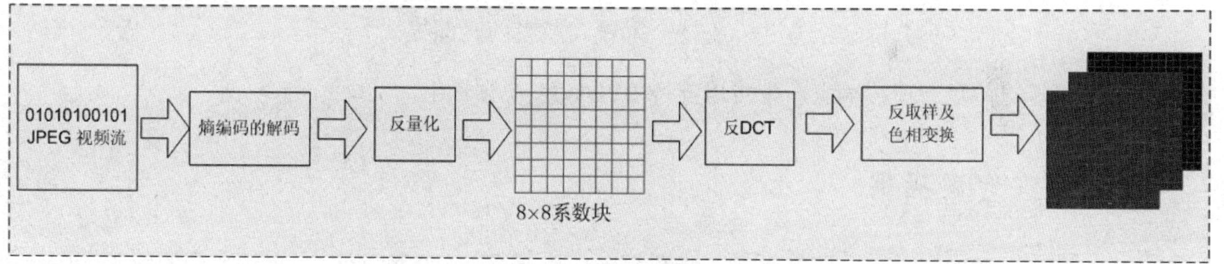

图 13.2　视频解码过程

13.2.1　硬解码器

硬解码器有两种，即 DSP Based 解码器(嵌入式)及 PC Based 解码器。硬解码器通常应用于监控中心，一端连接网络，一端连接监视器。主要功能是将数字信号转换成模拟视频信号，然后输出到电视墙上进行视频显示。视频信号经过编码器的编码压缩、上传、网络传输、存储转发等环节后，由解码器进行视频还原显示给最终用户。

(1) DSP Based 硬件解码器的主要特点如下：

- 视频的实时解码显示，包括实时、轮询、预案等。

- 可同时进行多种码流的解码，如支持 MJPEG 和 MPEG-4 解码。
- 支持单播/组播协议。
- 支持 NTP 和 SNMP 协议。
- 支持 HTTP 配置界面。
- 支持 OSD(屏幕显示)功能，并支持中文字幕。
- 支持多种分屏显示方式，支持全屏模式或者四画面模式。
- 支持复合模拟输出，也可以支持 DVI/VGA 视频输出。
- 通过虚拟视频矩阵技术轻松实现任意视频的切换显示。

(2) PC Based 硬件解码器的主要特点如下：

- 通常采用工业计算机加视频解码板卡实现。
- 视频的实时解码显示，包括实时、轮询、预案等。
- 可以实现高级回放操作，如视频正常回放、暂停、快进、快退、快速回放等。
- 可以进行高级视频报警管理显示，如显示视频分析报警提示(告警圈、尾巴线等)。
- 可同时进行多种码流的解码，如支持 MJPEG 和 MPEG-4 解码。
- 支持 OSD(屏幕显示)功能，并支持中文字幕。
- 支持多种分屏显示方式，支持全屏模式或者四画面模式。
- 支持复合模拟输出，也可以支持 DVI/VGA 视频输出。

13.2.2　软解码器

软解码通常是基于主流计算机、操作系统、处理器，运行解码程序实现视频的解码、图像还原过程，多数情况下其实质是视频工作站，解码后的图像直接在工作站的视频窗口进行浏览显示，而不是像硬件解码器那样输出到监视器(电视墙上)。对于目前行业上的主流编码方式，如 MPEG-4、H.264 等，通常视频编码厂家需要提供解码程序(插件)，供解码厂商用来完成视频的解码，如果视频编码厂家能够提供完全标准的编码格式，那么解码厂家可以利用通用的解码程序如 VLC 来完成解码。

软件解码过程需要大量的运算处理资源(一个 3GHz 双核 CPU 总共能够解码约 20Mbps 的码流——参考值)，如常见的 3GHz 处理能力的 CPU，通常可以实时解码 4 路 4CIF@RT 视频，如果是分辨率或码流更低，那么相应地可以增加解码路数，如 CIF@RT 视频，则可以同时解码 16 路，如果需要更多路，通常需要提高 CPU 处理能力或降低码流。H.264 格式的视频编码算法复杂，因此解码可能需要更多的 CPU 资源。

注意：通常，在一个系统中可能同时安装不同编码方式的 DVR、DVS 及 IPC，因此解码器需要同时支持主流的多种编码方式，支持多个厂家的编码设备，目前，这对于硬件解码器而言有些困难。而软解码方式由于是基于主流服务器平台、操作系统及通用处理器，因此，添加多个解码插件比较容易，对多种编码方式的解码也比较容易实现，市场上有万能解码器便可以满足此需求。

13.2.3 万能解码器

目前，在网络视频监控系统应用中的一个突出问题就是不同厂商编解码设备之间的“互联互通”问题。由于行业自身发展中标准的缺失，导致了各个厂商之间的编码解码设备无法通用，而在实际应用中对此却有广泛的需求，万能解码器就是在此背景下产生的。

万能解码器的工作原理就是“利用不同编码设备厂家的解码库”，首先将视频进行解码，然后得到解码后的 YUV 色彩空间的数据流，再还原输出到电视墙上去。

在解码系统接收到视频流后，首先需要判断该视频流的厂家，然后再去调用相应的厂家的解码库，对该视频进行解码，再将解码后的 YUV 数据输出到万能解码卡就可以实现视频还原显示。

万能解码器的工作原理如图 13.3 所示。

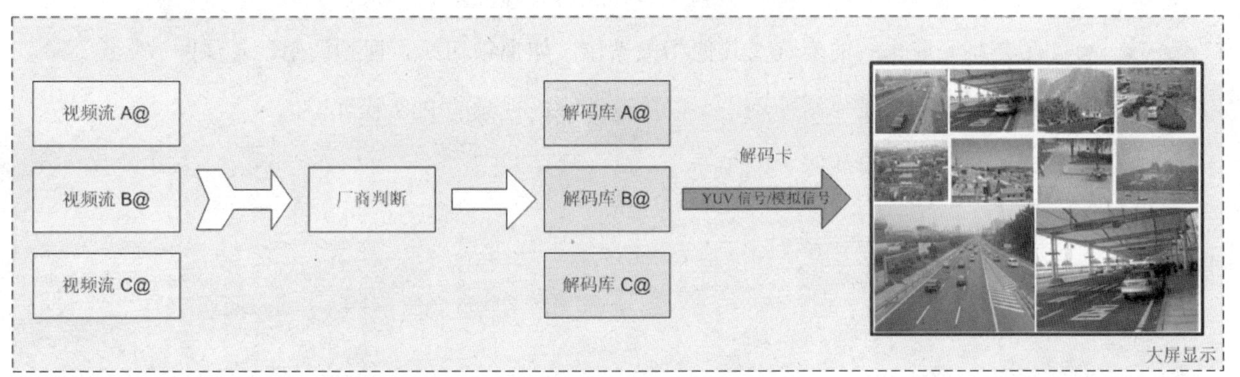

图 13.3 万能解码器的工作原理

13.2.4 解码器的考核点

解码器主要有下列考核点：

- 解码过程的延时将会体现在系统总延时中。
- 解码器需要支持多种视频输入格式，如 CIF、2CIF、4CIF、D1、VGA、QVGA 等。

- 解码器需要支持多个厂家的编码设备、支持多种编码格式。
- 支持多种分屏显示方式，如支持全屏模式及四画面模式。
- 支持复合模拟输出，也可以支持 DVI/VGA 视频输出以实现高质量显示。
- 支持 OSD(屏幕显示)功能，并支持中文字幕。
- 可以实现高级回放操作，如视频正常回放、暂停、快进、快退、快速回放等。
- 可以进行高级视频报警管理显示，如显示视频分析报警提示(告警圈、尾巴线等)。
- 在一些情况下，解码器需要支持音频解码功能。
- 解码器需要支持单播、组播，TCP、UDP 等多种网络协议。

13.3 控制中心应用

控制中心是整个视频监控系统人机交互最多的地方，通常大量的实时视频浏览、回放视频等请求都是由控制中心(工作站)发送出去的。控制中心通常由解码器、电视墙(监视器)、客户工作站、控制键盘等设备构成。

解码器一端连接到网络上，一端连接到监视器上，实现：

- 将网络发送过来的码流解码还原成视频图像进行显示；
- 工作站完成系统的配置及其他相关操作，如视频切换、视频调用、录像回放等；
- 控制键盘配合工作站使用，可以快速地完成视频的 PTZ 操作。

视频监控中心的效果如图 13.4 所示。

图 13.4　视频监控中心的效果示意

提示：图 13.4 中，监视器墙上的显示设备并不多，这也是未来“视频监控中心”的一个发展趋势。视频监控中心的核心价值在于“实用、高效”，而传统的华丽的监视墙方式与“实用、高效”并不能划上等号。伴随视频分析技术的应用，系统的自动分析、识别、报警功能使得视频监控系统真正变得实用而高效，智能视频监控系统中并不需要太多的监视器，一般通过视频工作站即可。

13.3.1　系统架构配置

1. 配置解码器(监视器)

配置解码器的前提是解码器已经连接到网络中，然后利用工作站界面设置解码器的主要参数，具体包括：

- 显示方式选择，如单屏显示或多分屏显示。
- 网络参数选择，针对网络延时、丢包与抖动进行参数设定。

- 解码 OSD 选择，如通道名称、时间、报警信息叠加等。

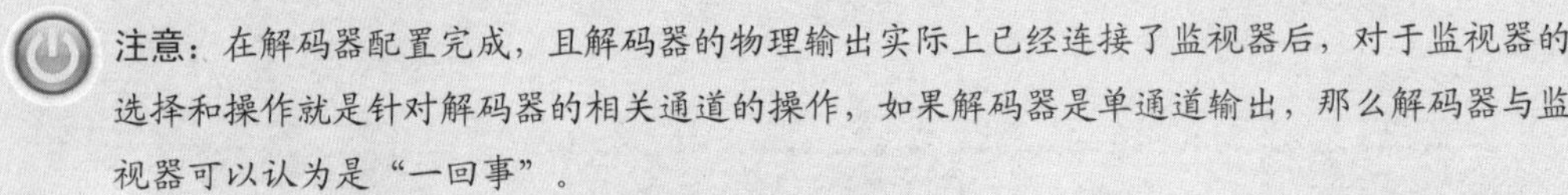

注意：在解码器配置完成，且解码器的物理输出实际上已经连接了监视器后，对于监视器的选择和操作就是针对解码器的相关通道的操作，如果解码器是单通道输出，那么解码器与监视器可以认为是“一回事”。

2. 配置控制室(Control Room)

视频控制室(或称监控中心、保安中心等)是真实存在的，有电视墙、有桌椅板凳、有操作台、工作站、键盘鼠标等，而配置控制室实质是将客观存在的控制室与系统中虚拟的“控制室(Control Room)”一一对应起来，以便在日后可以快速地调用各个控制室，并进行相应操作，如视频切换、控制等。

控制中心配置及操作流程如图 13.5 所示。

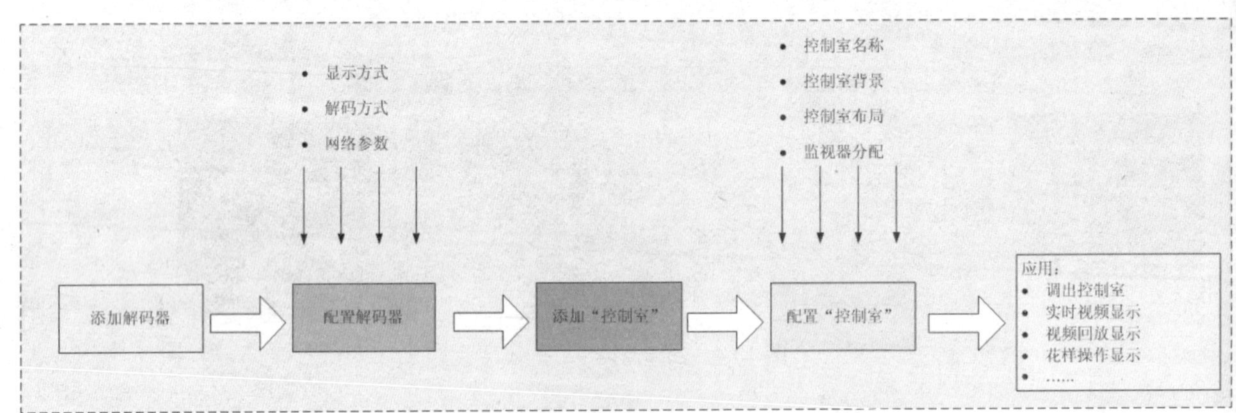

图 13.5　控制中心配置及操作流程示意

(1) 创建“控制室(Control Room)”，并分配名称。

(2) 为各个不同的控制室分配“监视器”。

(3) 设置控制室的监视器布局、背景、名称等。

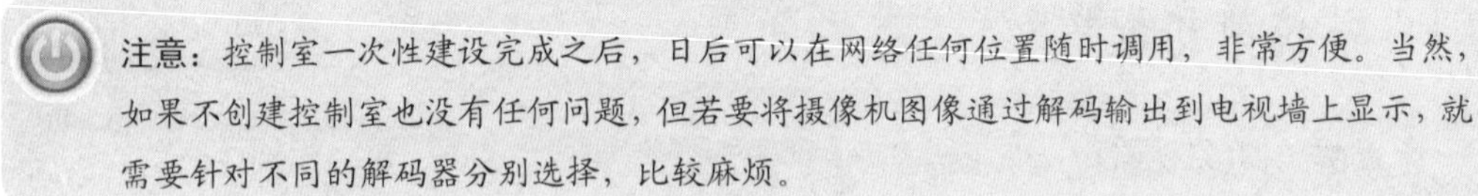

注意：控制室一次性建设完成之后，日后可以在网络任何位置随时调用，非常方便。当然，如果不创建控制室也没有任何问题，但若要将摄像机图像通过解码输出到电视墙上显示，就需要针对不同的解码器分别选择，比较麻烦。

13.3.2　控制室操作应用

中心控制室的各种应用(如视频切换操作)背后的支撑是中央管理平台软件及网络交换服务，我们在先前的 CMS 章节中介绍过 CMS 的各种应用，在控制室都会得到具体体现。

1. 视频调用

包括如下方面：

- 调用实时视频进行显示，并利用鼠标或键盘操作 PTZ 动作。
- 视频的 OSD 显示时间、日期、通道名称、报警信息等。
- 回放录像视频，并可以进行快进、快退、暂停等各种操作。

2. 个性化界面(Favorites)

对于大型视频监控系统，可能有多个部门、多个用户，每个用户关注的监控点不同、操作习惯不同。可以让用户自己设置、定制自己的相应的浏览界面布局，包括画面显示方式、通道等，这样一次设置并保存，该用户下次登录后可以直接调用。

如图 13.6 所示，是某一个性化界面，包括布局、通道名称、通道显示模式等都是预先设定好的，日后操作人员仅仅需要点击该“个性设置”名称，系统将自动弹出他的个性化界面。

图 13.6　控制中心个性界面功能示意

3. 应急预案

在系统中，可以针对一定的布局、一定通道，事先设置好各个通道的视频显示形式，如实时播放、回放最后 10 秒钟、PTZ 预置位等，我们称之为“预案”，这样，在日后紧急情况下可以迅速调用，方便操作者快速响应.

控制中心预案功能如图 13.7 所示。

图 13.7　控制中心预案功能示意

提示：比如在机场监控中，可能的突发事件是“有人跨越围墙进入机场跑道”。对于此突发事件，通常，操作人员需要调用实时视频、调用周围摄像机图像、调用该通道的录像等，需要一系列操作，而通过预案，可以一次性调用完成。

13.4　大屏幕拼接技术

大屏幕拼接屏日益得到越来越多的应用，尤其在大型项目的中央监控室或指挥中心。大屏幕拼接墙主要由多个显示单元及图像控制器构成，可用于一个画面全屏幕超大显示或者多个画面多个窗口显示。输入信号可以是监控摄像机视频输入、计算机信号等，输入信号通过图像处理器分配输出到投影单元，每个单元显示图像的一部分，全部显示单元整体合成构成完整的大画面，大画面的分辨率为单个显示单元分辨率的对应倍数。当然，各个单元亦可各自显示一个完整的视频源图像。各个视频信号图像以窗口形式显示在投影屏上，窗口的位置、大小、格局等可以根据需要改变、调整。大屏幕软件可以实现拼接墙的布局调整、窗口调用、矩阵切换等功能，也可以预设“预案”功能，实现快速调用过程。

目前，比较常见的大屏幕拼接系统，根据显示单元的工作方式分为三个主要类型：即 LCD

显示单元拼接、PDP 显示单元拼接和 DLP 背投显示单元拼接。前二者属于平板显示单元拼接系统，后者属于投影单元拼接系统。

- PDP(Plasma Display Panel)，即等离子显示屏；
- LCD(Liquid Crystal Display)，液晶显示屏；
- DLP(Digital Lighting Progress)，意思为数字光处理。

13.4.1 大屏幕拼接系统构成

大屏幕拼接系统的构成主要包括显示单元、拼接处理器、接口设备、软件，其中最核心、最被关注及广泛提及的 DLP、LCD、PDP 显示屏只是整个大屏系统中的一个主体部分。如图 13.8 所示。

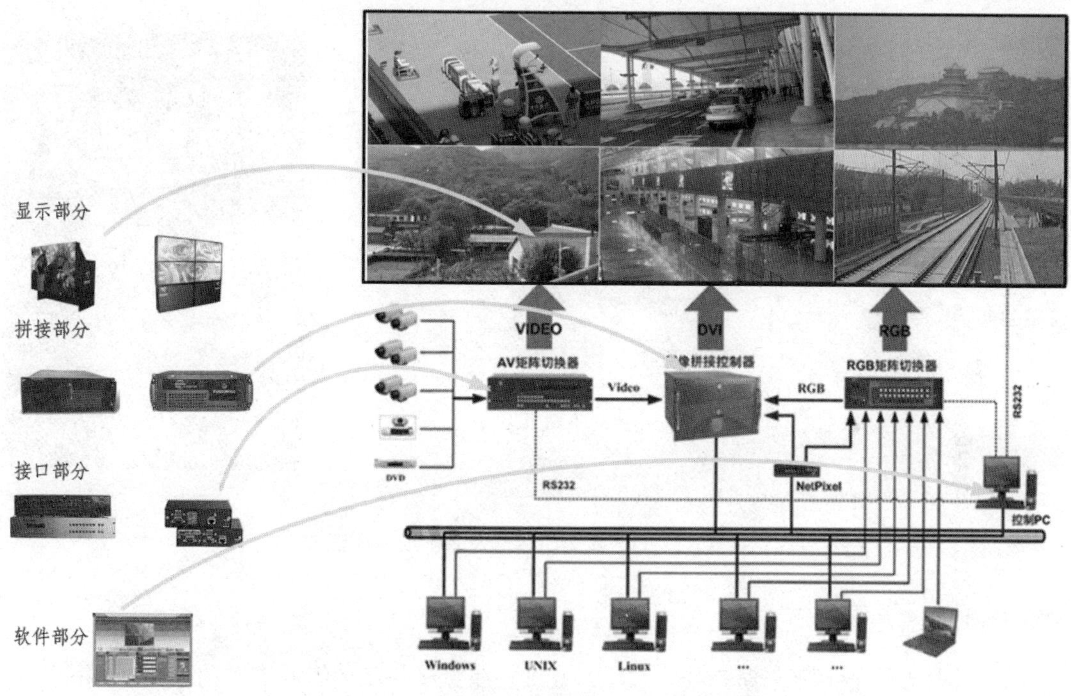

图 13.8　大屏幕拼接显示系统构成示意图

大屏幕拼接系统的主要构成如下：

- 显示单元：即常见的 DLP、LCD、PDP 等显示设备，显示设备通过不同的拼接方式，如 2×2、3×2 等，构成大屏幕拼接墙，显示单元还包括箱体及其他支撑部件。
- 拼接处理器：处理器是拼接墙的核心部分，处理器实现对多路视频输入的拼接、切换、控制、分配、合成等功能，形成画面开窗、组合、缩放等操作。
- 接口设备：主要包括音视频接口、网络接口、控制接口等。
- 软件：实现对拼接屏参数的设定、窗口操作、显示内容切换等。

13.4.2 DLP大屏幕系统

1. DLP工作原理

DLP是Digital Light Procession的缩写，即为数字光处理，也就是说这种技术要先把影像信号经过数字处理，然后再把光投影出来。DLP投影技术应用了数字微镜晶片(DMD)来作为核心关键处理元件以实现数字光学处理过程，其原理是UHP(Ultra High Performance)灯泡发射出的冷光源通过冷凝透镜，再通过光棒将光均匀化，经过汇聚处理后的光通过一个色轮，将光分成RGB三色(或更多色)，再将色彩由透镜投射在DMD芯片上，最后反射光经过投影镜头在投影屏幕上成像。DLP大屏幕拼接系统即是以DLP投影机为主要构成并配以图像处理器等组成的高亮度、高分辨率、色彩逼真的电视墙，能显示各种计算机(工作站)信号及各种视频信号，画面能任意漫游、开窗、组合、放大缩小和叠加。如图13.9所示。

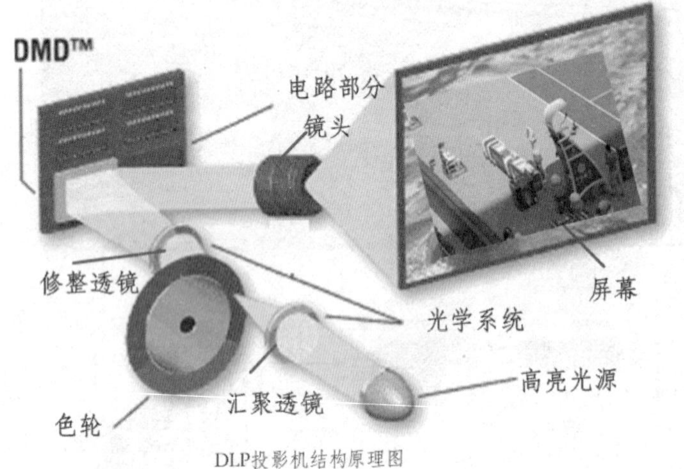

DLP投影机结构原理图

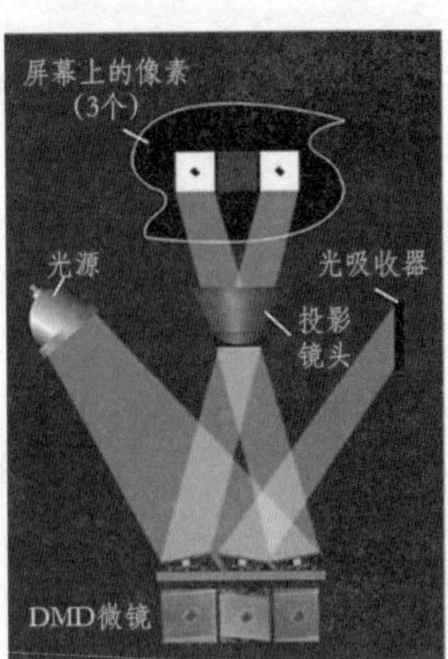

DMD反射成像原理图

图13.9 DLP投影机构成及DMD成像原理图

2. DMD工作原理

DMD芯片外观看起来只是一小片镜子，被封装在金属与玻璃组成的密闭空间内，事实上，这面镜子是由数十万乃至上百万个微镜所组成的。以1024×768分辨率为例，在一块DMD上共有1024×768个小反射镜，每个镜子代表一个像素，每一个小反射镜都具有独立控制光线的开关能力。小反射镜反射光线的角度受视频信号控制，视频信号受数字光处理器DLP调制，把视频信号调制成等幅的脉宽调制信号，用脉冲宽度大小来控制小反射镜开、关光路的时间，在屏幕上产生不同亮度和灰度等级图像。

在一个单DMD投影系统中，需要用一个色轮来产生全彩色投影图像，色轮由红、绿、蓝滤波系统组成，它以60Hz的频率转动，在这种结构中，DLP工作在顺序颜色模式。输入信号被转化为RGB数据，数据按顺序写入DMD的DDR RAM，白光光源通过汇聚透镜聚集在色轮上，通过色轮的光线成像在DMD的表面。当色轮旋转时，红、绿、蓝光顺序地射在DMD上，色轮和视频图像是顺序进行的，所以当红光射到DMD上时，镜片按照红色信息应该显示的位置和强度倾斜到“开”，绿色和蓝色光及视频信号亦是如此工作。人体视觉系统集中红、绿、蓝信息并看到一个全彩色图像。通过投影透镜，在 DMD 表面形成的图像可以被投影到一个大屏幕上。如图 13.10 所示。

DMD芯片被封装
在密闭空间内

DMD有上万14×14微米微镜片
每个微镜片代表了一个像素

每个微镜片可以正负12度旋转
以相应反射光线

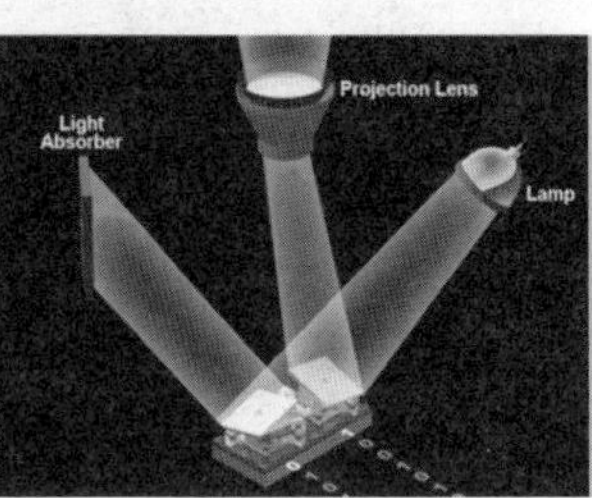

微镜片反射光线经过镜头
投影到大屏幕

图 13.10　DMD 成像过程示意图

3. DLP 系统构成

- 大屏幕显示单元及底座
- 拼接处理器或图像处理器
- 矩阵切换器(视频矩阵、VGA 矩阵)
- 控制主机(电脑工作站)
- 信号线缆(视频线、VGA 线)、通讯线缆(串口线、网线)

DLP 拼接墙由多个背投显示单元拼接而成，DLP 最主要的特点是屏体尺寸大，目前在市场上的主流尺寸为 50 英寸、60 英寸，随着用户对大屏幕尺寸需求的提高，80 英寸、84 英寸、100 英寸、120 英寸也逐渐被使用。DLP 拼接墙的分辨率由各显示单元的分辨率叠加而来，可以获得超高的分辨率。如：单体为 1024×768 的 3×2 拼接墙，拼接后的整墙分辨率高达 1024×3：768×2。

除了尺寸大之外，DLP 拼接墙的另一大特点就是拼缝小，目前单元箱体之间的物理拼缝已经控制在了 0.5mm 之内。如图 13.11 所示。

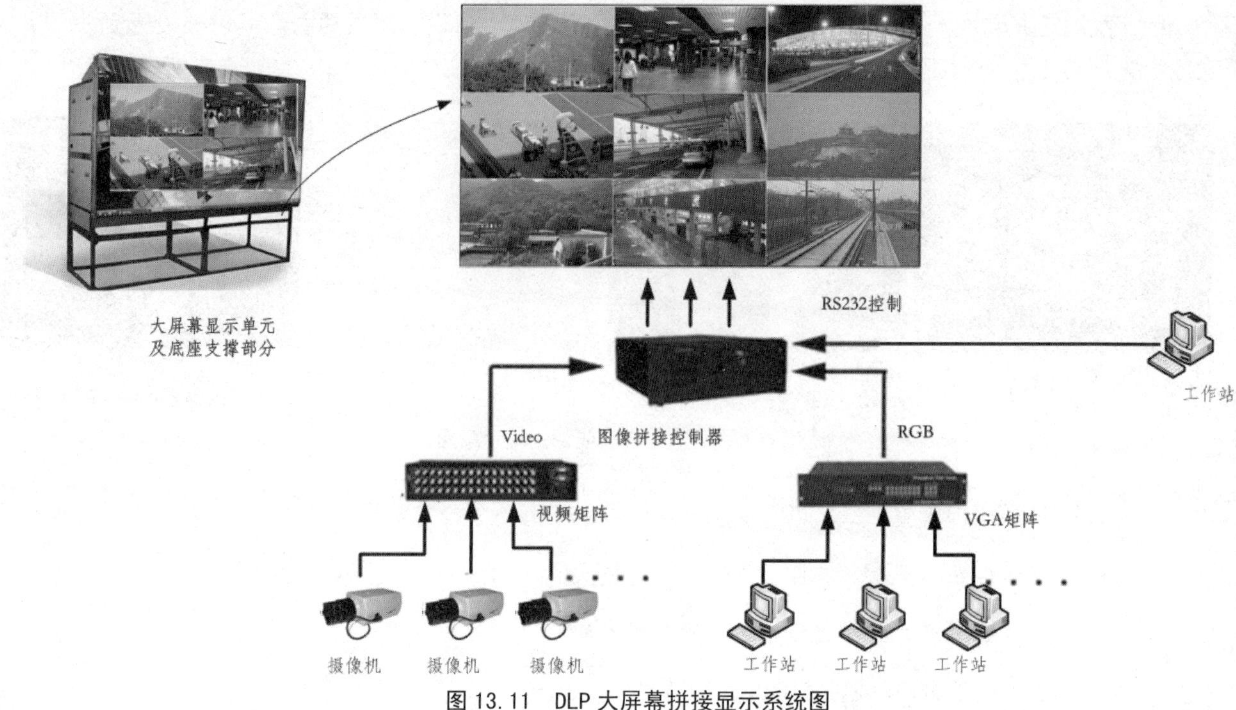

图 13.11 DLP 大屏幕拼接显示系统图

4. DLP 系统缺点

DLP 背投拼接系统仍存在一些缺点，由于 DLP 显示器采用多个显示单元拼接，达到一定拼接数目就会出现整体色彩与亮度不均匀的情况，而且其功耗大、内部发光的灯泡在连续工作 6000~8000 小时之后，会出现亮度降低的情况，为了保持较好的显示效果，在项目应用一段时期后就需要更换灯泡，因此维护成本稍高。此外，由于 DLP 拼接单元厚度大，还要在背部留下足够的空间，这对于一些空间比较小的监控环境也是一个局限。

13.4.3 LCD 大屏幕系统

1. LCD 工作原理

LCD(Liquid Crystal Display)是液晶显示器的简称，LCD 的构造是在两片平行的玻璃当中放置液态的晶体，两片玻璃中间有许多垂直和水平的细小电线，透过通电与否来控制杆状水晶分子的方向，将光线折射出来产生画面。因为液晶材料本身并不发光，所以在显示屏两边都设有作为光源的灯管，而在液晶显示屏背面有一块背光板(或称匀光板)和反光膜，背光板是由荧光物质组成，可以发射光线，其主要作用是提供均匀的背景光源。

LCD 液晶拼接是继 DLP 拼接、PDP 拼接之后，近几年兴起的一项新的拼接技术，LCD 液晶拼接墙具有低功耗、重量轻、寿命长(一般可正常工作 5 万小时)、无辐射、画面亮度均匀等优点。2006 年，三星推出了拼接专用液晶屏——DID 液晶屏 DID 液晶屏专为拼接而设计，在出厂时就把边框做得很小。

2. DID 拼接

DID 是 Digital Information Display 的简称，是三星电子于 2006 年推出的新一代液晶显示技术，广泛应用于各行各业(平安城市、交通、生产调度、军事指挥、城市管理、矿业安全，环境监控、消防、气象等)的安防监控；政府、企业、金融、机场、地铁、商场、酒店通迅信息等的信息发布及体育场馆、博览会、集会、媒体广告等领域的展示系统等。

3. DID 的优点

- 高亮度：DID 液晶屏拥有更高的亮度
- 高对比度：DID 液晶屏具有 1200：1，甚至达 10000：1 对比度
- 更好的彩色饱和度：DID LCD 可以达到 80%~92%的高彩色饱和度
- 更宽的视角：可视角度可达双 180° (横向和纵向)
- 可靠性更好：DID 液晶屏为监控中心、展示中心设计，支持在 7×24 小时连续工作
- 纯平面显示：是真正的纯平显示器，完全无曲率，无变形失真
- 超薄窄边设计：优秀的窄边设计，使其单片的边缘甚至在 1cm 以下
- 亮度均匀，影像稳定不闪烁
- 120Hz 刷新频率：有效解决图像快速运动过程中的拖尾和模糊
- 使用寿命：DID LCD 液晶屏背光源的使用寿命均可达 5 万小时以上

13.4.4 拼接技术比较

不同技术的大屏幕拼接系统有各自优势和劣势，没有绝对好或者差的产品，只有差的选择和应用。因此，在具体项目应用中，需要根据项目具体需求、应用情况、环境空间、视觉效果、行业特色、成本预算、运维资源等方面，综合考虑并选取合适的拼接系统。

以下参数需要在选择时重点考虑：

- 亮度：决定可视效果
- 对比度：对比度越高，画面层次感越强
- 色彩饱和度：色彩饱和度越高，显示出的画面越艳丽
- 分辨率：分辨率决定画面的清晰程度
- 寿命：LCD 及 DLP 的寿命基本与屏幕无关，而只与发光器件有关，定期更换背光灯管及灯泡即可，PDP 的寿命与屏幕有关，并且无法更换

- 灼伤：灼伤现象的表现及成因是静止画面停留较长时间后，屏幕对应位置留下残影，LCD 及 DLP 的实现原理决定了其不会发生灼伤现象，但是 PDP 有此现象
- 画面均匀性：均匀性影响画质显示一致性

具体参数比较如表 13.1 所示

表 13.1 三种类型产品的典型参数值比较

条 目	背投(DLP)拼接	液晶(LCD)拼接系统	等离子(PDP)拼接
亮度(均值参考)	500 流明	800 流明	1000 流明
对比度	300：1~500：1	1000：1~1500：1	3000：1
饱和度	70%左右	90%左右	93%左右
分辨率	1024×768(50 寸)	1366×768(46 寸)	852×480(42 寸)
均匀性	稍差	较好	较好
拼接缝	最小(1mm)	较小(6.7mm)	较小(5mm)
功耗	300W(50 寸)	200W(46 寸)	500W(42 寸)
寿命	5000-10000H(灯泡)	50000H(背光)	5000-10000(屏幕)
灼伤	不会灼伤	不会灼伤	会灼伤
运维成本	较高	较低	较低

13.5 本章小结

本章介绍了视频解码显示部分，解码显示部分对于视频监控系统属于人机交互部分，其质量优劣非常直观。所谓“编筐窝篓，全在收口”，其他环节做得再好，如果在解码显示部分不过关，用户也是无法接受的。从另外的角度看，如果其他部分(编码、传输)做得不好，解码显示环节也不可能会好。早期的解码显示模式是大规模模拟电视墙，随着计算机、视频分析技术发展，电视墙的作用已经弱化，而应用软件的功能在逐渐地增强。不过对于一些大型项目，尤其有大型安防中心或指挥中心建设计划的项目，大屏幕拼接墙的作用依然非常重要。

第14章 智能网络高清视频系统实战

通过学习本书先前各个章节的内容，相信读者对整个智能网络高清视频监控系统的原理、系统构成和相关产品有了一定的了解，

本章是对前面章节的一个总结，利用先前的知识点，介绍智能网络高清视频监控系统的设计、选型、规划与应用等方面。

关键词

- 系统设计
- 设备选型
- 系统实战
- 系统维护

14.1　智能网络高清视频系统设计

我们已经了解，智能网络高清视频监控系统(IVS)不再局限在视频信号的采集、传输、控制与显示，其核心应用转变为“基于IP网络为多媒体信息建立一个综合的管理控制平台”，以网络为依托，以视频编码压缩/传输为基础，以视频内容分析(VCA)为亮点，构建一个智能化、网络化、综合应用的综合视频系统，其应用已经远远超过了传统的“安全防范与视频监控”的应用范畴，变成了多元化的系统。

14.1.1　知识点回顾

如图14.1所示的拓扑结构即反映了本书的章节构成，现在回顾一下本书的知识点。

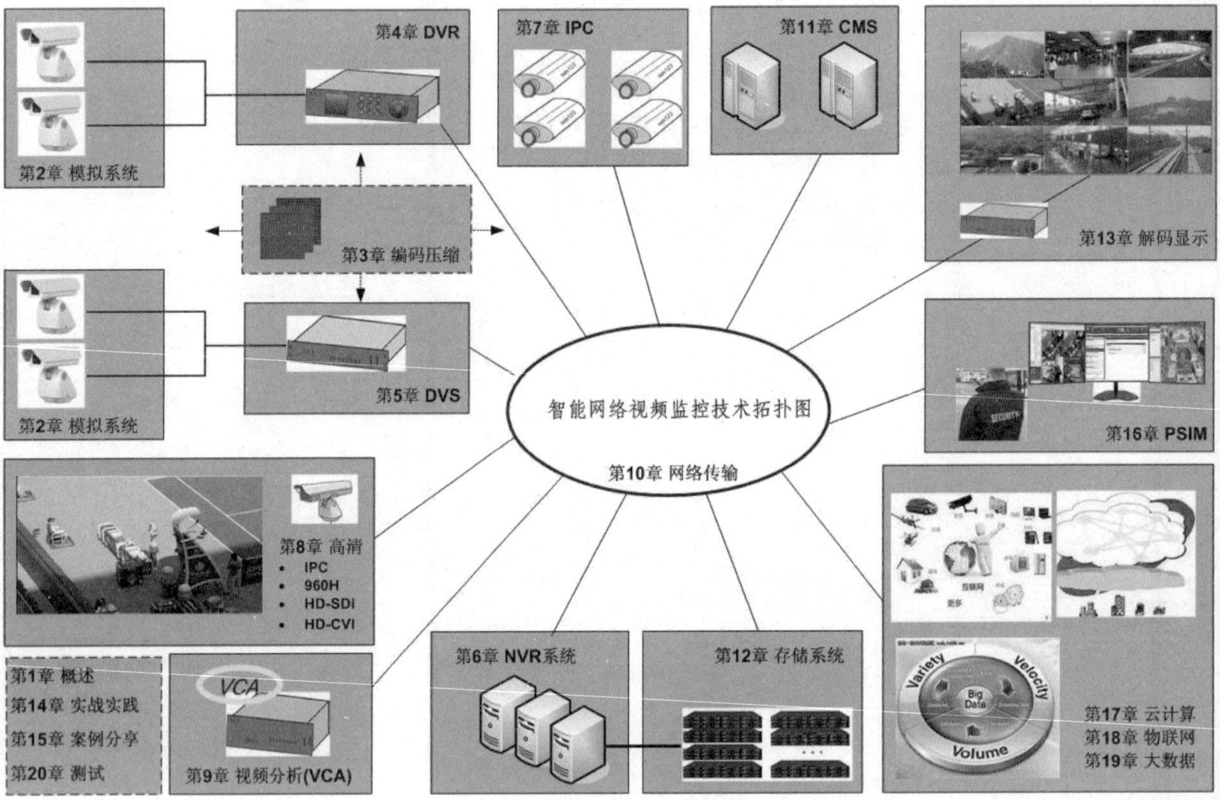

第2章 模拟系统
第4章 DVR
第7章 IPC
第11章 CMS
第13章 解码显示
第3章 编码压缩
第5章 DVS
第2章 模拟系统
智能网络视频监控技术拓扑图
第10章 网络传输
第16章 PSIM
第8章 高清
• IPC
• 960H
• HD-SDI
• HD-CVI
第1章 概述
第14章 实战实践
第15章 案例分享
第20章 测试
VCA
第9章 视频分析(VCA)
第6章 NVR系统
第12章 存储系统
Variety
Velocity
Big Data
Volume
第17章 云计算
第18章 物联网
第19章 大数据

图14.1　智能网络高清视频监控系统拓扑结构

1. 模拟系统

- 模拟监控系统的核心是矩阵控制系统，可实现视频切换控制功能。
- 模拟摄像机技术成熟、市场占有率高，但提升空间已不大。

- 矩阵切换控制系统技术成熟、实际应用数量庞大，但提升空间不大。
- 目前模拟监控系统与 DVR 配合使用构成的混合架构具有大量的实际应用。
- 模拟摄像机与视频编码器配合使用构成的网络视频监控系统架构会长期存在。
- 监视器配合解码器完成电视墙视频显示是目前行业主流的应用方式。

2. 编码压缩

- 编码压缩的目的是“进行视频数据的压缩从而进行存储与传输”。
- 编码压缩的实质是“通过各种方法去掉视频数据中的各种冗余信息”。
- 编码压缩的代价是“芯片与算法”成本，但是节省的是网络资源与存储成本。
- 高压缩比、高质量、低延时的压缩算法是追求目标，如目前的 H.264 编码方式。
- 编码压缩算法的未来在于“统一”，算法优化是必须的，但要确保“互联互通”。

3. DVR

- DVR 是磁带录像机(VCR)的“终结者”，其根本突破在于“数字化”。
- NVR 不是 DVR 的终结者，NVR 削弱了 DVR 的空间，但两者可以共存。
- 数字化、编码压缩、大容量存储、网络传输等功能是 DVR 的核心应用。
- 嵌入式 DVR、PC 式 DVR、混合式 DVR 都有各自的优势及生存空间。
- DVR 可以各“各自为政、单兵作战”，独立构成系统，这是一个优势。
- DVR 不会因为 IP 监控系统的冲击而全面退出市场，但 DVR 提升空间有限。

4. DVS

- DVS 的主要功能是“视频的编码压缩与网络传输”。
- 相比 DVR，DVS 是更加“网络化”的设备。
- 相比 IPC，DVS 还不是纯粹“网络化”的设备。
- “本地缓冲、内置视频分析”功能将会是 DVS 的基本配置，不是奢侈品。
- 未来的 DVS 应该是标准的、基础的视频监控系统器件，具有“平台无关性”。
- 未来 DVS 产品的竞争焦点应该在“品牌与服务”。

5. NVR

- NVR 的主要功能是“视频录像、存储与转发”。
- NVR 与 IPC、DVS 配合使用构成完整的网络视频监控系统。

- 目前的 NVR 有软件、硬件、软硬件等形态，但其实质是“一类软件”而已。
- PC 式 NVR 与嵌入式 NVR 的争论中，需要注意“稳定性”对 NVR 已经不是重点。
- NVR 是网络视频监控系统的“中间件”，开放化、标准化是 NVR 未来的方向。
- “大容量、冗余支持、开放性、智能化”是 NVR 的主要考核点。

6. IPC

- IPC 集视频采集、编码压缩、网络传输等多种功能于一体。
- 在大型项目中，IPC 需要与 NVR、管理平台配合使用。
- 视频分析、本地存储等功能将会是 IPC 的基本配置，不是奢侈品。
- IPC 的未来是“高清、智能、标准化”。
- IPC 的民用趋势将为之带来更多的发展空间。
- 类似 DVS，未来 IPC 产品的竞争焦点应该在“品牌、价格与服务”。

7. 高清 IPC

- 高清 IPC 的优势在于“高质量、多细节、大场景”。
- 芯片处理能力的提升与编码压缩算法的提高，会加速高清 IPC 的普及。
- 高清 IPC 会逐渐变成主流, 如同当年的 CIF 分辨率向 4CIF 分辨率过渡一样。
- 高清的发展进程与网络、存储等配套环节的发展密切相关。

8. VCA

- VCA 的技术支撑是“计算机人工智能技术”。
- VCA 的应用在两方面，一个是事前报警，另一个是事后视频快速索引。
- VCA 的优势在于颠覆了传统视频监控应用模式，但是目前其效果有待提高。
- VCA 不是孤立的技术，必须与视频监控系统深度集成，才能充分发挥其效能。
- 智能化是网络视频监控系统的未来发展趋势，毫无争议。
- VCA 模块部署在前端、后端、前后端的模式无需“一刀切”。
- 考察 VCA 产品的原则是“实景模拟、亲身体验、眼见为实”。
- VCA 产品必须增强适用性、实用性，“效果提上去，价格降下来”是必然。

9. CMS

- CMS 在小型项目中可有可无，在大型项目中是“必须的”。

- CMS 的产品形态具有不确定性，可能是软件、服务器、多服务器和服务的组合。
- CMS 越来越重要，也越来越得到集成商、用户、厂商的重视。
- 未来的项目应该是 CMS 主导前端(DVR、DVS)，而不是现在的“本末倒置”。
- CMS 将向专业化、定制化、集成化发展，其架构向“集中与分散”相结合发展。
- 真正的 CMS 不再会是免费的，而且会很昂贵，但是“高成本将带来高回报”。

10. 存储

- 视频存储的第一要素是数据的“高可靠性”。
- 存储系统的设计不是孤立的，与点位、用户端、网络情况密切相关。
- NAS、DAS、SAN 都能应用在视频监控系统中，重点在于“怎么用”。
- 当视频内容分析技术变得成熟、普及后，视频存储空间需求会大大降低。

11. 解码显示

- 解码显示的主要部件是解码器、电视墙及客户工作站。
- 解码显示部分是视频监控系统的终端，是人机界面。
- 虚拟控制室(Control Room)让监控中心变得低成本、高效能。
- “智能工作站”完全可以代替大多数的“华丽丽的电视墙”。
- 视频分析报警功能可以使安保工作站的工作变得轻松而高效。
- PDA 终端的应用将为视频监控带来更多便利。

注意：以上的知识点回顾与总结是简单扼要的，其中部分观点在本书先前的章节中都有详细的论述，此处仅仅做“点到为止”的提示。

14.1.2　系统架构设计

通过以上章节，整个“智能网络视频监控系统”的各个元素已经呈现出来。但是，在实际应用中，需要根据项目的具体情况进行分析、选择、配置合适的系统。智能网络视频监控系统的设计没有固定公式，这也是其有别于楼控系统、门禁系统、消防系统的明显地方。为了达到项目的需求，可能有不同的实现方式，所谓“殊途同归”。

关键在于：在有效的成本限制条件下，选择合适的产品及架构，并最大限度地发挥其效能。

1. DVR 架构

- DVR 集编码压缩、存储、网络传输、管理于一体，可以独立工作。
- 嵌入式 DVR 稳定性更高、PC 式 DVR 的功能性更强大。
- DVR 的主要存储方式是“本地硬盘加外挂阵列”方式。
- DVR 适合应用在相对“局部集中”的场合，可实现本地编码、本地录像。
- 在网络条件不是很好(带宽有限)的情况下，DVR 的本地存储功能更有优势。
- 混合 DVR 可以接入模拟摄像机、IPC 及 DVS，是过渡时期不错的选择。

2. NVR 架构

- 相比 DVR，NVR 是更加开放化的设备。
- IPC 及 DVS 的部署是 NVR 部署的前提。
- 稳定可靠的网络资源是部署 NVR 必须考虑的基础条件。
- NVR 具有灵活的存储实现方式，如 NAS、DAS、SAN 等。
- NVR 可以具有“N＋1”冗余机制，实现高可靠性。

3. 存储架构

- DAS 的优势在于低成本、易实施，但在性能、扩展性方面不足。
- NAS 的优势在于易实施、易扩容，但性能一般。
- FC SAN 的优势在于高性能、高可靠，但是成本较高。
- IP SAN 的优势在于灵活性、扩展性。

4. 视频分析架构

- 独立 VCA 模块(盒子)、独立 VCA 服务器、智能 NVR 是目前阶段主要的形式。
- IPC 与 DVS 内置 VCA 功能将会是未来的主流架构。
- NVR 及后端服务器部署 VCA 模块可以提供更高的灵活性及成本优势。
- VCA 的优势不仅体现在实时报警，在录像索引方面也非常有效。

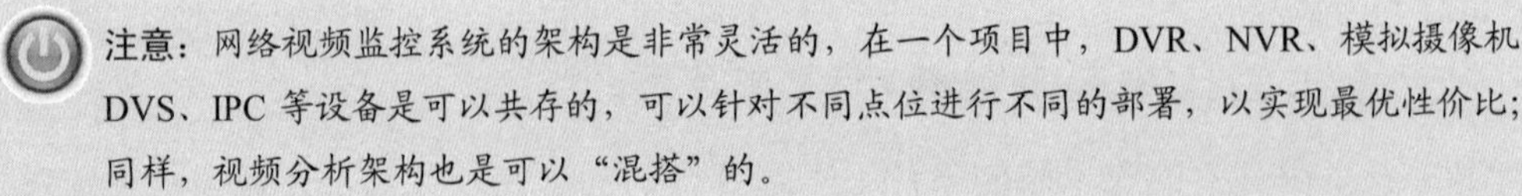
注意：网络视频监控系统的架构是非常灵活的，在一个项目中，DVR、NVR、模拟摄像机、DVS、IPC 等设备是可以共存的，可以针对不同点位进行不同的部署，以实现最优性价比；同样，视频分析架构也是可以“混搭”的。

14.1.3　系统稳定性考虑

1. 编码器

编码器可以采用双电源、双网卡方式增强稳定性；或者采用“N＋1”冗余方式增强可靠性，以保证单机故障或更换设备时系统可以连续运行。

2. NVR

NVR 可采用“N＋1”冗余增强可靠性，以保证单机故障或更换设备时系统连续运行。

3. CMS

CMS 可以采用“双机冗余热备”方式增强稳定性，以保证系统无停机运行。

4. 存储

存储系统可以采用磁盘阵列的 RAID 技术实现高可靠数据存储。

完全冗余的网络视频监控系统架构如图 14.2 所示，从前端设备 IPC、DVS，到传输网络、NVR、存储设备 NVR、核心管理平台 CMS 都实现了冗余功能，保证了系统 24 小时高可靠运行，减少了因为网络、电源、硬件、存储、软件等故障而导致的系统停机或数据丢失。

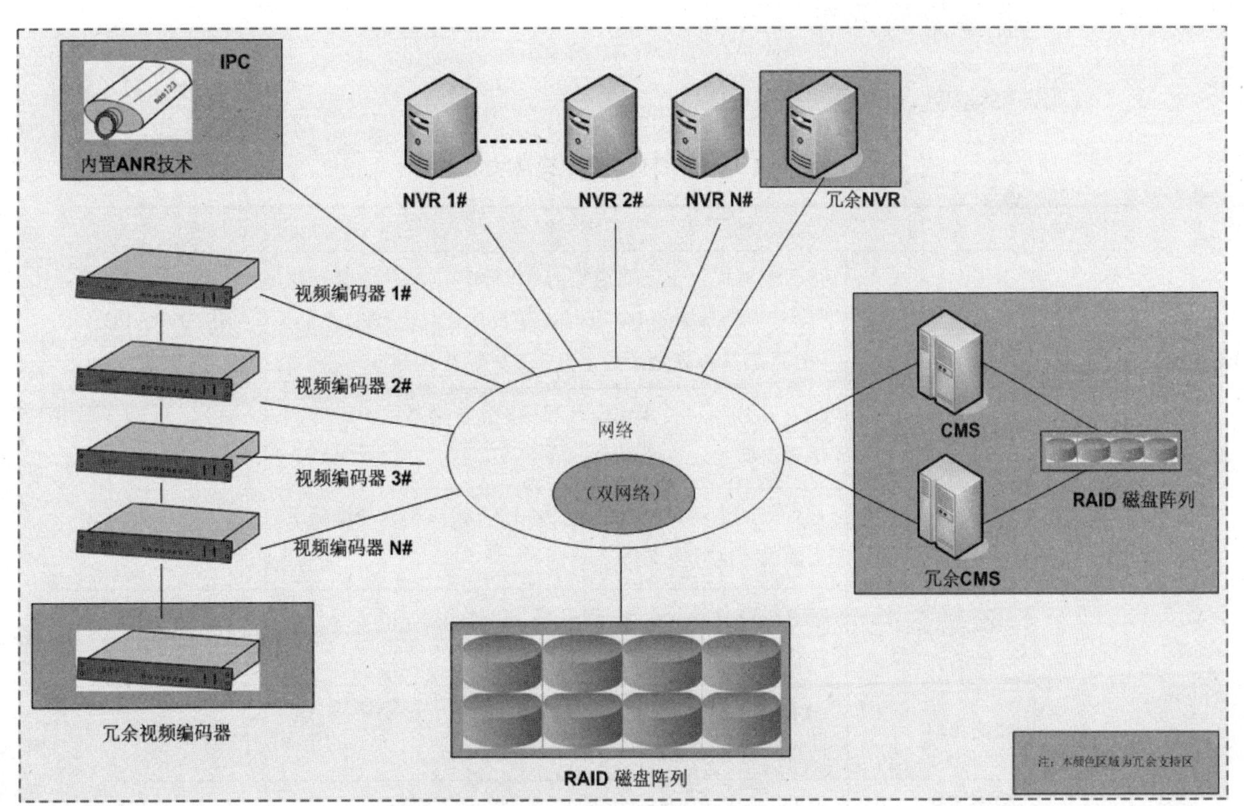

图 14.2　完全冗余的网络视频监控系统架构

(1) IPC 是单体设备，提高稳定性的办法是在网络短暂中断时进行本地存储。

(2) 对于大路数 DVS，可以采用 N+1 方式进行冗余，防止单体设备软硬件失效。

(3) 对于 NVR，可以采用 N+1 方式进行备份，防止单体设备软硬件失效。

(4) 对于存储设备，可采用成熟的 RAID 技术实现冗余保护。

(5) 对于网络，可以采用“双网络”实现高可靠性数据传输。

(6) 对于 CMS，采用双机热备方式，双机共享 RAID 磁盘阵列，实现冗余。

注意：以上的冗余方式需要根据具体情况有选择地应用，因为冗余技术的成本偏高，并且并非所有场合都有必要。另外，系统设备由常态进入冗余工作状态时，系统软硬件需要一定的切换时间，切换过程中服务中断、可能部分数据丢失，如 CMS 切换期间用户无法登录，NVR 切换期间视频录像中断等。

14.2 智能网络视频系统选型

14.2.1 视频编码系统

视频采集编码系统功能见表 14.1。

表 14.1 视频采集编码系统功能

序 号	条 目	考 核 点	备 注
1	产品线丰富性	是否能够提供不同通道数的 DVS/DVR 供用户灵活选择；是否具有智能 DVS 产品；是否具有混合 DVR 产品；IPC 种类是否齐全，如室内、室外、夜视等	DVS/DVR/IPC
2	冗余技术支持	DVR 采用何种技术实现数据保护；8 通道以上的 DVS 是否支持冗余备份技术	DVR/DVS
3	编码算法	是否采用主流、高效的视频编码方式；是否能够提供全面的二次开发支持	DVS/DVR/IPC
4	设备稳定性	DVR 的文件系统类型；DVR 硬盘冗余技术；多通道 DVS 是否支持电源、网口冗余	DVR/DVS
5	产品接口	DVR/DVS/IPC 是否具有音频输入输出、报警接口、本地缓冲等各类接口	DVS/DVR/IPC
6	图像质量	图像的色彩还原能力、延时、码流占用情况	DVS/DVR/IPC

14.2.2 平台系统考核

平台系统考核 CMS 系统功能表见表 14.2。

表 14.2　CMS 系统功能表

序　号	条　目	考 核 点	备　注
1	平台的开放性	是否支持第三方设备(如 IPC、DVR/DVS)无缝接入；与其他系统如 IBMS 如何进行集成	CMS/NVR
2	方案的灵活性	是否能够提供嵌入式、Software-Only 或 Turn-Key 等不同形态产品给用户自由选择	CMS/NVR
3	7×24 小时工作	系统核心部件如 CMS 及 NVR 是否支持冗余工作机制	CMS/NVR
4	事件调查功能	是否具有快速事件调查回放功能，是否支持多通道同时并发回放、预案、模糊查找等	CMS/NVR
5	报警处理机制	报警提示方式、处理方式；是否支持报警的页面自动弹出；报警联动支持等	CMS/NVR
6	数据库结构	是否支持中央数据库及分级多点数据库管理工作机制以实现对超大系统项目的支持	CMS/NVR
7	虚拟矩阵功能	对预案、巡检、页面、键盘控制等的支持	CMS/NVR
8	解码显示功能	是否支持 OSD 显示、报警信息显示；视频回放过程中是否可执行暂停、快进等多种灵活操作；是否支持 PDA 功能；是否支持多种第三方码流的解码	CMS/NVR/ 解码器
9	用户管理机制	是否支持灵活的用户权限、分级管理；是否支持 PTZ 优先级管理；是否支持完善的用户日志审核机制	CMS/NVR
10	存储转发功能	单体设备(NVR 或媒体服务器)最多支持的通道数量；是否支持第三方设备接入；是否支持高清摄像机接入	CMS/NVR
11	升级与维护	是否支持平滑升级，在系统软件升级、扩容过程中如何有效保持原来的配置与数据	CMS/NVR

14.2.3 视频内容分析系统

视频内容分析系统 VCA 系统功能见表 14.3。

表 14.3 VCA 系统功能

序 号	条 目	考 核 点	备 注
1	VCA 的架构	是否具有“前端、后端、前后端”等多种 VCA 部署的架构以供用户灵活选择	IPC/DVS/NVR
2	VCA 的实施经验	实际项目中 VCA 应用数量能体现厂家在此方面的技术实力与经验，从而更值得信赖	案例参考
3	VCA 的考核	对 VCA 效果的考察需要完全模拟“实际现场”进行模拟测试，而非实验室测试	现场实际模拟

14.2.4 网络系统设计

网络系统设计要点见表 14.4。

表 14.4 网络系统设计要点

序 号	条 目	考 核 点	备 注
1	码流大小	码流的大小在于编码设备相关参数的选择	帧率、分辨率
2	带宽占用	不同路由的带宽需求需考虑两端设备，包括 IPC/DVS/DVR、中间设备(NVR/媒体服务器)、后端设备(解码器/工作站)及存储设备(归档服务器)的具体分布情况	路由决定流量
3	丢包率	网络丢包可能导致视频画面出现马赛克	
4	延时	高延时的网络尽量不采用带 B 帧的 GOP	双向预测延时

14.2.5 存储系统设计

存储系统设计要点见表 14.5。

表 14.5 存储系统设计要点

序 号	条 目	考 核 点	备 注
1	存储容量公式(T/每天)	2Mbps×3600 秒(单位小时变秒)×24(每天)/8(b 变 B)/1000(M 变 G)/1000(G 变 T)	(@2M 码流)
2	DAS	直连存储，部署简单，但是性能低、扩展性弱	块级
3	NAS	网络存储，部署简单，不支持块级应用，性能中	文件级
4	FC SAN	网络存储，支持块级应用，成本高，性能高	块级
5	IP SAN	网络存储，部署简单，支持块级应用，性能中	块级

14.3　系统应用设计模拟(一)

14.3.1　项目需求分析

(1) 案例总体情况——铁路视频监控系统：

- 1000 个视频监控点，监控点位覆盖整条铁路线，共 20 个车站，每个车站 50 路。
- 整个视频监控系统采用“全数字化网络视频监控系统”。
- 整个视频监控系统采用“模拟摄像机＋视频编码器＋NVR”的架构。
- 每台 NVR 最大容量支持 64 路 4CIF 实时视频存储。
- 告警视频采用归档服务器(AS)备份，单台 AS 支持 128 路 4CIF 归档。
- 在各个车站机房进行本地 NVR 存储，所有视频要求 4CIF 半实时存储 10 天。
- 在路局机房设置归档服务器对报警视频(按 5%)集中备份，4CIF 实时 30 天。
- 在路局控制中心设置 12 路监视器构成的电视墙，进行集中解码显示。
- 系统中部分通道需要具有视频分析功能，要与整个视频监控系统无缝集成。
- 全线共 100 路视频分析通道，其中部分通道分析模式待定。
- 系统中央管理服务器采用双机冗余热备结构，保证高稳定性。

(2) 系统架构设计。

整个视频监控系统采用网络化分布式架构，如图 14.3 所示，具有“系统资源集中管理、存储与转发分散处理”的特点。

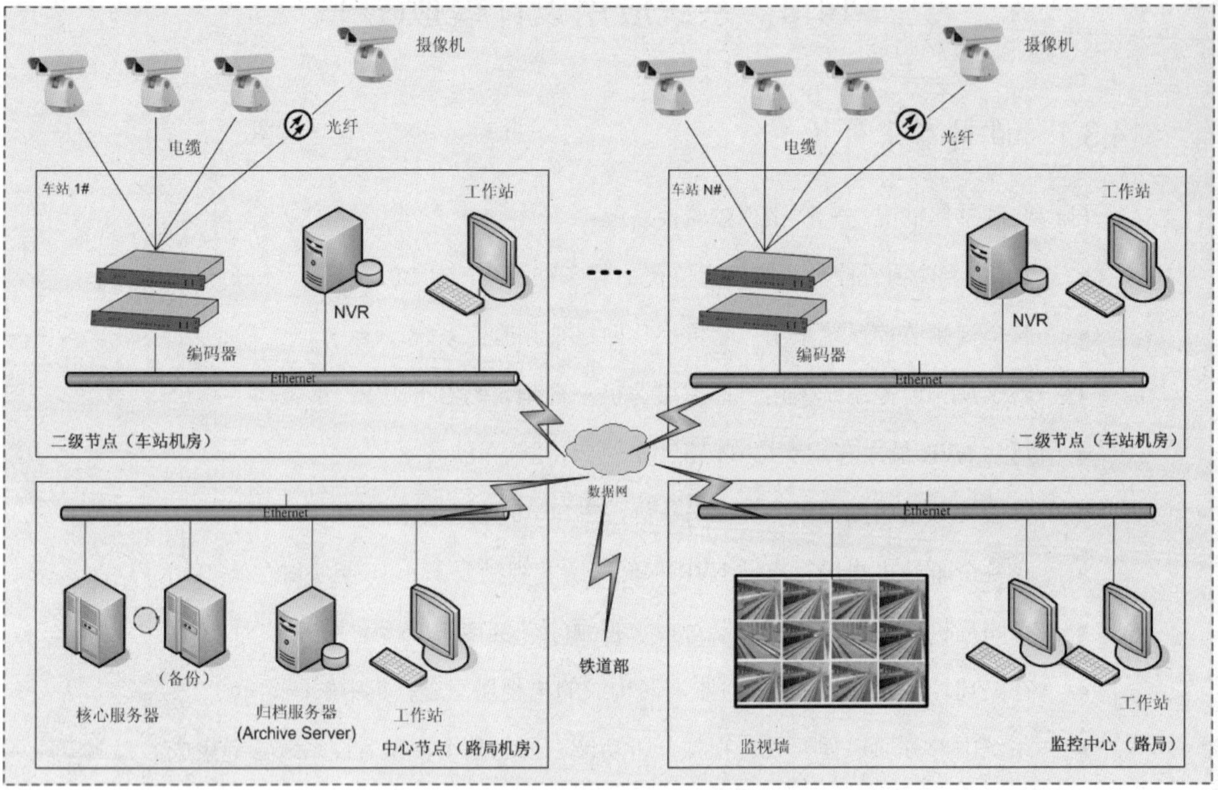

图 14.3　铁路案例视频监控系统架构

视频的编码、存储与转发由分布在各个二级节点(车站机房)的编码器及网络录像机(NVR)完成，在中心节点(路局机房)设置中央管理服务器，完成系统用户、设备、资源的管理和配置。中央管理服务器的主要功能包括数据库运行、核心应用服务、时钟同步、第三方设备集成、报警处理等。中央管理服务器采用“双机热备冗余”，保证 24 小时不停机运行，同时在中心节点(路局机房)设置报警存储服务器(归档服务器)，完成对报警视频的长期备份归档工作。在系统监控中心(路局)设置解码器及监视器进行解码显示，并设置客户工作站进行系统配置、管理、视频操作等。

图 14.3 中，系统建设在铁路专用的安防系统网络上，编码器及 NVR 就近安装在分布于 20 个车站的弱电机房内，摄像机就近连接到各个编码器的视频输入口；在 20 个车站机房，设置安装 NVR 服务器及磁盘阵列，实现对该车站段所有视频的存储、转发工作；在路局中心机房，配置 1 台存储备份服务器，连接 FC 阵列，实现对重要、报警通道的视频备份。

(3)　网络带宽需求分析。

网络带宽设计应遵循的原则如下——每路视频占用的网路净负荷按 2Mbps 计算，为保证流媒体的顺畅连续、减少延时，总体网络带宽至少预留 20%的余量。本案例中涉及的主要带宽需求如下：

- DVS 到 NVR 的实时视频流
- NVR 到解码器的实时视频流
- NVR 到工作站的实时视频流
- NVR 到 AS 的告警归档视频流
- NVR 到工作站的录像回放流

本案例中视频带宽需求设计如图 14.4 所示。

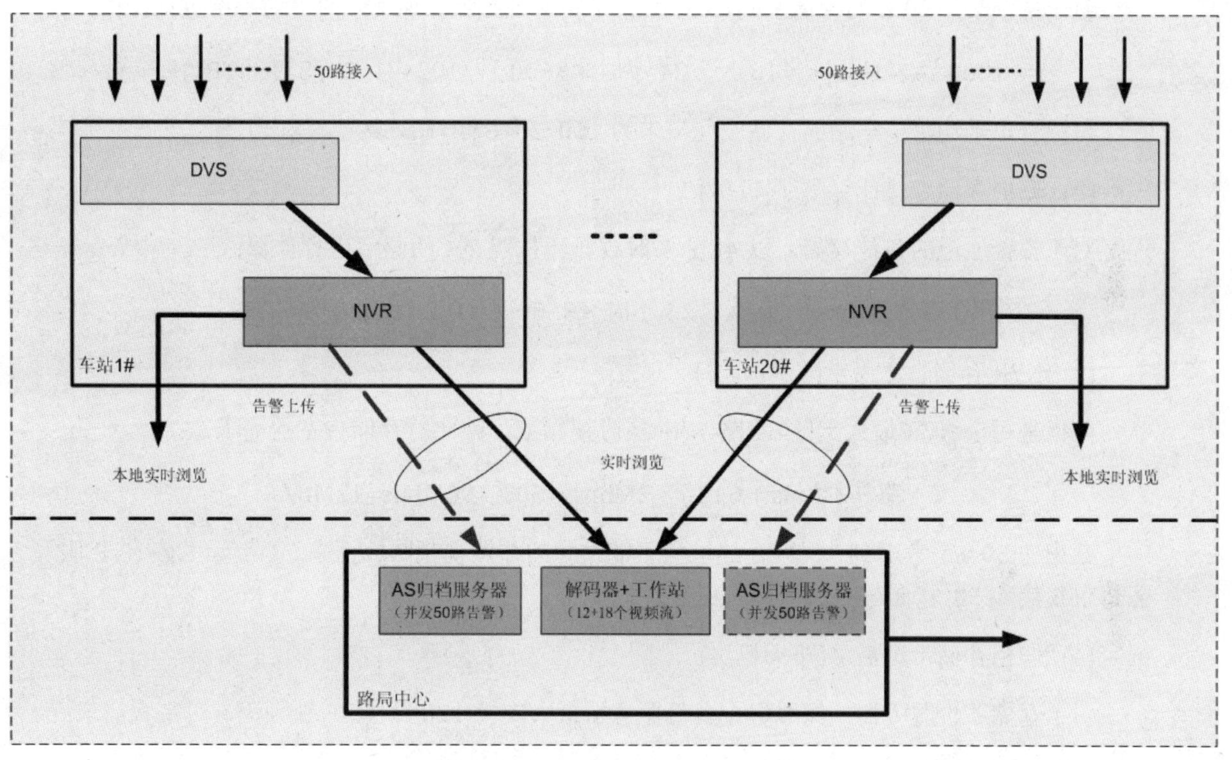

图 14.4 铁路案例视频带宽设计

14.3.2 系统设计响应结论

1. 系统前端设备设计

(1) 摄像机

监控前端设备包括室外设备和室内设备。室外设备主要是球形室外自动变焦摄像机、摄像机支架、防雷、接地装置等。室内设备主要包括设备机柜、视频编码及前端分析设备、室内固定摄像机、室内自动变焦摄像机、视频光端机、电源模块及安装支架等。

(2) 编码器

编码器采用 2-8 路视频编码器，8 路编码器带冗余备份功能。编码器采用 MPEG-4 或 H.264 编码压缩方式，有双码流视频输出能力，可以根据需要选择具有分析功能的编码器。

2. 系统存储部分设计

通常，对存储系统的基本需求主要体现在存储空间及磁盘阵列带宽上。

(1) NVR 存储容量计算(车站机房)

对于各个车站 NVR 的存储空间，以 4CIF 半实时视频流按照 1M 的平均码率进行计算：

1000 路×1Mbps×10 天×24 小时×3600 秒/1024/1024/8=150TB

可以看出平均每个车站的存储空间需求为 150/20=8TB/站。

(2) 归档存储容量计算(路局机房)

对于报警通道的备份存储，以 4CIF 实时视频流按照 2M 的码率进行计算：

50 路×2Mbps×30 天×24 小时×3600 秒/1024/1024/8=32TB

(3) NVR 存储带宽需求(车站机房)

前提是每个 NVR 最大支持 64 路 4CIF 实时视频流，因此对存储带宽的需求是：

64 路×2Mbps＋64 路×2Mbps×50%=96Mbps=12MB/s

其中的 50%是考虑到“视频存储过程可能发生的并发视频回放请求”。实际上该 NVR 服务器仅仅接入 50 个通道。

(4) 归档存储带宽需求(路局机房)

对于存储备份服务器，按照每个备份服务器最大支持 128 路 4CIF 视频流，对带宽需求：

128 路×2Mbps＋128 路×2Mbps×50%=192Mbps=24MB/s

其中的 50%是考虑到“视频存储过程可能发生的并发视频回放请求”。实际上该归档服务器仅仅接入 50 个通道。

(5) 其他考虑因素

从存储容量及带宽需求上看，20 个车站 NVR 带宽需求并不高，本地存储空间需求也并不高，而路局存储空间及带宽需求比车站要高，并且更重要。因此综合考虑，在各个车站部署本地的 SCSI 阵列存储设备，在路局部署 FC 阵列，实现“报警视频”的归档备份工作。

3. 系统 VCA 功能设计

在本项目中，共有 200 路通道具有视频分析的需求，在标书中说明“部分通道视频分析模式待定”，意味着部分通道是否应用视频分析功能有不确定性。因此，为了将来调整灵活，可采用智能 NVR(Smart NVR)的视频分析模式，这样有利于将来的系统的调整与升级。如果直接部署智能 DVS(带 VCA 功能的 DVS)，对于点位不确定的通道来讲，将来可能需要更换或升级 DVS，而对于铁路项目，实施成本会比较高。

注意：本案例“纯属虚构”。实际项目可能比此案例更加复杂，此处列举的内容仅仅是为使读者能更好地了解智能网络视频监控系统设计中的关键点。

14.4　系统应用设计模拟(二)

14.4.1　总体说明

下面结合一个具体工程案例，来探讨一下 IP 高清监控系统的设计思路和设备选型原则。

提示：本案例主要从系统架构及总体思路进行描述说明，因此，不具体精确到可实施状态。某企业有五栋办公楼及一栋中心大楼，基于安全及管理角度需求考虑，要在每栋大楼及园区安装 IP 摄像机，每栋大楼本地设置一个分控中心，在中心大楼设置一个总控制中心。如图 14.5 所示。

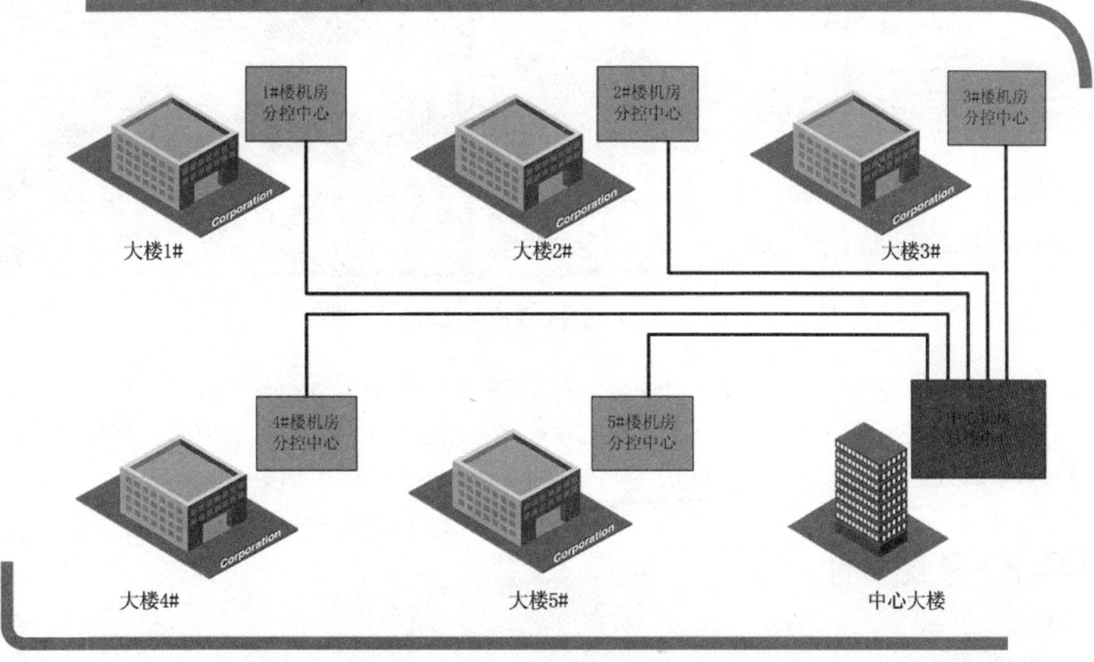

图 14.5　大楼分布情况图

为便于说明问题，这里将摄像机数量简化如下：1#、2#、3#、4#、5#、中心大楼，每个楼需要部署 10 个高清摄像机(码流@4M)及 40 个标清摄像机(码流@2M)，安装在出入口、大堂、在室内走廊、机房、通道、楼梯、电梯等位置。1#、2#、3#、4#、5#每个楼有自己的独立分控中心(含通讯机房)，中心大楼设置总控制中心(含通讯机房)，每个楼层弱电间部署接入交换机，在各个分控中心部署汇聚交换机，在总控中心部署核心交换机。如图 14.6 所示。

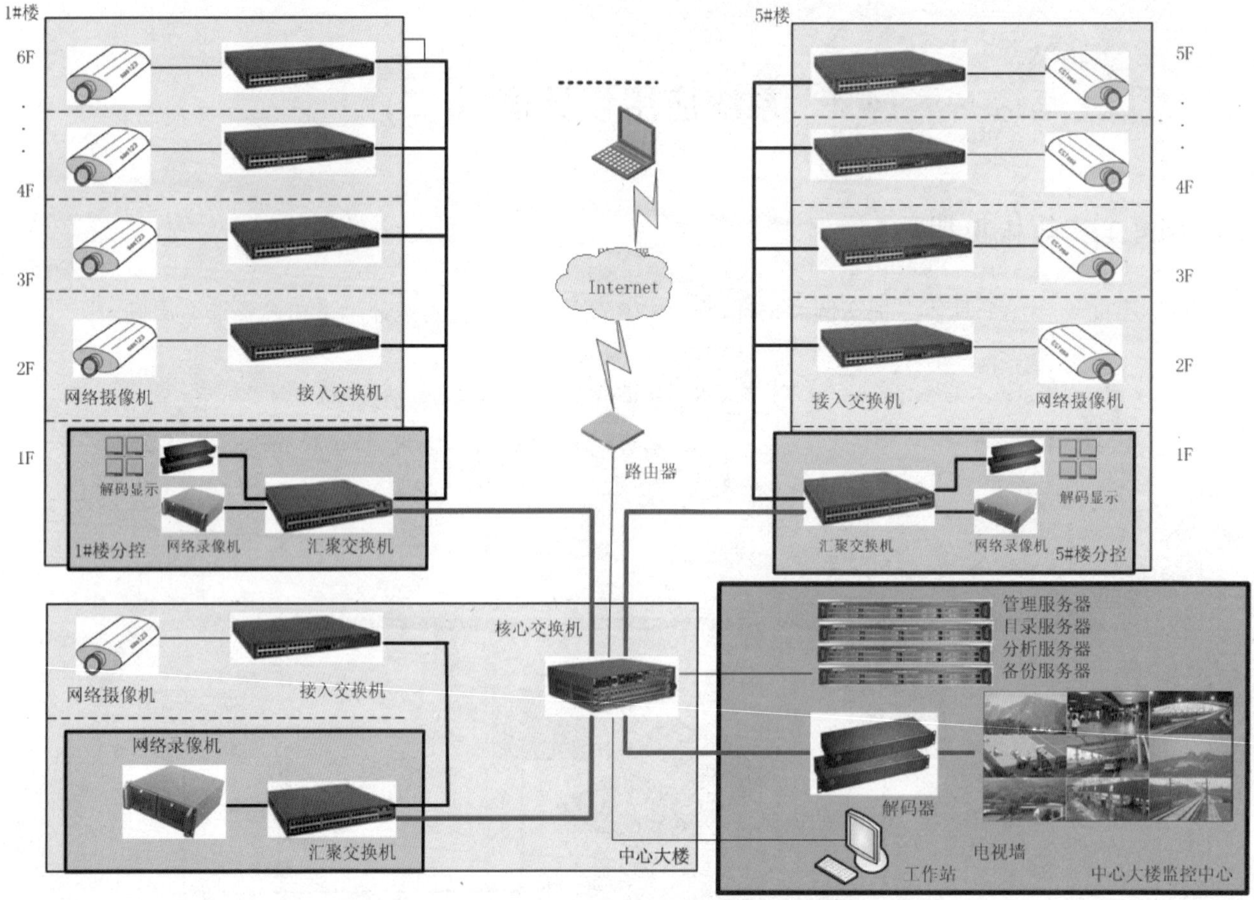

图 14.6 网络视频监控系统拓扑结构图

在每栋楼的分控中心安装网络录像机，对本楼的视频进行录像存储及转发，本楼分控中心安装解码器及小型电视墙，对本地视频进行解码显示，在中心大楼监控中心安装管理服务器、目录服务器、存储备份服务器等设备，并部署解码器及大型电视墙。

14.4.2 系统架构

1. 前端设备

前端摄像机的选择主要考虑的是摄像机分辨率、应用环境、照度、宽动态、镜头焦距等。

因为室内照明环境比较好，并且范围有限，通常选择标清或 720P 摄像机即可满足安防要求，对于一些走廊、通道等，需要考虑光照及宽动态摄像机，可以选择吸顶半球或者支架安装，对于部分重点区域(如机房、财务室、资料室及研发中心等)，可以选择 1080P 摄像机。

- 分辨率：标清 704×576@格式 4∶3 或高清 1920×1080@格式 16∶9；
- 帧率：根据具体情况，选择 5 帧/秒～25 帧/秒，保证图像的实时和连续性；
- 压缩方式：目前主流高清网络摄像机均选用 H.264 压缩技术；
- 镜头：相应选用高清专用镜头，3～8mm 手动变焦，自动光圈；
- 传输接口：RJ45、100M 以太网传输；
- 供电形式：IP 高清摄像机可通过以太网 POE 供电。

2. 传输网络

传输网络由综合布线和网络交换机组成，小规模的项目只要设二层(接入与核心)即可，本系统因规模较大，设计为三层架构(接入、汇聚与核心)，系统速率满足百兆接入、千兆汇聚、千(万)兆核心。

如图 14.7 所示是监控系统局域网组网示意图，图中细线表示百兆链路，粗线表示千兆链路，物理链路上采用超 5 类的综合布线 UTP，如用 6 类更好，现场楼层摄像机接入和大楼汇聚不在一起，汇聚与接入的连接需要采用千兆光纤链路。

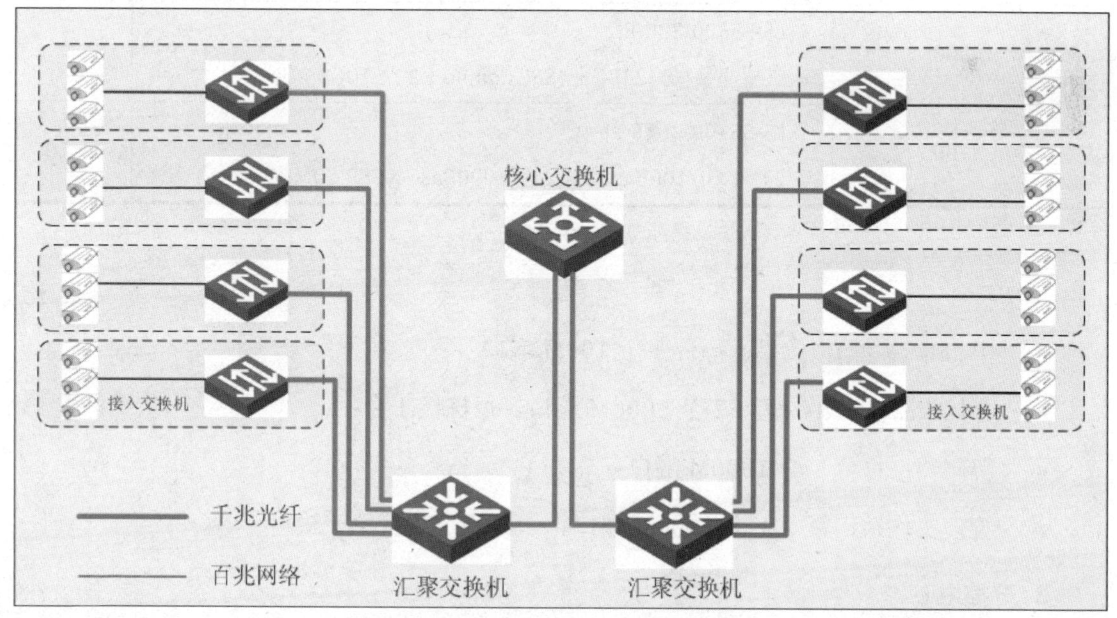

图 14.7　网络拓扑结构图

这样的网络架构已经比较清晰：百兆接入、千兆汇聚，千(万)兆到核心。实际上上联监控中心的链路只需千兆即可，因为本架构中，存储(NVR)是放置在汇聚层的，所以核心交换机并没有视频流存储及转发的过大压力，只有实时视频解码显示上墙及部分情况下录像调用回放的流量压力，核心交换机主要需要据此考虑交换容量以及到汇聚层的链路带宽。假设总控中心有 32 路大屏幕单元，按照高清码流 4M，则交换容量满足 32×4=128M 即可。

接入层交换机，下口连接着网络摄像机，无需考虑带宽问题，主要需要考虑的是接入到汇聚层之间的链路带宽，即接入交换机上联链路容量需要大于同时容纳的摄像机总码流，以保证所有网络摄像机与 NVR 之间带宽畅通。假如某楼层交换机接入 10 路高清网络摄像机，则为总码流为：4M×10=40M，另外需要考虑可能有的控制、音频等数据等占用带宽情况即可。

汇聚交换机：汇聚交换机下口连接接入交换机，所有本楼网络摄像机的码流都将在汇聚交换机这里进行同时处理(存储及转发)，每个楼 50 个摄像机，暂全部按照 4M 码流，则为 50×4M=200M，意味着汇聚层交换机需要支持同时转发 200M 以上的交换容量，另外，需要考虑额外的实时转发视频的带宽需求。汇聚交换机向上连接核心交换机，用来进行部分实时视频浏览及录像回放的请求，带宽需求不高。

本案例交换机设备选型情况可参考下表 14.6。

表 14.6 交换机设备选型

型 号	产品描述	数 量
核心交换机 7500	LS-7506E-AC H3C S7506E 高端多业务路由交换机	1
汇聚交换机 5500	LS-S5500-28C-EI 三层交换机，24GE＋4SFP Combo＋2 个 10GE 扩展槽	6
接入交换机 3100	LS-S3100-26TP-SI-AC 24 个 10/100Base-T，2 个 1000Base-X SFP COMBO	10

说明：

- IP 高清(标清)摄像机：每台 1 个 100M 端口；
- 存储设备(NVR)：每台 2 个 1000M 端口，每栋楼 1 台；
- 解码器：每台 1 个 1000M 端口；
- 管理工作站：每台 1 个 1000M 端口。

3. 分控中心

主要有网络录像机(NVR)及存储设备，管理工作站、解码器、汇聚交换机、电视墙等设备均设置在每栋楼的分控中心(分控控制与通讯机房一体)。如图 14.8 所示。

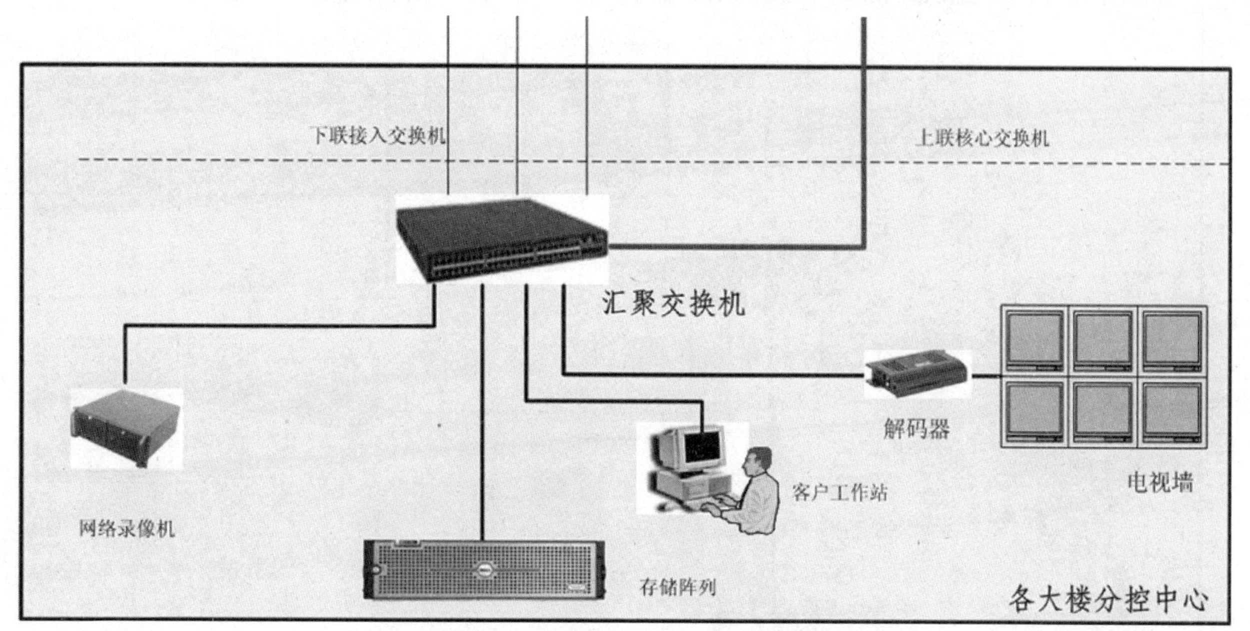

图 14.8　各大楼分控中心设备系统图

网络录像机(NVR)的主要功能是对网络摄像机发送来的视频流进行存储转发到存储设备上去，并响应视频工作站的请求(实时视频和录像回放)，由于 NVR 服务处理资源有限，一般单机 NVR 能够接入的视频路有限(与每通道分辨率和码流设置有关)。存储设备可采用 IP-SAN 形式，每台存储设备通过 2 个千兆以太网口挂到 IP 网上，用于接收 NVR 转发过来的视频流，首先需要基于通道数、码流及存储周期来计算存储容量需求。如图 14.9 所示。

提示：存储容量计算：单路高清 30 天存储时间的容量 = 3Mbps(统一按平均码流) ÷ 8(Bit 转换为 Byte) × 3600(秒转换为小时) × 24(一天 24 小时存储容量) × 30(30 天存储容量) × 50(50 路视频存储容量) ÷ 1024(转化单位为 GB) ÷ 1024(转化单位为 TB) ≈ 50T。

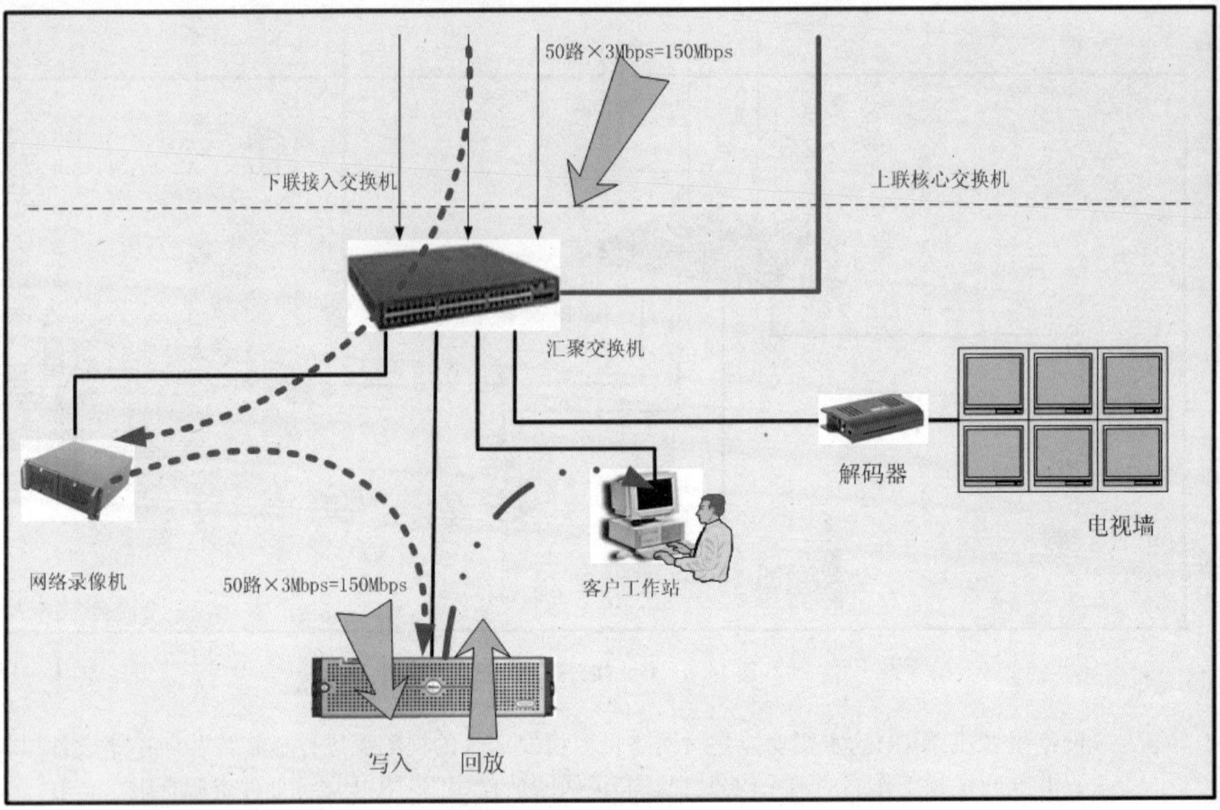

50路×3Mbps=150Mbps
下联接入交换机
上联核心交换机
汇聚交换机
解码器
电视墙
网络录像机
50路×3Mbps=150Mbps
客户工作站
写入
回放

图 14.9　各大楼分控中心流量示意图

分控中心的解码显示主要通过解码器实现，高清视频的解码可以通过工控机加高性能显卡的软解码方式，在工控机上安装 2 块双 DVI(或 HDMI)输出的高性能显卡，可以使每台工控机能够独立输出 4 路高清信号。

需要说明的是，工控机显卡每一路输出的视频图像可以是单路，也可以是多画面分割的图像，支持 4、9、16 路布局显示。在操作台上配置一台管理工作站，可以对本大楼内安装的所有 IP 摄像机进行参数设置，对服务器、存储设备进行配置和管理。管理工作站还要设置不同的权限，以便不同操作人员使用。

4. 中心大楼总控中心

系统在中心大楼设一个总控制中心，可对下面的 5 个大楼进行全面的监控和管理，查看实时图像和调用录像资料。总控中心设有 32 块大屏组成的电视墙，作为全区安防管理的监控中心。从前面的分中心架构可以看出，每个大楼的摄像机视频码流绝大部分已经在本地进行了存储并实现了管理，即使总控制中心不运行也不会影响分中心的正常运转。如果总控中心不调用、不查看分中心的视频，则总控和分中心之间网络的流量基本为 0。

若总控中心要调用下面的视频资料，按单屏单路显示来计算，最多为 32 路，以高清码流为例，最多达 32×3＝96Mbps。所以，可认为分控中心的汇聚层交换机到总控的核心交换机采用千兆链路即可。如图 14.10 所示。

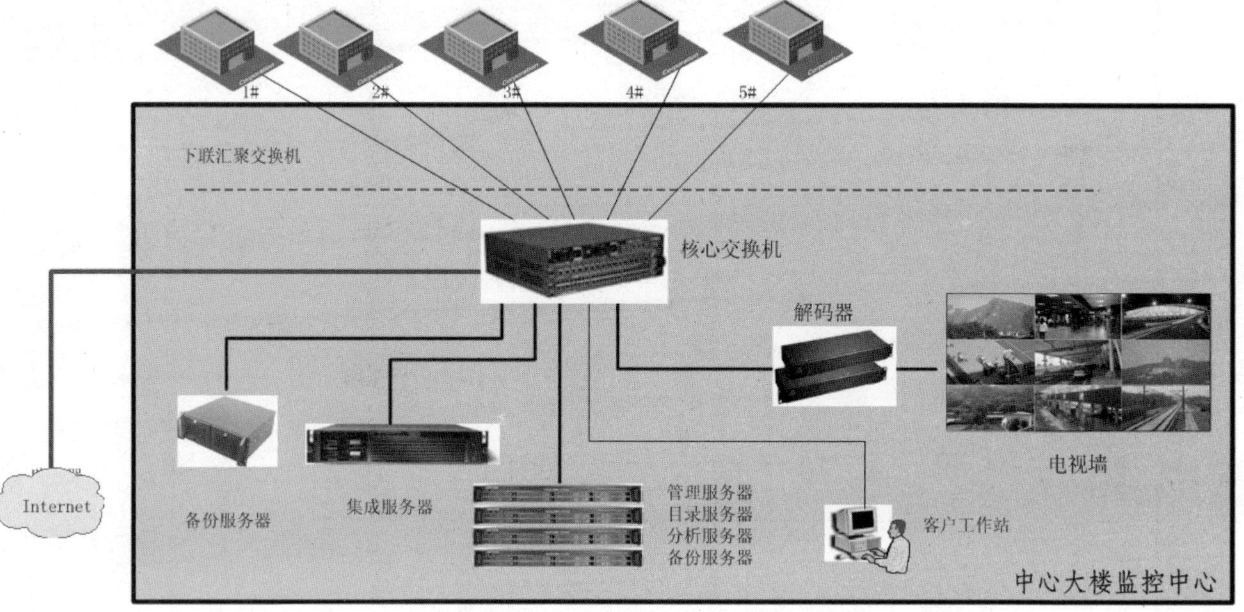

图 14.10　大楼总控中心系统示意图

总控制中心还配置了一台备用的网络录像机和备用存储，以用来在分中心网络录像机宕机失效时即时进行接管，可将该分中心的所有视频码流切换到总控中心来，这时候汇聚至核心的千兆主干网络真正起到作用，每楼分控中心总码流前面计算过为 150Mbps，在千兆网络中完全可以满足无阻塞。

14.5　本 章 小 结

本章主要加强了智能高清网络视频监控的“实践”内容，以期通过两个模拟案例，让读者了解整个系统的规划、设计、运营及后续管理等。本章内容尽力覆盖完整，并有所侧重，当然目前网络高清视频监控系统形成了不同行业的细分案例见下一章内容，针对不同行业特殊需求有所不同，但是，80%的需求是一致的，希望通过本章的学习，基本能够让读者达到触类旁通的目的。

读书笔记

第 15 章 高清监控的行业的应用

本章包括智能高清网络视频监控系统在几个行业的典型应用。

关键词

- 铁路智能网络视频监控
- 机场智能网络视频监控
- 平安城市视频监控系统
- 高速公路视频监控系统
- 金融联网视频监控系统

15.1 高铁智能网络视频监控系统

15.1.1 高铁项目简介

首先看看关于“高铁”的定义。国际通常将高速铁路定义在时速 200 公里以上，我国的高铁，即 CRH(China Railway High-speed)，时速也定义在 200 公里以上。另外，我国又增加了“客运专线”的等级，客运专线是以客运为主的快速铁路，时速为 200~350km/h。

高速铁路不同于一般的铁路系统，是一个系统化、集成化的大型工程，仅通信部门就涉及到 10 多个子系统，包括有线、数据、传输、调度、应急通信、视频监控等。高铁与普通铁路或地铁区别很大，例如地铁通常时速在 60 公里左右，列车间隔在 3 分钟左右，而高铁时速可能达到 300 公里，但时间间隔可能与地铁差不多，这就对高铁的通信指挥系统提出了更高的要求，同时，作为一个重要的辅助设施，对视频监控系统的相关要求也非常高。

15.1.2 高铁视频监控系统的特点

高铁的视频监控系统，要求采用先进的视频监控技术，基于铁路系统的 IP 网络，构建数字化、智能化、分布式的网络视频监控系统，满足公安、安监、客运、调度、车务、机务、工务、电务、车辆、供电等业务部门及防灾监控、救援抢险和应急管理等多种需求，实现视频网络资源和信息资源共享。

高铁的视频监控系统通常采用先进的视频编码及视频分析技术，实现低码流下高清晰视频图像采集、编码、传输、录像、转发及自动报警功能。指挥人员和警务人员通过自己工作区域内的大屏幕或电脑工作站可清楚地了解辖区和全线车站、区间、桥梁、路基、机房等重点区段和设备的情况，并迅速、准确地处置突发事件。

1. 高铁视频监控主要需求

- 路基、路口、桥梁、隧道、公跨铁、咽喉区的视频监视，保证车辆安全运行。
- 车站广场、站台、候车大厅、旅客通道等人流密集区域视频监视，了解旅客情况。
- 无人值守变电站等重要配电设备集中监控，及时了解设备运行情况。
- 对出现的紧急状况，如暴风雪、泥石流、洪水、交通意外等远程了解并及时反应。
- 应急指挥监控，将突发紧急事件的视频通过无线传输到控制中心。

高铁视频监控应用的具体设备包括摄像机(多数是室外 PTZ 云台摄像机及室内外快球一体摄像机)、编码器、硬盘录像机(DVR)、网络录像机(NVR)、中央管理平台(CMS)、视频分析设备(VCA)、解码显示及存储设备。

对高铁视频监控系统的总体要求是：安全、可靠、开放、可扩充等。做到技术先进、经济合理、实用可靠。

2. 高铁视频监控系统的建设难点

- 视频监控点位通常比较分散、跨度比较大，一般几百甚至上千公里。
- 视频监控摄像机需要户外工作，环境通常比较恶劣。
- 监控点多为室外高杆或钢架上安装，施工难度比较大。
- 视频采集、编解码及部分存储设备分散分布在无人值守机房，安装调试成本高。
- 用户数量众多，系统需要有良好的权限管理、视频流并发访问及转发能力支持。
- 视频分析环境复杂，风、霜、雨、雪、雾、摄像机抖动、灯光等干扰因素可能导致误报警。

3. 高铁综合视频监控系统的应用

综合视频监控系统应用主要包括：运营调度视频监控、公安视频监控、通信/信号视频监控、牵引供电视频监控、电力供电视频监控等。并预留客运服务视频监控和防灾安全视频监控系统接入，具体业务和功能包括如下几个方面。

- 运营调度视频监控

实现对全线“公跨铁”立交桥的全天候远程实时监控，对落物发现、人员入侵、设备遗失等异常情况实施全天候监控，防止影响安全事故的发生；对各车站咽喉区实施视频监控，全天候监视列车进出站情况，对咽喉区的异物入侵、设备丢失等情况进行主动警示；对各车站行车情况实施视频监控。

- 通信/信号视频监控部分

对各车站通信/信号室、各信号中继站、GSM-R 基站、维修工区的通信室等无人值守机房进行视频监控，通过与相关系统的配合，实现告警后触发相关视频的动作及联动。

- 变配电站视频监控

对全线开闭所、牵引变电所、AT 所/分区所等无人值守场所进行视频远程监控；对 10kV 配电所无人值守设备工作状态及场所进行远程视频监控。

- 客运服务视频监控

对全线车站重点场所以及其他相关场所进行视频监控。

15.1.3　高铁视频监控系统层次

高铁视频监控系统的特点决定了“数字网络视频监控系统”是最好的选择。通常，高铁视频监控系统分成三级节点，核心节点在铁道部(或路局)，有视频监控调用、汇总的需求；二级节点在各个路局/客专调度，主要为分散分布的网络录像机(NVR)、硬盘录像机(DVR)、存储转发设备，同时也有大屏监控、网管、流媒体转发等需求；三级节点为各个车段/站，负责视频的前端采集、编码等。

高铁视频监控系统层次结构如图 15.1 所示。

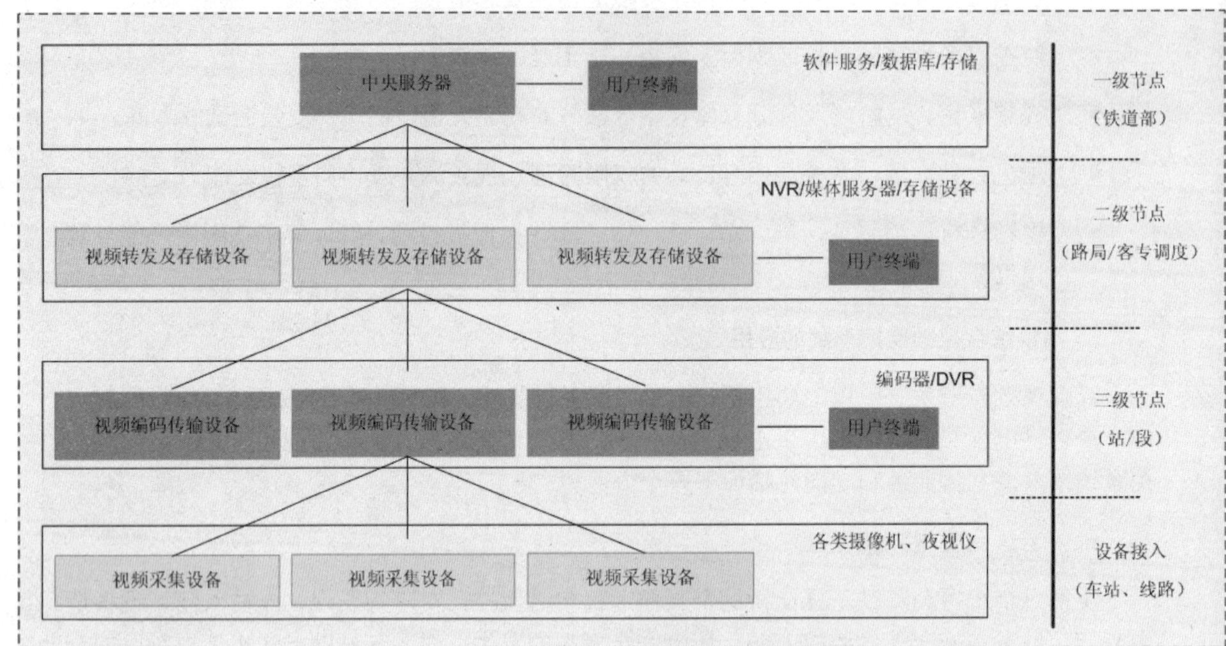

图 15.1　高铁视频监控系统的层次结构

(1) 设备接入

- 视频采集、接入设备主要是指各类摄像机，一般机房监控、客运监控等场所为室内环境，可根据具体情况选择安装一体球型摄像机或固定摄像机；而室外环境包括大桥、隧道、铁路沿线等，通常环境非常恶劣，自然现象风、霜、雨、雪及高速列车带来的巨大震动等因素，都对摄像机质量、工艺、安装方式提出了严格的要求，远距离信号一般采用光纤传输。

(2) 三级节点

在各个站点，车辆段，安装部署编码器、硬盘录像机，实现视频的编码压缩和部分本地存储功能。由于前端设备分布广，因此系统稳定性是第一要素，系统的不稳定将会给后期维护工作带来巨大的压力。另外，设备需要具有远程维护能力，如远程升级，远程备份，远程启动等。对于变电机房、一般部署 PTZ 摄像机，可联动温感、烟感、水淹、门磁等探测器，对机房实施全面保护，因此，编码器或 DVR 的输入输出节点数目、联动功能都是需要考虑的。

(3) 二级节点

二级节点主要为铁路局，不同于三级节点单独的视频采集和简单视频浏览功能需求，二级节点存在大量的用户，对本区段的视频资源进行调用、回放、PTZ 控制等。通常，在路局节点，一般设置多个客户端工作站、存储阵列、存储服务器、流媒体服务器、解码器、电视墙等终端，是系统真正的主干，也是应用的核心。二级节点是视频存储和视频流转发的核心环节，通常采用大规模的集中存储设备，如 FC SAN 和 DAS 等；而部署流媒体服务器实现对来自三级节点的视频流向上转发功能。

(4) 一级节点

一级节点是系统的数据核心节点，注意是“数据核心节点”，而不是应用核心节点。一级节点一般在铁道部的数据中心(或路局中心)，相当于平安城市的城市公安局指挥中心。一级节点会连接各个高铁、铁路的视频系统，并根据需要，可有选择地调用、控制、回放各个铁路线的视频资源，一般设置中心管理服务器、工作站、归档备份服务器等。

15.1.4　高铁视频监控系统拓扑

典型高铁视频监控系统拓扑结构如图 15.2 所示，整个系统基于网络，实现视频的采集、编码压缩存储、转发及虚拟矩阵的功能。摄像机采集到视频信号，通过同轴电缆连接到 DVR 或编码器，实现视频的采集、编码压缩和传输，PTZ 摄像机的控制信号通过 RS485 进行传输；编码器将视频流通过网络发送到 NVR 进行集中存储备份；存储服务器可以将 DVR 或 NVR 的视频资料进行归档备份；流媒体服务器可以在多个用户并发访问时进行视频转发而减少网络及前端设备的压力；解码器与电视墙连接，实现视频的集中大屏幕显示。

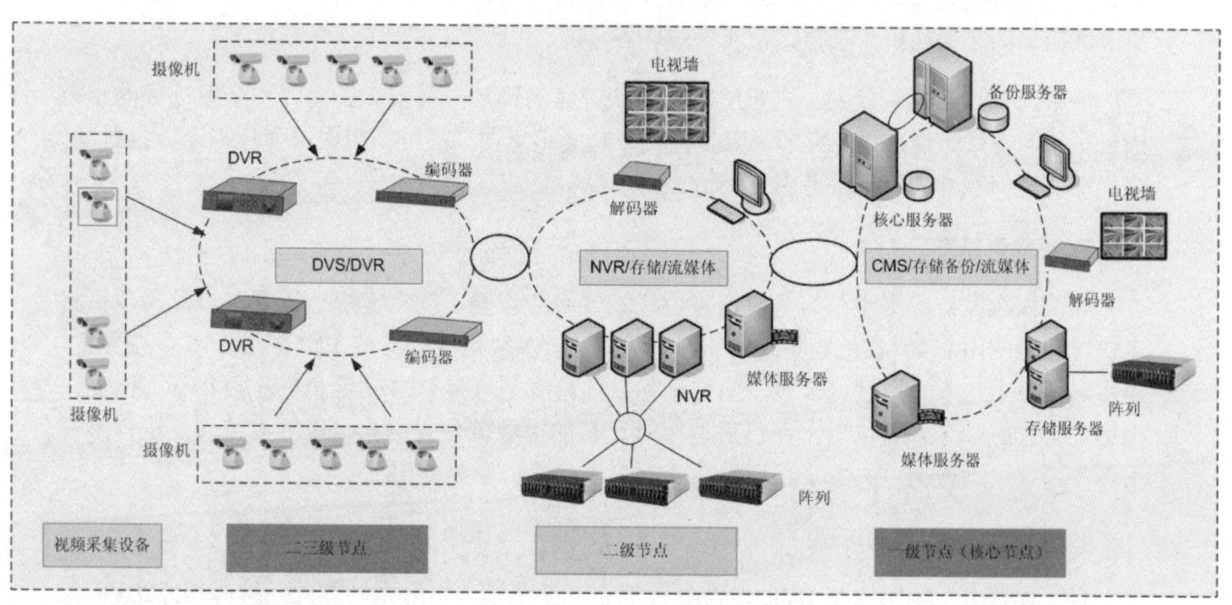

图 15.2　典型高铁视频监控系统架构拓扑

另外，视频监控系统还需要与防灾系统、动力、环境检测等其他系统进行必要的联动集成功能，其他系统可以以干接点或 API 接口的方式，实现与视频监控系统的集成报警联动。相关系统报警发生后，视频监控系统接收到该告警信息，可按照预先设置好的联动程序，完成自动启动录像、改变录像帧率或分辨率、告警视频画面自动弹出、PTZ 预置位调出、触发继电器输出驱动灯光、警铃设备等动作。

15.1.5 高铁视频监控关键因素

在架构铁路视频监控系统时，需要根据其行业应用特征和线路环境的特殊性，考虑到各种常规视频监控应用以外的特殊因素，一般包括如下几个方面。

1. 风、雨、雷、电等自然现象

风、雨、雷、电等自然现象给室外摄像机带来很大的考验，雨雪、高温、低温、雷击、大风等每个破坏因素都可能造成系统维护成本的剧增。而铁路项目的特点是跨度大，常常是山高路远，有时还要高空作业、隧道作业，并且系统一旦开通运行，再申请作业会遇到很多限制，造成维护成本的增加。因此，室外摄像机的选型、安装质量、接线工艺、防雷措施及摄像机本身的质量尤其重要。

2. 长距摄像问题

高铁视频监控应用中，按照点位主要分为室内机房、室内候车厅、售票处、通道及室外广场、站台等，这些位置的摄像机部署没有特别特殊的地方。但是另外一个点位较多的应用就是铁路沿线，绵延的铁路，是长距摄像机的绝对用武之地，长距摄像机可能需要监控几十米、几百米甚至几公里，那么，意味着长距摄像机可能需要有几公里的瞭望效果。瞭望摄像机并非简单的“摄像机＋长焦距镜头”组合。

简单地说，当焦距拉到一定长度时，手动键盘的操控一般很难去定位一个很远处的小范围目标物，也就是说，摄像机的“微步控制”功能很重要。另外，摄像机坐标显示、抗抖动、夜视照明等问题都需要重点考虑。

3. 预置位精度

高铁视频监控应用中，为了快速定位场景或响应报警，通常客户会设置多个预置位供将来快速调用应用，预置位的数量通常不是问题，目前多数摄像机支持 128 甚至 256 个预置位，而实际项目上也不会用到这么多，但是预置位的精度是考察 PTZ 摄像机的重要指标。例如，当用户设置好一个预置位后，在日后调用时，有的摄像机预置位会出现较大偏移，这样不得不再次进行手动微调，失去了预置位功能本身的意义，影响使用。

4. 编码器及 DVR 的选型

高铁项目中，编码器及 DVR 通常分散部署在各个站点机房内，因此，编码器及 DVR 需要具有超稳定的性能(嵌入式编码器和嵌入式 DVR 是首选)、良好的联网能力、远程管理及升级能力。由于网络系统架构复杂、跨度大、路由多，因此需要编码器设备具有本地缓存功能，在网络暂时中断的情况下不至于丢失视频数据，一旦网络恢复能够自动将相关视频补充给 NVR 存储。另外，图像清晰度、双码流支持、双向音频支持、报警输入输出数量等都是编码器及 DVR 需要考虑的参数指标。

5. 编码标准

目前，铁路项目中主要采用的是 MPEG-4 编码技术及 H.264 编码技术，将来可能部署 AVS 编码技术的设备，以上编码方式都是采用帧内压缩与帧间压缩相结合的方法去掉视频信息在时间域和空间域上的冗余信息。目前，编码设备时延应不大于 300ms，每一级转发时延应不大于 500ms，解码设备时延应不大于 300ms，PTZ 响应时延应不大于 500ms，系统前端视频采集设备到用户监视终端显示时延应不大于 3s。

15.1.6　视频分析技术的应用

视频分析，即 Video Content Analysis，简称 VCA，是近年来新兴的应用于视频监控的一个技术，其核心思想是利用计算机智能识别系统将值班人员从长期的“盯屏幕”监控状态中解脱出来，为视频监控系统增加自动识别、预告警及智能检索功能。视频分析技术在铁路视频监控系统建设上已经有一定的成功实施案例，具体分析模式集中在入侵探测、滞留(落物)检测、逆行检测及摄像机自身维护(如聚焦模糊、信号丢失、视频遮挡等)。

1. VCA 技术应用难点

如先前所述，铁路视频监控系统的特点是点位跨度大、地理分布广，视频分析的环境复杂，风、霜、雨、雪、雾、摄像机抖动、火车灯光、城市灯光、昆虫、云影、复杂地形等现象均是视频分析可能会遇到的挑战，良好的 VCA 系统可很好地平衡漏报与误报之间的矛盾。

- 要求 VCA 系统具有场景透视功能，以便能够有效地应用在各种复杂的地形及长视野范围；
- 要求在长焦距应用情况下，远端很小的目标应该能够探测到(考察 VCA 产品最小识别像素)；
- 在大风环境下，抖动的摄像机不应该触发误报(比如抖动范围在 10 个像素内)；
- 系统应该具有各种自然气候条件下的过滤及补偿程序(过滤器模块)。

2. VCA 应用的模式

铁路项目不是实验室，对摄像机的任何角度、焦距等调整均需要一定的人力物力，视频分析对场景(FOV)的要求又很高，可能在日后的配置、测试过程中还需要不断调整，因此，不难理解部分铁路视频监控系统的视频分析摄像机采用的是 PTZ 摄像机而不是固定摄像机。在视频分析模式确定后，调整好摄像机的 FOV，然后进入分析设置工作，通常，一路摄像机只能进行一个分析模式。

在铁路线路应用中，主要有两种VCA模式，一种是在重要区段及咽喉区设置入侵探测，用来识别人或动物入侵到高铁路轨(高铁沿线多是封闭或采用栅栏保护等物理防范措施，但是还有可能有入侵发生)；公跨铁区域设置高空落物分析模式用来防止高空落物对列车运行产生影响。在铁路客运应用中，主要的VCA模式是站台、候车厅的安全探测，如丢包探测、逆行探测等。

目前以上几种视频分析模式在铁路视频监控中均有一定应用并表现良好。

3. VCA系统设计

由于VCA是新技术、新应用，因此大多用户对此并不是很了解，VCA厂家需要站在用户角度，帮助用户做好项目前期调研分析，弄清楚客户的需求和期望；同时，VCA厂家有必要让客户明确VCA是有限的智能而并非是万能的，即明确“VCA到底能做什么，不能做什么”。在系统设计阶段，VCA厂家需要与摄像机安装单位等进行沟通，明确摄像机的设备参数要求及摄像机安装角度等问题，以最大限度发挥其功能。

4. VCA系统调试

对于高铁这样的大型户外项目，VCA系统调试阶段工作量比较大，首先厂家根据现场情况及经验进行粗调，然后派人现场模拟，然后再调试。从调试到试运行，可能需要不止一次的现场模拟，其目的是改进视频分析探测效果。视频分析调试不是一步完成的，一般分测试调试、初步、深度调试等。由于系统在户外应用，风、霜、雨、雪、雾、夜晚、白云、车灯、蚊虫、崎岖的地形等都给视频分析带来挑战。可能需要多次深化调整参数，并且需要根据不同典型现场进行模拟测试，从不同角度，不同距离模拟入侵，然后根据测试结果反馈调整参数。

5. VCA系统架构

目前视频分析技术主要有两种架构方式，一种是基于后端服务器的方式，另外一种采用前端DSP方式(DVS或IPC)。目前，越来越多的用户倾向于前端DSP方式，即分布式智能分析。主要原因在于DSP方式可以使得视频分析技术采用分布式的架构方式，在此架构下，视频分析单元一般位于视频采集设备附近，这样，可以有选择地设置系统，让系统只有在报警发生的时候才传输视频到控制中心或存储中心，相对于服务器方式，大大节省了网络负担及存储空间。

DSP方式可以使得视频分析单元直接对原始或接近原始的图像进行分析，而后端服务器方式，服务器得到的图像经过编码传输后已经丢失了部分信息，因此精确度难免下降。另外，视频分析是复杂的过程，需要占用大量的系统计算资源，因此服务器方式可以同时进行视频分析的路数非常有限，而DSP方式没有此限制。

基于以上原因，目前市场上的主流视频分析技术均采用DSP方式，基于摄像机或编码器。

注意：需要注意的是，基于前端 DSP 方式的视频分析设备，一旦需要调整视频分析点位，如增加或取消视频分析功能，通常需要更换 DVS 或 IPC，而基于后端分析的模式则客运直接在机房或控制中心调整完成，无须更换前端硬件，更换 DVS 或 IPC 方式在铁路项目中成本非常高。

15.1.7 视频监控存储的考虑

存储的部署应该是灵活的：

- 可以选择报警触发存储、“预置时间表”存储、手动启停存储等；
- 存储的架构应该是主流架构如 DAS、NAS、SAN 等，一般采用 RAID5 冗余方式；
- 存储的需求一般是正常录像和报警录像分开，并设置不同的周期，例如正常录像保存 10 天，报警录像 30 天；
- 存储系统的规划设计应该根据项目需求情况、网络情况进行部署；
- 应支持对视频图像信息的手动备份存储；
- 视频信息的录像存储、事件触发存储和计划存储功能；
- DVR、NVR 可以工作在多种“存储归档模式”下。

在高铁视频监控系统中，通常点位多、存储周期需求长。一般在三级中心采用 DAS(适合文本信息)直连存储方式进行存储扩展；而在二级、一级中心采用 DAS/SAN(适合视频信息)等存储架构，实现海量、高速、高可靠的视频存储与备份。

15.1.8 铁路视频监控的平台软件

系统软件平台包括中央数据部分和客户端工作站，中央数据服务器包含系统数据库及核心软件，而工作站应包括的功能如下。

- 数据管理：全线所有设备、服务、用户集中“登记注册”于中央数据库。
- 系统配置：对系统设备、服务、用户参数进行配置、编辑、修改等。
- 监视功能：全线所有视频监控点的视频浏览、PTZ 控制、视频回放等。
- 告警管理：记录并显示设备、系统的各类告警，并记录告警的处理情况。
- 控制功能：对全线所有监控点的 PTZ 摄像机控制和继电器输出节点控制。
- 语音对讲：对前端安装有语音设备的监控点，可实现实时语音对讲。

■ 数据存储：支持视频的本地存储和中心备份，具有多种自动、手动存储方式。

■ 网管功能：对全线所有网元设备运行情况进行状态监控和管理，实时显示各种设备的运行数据和告警信息，并自动形成日志报告。

本节介绍了“高铁视频监控系统”的需求特点、系统架构、视频分析应用、存储应用、中央管理平台等内容。到目前为止，全国铁路客运专线已经开工建设近 1 万公里，到 2012 年，将有 1.3 万公里客运专线建成投产，并先后有北京南站、天津站、武昌站、青岛站等一批现代化客站已经或即将投入使用，这一切都预示着“铁路视频监控系统”的市场前景。

15.2 机场智能网络视频监控应用

15.2.1 机场视频监控系统的特点

机场作为航空交通运输的重要组成部分，有着其自身的特点。

首先是机场监控点数众多，先前建设的几大枢纽机场，都有上千点左右的规模，众多的点数对摄像机的类型、安装方式有各自不同的具体需求。

其次是机场内的部门机构众多，安检、边检、海关、公安、运营、行李、交通、指挥中心等各个部门对视频监控系统都有相当多的使用需求，因此需要满足不同部门不同特色的应用需求。

第三是机场监控点跨度比较大，单单是航站楼，通常就有几十万平方米，而如果算上机场周界，那么机场简直是一个小城市，因此需要考虑视频信号的传输，机房的利用、网络资源的使用等。一般机场设计有大量弱电间、分机房、核心机房供弱电系统使用。

15.2.2 机场视频监控系统的架构

视频监控系统在机场的架构发展经历了模拟矩阵、模数混合及网络监控时代。

1. 模拟视频监控架构

在早期的机场建设中，如 2000 年之前设计、建设的视频监控系统，由于当时网络及数字视频监控系统并不成熟，因此，系统多采用模拟矩阵进行组网连接(采用 VCR 或 DVR 录像)。模拟系统的特点是技术成熟、产品稳定、信号延时小等，但是模拟视频监控系统的缺点也很明显，那就是系统联网复杂、扩展成本比较高、集成难度大并且管理困难。

如图 15.3 所示是典型的机场模拟视频监控系统结构示意图，系统在核心机房设置一个核心矩阵，并在各汇聚机房(二级机房)、分部门机房设置二级矩阵。

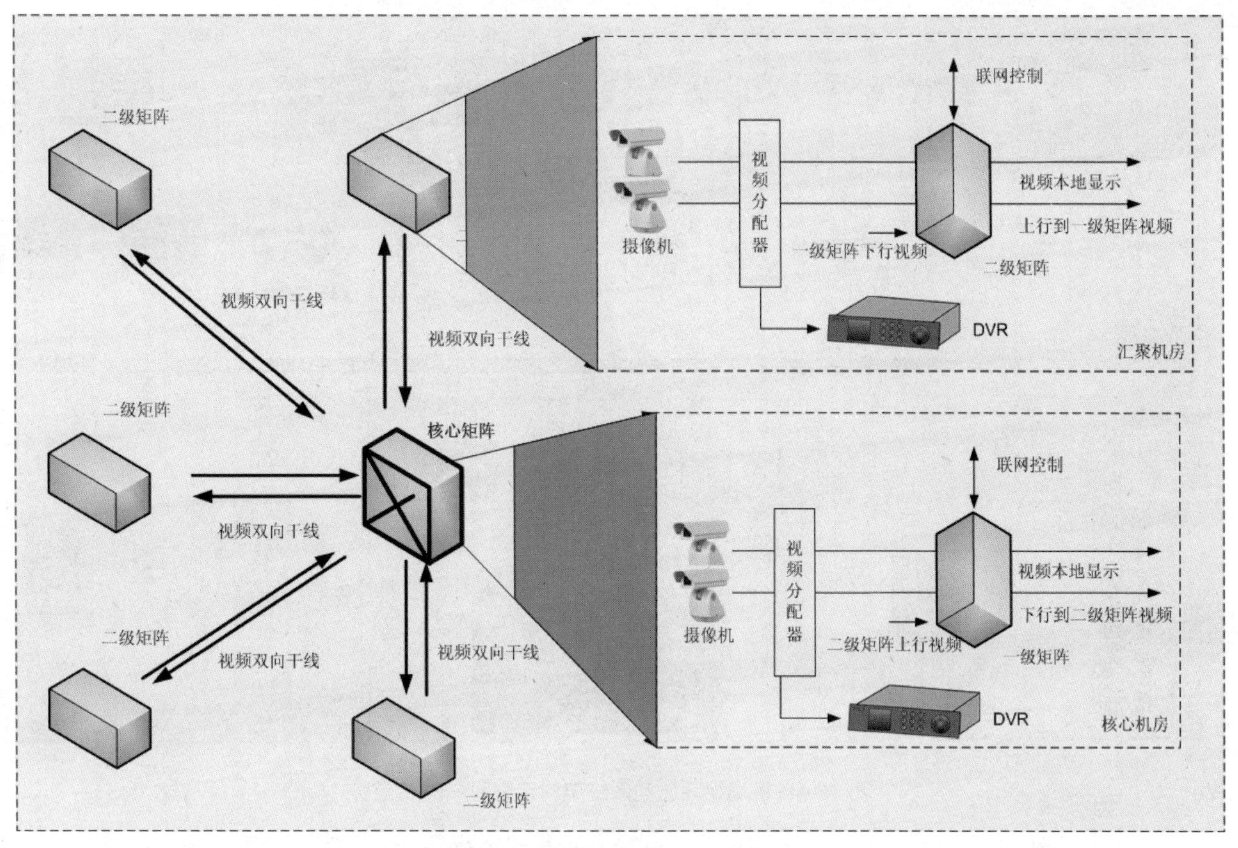

图 15.3　机场视频监控系统架构示意图——模拟矩阵

二级矩阵与一级矩阵之间通过光纤建立双向视频干线通道，从而将二级矩阵与一级矩阵整合为一个“大矩阵”，不同的部门用户利用键盘、多媒体工作站实现视频的调用与控制。各矩阵控制主机和控制键盘利用通信控制器或直接上网实现与管理工作站、多媒体工作站的联网，建立基于 IP 网络的数据和控制通道。

模拟视频监控系统不是这里讨论的重点，因此仅仅简单说明。

2. 网络视频监控架构

图 15.4 是典型机场网络视频监控系统结构示意图。

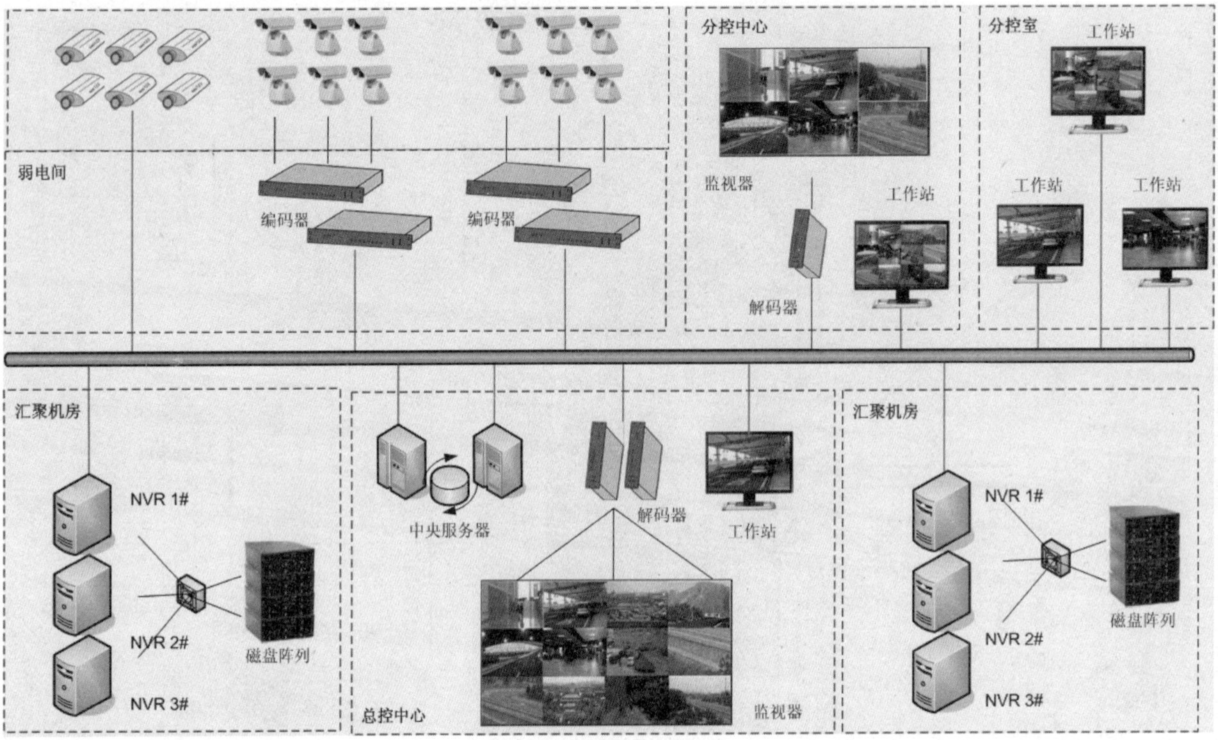

图 15.4　机场视频监控系统架构示意图——IP 监控

网络视频监控系统在近年来的机场、铁路、地铁等交通建设中得到了广泛的应用，它主要采用视频编码压缩技术，将模拟视频信号转换为数字视频数据流，利用网络录像机进行视频流的转发和存储，在后端利用成熟的存储技术实现海量、长期的视频数据存储。

在图 15.4 中：

- 系统建设在机场专用的安防系统网络上，编码器就近安装在分布于各个角落的弱电间内，摄像机就近连接到各个编码器的视频输入；
- 在各个汇聚机房，安装 NVR 服务器及磁盘阵列，实现对整个系统内所有视频的存储、转发工作，由于 NVR 服务器集中部署，因此非常适合采用 SAN 架构存储系统；
- 在系统控制中心(或汇聚机房)安装中央管理服务器，实现系统的数据库、核心服务应用；
- 在总控中心，配置多台解码器，实现实时的解码输出电视墙显示，在其他分控中心或分控室，利用客户端工作站实现视频的实时浏览、PTZ 控制或录像回放。

15.2.3　智能网络视频监控构成

编码器实现视频的采集、编码压缩，通过专用网络传输到网络录像机实现存储或转发，解码器采用硬件解码方式将视频还原并输出到监视器显示，分布在网络各处的工作站通过软解码方式实现视频的浏览，并可以通过客户软件实现视频浏览、控制操作。

1. 编码器设备

通常，编码器采用多路嵌入式视频编码器，主流编码方式是 MPEG-4 压缩方式，可实现低码流下高质量的视频压缩与传输，每个通道都可以支持 4CIF 实时编码，每个通道均支持双码流。另外，编码器具有 COM 口、RS485、TTL 等辅助接口以实现 PTZ 控制、报警输入等功能。在具体有需求的点位，可以采用智能编码器，智能编码器内置视频分析功能，可以利用视频分析算法实现视频的实时分析，并按照预先设置的规则进行报警。

2. NVR 设备

NVR 设备，即网络录像机设备，与 DVR 的最大不同在于其可以部署在网络的任何位置，通过网络捕获视频流数据。NVR 同时担任着视频的回放、存储、转发任务，通常采用 DAS、SAN 存储架构实现视频的海量并发写入，一般采用 RAID5 技术实现冗余。

3. 中央服务器

中央管理服务器是系统的核心，是“首脑”，系统所有的设备数据、用户数据、联动关系、地图信息、报警信息、服务等所有资源均需要中央服务器的支持，但是视频流不需要中央服务器的转发。因此，中央服务器一方面提供系统数据与服务、一方面转发系统控制命令，由于没有视频转发任务，所以负荷并不高，但仍然要求“高可靠性”。

4. 解码显示部分

在总控中心、分控中心，通过视频工作站或监视器墙，实现视频的显示。视频显示方式包括通道轮询、电子地图、个性页面、预案布局等多种显示方式。另外利用客户端软件，可以在网络的任何位置实现对整个系统的所有视频浏览、系统设置、报警管理等各种操作。

5. 摄像机监控点

机场摄像机应用的特点是应用场合非常多，如室外周界、室外停车场、室内办票区域、安检区域、海关区域、边检区域、候机区域等各个区域性质不同，对摄像机的指标需求也不同，并且安装条件不同，因此必须有针对地设计和部署。可能在一个机场中部署 10 种以上的摄像机，对电梯摄像机、室内彩色半球、室内固定枪机、室内一体快球、室外一体快球、室外 PTZ 摄像机、高清摄像机等都有不同的需求。

6. 联动功能介绍

机场视频监控系统与其他系统的联动，主要是与消防、门禁、周界、防盗探测等系统的联动，通常是其他系统发送报警信号给视频监控系统，视频监控系统收到报警后，按照事先预置的程序，进行视频监控系统的相应通道的视频录像开启、摄像机自动预置位调出、预置画面弹出等操作。

对于视频监控系统与其他系统的联动接口，有两种实现方式：

- 一种方式是视频监控系统与其他系统进行软件联动方式，软件联动方式主要在上层实现，即两个平台之间的集成，可能需要互相开放一定的接口并进行二次开发；
- 另外一种方式通过干接点方式，如其他系统通过干接点给编码器或输入模块发送报警触发信号，然后由视频监控系统按照事先设定的程序响应动作。

15.2.4 视频监控系统关键因素

1. 部门权限分配

机场视频监控系统有大量的点位、大量的用户，而系统通常是一套共享，如何在一套视频监控系统之上进行合理的部署、分组、设定权限，以保证所有部门能够有序、有力地利用视频监控系统这一辅助手段实现各个不同部门之各自所需的服务，是视频监控系统设计、选型时必须要考虑的问题。

2. 高清监控需要

高清摄像机是视频监控系统近年来出现的一类新产品，其特点是清晰度高、有效像素多从而细节丰富，覆盖范围更广。而在机场应用中，有多类场景具有“点位密集”的特点，如安检、边检、办票岛等区域，如果采用传统模拟摄像机，因覆盖范围有限，通常需要并排部署大量摄像机，而此情况下，完全可以采用一定的高清摄像机实现大范围场景覆盖。

3. 室外摄像机防雷

机场监控点位中如周界、登机桥头、停车场等场所，需要部署大量的室外摄像机，而机场环境与其他行业领域的不同之处在于，机场有“净空”要求，净空带来的问题是机场的摄像机一般完全暴露在露天空旷场所，而这种情况下是雷击概率最高的，所以需要做好摄像机的防雷措施。通常采用安装避雷针的方法，同时对视频、控制、电源分别加装防雷隔离器件。

4. 前端设备自诊断功能

机场的上千路的前端摄像机与后端至多百路的监视器数量远远是不成比例的，那么意味着在同一时刻有大量的视频信号无法为安保人员的“肉眼”覆盖到，而只能在后台默默地录像。这样的问题是，当日后如果需要调出相应的视频，却发现该摄像机早已角度遭到移动、或摄像机聚焦模糊、或摄像机遭到遮挡等而所有录像已没有意义时，将是一个令人极度气馁的事情，而如果靠人工每天去排查所有摄像机状态也是不现实的。

因此，视频系统平台需要具有自诊断功能，可以内置诊断技术，实现对全部或部分摄像机的实时“状态监视”，一旦发现问题，立刻发送报警，可在第一时间内发现并解决问题。

这些问题应该包括摄像机角度移动、聚焦模糊、遭遮挡、遭喷涂、场景过亮、摄像机线路故障等。

15.2.5　视频分析技术在机场的应用

1. 丢包探测

国际反恐的紧张形势导致机场这个人流密集的场所对“炸弹袭击”必须全面预防，做到“提前探测、快速疏散”。丢包探测的机制是在防区内，当有遗失的包出现超过一定时间而没人接触的话，系统将报警并提示安保人员去复查，以防止有人丢炸弹进行恐怖袭击。此技术可以让系统自动检测可疑行李和包裹并产生报警信息，以提供目标对象定位及鉴别，避免不必要的人员疏散，确保更有效的安保人员配置。

2. 排队(拥挤)探测

机场的一个特点是有大量的排队区域，办票柜台排队、安检排队、边检排队、海关排队等，而机场管理部门一般会根据排队情况开启或关闭窗口或通道，从而在自身效率与旅客体验上得到一个平衡点。排队(拥挤)探测是利用视频分析功能，自动探测该区域的旅客排队长度，当排队长度超过设定阈值时，则报警提示，这样机场管理部门会根据告警情况开启更多的窗口或通道放行，以减少旅客等待时间，提高服务质量。

3. 停车探测

停车探测主要是针对机场的一些出入口、停车场、侯客区等场合，发现有非法泊车、非法掉头、非法驶入等情况时，系统能够自动提示报警，以便于管理人员进行及时处理。

4. 尾随探测

机场的一个显著特点是，有大量的高安全区域、如总控机房、控制室、指挥中心、安检通过区、海关区、办公区等，这些场所是内部人员及经过安检、海关检查通过的旅客才可以到达的区域。为了防止有人尾随合法员工进入高安全区，系统要能够自动侦测非法尾随行为并产生报警信号 。非法尾随指尾随合法员工/人员进入，此模块一般与传统的门禁控制系统并行操作，应用程序对单个的出入事件进行计数，对任何超过允许通过人数的事件进行智能识别和警告，从而预防非法人员的非法进入。

15.2.6　机场视频监控系统的存储

机场视频监控存储系统有监控点多(摄像头数量多)、视频数据流大、存储时间长、24 小时连续不间断作业的特点。视频监控系统中采用的存储设备在数据读写方式上具有与其他类型系统不同的特点。视频监控主要是视频码流的写入，表征性能的是存储设备能支持多大码流(吞吐量)，也就是总共能支持多少路一定码流的视频存储。具体要求包括：

- 视频数据以流媒体方式写入存储设备。
- 多路视频长时间同时写入同一个存储设备。
- 要求存储系统长期稳定工作。
- 实时多路视频写入，要求存储带宽恒定。
- 容量需求巨大，存储扩展性能高，在线更换故障设备或扩容。

机场的 NVR 系统部署具有数量多、分布集中、海量存储的特点，一般在汇集机房采用 FC SAN 存储架构实现海量、高速、高可靠的视频存储与备份。

15.2.7　机场视频监控的平台软件

机场的视频监控系统中，核心平台软件的作用很重要，因为机场的系统庞大、设备分散、用户众多，因此需要强大的软件平台来组织系统资源、管理用户。通常，系统软件平台包括中央服务器和客户端工作站，中央服务器包含系统数据库及核心软件、服务，而工作站系统包括视频操作、事件调查、用户管理、权限管理、系统配置管理、设备诊断管理、日志管理等功能。

图 15.5 是中央服务器在视频监控系统中的角色示意图。

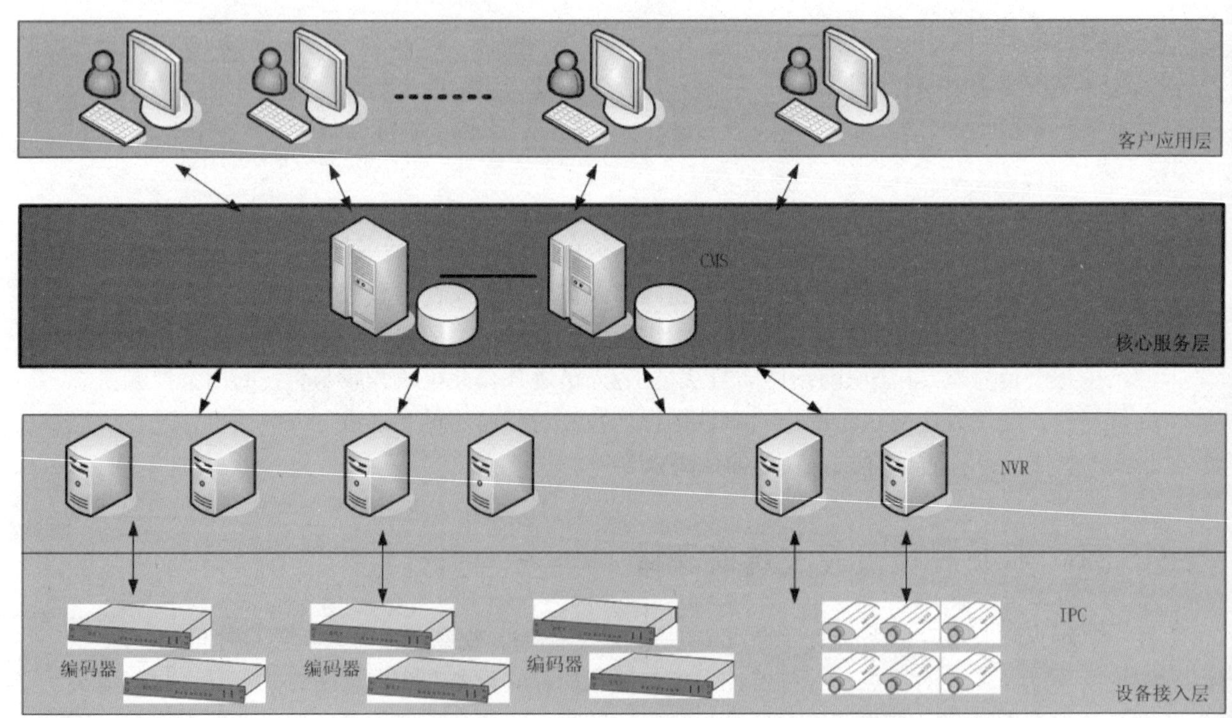

图 15.5　机场视频监控系统平台架构

(1) 数据管理：全线所有设备、服务、用户集中“登记注册”于中央数据库。

(2) 系统配置：对系统设备、服务、用户参数进行配置、编辑、修改等。

(3) 监视功能：全线所有视频监控点的视频浏览、PTZ 控制、视频回放等。

(4) 告警管理：记录并显示设备、系统的各类告警，并记录告警的处理情况。

(5) 控制功能：对全线所有监控点的 PTZ 摄像机控制和及继电器输出节点控制。

(6) 语音对讲：对前端安装有语音设备的监控点，可实现实时语音对讲。

(7) 数据存储：支持视频的本地存储和中心备份，具有多种自动、手动存储方式。

(8) 网管功能：对全线所有网元设备运行情况进行状态监控和管理，实时显示各种设备的运行数据和告警信息，并自动形成日志报告。

本节介绍了“机场视频监控系统”的需求特点、系统架构、视频分析应用、存储应用、中央管理平台等内容。到 2020 年，中国民航运输机场总数将达到 244 个，新增机场 97 个(以 2006 年为基数)，形成北方、华东、中南、西南、西北五大区域机场群。这一切都预示着“机场的视频监控系统应用”具有广阔的发展前景。

15.3　平安城市视频监控系统应用

15.3.1　平安城市简介

平安城市是通过三防系统(技防系统、物防系统、人防系统)的建设实现城市的平安和谐。一个完整的安全技术防范系统，是由技防系统、物防系统、人防系统和管理系统构成的，四个系统相互配合、相互作用来实现安全防范的综合功能。

平安城市的主体就是利用现代信息通信技术，达到指挥统一、反应及时、作战有效，以适应我国在现代经济和社会条件下实现对城市的有效管理和打击违法犯罪，加强中国城市安全防范能力，加快城市安全系统建设，建设平安城市及和谐社会。

平安城市项目涵盖社会方方面面的众多领域，有民用街区、商业建筑、银行、邮局、道路监控、校园，也包含流动人员、机动车辆、警务人员、移动物体、船只等。针对重要场所，如机场、码头、油库、电厂、水厂、桥梁、大坝、河道、地铁等，需要建立全方位的立体防护体系。针对不同的目标群体，可提供报警、视频、联动等多种组合方式。将 110/119/122 报警指挥调度、GPS 车辆反劫防盗、远程可视图像传输、远程智能电话报警及地理信息系统(GIS)等有机地整合，实现火灾发生时的实时联动报警、犯罪现场远程可视化及定位监控、同步指挥调度，从而有效地实现信息高速化，实现城市安防从“事后控制”向“事前预防”转变，提升城市的安全程度和人民生活的舒适程度。

平安城市利用平安城市综合管理信息公共服务平台，包括城市内视频监控系统、数字化城市管理系统、道路交通等多个子系统，利用市区级数据交换平台实现资源共享。系统前端数据通过视频监控系统采集并传输到市、区监督指挥调度中心。监督指挥调度中心管理平台由数据库服务器、认证中心、用户管理服务器、设备管理服务器、存储服务器、接入服务器、报警服务器、流媒体分发服务器、Web 服务器、显示服务器和其他应用服务器组成。硬件中除服务器外，还包括各种监控终端、安防产品、为了增加网络覆盖而增加的网络产品、基层组织监控用的计算机设备等，这些产品的需求随着平安城市系统覆盖范围的增加而快速增长。而软件解决方案除操作系统、数据库等系统软件外，还包括各种监控管理平台、网元管理平台、流媒体分发软件、监控终端软件、智能交通系统、电子警察系统等。

提示：我国 2004 年 6 月第一批科技强警示范城市创建工作启动，2005 年 10 月确定在全国开展城市报警与监控系统建设的“3111”试点工程，是目前建设平安城市的重要组成。

15.3.2 平安城市视频监控的特点

平安城市视频监控系统的主要功能需求有如下 4 个方面。

1. 视频需求

在平安城市智能视频监控系统中，视频监控点的设立是根据城市治安重点而设立的，这些布控点主要集中在商业金融街、社区、娱乐场所、主要路段、交通枢纽区等，布控点以图像采集、音频采集及报警信息采集等设备为主。有关部门通过图像来了解布控在城市各个敏感区的实时状况。

对实时传输的图像要求是：

- 保证图像的清晰，图像延迟小于 500ms；
- 图像回放连贯，不能出现拖尾、马赛克等情况；
- 保证职能部门的管理员在第一时间掌握实时、清晰的高品质视频图像。

平安城市治安视频监控系统要做到事件即时处理，同时也要给城市管理职能部门保留数据信息，这就要求在实现图像实时浏览的同时，对图像进行全天候的录像。对于平安城市智能视频监控这样一个庞大的系统，需要海量的存储空间，并能全局管理和检索。根据业务需求可多点、多级方式存储，具备分布式存储架构，以适合各个城市不同的需求。另外，视频监控系统也需要对图像实时抓拍和管理，后期可对视频再剪辑，便于相关职责部门做好后期存档工作和永久备份。

2. 报警需求

报警信息的处理对于一个平安城市智能视频监控系统来讲有其特有的必要性。为了达到指挥统一、反应及时、作战有效的目的，智能视频监控系统应具备报警联动功能。报警信息经过网络传输到指挥中心和 110 指挥中心后，通过视频监控系统平台的报警联动预案功能，使警务人员通过手机、指挥中心的显示墙、视频监控终端等，能在第一时间内得到事件信息。事件信息需保存，后期可检索事件及与事件相关的录像资料。

3. 联网需求

对于关乎人民生命财产安全的平安城市智能视频监控系统平台，要实现派出所、分局、市局数据信息共享，实现全网视频、音频、报警信息的互联互通功能。联网需求包括对新建视频监控系统和旧有的视频监控系统的互联，其中包括基于 IP 架构的系统，也有基于模拟矩阵的系统。平安城市智能视频监控系统应能整合各种监控子系统，实现设备、用户的统一管理，实现访问权限的集中管理。

4. 智能管理需求

平安城市智能视频监控系统要充分体现智能化的后台管理，通过后端的智能化管理，即可实现对全系统的管理与配置；轻松实现视频信息的浏览、录制、查询；以及各种资源的有效应用参数配置。通过智能视频监控系统可以有效地协助城市管理职能部门保证城市治安的有序进行。同时，系统需提供二次开发功能以及升级接口，可满足城市视频监控点不断更新增长的需求。

平安城市是一个非常庞大的、非常复杂的系统工程。基本功能方面与传统的行业安防监控基本一致，但由于其庞大、复杂的特点，使其明显区别于传统的安防行业视频监控系统。其特点表现在：

- 系统需要接入和管理几十万台、甚至上百万台的摄像机。
- 涉及的用户数量多、用户类型多，无论党政机关，还是企业系统全部都要互联起来。
- 大量的资源需要按党政机关和企业的职能合理地共享。
- 系统中包含新建的监控系统和原有的旧系统，新旧系统间要进行互联互控。
- 系统平台应是一个高可用的平台，不存在单点故障。
- 系统必须是一个开放的平台，能够持续集成先进的技术和应用。
- 需要提供丰富的二次开发接口，方便与 110 报警系统、数字集群系统、GIS 系统、视频会议系统等实现整合。

15.3.3　平安城市监控主流架构

从 2004 年 6 月第一批科技强警示范城市创建工作启动，再到 2005 年 10 月确定在全国开展城市报警与监控系统建设“3111”试点工程，5 年中，各安防企业分别提出了各自的解决方案。其中主流的系统架构有 4 种——矩阵系统、DVR 系统、网络集中监控系统、大规模网络视频监控系统(也称分布式网络视频监控系统)，这 4 种主流架构展示了平安城市智能视频监控系统平台架构发展和成熟的过程。

1. 矩阵系统

矩阵系统结构如图 15.6 所示。

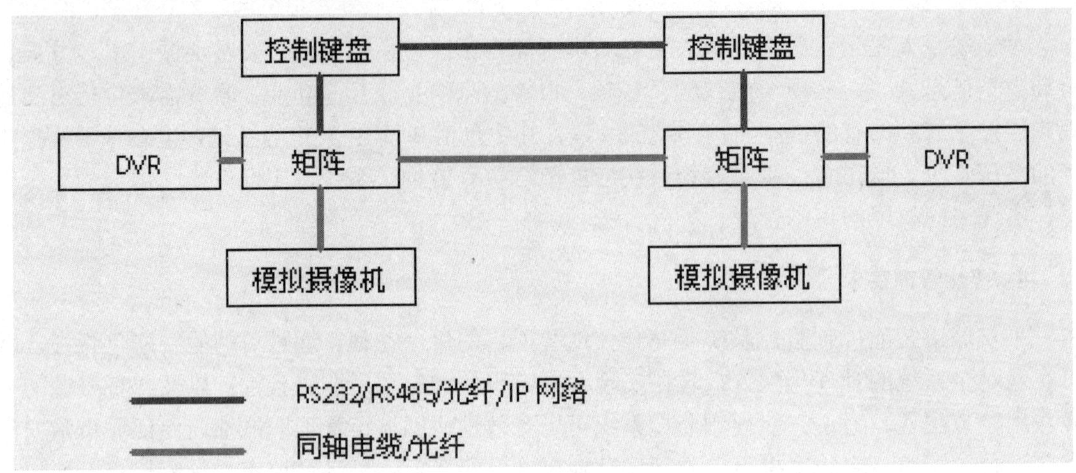

图 15.6 矩阵系统结构

矩阵系统的特点是：

- 实时视频联网监控功能稳定；
- 控制键盘采用简单联网协议，通过串口或 IP 网络通讯；
- 矩阵输出视频给 DVR 进行独立存储，很难实现集中录像和录像资料共享；
- 多点通信物理连接复杂，无法实现多厂家设备组网；
- 矩阵和 DVR 有各自不同的权限体系和配置管理，不支持全网统一的权限和配置管理。

2. DVR 系统

DVR 系统结构如图 15.7 所示。

- 系统采用嵌入式 DVR 和 DVR 客户端管理软件，成本和技术水平较低，数字功能基本完整，适合简单联网需求的项目；
- 基于 DVR 网络客户端 SDK 工具，可实现定制应用和界面整合；
- 通过大量定制开发能满足特定用户的功能需求，属于非平台级解决方案，在小型系统使用较多；
- 侧重于本地存储(也称现场存储)，体系结构上缺乏对视频联网的强力支持；
- 对模拟系统支持不够，安全性差。

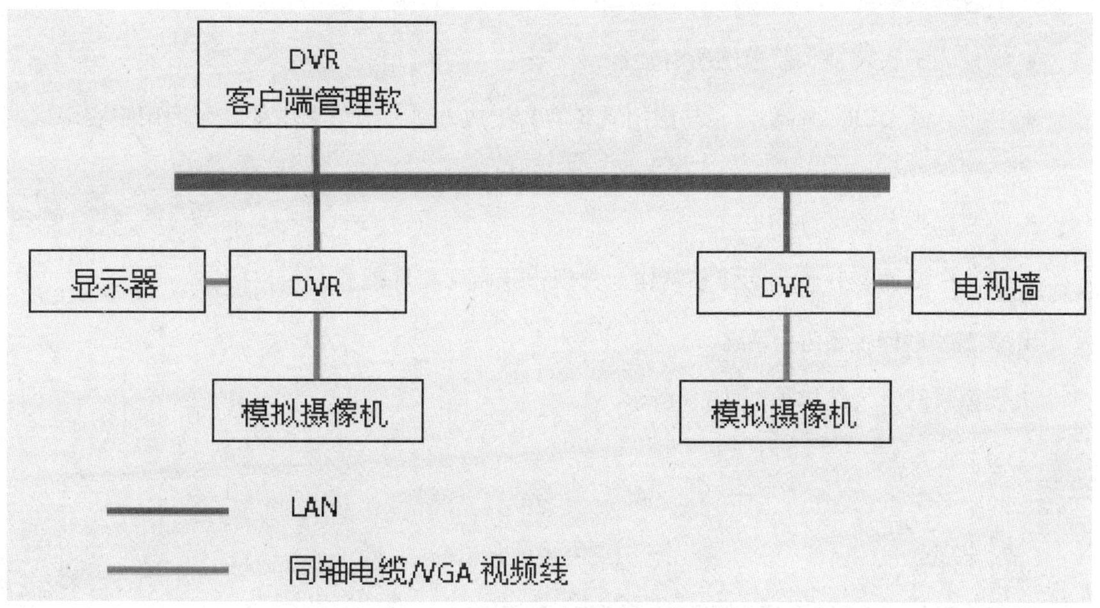

图 15.7 DVR 系统结构

3. 网络集中监控系统

网络集中系统结构如图 15.8 所示。

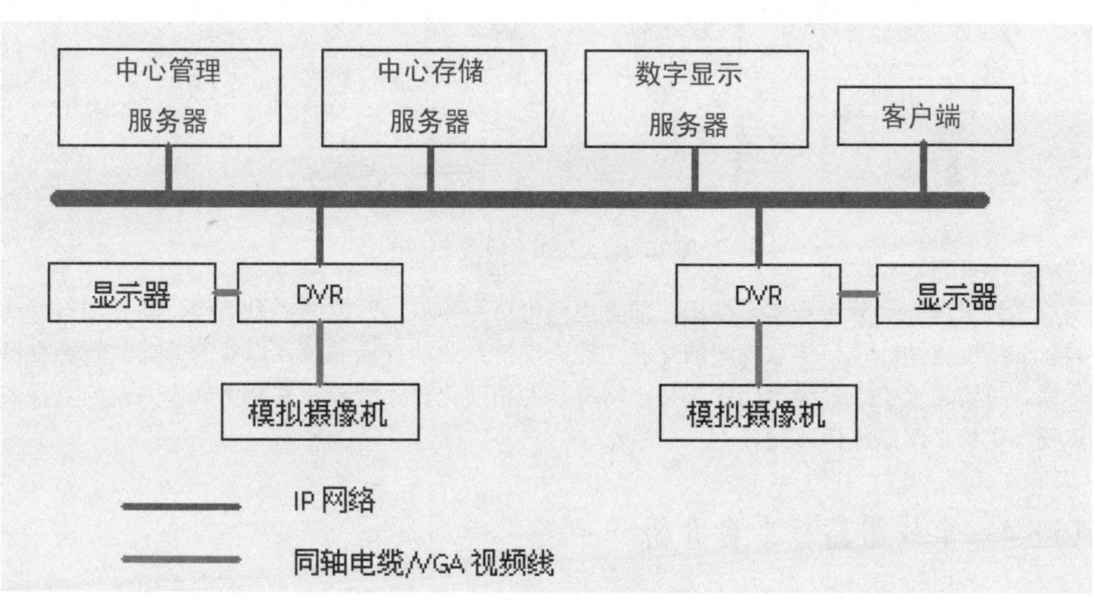

图 15.8 网络集中系统结构

- 系统由 DVR/DVS/IPC、中心管理服务器、存储服务器等设备构成；
- DVR 直接将视频流送入 IP 网络，由中心管理服务器进行视频调度管理，并进行集中存储；

- 能完整实现视频监控的所有功能；
- 嵌入式 DVR 设备稳定，与应用系统容易集成，适合地域集中的局域网用户实现联网视频监控；
- 对模拟系统支持不足；
- 集中式而非分布式的体系结构，大规模联网存在性能和稳定性问题。

4. 大规模联网视频监控系统

大规模联网系统结构如图 15.9 所示。

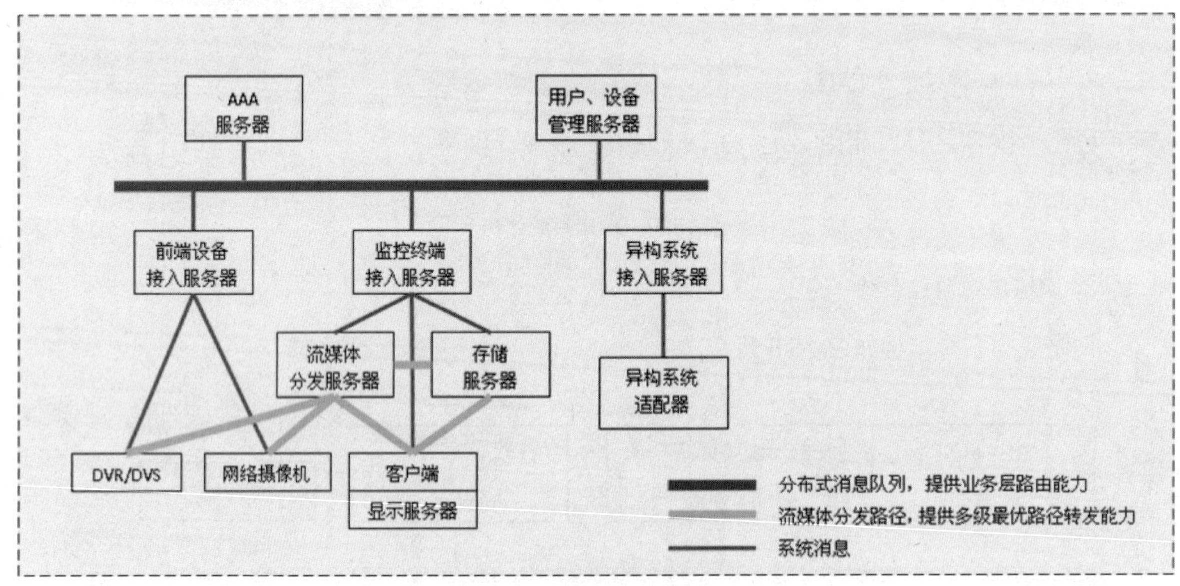

图 15.9 大规模联网系统结构

系统采用完全分布式体系结构，部署规模可自由缩放；开放的体系结构，通过加载异构设备的适配模块实现异构系统间的互联互控；支持专业的存储系统，海量的分布式智能存储体系，可实现多点、多级存储；支持全网统一的精细化权限管理；支持大规模并发的直播和点播，支持多级流媒体转发。

15.3.4 全球眼监控平台介绍

MEGAEYES(全球眼)是基于宽带网络和无线网络的最新一代视频监控技术产品，是可为用户提供图像、声音、数据采集、传输、储存、处理等服务的全新视频监控管理平台。该系统平台将分散、独立的图像采集点进行联网，实现跨区域、甚至全国范围内的统一监控、统一存储、统一管理、资源共享，可实现远程网络可视化的安全管理、经营管理、生产管理。其特点主要体现在如下几个方面。

(1) 简化维护管理工作

MEGAEYES 网络视频监控平台具备高度的可管理性，从而使 IT 管理人员能够从繁重的系统维护工作中解脱出来，将更多精力集中于更具竞争优势的业务上。通过业务管理客户端和网管客户端，可以使管理员有效管理大量的用户和监控点，及时了解设备和软件的运行情况。

(2) 规模可自由缩放

凭借优秀的“百万级”架构，平台产品极具缩放性，既支持几百路的企业应用，也支持数十万路的平安城市应用，使中小规模监控平台也能执行增量部署。

(3) 极具开放性

MEGAEYES 是领先的网络视频监控开放平台，通过统一的平台，简化软件的供应链，持续高效推动开放性的创新。

1. MEGAEYES 系统架构

MEGAEYES 平台是一个大系统，也是一个分布式系统，其分布式架构采用联邦制。采用分布式架构设计的根本原因是——大量的设备和用户带来的大规模并发问题；平安城市视频监控业务区域需求平均化；网络资源有限，需要有灵活多样的部署方式。

MEGAEYES 分布式系统模型如图 15.10 所示。

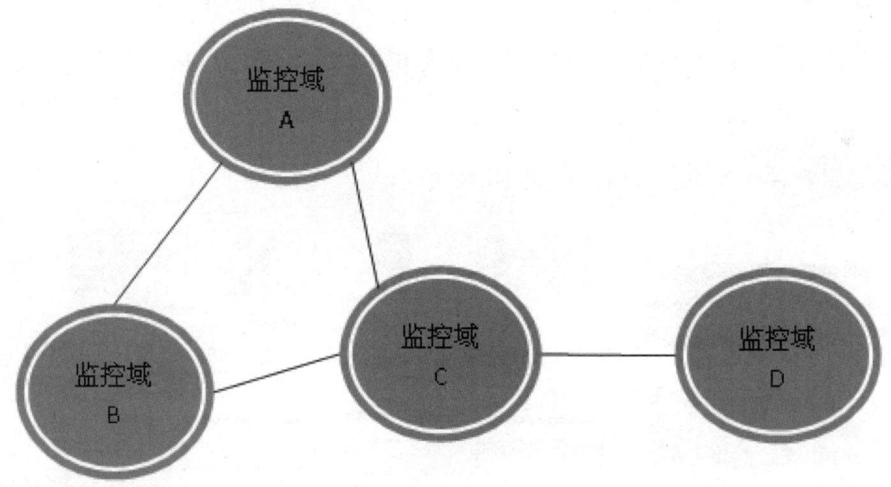

图 15.10 MEGAEYES 分布式系统模型

在设计 MEGAEYES 系统架构的过程中，互信互通公司积累了以下 6 点设计经验，对其他大规模软件系统的设计也有借鉴意义。

- 尽力保持简单的设计(Keep It Simple，Stupid!)：人们通常喜欢简单的，容易学习和使用的事物。
- 持续分割数据和业务功能(Partition Your Data And Business)：没有超级电脑，所有的机器都有性能上限，只有将数据和业务部署在不同的机器上，才有可能成功创建一个大系统。

- 服务器模块采用无状态设计(Stateless Server)：与有状态服务相比，服务器程序不需要维护大量的状态信息，客户发起的请求都能够独立处理。其核心优势是服务端程序实现简单，有较高的并发处理性能。
- 异步化所有操作(Asynchronous Operation)：通过异步化的处理方式，不会增加用户额外的等待时间，保证用户体验良好。
- 提醒自己出错了应该怎么办(Keep Failure in Mind)：网络、磁盘、外围供电等都可能出错，必须清楚错误发生后要如何应对。
- 采用所有可能的方式观测系统(Monitor Your System)：一个大系统会有成千上万的用户，要保证系统持续运行，运用所有可用的技术和手段观测系统，在故障发生前就调整系统。

2. MEGAEYES 系统功能模块的组成

MEGAEYES 智能视频监控系统平台的功能模块划分为 4 个层次。

- 设备接入层：网络视频服务器(DVS)、视频录像机(DVR)、网络摄像机(IPC)。
- 媒体服务层：分发服务单元、网络存储单元、转码服务单元。
- 业务管理层：中心管理模块、接入服务模块、网管系统、接口服务单元。
- 视频应用层：显示服务单元、监控终端、管理客户端。

各模块部署后对应的层次结构如图 15.11 所示。

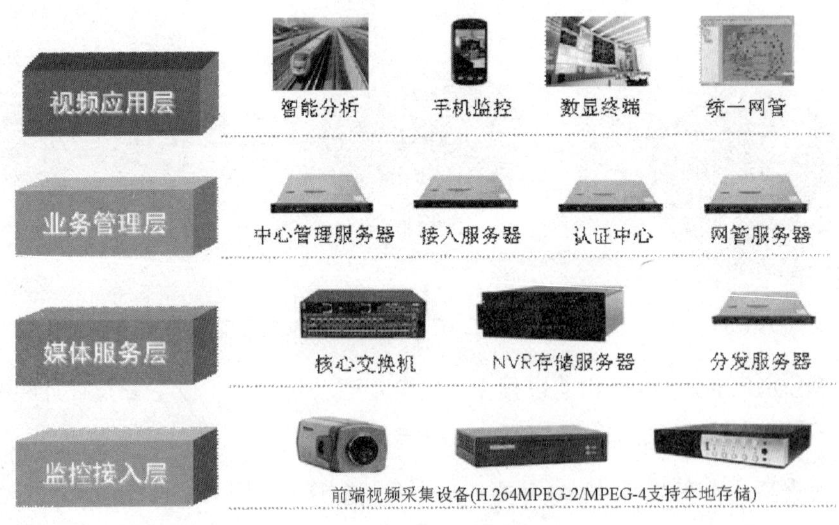

图 15.11　MEGAEYES 功能模块构成

3. MEGAEYES 功能模块介绍

(1) 监控接入层

网络视频服务器、网络视频录像机、网络摄像机统称为前端，负责采集现场的视频图像、声音、报警信号。MEGAEYES 将这类设备抽象为三类对象：摄像头、报警信号输入、报警信号输出。通过对这三类设备进行统一命名，利用业务管理层提供的注册服务和心跳保活机制，构建出分布式系统的基石。

互信互通将总结出的分布式系统设计经验通过 MEGAEYES VSP 协议向所有安防厂家开放，合理的设计赢得了安防行业厂商的认可。目前国内主流的前端设备制造商全部支持 MEGAEYES VSP 协议。所有这些工作合起来解决了前端设备的兼容性问题，同时又保证不会向系统引入额外的复杂性。

(2) 媒体服务层

① 分发服务单元

分发服务单元是体现平安城市智能视频监控系统平台多用户、网络化特点的一个重要模块。分发服务的主要应用是将前端生成的视频流进行复制，分发给多个不同的访问者。对于前端视频监控现场的网络环境来说，通常上行带宽较小，不适合大量用户同时浏览。分发服务单元可以有效地解决这一问题。同时分发服务器之间可以级联，能够有效地优化视频流的传输路径，节约监控中心、分支机构的网络带宽成本。基于网络参数配置和动态负载均衡相结合的调度算法保证最优化网络使用效率。

MEGAEYES 的分发服务单元如图 15.12 所示，它展示了平台中视频流的流向。

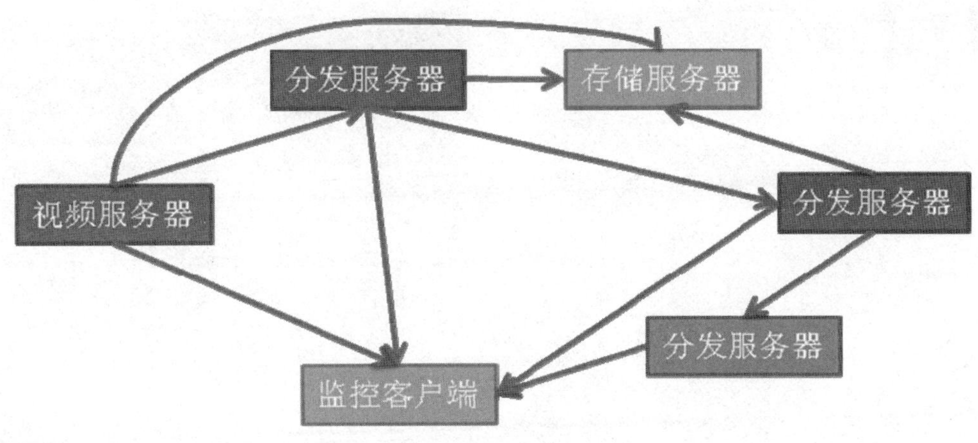

图 15.12 MEGAEYES 的分发服务单元

② 网络存储单元

网络存储单元的主要功能是存储历史录像和快捷地检索。其工作原理是通过网络接收流媒体数据并写入到文件系统中，同时生成必要的索引信息。最具挑战的工作是如何降低对 I/O

系统的负载，以及如何快速高效地从分散的存储设备中检索需要的信息。MEGAEYES 网络存储单元的特点集中体现在三个方面：

- 第一，实时报告存储故障，能够及时全面通知用户当前存储状态。当实时视频在存储过程中，前端设备出现断网、断电、存储空间不够以及存储硬盘故障等现象时，存储服务器有相应的机制实时报告存储故障。
- 第二，支持多点存储方式，支持前端存储、中心存储、分级存储，便于用户根据需求灵活地选择存储方式。用户可以通过网络传输到市级中心保存，或按照“就近服务”的原则在本地增加存储服务器来实现区域的中心存储，同时节约了网络带宽。
- 第三，缩略图方式的录像检索功能，在历史录像的检索结果中展示特定时间间隔的缩略图片，用户通过快速浏览缩略图的方式可准确找到所要分析的视频片段，提升了视频检索的效率。

③ 转码服务单元

转码服务单元的主要功能包括流媒体网络协议的适配、视频分辨率的适配和视频编码算法的适配。媒体网络协议的适配功能完成 HTTP 流、RTP over RTSP 流、RTP 流及一些现有系统中的私有协议间的适配。视频分辨率的适配主要集中在对手持设备的支持，可将 D1、CIF 等高分辨率裁减成 QCIF 分辨率。视频编码算法的适配主要完成 MP4、H.264 及部分专有编码算法间的转换。通过这些功能组合而成的转码服务单元可以轻松实现监控系统与视频会议、IPTV、3G 手机视频等系统的高效整合。

图 15.13 是基于中国电信 EVDO 网络实现的手机监控功能系统的整体架构。

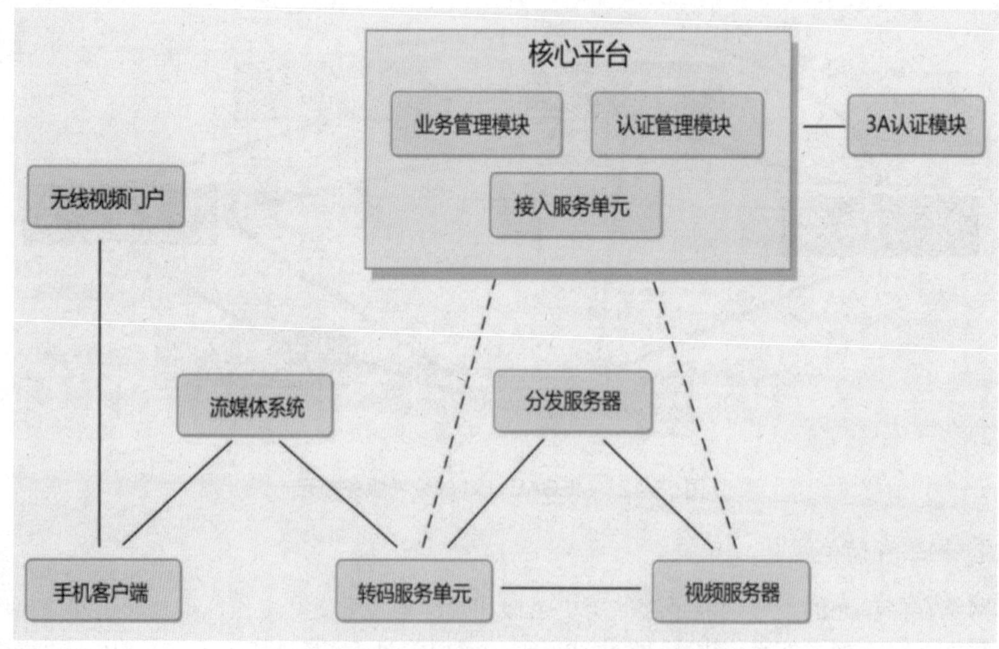

图 15.13 MEGAEYES 的转码服务单元

(3) 业务管理层

① 中心管理模块

中心管理模块实现了设备管理、用户管理、权限管理和日志管理四个方面的业务管理功能。设备管理功能主要包括设备的认证及设备业务参数的设置，如设备的唯一系统 ID、IP 地址、接入方式、安装地理位置、前端的编码格式、存储周期、存储方式、视频路数、解码器协议、矩阵协议、存储服务器的并发存储和访问视频的路数、分发服务器的并发访问路数等。用户管理功能主要包括用户的认证及用户组织结构的设置，如创建分层次的组织结构、设置用户所在的机构等。

权限管理功能按照 RBAC-DM 模型进行设计(基于域和角色的访问控制模型)，图 15.14 展示了最基本的 RBAC 模型。

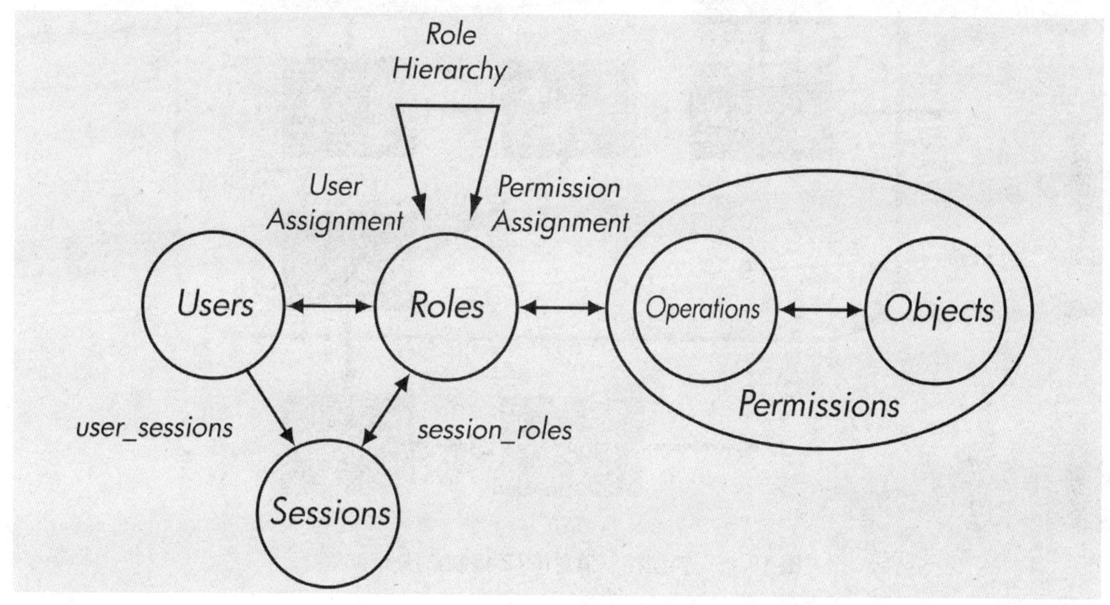

图 15.14　MEGAEYES 的中心管理模块(最基本的 RBAC 模型)

中心管理模块支持基于角色的权限管理、权限浏览及访问鉴权功能。中心管理模块是 RBAC-DM 的一种分布式实现，支持两种信息管理模式：联邦制和集中制。日志管理方面提供用户使用日志、故障日志的创建/添加/清除等功能，并提供多种方式帮助管理员方便地浏览和检索日志信息。

② 接入服务模块

接入服务模块负责所有终端设备的接入工作，具体体现在对前端设备的注册和定位服务、心跳服务、消息转发服务、重定向服务、代理服务等。

- 设备注册服务通过验证设备的 ID 来保证只有合法的设备才能够接入到监控系统中。
- 定位服务能够为分布式业务提供有效的路由信息。

- 心跳服务能够实时监测前端设备的运行状态。消息转发服务能够根据业务需要将消息在管理域内/域间进行转发。
- 重定向服务使系统可以根据实际负载情况重定向服务提供者，达到负载均衡的目的。
- 代理服务保证主动服务模式(推)和被到服务模式(拉)能够平滑地布置在同一个系统中，同时代理服务能够有效地解决防火墙等复杂的网络部署问题。

图 15.15 展示了一个典型控制消息(PTZ 控制)的处理流程。

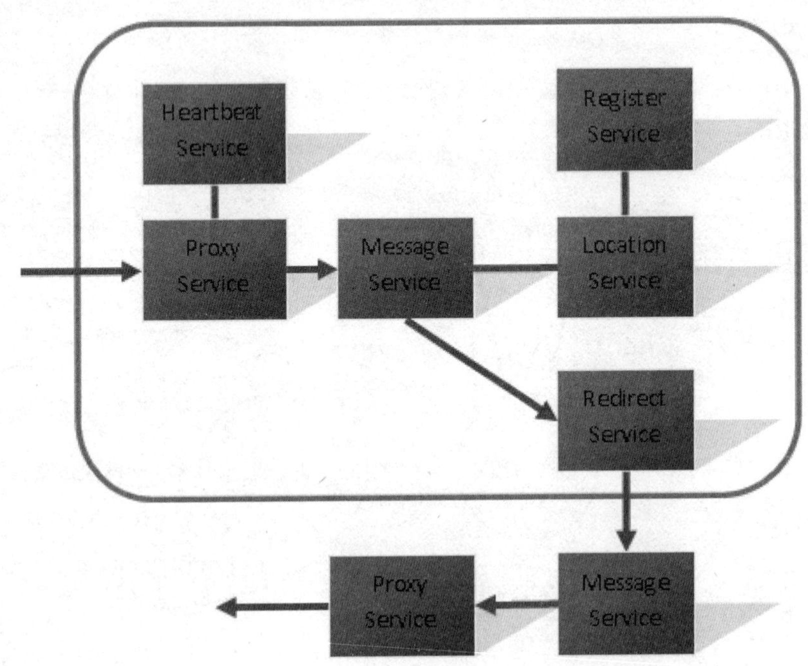

图 15.15　典型控制消息(PTZ 控制)的处理流程

图 15.15 中，代理服务接收到用户的 PTZ 消息后，将消息提交给消息转发服务处理；消息转发服务向定位服务查询被控前端的位置；由于被控前端不在同一台接入服务器上，消息转发模块将消息提供给重定向服务；重定向服务将消息投送到正确的接入服务器上，并通过代理服务将消息通知给被控前端设备。

③ 网管系统

网管系统功能由两个方面组成，第一是故障管理，第二是对故障信息的查询和统计。

首先，故障管理功能要求网管系统：

- 能够以拓扑图形式展示业务管理层和媒体服务层设备和前端设备(嵌入式硬盘录像机)及相互的连接分布情况；
- 能够实时采集所有中心设备的主机指标和故障信息(如系统的 CPU 使用率、系统内存的大小、内存使用率、系统中的进程数、网卡的入/出方向的流量、CPU 使用能力百分比超过阈值报警、磁盘使用空间百分比超过阈值报警、内存使用百分比超过阈值报警等)；

- 能够实时采集前端视频服务器的主机指标和故障信息(如系统的 CPU 使用率、系统内存的大小、视频输入信号中断报警、磁盘故障报警等)；
- 能够按照预先设备的规则，在拓扑图上显著地标识出故障发生的具体设备，同时自动显示故障信息，也能通过手机短信方式将故障信息的文字描述发送给指定人员。

其次，故障信息的查询与统计要求网管系统能够通过设备的 IP 地址、设备的名称、设备所属级别、时间段等条件查询设备的故障信息。

故障信息应包括：

- 故障发生的时间、故障类型、故障恢复时间等信息；
- 能够对指定时间段内前端监控点位的可用率进行统计；
- 能够对所有管理设备主机指标和故障指标进行查询，也能够生成历史记录的报表。

④ 接口服务单元

具有开放式业务体系结构是智能网络监控系统平台的重要特征，其中关键的技术就是网络监控系统与多种应用间的应用程序接口(API)。通过应用程序接口，第三方(业务开发商、独立软件提供商等)可以获得使用现有网络监控系统资源的能力，从而方便、灵活地为客户提供所需的业务。

MEGAEYES 系统接口包含两大类：业务接口，此类接口用于视频监控网络应用的能力；框架接口，此类接口用于业务接口必需的安全性、可管理性等能力的支持。

业务接口开放的功能主要包括：

- 调阅监控点位的实时/历史图像
- 对监控点位云镜
- 门禁等设备的控制
- 实时接收告警信息
- 远程控制电视墙等业务功能

这类接口采用微软的 ActiveX 技术封装，接口设计简洁、易用；

框架接口开放的功能主要包括：

- 用户认证
- 设备列表查询
- 设备管理

- 用户管理
- 权限管理
- 计费等

这类接口采用 Web Services 方式提供，接口功能全面，方便异构系统间的整合。

(4) 视频应用层

① 显示服务单元

显示服务单元主要用于接驳电视墙。显示服务器的主要功能包括播放监控点位的实时/历史视频、按预设轮播方案(类似电视节目表)播放监控点位的实时视频，告警时自动画面切换。MEGAEYES 显示服务单元的特点是兼容多种视频格式。

② 监控终端

监控终端是监控用户使用的客户端软件，主要功能包括设备列表的展示与设备搜索、实时/历史视频回放、云镜控制、报警联动、电视墙控制、前端设备配置、权限管理等功能。

③ 管理客户端

管理客户端是网络管理人员使用的客户端软件，主要功能包括设备管理、用户管理、升级管理和服务参数配置等功能。

15.3.5 某平安城市应用案例

1. 设计原则

在系统的设计上，立足于建成一个能整合多种资源、多业务、多应用的平台，突出建立一个高安全性的数字视频专网平台，采用“基层分控、各区县及市政府相关职能部门主控、市政府(应急联动指挥中心)统筹调度”的 XX 市“XX”综合视频监控系统的运行模式。

从系统的整体结构上，立足高起点；从扩展性、开放性、网管性等关键性能上，考虑充分性能冗余。

除了为城市治安防控服务，还要为数字化的城市管理提供视频服务，随着城市的建设和发展，逐步满足公安、城管、交通、环保、路桥、水务、卫生等领域对视频的分级控制、资源共享的需求。

本系统由中心控制平台、区县及市政府职能部门监控中心、基层执行部门分控中心、前端监控点等几部分组成。其中，中心控制平台由中心服务平台、中心存储平台以及流媒体分发平台等几部分组成。

本工程系统中心平台，即“XX”综合视频监控系统的核心部分，汇接各种监控资源，是实现互联、互通、互控和满足政府各部门实战应用的共享平台。在区县及市政府职能部门建立区县及市政府职能部门监控中心，完成各种功能操作，并通过监控终端，完成对下辖各单位的权限分配和管理。

在管理模式上，市政府对全市多个城区的所有点位具有调看权限和一级控制权。各区县及市政府相关职能部门对管辖范围内所需的监控点具有调看权限和二级控制权，而基层具体执行部门对本级下辖监控点具有调看权限和三级控制权。当发生特殊情况时，公安有最高控制权限。另外，当市政府对某些时段的某些取样点的图像进行内部查看而不让其他单位查看时，其他单位的相应图像功能就会暂时屏蔽，待市政府解除屏蔽后才能正常查看。

2. 平台软件的部署方案

图 15.16 是某平安城市智能视频监控系统平台网络拓扑。该系统接入 2 万路视频，为保证系统安全稳定地运行，针对可能出现单点故障的设备均有冗余方案，如对网络出口采用双链路；数据库采用一台备份服务器进行热备份；负载均衡设备 F5 采用双机热备方式部署。同时，为承载大并发的访问，中心管理服务器和数据库采用集群方式部署，其他设备均采用多机方式部署。

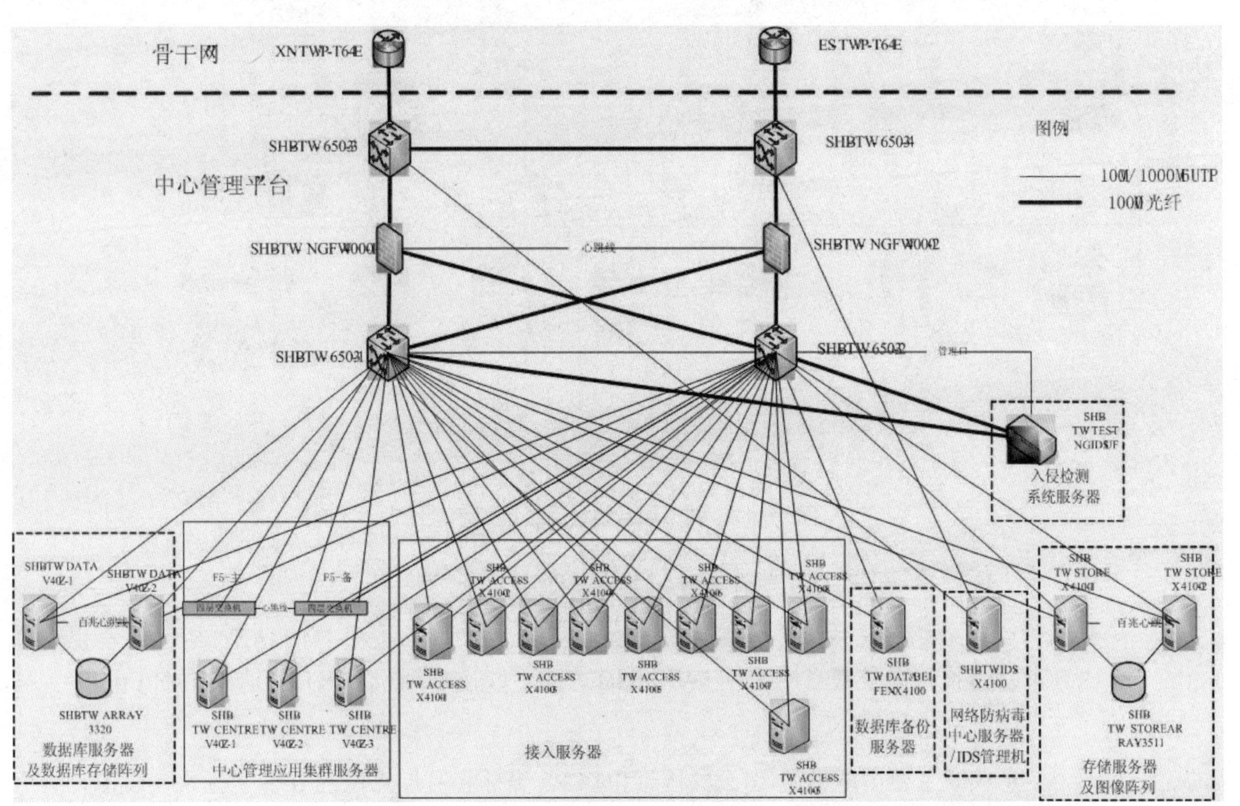

图 15.16　某平安城市智能视频监控系统平台网络拓扑

3. 与城市综合报警系统的整合

城市综合报警系统充分利用现代先进的通信技术和计算机网络技术，系统将在一个统一信息平台的基础上实现 110/122/119 接出警、GPS、监控报警、GIS 地理定位显示、出警调度、有线调度、无线调度、专家预案智能决策以及公安综合信息查询的无缝集成，达到节省资源，具有实用、快速、可靠、先进、智能等多种特点，实现接出警方式计算机化、110 受理判断智能化、指挥系统网络化、指示下达自动化、力量调度集群化、各种信息实时化和接出警档案电子标准化，提高公安指挥系统快速反应及科学决策的能力，达到“科技强警”的发展目标。

图 15.17 是城市综合报警系统的应用示意图。

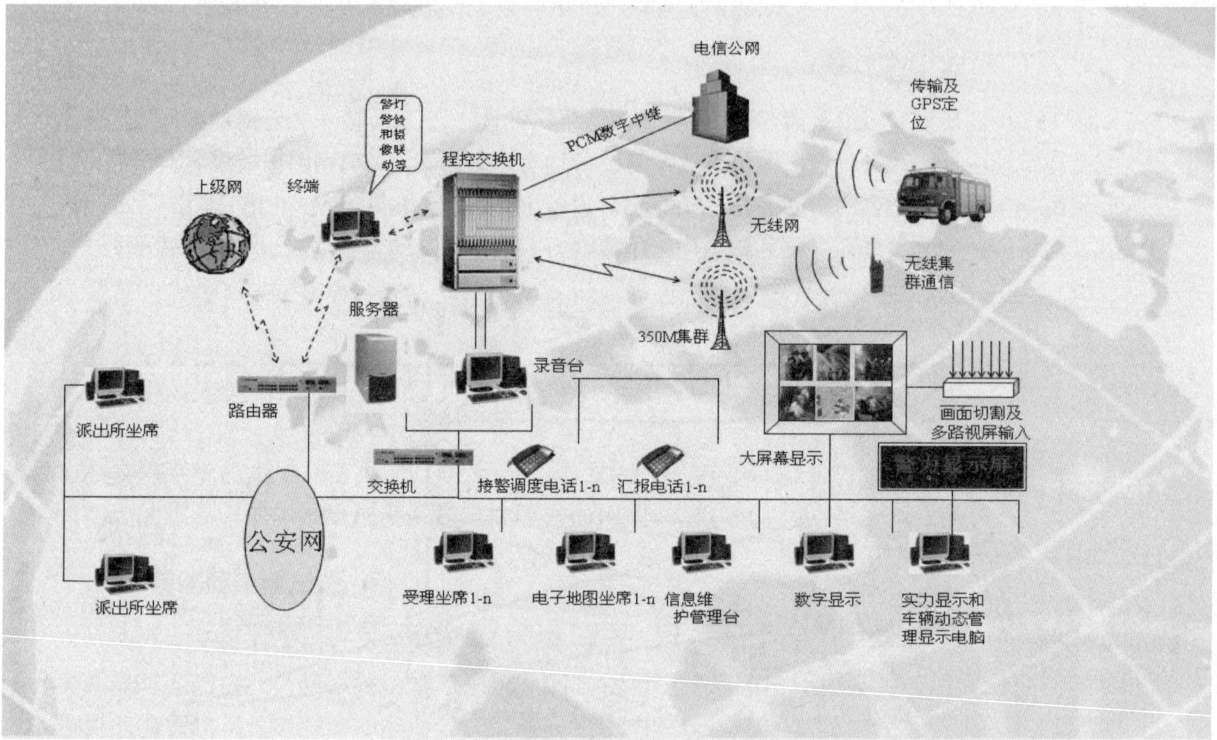

图 15.17 城市综合报警系统应用示意图

整合的工作包括三个方面：单点登录、信息关联、图像调阅接口。

- 单点登录是指在系统中只需登录一次就可以使用所有服务。MEGAEYES 系统与城市综合报警系统整合时采用 WEB-SSO 方案，该技术利用了 HTTP 协议中的 Cookie 机制。
- 信息关联主要由电话号码(公共固话)的 GPS 坐标和监控点位的 GPS 坐标来实现的，系统通过计算各坐标间的距离来判定报警区域相关的监控点位。
- 图像调阅接口采用 ActiveX 控件方式提供，将控件嵌入到 GIS 界面中并指定要回放的监控点位 ID(智能监控系统中指定的唯一设备标识)即可。

4. 与视频会议系统整合

视频会议系统是政府应急指挥中心的重要组成部分，为各级政府提供直接、全面的交流方式，提高行政效率，在处理突发事件中发挥不可替代的作用。

视频会议系统的基本功能就是召开电视会议：

(1) 首先将分布在异地的各个会场通过通信网络连接起来，各个会议终端采集各会场视音频信号并进行相应的编码压缩。

(2) 然后通过网络传输将数字化的视音频码流送到 MCU。

(3) 进而由 MCU 对视音频码流进行处理，并将主会场或发言会场的视音频码流转发到每个分会场，由分会场终端再进行解码输出到会场显示出来。

智能视频监控系统与视频会议整合的价值主要表现在：视频会议中，可将监控现场的视频作为会议资源加入到会议中，参会者可实时了解事件现场的情况，提升指挥决策的速度和有效性。

整合后的系统拓扑结构如图 15.18 所示。

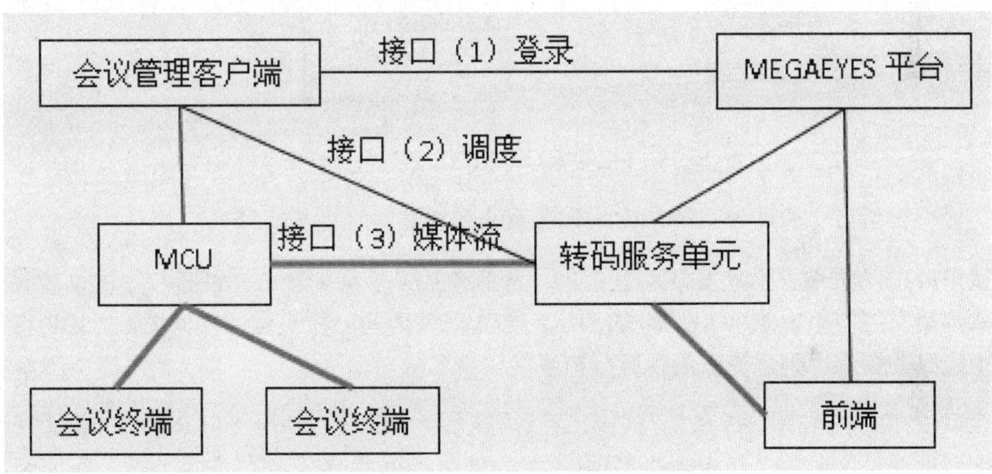

图 15.18 MEGAEYES 与视频会议系统整合

两个系统间的核心接口(见图 15.18)有三个，会议管理者(也称为主持人)在登录会议系统的同时，向 MEGAEYES 平台进行二次登录，这个过程可以采用账号映射的方式实现自动登录。登录到 MEGAEYES 平台后，会议管理者能够获得可用的监控点位资源列表。

在会议中，会议管理者可以按需通过接口(2)调度接口发送监控现场图像资源请求。转码服务单元在接收到资源请求后，将前端的视频流转换为 MCU 兼容的压缩格式和网络封包格式发送到 MCU 上，MCU 会将视频传送给与会者。

5. 与城市交通诱导系统整合

基于“浮动车”技术的交通诱导系统有其独特的技术优势， 在一些大型城市得到了广泛应用。不仅成为交通主管部门分析路网运行速度、拥堵分布、解决道路规划问题的有利工具，同时也成为交通信息发布的平台，通过短信、Web 等方式为百姓提供实时路况信息，优化出行效率。但浮动车技术有其自身的缺陷，如不能分辨主辅路的路况、复杂交通路口不能分辨行车方向、隧道桥沟没有无线信息等问题。基于视频分析方法的实时路况数据采集是对浮动车技术的有效补充。

整合后的系统架构如图 15.19 所示。

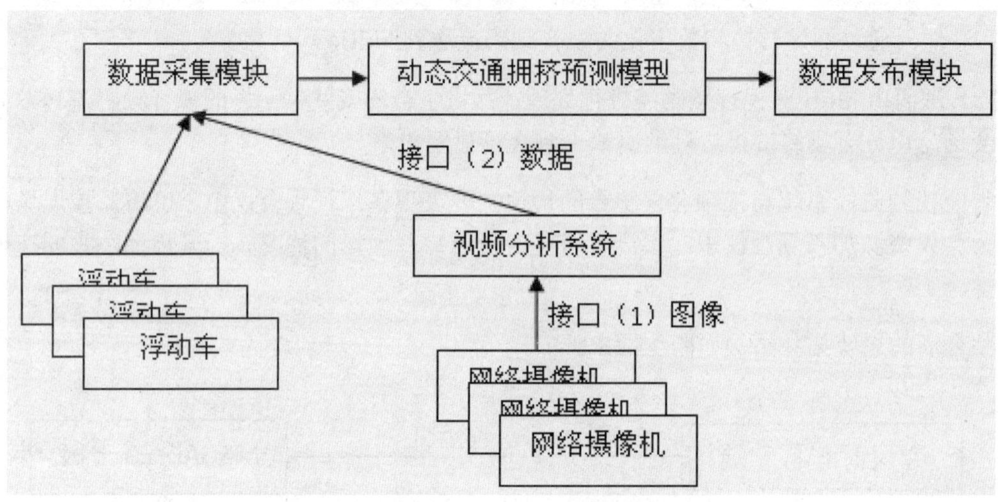

图 15.19 MEGAEYES 与城市诱导系统的整合

需要整合城市交通诱导系统、视频分析系统和智能网络视频监控系统。

接口(1)图像是视频分析系统与智能网络视频监控系统间的核心功能接口。实现方式为：在视频分析系统中集成 MEGAEYES 的 SDK，通过 SDK 访问监控点位的实时图像，SDK 将视频还原成连续的图像序列，提供给视频分析系统。

接口(2)数据是视频分析系统与城市交通诱导系统间的核心功能接口。视频分析系统按照预先配置的时间间隔将公路中多个截面(主路、辅路、车道)的车速、车类分布、车间距、道路使用率数据推送给城市交通诱导系统中。

6. 结束语

平安城市建设是一个比较复杂的系统工程。平安城市建设中使用的“智能网络视频监控系统”的发展仅有几年时间，尚处于起步阶段。我们需要借鉴其他行业，尤其是互联网行业的经验，把成熟的技术应用到智能网络视频监控领域。相信随着平安城市工程的不断推进，越来越多的城市将加入到平安城市行列。除了整合现有资源外，将会出现越来越多的基于智能网络视频监控系统的新应用。

15.4 高速公路网络视频监控应用

高速公路具有线型好、设计标准高、交通流量大、行车速度快等特点，如不采用先进的管理措施，在交通量大、气候恶劣的情况下，极易发生交通事故和交通阻塞。为此，在车流量非常大的高速公路上部署全程的网络视频监控系统变得非常重要。监控系统可实施交通流量和交通运行监视、对关键点进行气象检测、对关键路段实施交通适时控制、及时发现各种异常情况并采取应急措施，从而很好地保证高速公路高速、安全、经济地运营管理。

15.4.1 需求分析

高速公路视频监控系统一般分为收费监控和道路监控两部分。

- 收费监控系统主要是对收费站的车道、收费广场、收费亭的收费情况，对车道通过的车辆类型、收费员的操作过程以及收费过程中的突发事件和特殊事件进行观察和记录，并实施有效的监督。
- 道路监控系统主要是对高速公路干线、互通立交、隧道等高速公路重点路段进行监视，掌握高速公路交通状况，及时发现交通阻塞路段、违章车辆，及时给予引导，保证高速公路的安全通畅。

高速公路视频监控需求情况如下：

- 系统具有对前端摄像机的控制功能，如远程配置、PTZ 控制等。
- 系统具有监控录像的存储、查询与回放、图像抓拍等功能。
- 系统具有双向语音对讲功能，通过联网即可实现高速公路管理局、各路段监控中心、各路段路况监控网点、收费站、服务区等监控网点的相互通话。
- 系统支持多级电子地图设定与管理、电子地图导航。
- 系统需保证其图像在局域网和广域网上均能进行快速地网络传输。
- 系统具有报警联动功能，如布防、地图关联、信息提示报警、声光报警、语音报警、Email 通知或手机通知报警等等，同时可与公安、火警、急救系统对接。
- 系统具有管理员分级管理功能、管理员用户可在监控主机和客户端上对监控网络内用户进行相关权限设定、级别设定以及进行增、删、改等。
- 系统支持电视墙与大屏分割显示。
- 系统支持磁盘阵列海量存储，并在储存空间已满时，提供循环录像模式。
- 系统的操作界面与功能菜单要简洁明了，易用性好，同时支持键盘、鼠标或遥控操作。
- 系统支持分级分域管理(因为随着道路沿线监控网点的增加，需要快速方便地对所有监控设备进行控制，从而实现高速公路各级监控中心与监控网点的联网管理)。
- 开放式架构，能够与其他系统进行业务对接，能够充分地满足后续扩展要求。

- 系统具有监控录像网络实时预览功能(单画面、多画面和全屏显示、轮循显示、支持实时日期和时钟叠加)，同时每路图像可允许多个网络客户端同时进行网络浏览。

15.4.2 系统构成

1. 硬件构成

网络视频监控系统的硬件组成主要可以分为三大部分，主要包括前端摄像部分、网络传输部分与系统控制部分(其中，系统控制部分又可分为系统管理部分和显示与记录存储部分)，各部分之间的硬件设备相对独立，在进行设备更换时不会对整个系统的正常运行产生较大影响。

其系统硬件结构大致如图 15.20 所示。

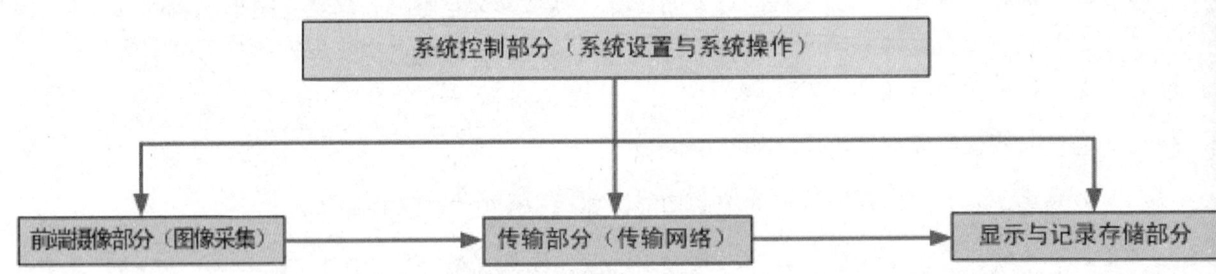

图 15.20 高速公路视频监控系统硬件构成

- 前端摄像部分

前端摄像部分可以说是整个视频监控系统的“眼睛”(摄像部分的好坏及它产生的图像信号质量将影响整个系统的视频质量)，它的主要功能是对视频图像进行采集、压缩、对状态信号采集以及对控制信号进行输出等，最终将监视的内容变为图像信号传送到各个分控网点和控制中心。

- 网络传输部分

网络传输部分是视频监控系统的视、音频信号通道，也是视频监控系统中的神经枢纽。在网络传输方面可以根据系统对网络的带宽要求、系统周边的网络条件以及经济性考虑，配置合适的网络路由，并保证该系统的图像效果。

- 系统控制部分

系统控制部分主要包括了系统管理部分和视频显示与记录部分，可以说是整个视频监控系统中的“心脏”和“大脑”，是实现整个系统功能的指挥中心，它通过网络连接到各个道口和各路段的监控前端，完成所辖监控摄像点监控图像的实时显示、控制、存储、管理等。

2. 结构设计

将整个网络视频监控系统的控制与操作部分分为二级，主要为路段监控中心和二级监控网点(主要包括路段路况监控网点、收费站监控网点、隧道管理所、服务区监控网点等)，同时，各个二级监控网点、路段监控中心与高速公路管理局之间相互形成联网。如图 15.21 所示。

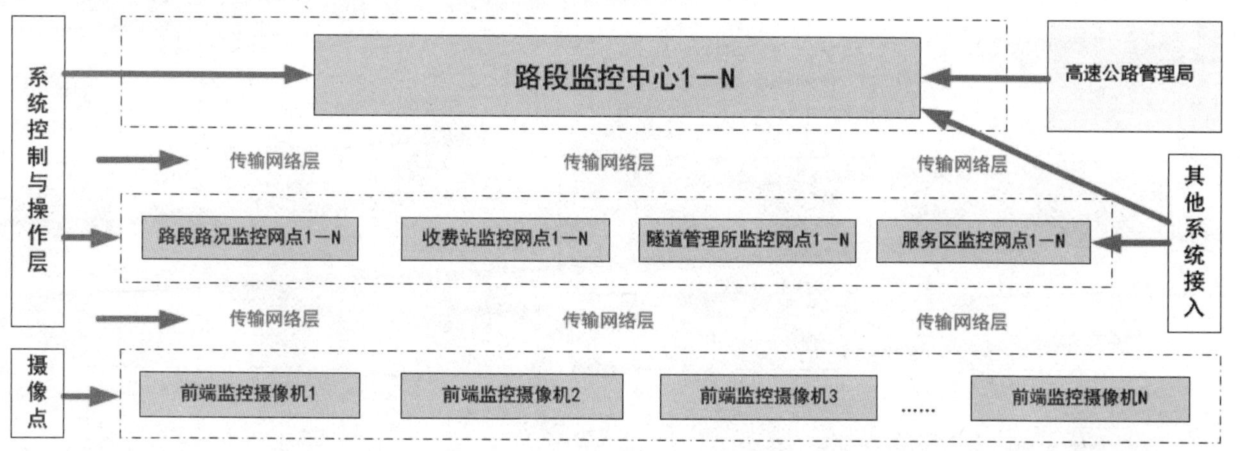

图 15.21　高速公路系统结构示意图

- 高速公路管理局

高速公路管理局需要对省内所有的高速公路进行统一监控、管理和调度。各路段监控中心将自己所辖区域内的视频信号选择上传到省中心，由中心统一监控和管理。中心、路段监控中心之间采用联网分级控制，控制信号采用逐级转发的形式转发到需要控制的设备。

- 路段监控中心

高速公路的统一管理通常根据地域划分为若干个片区路段来进行，我们在管理的时候一般称之为某某高速公路某某路段。路段监控中心将对其所辖区域的高速公路运营状况进行监控，并负责辖区内监控设备的统一配置、维护与管理。

在路段监控中心，首先可通过其存储服务器对其辖区内的监控录像进行存储备份，其次可利用视频管理软件实现用户管理、设备管理、图像监控、录像查询、回放、报警联动、日志管理等功能。

- 二级分控网点

二级分控网点(包括路段路况监控网点、收费站监控网点、隧道管理所、服务区监控网点等)。路段路况监控网点将其负责路段内的车辆运行情况(如车流量、车速)、各类交通事故、各类公路设施以及天气状况等进行监控。收费站监控网点需对本地车辆的通行情况、工作人员以及收费操作情况等进行监控与录像存储，并转发至路段监控中心进行存储备份。隧道管理所将对隧道内的车辆的通行情况(如车流量、车速)、各类交通事故、各类公路设施等进行监控，并随时将监控录像转发至路段监控中心进行存储备份。服务区监控网点将对服务区内各个路口的过往车辆与人员、公共设施等进行实时监控，并随时将监控录像转发至路段监控中心进行存储备份。

3. 系统架构拓扑图

拓扑图如图 15.22 所示。

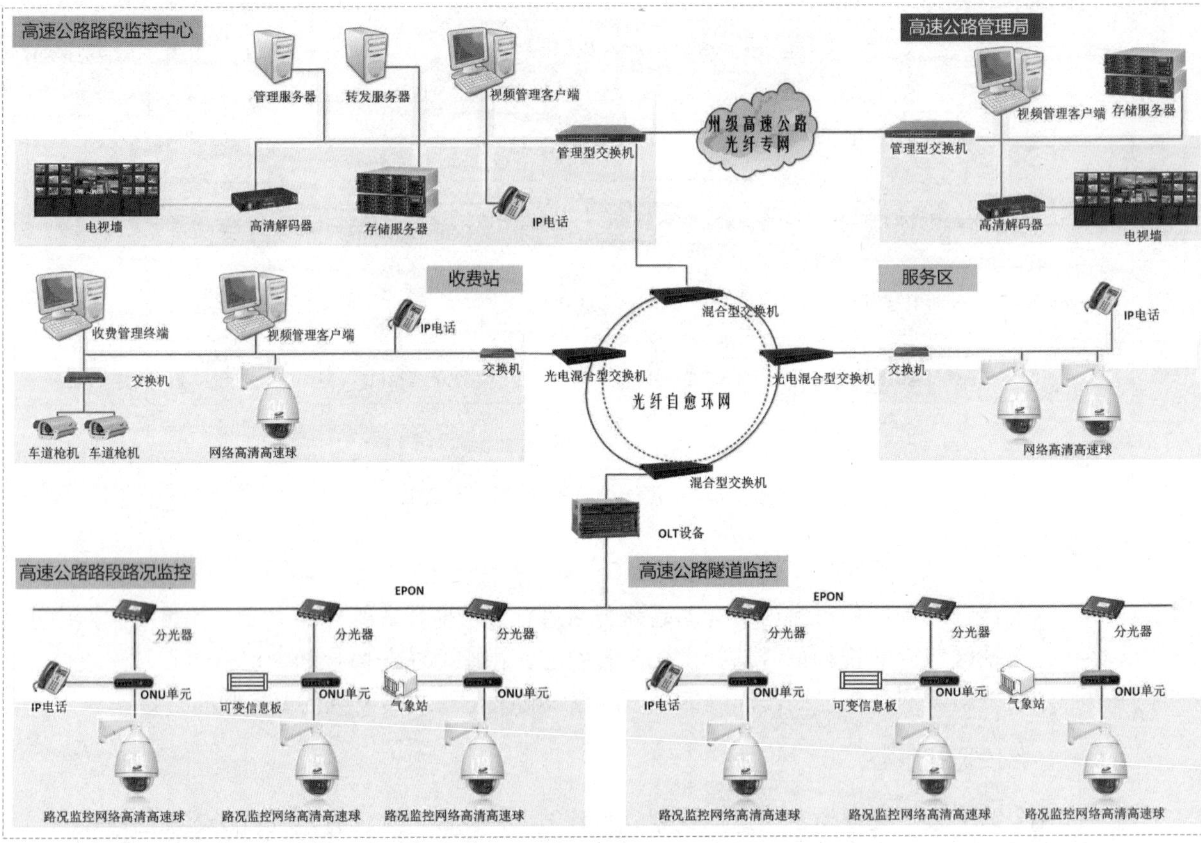

图 15.22 高速公路监控系统架构拓扑图

- 光纤自愈环网

系统将采用 RRPP 技术来构建高速公路的 IP 传输环网，任何一个节点出现故障时均不会影响网络的正常运行，RRPP 技术利用标准的专用 SFP 光纤接口，使得其组网更加方便、灵活，系统构建成本相对较低。

- 收费站、服务区、路段监控中心

收费站、服务区、路段监控中心均采用局域网的组网方式，其一，本身作为单个监控网点，满足该区域的各类监控应用，其二，与上级监控中心相连接，满足整个网络监控的需求。

- 道路沿线监控、隧道监控

道路沿线、隧道可采用 EPON 的组网方式，前端光纤通信设备通过一根 EPON 光纤接入到分路路段的交换机上，方便布线并大大节省光纤资源。可变信号板和气象站均直接接入交换机端口，实现一网多用，从而有效降低整体网络成本。

4. 系统平台功能

表 15.1　系统平台功能表

实时监视	多种显示模式	支持 1/4/6/8/9/16/25/36/49/64 画面显示模式
	多屏显示	支持多屏显示输出，每个屏幕可选择显示监控画面或电子地图
	显示适应	可选择维持原始图像宽、高比或是充满显示窗口
	视图管理	方便添加、删除显示视图，支持视图轮巡显示
	数字缩放	可通过鼠标滚轮或框选对监控画面进行局部放大显示
	云台控制	云台镜头控制、预置点设置调用、预置点巡航设置调用
	声音监听	支持前端声音监听
	双向对讲	支持双向语音对讲
	语音广播	可同时与多个前端设备进行语音广播
	通道搜索	可输入关键字在设备目录树中进行快速搜索
录像存储	存储方式	支持服务器集中录像存储，支持客户端本地录像、抓拍
	录像方式	支持定时录像、手动录像、移动侦测录像、报警录像等
	可复用的时间表	可设置多个时间表，每个时间表复用于录像或报警布防等
	路径设置	可设定录像存储路径、保留空间等
检索回放	多种检索条件	可按通道、时间、存储位置、文件类型、录像类型等检索
	时间线检索	支持时间线显示各种类型的录像，直观明了
	多画面回放	支持多画面同步、异步回放
设备管理	参数设置	可设置单个设备的所有参数
	IP 地址批量修改	可批量配置多个前端设备的 IP 地址
	快速修改密码	可选定前端设备快速修改用户名和密码
	快速升级云台协议	可选定设备通道快速升级云台协议文件
	快速同步设备时间	可选定前端设备快速设定同步时间
	快速升级	可选定前端设备快速升级固件程序
电子地图	多级地图	支持多级场景电子地图
	地图管理	支持地图载入、删除、更换
	设备部署	可在地图上直观的部署摄像机、报警点图标，报警时图标闪烁

续表

报警处理	实时显示	可在各界面下方实时滚动显示报警信息
	报警联动	支持报警时声音提示、弹出视频、弹出电子地图等
用户管理	用户角色	支持用户角色设定
	用户权限	支持用户多种权限设置
	设备权限	支持管理用户对前端设备的访问权限
系统日志	多种日志类型	支持按报警日志、操作日志、登录日志等多种类型记录

典型视频监控管理软件界面与操作如图 15.23 所示。

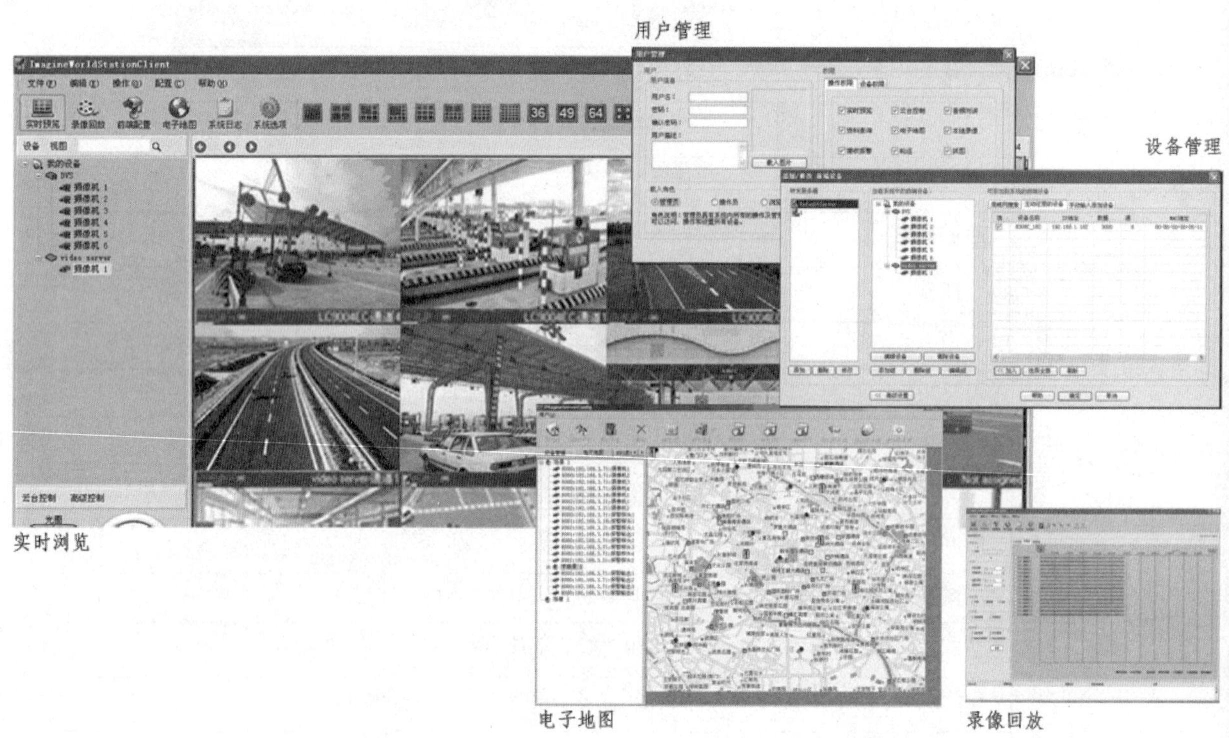

图 15.23 Imagine world Station 视频监控管理软件

总之，在现代高速公路建设上，以科技手段建立一个安全、实时、有效、智能的网络视频监控系统至关重要。通过高速公路网络视频监控系统使得交通指挥管理人员能够随时了解和掌握高速公路各个路段实时的运转情况和状态，尽早发现问题、排除安全隐患。

15.5　金融联网视频监控应用

银行历来都是属于国家重点的安全防范单位，具有规模多样、重要设施繁多、出入人员复杂、管理涉及领域广等特点，它作为当今社会货币的主要流通场所、国家经济运作的重要环节，以其独特的功能和先进的技术广泛服务于国内各行各业，其业务涉及大量的现金、有价证券及贵重物品。银行同时也一直是各种犯罪分子关注的焦点，自现代银行诞生以来，盗窃、抢劫、诈骗、贪污等犯罪活动，随着银行业的发展也同步发展。

社会科技飞速发展，人们已经进入了数字化、信息化的时代，如何利用高新技术预防、制止、打击犯罪，逐渐成为从业人员思考的课题。国内针对银行的犯罪活动日趋上升，犯罪手段和方式也逐渐多样化、暴力化、智能化，全面加强和更新现行的银行安全防范系统，以打击制止新型犯罪、适应银行机制转轨和业务发展、改善银行的管理水平，已变得迫在眉睫。

15.5.1　需求分析

- 实现警情视频图像上传到 110 指挥中心，第一时间掌握现场情况，判断警情种类，协助公安干警第一时间了解警情、处理警情、合理安排警力的出动。
- 在收到各类报警（盗、抢、烧、砸等）信息时，公安指挥中心能及时进行核实，做出应急处理和控制，将银行的损失及由此带来的社会影响降到最低点。
- 公安指挥中心可通过查看银行系统的实时录像或动态检测感知录像，为案情侦破工作提供有利证据，为挽回银行的经济损失提供有利保障。
- 公安指挥中心通过点播的方式对各银行营业网点进行巡察，方便及时发现问题，做出快速反应，为出警赢得宝贵的时间，同时变被动接警为主动监管，取代更夫，减轻银行经济压力，规避不必要的财务支出。
- 避免因各种原因导致报警系统误报警情，减少银行系统及公安部门人力、财力的浪费。
- 经济性和效果相兼顾：对于银行原有模拟系统的数字化改造，在保证实际效果的同时，充分利用原有监控、报警系统的设备，节省银行系统资金投入。

15.5.2　系统架构

金融网点 110 联网报警视频监控管理系统采用分布式应用、集中式管理的模式，具有系统架构灵活、安全性能高、性价比高、系统功能强大、操作简便、图形化管理、可扩展性好等特点。系统可采用硬件设备＋服务器平台软件＋管理工作站三级结构和 TCP/IP 网络通讯方式，实现多服务器、多工作站并存和跨区域管理，满足相关部门对金融网点环境和出入金融网点的人员进行分布式监控、集中式管理的要求，从而达到人性化、科学化管理目的。

系统架构如图 15.24 所示。

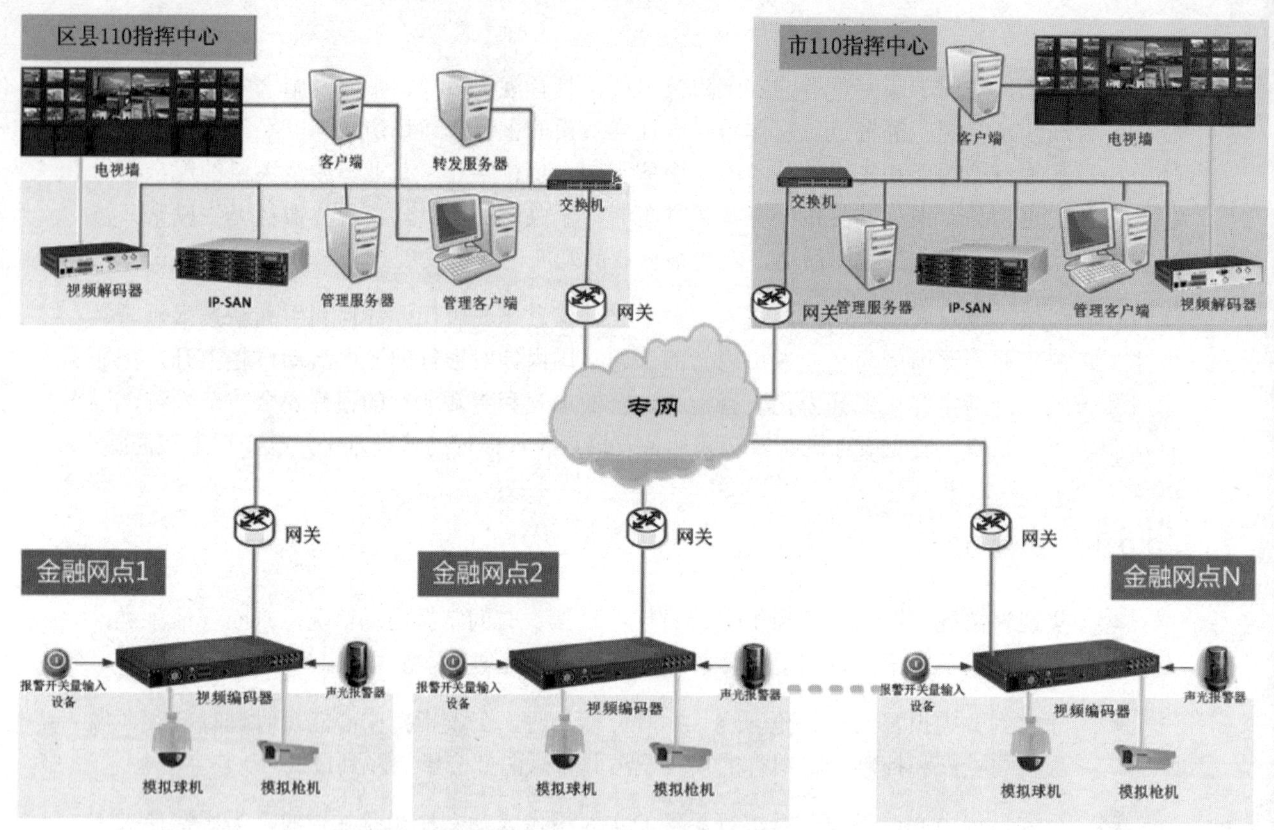

图 15.24 联网报警视频监控系统架构图

1. 视频监控前端

前端视频采集点，设计为网络视频编码器，网络视频编码器将模拟摄像机采集的视频信号转化成数字格式的压缩码流后，通过以太网方式接入其专用的网络进行传输。前端编码采用目前主流编码压缩标准(H.264)，可选用标清单通道 512Kb~2M 码率传输，以确保视频图像的清晰度。同时前端编码器可选择支持内置 SATA 硬盘的网络编码器，采用单通道 2M 码率对实时监控视频进行存储。

2. 监控中心

110 联网报警视频监控中心将对各个金融网点进行监控，110 联网报警视频监控中心的管理主机上装有视频监控管理软件：其一，它可对用户账号进行统一的授权与认证管理，杜绝非法用户使用；其二，可对任意一个监控摄像点的信息进行实时监控、查询、回放等，同时，还可实现对设备的统一管理、故障管理、存储管理等功能。

结合当前显示主流潮流，采用上墙客户端主机群＋液晶监视器，配合解码器上墙显示方式。

3. 传输系统

在整个视频监控系统中，各个金融网点均采用 2M 专网传输，110 指挥中心网络接入此项目为 VPN 专网。

15.5.3　系统功能

根据上述项目的实际需求与系统设计要求，金融网点 110 联网报警视频监控系统将具备以下十大功能模块(每个功能模块均含多项子功能)，如图 15.25 所示。

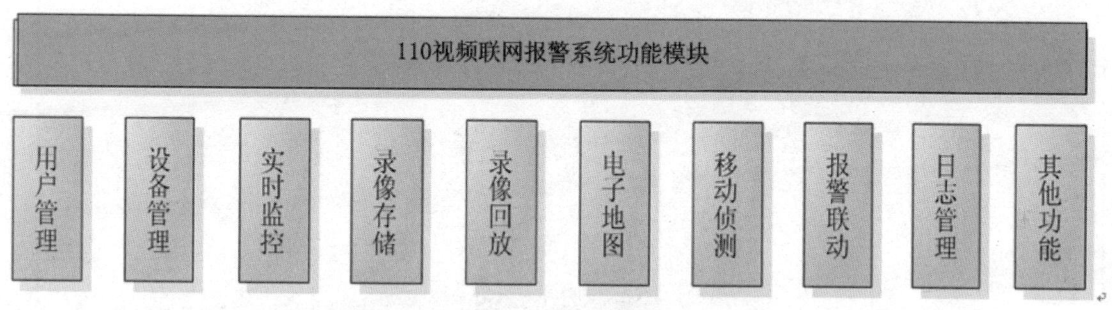

图 15.25　联网报警视频监控系统功能模块

15.6　本章小结

本章主要介绍了智能网络视频监控系统在几个行业的典型应用，主要让读者对各行业视频监控系统应用情况有一个总体了解，需要注意不同公司对于某个行业可能会有不同的理念及产品架构。

读书笔记

第 16 章

物理安全信息管理（PSIM）系统

PSIM 在国外发展较早并且已经有较多应用案例，在国内还处于摸索及试用阶段。PSIM 的概念非常好，将安防集成及后期流程化处理进一步结合，以便全方位掌握防区信息，并自动化、流程化进行应急响应。PSIM 的难点在于系统的集成及后期管理，系统集成需要厂商的标准化及开放化，后期管理则需要不同部门、业务的横向联合及紧密协作。

关键词

- 传统安防集成
- IBMS 的概念
- PSIM 的概念
- PSIM 的特征
- PSIM 的架构
- PSIM 的应用

16.1 安防系统的集成需求

安防系统的集成(SAS)一直是用户、集成商追求的建设目标，安防系统的集成可以给用户带来很多好处，也是安防信息时代的一个大热点。但是安防系统的集成也是一直以来的项目难点，很多项目尚不能达到初期设计规划的集成效果。因为安防系统本身是非标准 IT 系统，一般包括防盗报警系统、闭路电视监控系统、门禁系统和电子巡更等多个系统，同时可能根据项目情况需要与楼控、消防、信息系统、SCADA 等系统进行集成。如图 16.1 所示。

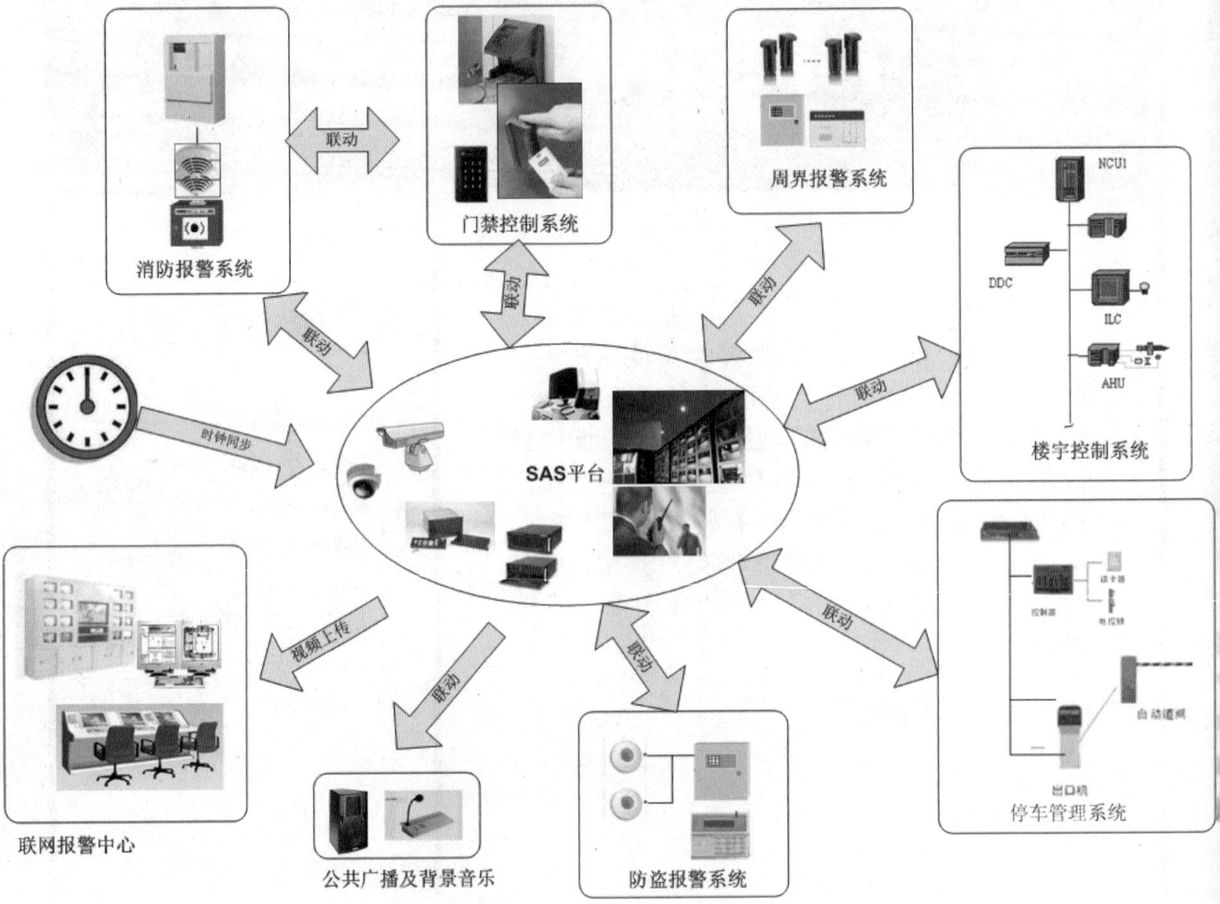

图16.1 典型的智能楼宇系统集成要素示意图

各个子系统，通常来自不同的厂家，相互之间的接口、协议互联互通等问题都可能是安防集成的障碍。早期，只有一些国外大的安防集成商，具有安防或楼控集成平台。如果项目中各个子系统都采用一家设备则集成效果很好而难度较小，但这在实际项目中并不普遍，项目常常都是采购了各个不同厂商的子系统，然后按要求进行集成，因此集成效果差、难度大。

16.1.1 安防系统集成的联动

安防系统集成的主要功能之一是子系统的联动控制。通过子系统联动控制，将各独立子系统整合为有机整体，充分发挥出整体优势，提升系统整体的智能水平，提高技术防范工作的自动化程度和处理效率，从而体现出系统集成的价值。安防系统的集成虽然不仅仅限于联动功能，但是可以说联动控制一直是早期安防系统集成的一个核心功能。通过联动，安防系统的每个子系统仍然以各自的系统为中心独立工作，同时再通过集成与其他子系统协同工作、联动防范，构成一个完整、综合、自动化安全技术防范报警及响应系统，实现防区内各应用子系统的联动（如视音频同步、报警音频触发、PTZ 视频跟随等）。

典型的安防系统联动控制逻辑关系如图 16.2 所示。

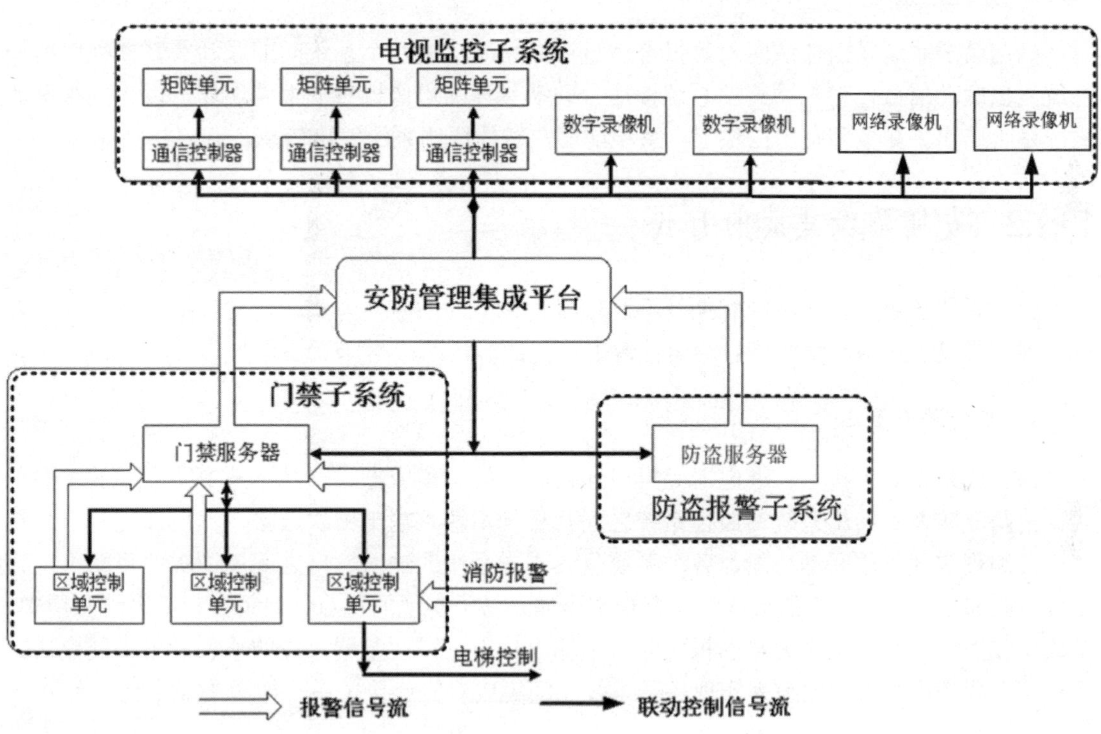

图16.2　典型的安防系统联动控制逻辑关系

图 16.2 中，电视监控、门禁控制、防盗报警系统可以实现跨系统联动。

常见的智能楼宇报警联动关系及动作如下：

1. 消防报警与监控系统联动

当消防报警系统发出报警后，安防系统收到确认的报警信号，系统根据两个系统间的联动关系，关联到该消防报警分区对应的摄像机，并将摄像机的画面自动弹出并切换到监视画面上，或启动 PTZ 摄像机的预置位功能等。

2. 消防报警与门禁系统的联动

当消防报警系统发出报警后，安防系统收到确认的报警信号，系统根据两个系统间的联动关系，向门禁子系统发出控制信号，门禁系统根据信号自动释放对应防区内通道的电控门锁，以便人员无障碍逃生(门禁系统一般也另设独立的无障碍逃生措施，如碎玻按钮)。

3. 防盗报警与监控系统联动

当防盗报警系统发出报警后，视频监控系统收到确认的报警信号，系统根据两个系统间的联动关系，关联到该防盗报警分区对应的摄像机，并将摄像机的画面自动弹出切换到监视画面上，或启动 PTZ 摄像机的预置位功能等。

4. 监控系统与门禁系统的联动

当门禁子系统发出非法闯入等报警信息后，系统根据两个系统间的联动关系向视频监控系统发出联动信号，由视频监控系统按信号联动具体的摄像机对准报警现场，以识别报警的情况是否属实。如报警发生在晚上，系统能够向智能照明系统发出信息，开启相关照明。

16.1.2 安防系统集成的方式

安防系统的集成，在不同时期及不同项目中有不同的实现方式，通常根据具体项目，考虑实现的难易、成本、集成度、稳定性等方面问题。

1. 传统硬连接方式

该方式是采取干接点、继电器等集成连接的“硬”集成方式，是早期安防联动的主要形式，消防、防盗、门禁系统、监控系统之间互相利用输入输出模块连接，然后通过各自系统的内部编程实现集成联动功能，各个系统只负责本系统的输入输出之间的逻辑关系即可。该集成方式属于“设备级”的集成，具有稳定可靠，易于实现的优点。但是在较大系统应用中，集成工作需要子系统提供大量的报警输入和输出接口，需要配置大量的输入输出扩展模块，另外还需要使用大量的线缆来实现各子系统之间集成对应连接关系。如图 16.3 所示。

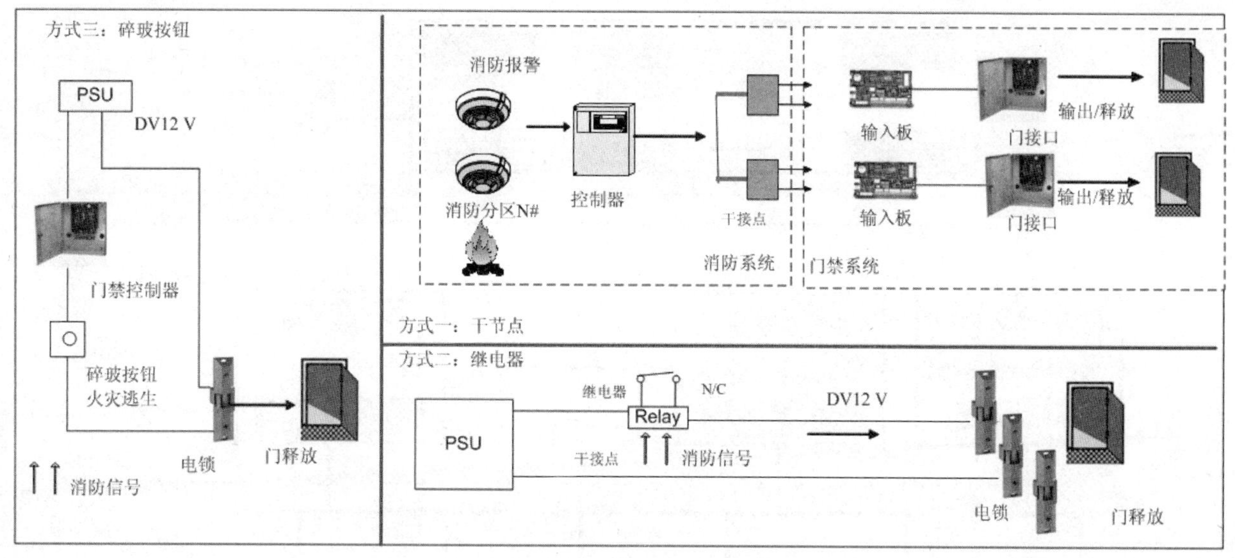

图16.3　硬连接方式实现消防与门禁系统联动

2. 串口指令集成

该集成方式属于系统级的“半软”集成方式，各子系统之间通过串口连接形式进行通信。在原有系统的基础上，不需增加任何硬件设备，也不需要进行任何二次开发工作，即可构建一个安防集成系统，实现防区内各应用子系统的联动。

此集成方式，要求各个子系统的开放性很高，各个子系统之间通过开放的协议来互联互通。早期的门禁与矩阵之间、防盗与矩阵之间经常利用该方式，可以实现：在门禁工作站上进行视频切换、PTZ 控制、继电器控制、报警布撤防、视频轮巡等操控。该方式要求子系统之间，如门禁工作站与矩阵、矩阵与防盗主机之间物理位置在一起可直连（串口距离限制），而不能实现分散部署（通过网络通信）。

3. OPC集成方式

OPC(OLE for Process Control，用于过程控制的 OLE)是一个工业标准，OPC 用于方便不同系统之间的数据传输，例如 BAS 与 BMS 或 SAS 与 BMS 的数据传输，该标准描述了 OPC COM 控件，它们之间的界面由 OPC 服务器来完成。OPC 客户端和 OPC 服务器之间通过以太网协议 TCP/IP 实现通讯，OPC 客户端和 OPC 服务器可在安防系统和支持 OPC 服务器的第三方工作站之间转换和传输数据。操作者能监视第三方系统信息点的值，获取点信息和点数据，设定点的值，并且获取报警和事件的报告。如图 16.4 所示。

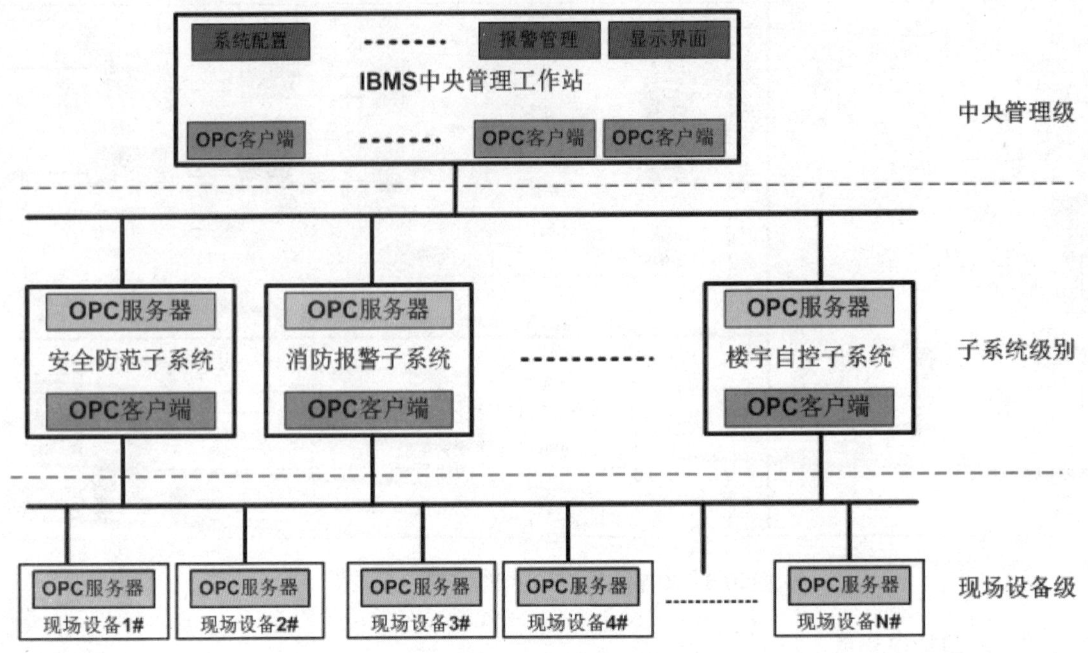

图16.4 通过OPC方式进行IBMS集成示意图

如图所示，各子系统通过 OPC 客户接口与符合 OPC 规范的现场设备实现数据交互，而中央工作站各应用软件亦通过 OPC 客户接口与提供 OPC 服务器接口的各子系统实现数据交互。这样，通过标准化的 OPC 客户接口和 OPC 服务器接口，中央工作站就可以和各子系统及现场设备进行数据通信，从而达到控制和管理的目的，实现了系统的集成。

提示：这样的系统，可以大量地使用不同生产商的硬件设备和应用软件，只要它们是符合 OPC 规范的，在系统的集成中就不会带来任何困难。目前，OPC 基金会成员数已达到 200 多家，含众多知名厂商。

4. API集成方式

随着网络的发展及监控系统、门禁系统的数字化和网络化，基于网络方式的集成方式被广泛应用，网络的好处是不需要强制要求各个子系统的服务器或工作站物理位置的限制，网络的互联和开放使得 API 集成方式得到广泛应用，API 集成方式的好处是集成度高，可以实现强大而丰富的功能，但是，API 方式通常是一方提供 SDK 开发包，集成方基于开发包进行二次开发，因此对集成方有一定的软件开发能力要求，期间需要协调的工作也比较多。

通过各子系统设备的 API(SDK)协议实现集成，是目前使用较多的集成方式。安防管理平台系统从架构层次上分为信息采集层、基本的控制层、各独立子系统、集成的控制层、信息汇聚层以及决策层等层次，集中管理平台软件处于整体系统的核心。如图 16.5 所示。

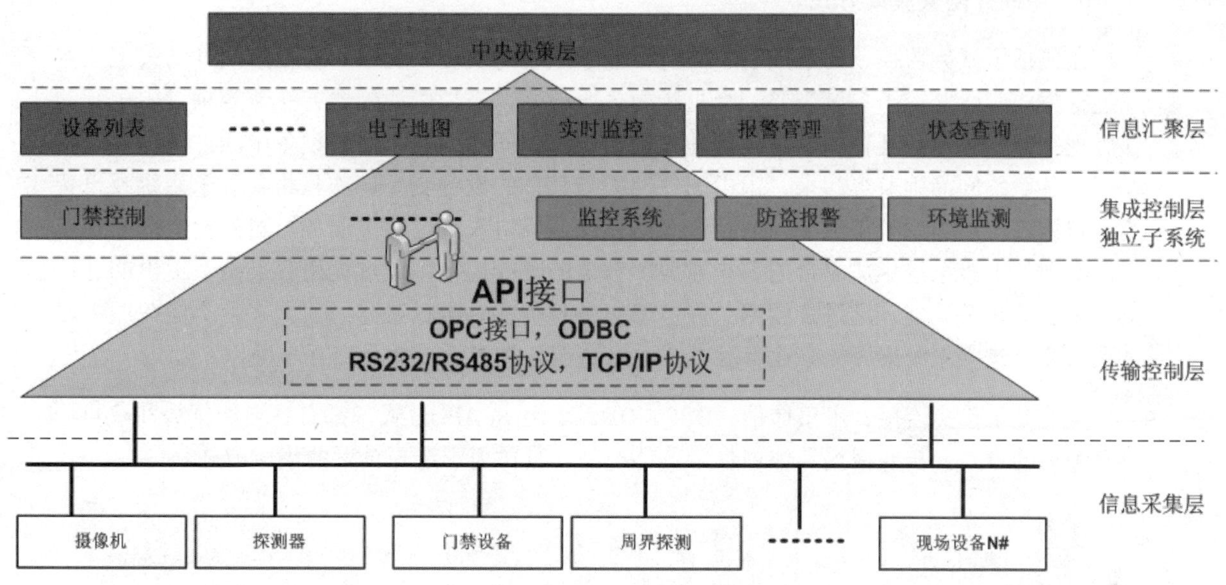

图16.5　通过API方式进行IBMS集成示意图

- 信息采集层

完成各安防子系统的信息采集，如视频监控系统、防盗入侵报警系统、周界防范系统、消防报警系统、出入口管理系统等系统前端信息的采集、基本汇总等。

- 传输控制层

由网络 TCP/IP 协议或 RS485 总线协议构成，将前端采集的信息送往各个子系统中枢。

- 独立子系统

各种信息汇聚到本层，进行基本的集成管理、信息处理、数据存储等工作，各个子系统之间无复杂的联动关系，无信息共享等工作。

- 集成控制层

由各子系统提供信息汇聚使用的 API、SDK 等，以实现数据的共享和汇聚。

- 信息汇聚层

实现各种数据的综合联动、数据查询、信息提示等综合应用的层，所表现给用户的是诸如电子地图、数据查询、联动信息设置、设备拓扑图和信息表等。

- 决策层

统领全局的一个重要体现，决策层以危机预案、联动预案、重大事件预案等形式体现。

5. 中间件网关集成方式

在包括了视频监控、门禁控制、防盗报警子系统的安防系统中，通过中间件网关集成方式进行集成时，监控子系统需要一个视频网关服务器，用来以适配器方法兼容项目中用到的各类视频编解码器，其他的子系统同理。采用门禁中间件网关、报警设备中间件网关等，将不同设备、不同品牌兼容起来，由中间件网关与具体的设备交互、并且将各种子系统或设备的私有协议转换为系统集成平台的企业级协议或国标协议，由网关服务器对外提供分布式接口，实现与上级系统集成平台的各类业务服务器的功能连接，通过调用各类网关提供的远程接口来实现相关功能，通过订阅网关服务器事件获得实时数据等。之后，在各类网关服务器之上，需要建立系统集成核心业务服务器，以协调各类子系统相关交互与操作。

无论是干接点连接、串口通信、OPC、ODBC、还是 API 方式，都有各自的优势和缺点，没有绝对的方式，需要根据具体项目、具体产品、具体需求选择合适的集成方式。

提示：由于安防系统为非标准 IT、通信设备，因此开放、标准化一直是行业追求的方向，安防行业通常是借鉴 IT、通信领域的标准进行发展，但是要想做到真正的开放式、无缝集成的系统，需要各个环节的开放，在实际应用中也会遇到一定技术及利益方面的障碍。用户要求系统能够相互支持、开放、集成，但是除了少数厂家、少数主流品牌自家及互相之间实现了无缝集成外，多数厂家之间都需要二次开发工作，利用 OPC/ODBC、串口、API 等方式进行集成，这为业主带来一定困惑，不论是从成本角度、未来扩展角度都有一定的风险性。

16.2 IBMS 系统

智能楼宇管理系统(IBMS)是通过统一的软件对建筑物内的设备进行自动控制和管理并对用户提供信息和通信服务平台，可以实现对建筑物的所有空调、给水排水、供配电设备、防火、安防设备等进行综合监控和协调等功能。IBMS 通过与各个子系统通讯，取得各种信息，协调子系统的运行，并提供给管理人员。借助该平台，管理人员可以方便地了解建筑物内的各种信息，可以方便地控制各种设备运行。

IBMS 功能和特点具体如下：

- 能对各种信息进行汇聚并具有信息处理功能；
- 能对建筑物内机械电气设备等进行综合自动控制；
- 能实现各种设备运行状态监视；
- 能协调各个子系统的工作，实现子系统间的联动功能；
- 具有良好的节能和环境保护功能；

- 所有的功能，应可随技术进步和社会需要而发展。

目前使用的 IBMS 多借用国外的 BA 系统，进行适当扩展，使之能够容纳其他子系统，IBMS 不同于传统的设备监控，它还牵涉到管理理念等问题。管理人员运行 IBMS，可显示集成系统主界面，通过集成监控计算机，可进入各子系统界面，再通过各系统主界面进行对各子系统的设备操作，或更进一步进入各子系统的各个楼层的界面。在每幅楼层平面图中，都标有该楼层的弱电设备的所在位置，以及楼层的房间实际布局情况。当操作者利用鼠标点击某一设备后，会自动弹出该设备的运行状态图，以便管理人员查看和控制该设备。如图 16.6 所示。

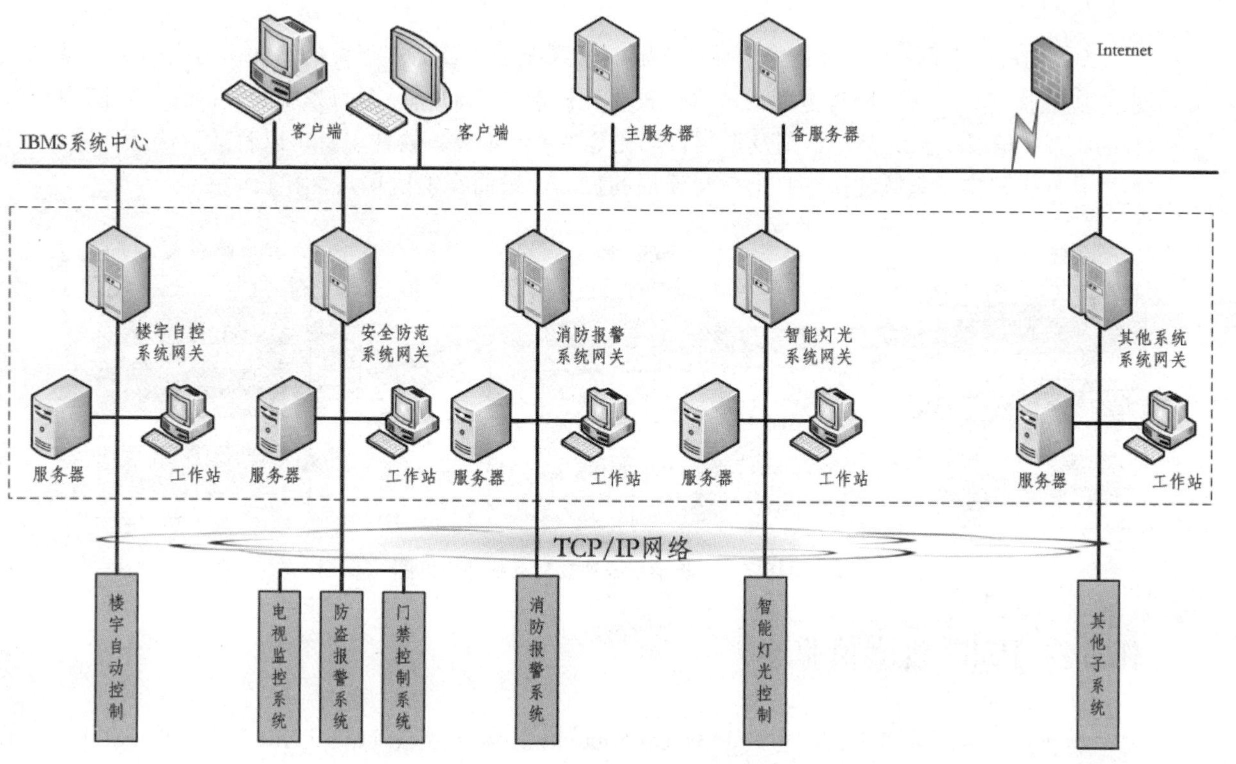

图16.6　IBMS集成系统结构示意图

16.3　物理安防信息管理(PSIM)系统

16.3.1　安防集成发展瓶颈

近年来，计算机技术、网络技术、通信技术、人工智能等技术推进作用下，安防系统，尤其是视频监控系统，越来越多地融入了 IT 元素。伴随着项目规模的不断扩展及子系统的不断丰富，信息和数据量急剧增加，为控制中心的安保操作人员带来更多的工作负荷和压力。厂商和用户都在积极探索，将 IT 集成技术、智能技术融入安防集成平台，来试图减轻操作人员的工作负荷，并期望系统能够自动、主动地分担人力工作。

目前稍大规模的安防系统，通常是机场、地铁、电站、工业设施、监狱、文博等重点防范场所，其子系统较多、点数较多并且对安防要求较高。不同的子系统及众多点位带来的问题是“信息孤岛”和“信息爆炸”。

所谓信息孤岛是指各个子系统之间没有关联，信息没有在系统间进行流通和共享；所谓“信息爆炸”是指在部署了多种不同的系统之后，同一时间内来自于不同系统的信息以无序的方式全部汇聚到控制中心后必然会形成信息量过大的局面。如何避免信息孤岛和打破信息爆炸，将所有不同系统内的资源有机联网实现整合共享进而建立一套综合安全信息管理平台便势在必行。

如图 16.7 所示，基于排列组合原理，随着子系统种类及前端点位的增加，为安防中心带来的挑战就越大，基于硬件方面的改进或投资无法解决此问题，因为系统的关键在于安防中心的集成、信息交互、自动识别及流程自动化等方面。因此，软件平台可以有效解决此问题，利用软件将各类子系统连接，打通信息流通的孤岛，进而实现信息共享和联动控制。

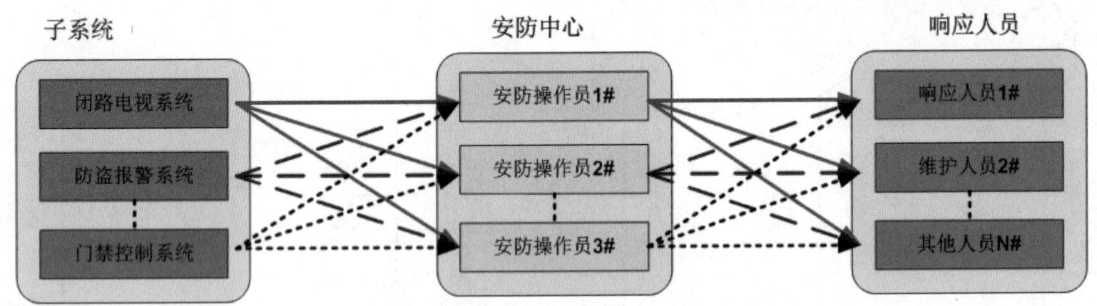

图16.7 安防子系统独立交互状态示意图

16.3.2 PSIM 概念的提出

物理安防信息管理平台，也即 Physical Security Information Management，简称 PSIM，最先于 2004 年左右在北美市场需求下诞生，经过了近十年稳定的发展，目前北美已成为 PSIM 产品的最大市场，国内也已经从观望学习进入应用阶段。PSIM 的建立实现了对安防各个子系统的集成，无论信息点和受控点是否在一个子系统内都可以在平台的层次上建立集成交互联动关系。

这种跨系统的控制流程，建立起了一个立体安全防范体系，并极大地提高了客户的安全管理水平。这些安防和安全事件的综合处理，在各自独立的安防系统中是不可能实现的，而在物理安防信息管理平台中却可以按实际需要设置后得到实现。

如图 16.8 所示，通过软件集成交互，系统可以进行自动化报警及事件检测，并基于预先的预案进行事件的响应和指挥，打破信息孤岛，并自动将信息进行梳理，为安防中心人员减轻了压力。

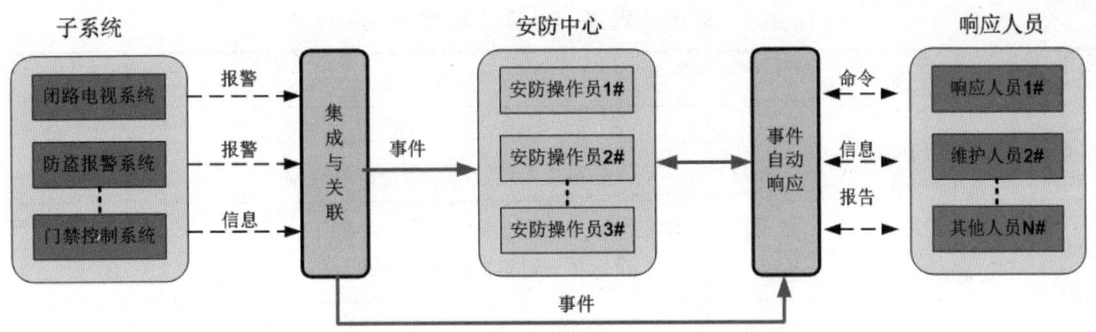

图16.8 安防子系统融合后信息交互示意图

得益于 IT 软件技术的天生优势，一套先进的物理安防信息管理平台将会具有良好的兼容性、灵活性和扩展性，一方面不仅仅局限于安防及安全系统的集成，还可以方便地纳入与管理运营相关的其他系统，例如 GIS 系统、OA 或 ERP 系统，甚至是因特网信息，另一方面该物理安防信息管理平台无论是在未来扩充系统时，还是根据将来技术的发展引入或升级新的安防子系统时，都不会遇到前端设备新增、产品线退出，不同产品品牌兼容等问题。相对于硬件产品，软件平台更易于兼容、扩展和延伸，乃至于功能模块升级。如表 16.1 所示。

表 16.1 PSIM 多系统融合构成表

	描 述	内 容
楼宇智能	BAS	HVAC、照明、消防、电梯、能源
IT 基础	IT	活动目录、存储、无线、网络、机房、电源
通讯系统	CS	Email、无线电、广播、寻呼机、手机、对讲
安防系统	Security	视频分析、RFID、GIS、生物识别、雷达、门禁、防盗

16.3.3 SAS、IBMS 及 PSIM 对比

早期的安防系统集成，主要通过硬件及部分协议模式，侧重于联动，功能有限，谈不上智能；IBMS 系统，主要是针对楼宇层级的监控和管理工作，通常由楼宇自动化(BAS)系统扩展和延伸而来，重点在于设备管理而不在于安防；而 PSIM 则是真正基于安防、立足于安防事件管理及响应的平台级产品，突破了传统的安防集成联动模式，重视自动化及流程化。

如表 16.2 所示。

表 16.2 PSIM、SAS 及 IBMS 的区别表

	定 义	描 述
SAS	安防系统集成	通过干接点、串口、API、OPC 等将安防系统及周边配套系统进行集成联动，实现自动化，缺点是重技术轻管理，智能程度有限
IBMS	智能楼宇管理系统	基于楼宇自动化平台，实现对安防、消防、楼控、灯光、通信等系统进行综合监控及管理，重点在于设备监控及自动化执行
PSIM	物理安防信息管理	PSIM 能连接和管理多个不同的安全系统，包括但不限于监控系统、门禁系统、防盗系统、消防报警系统、楼宇自控系统、语音系统等，甚至是一些专业系统诸(如雷达、微波、SCADA 系统等)。另外，如果客户需要的话，PSIM 平台还可以与内部 IT 基础结构设施(如服务器、网络、专业 IT 系统等其他业务系统)的集成

安防中心人员可以通过 PSIM 来鸟瞰所有系统，并即时更新现场情况，而不是孤立面对来自不同子系统的信息再人为合成或需要进一步操作。通过近期兴起的智能化技术(如视频分析技术)，PSIM 可以自行滤掉无关信息，提供给安防中心真正的数据，并让他们做出更明确的决定。

提示：总之：PSIM 可以给操作人员提供很重要的信息，控制室的工作人员可以更好地管理他们的时间和迅速应对问题，而不是仅盯着 100 个视频。

注意：PSIM 不是一个标准的软硬件、或者简单配置即可使用的系统，而是一个整体解决方案，解决方案表面是一套软件及各种接口，实质则是一种流程及管理理念。部署 PSIM 的风险在于集成不同厂商接口协议及后续的升级维护，而应用 PSIM 的风险在于不同部门之间横向联系及沟通协作。因此，PSIM 远非一套即买即用、一步到位的安防软件平台。

16.4 PSIM 系统的七大特征

PSIM 是通过开放的集成方式来管理其下各种安防子系统的软件平台，包括但不限于视频监控、门禁、防盗、消防、楼控、IT 系统、对讲系统、电话语音系统或其他客户所要求的系统(如雷达系统、声纳系统)，然后让产生的结果变成一个真正无误的告警信息，再将结果信息转换为图形显示，以便于操作员直观地图控和事件处理以及自动化响应，同时通过强制性的自定义预案触发来告知操作员如何响应事件，在事件处理完毕后还可即时生成完整的事件报告涵盖报警信息以及操作员操作信息，甚至视频截图和地图信息等。

PSIM 不是一件单一的产品，而是一套有流程和技术支持的实体安全管理和报告机制，PSIM 以事件驱动为核心，更重视的是信息关联及分析。

根据 2010 年 IMS 所发布的研究报告，一个真正可称为物理安防信息管理平台的软件平台需要具有如下七大特征：

16.4.1 连接性和集成度

PSIM 必须能连接和管理多个不同的子系统，包括但不限于模拟或数字视频监控系统、门禁系统、防盗系统、消防报警系统、楼宇自控系统、语音系统等，甚至是一些专业系统，诸如雷达、微波、SCADA 系统等。因此，PSIM 平台应具备完全的开放性及接入能力。

16.4.2 实时政策及配置管理

PSIM 平台可以随时根据客户规章制度或操作流程的改变来相应地修改在平台里的规则，例如可以随时改变不同的摄像机和其他联动设备(例如门禁点、防盗点、消防点)的联动组合，可以随时改变事先编辑好的事件响应预案等。

16.4.3 关联和验证

PSIM 平台必须具有一定的智能数据处理能力，即把来自于各个不同子系统的信息进行关联和验证从而可以过滤那些不必要或重复的信息，减少客户端所呈现的信息量。

16.4.4 可视化

一个良好的 PSIM 平台必须具备较高交互性的平台界面，能够以最直观的方式显示系统状态，系统信息、报警事件信息、流程预案操作等信息，从而便于指挥员第一时间做出决策。

16.4.5 基于规则的工作流以响应事件

PSIM 平台必须具有某种引擎，并提供编辑工具让客户根据自身的安防操作流程在这个引擎内设计相应的自动化工作流处理模块，根据预先设定的规则，诸如与、或、并行、串行、判断语句等来根据事件发生的真实情况以做出不同的响应结果。

16.4.6 稳定性和冗余性

既然是一个中央级的大平台，PSIM 平台必须具有完备的高可靠性措施，提供各种高可靠性解决方案，例如双机热备、数据库镜像，甚至是高达 99.999%的可靠性。

16.4.7 事后报告和分析

PSIM 平台必须可以十分便捷地生成各种报告，客户也可以自行选择报告的内容，从而省去繁琐复杂的事件证据收集过程，通过 IT 工具迅速生成报告以供第三方了解事件详情。

提示：因而，如果需要判断某个软件平台是否是真正的物理安防信息管理平台，那么使用上述七条特征逐一判断即可。一个软件集成平台要成为真正的 PSIM 平台的难度主要在于如何让平台具有“智能”，也即第 2、第 3、第 5 条特征所代表的功能，因为这才是 PSIM 平台能够给客户带来的核心价值，减少操作员面对繁杂信息的负担，以集中精力在事件的判断和决策之上。另外第 7 条特征所提出的报告也是对安防运营的总结回顾，用以改善提高目前的安防管理水平。而第 6 条特征要求的冗余性则是保障客户安防运营连续一致性的关键支撑。总而言之，物理安防信息管理平台是一个利用最新 IT 开发理念但用于安防领域的新产品，这正符合了当前安防与 IT 融合的大趋势。

16.5 PSIM 的价值体现

PSIM 具备多种价值，例如：可以执行智能的数据分析，优化系统管理、降低安全管理成本，可以提升信息防伪能力及实时感知状态能力，可以快速反应结果并下达执行动作，同时以直观的 2D 或 3D 立体多层图控接口进行操作，在对安防设备的控制和管理方面则可通过系统程序和标准化方式来实现，使用者不需要对设备编号、位置、操作步骤强行记忆，一切都会在自动化流程之下引导用户操作。在应急情况之下，PSIM 自动提供正确的反应信息，让操作人员可以根据相关提示执行系统命令及设备控制操作，以此降低运营成本。

相对于传统安防监控系统，PSIM 的提升对比如下：

16.5.1 人员方面

如图 16.9 所示。

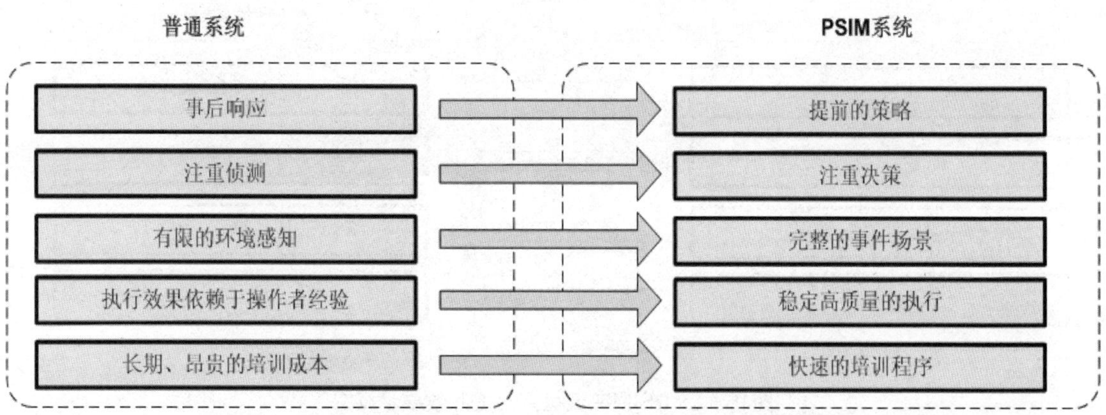

图16.9　PSIM在人员方面提升效果示意图

16.5.2　技术方面

如图 16.10 所示。

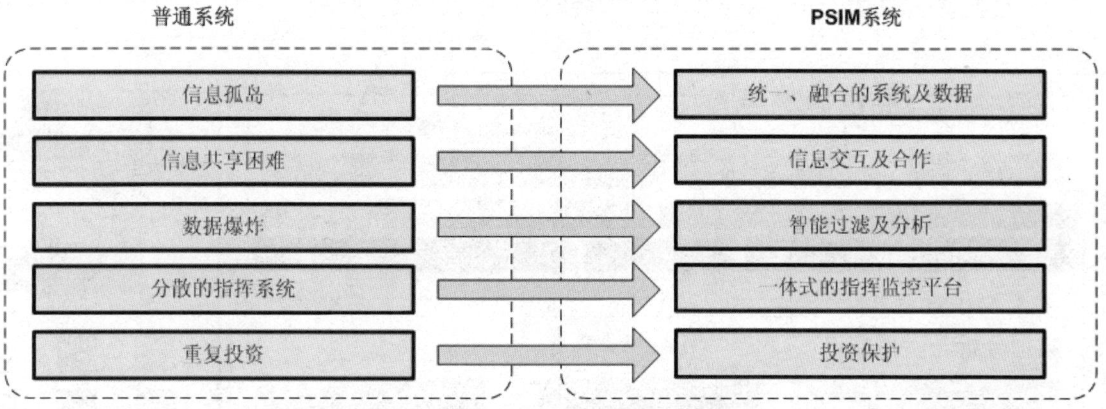

图16.10　PSIM在技术方面提升效果示意图

16.5.3　标准作业程序（SOP）方面

如图 16.11 所示。

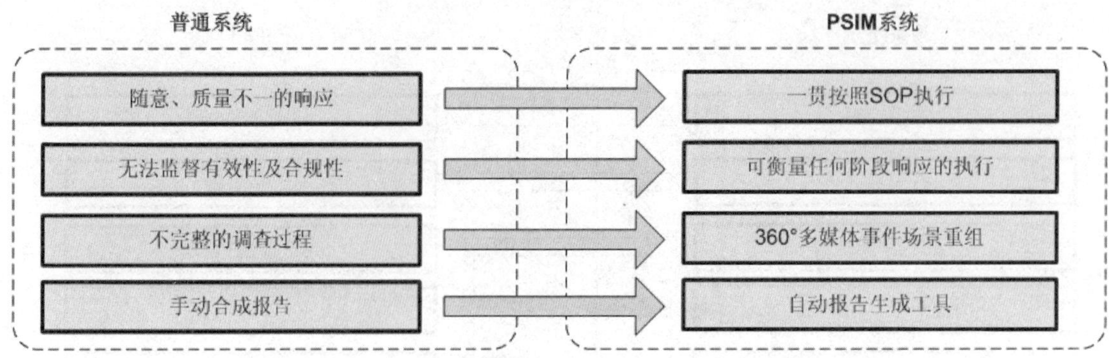

图16.11　PSIM在流程方面提升效果示意图

16.6　PSIM 系统的架构

如前所述，PSIM 从技术本质上来说是一个以网络和软件为基础的平台，但核心价值是在平台本身上叠加了诸如流程、预案等智能化的引擎。

一个典型的物理安防信息管理平台的系统架构如图 16.12 所示。

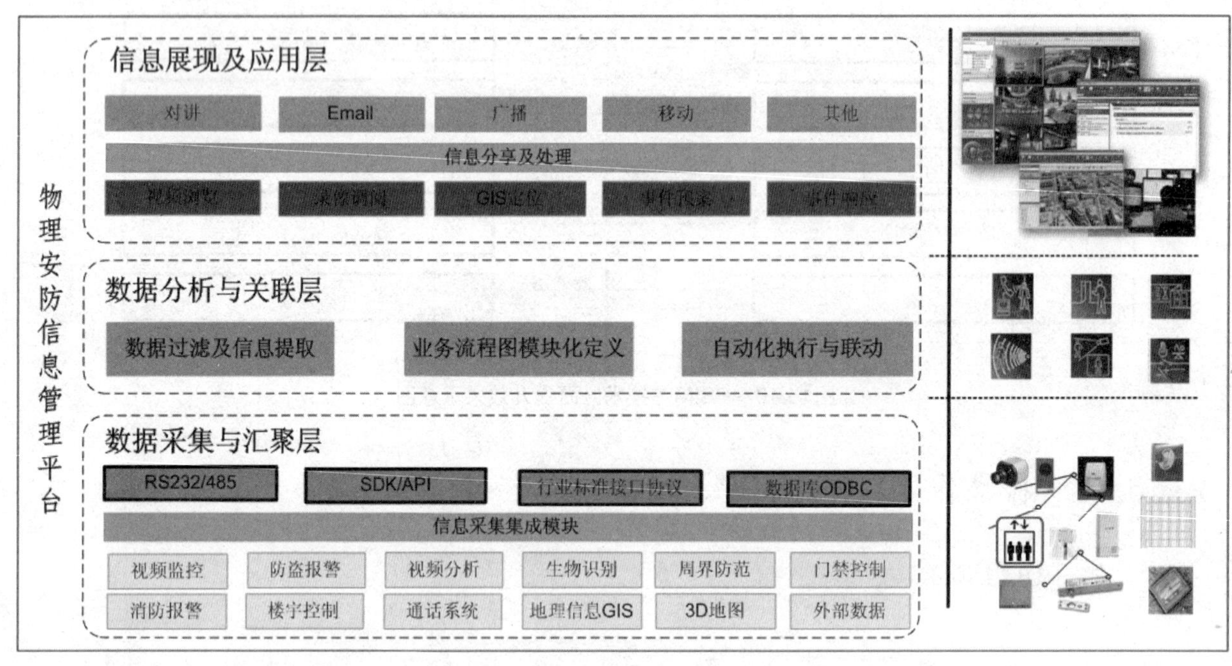

图16.12　PSIM系统组成架构示意图

从上图可以明显地看到整个物理安防信息管理平台从架构上来说主要分为三个层次：

- 数据采集及汇聚层
- 数据分析及关联层
- 信息展现及应用层

这三个层次的作用及功能如下：

16.6.1 数据采集及汇聚层

本层是平台的最底层，也是整个物理安防信息管理平台的基础架构层。通过这个层次的部署，经由网络通信(包括有线的以太网、串口通信、光纤通信、无线网等)，从而把各个安防及安全系统的前端设备联网在一起，进而将各种信息汇聚到统一的平台之下。

通过标准、定制开发的集成模块与各子系统对接，集成模块常见接口方式如下：

- 开放的集成协议接口：包括 TCP/IP、RS-232/422/485、XML 等；
- SDK/API 方式：即各个子系统提供各自厂商的二次开发包及接口；
- 行业标准协议接口：即采用行业标准协议方式，例如 OPC、SNMP 等；
- ODBC 方式：对某些无开发接口但带有数据库的系统可以直接与数据库交互。

通过集成模块所搭建的桥梁，物理安防信息管理平台实现了对部署在现场区域内的各个安全及安防系统下的各类传感器信息的收集，以及在必要情况下对其进行控制(例如摄像机 PTZ 操作、门禁系统内某道门的开启和关闭等)，从而实现双向通信。

16.6.2 数据分析及关联层

本层是平台的中间层，也是整个物理安防信息管理平台的核心层。主要功能是通过对数据采集及汇聚层上报上来的所有数据进行分析、关联和整合以挖掘出统一的、有价值的信息并上报，实现“数据向信息”的转换。从某种角度来说，数据分析及关联层实现了“数据仓库和数据挖掘”功能。

提示：所谓“数据仓库与数据挖掘”是 20 世纪 90 年代中期兴起的新技术，它是比信息检索层次更高的一种技术。数据仓库利用综合数据得到宏观信息，利用历史数据进行预测；而数据挖掘是一种基于发现的方法，它能够自动分析数据并进行归纳性的推理，从中挖掘出潜在的规律或模式，以帮助管理决策者建立新的模型。

因此，物理安防信息管理平台在这一层次实现的是基于数据仓库与数据挖掘技术，将安全与安防信息(监控、报警、门禁、卡口等信息)、地理信息 GIS、预警信息(如天气预报、交通预报、地震预报等信息)甚至是客户业务信息(如公安事件信息、人口信息、人防信息、消防信息、市政系统信息等)构建数据仓库，在信息集成的基础上，结合业务应用需求，对数据仓库中大量似乎无关的数据进行综合分析，发现并提取隐藏在数据深处的、事先不知道的、但是潜在有用的信息、知识和规律，实现综合信息研判以及安防系统间的关联、协同应用，从而提供科学、合理的决策支持。

在这一层平台还将实现两大核心价值功能。

- 一是预案响应联动，即通过预先定义的事件预案，在事件发生时系统将自动关联相应的流程预案以供操作员进行事件响应和处理，并供指挥员进行调度指挥；
- 另一个价值则是业务逻辑流程及自动化，通过可编辑的工作流程图自动完成数据/信息的处理和联动操作，同时也可以设置判断条件决定不同的流程走向。

通过数据分析及关联层，物理安防信息管理平台自然而然地解决了前文提出的由于众多安防系统的部署所带来的“数据爆炸”问题，即将这些海量的安防系统数据进行存储与分析，令其转换成有效的信息和知识，进而加强系统间的关联和协同应用，辅助决策管理。

16.6.3 信息展现及应用层

本层是平台的最上层，也是整个 PSIM 平台直接和用户产生交互的一层。这一层平台通过多屏显示来展示平台所接入的所有子系统信息以及预案响应策略，比如：

- 用一个屏幕显示操作员界面以展示地图信息和传感器信息，这个地图可以是平面地图，也可以是 GIS 地图，甚至是 3D 地图；
- 一个屏幕来显示视频监控画面，视频轮询以及报警相关视频的弹出；
- 最后一个屏幕则显示事件处理界面并在此界面中包含事件详细信息和预案响应流程。如图 16.13 所示。

图16.13 PSIM信息展现及应用层示意图

通过三屏显示以向安保人员展示整个系统平台的全局信息，同时也可以指导或强制操作员按照预定的流程预案一丝不苟地执行操作。

需要值得关注的是，预案流程并不是一个简单调用专家库或某段文字的操作，一个真正有效的预案流程模块应该是动态、带有分支结构的预案流程，也就是说可以根据事件的状态或事态的发展由安保操作员判断的现场情况，给予“是”或“否”的确认之后，此预案流程还可以走向不同的分支，指导操作员按照不同的情形完成不同的响应预案。

另外在这个层次还可以与通信系统(如电话、手机以及移动终端)进行沟通，以传递和共享事件信息，提高事件响应速度和响应效果。

16.7 PSIM 系统的核心功能

16.7.1 多系统集成功能

物理安防信息管理平台可以将大量的设备及系统以各种接口方式融合在一起，包括入侵传感器、环境传感器、门禁系统、摄像机及 VCA 系统、定位跟踪设备（GPS、雷达、RFID 等），报警按钮、通讯设备、公司企业的信息源(如人事 HR 信息、公司资源规划 ERP、信息技术 IT 资源及生产系统资源等)，还包括外部信息资源，如网络信息(天气交通信息等)、新闻及其他订阅的服务信息。

物理安防信息管理平台的开放式体系结构，可以保证将来添置的设备和系统也可以被快速而简洁地集成到一个统一的管理平台。

16.7.2 预案功能

每个操作人员都有可能遇到紧急事件，但并非所有人都懂得如何处理紧急事件。使用先进的物理安防信息管理平台计划工具，复杂的事件处理程序可以被分解成多个简单步骤。物理安防信息管理平台的自定义管理功能可支持设计一套程序模型，从而能够更加灵活地应对各种事件发展变化中的不同需求并自动执行。将客户所有的安全保安条例、规章制度转化为切实可行的具体任务或程序，物理安防信息管理平台可以有效减少控制中心的操作工作，从而使事件管理人员能够集中精力解决那些最关键的任务。如图 16.14 所示。

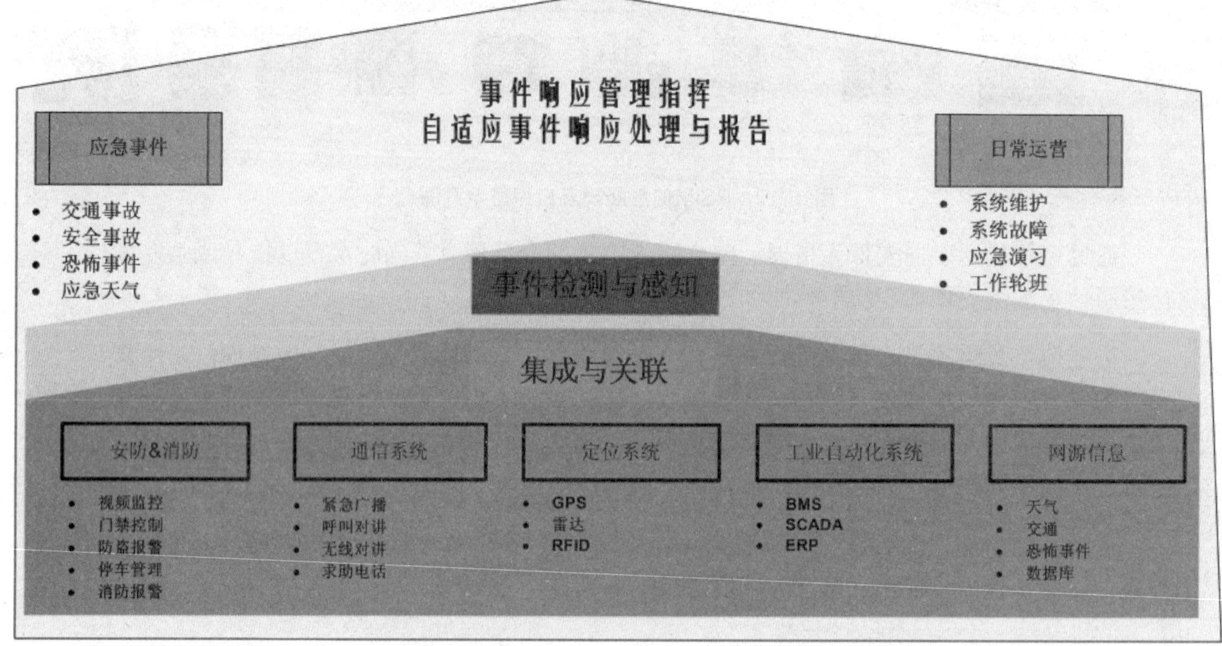

图16.14 PSIM事件响应管理指挥

预先计划好的应对程序既可以被自动执行，也可以根据需要由控制室中心的工作人员使用应用程序手动启动，还可以由控制中心外的现场生产工作人员通过 PDA 或其他智能手持设备上的移动客户端引发。自动的任务或程序可以被预定计划执行，也可以根据事件触发规则、由实际操作中的任何类型安全警报触发而执行，或者被物理安防信息管理平台所监控的设备管理系统、仪器以及环境健康安全规则要求激发执行。

物理安防信息管理平台事件反应程序连同复杂的事件逻辑工作流以及真正的决策支持机制，可以有效简化控制中心人员的操作。规则可以包括“是/否”或多种状况选择提示，不同的状态结果确定不同的任务逻辑流程走向。系统可以根据预先定义的规则自动做出决策，使用从传感器和动态数据源得到的实时数据，在需要时也可以增加人工的干预。

自动任务可被定义并分配额外的任务给平台用户，同时发送多个通知给多个使用不同通信设备的不同人员。自动任务还可以传送命令给设备、摄像机及其他设备和系统，并且可以自动切换改变警报级别。在预定时间期限内如果存在未被及时处理的任务和通知，警报升级规则将确保这些任务被自动或手工再分配给其他工作人员或其他资源。

控制中心管理人员可以根据物理安防信息管理平台的事件日志监督并控制反应和补救状态，从激活到等候执行到最后完成任务的整个过程的日志，都可被显示成易于理解的工作流程和语言。所有被物理安防信息管理平台管理的活动都由系统记录日志，这就大量减少了文书工作，并且能够使用全面的“事件汇总”简单地得到质询、分析和报告。

16.7.3　平台指挥调度功能

在一个可监视多个系统的控制中心里，将从所有系统搜集来的状态和警报统一成一体并集中于一个唯一平台，物理安防信息管理平台极大改进了收集重要信息的效率和速度，由这些信息构建一张完整的状况总览图。物理安防信息管理平台展示所有被连接的设备和系统的实时更新状态、报警和信息，并将所有的这些信息显示在一个结构分明、易于理解的、多层 GIS 画面上。使用任一个背景图像(包括地图、图片和楼层布局图或任意 3 维的 GIS 工具)，都能够在闭路电视监控系统里监控所有系统和工作人员、物体对象以及装备有定位跟踪设备的车辆，还可以查看分析数据。

不论被连接的设备、系统是全部集中在一个唯一站点，还是分布在互联网的同一个结构阶层，物理安防信息管理平台都能够在总中心控制室或是从分站点控制室集中化统一监控。在 GIS 地图的视图上，只要在任意对象标签上点击鼠标，系统就可以显示出该对象的详细状态信息，包括人员信息及任务状态。可通过点击激活某个前端设备或某设备组来移动摄像机，开启或关闭门禁系统某一点以及使任意其他设备执行控制活动，以及观看现场的视频监控系统的实时画面或录像等操作。

PSIM 平台带有高级的历史数据统计趋势报告引擎使得客户能够按时间、传感器、位置、类别对警报进行追踪并分析其趋势，以方便对安防资源和系统进行主动管理。用户可以按照事故类别、位置、时间、日期、严重性等查看一段时间(每天、每周、每年)内的事故，也可以生成多个安防系统的报告进而生成柱状图或饼状图形式的趋势报告，可输出多种文件格式(PDF、Word 等)或通过电子邮件发送给选定的人或小组进一步查看。

通过物理安防信息管理平台的报告功能使得用户能够知道诸如此类的信息：

- 这周的哪一天得到了最多和最少的警报？
- 哪一个操作员回应的最快或最慢？
- 哪一个安防系统前端生成了最多的警报？

从而可以有的放矢地进行安防管理水平的改善和提升。

注意：PSIM 的后期管理及流程维护非常重要，自动化流程是针对操作人员的，而管理流程则是需要与多个部门协商进行，比如城市级应用的 PSIM 需要中心人员与市政、交通、警察、消防、反恐、医疗、航空、边检等各部门定期进行流程的梳理、维护工作。

16.8 PSIM 的应用描述

PSIM 平台可以在大屏上显示整个监控区域的鸟瞰图，并以坐标的形式对各点位进行准确的定位，支持视频轮巡功能，可在三维 GIS 电子地图上显示各现场设备，通过点击这些设备可以浏览现场的画面，同时对通过该区域的目标物进行分析，同时可以根据物体的实际移动情况在三维电子地图上显示其移动轨迹。系统还可启用监控门禁联动功能，能将门禁设备整合至智能监控管理系统中，能同时显示门禁卡号及持卡人相关视频影像。

当出现异常情况时，三维电子地图可以显示报警点的位置，模拟入侵者的行动轨迹及分析入侵者的特征，同时在屏幕上显示该报警点的现场监控画面。当警戒的区域有可疑目标物入侵时，系统发出报警信号，附近的高速球立刻旋转到该报警点进行实时跟踪，锁定入侵目标，并提示安保人员及时处理。

另外，无线对讲系统也可集成到 PSIM 平台中，中心可与巡逻人员双向通话并且所有的通话内容都可以被录音，在需要之时可以随时播放所存储的录音，还可以与其他系统(如视频监控系统等)同步回放。同时，整个平台还可集成移动通信和 PDA 移动终端系统，终端持有人可以通过手机或 PDA 来获取系统实时信息，并在发生报警事件时获取通告信息以及相关视频或图像。如图 16.15 所示。

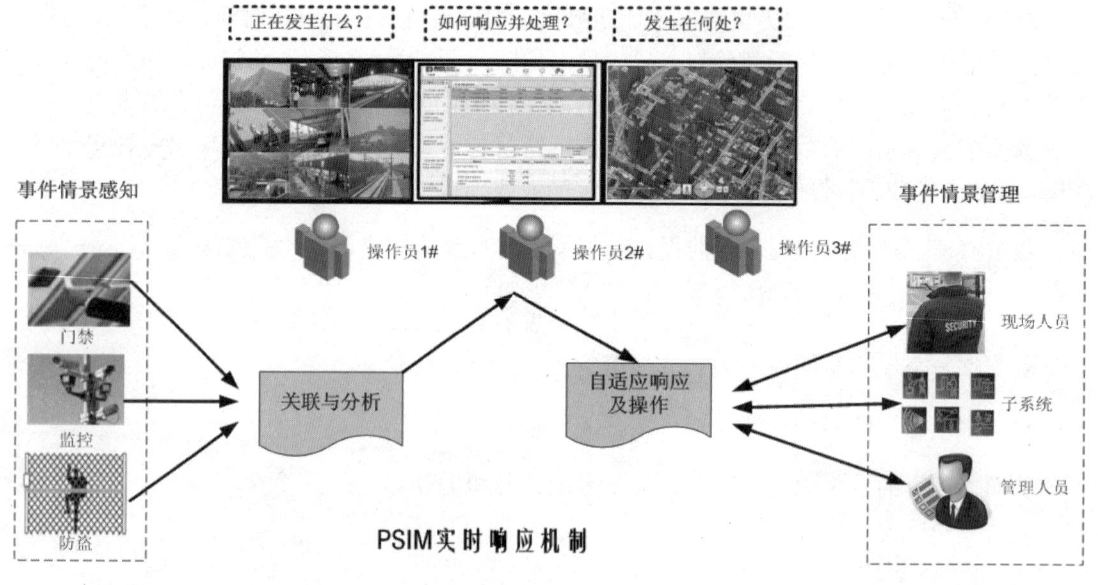

图16.15 PSIM实时响应机制示意图

16.9　PSIM 的应用案例

16.9.1　PSIM 的机场应用

PSIM 系统已广泛应用于城市、机场、港口、军事领域的广域视频自动监控以及指挥调度管理体系中，它可以通过内部设定的安全规则和策略在被保护现场设定虚拟的围界或隔离带，当发生任何越界或违反安全规则的事件时，系统自动响应事件，定位和追踪越界目标，实施快速响应。现场巡逻人员或车辆与控制中心之间通过 GPS 或无线局域网实时进行数据以及视频的互动和反馈，以最大可能地保障安保人员全面、详实、实时地掌控事件，同时也最大限度地保障了外部现场巡逻人员的人身安全。如图 16.16 所示。

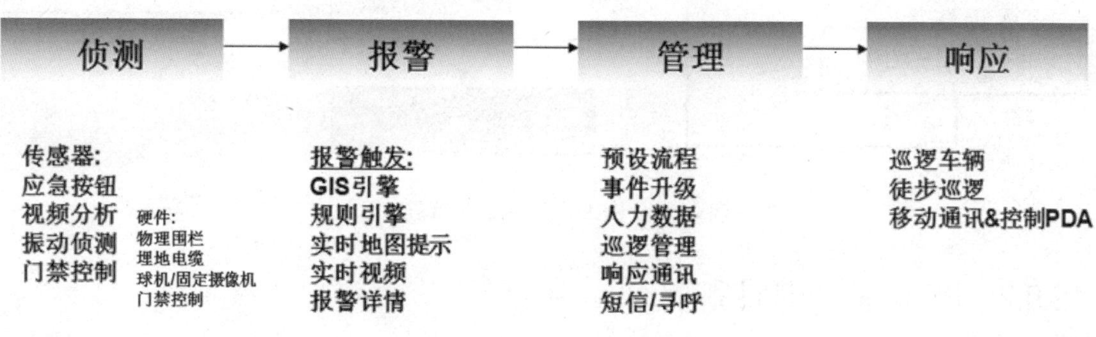

图16.16　PSIM机场周界应用流程示意图

当报警发生时系统自动显示和记录现场及现场附近的报警图像，联动复核 PTZ 摄像机跟踪事故现场，GIS 以及 3D 定位事故坐标以及可用的前方安保人员或车辆。控制中心操作人员可以马上与现场相关人员或车辆交互信息，根据事故情况扩散协作部门，直至事故处理完成，并可以基于系统 Log 以及音视频资料回放、调查事故原因及流程执行情况。如图 16.17 所示。

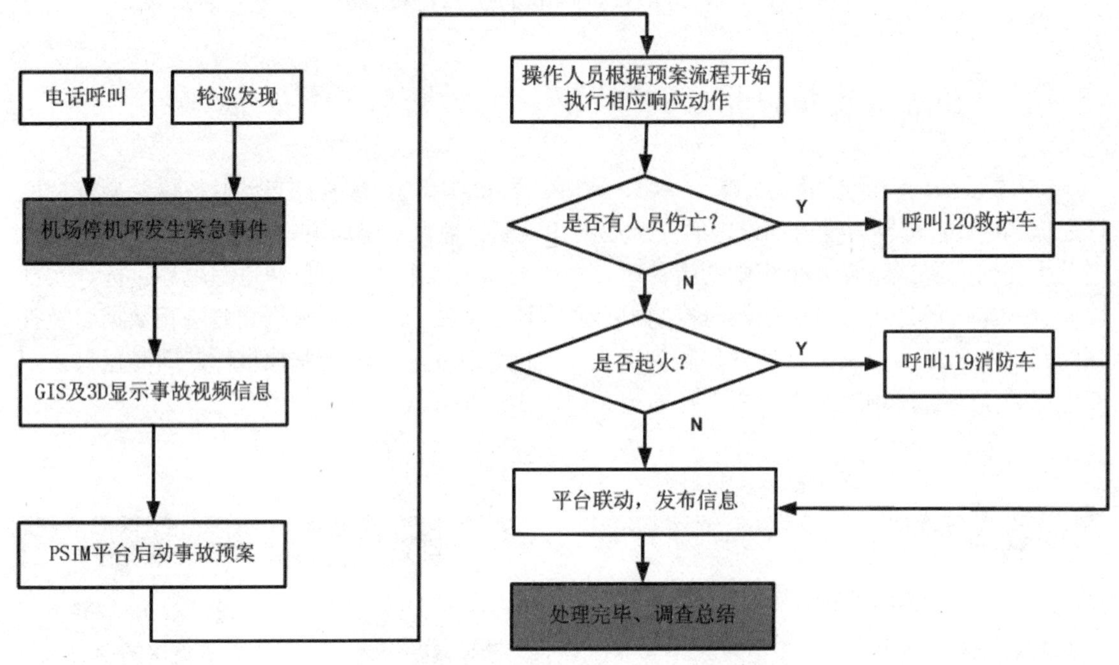

图16.17 PSIM机场事故处理流程图

16.9.2 PSIM 的车牌识别

旧模式的操作是一个复杂的事件流程：

- 操作员必须移动到车牌识别计算机旁读取警报信息；
- 手工寻找相关摄像机日志，以发现最近的摄像机；
- 输入摄像机代码观看事件场景。

PSIM 自动响应执行：

- 车牌识别告警自动按照预先设计的计划响应；
- 2D 和 3D 的地理信息系统显示车牌黑名单的位置；
- 系统自动装载摄像机所覆盖区域视频，观看车辆的驾驶路径；
- 车辆信息和位置被发送到最近的现场巡视人员的 PDA 上。

如图 16.18 所示。

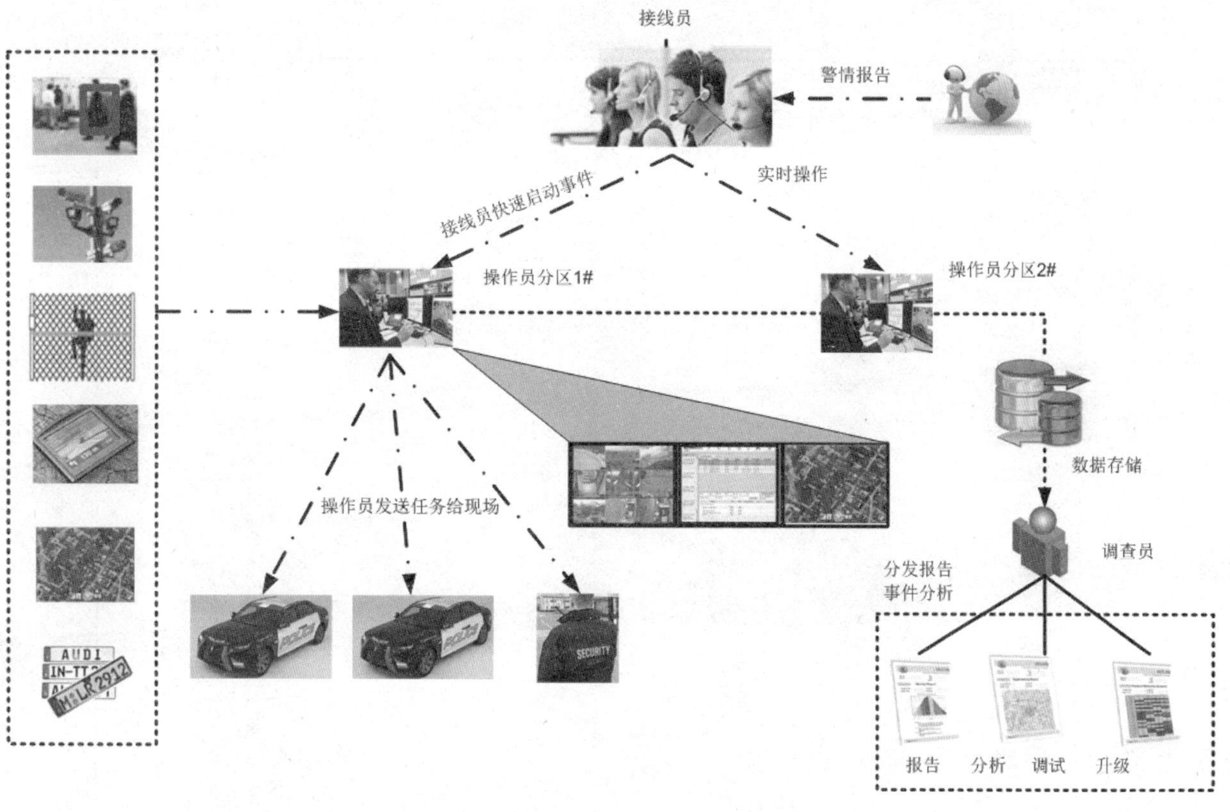

图16.18　PSIM车牌识别联动示意图

16.10　本 章 小 结

物理安防系统主要是集成和流程方面的强化。所谓集成，是将不同的安防系统及其他系统进行集成，而流程是在日常运营过程中程序化、自动化的过程。集成是前提，是开始，流程是 PSIM 真正的价值所在，侧重管理。

PSIM 的难点在于它不是一个硬件设备，不是一个标准化的软件，而是一个解决方案，是一个为满足一定需求，基于一定项目的集成、整合解决方案。整合过程可能遇到一些阻碍，而系统建设完成后，日后的运营与管理更加重要，对运维及管理人员要求较高。

PSIM 的产品性质决定了其在国内应用的状态将会是定制化的解决方案，在高集成性的同时，必须能够基于不同行业、同一行业不同用户，甚至同一用户不同业务部门的个性化应用需求响应，因此，产品需要有强力的本地化开发支持。

读书笔记

第 17 章 物联网与安防监控

物联网从字面的理解就是“物物相连的网络”，简而言之就是一切物品联成一网，进而产生数据或者进行信息交流。物联网通过智能感知、识别技术与普适计算、泛在网络的融合应用，被称为继计算机、互联网之后世界信息产业发展的第三次浪潮。

物联网是互联网的应用拓展，与其说物联网是网络，不如说物联网是业务和应用。因此，应用创新是物联网发展的核心，以用户体验为核心的创新是物联网发展的灵魂。

关键词

- 物联网的概念
- 物联网的特征
- 物联网的关键技术
- 物联网的产业应用
- 物联网与建筑智能化
- 物联网与机场周界
- 视觉物联网的概念及应用

17.1　物联网的基本概念

IBM 公司提出了“智慧地球”的概念，智慧地球的定义是把感应器嵌入和装备到电网、铁路、桥梁、隧道、公路、建筑、供水系统、大坝、油气管道等各种实物中，并且连接起来，形成所谓“物联网”，然后将“物联网”与现有互联网整合起来，实现人类社会与物理系统的整合。在此基础上，人类可以以更加精细和动态的方式管理生产和生活，从而实现“智慧”。

提示： 不论是智慧地球概念还是物联网的概念，给我们的第一个感觉是震撼，我们期望这两个高科技的概念能够再次改变我们的生活，但同时，给我们的另外一个感觉是怀疑，我们怀疑万物互联及智慧地球或者将来智慧宇宙的概念可能是一种夸大的宣传，虽然传感技术及通信技术飞速发展、计算机处理能力超级强大，但是万物互联及地球智能化仍显虚幻缥缈。

17.1.1　物联网的三大特征

- 全面感知：利用 RFID、传感器、二维码等随时随地获取物体的信息。
- 可靠传递：通过各种专业网络与互联网的融合，将物体的信息实时准确地传递出去。
- 智能处理：利用云计算、模糊识别等各种智能计算技术，对海量的数据和信息进行分析和处理，对物体实施智能化的控制。

如图 17.1 所示。

感知化

城市中的监控摄像机、传感器、RFID、数据中心、数据挖掘和分析工具、移动和手持设备、电脑和多媒体终端。

互联化&物联化

宽带、无线和移动通信网络以及城市内各先进的感知工具的连接使市民可以远程管理工作和生活。

智能化

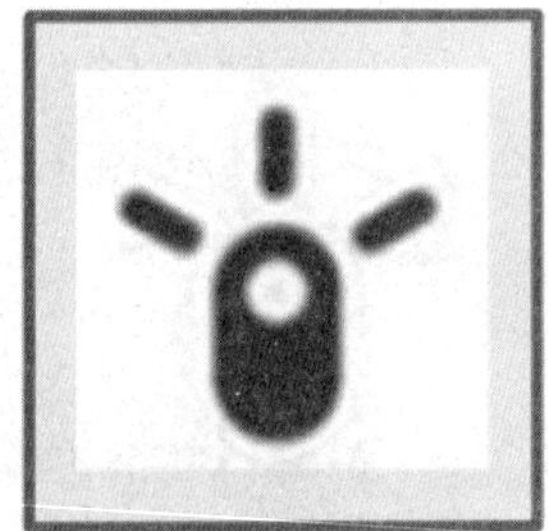

通过使用传感器、先进的移动终端、高速分析工具和集成IT，可以实时收集并分析城市中的所有信息，以便政府及相关机构及时做出决策并采取适当的措施。

图 17.1　物联网的三个特征要素示意图

业界对物联网(IOT：Internet Of Things)的通用理解：

- 从技术理解，物联网是指物体通过智能感应装置，经过传输网络，到达指定的信息处理中心，最终实现物与物、人与物之间的自动化信息交互与处理的智能网络；
- 从应用理解，物联网是指把世界上一定范围内的物体都联接到一个网络中，形成“物联网”，然后“物联网”又与现有的互联网结合，实现人类社会与物理系统的整合，达到更加精细和动态地管理生产和生活；
- 物联网是将各种各样的，被赋予一定智能的设备和设施相互联接构成的“网络”；
- “物联”的方式包括有线的长距离或短距离通信网络、内网(intranet)、专网(Extranet)、互联网(Internet)等，实现选定范围内的互联互通；
- 目前的“物联网”可以提供在线监测、定位追溯、自动报警、调度指挥、远程控制、安全防范、远程维保、决策支持等管理和服务功能，并可不断扩展应用；
- “物联网”的目标是对“物”进行联网之后的信息应用，以实时高效的运行和管理。

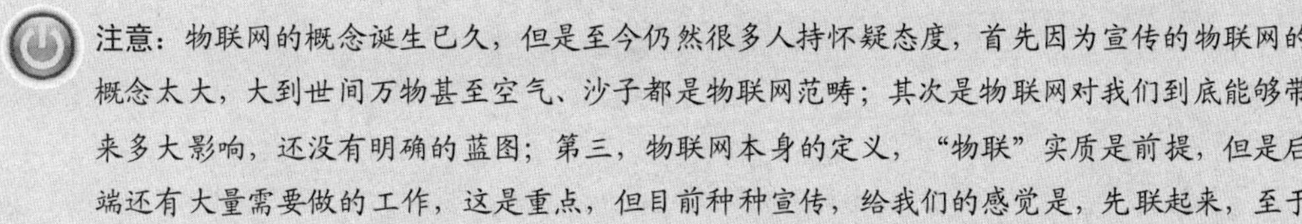

注意：物联网的概念诞生已久，但是至今仍然很多人持怀疑态度，首先因为宣传的物联网的概念太大，大到世间万物甚至空气、沙子都是物联网范畴；其次是物联网对我们到底能够带来多大影响，还没有明确的蓝图；第三，物联网本身的定义，“物联”实质是前提，但是后端还有大量需要做的工作，这是重点，但目前种种宣传，给我们的感觉是，先联起来，至于后端、到底能干什么，还没有非常清楚的说明，结果成 “联联看”了。

17.1.2　物联网的技术架构

从技术架构上来看，物联网可分为三层：感知层、网络层和应用层，如图 17.2 所示。

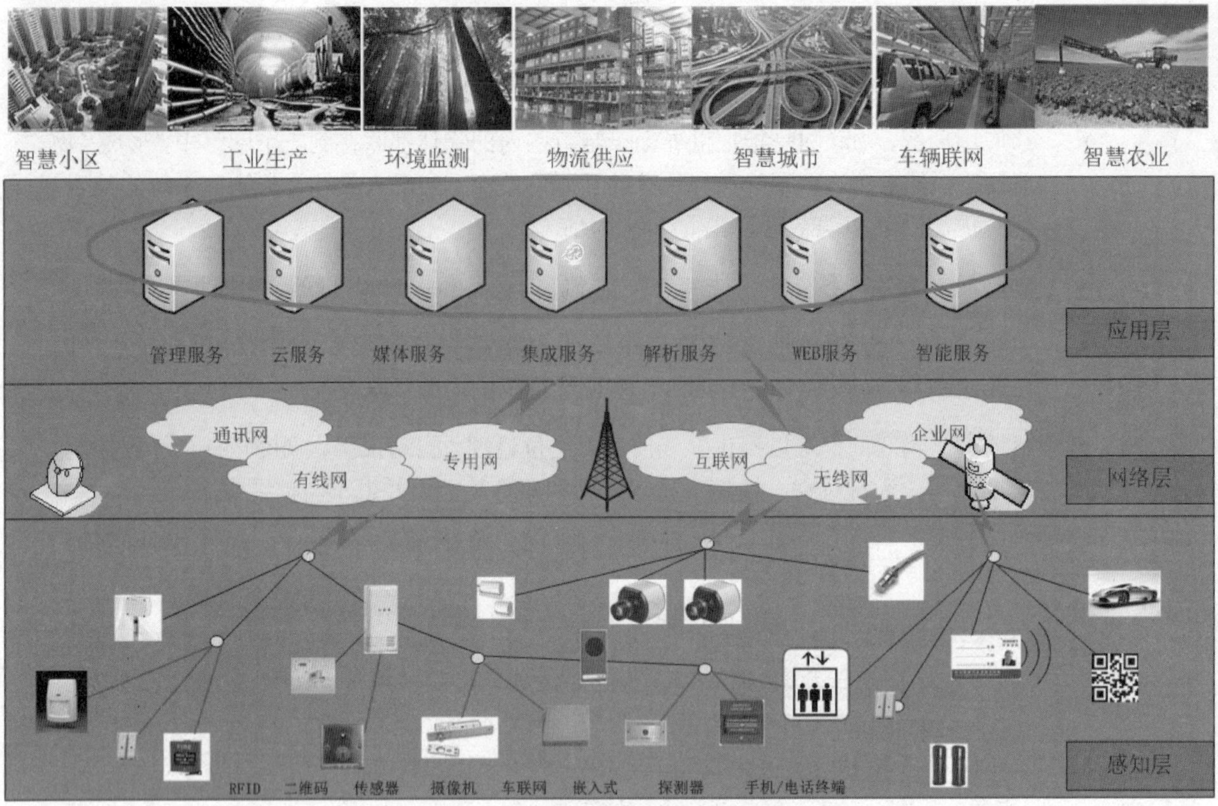

图 17.2　物联网的系统架构示意图

感知层由各种传感器以及传感器网关构成，包括各类环境传感器、二维码标签、RFID 标签和读写器、摄像头、GPS 等感知终端。感知层的作用相当于人的眼、耳、鼻和皮肤等感知器官，它是物联网识别物体、采集信息的来源，其主要功能是识别物体、采集信息。

网络层由各种私有网络、互联网、有线和无线通信网、网络管理系统和云计算平台等组成，相当于人的神经中枢和大脑，负责传递和处理感知层获取的信息。

应用层是物联网和用户(包括人、组织和其他系统)的接口，它与行业需求结合，实现物联网的智能应用。

三层架构如表 17.1 所示。

表 17.1　物联网几个层级设备列表

层　级	功　能	设　备
感知层	物联网的基础，获取物品信息过程	条码/RFID/摄像头/传感器/蓝牙设备等
网络层	完成信息交换的通讯网络	Internet/WIFI/无线通讯/卫星通讯等
应用层	构建在物联网架构的各类应用	安全、生产、环境、工业、物流、农业等

17.1.3 物联网的关键技术

物联网的关键技术如图 17.3 所示，主要有四大支撑技术，分别是：

- 射频识别技术：以射频识别技术为基础，利用电子标签和阅读器组成的物联网。
- 传感网技术：无处不在的传感控制网是建设智慧城市、智能家居的基础技术。
- 两化融合技术：以信息化促进工业化，以工业化带动信息化。
- M2M 技术：M2M 就是物对物的信息交换，这也是物联网的核心思想之一。

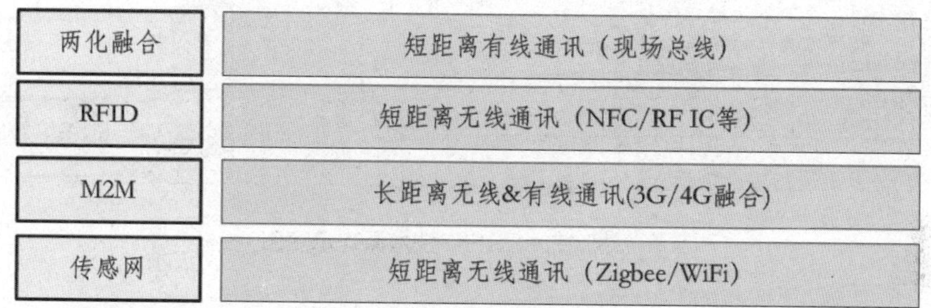

图 17.3　物联网的关键技术示意图

1. RFID技术介绍

RFID 是广泛应用的近距离通信技术，在门禁控制系统、一卡通应用及物联网应用中扮演十分重要的角色。RFID 是射频识别技术(Radio Frequency Identification)的英文缩写，是一项利用射频信号通过空间耦合(电磁感应或电磁传播)，实现无接触信息传递并得到被标识物的 ID 信息以做到识别目的的技术。RFID 技术在门禁管理系统方面的应用比较成熟，采用感应式技术，在卡片与读卡装置之间，无需直接接触的情况下对卡片信息进行读写操作。

RFID 技术的基本工作原理并不复杂：标签进入磁场后，接收读卡器发出的射频信号，凭借感应电流所获得的能量发送出存储在芯片中的信息(Passive Tag，无源标签或被动标签)，或者主动发送某一频率的信号(Active Tag，有源标签或主动标签)，读卡器读取信息并解码后，送至中央计算机系统进行有关数据处理。如图 17.4 所示。

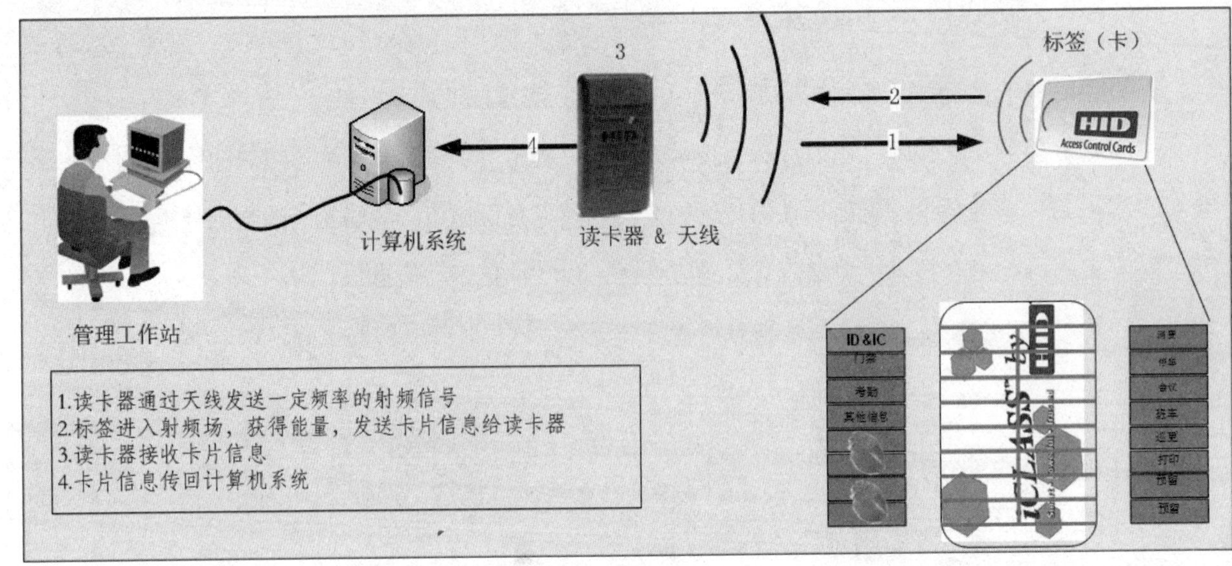

图 17.4　RFID 技术原理示意图

2. M2M技术介绍

M2M 是物联网四大支撑技术之一。M2M 是 Machine-to-Machine 的缩写，用来表示机器对机器之间的连接与通信。比如，机器间的自动数据交换(这里的机器也含虚拟的机器，比如应用软件)，从它的功能和潜在用途角度看，M2M 引起了整个“物联网”的产生。

M2M 产品主要由三部分构成：

- 第一，无线终端，即特殊的行业应用终端，而不是通常的手机或笔记本电脑；
- 第二，传输通道，从无线终端到用户端的行业应用中心之间的通道；
- 第三，行业应用中心，也就是终端上传数据的汇聚点，对分散的行业终端进行监控。

M2M 涉及到 5 个重要的技术部分：机器、M2M 硬件、通信网络、中间件、应用。如图 17.5 所示。

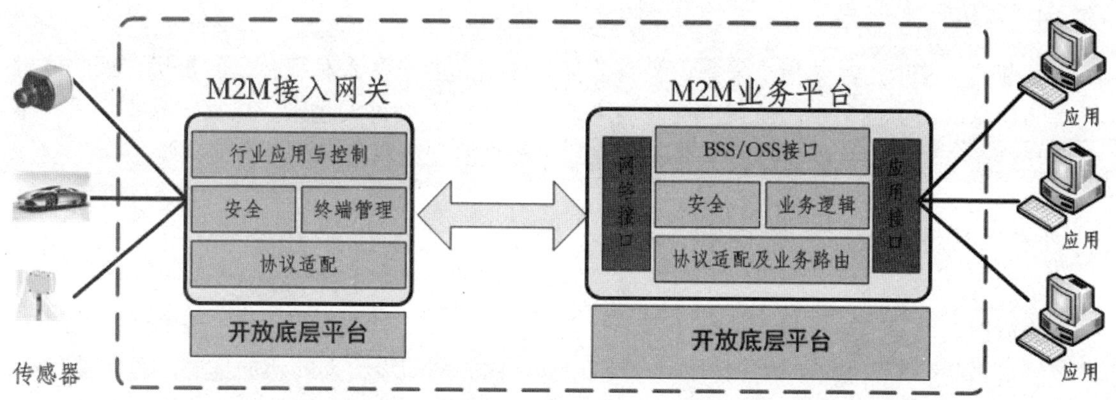

图 17.5　M2M 技术原理示意图

提示：M2M 不是简单地在机器和机器之间传输数据，更重要的是，它是机器和机器之间的一种智能化、交互式的通信。也就是说，即使人们没有实时发出信号，机器也会根据既定程序主动进行通信，并根据所得到的数据智能化地做出选择，对相关设备发出正确的指令。可以说，智能化、交互式成为了 M2M 有别于其他应用的典型特征，这一特征下的机器也被赋予了更多的“思想”和“智慧”。

17.1.4　物联网的几大问题

1. 技术标准问题

与互联网一样，物联网涉及的标准更多，从前端信息采集、接入、传输到后端交互融合等，具体涉及到传感器标准、通信标准、交互标准、协同信息处理、标识、安全、接口等，另外数据安全也必须重点考虑。物联网是互联网的延伸，在物联网核心层面可基于 TCP/IP，但在接入层面，协议类别五花八门—GPRS/CDMA、短信、传感器、有线等多种通道。

2. 成本问题

RFID 标签是目前最成熟也是应用最广泛的物联网应用，沃尔玛公司一直推行 RFID 标签在零售行业的应用。标签的成本目前在 10 美分左右，相对于大件商品，可以忽略，但是对于价格较低的小件商品，成本并不低。另外，物联网的概念是要物联世间万物，那么，单单标签、传感器成本及传输成本，已非常庞大，因此，在全面推广时，必须考虑。

3. 安全问题

互联网时代的安全问题已经非常突出，其安全主体是计算机。物联网时代，联网的主体、模式更加复杂，而一旦安全问题无法保障或者物联网受到攻击，给生产、生活、安全等方面带来的影响将更加巨大，解决起来难度更大。

4. 隐私问题

目前的一些应用，如指纹采集、视频监控已经引起的一些人对隐私权的担忧，而物联网采集的信息、覆盖的范围、信息的交互会更广更多，当人们每天起床、离家、家里场景、乘坐地铁路途、消费、住址、喜好等各类信息均可能被监视或窃听时，会有何感觉。

17.1.5 物联网的产业应用

物联网其实早已渗透进我们的生活，目前主要表现有，智能家居系统、智能交通系统、智能物流系统、平安城市应用、智能农业应用等。物联网初步给人的感觉是“万物互联”，而万物互联的信息、数据是海量且目前来看是无序的。如图 17.6 所示。

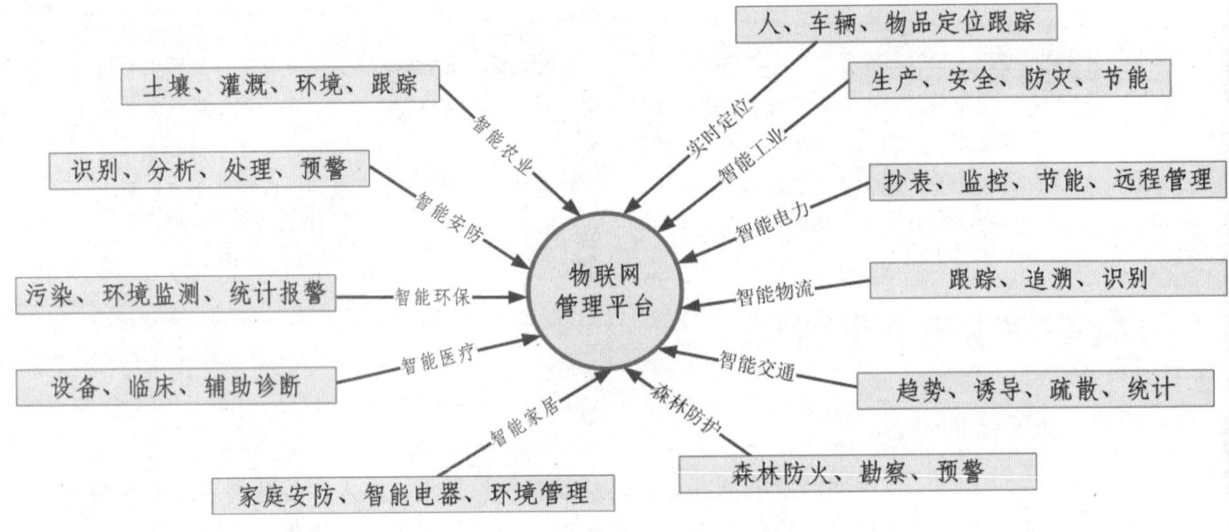

图 17.6　物联网在各行各业的应用

目前比较成功的物联网应用是“局部”、“行业化”的系统，比如楼宇智能化系统、平安城市安防系统、网络监控、物流供应等。如表 17.2 所示。

表 17.2　物联网在各行各业的应用

	应用愿景	关 键 字
智能工业	实现生产过程、检验检测等环节的智能控制，保证质量、提高效率、节能减排	中国制造
智能电力	对输变电设备及高空塔架状态实施监测，实现智能的设备生命周期管理及故障预警管理等	电网监测、远程抄表
智能物流	实现全球范围内对单件产品的跟踪与追溯，从而有效提高供应链管理水平(实现人员、运货车、集装箱智能跟踪及智能调度)	EPC、RFID、GPS

续表

	应用愿景	关 键 字
智能交通	建设智能公交系统、运营车辆智能管理系统、危险品运输管理系统、车辆流量监测及动态诱导系统、车辆抓拍系统、公交车智能信号、交通信号灯智能控制、城市停车智能诱导系统	车辆诱导 自动抓拍
智能安防	对机场、地铁、军事基地、政府机关、城市等重要区域的安防监控探测，实现综合智能安防	机场周界物联传感网
智能环保	建设水质及大气等传感网，实现对环境广域、精确监测，提升环保部门的预警、统计、管理能力，逐步改善生态环境	PM2.5
智能医疗	传感设备的一个终端嵌入和装备到医疗检测设备中，并将生成的生理指标数据通过固定网络或无线网络传送到护理人或有关医疗单位，医生可随时随地实现对病人的检查、诊断和治疗	远程体检
智能家居	智能家居是基于物联网以住宅为平台，兼备建筑、网络通讯、信息家电、设备自动化，集系统、结构、服务、管理为一体的高效、舒适、安全、便利、环保的居住环境	数字家庭
智能农业	为农产品、牲畜建立二维码档案，实现从出生到上市的全程标识，提升农业管理水平并确保食品溯源，确保食品安全放心	
实时定位	系统实现人员定位、移动侦测、车辆进出管理、车辆定位、重要资产实时定位、实时监控、涉密载体信息安全及实时定位、相关信息的报警等功能	RFID，定位标签
移动支付	近场通信 NFC 是由非接触式射频识别(RFID)及互联互通技术整合演变而来，通过在单一芯片上集成感应式读卡器、感应式卡片和点对点通讯的功能，利用移动终端实现移动支付、电子票务、门禁、移动身份识别、防伪等应用	NFC
森林防火	物联网 GIS 森林防火智能预警系统利用传感技术、卫星定位、地理信息、人工智能等高新技术研制的物联网系统，可实现区域内全数字、全覆盖、全天候火情与盗林监测等	GIS

17.2 物联网与建筑智能化

与智慧地球的概念相似，建筑智能化(或楼宇自动化)是利用各种传感技术，对楼宇或小区的温度、湿度、火情、水灾、烟雾、入侵等环境因素进行感知，然后通过现场输出设备对灯光、温湿度、背景音乐等进行精细化、自动化调节。各个分系统构成各个智能子系统，然后各个智能子系统进一步集成连接，实现了建筑综合智能化系统。

建筑智能化是以信息技术为支撑，充分应用和综合建筑、控制、人工智能等领域的各种先进技术，构建一个覆盖整个建筑的一体化的、具有自学习能力的智能平台，向人们提供一个具有可持续完善功能的高效、舒适、便利、安全、环保的建筑环境，实现建筑价值的最大化。如图 17.7 所示。

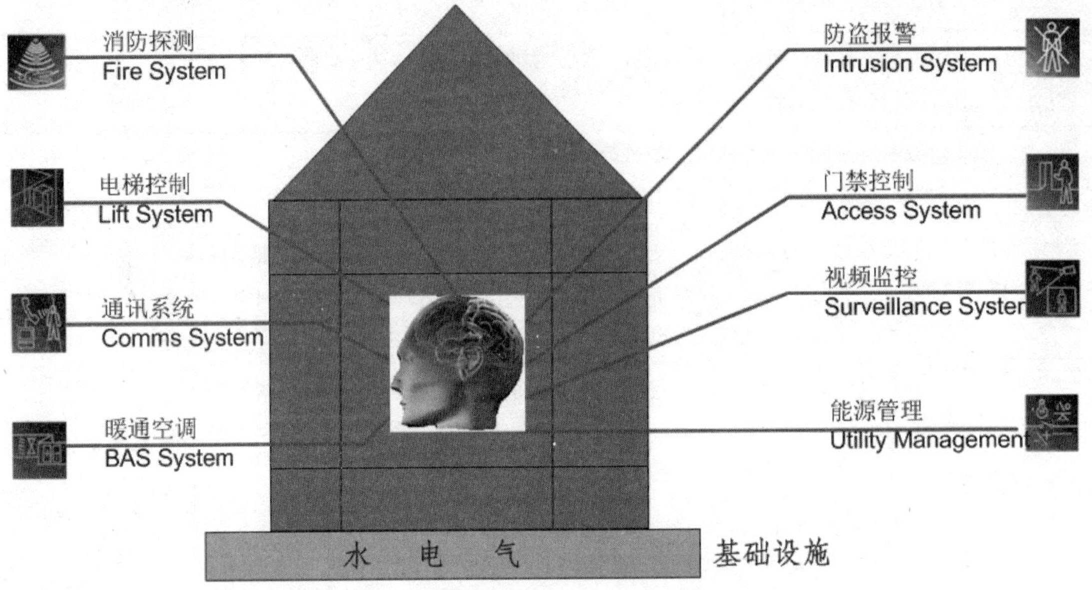

图 17.7　典型的智能楼宇构成示意图

- 消防系统通过各类烟感、温感探测器实现对火情的感知；
- 楼宇控制系统通过传感器实现对现场温度、湿度的感知并及时反馈处理；
- 安防监控系统通过视频采集(摄像机)实现对现场状态及突发事件的了解；
- 门禁控制系统通过读卡器及门磁进行信息的采集，并自动化处理。

17.2.1　建筑智能化构成

建筑智能化技术目前已经比较成熟，主要包括楼宇自动化系统、消防系统、安防系统、停车管理、背景音乐和广播、综合布线、机房等系统。建筑智能化系统通过前端传感器及相应传输网络，完成了对建筑综合情况的感知，并可以实现自动调节，可以说建筑智能化是应用比较广泛、成熟、典型的物联网技术应用。

建筑智能化系统包括如下系统(如图 17.8 所示)：

- 楼宇设备自动化系统(BAS)；
- 安防自动化系统(SAS)；
- 消防自动化系统(FAS)；

- 通讯网络自动化系统(CAS)；
- 车库管理系统(CPS)。

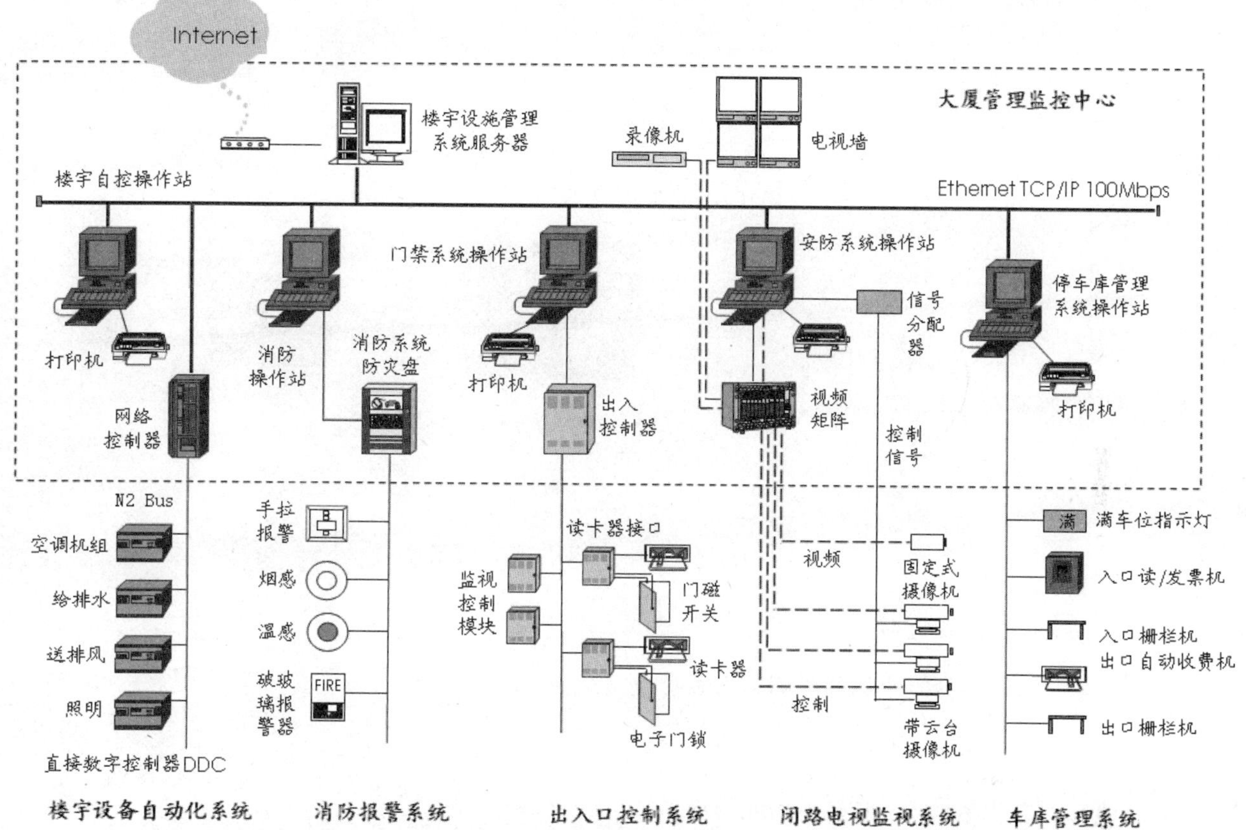

图 17.8　建筑智能化系统构成示意图

17.2.2　楼宇自动化

楼宇自动化系统(Building Automation System，简称 BAS)主要由四部分组成：传感器与执行器，直接数字控制器(DDC)、通讯网络、中央管理计算机。

- 通常，中央管理计算机(或上位机)设置在中央监控室内，它将来自现场设备的所有信息数据集中提供给监控人员，并接至室内的显示设备、记录设备和报警装置等；
- 数字控制器作为系统与现场设备的接口，它通过分散设置在被控设备的附近，收集来自现场设备的信息，并能独立监控现场设备，它通过数据传输线路与中央监控室的中央管理计算机保持通信联系，接受其统一控制与优化管理；
- 中央管理计算机与数字控制器之间的信息传送，由数据传输线路实现；

- BAS 系统的末端是传感器和执行器，它是装置在被控设备的传感元件和执行元件，这些传感元件(如温度传感器、湿度传感器、压力传感器、流量传感器、液位传感器、压差传感器、水流开关等)将现场检测到的模拟量或数字量信号输入至数字控制器，数字控制器则输出控制信号传送给继电器、调节器等执行元件，对现场被控设备进行控制。

如图 17.9 所示。

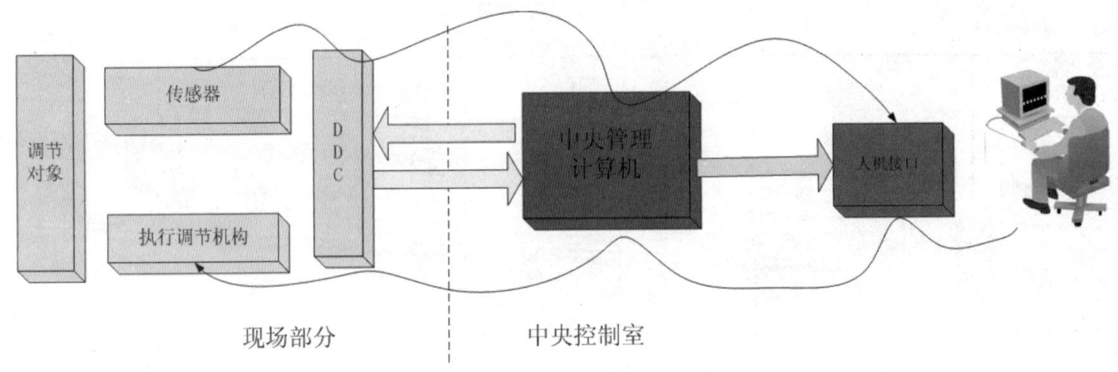

图 17.9　楼宇自动化(BAS)示意图

BAS 监控范围包括：

- 换热系统及空调的监测，记录及控制、调节
- 通风系统的监测、记录及控制
- 电梯系统之运行状态的监测及记录
- 给排水系统的监测及记录与控制
- 变配电设备运行状态的监测及记录
- 照明设备开关状态的监测、记录及控制
- 其他系统之状态的监测及记录

17.2.3　门禁控制系统

门禁控制系统是安全防范系统的组成部分，又叫“出入口控制系统”，门禁系统集自动识别技术和现代安全管理措施为一体，它涉及电子、机械、光学、计算机技术、通讯技术，生物识别技术等诸多领域，是解决重要区域出入口自动安全管理的有效措施，适用于各种重要区域防范，如楼宇出入口、VIP 区域、机房、机要室、办公间、智能化小区、工厂等。

门禁控制系统是安防系统中最成熟的系统，也是最具有“物联网”特征的系统，门禁系统可以视为在门(门扇及门框)、闸机等基础设施中嵌入了传感设备(门磁)，并且利用射频识别

(RFID)技术进行信息交互，通过网络连接、后台数据库及服务进行管理，形成人与基础资源(通道设施)的整合，以便更好地进行智能感知、管理及控制。如图 17.10 所示。

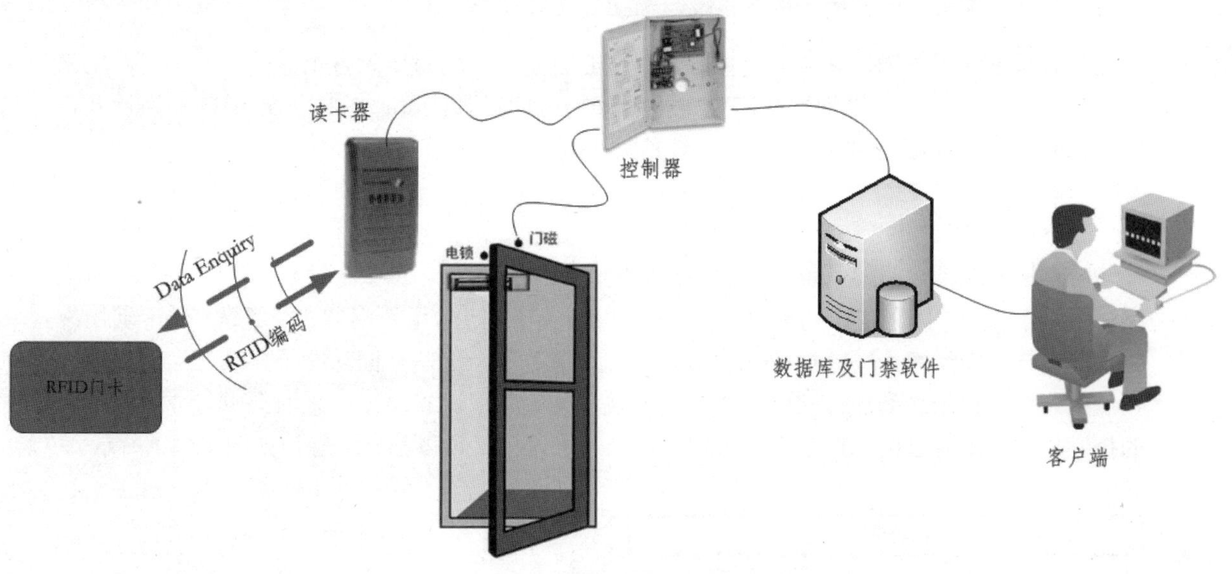

图 17.10　感应读卡器工作原理示意图

1. 门禁系统构成

门禁控制系统，即 Access Control System，通常包括前端识别设备(如读卡器、指纹仪、掌型仪、虹膜等生物识别设备)、门禁管理系统(门禁控制器、输入输出模块、系统软件等)、门禁执行机构(各类电锁、三辊闸、速通门等)。前端识别设备对身份进行采集并经过门禁管理系统进行验证，然后由执行机构执行相应的动作完成放行或者拒绝的执行过程。如图 17.11 所示。

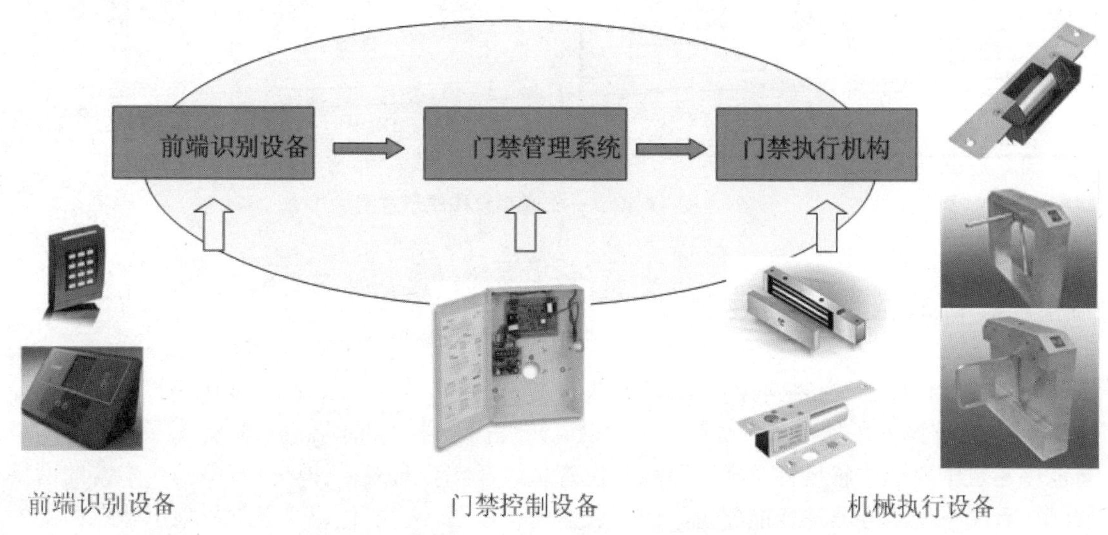

图 17.11　门禁控制系统构成示意图

门禁控制系统通常会接入门磁、开门按钮等前端设备，并通过输入扩展模块接入防盗探测器(如红外、微波、震动探测器)等，实现防盗功能扩展，亦可以通过输出扩展板连接监控系统、驱动摄像机，或者接入楼宇系统，驱动灯光等设备。

门禁系统除了电锁、读卡器、控制器等核心设备，其他附属设备也非常重要。门磁用来对门的状态进行检测，以根据程序设定提示开门时间过长(Door Held Alarm)或者强行开门(Door Forced Alarm)，蜂鸣器可以对门禁长时间敞开进行报警提示。

2. 一卡通系统

一卡通系统基于门禁系统逐步发展并扩展而来。所谓“一卡通”系统就是一个单位内(大厦、小区等)实现门禁控制、考勤管理、电梯控制、电子巡更、缴费消费、停车等“一卡通用”的功能，核心在于统一的介质——“卡”。一卡通是基于这些不同功能子系统之上的集成，系统内各个子系统之间通过软硬件接口，实现了无缝集成。整个系统采取集中与分散相结合的控制模式，既可以由管理中心进行集中控制和管理，又可以独立运行。如图 17.12 所示。

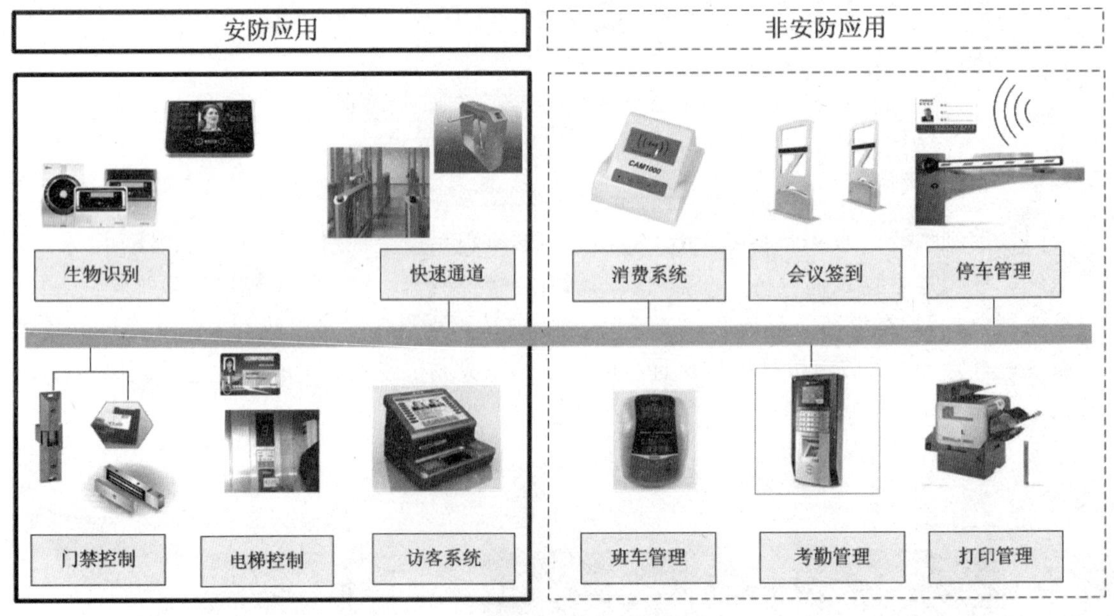

图 17.12 一卡通系统构成示意图

17.2.4 物联网与智能建筑

建筑智能化可以说是物联网应用最成熟的领域，智能建筑主要部分(如楼宇控制、门禁控制等)均是物联网应用的典型。摄像机、门磁、防盗探测器、烟感温感、温湿度探测器等均是智能化建筑中典型传感设备，楼宇总线、设备总线、综合布线、计算机网络构成丰富的网络层级，后端系统服务器及智能建筑集成平台是应用核心。智能化建筑通常局限于建筑内部，形成局域化、小集成的物联网应用，并可以有选择地进一步向上集成并扩展应用。

物联网技术的引入，将使楼宇智能化系统发生突破性的改变，表现在如下几个方面：

- 系统更加开放：目前的智能楼宇，在集成上还有一定难度，因为不同系统各自发展多年，相对封闭而不考虑系统融合及开放，引入物联网概念，有望更加标准化。
- 系统更加智能：物联网更强调前端传感器的智能化，将会有更多设备被植入智能芯片而强化对楼宇的智能感知、全面感知，并可以自行进行简单变换和处理、动作。
- 更多接入目标：电子标签、RFID 芯片将会植入更多目标，管控范围更加灵活丰富，除了楼宇设施，甚至纳入人员、物品、植物等目标。
- 便于建设及运维：物联网标准下，底层连接方式灵活多样，各家公司的不同产品只要遵循共同的标准即可实现互联互通。最高层的应用也丰富多彩，各种软硬件应用已经林林总总，开发人员具备成熟的技术积累，终端用户能享受到各种便利。

17.3 [案例]物联网与机场周界入侵系统

物联网周界防范，尤其是电站、军事基地、机场、工厂等重点区域的防范系统中的应用，可以说已经非常成功，价值也非常大。我们以机场周界综合防入侵探测系统作为一个典型案例进行探讨，系统包括各类传感器、视频分析、综合联动、应急处置等元素。

机场周界入侵报警系统是一个采用统一的平台和接口，结合物联网周界探测手段于一体，实现全天候、全天时对钢筋围栏、砖墙、涵洞、出入口等进行实时主动监控的系统。当有对监控围界的入侵行为(攀爬、翻越围界、打洞、破坏等)发生时，系统将自动触发告警消息并通知监控中心，调出相关位置的视频画面供工作人员确认和跟踪现场状况，同时可以与现场照明和声音告警子系统联动，通过灯光照射、播放警告录音、实时喊话等对入侵者进行劝阻和威慑。同时，为了兼容过去的安防系统，系统将会开放接口，接入现有的设备。

17.3.1 机场周界防范需求

机场是综合性非常强的一类交通枢纽系统，其包括航站楼、停机坪、加油区、飞行区、修理区等多个要害部门，而驻场机构包括安检、边检、海关、公安、消防、行李、货运等部门，可能涉及的安防系统包括：停车管理、门禁控制、视频监控、防盗报警、周界入侵探测、视频分析等。

各个系统模块化独立工作的同时，又需要交叉协作联动集中控制。各个安防系统渗透在各个机场管理系统及区域中，例如利用门禁控制系统进行出入控制，利用视频监控系统监视机场各个重要区域，利用周界防入侵系统实现机场外围及重要区域的防入侵应用，并使用视频系统联动复核等等。各个安防子系统是机场指挥调度的有力支撑部分，提供诸多前端传感器，在日常运维及事件发生时提供全面的信息供指挥调度系统分析决策。

机场周界入侵探测系统与普通防盗报警系统有一定区别，首先是机场周界的长度长、跨度大、地形复杂、周界物理防护系统具有多样性，这导致机场周界防护难度比较高。为满足机场周界复杂的入侵防范需求，通常需要各类周界传感器、出入控制、视频监控及视频入侵分析、视频复核等同时应用，形成立体、全面的感知系统，这也导致了机场周界入侵系统是目前最成熟、最贴合物联网特征的安防系统。比如国内几大枢纽机场，周界长度甚至达 30 公里以上，地形有一定起伏、周界外围有不同的环境、物理围界有砖墙、铁丝网、涵洞等。机场周界入侵系统需要针对不同特点部署不同类型的传感器进行实时、全面的感知和探测。

如图 17.13 所示，传统机场周界防范要素中，有多种情况可能导致误报：如人或动物的无意识触碰、周围植物生长的干扰、恶劣天气(如风雨雪)、附近通过的汽车或者重型设备施工等；又有多种情况可能导致漏报：如挖地道进入、空中架设梯子等。因为传统的防范方式或者技术手段通常比较单一，基本基于某种特定技术，这样可能导致漏报情况发生。在选择一种适当的探测器或探测技术之前，必须要理解威胁的特征和入侵者的各种可能。

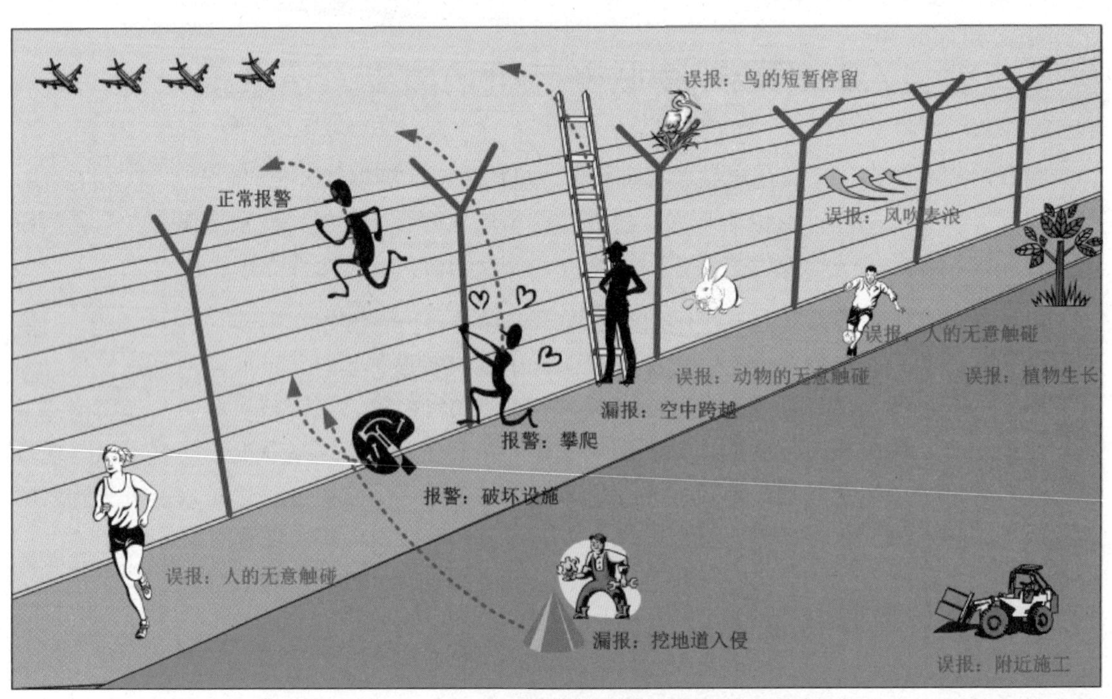

图 17.13 典型的机场周界防范要素构成示意图

17.3.2 主流周界探测技术

户外周界入侵探测系统问世已有几十年，最初多应用于军事机构及政府部门，价格极高，没能进入商业市场。经过长时间的不断改进，特别是随着数字信号处理(DSP)技术的进一步发展，户外探测系统在探测性能和环境适应性等方面有了极大提高，并且价格也有了较大幅度的下降，推动了探测系统的商业化。今天的安全专业人员可以根据可能的入侵威胁、环境条件、现场状况、误报警的考虑以及依照相关法律从广泛的入侵探测技术中做出选择。

典型周界探测系统由以下五个基本元素组成(如图 17.14 所示)：

- 阻止与威慑：周界系统应能清楚明了地标示出防区的边界及范围，防止轻易进入；
- 探测：当入侵情况确实发生时，周界探测系统能够对发生的非法入侵提供早期告警；
- 延迟：具备合理的延迟以在入侵者接近被保护目标的延迟时间内做出正确的分析；
- 分析：报警信息被处理识别是否为有效报警；
- 响应：以分析为基础，采取适当的行动。

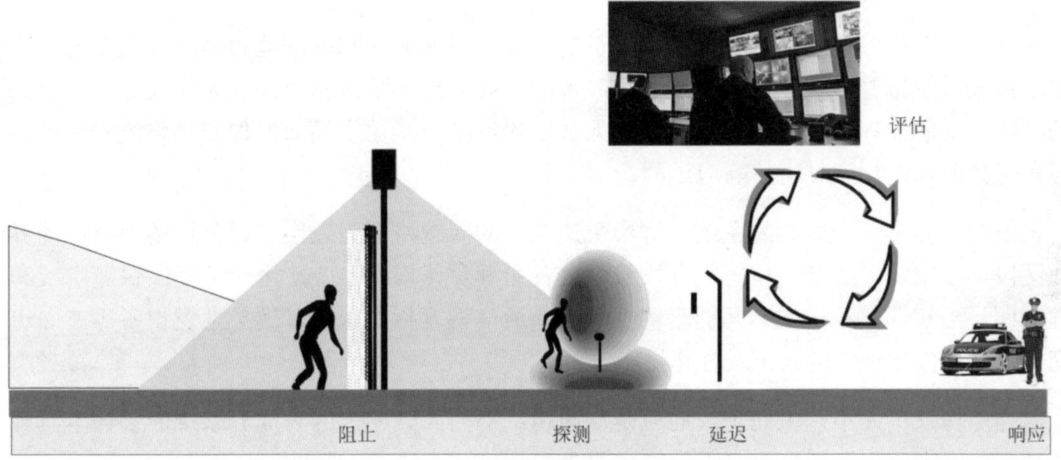

图 17.14 典型的周界入侵探测构成元素

主流机场周界探测系统可分为独立式、依附围栏式、空间探测式和埋地式几类，如表 17.3 所示。

表 17.3 主流周界探测技术

	技术原理描述	缺 点
独立围栏系统	张力围栏、光纤、电容、高压脉冲等传感器构建的具有物理阻挡和探测功能的探测系统	大型动物撞击误报，地下入侵、空中跨越漏报
依附围栏系统	采用驻极体电缆、光纤电缆、惯性传感器等构建的具有一定阻挡作用的探测系统	空中跨越、空中抛物产生漏报现象
空间探测系统	主要采用电磁场、微波、红外、视频等技术在空间形成不可见的探测区域的探测系统	植物干扰、恶劣天气、动物等因素产生误报
埋地探测系统	将传感器埋于地下，探测磁场、压力变化等	人及动物靠近可能误报

17.3.3 视频复核及跟踪

CCTV 系统是周界系统最好的复核手段，当前端任何一个报警防区发生报警时，系统会迅速联动本防区报警控制设备(如现场指示、灯光、警告广播等)。防区摄像机会自动联动使得控制中心可以在本防区内跟踪监视入侵者并记录取证。周界控制中心的视频监控系统与航站楼安防监控系统应能联网，并可实现相互调用图像信息以相互补充，完善控制和管理。

17.3.4 保安响应及配置

在任何一个周界系统项目中，保安人员的配置、快速响应和处理能力是至关重要的一个环节。如果系统报警后，保安人员不能及时地响应和处理，那么整个周界系统就成了一个昂贵的摆设，不能发挥其真正的价值。保安人员的快速响应涵盖了高效的保安工作流程以及完全覆盖可预测入侵行为时间的响应过程。

机场的周界是一个庞大的系统，解决快速响应的问题将更为艰巨。通常机场用户以周界门为区段，在安防中心统一指挥下分段管理、各司其责，以缩小响应区段，提高快速响应和处理时间。当然，在各保安单元的车辆、人员、通信调度指挥系统、巡更巡逻设备等方面也要充分考虑，以使他们能真正发挥作用。

但这些保安单元不是大而全，而应是小而精、小而高效的。因为周界系统的设计本意就是从技术角度大范围地减少保安工作的运营成本。

17.3.5 物联网机场周界防入侵系统

1. 机场周界防区设置

在机场防入侵设计中，一般采用双层围栏，其概念如下：

- 一层：有入侵探测功能，围网与探测系统相关联；
- 二层：物理防范功能，延迟入侵者进入保护区的时间和有效防止物品传递；

两层围网之间形成宽 3~4 米的隔离区。如图 17.15 所示。

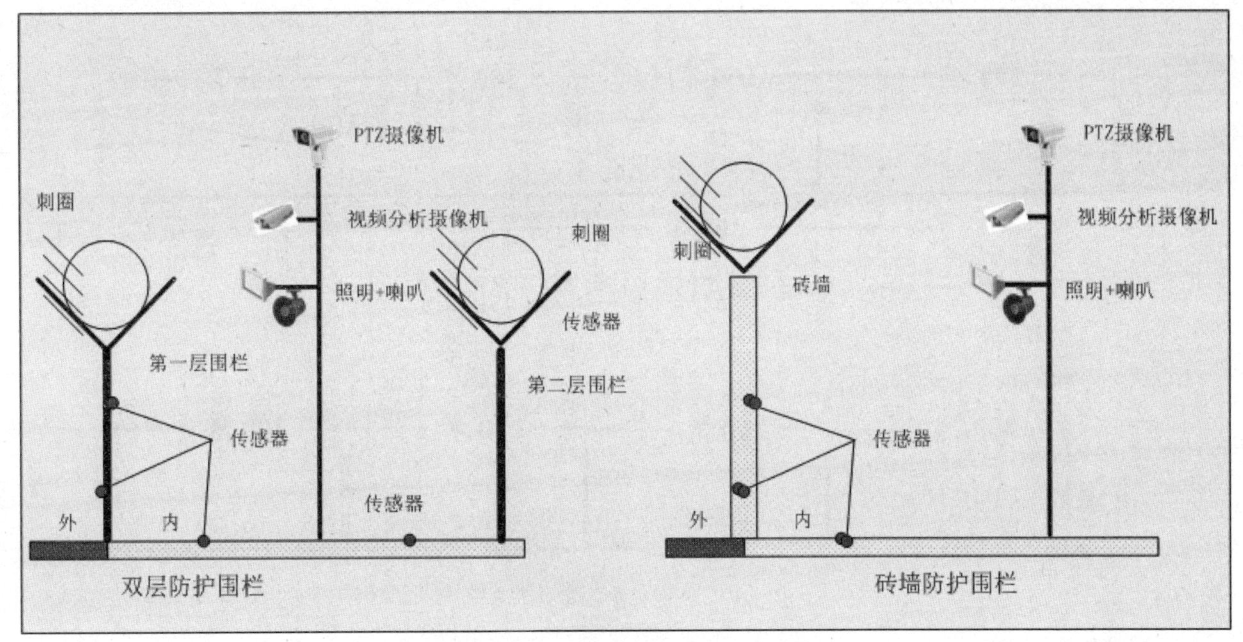

图 17.15　围界物理组合构成示意图

针对机场复杂的周边环境，在围界重点区域安装固定摄像机，实现头尾衔接、无盲区覆盖，利用周界传感网络联动相应摄像机进行复核。

提示：安装摄像机和防区设置一般这样设置：摄像机场景(FOV)确保入侵者即使在防区的另一端，在屏幕上显示时至少要占有 10％的高度。

如图 17.16 设置摄像机，摄像机间隔为 100 米时，如周界防区设为 200 米，则报警时联动 4 个摄像机图像切换(本区 2 个、相邻区域 2 个)，用以报警复核。这样做的目的是防止入侵者位于防区分界线上触发报警或者运动速度过快逃出报警防区，在 FOV 中无法监控到。与此同时，沿围界每隔 600 米设置室外快速一体化摄像机，一旦有围界传感报警触发，经视频复核确认后若确有入侵者入侵，可以操作相应的快球一体摄像机对入侵者进行跟踪，一方面可视频记录入侵者情况，另外可指挥保安人员追踪入侵者，也可以设置摄像机自动跟踪。

防区大小的设置需要按照视频摄像机的布置来合理确认，防区设置过长，则联动相应摄像机数目较多，会影响监控人员的准确判断；防区设置过小，则会增加周界系统成本。

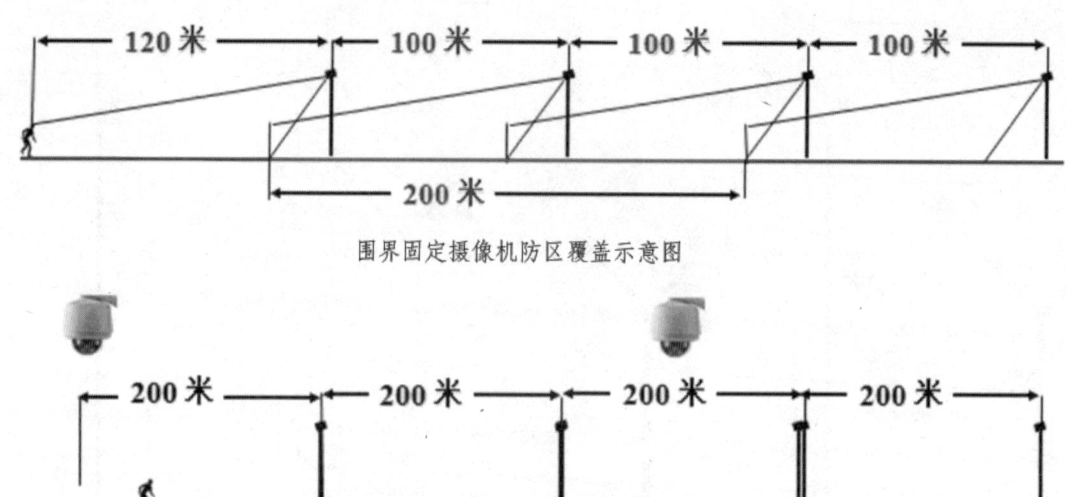

图 17.16　围界摄像机部署示意图

2. 物联网机场周界系统

物联网机场周界防范系统将传感技术进行扩展和集成：

- 结合物理阻拦(围栏、砖墙、铁丝网)和多种不同防范技术(震动、张力、微波、红外、视频)以达到理想的综合探测效果；
- 各种传感器组成传感网，协同综合分析，达到极低的误报/漏报率；
- 降低各种不同地区气候、地理地貌、环境噪声等各类干扰因素；
- 对报警的情况，进行入侵级别及情况分析、甄别；
- 智能视频分析技术进行跟踪、提前预警、人工实时复核、精确定位入侵地点；
- 确保不干扰影响地空、地面无线电通信联络的畅通、以不妨碍机场正常通信为准则。

系统是基于物联网技术并结合物理围界建设的报警系统。系统采用“目标驱动”型的、基于物联网技术的前端探测系统与警示灯、视频监控等设备联动，能准确、及时地报告入侵异常事件，实现向监控中心发出报警并实现目标定位，准确记录报警时间、位置、图像等信息，并能够详细查询、打印，以满足重要场所对周界入侵报警系统的要求。如图 17.17 所示。

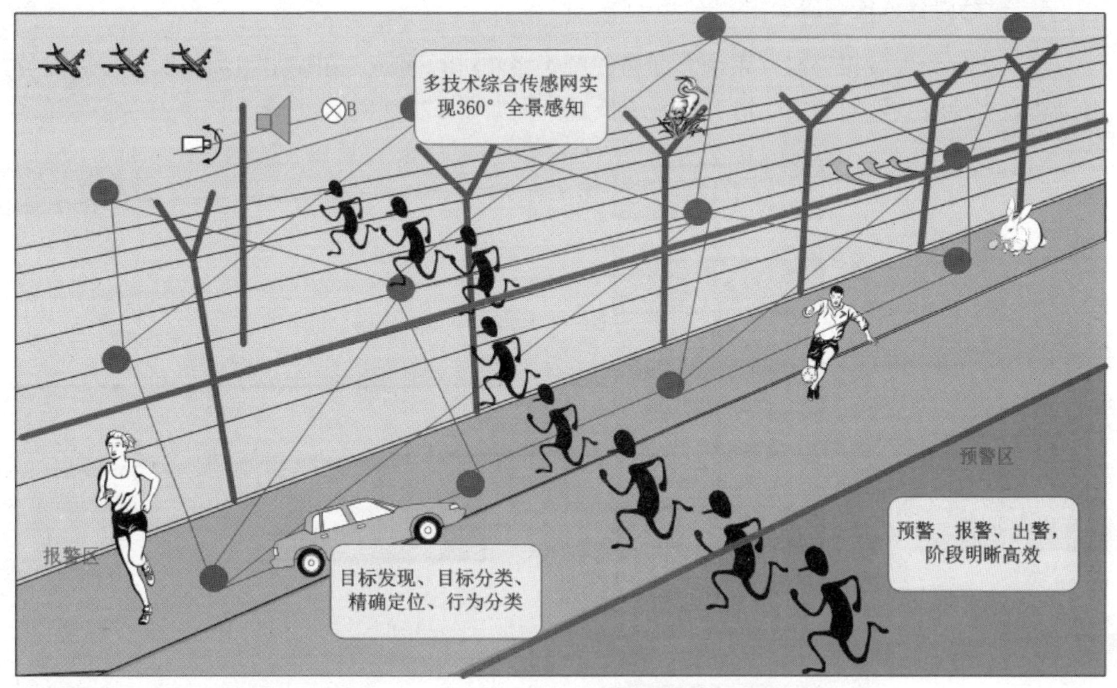

图 17.17　基于物联网概念的新型周界入侵探测示意图

3. 物联网入侵系统整体结构

通常周界由物理围栏(重点地区设置第二层围栏以延迟入侵者进入要害区域的时间)、多节点探测传感网络、视频分析及气象组合构成多层立体防护网络，实现全天候、全天时的无盲区监控，可准确地探测入侵目标的入侵方式和种类，并可以对入侵目标准确定位及进行跟踪。如图 17.18 所示。

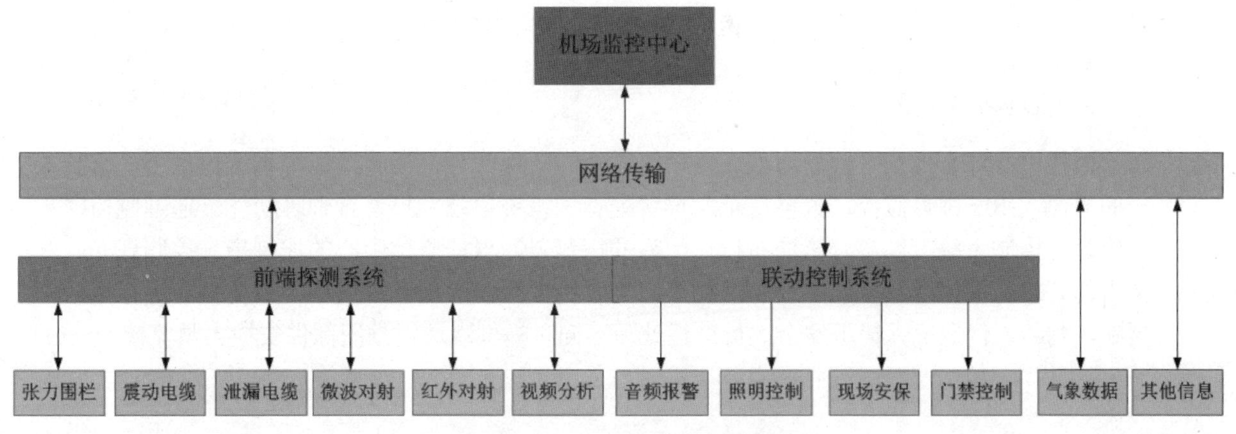

图 17.18　系统整体构成示意图

4. 机场周界入侵响应流程

当入侵行为触发报警时，系统立即与视频子系统进行联动，在调出视频图像后值班人员可迅速直观地看到现场的实际情况。系统报警流程如图 17.19 所示。

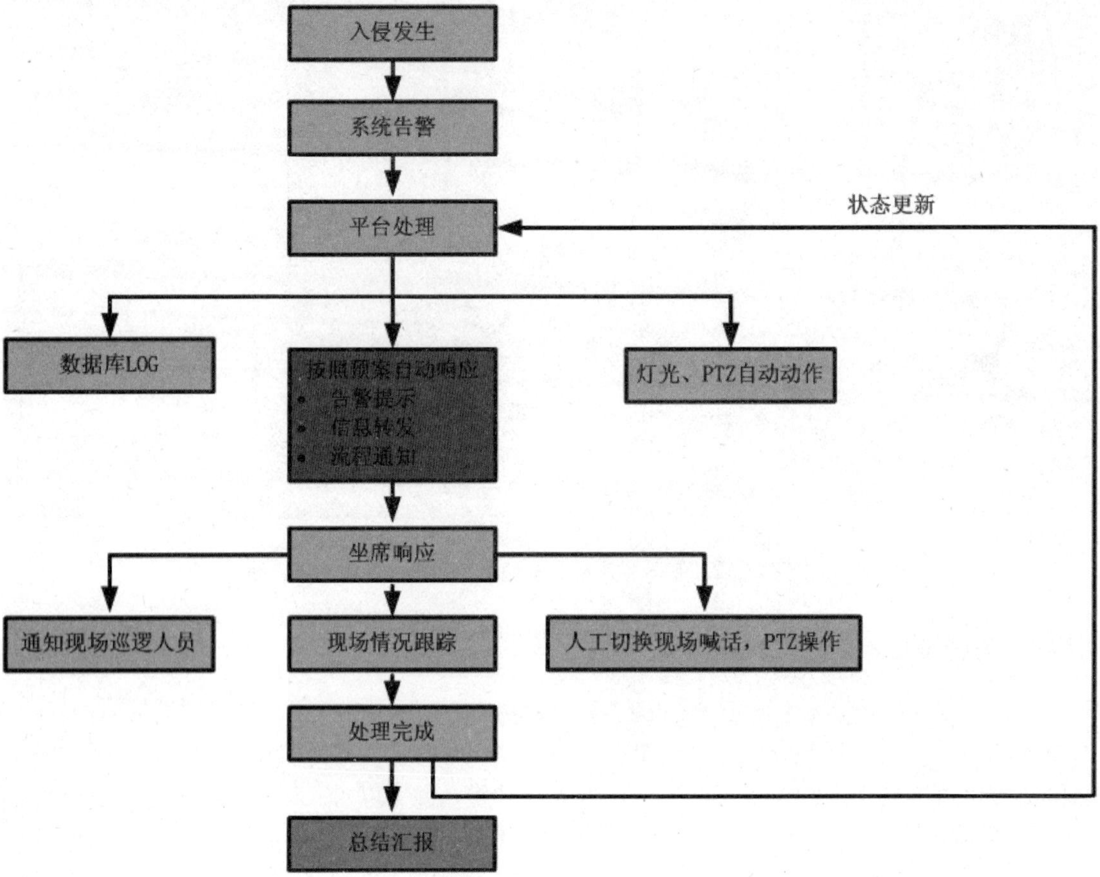

入侵发生
系统告警
平台处理
状态更新
数据库LOG
按照预案自动响应
• 告警提示
• 信息转发
• 流程通知
灯光、PTZ自动动作
坐席响应
通知现场巡逻人员
现场情况跟踪
人工切换现场喊话，PTZ操作
处理完成
总结汇报

图 17.19　机场入侵响应流程图

5. 机场周界入侵平台软件

监控中心综合控制平台是周界入侵报警系统的软件部分，为整个报警系统提供了一个统一的界面，用于围界监控、报警提示、报警处理、报警记录、报警查询等功能。通过监控中心内综合控制系统可以实时监控布设在围界的探测器，根据监控中心的控制指令控制灯光、警告的开启、关闭以及现场各设备的复位。当收到探测器的报警数据后，系统自动进行综合判断，判断入侵情况并提示安全人员进行处理，同时提供现场视频图像供安检人员复核。

17.4　视觉物联网概念及应用

17.4.1　视频监控发展历程

“视频感知”的概念与传统的“视频监控系统”还是有很大的区别的，无论是早期的模拟电视监控系统(CCTV)、后来的数字视频监控系统(DVR)及当前主流的网络视频监控系统(IP Surveillance)，其核心大多仍然停留在“监”和“控”的应用，主要通过人员的实时监控及事后的录像回放来进行各种应用(早期主要应用于安防)，还称不上“视频感知”。如图 17.20 所示。

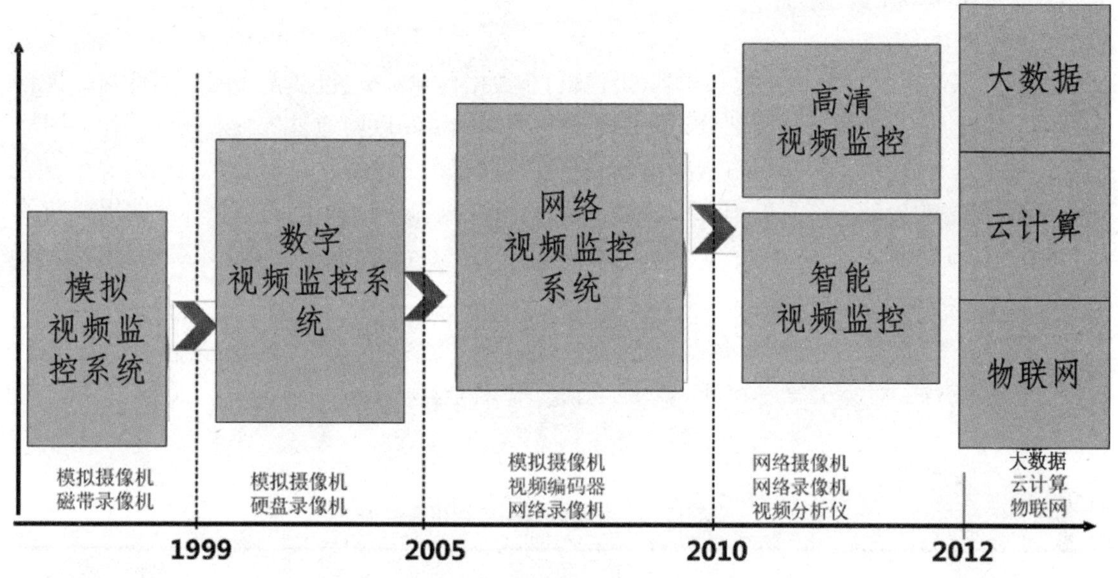

图 17.20　视频监控系统发展历程示意图

真正可以叫做“视频感知”或者说“视觉物联网”的系统，必须融入“智能”的概念，前端的摄像机不单单是实现光电转换和信号采集功能，编码器及 DVR 不单单实现编码压缩及网络传输功能，而 NVR 则不再单单是存储功能。

系统从前到后所有环节均需要全面“智能”升级，前端设备能够进行自动、主动的行为判定，后端设备基于前端设备采集的信息及系统预设的规则，能够进行研判、挖掘、关联、响应、统计等功能，才能够称得上是真正的“智能视频感知”系统或者“视觉物联网”，目前来讲，尚属初级智能阶段。

表 17.4 为普通视频监控系统与视觉物联网的对比。

表 17.4 普通视频监控与视觉物联网概念对比表

	普通监控系统	视觉物联网	环 节
摄像机	视频采集、视觉传感器	视频采集、自动分析、视频自诊断	采集
DVS	模数变化、编码、传输	视频编码、视频分析、故障自检及报告	编码
NVR	视频存储、转发	视频存储、视频转发、视频分析	媒体
平台	数据管理、集成	视频分析、设备管理、报警、集成	数据
解码显示	解码显示	自动报警、自动提示	显示

17.4.2 视觉物联网概念

视觉物联网的构成是由视觉传感器(摄像机)、数据传输部分(包括无线网、因特网、视频专网等)、智能信息处理及识别部分、应用部分构成。视觉物联网通过传感器获取图像、图片信息，然后进行视觉标签的提取(视频内容的识别、理解、分类等，目标对象包括人、车、物等)。通过网络的传输与信息处理分析，建立起跨摄像机、时间、空间的视觉标签的提取与关联。如表 17.5 所示。

提示：目前我们对某一路的监控摄像进行分析的话，还没有形成一个联网的力量，对跨大范围的视觉信息进行综合识别、融合、挖掘之后，才能显示出物联网的作用。

表 17.5 视觉物联网应用概念列表

视觉物联网	应 用	关键技术
人	目标身份验证、城市反恐、公安技侦、门禁控制	人脸识别
车	智能交通指挥、交通卡口、电子警车、犯罪车辆跟踪	智能交通
物	危险物品、丢失物品、物品保护、物流管理	物件识别

17.4.3 视觉物联网架构

视觉物联网可以这样进行定义：通过视频传感器及其他传感器、智能装置以及执行器件，实现对现场、目标的实时、在线、全面感知，并通过后端强大的海量数据处理、加工、智能分析、挖掘，达到对物理世界的精确感知，以了解状态、趋势，进而进行管理及决策。如图 17.21 所示。

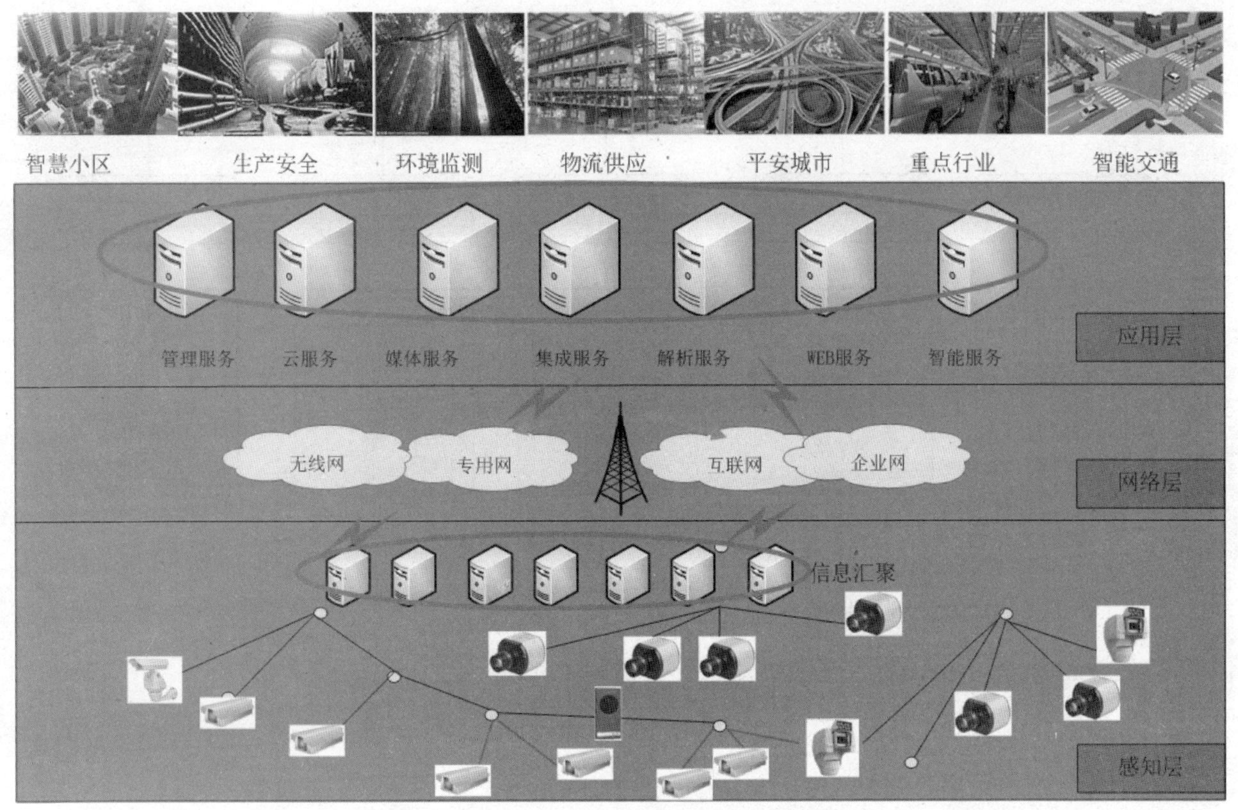

图 17.21　视觉物联网构成示意图

视觉物联网的基本特征及属性如下：

- 全面感知(感知层)：利用摄像机实现对场景、空间的全面信息感知(图像)。
- 可靠传递(网络层)：通过各种通信方式与互联网的融合，将视频信息传递。
- 智能应用(应用层)：利用智能、云技术等，对海量的数据和信息进行分析处理。

17.4.4　视觉物联网应用领域

目前，智能网络视频监控系统已经有很广泛的应用领域，尤其在平安城市、智能交通、连锁企业、安全生产、金融财保、机房库房、其他商业增值应用等领域。如图 17.22 所示。

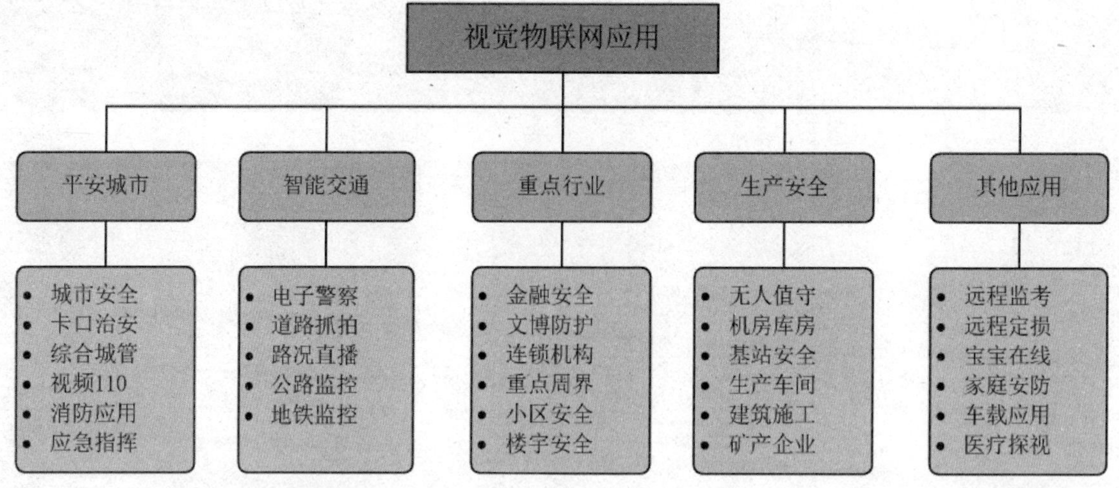

图 17.22 视觉物联网应用领域

- 公共安全：各类场所安防监控、平安城市视频监控。
- 生产应用：对生产秩序、状态、仓储等环节进行监控。
- 智能交通：路况信息监控、违规识别、抓拍等。
- 家庭应用：宝宝在线、老人看护、家庭安防等。
- 商业应用：人流统计、入店率、注意力统计等。

1. 公共安全应用

目前的平安城市建设，摄像头数量动辄几千上万甚至达到几十万数量级，并全面覆盖城市各个角落，经过市、区、县三级联网，形成“天网”、“神眼”、“全球眼”等。城市中摄像头数量的增多，一方面确保了无死角覆盖，但另外一方面，一旦出现情况，需要调查的录像资料也是相当庞大的，平安城市典型的应用是实时布防和录像检索，如图 17.23 所示。

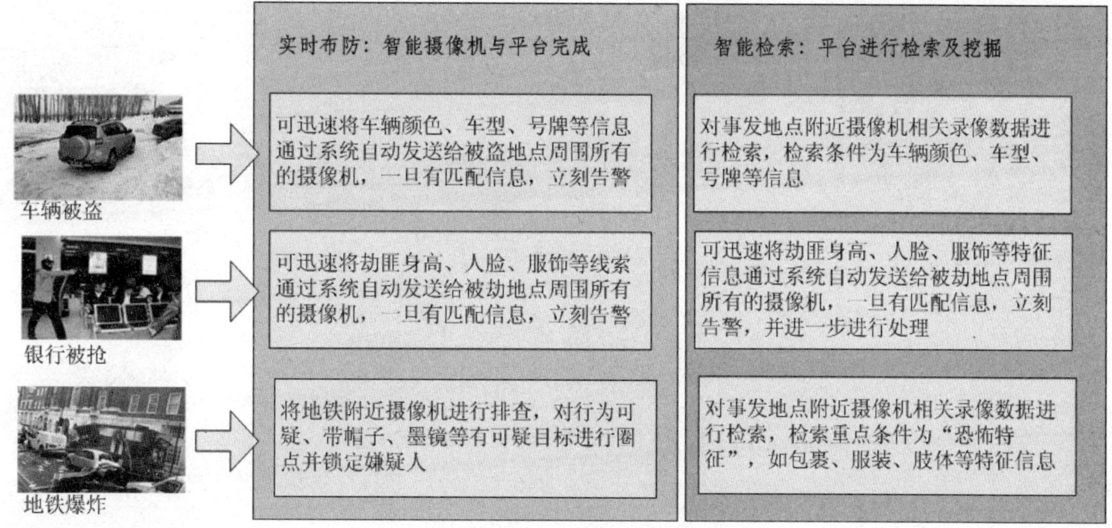

图 17.23　平安城市典型监控应用示意图

2. 商业行为分析

商业行为分析主要针对商场超市，利用摄像机进行视频分析，分析模式包括人数统计、轨迹分析、人脸识别、滞留分析等等，将这些数据进行综合汇总、统计，实现商场管理人员营销策略支持、经营中的问题分析、店员排班管理、促销策略、柜台布局策略支持等等。

商场管理者需要的数据统计支持至少包括如下内容：

- 顾客进入商场的时间段精确统计，包括每月、每周、每天、每小时数据及趋势；
- 顾客进入商场不同区域(楼层)的驻留情况，对不同区域的关注时长；
- 结合 POS 数据，对区域或楼层成交情况进行分析统计；
- 全方位地评价一个品牌是否能为商场带来有效地客流拉动。

通过以上商业统计数据分析，商场物业、品牌的所有者、商场管理者、商场的租户，才能够有足够细致和全面的数据支持，并在此基础上对其产生清晰、深入的认知，进而寻找到优化和提升的机会点，继而通过良好的运营管理吸引足够多的顾客光顾，这是商场获取稳定收益并实现产业升值的基本保证。如图 17.24 所示。

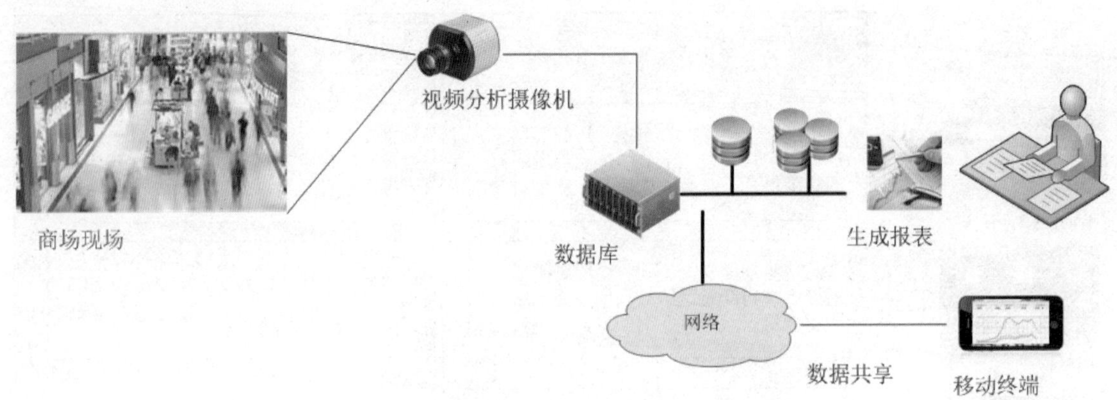

图 17.24 客流统计分析系统构成示意图

3. 智能交通路况

通过在重要的交通要道安装视频采集设备，将实时视频上传至中心运营平台，用户可以通过手持移动设备随时连接系统平台查看相关目标道路的实时视频，以了解相关道路情况，运营公司可以通过向点播视频的用户收取流量费或者功能服务费盈利。这是一个比较普通的、所有人可以接入城市视觉物联网并享受其便利的一个模式，目前已经有案例应用。如图 17.25 所示。

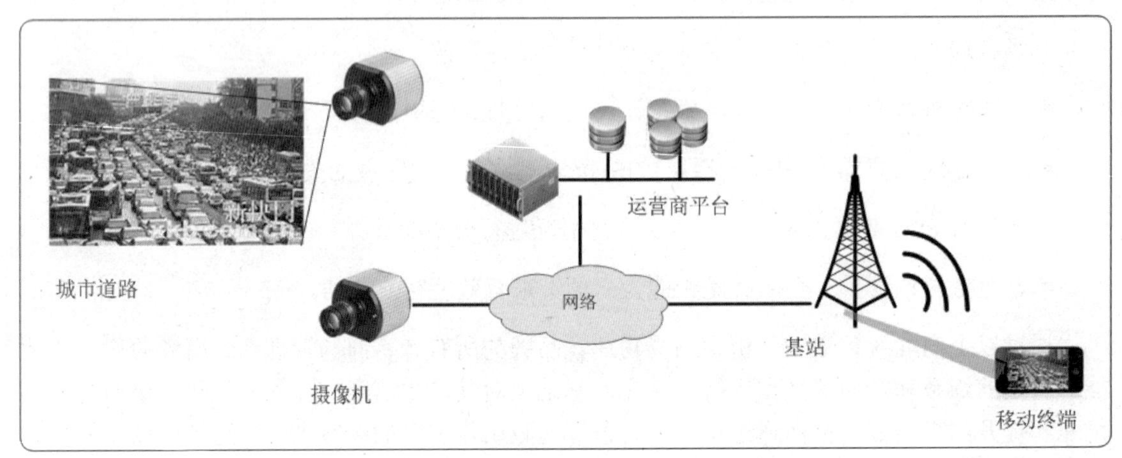

图 17.25 智能交通路况直播示意图

4. 家庭或商铺安保服务

这类服务在欧美一些国家已经非常普遍并且运营良好，早期主要通过在用户家或者商铺安装防盗系统(各类传感器)，构成防盗物联网，一旦发生警情可以通知用户或者接警公司介入处理。引入视频物联网后，不但可以接收报警，还可以对现场情况进行二次确认(远程视频方式)，以免误报警或其他情况引起不必要的现场亲自确认。

通常，接警中心可以自动弹出报警信息并调阅相关视频，客户也可以接收短信，并继而连接视频进行确认。甚至可以远端对云台进行遥控，或者对现场进行喊话警告。如图 17.26 所示。

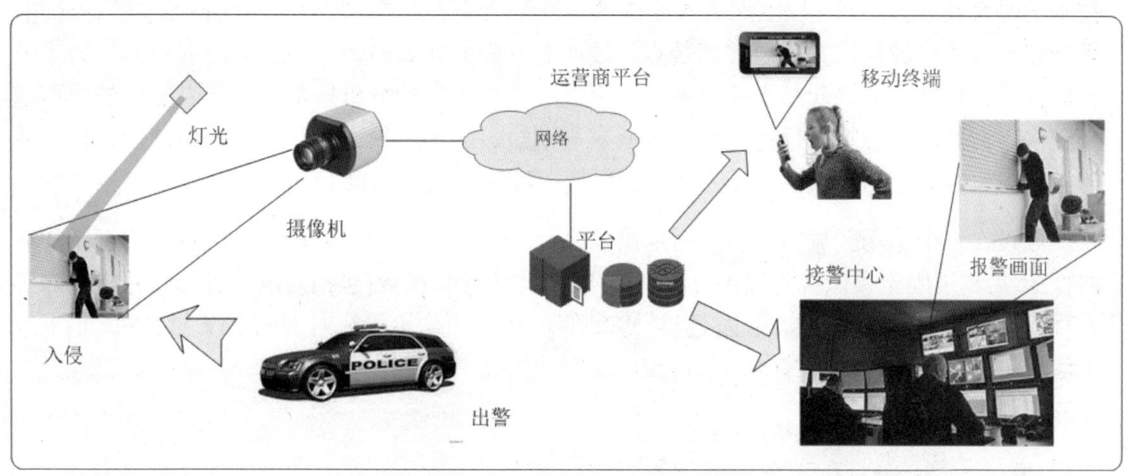

图 17.26　家庭和商铺安保服务示意图

5. 连锁企业管理

对于一些需要上级监管或者是连锁经营场所，上级管理部门或者企业领导需要对场所的日常运营(如员工活动、顾客流量、付款细节、食品安全、环境卫生等)情况进行监督管理，远程视频管理的好处是对于分散的场所，可以随时进行抽查管理，并提出指导意见，非常高效。店铺的安全方面——主要解决店铺日常经营中的人、财、物的安全管理，同时方便企业的监管中心能实时了解到前端各个店铺的安全状况、收银情况、人员工作状态情况等，起到远程监督的作用。同时系统支持 PC、手机、PAD 等多种监督方式，方便管理者。如图 17.27 所示。

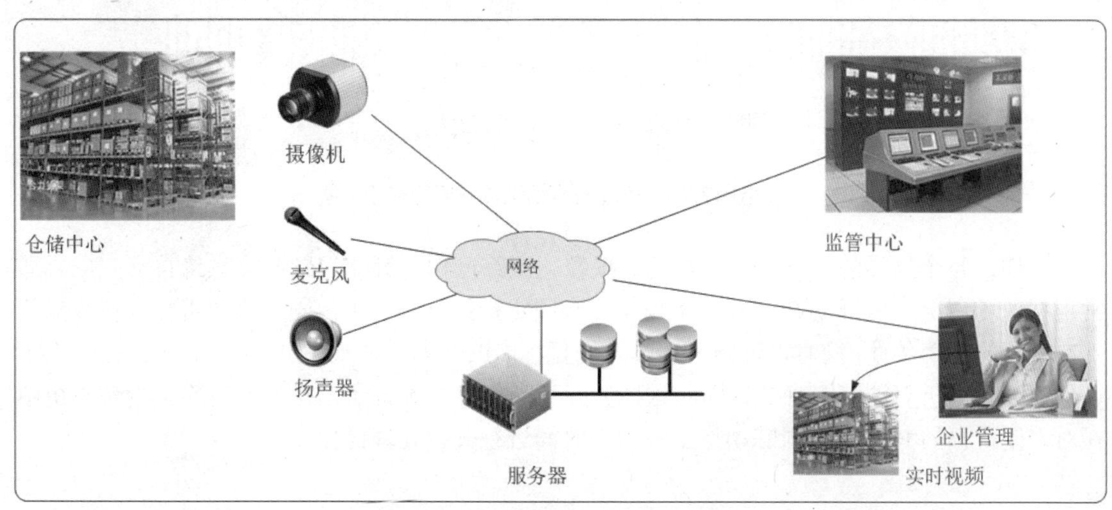

图 17.27　连锁企业视频远程管理示意图

17.4.5 视觉物联网在机场周界的应用

本章之前讨论了传统周界技术，后来兴起的综合传感网络，包括了传统周界技术与新兴技术的融合及立体感知。以上探测入侵技术的特点是基于围界，需要实实在在地安装并感知，系统建设成本比较高，并且通常都是点、线或者有限的面式防护。随着高清视频监控技术及智能视频分析技术的兴起与不断发展，利用视频监控＋视频分析技术进行周界防护的应用越来越多，并体现出独特的优势，如成本低、周期短、立体防护。当然智能视频监控进行周界防护自身也有一定的局限性需要突破，如照度、环境影响、误报率等。

假设在一个机场区域中，利用固定摄像机及 PTZ 摄像机构成视觉传感网(或称视觉物联网)，然后利用固定摄像机的视频分析功能(VCA)构成虚拟围界(包括防区、目标尺寸、景深等各种元素)，一旦有触发报警发生(越界、攀爬等)，固定摄像机关联对应的 PTZ 摄像机，由 PTZ 摄像机进行目标的自动跟踪(Auto-Track)。如图 17.28 所示。

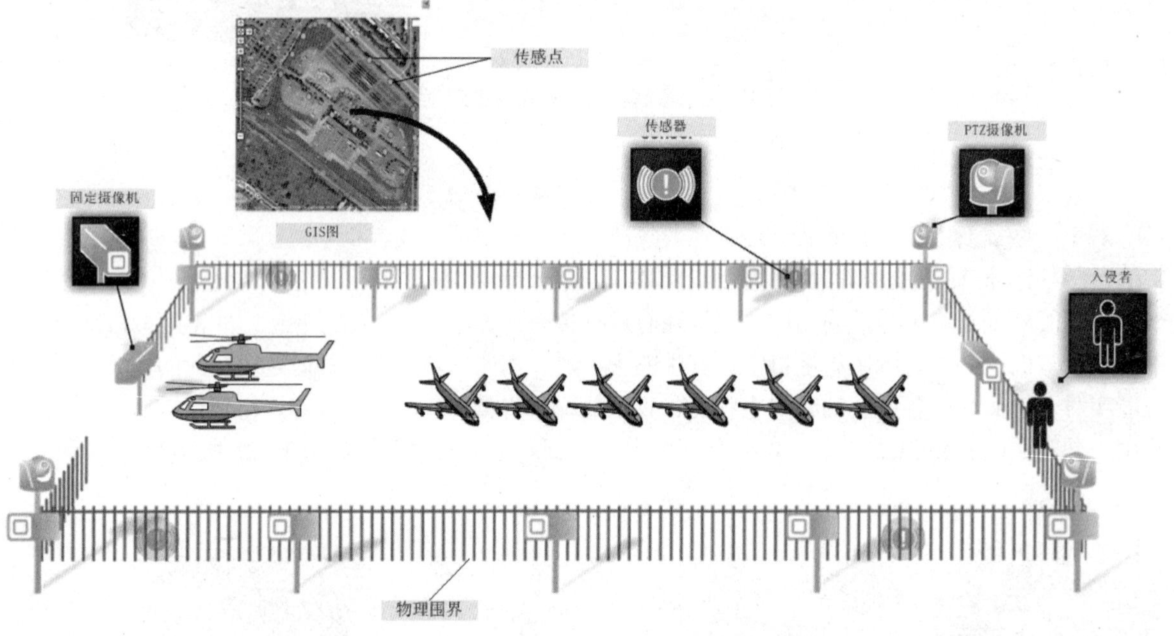

图 17.28 机场周界视觉传感网构成示意图

这样，整个周界的入侵探测、发现、报警、跟踪过程由智能视频监控系统自动完成。通常根据现场情况，可每隔 50~100 米设置一台固定摄像机，另外，固定摄像机需要在夜间依然有一定的照明条件，同时保证防区远端入侵目标能够在整个场景(FOV)中占有一定比例大小以保证视频分析算法能够有效识别。这样的好处是一旦发生警情，操作人员不必将精力集中在对入侵目标的 PTZ 操作跟踪动作上，而有时间进行其他处理操作。

提示： 自动跟踪功能，可以使摄像机对自身的云台和变焦镜头进行自主 PTZ 驱动，并自动控制 PTZ 摄像机进行云台全方位旋转和镜头缩放，针对被锁定的运动目标进行视觉导向的自动跟踪，以确保跟踪目标持续以放大特写画面出现在镜头中央。如图 17.29 所示。

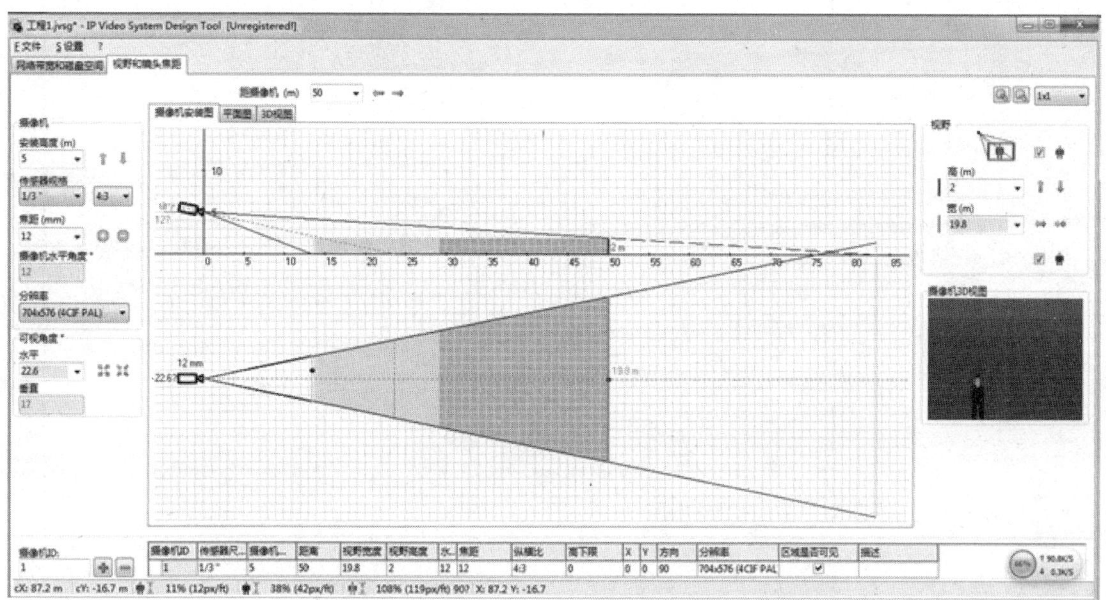

图 17.29　视频监控摄像机视野和焦距计算示意图

本节上述的周界防入侵产品可对机场的周界及重要区域形成有力的保护，但是由于机场环境的复杂性，没有任何单一产品可以对整个周界形成防护，我们需要根据机场的实际环境，采用不同的防护产品并有机结合，与其他系统联动整合，实现无缝防护、高效联动的效果。

17.5　本 章 小 结

本章介绍了物联网的基本概念、架构及物联网的成熟应用领域，包括智能建筑、门禁控制、机场周界及网络视频。物联网的概念虽然比较大，近年来才火热起来，其实在部分领域已经成熟应用了多年。智能网络视频监控不是孤立应用的系统，因此，了解智能建筑、门禁控制及机场周界，对安防系统综合了解很有帮助。

读书笔记

第18章 云计算与视频监控

目前“云计算”的定义不是非常统一，产品及服务形态差别较大，但是这并不妨碍云计算的发展与应用。云计算在近几年飞快发展，各行各业都在借鉴、引入云计算技术以应用到本行业。安防监控行业与云计算有很多契合点，目前已经有一些落地的云监控应用。

关键词

- 云计算的概念
- 云计算的关键技术
- 云计算实施的障碍
- 云计算的系统架构
- 云计算与视频监控应用

18.1　云 计 算

18.1.1　如何理解“云计算”

简单理解，云计算即是一种外包服务理念——外包服务已经早已存在于传统行业中。

举例来讲，一家小公司处于起步阶段，公司虽小但是仍然需要各种服务，如财务、法律、保安、保洁、IT、人力资源等，公司财力有限无法全职雇佣各类服务人员，只能外包给专业公司，然后按服务次数或时间付费给专业公司，既可满足需求亦降低企业运营成本。

或者范围继续缩小到 IT 领域，当前任何一家公司都离不开 IT 部门，而 IT 服务范围亦比较广泛，包括机房建设(基础、电力、空调、装修等)、服务器、存储、网络、电话、会议、视频、数据库、应用软件等等，中小型公司财力有限无法雇佣各类专业 IT 人员，而 IT 服务的需求却越来越高，显然，可以将具有技术含量的服务器运维、存储运维、网络运维、日常办公支持等工作找专业的 IT 公司来做。这样的好处显而易见，可以避免自己因雇佣大量的全职人员导致投入过高并且能够保证从专业的外包公司得到专业的服务。

再向前发展一步，企业甚至可以将机房建设、硬件设施购买等工作也从自身解脱出来，不再建设自己的机房，而是完全从专业的 IT 服务公司租用 IT 资源，再按实际需求情况付费。在此情况下，IT 资源(计算、存储等)、数据、甚至软件服务等均以服务形式通过网络提供给用户，公司只要按需购买需要的服务即可。这样的好处显而易见，提供 IT 服务的公司可以集中资源、财务、人力建设专业的 IT“云”，而各个公司可以通过网络购买专业、按需的“云”服务，这跟传统行业的自来水、电力、煤气供应服务比较类似。如图 18.1 所示。

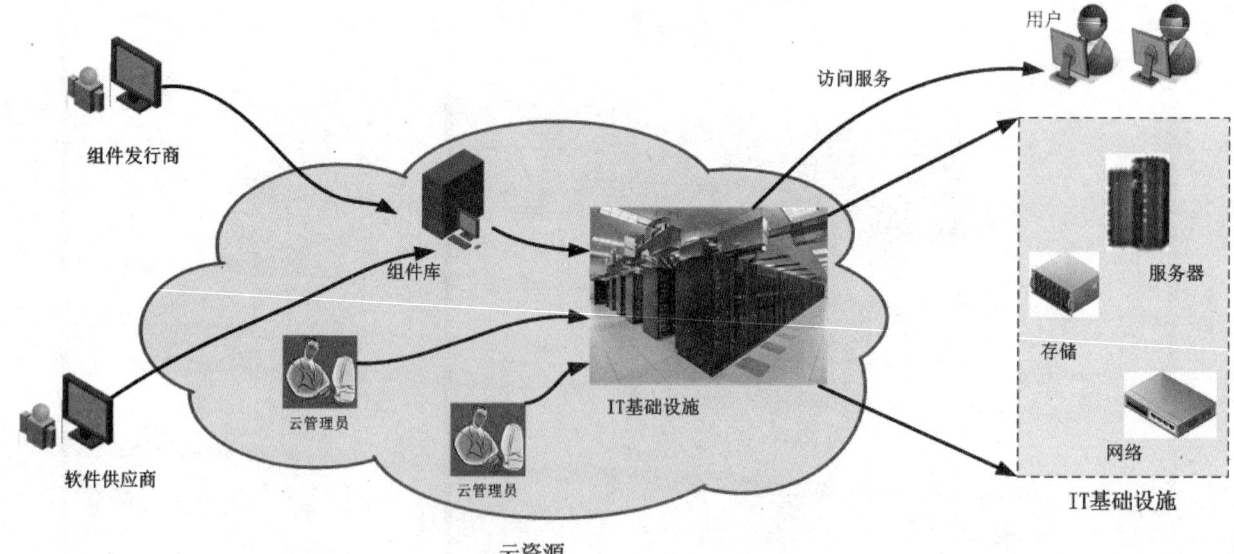

图 18.1　IT 云计算应用示意图

这样，在云计算模式下，数据处理工作由位于远端的云计算资源统一完成，用户通过各类终端登录，即可完成各类应用，终端无需大量的计算能力或存储能力。我们不需要关注“云”端细节，我们只需关注我们需要的服务即可。

显然，对于最终用户而言，云计算意味着没有机房建设、硬件购置、软件购置费用，无需考虑系统升级或雇佣过多技术专家及咨询人员，只是按照业务及使用量承担相应的费用(实质是硬件、软件的综合费用)即可。

比如：云计算可以视为一个“发电厂”，发电厂有很多专业的发电设备，但是，我们不需要了解发电厂到底有多少设备及各个设备是如何进行发电工作的，我们唯一的要求是“发电站保证持续工作并能够输出给我们需要的能源”即可。

18.1.2 云计算的定义

Wiki 对云计算的定义：云计算是一种通过网络以服务的方式提供动态可伸缩的虚拟化的资源的计算模式。

原文：Cloud computing is a style of computing in which dynamically scalable and often virtualized resources are provided as a service over the Internet.

美国国家标准与技术研究院(NIST)定义：云计算是一种按使用量付费的模式，这种模式提供可用的、便捷的、按需的网络访问，进入可配置的计算资源共享池(包括网络、服务器、存储、应用软件、服务)，这些资源能够被快速提供，只需投入很少的管理工作，或与服务供应商进行很少的交互。

行业通常认为，云计算(Cloud Computing)是分布式计算(Distributed Computing)、并行计算(Parallel Computing)、网格计算(Grid Computing)、网络存储(Network Storage Technologies)、虚拟化(Virtualization)、负载均衡(Load Balance)等计算机和网络技术发展融合的产物。

- 并行计算：同时使用多种计算资源解决计算问题的过程。
- 分布式计算：将需要巨大计算资源的问题分成许多小部分进行处理，最后综合结果。
- 网格计算：在动态、多机构参与的虚拟组织中协同共享资源并求解问题。

提示：云计算可以看成是网格计算的一种简化形态。

网格计算不仅要集成异构资源，还要解决许多非技术方面的协调问题，不像云计算有成功的商业模式推动，实现起来也要比云计算难度大很多。但对于许多高端科学(如医疗、生物研究或军事应用)而言，云计算是无法满足需求的，必须依靠网格计算来解决。

18.1.3　云计算 VS 传统 IT 方式

如表 18.1 所示。

表 18.1　传统 IT 模式与云计算模式对比表

	传统 IT 方式	云 计 算
实现模式	建机房、买设备、搭系统、开发应用	租用资源或购买服务
商业模式	支付场地租金、建设费用、购买设备费	所用即所付
技术模式	周期长、投入大、运维难、单用户	投入小、实现快、弹性大、多用户

“云”的概念似乎已经明确，但是，不得不考虑其实施的障碍：

- 首先，目前网络的连接带宽及稳定性是否能有效保障以不至于影响我们的云服务；
- 其次，数据和信息放在云端，安全性及私密性如何保证；
- 再次，云是否真的万无一失，如果云端出现宕机，将如何应对。

注意：云计算的前提条件一定是畅通、稳定的网络，否则，得不到云端的任何服务；云端的数据采取何种措施进行物理隔离及安全保护，对于用户而言也并不透明；由于数据及服务位于云端，一旦云端发生故障，客户端可能会束手无策。

18.2　云计算的架构及特征

18.2.1　云计算的架构

云计算通常被认为包括以下几个层次的服务(三个不同交付模式)：基础设施即服务(IaaS)、平台即服务(PaaS)和软件即服务(SaaS)。如图 18.2 所示。

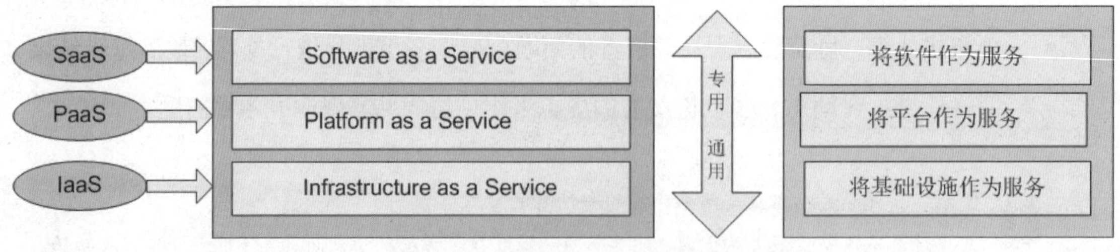

图 18.2　云计算的三层架构模型示意图

1. IaaS

Infrastructure as a Service，基础架构即服务，提供基础设施(包括物理和虚拟服务器、存储、网络带宽服务等)给用户，IaaS 典型案例如 Amzon EC2(亚马逊弹性云计算)。IaaS 与传统的 IDC 服务比较类似，即服务商只提供基础资源(类硬件)，而无关操作系统或数据库。

2. PaaS

Platform as a Service，平台即服务，提供平台服务，应用的开发和部署必须遵守该平台特定的规则和限制，如编程语言、编程框架、数据存储模型等。PaaS 的典型案例如 Google App Engine (GAE)，它主要为 Web 应用提供运行环境。

PaaS 在 IaaS 的基础上，强调的是一种“环境”，可以包含一定的操作系统、数据库及中间件等资源(类系统)。

3. SaaS

Software as a Service，软件即服务，提供给用户可以直接使用的应用软件。SaaS 的典型应用案例如 Salesforce.com 提供的 CRM(客户关系管理系统)。

SaaS 的目的在于为用户提供“一站式”服务，用户无需购买服务器、搭建网络、购买操作系统、部署数据库等，而是可以直接通过网络访问购买的软件资源(服务)。

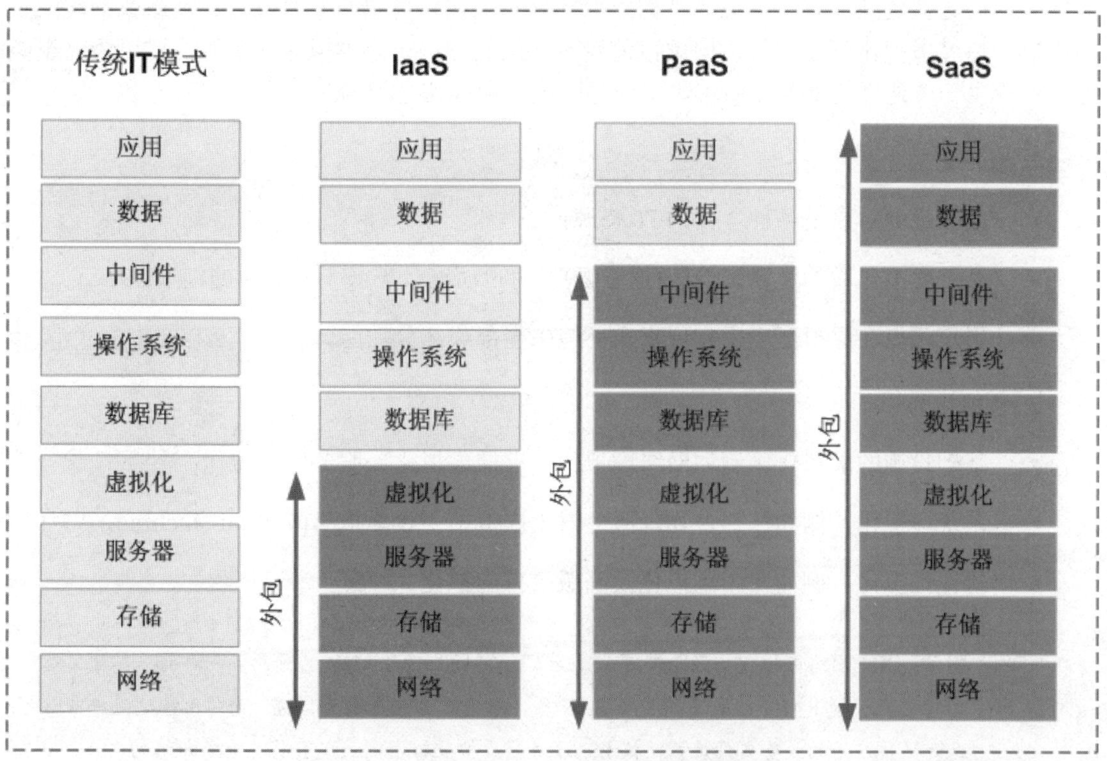

图 18.3　云计算三层架构构成元素示意图

18.2.2 云计算的特征

云计算通过分布式计算、集群技术、虚拟化技术等，实现对用户的资源供应。

- 超强处理能力：云端具有大规模计算、存储等资源；
- 规模化效应：为多用户提供共享服务，降低租用/使用费用；
- 资源配置动态化：动态划分或释放不同的物理和虚拟资源；
- 网络访问便捷化：通过标准的网络访问实现具体应用；
- 服务可计量化：通过计量的方法，资源的使用可被监测和控制；
- 虚拟化：将分布在不同地区的资源进行整合．实现基础设施资源的共享；
- 高可靠性：通过云计算可以实现备份、监控、负载均衡、动态迁移等。

18.3 虚拟化技术

虚拟化(Virtualization)技术是云计算应用的核心技术之一，虚拟化是将计算机物理资源(如服务器、网络、内存及存储等)予以抽象、转换后虚拟化呈现出来，使用户可以用更好的方式来应用这些资源。这些资源的重构虚拟部分不受现有资源的架设方式、地域或物理配置所限制。通过虚拟化可以用与访问虚拟前资源一致的方法访问虚拟后的资源，可以为一组类似资源提供一个通用的抽象接口集，从而隐藏属性和操作之间的差异。

1. 虚拟化的含义

- 虚拟化的对象是各种各样的 IT 资源；
- 经过虚拟化后的逻辑资源(虚拟资源)对用户而言，屏蔽了不必要的细节；
- 用户可以在虚拟环境中实现真实环境中全部或部分功能。

2. 虚拟化的分类

- 基础设施的虚拟化，例如网络虚拟化、存储虚拟化、服务器虚拟化；
- 系统虚拟化，例如在一台物理服务器上虚拟出多台虚拟机(Virtual Machine，VM)；
- 软件虚拟化，例如应用虚拟化及高级语言虚拟化。

> **提示：**其中网络虚拟化已经比较常见，如 VLAN 的应用及 VPN 的应用；而存储虚拟化更是非常广泛，如 RAID 技术及 NAS、SAN 等；系统虚拟化也应用普遍。而作为构建数据中心及云环境应用的最重要的虚拟化技术，服务器虚拟化技术则是本节将要重点介绍的内容。

18.3.1　服务器虚拟化

服务器虚拟化是基础设施即服务(Infrastructure as a Service，laaS)的基础，服务器虚拟化将服务器物理资源抽象成逻辑资源，让一台服务器变成几台甚至上百台相互隔离的虚拟服务器或者多台服务器虚拟成一台服务器，不再受限于物理上的界限，让 CPU、内存、磁盘、I/O 等硬件变成可以动态管理的“资源池”，从而提高资源的利用率，简化系统管理，实现服务器整合，让 IT 对业务的变化更具适应力，这就是服务器虚拟化的意义。如图 18.4 所示。

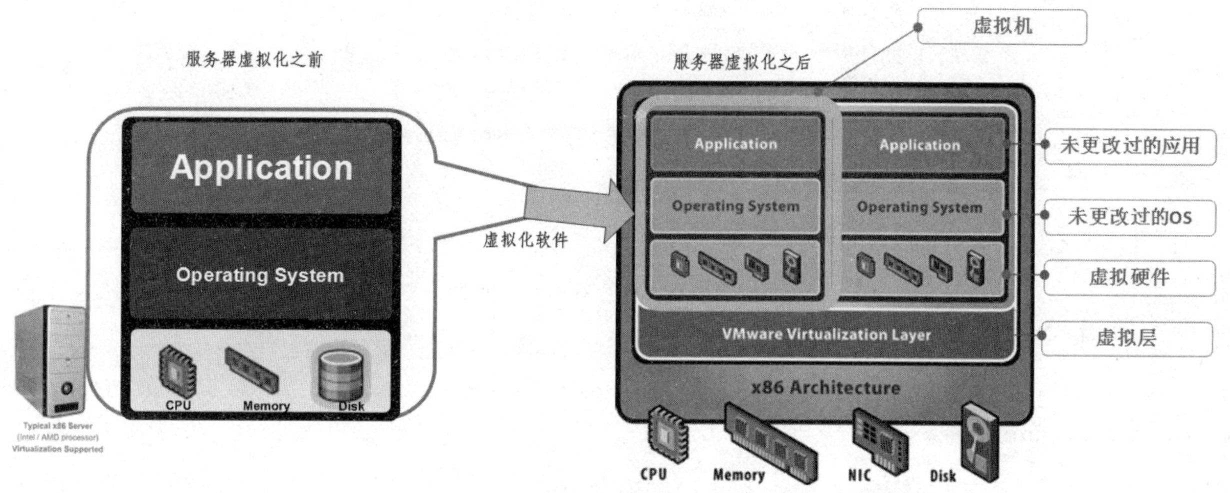

图 18.4　服务器虚拟化原理示意图

服务器虚拟化技术最早在 IBM 的大型机中使用，在 20 世纪 90 年代由 VMware 公司将其引入 X86 平台，并在 2000 年后迅速发展起来。

以下服务器虚拟化产品有广泛的应用：

- Citrix 公司的 Xen
- IBM 公司的 PowerWM
- 微软公司的 Hyper-V
- VMware 公司的 VMware Server、Vmware、ESX Server

服务器虚拟化包含如下虚拟化应用：

- CPU 虚拟化：把物理 CPU 抽象成虚拟 CPU。CPU 的虚拟化技术可以单 CPU 模拟多 CPU 并行，允许一个平台同时运行多个操作系统，并且应用程序都可以在相互独立的空间内运行而互不影响，从而显著提高计算机的工作效率。
- 内存虚拟化：统一管理物理内存，将其包装成多个虚拟的内存分别供给若干个虚拟机使用，使得每个虚拟机拥有各自独立的内存空间，互不干扰。

- 设备与 I/O 虚拟化：统一管理物理机的真实设备，将其包装成多个虚拟设备给若干个虚拟机使用，响应每个虚拟机的设备访问请求和 I/O 请求。
- 故障恢复：虚拟机之间的快速热迁移技术(Live Migration)，可以使一个故障虚拟机上的应用在用户没有明显感觉的情况下迅速转移到另一个新开的正常虚拟机上。
- 统一管理：方便易用的统一界面对多个虚拟机的动态实时生成、启动、停止、迁移、调度、负荷、监控等进行统一的管理。

> 注意：虚拟化技术与多任务以及超线程技术是完全不同的。多任务是指在一个操作系统中多个程序同时并行运行，而在虚拟化技术中，则可以同时运行多个操作系统，而且每个操作系统中都有多个程序运行，每一个操作系统都运行在一个虚拟主机上；超线程技术只是单 CPU 模拟双 CPU 来平衡程序运行性能，这两个模拟出来的 CPU 只能配合、协同工作。

18.3.2 VMware 虚拟化技术

1. VMware 的虚拟化架构

VMware 的虚拟化架构分为寄居架构(Hosted Architecture)和裸金属架构(Bare Metal Architecture)两种。

- 寄居架构是安装在操作系统上的应用程序，依赖于主机的操作系统对设备的支持和对物理资源的管理。
- 裸金属架构是直接安装在服务器的硬件上，在硬件和操作系统之间形成一个虚拟化层(Hypervison)，可将一台物理服务器划分为多个可移植的虚拟机环境，允许多个未经修改的操作系统及其应用程序在共享物理资源的虚拟环境中运行，它将处理器、内存、存储和网络资源抽象为虚拟机资源。如图 18.5 所示。

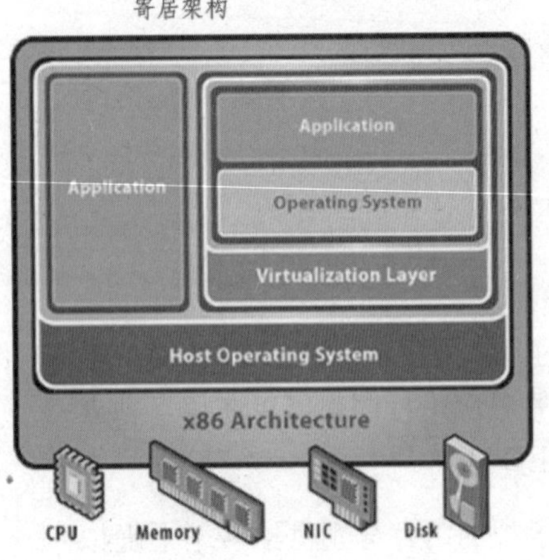

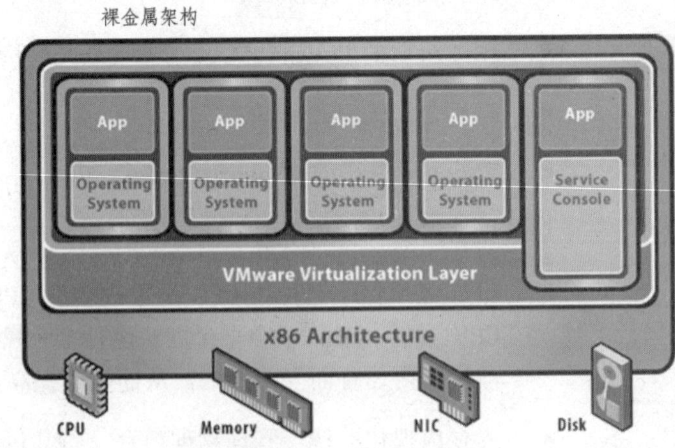

图 18.5　VMWare 虚拟化架构示意图

提示：服务器虚拟化通过虚拟化软件向上提供对硬件设备的抽象和对虚拟服务器的管理，目前业界通常使用的专业术语分别对应为“虚拟机监视器”(Virtual Machine Manager,VMM)及“虚拟化平台”（Hypervisor）。具体虚拟化的实现方式，分别为“寄居架构”及“裸金属架构”亦有称呼为“寄宿虚拟化”及“原生虚拟化”。

2. VirtualCentre 管理软件

VirtualCenter 用来管理虚拟计算机和存储、服务器和网络资源，它使整个数据中心看起来像一个完整的工作环境或者是一个虚拟架构的共享资源。如图 18.6 所示。

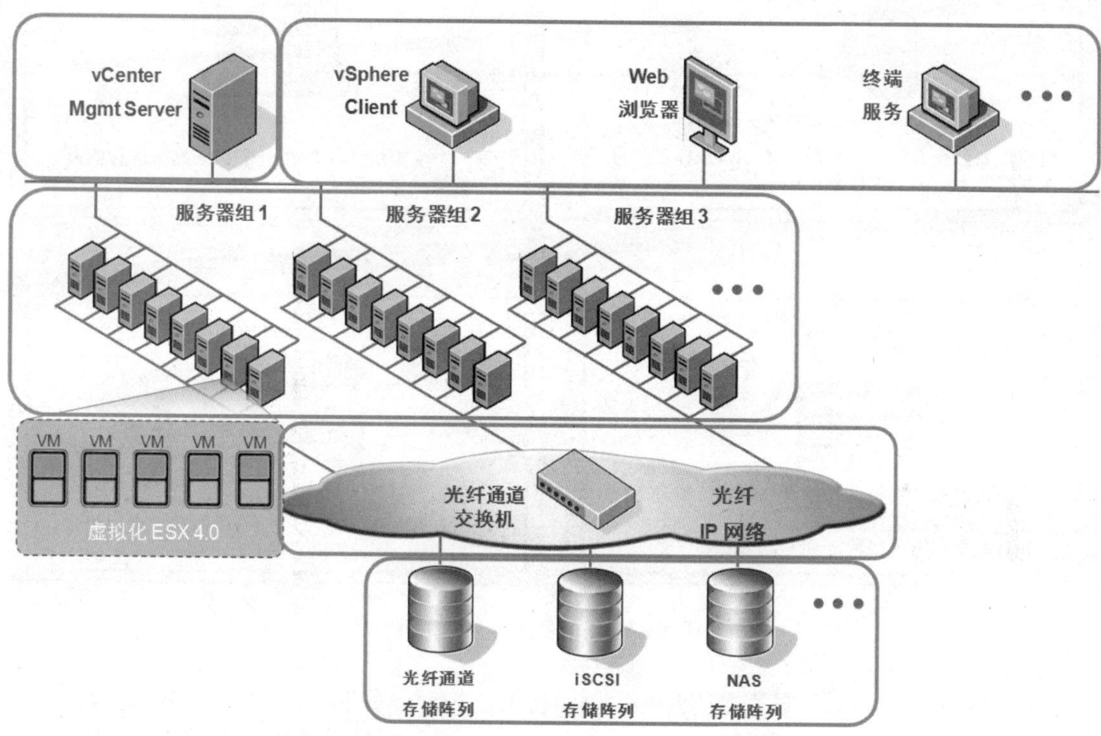

图 18.6　虚拟化之后的数据中心的物理拓扑结构

VirtualCenter 提供了对虚拟架构中资源使用的全局管理：

- 集中的单点管理所有的 VMware 服务器和虚拟机；
- 完整的资源映射和拓扑图，实现拖放控制基础架构；
- 远程部署、启动和迁移虚拟机；
- 监控系统利用率和性能；
- 自动通知和 Email 报警；

- 通过强壮的访问控制确保环境安全；
- 软件开发包支持和第三方的管理工具集成。

18.3.3 服务器虚拟化的关键特性

如图 18.7 所示。

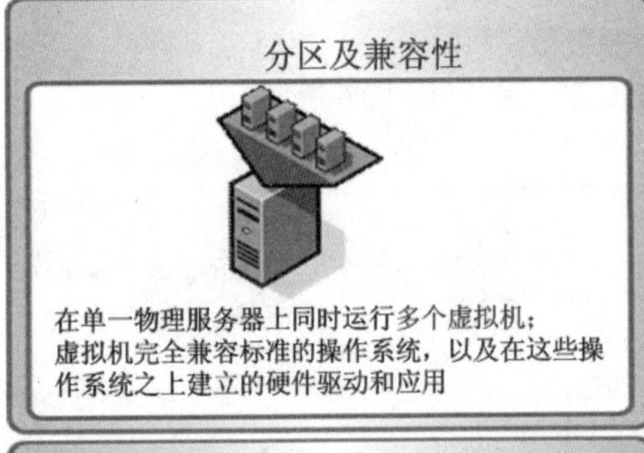

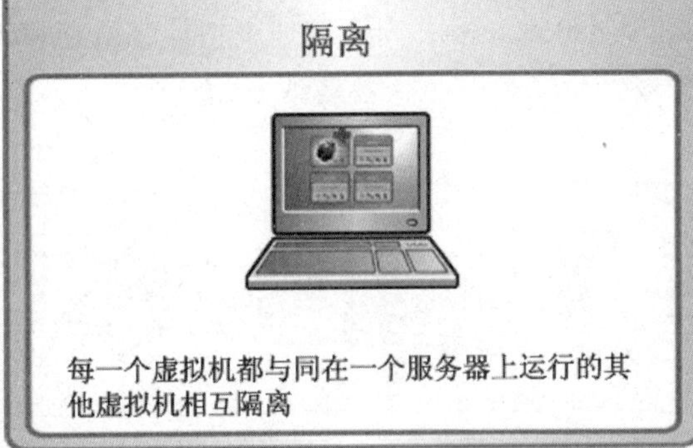

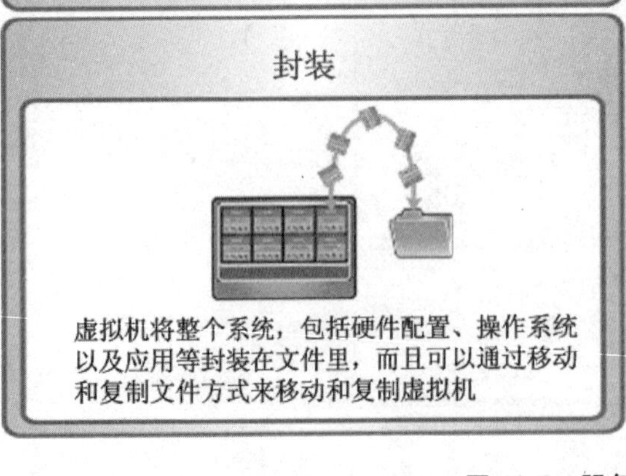

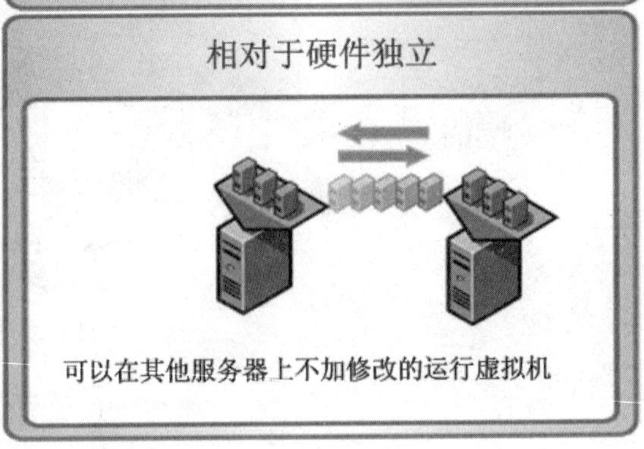

图 18.7　服务器虚拟化的关键特性

- 分区：能够划分服务器的资源，以便在单一物理服务器上同时并独立地运行多个虚拟机，可支持多个不同的 OS，提高利用率，减少服务器数量。
- 隔离：虚拟机互相独立地运行，某一个虚拟机的崩溃、病毒等问题不会扩散影响到同一系统中运行的其他虚拟机。
- 封装：所有与虚拟机相关的内容都存储在文件中，复制和移动虚拟机就像复制和移动文件一样简单。服务器资源调配类似于拷贝文件、服务器迁移类似于数据迁移。
- 硬件独立：因为虚拟化层从实际物理硬件中抽象出虚拟资源，所以虚拟机不在乎实际硬件是什么，从而实现相对于硬件独立。

18.3.4　服务器虚拟化的优势

1. 更高的利用率

据调查，在虚拟化之前，通常数据中心的服务器和存储资源利用率一般在 50%以下(平均值)，可能甚至在 20%的水平。而通过虚拟化，可以把工作负荷封装一并转移到空闲或资源使用不足的系统，以整合系统，避免购买更多服务器并节约能源(空间、电能等)。如图 18.8 所示。

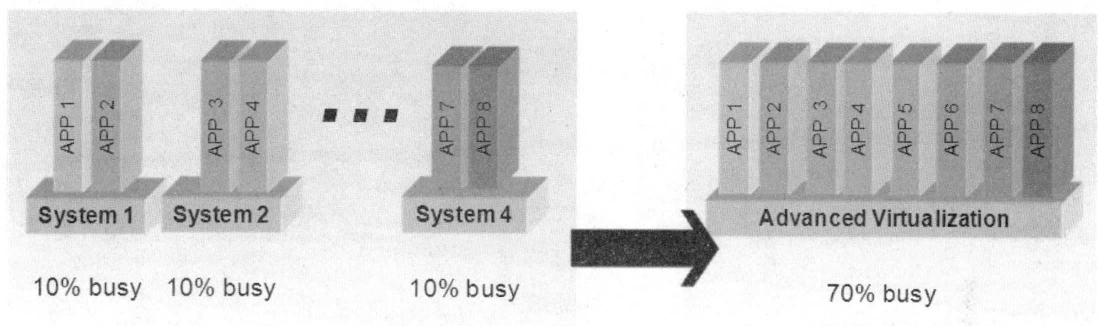

图 18.8　虚拟化提高设备的利用率

2. 资源整合能力

虚拟化使得 IT 资源的整合成为可能，整合的资源包括服务器、存储设备、数据库、网络、服务等，以进一步节约成本，提高效率。如图 18.9 所示。

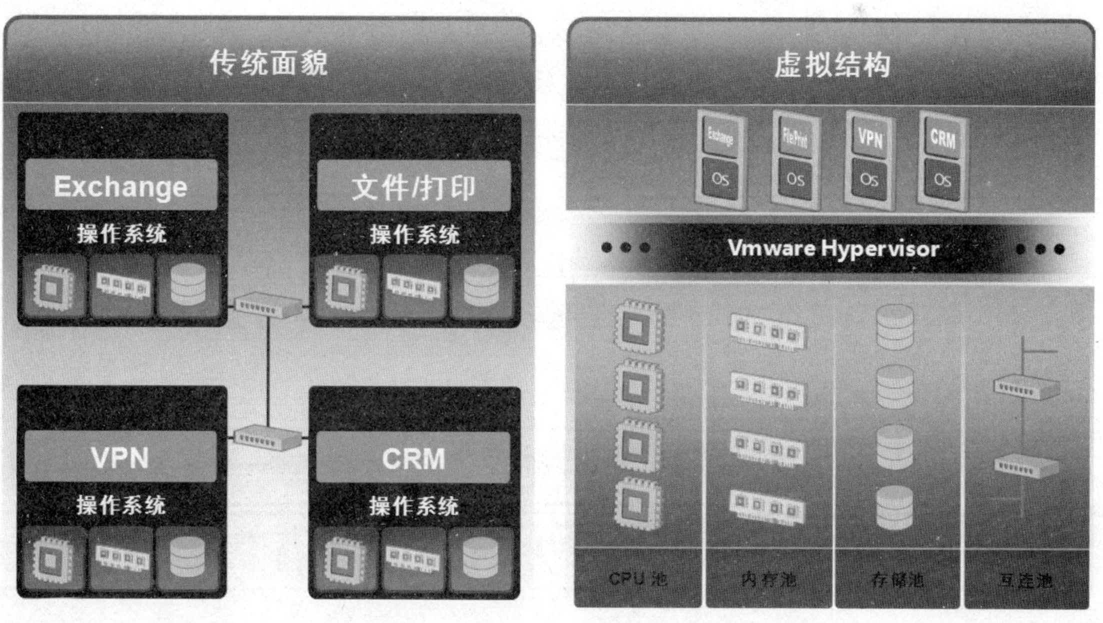

图 18.9　虚拟化提高 IT 资源整合能力

3. 容灾能力/业务连续性

虚拟化可以提高系统容灾能力，并提供灾难恢复解决方案，以保证业务快速恢复。通过 VMware VMotion 可以实现虚拟机的动态迁移，而服务不中断，以进行有计划的服务器维护和升级迁移工作，保证服务器的持续可用性。如图 18.10 所示。

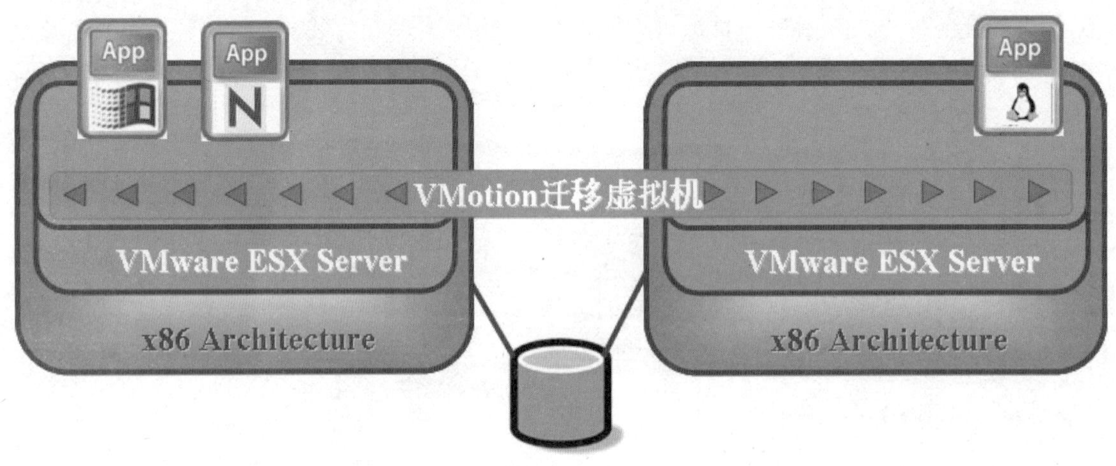

图 18.10　虚拟化提高系统容灾/持续工作能力

18.4　云计算体系架构

如前所述，云计算分 IaaS、PaaS 及 SaaS 三种类型，不同厂商有不同的解决方案，目前尚没有一个统一的体系架构。如图 18.11 的架构概括了不同厂商体系架构的主要特征，仅供参考。

SOA构建层		服务接口	服务注册	服务查找	服务访问	服务工作流
管理中间件	用户管理	账户管理	用户配置	安全管理	交互管理
	任务管理	任务调度	任务执行	生命期管理	映像部署
	资源管理	负载均衡	监视统计	故障检查	故障恢复
资源池		计算资源池	存储资源池	网络资源池	数据资源池	软件资源池
物理资源		计算机	存储设备	网络设备	数据库	应用软件

图 18.11　云计算参考体系架构

1. 云计算的四层

- SOA 构建层：封装云计算能力成为标准的 Web Service 服务，并纳入到 SOA 体系。
- 管理中间件层：云计算的资源管理，对众多应用任务进行调度，为应用提供服务。
- 资源池层：将大量相同类型的资源整合构成同构或接近同构的资源池。
- 物理资源层：计算机、存储器、网络设施、数据库和软件等实际实体。

2. 云计算的中间件层

- 用户管理及安全管理：实现云计算商业模式的一个必不可少的环节，包括提供用户交互接口、管理和识别用户身份、创建用户程序的执行环境、对用户的使用进行计费等；保障云计算设施的整体安全，包括身份认证、访问授权、综合防护等。
- 任务管理：执行用户或应用提交的任务，包括完成用户任务映象(Image)的部署和管理、任务调度、任务执行、任务生命期管理等。
- 资源管理：均衡使用云资源节点，检测节点故障并试图恢复或屏蔽之，并对资源的使用情况进行监视统计。

3. 云计算的实现机制

基于上述体系结构，以 IaaS 为例，说明云计算的实现机制，如图 18.12 所示。.

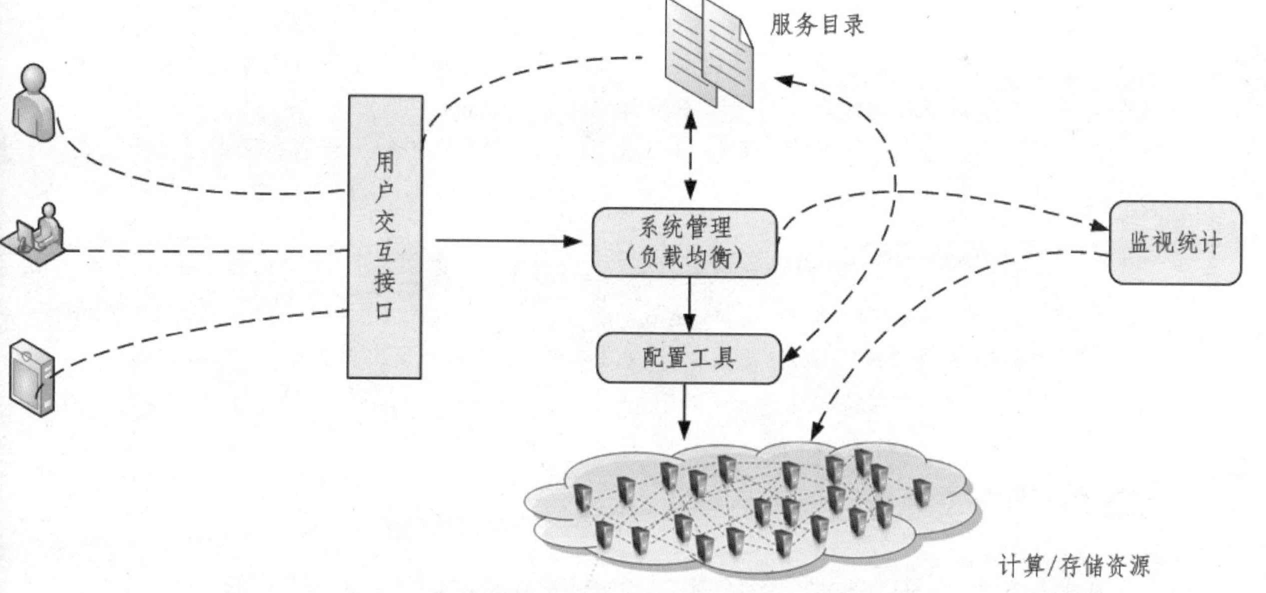

图 18.12　简化的 IaaS 实现机制

用户交互接口向应用以 Web Service 方式提供访问接口，获取用户需求；

服务目录是用户可以访问的服务清单；

系统管理模块负责管理和分配所有可用的资源，其核心是负载均衡；

配置工具负责在分配的节点准备任务运行环境；

监视模块负责监控节点的运行状态。

具体执行过程是：用户交互接口允许用户从目录选取并调用一个服务，该请求传递给系统管理模块，它将为用户分配相应的资源，然后调用配置工具为用户准备运行环境。

提示：服务器 SOA 作为一种面向服务的架构，是一种软件架构设计的模型和方法论。云计算的三个层次： IaaS、PaaS、SaaS，其中 SaaS 是按照使用者的需求提供软件应用服务的业务模式。SOA 可发挥其在系统界面和接口标准化等方面的优势，为 SaaS 提供一个较好的技术平台。SOA 在应用层面进行资源整合，云计算补充了底层硬件层面资源虚拟化和整合。有厂商提出了“SOA+云计算”模式，上层基于 SOA 进行应用和服务开发，底层基于云计算进行资源整合，包括数据库、服务器、存储、网络等。

18.5　云计算的障碍

18.5.1　信息安全性

“云计算”的信息安全风险包含数据丢失及泄漏，这里对信息安全性的顾虑指的是基于“公有云”的信息安全问题，私有云基本没有此问题。企业将大量的、核心的、机密的数据置于远程的云端必然会有此顾虑。对信息数据而言，不同企业的数据结构、应用、安全级别等完全不同，企业将自己核心价值的数据置于非自己公司的数据中心，安全第一。

比如：云服务商经常拿银行存款的安全性来比喻云端的数据安全性，以打消用户的顾虑。但是，两者是有本质区别的，银行的存款基本都是可以全球相互流通、通存通兑的，在银行的存款唯一指标即是“数额”的准确性，基本不用考虑哪个银行的。但在云计算领域，不同企业及用户的云端数据却是唯一、不同的。

18.5.2　数据交互安全

通常，当企业之间有数据交互的时候，原来的模式是企业数据中心与其他企业数据中心的信息交互，信息交换过程清晰、责任容易界定、出现问题容易调查。而基于“云架构”的数据交互，变成了两个甚至更多的云端交互，这种云端信息交互是否会因为不同云服务商之间架构、标准的不一致性而出现问题，出现问题如何调查需要提前明确。早期的云计算，必须有足够的技术、准则、规范及标准来保证，才能逐步打消云用户的顾虑。

18.5.3 宕机问题

云计算自我标榜的优势就是稳定性和长期连续工作性，即不宕机。但是，事实表明，目前的云计算还达不到这个指标，近期宕机事件已经多次发生并给用户带来巨大损失。云计算模式下，所有核心应用、数据库及服务等均已经迁至云端，而用户手中的瘦客户端在宕机之后则基本毫无意义，用户此时无任何解决办法，唯有被动等待云服务尽快恢复正常工作。

18.5.4 云服务商的绑定问题

公有云服务的一个特点是所有的数据及信息远在云端，数据的存储及处理均在云端完成，用户对云端的信息分布、存储备份情况等等，并不知情，不知道任何服务器信息、存储架构、存储目录、网络结构等信息，一旦该服务商运营出现问题或者服务较差需要更换服务商时，如何保障信息、服务的高效、可靠、完整地迁移是个问题，这比我们因为某家银行服务不好而更换一家银行进行存款理财的过程要难得多的多。

18.6 云计算在视频监控的应用

视频监控系统发展趋势是网络化、高清化、智能化及无线化。

- 网络化意味着前端编码器或者 IP 摄像机会采集并编码大量数据并通过网络传回数据中心；
- 高清化意味着视频数据量会越来越大，这对视频数据的后端处理平台要求也越来越高，海量视频数据中，智能分析、检索或挖掘出有价值信息的过程需要大量的计算资源；
- 无线化意味着将来用户接入视频监控系统的方式更加灵活多样，这要求视频资源的提供也需要多样化，比如格式、码流等。

所有这些视频监控应用的发展趋势注定了云计算与网络视频监控系统应用会产生大量的契合点。如目前各个行业及企事业单位建设的视频监控系统，其众多业务大都是用“烟囱式”架构进行设计、建设和运行，每个业务独占资源(计算、存储等)，为了保证服务，系统建设初期及扩容均需要按照峰值负荷进行配置，这样带来的问题是：在平时大多数情况下，大部分资源闲置而无法得到充分利用。云计算技术的优势则可以解决此问题，提高资源利用率及管理水平。

注意：并非所有视频监控系统都适合切入到云架构下，相反，大多数情况下，视频监控系统没有必要也没有可能往云计算上升级。只有达到一定规模的视频监控系统，尤其是平安城市、机场、铁路、金融等行业，当监控点数达到一定规模、带宽资源充裕、存储数据海量等因素满足时，才能够发挥云计算的虚拟化、规模化、集群、动态负载等特征优势。

18.6.1 云视频监控系统

视频监控系统集成了众多的前端视频感知设备，需要存储海量数据，更要对海量的数据进行智能分析、搜索、数据挖掘等复杂计算，所以需要有强大的计算能力和数据存储能力。由于各种计算服务的资源需求是动态的，所以适合采用“云计算”的计算模式，在这种模式下实现了对共享可配置计算资源(网络、服务器、存储、应用和服务等)的灵活应用。

基于云计算的监控系统架构，可划分为四个层次：采集层、传输层、支撑层和应用层。“云计算”平台服务主要位于视频监控系统体系架构的支撑层和应用层，如图 18.13 所示。

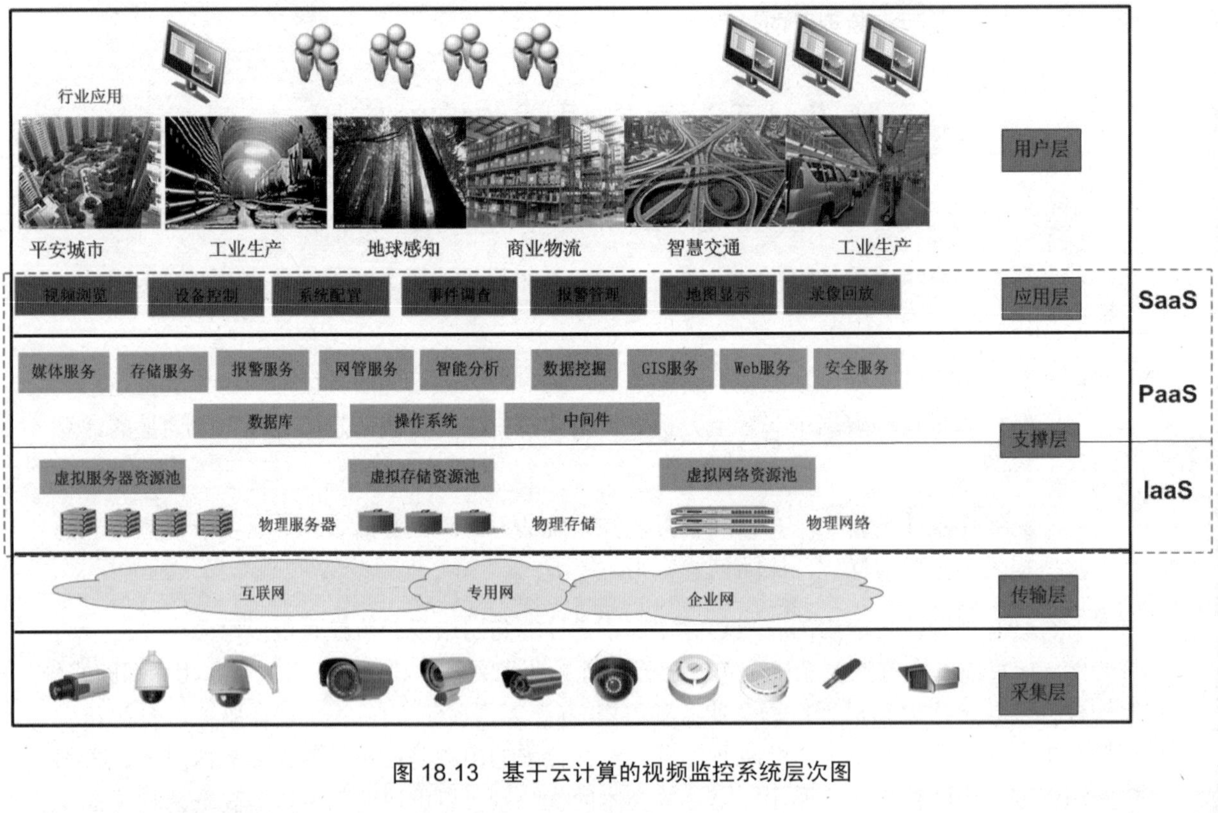

图 18.13　基于云计算的视频监控系统层次图

- 采集层：监控摄像机的视频信号、音频信号及其他传感器信号的汇聚接入；
- 传输层：通过不同类型的网络，完成视频信息的传输、交互、汇集等功能；
- 支撑层：主要包括支撑平台运行的基础资源(IaaS)，如处理器、内存、存储、网络资源等，平台服务以及管理服务(PaaS)，如视频分析、视频存储、视频转发、Web 服务、数据挖掘、用户管理、资源管理、安全管理、部署管理、维护管理等；

- 应用层：主要根据各种不同的业务用户，组合各种相关服务，构成一个完整的、能够满足行业用户各种需求的应用系统(SaaS)，如浏览、回放、检索、地图等。

提示：对于不同行业视频监控系统与云技术的结合应用探讨：

铁路、平安城市等视频监控建设方可以租用通信公司的机房及各类服务器和存储资源(IaaS)，然后只需要安装和部署前端摄像机，并基于 IaaS 安装平台软件及应用软件即可。

18.6.2　云视频监控系统架构

传统网络视频监控系统，核心角色是 NVR，NVR 可以完成视频采集设备(IPC 及 DVS 等)的信号接入、视频的存储及转发、智能视频分析、视频检索、设备管理、用户管理等功能。对于小型系统，这样的模式是合理的，但对于大型系统，NVR 的角色通常进行分化，将视频转发功能交给专用的媒体服务器，将用户管理、设备管理功能交由专用的中央管理服务器(CMS)，将视频分析功能交给智能分析服务器(VCA Server)。

在云视频架构下，可以利用虚拟服务器(集群)实现更专业的分工，进而提供更强大、灵活、可靠的功能。如图 18.14 所示。

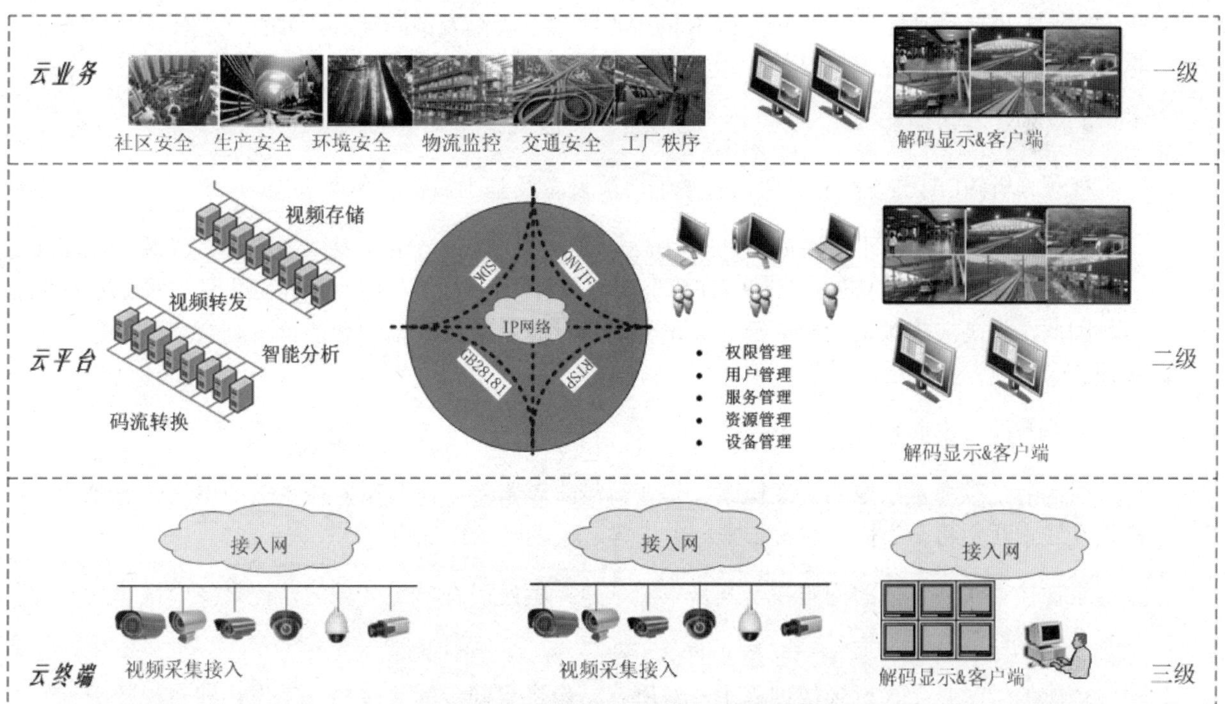

图 18.14　云计算视频监控系统架构示意图

1. 资源接入服务

云视频必须是一个开放的平台，这要求云视频平台具有接入大量、不同厂家的各类视频采集设备及其他传感设备的能力，为了对不同前端设备进行接入，需要有相关的接入服务(SDK、接入网关等)进行相关服务支持。

目前，前端接入服务由于各个厂商标准不同，接入方式尚未统一，理想化的情况是各个厂商的产品为标准化产品，如 ONVIF 标准或者 GB28181 等标准，这样，视频接入服务的工作量将会大大减少。

2. 平台基础服务

平台基础服务包括存储转发服务、视频交互、设备管理、用户及权限管理、智能分析、检索等，即传统系统中 NVR+CMS 的功能都包含在平台基础服务中。

- 存储转发服务

存储转发功能即常规的 NVR 功能，传统的 NVR 应用中，通常基于 NVR 的服务器性能及软件限制，需要提前确定单台 NVR 的接入资源(视频路数)，进而确定存储资源等，并需要留有一定的余量为未来应用。

另外，为保证传统 NVR 单机宕机时系统仍然可用，通常采用 N＋1 冗余(本书第 6 章有相关介绍)。

基于云计算的 NVR，每台 NVR 实质上对应着不同的虚拟机(VM)，通过虚拟机的自动负载均衡及宕机迁移功能，可以实现 NVR 的弹性扩展、收缩及故障迁移，并且这些任务将由成熟的虚拟化基础层完成，无需在 NVR 上进行相应部署。

- 智能分析服务

视频分析(VCA)服务目前的架构有基于前端设备及基于后端服务两大类。

视频分析的难点在于：对高清的视频资源进行实时视频分析需要大量的计算资源，这对于前端设备(主要是 IPC)压力非常大(计算资源有限)，而云计算的特点则是强大的数据处理能力，因此，将高清视频资源传给云计算平台来进行海量视频数据的智能分析则会突破原来的瓶颈。

- 智能检索服务

对高清视频海量录像的快速检索工作变得越来越重要，尤其平安城市应用中，快速录像检索及线索甄别将会为快速破案带来巨大优势，反之则贻误战机。

录像检索服务目前的困难在于其需求通常是：案发后在一定区域的监控录像中快速找到具有某些特征的人或者车。

理想的做法是：平日录像过程中，对所有录像进行同步的“建档”工作，即对视频数据分析后产生的元数据(Metadata)进行集中归档、备份存储，一旦发生情况，可以对元数据进行快速检索，进而再定位到相关目标视频进行进一步调查。

以上工作基于普通 NVR 很难实现完成，而基于云技术则可容易实现。

- 码流转换服务

视频监控应用过程中，由于不同客户端的带宽条件不同、显示终端尺寸不同、终端设备解码能力不同，进而需要对实时视频及录像视频进行转码服务以满足不同类型终端的显示需求。具体转码服务包括编码格式、封装格式、分辨率、帧率等参数转换。

3. 应用接入服务

以上讨论的是安防监控的“通用”云应用，是满足一般应用需求的视频监控架构，属于一个基本的平台，该平台完成了对前端视频及其他采集设备的接入和集成，并屏蔽了底层的复杂算法，进而可以提供针对应用层的接口调用，可以理解为视频的 PaaS。

目前视频监控面对越来越多的行业应用，不同的行业应用有不同的需求特点。不同的行业集成商会通过与用户的长期交流与经验积累，基本能够把握用户需求。通常，行业集成商通过对平台上相应接口和资源的调用即可快速开发出满足特定行业需求的监控产品，提供给最终用户应用，实现 SaaS 过程。期间行业集成商不再需要投入大量的精力在底层算法研究上及边缘设备接入上，而是集中力量满足行业用户的“特殊和定制化”需求。

18.6.3 云视频监控的优势

1. 海量数据存储

传统视频监控系统的存储，通常按照录像单元(DVR/NVR)进行资源专属性分配，存储空间分配完毕很难调整(无法进行在线、弹性资源扩张)，因此系统规划阶段要求尽量精确。但实际项目中，通道数量及存储空间变数较大，后期扩张麻烦。

基于云架构存储可以很好地解决此问题：一则可以实现动态、弹性扩张；二则应对海量的视频内容增长，可以减去多级存储架构，避免重复存储。

2. 海量数据的处理

通过云计算的并行处理能力，可以实现对海量视频数据的转码过程、视频检索过程、视频分析过程。

随着高清监控系统的逐步普及，对视频内容的处理将会耗费越来越多的计算资源，后端集中进行基于云架构的处理将会很好地解决此问题：一方面可以进行实时视频分析处理(基于一定设定规则的实时报警)；另外可以对历史视频数据进行处理(如突发事件后基于一定条件的录像回放应用)。

3. 专业软件资源的共享

集中式数据中心模式下，可以对各类软件集中购买和部署，降低了软件采购成本，且便于日常维护和升级；用户通过网络访问相关服务，降低了客户端的要求，也避免了频繁的升级工作。

另外，基于云的数据中心构建了一个应用与平台解耦的、资源按需取用的云平台，未来新的应用将非常容易部署。

18.6.4 云视频监控的障碍

1. 集中处理的带宽问题

云计算的一个特点是集中性，即各种资源集中在一起，在云端完成各类云资源共享服务。而视频监控系统通常点位众多(动辄成千上万、分布地域广泛)、并且数据量比较大(视频流高带宽)。云计算模式一方面可以为海量视频数据提供强大的集中处理、分发、转码、分析能力，但是另外一方面，海量视频信息集中化为网络带宽(上下行)带来极大的负担。

2. 现有平台的整合困难

通常，云计算适合超大规模的 IT 系统，在视频监控行业比较适合平安城市这种规模的项目，但是目前平安城市建设已经开展了一段时间，并且系统架构及建设情况各不相同，有早期的矩阵、中期的 DVR 及后期的 NVR，通常是派出所、区、市三级架构，并且系统的服务器(X86 及其他品类)及存储架构亦各不相同，因此，对已建成的系统进行“云”整合难度非常大。

18.7 云视频监控厂商生态

云计算的三种交付模式(SaaS、PaaS 及 IaaS)，在视频监控系统中有一定借鉴意义但不能完全照搬。前面已经提及，云计算适用于大型视频监控系统应用，当监控点数及存储规模达到一定量级，云计算才能发挥其规划化、集群化、虚拟化的优势。

以典型的平安城市建设为例，平安城市承建方可以租用电信公司的节点基础设施(机房、服务器、存储设备、带宽等)，然后基于该 IaaS 安装操作系统、数据库及中间件、各类服务组件等，平安城市承建方亦可将安装了操作系统、数据库及中间件、服务组件的平台租给行业用户(如交通行业、金融行业等)，即 PaaS，然后行业用户基于该平台进行定制化软件的安装并交付给最终用户。或者最终用户一步到位，直接购买视频服务，即 SaaS。

视频监控平台厂商可提供标准化、组件化、搭建式的平台产品，产品组件功能应包括所有平台基本功能，如视频接入、存储、转发、分析、转码、地图、GIS 等，底层设备厂商可以通过标准接口及协议进行快速接入，而上层的行业应用开发商和集成商则可以基于该平台的组件进行搭建式开发或者定制化的二次开发，在最短时间内为行业用户提供个性化行业解决方案。这样，由于行业应用开发商和集成商不必过多关注底层技术细节，而专注于满足行业特性需求及用户响应。这样，不同层级的厂商均发挥各自优势、高效合作，实现共赢。

如图 18.15 所示，传统安防监控产业链各层级分明：

- 硬件设备厂商提供标准化硬件及相应 SDK 即可；
- 行业集成商可以基于行业需求情况，进行不同程度的开发(界面及功能开发、二次开发、嵌入式开发等)，以搭建出契合行业需求的个性化解决方案；
- 对于云计算安防监控应用，则可以将视频平台厂商视为 PaaS 服务提供商，基于其平台，各个行业集成商可以深入提供不同的行业应用解决方案，比如基于平安城市的大平台，交通、城管、消防、环境、金融等用户，均可以考虑基于该平台实现各自的行业专业化应用。

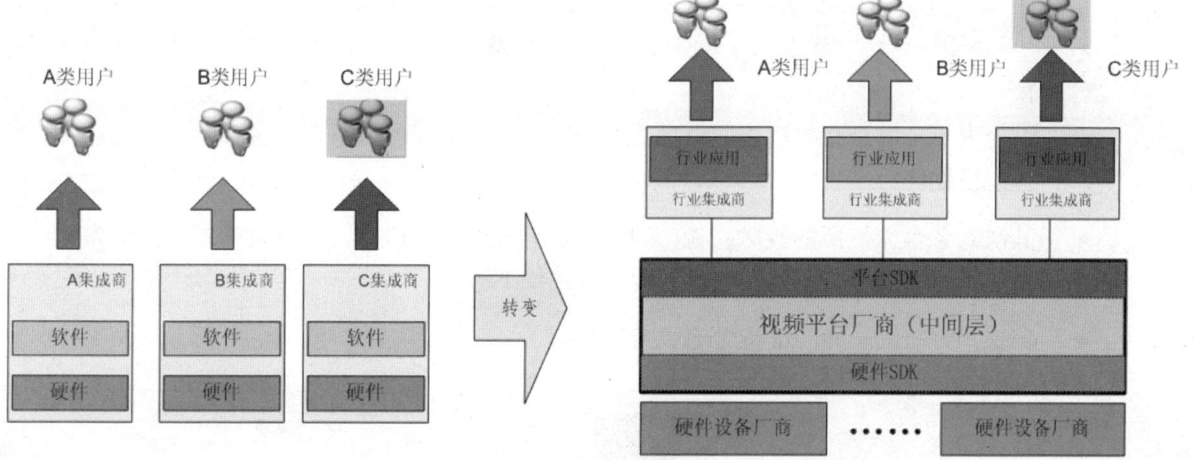

图 18.15　基于云计算视频监控厂商职能转换示意图

1. 视频平台厂商

视频监控平台厂商可提供标准化、组件化、搭建式的平台产品，产品组件功能包括了所有平台基本功能。中间件是介于硬件设备与安防应用业务之间的通用服务，是构建安防软件集成平台的基础组件，是对安防行业应用高度抽象的一种独立运行软件或服务程序。

2. 行业集成商

行业集成商的优势在于对用户需求的深入了解，行业集成商不关心系统平台的架构及前端硬件设备的接入、如何接入等技术细节，只关心如何选择合适的硬件设备满足用户的需求，如何定制及优化软件平台来快速响应用户的个性化功能需求。

3. 硬件设备厂商

硬件设备厂商只需专注于硬件设备功能开发，并提供通用、开放的接入，以满足向上接入到不同平台厂商的需求，并保证在不同平台上设备的功能不缺失。

18.8　云计算平台下的平安城市应用

目前平安城市视频监控系统通常采用市局、分局、派出所三级架构：

- 派出所负责前端设备的接入汇总，通常设置本地存储、解码、显示系统，实现对本派出所辖区视频资源的整合与管理，同时向上连接至分局；
- 分局设置视频管理、存储、媒体转发、视频分析等服务，实现对分局辖区所有派出所资源的汇聚、资源管理，各分局再向上连接至市局；
- 市局具有全市所有资源的浏览、回放、备份等权限，市局可根据需要上联至省厅中心。

目前三级联网的系统架构(如图 18.16 所示)，优点是就近接入，本地存储，但是缺点也比较明显。

- 首先大量分散分布的派出所机房需要安装、管理大量的服务器及存储设备，无法发挥规模化优势；
- 其次是各个派出所的视频资源(尤其是录像资源)相对孤立，一旦发生警情，通常需要对各个派出所资源分别进行调阅，效率低下；
- 第三，分布式架构的维护管理成本较高。

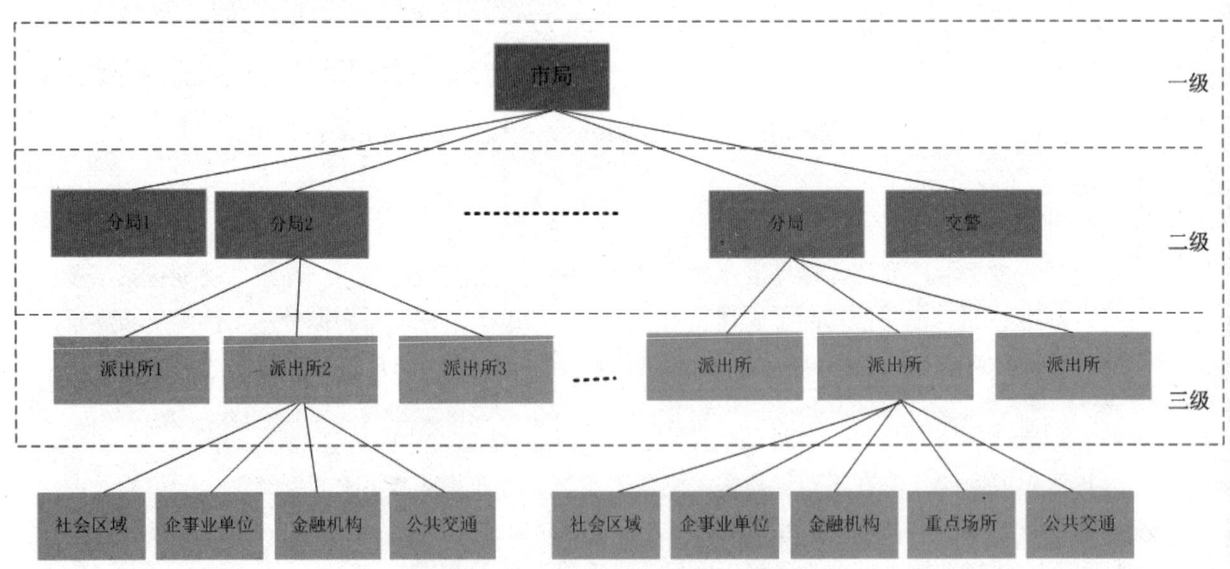

图 18.16　平安城市视频分级架构示意图

如果将所有派出所存储等服务移植到分局，然后在分局建立云中心，则可以通过虚拟化、分布计算等方式，实现统一接入转码、智能分析、存储、索引等服务。这样派出所仅仅保留视频中转及接入功能，而不保留存储服务器等设施，而派出所通过网络，依然可以得到原来需要的视频显示、终端回放等各种功能，如图 18.17 所示。

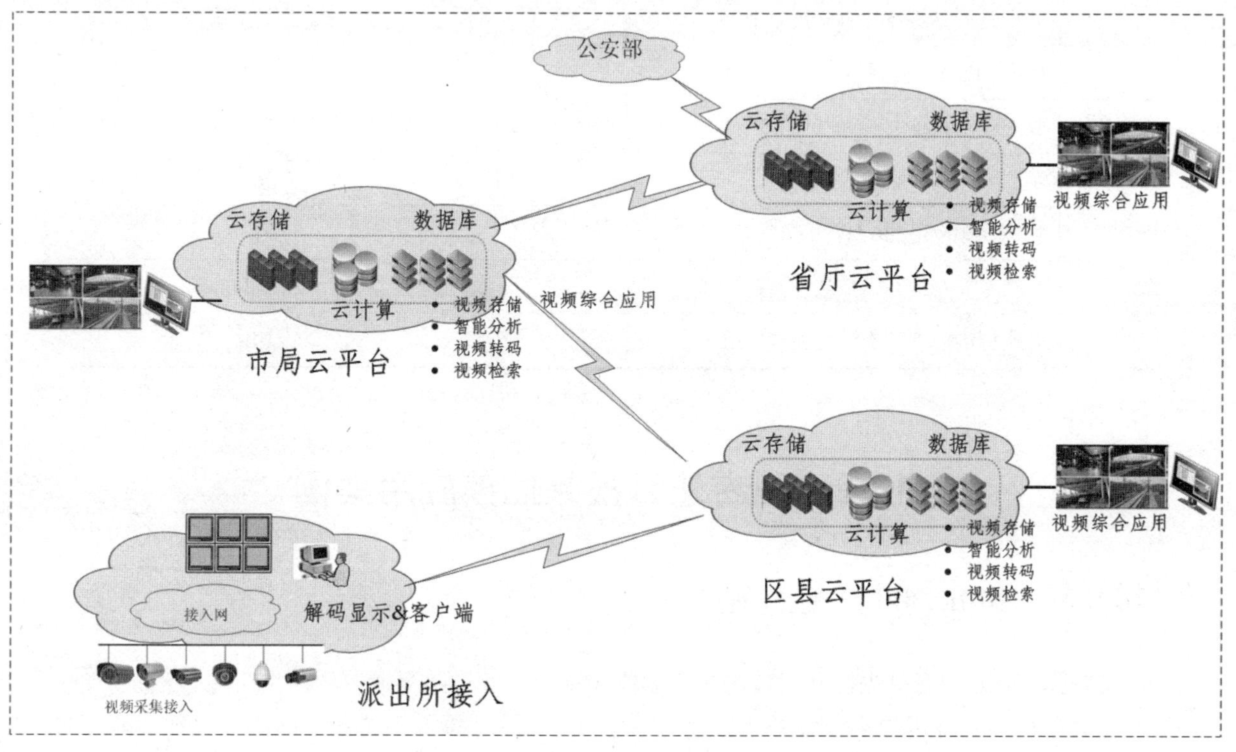

图 18.17　平安城市“云计算”架构示意图

这样部署的好处是建立分局中心云节点，资源集中，便于统一管理，且可以动态，弹性扩展或收复。缺点是接入带宽成本增加，另外由于各个派出所规模、设备情况等不一致，尤其是 DVR/NVR 核心设备架构、平台不统一，对现有格局的改造升级可能产生较大费用。

表 18.2 为平安城市发展关键技术列表。

表 18.2　平安城市发展关键技术应用表

序　号	技术描述	关 键 词
1	全 IP 的视频云系统，SOA 架构	云架构
2	高度整合社会视频资源/卡口/电警等	整合
3	高清视频监控普及应用	高清
4	云计算架构视频分析/人脸识别植入	视频分析
5	海量的视频云存储/海量的数据分析技术	海量
6	立足公安实战的海量数据挖掘分析	数据挖掘

续表

序 号	技术描述	关 键 词
7	视频与 3D，GIS 系统融合	3D，GIS
8	共享云计算的各类的智能应用	视频分析
9	IaaS，PaaS，SaaS	云架构
10	智能运维系统	视觉诊断
11	第三方应用和服务	接入
12	移动视频应用/3G/4G 视频终端	移动
13	多摄像头/摄像头与其他传感器关联应用	物联网
14	各类标准的主动推进及强制应用	GB

18.9 国内外云视频监控应用案例

18.9.1 Trafficland 交通监控

Trafficland 公司首先建立了覆盖多个国家和地区的“道路交通监控网络”，然后通过互联网将这些视频资源传送给普通用户或者是电视公司。这些摄像头覆盖不同国家、不同地区的交通道路，实时反馈交通情况，可为交通引导、提高出行效率提供非常直接的图像信息。

用户通过各种终端登录网站后，可以按照“国家”→“州”→“城市”逐级进入，并在 Google Map 上显示地图信息及叠加的摄像机图标，继而可以实时播放该摄像机的实时画面(默认 2 秒钟刷新一次)。这种直接针对普通用户的便利出行服务模式已经得到众多人的接受并乐于使用该服务。如图 18.18 所示。

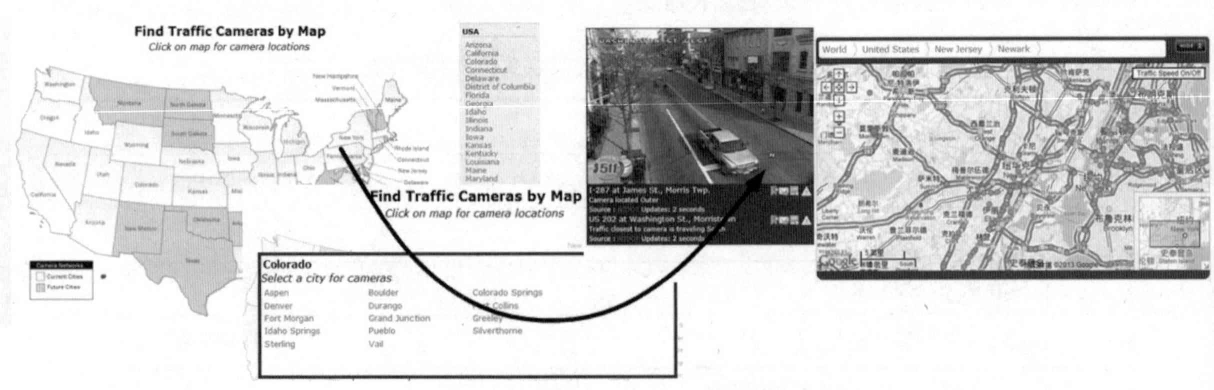

图 18.18 Trafficland 云应用示意图

Trafficland 通过以下方式提供增值服务(付费)：

- 免费的视频为 QVGA 分辨率，2 秒刷新一次，而付费用户的帧率和分辨率更高；
- 付费用户可以通过移动终端随时登录；
- 可以定期获得(手机推送)预定道路的抓拍图像，而无需登录网络或启动客户端。

此案例应用中，云视频监控服务对用户来说是“黑盒子”，用户可以随时登录即可得到相应的服务(目标监控点的实时视频信息)，而对于运营商而言，此应用关键点在于视频流的实时处理，即将采集的视频信息在不同节点进行实时转码处理，再转发给请求服务的用户，本案例中对录像存储及智能分析应用基本没有涉及。

18.9.2 Iveda Solutions

作为一家创新的公司，Iveda Solutions 运用云端运算的优势，为客户提供安全级别、开源级别或企业级别的视频管理服务。公司具有强大的企业级视频托管系统，为客户实现可扩展的、灵活的、中央集成的视频管理、视频访问和视频存储服务，客户无需负担购买维护软件与设备的成本。如图 18.19 所示。

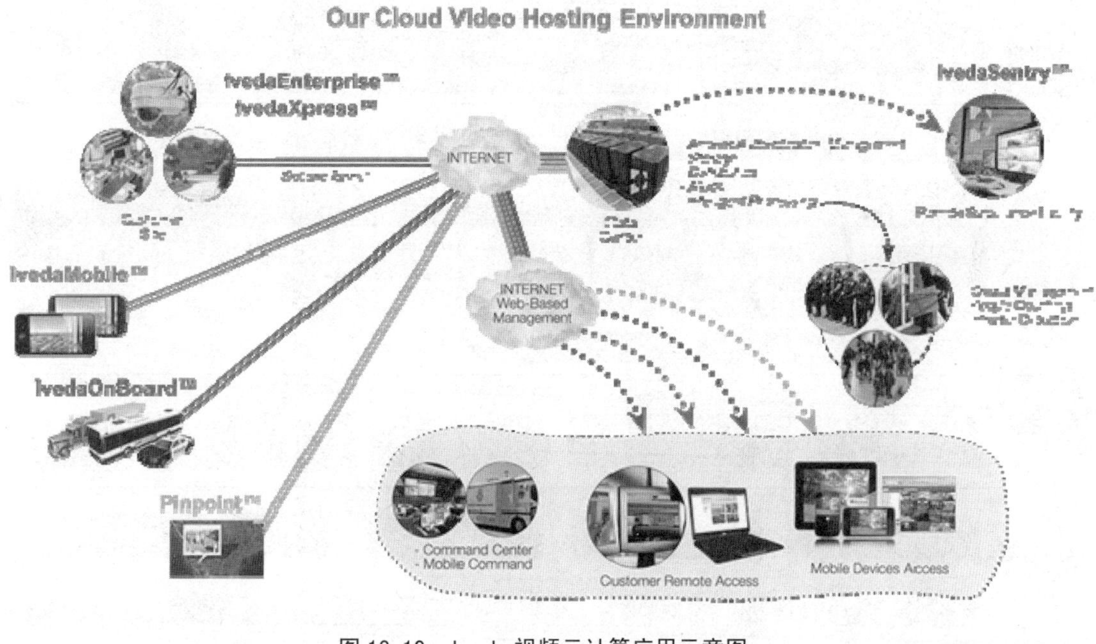

图 18.19 Iveda 视频云计算应用示意图

IvedaSolutions 通过云端运算实现提供独家的在线安全监控服务和人力分析方案，已通过美国国土安全部的安全法案指定资质(SAFTY Act Designation)，指定 Iveda Solutions 为合格的反恐技术方案提供商。

Iveda Solutions 应用在线监控服务，向各行各业提供设施和房屋的安全保障：警局、执法部门、校园保安、重要基础设施、高尔夫球场、物业管理、自助仓库、数据中心、零售业、建筑业、商业、政府机构、港口和码头、制造业等。

18.9.3 海康威视平安城市应用

智慧平安城市从下至上包括感、传、知、用。

- “感”实现对环境、卫生、空间、设施的信息采集过程；
- “传”进行互联互通，包括有线无线、卫星、互联网等；
- “知”则是进行数据的存储、计算、关联、分析、挖掘等过程；
- “用”则是不同部门基于各自需求对信息的利用。

如图 18.20 所示为架构示意图。

图 18.20　海康威视平安城市云计算架构示意图

海康威视智慧型平安城市的优势：

- 更透彻的感应和度量

基于传感器的系统将可视范围扩展到现实世界的交通、公用事业、水资源和建筑、卫生、生产、应急、环保等，提供以前无法获得或获得成本较高的全新实时数据源。

- 更全面的互联互通

事件处理软件将从传感器输入的原始数据流中提取业务相关事件，与此同时，集成中间件将这些事件置于所需的业务背景之下，实现对现实世界运行系统实际行为的全新洞察。

- 更深入的智能洞察

可视化配合业务规则及分析的运用，可以优化这些运作系统，不管是改善交通流量，最大化使用水电公用事业，还是在这些基础城市进程中实现创新，都能用到。

18.10　本章小结

云计算在视频监控行业还处于摸索及试探性阶段，部分具有实力的公司已经有一定的应用案例部署。云视频监控在一些超大规模的项目上具有绝对的优势，通用的云架构需要进行优化改良以适应安防监控的应用，传统的安防监控厂商需要转换角色以进入云时代。

读书笔记

第19章 大数据与视频监控

相比云计算及物联网，“大数据”发展稍晚，甚至至今让人摸不着头脑，很多人意识不到其跟安防监控有多少关联，甚至认为大数据是盲目炒作的噱头。

实际上，大数据是真正发挥大规模网络视频监控价值的关键技术，视频监控数据是标准的大数据，而通过大数据存储及分析挖掘，更能发挥海量视频的潜在价值。

需要注意的是，大数据技术主要适用于大型及超大型项目，并且与云技术融合，大数据在视频监控的应用还在探索阶段，具体应用模式有所不同，但是趋势比较明朗。

关键词

- 大数据的概念
- 大数据的关键技术
- 大数据的核心价值
- 云计算与大数据
- Hadoop 技术介绍
- 大数据与视频监控

19.1 大数据概述

19.1.1 大数据的背景

大数据的背景就是"信息爆炸"，随着物联网、电子商务、视频网站、平安城市视频监控、微博、微信等应用的迅速发展，数据信息呈爆炸性增长。

据统计：

- 2012 年，全球的电脑用户平均每天创造 200 多亿 GB 数据；
- 沃尔玛仅每小时处理的客户交易就超过 100 万次；
- 每天亚马逊上将产生 600 万笔订单；
- Twitter 上每天发布 5 千多万条消息；
- Facebook 上的照片有 400 亿张；
- YouTube 网站用户每分钟上传 50 小时时长的视频；
- Google 每天处理的搜索量超过 30 亿次；
- 安装有 20 万个高清摄像头的平安城市，每天至少产生 1PB 的视频数据。

这些被学术界分为结构化、非结构化以及半结构化的海量的各类数据，统称“大数据”(Big Data)。

以往大数据通常用来形容一个公司创造的大量非结构化和半结构化数据，而现在提及"大数据”，通常是指解决问题的一种方法，即通过收集、整理生活及生产中方方面面的数据，并对其进行分析挖掘，进而从中获得有价值的信息，最终衍化出一种新的商业模式。

提示：2011 年 12 月 8 日工信部发布的物联网“十二五”规划上，把信息处理技术作为四项关键技术创新工程之一被提出来，其中包括了海量数据存储、数据挖掘、图像视频智能分析，这都是大数据的重要组成部分。虽然是较新的概念，但“大数据”已经在不同行业(如通信、互联网、金融、安全等)开始得到探索性应用并取得显著效果。

19.1.2 大数据的定义

大数据是指无法在一定时间内用传统数据库软件工具对其内容进行抓取、管理和处理的数据集合，大数据技术被设计用于在成本可承受(Economically)的条件下，通过非常快速(Velocity)的采集、发现和分析，从大量化(Volume)、多类别(Variety)的数据中提取出价值(Value)，大数据融合云计算是 IT 领域新一代的技术与架构。如图 19.1 所示。

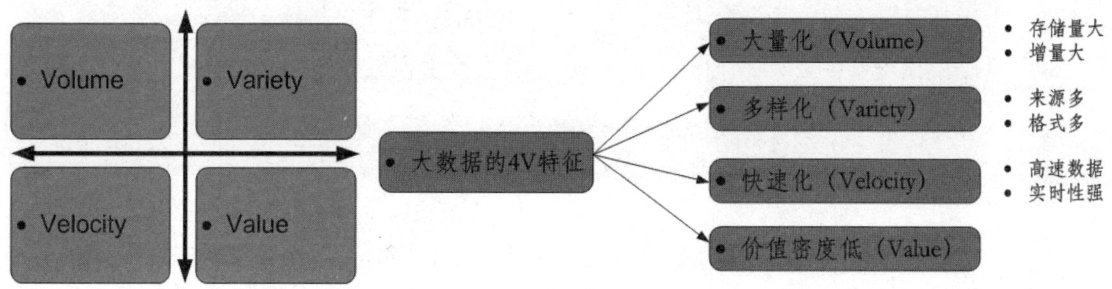

图 19.1 大数据的 4V 特性

- 第一个特征 V 是 Volume，即大数据具有“大体量”特征，非结构化数据的爆炸性增长，使其占有总数据的 80%以上，比结构化数据增速快 10 倍以上，数据量级从 T 到 P、E、B，分别对应 Tera(10^{12})、Peta(10^{15})、Exa(10^{18})、Bronto(10^{21})。
- 第二个特征 V 是 Variety，即大数据具有“异构及多样性”特征，海量数据有不同格式，有结构化(如我们常见的传统数据，还有半结据化数据(如网页数据)、还有非结构化数据，如各类图像、声音、影视、超媒体等)。
- 第三个特征 V 是 Velocity，即大数据具有“实时性”特征，数据处理及分析需要立竿见影而非事后见效。比如，一些电商数据要尽快处理得出结论进而影响决策。
- 第四个特征 V 是 Value，即大数据具有“价值性”特征，这是大数据处理的核心及目的。如何从海量、原始的不相关信息(即价值密度较低)的数据，提炼出高价值信息，以进行趋势分析、模型判断、深入挖掘、数据共享，这也是大数据处理的关键及难点。

提示：大数据本身没有价值，从大数据中挖掘出的信息才有价值。大数据本身仅仅是一座矿山而已，各种大数据技术则是将矿山上有价值的金子挖掘出来的过程。这种将有价值的信息提炼、挖掘处理的过程涉及多重“大数据”相关技术。

19.2 大数据相关技术

大数据的基本处理流程与传统数据处理流程有一定的差异，主要区别在于：由于大数据要处理大量、非结构化的数据，所以在各个处理环节中可以采用分布式存储(DFS)、并行处理等方式进行。

大数据涉及的关键技术包括：数据采集技术(ETL)、分布式文件系统(HDFS)、分布式数据库(HBase)、并行计算处理(MapReduce)、大数据的内容分析等。

1. 基础技术

- 数据采集：ETL(Extraction-Transformation-Loading 数据提取、转换和加载)。

- 数据存取：关系数据库和 NoSQL(Not Only SQL)即非关系数据库等。
- 基础架构支持：云存储(Cloud Storage)、分布式文件系统(HDFS)等。
- 计算结果展现：云计算(Cloud Computing)、标签云、关系图等。

2. 存储技术

- 非结构化数据：图片、视频、PDF、PPT 等文件存储。
- 半结构化数据：转换为结构化存储或按照非结构化存储。

3. 分析技术

- 统计和分析：排行榜、地域占比、文本分析等。
- 数据挖掘：关联规则分析、分类、聚类。
- 模型预测：预测模型、机器学习、建模仿真。

4. 解决方案

- Hadoop：目前最主流的云计算与大数据开源平台。

19.2.1 非结构化数据

探讨“大数据”概念，需要了解“结构化”及“非结构化数据”的概念，如图 19.2 所示。

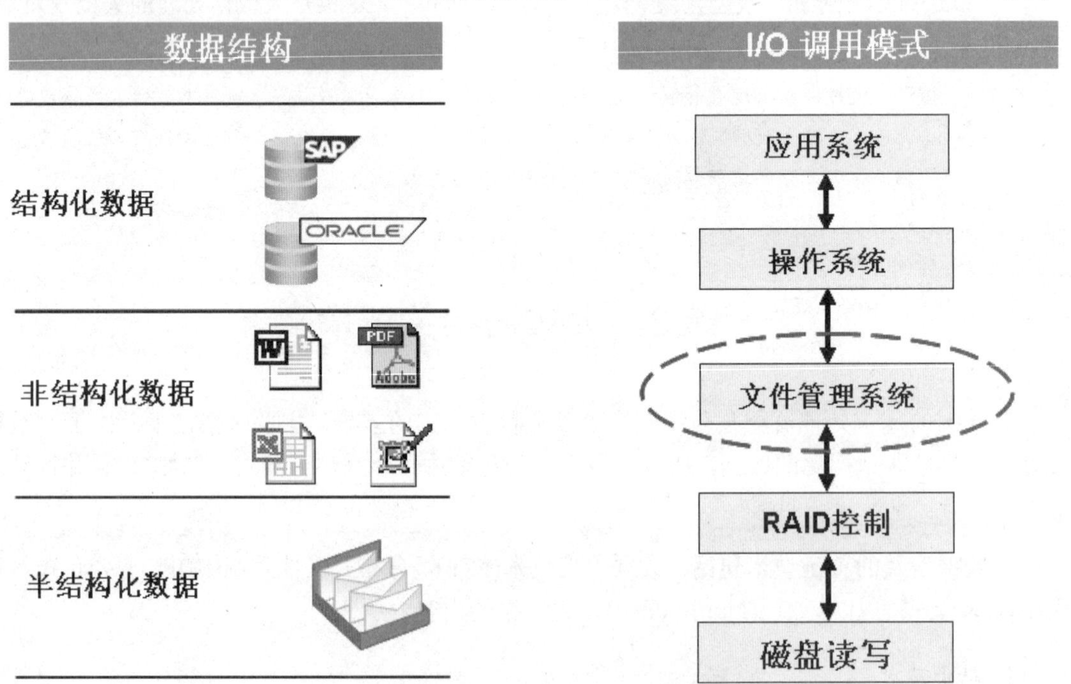

图 19.2　不同类型数据结构示意图

- 结构化数据：行数据，存储在数据库里，可以用二维表结构来逻辑表达实现的数据，如关系型数据库、面向对象数据库中的数据。
- 非结构化数据：不方便用数据库二维逻辑表来表现的数据，包括各种格式的办公文档、文本、图片、图像及音频信息等。
- 所谓半结构化数据，就是介于结构化数据和完全无结构的数据之间的数据，HTML 文档就属于半结构化数据。

1. 非结构化数据特点

- 据调查：企业中 80%的数据都是非结构化数据，这些数据每年增长 60%；
- 计算机的存储结构决定其处理结构化数据具有很大优势，例如关系数据库的发展；
- 非结构化数据进行转换后可利用计算机处理结构化数据的优势及数据库成熟技术；
- 如果非结构化数据无法自动转换，就需要通过扫描、识别、录入等许多人工处理工序；
- 迅猛增长的、从不使用的数据在企业里消耗着复杂而昂贵的一级存储的存储容量；
- 如何更好地保留那些在全球范围内具有潜在价值的不同类型的文件变得非常急迫。

2. 非结构化数据库

非结构化数据库，字段长度可变，并且每个字段的记录又可以由可重复或不可重复的子字段构成，用它不仅可以处理结构化数据(如数字、符号等信息)而且更适合处理非结构化数据(图像、声音、影视、超媒体等信息)。随着网络技术的发展，特别是 Internet 和 intranet 技术的飞快发展，使得非结构化数据的数量日趋增大。这时，主要用于管理结构化数据的关系数据库的局限性暴露地越来越明显。因而，数据库技术相应地进入了“后关系数据库时代”，基于网络应用的非结构化数据库时代已经来临。

19.2.2 NoSQL 数据库

NoSQL 是非关系型数据存储的广义定义，NoSQL = Not Only SQL，意即不仅仅是 SQL，NoSQL 在大数据存取上具备关系型数据库无法比拟的性能优势，Google 的 BigTable 和 Amazon 的 Dynamo 使用的就是 NoSQL 型数据库，它们可以处理超大量的数据。

1. 易扩展

NoSQL 数据库种类繁多，但是一个共同的特点都是去掉关系数据库的关系型特性。数据之间无关系，这样就非常容易扩展，也无形之间在架构层面上带来了可扩展的能力。

2. 大数据量、高性能

NoSQL 数据库都具有非常高的读写性能，尤其在大数据量背景下，同样表现优秀。这得益于它的无关系性，数据库的结构简单。

3. 灵活的数据模型

NoSQL 无需事先为要存储的数据建立字段，随时可以存储自定义的数据格式。而在关系数据库里，增删字段是一件较麻烦的事情，如果是非常大数据量的表，则非常麻烦。

4. 高可用

NoSQL 在不太影响性能的情况下，就可以方便地实现高可用的架构。

19.2.3　并行处理技术

大数据可以通过 MapReduce 这一并行处理技术来提高数据的处理速度。MapReduce 的设计初衷是通过大量廉价服务器实现大数据并行处理，对数据一致性要求不高，其突出优势是具有扩展性和可用性，特别适用于海量的结构化、半结构化及非结构化数据的混合处理。MapReduce 将传统的查询、分解及数据分析进行分布式处理，将处理任务分配到不同的处理节点，因此具有非常强的并行处理能力。MapReduce 的软件框架包括 Map(映射)和 Reduce(化简)两个阶段，可以进行海量数据分割、任务分解与结果汇总，从而完成处理。

提示：可以把 MapReduce 理解为，把一堆杂乱无章的数据按照某种特征归纳起来，然后处理并得到最后的结果。Map 面对的是杂乱无章的、互不相关的数据，它解析每个数据，从中提取出 key 和 Value，也就是提取了数据的特征。经过 MapReduce 的 Shuffing（洗牌）阶段之后，在 Reduce 阶段看到的都是已经归纳好的数据，在此基础上可以进一步处理。

19.2.4　数据挖掘与分析

1. 数据分析

越来越多的应用涉及到大数据，大数据最大的好处在于能够让我们从这些数据中分析出很多智能的、深入的、有价值的信息。

- Analytic Visualizations(可视化分析)

不管是数据分析专家还是普通用户，数据可视化是数据分析工具最基本的要求。可视化可以直观地展示数据，让数据自己说话，让观众听到结果。

- Data Mining Algorithms(数据挖掘算法)

可视化是给人看的，数据挖掘是给机器看的。集群、分割、孤立点分析还有其他的算法可以让我们深入数据内部，挖掘价值。这些算法不仅要处理大数据的“量”，也要处理大数据的“速度”。

- Predictive Analytic Capabilities(预测性分析能力)

数据挖掘可以让分析员更好地理解数据，而预测性分析可以让分析员根据可视化分析和数据挖掘的结果做出一些预测性的判断。

- Semantic Engines(语义引擎)

我们知道由于非结构化数据的多样性带来了数据分析的新挑战，我们需要一系列的工具去解析、提取、分析数据。语义引擎需要被设计成能够从“文档”中智能提取信息。

- 神经网络

神经网络是模拟人脑内部结构，在模拟推理、自动学习等方面接近人脑的自组织和并行处理的数学模型。神经网络在数据挖掘中的优势是：噪声数据的强承受能力，对数据分类的高准确性，以及可用各种算法进行规则提取。

2. 数据挖掘

数据挖掘，是从数据当中发现趋势和模式的过程，它能有效地从大量的、不完全的、模糊的实际应用数据中，提取隐含在其中的潜在有用的信息和知识，揭示出大量数据中复杂的和隐藏的关系，为决策提供有用的参考，也有人把数据挖掘视为数据库中知识发现过程的一个基本步骤。常用的数据挖掘方法主要有关联分析、分类分析、聚类分析、神经网络等。

- 关联分析

即利用关联规则进行数据挖掘。关联分析的目的是挖掘隐藏在数据中的相互关系，比如,它能发现数据库中的顾客在一次购买活动中购买商品 A 及 B 的各种习惯、时段等关联信息。

- 分类分析

分类分析就是通过分析示例数据库中的数据，为每个类别做出准确地描述或建立分析模型或挖掘出分类规则，然后用这个分类规则对其他记录进行分类。

- 聚类分析

通过分析数据库中的记录数据，根据一定的分类规则，合理地划分记录集合，并确定每个记录所在类别。它所采用的分类规则是由聚类分析工具决定的。

19.2.5　云计算技术

云计算的核心思想是通过虚拟化技术将大量异构的服务器及网络、存储设备构建为统一的资源池，这可以为各类系统应用提供可扩展的海量存储资源及超强计算能力，并减少系统建设、升级、扩展、运维成本，提高系统资源利用率及保证高可靠性。云计算相关技术可具体参考本书 18 章内容。

虚拟化技术是云计算架构的基础，虚拟化为快速实施存储及高效计算提供了保障。虚拟化既可以将单个物理资源体(如单台服务器、操作系统、单个应用程序、一个存储设备等)虚拟成多个虚拟资源，也可以将多个物理资源(如多台服务器或存储设备)虚拟整合成一个虚拟资源池。虚拟化分存储虚拟化、服务器虚拟化、网络虚拟化、应用虚拟化等。如图 19.3 所示。

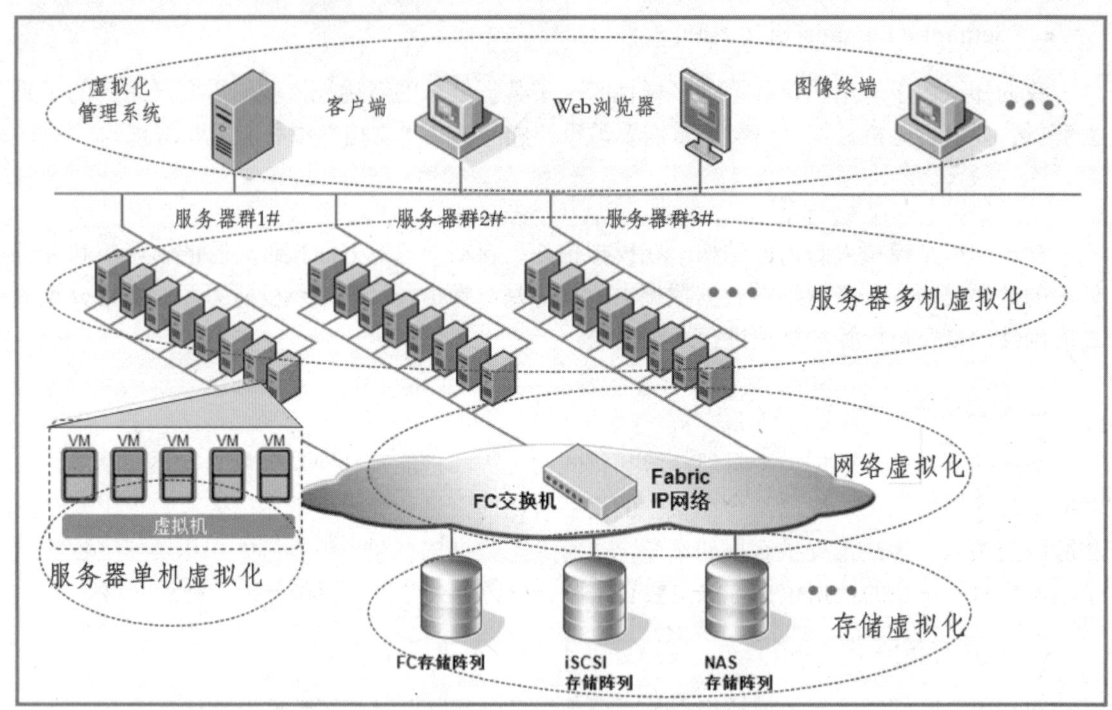

图 19.3　虚拟化技术是云计算的基础

19.3　Hadoop

19.3.1　Google 的启发

提起大数据，必然提到 Hadoop 技术，而提及 Hadoop 技术，必须提及 Google 公司相关的技术。Google 公司的数据中心使用廉价的 PC 组成集群，构成 Google 的基础设施资源。

其核心组件有 3 个：

1. GFS(Google File System)

GFS 是一个分布式文件系统，隐藏下层负载均衡、冗余复制等细节，对上层程序提供一个统一的文件系统 API 接口。Google 根据自己的需求对它进行了特别优化，具体包括：超大文件的访问、读操作比例远超过写操作、PC 极易发生故障造成节点失效补救措施等。

GFS 把文件分成 64MB 大小的块，数据块分布在集群的节点上，使用 Linux 的文件系统存放，同时每块文件至少有 3 份以上的冗余。中心是一个管理节点，提供文件索引工作。

2. MapReduce

Google 发现大多数分布式运算可以抽象为 MapReduce 操作。

MapReduce 的思想是“分而治之”，Map 的任务是“分”，即将复杂的任务分解成若干简单的任务。

“简单的任务”有三层含义：

- 一是指数据或者计算规模相对于原数据大大缩小；
- 二是“就近计算”，即计算工作在分配到数据的节点直接计算；
- 三是这些小任务可以并行计算，之间没有任何依赖关系。

Map 是把输入(Input)分解成中间的 Key/Value 对，Reduce 把 Key/Value 合成最终输出(Output)。这两个函数由程序员提供给系统，再把 Map 和 Reduce 操作分布在集群上运行。

3. BigTable

BigTable 是一个大型的分布式数据库，这个数据库不是关系型的数据库，如同它的名字一样，就是一个巨大的表格，可以扩展到 PB 级别数据和上千台服务器。

提示：对于以上三个组件，Google 均有详细开发文档，在此不多讲。

19.3.2　Hadoop 概述

Hadoop 是目前应用最广泛的开源分布式存储和计算平台之一。它是根据 Google 的 GFS 分布式文件系统和 Map Reduce 分布式计算技术而开发的开源平台，其设计目标是在普通的硬件平台上构建大容量、高性能、高可靠的分布式存储和分布式计算架构。Hadoop 目前已在 Yahoo、Facebook、亚马逊、百度等公司取得了广泛应用。

Hadoop 的分布式文件系统 HDFS 主要负责各个节点的数据存储，实现高效的数据读写过程。Hadoop 的 MapReduce 编程模型及框架，能够把应用程序分割成许多小的工作单元，并把这些单元分配到集群节点执行，在 MapReduce 架构下，一个准备提交的应用程序称为作业(Job)，从一个作业划分出的、运行于各个计算节点的工作单元称为任务(Task)。

- Hadoop 最初是受到 Google 公司的 GFS 和 MapReduce 的启发；
- Hadoop 由 HDFS、MapReduce、HBase、Hive 和 ZooKeeper 等构件组成；
- Hadoop 是一个实现了 MapReduce 计算模型的开源分布式并行编程框架。

提示：Hadoop 的名字和图标来源于创建者 Doug Cutting 的儿子的一个大象玩具，没有太多的其他意义。Hadoop 是一个能够让用户轻松架构和使用的开源的、分布式计算平台，用户可以轻松地在 Hadoop 上开发和运行处理海量数据的应用程序。

Hadoop 主要有以下几个优点：

- 可伸缩(Scalable)：能可靠地(Reliably)存储和处理千兆字节(PB)数据。
- 成本低(Economical)：可以通过普通机器组成的服务器集群来存储以及处理数据。
- 高效率(Efficient)：通过分发数据，Hadoop 可以在数据所在的节点上并行地(Parallel)处理它们，通过同时、多节点的并行处理方式，使处理速度非常快。
- 可靠性(Reliable)：Hadoop 以计算元素和存储会失败为假设，因此维护多个工作数据副本，以确保针对失败的节点重新分布处理。Hadoop 能自动地维护数据的多份复本，并且在任务失败后能自动地重新部署(Redeploy)计算任务。

19.3.3 Hadoop 的基本架构

Hadoop 是一个基于 Java 的分布式数据存储和数据计算分析的开源框架，Hadoop 可处理分布在数以千计的低成本 x86 服务器计算节点中的大型数据。Hadoop 架构包括 HDFS、MapReduce、HBase、Hive 和 ZooKeeper 等成员，Hadoop 最重要的成员是 Hadoop 分布式文件系统 HDFS 以及 MapReduce 计算模型。如图 19.4 所示。

- Core：一系列分布式文件系统和通用 I/O 的组件和接口(RPC、串行化库)。
- Avro：一个数据序列化系统，用于支持大批量数据交换的应用。
- MapReduce：用于超大型数据集的并行运算，分布式数据处理模式和执行环境。
- HDFS：可以支持千万级的大型分布式文件系统。
- ZooKeeper：一个分布式的、高可用性的协调服务，提供分布式应用程序的协调服务。支持的功能包括配置维护、名字服务、分布式同步、组服务等。
- Pig：一种数据流语言和运行环境，运行在 MapReduce 和 HDFS 集群上，可加载数据、转换数据格式以及存储最终结果等一系列过程，从而优化 MapReduce 运算。
- Chukwa：一个开源的用于监控大型分布式系统的数据收集和分析系统，包含了一个强大而灵活的工具集，可用于展示、监控和分析已收集的数据。
- Sqoop：是一个用来将 Hadoop 和关系型数据库中的数据相互转移的工具。
- Mahout：提供一些可扩展的机器学习领域经典算法的实现，旨在帮助开发人员更加方便快捷地创建智能应用程序，包括聚类、分类、推荐过滤等。

- Hive：分布式数据仓库，管理 HDFS 中存储的数据，并提供基于 SQL 的查询语言用以查询数据，可向 HDFS 添加数据，并允许使用类似 SQL 的语言进行数据查询。
- Hbase：一个分布式的、列存储数据库，用于在 Hadoop 中支持大型稀疏表的列存储数据环境，HBase 使用 HDFS 作为底层存储，同时支持 MapReduce 计算和查询。
- Hadoop Common：在 0.20 及以前的版本中，包含 HDFS、MapReduce 和其他项目公共内容，从 0.21 开始，HDFS 和 MapReduce 被分离为独立子项目，其余内容为 Hadoop Common。

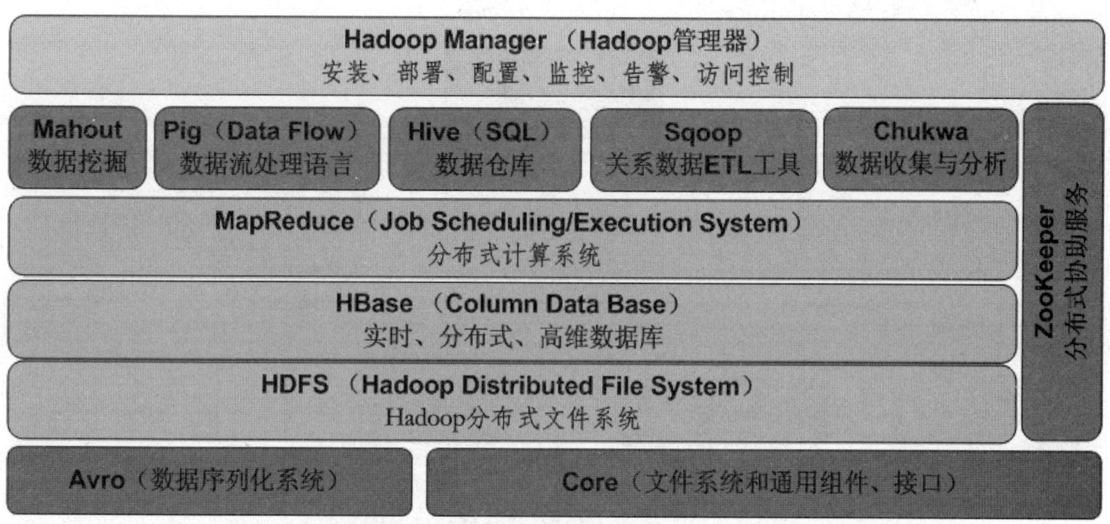

图 19.4　Hadoop 的基本组成(Hadoop 0.20.0 以前)

提示：Hadoop Core/Common：从 Hadoop 0.20 版本开始，Hadoop Core 项目便更名为 Common。Common 是为 Hadoop 其他子项目提供支持的常用工具，它主要包括 FileSystem、RPC 和串行化库，它们为在廉价的硬件上搭建云计算环境提供基本的服务，并且为运行在该平台上的软件开发提供了所需的 API。

Hadoop 与 Google 技术对应如表 19.1 所示。

表 19.1　Hadoop 与 Google 技术对应表

	Google 技术	Hadoop 对应技术
1	MapReduce	Hadoop MapReduce
2	GFS	HDFS
3	Sawzall	Hive，Pig
4	Bigtable	HBase
5	Chubby	ZooKeeper

19.3.4 HDFS

HDFS 全称为 Hadoop Distributed File System，它是 Hadoop 的一个子项目，基本是按照 Google 的 GFS 架构来实现的。HDFS 可以部署在普通的、廉价的硬件设备之上，具有高容错性，适合大数据集的应用，提供了对数据读写的高吞吐率。

HDFS 的结构是一个主从式(Master / Slave)结构，由一个名称节点(NameNode)和若干个数据节点(DataNode)组成。典型的部署场景是一台机器跑一个单独的 NameNode 节点，集群中的其他机器各跑一个 DataNode 实例。如图 19.5 所示。

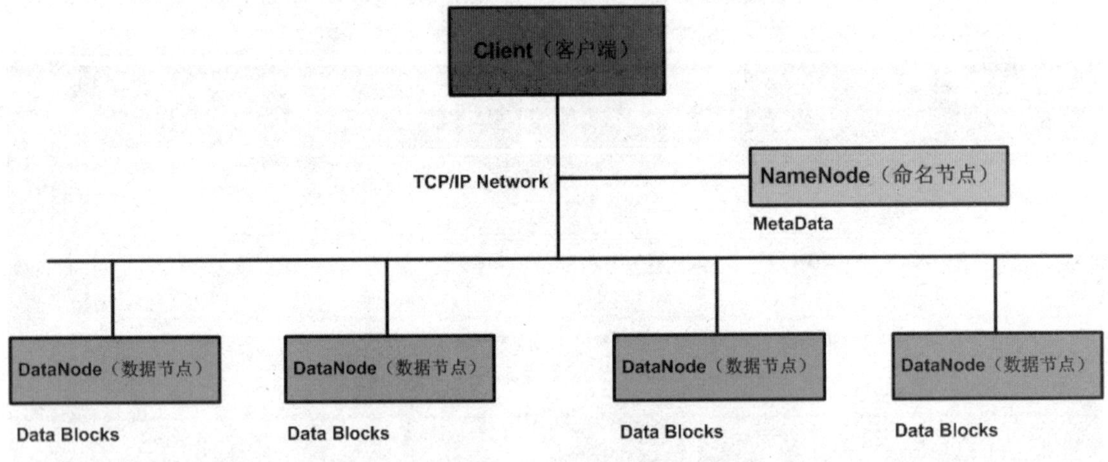

图 19.5 HDFS 拓扑结构示意图

Hadoop 的名称节点保存了文件系统的元数据(Metadata)，用以管理文件系统的命名空间和响应客户端对文件的访问操作(如打开、关闭、重命名文件和目录)请求，同时决定数据块到 DataNode 节点的映射，名称节点并不存放实际的数据文件，数据节点进行数据块的创建、删除和复制等，数据文件根据设置的规则被分成若干个文件块(通常为 64M 或者 128M 大小)，默认保存 3 个副本，分别存放在同一机架或者不同机架的数据节点上。

提示：国际图联 IFLA 对元数据的定义是：“元数据就是数据的数据，此术语指任何用于帮助网络电子资源的识别、描述和定位的数据”。元数据用来描述数据，分布式视频存储中的元数据主要保存一系列文件名、原视频的视频参数（例如比特率、分辨率等）、智能参数（如背景、前景、前景目标的形状、颜色、尺寸、方向、位置、速度等）。

1. HDFS 系统特点

分布式文件系统是 Hadoop 云计算的基础。HDFS 参照 GFS(Google File System)实现，拥有多机备份、扩展性强且经济廉价等特点，适合视频和音频之类非结构数据存储。HDFS 对用户透明，在 HDFS 内部，一个文件被分割为一个或多个数据块(Block)，这些数据块被存储在一组 DataNodes 上。

HDFS 尤其适合存储海量(PB 级)的大文件(通常超过 64M ，因为 HDFS 中最小存储粒度为 64M)，能够提供高吞吐量的数据访问。

- HDFS 具有快速错误监测及自动恢复功能，得益于其基于“硬件故障是常态”理念；
- HDFS 适合存储并管理 GB、TB、PB 级数据，可扩展上千节点，支持千万计的文件；
- HDFS 适合处理非结构化数据，注重数据处理的吞吐量(latency 不敏感)应用；
- HDFS 不适合存储小文件及大量的随机读操作应用；
- HDFS 的计算理念是将计算程序分布在存储目标数据的地方，而不是将数据传输到计算程序执行的地方，这样 “就近计算”的好处是效率高、节省传输带宽。

2. HDFS 工作原理

HDFS 以流式数据访问模式来存储超大文件，运行于商用硬件集群上。HDFS 的构建思路是这样的：一次写入、多次读取是最高效的访问模式。数据集通常由数据源生成或从数据源复制而来，接着长时间在此数据集上进行各类分析。每次分析会涉及该数据集的大部分数据甚至全部，因此读取整个数据集的时间延迟比读取第一条记录的时间延迟更重要。

如图 19.6 所示，NameNode 节点作为主控节点，维护集群内的元数据，对外提供创建、打开、删除以及重命名文件或目录的功能。NameNode 是唯一的(即整个集群仅仅具有单一的命名空间)，应用程序与之通信，然后往 DataNode 上存储文件或者从 DataNode 上读取文件。这些操作是透明的，与常规的普通文件系统 API 没有区别。对外部客户机而言，HDFS 就像一个传统的分级文件系统，实际的 I/O 事务并不经过 NameNode，当外部客户机发送请求要求创建文件时，NameNode 会以块标识和该块的第一个副本的 DataNode IP 地址作为响应，这个 NameNode 还会通知其他将要接收该块的副本的 DataNode。

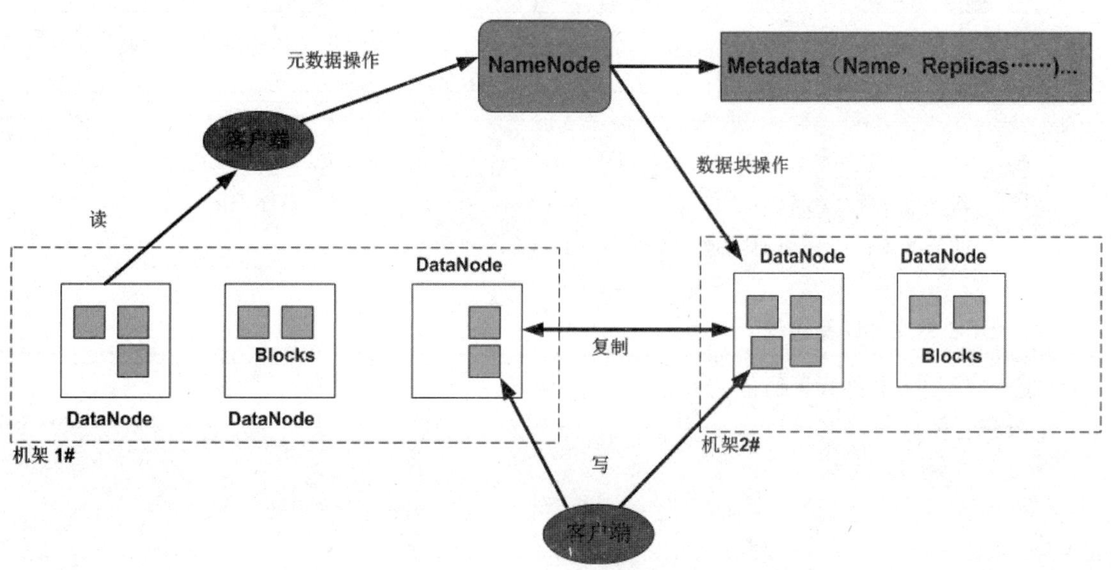

图 19.6　HDFS 工作原理示意图

提示：对 Hadoop 的文件系统 HDFS 的理解可以参考 RAID 技术之 RAID 0+1，RAID0+1 进行分块存储的过程，一方面实现了并行写入以提高读写效率，同时进行备份以实现数据冗余保护。 HDFS 也是将源文件分块(64M/128M)，并行写入多个数据节点(DataNode)，以提高速度并保持备份(默认 3 份，可以修改)。两者的不同在于：RAID 的操作过程针对的是物理硬盘，而 HDFS 的操作过程参与的是应用级节点(可以是物理主机或者虚拟机)。

3. HDFS 的 NameNode 和 DataNode

HDFS 集群有两类节点，分别以管理者(NameNode)、工作者(Datanode)模式运行。

NameNode 管理文件系统的命名空间，它维护着文件系统树及整棵树内所有的文件和目录。这些信息以两个文件(命名空间镜像文件和编辑日志文件)的形式永久保存在本地磁盘上。NameNode 也记录着每个文件中各个块所在的 DataNode 信息，但它并不永久保存块的位置信息，因为这些信息会在系统启动时由 DataNode 重建。同时 NameNode 也负责控制外部 Client 的访问。DataNode 是文件系统的工作节点，它们根据需要存储并检索数据块(受客户端或 NameNode 调度)，响应创建、删除和复制数据块的命令，并且定期向 NameNode 发送所存储数据块列表的“心跳”信息。HDFS 内部的所有通信都基于标准的 TCP/IP 协议。NameNode 获取每个 DataNode 的心跳信息，NameNode 据此验证块映射和文件系统元数据。如表 19.2 所示。

表 19.2 NameNode 与 DataNode

	NameNode	DataNode
1	存储元数据	存储文件内容
2	元数据保存在内存中	文件数据保存在磁盘
3	保存文件、Block、DataNode 之间的映射关系	维护了 Block ID 到 DataNode 本地文件的映射关系

提示：客户端通过 NameNode 来实现与 DataNode 的文件系统交互，客户端联系 NameNode 获取文件的元数据，而真正的 I/O 操作是直接和 DataNode 进行的，即 NameNode 不参与文件的实际传输，只提供目标文件的位置列表信息。

4. HDFS 的文件读写过程

HDFS 架构下文件写入时的步骤如图 19.7 所示。

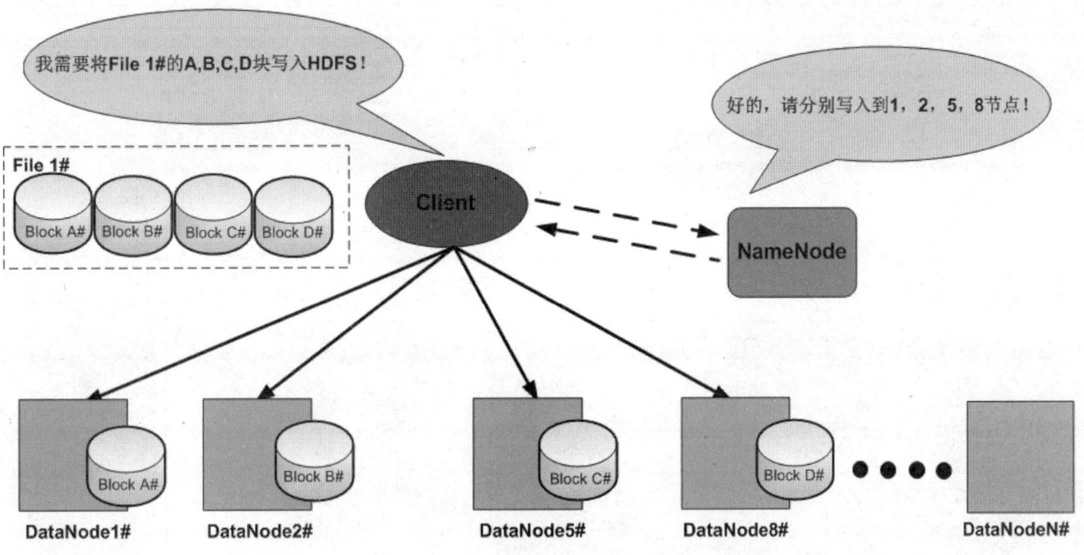

图 19.7 文件写入 HDFS 的步骤

(1) Client 向 Namenode 发起文件写入的请求；

(2) Namenode 根据文件大小和文件块配置情况将它管理的 DataNode 节点的信息返回 Client；

(3) Client 将文件划分为多个块，根据 DataNode 的地址信息，按顺序写入到每一个 DataNode 块中。

HDFS 架构下文件读取时的步骤如图 19.8 所示。

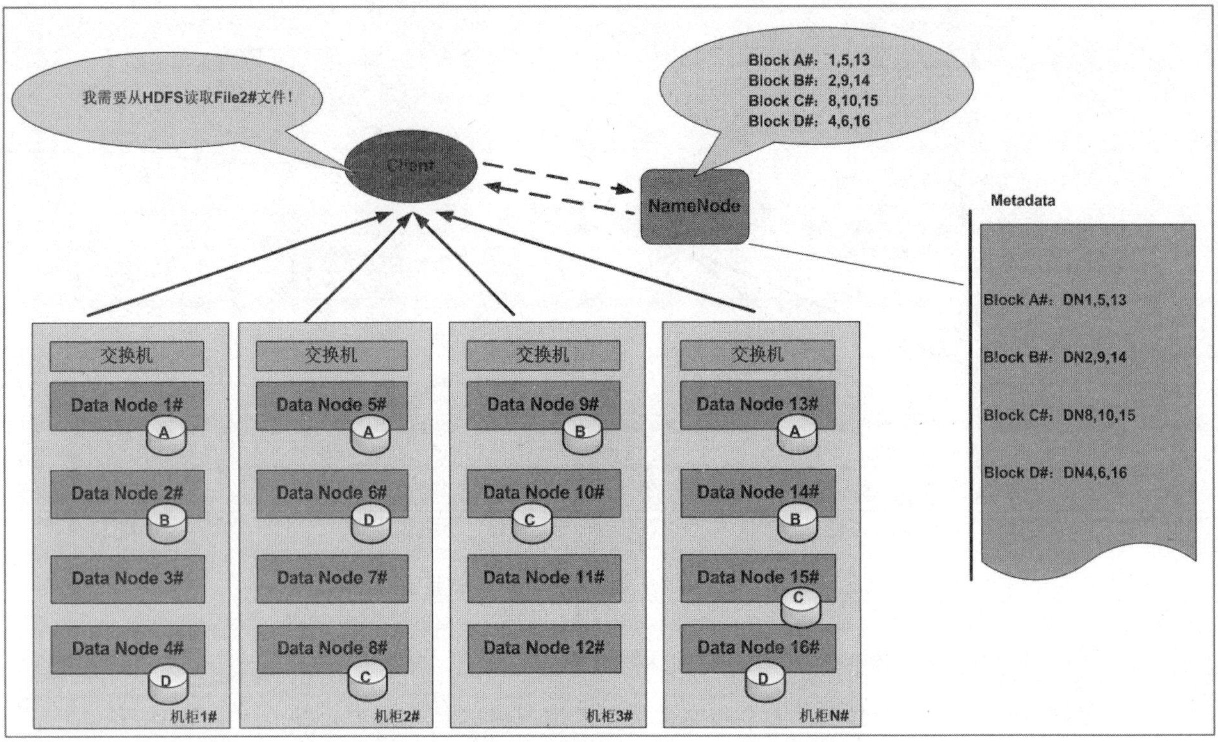

图 19.8　文件从 HDFS 读出的步骤

(1) Client 向 NameNode 发起文件读取的请求。

(2) NameNode 返回存储文件的 DataNode 的信息。

(3) Client 读取文件信息。

作为文件系统的管理员，没有 NameNode，文件系统将无法使用。如果运行 NameNode 服务的机器毁坏，文件系统上的所有文件将会丢失，且不知道如何根据 DataNode 的数据块来重建文件。

Hadoop 为此提供了两种机制对 NameNode 实现冗余备份：

- 一种机制是备份保存文件系统元数据的文件；
- 另一种机制是运行一个辅助的 NameNode，但它不能被用作 NameNode，辅助的 NameNode 通过编辑日志定期合并命名空间镜像。

比如：NameNode 的概念比较容易理解，如同我们去寄存物品，寄存处工作人员会根据我们的寄存情况进行登记，比如，Zhangshan@21 号柜，以便将来 Zhangshan 来取物品时，工作人员迅速找到对应的柜子，返回物品，而这些登记表本身也会放在一个柜子里。那么，放登记表的柜子就是 NameNode，这个柜子很重要，包含各类索引信息，但不存放任何实际物品，客人的物品放的柜子就是 DataNode，显然，一个寄存处只需一个 NameNode，需要大量 DataNode。NameNode 很重要，丢了就乱套了，可以再把登记表复印一份放另外一个柜子里，以备不时之需，而这个放了复印登记表的柜子，就是备份 NameNode。

19.3.5　MapReduce

Hadoop 实现了 Google 的 MapReduce 模型，Google 的 MapReduce 是最初用于搜索引擎的并行计算流程模型，有两个核心流程：Map(映射)和 Reduce(化简)，将两个词合并成为它的名字，可以说它是一个分布式计算框架。MapReduce 将复杂的、运行于大规模集群上的并行计算过程高度地抽象到了这两个函数，Map 和 Reduce。

适合用 MapReduce 来处理的数据集(或任务)有一个基本要求：待处理的数据集可以分解成许多小的数据集，而且每一个小数据集都可以完全并行地进行处理。MapReduce 工作方法是将任务分解为多个小任务然后发送到集群节点中，每台计算机节点再处理自己的那部分信息，MapReduce 则迅速整合这些反馈并形成答案，简单说就是任务的分解和结果的合成。

1. MapReduce 思想

MapReduce 是一种编程模型，用于大规模数据集的并行运算。概念“Map(映射)”和“Reduce(化简)”和其主要思想，都是从函数式编程语言里借来的。MapReduce 极大地方便了编程人员在不熟悉分布式并行编程的情况下，将自己的程序运行在分布式系统上。当前的软件实现是指定一个 Map(映射)函数，用来把一组“键值对”映射成一组新的“键值对”，指定并发的 Reduce(化简)函数。

MapReduce 适合进行数据分析、日志分析、商业智能分析、客户营销、大规模索引、排序、搜索、广告计算、广告优化与分析、搜索关键字进行内容分类、搜索引擎、垃圾数据分析、数据分析、机器学习、数据挖掘、大规模图像转换等应用。

与传统关系型数据库的对比如表 19.3 所示。

表 19.3　传统关系型数据库与 MapReduce 对比

	传统关系型数据库	MapReduce
数据大小	GB	PB
访问	交互型和批处理	批处理
更新	多次读写	一次写入多次读写
结构	静态模式	动态模式
集成度	高	低
伸缩性	非线性	线性

2. MapReduce 原理及模型

MapReduce 的工作原理：本质是先分后合的数据处理方式。Map 即“分解”，把海量数据分割成了若干部分，分给多台处理器并行处理；Reduce 即“合并”，把各台处理器处理后的结果进行汇总操作以得到最终结果。

Map / Reduce 模型：Map / Reduce 是一种新的分布式程序设计模型，用于在集群上对海量数据进行并行处理。执行流程如图 19.9 所示。

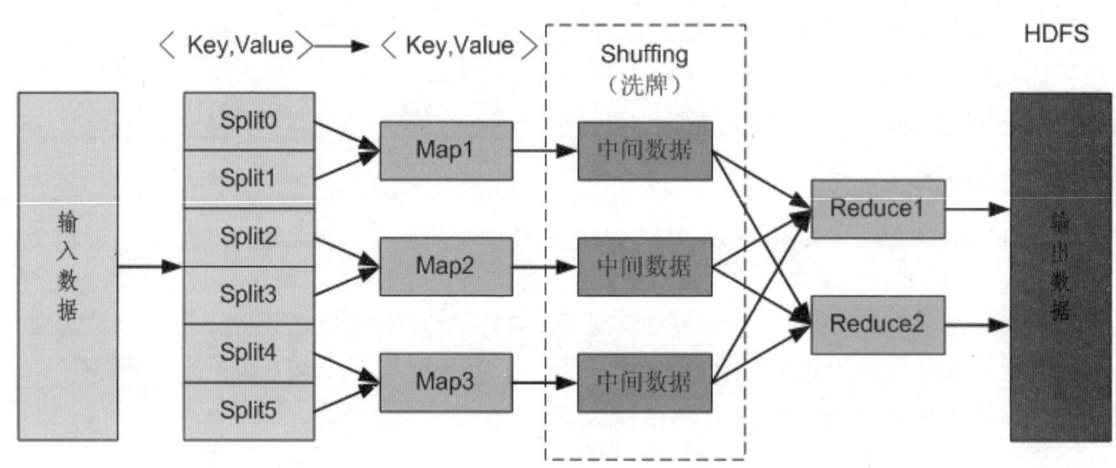

图 19.9　MapReduce 计算模型示意图

首先对输入的海量数据进行分割，分布存储到对应的节点上，在对应节点的主机上调用 Map 函数对数据进行处理，把分配到的数据(一般为一组<Key，Value>对)映射为另外的一组<Key2，Vaule2>型中间数据；Reduce 函数再对 Map 输出的<Key2，Vaule2>型中间数据进行归约并输出最终结果。

比如：对于 MapReduce 的理解即“大事化小小事化了”的过程。比如要在序列（3、12、5、9、7、32、45、22、55、11、44、8）这个序列中找到最大数，首先可以分 3 组，每组 4 个数比大小，然后每组的最大数（12、45、55）再比一次，即可以得到最终整个序列的最大数 55。这个分组及分组结果的再比较就是简单的 MapReduce 过程，3 个分组可以理解成数据分布存储在不同的 DataNode 上，而 MapReduce 过程在各个 Datanode 同时进行。这种简单实现方式对超大数据、分布式存储的数据来讲，是非常高效而有意义的。

通常，MapReduce 框架和 HDFS 运行在一组相同的节点上，即计算节点和存储节点通常在一起。这种配置允许 MapReduce 框架在那些已经存储好数据的节点上高效地调度任务，充分利用整个集群中的网络带宽，即所谓的“就近计算”原则。

提示：MapReduce 的原理简单，但实现起来有诸多细节。如果利用程序直接写 MapReduce 任务，需要对 MapReduce 底层细节有了解。通过 Pig、Hive 等工具，可以自动实现将高级描述转换成 MapReduce 的语言描述，使程序人员不必了解过多底层细节，而专注于上层。其中 Shuffing 的作用是 Map 之后、Reduce 之前的预处理，可减少数据传输。

3. MapReduce 架构

类似 HDFS，Hadoop MapReduce 的实现也采用了 Master/Slave 结构。Master 叫做 JobTracker，而 Slave 叫 TaskTracker。JobTracker 负责 Job 和 Tasks 的调度，而 TaskTracker 负责执行 Tasks。JobTracker 是 Hadoop 集群中唯一负责控制 MapReduce 应用程序的系统。用户提交的计算叫做 Job，每一个 Job 会被划分成若干个 Tasks，每个 TaskTracker 将状态和完成信息报告 JobTracker。

MapReduce 有一个重要特点，它并没有将存储移动到某个位置以供处理，而是将处理移动到存储端。通过调集集群中的不同节点进行并行处理。

在 Hadoop 中，Client 任务的提交者是一组 API，用户需要自定义需要的内容，由 Client 将作业及其配置提交到 JobTracker 并监控执行状况。与 HDFS 的通信机制相同，MapReduce 也使用协议接口来实现服务器间的通信。Client 与 TaskTracker 及 TaskTracker 之间没有直接通信。由于集群各主机的通信比较复杂，点对点直接通信难以维持状态信息，所以由 JobTracker 收集整理并统一转发。如图 19.10 所示。

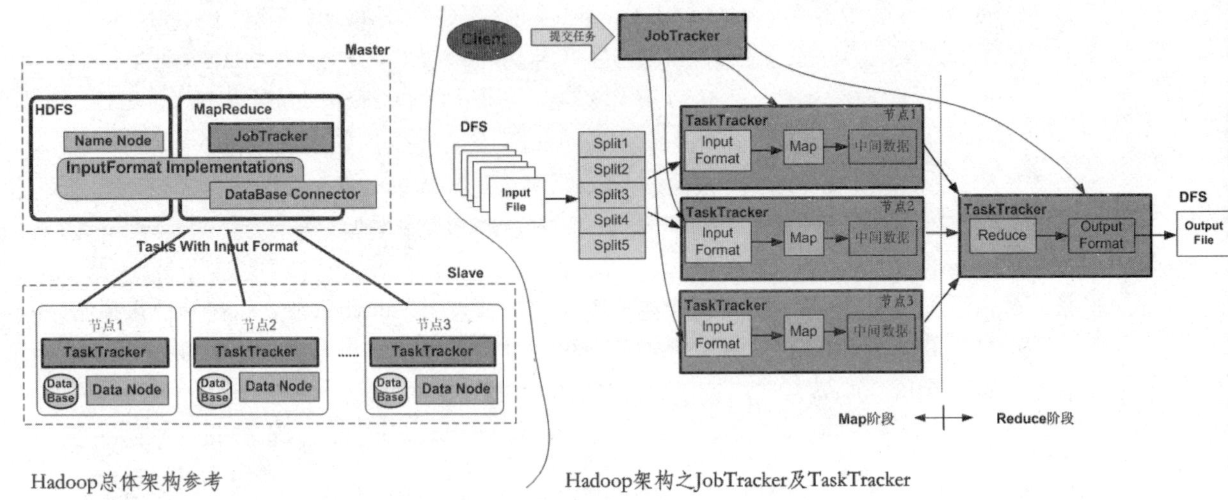

图 19.10　MapReduce 架构原理示意图

4. MapReduce 的工作机制

整个过程如图 19.11 所示，具体包含如下 4 个独立的过程：

(1) 客户端提交 MapReduce 作业；

(2) JobTracker 协调作业的运行；

(3) TaskTracker 运行作业划分后的任务；

(4) 分布式文件系统(一般为 HDFS)用来共享作业文件。

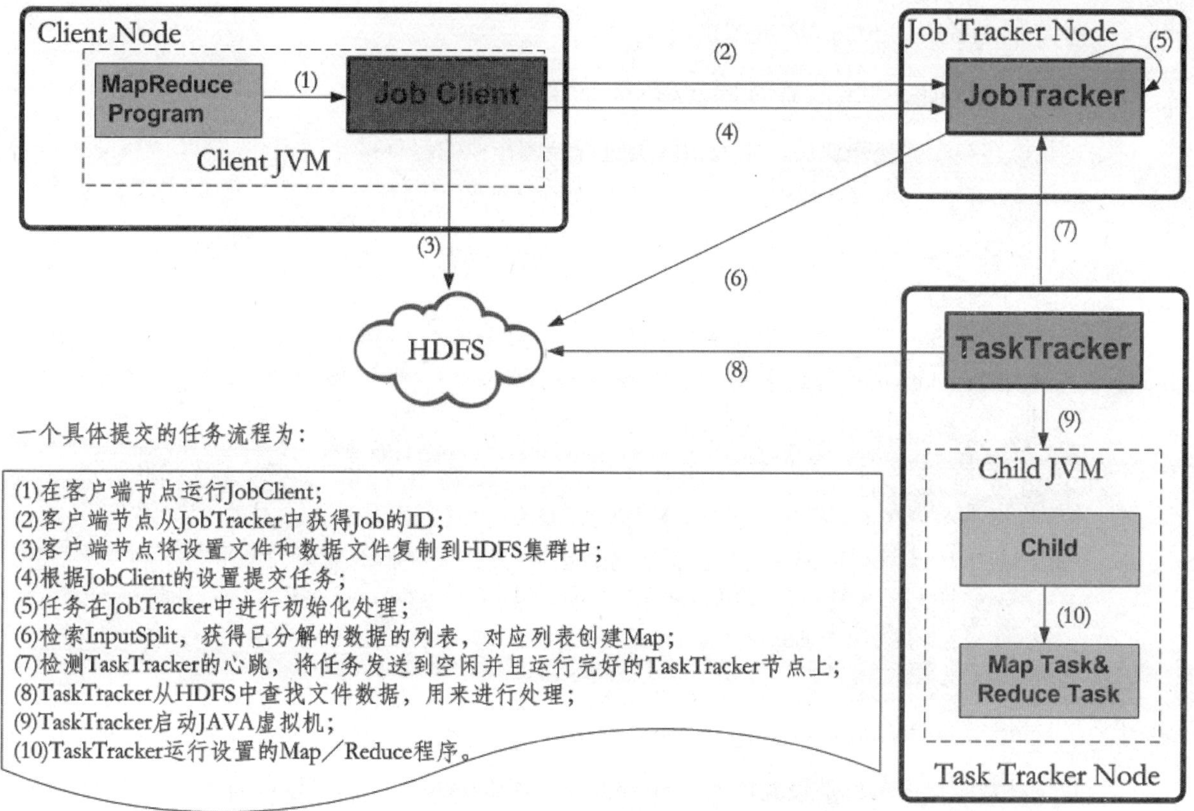

图 19.11　MapReduce 的作业流程示意图

同 HDFS 分布式存储一样，分布式计算也是由主从模式构建而成。工作流程如上图所示，Hadoop 中有一个作为主控的 JobTracker，负责作业调度 TaskTracker 执行计算任务，TaskTracker 负责执行任务。JobTracker 将 Map 任务和 Reduce 任务分发给空闲的 TaskTracker，让这些任务并行运行，并负责监控任务的运行情况。如果某一个 TaskTracker 故障了，JobTracker 会将其负责的任务转交给另一个空闲的 TaskTracker 重新运行。

一个具体提交的任务流程为：

(1) 在客户端节点运行 JobClient;

(2) 客户端节点从 JobTracker 中获得 Job 的 ID;

(3) 客户端节点将设置文件和数据文件复制到 HDFS 集群中；

(4) 根据 JobClient 的设置提交任务；

(5) 任务在 JobTracker 中进行初始化处理；

(6) 检索 InputSplit，获得已分解的数据列表，对应列表创建 Map;

(7) 检测 TaskTracker 的心跳，将任务发送到空闲并且运行完好的 TaskTracker 节点上；

(8) TaskTracker 从 HDFS 中查找文件数据，用来处理；

(9) TaskTracker 启动 JAVA 虚拟机；

(10) TaskTracker 运行设置的 Map / Reduce 程序。

可见，客户端提交作业后，主要由两类进程控制作业的运行：

- JobTracker：整个集群只有一个 JobTracker，为 TaskTracker 分配任务，监测任务的运行情况，调度任务(小集群通常运行在 NameNode 节点上，大集群 JobTracker 单独一个节点)。
- TaskTracker：运行在 DataNode 节点上，每个节点一个 TaskTracker 进程，每个 TaskTracker 可运行数个 MapReduce 进程。

提示：对于 JobTracker 和 TaskTracker 的理解，可以参考本书第 6 章，NVR 的“NVR 冗余技术”部分以加强理解。NVR 的 N+1 冗余技术中，一台 NVR 作为冗余，实时通过心跳监测 N 台 NVR 的工作，其本身并不进行录像及转发工作，一旦发现有 NVR 的异常情况，则自动接管故障 NVR 的工作。但是需要注意，JobTracker 发现 TaskTracker 异常之后，JobTracker 不会接管该 TaskTracker 的任务，而是重新分配到另外的 TaskTracker 执行。

5. Hadoop 运行 WordCount 应用举例

单词计数是最简单也是最能体现 MapReduce 思想的程序之一，可以称为 MapReduce 版“Hello World”，该程序的完整代码可以在 Hadoop 安装包的 src/examples 目录下找到。单词计数主要完成功能是：统计一系列文本文件中每个单词出现的次数，过程如图 19.12 所示。

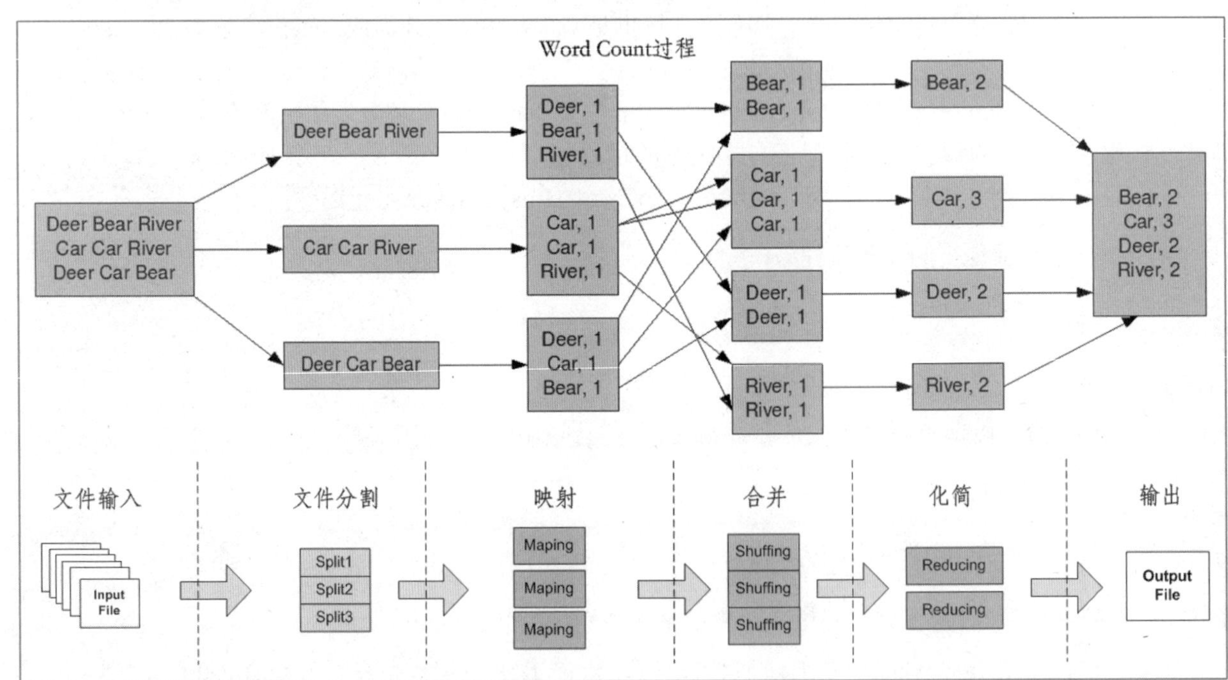

图 19.12　MapReduce 进行“字数统计”过程示意图

MapReduce 进行“字数统计”过程如下：

(1) 文件分割，拆分成 Splits；

(2) 分割好的 Splits 交给 Map 进行处理，生成(Key，Value)对，如(Deer，1……)；

(3) Map 生成的(Key，Value)对，按照 Key 值排序，执行 Shuffing 过程；

(4) Reducer 对从 Mapper 接收的数据排序，交用户定义的 Reduce 进行处理，形成新的(Key，Value)对，如(Bear，2……)，作为结果输出。

19.3.6 HBase

HBase 即 Hadoop Database，是 Google BigTable 的开源实现，HBase 是 Apache 的 Hadoop 项目的子项目，构造在 HDFS 之上，提供一个高可靠性、高性能、面向列、可伸缩、可扩展、分布式的数据库系统，利用 HBase 技术可在廉价机器上搭建起大规模存储集群。

- Google 运行 MapReduce 来处理 Bigtable 中的海量数据，HBase 同样利用 Hadoop MapReduce 来处理 HBase 中的海量数据；
- Google Bigtable 利用 Chubby 作为协同服务，HBase 利用 Zookeeper 作为对应。
- HBase 不同于一般的关系数据库，它是一个适合于非结构化数据存储的数据库，另一个区别是 HBase 基于列而不是基于行的模式。Hadoop MapReduce 为 HBase 提供了高性能的计算能力，Zookeeper 为 HBase 提供了稳定服务和 Failover 机制。

如表 19.4 所示。

表 19.4　传统关系型数据库与 HBase 对比

对比元素	SQL 实现	HBase 实现
软件架构	3 层架构	3 层架构
硬件	少，昂贵	多，廉价
数据结构	关系表	类似 Bigtable 的结构
数据操作	对象关系映射(ORM)	HBase 客户端 API，MapReduce
扩展方式	代价大	代价小
解决方案	定制解决	HBase 及 Hadoop

19.3.7 Zookeeper

ZooKeeper 是 Hadoop 的正式子项目，它是一个针对大型分布式系统的可靠协调系统，提供的功能包括：配置维护、名字服务、分布式同步、组服务等。ZooKeeper 的目标就是封装好复杂易出错的关键服务，将简单易用的接口和性能高效、功能稳定的系统提供给用户。

19.3.8 Hive

Hive 是 Facebook 公司的开源项目，它实现在 Hadoop 之上，提供一种类似于 SQL 的查询语言(HQL)，可以将 SQL 语句转换为 MapReduce 任务进行运行，使不熟悉 MapReduce 的用户很方便地利用 SQL 语言查询、汇总和分析数据。并且，MapReduce 开发人员可以把自己写的 Mapper 和 Reducer 作为插件来支持 Hive，以便做更复杂的数据分析。

19.4 大数据的应用

19.4.1 大数据的价值

美国麦肯锡全球研究院 2011 年 6 月发布题为《大数据：下一个创新、竞争和生产力的前沿》的研究报告，指出“大数据时代已经到来”，数据正成为与物质资产和人力资本相提并论的重要生产要素，大数据的使用将成为未来提高竞争力的关键要素。美国政府于 2012 年 3 月宣布“大数据的研究和发展计划”，以提高对大数据的收集与分析能力，增强国家竞争力。

不仅是美国，其他一些国家也都把大数据提升到国家战略层面，认为未来国家层面的竞争力将部分体现为一国拥有数据的规模及运用数据的能力。

信息技术领域原先已经有“海量数据”、“大规模数据”等概念，但这些概念只着眼于数据规模本身，未能充分反映数据爆发背景下的数据处理与应用需求，而“大数据”这一新概念不仅指规模庞大的数据对象，也包含对这些数据对象的处理和应用，是数据对象、技术与应用三者的统一。

大数据应用是对特定的大数据集合，采用大数据技术，获得有价值信息的过程。对于不同领域、不同企业、不同业务，数据采集和分析挖掘过程存在差异，所运用的大数据技术及系统也可能有着很大的不同。但是，总体目标基本都是为达到帮助企业内部数据挖掘、趋势分析、优化流程、精准找到用户、降低成本、提高效益等目的。

提示： 数据(Data)本身是自然、原始和零散的，数据经过过滤、分类和组织后成为信息(Information)，将相关联的信息整合和有效地呈现则成为知识(Knowledge)，对知识的深层领悟而升华到理解事物的本质并可以举一反三则称为智慧(Wisdom)。所以数据本身是源头，是决策和价值创造的基石，经过处理之后才会一步步发挥价值。

大数据的应用大致分以下几个步骤：

(1) 数据采集、核实与过滤；

(2) 在数据仓库内的分类和存储；

(3) 数据挖掘以找到数据所隐含的规律和数据间的关联；

(4) 数据模型建立和参数调整；

(5) 基于数据的应用开发和决策支持。

拿我们身边最常见的互联网及电子商务应用举例说明：

在电子商务网站上，用户的每次浏览、登录、点击或者评论、网页驻留时间等，都将被采集并且成为网站大数据的来源，互联网企业通过采集大数据，进行存储、分类、分析及挖掘，形成“用户行为跟踪”，掌握用户身份背景、习惯及喜好，从而洞悉用户潜在及真正的购买兴趣及需求，进而判断趋势，还可以针对产品和服务进行调整和优化。搜索公司如Google、网购公司如淘宝，均通过搜集、整理用户行为数据并进行分析挖掘，进而获取价值信息并调整商业模式。

- Google 的 Adsense 对顾客的搜索过程和其对各网站的关注度进行数据挖掘，并在其联盟内的网站追踪顾客的去向，在联盟网站上推出和顾客潜在兴趣相匹配的广告，精准化营销提高转化率。此类应用我们经常能感觉到，属于“精准营销”。
- 淘宝在2012年推出了“淘宝时光机”。该应用通过分析顾客自注册以来的行为，用幽默生动的语言告知顾客淘宝的成长，和该用户相类似喜好的其他用户的行为统计，对该顾客经过分析后加强对其喜好的了解和对其行为的预测。

其他行业的各种应用的例子数不胜数，趋势十分清楚：大数据的应用价值和潜力不再被人低估，但并不是所有企业都能在大数据这个金矿里真正挖到金子。只有那些有远见、有视野、重视研发、持续投入，吸引了优秀相关人才的企业才会有所收获。

19.4.2 大数据的行业应用

目前看，通过用户行为分析实现精准营销是大数据的典型而比较成功的应用，但是大数据在各行各业(特别是公共服务领域)具有其他更为广阔的应用前景，包括安全、气象、医疗甚至军事。如图19.13所示。

图19.13 大数据的应用领域示意图

1. 互联网企业

互联网企业是应用大数据最有效、最成功的行业，比如网络广告监测、网络点击数据、用户行为跟踪、用户地理信息收集等，通过分析这些点击日志、统计哪些用户在哪些阶段点击广告，有哪些购买倾向，从而帮助商户来判断所投广告的价值。

2. 影视行业

2013 年初上映的美国 Netflix 公司出品的电视剧《纸牌屋》更是对“大数据”进行了有效应用，“观众中心制”是制作该剧的重要原则，它的成功让全世界的影视行业从业者意识到，“大数据”或许是一把通向更广阔市场的钥匙。

所谓“观众中心制”，是通过对搜索、微博等平台的数据研究，了解观影习惯、心理、喜好等，从而在制作阶段就实现与受众的对接，对观众和市场需求高度尊重的同时，也尽早保证了作品的成功。

3. 安全领域

目前全国各个城市都建设了大量的视频监控系统，如何在海量的摄像头及录像数据中预防、发现、调查恶性事件变得非常重要。行业预期通过对视频数据进行分析，挖掘视频数据中可疑人员的人脸、行为轨迹、动作、打扮及车辆车牌、车身颜色、号码、轨迹、违章等信息，以实现对未发事件的提前预防、正发生事件的应急响应及已发事件的快速调查。

4. 智能电网

通过实时将用户用电数据发送到后端处理平台，后台就会对这些海量数据进行分析，发现趋势，来预测阶段、周期用电模式，根据用电模式来生产电力，节省资源。

5. 医疗行业

通过对全国甚至全球的病例存储、分析、共享，进而找出病例分类、特征、发生趋势、体征、病例模式，通过这种模式帮助社会进行预防、辅助医生看病。

19.4.3 大数据应用挑战

- 大数据对算法和计算平台的挑战加大，计算开销大增。目前大数据管理多从架构和并行等方面考虑，解决高并发数据存取的性能要求及数据存储的横向扩展，但对非结构化数据的内容理解仍缺乏实质性的突破和进展。
- 大数据的关键还是在于谁先拥有数据。互联网提供了全面的数据来源，数据分析能够针对每一位用户信息做精准匹配，但目前大数据时代还刚刚来临，虽然覆盖的用户越来越多，但对用户行为的描述，还需要更大的数据量。
- 从市场角度来看，大数据还面临其他因素的挑战。大数据很有前景，但是市场中数据噪音太多，会导致数据价值大大降低。以无线营销为例，大量的无效信息以及水军好评差评等数据已经严重干扰了数据的准确性，这实际上大大降低了数据的价值。
- 非结构化海量信息的智能化处理：自然语言理解、多媒体内容理解、机器学习等。

19.5 大数据与云计算

如前文所述所谓云计算，就是用网络连接大量的廉价计算节点，通过分布式软件虚拟成一个可靠的高性能计算平台，而传统的 PC 及手机等变成了云终端设备。经过几年发展，在所有云计算系统里面，云计算的开源架构 Hadoop 技术已经稳居第一，目前全球已经安装部署了大量 Hadoop 系统，Hadoop 已经事实成为了云计算领域的首选技术架构。

提示： 当前云计算更偏重海量存储和计算，以及提供的各类云服务，如 IaaS、PaaS 及 SaaS，但是目前缺乏盘活数据资产的能力。充分挖掘价值性信息和预测性分析，为国家、企业、个人提供决策和服务，是大数据核心议题，也是云计算的最终方向。

行业一般认为，云计算的核心是业务模式，本质是数据处理技术。数据是资产，云为数据资产提供了保管、访问的场所和渠道。如何挖掘数据资产，使其为商业经营、企业决策乃至公共安全服务，是大数据的核心议题，也是云计算内在的灵魂和必然的发展方向。大数据技术将是 IT 领域新一代的技术与架构，他将帮助人们从大体量、高复杂的数据中提取价值。简言之，从各种各样类型的数据中，快速获得有价值信息的能力，就是大数据技术。

提示： 云计算与大数据是一对相辅相成的概念：云计算强调的是计算和存储，这是过程的概念；而大数据是计算的对象，是结果的概念。如果数据是财富，则大数据是宝藏，而云计算是发现、挖掘和利用宝藏的方式，若没有云计算强大的技术能力支撑，数据宝藏将无从挖掘。

19.6 大数据与视频监控

视频监控数据有两个典型的特征——海量和非结构化。视频监控数据量规模庞大，并且随着高清化、超高清化的趋势加强，视频监控数据规模将以更快的指数级别增长。与通常讲的结构化数据不同，视频监控业务产生的数据绝大多数以非结构化的视音频及图片类数据为主，这给传统的数据管理和使用机制带来了极大的挑战。

19.6.1 高清视频监控目前存在的问题

1. 海量数据存储和扩展问题

视频监控系统 24 小时工作的特征使其源源不断地产生大量数据，高清视频监控系统视频数据流量更大，传统集中存储模式下，需要基于现状并考虑未来一段时间扩展需求进行部署，这样的结果是前期投入空置资源较多，而后期扩展需求不定，导致系统规划设计困难。

系统要能够进行动态扩展、可以在线升级，同时保持原有系统架构及设备平滑过渡。存储若采用分布式存储架构，则可以进行灵活地扩展部署。

2. 海量数据智能计算和分析问题

海量视频数据智能分析的有效性将是未来大型安防监控系统的重要指标。对于地铁、机场及平安城市等公共安全监控系统，一旦发生事故，成千上万的摄像机录像需要检索或者回放，即使常态下未发生事故时，也需要对视频数据进行分析、提取及信息挖掘。传统集中存储及串行分析的模式下，效率较低，耗时较多而无法满足事故发生后快速调研判断的需求。分布式计算系统架构可以并行同时在多个节点进行计算，以解决此问题。

3. 系统高可靠性和冗余问题

海量视频存储，尤其是金融及其他重要应用，存储周期较长，而一旦发生事故，要求视频录像数据保证可用，这要求视频数据的存储备份具有高可靠性。传统视频存储利用 DVR 或 NVR 进行存储，并利用存储备份服务器进行二次备份，系统架构复杂，录像回放操作效率较低。利用虚拟化计算及分布式存储，可以保证系统硬件高可靠性及视频数据节点冗余保护。

19.6.2 大数据视频监控优势

以 Hadoop 为主的大数据技术，核心特点是分布式存储架构(HDFS)及分布式计算框架(Map-Reduce)，Hadoop 架构非常适合一次写入，多次读取、高效计算、海量数据的存储及分析计算，而高清网络视频监控应用正好契合这些特点，视频监控资源通过网络进行分布存储(到不同节点)，视频数据一旦写入，很少需要修改，但是可能需要多次读取(录像回放)，并有高效计算需求(视频实时分析及二次分析、检索等需求)。

基于大数据架构，可以给中大型的高清网络视频监控项目带来诸多的裨益：

1. 系统具有灵活的扩展性能

基于 Hadoop 的分布式系统架构，可根据后期需求进行灵活扩展以满足不同阶段的需求，而不必在初期进行大而全的投资，系统节点的添加和删除、节点任务的转移非常灵活。

2. 系统能够保证早期投入延续

虚拟化及大数据技术架构对底层硬件设备的要求并不高，在 HDFS 的集群中，可灵活进行集群及节点的部署，数据节点可以采用廉价通用型的硬件，由软件技术保证其高可靠性，这种方式避免采用传统高端硬件的模式，可以大大降低投资成本。

3. 高效视频分析及挖掘可行

视频数据存储于多个节点，利用节点分布式计算架构，可以并行进行大量视频分析计算工作，传统的大量视频分析计算工作，将被分解成很多较小任务，在多个节点并行计算然后再进行结论合成及输出，使得海量视频分析及关联挖掘成为可能并非常高效。

19.6.3　面向大数据的视频监控系统

结合视频监控业务特点，引入 Hadoop 的架构(如图 19.14 所示)，以实现大数据网络视频监控系统，将会解决很多目前视频监控系统存在的问题，当然，也有一些新问题需要克服。

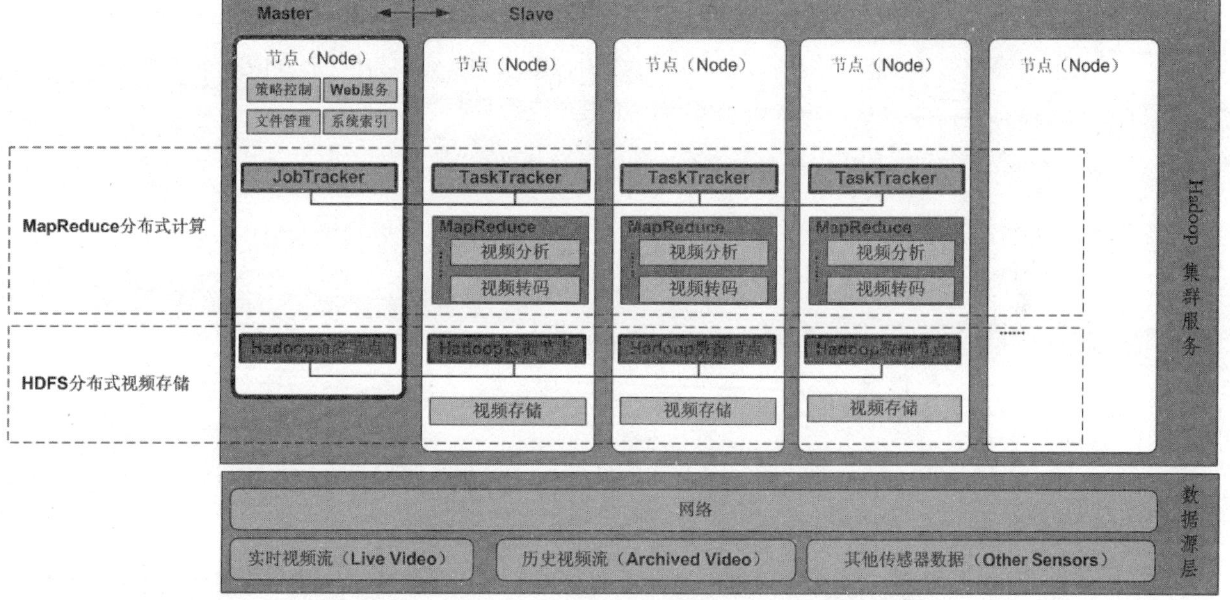

图 19.14　基于 Hadoop 架构的视频监控架构示意图

- 数据源层：包括实时数据和非实时数据。实时数据指网络摄像机和其他传感器产生的实时流媒体数据。非实时数据指从 DVR、NVR 或第三方系统导入的媒体数据。
- HDFS 分布式存储：将采集的视频数据分布保存在 HDFS 集群节点内，可以根据情况进行数据备份数目选择(默认备份 3 份数据，2 份同机柜)，通过 HBase 建立访问的索引。此时需要对传统的 NVR 及专用存储设备(DAS、NAS、SAN 等)进行重构，以纳入到 HDFS 的数据节点架构中去。
- MapReduce 分布式计算：实现智能分析及挖掘等功能，MapReduce 对分布存储在 HDFS 不同节点的视频数据进行分解，以就近进行分析、计算。多个数据节点可以并行进行计算分析，然后将结果汇总，存储到 HDFS 或者反馈给客户端。另外，还可以对实时视频进行分析，基于智能分析产生的视频元数据(Metadata)，通过 Hive 挖掘视频元数据的价值信息或者将来进行二次分析应用。

以上架构中，显然 Master 节点(或命名节点、NameNode)是重中之重，其上运行多个后台服务(如 NameNode、JobTracker)，是系统文件存储及管理的核心，也是进行视频计算分析的核心引擎，并负责外部客户端服务的请求响应及反馈。基于大数据的视频架构，解决了海量的视频数据分散和集中式存储并存、多级分布问题，极大提升了非结构化视频数据读写的效率，为视频监控的快速检索、智能分析提供了端到端的解决方案。

19.7 大数据的监控应用

19.7.1 基于云计算的视频监控架构

目前的网络视频监控系统中，以高清 IPC＋NVR＋CMS 架构为例(部分情况下单独配置流媒体服务器、转码服务及视频分析服务器，这里不进行单独讨论)：

- 前端信号采集及传输设备为高清 IPC；
- NVR 进行视频流的存储及转发，并可能根据需要进行智能视频分析；
- CMS 进行系统设备、资源、用户、集成等管理；
- 客户端通过网络连接 NVR 继而进行资源调用。
  - NVR 的通道数量固定，并且初期需要进行最大化设计；
  - 存储方面，NVR 的存储资源固化不灵活，难以进行扩展或升级；
  - 智能方面，计算性能有限，且难以进行跨服务器的视频分析工作；
  - 可靠性方面：NVR 的可靠性通常需要利用 N＋1 冗余等进行保证，实现复杂。

基于云计算的智能网络视频监控系统，其实质针对的是传统架构中的 NVR 及存储部分，也就是媒体转发、存储及计算负荷最高的部分，基于云计算的智能高清视频监控系统虚拟架构如图 19.15 所示。

基于云计算的智能高清视频监控系统主要包括名称节点和数据节点两部分：

- 名称节点为所有数据节点提供统一资源管理与分配、视频分析算法函数库及控制策略；
- 数据节点提供计算、存储、转发、转码资源，负责接收并处理本地输入视频流。

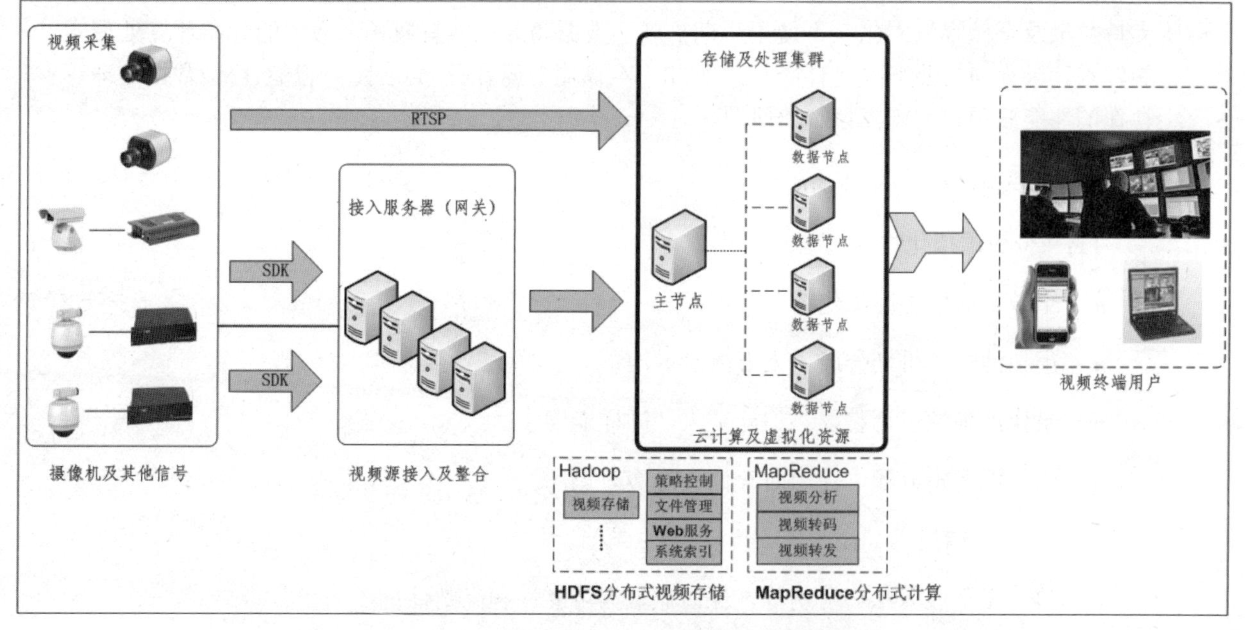

图 19.15　基于云计算的视频架构示意图

- 虚拟化资源池：使用虚拟化技术将监控节点的物理资源构建成统一的资源池， 形成视频监控的基础设施，经过虚拟化的系统架构中，所有系统资源都是模块化、可扩展的，并且可以根据实际使用情况进行动态分配。
- Hadoop 文件系统：实现分布式的视频数据存储和备份机制。视频流采集模块处理完输入视频流后，使用 Hadoop 将视频数据存储在 Hadoop 文件系统中。
- 转发及存储模块：在分布式监控节点中的虚拟机上安装转发及存储(类传统 NVR 或流媒体服务)软件，实现视频的存储及转发，虚拟机之间共享计算和网络资源。
- 智能分析模块：由于视频数据存储在 Hadoop 文件系统中，可以使用 Hadoop MapReduce 分布式计算模型来进行智能视频分析，视频监控系统智能分析包括实时视频分析和离线视频分析。视频分析模式主要包括图像识别、人脸识别、行为检测、移动跟踪等需要大量 CPU 计算能力的任务。
- 转码服务：由于用户端设备所支持的视频格式不同，并且图像显示分辨率受到传输带宽的限制，需要对源视频流进行转码，以适应用户实际的格式和分辨率。可通过集成开源软件 FFmpeg，对实时监控视频进行格式和分辨率转码。
- Web 服务器：用户通过 Web 就可进行内容管理及视频检索服务。

19.7.2　基于 Hadoop 的视频云存储

传统网络视频监控系统应用中，前端摄像机码流被 NVR 抓取后，直接存储在 NVR 的附加存储设备中，可以采用 NAS/DAS/SAN 等存储架构。此类架构的问题在于 NVR 的存储通道支持数量及存储容量固化，不便于后期扩展、数据写入性能有瓶颈、数据的分布计算处理实施较难。云存储需要解决现有嵌入式 NVR、存储服务器在分布式计算/智能分析/数据处理等存在的性能瓶颈和大规模存储的问题。

1. 视频云存储可以解决的问题

(1) 全域虚拟化技术

- 全域存储资源虚拟化统一管理；
- 虚拟池最多可划分成千上万的录像池；
- 录像池弹性可调整，不但能扩大，同样能缩小；
- 录像池逻辑分配、使用时存储资源实时调用。

(2) 离散存储技术

- 流数据离散算法均衡切片，保证流数据可靠性和高效性；
- 系统级存储资源配发方案，数据流分散到不同存储节点内；
- 并发组流推送，录像回放、数据提取并发执行。

(3) 高效集群技术

- 管理节点集群负载均衡算法，全面提升业务响应、策略调度性能；
- 存储节点集群升级系统化并发执行能力，海量吞吐、云化存储；
- 系统级高可靠性和业务持续性，安全系数全面提升。

(4) Hadoop HDFS 分布式文件系统具有如下特点：

- 非常适合海量数据的存储和处理；
- 可扩展性高，只需简单添加服务器数量，即可实现存储容量和计算能力的线性增长；
- 数据冗余度高，缺省每份数据在 3 台服务器上保留备份；
- 适合“流式”访问，即一次写入，多次读取，数据写入后极少修改，这非常适合视频监控文件的特点；
- 除了数据存储能力外，Hadoop MapReduce 分布式计算框架还可充分利用各服务器 CPU 的计算资源，便于后期开展基于海量视频监控数据的视频分析、图像内容检索、视频挖掘等密集型计算。

2. 基于 Hadoop 架构的视频存储

基于 Hadoop 的视频存储思路很简单，通过 Hadoop 提供的 API 接口，实现将接收到的视频流文件从本地上传到 HDFS 中。在此过程中，前端摄像机或者编码器源源不断地将视频流转发过来，然后在服务端采集汇聚(相当于流媒体服务或者 NVR 的视频采集服务)，本地进行缓存并打包数据，然后实时以流的形式将“缓存区”与 HDFS 进行对接，之后通过调用 FSDataOutputStream.write(buffer,0,byteRead)实现流的方式将文件上传。如图 19.16 所示。

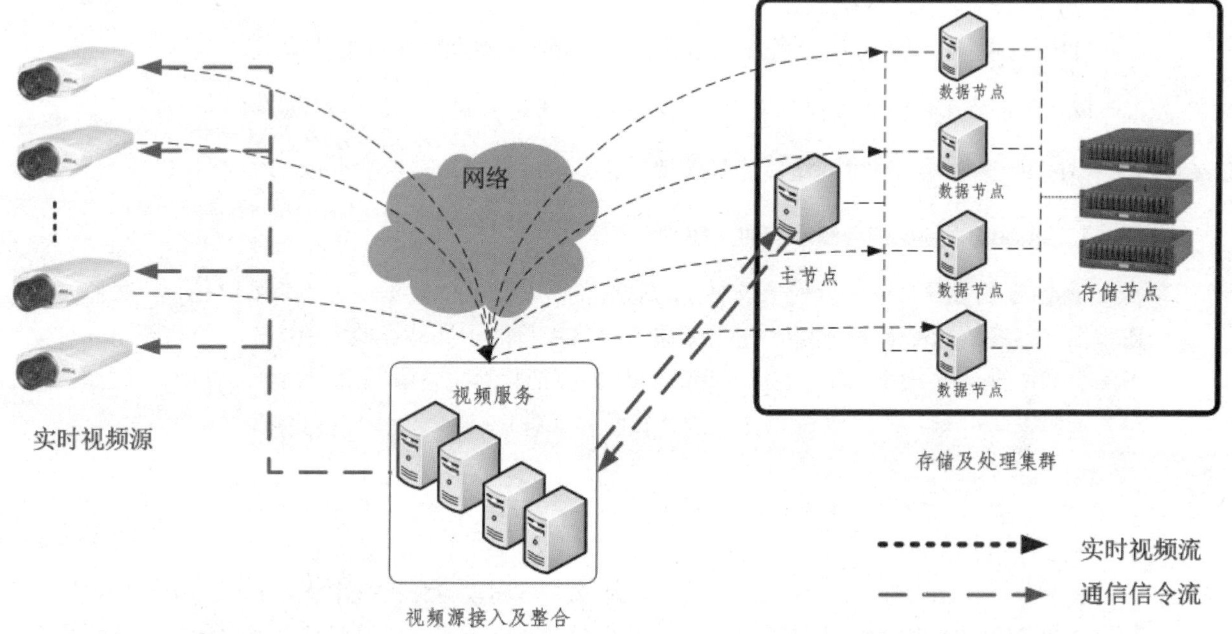

图 19.16　基于 Hadoop 架构的视频存储示意图

HDFS 视频流写入过程参考代码：

```
Filesystem hdfs=FileSystem.get(conf)
Filesystem local=FileSystem.getLocal(conf)
OutputStream.write()
```

3. 基于 Hadoop 架构的视频操作流程

用户对文件的操作基本上分为两类：读文件和写文件。如果要读一个文件，首先将文件下载到本地，通过 Web 操作系统中的应用软件对文件进行处理并显示，如果用户对文件内容进行了修改并保存，则 Web 操作系统将本地文件上传到云存储系统中。

HDFS 中的文件都以数据块形式存储，一个文件由一个或多个数据块组成，其中数据块的大小可以调整，故在存储视频文件时需要分段(对视频分段即分块，本文中统一采用分段的说法)。由于视频是非结构化数据，压缩编码方式会导致视频中帧与帧之间产生关联性。

- 写文件的流程

(1) 用户通过 Web Server 程序向 Hadoop 的命名节点发出上传文件请求；

(2) 命名节点接收到写入请求后，根据文件大小以及数据节点存储状况分配存储空间；

(3) 客户端直接上传视频文件块到相应的数据节点；

(4) 命名节点更新各个视频文件块在各个数据节点的目录信息。

■ 读文件的流程

(1) 用户通过 Web Server 程序向 Hadoop 的命名节点发出获取文件请求；

(2) 命名节点查找对应视频文件信息，并通过数据节点将文件内容发送给客户端；

(3) 客户端下载 DataNode 传过来的视频文件块，并将这些块合并成一个文件。

4. Hadoop 视频监控存储系统的问题

Hadoop 的设计理念是针对大文件进行优化的，其默认的数据块大小为 64 MB，视频监控通常在不同参数配置下文件大小不同(如果直接将大量的小文件存储在 HDFS 文件系统中，过多的小文件将导致 HDFS 的主节点 NameNode 内存消耗过大，降低整个集群的性能)，假如按照高清码流 3Mbps，则可以按照 3 分钟打包一个文件。

19.7.3 基于 Hadoop 的视频分析

视频分析技术发展了近 10 年，一直不温不火，早期视频分析技术通常基于前端编码器或后端单机 DVR 及 NVR，利用单芯片进行视频分析，分析模式主要针对单个场景的单一分析模式，如视频入侵、丢包、人数统计、越线、逆行等，在一定情况下有一定的价值，但还是远远达不到公安、机场、铁路等大规模应用的实战需求。视频分析发展的障碍是视频源清晰度限制、算法限制、芯片处理能力限制等，导致视频分析一直是有限的局部应用。

大量视频监控的部署，带来了结构化数据、非结构化数据数据量的井喷，可依托智能分析服务完成非结构化视频数据向结构化描述信息的转换，统一存储至 Hadoop 大数据集群，形成统一的大数据云存储资源库，以实现快速、多次、全局性智能分析及价值挖掘。

目前基于 Hadoop 的大数据视频分析在平安城市等大规模项目上开始探索应用，此类项目的特点是 24 小时持续产生大量的视频摘要和特征数据，体量大、增长快、结构多样、价值密度低，适合借助 Hadoop 分布式存储及计算技术，进一步实现智能分析及价值挖掘。

1. 平安城市视频分析需求

目前平安城市视频的特点及需求如图 19.17 所示。

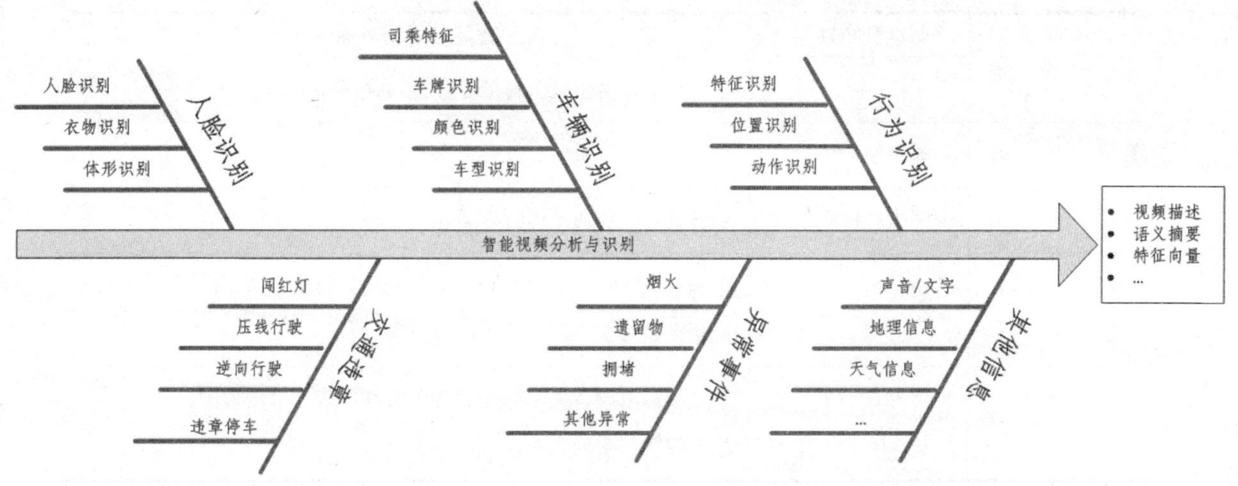

图 19.17　平安城市分析应用需求示意图

(1) 大数据源

- 车牌数据、人脸数据、报警数据、行为识别、违章事件、异常事件数据。

(2) 深度挖掘

- 以图搜图、车辆查询、人/车轨迹分析、车辆出行关联性分析。
- 事/案件线索查找、线索筛选比对、串并案分析。

(3) 创造价值

- 挖掘潜在犯罪规律、加快应急处置速度、辅助案件分析预测。

平安城市视频分析需求功能如表 19.5 所示。

图 19.5　平安城市视频分析需求功能表

	智能分析功能	智能分析功能描述
1	视频摘要	反映一个镜头的主要内容
2	视频浓缩	将有用的片段进行浓缩，2 次保存
3	以图搜图	以嫌疑目标的图片提取视频或海量图片中相似的目标
4	触发报警	异常行为报警统计、布控报警统计
5	图像特征提取	颜色、轮廓、大小特征等
6	视频推送	提供推送实时视频、录像视频、地图

续表

	智能分析功能	智能分析功能描述
7	人脸检测	在视频中检测出人脸目标(需人脸抓拍前端配合)
8	人脸识别	人脸图像布控报警、人脸注册布控、人员库管理等
9	视频事件检测	交通状态、交通事件、交通参数检测、异常事件检测
10	卡口应用	车辆轨迹跟踪、流量统计，车辆查缉分析、车辆查询，机动车捕获识别，黑名单比对报警
11	录像调查	历史视频浓缩、人车分类，颜色特征检索、以图搜图，基于搜图结果的轨迹回放

2. 基于 Hadoop 的平安城市视频分析应用

利用 Hadoop 平台的 HDFS 架构实现算法的多节点并行化分析处理是提高视频分析处理速度的关键。

(1) 首先 HDFS 系统将海量视频分布存储在集群的所有数据节点中；

(2) 在客户端提交了任务后，Hadoop 遵循了“移动计算比移动数据更经济”的原则将任务分发到集群的各个 DataNode 节点的 TaskTracker 中；

(3) 每个 TaskTracker 将运行各自的任务，调用本地 DataNode 上的视频进行处理。

由于 Hadoop 利用了集群的处理能力，因此大大加快了海量视频的处理。

如图 19.18 所示，利用 HDFS 的分布式存储架构及 MapReduce 并行处理架构，可以进行海量视频数据的高效实时视频分析及对录像视频的二次分析：实时分析将直接产生结果，并可备份视频元数据，录像分析可以基于元数据直接进行，或者完全重新基于要求进行分析。由于视频数据始终分布存储在分布的数据节点中，而命名节点保存着视频文件存储路径，因此，只要用户提交了分析任务给命名节点，命名节点的 JobTracker 即可调度各个数据节点的 TaskTracker 系统完成分析任务并反馈结果，大大提高了并行分析海量视频数据的效率。

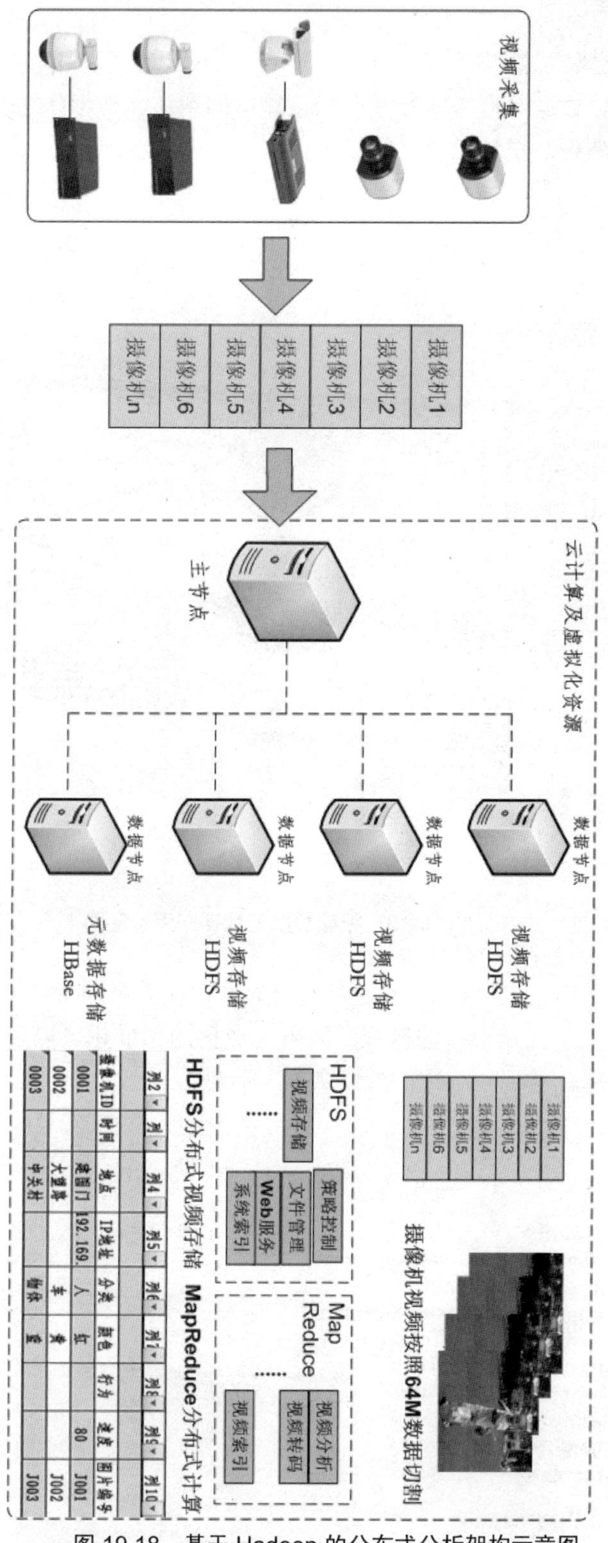

图 19.18　基于 Hadoop 的分布式分析架构示意图

3. 海量视频元数据应用

如前所述，视频分析算法将消耗大量的计算资源，计算机的性能瓶颈将严重制约，而如果检索对象是海量视频数据经过智能算法分析后输出的智能元数据(Meta Data)，检索及后期智能挖掘速度将大大提高，视频元数据的产生如图 19.19 所示。

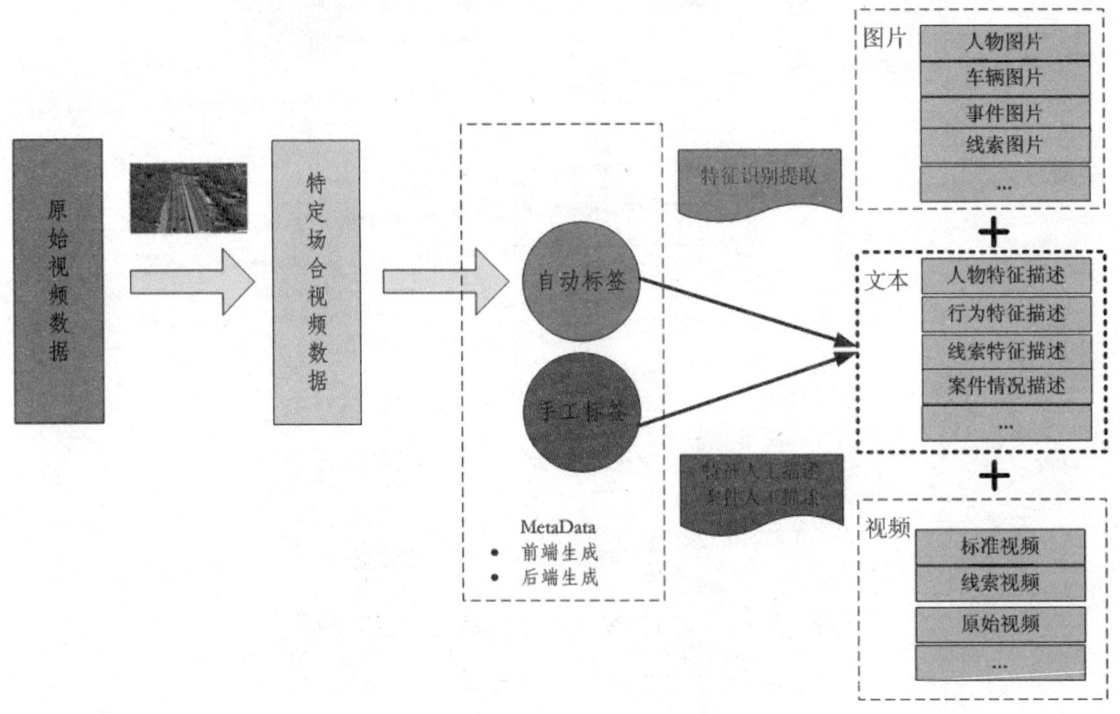

图 19.19 视频分析元数据产生示意图

如果我们把 1 段 24 小时的录像，经过智能分析，把获取到的智能元数据都存储下来，对元数据的查询速度可以达到几十秒的量级。随着元数据的标准化，以及前后端处理产生元数据两种机制的并存架构，基于元数据的检索将非常有效。

如图 19.20 所示。

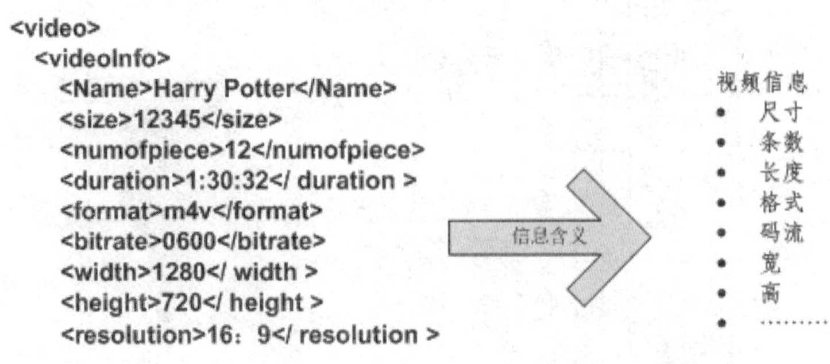

图 19.20 视频分析元数据语句示意图

19.7.4　基于 Hadoop 的视频转码

视频转码(Video Transcoding)是指将已经压缩编码的视频码流转换成另一个视频码流(格式、分辨率、帧率)，以适应不同的网络带宽、不同的终端处理能力和不同的用户需求。视频转码技术主要应用于视频广播转码、媒体网管、多媒体会议、医疗影像和视频监控等企业级应用中，也被用于包括数字媒体适配器、高清视频会议终端、高级数字机顶盒、IP 视频电话和高清网络摄像机等消费类产品中。

转码本质上是一个先解码、再编码的过程，因此转换前后的码流可能遵循相同的视频编码标准，也可能不遵循相同的视频编码标准。视频转码过程需要大量的计算资源，因此比较适合分布式存储及计算架构的 Hadoop 系统实施。

基于 Hadoop 分布式平台的视频转码系统，可采用 64M 的视频分段大小，在 HDFS 上多机备份存储。使用 MapReduce 编程框架，在 Mapper 端进行转码，Reducer 端进行视频段合并，从而完成分布式转码工作。假如在开始转码之前，视频已经分布式存储于各个转码节点(数据节点)，则转码时无需向转码节点分发源视频文件，从而减少网络流量，否则需要将目标视频分发存储至各个数据节点。Hadoop 集群中的命名节点(Namenodes)负责接收用户请求，调度集群中的数据节点(DataNodes) 进行视频存储或者转码。

如前所述，MapReduce 是一种软件编程框架，分为 Map 和 Reduce 两个过程。本书提出的分布式转码算法为 Map 转码和 Reduce 合并，转码流程如图 19.21 所示。

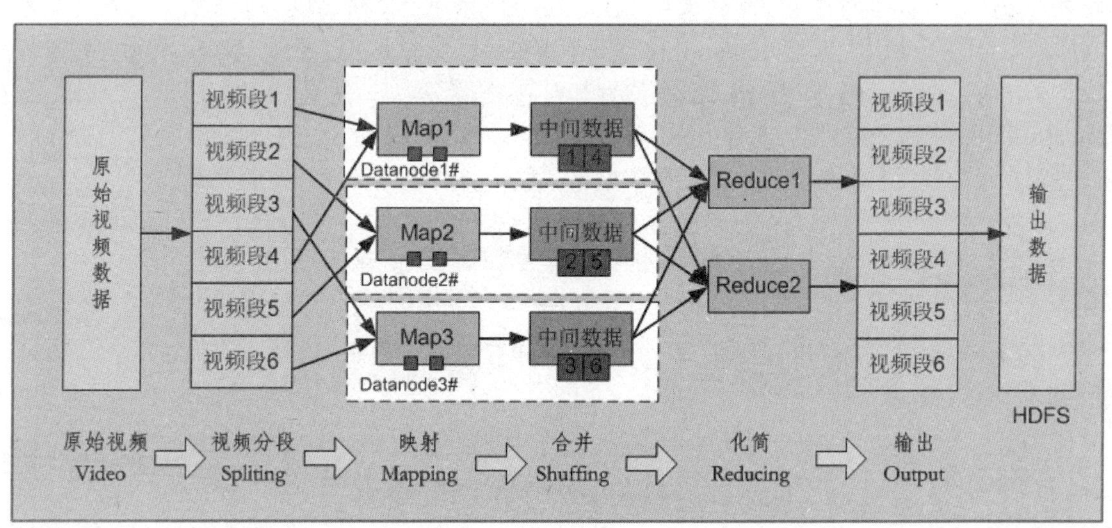

图 19.21　基于 Hadoop 架构的视频转码应用示意图

在 Map 端做视频转码，需要对一个视频文件的多个段进行转码，应该尽量保证视频文件的多个段分布在不同的 DataNode 上，从而达到数据本地化和并行化，Reduce 端采用单个或多个 Reducer，负责将来自多个 Mapper 的输出文件进行合并，形成转码后的完整视频文件。

系统处理一个用户转码请求可分为以下几个步骤(假设用户请求通过 Web Server)：

(1) 视频请求：用户从远端向 Web Server 发送获取视频的请求；

(2) 设定转码参数：Web Server 根据用户请求向 NameNode 发出转码任务的命令；

(3) 分布式转码：NameNode 调度集群进行分布式转码(JobTracker 及 TaskTracker)；

(4) 转码完成：分布式转码完成后，NameNode 返回转码后的视频文件位置信息；

(5) 返回视频所在位置：Web Server 将文件位置信息(DataNode)返回给用户；

(6) 读取视频：用户从相应的 DataNode 机器上读取转码完成后的视频文件。

在 DataNode 上，Mapper 负责读取视频元数据以及转码元数据，通过启动转码程序(FFMPEG)设定转码参数，对一个个视频段进行转码。同时 Mapper 可以监控转码过程，记录转码日志。由于需要将转码后的视频返回给 NameNode，故使用 Reducer 将各个已完成转码的视频段合并成一个完整的视频文件，合并完成后将生成本地文件，将文件路径发送给客户端，即文件路径的传递顺序为 Reducer→NameNode→Web Server→客户端。

19.8 本章小结

本章主要介绍了大数据的概念、关键技术、大数据的核心价值、云计算与大数据的关系，并重点介绍了云计算的开源实现技术——Hadoop 大数据技术，进而探讨了大数据与网络视频监控相结合的一些应用框架。Hadoop 作为一个重量级的分布式开源框架已经在大数据处理领域有所作为，企业希望利用 Hadoop 来规划其自身未来数据处理的蓝图。从 EMC、Oracle 到 Microsoft 几乎所有高科技厂商都宣布了自己以 Hadoop 为基础的大数据战略，而安防行业的一些领导级企业，也开始了大数据在平安城市、城市智能交通管理等方面的部署。

注意：由于大数据技术较新，其与视频监控的应用还在探索阶段，因此，本章主要进行了大数据相关基础技术介绍，尤其是 Hadoop 技术，并进行了其与网络视频监控技术结合应用的尝试性探讨。不同安防监控厂商基于不同的理念及自身产品特点，有不同的开发理念、应用模式及架构体系，区别较大，我们需要对不同厂商的技术进行有针对性的了解。

附录：FAQ

1. 【安防天下】2 版与 1 版的区别?

答：二版主要针对一版读者反馈的意见，对部分内容进行调整，减少了厂商产品介绍，增加了案例及实操说明，并加入了新兴技术如 HDCCTV、PSIM、物联网、云计算、大数据、虚拟化等技术的介绍。

2. 【安防天下】1 版涉及很多厂商产品，是否在为他们推广？

答：此类书籍要介绍技术、产品、方案及案例，为让读者更好地理解相关内容，作者精选了部分典型厂商产品及案例进行说明，二版已经考虑到读者的感受，最大化去除厂商产品参数介绍。

3. 【安防天下】2 版是否有厂商或公司赞助？

答：郑重声明，未对任何厂商进行有偿宣传，完全由作者有针对性地自主选取采用(取决与书的内容需求)。

4. 如果我或者我的公司有好的技术、产品、案例，是否可以在下版本中呈现？

答：可以，前提是符合书的总体内容规划，并经作者审查认为有价值的产品、理念或者案例，不接受软文。

5. 书中一些内容在网上都能找到类似材料，那么它的核心价值在哪里？

答：所谓搜索引擎或者百科或者文库，确实有大把资料，但是不系统、不全面、不准确、多数是非常杂乱无章的。本书的价值在于作者基于海量资料进行收集、分析、消化整理之后系统化地呈现出来。目前大多数人遇到的问题不是是信息或资料缺乏，而是信息过多、信息爆炸，如何找到真正有价值的信息比较困难。

6. 书的一些内容采用了“比如”来进行比喻性说明，描述方式貌似不严谨？

答：技术类书籍比较枯燥，有些描述晦涩难懂，采用比喻方式，便于理解，加强记忆。

7. 由于作者自称草根级安防人士，有没有想到由于自己的不专业而误人子弟？

答：开始确实有过担心，后来我发现我的书其实对很多人大有帮助。本人与专家或者学者差距还比较大。

8. 如何在写作中得到如此众多的素材及案例？

答：个人积累、网络收集、行业朋友提供、厂商提供等多种渠道。

9. 写书的工作量很大，作者如何平衡工作、写作与生活关系？

答：确实很辛苦，几页的东西背后可能是几十页，耗时几天的研究、消化、整理。贵在坚持、积累。

10. 为何没有体现车载、单兵、卡口、电子警察等内容？

答：本书总体脉络是系统化地介绍安防监控，至于一些行业应用，实质是个性化、特殊化需求而已，此类资料很容易获取，由于篇幅有限需要集中精力在80%的读者的需求上。

11. 【安防天下】2 的课件哪里下载？

答：【安防天下】2 课件下载地址：请关注安天下微信号(sas123cn)

12. 【安防天下】在网上并非 100%好评，有些评价很差，如何解释？

答：目前的好评率已经远远超乎我的预期，我的预期是 80%好评即可。每个人工作职责、背景不同，需求不同，所以评价自然不同，我觉得大多数人能够获益我已经很满足。当当网有 1000+评论，我想大家还是很认可和关注本书的。如果是一本书基本没有几条评论（不管好评差评），那才是悲哀的事情。

13. 物联网、云计算、虚拟化等被很多人认为是噱头，你为何大写特写？

答：物联网、云计算及大数据等，并非都是噱头，我也反感很多盲目的炒作跟风、夸大宣传。但是这些新技术跟安防监控确实有契合点。任何新技术出现都是对传统技术的颠覆而可能引起各种阻碍，但是大势不可逆。

14. 如果阅读后有技术问题，如何进一步交流？

答：多重渠道，具体如下：

- 西刹子邮箱：xichazi@126.com
- 西刹子 QQ 号：504123389
- 西刹子微信号：xichazi
- 西刹子新浪微博：http://weibo.com/xichazi
- 安天下网站：www.sas123.cn
- 安天下微信号：sas123cn
- 安天下技术交流群（QQ 群）：116982193
- 安防天下读者服务群（QQ 群）：147341910

15. 如何看待安防监控行业未来发展？

答：《中国安防行业“十二五”发展规划》提出，预计到“十二五”末期，安防行业要实现安防产业规模翻一番的总体目标，年增长率达到 20%左右；到 2015 年，安防行业总产值将达到 5000 亿元。安防行业很有发展前景，同时竞争也将更加激烈，安防寡头公司逐步显现，但同时产品及服务差异化需求加强。

16. 安防天下 3 的计划是什么？

答：视安防天下 2 的反馈及行业发展情况。

17. 是否有相关培训计划？

答：有计划，请关注本人微博、微信、网站通知。

18. 你认为你在安防监控行业是什么水平？

答：安防监控行业发展太快、涉及环节太多，作者自认在行业没有开发经验，对各个底层知识点的理解不够透彻，项目经历不够丰富，文字表达能力有限。作者的优势在于对行业的热爱、学习欲望、分享精神及坚持。

19. 本书内容较多，建议读者如何阅读？

答：如同参考一个勤奋的同学的读书笔记一样，带着问题、带着怀疑、乐于探讨的态度去阅读。

参 考 文 献

1. 欧阳合，韩军译. 视频编解码器设计. 北京：国防科技大学出版社
2. 雷玉堂. CCD 摄像机的基础知识. 安防工程商，No.58、59
3. 欧阳合，韩军译. H.264 和 MPEG-4 视频压缩. 北京：国防科技大学出版社
4. 张永烨. 高速球应用的主要参考指标和注意事项. 安全&自动化，No.115
5. 葛双全，席传裕. MPEG-4 标准视频编码初论. 电脑与信息技术 2002 年第 6 期
6. 王强，卓力，沈兰荪. 基于 DSP 平台的 H.264 编码器的优化与实现. 电子与信息学报
7. 龚猷龙，刘勇. 基于 MPEG-4 和 RTP 的网络视频监控系统研究. 中国多媒体通信
8. David Katz, Rick Gentile. JPEG(baseline)压缩综述. 美国模拟器件公司
9. 苏艳玲，孙德辉. MPEG-4 在 DSP 上的实现. 冶金自动化 2004 年增刊
10. 刘云飞，徐晓刚，刘喜作. 视频压缩 MPEG-4 与传输优化算法研究. 海军大连舰艇学院
11. 黄铁军，高文. AVS 标准制定背景与知识产权状况. 电视技术 2005 年第 7 期
12. 网络视频监控全球眼业务系列技术规范. 中国电信 2005～2008
13. 蒋海青. 一脉相承：从 DVR 到 NVR. 安全&自动化，No.121
14. 包军. 新形势下嵌入式 DVR 的华丽转身. 安全&自动化，No.126
15. 潘宇清. 网络视频服务器技术浅析. 安防工程商，No.62
16. 程存学，于宝玉. 视频服务器通用结构及其智能化设计思想. 安防工程商，No.65
17. 罗宏亮. IP 视频监控系统的稳定性设计. 安防经理第 32 期
18. 郭明尧. 嵌入式 NVR 的革命，基本 X86 架构的嵌入式 NVR. 安防工程商，No.66
19. 江国星，赵锐. 嵌入式 DVR 软件系统的设计与实现. 计算机与数字工程，第 33 卷
20. 王勇. 一种基于 MPEG-4 标准的嵌入式 DVR 设计. 计算机与数字工程，第 33 卷
21. 张素文，柯院兵等. 基于 DM642 的嵌入式网络视频服务器的设计. [J]. 微计算机信息. 2006，11-2：P24-27
22. 王旭. 浅析网络摄像机的优势及发展趋势. 安防工程商，No.65
23. 范新南，邢超. 基于 H.264 的嵌入式视频编码器的设计与应用. 计算机工程，32 卷第 18 期

24. 陈加旭，何加铭. 基于嵌入式 Linux 的网络摄像机设计. 宁波大学学报，2008 年 9 月
25. 聂秋玉，蒋建国，齐美彬. 基于 TMS320DM642 的网络摄像机设计. 合肥：合肥工业大学
26. 雷玉堂. 高清 IP 网络摄像机及其智能化的解决方案. 安防工程商，No.65
27. 李渊. 高清视频监控系统的基础. 安防经理，第 29 期
28. 杨勇，梅艳. 追逐网络高清监控. 安防经理，第 29 期
29. Eric Fullerto. 百万像素 IP 摄像机的优势和应用分析. 安全&自动化，No.114
30. 郑亮亮，吴小强. IP 高清监控系统的工程设计实践. 安防经理第 31 期
31. 袁维. 3G 监控暂露头角，安防企业抢滩市场. 安全&自动化，No.128
32. 郭正义. 网络视频监控系统的国际标准趋势-ONVIF vs PSIA. 安全&自动化，No.127
33. 周帅. 无线视频监控欲借 3G 之力吹响冲锋号. 安全&自动化，No.113
34. 吴文淮. 中心管理软件在开放式网络安防监控系统应用. 安防工程商，No.57
35. 杨勇. 联网监控系统之群雄混战. 安防经理，第 31 期
36. 梁笃国，张延霞，郑泽民，曹宁等. 网络视频监控技术及应用. 北京：人民邮电出版社，2009
37. 杨延双，张建，王全民编著. TCP/IP 协议分析与应用. 北京：机械工业出版社
38. 张冬编著. 网络存储系统与最佳实践. 北京：清华大学出版社，2008
39. 任勇. 网络视频监控系统存储设备选型. 安防工程商，No.65
40. 周敬利，于胜生等编著. 网络存储原理与技术. 北京：清华大学出版社
41. 杨达，武永亮. 智能视频技术的环境适应性分析. 安全&自动化，No.116
42. 李晓飞. 智能视频技术的现状及发展趋势探析. 安全&自动化，No.113
43. 廖旭东. CIO 与 IP 监控. 安防经理，第 25 期
44. 宋绍锋. 从北京 T3 与上海浦东 T2 看机场监控. 安全&自动化，No.116
45. 铁路综合视频监控系统规范(试行) 2008
46. 陈龙，李仲男，彭喜东，王蒙. 智能建筑安全防范系统及应用. 北京：机械工业出版社，2007
47. 陈龙，陈晨. 安全防范工程. 北京：中国电力出版社，2006
48. 海康威视. 视频服务器产品手册，2008
49. 杭州华三. 视频监控解决方案，2007

50. 互信互通. 全球眼网络视频监控产品手册，2005

51. 毕厚杰. 新一代视频编码压缩标准-H.264/AVC. 北京：人民邮电出版社，2005

52. CCTV 镜头新技术的实际应用，孔令俊，株式会社腾龙上海事务所

53. 镜头分辨率及高清摄像机镜头选择，周履冰，上海温网数码科技有限公司

54. 《HEVC_CAV_ESIR3_2011_2012-Video compression Beyond H.264，HEVC》，袁春

55. 《下一代视频编码标准 H.265 关键技术》，蔡晓霞、崔岩松、邓中亮、常志峰

56. 《H.265 标准现状和发展应用趋势》， 陈清，北京邮电大学通信网络综合研究所

57. 《解读下一代视频压缩标准 HEVC(H.265)》，李军华、王浦林 华为企业业务产品部

58. 从 H.264 向 H.265 的数字视频压缩技术升级，刘国梁，铁路通信信号工程技术(RSCE)

59. H.265 标准现状和发展应用趋势[J]，陈清，中国多媒体通信，2008

60. 高清 SDI 实现方案解析，钱正伟，北京汉邦高科数字技术有限公司北京研发中心

61. HDCVI 高清复合视频接口标准简介，浙江大华公司

62. 高清监控新生力量解析 HDCVI 技术的应用，安防知识网

63. GB_28181_安全防范视频监控联网系统信息传输、交换、控制技术要求

64. 智能视频质量诊断系统，北京立天洋网络科技有限公司

65. 安防系统中间件概论及其现状与发展前景，金月星，浙江大华

66. 平安城市视频监控构建原则以及关键技术，胡瑞敏

67. 海量视频智能分析研判系统，李子青，中国科学院自动化研究所

68. 高清 IP 摄像机应用实战分析，郑亮亮、吴小强，浙江建达科技

69. 园区监控网络规划，李飞，杭州华三通信技术有限公司

70. 存储应用介绍，汪晓峰，创新科存储技术有限公司

71. 云计算和大数据战略下的安防监控存储，董波，EMC

72. 模拟摄像机测试 R2alex 中国安防论坛

73. ISO12233 测试标板的使用和判读 宁波舜宇光电信息有限公司 技术部，顾亦武

74. 机场周界传感网防入侵系统介绍 PPT 材料 无锡泛联物联网科技股份有限公司

75. 新疆油田某厂站 周界入侵报警系统设计方案 无锡物联网产业研究院

76. 视觉标签系统在物联网中的应用 中科院自动化所 博导 李子青

77. IPVA 客流统计分析及应用. 上海汇纳网络科技有限公司

78. “智慧型平安城市”核心理念. 海康威视

79. DVR 数字视频图像评价方法及测评工具. 北京汉邦高科，张海峰

80. 铁路综合视频监控系统检测技术分析. 张文垚，钱伟勇. 中国通号

81. 高清卡口系统-线圈检测. 浙江大华

82. 无线视频监控案例集—TOPwe 新一代无线视频监控方案. 携远天成

83. EasyPath 的视频监控方案. 北京格林威尔科技发展有限公司

84. 解放军理工大学　刘鹏　教授主编《云计算第二版》. 北京：电子工业出版社

85. 雷玉堂　安防视频监控实用技术. 北京：电子工业出版社 2012

86. Hadoop HDFS 和 MapReduce 架构浅析. 郝树魁. 中讯邮电咨询设计院

87. 基于云计算的智能高清视频监控系统研究. 方权亮，余谅. 四川大学计算机学院

88. 基于 HDFS 的区域医学影像分布式存储架构设计. 李彭军，陈光杰，郭文明. 南方医科大学网络中心

89. 基于 Hadoop 平台的图像分类. 朱义明. 西南交通大学

90. 基于 Hadoop 的云存储的研究与实现. 刘琨，李爱菊，董龙江. 北京联合大学

91. 分布式系统 Hadoop 平台的视频转码. 杨帆，沈奇威. 北京邮电大学

92. 面向云存储的非结构化数据存取. 谢华成，陈向东信阳师范学院

93. Axis “Technical guide to network video”. http://ipvideomarket.info/

94. Vivotek “Ip_surveillance_handbook”. ㎝ http://ipvideomarket.info/

95. The Interface Technology for HD Surveillance Video Todd E. Rockoff, Ph.D.

96. Overview Of the High Efficiency Video Coding (HEVC) Standard Gary J.Sullivan, Fellow IEEE, Jens-Rainer Ohm, Member IEEE,Woo-Jin Han,Member IEEE, and Thomas Wiegand, Fellow IEEE